Chemisch-technische
Untersuchungsmethoden.

Unter Mitwirkung von

E. Adam, P. Aulich, F. Barnstein, O. Böttcher †, A. Bujard, C. Councler †, K. Dieterich,
K. Dümmler, A. Ebertz, C. v. Eckenbrecher, A. Eibner, F. Fischer, F. Frank,
H. Freudenberg, E. Gildemeister, R. Gnehm, O. Guttmann †, E. Haselhoff, W. Herzberg,
D. Holde, W. Klapproth, H. Köhler, Ph. Kreiling, K. B. Lehmann, J. Lewkowitsch,
C. J. Lintner, E. O. v. Lippmann, E. Marckwald, J. Meßner, J. Päßler, O. Pfeiffer,
O. Pufahl, O. Schluttig, K. Schooh, G. Schüle, L. Tietjens, K. Windisch, L. W. Winkler

herausgegeben von

Dr. Georg Lunge, und Dr. Ernst Berl,

emer. Professor der technischen Chemie
am Eidgenössischen Polytechnikum
in Zürich,

Privatdozent, Chefchemiker der Fabrique
de Soie artificielle de Tubize,
Belgien.

Zweiter Band.

Sechste, vollständig umgearbeitete und vermehrte Auflage.

Mit 138 in den Text gedruckten Figuren.

Anastatischer Neudruck 1919.

Springer-Verlag Berlin Heidelberg GmbH

1910.

Alle Rechte, insbesondere das der
Übersetzung in fremde Sprachen, vorbehalten.

ISBN 978-3-662-42767-5   ISBN 978-3-662-43044-6 (eBook)
DOI 10.1007/978-3-662-43044-6

Inhaltsverzeichnis.

Cyanverbindungen.

Von

Dr. H. Freudenberg,

Chemiker der Deutschen Gold- und Silberscheideanstalt, Frankfurt a/M.[1]).

A. Einfache Cyanide.

Das Cyan der Cyanwasserstoffsäure und der Cyanide der Alkalien und Erdalkalien kann sowohl gewichts- wie maßanalytisch bestimmt werden; in der Technik bildet die maßanalytische Bestimmung die Regel.

I. Gewichtsanalytische Bestimmungsmethode.

Gewichtsanalytisch wird das Cyan als Cyansilber oder daraus resultierendes metallisches Silber bestimmt. Die Ausführung dieser Methode geschieht in der Weise, daß man die reine wäßrige Lösung der Cyanwasserstoffsäure oder des Cyanides mit Salpetersäure schwach ansäuert — der Gehalt an freier Salpetersäure soll 2 % der Lösung nicht übersteigen — und sodann in eine Silbernitratlösung laufen läßt, wobei sich Cyansilber abscheidet, welches man ohne Erwärmen absitzen läßt, auf einem gewogenen Filter sammelt, auswäscht, bei 100° trocknet und wägt. Nach H. R o s e kann man das Cyansilber auch in metallisches Silber überführen, indem man das Cyansilber in einem Porzellantiegel ca. ¼ Stunde der Rotglut aussetzt. Nach L i e b i g (Ann. 77, 102; 1851 s. auch G r e g o r, Zeitschr. f. anal. Chem. 33, 30; 1894) stimmt diese Methode mit der maßanalytischen ziemlich gut überein.

Bei Gegenwart von Chlor, Brom oder Jod muß das Cyansilber von dem mitgefallenen Chlor-, Brom- oder Jodsilber getrennt werden. Hierzu verwendet man eine Lösung von essigsaurem Quecksilberoxyd, welche man erhält, wenn man gefälltes Quecksilberoxyd mit verdünnter Essigsäure erwärmt. Beim Erhitzen der Silberniederschläge mit dieser Lösung bis zum Kochen löst sich das Cyansilber auf, indem es in Cyanquecksilber und essigsaures Silber übergeführt wird. Man trennt durch Filtration die löslichen von den ungelöst verbliebenen Silber-

---

[1]) Umarbeitung des in der vierten Auflage dieses Werkes von C. M o l d e n - h a u e r (†) bearbeiteten Abschnittes.

verbindungen und bestimmt in dieser Lösung das Silber entweder als Chlorsilber oder auch durch Reduktion im Wasserstoffstrom als metallisches Silber unter Beobachtung der Vorsichtsmaßregeln, welche bei der Trennung des Silbers vom Quecksilber geboten sind. Die Überführung in metallisches Silber geschieht zweckmäßig deshalb, weil das Chlorsilber leicht Quecksilber mit sich reißt, welches durch einfaches Glühen des Chlorsilbers sich nicht völlig verflüchtigt, wodurch die Resultate etwas zu hoch ausfallen können.

Zur Prüfung dieser Trennungsmethode wurden 0,1 g Chlornatrium, 0,1 g Jodkalium und 0,1 g Cyankalium in Wasser gelöst, mit Salpetersäure schwach angesäuert, mit Silberlösung in geringem Überschusse versetzt, ausgewaschen und die Silberniederschläge mit ca. 100 ccm Wasser und 5 ccm Essigsäure, in welcher gefälltes Quecksilberoxyd gelöst war, aufgekocht und die Lösung abfiltriert und ausgewaschen. Das Filtrat lieferte mit Salpetersäure und Salzsäure versetzt Chlorsilber, welches im Wasserstoffstrome geglüht 0,168 g metallisches Silber lieferte, entsprechend 0,0404 g Cyan statt 0,0400 g.

II. Maßanalytische Bestimmungsmethoden.

a) Nach L i e b i g. Diese durchaus bewährte, zuverlässige Methode, welche in der Technik allgemein eingeführt ist, gründet sich auf die Bildung von löslichem Kaliumsilbercyanid, welches entsteht, wenn eine wäßrige Cyankalilösung mit Silberlösung zusammentrifft:

$$AgNO_3 + 2\,KCy = KAgCy_2 + KNO_3.$$

Bei einem Überschusse des Silbersalzes wird diese Verbindung in der Weise zersetzt, daß sich unlösliches Cyansilber ausscheidet, welches schon in geringster Menge durch eintretende Trübung sich zu erkennen gibt.

$$KAgCy_2 + AgNO_3 = 2\,AgCy + KNO_3.$$

Ihre Ausführung wird weiter unten beschrieben werden.

b) Nach F o r d o s und G é l i s (Journ. de Pharm. et de Chim. (3) 23, 48; 1853). Diese Methode, welche seither in der Technik wenig Eingang gefunden hat, beruht auf der von S e r r u l l a s und W ö h l e r angegebenen Reaktion von freiem Jod auf Cyankalium, wonach 2 Äq. Jod mit 1 Äq. Cyan bzw. 1 Äq. Cyanwasserstoffsäure oder 1 Äq. Cyankalium in Wechselwirkung treten. Als Jodlösung kann man $^1/_{10}$ N.-Jodlösung verwenden.

$$KCN + 2\,J = KJ + CNJ.$$

Die Methode liefert unter den weiter unten angegebenen Bedingungen ziemlich genaue Resultate.

Cyanwasserstoffsäure, Blausäure HCN.

Freie Blausäure kommt in der Natur fertig gebildet nicht vor; sie bildet sich in verdünntem Zustande bei der Destillation von bitteren

Mandeln und den Samen von Pfirsichen, Aprikosen, Pflaumen und Quitten, sowie den Blättern des Kirschlorbeerbaumes; konzentriert erhält man die Blausäure bei der Destillation von Blutlaugensalz mit Schwefelsäure. Cyanwasserstoff in wasserfreiem Zustande ist eine wasserhelle, leicht bewegliche Flüssigkeit, die bei — 15° zu einer Krystallmasse erstarrt und bei 26° siedet; spez. Gew. 0,6969 nach G a y - L u s s a c; löst sich in Wasser in jedem Verhältnis, ist außerordentlich giftig. Eine verdünnte Lösung war früher in vielen Pharmakopoen offizinell und ist jetzt noch in der Pharmacop. Brit. enthalten. Das Bittermandelwasser (Aqua amygdalarum amararum) und das Kirschlorbeerwasser (Aqua laurocerasi) der Pharmakopoen enthalten etwa 0,1 % HCN.

Zur Bestimmung der Blausäure in einer wäßrigen Lösung kann man sich sowohl der gewichtsanalytischen Methode als auch der maßanalytischen Methoden bedienen.

Bei der maßanalytischen Methode nach L i e b i g pipettiert man je nach Konzentration 10—15 ccm ab, so daß man nicht mehr als höchstens 0,10 g HCN in der Lösung hat, setzt 5 ccm Normal-Natronlauge hinzu, hierauf 0,5 g Natriumbicarbonat, verdünnt auf 50 bis 60 ccm und läßt so lange eine $^1/_{10}$ Normalsilberlösung unter Umschütteln einfließen, als der entstehende Niederschlag sich wieder auflöst. Bei Eintritt des Opalisierens ist die Reaktion beendet. 1 ccm entspricht 0,005404 g HCN.

Nach der Methode von F o r d o s und G é l i s verfährt man in der Weise, daß man die zu untersuchende Flüssigkeit, welche höchstens 0,05 g HCN enthalten soll, mit 4 ccm Normal-Natronlauge und sodann mit $^1/_2$ g Natriumbicarbonat versetzt, auf ca. 1000 ccm verdünnt und hierauf Jodlösung so lange zulaufen läßt, bis die farblose Flüssigkeit sich bleibend gelblich färbt. 1 ccm $^1/_{10}$ Normal-Jodlösung entspricht 0,001351 g HCN. Ein Zusatz von Stärkelösung ist nicht statthaft, weil hierdurch die Resultate zu niedrig ausfallen würden.

Kirschlorbeer- und Bittermandelwasser.

Um sämtliches Cyan in dem Kirschlorbeer- oder Bittermandelwasser, welches zum Teil als Cyanwasserstoff, zum Teil als Mandelsäurenitril vorhanden ist, zu bestimmen, empfiehlt F e l d h a u s (Zeitschr. f. anal. Chem. **3**, 34; 1864) die gewichtsanalytische Methode, wonach 100 ccm mit 1,2 g salpetersaurem Silber in der nötigen Menge Wasser gelöst und hierauf 2—3 ccm Ammoniakflüssigkeit von 0,96 spez. Gew. zugesetzt werden, worauf dann sofort mit Salpetersäure angesäuert wird. Das erhaltene Cyansilber wird dann in der angegebenen Weise bestimmt.

Nach der Pharmacop. Germ. IV wird der Cyangehalt in der Weise titrimetrisch bestimmt, daß 25 ccm Bittermandelwasser mit 100 ccm Wasser verdünnt, mit 1 ccm Kalilauge und einer Spur Natriumchlorid versetzt werden und unter fortwährendem Umrühren so lange $^1/_{10}$

Normalsilberlösung zugefügt wird, bis bleibende Trübung eingetreten ist, wozu mindestens 4,5 und höchstens 4,8 ccm $^1/_{10}$ Normalsilberlösung erforderlich sein müssen.

Cyankalium, KCN.

Das Cyankalium wurde früher ausschließlich aus Ferrocyankalium durch Verschmelzen für sich allein oder mit Zusatz von Pottasche nach L i e b i g, von Soda nach W a g n e r und von metallischem Natrium nach E r l e n m e y e r hergestellt. Neuerdings sind folgende Verfahren hinzugekommen, das von R e i c h a r d t und B u e b, Verwandlung der Stickstoffverbindungen der Schlempegase in Blausäure und Ammoniak und Verarbeitung der ersteren auf Cyanid; das Verfahren der U n i t e d A l k a l i C o m p.: Oxydation von Rhodanalkali mit Salpetersäure und Absorption der freiwerdenden Blausäure in Alkalien. Ferner die synthetischen Verfahren von S i e p e r m a n n und B e i l b y: Einwirken von Ammoniak auf Pottasche bzw. Soda und Holzkohle. Auch Cyankalium aus L u f t s t i c k s t o f f hergestellt unter Verwendung von Calciumcarbid befindet sich seit kurzem auf dem Markt. Bei Verwendung von natriumhaltigem Material erhält das Cyankalium einen entsprechenden Natriumgehalt.

Die Rohmaterialien Ferrocyanalkalium, Ferrocyannatrium, Pottasche, Soda, Ammoniak und metallisches Natrium müssen möglichst rein und völlig frei von Schwefelverbindungen sein.

Die Bestimmung der Ferrocyankalien erfolgt nach der Methode von D e H a ë n (s. S. 17), diejenige der Alkalien alkalimetrisch, die Prüfung auf schwefelsaure Salze in der bekannten Weise.

Cyankalium in reinem geschmolzenen Zustande ist eine weiße, je nach dem Erkalten grob- oder feinkrystallinische Masse, die unter Luftabschluß aufzubewahren ist, da sie durch den Feuchtigkeits- und Kohlensäure-Gehalt der Luft an Gehalt verliert. Beim Verdunsten einer konzentrierten Lösung krystallisiert es in Oktaedern, löst sich leicht in ca. 2 Teilen Wasser, in Alkohol nur im Verhältnis seines Wassergehaltes. Das Cyankalium des Handels schwankt im Gehalte außerordentlich, von 100 bis zu 30%; es enthält außer Cyankalium sehr häufig Cyannatrium, kohlensaures Alkali, Ätzalkali, cyansaures Alkali und Chloralkalien, zuweilen auch geringe Mengen von Schwefelalkali. Das in dem Cyankalium enthaltene Cyannatrium wird in der Technik auf Cyankalium berechnet, so daß 49 Tle. Cyannatrium 65,1 Tln. Cyankalium entsprechen. Hierdurch erscheint der Gehalt an Cyankalium höher, als er tatsächlich ist, so daß ein Cyanalkali einen Cyankaliumgehalt enthalten kann, der beträchtlich höher ist als der des reinen 100 proz. Cyankaliums, wie denn auch tatsächlich Cyankalium im Handel vorkommt, welches über 100 % Cyankalium titriert. Es empfiehlt sich daher, bei dem 98 bis 100 proz. Cyankalium den Cyangehalt anzugeben. Das Cyankalium findet ausgedehnte Anwendung zur Extraktion von Gold und neuerdings auch von Silber aus ihren Erzen, ferner in der Galvanoplastik und in der Photographie.

Analyse des Cyankaliums.

P r o b e n a h m e. Für die Cyanidbestimmung ist besonders darauf zu achten, daß die zu untersuchende Probe beim Zerkleinern und Wägen möglichst wenig der Luft ausgesetzt wird, da sonst der Cyanidgehalt derselben zu gering gefunden wird. Handelt es sich z. B. um die Untersuchung eines größeren geschmolzenen Blocks, in welcher Form das Cyanid in der Regel versendet wird, so wird derselbe durch einen Hammerschlag in mehrere Teile zerschlagen und nun von verschiedenen Stellen, auch aus dem Innern desselben, einige etwa haselnußgroße Stücke abgenommen. Diese Stücke im Gewicht von ca. 100 g werden ohne weitere Zerkleinerung auf einer genauen technischen Wage möglichst schnell gewogen und in ca. 2 Liter kalten Wassers aufgelöst.

1. Bestimmung des Cyans nach Liebig.

Man nimmt dazu etwa 0,5 g Substanz in Arbeit bzw. soviel von der Cyanidlösung, wie diesem Quantum entsprechend ist, bringt mit Wasser auf ca. 150 ccm Flüssigkeit und titriert in der vorher angegebenen Weise (S. 2) mit $^1/_{10}$ Normal-Silberlösung den Cyanidgehalt. $^1/_{10}$ ccm Normal-Silberlösung = 0,01302 g KCN. Bei Anwesenheit von Schwefelalkali muß die Lösung vor der Titration durch Wismutoxydhydrat (erhalten durch Behandlung von basisch-salpetersaurem Wismutoxyd mit Ätznatron und Auswaschen) oder einfacher durch Hinzufügen von frisch gefälltem Bleicarbonat- oder Bleisulfat entschwefelt werden. Die geringsten Mengen Schwefel im Cyankalium machen sich bei der Titration durch eine gelbe bis braune Färbung der Flüssigkeit bemerkbar. Die Gegenwart von freiem Ammoniak verzögert den Endpunkt der Reaktion, wodurch unrichtige Resultate erhalten werden. Der Einfluß desselben kann durch Zusatz einer entsprechenden Menge von kohlensaurem Wasser aufgehoben werden. Ein Zusatz von Ätznatron vor der Titration ist unzulässig, weil der Reaktionspunkt dadurch etwas hinausgeschoben wird und hierdurch die Resultate zu hoch ausfallen können. Hingegen empfiehlt sich ein Zusatz von wenigen Tropfen ammoniakalischer Jodkaliumlösung, wodurch die Erkennung des Endpunktes besonders bei Gegenwart von viel Natronsalz bedeutend erleichtert wird.

2. Bestimmung des Cyans nach Fordos und Gélis.

Zu dieser Bestimmung verwendet man nur 0,05 g KCN, man verdünnt diese Lösung auf ungefähr 400 ccm und läßt $^1/_{10}$ Normal-Jodlösung zulaufen, bis die Flüssigkeit sich dauernd gelblich färbt. Wie bereits erwähnt, ist ein Zusatz von Stärkelösung unzulässig. Sind ätzende Alkalien oder freies Ammoniak vorhanden, so muß auch hier kohlensaures Wasser zugesetzt werden. Bei ätzenden Alkalien allein genügt auch ein Zusatz von Natriumbicarbonat. Andere Ammoniaksalze sind ohne Einfluß. 1 ccm $^1/_{10}$ Normal-Jodlösung ist gleich

0,003256 g KCN. Die Methode liefert bei der angegebenen Verdünnung richtige Resultate. Ein Vorteil derselben liegt darin, daß man
zinkhaltige Cyanidlaugen nach Zusatz von Natriumbicarbonat direkt
damit titrieren kann.

3. B e s t i m m u n g   d e s   C y a n s   n a c h   M c.   D o w a l l (Chem.
News 89, 229; 1904) durch Titration des Cyankaliums mit Kupfersulfat.

Die Titerflüssigkeit wird dargestellt durch Lösen von ca. 25 g
reinen krystallisierten Kupfervitriol in Wasser. Hinzufügen von
Ammoniak, bis der blaue Niederschlag wieder in Lösung gegangen ist,
und Auffüllen auf 1 Liter. Zur Analyse nimmt man etwa 0,5 g KCy
in 100 ccm Wasser, setzt 5 ccm. Ammoniak zu und titriert mit der
Kupfervitriollösung bis zur bleibenden Blaufärbung.

4. B e s t i m m u n g   d e r   V e r u n r e i n i g u n g e n   d e s   C y a n -
k a l i u m s.

Im Handelscyankalium kommen außer Cyanid folgende Bestandteile vor: Feuchtigkeit, Kali, Natron, Carbonat, Hydrat, Cyanat,
Chlorid, Ferrocyanid, Cyanamid und Sulfid. Die Bestimmung derselben
nebeneinander geschieht zweckmäßig in folgender Weise.

F e u c h t i g k e i t. Man wiegt ca. 1 g möglichst schnell ge-
pulvertes Material im Wägegläschen und erhitzt im geschlossenen
Tiegel in einem Strom von trockenem Wasserstoffgas auf ca. 150⁰.
Der Gewichtsverlust gibt die Feuchtigkeit an. Das Resultat ist nicht
ganz einwandfrei, weil durch die Einwirkung der Feuchtigkeit auf das
Cyanid eine geringe Zersetzung desselben sich nicht vermeiden läßt.

K a l i,   N a t r o n. Man dampft ca. 0,5 g gelöste Substanz in
einer Porzellanschale mit ca. 5 ccm. einer verdünnten Salzsäure
(spez. Gew. 1,124) auf dem Wasserbade zur vollständigen Trockne ab,
unter Beobachtung der nötigen Vorsicht, weil Blausäure entweicht.
In den erhaltenen Chloriden, Chlorkalium und Chlornatrium, bestimmt
man in der bekannten Weise Kali und Natron.

C a r b o n a t. 10 ccm = 0,5 g der vorher erwärmten Cyanidlösung
versetzt man nach vorheriger Verdünnung zur Bestimmung des darin
enthaltenen kohlensauren Alkalis in einem verschlossenen Kolben
mit salpetersaurem Baryt oder Kalk in geringem Überschuß. Nach dem
Absetzen des entstandenen kohlensauren Baryts filtriert man ab und
wäscht aus möglichst unter Vermeidung von Luftzutritt. Aus der Menge
des erhaltenen kohlensauren Baryts berechnet man die Menge der
Kohlensäure.

H y d r a t. Zur Bestimmung des freien Ätzkalis sind verschiedene
Methoden vorgeschlagen worden. Entweder fällt man dasselbe in der
von Carbonat befreiten Lösung mit Magnesiumnitrat aus und bestimmt
die Magnesia — die Resultate sind nicht zuverlässig — oder man versetzt nach J. E.   C l e n n e l (Eng. a. Mining Journ. 1903, 75, 968)

zuerst mit Silbernitrat bis zur Trübung, um die Blausäure zu binden, und titriert nachher mit $^1/_{10}$ N.-Säure und Phenolphtalein als Indikator das Alkali. Nach unseren Erfahrungen gibt die besten Resultate eine von A. S c h l a u d im Laboratorium der Deutschen Gold- und Silberscheideanstalt ausgearbeitete Methode. Es läßt sich nämlich mit einer neutralen Suspension von Berliner Blau von bekanntem Gehalt das Ätzkali in dem Gemisch direkt bestimmen. Man versetzt dazu die Lösung so lange mit einer nicht zu verdünnten (ca. 30 proz.) Lösung von Silbernitrat, bis eine bleibende Trübung zu bemerken ist, darauf versetzt man mit Baryumnitratlösung, wodurch Baryumcarbonat gefällt wird. Ohne abzufiltrieren läßt man nun durch eine Bürette die Berlinerblau-Suspension in die auf 30—40⁰ erwärmte Lösung langsam zufließen, zweckmäßig unter kräftigem Umschütteln, bis Berlinerblau nicht mehr in gelbes Blutlaugensalz und Eisenoxyd verwandelt wird, was man daraus erkennt, daß die über dem Niederschlag stehende klare Flüssigkeit einen blauen Stich bekommt. Der Endpunkt ist mit großer Schärfe wahrzunehmen. Bei Gegenwart von Alkalicyanat hat man darauf zu achten, daß die Lösung nicht über 50⁰ warm ist, da bei höherer Temperatur Alkalicyanat sich in Ammoniak und kohlensaures Alkali spaltet, welche natürlich auf Berlinerblau einwirken und das Resultat ungünstig beeinflußen.

Die Titerflüssigkeit wird folgendermaßen dargestellt: Man setzt zu einer Lösung von gelbem Blutlaugensalz unter Umrühren so viel Eisenchlorid hinzu, daß noch überschüssiges Blutlaugensalz vorhanden ist. Durch Dekantieren wäscht man so lange aus, bis sich der Niederschlag nicht mehr gut absetzt. Den Titer der gut durchgeschüttelten Suspension bestimmt man mit Normalnatronlauge und verdünnt die Lösung zweckmäßig so, daß 10 ccm $^1/_{10}$ N.-Natronlauge ungefähr 10 ccm der Suspension entspricht. Die Blaususpension hält sich gut. Vor der Benutzung wird dieselbe umgeschüttelt.

C y a n a t. Die von Carbonaten und ätzenden Alkalien befreite Lösung versetzt man zur Bestimmung der darin enthaltenen Cyansäure mit neutraler Silbernitratlösung in geringem Überschuß und läßt absitzen. Der Niederschlag, welcher aus Cyansilber, cyansaurem Silber und Chlorsilber besteht oder bestehen kann, wird abfiltriert, ausgewaschen und hierauf in ein Becherglas oder einen Kolben gespritzt, mit ca. 200 ccm Wasser aufgeschlämmt, mit 10 ccm verdünnter Salpetersäure vom spez. Gew. 1,20 angesäuert und hierauf auf dem Wasserbade während einer Stunde unter öfterem Umschütteln bedeckt digeriert. Hierbei löst sich das cyansaure Silber auf, während die anderen Silberverbindungen zurückbleiben. Aus der Menge des in Lösung gegangenen Silbers, welches man als Chlorsilber oder nach V o l h a r d titrimetrisch bestimmen kann, läßt sich der Gehalt an Cyansäure berechnen. Diese Methode ist nur bei genauer Befolgung der Vorschrift zuverlässig. Vorzuziehen ist die von O. H e r t i n g (Zeitschr. f. angew. Chem. 14, 585; 1901). Er verwendet zur Bestimmung der Cyansäuren 0,2—0,5 g des Salzes, löst dasselbe in einer Porzellanschale in einigen ccm Wasser auf, setzt

verdünnte Salzsäure oder Schwefelsäure hinzu, bringt auf dem Wasserbad zur Trockene, löst in Wasser und bestimmt in dieser Lösung den
Stickstoffgehalt durch Destillation mit Natronlauge, wobei man in
$^1/_5$ N.-Schwefelsäure auffängt und mit $^1/_5$ N.-Ammoniak zurücktitriert.
Den ermittelten Stickstoffgehalt berechnet man auf Cyansäure bzw.
cyansaures Kali. Die Anwesenheit von Chlorammonium ist natürlich
zu vermeiden. Nach E v a n (Journ. Soc. Chem. Ind. 28, 244; 1909)
verfährt man ebenso, bestimmt jedoch das entweichende Kohlendioxyd.
Letzteres wird in Natronlauge aufgefangen, mit Chlorbaryum gefällt
und das Baryumcarbonat gewogen. S. M i l b a u e r (Zeitschr. f.
anal. Chem. 42, 42, 77; 1903) modifiziert die Methode, indem er saures
schwefelsaures Kali zur Zersetzung des Cyanats und gleichzeitig zur
Isolierung der Blausäure aus dem Cyanid benutzt.

C h l o r i d. Man vertreibt in der ursprünglichen Cyanidlösung die
Blausäure durch Eindampfen mit Essigsäure oder Weinsäure auf dem
Wasserbade und bestimmt das zurückbleibende Chlorid, oder man
dampft ohne Säurezusatz ein und digeriert, um eine Trennung des
zurückbleibenden Cyansilbers vom Chlorsilber herbeizuführen, mit
einer Lösung von essigsaurem Quecksilberoxyd, wobei das Cyansilber
in Lösung geht, während Chlorsilber zurückbleibt.

F e r r o c y a n. Zur Bestimmung des Ferrocyans, welches sich beim
Auflösen des geschmolzenen Cyankaliums durch etwa vorhandenes
Eisen bilden kann, versetzt man weitere 50 ccm der Lösung unter den
gleichen Vorsichtsmaßregeln mit 5 ccm verdünnter Schwefelsäure,
verdampft zur Trockne, spült in eine Platinschale und erhitzt zum
Schmelzen. Nach dem Erkalten löst man die Salzmasse auf, versetzt
mit einigen Stückchen Zink zur Reduktion des schwefelsauren Eisenoxyds und titriert das Eisen mit Permanganatlösung. Eine blinde
Probe mit der gleichen Menge Schwefelsäure und Zink zur Ermittelung
der eventuell in Abzug zu bringenden Permanganatlösung ist unerläßlich.

C y a n a m i d. Da bei den neueren Cyanidherstellungsverfahren das
Cyanamid Na_2CN_2 manchmal als Zwischenprodukt auftritt, so ist hierauf auch im Endprodukt zu prüfen. Man weist dasselbe nach, indem
man die stark verdünnte Cyanidlösung mit einem Überschuß von einer
stark ammoniakalischen 6 proz. Silbernitratlösung versetzt. Bei Gegenwart der geringsten Menge Alkalicyanamid tritt ein gelber Niederschlag
von Silbercyanamid auf. Ist die Lösung cyanamidfrei, so bildet sich
entweder kein Niederschlag oder bei genügender Konzentration ein
rein weißer, glänzender, krystallinischer Niederschlag von Cyansilber-
ammoniak. Zur quantitativen Bestimmung des Cyanamids wird dasselbe aus der vorher von kohlensaurem und ätzendem Alkali befreiten
Lauge mit der besagten Silberlösung ausgefällt, dann abfiltriert und
ausgewaschen, der Niederschlag wird darauf mit verdünnter Salpetersäure auf dem Wasserbade erwärmt und geschüttelt. Dabei löst sich
alles Cyanamidsilber heraus. Es wird wieder abfiltriert und ausgewaschen
und im Filtrat das Silber mit Rhodankalium als Indikator titriert.
Dies ergibt den Cyanamidgehalt.

S c h w e f e l. Wenn auch die im Cyankalium vorhandenen Schwefelmengen in der Regel sehr gering sind, so machen sie sich doch bei der
Titration störend bemerkbar und sollen auch bei der praktischen Verwendung, besonders in der Galvanoplastik, schädlich wirken. Gewichtsanalytisch bestimmt man den Schwefel folgendermaßen: Etwa 20 g
KCN werden in ca. 100 ccm Wasser gelöst, einige Gramm frisch gefälltes kohlensaures Blei zugesetzt und kurze Zeit umgeschüttelt.
Der Niederschlag von kohlensaurem Blei und Schwefelblei wird filtriert,
ausgewaschen und in einer Schale getrocknet. Darauf wird derselbe
zur Oxydation mit ca. 10 ccm roter, rauchender Salpetersäure übergossen, sofort mit einem Uhrglas bedeckt, einige Zeit auf dem Wasserbade digeriert und dann zur Trockne verdampft. Der Rückstand, bestehend aus Bleisulfat und Bleinitrat, wird mit ca. 10 proz. Sodalösung
kurze Zeit gekocht zur Umsetzung des Bleisulfats in Bleicarbonat
und schwefelsaures Natron, sodann filtriert und im Filtrat nach
dem Ansäuern mit Salpetersäure die Schwefelsäure mit Baryumnitrat
ausgefällt. E w a n (Journ. Soc. Chem. Ind. 28, 10; 1909) hat eine
Titrationsmethode zur schnelleren Bestimmung des Schwefels ausgearbeitet. Er löst 10 g gepulvertes Cyankalium möglichst schnell
in 15 ccm Wasser und läßt titrierte Bleinitratlösung aus einer Bürette
zulaufen, zuerst rasch, so lange, als sie ein merkliches Wachsen des
Niederschlags hervorbringt, nachher langsamer, und prüft von Zeit
zu Zeit den Endpunkt der Ausfällung dadurch, daß er einen Tropfen
der zu titrierenden Cyanidlösung und einen Tropfen Bleinitrat auf
Filtrierpapier zusammenbringt und eine eventuell noch eintretende
Färbung an der Berührungsstelle beobachtet. Da der in dem zum Lösen
verwendeten Wasser enthaltene Sauerstoff stets den Schwefel zum
Teil oxydiert, so findet man immer zu niedrige Resultate die unter
den gegebenen Verhältnissen empirisch mit 25 % festgestellt wurden.
Man muß also die verbrauchten Kubikzentimeter Bleinitrat noch mit
1,25 multiplizieren. Die Methode ist sehr schnell und genügend genau,
wenn es sich um die Bestimmung von weniger als 0,1 % Schwefel im
Cyanid handelt.

Cyannatrium, NaCN.

Cyannatrium ist in geschmolzenem Zustand eine weiße Masse von
ähnlichem Aussehen wie Cyankalium Aus wäßriger Lösung scheidet
es sich mit 2 Äquivalenten Wasser in Tafeln ab, auf über 33⁰ erhitzt,
scheidet es wasserfreies Salz aus. Der Schmelzpunkt des letzteren liegt
etwas unter 600⁰.

Das Cyannatrium wird vornehmlich nach dem Verfahren von
C a s t n e r dargestellt durch Einwirkung von Ammoniak auf ein
Gemisch von Natrium und Holzkohle bei Rotglut. Ferner nach dem
R e i c h a r d - B u e b schen Verfahren durch Absorption der Blau-
säure aus Schlempegasen in Ätznatronlösung.

Die geschmolzene Handelsware enthält 96,5—98 % Cyannatrium
entsprechend 128—130 % Cyankalium. Ferner sind noch Cyanidbriketts

auf dem Markt, die in der Regel 120 % KCy titrieren und durch starkes Zusammenpressen von gepulvertem Cyannatrium in Brikettform hergestellt sind.

Probenahme und Analyse des Cyannatriums ist dieselbe wie beim Cyankalium.

Cyanammonium, NH_4CN,

bildet farblose Würfel, die schon bei 36^0 unter Dissoziation verdampfen, in Wasser und Alkohol leicht zu einer alkalisch reagierenden Flüssigkeit löslich sind, die nach Ammoniak riecht und nach einiger Zeit eine braune Substanz absetzt. Der Cyangehalt dieses in der Technik übrigens selten vorkommenden Salzes kann ebenfalls gewichts- wie maßanalytisch bestimmt werden, im letzteren Falle unter Zusatz von kohlensaurem Wasser.

Die Cyanide der Erdalkalien

werden nach L a n g b e i n in der Galvanoplastik verwandt. Sollen solche analysiert werden, so werden sie in Wasser gelöst, die Erdalkalien mit Soda und bei Gegenwart von Magnesia unter Zusatz von etwas Ätznatron ausgefällt und in dem Filtrat das Cyan in der bei Cyankalium angegebenen Weise bestimmt.

Cyanquecksilber, HgC_2N_2,

bildet farblose, quadratische Säulen, leicht löslich in Wasser, wird in der Medizin angewendet und ist nach mehreren Pharmakopöen offizinell. Das Cyan des Cyanquecksilbers läßt sich einfach und leicht durch Jodlösung nach der Methode von F o r d o s und G é l i s bestimmen:

$$HgC_2N_2 + 4\,J = HgJ_2 + 2\,CNJ.$$

Zu dieser Bestimmung löst man etwa 0,1 g in ca. 400 ccm Wasser auf und titriert mit $^1/_{10}$ N.-Jodlösung. Wenn hierbei während des Titrierens eine Ausscheidung von rotem oder gelbem Jodquecksilber eintritt, so muß man etwas Jodkalium zusetzen, um den entstandenen Niederschlag in Lösung zu bringen. In diesem Falle ist mehr Quecksilber vorhanden, als der Verbindung HgC_2N_2 entspricht. Die Resultate nach dieser Methode sind sehr genau; bei Versuchen wurden statt 100,0 % 99,9 % und 99,7 % gefunden.

U n l ö s l i c h e   C y a n m e t a l l e, die sich durch Mineralsäuren vollständig zersetzen lassen, bestimmt man derart, daß man sie in einem Kolben unter tropfenweisem Zufließenlassen von verdünnter Salzsäure erwärmt, die freiwerdende Blausäure in verdünnter Kalilauge auffängt und nach L i e b i g titriert.

B. Komplexe Cyanide.

I. Ferrocyankalium, Gelbes Blutlaugensalz.

Das Verfahren zur Herstellung von gelbem Blutlaugensalz durch Schmelzen von Pottasche und getrockneten oder verkohlten stickstoffhaltigen Substanzen, wie Abfällen von Leder, Horn, Wolle, getrocknetem Blut, ist jetzt durch die Gewinnung des in der Gasreinigungsmasse enthaltenen Cyans fast völlig verdrängt worden so daß wir nur noch letztere Methode berücksichtigen. Die hier gebrauchten R o h - m a t e r i a l i e n sind: Ausgebrauchte Gasreinigungsmassen, Pottasche, Chlorkalium[1]).

a) Untersuchung der Gasreinigungsmassen.

Die gewöhnliche ausgebrauchte Gasreinigungsmasse enthält zwischen 3—16 % Berlinerblau, als wasserfreies Ferrocyaneisen Fe_7Cy_{18} gerechnet, 0,5—3,0 % schwefelsaures Ammoniak, 30—50 % Schwefel. Der Rest besteht aus 10—30 % H_2O, Eisenoxydhydrat mit organischen Substanzen, Sand, Ton, Kalk und Natronsalzen. Bei mangelhafter Reinigung des Gases vor Eintritt in die Eisenoxyd enthaltenden Kästen sind die Massen auch durch Teerbestandteile verunreinigt.

Das Probeziehen[2]) muß äußerst sorgfältig geschehen, da es sich darum handelt, aus einem ganzen Waggon eine genaue Durchschnittsprobe zu erhalten. Am besten geschieht dies beim Verladen oder Entladen, indem man von jedem Korb, Kasten oder sonstigen Transportgefäß eine Schaufel voll in ein Gefäß gibt und dieses Material durch mehrfaches Umschütteln gut mischt, ausbreitet, die Probe verjüngt und schließlich auf ein Probematerial von etwa 1 kg reduziert. Bei nicht zu feuchten Massen siebt man das Ganze durch ein Sieb von etwa 64 Maschen pro qcm.

W a s s e r b e s t i m m u n g. 50 g des Materials werden bei 70⁰ im Trockenschranke 4 Stunden lang getrocknet. Sehr feuchte Massen pflegen schlecht auslaugbar zu sein; sehr trockene Massen mit 10 % H_2O und darunter lassen darauf schließen, daß sie sich im Zustande der Zersetzung befinden, wie dies bei längerem Lagern der Massen infolge Erwärmung leicht eintreten kann, wobei auch eine Zerstörung der Rhodan- und Cyanverbindungen unter Bildung von schwefelsaurem Ammoniak herbeigeführt wird, und schließlich ein Inbrandgeraten der Massen eintreten kann.

Zur B l a u b e s t i m m u n g wird die bei 70⁰ getrocknete Masse fein zerrieben und durch ein Sieb von etwa 200 Maschen pro qcm gesiebt. Zurückbleibende Holzteile u. dgl. werden zerkleinert, der Masse wieder beigegeben und sodann sorgfältig gemischt. Neuerdings kommen noch die nach den nassen Verfahren von Knublauch, W. Fowlis

---

[1]) Untersuchung von Pottasche und Chlorkalium. Bd. I, S. 621 u. 632.
[2]) Vgl. Bd. I, S. 8.

und hauptsächlich von Bueb erhaltenen Blaumassen in Betracht. Die
nach dem Buebschen Verfahren resultierende Masse wird von der
Chemischen Fabrik „Residua" verarbeitet. Sie wird erhalten durch gesonderte Absorption der im Leuchtgas enthaltenen Blausäure vermittelst konzentrierter Eisenchlorür- oder Eisensulfatlösung im Standardwäscher und
besteht aus einem unlöslichen Ferrocyanammoniumdoppelsalz, das abge-
preßt bis zu 50% Blau enthält und so gut wie frei von Schwefel und Rhodan
ist. Für die Probenahme schreibt die Chemische Fabrik „Residua" folgendes vor: Handelt es sich um Cyanschlamm, so wird nach Füllung eines
Zylinderwaggons derselbe ordentlich durchgerührt, und werden alsdann
drei Probeflaschen entnommen. Bei Benutzung von kleinen eisernen Ge-
binden, welche ebenfalls in 10 000 kg-Ladungen zur Abnahme gelangen,
wird vor Absendung nach vorheriger Durchrührung der einzelnen
Fässer aus jedem einzelnen Faß eine annähernd gleich große Menge
des Schlammes entnommen; diese verschiedenen Faßproben werden
gemengt und daraus ebenfalls 3 Probeflaschen gefüllt. — Handelt es
sich um Cyanschlammpreßgut, so geschieht die Probenahme in der Weise,
daß vor Verladung eines Waggons bei dem Einfüllen der Preßkuchen
in Säcke von jedem Sack eine Probe von ca. ½ kg entnommen wird.
Diese Proben werden innig gemischt und von der Durchschnittsprobe
3 gleich große Mengen von ca. 1 kg in 3 luftdicht zu verschließende
Glasgefäße gefüllt.

Die Blaubestimmung in den Gasreinigungsmassen kann auf verschiedene Weise vorgenommen werden; a) nach K n u b l a u c h
(Journ. f. Gasbel. 33, 450; 1889): 10 g des in obiger Weise vorbereiteten
Materials werden in einem 250-ccm-Kolben mit 50 ccm 10 proz. Kalilauge übergossen und bei Zimmertemperatur unter häufigem Umschütteln 16 Stunden lang stehen gelassen. Alsdann wird bis zur Marke
aufgefüllt und ca. 5 ccm Wasser zugegeben zum Ausgleich des Volumens
des angewandten Materials, dann nochmals umgeschüttelt und filtriert.
Bei Anwesenheit von Schwefelkalium wird die Lösung vor der Filtration
mit 1—2 g kohlensaurem Blei behandelt. Von dem Filtrat werden 100 ccm
in 25 ccm auf 60—80° erhitzte 6 proz. Eisenchloridlösung gegeben und
auf dem Drahtnetze noch einige Minuten unter Umrühren erhitzt. Sodann filtriert man unter weiterem Erhitzen möglichst rasch und wäscht
1—2 mal mit heißem Wasser aus, um das Rhodaneisen zu entfernen.
Filter samt Niederschlag bringt man in das Becherglas zurück, übergießt
mit 20 ccm 10 proz. Kalilauge, zerdrückt mit dem Glasstabe an den
Wänden des Glases die Klümpchen, fügt wenig Wasser zu und zerreibt
das Ganze zu einem gleichmäßigen Brei. Hierauf spült man das Ganze
in einen 250-ccm-Kolben, den man bis zur Marke auffüllt, und filtriert.
100 ccm dieses Filtrates werden in einer Porzellanschale mit 3 ccm
30 proz. Schwefelsäure versetzt und mit Kupfersulfatlösung titriert.
Beim Titrieren mit der Kupferlösung stellt man die Endreaktion dadurch
fest, daß man einen Tropfen der Lösung auf Tupfpapier von S c h l e i c h e r
und S c h ü l l bringt und in einiger Entfernung davon einen Tropfen
Eisenoxydlösung; ist noch nicht alles Ferrocyan durch Kupfer gefällt,

so entsteht an der Berührungsstelle der beiden Tropfen in kürzerer oder längerer Zeit, je nach dem Überschusse an Ferrocyan, eine mehr oder weniger intensive Färbung (Tupftiter; vgl. Bd. I, S. 512).

Zur Einstellung der Kupfersulfatlösung löse man 12½ g reinen Kupfervitriol in 1 g Wasser auf, ferner 4 g reines Blutlaugensalz im Liter. Von letzterer Lösung werden 100 ccm in 25 ccm heiße Eisenchloridlösung von 6 % gegossen und der Niederschlag genau wie oben behandelt. Die bei 4 übereinstimmenden Titrationen erhaltene Durchschnittszahl von verbrauchten ccm in 0,4 dividiert, ergibt den Titer der Lösung.

Es ist durchaus notwendig, bei der Einstellung und bei den Blaubestimmungen dieselben Bedingungen einzuhalten, insbesondere für die Anwesenheit stets der gleichen Menge Kaliumsalz und Schwefelsäure zu sorgen, damit der entstehende Niederschlag von Ferrocyankupfer auch stets die gleiche Zusammensetzung erhalte. Die Reaktion verläuft nicht gleichmäßig, zum Teil nach der Formel I, zum Teil nach Formel II.

$$\text{I.} \quad K_4FeC_6N_6 + CuSO_4 = K_2CuFeC_6N_6 + K_2SO_4.$$
$$\text{II.} \quad K_4FeC_6N_6 + 2\,CuSO_4 = Cu_2FeC_6N_6 + 2\,K_2SO_4.$$

Zu dieser Methode, welche in der Praxis vielfach eingeführt ist, gehört größere Übung, um den Endpunkt genau treffen zu können.

J. M. Popplewell (Journ. Soc. Chem. Ind. 20, 225; 1901, Journ. f. Gasbel. 44, 904; 1901) empfiehlt eine Modifikation der Knublauchschen Methode, die nur 1½ Stunden beanspruchen soll.

b) Nach der abgeänderten Zulkowskyschen Methode. Diese ist speziell von der Chemischen Fabrik „Residua" akzeptiert und wird von dieser in folgender Weise ausgeführt:

5 g gut durchgerührten Cyanschlamms bzw. 90 g Cyanschlammpreßgut werden mit 50 ccm bzw. 100 ccm Kalilauge von 30⁰ Bé unter Zusatz von ca. 200 ccm destilliertem Wasser bis zur Entfernung des Ammoniaks gekocht und auf 1010 ccm aufgefüllt (10 ccm = Korrektion des Fehlers in der Trockensubstanz). Der gut durchgeschüttelte Kolbeninhalt wird durch ein trockenes Faltenfilter filtriert, und vom Filtrat werden 25 ccm unter Zugabe von 50 ccm Wasser und 10 ccm verdünnter Schwefelsäure (100 Teile Säure vom spez. Gew. 1,84 : 1 l) mit Zinklösung austitriert. Bei den Verkaufsanalysen dürfen die Differenzen ½ % nicht übersteigen. Die Zinklösung wird folgendermaßen bereitet: 10,2 g reines Zinksulfat ($ZnSO_4 + 7$ aq) werden mit 10 ccm Schwefelsäure von 60⁰ Bé angesäuert (der geringe Säurezusatz macht die Titerlösung des Zinksulfates haltbarer) zu 1 Liter gelöst. Die Lösung wird auf eine frisch bereitete Lösung von Ferrocyankalium eingestellt, welche 10 g $K_4FeCy_6 + 3$ aq im Liter enthält, und zwar werden hierbei 25 ccm Blutlaugensalzlösung unter Zusatz von 50 ccm destilliertem Wasser und 10 ccm verdünnter (s. oben) Schwefelsäure austitriert. Die Endreaktion wird mittels der Tüpfelmethode bestimmt. Hierbei

wird zweckmäßig das Tupfpapier von S c h l e i c h e r und S c h ü l l Nr. 601 neben 1 proz. Eisenoxydlösung benutzt.

c) Nach N a u s s. Um das Tüpfeln zu vermeiden, verändert A. O. N a u s s (Journ. f. Gasbel. 43, 696; 1900) die K n u b l a u c h - sche Methode nach folgender Vorschrift: 10 g Masse werden in ½-1-Kolben mit 50 ccm 10 proz. Natronlauge aufgenommen, wiederholt geschüttelt und bei Zimmertemperatur bis zur völligen Zersetzung des Blaus der Einwirkung der Lauge überlassen. Nach K n u b l a u c h sind dazu 15 Stunden nötig. Durch Anwendung der verdünnten Lauge soll die Bildung von Schwefelalkalien vermieden werden. Man füllt jetzt zur Marke auf, gibt noch 5 ccm Wasser hinzu, entsprechend dem Volumen der Masse, und filtriert nach nochmaligem kräftigen Umschütteln einen aliquoten Teil ab. Es empfiehlt sich, für die Analyse nicht mehr von der Lösung zu verwenden, als gerade 1—2 g Masse gleichkommt. Diesen Auszug, etwa 50 ccm, läßt man zu 10—15 ccm einer heißen, sauren Eisenalaunlösung (200 g im Liter + 100 g H_2SO_4) fließen, um das Ferrocyannatrium in Berlinerblau überzuführen, und erwärmt auf dem Wasserbade noch so lange, bis der eigentümlich süße Geruch, welcher wahrscheinlich von der Zersetzung der mit in Lösung gegangenen, nicht Blau bildenden Cyanverbindungen herrührt, verschwunden ist. Nachdem durch ein Faltenfilter in einen Heißwassertrichter filtriert und der Niederschlag mit heißem Wasser bis zur vollständigen Entfernung der Schwefelsäure ausgewaschen ist, bringt man sofort das Blau mit dem Filter in einen Kolben, setzt etwas Wasser zu und erhitzt unter häufigem Umschütteln bis zum Sieden, um den Niederschlag möglichst vom Filter zu lösen. Jetzt wird das Blau mit Natronlauge direkt bestimmt. Man gibt nach und nach so viel von der $^1/_{50}$ N.-Lauge hinzu, bis alles Blau zersetzt ist, was nach kurzem Erhitzen rasch eintritt. Hierauf titriert man die überschüssige Lauge zurück unter langsamem Zufluß von $^1/_{50}$ N.-Säure und fortwährendem Erhitzen und Umschütteln der Flüssigkeit. Es ist dies Erhitzen unerläßlich, da selbst bei Gegenwart von Lauge die durch Rückbildung von Blau hervorgerufene Grünfärbung kurze Zeit vorherrscht. Erst wenn die schwach grüngelbe Farbe der Lösung anhält, ist der Endpunkt der Reaktion gekommen.

Dies Verfahren läßt sich ebenso auf die Cyanbestimmung im Gase ausdehnen. Die Resultate stimmen mit der später zu beschreibenden D r e h s c h m i d t - B u r s c h e l l schen Methode (S. 15) gut überein.

Nach Untersuchungen von B e r n h e i m e r und S c h i f f (Chem.-Ztg. 26. 227; 1902) erhält man beim direkten Titrieren nach K n u b l a u c h andere, und zwar niedrigere, Resultate als beim Glühen des nochmals abgeschiedenen Blaus und Wiegen des Eisenoxyds.

Diese Resultate werden bestätigt von L ü h r i g (Chem.-Ztg. 26, 1039; 1902), welcher auch nach dem Verfahren von N a u s s sowie von L e y b o l d - M o l d e n h a u e r höhere Resultate als K n u b - l a u c h erhält. Nach seiner Ansicht ist es noch nicht möglich, sich für eine Methode als die definitiv richtige zu entscheiden. Käufer und Verkäufer sind daher bis auf weiteres noch darauf angewiesen, über die zwischen ihnen anzuwendende Analysenmethode eine Vereinbarung zu treffen.

d) Nach der Methode von Moldenhauer und Leybold. Danach wird das Blau mit Natronlauge zersetzt, das gebildete Ferrocyannatrium mit Schwefelsäure eingedampft und bis zur Zerstörung des Ferrocyans abgeraucht. Das Eisensulfat wird nun mit Zink und Schwefelsäure zu Oxydulsalz reduziert und mit Permanganat titriert.

Nach Auerbach (Journ. f. Gasbel. 39, 258; 1896) liefert die Methode zu hohe Resultate, weil in den alkalischen Auszügen der Massen außer den Ferrocyansalzen oft noch andere Eisenverbindungen vorhanden sind.

e) Nach Drehschmidt (Journ. f. Gasbel. 35, 221 u. 268; 1892) werden 10 g Masse in einem 500-ccm-Kolben mit etwa 150 ccm Wasser und 1 g Ammoniumsulfat versetzt, 15 g Quecksilberoxyd dazugegeben, zum Sieden erhitzt und eine Viertelstunde siedend erhalten. Nach dem Erkalten fügt man unter Umschütteln ½—1 ccm einer gesättigten Lösung von salpetersaurem Quecksilberoxydul hinzu und so viel Ammoniak, bis keine Fällung mehr erfolgt, um etwa gelöste Rhodan- oder Chlorwasserstoffsäure abzuscheiden, füllt bis zur Marke auf und gibt noch 8 ccm Wasser hinzu, entsprechend dem Volumen der festen Substanzen. Man schüttelt gut um und filtriert durch ein trockenes Filter. Von dem Filtrate bringt man 200 ccm, entsprechend 4 g Substanz, in einen 400 ccm-Kolben, setzt wenigstens 6 ccm Ammoniakflüssigkeit von 0,91 spez. Gew. und 7 g Zinkstaub hinzu, um aus dem gebildeten Quecksilbercyanid das Quecksilber abzuscheiden und das Cyan in Ammoniumcyanid überzuführen, schüttelt einige Minuten gut um, gibt noch 2 ccm Kalilauge von 30 % hinzu, um Verflüchtigung von Cyanwasserstoffsäure zu verhüten, füllt bis zu 400 ccm auf und filtriert durch ein trockenes Faltenfilter. Von dem Filtrate werden 100 ccm, entsprechend 1 g Substanz, zu überschüssiger ¹/₁₀ N.-Silberlösung (meist genügen 30—35 ccm) in einen 400-ccm-Kolben gegeben, umgeschüttelt und mit verdünnter Salpetersäure angesäuert, um das Cyan als Silbercyanid abzuscheiden. Nach dem durch Umschütteln zu befördernden Absitzen des Niederschlages wird bis zur Marke aufgefüllt, durchgeschüttelt und durch ein trockenes Filter filtriert. Zur Bestimmung des überschüssig angewendeten Silbers werden 200 ccm des Filtrates nach dem Volhardschen Verfahren mit ¹/₂₀ Ammoniumrhodanid zurücktitriert. Der Verbrauch dieser Lösung entspricht direkt dem überschüssigen Silber und ist von der angewandten ganzen Menge des letzteren abzuziehen.

Nach Burschell (Journ. f. Gasbel. 36, 8; 1893) kann das Rhodan vermittelst salpetersauren Quecksilberoxyduls nicht vollständig aus der Lösung entfernt werden, weshalb er empfiehlt, wie bei der Knublauchschen Methode zunächst das Blau mit Alkali auszuziehen, es dann mit Eisensalzen wieder zu fällen, das so gereinigte Blau mit

Quecksilberoxyd zu zersetzen, und das Cyan in der Cyanquecksilber-
lösung nach D r e h s c h m i d t zu bestimmen.

L u b b e r g e r (ebend. 41, 124; 1898) empfiehlt gleichfalls, das
so gereinigte Blau, und nicht die Gasreinigungsmasse direkt, mit Quecksilberoxyd zu zersetzen, weil in der Masse neben Ferrocyan noch andere,
nicht blaubildende und mit Eisensalzen nicht fällbare Cyanverbindungen
vorkommen können, die beim Kochen mit Quecksilberoxyd in Lösung
gehen und Cyan liefern, welches nicht als Ferrocyan vorhanden ist. Er
ist der Ansicht, daß die D r e h s c h m i d t sche Methode, in Verbindung mit der Blauextraktion, die zuverlässigsten und genauesten Werte
liefert. Bei Bestimmungen von 9 verschiedenen Gasreinigungsmassen
erhielt er nach der ursprünglichen und der abgeänderten Methode
D r e h s c h m i d t Differenzen zwischen 1,7—3,2 %.

F e l d (Journ. f. Gasbel. 46, 561, 603, 620, 642, 660; 1903) hat
folgende Methode zur Analyse des Rohcyans ausgearbeitet. Aus der
lufttrockenen Substanz werden die löslichen Bestandteile mit Ma-
gnesiumchloridhaltigem Wasser von Zimmertemperatur extrahiert.
In einem aliquoten Teil des Filtrates bestimmt man die freien Cyan-
alkalien durch Destillation mit Bleinitratlösung unter Zusatz von etwas
Magnesiumchlorid. Die entweichende Blausäure wird in Natronlauge
aufgefangen und nach L i e b i g mit Silbernitrat titriert. In einem
anderen aliquoten Teil der wäßrigen Lösung bestimmt man die löslichen
Eisencyanverbindungen. Man entfernt dazu zunächst die Sulfide und
Cyanide durch Kochen der Lösung unter Zusatz von Magnesiumchlorid
und Magnesiumoxyd, darauf zersetzt man das Ferrocyan durch Behandlung mit alkalischer Quecksilberchloridlösung, säuert mit Schwefelsäure an und destilliert die frei gewordene Blausäure ab, die unlöslichen
Ferrocyanverbindungen bestimmt man gemeinschaftlich mit den löslichen direkt in dem lufttrockenen Rohcyan. Zur Zersetzung der Sulfide
und des Cyankaliums dampft man mit Magnesiumchloridlösung zur
Trockene, der Rückstand wird kalt mit konz. Natronlauge aufgeschlossen,
sodann kocht man wie oben mit alkalischer Quecksilberchloridlösung
und treibt die Blausäure mit Schwefelsäure aus.

Die Fabrikation von Ferrocyankalium aus ausgebrauchten Gasreinigungsmassen wird in der K u n h e i m schen Fabrik zu Berlin
nach DRP. 26 884 von H. K u n h e i m und H. Z i m m e r m a n n
wie folgt ausgeführt. Man laugt zunächst die löslichen Ammoniaksalze
mit warmem Wasser aus und gewinnt aus dieser Lösung Rhodanammonium und schwefelsaures Ammoniak. Der Rückstand wird mit Ätzkalk
gemengt und mit Dampf erhitzt, wodurch die Eisencyanide unter Abscheidung von Eisenhydroxyd in lösliches Ferrocyancalcium übergeführt
werden. Das gebildete Ferrocyancalcium wird mit Wasser ausgelaugt
und aus dem verbleibenden Rückstande der Schwefel durch Verbrennen
auf Schwefelsäure verarbeitet. Die konzentrierte Lösung des Ferro-
cyancalciums scheidet auf Zusatz von Chlorkalium bei Siedehitze das
feste, unlösliche Ferrocyankaliumcalcium $K_2CaFeC_6N_6$ aus, das, nach
dem Auswaschen mit Pottaschelösung erhitzt, kohlensauren Kalk und

Ferrocyankalium liefert, welches aus der eingedampften Lösung in Krystallen gewonnen wird.

Zur Analyse dieses Zwischenproduktes, welches auch Handelsartikel sein kann, gibt man 1 g Substanz in ein Kölbchen oder Becherglas, versetzt mit ½ g kohlensaurem Natron, kocht auf und filtriert von dem gebildeten kohlensauren Kalk ab. Diese Lösung kann man nach D e H a ë n (Ann. 90, 160; 1873) mit übermangansaurem Kali in der Weise titrieren, daß man die Flüssigkeit auf ca. 1 Liter verdünnt, mit Schwefelsäure ansäuert und hierauf Permanganatlösung so lange zulaufen läßt, bis bleibende Rotfärbung eintritt. Eine Permanganatlösung, welche 0,005 g Eisen anzeigt, entspricht pro ccm 0,02956 g $K_2CaFeCy_6$, d. h. 1 Fe = 5,912 g Doppelsalz.

Befürchtet man, daß bei der Behandlung mit Soda Substanzen in Lösung gehen könnten, die auf Kaliumpermanganat einwirken, so muß man die Lösung mit Schwefelsäure ansäuern, abdampfen, zum Schlusse in einer Platinschale die Salzmasse bis zum beginnenden Abrauchen der überschüssigen Schwefelsäure erhitzen und das Eisen mit Permanganat, wie bei der M o l d e n h a u e r - L e y b o l d schen Methode (S. 15), bestimmen. Statt der Titration mit Permanganat kann man aus der Lösung auch das Eisen mit Ammoniak ausfällen und als Eisenoxyd bestimmen.

b) Handelsprodukte.

a) Das F e r r o c y a n k a l i u m (gelbes Blutlaugensalz), technisch auch gelbes blausaures Kali genannt, $K_4FeC_6N_6 + 3 H_2O$, krystallisiert in tetragonalen Prismen von bernstein- oder citronengelber Farbe.

Zur Bestimmung des Ferrocyangehaltes im käuflichen gelben Blutlaugensalz bedient man sich der oben erwähnten Methode von D e H a ë n. Der Eisentiter der Permanganatlösung mit 7,5624 multipliziert, ergibt den Titer für krystallisiertes Blutlaugensalz.

Bei der Permanganat-Titration macht sich, worauf auch speziell B o l l e n b a c h (Zeitschr. f. anal. Chem. 47, 687; 1908) aufmerksam macht, häufig ein Niederschlag von $K_2MnFeCy_6$ störend bemerkbar, der sich beim Weitertitrieren wieder auflöst. Durch genügende Verdünnung und starkes Ansäuern läßt sich dieser Niederschlag vermeiden. Da auch der Endpunkt der Titration sich nicht genügend scharf erkennen läßt, so hat B o l l e n b a c h das Verfahren folgendermaßen modifiziert: Die Kaliumferrocyanidlösung wird mit verdünnter Schwefelsäure stark angesäuert und mit Kaliumpermanganat solange versetzt, bis die Flüssigkeit deutlich rotviolett gefärbt ist. Dann gibt man einige Tropfen Ferrisulfatlösung hinzu und titriert den geringen Überschuß an Kaliumpermanganat durch tropfenweise Zugabe von $^1/_{20}$ N.-Ferrocyankaliumlösung zurück. Beim Eintropfen des Ferrocyankaliums in die zu untersuchende Lösung entsteht sofort eine grünlich blaue Wolke von Berlinerblau, die beim Umschütteln solange verschwindet, als überschüssiges Permanganat vorhanden ist. Ist letzteres verbraucht so erzeugt der erste Tropfen Ferrocyankalium dauernd grünblaue Färbung, die durch einen Tropfen Permanganat wieder zum Verschwinden gebracht wird. Der Umschlag ist scharf zu erkennen.

R u p p und S c h i e d t (Ber. 35, 234; 1902) oxydieren das Ferrocyankalium mit Jod. Etwa 0,4 g Ferrocyansalz werden in Wasser gelöst und mit 20 ccm $^1/_{10}$ N.-Jodlösung in einer verschlossenen Stöpselflasche 15 Minuten geschüttelt. Man läßt darauf 15—20 Minuten stehen und titriert das überschüssige Jod mit Natriumthiosulfat zurück.

Als Verunreinigungen im Ferrocyankalium können auftreten: Kaliumsulfat, Kaliumcarbonat und Chlorkalium. Ersteres wird in der mit Salzsäure schwach angesäuerten wäßrigen Lösung mit Chlorbaryum erkannt; Kaliumcarbonat macht sich durch Aufbrausen einer Lösung mit Säure bemerkbar, und Chlorkalium wird durch Kochen der wäßrigen Lösung mit chlorfreiem Quecksilberoxyd, Abfiltrieren und durch Versetzen mit Silberlösung nach dem Ansäuern mit Salpetersäure erkannt.

Nach H a r o l d G. C o l m a n (The Analyst. ref. in Journ. Gaslighting 1908, 171) befinden sich in dem Ferrocyankalium des Handels, das aus Gasreinigungsmasse hergestellt ist, stets einige Prozente Carbonylferrocyanid $Na_3FeCOCy_5$. Man kann diese Verbindung als ein Ferrocyannatrium betrachten, in welchem ein Molekül NaCy durch das Radikal CO ersetzt ist. Der Gehalt an Carbonylferrocyanid in dem aus Gaswerken stammenden Produkt schwankt zwischen 2 und 5 %.

Bei allen gebräuchlichen Methoden zur Bestimmung des Ferrocyankaliums wird nun die Carbonylverbindung mitbestimmt, und die Resultate fallen dementsprechend zu hoch aus. C o l m a n hat nun eine Trennungsmethode ausgearbeitet, die auf der Löslichkeit der Carbonylverbindung im mäßig verdünnten Alkohol beruht. Dazu wird die wäßrige Lösung, die neutral oder alkalisch, aber nicht sauer sein darf, mit dem 4—5 fachen Volumen Methylalkohol gefällt. In Lösung bleiben Carbonylferrocyanid, Rhodanide, Sulfide und überschüssiges NaOH. Man läßt einige Stunden stehen, filtriert, wäscht mit Methylalkohol aus und trocknet. Der Niederschlag, welcher das reine Ferrocyanid enthält, wird nun in Wasser gelöst und in bekannter Weise bestimmt.

Das gelbe Blutlaugensalz findet ausgedehnte Verwendung in der Färberei, zur Darstellung von Berlinerblau und von Cyankalium.

b) F e r r i c y a n k a l i u m , r o t e s B l u t l a u g e n s a l z , r o t e s b l a u s a u r e s K a l i $K_3FeC_6N_6$. Dieses Salz wird durch Oxydation des Ferrocyankaliums vermittelst Chlor, Bleisuperoxyd, Kaliumpermanganat oder des elektrischen Stromes erhalten. Es krystallisiert ohne Krystallwasser in monoklinen Prismen von roter Farbe, leicht löslich in Wasser. Dem Lichte ausgesetzt, färbt sich die Lösung dunkler und scheidet einen blauen Niederschlag ab. Das Salz findet in der Färberei sowie zur Herstellung lichtempfindlicher Papiere Anwendung.

Zur Prüfung dieses Salzes auf seinen Cyangehalt reduziert man es zu Ferrocyanid, indem man eine Lösung von 2 g desselben in 100 ccm mit überschüssiger Kali- oder Natronlauge versetzt und hierauf so viel Eisenvitriollösung in kleinen Portionen zufügt, bis die Farbe des Niederschlages schwarz erscheint, eine Zeichen, daß sich Eisenoxyduloxyd niedergeschlagen hat. Man verdünnt nunmehr die Lösung auf 500 ccm, filtriert 250 ccm ab, gleich 1 g Substanz, in welchem man nach dem Ansäuern mit Schwefelsäure die Bestimmung nach D e H a ë n ausführt.

c) F e r r o c y a n n a t r i u m , b l a u s a u r e s N a t r o n , $Na_4FeC_6N_6 + 10 H_2O$. Das in gelben, monoklinen Säulen krystallisierende Salz ist ebenfalls Handelsartikel. Erhalten wird es aus der Ferrocyancalciumlauge, welche, wie oben angegeben, beim Behandeln der Gasreinigungsmasse mit Ätzkalk gewonnen wird. Aus dieser Lauge wird der Kalk vermittelst Soda als kohlensaurer Kalk abgeschieden und die entstehende Ferrocyannatriumlösung zur Krystallisation abgedampft. Das Salz wird in der gleichen Weise wie das Kaliumsalz untersucht. Aus der B u e b schen Blaumasse läßt es sich direkt durch Umsetzen mit Ätznatron gewinnen.

Außer Ferrocyankalium und Ferrocyannatrium sind drei Ferrocyankalium-Natriumdoppelverbindungen mit drei verschiedenen Verhältnissen zwischen Kalium und Natrium existenzfähig. Die Untersuchung derartiger Salze bietet keine Schwierigkeiten. Der Ferrocyangehalt wird nach D e H a ë n festgestellt, Kalium und Natrium in bekannter Weise bestimmt.

Unlösliche Ferrocyanide verwandelt man zuvor durch Erhitzen mit kohlensaurem Kali oder bei Vorhandensein von Berlinerblau mit Kalilauge in Ferrocyankalium. Man kann dieselben auch durch Kochen mit Quecksilber in Cyanquecksilber umsetzen und letzteres analysieren.

II. Andere komplexe Cyanide.

Wie bereits H. R o s e gefunden hat, zerlegt gefälltes Quecksilberoxyd die meisten komplexen Cyanide, wie Kaliumnickelcyanid, Kaliumzinkcyanid, die Ferro- und Ferricyanverbindungen, jedoch nicht die Kobaltcyanverbindungen, in der Art, daß alles Cyan als Cyanquecksilber erhalten wird, während die Metalle in Oxyde übergehen. Zur Bestimmung des Cyans kocht man das Doppelcyanid mit Wasser und überschüssigem Quecksilberoxyd einige Minuten bis zur vollständigen Zersetzung, fügt, wenn die Oxyde sich nicht abfiltrieren lassen, Alaunlösung hinzu, oder, wenn dies nicht angängig ist, nach F r e s e n i u s (Quant. Anal., 6. Aufl., I, 497) Salpetersäure, bis die alkalische Reaktion beinahe verschwunden ist, filtriert und wäscht mit heißem Wasser aus. Im Filtrate wird nach Zusatz einer genügenden Menge Natriumbicarbonat das Cyan nach der Methode F o r d o s und G é l i s (S. 5) ermittelt. Sollen die Alkalien bestimmt werden, so dampft man das Filtrat, welchem in diesem Falle natürlich vorher kein Alaun zugesetzt werden darf, mit Salzsäure zur Trockne ab, so daß die Salpetersäure und Cyanwasserstoffsäure vollständig ausgetrieben werden, und trennt in der Salzmasse in bekannter Weise die Alkalien vom Quecksilber. Bei Cyanzink-Cyankalium ist, wie schon oben erwähnt, zur Cyanbestimmung eine Trennung des Zinkoxydes nicht nötig; man kann die Lösung mit Natriumbicarbonat versetzen und ohne weiteres das Cyan mit Jod titrieren.

Die Doppelcyanide derjenigen Metalle, deren Sulfide in Cyanid unlöslich sind, lassen sich auch in einfacher Weise dadurch bestimmen, daß man sie mit Schwefelnatrium in geringem Überschuß versetzt, letzteren durch Bleicarbonat wegnimmt und in dem Filtrat das Cyanid wie gewöhnlich titriert.

C. Rhodanverbindungen.

R h o d a n a m m o n i u m , NH$_4$CNS. Das Rhodanammonium wird als Nebenprodukt bei der Blutlaugensalzgewinnung aus ausgebrauchten Gasreinigungsmassen, wie S. 16 angegeben, gewonnen. Die synthetische Darstellung desselben aus Schwefelkohlenstoff und Ammoniak ist so lange ohne Bedeutung, als die als Nebenprodukte gewonnenen Rhodansalze den Bedarf decken können.

R o h m a t e r i a l i e n : A u s g e b r a u c h t e G a s r e i n i g u n g s m a s s e n. Zur Rhodanbestimmung werden 50 g der ursprünglichen Masse in einem Literkolben mit 500 ccm Wasser über Nacht bei gewöhnlicher Zimmertemperatur digeriert. Hierauf wird bis zur Marke aufgefüllt und noch 30 ccm Wasser zugegeben, entsprechend 50 g Masse. Das Ganze wird gut umgeschüttelt und filtriert. 50 g dieser Lösung, entsprechend 2½ g Substanz, werden hinreichend mit Chlorbaryum versetzt, erhitzt und das entstehende Baryumsulfat abfiltriert und ausgewaschen. Das Filtrat wird mit Salpetersäure stark angesäuert und erhitzt, wobei, wie V o l h a r d (Zeitschr. f. anal. Chem. 18, 282; 1879) und später H. A l t (ebend. 31, 349; 1892) gefunden haben, der Schwefel der Rhodanwasserstoffsäure sich in kurzer Zeit zu Schwefelsäure oxydiert und mit dem in Lösung befindlichen Baryumjon Baryumsulfat bildet. Zur Vertreibung der dabei freiwerdenden Blausäure erhitzt man die Flüssigkeit zum Sieden, verdünnt mit heißem Wasser und bringt das abfiltrierte Baryumsulfat zur Wägung. 1 Molekül Baryumsulfat entspricht 1 Molekül Rhodanwasserstoffsäure. H. A l t hat nach dieser Methode bei reinen Rhodanverbindungen gute Resultate erhalten.

Das Verfahren ist nur zulässig, wenn in der Lösung außer schwefelsauren Salzen und Rhodansalzen nicht noch sonstige Schwefelverbindungen, welche mit Salpetersäure zu schwefelsauren Salzen oxydiert werden können, vorhanden sind.

Sollten schweflig- oder unterschwefligsaure Salze vorhanden sein, so kann man die Rhodanwasserstoffsäure als Kupferrhodanür niederschlagen. Man versetzt zu diesem Zwecke 50 ccm der Lösung mit verdünnter Kupfervitriollösung, ca. 1 g Kupfervitriol enthaltend, und verdünnt auf ca. 100 ccm, worauf man schweflige Säure in die Flüssigkeit einleitet und einige Zeit stehen läßt. Hierbei wird die Rhodanwasserstoffsäure als weißes Kupferrhodanür, CuCNS, niedergeschlagen. Man läßt dieses bei gewöhnlicher Temperatur sich absetzen, filtriert, mengt den ausgewaschenen und getrockneten Niederschlag samt der Filterasche mit gepulvertem reinen Schwefel und glüht im Wasserstoffstrome über einfacher Flamme bis zu konstantem Gewichte. Das Verfahren liefert befriedigende, meist etwas zu niedrige Resultate, weil das Kupferrhodanür nicht absolut unlöslich ist. 1 Mol. Kupfersulfür entspricht 2 Mol. Rhodanwasserstoffsäure.

Zur Trennung der Rhodanwasserstoffsäure von Chlor empfiehlt C. Mann (Zeitschr. f. anal. Chem. 28, 668; 1889), die Lösung des Rhodansalzes mit Kupfervitriollösung zu vermischen und so lange Schwefelwasserstoff einzuleiten, bis der entstehende Niederschlag anfängt braun zu werden, wobei nicht sämtliches Kupfer niedergeschlagen werden darf, andernfalls nochmals Kupfervitriollösung zugesetzt werden muß. Man filtriert ab und wäscht aus. In dem Niederschlag befindet sich die Rhodanwasserstoffsäure als Kupferrhodanür und in dem Filtrate das Chlor, welches man mit Silberlösung bestimmt. Mann erhielt in zwei Fällen, in denen er zu je 5 g reinem Rhodanammonium 0,302 bzw. 0,053 g Chlorammonium zugesetzt hatte, 0,607 und 0,104 g Silber als Chlorsilber statt der berechneten 0,609 und 0,107 g.

Nach Volhard (ebend. 18, 282; 1879) kann die Oxydation der Rhodanwasserstoffsäure durch Salpetersäure auch zur Bestimmung von Chlor neben Rhodan benutzt werden. Will man sich dieses Verfahrens zur Bestimmung des Chlors bedienen, so löst man 2—3 g der Rhodanverbindung in 400—500 ccm Wasser, erhitzt im Wasserbad und setzt in kleinen Anteilen Salpetersäure zu, so lange noch eine Wirkung zu bemerken ist. Man läßt die Mischung unter zeitweiligem Ersatz des verdampften Wassers auf dem Wasserbade stehen, bis eine Probe mit einer durch Salpetersäure entfärbten Eisenoxydlösung keine Reaktion auf Rhodan mehr gibt. Man macht dann mit Ammoniak alkalisch und dampft in einer Schale auf dem Wasserbad etwa $\frac{1}{3}$ der Flüssigkeit ab. Die rückständige Flüssigkeit ist dann frei von Rhodan- und Cyanverbindungen, und kann nun mit Silberlösung die Chlorprobe ausgeführt werden. Hierbei soll keine merkliche Menge von Chlor entweichen.

Zur Trennung der Rhodanwasserstoffsäure von Cyan- und Ferrocyanwasserstoffsäure titriert man das Cyan, wie S. 3 angegeben, mit Silberlösung; in einer anderen Portion führt man das Ferrocyan nach der S. 15 angegebenen Methode in Ferrosulfat über, welches man mit Permanganat titriert. In einer dritten Portion oxydiert man das Rhodanjon mit Salpetersäure, wie angegeben, und bestimmt das Baryumsulfat.

Das Rhodanammonium bildet farblose, in Wasser zerfließliche Tafeln, leicht löslich in Alkohol, Schmelzpunkt 159°. Die Bestimmung

des Rhodans in reinen, chlorfreien Rhodanverbindungen erfolgt nach
V o l h a r d (Zeitschr. f. anal. Chem. 13, 242; 1874), indem man eine
Lösung herstellt, welche ungefähr 0,1 g Rhodanwasserstoffsäure in
100 ccm enthält, dieselbe mit Salpetersäure ansäuert und mit chlor-
freiem Eisenalaun versetzt. In diese rote Lösung läßt man nun so lange
$^1/_{10}$ N.-Silberlösung einfließen, bis die Flüssigkeit farblos wird:

$$NH_4CNS + AgNO_3 = AgCNS + NH_4NO_3.$$

Nach R u p p und S c h i e d t (Ber. 35, 2191; 1902) lassen sich
Rhodansalze ebenso wie Ferrocyankalium mit Jod oxydieren. Die
Methode ist von T h i e l (Ber. 35, 2766; 1902) verbessert worden.
F e l d (Journ. f. Gasbel. 46, 604; 1903) bestimmt Rhodanwasserstoff
ebenfalls mit Jod, indem er das Rhodan zuerst durch nascierenden
Wasserstoff reduziert. — Gewichtsanalytisch läßt sich das Rhodanion,
wie oben angegeben durch Oxydation mit Salpetersäure und Wägen des
gebildeten Baryumsulfats bestimmen.

Die Bestimmung des Ammoniaks im Rhodanammonium durch
Destillation kann nicht durch Kochen mit Ätzalkalien erfolgen, weil
diese auch aus Rhodanwasserstoffsäure Ammoniak entwickeln. In
diesem Falle muß zur Entbindung des Ammoniaks gebrannte Magnesia
verwendet werden, welche ohne Einwirkung auf die Rhodangruppe ist.

Das Rhodanammonium bildet den Ausgangspunkt für die anderen
Rhodanverbindungen.

R h o d a n k a l i u m , KCNS, wird aus Rhodanammonium durch
Behandeln desselben mit Pottasche erhalten. Es bildet farblose, lange
Säulen, die an den Enden vierflächig zugespitzt sind. Das Salz ist in
Wasser leicht löslich und an der Luft zerfließlich. Die Bestimmung des
Rhodans erfolgt wie bei Rhodanammonium.

Rhodansalze finden in der Färberei und Zeugdruckerei Anwendung.

Tonanalyse.

Von

Ph. Kreiling in Berlin.

Ton ist das Zersetzungsprodukt von tonerdehaltigen Gesteinen, das neben anderen Mineralien als charakteristischen und wertvollen Bestandteil die sogenannte Tonsubstanz, d. i. amorphe, wasserhaltige, kieselsaure Tonerde enthält. Dieser Tonsubstanz verdankt der Ton seine Bildsamkeit, das Festwerden beim Trocknen und seine vollkommene Erhärtung beim Brennen. Die dadurch bedingten physikalischen Eigenschaften der Tonsubstanz sind nicht bei allen Tonen die gleichen, sondern können verschieden sein, und diese Verschiedenheit im Verein mit der Mannigfaltigkeit der mineralischen Beimengungen in bezug auf Art, Menge, Form und Korngröße sind die Ursache für die außerordentliche Verschiedenheit der Tone selbst und ihre Verwendungsweise. Vom technischen Standpunkt aus unterscheidet man von der Tonsubstanz die sogenannten Magerungs- und Flußmittel. Als Magerungsmittel gelten alle Stoffe, welche imstande sind, die Plastizität oder Bildsamkeit eines Tones herabzudrücken. Flußmittel sind solche Stoffe, welche die Schmelzbarkeit eines Tones vermehren. Beide Gruppen von Stoffen, unterscheiden sich nicht etwa in ihrer Art, sondern vielmehr in ihrer Wirkungsweise. So sind Flußmittel in niedren Hitzegraden Magerungsmittel, während ihre Eigenschaft als Flußmittel erst in höheren Hitzegraden und bei hinreichend feiner Korngröße zur Geltung kommt. Zu solchen Stoffen gehören die mineralischen Beimengungen der Tone, welche Alkalien, Kalk, Magnesia und Eisenoxyd enthalten, sowie die Kieselsäure, gleichgültig, in welcher Modifikation dieselbe im Ton auftritt. Daraus geht hervor, daß die Feuerfestigkeit eines Tones um so höher ist, je mehr derselbe in seiner chemischen Zusammensetzung mit der reinen Tonsubstanz (Al_2O_3, $2 SiO_2$, $2 H_2O$) übereinstimmt.

Für die Untersuchung der Tone kommt die mechanische Prüfung und die chemische Analyse in Betracht, welch letztere in Gesamtanalyse und rationelle Analyse geschieden wird. Für die Beurteilung der Tone auf ihre technische Verwendbarkeit ist in erster Linie die mechanische Prüfung maßgebend, die unter Umständen durch chemische Bestimmungen zu ergänzen ist. Die chemische Analyse dient einmal zur Ermittelung der Zusammensetzung keramischer Massen, wie solche in der Feinkeramik vielfach zur Verwendung kommen, und zweitens zu wissenschaftlichen Zwecken. Z s c h o k k e (Baumat.-Kunde 1902, Nr. 10 und 21) bringt eine Kombination der Schlämmanalyse und rationellen Analyse als kombinierte chemisch-mechanische Analyse in Vorschlag. Dagegen ist nichts einzuwenden, betont muß indes hierbei werden, daß die mechanische Prüfung für die Beurteilung eines Tones in erster Linie maßgebend ist, und daß es danach jedem überlassen bleibt, diese Untersuchung durch die chemische Analyse zu ergänzen.

A. Mechanische Untersuchung.

Die mechanische Untersuchung bezweckt die Feststellung der physikalischen Eigenschaften der Tone, aus welchen auf die Verwendbarkeit des Materials mit Bestimmtheit geschlossen werden kann. Es gehört hierher die Ermittelung der in den Tonen enthaltenen mineralischen Beimengungen und ihrer Korngröße, die Feststellung der Plastizität, sowie die Prüfung der Tone beim Trocknen und Brennen nebst Bestimmung ihrer Feuerfestigkeit.

1. Mineralische Beimengungen.

Zur Trennung der größeren mineralischen Beimengungen von den feineren plastischen Anteilen bedient man sich der S c h l ä m m - a n a l y s e. Die Schlämmanalyse ist insofern keine vollkommene Trennungsmethode, als sie nicht die Zerlegung eines Tones in seine Bestandteile gestattet, weder im chemischen noch im mineralogischen Sinne; aber sie ermöglicht uns die Scheidung der feineren Anteile von den gröberen, was für die Prüfung der letzteren auf ihren Einfluß auf die herzustellenden Fabrikate und die Aufbereitung der Tone von höchster Wichtigkeit ist. In der Überschätzung der Schlämmanalyse sind die empfindlichsten und kompliziertesten Apparate konstruiert worden, von welchen hier nur der S c h ö n esche Schlämmapparat angeführt werden soll. Weder für die Technik noch für die Wissenschaft haben indes diese Apparate einen besonderen Vorteil ergeben. Für die technische Beurteilung der Tone sind geeignete Siebe vollkommen ausreichend. Es genügen hierzu Siebe von etwa 12 cm Durchmesser aus Messingrahmen mit Drahtgaze überspannt. Man benutzt solche gewöhnlich in einer Feinheit von 900 Maschen pro qcm und von 4900 Maschen pro qcm. Sie können so kombiniert werden, daß das 900-Maschensieb in einen größeren, auf einem Stativ ruhenden Trichter gesetzt wird, dessen Ablaufrohr in das 4900-Maschensieb mündet. Sollen die feinsten Teile eines Tones aufgefangen werden, so ist auch das zweite Sieb in einen Trichter zu setzen, dessen Ablaufrohr in einen geräumigen Glashafen reicht. Etwa 100—500 g Ton werden in einem Batterieglas oder einer Porzellanschale mit Wasser übergossen und bis zum vollkommen

Durchweichen stehen gelassen. Ist dies erreicht, so wird die Masse mit Hilfe eines weichen Pinsels umgerührt und aufgeschlämmt. Die feinen Schlammteile werden in das 900-Maschensieb übergegossen, wobei darauf zu achten ist, daß die nicht vollkommen aufgeschlämmte Tonmasse sowie die gröberen Beimengungen in dem Schlämmglas zurückgehalten werden. Dieses Abschlämmen wird so lange fortgesetzt, bis die Schlämmflüssigkeit nahezu klar ist. Darauf spült man mit Hilfe eines Spritzhahnes den Rückstand aus dem Glas auf das Sieb und wäscht dessen Inhalt so lange aus, bis das Waschwasser klar abfließt. Die abgeschlämmte Flüssigkeit geht meist nicht ohne weiteres durch die Siebe, weshalb das Durchlaufen durch Umrühren zu unterstützen ist. Dies geschieht mit Hilfe eines Pinsels, wozu der zum Aufschlämmen benutzte Pinsel für das 900-Maschensieb verwendet werden kann, während zweckmäßigerweise für das 4900-Maschensieb ein besonderer Pinsel genommen wird. Zuletzt werden die Pinsel in Wasser von anhaftenden Mineralstücken befreit und letztere in die Siebe gespritzt. Die Siebe werden dann mit ihrem Inhalt auf eine Eisenplatte gestellt und bei mäßiger Hitze getrocknet. Die getrockneten Rückstände wiegt man nach dem Entfernen von den Sieben auf einer gut ziehenden Wage und stellt so den Prozentgehalt derselben fest. Die Rückstände werden dann auf einem weißen Bogen Papier ausgebreitet und mit der Lupe auf schädliche Beimengungen untersucht. Für eingehende Untersuchungen kann man sich auch eines Lupenmikroskopes bedienen, wie solche von der Firma R. F u e s s [1]) in Steglitz bei Berlin geliefert werden. Als Kennzeichen für die Minerale nimmt man ihre Härte und ihr übriges Verhalten zu Hilfe. Als schädliche Beimengungen sind besonders anzusehen: kohlensaurer Kalk, Gips und Schwefelkies in Stücken. Gips und Schwefelkies in fein verteiltem Zustande können zu Mißfärbungen der Fabrikate Veranlassung geben. Kohlensaurer Kalk in fein verteiltem Zustande ist im allgemeinen als nicht schädlich für Tonfabrikate anzusehen. Will man den bestimmten Nachweis für die Schädlichkeit der beigemengten gröberen Stoffe erbringen, so mischt man die ausgeschlämmten Minerale einer kleinen Menge Ton bei, verformt denselben, trocknet und brennt das Stück, das, an feuchter Luft aufbewahrt, Aussprengungen zeigt, wenn den Beimengungen schädliche Eigenschaften zukommen. Die Korngröße der gröbsten Beimengungen wird in der längsten Achse gemessen und angegeben, etwa: Korngröße bis zu 5 mm.

2. Plastizität.

Zur Feststellung der Plastizität wird der Ton mit so viel Wasser angemacht, daß er sich gut durchkneten läßt, ohne zu schmieren. In diesem Zustande wird das Gewicht der eine Achterform von 70 ccm ausfüllenden Menge festgestellt. Diese Gewichtsmenge gibt gewisse Anhaltspunkte für die Plastizität des Tones, insofern die plastischen

---

[1]) C. L e i s s, Die optischen Instrumente der Firma R. Fuess. Leipzig 1899.

Tone das geringere spezifische Gewicht aufweisen. Da indes in den
Tonen noch andere Stoffe enthalten sein können, die das spezifische
Gewicht des Tones beeinträchtigen, so ist diese Bestimmung lediglich
als ein Hilfsmittel anzusehen, das nur annähernden Aufschluß über die
Plastizität gibt. Immerhin läßt sich diese Bestimmung unter Berücksichtigung der anderen einschlägigen Verhältnisse für die Verarbeitung
der Tone verwerten. Ist diese Form mit der plastisch gemachten Tonmasse angefüllt, so wird die überstehende Masse mit einem eisernen
Lineal abgestrichen. Zu diesem Zwecke legt man die mit Masse über-
füllte Form auf eine starke Glasplatte, benetzt das Lineal mit Wasser
und streicht über die messingene Achterform weg, bis die Oberfläche der
Masse mit der Achterform gleich hoch steht und eine glatte, fehlerfreie
Fläche bildet. Hierauf wird die Form umgedreht und das Glattstreichen
auch auf der anderen Fläche des Formlings ausgeführt. Auf diese Weise
werden Tonkörper erhalten, welche die Form vollkommen ausfüllen,
deren Gewicht festgestellt wird. Hochplastische, sehr fette Tone pflegen
nach diesem Verfahren ein Gewicht von 120 g und darunter aufzuweisen.
Beträgt das Gewicht 120—125 g, so ist der Ton hochplastisch und fett,
bei 125—130 g Gewicht gut plastisch, bei 130—135 g Gewicht ist der
Ton hinreichend plastisch und bei 135—140 g gering plastisch und
mager. Den größten Einfluß übt bei dieser Bestimmung der kohlensaure
Kalk, der, in größeren Mengen im Ton enthalten, das spezifische Gewicht
desselben bedeutend herabdrückt und daher leicht zu Trugschlüssen Veranlassung geben kann, wenn man ihn nicht berücksichtigt.

Nach der Plastizität und Kittkraft eines Tones richtet sich die
M a g e r u n g desselben. Für die angegebenen Plastizitätsgrade kann
man den Tonen noch 10—50% Magerungsmittel zufügen, um brauchbare
Massen für die Fabrikation zu gewinnen. Für die Magerung ist das
Verhalten eines Tones beim Trocknen und Brennen zu berücksichtigen.
Für den Grad der Plastizität eines Tones ist auch die Zugfestigkeit des
in der Achterform verformten und darauf getrockneten Tones benutzt
worden, doch will es scheinen, als ob die so ermittelte Zugfestigkeit
mehr für die Kittkraft als für die Plastizität in Betracht kommt. Die
bezüglichen Eigenschaften der Tone greifen indes so ineinander über,
daß an eine Einzelbestimmung jeder Eigenschaft kaum zu denken ist.
Wie dem aber auch sei, die Ermittelung der Zugfestigkeit lufttrockener
Tonkörper erfordert viel Zeit und erhöhte Aufmerksamkeit, so daß dieselbe als technische Prüfungsmethode für gewöhnlich nicht benutzt
werden kann.

Zur Bestimmung der Plastizität der Tone hat man in neuerer Zeit
wieder die alte Methode der Zugfestigkeitsbestimmung der Tone mittels
des Normalzugfestigkeitsapparates, wie solcher zur Prüfung der Zemente
Verwendung findet, in Anwendung gebracht. Zu diesem Zwecke wird der
zu prüfende Ton mit Wasser zu einer plastischen Masse angemacht
und dann in der Achterform verformt. Der geformte Körper wird nach
der Verformung sofort gewogen, um sein Anmachewasser festzustellen,
und dann nach sorgfältigem, aber vorsichtigem Trocknen der Zerreiß-

probe unterworfen. Je höher die Zugfestigkeit ist, desto größer ist die Plastizität des Tones.

3. Verhalten der Tone beim Trocknen.

Das Verhalten der Tone beim Trocknen erstreckt sich auf die Ermittelung der Trockenschwindung und der Eigenschaften, die der Ton beim Trocknen annimmt. Zur Ermittelung der Trockenschwindung stellt man aus der plastisch gemachten Tonmasse kleine Probesteinchen in der Größe von 9 × 4,5 × 2 cm her, was mit einer kleinen Form aus Holz oder Zink geschieht. Diese Probesteinchen werden sofort nach der Formung mit einer Schwindemarke versehen, gewogen und dann dem Trocknen überlassen. Für die Schwindemarke benutzt man einen Stellzirkel mit scharfen Spitzen. Mit diesem werden auf einem Maßstabe genau 5 cm abgegriffen, mit welcher Zirkelstellung ein Kreisbogen auf dem Probesteinchen geschlagen wird. Nach dem Trocknen wird der Radius des Kreisbogens zurückgemessen, und die sich ergebende Differenz, mit 20 multipliziert, ergibt die Trockenschwindung in Prozenten. Für die Trockenschwindung ist die Menge des Anmachewassers von Einfluß; dieses ergibt sich aus der Differenz der Gewichte der frisch verformten und getrockneten Probe. Dasselbe wird auf die lufttrockene Masse bezogen in Prozenten berechnet. Schwindung und Anmachewasser werden etwa wie folgt ausgedrückt; Der Ton schwindet bei 20 % Anmachewasser um 10 % linear bis zur Lufttrockne. Die getrockneten Proben müssen noch folgende Eigenschaften haben: sie sollen frei von Rissen, scharfkantig und vollflächig sein. Die dadurch bedingten Fehler sind meist auf zu hohe Plastizität zurückzuführen und können dann durch geeignete Magerung beseitigt werden. Daß die getrockneten Proben die für ihre weitere Behandlung erforderliche Festigkeit haben müssen, dürfte selbstverständlich sein.

4. Verhalten der Tone beim Brennen.

Um das Verhalten der Tone beim Brennen festzustellen, bedient man sich eines kleinen Ofens, der überall da, wo Gas vorhanden ist, aus praktischen Gründen damit beheizt wird. Hierzu können die für Gas eingerichteten Versuchsöfen von Seger, Heinecke oder andere Muffelöfen zur Anwendung kommen. Die getrockneten Probesteinchen werden bei verschiedenen Temperaturen gebrannt, zu deren Kontrolle Segerkegel benutzt werden. Man beginnt gewöhnlich bei 950° C. Für die Prüfung kommen die beim Brennen erlangten Eigenschaften der Tone in Betracht. Sie beziehen sich auf Aussehen, Farbe, Porosität, Sinterungsfähigkeit und Brennschwindung. Was das Aussehen der gebrannten Tone betrifft, so sollen sie rissefrei und reinfarbig sein. Die Risse können sowohl durch zu große Plastizität als auch durch zu große Magerkeit sowie durch grobe Beimengungen bedingt sein. Die erstere Ursache läßt sich aus der großen Schwindung

erkennen und kann sich bemerkbar machen, wenn die Gesamtschwindung,
d. i. Trocken- und Brennschwindung zusammen, über 12 % beträgt.
Zur Abhilfe ist Magerung geboten. Zu magere Tone neigen beim Brennen
ebenfalls zum Reißen. Solche Tone sind nur bis zu einem gewissen Grade
für Fabrikationszwecke verwendbar. Werden die Risse durch grobe
Beimengungen verursacht, so läßt sich dies beim Durchschlagen des
gebrannten Steinchens an dem eingelagerten Mineral erkennen. Um
diesen Fehler zu vermeiden, müssen die groben Beimengungen entweder
aus dem Ton entfernt oder hinreichend zerkleinert werden.

Wichtig ist die R e i n f a r b i g k e i t der Fabrikate in allen Fällen,
wo es sich um die Herstellung besonderer Tonwaren handelt. Dafür
kommen in erster Linie die in den Tonen enthaltenen löslichen Salze in
Betracht. Meist sind es schwefelsaure Salze wie Gips und schwefelsaure
Magnesia, die Verfärbungen an Tonwaren hervorrufen. Sind solche vorhanden, so müssen sie bestimmt werden. Es geschieht dies durch Auslaugen der Tone mit schwach angesäuertem Wasser. Zu diesem Zweck
werden 25 g Tonpulver aus einer Durchschnittsprobe in einer Porzellanschale mit 100 ccm Wasser übergossen und einige Tropfen verdünnte
Salzsäure zugefügt. Sind kohlensaure Salze in dem Ton enthalten, so
müssen diese zuvor durch Salzsäure zersetzt werden, was in der Schale
bei aufgelegtem Uhrglas unter Erwärmen geschehen kann. Das Auslaugen des Tones erfolgt durch Erwärmen der Porzellanschale mit
ihrem Inhalt auf dem Wasserbade und wird so lange fortgesetzt, bis eine
abfiltrierte Probe keine Reaktion auf Schwefelsäure mehr erkennen läßt.
Das Erwärmen geschieht stets so lange, bis die überstehende Flüssigkeit
klar ist, was nach kurzer Zeit des Erhitzens einzutreten pflegt. Die
überstehende klare Flüssigkeit wird, ohne zu filtrieren, in ein Becherglas
gegossen. Erst wenn der Ton vollständig ausgezogen ist, wird die gesamte klare Flüssigkeit filtriert. Wird diese nicht klar, so läßt sich dies
durch Erwärmen erreichen. Die filtrierte Flüssigkeit wird auf ein bestimmtes Maß gebracht, sei es durch Einengen oder weiteres Verdünnen,
und davon die Hälfte zur Bestimmung der Schwefelsäure, die andere
Hälfte zur Bestimmung von Kalk und Magnesia verwendet. Sind kohlensaure Salze im Ton enthalten, so muß man entweder mit der Bestimmung
der Schwefelsäure vorlieb nehmen oder ein anderes Verfahren einschlagen.
Dies besteht darin, daß der Ton mit reinem Wasser ausgelaugt und die
trübe Flüssigkeit mit Kalkwasser geklärt wird. Zu diesem Zweck verfährt man genau so, wie vorstehend angegeben, mit dem Unterschiede,
daß zum Auslaugen reines Wasser benutzt wird. Die trübe Lösung wird
darauf mit Kalkwasser versetzt, Kohlensäure eingeleitet, bis die Flüssigkeit damit gesättigt ist, und hierauf das entstandene Calciumbicarbonat
durch Kochen als kohlensaurer Kalk gefällt, der die feinen Tonteilchen
mit sich reißt und so die Klärung bewirkt. Die klare Lösung wird dann,
wie oben angegeben, zur Bestimmung der Schwefelsäure, des Kalkes und
der Magnesia benutzt. Der so gewonnene Auszug kann aber auch zur
Bestimmung aller im Ton enthaltenen löslichen Salze dienen. Verursacht die vorhandene Menge an schwefelsauren Salzen Verfärbungen, so

muß der Ton zwecks Herstellung reinfarbiger Waren mit einer entsprechenden Menge eines Barytsalzes versetzt werden. Hierfür kommt kohlensaurer Baryt sowie Chlorbaryum in Betracht. Dem ersteren ist der Vorzug zu geben, weil ein etwaiger Überschuß an solchem der Reinfarbigkeit der Tone nicht schadet. Man benutzt hiervon gewöhnlich die doppelte erforderliche Menge und macht den Zusatz kurz vor dem Verformen. Bei Verwendung von Chlorbaryum muß die Zuschlagsmenge genau dem Gehalte an Schwefelsäure entsprechen, wenn man des Erfolges sicher sein will. In einzelnen Betrieben werden auch beide zusammen angewandt, wodurch einem Überschuß an Chlorbaryum vorgebeugt wird. Verfärbungen der Fabrikate durch schwefelsaure Salze können auch durch im Ton enthaltenen Schwefelkies und kohlensauren Kalk verursacht werden. Beide setzen sich bekanntlich bei der Einwirkung von Luft und Feuchtigkeit leicht in schwefelsaure Salze um, weshalb man derartige Tone nicht lange der Einwirkung der Luft aussetzen darf, wenn reinfarbige Waren daraus erzielt werden sollen. Auch das Vorhandensein von kohlensaurem Kalk allein kann die Ursache zur Bildung von verfärbendem, schwefelsaurem Kalk werden, wobei die Schwefelsäure auf den Schwefelgehalt des Brennstoffes zurückzuführen ist. Diese Verfärbungen entstehen während des Brennprozesses, und sind die damit behafteten Waren unter der Bezeichnung „rotgeflammte Waren" bekannt. Man vermeidet bzw. zerstört derartige Verfärbungen durch abwechselndes Brennen mit oxydierendem und reduzierendem Feuer, wodurch der schwefelsaure Kalk wieder reduziert wird.

Außer den schwefelsauren Salzen sind es namentlich V a n a d i n - verbindungen, die an Tonwaren Verfärbungen hervorrufen (vgl. d. B. S. 58.) Diese grünlich-gelben Verfärbungen pflegen nur an schwach gebrannten Fabrikaten aufzutreten und kommen nach dem Brand erst zur Erscheinung, wenn die Fabrikate angenäßt werden. In diesem Zustande lassen sie sich mit heißem Wasser leicht lösen und können dann nachgewiesen werden. Man beugt solchen Verfärbungen durch hinreichend scharfen Brand vor.

Die B r a n d f a r b e ist eine charakteristische Eigenheit eines jeden Tones. Sie ist in erster Linie durch den Gehalt des Tones an Eisenoxyd bedingt und hängt außerdem von dem Verhältnis des Eisenoxydgehaltes zu den übrigen Bestandteilen, namentlich zur Tonerde und zum Kalk, ab. So brennen sich kalkreiche Tone mit geringem Eisenoxydgehalt weiß. Es ist dies stets der Fall, wenn das Verhältnis des Gehalts an Eisenoxyd zur Tonerde 1 : 15 entspricht oder darüber hinausgeht. Tone, deren Gehalt an Eisenoxyd zur Tonerde 1 : 10 beträgt, brennen sich gelb, und sobald bei einem kalkarmen Ton die Tonerde nur 2—3 mal mehr als das Eisenoxyd beträgt, ist die Brandfarbe rot. Kalkhaltige Tone brennen sich noch rot, wenn der Gehalt an Kalkerde denjenigen des Eisenoxyds nicht um das $1^{1}/_{2}$ fache übersteigt. Alle kalkreicheren Tone brennen sich gelb, wenn die Brenntemperatur 900° C überschreitet. Es wird hierbei vorausgesetzt, daß alle in Betracht kommenden Bestandteile in fein verteiltem Zustande im Ton enthalten sind.

Für die beim Brennen erlangte D i c h t e gibt uns die Bestimmung der P o r o s i t ä t Aufschluß. Im allgemeinen brennt sich ein Ton um so dichter, je schärfer er gebrannt wird, doch ist dies keineswegs immer der Fall. Um ein Bild über das Verhalten eines Tones beim Brennen zu gewinnen, wird die Porosität (vgl. d. B. S. 47) der bei verschiedenen Temperaturen gebrannten Probesteinchen festgestellt. Zu diesem Zweck wird jedes Steinchen gewogen, Gewicht und Brenntemperatur mit einer Bleifeder darauf notiert und in siedendes Wasser gelegt. Nach dem Erkalten wird wieder gewogen, und die aufgenommene Wassermenge gilt als Maßstab für die Porosität, die auf das Steingewicht bezogen in Prozenten ausgedrückt wird. Für die Porositätsbestimmung ist es wichtig, daß die Poren vollkommen mit Wasser angefüllt sind. Man läßt daher die Proben mindestens 12 Stunden im Wasser liegen. Vor dem Wägen sind die Proben mittels eines Handtuches von dem auf der Oberfläche haftenden Wasser zu befreien.

Von großer Bedeutung für die Beurteilung eines Tones ist seine S i n t e r u n g s f ä h i g k e i t. Unter Sinterung versteht man die Erreichung nicht nur der größten, sondern auch einer möglichst vollkommenen Dichte. Bei seiner vollkommenen Dichte soll der Ton entweder kein Wasser oder doch nur ganz geringe Mengen davon aufnehmen. Man unterscheidet die bei der Sinterung erlangte Dichte nach den verschiedenen Eigenschaften, die der Ton dabei anzunehmen pflegt, und spricht von porzellanartiger, steinzeugartiger oder klinkerartiger Dichte. Bei der Bezeichnung der Dichte wird eine kurze Bemerkung über den Bruch gegeben, den das Steinchen beim Durchschlagen zeigt, etwa wie folgt; muscheliger oder erdiger, mehr oder weniger glänzender Bruch. Den Sinterungspunkt stellt die Brenntemperatur dar, bei welcher die Sinterung eintritt. Er darf nicht mit dem Schmelzpunkt verwechselt werden. Im allgemeinen ist ein Ton für fabrikatorische Zwecke um so geeigneter, je weiter Sinterungspunkt und Schmelzpunkt voneinander entfernt liegen. Manche Tone neigen beim Brennen zum Aufblähen. Sie schwellen in diesem Falle plötzlich stark an, verlieren die Gestalt und zeigen auf der Bruchfläche ein großporiges, löcheriges Gefüge von bimssteinartigem Aussehen. Dieses Aufblähen ist auf eine plötzliche Entwicklung von Gasen im Innern des Tonkörpers zurückzuführen, die nicht so rasch entweichen können, als sie sich entwickeln. Zur Vermeidung dieses Übelstandes ist langsames Brennen und geeignete Magerung vorteilhaft.

Die B r e n n s c h w i n d u n g ist die Schwindung, welche der Ton im Feuer erleidet. Sie ist je nach dem Brenngrade verschieden und wird wie die Trockenschwindung mit Hilfe einer Schwindemarke bestimmt. Für den Grad der Brennschwindung kommen namentlich zwei Umstände in Betracht, nämlich die sich beim Brennen zusammenziehende Tonsubstanz und der beim Brennen aufschwellende Quarz. Je nachdem der eine oder andere dieser Bestandteile im Tone vorherrscht, wird die Brennschwindung eine größere oder geringere sein, ja es kommt vor, daß Tone beim Brennen an Volumen zunehmen, sich also ausdehnen, anstatt zu schwinden. Die Brennschwindung bzw. die Ausdehnung wird wie die Trockenschwindung in Prozenten linear ausgedrückt.

5. Feuerfestigkeit.

Die Feuerfestigkeit gibt uns darüber Auskunft, welche Temperatur ein Ton auszuhalten vermag, ohne zu schmelzen oder zu deformieren. Da alle Tone in gewissem Grade feuerfest sind, so hat man auch die gewöhnlichen Tone von den hochfeuerfesten oder feuerfesten im engeren Sinn unterschieden. Es kommen für die Bestimmung der Feuerfestigkeit der Tone hauptsächlich zwei Methoden in Betracht. B i s c h o f benutzt zur Feststellung der Feuerfestigkeit eine Anzahl Tone, Normaltone genannt. S e g e r legt der Feuerfestigkeitsprüfung die elf höchst schmelzenden Nummern der S e g e r kegelreihe zugrunde.

a) Methode von Bischof.

Die B i s c h o f sche Methode der Feuerfestigkeitsbestimmung beruht auf dem Vergleich des zu prüfenden Materiales mit dem Verhalten natürlich vorkommender Tone bei Platinschmelzhitze, wozu der D e v i l l e sche Gebläseofen verwendet wurde.

So vorteilhaft auch der Vergleich von feuerfesten Massen mit anderen natürlich vorkommenden Tonen erscheint, so hat doch die darauf gegründete Methode von B i s c h o f sich schon deswegen nicht in die Praxis einführen können, weil die Beschaffung der vorgeschlagenen Normaltone recht schwierig und schließlich überhaupt nicht mehr möglich war. Diesem Umstand allein ist es zuzuschreiben, daß eine andere Methode der Bestimmung erforderlich wurde, der ein Material zugrunde liegt, dessen Beschaffung auf lange Zeit gesichert ist. S e g e r verwendete für diesen Zweck den leicht im Handel zu habenden Kaolin von Z e t t l i t z in geschlämmtem Zustande. Dieser geschlämmte Kaolin von Z e t t l i t z wird schon seit Jahrzehnten in gleicher Reinheit beschafft und in den Handel gebracht. Seiner chemischen Zusammensetzung nach steht er der reinen Tonsubstanz von der chemischen Formel Al_2O_3, SiO_2, $2 H_2O$ sehr nahe. Diesen Ton benutzte S e g e r zur Herstellung der sogen. S e g e r kegel, womit er selbst die beste Aufklärung über das Wesen der feuerfesten Tone lieferte. Es ist klar, daß eine solche einwandfreie Methode gegenüber der von B i s c h o f große Vorteile voraus hat und daher einer allgemeinen Anwendung fähig ist. Es soll deshalb auch die B i s c h o f sche Methode der Feuerfestigkeitsbestimmung hier nur kurz behandelt werden.

Die von B i s c h o f angeführten Normaltone waren folgende: 1. Ton von S a a r a u, Schlesien. 2. Kaolin von Z e t t l i t z. 3. Bester belgischer Ton. 4. Ton von M ü l h e i m bei K o b l e n z. 5. Ton von G r ü n s t a d t, Pfalz. 6. Ton von O b e r k a u f u n g e n bei K a s s e l. 7. Ton von N i e d e r p l a i s - S i e g. Aus diesen Tonen formte B i s c h o f kleine Zylinder und setzte diese mit solchen aus

dem zu prüfenden Material in Tiegeln im D e v i l l e schen Gebläseofen kontrollierter Platinschmelzhitze aus, wonach die Proben hinsichtlich ihrer Feuerfestigkeit und des übrigen Verhaltens im Feuer beurteilt
wurden. Nach diesen 7 Normaltonen teilte B i s c h o f alle feuerfesten
Tone in 7 Klassen ein.

Zur Ermittelung des pyrometrischen Abstandes unter den Normaltonen wurden dieselben nach B i s c h o f s Angaben mit einem Zusatz
aus gleichen Gewichtsmengen reiner Kieselsäure und Tonerde, welcher
kurzweg mit Normalzusatz bezeichnet wird, gewissermaßen titriert.
Hierbei galt das Verhalten des höchststehenden Tones der ersten Klasse
(Ton von S a a r a u) mit dem Zusatz in gleicher (also einfacher) Menge
Normalzusatz versetzt und in einer bestimmten Prüfungshitze geglüht,
als Maßstab. Die so gekennzeichnete Feuerfestigkeit (F) jenes obersten
Normaltones von A l t w a s s e r (S a a r a u) wurde der Einfachheit
wegen kurzweg = 100 gesetzt. Da nämlich die pyrometrische Untersuchung ergab, daß die Schwerschmelzbarkeit des obersten Normaltones sehr nahe mit der des Normalzusatzes zusammenfällt und daher
pyrometrisch als identisch gelten darf, ist es gerechtfertigt, für die Aufstellung der Skala den bezeichneten Normalton für sich als Einheit zu
setzen. Bei einem Tone, welcher nur den zweifachen Zusatz erfordert,
um sich in gleicher Prüfungshitze ebenso schwer schmelzbar zu verhalten,
ist F = 100 — 2, oder um eine Skala mit größeren Zwischenräumen zu
bekommen, wurde diese Zusatzmenge stets mit demselben Faktor, und
zwar 10, multipliziert. Es stellt sich demnach für einen solchen Ton
F = 100 — (2 × 10) = 80 oder auf 100 bezogen = 80 %. Bei einem
Tone, welcher also drei Zusatzteile erhielt, ist F = 100 — (3 × 10) = 70,
d. h. der Ton ist ein 70 proz. usw. Allgemein: die Gewichtsmenge des
Normalzusatzes bzw. dessen Zahl mit 10 multipliziert und das Produkt
von 100 abgezogen, gibt den Grad der Feuerbeständigkeit in der bezeichneten Weise auf 100 bezogen oder in Prozenten an.

b) Feuerfestigkeit nach Seger und Seger-Kegel [1]).

S e g e r [2]) benutzt zur Prüfung der Tone auf Feuerfestigkeit ebenfalls den D e v i l l e schen Ofen. Die zum Vergleich dienenden S e g e r -
Kegel haben vor den B i s c h o f schen Normaltonen den Vorzug, daß
sie in gebrauchsfertigem Zustande im Handel zu haben sind, und daß die
Zusammensetzung derselben einer stetigen Kontrolle unterzogen wird,
wodurch man die Gewißheit hat, stets dieselben Vergleichsobjekte verwenden zu können. Die für Feuerfestigkeitsprüfungen benutzten S e g e r -
Kegel haben die Gestalt von Tetraedern, deren Höhe ca. 2 cm und
deren Grundkante ca. 1 cm mißt. Der höchst schmelzende S e g e r -
Kegel Nr. 36 besteht aus Rakonitzer Schieferton, der zweite aus geschlämmtem Zettlitzer Kaolin (Nr. 35). Die übrigen sind Mischungen

---

[1]) Vgl. hierzu Bd. I. S. 207.
[2]) S e g e r s Ges. Schriften, Berlin 1896, S. 417 ff.

aus Zettlitzer Kaolin und reinem Quarz nach äquivalenten Mengen.
Mit Zunahme des Quarzgehaltes nimmt auch die Schmelzbarkeit zu.
Kegel 28 enthält auf 1 Äquivalent Zettlitzer Kaolin 8 Äquivalente Quarz.
Die Nummern 27 und 26, die als niedrig schmelzende S e g e r - Kegel
für die Prüfung feuerfester Tone in Betracht kommen, enthalten außer
Kaolin und Quarz noch geringe Mengen Feldspat und Kalk, ebenso alle
übrigen Glieder der Reihe bis zu Nr. 1. Bei der Zusammensetzung der
Kegel ist dafür gesorgt, daß das Verhältnis des Alkalis zur Kalkerde
stets dasselbe ist, und die Summe dieser beiden Flußmittel 1 Äquivalent beträgt, während die äquivalenten Mengen von Tonerde und
Kieselsäure in steigendem Verhältnis sich ändern. Die leicht schmelzenden Kegel der Reihe Nr. 1, 2 und 3 enthalten außerdem Eisenoxyd,
das die Tonerde in äquivalenten Mengen vertritt.

Die zu prüfenden Tone werden mit Wasser angemacht zu Tetraedern
verformt, entsprechend bezeichnet und getrocknet event. auch noch
schwach geglüht. Die aus dem zu prüfenden Ton hergestellten Tetraeder
werden mit S e g e r - Kegeln abwechselnd in einen hierzu bestimmten
Tiegel aus feuerfestem Material eingesetzt. Um ein Umfallen der Kegel
zu verhüten, werden sie auf eine Unterlage festgeklebt. Dies geschieht
mit Gummischleim oder besser mit Schlicker aus Zettlitzer Kaolin, in
welche man die Kegel mit der Basis eintaucht und dann auf die hierfür
vorgesehene Unterlage drückt. Die Stellung der Kegel zueinander wird
stets angemerkt. Bei der Prüfung eines Tones beginnt man gewöhnlich
mit den niedrigst schmelzenden S e g e r - Kegeln, also hier mit Nr. 26,
und nimmt noch die Kegel 27 und 28 hinzu, außerdem 2—3 Kegel aus
dem zu prüfenden Ton. Ist der Tiegel beschickt, so wird er mit dem
Deckel geschlossen in den D e v i l l e schen Ofen eingesetzt.

Zum Anzünden des Ofens wird Papier benutzt und darauf Holzkohle in kleinen Stückchen zugegeben, die bei langsamem Gang des
Blasebalges zum Erglühen gebracht werden. Ist die Glut eingetreten,
so wird kleingeklopfter Koks oder Retortengraphit in abgewogenen
Mengen zugegeben und auch diese durch stärkeres Treten in Glut gebracht. Das Treten des Blasebalgs muß gleichmäßig nach der Uhr
erfolgen, so daß in der Minute eine bestimmte Anzahl Tritte gemacht
werden. Das Glühen wird so lange fortgesetzt, bis der Tiegel wieder
deutlich sichtbar wird; letzterer muß sodann mit einer langschenkeligen
Zange aus dem glühenden Ofen genommen und geöffnet werden. Ist der
Deckel an den Tiegel angeschmolzen, so muß das Öffnen mit einem
scharfen Instrument erfolgen, wobei die nötige Vorsicht zu walten hat,
daß der Inhalt nicht verletzt oder fortgeschleudert wird. Aus dem Aussehen der Kegel sind dann die nötigen Schlüsse zu ziehen. Es kommt
wohl selten vor, daß mit einem einmaligen Glühen die Feuerfestigkeit
festgestellt wird, die Feststellung erfordert vielmehr mehrere solcher
Glühversuche. Immerhin wird das geübte Auge aus dem Ausfall Schlüsse
ziehen können, die für die späteren Versuche zweckmäßig sind. Gewöhnlich genügen 900 g Retortengraphit oder 1 kg Koks, um S e g e r - Kegel
26 zum Schmelzen zu bringen. Für die folgenden Versuche werden

stets 100 g Graphit oder Koks mehr genommen, und dies so lange fortgesetzt, bis der zu prüfende Ton zum Schmelzen kommt. Nach jedem
Versuch wird die in dem Ofen zurückgebliebene Asche nebst den Brenn-
stoffresten aus dem Brennraum unter die durchlöcherte Eisenplatte
geschoben, wonach der Ofen für den folgenden Versuch gebrauchsfertig
ist. Zu den Versuchen kann Koks benutzt werden, doch ist hierfür
dem Retortengraphit der Vorzug zu geben, der bei der Leuchtgasberei-
tung sich an den Retortenwänden ausscheidet. Der Retortengraphit hat
nur ganz geringe Mengen Asche und stellt einen hochkonzentrierten
Brennstoff dar, der leichter hohe Temperaturen erreichen läßt wie Koks.
Verfasser benutzt eine kleine Abänderung dieses Verfahrens, das auf
S. 55 d. B. beschrieben ist.

c) Bestimmung der Feuerfestigkeit im elektrischen Ofen.

In neuerer Zeit bedient man sich zur Feststellung der Feuerfestigkeit von Tonen und anderen Materialien des elektrischen Stromes,
der die gewünschte Temperatur mit größerer Sicherheit erreichen läßt
und auch die Erzielung höherer Temperaturen als mit Kohle oder Retortengraphit ermöglicht. Außerdem wird bei Verwendung der Elektri-
zität für diesen Zweck jedes Gebläse gespart, so daß die Aufmerksamkeit
des Experimentierenden lediglich auf das Niederschmelzen der Massen
gerichtet ist. Ein besonderer Vorteil ist es, daß die hierfür verwendeten
Öfen eine ständige Kontrolle des Einsatzes mit dem Auge gestatten,
was bei Gebläseöfen nicht möglich ist. Die Konstruktion des elektrischen
Ofens ist sehr einfach. Er ist auf einer 5 cm starken Schamotteplatte
von ca. 19 cm Durchmesser aufgebaut, welche in ihrer Mitte eine Vertiefung zur Aufnahme eines Untersatzes enthält. Auf diesem Untersatz
finden die zu prüfenden Materialien Aufstellung, und zwar ohne Verwendung eines Tiegels. Der Untersatz ist von einem 25 cm langen
Heizrohr aus hochfeuerfestem Material umgeben, dessen Wandstärke
5 mm beträgt. Auf der Schamotteplatte ist eine ihrer Größe entsprechende
weitere Ummantelung aus Kapseln aufgebaut, wie solche zum Brennen
keramischer Fabrikate Verwendung finden. Zwischen dem inneren
Heizrohr und dem Kapselstoß verbleibt ein freier Raum von 3 cm,
welcher mit pulverförmiger Elektrodenkohle ausgefüllt wird. In dieses
Kohlenpulver tauchen die Elektroden einer elektrischen Leitung. Als
Elektroden können sowohl Kohlenstäbe als auch Platten aus Schmiedeeisen benutzt werden. Der zur Aufnahme der zu prüfenden Materialien
dienende Untersatz reicht so weit in die Heizröhre hinein, daß er sich
der Zone der größten Hitzeentwicklung nähert. Die zu prüfenden Stoffe
werden meist in Kegelform (Tetraeder) angewendet und zum Zwecke
des Einsatzes nebst den Kontroll-S e g e r kegeln auf eine kleine Schamotteplatte mit Hilfe von breiiger Schamottemasse aufgekittet. Zu
diesem Zwecke überstreicht man die Schamotteplatte mit dem dicken
Schamottebrei und drückt die einzusetzenden Kegel am Rand der Platte
der Reihe nach ein. Nachdem das Ganze getrocknet worden ist, wird

die Schamotteplatte mit den darauf sitzenden Kegeln unter Verwendung einer langschenkligen Zange auf den Untersatz gesetzt. Alsdann kann die Einschaltung des Stromes beginnen. Man heizt mit geringer Stromstärke an und kann dann bald auf das Maximum einstellen, womit man in ca. 1½ Stunden den S e g e r kegel Nr. 35 zum Niedergehen bringt. Wesentlich ist die Feuerfestigkeit der Masse für das Heizrohr, das den höchsten Ansprüchen gerecht werden muß. Für die äußeren Schamottekapseln genügt auch ein weniger feuerfestes Material. Um letztere vor dem Auseinandergehen zu bewahren, werden dieselben bei Ingebrauchnahme mit einem kräftigen Eisendraht umgeben. Die für den Betrieb der elektrischen Öfen erforderliche Stromspannung beträgt 220 Volt. Die Einrichtung solcher Öfen kann auch in anderer Anordnung erfolgen.

B. Chemische Analyse.

1. Gesamtanalyse.

Die Gesamtanalyse gibt uns Aufschluß über die Zusammensetzung eines Tones nach seinen molekularen Bestandteilen. Sie wird erreicht durch einen Aufschluß mit kohlensaurem Alkali einerseits und durch einen solchen mit Flußsäure, Fluorammonium oder kohlensaurem Kalk andererseits. Die mit beiden Methoden erzielten Resultate werden durch den Glühverlust und event. durch Bestimmen der Schwefelsäure, des Schwefels sowie der Kohlensäure ergänzt.

a) Anfschluß mit kohlensaurem Alkali.

Man benutzt hierzu gewöhnlich ein Gemisch von kohlensaurem Kali und kohlensaurem Natron zu gleichen Teilen. Es sind auch Gemische dieser Salze in anderen Verhältnissen, sowie auch kohlensaures Natron für sich allein hierzu vorgeschlagen worden. Welcher dieser Salze man sich hierzu auch bedient, bei sachgemäßer Ausführung ist das eine oder andere ohne Einfluß auf das Endergebnis. 1—2 g des bei 120° C getrockneten, feingeriebenen Tones werden in einem Platintiegel abgewogen, vorsichtig und sorgfältig mit der 6—10 fachen Menge an kohlensaurem Natron-Kali gemischt. Hierzu bedient man sich eines kleinen Glasstabes und mischt die erforderliche Menge in kleinen Portionen nacheinander zu. Mit einem kleinen Hornlöffel wird ca. 1 g Natron-Kali in den Tiegel gegeben und mit dem Glasstab Ton und Aufschlußpulver so lange gemischt, bis augenscheinlich eine homogene Masse entstanden ist. Dieses Mischen wird bei löffelweisem Zusatz des Natron-Kali so lange fortgesetzt, bis die gewünschte Menge des letzteren zugefügt ist. Den Glasstab reinigt man durch Abwälzen in einer kleinen Menge der Carbonate, die dann der Mischung zugegeben wird. Der bedeckte Tiegel wird zuerst über kleiner Bunsenflamme erwärmt und die Erhitzung allmählich bis zur vollen Glut gesteigert, wobei die Masse in Fluß kommt. Ist ruhiger Fluß eingetreten, so wird das Glühen unterbrochen und der Tiegel erkalten gelassen. Starkes Glühen über dem Gebläse ist nicht erforderlich und daher zu vermeiden. Der erkaltete Tiegel wird nun noch zweimal mit kleiner Bunsenflamme so weit erwärmt, daß der Boden in schwache Glut gerät. Diese Vorsichtsmaßregel erleichtert außerordentlich das Entfernen der Schmelze aus dem Tiegel. Ist letzterer erkaltet, so wird die Schmelze mit einigen ccm Wasser übergossen und hierauf der Boden des Tiegels vorsichtig und unter aufmerksamer Beobachtung mit einer kleinen Bunsenflamme erwärmt, wodurch sich der Schmelzkuchen von dem Platintiegel abhebt. Darauf bringt man die Schmelze mit Hilfe eines Glasstabes und der Spritzflasche in eine geräumige Platinschale, übergießt mit Wasser, bedeckt mit einem Uhrglas und erhitzt auf siedendem Wasserbade, bis die Schmelze erweicht ist. Der Inhalt der Schale wird sodann nach und nach mit Salzsäure übersättigt, die Kohlensäure durch Erwärmen ausgetrieben, das Uhrglas abgespritzt und die erzielte Lösung auf dem Wasserbade zur Trockne verdampft, was durch Umrühren mit dem Glasstabe befördert wird. Letzteres ist besonders gegen Ende des Eindampfens geboten, weil dadurch die Masse in den pulverförmigen Zustand übergeführt wird. Die trockene, pulverförmige Masse wird dann eine Stunde lang im Trockenbad auf 120⁰ C erhitzt. Die erkaltete Schale wird danach mit mäßig starker Salzsäure befeuchtet und etwa eine Stunde lang stehen gelassen. Hierauf fügt man Wasser zu, erwärmt auf dem Wasserbade, bis die überstehende Flüssigkeit klar ist, gießt letztere durch ein Filter und wiederholt dies so oft, bis der Rückstand mit Salzsäure befeuchtet keine Färbung mehr gibt. Der aus K i e s e l - s ä u r e bestehende Rückstand wird mit Hilfe der Spritzflasche auf das Filter gebracht und mit heißem Wasser ausgewaschen, bis das Filtrat mit Silberlösung nicht mehr reagiert. Das noch feuchte Filter wird mit dem Inhalt in einen Platintiegel gebracht, zuerst über kleiner Flamme vorsichtig getrocknet, dann durch stärkeres Erhitzen das Filter verascht und schließlich bis zur Gewichtskonstanz stark geglüht, wozu man sich vorteilhaft eines T e c l u - Brenners bedient.

War T i t a n s ä u r e im Ton enthalten, so befindet sie sich bei der Kieselsäure und kann von dieser mittels Flußsäure oder Fluorammonium getrennt werden. Zu diesem Zwecke übergießt man den weißen Inhalt des Tiegels mit starker Flußsäure, fügt einige Tropfen Schwefelsäure zu, erwärmt auf dem Wasserbade bis zur Verflüchtigung der Kieselsäure, vertreibt die Schwefelsäure durch Abrauchen und wägt den verbliebenen Rückstand, dessen Identität durch qualitative Prüfung nachzuweisen ist (violette Phosphorsalzperle). Ist Tonerde bei der Kieselsäure verblieben, so wird der Inhalt des Tiegels nicht zur vollen Trockne verdampft, sondern nach Eintritt des Abrauchens das Erwärmen unterbrochen, der Tiegelinhalt mit Wasser stark verdünnt und auf dem Wasserbade erwärmt, wodurch sich die Titansäure abscheidet, während die Tonerde in Lösung geht, woraus dieselbe mit Ammoniak gefällt werden kann.

Das Filtrat von der Kieselsäure wird zweckmäßig in 2 Teile geteilt, wovon die eine Hälfte zur Bestimmung des Eisens, die andere zur Fällung der Tonerde dient. Ich benutze hierzu einen Kolben von 400 ccm, dessen Inhalt mit einer 200-ccm-Pipette leicht in 2 Teile geteilt werden kann. Jede Hälfte wird in eine Platin- oder Porzellanschale gebracht.

Zur Fällung von T o n e r d e und E i s e n o x y d erwärmt man die Schale mit Inhalt auf dem Wasserbad, fügt tropfenweise Ammoniak bis zum deutlichen Überschuß in die heiße Flüssigkeit, erwärmt darauf weiter, bis der Geruch nach Ammoniak verschwunden ist [1]), gießt die überstehende, klare Flüssigkeit durch ein Filter, spült den Niederschlag mit der Spritzflasche auf das Filter und wäscht mit heißem Wasser mehrmals aus. Um hierbei ein Ausscheiden von alkalischen Erden zu vermeiden, wird, ohne auf vollständiges Auswaschen Rücksicht zu nehmen, der Niederschlag in die Schale zurückgespült, in Salzsäure gelöst und die Fällung wiederholt. Der Niederschlag wird hierauf mit heißem Wasser bis zum Ausbleiben der Silberreaktion ausgewaschen. Das Auswaschen gelingt sicher, wenn folgendes beobachtet wird: Heißes Fällen, Zufügen von Ammoniak in deutlichem, wenn auch nur geringem Überschuß, wodurch das Erwärmen auf dem Wasserbade zwecks Vertreibens des Ammoniaks auf eine minimale Zeit beschränkt und einem Schleimigwerden des Niederschlages vorgebeugt wird, Auswaschen mit heißem Wasser unter der Bedingung, daß das Auswaschen sofort nach Verschwinden der Feuchtigkeit über dem Filterinhalt wiederholt und derart vorgenommen wird, daß der heiße Wasserstrahl stets ein Zerteilen und Aufschlämmen des Niederschlages bewirkt. Der Niederschlag wird nach vollkommenem Trocknen von dem Filter durch Abreiben entfernt und in den Platintiegel gebracht, das Filter für sich verascht, zugefügt, stark bis zur Gewichtskonstanz geglüht und die doppelte Menge für den Gehalt an Eisenoxyd und Tonerde in Rechnung gebracht.

So gute Resultate auch diese Methode liefert, so darf doch nicht übersehen werden, daß zu ihrer Ausführung besondere Übung gehört. Die Schwierigkeit beruht vor allem auf dem langdauernden und vollständigen Auswaschen des Niederschlages. Man ist daher schon lange bemüht, ein rascheres, dabei doch vollständiges Auswaschen zu erzielen. Zur Erreichung dieses Zweckes haben einige Analytiker schmale Streifen von Filtrierpapier in den auf das Filter gespülten Niederschlag gesenkt, was auch offenbar förderlich ist. D i t t r i c h [2]) setzt dem Niederschlag vor dem Filtrieren Papierbrei zu, den er in einem Reagenzglas durch Schütteln eines Filters mit Wasser erzielt. Verfasser dieses bedient sich ebenfalls des Papierbreies, der durch Schütteln von 1 bis 2 kleinen Filtern in einem Erlenmeyerkölbchen mit eingeschliffenem Stopfen erzeugt und der zu fällenden Flüssigkeit vor der Abscheidung von Tonerde und Eisenoxyd zugesetzt wird. Durch den zugesetzten Papierbrei wird nicht nur der gewünschte Zweck leicht erreicht, sondern auch eine lockere Masse des Niederschlages nach dem Verglühen erzielt, die sich leicht in Schwefelsäure zum Zwecke der Eisenbestimmung auflöst.

---

[1]) Vgl. jedoch die von obigem abweichende Vorschrift S. 73 f.
[2]) Ber. **37**, 1840; 1904 (s. Bd. I, S. 29).

Aus demselben Grunde ist von verschiedener Seite die Fällung der
Tonerde nebst Eisenoxyd vermittelst Nitriten vorgeschlagen worden,
wodurch ein feinflockiger, leicht filtrierbarer Niederschlag erzielt wird.
S c h i r m (Chem. Ztg. **33**, 877; 1909) bedient sich hierzu des Ammonium-
nitrits, das er in einer 6 prozent. Lösung zur Fällung verwendet. Zu
diesem Zweck wird die Lösung von Tonerde und Eisenoxyd bis zu ein-
tretendem Niederschlag mit Ammoniak neutralisiert, wonach man 20 ccm
der Ammonnitritlösung zufügt und das ganze bei bedecktem Glase über
freier Flamme bis zum vollen Zerfall des überschüssigen Fällungsmittel
erhitzt. Gut ist es, nach erfolgter Fällung der Flüssigkeit einige
Tropfen Ammoniak zuzusetzen, um die letzten Mengen von Tonerde
abzuscheiden, wobei die Flüssigkeit auf dem Wasserbade so lange
erwärmt wird, bis der Niederschlag sich vollkommen abgesetzt hat.

Das E i s e n o x y d wird entweder nach Reduktion mit Zink durch
Titrieren mit Permanganatlösung oder jodometrisch bestimmt. Zur Anwendung der ersteren Methode versetzt man die zweite Hälfte des
Kieselsäurefiltrats mit Schwefelsäure im Überschuß und dampft auf dem
Wasserbade ein, bis die Salzsäure ausgetrieben ist, spült den zurückbleibenden Schaleninhalt in ein Kölbchen, fügt Zink und event. noch
Schwefelsäure zu. Nach vollendeter Reduktion wird die Flüssigkeit
mit Permanganatlösung titriert, welche pro ccm 1 mg Eisenoxyd anzeigt. Zur Ausführung der jodometrischen Methode wird der Inhalt
der Schale ohne Zusatz auf dem Wasserbade eingeengt und dann nach
bekannter Methode verfahren.

Ist M a n g a n in bestimmbaren Mengen vorhanden (die meisten
Tone enthalten davon Spuren), so wird die zweite Fällung von Tonerde
und Eisenoxyd mit essigsaurem Natron ausgeführt. Zu diesem Zweck
fügt man der mit Ammoniak bis zum Eintreten des Niederschlages versetzten Flüssigkeit essigsaures Natron im Überschuß zu und erhitzt auf
dem Wasserbade, bis sich die basisch essigsauren Salze abgeschieden
haben, die dann, wie bei dem Ammoniakniederschlag angegeben, filtriert
und ausgewaschen werden. In dem Filtrat wird das Mangan mittels
Bromwasser und Ammoniak gefällt, und nach Filtrieren und Auswaschen
des Niederschlages dieser geglüht, gewogen und die doppelte Menge als
Manganoxyduloxyd in Rechnung gebracht.

Zur Bestimmung des K a l k e s wird das eingeengte Filtrat in heißem
Zustande mit einer Lösung von Ammoniumoxalat versetzt, der abgeschiedene Niederschlag auf einem Filter gesammelt, heiß ausgewaschen,
scharf geglüht und als CaO gewogen. Zum Glühen bedient man sich
vorteilhaft eines T e c l u - Brenners, der bei Verwendung eines kleinen
Platintiegels selbst größere Mengen von kohlensaurem Kalk rasch und
vollkommen in CaO überführt. Die doppelte Menge des festgestellten
Gewichtes entspricht dem vorhandenen Gehalt an Kalk.

In dem eingeengten Filtrat wird die M a g n e s i a mit Natriumphosphat und Ammoniak in bekannter Weise gefällt (vgl. Bd. I, S. 492).
Der auf dem Filter gesammelte Niederschlag wird nach dem Trocknen
möglichst vollkommen durch Abreiben von dem Filter entfernt, in einen

Porzellantiegel gebracht, das Filter an einem Platindraht verkohlt und zugefügt. Der Tiegel wird darauf bei aufgelegtem Platindeckel bis zur Gewichtskonstanz geglüht und gewogen. Der geglühte Niederschlag besteht aus $Mg_2P_2O_7$, dessen Gewicht mit 2 multipliziert dem wahren Gehalt an Magnesia entspricht. 1 Teil $Mg_2P_2O_7 = 0{,}3623$ Teile MgO.

b) Aufschluß mit Flußsäure.

Der Aufschluß mit Flußsäure oder Fluorammonium dient zur Bestimmung der im Ton enthaltenen Alkalien. Ca. 5 g Ton werden nach dem Anfeuchten mit Wasser in einer Platinschale mit konzentrierter Flußsäure, unter Zusatz von Schwefelsäure, auf dem Wasserbade digeriert, bis die Flußsäure verdampft ist und die ölige Schwefelsäure vorwaltet. Dann wird die Schale über freier Flamme vorsichtig erhitzt, bis die Schwefelsäure stark abraucht. Die gebildeten, schwefelsauren Salze werden in Wasser gelöst, etwa vorhandene grobe Quarzkörner, die meist recht lange Zeit zum Auflösen in Flußsäure erfordern, abfiltriert. Nachdem das Filtrat mit einigen Tropfen Salpetersäure zwecks Oxydation von vorhandenem Eisenoxydul versetzt ist, scheidet man Tonerde, Eisenoxyd, Kalk, insofern es auf deren Einzelbestimmung nicht ankommt, mittels Ammoniak und Ammoniumcarbonat ab. Die Lösung mit dem Niederschlag wird sodann in einen Literkolben gespült, bis zur Marke aufgefüllt und durch Umschütteln gemischt. Nach dem Absetzen des Niederschlags pipettiert man 500 ccm der klaren Flüssigkeit in eine Platinschale, verdampft auf dem Wasserbade bis zur Trockne, verjagt alle Ammoniaksalze durch stärkeres Erhitzen, löst die zurückbleibenden Salze in Wasser auf und fällt die Magnesia entweder mit S c h a f f g o t s c h scher Lösung[1]) oder nach C l a s s e n (Zeitschr. f. anal. Chem. 18, 373; 1879) mit Ammoniumoxalat in essigsaurer Lösung, filtriert, dampft wiederum ein, glüht und erhält so die Alkalien als schwefelsaure Salze, die als solche gewogen werden. Nach Bestimmung der Schwefelsäure ergibt sich die Gesamtmenge der Alkalien aus der Differenz. In den allermeisten Fällen genügt diese Gesamtbestimmung vollkommen. Sollen die Alkalien einzeln angegeben werden, so ist nach Ermittlung der Schwefelsäure das Kali mit Platinchlorid abzuscheiden und nach Bd. I, S. 616 zu bestimmen.

Wählt man zum Aufschluß des Tones Fluorammonium, so ist die abgewogene und angefeuchtete Tonmenge in einer Schale oder einem Tiegel aus Platin mit der 8 fachen Menge dieses Salzes zu mischen, wozu man sich eines starken Platindrahtes bedient. Hiernach wird tropfenweise so viel Wasser zugefügt, bis eine dickbreiige Masse entsteht, die auf dem Wasserbade zur Trockne verdampft wird. Die gebildeten Fluorsalze werden nach Zusatz von Schwefelsäure zersetzt, letztere abgeraucht und der Rückstand, wie soeben ausgeführt, weiter behandelt.

---

[1]) 235 g Ammoncarbonat und 180 ccm Ätzammoniak (spez. Gew. 0.92) auf 1000 ccm mit Wasser verdünnt.

Zur Bestimmung der Alkalien in den Tonen und anderen Silikaten ist auch deren Aufschluß mit reinem gefälltem, kohlensaurem Kalk vorgeschlagen und erfolgreich durchgeführt worden.

c) Bestimmung der übrigen Stoffe.

S c h w e f e l s ä u r e. Zur Bestimmung derselben wiegt man vorteilhaft besondere Proben ab. Dieselbe wird nach S. 28 ermittelt. S c h w e f e l k i e s. Ist Schwefel in Form von Schwefeleisen im Ton enthalten, so wird dieser mit Königswasser zu Schwefelsäure oxydiert. Ca. 10 g Ton werden in einer Porzellanschale mit Königswasser wiederholt eingedampft und die gebildeten schwefelsauren Salze hierauf mit salzsäurehaltigem Wasser ausgezogen. Nachdem die Lösung eingeengt ist, wird nach L u n g e (Bd. I, S. 324) das Eisenoxyd mit Ammoniak gefällt und in dem Filtrat die Schwefelsäure mit Chlorbaryum bestimmt. Befindet sich im Ton neben Schwefelmetall noch Schwefelsäure, so ergibt sich der Gehalt beider aus der Differenz der zwei Bestimmungen. K o h l e n s ä u r e. Die Bestimmung der Kohlensäure erfolgt entweder durch Messen des Gewichtsverlustes oder volumetrisch, s. Bd. I, S. 179. G l ü h v e r l u s t. Ca. 1 g Ton wird nach vorsichtigem Erwärmen über dem T e c l u - Brenner oder dem Gebläse bis zur Gewichtskonstanz geglüht. Der Gewichtsverlust gibt je nach den obwaltenden Umständen den Wassergehalt allein oder solchen nebst der Kohlensäure, vorhandenen organischen Stoffen und auch zum Teil mit dem Schwefel an.

2. Rationelle Analyse.

Die unter dem Namen rationelle Analyse bekannt gewordene Untersuchungsmethode der Tone ist von F o r c h h a m m e r (Pogg. Ann. 1835, S. 331) eingeführt worden, dem die Untersuchung einer Reihe von Tonen oblag. Dieser Forscher schloß den geglühten Ton mit verdünnter Schwefelsäure auf und trennte die lösliche Kieselsäure von der quarzartigen mit Sodalösung. Später nahmen B r o n g n i a r t und M a l a g u t i diese Untersuchungsmethode auf, verwendeten indes zur Trennung der beiden Kieselsäuremodifikationen ätzende Alkalilauge anstatt Sodalösung. In den 70 er Jahren wurde die rationelle Analyse auf Veranlassung von A r o n und S e g e r in Deutschland zur allgemeinen Anwendung für die technische Untersuchung der Tone gebracht. Auch diese Forscher bedienten sich des ätzenden Alkalis zur Trennung der beiden Kieselsäurearten, und ihrem Beispiele sind zahlreiche andere Chemiker gefolgt. Durch die Behauptung M i c h a e l i s', daß 10 proz. Natronlauge den Quarz nicht angreife, veranlaßt, hatten L u n g e und S c h o c h o r - T s c h e r n y (Zeitschr. f. angew. Chem. 7, 485; 1894) die Löslichkeit des Quarzes in Alkalilauge nachgewiesen. Später studierte L u n g e in Gemeinschaft mit M i l l b e r g (ebend. 10, 393; 1897) eingehend die Einwirkung von ätzender Alkalilauge und Sodalösung auf Quarz und lösliche Kieselsäure. Das Ergebnis dieses Studiums war, daß Quarz, als welcher gepulverter Bergkrystall zur Anwendung kam, beim Kochen mit Natronlauge in ansehnlichen Mengen gelöst wird. Die Löslichkeit des Quarzes hängt einerseits von dessen Feinheitsgrade, andererseits von der Stärke der Natronlauge und von der Dauer des Erhitzens ab. Staubförmiger Quarz ging nach 30 stündigem Erhitzen mit 15 proz. Natronlauge vollkommen in Lösung. Natronlauge wirkt stärker lösend als Kalilauge, die gleichen Bedingungen vorausgesetzt. Selbst Lösungen von kohlensaurem Alkali nehmen beim Erhitzen staubförmigen Quarz auf, wenn auch in geringerem Maße als die Ätzalkalien. Die beim Aufschließen von Silikaten durch Säure abgeschiedene Kieselsäure wird durch viertelstündige Behandlung mit 5 proz. Natriumcarbonatlösung auf dem Wasserbade vollständig gelöst. Die genannten Forscher verwerfen daher die Verwendung von Ätzkalilaugen zur Trennung der beiden Kieselsäuremodifikationen als mit großen Fehlern behaftet und empfehlen hierzu die Anwendung einer 5 proz. Sodalösung. Die Ergebnisse dieser Untersuchungen haben in Fachkreisen berechtigtes Aufsehen erregt, und ist denselben eine ganze Anzahl von Arbeiten gefolgt, die im großen und ganzen diese Angaben bestätigt haben. So gibt S a b e c k (Chem. Ind. 25, 90; 1902) die Löslichkeit von staubförmigem und allerfeinstem Quarz in 5 proz. Natronlauge zu, macht jedoch geltend, daß für technische Analysen bei Anwendung von 2 proz. Natronlauge und einer Dauer des Erhitzens von je 2 × 5 Minuten der dadurch entstehende Fehler nicht merklich sei, doch habe man zur Erzielung wissenschaftlich genauer Resultate Natriumcarbonatlösung anstatt der Natronlauge zum Trennen der beiden Kieselsäuremodifikationen zu verwenden. Ebenso bestätigen Versuche von Z s c h o k k e (Baumaterialienkunde 1902, Nr. 10 und 11) die Befunde von L u n g e und M i l l - b e r g. Auch B e r d e l (Sprechsaal 1903, S. 1371) hat diesbezügliche Versuche angestellt und empfindliche Verluste an Quarz beim Digerieren mit 15 proz., 10 proz. und 5 proz. Natronlauge bis zum Aufkochen festgestellt. Weniger groß erwiesen sich die Verluste beim Behandeln von Feldspatpulver mit Natronlauge. Er schlägt vor, eine 6—7 proz. Natronlauge zum Trennen der Kieselsäuremodifikationen zu verwenden, unter Umrühren bis nahezu zur Siedetemperatur zu erhitzen und die überstehende Flüssigkeit nach 4—5 stündigem Absetzenlassen ohne Verdünnen zu filtrieren. Wenngleich K o e r n e r (Beitr. z. Kenntn. d. Elsässer Tone, Inaug.-Diss. Straßburg 1900) die Richtigkeit der Untersuchungen von L u n g e und M i l l b e r g anerkennt, so will es ihm doch bei seinen Untersuchungen nicht gelungen sein, „durch viertelstündiges Erhitzen auf dem Wasserbade mit 5 proz. Sodalösung eine einigermaßen vollständige Trennung von Quarz und gebundener Kieselsäure zu erlangen". Durch halbstündiges Erhitzen hat K o e r n e r dann Resultate erzielt, die mit den berechneten ziemlich übereinstimmen.

Was die Verschiedenheit der Angaben über die Trennung der gebundenen Kieselsäure von dem Quarz anbetrifft, so will es mir scheinen, als ob die Menge der Lösungsmittel zur Menge der angewandten Substanz nicht genügend berücksichtigt worden ist. Es ist einleuchtend, daß diese eine nicht zu unterschätzende Rolle für den Verlauf des Prozesses spielt. Andererseits steht es auch fest, und die angeführten Versuche haben dies dargetan, daß ätzende Alkalien die Lösung der Kieselsäure beschleunigen und ein rascheres Absetzen des Rückstandes bewirken. Es dürfte daher zweckmäßig sein, für die Trennung der beiden Kieselsäuremodifikationen eine Lösung von kohlensaurem Natron mit geringen Mengen Ätznatron zu verwenden und das Erhitzen auf dem Wasserbade nach Möglichkeit zu beschränken. Dadurch wird ein leichtes und sicheres Trennen der Kieselsäuremodifikationen in Tonaufschlüssen erzielt, ohne befürchten zu müssen, daß merkliche Mengen von Quarz in Lösung gehen. Es genügt hierzu eine Lösung, die 10 °/₀ Krystallsoda, entsprechend 3,6 % kohlensaurem Natron, enthält und der noch 1 % Ätznatron zugefügt wird.

Aus Anlaß der Arbeit von L u n g e und M i l l b e r g ist auch der Aufschluß der Tonsubstanz mit Schwefelsäure der Prüfung unterzogen worden. Die verschiedenen Angaben S e g e r s über die Konzentration der zu verwendenden Schwefelsäure haben S a b e c k (a. a. O.) veranlaßt, die einschlägigen Verhältnisse zu untersuchen. Nach dessen Angaben nimmt S e g e r (Gesamm. Schriften, S. 432) bei Anwendung von 5 g Ton auf 100—150 ccm Wasser 50 ccm konzentrierte Schwefelsäure. Einem mir vorliegenden Vortrage gemäß nimmt S e g e r (Sprechsaal 1903, 1371) sogar auf 100—200 ccm Wasser 50 g Schwefelsäure bei Anwendung von 5 g Ton. Danach zu schließen, scheint dieser Forscher die Konzentration der Säure nicht für besonders wesentlich gehalten zu haben. Nach S a b e c k s Versuchen ist das Verhältnis von 100 Wasser zu 50 Schwefelsäure das günstigste, weil dadurch heftigen Stößen beim Erhitzen nach Möglichkeit vorgebeugt und ein starkes Sinken des Flüssigkeitsniveaus vermieden wird, welcher Umstand die an den Wandungen der Schale haften bleibenden Tonteilchen der Einwirkung der Säure entzieht. Die Ansicht S e g e r s , daß die Tonsubstanz durch konzentrierte Schwefelsäure nicht angegriffen werde, sei irrig, was S a b e c k durch Versuche erhärtet. Beim Behandeln der tonigen Masse mit 100 ccm Wasser und 50 ccm Schwefelsäure werde übrigens bei einer Kochdauer von 4 Stunden der Feldspat so gut wie gar nicht angegriffen, was ebenfalls zugunsten dieser Konzentration spricht. Dieselbe Konzentration der Säure schlägt B e r d e l vor. Enthält der Ton organische Substanz, so ist ein Zusatz von Salpetersäure zweckdienlich. Von verschiedener Seite ist ein Aufweichen des Tones in Wasser unter Zufügen von Natronlauge vorgeschlagen worden, um eine leichtere Zerteilung der tonigen Masse zu erzielen. Ich halte indes eine solche Behandlung nicht für nötig, der Aufschluß gelingt auch ohnedies gut und vollständig.

Was nun die Ausführung der rationellen Analyse betrifft, so ist folgendes Verfahren leicht ausführbar und vorteilhaft. Ca. 5 g des bei 120° C getrockneten Tones werden in einer Schale aus Platin oder Porzellan von etwa 250 ccm Inhalt mit ca. 50 ccm Wasser übergossen und der Ton durch Umrühren mit einem Glasstabe oder einem starken Platindraht gut verteilt. Darauf fügt man 50 ccm konzentrierte Schwefelsäure zu und mischt wiederum, wodurch sich die Flüssigkeit erhitzt, was offenbar die Zerteilung des Tones befördert. Zum Schluß fügt man die noch erforderlichen 50 ccm Wasser zu und mischt nochmals. Hierauf wird eine Uhrschale aufgelegt und die Porzellanschale über freier Flamme zum Kochen des Inhaltes erhitzt. Das Erhitzen wird so lange fortgesetzt, bis die Schwefelsäure stark abraucht. Dann unterbricht man das Erhitzen und läßt die Schale erkalten. Ist dies eingetreten, so wird der Inhalt mit Wasser verdünnt und mit einem Glasstabe das Ganze umgerührt. Nach kurzer Zeit wird die überstehende Flüssigkeit so klar, daß sie durch ein Filter gegossen werden kann. Der Rückstand wird mit Salzsäure benetzt, Wasser zugefügt, umgerührt und die Schale auf das Wasserbad gesetzt. Nach Erwärmen von etwa 15 Minuten wird die überstehende Flüssigkeit filtriert und darauf die auf das Filter gegangenen festen Bestandteile mit der Spritzflasche in die Schale zurückgespritzt. Diese Behandlung wird so lange fortgesetzt, als der Rückstand die übergossene Salzsäure noch färbt. Dann bringt man den Rückstand auf das Filter und wäscht mit heißem Wasser aus. Der ausgewaschene Rückstand wird darauf mit der Spritzflasche in die Schale zurückgespritzt und die Flüssigkeit auf 250 ccm gebracht. Dieser fügt man alsdann 10 g Krystallsoda pro 100 ccm zu, erwärmt auf dem Wasserbade 1—2 Minuten und fügt dann noch pro 100 ccm Flüssigkeit 1 g Ätznatron zu. Nach Verlauf von weiteren 1—2 Minuten beginnt sich die Flüssigkeit zu klären, worauf die Schale von dem Wasserbade genommen und die überstehende klare Flüssigkeit durch das Filter gegossen wird. Diese Behandlung mit der alkalischen Lösung muß mehrmals wiederholt werden, um sicher zu gehen, daß die aufgeschlossene Kieselsäure vollständig aufgelöst wird. So geht erst nach dreimaliger Behandlung die aus 5 g Zettlitzer Kaolin abgeschiedene Kieselsäure vollständig in Lösung. Zuletzt wird der verbliebene Rückstand auf das Filter gespült und mit alkoholhaltigem Wasser oder verdünnter Ammoniakflüssigkeit ausgewaschen. Die so ausgeführte rationelle Analyse macht ein langweiliges Dekantieren überflüssig, führt also rasch zum Ziel, ohne daß in Betracht kommende Mengen von Quarz gelöst werden.

Bei Vorhandensein von organischer Substanz, deren Anwesenheit sich meist durch die dunkle Färbung des Tones zu erkennen gibt, werden der zum Aufschluß benutzten verdünnten Schwefelsäure mehrere ccm Salpetersäure zugesetzt, wonach erst der Aufschluß erfolgt.

Ist kohlensaurer Kalk im Ton enthalten, so muß dieser vor dem Aufschluß entfernt werden, was durch Ausziehen mit salzsäurehaltigem Wasser geschieht, wie dies bei der Bestimmung der Schwefelsäure angegeben ist (s. S. 28 d. B.).

Zur Trennung des Quarzes von der amorphen Kieselsäure hat S j o l l e m a (Journ. f. Landw. 50, 371; 1902) die Verwendung von Diäthylamin und Methylamin empfohlen. Erfahrungen liegen indes über diese Trennungsmethode nicht vor.

Der geglühte und gewogene Rückstand stellt die vorhandene Menge an Quarz und Feldspat dar. Zur Bestimmung eines jeden einzelnen dieser Bestandteile wird der Rückstand mit Flußsäure oder mit Fluorammonium aufgeschlossen (s. S. 29) und in dem Aufschluß der Gehalt an Tonerde nach S. 37 ermittelt. Dieser mit 5,41 multipliziert ergibt die Menge an Feldspat, und die Differenz des letzteren und des Gesamtrückstandes entspricht der vorhandenen Quarzmenge.

Die Untersuchung der Tonwaren.

Von

K. Dümmler in Charlottenburg.

———

Die Untersuchung der Tonwaren erstreckt sich sowohl auf deren physikalische Beschaffenheit als auch auf die chemischen Eigenschaften. Alle einschlägigen Untersuchungen, besonders aber die physikalischen, sind vergleichender Art, weshalb sie stets unter denselben Bedingungen ausgeführt werden müssen, wenn sie brauchbare Resultate ergeben sollen. Da aber derartige Prüfungen je nach der persönlichen Auffassung verschiedenartig ausgeführt worden sind, so haben sich die Interessenten zur Feststellung einheitlicher Prüfungsmethoden geeinigt, die in den Beschlüssen [1]) der Konferenzen zu München, Dresden usw. über einheitliche Untersuchungsmethoden bei der Prüfung von Bau- und Konstruktionsmaterialien auf ihre mechanischen Eigenschaften niedergelegt sind.

Die physikalische Untersuchung umfaßt die Prüfung auf Dichte, Struktur, Härte, Festigkeit, Feuer- und Wetterbeständigkeit. Die chemischen Prüfungen erstrecken sich auf die allgemeine chemische Analyse, die Feststellung etwaiger schädlicher Einlagerungen, Ermittelung der etwa vorhandenen löslichen Salze, Verhalten gegen Säuren.

A. Physikalische Untersuchungsmethoden.

An jedem zu prüfenden Körper sind zunächst die Dimensionen desselben festzustellen. Den Gewichtsbestimmungen muß ein Trocknen der Proben vorausgehen, was auf einer erwärmten Eisenplatte geschieht.

I. Bestimmung der Dichte.

a) Volumgewicht.

Das Volumgewicht gibt an, wie viel ein Gramm der Masse einschließlich der Porenräume wiegt. Bei geradflächigen Körpern, wie es die Ziegelsteine sind, kann das Volumgewicht aus den Dimensionen und dem absoluten Gewicht ermittelt werden.

---

[1]) Verlag von Theodor Ackermann, München.

Nach den Beschlüssen der Konferenzen [1]) ist das Volumgewicht
an mit Wasser gesättigten Stücken durch Ermittelung des verdrängten
Wassers, d. h. auf hydrostatischem Wege zu ermitteln. In solchen
Fällen, wo durch die Wassersättigung größere Verluste, z. B. durch
Auslaugung von Salzen, eintreten können, soll das Volumgewicht im
Volumometer bestimmt werden, wobei die Probestücke mit Paraffin zu
umhüllen sind.

Zur Bestimmung des Volumgewichts kann das Volumometer von
Dr. Wilhelm M i c h a ë l i s [2]) benutzt werden. Dieser Apparat besteht
aus einer konisch ausgedrehten Metalldose mit aufgeschliffenem, ebenfalls
ausgedrehtem Metalldeckel, der eine graduierte Röhre trägt. Durch eine
Klemmvorrichtung wird der Apparat luftdicht zusammengehalten. Die
Dose faßt bis zur beginnenden Teilung der Röhre 400 ccm, die Röhre
selbst ist von da ab in 100 ccm eingeteilt. Dem Volumometer werden
4 Vollpipetten beigegeben, und zwar zu 200, 100, 50 und 20 ccm Inhalt.
Der Apparat gestattet die Verwendung größerer Stücke bis zu 500 g.

Die getrockneten Stücke werden gewogen und hierauf 24 Stunden
in Wasser gelegt. Sind Verluste zu befürchten, so werden die getrockneten und gewogenen Stücke mit Paraffin überzogen und durch
nochmaliges Wiegen die anhaftende Paraffinmenge festgestellt. Die
wassersatten Stücke sind von dem außen anhaftenden Wasser durch
leichtes Abtrocknen zu befreien. Die Stücke werden hierauf in die
Metalldose gebracht, der Deckel auf letztere nach voraufgegangenem
Einfetten der Ränder aufgedreht und hierauf die Klemmvorrichtung
vollständig angezogen. Sodann läßt man unter Benutzung der Vollpipetten so viel Wasser zufließen, bis dessen Stand an der graduierten
Röhre ablesbar ist. Aus der verwendeten Wassermenge ergibt sich
direkt das Volumen, welches die angewendete Menge der Probe einnimmt (s. a. S. 146).

b) Spezifisches Gewicht.

Dasselbe gibt das Gewicht von 1 ccm der Masse ausschließlich der
Porenräume an.

Nach den Beschlüssen der Konferenzen [3]) soll das spezifische Gewicht an gepulverter Masse bestimmt werden, die durch ein Sieb mit
900 Maschen pro qcm hindurchgegangen und wovon der feinste Staub
durch ein Sieb mit 4900 Maschen pro qcm entfernt ist. Die Bestimmung
soll mittels Volumometers erfolgen. Die Ausführung des Versuchs erfolgt so, daß 250 g des Pulvers abgewogen und in die Dose gegeben
werden. Hierauf fügt man 100 ccm destilliertes Wasser hinzu, wodurch
das Pulver bedeckt wird. Nachdem der Apparat vollständig geschlossen

---

[1]) Protokoll vom 20. September 1890, vgl. Deutsche Töpfer- und
Ziegler-Ztg. **1893**, Nr. 34.
[2]) Deutsche Töpfer- und Ziegler-Ztg. **1879**, Nr. 13.
[3]) Protokoll vom 20. September 1890, vgl. Deutsche Töpfer- und Ziegler-
Ztg. **1893**, Nr. 34.

ist, wird derselbe zwecks Entfernung der am Pulver etwa anhaftenden Luftblasen auf einer weichen Unterlage wiederholt vorsichtig aufgestoßen und das Ganze 24 Stunden stehen gelassen. Sodann werden weitere 200 ccm Wasser hinzugegeben und der Stand desselben in der kalibrierten Röhre abgelesen. Angenommen, das Wasser befinde sich in der Röhre auf 415 ccm, so nehmen die 250 g Ziegelpulver 115 ccm Raum ein. Es wäre demnach das spezifische Gewicht

$$\frac{250}{115} = 2,17.$$

c) Porosität oder Wasseraufnahmefähigkeit.

1. Spezifische Porosität.

Man unterscheidet die Wasseraufnahmefähigkeit dem Volumen und dem Gewichte nach. In anderer Hinsicht unterscheidet man die spezifische Porosität von der absoluten. Bei der Bestimmung der Wasseraufnahmefähigkeit dem Volumen nach muß das Volumgewicht des Fabrikates berücksichtigt werden. Zur Feststellung der Porosität wird das ausgetrocknete Fabrikat auf einer gut ziehenden Wage gewogen und daraufhin in Wasser von gewöhnlicher Temperatur derart gelegt, daß anfangs nur die Hälfte des Körpers 24 Stunden eintaucht, worauf die Probe vollständig mit Wasser bedeckt wird. Nach weiterer 24 stündiger Lagerung wird die Probe herausgenommen und, nachdem mittels Handtuchs die auf der Oberfläche noch haftenden Wassertropfen entfernt sind, gewogen. Die Gewichtszunahme gibt die aufgenommene Wassermenge an, die, auf 100 Gewichtsteile des angewandten Probekörpers bezogen, die Wasseraufnahmefähigkeit dem Gewichte nach darstellt. Da 1 g Wasser bei seiner größten Dichte 1 ccm an Raum einnimmt, so läßt sich aus der gewogenen Wassermenge unter Zuhilfenahme des Volumgewichts des bezüglichen Fabrikates die Wasseraufnahmefähigkeit dem Volumen nach berechnen.

Nach den Beschlüssen der Konferenzen sollen bei der Prüfung von Baumaterialien 10 Probestücke, die vorher ausgetrocknet sind, für die Bestimmung der Porosität verwendet werden, und ist dieselbe sowohl dem Volumen als auch dem Gewichte nach auszuführen.

2. Absolute Porosität.

Für die Wertschätzung gesinterter Fabrikate ist vielfach die Angabe der absoluten Porosität erwünscht. Glasierte Waren sind hierfür von der Glasurschicht zu befreien; darauf werden die gewogenen Stücke in Wasser gelegt, das 24 Stunden lang auf Siedetemperatur gehalten wird. Nach dem Erkalten erfolgt die Bestimmung der Gewichtszunahme, woraus sich die absolute Porosität ergibt.

d) Wasseraufnahmefähigkeit.

Dachdeckungsmaterialien (Ziegel, Platten, Schiefer) sind daraufhin zu prüfen, wieviel Feuchtigkeit sie infolge von Regen aufnehmen und festhalten. Um dies festzustellen, ist eine 1 qm große Fläche mit dem betreffenden Dachdeckungsmaterial in der üblichen Weise und Dachneigung zu decken. Es ist dann die Menge des innerhalb einer bestimmten Zeit mittels Siebbrausen aufzubringenden Wassers zu messen und die Menge des von dem Dachmaterial festgehaltenen festzustellen.

e) Wasserdurchlässigkeit.

Die Wasserdurchlässigkeit des Scherbens sowie das Wasseraufsaugevermögen der Oberfläche kommt namentlich bei der Prüfung von Dachziegeln und Tonröhren zur Anwendung. Nach den Beschlüssen der Konferenz von Berlin [1]) sind hierzu Scherbenstücke in einer Größe auszuwählen, daß dieselben 20—25 ccm Wasser aufzunehmen vermögen. Diese Scherbenstücke werden nach dem Austrocknen an den Rändern mit einem Wachsüberzug versehen und hierauf auf denselben zylindrische Glasröhren von 10 qcm lichtem Querschnitt mittels Wachs aufgedichtet. Es ist zu beobachten:

1. die Zeit, während welcher 10 ccm Wasser einziehen, die mittels Pipette in die Röhre eingeführt werden;

2. die Zeit, welche vergeht, bis bei weiterer Einführung von 10 bis 15 ccm Wasser sich an der unteren Fläche tauartige Durchfeuchtung des Scherbens zeigt;

3. die Zeit, welche vergeht, bis sich etwaige Tropfenbildung bei weiterer Einführung von 10 ccm Wasser in die Röhre an der unteren Fläche zeigt, bzw. ist das Wasserquantum anzugeben, das in ein untergestelltes Becherglas tropft.

Bei Röhren für Kanalisationszwecke ist diese Prüfung des Scherbenstückes so vorzunehmen, daß sowohl die Wasserdurchlässigkeit von der Innenseite nach außen wie umgekehrt festgestellt wird.

II. Struktur und Härte.

a) Struktur des Scherbens.

Die Prüfung erstreckt sich auf die Feststellung vorhandener Strukturfehler der Probe durch Beobachtung, sowie auf Feststellen der Beschaffenheit des Bruches, woraus sich die Homogenität des Fabrikats sowie die Art des Bruches ergibt. Man unterscheidet bei Tonwaren den muscheligen, unebenen und ebenen Bruch der Form nach, den porzellanartigen, steinzeugartigen und erdigen Bruch dem Aussehen nach. Bei der Struktur kommt die Homogenität in Betracht. Die Strukturfehler

---

[1]) Protokoll vom 20. September 1890.

sind auf das Verformen, Trocknen oder Brennen zurückzuführen. Man unterscheidet die blätterteigartige von der walzenförmigen und der $\sim$ förmigen Struktur, die bisweilen an Ziegelsteinen auftritt, die auf Strangpressen hergestellt werden. Die Oberfläche der Fabrikate läßt sich als glatt oder rauh, als voll oder hohl erkennen. Starke, regelrechte Aufrauhung der Oberfläche und namentlich der Kanten ist unter dem Namen der Drachenzähne bekannt. Risse, die sich auf das Trocknen oder Brennen zurückführen lassen, werden als Trockenrisse, Brand- oder Kühlrisse bezeichnet.

Außer auf die Bruchfläche hat man auch auf den Klang zu achten, den der zu untersuchende Stein oder Röhre beim Anschlagen mit dem Hammer gibt. Dieser Klang muß metallisch sein. Tonröhren für Kanalisationszwecke müssen sich mit Meißel und Hammer bearbeiten lassen [1]).

b) Glasurrisse.

Bei glasierten Waren kommen Haarrisse der Glasur sowie andere äußere Glasurfehler in Betracht, die durch Beobachtung festzustellen sind. Um feinere Haarrisse deutlich sichtbar zu machen, empfiehlt es sich, die Oberfläche mit einer färbenden Substanz einzureiben, die beim Abwischen in den Haarrissen zurückbleibt, und so diese Fehler leichter erkennen läßt. Für hellfarbige Glasuren ist hierfür eine dunkle Substanz wie Graphit, für dunkelfarbige Glasur eine weiße Masse wie Talkpulver zu wählen. Für die unter a) und b) angegebenen Prüfungen ist event. die Lupe zu Hilfe zu nehmen.

c) Härte.

Die Härte für Tonwaren kommt vorzugsweise für Baumaterialien in Betracht und wird dieselbe nach der Mohs schen Skala festgestellt. Dieselbe bedeutet: 1 = Talk, 2 = Gips, 3 = Kalkspat, 4 = Flußspat, 5 = Apatit, 6 = Orthoklas, 7 = Quarz, 8 = Topas, 9 = Korund, 10 = Diamant. Bei der Prüfung auf Härte versucht man, mit vorstehenden Mineralien das Fabrikat zu ritzen, wobei stets mit den härteren, etwa Topas, begonnen wird, bis man dasjenige erreicht, welches nicht mehr zu ritzen vermag. Wird letzteres von dem Fabrikat geritzt, so ist dieses härter als das zum Prüfen benutzte Mineral. Man versucht in diesem Falle, ob sich das nächst höhere Glied der Skala von dem Fabrikat ebenfalls ritzen läßt. Das Resultat wird in den Zahlen der Skala ausgedrückt, etwa Härte = 7. Ist Härte 7 überschritten, jedoch 8 noch nicht erreicht, so wird angegeben: Härte = 7,5 oder 7 bis 8.

---

[1]) Verfahren zur Prüfung von Metallen und Legierungen, von hydraulischen Bindemitteln, von Holz, von Ton- und Steinzeugröhren, empfohlen von dem in Brüssel vom 3. bis 6. September 1906 abgehaltenen Kongreß des Internationalen Verbandes für die Materialienprüfung der Technik. Leipzig und Wien 1907.

III. Abnutzungsfähigkeit.

Die Prüfung auf Abnutzung kommt vorzugsweise für solche Fabrikate in Betracht, die zu Pflasterungszwecken Verwendung finden, wie Pflasterklinker, Flurplatten, Mettlacher Platten und dergl. Die Abnutzung ist eine verschiedene, je nachdem das Fabrikat mehr der schleifenden Wirkung oder mehr dem Stoß (Wirkung der Pferdehufe und Lastwagen) ausgesetzt ist. Der ersten Art der Abnutzung wird durch die Härte, der zweiten durch die Zähigkeit des Fabrikates entgegengewirkt.

a) Die Prüfung auf Abschleifen.

Diese wird durch Schleifen mit einer Schmirgelscheibe vorgenommen [1]). Man bedient sich dazu einer Schleifmaschine, deren Umdrehungen genau zählbar sind, und bei welcher der zu probende Körper nötigenfalls entsprechend belastet werden kann. Zum Abschleifen selbst wird Naxosschmirgel Nr. 3, und zwar 20 g für 22 Scheibenumdrehungen verwendet. Werden die gewogenen Probestücke von 20 qcm Schleiffläche bei derselben Belastung und einer Umlaufsgeschwindigkeit der Scheibe von 22 Umgängen pro Minute und einem Schleifradius von 22 cm 540 Umdrehungen hindurch der genannten Wirkung ausgesetzt, so kann man aus dem erlittenen Verlust bei genauer Einhaltung der Daten gute Vergleichsresultate erzielen. Die Abnutzung wird in g ermittelt, aber auch in ccm angegeben.

b) Prüfung auf Zähigkeit.

Diese Prüfungsmethode wird in Deutschland wenig geübt, während sie in den Vereinigten Staaten von Amerika überall zur Anwendung kommt. Die Ausführung der Versuche wird von den verschiedenen Behörden verschieden verlangt, weshalb diese Methode hier nur im Prinzip angegeben werden soll. Zur Ausführung wird eine Kugelmühle oder auch ein kräftiges Faß von bestimmten Dimensionen verwendet, das durch den Antrieb einer Maschine eine bestimmte Zahl von Umdrehungen, etwa 12 bis 20 pro Minute, macht. Eine gewisse Anzahl von Pflasterklinkern wird mit einer Anzahl von Eisenstücken von vorgeschriebener Gestalt und angegebenem Gewicht in das Faß gelegt, worauf dasselbe die vorgeschriebene Zahl von Touren zu machen hat, wobei sich die Fabrikate mehr oder weniger abnutzen. Werden die Steine vor und nach dem Versuche gewogen, so läßt sich daraus der Verlust, d. i. die Abnutzung, leicht berechnen; sie wird in Gewichtsprozenten ausgedrückt.

---

[1]) Prof. Dr. Böhme, Untersuchungen über künstliche Steine, in Mitteilungen aus der Königl. Versuchsanstalt 1891, S. 153.

IV. Prüfung auf Festigkeit.

Diese Prüfung kommt fast ausschließlich für Baumaterialien in Betracht. Die Druckfestigkeit, auch rückwirkende Festigkeit genannt, erstreckt sich auf Bausteine aller Art, die Bruchfestigkeit auf vorragende Konsolen, Dachziegel und andere dünne Platten usw. Röhren werden auf äußeren und inneren Druck geprüft. Diese Prüfungen werden am besten mit hydraulischem Druck ausgeführt, und dienen hierzu die hydraulischen Pressen.

Die hydraulische Presse von B r i n c k &. H ü b n e r in Mannheim wird in verschiedenen Größen bis zu einem Maximaldruck von 150 000 kg gebaut. Die Preßplatten ruhen in halbkugelförmigen Lagern, wodurch eine senkrechte Druckrichtung erzielt wird. Das Ablesen des Druckes erfolgt mittels Zeiger durch einen Manometer, dessen eine Seite den Druck in Atmosphären, die andere in kg angibt. Bei Zerstörung der Probe bleibt der Zeiger stehen, und das Manometer gestattet das Ablesen des erreichten Druckes, der pro qcm berechnet und angegeben wird. Außer diesem Apparat ist zur Feststellung der Druckfestigkeit noch der Apparat von S. A m s l e r , L a f f o n & S o h n in Schaffhausen in Anwendung.

a) Prüfung auf Druckfestigkeit.

Diese wird mit würfelförmigen Stücken vorgenommen, die bei Ziegelsteinen dadurch erzielt werden, daß man einen Stein hälftet und die beiden Hälften so aufeinander legt, und an den Berührungs- sowie an den Druckflächen dünne Mörtelbänder aus reinem Portlandzement anbringt, welche einerseits die Hälften miteinander verbinden, andererseits parallele Druckflächen ergeben. Die Prüfung wird vielfach nicht nur an trockenen Steinen, sondern auch an wassersatten Probekörpern vorgenommen. Es sollen mindestens je 6 Probstücke geprüft werden.

Deckensteine sind zunächst einzeln zu untersuchen. Dabei sind die Steine jeweilig in Richtung des bei der Verwendung stattfindenden Drucks zu prüfen. Zu diesem Zweck sind die Steine nötigenfalls beiderseits mit Keilstücken abzugleichen, was namentlich bei Steinen für scheitrechte Decken zu beachten ist.

Die Belastung vermauerter Deckensteine erfolgt mit Hilfe von Eisenbarren, wobei darauf zu sehen ist, daß die aufgebrachte Belastung ausschließlich von der zu prüfenden Steindecke, nicht etwa von den ͞I-Trägern aufgenommen wird. Eine schwache Sandbettung auf der Decke, auf welcher dann zunächst Druckplatten aufgelegt werden, die ihrerseits einen Holzrost tragen, welcher die Eisenbarren aufnimmt, wird in dem Königl. Materialprüfungsamt zu Großlichterfelde hierbei angewendet.

b) Prüfung von Röhren auf äußeren Druck.

Diese Prüfung wird sehr verschieden ausgeführt und die Art der Ausführung vielfach von der abnehmenden Behörde vorgeschrieben.

Die Königl. Mechanische Technische Versuchsanstalt in Großlichterfelde benutzt hierzu eine hydraulische Presse. Die Röhren werden oben und unten mit einem 10 cm breiten Stück Kiefernholz belegt, wobei zum Ausgleich von Unebenheiten weiche Holzkeile eingeschoben werden; gegen diese Hölzer arbeiten dann die Druckplatten, welche am besten mittels hydraulischen Druckes angepreßt werden. Zwecks Messung der Zusammendrückbarkeit der Röhren werden die Rohrdurchmesser in senkrechter und wagerechter Richtung bei verschiedener Belastung gemessen.

c) Schlagversuche.

Um feststellen zu können, wie sich die Röhren gegen plötzliche Stöße verhalten, sind Schlagversuche anzustellen, indem man eine eiserne Kugel bestimmten Gewichts eine bestimmte Höhe auf das Rohr herabfällen läßt.

d) Prüfung der Röhren auf inneren Druck.

Diese ist ebenfalls auf sehr verschiedene Arten ausgeführt worden. Nach dem Verfahren von R u d e l o f f [1] werden in die Rohrenden Lederstulpen, welche zwecks Erzielung einer guten Dichte mit Gelatine ausgegossen sind, und hinter diese eiserne und hölzerne Zylinder eingeführt, von welchen der eine zur Aufnahme des Druckleitungsrohres durchbohrt ist. Um den Lederstulpen einen festen Halt zu geben, wird das Rohr zwischen zwei Querhölzer gebracht, die gegen die vorgelegten Zylinder mittels Zugstangen gedrückt werden, ohne jedoch die Rohrenden selbst zu berühren.

e) Prüfung auf Biegefestigkeit.

Die zu prüfenden Steine, namentlich Dachziegel, werden auf ihrer unteren Fläche mit zwei Leisten aus Portlandzement von ca. 1 cm Breite in einer lichten Entfernung von 20 cm versehen, während in der Mitte der oberen Seite eine ebensolche Leiste aus Portlandzement der Breite nach aufgebracht wird. Die zu prüfenden Ziegel werden auf die unteren Leisten gelegt, und die Belastung erfolgt auf die obere Leiste.

V. Prüfung der Haftfestigkeit des Mörtels am Stein.

Für diese Prüfung sind einheitliche Bestimmungen noch nicht vereinbart worden. Die Prüfung wird am besten so vorgenommen, daß zwei Steine kreuzweis übereinander mit dem Mörtel vermauert werden, dessen Haftfestigkeit am Stein festgestellt werden soll, worauf die Steine mittels geeigneter Pressen auseinandergerissen werden.

---

[1] Mitteilungen a. d. Königl. Techn. Versuchsanstalten 1892, 101.

VI. Prüfung auf Scherfestigkeit des Mörtels zwischen den Steinen.

Die zu prüfenden Steine werden mit ihrer Läuferfläche so aufeinander gemauert, daß an jeder Kopfseite ein Stein um etwa 2 cm hervorragt. Diese beiden Kopfflächen werden dann gegeneinander gepreßt,
wobei die Mörtelfuge in sich oder in den Steinen auf Scherfestigkeit
beansprucht wird. Um einen schiefen Druck und damit unrichtige Ergebnisse zu vermeiden, mauert man drei Steine mit den Läuferflächen
aufeinander, wobei der mittelste um 2 cm mit seiner einen Kopfseite
vorzuspringen hat.

VII. Prüfung der Wetterbeständigkeit.

Diese Prüfung beabsichtigt, die Einflüsse festzustellen, welche die
Witterung auf die Baumaterialien auszuüben vermag.

a) Prüfung auf schädliche Einlagerungen.

Es kommt hierbei hauptsächlich der k o h l e n s a u r e K a l k
i n S t ü c k e n sowie S c h w e f e l k i e s und G i p s in Betracht.
Diese verursachen im gebrannten Zustande leicht Aussprengungen der
Fabrikate, wenn letztere der feuchten Atmosphäre ausgesetzt sind.
Zur Prüfung bedient man sich einer geräumigen Glasglocke, unter
welche die Proben gebracht werden, wobei die Glocke in ein untergestelltes,
mit Wasser gefülltes Gefäß taucht, ohne daß die Objekte von dem
Wasser berührt werden. Wenn nach Verlauf von 8 Tagen Absprengungen
noch nicht beobachtet werden, so kann man sicher sein, daß derartige
schädliche Beimengungen nicht vorhanden sind. Gut ist jedoch, wenn
bei solchen Prüfungen auch eine Probe des Rohmaterials mit in Betracht
gezogen werden kann. Das Rohmaterial wird in Wasser zerteilt, die
feinen Anteile durch ein 900-Maschensieb gegossen, der Rückstand auf
diesem Siebe nach sorgfältigem Auswaschen getrocknet und gewogen,
worauf derselbe auf Vorhandensein genannter schädlicher Beimengungen
geprüft wird.

Nach den Beschlüssen der Konferenzen sollen derartige schädliche
Bestandteile außer durch das Rohmaterial am fertigen Fabrikat in der
Weise ermittelt werden, daß Stücke mit gespanntem Wasserdampf
von $\frac{1}{4}$ Atmosphäre Überdruck 3 Stunden lang behandelt werden.
Zu diesem Zwecke werden die Stücke der Proben derart in einem teil-
weise mit Wasser gefüllten P a p i n schen Topf aufgestellt, daß dieselben
nicht vom Wasser berührt, sondern nur vom Dampf getroffen werden.
Bei allen diesen Prüfungen ist event. die Lupe zu Hilfe zu nehmen.

b) Prüfung auf Frostbeständigkeit.

Nach den Beschlüssen der Konferenzen sollen von den mit Wasser
gesättigten Proben 5 auf Druckfestigkeit geprüft werden (s. unter A 1 b),

während die übrigen 5 in einen Eisschrank zu stellen sind, der eine
Temperatur von mindestens — 15⁰ C hervorzubringen gestattet. Hier
verbleiben dieselben 4 Stunden, worauf sie herausgenommen und mittels
Wasser von 20⁰ C aufgetaut werden. Die dadurch losgelösten Teilchen
verbleiben bis zum Ende des ganzen jeweiligen Versuches in den Gefäßen,
worin das Auftauen erfolgt. Das Frierenlassen und das darauf erfolgende
Auftauen ist 25 mal zu wiederholen, wonach die abgebröckelten Teile
getrocknet, gewogen und auf das Steingewicht bezogen werden. Bei dieser
Probe ist mittels der Lupe festzustellen, ob Risse oder Absplitterungen
auftreten.

Nach voraufgegangenen Frostversuchen ist eine Druckprobe der
getrockneten Ziegel vorzunehmen und das Resultat mit den übrigen
Druckproben derselben Ziegel zu vergleichen.

Da es sich bei eingehenden Frostversuchen in der Königl. Versuchsanstalt zu Kopenhagen herausgestellt hat, daß bei Frostversuchen die
Steine weit eher Zerstörungen zeigen, wenn sie auf dem Boden auf-
stehend dem Frost ausgesetzt werden, als dann, wenn sie freihängend
der Gefrierprobe unterworfen werden, so sollten Bausteine stets in zuerst
angegebener Weise gelagert werden, zumal sie in der Baupraxis auch
nur auflagernd der Einwirkung des Frostes ausgesetzt sind.

Für die Wetterbeständigkeit ist aber auch die Menge und Art der
in einem Baumaterial vorhandenen wasserlöslichen Salze maßgebend,
deren Ermittelung unter den chemischen Prüfungsmethoden aufge-
führt ist.

VIII. Prüfung auf Feuerbeständigkeit.

Die Feuerbeständigkeit erstreckt sich auf die Feuersicherheit sowie
auf Feuerfestigkeit. Feuersicherheit ist diejenige Eigenschaft der Körper,
die dieselben einer plötzlichen Erwärmung entgegensetzen, ohne ihre
Festigkeit einzubüßen. Obgleich die gebrannten Tonfabrikate im hohen
Grade feuersicher sind, so ist eine Brandprobe derselben doch nicht
wertlos. Der Brandprobe sind sowohl die einzelnen Steine als auch
Mauerwerkskörper zu unterwerfen, da bei Schadenfeuern einerseits nicht
nur der Stein, sondern auch der benutzte Mörtel der Einwirkung der
Hitze ausgesetzt ist und andererseits die plötzliche Abkühlung durch
den kalten Wasserstrahl viele Baumaterialien von der Oberfläche her
auf mehr oder minder große Tiefe zerstört. Die Brandproben der Mauerwerkskörper sind daher so auszuführen, daß das Mauerwerk wenigstens
3 Stunden einer Hitze von 800 bis 1000⁰ C ausgesetzt wird, worauf die
Anspritzung desselben erfolgt. Nach der Ablöschung sind die Mauerwerkskörper einer Druckprobe zu unterwerfen, um zu sehen, um wieviel ihrer Festigkeit solchen Mauerwerkskörpern gegenüber, die der
Brandprobe nicht unterworfen waren, zurückgegangen sind.

Die Brandprobe der einzelnen Steine erfolgt nach amerikanischen
Vorschriften so, daß die Steine eine Stunde lang einer Temperatur von
600—800⁰ C ausgesetzt und dann in ein Gefäß mit Wasser gebracht

werden. Die aus dem Wasser herausgenommenen Steine sind dann auf ihre Beschaffenheit, Risse, Absplitterungen usw. zu untersuchen, event. einer Druckprobe zu unterwerfen, die in gleicher Weise vorzunehmen ist wie die Druckprobe der nicht der Brandprobe unterworfenen Steine. Weit wichtiger für die Tonfabrikate ist die Feuerfestigkeit, das ist der Widerstand, den ein Körper hohen Temperaturen entgegenzusetzen vermag, wobei die in den betreffenden Feuerungsanlagen ausgeführten Prozesse zu berücksichtigen sind. Es ist daher bei Beurteilung die Art des Fabrikats sowie seine Porosität in Betracht zu ziehen.

Die Prüfung fertiger Fabrikate auf Feuerfestigkeit geschieht nach den Methoden der Prüfung der Tone. Dieselbe erfolgt entweder nach Seger (S. 32), welche letztere Methode in dem Laboratorium der Deutschen Töpfer- und Ziegler-Zeitung [1]) eine wesentliche Vereinfachung gefunden hat und daher hier wiedergegeben werden soll. Die Vereinfachung besteht in der Art des Anzündens des zum Glühen der Proben benutzten Brennstoffes. Ca. 30 g Holzkohle werden in einem Sieblöffel über einer kräftigen Bunsenflamme oder in einem anderen Feuer zur Glut gebracht, hierauf in den Devilleschen Ofen eingeführt und bei langsamem Treten des Blasebalges der abgewogene Brennstoff — Koks oder Graphit — zugegeben. Hierdurch wird die lästige Anwendung von Papier vermieden, dessen Asche stets Ofenfutter und Tiegel angreift. Der Betrieb des Blasebalges ist derart, daß nur 40 Tritte in der Minute gemacht werden, wodurch die Arbeit offenbar erleichtert wird.

Zur Herstellung der kleinen Probekörper wird das Fabrikat gepulvert und das Pulver unter Zusatz von etwas Gummischleim zu Tetraedern verformt. Es empfiehlt sich jedoch, ein abgeschlagenes Stückchen der Probe in den Tiegel mit einzusetzen, was besonders dann geschehen sollte, wenn grobkörniger Quarz als Magerungsmittel verwendet wurde, was immerhin noch vielfach geschieht. Um den Tetraedern einen festeren Stand zu sichern, klebt man sie mit etwas Gummischleim auf das im Tiegel liegende Chamotteplättchen auf. Abwechselnd mit den Probekörpern setzt man die als Maßstab für die Prüfung dienenden Segerkegel ein, die ebenfalls die Form von Tetraedern haben.

B. Chemische Untersuchung.

I. Allgemeine Analysen.

a) Ermittelung der Zusammensetzung gebrannter Fabrikate.

Für die Ermittelung der Zusammensetzung gebrannter Fabrikate kommt die auf Seite 35 ff. angegebene chemische Analyse der Tone in Betracht. Die rationelle Analyse (S. 40) läßt sich an gebrannten Waren nicht mehr ausführen. Es sind durch Aufschluß mit kohlensaurem

---

[1]) K. Dümmler, Handbuch der Ziegelfabrikation, Halle 1900.

Natronkali zu ermitteln: Kieselsäure, Titansäure, Aluminiumoxyd, Eisenoxyd, Kalk und Magnesia. Durch Aufschluß mit Flußsäure oder Fluorammonium werden die Alkalien bestimmt.

Bei Glasuren kommen außerdem in Frage: Borsäure, Zinnoxyd, Bleioxyd, Zinkoxyd, Baryt sowie die färbenden Substanzen: Antimon, Kupfer, Kobalt, Nickel, Chrom, Uran, Phosphorsäure, neben den Edelmetallen Gold, Silber, Platin und Iridium.

Die Auswahl der Probe hat so zu erfolgen, daß dieselbe einem guten Durchschnitt entspricht. Bei glasierten Waren ist darauf zu sehen, daß der Scherben von der Glasur- oder Engobeschicht unterschieden wird. Es ist naturgemäß, Scherben und Glasur getrennt zu untersuchen. Größere Schwierigkeiten macht die Gewinnung der Glasur, weil diese in verhältnismäßig geringer Menge an dem Fabrikat auftritt, außerdem bei guter Ware sehr fest haftet. Die mit Hammer und Meißel vorsichtig abgeschlagenen Glasurstückchen werden gesammelt und hierauf die etwa noch anhaftenden Scherbenteile sorgfältig durch Abschleifen entfernt. Nachdem die Glasurstückchen im Achatmörser fein gerieben sind, ist die Probe für die Analyse fertig. Vielfach gelingt es nicht, eine genügende Glasurmenge auf mechanischem Wege zu beschaffen. Man muß sich in solchen Fällen in anderer Weise helfen; so können Bleiglasuren schon durch starke Salzsäure zersetzt werden, ohne daß der Scherben merklich angegriffen wird.

Ist das gewonnene Glasurpulver bleihaltig, so kann dasselbe in einer Porzellanschale durch kochende Salzsäure vollständig aufgeschlossen werden. Andere Glasuren setzen diesem Reagens einen größeren Widerstand entgegen, so daß der Aufschluß mit kohlensaurem Natronkali, Flußsäure oder Fluorammonium erfolgen muß.

Sind die oben erwähnten Edelmetalle Gold, Platin, Iridium nicht als färbende Oxyde in der Glasur enthalten, sondern als Dekorationsmittel auf der Glasur aufgetragen, so lassen sich dieselben durch ihren Glanz leicht erkennen. Diese Edelmetalle gehen bei Behandlung mit Königswasser in Lösung und lassen sich so nachweisen. Bei Dekoration mit Silber ist zum Auflösen nur Salpetersäure anzuwenden.

Die Feststellung der einzelnen Bestandteile erfolgt nach den Regeln der allgemeinen chemischen Analyse, worauf hier zu verweisen ist. Nach Bestimmung der prozentischen Zusammensetzung wird die Molekularformel ermittelt. Letztere erhält man durch Division des Prozentgehaltes durch das jeweilige Molekulargewicht. Die gewonnenen Zahlen werden nach Anzahl der im Molekül vorhandenen Sauerstoffatome in einzelne Gruppen geordnet, und zwar derart, daß die Monoxyde, Sesquioxyde und die Dioxyde für sich zusammengestellt werden, etwa wie folgt:

$$\left. \begin{array}{l} 2{,}5 \ Si \ O_2 \\ 0{,}5 \ Sn \ O_2 \end{array} \right\} \quad \left\{ \begin{array}{l} 0{,}25 \ Al_2 \ O_3 \\ 0{,}05 \ Fe_2 \ O_3 \end{array} \right\} \quad \left\{ \begin{array}{l} 0{,}7 \ Pb \ O \\ 0{,}2 \ Ca \ O \\ 0{,}1 \ K_2 \ O \end{array} \right.$$

Aus der Molekularformel läßt sich leicht ein Bild über die Herstellung der Glasurmassen gewinnen. Gehen wir von der Zusammensetzung der zur Herstellung der Massen und Glasuren am häufigsten benutzten Mineralien und Chemikalien aus, so läßt sich die Zusammenstellung der Glasur oder Masse aus den mutmaßlich verwendeten Stoffen rekonstruieren. Z. B. 0,1 K_2O ergibt mit 0,1 Al_2O_3 + 0,6 SiO_2 verbunden = 0,1 Feldspat (= 55,6 Gewichtsteile); 0,2 CaO würden 0,2 CaO, CO_2 oder 20,0 Gewichtsteilen reinem Marmor, 0,7 PbO = 155,68 reiner Bleiglätte entsprechen. Der restierende Anteil von 0,15 Aluminiumoxyd kann als Tonsubstanz zur Verwendung gelangt sein und würde, mit 0,30 Kieselsäure + 0,30 Wasser verbunden, als 0,15 Tonsubstanz = 38,7 Gewichtsteile reinen Kaolins ergeben.

0,05 Fe_2O_3 kann als solches verwendet = 8 Gewichtsteile in Betracht gezogen werden. 0,5 SnO_2 entsprechen 75 Gewichtsteilen Zinnoxyd (Zinnasche). Die restierende 1,6 Kieselsäure ist als reiner Quarz, Feuerstein oder dergl. mit 90 Gewichtsteilen in Anrechnung zu bringen. Vermischt man die berechneten Substanzen in den angegebenen Gewichtsmengen und frittet dann die Materialien zusammen, so wird man eine Glasur von angegebener Zusammensetzung erhalten. Hätte das Kali im Vergleich zum Aluminiumoxyd vorgeherrscht, so müßte dessen Ursprung in einem Kalisalz, wie Pottasche, Salpeter, Sylvin oder auch schwefelsaurem Kali zu suchen sein. Sind Kalk und Magnesia nur in geringen Mengen vorhanden, so können dieselben als zum Feldspat gehörig mit dem Alkali in Anrechnung gebracht werden.

b) Bestimmung des Gehaltes an Aluminiumoxyd.

Vielfach wird bei Lieferung feuerfester Waren ein bestimmter Gehalt an Aluminiumoxyd vereinbart. Die Feststellung desselben erfolgt nach der bei Analyse der Tone angegebenen Methode (S. 37).

II. Bestimmung der löslichen Salze.

Eine derartige Untersuchung kommt wohl ausschließlich bei Baumaterialien aus gebranntem Ton in Betracht. Nach den Bestimmungen der Konferenzen sollen hierzu 5 Steine, und zwar die schwächstgebrannten, verwendet werden, die noch nicht vom Wasser berührt sein dürfen. Diese Steine sind für den Zweck der Untersuchung nach drei Richtungen hin zu spalten und an den erhaltenen 8 Spaltungsstücken die nach dem Steininneren gelegene Ecke abzuschlagen. Letztere Stückchen werden derart gepulvert, daß alles durch ein Sieb mit 900 Maschen pro qcm hindurchgeht. Von dem Pulver wird der feine Staub durch ein Sieb mit 4900 Maschen pro qcm abgesiebt und der Rückstand für die Untersuchung verwendet. 25 g des Pulvers werden mit 250 ccm destillierten Wassers übergossen und unter Ersatz des verdampfenden Wassers 1 Stunde lang gekocht, hierauf abfiltriert und ausgewaschen. Die erhaltene Flüssigkeit wird eingedampft, der Rückstand schwach geglüht und in Prozenten des Steingewichts angeführt. Die erhaltene Salzmasse soll quantitativ analysiert werden. Es kommen in Betracht: Schwefelsäure, Kalk, Magnesia, Kali und Natron, die nach den allgemeinen analytischen Methoden zu bestimmen sind. Am geeignetsten wird der Rückstand in Wasser unter Zusatz einiger Tropfen Salzsäure gelöst und die Lösung auf 200 ccm durch Zusatz von destilliertem Wasser gebracht; 100 ccm dienen zur Bestimmung von Schwefelsäure und Alkalien, die andere Hälfte wird zur Ermittelung des Gehaltes an Kalkerde und Magnesia verwendet.

Neben den schwefelsauren Salzen enthalten die Tone nicht selten Vanadinverbindungen. Wenn dieselben auch nur in sehr geringer Menge vorhanden sind, so machen sie sich doch an gebrannten Tonbausteinen durch ihre stark färbende Wirkung leicht unangenehm bemerkbar, die sich nach dem Feuchtwerden der Steine als grünlich-gelber Ausschlag erkennen läßt. Eine quantitative Bestimmung dieser Vanadinverbindung wird in der Regel nicht gewünscht, sondern nur ein qualitativer Nachweis. Der grünlich-gelbe Ausschlag wird leicht in heißem Wasser gelöst und bildet mit demselben eine grünlich-gelbe Flüssigkeit, die nach dem Eindampfen die Vanadinverbindungen zurückläßt. In der inneren Flamme des Bunsenbrenners färben die Vanadinverbindungen die Boraxperle schön grün, wie Chrom. Besonders bei geringen Vanadinmengen verschwindet die grüne Färbung durch Erhitzen in der äußeren Flamme. Durch Salpetersäure werden die Vanadinverbindungen in Vanadinsäure übergeführt, die mit Ammoniak und Chlorbaryum als schokoladenbrauner Niederschlag gefällt wird. Mit Galläpfelaufguß gibt die Vanadinsäure einen schwarz-blauen, mit Kalium-Eisencyanür einen flockigen, apfelgrünen Niederschlag, der in verdünnten Säuren unlöslich ist.

Außer den angeführten Salzen gelangen auch in stark poröse Bausteine lösliche Salze nach der Vermauerung, die teilweise dem benutzten Mörtel, teilweise dem umgebenden Erdreich entstammen; so sind u. a. Chlorverbindungen, kohlensaure und phosphorsaure Salze neben schwefelsauren Salzen als Auswitterungsprodukte von derartigen Bausteinen nachgewiesen worden. Steht das Mauerwerk mit verwesenden, stickstoffhaltigen Substanzen in Verbindung, so können auch salpetersaure Salze in die Ziegel gelangen. Niemals wird jedoch in frisch gebrannten Tonbausteinen Salpeter enthalten sein, der noch vielfach in den Köpfen von Baubeflissenen spukt. Nachweis und Bestimmung solcher Salze erfolgt nach den allgemeinen analytischen Methoden.

III. Prüfung auf Säurebeständigkeit.

Die Prüfung wird in verschiedenen Laboratorien auf verschiedene Weise vorgenommen. Das Laboratorium der Deutschen Töpfer- und Ziegler-Ztg. verwendet zum Versuche das Pulver der zu prüfenden Probe, das zwischen einem Sieb von 900 und 4900 Maschen verbleibt. 25 g desselben werden in einem Erlenmeyerschen Kolben der Einwirkung von 250 ccm einer 10 proz. Salz-, Salpeter- und Schwefelsäure 24 Stunden lang unter öfterem Umschütteln ausgesetzt. Die überstehende

Flüssigkeit wird hierauf durch ein vorher getrocknetes und gewogenes Filter gegossen, der Rückstand mit heißem Wasser sorgfältig ausgewaschen und sodann auf das Filter gespült. Nachdem Filter mit Inhalt bei 110° C bis zur Gewichtskonstanz getrocknet ist, gibt die Differenz der beiden Gewichte den Verlust an Metalloxyden an.

Seger und Cramer verwenden zu dieser Prüfung das Pulver, welches zwischen den Sieben von 64 und 121 Maschen pro qcm verbleibt, und behandeln dasselbe mit der 10 fachen Menge einer 10 proz. Salz- und Salpetersäure 24 Stunden lang [1]).

Kämmerer-Nürnberg prüft die Probestücke auf ihr Verhalten gegen 1 proz. Salz-, Salpeter-, Schwefelsäure und Ammoniak während 48 Stunden bei gewöhnlicher Temperatur und stellt hierauf die Veränderung des Gewichtes und der physikalischen Eigenschaften der Proben fest.

Nach dem Deutschen Reichsgesetz betr. den Verkehr mit Nahrungsmitteln, Genußmitteln und Gebrauchsgegenständen (14. Mai 1879) ist die Verwendung von bestimmten Stoffen und Farben zur Herstellung von Eß-, Trink- und Kochgeschirr sowie das erwerbsmäßige Verkaufen und Feilhalten solcher Gegenstände, welche diesem Verbote zuwider hergestellt sind, strafbar (§§ 5, 8, 12, 13, 14). Dieses Gesetz schließt Herstellung und Vertrieb bleiglasierter Geschirre ein, die geeignet sind, die Gesundheit der Menschen zu gefährden. Es ist dann der Fall, wenn die verwendete Glasur fähig ist, Blei an die in solchem Gefäße aufzubewahrenden flüssigen oder festen Speisen abzugeben.

Die Prüfung der Glasuren auf diesen gesundheitsschädigenden Einfluß erfolgt durch halbstündiges Kochen von starkem Essig (5 proz. wasserhaltige Essigsäure) in dem glasierten Geschirr und Nachweis von in Lösung gegangenem Blei nach den allgemeinen Regeln der qualitativen Analyse.

Während also in Deutschland bleiglasierte Geschirre, welche an starken Essig Blei abgeben, weder hergestellt, noch verkauft, noch feilgehalten oder in Verkehr gebracht werden dürfen, ist in England die Verwendung von Beiglasuren verboten [2]), welche an verdünnte Salzsäure mehr als 5 % Blei, als Bleimonoxyd berechnet, und auf die trockene Glasurmasse bezogen, abgeben. Hierzu ist folgende Prüfungsmethode vorgeschrieben. Eine gewogene Menge des getrockneten Materials wird 1 Stunde lang bei gewöhnlicher Temperatur mit der 1000 fachen Menge einer wäßrigen Salzsäurelösung von 0,25 % HCl-Gehalt fortwährend geschüttelt. Diese Flüssigkeit soll nach einstündigem Stehenlassen filtriert und in einem aliquoten Teil des klaren Filtrates das gelöste Blei als Schwefelblei gefällt und als Bleisulfat gewogen werden, woraus die abgegebene Menge an Bleioxyd berechnet wird.

---

[1]) M. Gary, Röhrenprüfung, Baumaterialienkunde, III. Jahrg., Heft 3, S. 35 ff.
[2]) s. The Brickbuilder and Cementmaker. London 1902, S. XXXVI, vgl. auch Zeitschr. f. angew. Chem. 15, 471. 1902.

IV. Prüfung der Glasuren auf Verwitterbarkeit.

Analog der Weberschen Methode[1]), die Gläser auf Entglasung
zu prüfen, setzt man die glasierten Waren den Dämpfen starker Salzsäure
24—30 Stunden aus und beobachtet, ob eine Zersetzung der Glasur
stattfindet, was sich durch einen weißen Beschlag auf der Glasurober-
fläche zu erkennen gibt. Zur Ausführung des Versuchs dient eine
größere Glasglocke, die luftdicht auf eine untergesetzte Glasplatte aufgesetzt werden kann. Auf diese letztere wird ein flaches Porzellangefäß
gestellt, das starke, rohe, rauchende Salzsäure enthält. Über den Rand
des Gefäßes legt man zwei schmale Porzellan- oder Glasstreifen, die
als Träger des zu prüfenden Objektes dienen. Das Auflegen der Probe
erfolgt am besten derart, daß die Glasurfläche direkt auf den Unter-
lagern ruht. Nachdem das Ganze mittels der Glasglocke überdeckt ist,
wird es bei Zimmertemperatur sich selbst überlassen. Ist auf der Glasur
nach Verlauf der angegebenen Zeit ein Beschlag eingetreten, so kann
derselbe mittels heißen Wassers abgespült und qualitativ geprüft werden.
Gute Glasuren sollen eine solche Probe ohne Zersetzung aushalten.

C. Anhang: Prüfung der Dachschiefer.

Für die Beurteilung der Dachschiefer kommen folgende Punkte
in Betracht:

Struktur, Härte, Klang, Porosität, mikroskopische Beschaffenheit
(Feststellung etwaiger Einlagerungen von Pyrit, Markasit, Calcium- und
Magnesiumcarbonat sowie von Gips), Frostbeständigkeit und Verhalten
gegen höhere Hitzegrade.

Die chemische Untersuchung hat sich auf die Bestimmung von
Calcium- und Magnesiumcarbonat, auf Gips und auf Schwefeleisen zu
erstrecken. Ein guter Schiefer soll möglichst strukturfrei sein, und einen
hellen Klang haben. Die Härte soll mindestens = 2 nach der Mohs-
schen Skala sein. Der Schiefer wird um so weniger gut sein, je größer
die Menge der eingelagerten Mineralien von Pyrit, Markasit und kohlensauren Erden ist. Vorhandener Gips ist bereits ein Zeichen, daß eine
Zersetzung eingetreten ist, die zur baldigen Zerstörung führt.

Nach Prof. Brunner-Lausanne[2]) ist für die Beurteilung der
Güte außerdem von Wichtigkeit:

1. Der Imbibitionsversuch; für denselben werden
Stücke von 12 cm Länge und 6 cm Breite aus dem Schiefer mit der Säge
herausgeschnitten und in ein Becherglas gestellt, dessen Boden 1 cm
hoch mit Wasser bedeckt ist. Hierauf wird das Glas geschlossen, 24
Stunden stehen gelassen und dann wird beobachtet, wie hoch das Wasser

---

[1]) R. Weber, Verhandlungen des Vereins zur Beförderung des Gewerbe-
fleißes in Preußen, 1863, 131.
[2]) Aus Bayer. Industrie- und Gewerbeblatt durch Deutsche Töpfer- und
Ziegler-Ztg. 1894, Nr. 47.

im Schiefer gestiegen ist, was einen Maßstab für die Güte des Schiefers gibt. Gute Schiefer werden dabei nur wenige mm über der Wasseroberfläche feucht werden.

2. Der Verwitterungsversuch. Ein 7 cm langes und 3 cm breites Stück Schiefer wird in einem Glaszylinder frei aufgehängt, auf dessen Boden sich 100 ccm einer gesättigten wäßrigen Lösung von schwefliger Säure befinden. Ein guter Schiefer wird 4—6 Wochen, oft monatelang intakt bleiben. Eine Zerstörung, welche der Verwitterung gleichbedeutend ist, ist auf den Gehalt an Schwefeleisen, wovon der Markasit schädlicher als der Pyrit ist, sowie auf den Gehalt an kohlensauren Erden zurückzuführen.

Zur Bestimmung der schwefelsauren und kohlensauren Erden werden 5 g der Durchschnittsproben mit Salzsäure digeriert und nach Zufügen eines Überschusses der letzteren das Ganze auf siedendem Wasserbade erwärmt, bis sämtliche Kohlensäure ausgetrieben ist. Die überstehende Flüssigkeit wird in einen Kolben von 500 ccm Inhalt filtriert und der Rückstand mit heißem Wasser ausgewaschen. Nachdem der Kolbeninhalt erkaltet und bis zur Marke aufgefüllt ist, werden 100 ccm zur Bestimmung der alkalischen Erden und 200 ccm zur Ermittelung eines etwaigen Gehaltes an Schwefelsäure verwendet.

Die Bestimmung der an alkalische Erden gebundenen Kohlensäure erfolgt entweder aus dem Glühverluste, den das Material beim Übergießen erleidet, oder durch Benutzung des Scheiblerschen Apparates bzw. durch direkte Wägung [1]).

Zur Feststellung des Schwefelgehaltes werden 2—5 g der feingeriebenen Durchschnittsprobe wiederholt mit Königswasser in einer geräumigen Porzellanschale unter Erwärmen auf siedendem Wasserbade digeriert und das Ganze schließlich eingedampft. Den trockenen Rückstand feuchtet man mit Salzsäure an, fügt Wasser zu, erwärmt auf dem Wasserbade, filtriert die klar überstehende Flüssigkeit und wäscht nach dreimaliger Wiederholung des Auslaugens den Rückstand auf dem Filter mit heißem Wasser vollständig aus. Im Filtrat wird die Schwefelsäure mit Chlorbaryum gefällt, als schwefelsaurer Baryt bestimmt und, nachdem die nach dem oben angegebenen Verfahren bestimmte Schwefelsäure abgezogen, auf Schwefel umgerechnet. 64 Gewichtsteile Schwefel verbinden sich mit 56 Gewichtsteilen Eisen zu Schwefelkies FeS_2, der als Pyrit oder Markasit mittels des Polarisationsmikroskopes nachgewiesen werden kann.

---

[1]) Vgl. auch Bd. I. S. 179.

Tonerdepräparate.

Von

Prof. Dr. G. Lunge und Privatdozent Dr. E. Berl, Zürich.

Als Rohmaterial für diese Industrie dient hauptsächlich K a o l i n ,
B a u x i t und natürlicher und künstlicher K r y o l i t h. Die Untersuchung des ersteren wird nach den im Abschnitt „Tonanalyse" beschriebenen Methoden vorgenommen. Es sei hier nur bemerkt, daß
nach Papier-Ztg. 1904, 259 der Verein französischer Papierfabrikanten
einen Feuchtigkeitsgehalt von 10 % im Kaolin für zulässig erklärt hat,
während in Deutschland 8 %, in England 5—6 % für annehmbar gerechnet werden.

A. Bauxit.

Für B a u x i t schreiben S c h n e i d e r und L i p p (J u r i s c h ,
Fabrikation der schwefelsauren Tonerde, Berlin 1904, S. 45) vor,
ihn mit 5—10 Teilen Soda zu schmelzen, die Schmelze mit Wasser
aufzuweichen, mit Schwefelsäure einzudampfen, bis die überschüssige
Säure zu verdampfen anfängt, zu verdünnen, die ausgeschiedene
Kieselsäure von der Lösung abzufiltrieren, im Filtrat Eisenoxyd von
Tonerde und Titansäure nach C h a n c e l s Methode durch Natriumthiosulfat zu trennen (vgl. unten S. 74). Durch Kochen der Lösung
fällt dann die Tonerde zusammen mit der Titansäure aus; man löst
den Niederschlag in Salzsäure und fällt die Tonerde durch Ätznatron
aus.

Nach Mitteilungen der A l u m i n i u m - I n d u s t r i e - A k t i e n -
G e s e l l s c h a f t N e u h a u s e n wird in ihren Werken die Bauxitanalyse nach folgenden Angaben durchgeführt:

2 g des feinst gepulverten Bauxites werden in einer Porzellanschale
mit 25—30 ccm Wasser übergossen und unter Umrühren 20 ccm konz.
Schwefelsäure zugefügt. Man bedeckt mit einem Uhrglas und erwärmt
mit kleiner Flamme anfangs unter öfterem Umrühren, bis Schwefelsäuredämpfe entweichen. Man läßt dann erkalten, verdünnt mit kaltem
Wasser auf 250—300 ccm, filtriert in einen 500-ccm-Kolben und füllt
auf 500 ccm auf (Filtrat A).

Der Rückstand, der aus SiO_2, Al_2O_3 und TiO_2 besteht, wird geglüht und gewogen, hierauf mit Flußsäure und Schwefelsäure abgeraucht, wieder geglüht und gewogen. Die Gewichtsdifferenz ergibt die K i e s e l - s ä u r e. Der Abrauchrückstand (Al_2O_3 + TiO_2) wird mit Bisulfat aufgeschlossen, die Schmelze unter Zusatz von etwas Schwefelsäure in lauwarmem Wasser gelöst und darin die Titansäure kolorimetrisch bestimmt (s. unten).

Vom Filtrat A werden nach gutem Durchmischen 200 ccm = 0,8 g zur E i s e n o x y d b e s t i m m u n g , der Rest zur T i t a n s ä u r e - b e s t i m m u n g verwendet.

Die E i s e n b e s t i m m u n g n e b e n T o n e r d e u n d T i - t a n s ä u r e erfolgt nach R e i n h a r d - Z i m m e r m a n n (s. Bd. I, S. 126), indem 200 ccm des Filtrats A in einem ca. 800 ccm fassenden Becherglas zum Sieden erhitzt werden. Man entfernt hierauf die Flamme, fügt 20 ccm konz. Salzsäure zu und reduziert die noch heiße Lösung durch tropfenweises Zufügen einer in einer Bürette befindlichen Zinnchlorürlösung (250 g krystallisiertes Zinnchlorür in 100 ccm konz. Salzsäure gelöst und auf 1000 ccm verdünnt), bis die Lösung eben entfärbt ist, kühlt etwas ab und fügt sofort 10 ccm Mercurichloridlösung (gesättigte Lösung des reinen Salzes) zu, verdünnt auf ca. 600 ccm, fügt 200 ccm einer sauren Mangansulfatlösung (67 g kryst. Mangansulfat in 500 ccm Wasser gelöst, hierzu 138 ccm Phosphorsäure spez. Gew. 1,7 zugefügt, zu diesem Gemisch 130 ccm konz. Schwefelsäure gegeben und auf 1000 ccm verdünnt) zu und titriert mit einer auf gleiche Weise eingestellten Permanganatlösung auf schwach rosa. Wenn die durch Mercurichlorid erzeugte Fällung sehr stark oder gar grau gefärbt ist, so ist die Probe zu verwerfen.

In einem anderen aliquoten Teile des Filtrats A wird die T i t a n - s ä u r e k o l o r i m e t r i s c h nach A. W e l l e r (Ber. 15, 2592; 1882, s. a. T r e a d w e l l , Quant. Analyse 4. Aufl., S. 83) bestimmt. Diese Methode beruht darauf, daß eine saure Lösung von Titansäure mit Wasserstoffsuperoxyd (das durch Percarbonat erzeugt werden kann) eine rotgelbe Farbe annimmt. Die im Bauxit normal vorkommenden Eisenmengen beeinträchtigen besonders in schwefelsaurer Lösung die Reaktion nicht. Größere Eisenmengen oder salzsaure Eisenlösungen machen die Reaktion unsicher. Zufügen von Phosphorsäure verbessert in diesem Falle die Resultate. Fluorwasserstoff verursacht ungenaue Resultate; Wasserstoffsuperoxyd, das aus Bariumsuperoxyd mittels Kieselfluorwasserstoffsäure hergestellt wurde, ist daher für die Methode von W e l l e r unbrauchbar. Die kolorimetrisch zu untersuchende Lösung muß mindestens 5 % Schwefelsäure enthalten; ein Überschuß davon ist unschädlich.

Zur Durchführung der kolorimetrischen Titansäure-Bestimmung bedarf man einer oder mehrerer Titansulfatvergleichslösungen. Für die Bauxitanalyse genügt in der Regel eine solche, welche in 1 ccm 0,0001 g TiO_2 enthält. Zu ihrer Herstellung bringt man etwa 0,1200 g reine Titansäure in einen Porzellantiegel und glüht vorsichtig bis zur Erreichung konstanten Gewichts. Man hätte z. B. bei der letzten Wägung 0,1146 g gefunden. Man schließt nun mit Bisulfat auf, löst die Schmelze in kalter konz. Schwefelsäure und füllt mit 5 proz. Schwefelsäure auf 1146 ccm auf, nachdem man durch Wasserstoffsuperoxyd oder Percarbonat die gelbe Färbung hervorgerufen hat. Die Vergleichslösung ist in einer dunklen Flasche im Dunkel aufzubewahren.

Vom Filtrat A (S. 62) werden 100 oder 200 ccm in einen 300-ccm-Kolben gegossen, etwas Wasserstoffsuperoxyd oder Percarbonat und Schwefelsäure zugefügt und auf 300 ccm aufgefüllt. Zur Vergleichung der erhaltenen Lösung benützt man zwei gleichweite Zylinder von 100 cm Inhalt. Von jeder der beiden Lösungen nimmt man z. B. 30 ccm, fügt zur dunkleren von 5 zu 5 ccm Wasser, bis die beiden Lösungen in den Zylindern gleiche Farben zeigen. Aus dem Gehalte der Vergleichslösung und der Menge des zugesetzten Wassers läßt sich der Titansäuregehalt leicht ermitteln, der nach Zufügung der Menge Titansäure im Abrauchrückstand (s. S. 63), den Gesamttitansäuregehalt ergibt.

Die **F e u c h t i g k e i t** wird durch Erhitzen von 3—5 g Bauxit im Platintiegel auf 100° bis zur Gewichtskonstanz ermittelt. Durch Glühen ergibt die Gewichtsdifferenz **c h e m i s c h g e b u n d e n e s W a s s e r** und **o r g a n i s c h e S u b s t a n z**.

Die erhaltenen Resultate werden auf das bei 100° getrocknete Material umgerechnet. Die Differenz von 100 ergibt die **T o n e r d e**, welche durch Ammoniakfällung von 100 ccm des Filtrates A und Abzug der in Lösung gegangenen Titansäure und Eisenoxyd direkt bestimmt werden kann.

Über Bauxitanalyse haben wir ferner von Herrn P. **K i e n l e n** in Aix-en-Provence folgende, aus langer Praxis stammende Mitteilungen empfangen.

Man trocknet 2,5 g feinst gepulverten Bauxit 8 Stunden bei 100° und kocht ihn mit 30 ccm verdünnter Schwefelsäure (1 Säure, 1 Wasser) unter gutem Umschütteln zur Vermeidung von Krustenbildung, bis sich Dämpfe von SO_3 entwickeln. Nach vollständigem Erkalten schüttet man den Brei von Sulfaten in 300 ccm **k a l t e n** Wassers, unter Vermeidung von starker Temperaturerhöhung (wodurch TiO_2 niederfallen würde), setzt 10 ccm Salzsäure zu und digeriert 6 Stunden unter Umschütteln. Dann filtriert man die ausgeschiedene Kieselsäure ab, die noch ganz wenig Al_2O_3 und eine Spur TiO_2 enthalten kann; die Lösung und Waschwässer bringt man auf 500 ccm. Die geglühte und gewogene rohe Kieselsäure wird mit 3—4 Tropfen verdünnter Schwefelsäure und 2 ccm Flußsäure eingedampft und geglüht; der Gewichtsverlust zeigt die SiO_2. Der Rückstand kann ohne merklichen Fehler = Al_2O_3 gesetzt werden; für ganz genaue Arbeit schmilzt man ihn mit Kaliumbisulfat, löst die Schmelze in **k a l t e m**, mit Schwefelsäure angesäuertem Wasser, neutralisiert fast vollständig, verdünnt stark und schlägt die TiO_2 durch zweistündiges Kochen nieder.

Von den oben erhaltenen 500 ccm der von der SiO_2 getrennten Lösung entnimmt man 200 ccm (= 1 g Bauxit), neutralisiert mit Soda bis zum Entstehen eines geringen Niederschlages, den man durch wenig verdünnte Schwefelsäure wieder auflöst, reduziert das Eisenoxyd zu Oxydul durch Natriumbisulfit oder gasförmige SO_2, verdünnt auf 400 bis 450 ccm und kocht 2 Stunden unter Ersatz des verdampfenden Wassers durch wäßrige Lösung von SO_2. Unter diesen Umständen fällt alle Titansäure frei von Eisen nieder; nach dem Erkalten füllt man auf 500 ccm auf und gießt durch ein trockenes Filter. Darauf wäscht man die TiO_2 mit warmem, etwas salmiakhaltigem Wasser, hält aber das Waschwasser von dem ersten Filtrat getrennt; die TiO_2 wird dann getrocknet, stark geglüht und gewogen.

Von dem obigen Filtrat kocht man 125 ccm (= 0,25 g Bauxit) bis zur Entfernung der SO_2, setzt noch ein wenig reines Zink zu, verdünnt stark und titriert die schwach mit Schwefelsäure angesäuerte Lösung mit Permanganat.

Zur Bestimmung von Tonerde, Eisenoxyd und Titansäure zusammen versetzt man 25 ccm der ersten Lösung (= 0,125 g Bauxit) mit ein wenig rauchender Salpetersäure und Salzsäure, verdünnt stark, schlägt mit Ammoniak im Kochen nieder. L i n e a u (Chem.-Ztg. 29, 584; 1905) empfiehlt nach F r i e d h e i m kochend tropfenweise mit Ammoniak bis zum Auftreten deutlichen Geruches und darauf tropfenweise mit Essigsäure bis zum Verschwinden des Geruches zu versetzen. Nach kurzem Kochen läßt man absitzen, dekantiert, filtriert, wäscht mit siedendem Wasser aus und wägt. Durch Abziehen der früher gefundenen TiO_2 und Fe_2O_3 erfährt man das Al_2O_3. Man kann auch Eisen und Tonerde durch andere bekannte Methoden trennen.

Eine andere Probe Bauxit glüht man 15 Minuten vor dem Gebläse, um das chemisch gebundene Wasser + organische Substanz zu ermitteln.

Nach B a u d (Revue gén. chim. pure et appl. 6, 368, durch Chem. Zentralbl. 1903, II, 967) gehe bei der beschriebenen Methode Korund und Titansäure in den in verd. Schwefelsäure unlöslichen Rückstand. Nach ihm löst man 2 g Substanz in mit dem gleichen Volum Wasser verdünnter Schwefelsäure, ohne zu kochen, filtriert in einen Literkolben, wäscht den Rückstand, trocknet ihn, schmilzt mit 1—2 g Kaliumbisulfat einige Minuten lang, löst in heißem Wasser und filtriert in den gleichen Kolben. Nun ist die Kieselsäure völlig rein. Im Filtrat bestimmt man das Titan kolorimetrisch, auf Grund der Farbenreaktion mit Wasserstoffsuperoxyd (s. S. 63). Oder man titriert das Titan durch Kaliumpermanganat, nachdem es durch Zink zu Ti_2O_3 reduziert worden ist.

T a u r e l (Ann. Chim. anal. appl. 9, 323; 1904; s. a. Chem. Zentralbl. 1904, II, 1251) benutzt bei der Bauxitanalyse eine Beobachtung von L e c l è r e (C. r. 137, 50; 1903), wonach Titansäure gleichzeitig mit Kieselsäure aus ameisensaurer Lösung ausfällt. Nach T a u r e l schmilzt man 2 g Bauxit mit 8—10 g kohlensaurem Natronkali bis zum ruhigen Fluß, nimmt mit Wasser und 20 ccm konz. Schwefelsäure auf, dampft bis zur Bildung weißer Nebel ein, löst in Wasser und filtriert die Kieselsäureflocken ab.

Sollen nur Titansäure und Eisenoxyd bestimmt werden, so bringt
man das Filtrat auf 1000 ccm, läßt 100 ccm davon in 10 ccm Ammoniak
und 50 ccm Wasser eintropfen, kocht auf, filtriert durch ein gehärtetes
Filter, wäscht mit siedendem Wasser aus, löst den Niederschlag in Salzsäure, fällt nochmals mit Ammoniak, säuert mit Ameisensäure an, gibt
5 ccm im Überschuß und 1 g Natriumsulfit zu oder leitet Schwefeldioxyd durch und kocht 1 Stunde, wodurch Titansäure gefällt wird.
Die T i t a n s ä u r e wird geglüht und gewogen. Zum Filtrat fügt
man die 8—10 fache Menge Ammoncitrat oder -tartrat (auf Tonerde
berechnet) zu, übersättigt mit Ammoniak und fällt das Eisen durch
Schwefelammon, erhitzt auf etwa 80⁰, läßt kurze Zeit absitzen und
filtriert. Der Niederschlag enthält das E i s e n o x y d. In einem
aliquoten Teile des Filtrates von der Titansäure werden Tonerde und
Eisenoxyd durch Ammoniak gemeinsam gefällt, von dem erhaltenen
Niederschlag das wie oben in citronensaurer Lösung bestimmte Eisenoxyd abgezogen und aus der Differenz die T o n e r d e ermittelt.
Die Trennung g r ö ß e r e r Mengen Titansäure von Tonerde
erfolgt am besten nach der Methode von G o o c h (s. T r e a d w e l l ,
Quant. Analyse, 4. Aufl., S. 94), die darauf beruht, daß beim Kochen
einer alkaliacetathaltigen, stark essigsauren Lösung alles Titan als ba-
sisches Acetat abgeschieden wird, während Tonerde in Lösung bleibt.
Bei größeren Mengen Aluminiumjon muß die Fällung wiederholt werden.
Über die Analyse von titan- und zirkonhaltigen Bauxiten vgl.
man G a l l o (Chem. Zentralbl. 1907, I, 1600).

Betriebskontrolle[1]).
R o h s c h m e l z e. 10g der fein gemahlenen Schmelze werden zu
500 ccm gelöst, 25 ccm hiervon heiß mit Kohlendioxyd behandelt.
Das Tonerdehydrat wird abfiltriert, heiß gewaschen und als Al_2O_3 ge-
wogen. Das Filtrat wird mit ½ N.-Salzsäure titriert. 1 ccm ½ N.-
HCl = 0,0155 g Na_2O.
Der R ü c k s t a n d von der Aufschließung des Bauxits durch
Soda oder Natronlauge enthält alles Eisenoxyd, einen Teil der
Kieselsäure, alle Titansäure (als Natriumsalz) und mehr oder weniger
lösliche oder unlösliche Verbindungen von Natron mit Tonerde und
Kieselsäure. Man bestimmt darin meist Eisenoxyd, Tonerde und
lösliches Natron. Man kocht 2 g des Rückstandes mit 3 ccm konzentrierter Schwefelsäure + 3 ccm Wasser, bis die rote Farbe verschwunden
ist, verdünnt ein wenig, filtriert und bringt auf 100 ccm. Davon werden
10 ccm mit Permanganat (nach Reduktion) auf Eisen titriert, in 20 ccm
Tonerde + Eisenoxyd zusammen durch Ammoniak ausgefällt und
gewogen. Das lösliche Natron bestimmt man durch Kochen mit Salmiak
und Auffangen der NH_3-Dämpfe in titrierter Salzsäure (vergl. K n o b -
l a u c h , Zeitschr. f. anal. Chem. 21, 161; 1882). — Lufttrockene Rückstände enthalten 3 bis 4 % Na_2O und 5—6 % Al_2O_3.

---

[1]) Nach Angabe von P. K i e n l e n.

A l u m i n a t l a u g e. Bei guter Fabrikation soll diese auf 1 Mol. Al_2O_3 (102,2) 1,75—1,8 Mol. Na_2O (62,0) enthalten. Die starken, zum Niederschlagen bereiten Laugen zeigen 35—36° Bé (heiß gemessen) und enthalten meist 170—175 g Na_2O im Liter. Man verdünnt davon 10 ccm auf 100 ccm und entnimmt davon wieder 10 ccm. Hierin bestimmt man das **N a t r o n** durch Titrieren mit Phenolpthalein und Normalsäure im Kochen, die **T o n e r d e** gewichtsanalytisch durch Niederschlagen der mit HCl sauer gemachten Lösung mit Ammoniak, oder in folgender Weise: Man säuert 10 ccm (= 1 ccm der ursprünglichen Lauge) genau mit Salzsäure an, bis der Niederschlag von Tonerde sich darin aufgelöst hat, setzt Natriumacetatlösung und freie Essigsäure zu, dann 40 ccm einer $^1/_{10}$ N.-Lösung (20,91 g im Liter) von Ammoniumnatriumphosphat, worin 1 ccm = 0,00511 Al_2O_3 anzeigt, bringt zum Kochen und titriert ohne Filtrieren mit Uranacetatlösung zurück. (s. S. 75.)

F i l t e r p r e s s e - K u c h e n. Man bestimmt darin (in 25 g) das lösliche Natron wie oben (im Rückstande) durch Destillieren mit Salmiak und Auffangen des NH_3 in titrierter Salzsäure.

B. Kryolith.

Die Untersuchung von **K r y o l i t h** (Natriumaluminiumfluorid) erstreckt sich für gewöhnlich auf die Bestimmung des Gehaltes an Aluminium, Natrium, Eisen, Kieselsäure und Fluor. Zur Ermittelung des **A l u m i n i u m -** und **N a t r i u m g e h a l t e s** wird der Kryolith mit Schwefelsäure abgeraucht und die Untersuchung wie bei schwefelsaurer Tonerde (S. 73) und Natriumaluminat (S. 80) beschrieben durchgeführt.

Bei der Verwendung des Kryoliths für die Darstellung des Aluminiums kommt es besonders auf das Freisein von **S i l i c i u m** und **E i s e n** an. Die **S i l i c i u m -** und **E i s e n** bestimmung erfolgt vorteilhaft nach dem Verfahren von **F r e s e n i u s** und **H i n t z** (Zeitschr. f. anal. Chem. **28**, 324; 1889).

Als Zersetzungsgefäß dient eine U-förmig gebogene, starkwandige Bleiröhre von etwa 19 cm Höhe, 2,6 cm lichter Weite bei 0,5 cm Wandstärke, deren unterer, gebogener Teil in ein Sandbad gebettet wird. Die Schenkel des Zersetzungsrohres sind mit durchbohrten Gummistopfen verschlossen, in welche engere Bleiröhren luftdicht eingesetzt sind. Ein Schenkel wird mit einer Schwefelsäurewaschflasche verbunden, an dem anderen sind zwei dem Zersetzungsgefäß ähnliche, aber engere Bleiröhren von 2 cm lichter Weite angeschlossen. Die Verbindung mit diesen wird unter Ausschluß von Glas nur durch Gummistopfen, Bleirohr und Kautschukschlauch bewirkt. Die letzte Bleiröhre steht in Verbindung mit einer mit Wasser abgesperrten gläsernen U-Röhre und dann mit einem Aspirator, mit dessen Hilfe man einen langsamen Luftstrom durch den Apparat leitet.

Vor dem Gebrauch erhitzt man zweckmäßig das bleierne Zersetzungsgefäß mit Schwefelsäure auf 200°, wodurch seine Wände sich mit einem
schützenden Überzug von Bleisulfat bedecken, der auch nach Reinigung
mit Wasser verbleibt.

Zur Ausführung einer Bestimmung beschickt man die beiden engeren
Röhren mit Ammoniak, gibt die abgewogene Menge der Substanz —
etwa 5 g — in das Zersetzungsgefäß, übergießt sie mit etwa 15 g konz.
Schwefelsäure und sorgt für luftdichten Schluß des Apparates. Man
läßt nun mittels des Aspirators einen langsamen Luftstrom durch den
Apparat passieren und schließt den Kryolith durch 2 stündiges Erhitzen
des Sandbades auf 200° auf. Nach dem Erkalten spült man den Inhalt
des Zersetzungsgefäßes in eine Platinschale und bringt durch Erhitzen,
eventuell durch Zusatz einiger Tropfen Salzsäure, die Tonerdeverbindungen usw. in Lösung.

Der verbleibende Rückstand, welcher die H a u p t m e n g e d e r
K i e s e l s ä u r e enthält, wird abfiltriert, ausgewaschen und mit
Soda geschmolzen. Der wäßrige Auszug der Schmelze wird mit Salzsäure beinahe, aber nicht völlig neutralisiert und durch Abdampfen
die Kieselsäure zum größten Teile abgeschieden. Zum Filtrat fügt
man eine Auflösung von Zinkcarbonat in Ammoniak zu und engt
die Flüssigkeit bis zur vollständigen Vertreibung des Ammoniaks ein.
Die Abscheidung der Kieselsäure aus dem zuletzt erhaltenen Niederschlag geschieht in bekannter Weise, durch Lösen in Salpetersäure,
Abdampfen, Aufnehmen mit Salpetersäure und Abfiltrieren der zurückbleibenden Kieselsäure. Der in Wasser unlösliche Teil der Schmelze
wird in Salzsäure gelöst und die Kieselsäure in bekannter Weise
abgeschieden.

Das als Fluorsilicium verflüchtigte Silicium ist in den mit Ammoniak beschickten Röhren zurückgehalten worden. Ein eventuell
entstandener Niederschlag, aus Schwefelblei und schwefelsaurem Blei
bestehend, wird abfiltriert, das Filter samt Niederschlag eingeäschert,
die Asche mit wenigen Tropfen Salpetersäure und Schwefelsäure abgeraucht und das gebildete Bleisulfat mit Ammonacetat ausgezogen.
Ein eventuell verbleibender Rückstand wird der zu wägenden Kieselsäure zugefügt.

Die ammoniakalische Lösung versetzt man mit soviel Soda, daß
auch nach dem Verdampfen des Ammoniaks die Reaktion deutlich
alkalisch bleibt und scheidet, wie oben beschrieben, die Kieselsäure mit
ammoniakalischer Zinkcarbonatlösung ab.

Über eine andere Bestimmung der Kieselsäure in Kryolith vergl.
man O e t t e l (Chem.-Ztg. 15, 121; 1891).

Den E i s e n g e h a l t in Kryolith ermittelt man durch Aufschließen mit Schwefelsäure und Abtrennen des unlöslichen Rückstandes vom schwefelsauren Filtrat. Dieser Rückstand wird mit Soda
geschmolzen, die Schmelze mit Wasser aufgeweicht und die Kieselsäure
mit Salzsäure abgeschieden. Die salzsaure und die zuerst erhaltene

schwefelsaure Lösung werden vereinigt und mit Chlorwasser alles Eisen in die Ferristufe oxydiert.

Durch Eintragen dieser Flüssigkeit in konz. heiße Kalilauge erhält man einen Niederschlag, der gut ausgewaschen und in Salzsäure gelöst wird. In dieser Lösung kann nach erfolgter Reduktion das Eisen maßanalytisch mit Permanganat bestimmt werden oder aber gravimetrisch durch Zusatz von Weinsteinsäure, Fällung des Schwefeleisens durch Zusatz von Ammoniak und Schwefelammon und Überführung des Schwefeleisens in Eisenoxyd.

Die F l u o r b e s t i m m u n g in Kryolith wird zweckmäßig nach O e t t e l (s. H e m p e l, Gasanal. Methoden 3. Aufl. S. 342) in einem Apparate (Fig. 1, a. f. S.) ausgeführt, der durchwegs aus Glas gefertigt ist und keine Gummi- oder Korkverbindungen trägt, die durch das bei der Reaktion entstehende Siliciumfluorid stark angegriffen werden würden.

Der Apparat besteht aus dem Entwicklungskölbchen A, dem Meßrohr B und dem Niveaurohr C.

Das Entwicklungskölbchen A faßt 100—120 ccm und besitzt einerseits einen eingeschliffenen Stöpsel d, andererseits einen seitlichen schiefwinklich angesetzten Rohrstutzen, der in das obere Ende des Meßrohres eingeschliffen ist. Die Meßbürette faßt 100—150 ccm.

Um eine Fluorbestimmung auszuführen, verfährt man in folgender Weise: Durch Heben des Niveaurohres wird die Bürette bis zum Nullpunkt mit Quecksilber gefüllt und dann, nachdem man den Verbindungsschlauch abgeklemmt hat, 100 proz. Schwefelsäure (hergestellt aus gewöhnlicher konz. Schwefelsäure und Oleum) bis zu einer bestimmten Marke aufgeschichtet. Das Zersetzungskölbchen, das sorgfältigst getrocknet sein muß, wird mit der fein zerriebenen Substanz, die mit der ca. 20 fachen Menge ausgeglühten feinsten Quarzsandes gemischt ist, beschickt, auf das Meßrohr luftdicht aufgesetzt und behufs Temperaturausgleich 15 Minuten gewartet. Nach Ablauf dieser Zeit, während welcher man Barometerstand und Temperatur notiert hat, füllt man mit einer Pipette 50 ccm konz. Schwefelsäure in das Kölbchen, setzt sofort den Stopfen d ein und sichert diesen durch Eingießen von etwas Schwefelsäure in die Erweiterung c. Die Klemmschraube des Verbindungsschlauches wird entfernt, das Niveaurohr gesenkt, das Kölbchen langsam fast bis zum Siedepunkte der Schwefelsäure erhitzt und diese Temperatur durch halbstündiges Erhitzen erhalten. Durch Regulieren des Niveaurohres erzeugt man im Apparate stets etwas Minderdruck. Nach erfolgter Zersetzung läßt man (durch zweistündiges Stehenlassen) auf Zimmertemperatur erkalten, liest nach Ablauf dieser Zeit das Gasvolumen ab, reduziert auf 0^0 und 760 mm und korrigiert die Löslichkeit des Siliciumfluorids in Schwefelsäure, indem man nach O e t t e l zu einem abgelesenen Volumen von 70 ccm je 1,4 ccm hinzufügt.

Über die gleichzeitige Bestimmung von Fluor und Kohlendioxyd in carbonathaltigen Fluoriden haben H e m p e l und S c h e f f l e r

(Zeitschr. f. anorg. Chem. 20, 1; 1897) gearbeitet. Das Fluor wird als Siliciumfluorid gemeinsam mit dem Kohlendioxyd durch Zersetzen

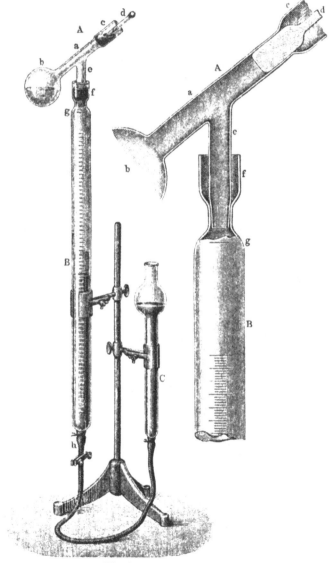

Fig. 1.

mit Schwefelsäure entwickelt und gemessen. Das Gasgemenge wird zur Zersetzung des Fluorsiliciums mit 5 ccm Wasser geschüttelt, der Gasrest zur Absorption des Kohlendioxyds mit Lauge geschüttelt,

der nicht absorbierte Anteil drei Minuten lang mit dem Absorptions-
wasser für Siliciumfluorid in innige Berührung gebracht, und durch
nochmalige Behandlung mit Lauge die letzten Kohlendioxydanteile
absorbiert.

Über maßanalytische Bestimmung des Fluors in Fluoriden durch
Titration von Kieselfluorwasserstoffsäure, entstanden durch Zerlegung
von Siliciumfluorid, vgl. man F r e s e n i u s (Zeitschr. f. anal. Chem.
5, 190; 1866), B r a n d t (Ann. 213, 2; 1882), O f f e r m a n n (Zeitschr.
f. angew. Chem. 3, 615; 1890), P e n f i e l d (Chem. News 39, 179; 1879)
in der Modifikation von T r e a d w e l l und K o c h (Zeitschr. f.
anal. Chem. 43, 469; 1904).

Nach der von T r e a d w e l l und K o c h modifizierten Methode
von P e n f i e l d treibt man das Fluor aus Fluoriden mittels konz.
Schwefelsäure als Siliciumfluorid aus, das in 50 proz. alkoholischen
Chlorkalium aufgefangen wird. Das Siliciumfluorid zerfällt bei
Berührung mit Wasser in Kieselsäure und Kieselfluorwasserstoffsäure,
und letztere gibt mit dem alkoholischen Kaliumchlorid nach:
$H_2SiFl_6 + 2 KCl = K_2SiFl_6 + 2HCl$ unlösliches Kaliumsiliciumfluorid
und Salzsäure, die mit $^1/_5$ N.-Natronlauge und Cochenille oder Lackmoid
titriert wird. 1 ccm $^1/_5$ N.-Natronlauge entspricht 0,0114 g Fluor. Über
den verwendeten Apparat sowie die genau einzuhaltenden Vorschriften
bei der Durchführung der Untersuchung s. T r e a d w e l l (Quant.
Analyse, IV. Aufl., S. 363). Vorhandene Carbonate müssen vor der
Behandlung mit Schwefelsäure durch Glühen zerstört werden.

Von **Tonerdepräparaten** sind folgende von technischer Bedeutung.
In erster Linie: schwefelsaure Tonerde, Kali-, Natron- und
Ammoniakalaun, die Tonerde als Hydrat oder wasserfrei, das Natrium-
aluminat. Von geringerer Bedeutung als Handelsware sind die zahl-
reichen anderen Salze des Aluminiums, welche meist als Beizen in der
Färberei und dem Zeugdruck verwendet und großenteils von den Ver-
brauchern hergestellt werden, wie essigsaure Tonerde, Rhodanaluminium,
Aluminiumchlorid (wasserfrei und in Lösung), das Hypochlorit, Sulfit,
Thiosulfat, Chlorat, Nitrat usw.

1. Schwefelsaure Tonerde[1]).

Qualitative Untersuchung. Bei dieser findet man zuweilen
einen in Wasser u n l ö s l i c h e n R ü c k s t a n d, meist in ganz
unbedeutender Menge, der wesentlich Kieselsäure mit ganz geringen
Mengen von Tonerde und Kalk enthält.

Im löslichen Teile fahndet man zunächst auf E i s e n, und zwar
am besten durch Erwärmen mit ein wenig reiner Salpetersäure, Zusatz
von Rhodankaliumlösung und Ausschütteln mit Äther, unter gleich-

---

[1]) Wo nichts anderes bemerkt ist oder nicht nur allgemein bekannte Tatsachen angeführt werden, ist hier wesentlich auf die Arbeit von v. K é l e r
und L u n g e, Zeitschr. f. angew. Chem. 7, 670; 1894 Rücksicht genommen.

zeitiger Vornahme eines Parallelversuches mit destilliertem Wasser. Von einer Eisenlösung, die in 1 ccm 0,00001 g Fe enthält, genügt 0,1 ccm, um den Äther deutlich rosa zu färben; mithin ist auf diesem Wege $^1/_{1000}$ mg Eisen leicht nachweisbar.

Auch Galläpfeltinktur kann man anwenden, womit bei kleinen Spuren von Eisen eine blauviolette Färbung, bei größeren Mengen eine schwarzblaue Tintenbildung eintritt.

Kupfer weist man durch die bekannten Reaktionen nach: Zusatz von Ammoniak im Überschuß und blaue Färbung des Filtrats; empfindlicher durch den braunroten Niederschlag mit Ferrocyankalium oder durch die Rotfärbung eines blanken Eisenstückes. (Kéler und Lunge konnten in keiner der von ihnen untersuchten Sorten Kupfer auffinden.)

Blei. Man versetzt die Alaunlösung mit überschüssigem Ammoniak, filtriert vom etwa ausgeschiedenen Eisenoxydhydrat ab, versetzt die Flüssigkeit, falls sie blau ist, mit reinem Cyankalium, bis sie farblos wird, und leitet Schwefelwasserstoff ein.

Zink findet sich nicht selten, namentlich in französischen Fabrikaten. Zu seiner Nachweisung scheidet man mit verdünnter Schwefelsäure zunächst etwa vorhandenes Blei ab, versetzt das Filtrat mit Natronlauge bis zur Wiederauflösung des Niederschlages, filtriert von etwa abgeschiedenem Eisenoxydhydrat ab und leitet in das Filtrat Schwefelwasserstoff.

Chrom konnten Kéler und Lunge in keiner der von ihnen untersuchten Handelssorten auffinden; es findet sich aber doch in manchen Sorten von schwefelsaurer Tonerde, besonders solchen aus irländischem Bauxit. Zu seinem Nachweis genügt es nach Marchal und Wiernik (Zeitschr. f. angew. Chem. 4, 512; 1891), die zu untersuchende Lösung mit einer geringen Menge von frisch gefälltem Mangansuperoxyd (welches für diesen Zweck am besten durch Wechselzersetzung von Mangansulfat mit Kaliumpermanganat in molekularem Verhältnis dargestellt werden kann) zu erwärmen, worauf, wenn Chrom auch nur in äußerst geringen Mengen vorhanden ist, die filtrierte Lösung deutlich gelb erscheint und durch Wasserstoffsuperoxyd vorübergehend blau wird.

Arsen findet sich spurenweise in den meisten Handelssorten; über seinen Nachweis vgl. Bd. 1, S. 544.

Vanadin, Wolfram, Titan kommen nur selten vor. Auf freie Schwefelsäure prüft man durch Ausziehen der scharf getrockneten Substanz mit absolutem Alkohol und Reaktion der Lösung mit Lackmuspapier; noch bequemer durch Blauholztinktur (1 Teil Blauholzextrakt, 3 Teile destilliertes Wasser, 1 Teil Alkohol), deren violette Färbung dadurch in Bräunlich-Gelb übergeht. Beide Prüfungen geben bei kleinen Mengen kein ganz sicheres Resultat, und muß auf die S. 78 beschriebenen quantitativen Methoden verwiesen werden.

Für eine vorläufige schnelle Untersuchung auf freie Säure kann man nach Bayer qualitativ Tropäolin 00 (1 Teil in 1000 Teilen 50 proz. Alkohol) gelöst verwenden. Freie Säure färbt den Indikator violettrot bis violett, säurefreies Aluminiumsulfat erteilt eine gelbe bis zwiebelrote Farbe.

K a l k oder M a g n e s i a , die übrigens sehr wenig wesentlich wären, fanden K é l e r und L u n g e im löslichen Teile nie, dagegen stets N a t r o n , aber kein Kali.

Quantitative Analyse. Diese erstreckt sich meist nur auf die Ermittelung des Gehaltes an Tonerde; daneben öfters auf die Bestimmung der freien Säure und des Eisens. Wenn ausnahmsweise Schwefelsäure, Alkalien, unlöslicher Rückstand, Zink usw. bestimmt werden sollen, so geschieht dies nach bekannten Methoden.

1. B e s t i m m u n g d e r T o n e r d e .

a) G e w i c h t s a n a l y t i s c h e B e s t i m m u n g. Meist geschieht diese durch Fällen mit Ammoniak in Gegenwart von Chlorammonium. Über die zweckmäßigste Art dieser Fällung bestehen Meinungsverschiedenheiten. Es ist bekannt, daß Ammoniak ein wenig frisch gefällte Tonerde auflösen kann, was aber bei Gegenwart von Ammoniaksalzen weniger eintritt. Nach F r e s e n i u s (Quant. Anal., 6. Aufl., I, 243) soll man die mit Chlorammonium und geringem Ammoniaküberschusse versetzte Lösung anhaltend erhitzen, bis alles freie Ammoniak entwichen ist. B l u m dagegen (Zeitschr. f. anal. Chem. 27, 19; 1888) fand, daß man bei Anwendung eines geringen Überschusses an Ammoniak nur kurz aufkochen und dann filtrieren müsse. L u n g e hat (Zeitschr. f. angew. Chem. 2, 635; 1889) bei Vergleichung dieser Methoden diejenige von B l u m als entschieden besser gefunden, weil dabei nicht wie bei anderen durch Übertreibung des Kochens Salmiak zersetzt und dadurch Tonerde oder Eisen in Lösung gebracht wird, weil ferner das Fällen und Auswaschen weniger zeitraubend sind, und die Notwendigkeit fortfällt, den von vornherein von Schwefelsäure freien Niederschlag längere Zeit vor dem Gebläse zu glühen und wiederholt zu wägen.

Natürlich fallen hierbei mit der Tonerde auch Eisenoxyd, Kieselsäure, Phosphorsäure usw. aus, deren Menge in käuflicher schwefelsaurer Tonerde quantitativ selten ins Gewicht fallen wird. Bei Gegenwart von Zink können nach D e b r a y (Chem. Ind. 5, 153; 1882) erhebliche Mengen desselben in den Niederschlag eingehen. Man wird dann den Niederschlag auflösen und Tonerde und Zink nach bekannten Methoden voneinander trennen müssen, z. B. durch Ausfällen des Zinks mit Schwefelwasserstoff aus essigsaurer Lösung (s. u.).

S t o c k (Ber. 33, 548; 1900) empfiehlt mit Rücksicht darauf, daß der bei der Ammoniakfällung (die bei genaueren Analysen in Porzellan- oder Jenenserglasgefäßen ausgeführt werden muß) erhaltene Niederschlag oft schleimig, schwer filtrierbar ist und infolge Hydrolyse häufig basische Sulfate einschließt, folgenden mit gutem Vorteil zu benutzenden Arbeitsgang:

Die Lösung, in der man das Aluminium bestimmen will, muß neutral oder sehr schwach sauer sein; enthält sie einen größeren Überschuß

von Säure, so neutralisiert man mit Natronlauge bis zur beginnenden
Fällung und löst den entstandenen Niederschlag in einigen Tropfen
verdünnter Säure wieder auf. Hierauf fügt man einen Überschuß einer
Mischung aus gleichen Teilen ca. 25 proz. Kaliumjodid- und gesättigter
Kaliumjodat-Lösung hinzu. Das nach der Gleichung:

$$Al_2(SO_4)_3 + 5\,KJ + KJO_3 + 3\,H_2O = 2\,Al(OH)_3 + 3\,K_2SO_4 + 6\,J$$

(s. hierzu M o o d y , Zeitschr. f. anorg. Chem. 46, 423; 1905) nach ca.
5 Minuten entstandene Jod entfernt man genau mit einer 20 proz.
Natriumthiosulfatlösung und setzt noch etwas Jodid-Jodatgemisch
hinzu. Wenn keine weitere augenblickliche Jodabscheidung erfolgt,
fügt man noch einen kleinen Überschuß (30 Tropfen der 20 proz. Lösung)
von Natriumthiosulfat zu und erwärmt eine halbe Stunde auf dem
Wasserbade. Das rein weiß abgeschiedene, flockige Tonerdehydrat
wird mit siedendem Wasser ausgewaschen, getrocknet und geglüht.
Die Bestimmung wird durch Calcium- und Magnesiumsalze sowie
Borsäure nicht beeinträchtigt, hingegen ist sie unanwendbar bei Anwesenheit von Phosphorsäure, organischen, leicht oxydierbaren Säuren,
wie Weinsäure und Oxalsäure.

Über die von S c h i r m (Chem. Ztg. 33, 877; 1909) vorgeschlagene
Fällung unter Anwendung von Nitriten vgl. man S. 38.

Nach K r e t z s c h m a r (Chem.-Ztg. 14, 1223; 1890) löst man
10 g des zu prüfenden Alauns oder Tonerdesulfats in Wasser, füllt zu
500 ccm auf, versetzt 50 ccm dieser Lösung (= 1 g Substanz) mit phosphorsaurem Natron im Überschusse und etwas essigsaurem Natron und
löst den Niederschlag in verdünnter Salzsäure. Man erhitzt zum Sieden,
setzt eine konzentrierte Lösung von Natriumthiosulfat in großem
Überschusse hinzu und kocht, bis der Niederschlag nach dem Herunter-
nehmen vom Drahtnetz sich sofort klar absetzt; ein längeres Kochen
ist zu vermeiden. Man filtriert, wäscht heiß aus, trocknet, glüht, zuletzt
bei gutem Luftzutritt. Das Gewicht des Aluminiumphosphats, mit 0,4185
multipliziert, ergibt die Tonerde. Der Zusatz des Natriumthiosulfats
hat nicht den Zweck, etwa vorhandenes Eisenoxyd zu reduzieren, sondern
den, einen Niederschlag zu erhalten, der sich gut filtrieren und auswaschen läßt. Diese Bestimmung ist sehr genau.

b) M a ß a n a l y t i s c h e B e s t i m m u n g d e r T o n e r d e.
α) Nach K r e t z s c h m a r (Chem.-Ztg. 14, 1223; 1890). Wird
eine Tonerdelösung in eine essigsaure verwandelt und die Tonerde
durch überschüssigen Zusatz von Natriumphosphat gefällt, so kann man
die überschüssige Phosphorsäure, die nicht an Tonerde gebunden ist,
unbekümmert um den Niederschlag durch Titrieren mit Uranacetatlösung bestimmen und dann aus der Differenz der angewandten und der
noch in Lösung befindlichen Phosphorsäure die Tonerde berechnen.
Diese Methode ist in ihrer ursprünglichen Gestalt nicht empfehlenswert.
Die das Ende bezeichnende Reaktion mit Ferrocyankalium tritt gewöhnlich etwas früher ein, als sämtliche Phosphorsäure gefällt ist, die
Resultate werden daher unsicher. Die Bestimmung erfordert eine größere
Anzahl Urantitrierungen, wodurch die Arbeitsersparnis fast illusorisch

wird: der Tonerdeniederschlag ist in Ammonsalzen nicht unmerklich löslich.

Man erhält jedoch nach K r e t z s c h m a r sehr zufriedenstellende Resultate durch Einhalten folgender Bedingungen: Vermeidung jeder Ammonverbindung in der zu titrierenden Flüssigkeit, Zusatz des Natriumphosphats sofort im Überschuß und in der Kälte, genaue Titerstellung nach einem analysierten Tonerdesalz. Die sehr bequeme Stellung des Titers der Uranlösung nach einem Calciumphosphat (eisenfreiem Superphosphat) ist in diesem Falle ganz zu verwerfen.

Die Darstellung der Uranlösung geschieht in gewöhnlicher Weise durch Auflösen von 175 g Uranacetat (nicht Nitrat), pro 5 l. Man stellt den Titer nach Natriumammonphosphat, von dessen absoluter Reinheit man sich vorher durch quantitative Analyse überzeugt hat (14,718 g Phosphorsalz zu 1 l), und verdünnt die Uranlösung so, daß 1 ccm ungefähr 0,004 g P_2O_5 entspricht.

10 g eines eisenfreien reinen Kalialauns werden in Wasser gelöst, die Lösung durch Natriumacetat und etwas Essigsäure in eine essigsaure verwandelt und zu 500 ccm aufgefüllt. 50 ccm der Lösung werden mit 10 ccm der üblichen Natriumacetatlösung und mit Natronphosphatlösung (Na_2HPO_4), deren Gehalt durch die titrierte Uranlösung vorher festgestellt wurde, im Überschusse versetzt, die Lösung zum Sieden erhitzt und mit Uranlösung titriert. (Man titriert die überschüssige Phosphorsäure so oft, daß man zuletzt nur noch wenige Zehntel ccm zur Erreichung des Endpunktes zuzusetzen hat.) Die Anzahl der verbrauchten ccm wird vorläufig notiert. Da selbst die kleinsten und bestausgebildeten Krystalle des Alauns Wasser eingeschlossen enthalten, so muß man eine gewichtsanalytische Tonerdebestimmung in dem zur Kontrolle der Normallösung verwendeten Alaun nach S. 73 ausführen.

Berechnet man nun einerseits den Tonerdegehalt nach der Gewichtsanalyse und andererseits den nach dem Vorhergehenden durch Maßanalyse gefundenen, so dürfen die Resultate nicht über 0,15 % differieren. Man erreicht dies immer, wenn man bei der Titerstellung des Urans mit Natriumammonphosphat dieselben Volumverhältnisse (60—70 ccm Flüssigkeit) einhält wie bei der Titrierung des Alauns. Als maßgebende Zahl für den Titer des Urans nimmt man nun die durch die gewichtsanalytische Tonerdebestimmung gefundene Tonerdemenge an und korrigiert dementsprechend den Urantiter.

Um bei der Anwendung der Methode die lästigen wiederholten Titrierungen zu vermeiden, titriert man vorläufig das zu untersuchende technische Tonerdesalz mit Kalilauge unter Zusatz von sehr wenig Methylorange bis zum Verschwinden des Rosa, falls ein solches überhaupt eintritt, setzt nun Phenolphtalein hinzu und titriert bis zum Eintritt der roten Färbung. Rechnet man den Kalititer ein für allemal auf Tonerde um, so erfährt man den ungefähren Gehalt an Tonerde, indem man die für die Titrierung mit Methylorange (Säurebestimmung) verbrauchte Anzahl von ccm von der gesamten gebrauchten Kalimenge abzieht. Man weiß daher bis auf ca. 2 ccm genau, wieviel ccm Uranlösung man bei der Phosphorsäuretitrierung zuzusetzen hat, und braucht somit bei einiger Übung nur eine Titrierung auszuführen.

Die Lösung des Ammonalauns wird durch Erhitzen mit wenigen Stückchen Natronhydrat vom Ammon bis auf einen geringen unschädlichen Rest befreit. — Nehmen wir als Beispiel eine sehr unreine, also eisenhaltige schwefelsaure Tonerde. 5 g derselben werden zu 0,5 l gelöst, in 50 ccm die Säure mit Kalilauge und Methylorange und durch weiteres Titrieren unter Anwendung von Phenolphtalein die ungefähre Tonerdemenge ermittelt. Andere 50 ccm werden mit einigen Tropfen Bromsalzsäure gekocht. Man verwandelt nach dem Erkalten die Lösung in eine essigsaure, setzt Natriumphosphatlösung zu und bestimmt, da man nach oben den ungefähren Tonerdegehalt kennt, die Tonerde durch eine einzige Titrierung. Der Eisengehalt wird durch Behandlung weiterer 50 ccm mit Zink und verdünnter Schwefelsäure mit Kaliumpermanganat ermittelt und, wenn eine Bestimmung des Eisenoxyduls geboten erscheint, dasselbe in 50 ccm der ursprünglichen Lösung mit Kaliumpermanganat titriert. (Dies wird meist zu ungenau sein; s. unten.) Durch Abziehen des Eisenoxyds von der durch die Urantitrierung gefundenen Tonerde erhält man den wirklichen Gehalt an Tonerde. Lösungen von Tonerdesulfit verwandelt man vorteilhaft durch etwas Brom unter den bekannten Vorsichtsmaßregeln in Sulfatlösungen.

β) Nach S t o c k (Ber. **33**, 552; 1900).

Die von mehreren Seiten vorgeschlagene Methode, Aluminiumsalze, besonders Alaun, dadurch zu bestimmen, daß man sie mit überschüssiger Lauge kocht und dann mit Säure zurücktitriert, führt durch die in nicht sehr verdünnten Lösungen unvermeidliche Bildung basischer Sulfate, deren Schwefelsäure für die Titration verloren geht, zu fehlerhaften Resultaten.

S t o c k fällt vor der Titration die Schwefelsäure mit Chlorbaryum, wobei das entstehende Baryumsulfat das Absetzen des beim Titrieren gefällten Tonerdehydrates beschleunigt, und erhält hierdurch gute Resultate. Zur Titration bedient man sich einer nach W i n k l e r durch Zusatz von Baryumchlorid carbonatfrei gemachten $^1/_{10}$ oder $^1/_5$ N.-Natronlauge und verwendet zum Lösen des Alauns durch Kochen von Kohlensäure befreites Wasser. Die zu titrierende Flüssigkeit, welche auf 100 ccm nicht mehr als ½ g Kalialaun enthalten soll, wird mit überschüssiger Baryumchloridlösung (10 ccm 10 proz. BaCl$_2$-Lösung auf 1 g Kalialaun) versetzt, auf etwa 90⁰ erhitzt und nach Zusatz von Phenolphtalein mit Natronlauge auf schwach rosa titriert.

γ) G y z a n d e r (Chem. News 84, 286, 306; 1901) gibt an, daß man die Schwefelsäure in Aluminiumsulfat durch Titrieren mit Natronlauge genau bestimmen könne, wenn man diese rein, tonerdefrei (aus Natrium bereitet), kohlensäurefrei und nicht über ⅓ normal anwende; bei stärkerer Lauge entstehen basische Salze. Er verwendet eine „Normal"-Lauge, die im Liter 11,65 g NaOH enthält, und die bei Anwendung von ½ g Aluminiumsulfat pro ccm 1 % Al$_2$O$_3$ anzeigt, oder eine entsprechend schwächere, die Prozente von Al$_2$(SO$_4$)$_3$ anzeigt; ferner diesen

entsprechende „Normal“-Schwefelsäuren. Zur Titration löst er 10 g
der Substanz in heißem Wasser, filtriert und wäscht, verdünnt das Filtrat
auf 1 l und entnimmt je 50 ccm = 0,5 g. Hierzu setzt er Methylorange,
Phenolphtalein und 2 ccm „Normal“-Schwefelsäure und läßt dann die
„Normal“-Lauge langsam, tropfenweise, unter fortwährendem Umrühren einlaufen, bis die rote Farbe des Methylorange in Orange übergegangen ist (nicht in Gelb!). War das Sulfat neutral, so braucht man
genau 2 ccm Lauge; bei basischem Alaun weniger, bei saurem mehr.
Nun füllt man die Bürette wieder bis 0 auf und läßt mehr Lauge
einlaufen, etwas schneller als vorher, bis eben bleibende Rötung eintritt. Die jetzt verbrauchten ccm ergeben direkt Prozente von Al_2O_3
oder mit 3,35 multipliziert Prozente von $Al_2(SO_4)_3$. Am schärfsten findet
man den Endpunkt bei 30°. Zuletzt entsteht ein rosafarbiger Phenol-
phtalein-Tonerde-Lack, der die Erkennung des Endpunktes erschwert,
der aber durch etwas mehr Methylorange unschädlich gemacht wird.
Wenn der Alaun basisch ist, sollte man zuerst mit Schwefelsäure neutralisieren, um genaue Resultate zu erhalten. Die Bestimmung der
freien Säure mit Methylorange ist auf diesem Wege bis auf 0,2 % genau.
— Z i n k haltige Alaune kann man auf diesem Wege nicht titrieren.
Man muß hier erst das Zink durch Schwefelwasserstoff niederschlagen,
und muß auch das dann stets vorhandene Eisen besonders bestimmen.
Dies muß auch bei der Analyse von B a u x i t geschehen, weil das
Eisenoxyd sich beim Titrieren wie Tonerde verhält und von dieser abgezogen werden muß. Man bestimme in einer Probe das Ferrosulfat
durch Titration mit Permanganat, in einer anderen das Ferro- und Ferri-
sulfat zusammen, indem man durch SO_2 reduziert und dann wieder mit
Permanganat titriert.

δ) Über jodometrische Methoden, basierend auf der Aluminium-
bestimmung nach S t o c k (s. S.73), vergl. man M o o d y (Zeitschr.
f. anorg. Chem. 46, 423; 1905 und 52, 286; 1907).

Man unterscheidet in der schwefelsauren Tonerde des Handels
hauptsächlich drei Sorten:

a) R o h s u l f a t mit 8—12 % Al_2O_3, 6—25 % Unlöslichem
und 0,3—1,5 % Fe_2O_3, gewöhnlich viel freie Säure enthaltend.

b) G e w ö h n l i c h e   W a r e mit etwa 15 % Al_2O_3, geringen
Mengen Natron, 0,1—0,5 % Unlöslichem, 0,003—0,01 % Fe_2O_3,
säurefrei.

c) H o c h p r o z e n t i g e   W a r e mit ca. 18 % Al_2O_3, 0,1
bis 0,3 % Unlöslichem, 0,002—0,005 % Fe_2O_3.

2. B e s t i m m u n g   d e s   E i s e n s. Bei der in den meisten
Fällen äußerst geringen Menge des Eisens ist eine gewichtsanalytische
Trennung desselben von der Tonerde von vornherein aussichtslos.
Aber auch die Titrierung mit Permanganat versagt sehr häufig in diesem
Falle. Selbst bei Anwendung von 50 g Tonerdesulfat und $^1/_{100}$ N.-Per-
manganat weichen die Resultate weit voneinander ab.

Hier ist die k o l o r i m e t r i s c h e M e t h o d e   m i t R h o d a n-
k a l i u m am Platze, welche zuerst von H e r a p a t h vorge-

schlagen, dann namentlich von T a t l o c k verbessert wurde. Weitere Verbesserungen erfuhr diese Methode durch K é l e r und L u n g e (Zeitschr. f. angew. Chem. 7, 670; 1894, wo auch die Literatur näher angegeben ist) und ihre endgültige Form wurde von L u n g e ebenda 9, 3; 1896 beschrieben. Diese Methode ist schon bei „Schwefelsäure" Bd. I, S. 466 beschrieben und braucht hier nur erwähnt zu werden, daß man als Probelösung (dort mit e bezeichnet) 1—2 g Tonerdesulfat in wenig Wasser auflöst, genau 1 ccm möglichst eisenfreier Salpetersäure zusetzt, einige Minuten erwärmt (um alles Eisen in Ferrisalz überzuführen), abkühlt und auf 50 ccm verdünnt. Diese Lösung kommt dann in den einen der Kolorimeterzylinder, während der andere mit der titrierten Eisenalaunlösung beschickt wird.

Will man beide Oxydationsstufen des Eisens nebeneinander bestimmen, so bestimmt man in einer Probe den Gesamteisengehalt, wie beschrieben, eine andere Probe löst man in ausgekochtem, destillierten Wasser im Kohlensäurestrom ohne Zusatz von Salpetersäure und bestimmt darin das in der Ware von vornherein als Ferrisalz enthaltene Eisen.

K é l e r und L u n g e fanden in 13 Handelssorten schwefelsaurer Tonerde

	Gesamteisen	Fe als Oxyd	Fe als Oxydul
Minimum	0,00050	0,00027	0,00023 Proz.
Maximum	0,00524	0,00406	0,00118 Proz.

Ein Tonerdesulfat, welches in der T ü r k i s c h r o t f ä r b e r e i Anwendung findet, soll nicht mehr als 0,001 % Gesamteisen enthalten. Es kommt nicht allein auf den Gesamteisengehalt an, sondern auch auf die Oxydationsstufe, in der die Eisenverbindungen vertreten sind. Eisenoxydulsalze schaden weniger als Oxydsalze. Ein Zinkgehalt, den übrigens die Handelstonerden nur selten aufweisen, übt einen schädlichen Einfluß auf die Färbung aus.

Bei B a u m w o l l d r u c k w a r e verursacht ein geringer Eisengehalt in der Regel keinen wesentlichen Schaden, ebenso bei der Leimung von S c h r e i b p a p i e r (Papierzeitung 1891, 2327).

3. B e s t i m m u n g d e r f r e i e n S ä u r e (s. a. S. 76, Methode von G y z a n d e r.) Diese ist zwar für Färberei mit Zeugdruck, wo man doch immer mit Soda oder Acetaten abdampft, ganz unschädlich, ihre Bestimmung wird aber doch häufig für sehr wesentlich gehalten, was ja auch für manche Zwecke zutreffen wird.

Dieser Gegenstand ist von B e i l s t e i n und G r o s s e t (Zeitschr. f. anal. Chem. 29, 73; 1890) erschöpfend besprochen worden, dann neuerdings von K é l e r und L u n g e (a. a. O.), die in ihren 13 Handelssorten zwischen 0,53 und 1,05 % freier H_2SO_4 fanden. Die letzteren fanden in voller Übereinstimmung mit B e i l s t e i n und G r o s s e t fast alle vorgeschlagenen Methoden durchaus ungenau und blieben bei der von diesen Forschern selbst aufgestellten Methode als der einzig brauchbaren stehen, nachdem sie dieselbe mit einem von ihnen durch genaue quantitative Analyse aller Bestandteile vollkommen sicher untersuchten Tonerdesulfat erprobt hatten, das nach dieser (für praktische Zwecke natürlich viel zu umständlichen) Art untersucht, 0,92 % freier H_2SO_4 enthielt.

Die erwähnte Methode beruht darauf, daß durch Zusatz von neutralem schwefelsaurem Ammon zum Tonerdesulfat das letztere fast ganz als Ammoniakalaun niedergeschlagen wird. Die gesamte freie Schwefelsäure bleibt in Lösung. Durch Alkohol wird der Rest des Alauns und das überschüssige schwefelsaure Ammon gefällt, so daß in der alkoholischen Lösung neben der freien Schwefelsäure nur ein wenig Ammonsulfat enthalten ist.

Nach B e i l s t e i n und G r o s s e t wird 1 g, bei säurearmen Präparaten 2 g, in 5 ccm Wasser gelöst, zu der Lösung 5 ccm einer kalt gesättigten Ammonsulfatlösung hinzugefügt, $1/4$ Stunde unter häufigem Umrühren stehen gelassen und dann mit 50 ccm 95 proz. Alkohol gefällt. Man filtriert, wäscht mit 50 ccm des 95 proz. Alkohols nach, verdunstet das Filtrat im Wasserbade und titriert den mit Wasser aufgenommenen Eindampfrückstand mit $1/_{10}$ N.-Alkali und Phenolphtalein.

Es wurde von K é l e r und L u n g e genau nach dieser Vorschrift gearbeitet; nur wurden, da das zu untersuchende Tonerdesulfat nur 0,92 % freie Schwefelsäure enthielt, zur leichteren Vermeidung von Analysenfehlern statt 2 g je 5 g genommen.

Die Resultate waren folgende: 0,97—0,98—1,02—1,00—1,02, demnach alle ein wenig, im Mittel etwa 0,1 Proz. zu hoch. Für praktische Zwecke ist dies aber doch wohl hinreichend genau, und da die Methode auch leicht und gleichmäßig durchzuführen ist, so bleibt sie für technische Zwecke die am meisten zu empfehlende, obwohl eine rascher ausführbare Methode immerhin erwünscht wäre.

A n n ä h e r n d e q u a n t i t a t i v e Untersuchung auf freie Säure kann durch Extrahieren von 2—5 g Aluminiumsalz mit absolutem Alkohol und Titrieren mit Lauge und Phenolphtalein oder Rosolsäure erfolgen.

A. H. W h i t e (Journ. Amer. Chem. Soc. 24, 457; 1902) hat diesen Gegenstand näher untersucht und ist zu folgenden Schlüssen gekommen. Wenn man eine Lösung von Alaun, zu der man neutrales Kalium-Natriumtartrat (Seignette-Salz) gesetzt hat, mit Barytlösung und Phenolphtalein titriert, so zeigt der verbrauchte Baryt die mit dem Aluminiumoxyd verbundene und die freie Schwefelsäure an, nicht aber die mit K oder Na verbundene. Wenn man eine andere Probe Alaunlösung zur Trocknis eindampft, in neutralem Natriumcitrat auflöst und mit Baryt titriert, so wird um so viel weniger Baryt verbraucht, als $1/3$ der Tonerde entspricht. Man kann also aus diesen beiden Titrationen Tonerde und Schwefelsäure berechnen, gleichviel ob der Alaun basisch oder sauer ist, und wenn er sauer ist, ergibt sich daraus die freie Säure. Käufliche schwefelsaure Tonerde kann im festen Zustande freie Säure enthalten, die in der Lösung verschwindet, indem sie sich mit basischem Salze verbindet. Man kann diese freie Säure bestimmen, indem man das Sulfat direkt in Natriumcitrat auflöst und sofort mit Baryt titriert.

Man erhält dann Resultate in guter Übereinstimmung mit der Methode von B e i l s t e i n und G r o s s e t , aber ein solcher Alaun kann möglicherweise nicht mehr Säure enthalten, als zur Bildung eines normalen $Al_2(SO_4)_3$ erforderlich ist.

Am genauesten erfolgt die Bestimmung des Gehaltes an freier Säure, indem man das Gesamt-SO_3 durch Fällen der salzsauren Lösung mit Chlorbaryum ermittelt und auf die gefundenen Kationen rechnerisch verteilt. Bleibt noch SO_3 hierbei übrig, so ist es als freie Säure anzunehmen.

4. A n d e r w e i t i g e B e s t a n d t e i l e . Von den von K é l e r und L u n g e untersuchten 13 Handelssorten enthielt nur eine einzige (französische) Ware etwas Z i n k , und zwar 0,00156 %. Von N a t r o n fanden sie 0,17—0,205 %, von u n l ö s l i c h e m R ü c k s t a n d 0,13—0,43 %, welche beide wohl als unwesentlich hingestellt werden können. Übrigens waren dieselben Sorten, die mehr Eisen enthielten, auch reicher an unlöslichem Rückstand, was wohl mit der weniger sorgfältigen Fabrikation zusammenhängt.

Das Z i n k zeigt bei der Türkischrotfärberei einen entschieden schädlichen Einfluß und muß schon aus diesem Grunde, wenn vorhanden, auch quantitativ bestimmt werden, was am einfachsten dadurch geschieht, daß man die Lösung des Aluminiumsulfats mit genügend essigsaurem Baryt versetzt, um alle Schwefelsäure auszufällen, und dann im Filtrat das Zink als Schwefelzink bestimmt.

A r s e n wird in 10—20 g durch Auflösen in Wasser, Zusatz von viel Salzsäure und Einleiten von Schwefelwasserstoff in die heiße Lösung bestimmt.

II. Kali-, Natron- und Ammoniak-Alaun.

Die Prüfungen werden hier genau wie bei schwefelsaurer Tonerde vorgenommen; nur kommt dazu noch diejenige auf Ammoniak und Alkalien, die nach allgemein bekannten Methoden anzustellen sind.

In den meisten Fällen begnügt sich der Käufer mit dem äußeren Ansehen der Alaune, was ihm freilich einen nicht zu großen Eisengehalt derselben nicht verraten wird. Den letzteren kann man erforderlichenfalls nach S. 77 ff. bestimmen.

III. Natriumaluminat.

Dieses Präparat findet Anwendung in der Färberei und im Zeugdruck, zur Darstellung von Farblacken, zuweilen zum Leimen des Papiers; ferner bei der Fabrikation von Milchglas, zur Härtung von Bausteinen, in der Seifenfabrikation. Seine Analyse beschränkt sich meist auf die Bestimmung des Natrons in der Tonerde, eventuell auf Verunreinigung durch Unlösliches, Kieselsäure und Eisen.

a) D i e B e s t i m m u n g v o n N a t r o n (Na$_2$O) u n d T o n -
e r d e. Diese erfolgt titrimetrisch nach der von L u n g e angegebenen
Methode (Zeitschr. f. angew. Chem. 3, 227, 293; 1890), die auf folgenden
Beobachtungen beruht:

Wenn eine heiße Lösung von Natriumaluminat oder von ton-
erdehaltiger kaustischer Soda (wie sie beispielsweise im Bodensatz —
„bottoms" — der Schmelzkessel vorkommt, vgl. Bd. I, S. 536) unter
Zusatz von Lackmus oder besser von Phenolphtalein mit Säure titriert
wird, so tritt die Endreaktion ein, sobald alles Alkali mit Säure gesättigt
ist und die Tonerde anfängt auszufallen. Wird aber Methylorange (oder
weniger gut Cochenille) als Indikator benutzt, so tritt die Endreaktion
erst ein, nachdem die ursprünglich niederfallende Tonerde wieder in
Lösung gegangen ist und sich die der Formel Al$_2$(SO$_4$)$_3$ = Al$_2$O$_3$. 3 SO$_3$
entsprechende Verbindung gebildet hat[1].

Man löst 20 g Natriumaluminat zu 100 ccm auf und titriert 10 ccm
(= 0,200 g Substanz) ganz heiß (wobei der Einfluß etwa vorhandener
sehr geringer Mengen Kohlensäure verschwindend klein wird) nach Zusatz von Phenolphtalein mit $^1/_5$ N.-Salzsäure bis zum Verschwinden der
roten Färbung. Nachdem man die verbrauchten ccm Säure abgelesen,
setzt man zu derselben Flüssigkeit einen Tropfen Methylorange (ja nicht
zu viel!) und titriert mit derselben Salzsäure weiter, wobei meist die
Temperatur von selbst durch den Zufluß der kalten Säure auf 30° bis
37° sinken wird; nötigenfalls kühlt man auch etwas ab oder läßt im
umgekehrten Falle das Glas an einem warmen Orte stehen. Man titriert
weiter bis zur bleibenden Rötung des Methylorange, woraus man durch
Differenz die Tonerde findet. Der (überhaupt stets äußerst geringe)
Gehalt an Kieselsäure stört hierbei nicht, da die Indikatoren nicht darauf
einwirken.

Diese Methode gibt keine sicheren Werte, da die einmal gefällte
Tonerde auch bei etwas erhöhter Temperatur nur sehr langsam wieder
in Lösung geht. Ebenso führt der Vorschlag W i n t e l e r s (Alu-
miniumindustrie S. 41) in umgekehrter Reihenfolge in der Kälte zu
titrieren, d. h. Säure im Überschuß hinzuzufügen, zuerst mit Methylorange, dann mit Phenolphtalein und Natronlauge zu titrieren, infolge
hydrolytischer Spaltung der Aluminiumsalze zu Resultaten, die nur auf
1—2 % stimmen.

Bessere Resultate erhält man, wenn man die Lösung des Natrium-
aluminats mit etwas Phenolphtalein versetzt, bis zum Verschwinden
der Rötung Kohlendioxyd einleitet, das gefällte Tonerdehydrat abfiltriert, heiß auswäscht und nach dem Glühen als Al$_2$O$_3$ wägt. Das
Filtrat wird in der Kälte mit ½ oder $^1/_5$ N.-Salzsäure und Methylorange
titriert. Die Resultate werden auf Prozente Al$_2$O$_3$ und Na$_2$O umgerechnet.
1 ccm ½ N.-HCl = 0,0155 g Na$_2$O; 1 ccm $^1/_5$ N.-HCl = 0,0062 g Na$_2$O.

---

[1] C r o s s und B e v a n (Journ. Soc. Chem. Ind. 8, 253; 1889) behaupten
daß in diesem Falle die Endreaktion vielmehr bei vollzogener Bildung der
Verbindung 2 Al$_2$O$_3$. 5 SO$_3$ eintrete, was L u n g e (Zeitschr. f. angew. Chem. 3,
299; 1890) mit voller Bestimmtheit als irrig dargelegt hat.

b) Den unlöslichen Rückstand bestimmt man in
etwa 10 oder 20 g Substanz genau wie das Unlösliche der Soda (Bd. I,
S. 552). Um ein Reißen der Filter durch die kaustische Flüssigkeit
zu vermeiden, benutzt man zweckmäßig das gehärtete Filtrierpapier
von Schleicher und Schüll in Düren, oder andere gute Sorten.

c) Die Kieselsäure wird durch Eindampfen mit Salzsäure
und Auswaschen in bekannter Weise bestimmt. Nach Bayer (Zeitschr.
f. angew. Chem. 4, 512; 1891) kann eine Natriumaluminatlösung überhaupt
nur wenige Zehntelprozente Kieselsäure gelöst enthalten, wie umgekehrt auch eine Wasserglaslösung nicht imstande ist, mehr als Spuren
von Tonerde aufzunehmen.

d) Auf Spuren von Eisen prüft man nach S. 77.

IV. Tonerde.

Diese kommt in den Handel als Hydrat mit 64—65 % Al_2O_3
und wasserfrei mit fast 99 % Al_2O_3, die letztere wesentlich zur Alu-
miniumfabrikation.

Die gewöhnlichen Verunreinigungen bestehen in kleinen Mengen
von Kieselsäure und von Natron, die bei der elektrolytischen Darstellung
des Aluminiums schädlich sind. Auch Spuren von Eisen können durch
die Fabrikation hineinkommen.

Man bestimmt in der mit Salzsäure aufgeschlossenen Substanz die
Tonerde quantitativ nach S. 73 ff, die Kieselsäure nach
S. 62. Das Natron bestimmt man im Filtrat von der Ausfällung
der Tonerde durch Ammoniak, indem man es vorsichtig eindampft,
nach dem Trocknen gelinde erhitzt, um den Salmiak auszutreiben,
aber noch kein NaCl zu verflüchtigen, und dieses letztere wägt; Eisen
nach S. 77.

Im Tonerdehydrat, das nach P. Kienlen meist mit
60 % Al_2O_3 garantiert wird, bestimmt er die Kieselsäure gewöhnlich durch Abrauchen mit Flußsäure (S. 63). Das gebundene Natron, das nie fehlt, bestimmt er wie folgt: Man
erhitzt 5,300 g des Präparates bis zu mäßiger Rotglut, digeriert mit
Wasser, setzt Überschuß von Normalschwefelsäure zu kocht und
titriert mit Normalnatron zurück. Von dem so gefundenen Totalnatron
zieht man das als „lösliches Natron" vorhandene ab. Dieses
ermittelt man durch Kochen von 5,300 g des Präparates mit 100 ccm
Wasser und Titration mit N.-Schwefelsäure und Phenolphtalein.
Jedes ccm Normalsäure = 1 % Na_2CO_3. Man kann auch das Gesamt-
natron nach S. 66 durch Kochen mit Salmiak bestimmen. Ferner
bestimmt man den Gewichtsverlust ($H_2O + CO_2$) durch
15 Minuten langes Glühen vor dem Gebläse und die Tonerde durch
Differenz oder durch Fällen mit NH_3.

Gutes Tonerdehydrat enthält im Mittel 63 % Al_2O_3, 0,90 % SiO_2,
0,003 % Fe, 0,90 % Na_2CO_3, 0,80 % (gebundenes) Na_2O, 34,40 %

Glühverlust. Das nach Bayers Verfahren (spontane Zersetzung der Aluminatlaugen) gewonnene Präparat enthält nur 0,15 % SiO_2.

In der kalzinierten (metallurgischen) Tonerde werden Kieselsäure und Eisenoxyd nach den Mitteilungen der Aluminium-Industrie-Aktien-Gesellschaft in Neuhausen wie folgt bestimmt: 5 g der fein zerriebenen Tonerde werden mit 30 g Natriumbisulfat (Kaliumbisulfat würde zur Bildung von schwer löslichem Kalialaun Anlaß geben) in einem geräumigen Platintiegel innig gemischt und bei aufgelegtem Deckel zunächst mit kleiner Flamme erhitzt, bis die Mischung vollständig in Fluß gekommen ist. Dann wird die Flamme etwas vergrößert, jedoch nur soviel, daß der untere Teil des Tiegels rotglühend wird. Die Tonerde steigt in die Höhe, wodurch der obere Teil des Flusses teilweise erstarrt. Zweckmäßig stößt man mit dem Platinspatel die erstarrte Decke in den Fluß hinunter. In dem Maße, als die Aufschließung fortschreitet, wird die Masse dünnflüssiger. Zur Beschleunigung der Aufschließung gibt man nun 5—10 g Natriumbisulfat in Stücken portionenweise zur Schmelze, deren Aufschließung beendet ist, sobald sie völlig durchsichtig erscheint. Man gießt sofort in eine geräumige Platinschale, gibt nach dem Erkalten 5—10 ccm konz. Schwefelsäure, hierauf ziemlich viel Wasser zu und erwärmt. Behufs vollständiger Abscheidung der Kieselsäure erhitzt man, bis weiße Dämpfe fortgehen, nimmt nach dem Erkalten mit Wasser auf, filtriert die Kieselsäure ab, wäscht bis zum Verschwinden der Schwefelsäurereaktion, glüht und wägt die SiO_2 und raucht zur genauen Feststellung des Kieselsäuregehaltes mit Flußsäure und Schwefelsäure ab. Das Filtrat wird nach erfolgter Reduktion durch Zink mit Permanganat titriert und das Eisenoxyd ermittelt.

Zur Natronbestimmung werden 5 g Tonerde in bedeckter Platinschale mit verdünnter Schwefelsäure unter öfterem Umrühren einige Zeit in der Wärme digeriert. Den warmen Schaleninhalt spült man in einen 500-ccm-Kolben, fällt die in Lösung gegangene Tonerde mit Ammoniak aus, kühlt auf Zimmertemperatur und füllt zur Marke auf. 300 ccm = 3 g Substanz werden nach gutem Umschütteln abfiltriert, in geräumiger Platinschale zur Trockene verdampft, die Ammonsalze vorsichtig verjagt und der Rückstand mit 25—30 ccm Wasser aufgenommen. Nach Zusatz einiger Tropfen Ammoniak und Ammoncarbonat wird aufgekocht und durch ein kleines Filter in eine gewogene kleinere Platinschale filtriert. Nach dem Eindampfen auf dem Wasserbade wird das Natriumsulfat erst schwach, dann vor dem Gebläse geglüht und als Na_2O in Rechnung gebracht.

Kienlen mischt zur Bestimmung des Natrons (Na_2O) 1 g höchst fein gepulvertes Präparat mit 1 g Salmiak, darauf mit 8 g Calciumcarbonat und glüht im Platintiegel, erst langsam, dann 30 Minuten stark. Nach dem Erkalten verreibt man mit wenig Wasser, spült in einen Kolben und wäscht den Rückstand gut aus. Die Lösung versetzt man in der Kälte mit einer Lösung von Ammoniumcarbonat, rührt um, bis das $CaCO_3$ körnig geworden ist, filtriert und dampft das Filtrat in einer Platinschale ein, zuletzt im Wasserbade, um Spritzen zu vermeiden. Dann glüht man zur Verjagung der Ammonsalze, löst in Wasser, setzt einige Tropfen Ammoniumcarbonatlösung zu und filtriert, wenn ein Niederschlag entsteht. Nun dampft man wieder wie vorher ein, glüht und wägt wieder. Am besten macht man noch einen blinden Versuch mit den verwendeten Reagentien (Salmiak und Calciumcarbonat) und zieht darin gefundenes NaCl von dem obigen ab.

Feuchtigkeit (hygroskopisches Wasser) wird durch zweistündiges Erhitzen von 3—5 g auf 100⁰ bestimmt. Durch 15 Minuten langes Glühen vor dem Gebläse wird das Hydratwasser ermittelt. Geglühte Tonerde ist sehr hygroskopisch, daher ist die Anwendung guter Exsiccatoren und rasches Wägen zu empfehlen.

Der Tonerdegehalt wird aus der Differenz bestimmt. Gute metallurgische Tonerde enthält 98,40 % Al_2O_3, 0,03 bis 0,25 % SiO_2, 0,10 % Fe_2O_3, 0,10—0,15 % Na_2O, 0,20—0,80 % H_2O.

V. Aluminiumsalze für Färberei usw. (Acetat, Rhodanür usw).

Diese (S. 71 aufgezählt) kann man stets einerseits auf ihren Tonerdegehalt, also nach S. 73, andererseits auf den sauren Bestandteil prüfen, das letztere nach den an anderen Stellen dieses Werkes beschriebenen oder allgemein bekannten Methoden, also z. B. Rhodan durch Fällung als Kupferrhodanür (S. 21), unterchlorige Säure nach Bd. I. S. 593 ff., Chlorsäure nach Bd. I. S. 607, Thioschwefelsäure durch Jodtitrierung Bd. I. S. 144 usw.

Meist unterbleiben diese Prüfungen, da der Fabrikant, auch wenn er das Präparat nicht selbst hergestellt hat, doch aus der Analyse wenig Aufschluß über die praktische Brauchbarkeit desselben bekommt und deshalb nur eine praktische Färbe- oder Druckprobe im Vergleich mit einem „Typ" anstellt.

Glas.

Von

Prof. **E. Adam,** Wien.

A. Rohmaterialien und deren Prüfung.

Die zur Glaserzeugung dienenden Rohmaterialien lassen sich in
folgende Gruppen teilen:

1. Kieselsäure und Silikate.
2. Borsäure und borsaure Salze.
3. Alkalische Flußmittel.
4. Kalk.
5. Bleioxyd.
6. Anderweitige Metalloxyde und Zuschläge.
7. Entfärbungsmittel.
8. Färbemittel.

1. Die Kieselsäure ist der Hauptbestandteil der Glasmasse (bis
80 %); sie wird in das Gemenge der Rohmaterialien, den ,,Glassatz'',
als Sand, Quarz, Feuerstein und in manchen Fällen in Form natürlicher
Silikate eingeführt.

S a n d ist das zumeist benutzte kieselsäurehaltige Rohmaterial.
Die Anforderungen, die man ihn stellt, richten sich nach der zu erzeugenden Glassorte. Für Flaschenglas und andere minderwertige Gläser ist
auch unreiner Sand geeignet, zu Kristallglas und solchen Glassorten,
bei denen Farblosigkeit Hauptbedingung ist, eignet sich nur möglichst
eisenfreier Sand. Der Gehalt an Fe_2O_3 beträgt nach L e c r e n i e r
(Bull. de la Société chim. de Belgique 18, 404; Chem. Zentralbl. 1905,
II, 925) bei erstklassigem Sand für die Kristallglasfabrikation 0,005
bis 0,015 %, in dem für gew. Hohlglas verwendeten Sand steigt er
bis 0,04 %. Ein geringer Tonerde- oder Alkaligehalt wirkt eher nütz-
lich als schädlich, da Tonerde (W e b e r , Verhandl. d. Ver. z. Bef.
des Gewerbefl. 1888, 152; S c h o t t, Sprechsaal 21, 125; 1888) die Neigung
des Glases zum Entglasen (,,Rauhen'') im Schmelzofen oder bei der
Verarbeitung vor der Lampe hindert und eine Ersparnis beim Glassatze
ermöglicht. Die Korngröße des Sandes ist insofern nicht gleichgültig,
weil feinkörniger Sand sich beim Schmelzen rascher auflöst als grober,

und weil die kurze Schmelzzeit weniger Verunreinigung durch gelöste Hafenmasse zur Folge hat.

Der sehr geschätzte Sand von Hohenboka in der Lausitz, der aus etwa $\frac{1}{2}$ mm im Durchmesser haltenden Quarzkörnern besteht und gleich an der Fundstelle durch Schlämmen von geringen Mengen von Glimmer und Ton getrennt wird, enthält durchschnittlich 99,7 % SiO_2 und 0,01 % Fe_2O_3. Der in Thüringen zur Erzeugung von Glasröhren für die Lampenarbeit benutzte Sand von Martinroda enthält nach R. W e b e r 3,8 % Al_2O_3 neben 2,7 % K_2O.

Die Beurteilung eines Sandes erfolgt zweckmäßig zunächst durch Vorprüfungen; nur wenn diese günstig ausfallen, werden sie durch eine Analyse ergänzt.

Zur Vorprüfung setzt man eine Probe durch längere Zeit starker Glühhitze z. B. im Glasofen aus; Sand mit größerem Eisengehalt erscheint nach dem Glühen grau oder rötlich gefärbt, reiner Sand rein weiß. Unter dem Mikroskop zeigt guter Sand bei einer etwa 50 fachen Vergrößerung nur durchsichtige, farblose Körner, ohne fremde Beimengungen. Wird Sand in Wasser aufgeschlämmt, so soll er dieses nicht trüben; beim Erwärmen mit Salzsäure sollen nur Spuren von Eisen gelöst werden.

Behufs vollständiger Untersuchung eines Sandes wägt man bei minderen Sandsorten 1—2 g, bei reineren 4—5 g des vorher in einer Achatschale möglichst fein geriebenen Sandes in einer gewogenen Platinschale oder einem geräumigen Platintiegel ab, befeuchtet mit 10—20 Tropfen verdünnter H_2SO_4 (1 : 1), setzt 20—30 ccm r e i n e r Flußsäure zu, verrührt mit einem Platindrahte und läßt mit einem Platindeckel bedeckt auf einem schwach erwärmten Wasserbade stehen, bis kein sandiger Rückstand mehr zu bemerken ist; die Aufschließung nimmt stets längere Zeit in Anspruch. Nach vollständiger Zersetzung wird der Deckel abgenommen, abgespült, die Flüssigkeit auf dem Wasserbade abgedampft, vorsichtig auf einer Unterlage von Asbestpappe erhitzt, bis keine Dämpfe von H_2SO_4 mehr entweichen, und der Rückstand nach gelindem Glühen gewogen. Man bringt ihn hierauf nach Zusatz von 3—4 ccm HCl (D 1,12) und einer reichlichen Wassermenge durch Erwärmen der bedeckten Schale auf dem Wasserbade in Lösung und bestimmt darin nach Abfiltrieren eines eventuell gebliebenen unlöslichen Rückstandes[1]) mit $BaCl_2$-Lösung (Bd. I, S. 325) die vorhandene Schwefelsäure. Aus der Gewichtsdifferenz (Abdampfrückstand — SO_3) ergibt sich die Gesamtmenge der Basen; sie können im Filtrat vom $BaSO_4$ nach Entfernung des $BaCl_2$ in bekannter Weise bestimmt werden, wobei man nach Abscheidung und Wägung von Al_2O_3, Fe_2O_3, CaO, MgO die Alkalien aus der Differenz (Summe der Basen) — (Al_2O_3 + Fe_2O_3 + CaO + MgO) erhält.

---

[1]) Man bringt einen derartigen Rückstand, der sich auch bei wiederholter Behandlung mit $HF + H_2SO_4$ nicht löst, durch Schmelzen mit etwas $KHSO_4$ in Lösung.

Die Menge der Kieselsäure ergibt sich, wenn man die Basen und den Glühverlust quantitativ ermittelt hat, aus der Differenz; soll sie direkt bestimmt werden, so schließt man etwa 1 g des fein geriebenen Sandes mit kohlensaurem Natronkali auf und verfährt zur Abscheidung der SiO_2 mit der Schmelze wie bei der Analyse des Glases.

Die Bestimmung des Eisenoxydgehaltes bildet zumeist den wichtigsten Teil der Sand-Untersuchung; sie entscheidet oft allein über die Verwendbarkeit eines Sandmusters. Bei minder reinem Sand schließt man, wenn nur der Fe_2O_3-Gehalt zu bestimmen ist, 1—5 g in der angegebenen Weise mit Flußsäure und Schwefelsäure auf, schmilzt den nach dem Abrauchen der H_2SO_4 verbleibenden Rückstand mit etwas $KHSO_4$ behufs Zerstörung etwa vorhandener organischer Substanz, löst die Schmelze in Wasser und titriert nach Reduktion mit Zink mit Permanganatlösung. Bei sehr reinen Sandmustern gibt diese Methode keine verläßlichen Resultate. L e c r e n i e r (Bull. de la Société chim. de Belgique 18, 404; Chem. Zentralbl. 1905, II, 925) benutzt in der Kristallglasfabrik von Val Saint Lambert folgendes Verfahren: 2 g gewaschener, getrockneter und gesiebter Sand werden mit 9 g trockenem, reinem Kaliumnatriumcarbonat, dessen Gehalt an Fe_2O_3 bekannt ist, in eine 7 cm breite und 3 cm hohe Platinschale gebracht. Nach inniger Mischung wird der Deckel aufgesetzt und die Schale in einer kleinen Muffel zur Weißglut erhitzt, wo sie bis zur vollständigen Lösung des Sandes und ruhigem Fließen der Masse verbleibt. Beim Abkühlen löst sich die ganze Masse in einem Block herunter, der nun in ein 11 cm hohes und 8 cm breites Berliner Porzellangefäß kommt. Man fügt bis zur halben Höhe destilliertes H_2O zu, bedeckt mit einem gutschließenden Deckel und schüttelt bis zur vollständigen Lösung der Masse; das Gefäß darf, um das Eindringen von Staub zu vermeiden, nie offen bleiben. Nach erfolgter Lösung setzt man auf einmal 20 ccm Salzsäure (D 1,2) zu, wodurch die Flüssigkeit sauer wird, während Kieselsäure in Lösung bleibt. Nun wird die Flüssigkeit mit einem Löffel reinen Kaliumrhodanats versetzt und die entstandene Rotfärbung kolorimetrisch mit einer Lösung verglichen, die sich in einem gleichen Gefäße befindet und die gleiche Menge Wasser, Rhodankalium und Säure enthält, indem man zu dieser Lösung aus einer Bürette so lange eine $FeCl_3$-Lösung (1 ccm = 0,0001 g Fe als $FeCl_3$) tropfen läßt, bis die gleiche Farbtiefe erreicht ist. Das Verfahren ist einfach, wird aber hinsichtlich der Genauigkeit durch die von L u n g e (Zeitschr. f. angew. Chem. 9, 3; 1896) ermittelte Tatsache beeinflußt, daß die Intensität wäßriger Rhodan-Eisenlösungen keineswegs im Verhältnisse zu dem Eisengehalte der Lösungen steht.

Nach meinen Versuchen läßt sich die von L u n g e für die Bestimmung sehr kleiner Fe-Mengen in Schwefelsäure und Aluminiumsulfat ausgearbeitete Methode (Bd. I, S. 466 und Bd. II, S. 71) sehr gut auch zur Bestimmung sehr geringer Fe-Mengen in Sand und anderen Rohstoffen der Glas- und Tonwaren-Industrie verwenden. Man versetzt 1 g des fein gepulverten Sandes in einer Platinschale mit 20 Tropfen Schwefel-

säure (1:1) und etwa 10 ccm r e i n e r Flußsäure, erwärmt auf dem
Wasserbade bis zur vollständigen Aufschließung in bedeckter Schale
und verdampft nun möglichst vor Staub geschützt zunächst auf dem
Wasserbade, sodann auf einer Asbestplatte, bis reichlich Schwefelsäuredämpfe entweichen.   Nach dem Erkalten versetzt man mit 1 ccm
reiner konz. Salpetersäure und etwa 50 ccm Wasser, erwärmt, bis vollständige Lösung erfolgt ist, verdünnt nach dem Erkalten auf 100 ccm
und verfährt sodann mit 5 ccm dieser Lösung nach Bd. I, S. 466. Durch
einen blinden Versuch (Abdampfen von 20 Tropfen H_2SO_4, 10 ccm HF und
Zusatz von 1 ccm HNO_3) wird der geringe Eisengehalt der Reagenzien
bestimmt, der in Abzug zu bringen ist [1]).

Zur Entscheidung der Frage, ob ein Sand durch Schlämmen von
etwa vorhandenen Verunreinigungen befreit werden kann, empfiehlt es
sich, eine größere Probe in einer Porzellanschale mit einer reichlichen
Menge Wassers aufzurühren, das trübe Wasser wegzugießen und dieses
Abschlämmen so lange zu wiederholen, bis das aufgegossene Wasser
klar bleibt. Bestimmt man in dem geschlämmten und ungeschlämmten
Sande die Basen oder das vorhandene Eisenoxyd, so ersieht man aus
einer allfälligen Differenz, bis zu welchem Grade durch einen Schlämm-
prozeß eine Reinigung des Sandes erzielt werden kann.

Q u a r z und F e u e r s t e i n werden seltener zur Glaserzeugung
benutzt als Sand, da ihrer Verwendung stets ein Sortieren, Glühen,
Abschrecken und Zerkleinern vorausgehen muß.   Die Beurteilung und
die Untersuchung dieser Rohstoffe erfolgt in derselben Weise wie beim
Sand. Zur Erlangung eines guten Durchschnittsmusters und zur leichteren
Zerkleinerung glüht man die Quarzstücke oder Feuersteinknollen in
einem hessischen Tiegel und schreckt sie sodann in Wasser ab.   Die
eventuell beim Glühen auftretende Färbuug und ihre mehr oder weniger
gleichmäßige Verteilung in der Masse läßt erkennen, ob das Material
mehr oder weniger eisenhaltig ist, und ob eine Verbesseruug durch Sortieren möglich ist.

N a t ü r l i c h e S i l i k a t e.   Viele in der Natur vorkommende
Silikate wie Granite, Trachyte, Basalte, Obsidiane, Bimssteine, Laven,
Tonmergel finden besonders in der Flaschenglasfabrikation ausgedehnte
Anwendung. Sie bilden, wo sie entsprechend billig zu beschaffen sind,
nicht nur für Sand oder Quarz, sondern infolge ihres Alkali- oder Kalkgehaltes auch für diese Rohstoffe einen wohlfeilen Ersatz. Die Untersuchung erfolgt wie beim Sand, beziehungsweise wie in den Kapiteln
„Tonanalyse" und „Glasanalyse" näher beschrieben; harte Mineralien
müssen vorher geglüht und abgeschreckt werden.

2. Borsäure und Borate.   Borsäure dient zur Erzeugung von
Farbgläsern sowie der als „Straß" und „Email" bezeichneten Glas-
kompositionen und zur Herstellung einiger Glassorten, die sich vermöge

---

[1]) Für die angegebenen Mengen H_2SO_4, HNO_3, HF und 100 ccm H_2O
meist nur 0,000001 g Fe.

ihrer größeren Resistenz gegen Temperaturwechsel für Lampenzylinder, Laboratoriumsgeräte usw. eignen. Sie wird als Borsäure, als Borax oder in Form natürlich vorkommender Borate dem Glassatze zugesetzt. B o r s ä u r e. Sie kommt als r a f f i n i e r t e (chem. reine) Borsäure mit einem Gehalt von mindestens 99 % H_3BO_3 und als R o h - b o r s ä u r e mit durchschnittlich 80—90,5 % H_3BO_3 zur Verwendung.

Raffinierte Borsäure soll nur geringe Mengen von Sulfaten, Chloriden und unlöslichen Bestandteilen und nur Spuren von Eisenoxyd enthalten. Man überzeugt sich von der Reinheit, indem man 5 g Borsäure in heißem Wasser löst, filtriert, den unlöslichen Rückstand bestimmt, das Filtrat mit Salpetersäure ansäuert und in der einen Hälfte mit Silbernitrat auf Chlor, in der andern Hälfte mit Baryumnitrat auf Schwefelsäure prüft. Der Eisengehalt wird kolorimetrisch ermittelt, indem man 2,5—5 g Borsäure in einer Platinschale mit Flußsäure und Schwefelsäure abdampft und weiter so verfährt, wie beim Sand S. 87 angegeben.

Die direkte Bestimmung des H_3BO_3-Gehaltes kann, wenn nötig, maßanalytisch nach der durch J ö r g e n s e n angeregten Methode von H ö n i g und S p i t z (Zeitschr. f. angew. Chem. 9, 549; 1896) genau und schnell durchgeführt werden. Sie beruht auf der Erkenntnis, daß eine wäßrige Lösung von Borsäure, der Glycerin in genügender Menge zugesetzt wurde, unter Benutzung von Phenolphtalein als Indikator mit Natronlauge titriert werden kann, vorausgesetzt, daß sowohl H_3BO_3-Lösung wie Lauge frei von CO_2 sind. Man wägt 0,5—1 g Borsäure genau ab, löst in ungefähr 50 ccm Wasser, das durch Auskochen von CO_2 befreit wurde, setzt 50 ccm Glycerin und einige Tropfen Phenolphtaleinlösung zu und titriert sodann mit kohlensäurefreier Natronlauge oder Barytwasser bis zur Rotfärbung; nun setzt man noch 10 ccm Glycerin zu, wodurch meist Entfärbung eintritt, titriert weiter auf rot, setzt abermals 10 ccm Glycerin zu usw., bis auf neuen Zusatz von Glycerin die rote Farbe nicht mehr verschwindet, was der Fall ist, wenn auf 1 Mol. H_3BO_3 1 Mol. NaOH in der Lösung vorhanden ist. Da das Glycerin oft sauer reagiert, so muß es vor dem Gebrauche mit Natronlauge neutralisiert werden.

Die Rohborsäure enthält nach F. F i s c h e r, G i l b e r t und F. W i t t i g neben hygrosk. Wasser (1,5—6,2 %) noch 3,84—15,4 % Verunreinigungen (H_2SO_4, SiO_2, $(NH_4)_2SO_4$, $MgSO_4$, $CaSO_4$, Na_2SO_4, K_2SO_4, $Fe_2(SO_4)_3$, $Al_2(SO_4)_3$, NH_4Cl, Spuren von MnO und organ. Substanzen). Da diese Verunreinigungen mit Ausnahme von H_2SO_4 und geringer Mengen NH_4Cl in absol. Alkohol unlöslich sind, so pflegt man häufig das hygrosk. Wasser und den in Alkohol unlöslichen Rückstand zu bestimmen, so daß sich H_3BO_3 aus der Differenz ergibt. Man trocknet zu diesem Behufe nach Z s c h i m m e r (Chem.-Ztg. 25, 67; 1901) eine gewogene Menge Rohborsäure durch 2—4 Stunden bei 50⁰ und läßt hierauf noch 12 Stunden über konz. Schwefelsäure im Exsikkator stehen; der Gewichtsverlust entspricht dem hygrosk. Wasser. Die getrocknete Probe wird sodann in absol. Alkohol gelöst, durch ein

mit Glaswolle beschicktes Filtrierröhrchen in der von d e K o n i n c k
(Zeitschr. f. angew. Chem. 1, 689; 1888) angegebenen Form filtriert und
mit Alkohol gewaschen, bis das Filtrat keinen merklichen Rückstand
mehr hinterläßt. Das Filtrierröhrchen wird vor und nach dem Filtrieren
unter Durchsaugen von trockener Luft bei 50^0 bis zum konstanten
Gewicht getrocknet; die Gewichtsdifferenz entspricht der Gesamtmenge
der Verunreinigungen. Da bei 50^0 nicht alles hygroskopische Wasser
entweicht, und die Verunreinigungen in Alkohol nicht vollkommen
unlöslich sind, fallen die für H_3BO_3 gefundenen Werte um etwa 2 %
zu hoch aus; Z s c h i m m e r findet es daher vorteilhafter, die Verunreinigungen durch wiederholtes Abdampfen der in Alkohol gelösten
Substanz mit Alkohol bis zur vollständigen Verflüchtigung der Borsäure zu bestimmen oder die Bestimmung der Borsäure direkt auf
maßanalytischem Wege vorzunehmen. Man löst nach seinen Angaben
1 g Rohborsäure in etwas Wasser, versetzt mit 300 ccm Glycerin und
titriert nach Zusatz von Phenolphtalein mit Barytwasser (1 : 20),
bis die entstandene Rosafärbung durch wiederholten Zusatz von Glycerin
nicht mehr verschwindet. Von der verbrauchten Menge Barytwasser ist jene in Abzug zu bringen, die zur Zerlegung der vorhandenen
Sulfate verbraucht wurde. Z s c h i m m e r bestimmt daher in 1 g
Rohborsäure H_2SO_4 mit $BaCl_2$ und bringt hierfür die entsprechende
Menge Barytwasser in Abzug; er ermittelt zu diesem Zweck ein für
allemal für einige Mischungen von reinem $BaSO_4$ und $(NH_4)_2SO_4$, das
die Hauptmenge der Verunreinigungen bildet, wieviel ccm Lauge auf
1 g SO_3 aus Ammonsulfat abzuziehen sind.

Die Umständlichkeit des Verfahrens von Z s c h i m m e r kann
nach meinen Versuchen durch das nachstehende einfache Verfahren,
das sehr befriedigende Resultate ergeben hat, vermieden werden:
Man löst (entsprechend einer etwa $^1/_5$ N.-Barytlösung) 2,5—3 g Rohborsäure in einem geräumigen Kolben in ungefähr 100 ccm heißem
Wasser, setzt eine heiße Lösung von 10—12 g kryst. Baryumhydrats
zu und kocht etwa 20 Minuten, um das durch die Zersetzung der vorhandenen Ammonsalze freigewordene NH_3 zu entfernen. Man fügt
hierauf 1—2 Tropfen Methylorange und so viel verdünnte Salzsäure
(1 : 2) zu, bis deutliche Rotfärbung auftritt, und kocht unter Benutzung
eines Rückflußkühlers 5 Minuten zur Entfernung vorhandener CO_2.
Die erkaltete Flüssigkeit wird nunmehr mit ausgekochtem Wasser
auf 250 ccm gebracht, nach dem Durchschütteln filtriert und 50 ccm
des Filtrats nach Zusatz eines Tropfens Methylorange mit Barytlösung
genau neutralisiert. Schließlich wird mit 50 ccm Glycerin und einigen
Tropfen Phenolphtalein versetzt und mit $^1/_5$ N.-Barytlauge titriert,
bis die gelbe Farbe der Flüssigkeit nach wiederholtem Zusatze von je
10 ccm Glycerin orangerot bleibt. Die verbrauchten ccm Barytlauge
ergeben die Menge der in $^1/_5$ der angewandten Substanz vorhandenen
H_3BO_3, wenn das Glycerin vollkommen neutral reagiert.

Zur Bestimmung der Verunreinigungen löst man 2—3 g Rohborsäure in warmem Wasser, filtriert den unlöslichen Rückstand ab,

versetzt das Filtrat mit Salpetersäure, scheidet in der einen Hälfte durch wiederholtes Abdampfen die Kieselsäure ab und fällt in der zweiten Hälfte mit Silbernitrat das Chlor und mit Baryumnitrat die Schwefelsäure. Eine zweite Probe dampft man mit Flußsäure und etwas Schwefelsäure zur Trockne ab, löst den Rückstand mit Salzsäure und Wasser auf, bestimmt in einer Hälfte der Lösung Eisenoxyd, Tonerde, Kalk, Magnesia, in der zweiten Hälfte Kali und Natron in bekannter Weise.

Zur Bestimmung der Ammonsalze werden 1—2 g Rohborsäure in einem Kolben in etwa 200 ccm Wasser gelöst, mit 15 ccm 10 proz. Natronlauge versetzt, das NH_3 in eine mit titrierter Schwefelsäure beschickte Vorlage abdestilliert, mit Natronlauge von bekanntem Gehalt unter Verwendung von Methylorange zurücktitriert und daraus das NH_3 berechnet. Das hygrosk. Wasser ergibt sich nach Bestimmung der H_3BO_3 und der Verunreinigungen aus der Differenz; die direkte Bestimmung (S. 90) ist ungenau.

B o r a x. Er wird zumeist als raffinierter Borax angewendet, da der Rohborax oft bis zu 38 % Verunreinigungen (NaCl, Na_2SO_4, $CaSO_4$, unlösl. Bestandteile, hygroskop. Wasser usw.) enthält. Vom raffinierten Borax kommt der gewöhnliche oder prismatische Borax ($Na_2B_4O_7$ + 10 H_2O) und der oktaedrische Borax ($Na_2B_4O_7$ + 5 H_2O) im Handel vor. Die Prüfung auf Reinheit und die Ermittelung der vorhandenen Verunreinigungen erfolgt wie bei der Borsäure. Zur Bestimmung des Kristallwassers wird eine gewogene Menge (etwa 1 g) des gepulverten Boraxes in einem bedeckten und mit dem Deckel gewogenen Platintiegel anfangs sehr gelinde, allmählich stärker und schließlich bis zum gelinden Glühen erhitzt; aus der Gewichtsdifferenz ergibt sich die Menge des H_2O. Das Na_2O läßt sich gewichtsanalytisch durch Abdampfen mit 10 ccm Flußsäure und 2 ccm Schwefelsäure (1 : 1) als Na_2SO_4, rascher zugleich mit B_2O_3 maßanalytisch nach dem Verfahren von H ö n i g und S p i t z (Zeitschr. f. angew. Chem. 9, 549; 1896) bestimmen. Etwa 30 g des zu untersuchenden Salzes werden mit ausgekochtem H_2O zu 1 Liter gelöst. In 50 ccm der klaren Lösung bestimmt man mit Hilfe von Methylorange und ½-Normalsäure das Na_2O. Zu dieser gegen Methylorange neutralen Lösung, welche nunmehr alle Borsäure im freien Zustande enthält, werden 2—3 Tropfen Phenolphtaleinlösung und 50 ccm Glycerin zugefügt und nun ½-Normallauge bis zur Rotfärbung einfließen gelassen. Man setzt nun so lange je 10 ccm Glycerin und ½-Normallauge zu, bis ein erneuter Glycerinzusatz die Rotfärbung nicht mehr zum Verschwinden bringt. Jedes verbrauchte ccm ½-Normallauge entspricht nach der Gleichung B_2O_3 + 2 NaOH = 2 $NaBO_2$ + H_2O 0,0175 g B_2O_3. Die von W o l f f (Compt. rend. 130, 1128; 1900 vorgeschlagene Verwendung von Ferronatriumsalicylat an Stelle von Methylorange hat, wie L u n g e (Zeitschr. f. angew. Chem. 17. 208; 1904) gezeigt hat, keinen Vorzug gegenüber Methylorange.

N a t ü r l i c h e B o r a t e. Von den vielen in der Natur vorkommenden Boraten haben für die Glasindustrie nur das Calciumborat (Borocalcit, Pandermit, türkischer Boracit ($Ca_2B_6O_{11}$ + 4 H_2O oder

$CaB_4O_7 + 6 H_2O$) und Boronatrocalcit ($NaCaB_5O_9 + 8 H_2O$) Bedeutung, während der Boracit ($2 Mg_3B_8O_{15} + MgCl_2$) infolge des großen Gehaltes an Chlormagnesium nicht geeignet erscheint. Zur Untersuchung dieser in Wasser unlöslichen Borate werden nach H ö n i g und S p i t z 2 g Substanz mit etwa 50 ccm Normalsäure am Rückflußkühler gekocht. Nach dem Erkalten der Lösung und Ausspülen des Rückflußkühlers wird nach Zusatz von Methylorange der Säureüberschuß mit Lauge weggenommen und nach Zusatz von Glycerin und Phenolphtalein die Borsäure maßanalytisch wie beim Borax S. 91 bestimmt. H ö n i g und S p i t z (Zeitschr. f. angew. Chem. 9, 549; 1896) haben zur Bestimmung von B_2O_3 in unlöslichen Boraten auch das nachstehende Verfahren benutzt: 15 g gepulvertes Material werden mit 10 g Natriumbicarbonat unter Einleiten von CO_2 eine Stunde lang gekocht, wodurch alle Borsäure als $Na_2B_4O_7$ in Lösung geht. Diese wird auf 500 ccm aufgefüllt, zu je 100 ccm der klar filtrierten Flüssigkeit behufs Entfernung der Kohlensäure 4,3 g Ammonnitrat gegeben und mit Silbernitrat vollständig ausgefällt. Nach kräftigem Durchschütteln wird auf 300 ccm aufgefüllt und sogleich filtriert. 200 ccm des klaren Filtrates werden sodann nach Zusatz von 2 g Chlorammon im Wasserdampfstrome destilliert und das übergegangene NH_3 titriert. Je 1 ccm Normalsäure entspricht (nach der Gleichung $Na_2B_4O_7 + 2 NH_4Cl + 5 H_2O = 2 NaCl + 2 NH_3 + 4 H_3BO_3$) 0,070 g B_2O_3.

C l e v e l a n d   J o n e s (Zeitschr. f. anorg. Chem. 20, 212; 1899) will bei der Analyse von Boraten auf maßanalytischem Wege die Neutralisation der freien HCl nach Zusatz von KJ und KJO_3 durch Thiosulfatlösung vorgenommen wissen, da nach seinen Versuchen freie H_3BO_3 nicht ohne Einwirkung auf Methylorange ist. Wie L u n g e (Zeitschr. f. angew. Chem. 17, 203; 1904) nachgewiesen hat und ich bestätigen kann, ist dies keineswegs der Fall; auch die Verwendung von Mannit statt Glycerin bietet keinerlei Vorzüge.

Sollen in natürlichen Boraten auch die Basen bestimmt werden, so wird wie bei der Rohborsäure verfahren.

3. Alkalische Flußmittel. Man benutzt Pottasche, Soda und schwefelsaures Natron (Sulfat). Pottasche dient zur Erzeugung des schwerschmelzbaren Kali- und des Bleikristallglases, Soda allein oder im Verein mit Pottasche zur Herstellung von Fenster-, Spiegel- und Hohlglas und Sulfat zur Erzeugung von Fenster- und Flaschenglas.

P o t t a s c h e. Sie ist nach Ursprung und Art ihrer Erzeugung verschieden rein. Zu beachten ist ein Gehalt an kohlensaurem Natron, an Chloriden und Sulfaten, an unlöslichen Stoffen und Wasser. Kohlensaures Natron ist unerwünscht, wenn die Pottasche zur Erzeugung reinen Kalikrystalls dienen soll und es muß dieses auch bei der Verwendung zu Kalinatrongläsern in Rechnung gezogen werden; Chloride und Sulfate geben zur Entstehung von Glasgalle Veranlassung; durch die im Wasser unlöslichen Bestandteile der Pottasche können größere Mengen von Tonerde und Eisenoxyd in die Glasmasse gelangen, und die

Nichtbeachtung des Wassergehaltes beim Abwägen kann Fehler in der Zusammensetzung des Glasgemenges hervorrufen.

Die Prüfung der Pottasche erfolgt nach der bei dem Artikel Pottasche gegebenen Anleitung (Bd. I, S. 635). Der Fe_2O_3-Gehalt wird kolorimetrisch ermittelt; man löst 1—2 g Pottasche in etwas Wasser, versetzt mit 1 bzw. 2 ccm reiner, eisenfreier Salpetersäure, kocht einige Minuten, kühlt ab, verdünnt auf 50 ccm und verfährt sodann weiter, wie bei Schwefelsäure (Bd. I, S. 466) angegeben; die Vergleichslösung muß genau so viel HNO_3 enthalten wie die Pottasche-Lösung.

S o d a.   Man verwendet teils Leblanc-, teils Ammoniaksoda. Die Leblanc-Soda enthält oft bedeutende Mengen von Chlornatrium, Sulfat und in Wasser unlösliche Stoffe, deren Nachteile bereits bei der Pottasche erwähnt wurden. Die Ammoniaksoda ist feiner, daher leichter und lockerer als die Leblanc-Soda, und wird wegen ihrer großen Reinheit der Leblanc-Soda vielfach vorgezogen. Obgleich die Soda weniger hygroskopisch ist als die Pottasche, so muß auch bei der Soda der jeweilige Wassergehalt in Rechnung gezogen werden.

Die Untersuchung der Soda auf ihren Gehalt an kohlensaurem Natron, Sulfat, Chlornatrium, Feuchtigkeit und unlöslichen Stoffen wird nach Bd. I, S. 550 ausgeführt, der Fe_2O_3-Gehalt kolorimetrisch wie bei der Pottasche bestimmt.

S u l f a t.   Das Sulfat wird als billiges Ersatzmittel der Soda bei der Erzeugung von Fenster- und Flaschenglas benutzt. Da die Kieselsäure in der Hitze das schwefelsaure Natrium nicht zu zersetzen vermag, wird es stets unter Zugabe von 4—6 % des Sulfatgewichtes Koks- oder Holzkohlenpulver angewendet; dieses bewirkt eine Reduktion zu schwefligsaurem Natrium, das nun leicht zersetzt wird. Ein Überschuß an Kohle verursacht die Entstehung von Schwefelnatrium, das sich im Glase löst und dieses gelb färbt; da sich die Bildung von Na_2S nie ganz vermeiden läßt, gibt man bei der Erzeugung des weißen Hohlglases der Soda den Vorzug.

Die Untersuchung des Sulfats erstreckt sich auf die Bestimmung der freien Säure, von $NaCl$, Fe_2O_3, Al_2O_3, CaO, MgO, des im Wasser Unlöslichen und des Gesamtnatrons (Bd. I, S. 490).

4. Kalk.   Er wird als Kalkspat, Marmor, Kreide, Kalkmergel sowie als gebrannter und an der Luft wieder zerfallener Kalk verwendet. Ungebrannter Kalk verursacht während des Schmelzens infolge der Kohlensäureentwicklung ein starkes Schäumen der Glasmasse und erfordert eine mehr oder weniger umständliche Zerkleinerung. Bei Verwendung von gebranntem Kalk wird dies vermieden, doch liegt dann die Möglichkeit vor, daß er zu verschiedenen Zeiten ungleiche Mengen von Wasser enthalten und bei Nichtbeachtung dieses Umstandes zu fehlerhaften Glasschmelzen Veranlassung geben kann. Es ergibt sich daraus die Notwendigkeit, jeweilig durch starkes Glühen einer gewogenen Probe den Gehalt an Calciumoxyd zu bestimmen.

Die Anforderungen, die man betreffs der Reinheit an den Kalk stellt, richten sich nach der zu erzeugenden Glassorte. Während bei der Herstellung von grünem oder braunem Flaschenglas ein Eisengehalt ohne Bedeutung ist, muß der Kalk bei farblosen Gläsern möglichst frei von Eisen sein. Guter Kalkspat enthält nicht mehr als 0,1 % Fe_2O_3; in den besten Sorten findet man unter 0,01 % Fe_2O_3. Ein Magnesiagehalt ist nachteilig, weil er die Läuterung der Glasmasse verzögert und eine Neigung zum Entglasen hervorruft; von geringerer Bedeutung ist eine Verunreinigung durch Tonerde, wenn nicht in großen Mengen vorhanden, weil diese einer Entglasung entgegenwirkt.

Die Untersuchung des Kalkes wird nach der im Kapitel Kalk und Zement sowie Bd. I, S. 573 gegebenen Anleitung ausgeführt.

Oft wird nur nach dem Eisengehalte gefragt; in diesem Falle zersetzt man 1—5 g des zerkleinerten Durchschnittsmusters mit verdünnter Salzsäure, fällt, ohne das Unlösliche abzufiltrieren, Al_2O_3 und Fe_2O_3 mit Ätzammoniak und filtriert. Hierauf verbrennt man das feuchte Filter samt Inhalt in einem Platintiegel, versetzt mit etwas Flußsäure, erwärmt zur Zersetzung des Unlöslichen den bedeckten Tiegel einige Stunden auf dem Wasserbade, verdampft sodann zur Trockne und schmilzt mit etwas Kaliumhydrosulfat. Die Lösung der Schmelze wird schließlich nach Reduktion mit Zink mit Permanganatlösung titriert oder bei sehr geringem Fe-Gehalt kolorimetrisch geprüft.

5. Bleioxyd. Als bleihaltige Rohmaterialien kommen zunächst die Mennige, seltener Bleiglätte, Bleisuperoxyd und Calciumplumbat (Ca_2PbO_4) in Betracht. Die Mennige und jene Bleiverbindungen, die beim Erhitzen Sauerstoff abgeben, haben gegenüber der Bleiglätte den Vorteil, daß durch den beim Schmelzen frei werdenden Sauerstoff eine für die Entfärbung und Reinigung der Glasmasse günstige Oxydation bewirkt wird. Zur Kristallglasfabrikation sind die angeführten Bleiverbindungen nur dann tauglich, wenn sie frei von Verfälschungen und möglichst wenig verunreinigt sind. Da Beimengungen von Bleisulfat, Schwerspat, Ton, Sand usw. nicht selten vorkommen, so ist eine Prüfung der Bleioxyde sehr nötig. Nach praktischen Erfahrungen soll der Gehalt an CuO 0,0017 %, an Sb_2O_3 0,006 %, an Bi_2O_3 0,008 % nicht übersteigen und auch Fe_2O_3 nur in möglichst geringer Menge vorhanden sein.

Zur Bestimmung der Verunreinigungen und fremden Zusätze verwendet B e c k (Zeitschr. f. anal. Chem. 47, 466; 1908) bei sogen. M i s c h m e n n i g e, die $BaSO_4$ in größerer Menge enthält und für die Glasfabrikation nicht in Betracht kommt, 5—10 g, bei reinen M e n n i g e sorten dagegen 600 g, die er in Partien von je 100 g mit Salpetersäure und Wasserstoffsuperoxyd zersetzt. Je 100 g werden in einem geräumigen Becherglase mit etwas Wasser übergossen, darauf 80—100 ccm Salpetersäure (1,4) und tropfenweise 15—20 ccm Wasserstoffsuperoxyd (30 % M e r c k) bei aufgelegtem Uhrglase zugesetzt. Nach beendigter Zersetzung verdünnt man auf 500 ccm, erhitzt eine

Stunde zum Sieden, filtriert nach mehrstündigem Stehen in der Wärme das Ungelöste ab, wäscht mit heißem Wasser aus und bestimmt nach gelindem Glühen die Menge des unlöslichen Rückstandes. Er wird sodann durch Schmelzen mit Soda und etwas Natriumnitrat im Platintiegel aufgeschlossen und in bekannter Weise weiter untersucht, wobei vorhandenes Blei nicht bestimmt wird. Aus dem Filtrate vom Ungelösten wird durch verd. Schwefelsäure. (35 ccm konz. H_2SO_4, 65 ccm H_2O) das Blei ausgefällt, die klare Flüssigkeit abgehebert, der Niederschlag dreimal mit Wasser und einigen ccm Salpetersäure dekantiert, die gesamte, abgeheberte Flüssigkeit in einer geräumigen Porzellanschale abgedampft, die H_2SO_4 abgeraucht und aus dem Rückstande durch wiederholtes Auskochen mit Salzsäure die SiO_2 abgeschieden und das vorhandene $PbSO_4$ gelöst. Das Filtrat wird hierauf mit Schwefelwasserstoff behandelt und zur Bestimmung von Cu, Bi, As, Sb, Sn, Fe, Al, Zn, Ca, Mg in bekannter Weise verfahren. Der Gehalt an Blei ($PbO + PbO_2$) ergibt sich nach Bestimmung aller Verunreinigungen aus der Differenz.

Sacher (Chem.-Ztg. 32, 62; 1908) empfiehlt zur Bestimmung der unlöslichen Verunreinigungen in der Mennige Salpetersäure und Formaldehyd zu verwenden. Die Mennige wird in einem Becherglase mit etwas Wasser versetzt, die entsprechende Menge Salpetersäure zugesetzt und auf dem Wasserbade mit dem Reduktionsmittel behandelt; nach Abdampfen der HNO_3 wird der Rückstand in heißem Wasser gelöst, noch einige Zeit erwärmt, sodann abfiltriert und das Ungelöste gewogen. Auch Beck empfiehlt bei der Untersuchung von Mischmennige (wegen Löslichkeit von $PbSO_4$ und $BaSO_4$ in HNO_3) auf dem Wasserbade abzudampfen und den Abdampfrückstand mit Wasser zu behandeln.

Der PbO_2-Gehalt der Mennige wird nach Beck am besten nach der Methode von Topf und Diehl (Zeitschr. f. anal. Chem. 26, 296; 1887) bestimmt. Man versetzt 5 g feinst geriebener Mennige mit 120 g Natriumacetat, 8 g Jodnatrium, 100 ccm Wasser und etwa 5 ccm Essigsäure, schüttelt, bis keine dunklen Teilchen von unzersetztem PbO_2 mehr vorhanden sind, verdünnt auf 500 ccm und titriert 25 ccm der Lösung mit $1/10$ N.-Thiosulfatlösung. Die Methode liefert nach Beck genauere Resultate als die von Lux (Zeitschr. f. anal. Chem. 19, 153; 1880).

Zur Bestimmung des Fe_2O_3 in der Mennige bringt man 20 g mit 20 ccm Wasser in ein geräumiges Becherglas, versetzt mit 20 ccm Salpetersäure (D 1,4) und 3 ccm Formaldehyd, erhitzt unter mäßigem Erwärmen, bis die braune Farbe des PbO_2 verschwunden ist, verdünnt mit Wasser und filtriert nach längerem Erwärmen das Ungelöste ab. Man verascht sodann Filter samt Rückstand in einer kleinen Platinschale und bringt das darin vorhandene Fe_2O_3 durch Aufschließen mit etwas reiner Flußsäure und Schwefelsäure in Lösung. Das Filtrat vom Ungelösten wird mit 14 ccm Schwefelsäure (1 : 1) versetzt, das $PbSO_4$ abfiltriert, das Filtrat mit der durch Aufschließen des Rückstandes erhaltenen Lösung vereinigt und auf 500 ccm verdünnt. Diese Lösung wird sodann in bekannter Weise (Bd. I, S. 466) kolorimetrisch geprüft, wobei man der Vergleichslösung die gleiche Menge HNO_3, H_2SO_4, HF und Formaldehyd zusetzt.

Zur Bestimmung des CuO-Gehaltes werden 20 g Mennige in gleicher Weise zersetzt, das Pb als $PbSO_4$ abgeschieden, das Filtrat auf 20 ccm abgedampft, mit überschüssigem Ammoniak versetzt und kolorimetrisch mit einer ammoniakalischen Kupferlösung von bekanntem Gehalte verglichen.

In der Mennige vorhandene Sulfate können durch Auskochen einer Probe mit Natriumcarbonatlösung und Filtrieren bestimmt werden; man findet dann die Schwefelsäure gebunden an Natron im Filtrate, die Basen im abfiltrierten Rückstande.

Prüfung des C a l c i u m p l u m b a t e s: Man löst in Salpetersäure unter Zusatz von Formaldehyd, befreit die Lösung durch Abdampfen von dem Überschuß der Säure und leitet in die entsprechend verdünnte Lösung Schwefelwasserstoff. Der entstandene Niederschlag wird abfiltriert und nach dem Auswaschen Blei von Kupfer in bekannter Weise getrennt, im Filtrate nach Verjagung des Schwefelwasserstoffes Kalk und das etwa vorhandene Eisenoxyd durch Ammoniak und oxalsaures Ammon abgeschieden, abfiltriert, zusammen geglüht, gewogen und sodann durch Auflösen in Salzsäure und Fällung mit Ätzammoniak das Eisenoxyd vom Kalk getrennt. Der Fe- und Cu-Gehalt wird wie bei der Mennige kolorimetrisch bestimmt.

6. Anderweitige Oxyde und Zuschläge. Als solche finden Zinkoxyd, Baryt, Flußspat und Glasscherben Verwendung.

Z i n k o x y d u n d B a r y t. Diese beiden Oxyde finden gegenwärtig häufiger und in größeren Mengen als früher in der Glasindustrie Verwendung, insbesondere zur Erzeugung des Jenaer Normal-Thermometerglases und anderer Jenaer Glassorten. Baryt wird auch anstatt des Bleioxydes verwendet, da sich Barytgläser ebenfalls durch lebhaften Glanz und hohes spezifisches Gewicht auszeichnen. Zinkoxyd wird als Zinkweiß, Baryt in Form von gefälltem kohlensauren Baryt, Witherit, oder Schwerspat dem Glasgemenge zugesetzt; auch bei diesen Materialien wird möglichst geringer Eisengehalt gefordert.

Bei der Untersuchung des Zinkoxydes ist zunächst der Glühverlust (H_2O, CO_2) zu bestimmen und weiterhin zu prüfen, ob beim Lösen in verdünnter Salz- oder Salpetersäure ein unlöslicher Rückstand ($BaSO_4$, Ton, Sand) hinterbleibt. Der Fe-Gehalt wird kolorimetrisch wie beim Kalkspat ermittelt. Zur Zinkbestimmung löst man in verdünnter Essigsäure, filtriert das Ungelöste ab, neutralisiert die Lösung, versetzt mit Natriumacetat und einigen Tropfen Essigsäure und fällt mit Schwefelwasserstoff. Das Filtrat kann in bekannter Weise weiter untersucht werden.

Bei der Untersuchung der barythaltigen Rohmaterialien ist zu beachten, daß gefällter kohlensaurer Baryt zu wesentlich verschiedenen, durch größere oder geringere Reinheit bedingten Preisen in den Handel gelangt, daß der Witherit oft $SrCO_3$ und $BaSO_4$ enthält und nach dem Prozentgehalt an $BaCO_3$ verkauft wird, und daß der Schwerspat außer $SrSO_4$ und $CaSO_4$ in der Regel SiO_2, Al_2O_3, Fe_2O_3 und H_2O enthält. Zur Ba-Bestimmung im kohlensauren Baryt (Witherit) löst man in Salzsäure und scheidet aus dem Filtrate mit Schwefelsäure $BaSO_4$ und $SrSO_4$ ab, die nach dem Wägen durch Schmelzen mit Natriumcarbonat aufzuschließen und in bekannter Weise zu trennen sind. Schwerspat wird durch Schmelzen mit der 4 fachen Menge Natriumcarbonat aufgeschlossen, worauf in der wäßrigen Lösung der Schmelze SiO_2, SO_3 und Al_2O_3, im Rückstande BaO, SrO, CaO und Fe_2O_3 getrennt und bestimmt werden.

F l u ß s p a t. Er dient als Zuschlag bei der Grünglasfabrikation, um die Glasmasse flüssiger zu machen, und als Trübungsmittel zur Erzeugung des milchweißen Spatglases. Er ist selten rein, sondern enthält häufig Quarz, Ton, $CaCO_3$, $CaSO_4$, $BaSO_4$ und zuweilen Schwefelmetalle. Für die Glasfabrikation, speziell für die Erzeugung des Spatglases ist der Flußspat um so wertvoller, je höher der Gehalt an CaF_2 ist, und je weniger er Fe_2O_3 enthält. Die Farbe des Flußspates läßt einen Schluß auf den Fe_2O_3-Gehalt nicht zu, da die oft intensive Färbung von organischen Verbindungen herrührt und schon beim Erhitzen auf 300—400° verschwindet; man kann jedoch aus der mehr oder weniger reinweißen Farbe des schwach geglühten Flußspates auf einen geringeren oder höheren Fe_2O_3-Gehalt schließen.

Da die direkte Bestimmung des Fluors umständlich ist, benutze ich zur technischen Untersuchung des Flußspates das nachstehende Verfahren: 1 g der feingeriebenen Substanz wird in einer Platinschale auf 300° im Luftbade erhitzt und der Gewichtsverlust bestimmt (organ. Substanz + H_2O). Zur Zersetzung und Lösung von etwa vorhandenem $CaCO_3$ wird sodann verdünnte Essigsäure zugesetzt, die bedeckte Schale auf dem Wasserbade einige Zeit erwärmt und der Inhalt nach Abspülen des Deckels zur Trockne verdampft. Man erwärmt sodann mit 20 bis 25 ccm Wasser, versetzt mit der dreifachen Menge absol. Alkohols, filtriert und wäscht den Rückstand mit einer Mischung von 3 Vol. Alkohol und 1 Vol. Wasser aus. Durch Veraschen des Filters und schwaches Glühen des Rückstandes ergibt sich die Menge des gelösten $CaCO_3$. Eine zweite Probe von etwa 1 g wird mit der vierfachen Menge Natriumcarbonat innig gemischt, im Platintiegel bei nicht zu starker Hitze zum Schmelzen gebracht und weiter zur Bestimmung und Abscheidung der SiO_2 nach dem Verfahren von B e r z e l i u s so behandelt, wie bei der Analyse fluorhaltiger Gläser beschrieben (S. 126). Aus dem Filtrate von der SiO_2 wird nach Ansäuern mit Salzsäure durch Baryumchlorid die Schwefelsäure als $BaSO_4$ gefällt und bestimmt. Eine dritte Probe des zu untersuchenden Flußspates wird mit etwas reiner Flußsäure und 3 ccm Schwefelsäure (1 : 1) in bedeckter Platinschale einige Stunden auf dem Wasserbade erwärmt, sodann zunächst auf dem Wasserbade und später auf einer Asbestunterlage in offener Schale

erhitzt, bis alles CaF_2 zersetzt und FH entfernt ist. Der Rückstand wird mit Salzsäure und Wasser erwärmt, wobei vorhandenes
BaO als $BaSO_4$ ungelöst bleibt, die Lösung aber zur Abscheidung
und Bestimmung von Fe_2O_3, Al_2O_3, CaO (und eventuell Alkalien)
benutzt. Das Fluor ergibt sich schließlich aus der Differenz.

Die indirekte Bestimmung des Fluors durch gelindes Erwärmen
einer innigen Mischung von feingepulvertem Flußspat und Quarz mit
konz. Schwefelsäure in einem gewogenen Apparate, wie er zur indirekten
Bestimmung von CO_2 verwendet wird, liefert nur annähernde Resultate
und ist bei Gegenwart von $CaCO_3$ überhaupt nicht brauchbar.

Zur direkten Bestimmung des Fluors in Fluoriden empfehlen
S e e m a n n (Zeitschr. f. anal. Chem. 44, 343; 1905) und J. S c h u c h
(Zeitschr. f. landw. Vers.-Wes. Österr. 9, 531—549; Chem. Zentralbl.
1905, 1617) in erster Linie die Methode von H e m p e l und O e t t e l
(W. H e m p e l, Gasanal. Methoden III, 342; d. B. S. 69), beziehungsweise bei
Gegenwart von Carbonaten die H e m p e l - S c h e f f l e r sche Methode
(Zeitschr. f. anorg. Chem. 13, 1; 1897), sodann die Methode von O f f e r-
m a n n (Zeitschr. f. angew. Chem. 3, 615; 1890), die Methode von F r e -
s e n i u s in der Variation B r a n d l (L i e b i g s Ann. 213, 2; 1882)
und für die Bestimmung geringer Fluormengen die Methode von C a r n o t
(Bull. Soc. Chim. Paris 9, 71; 1893. Zeitschr. f. anal. Chem. 35, 580;
1896). Gute Resultate gibt ferner die Methode von P e n f i e l d in
der Modifikation von T r e a d w e l l und A. A. K o c h (Zeitschr. f.
anal. Chem. 43, 469; 1904; d. B. S. 71). Bei allen Methoden ist eine fast
pedantische Einhaltung der gegebenen Vorschriften unerläßlich.

Zur Ermittelung des Eisengehaltes wird eine Probe mit einer reichlichen Menge Schwefelsäure bis zur völligen Zersetzung des Fluor-
calciums erhitzt, nach dem Erkalten mit Wasser verdünnt und nach
Reduktion mittels Zink das Eisen durch Permanganatlösung
titriert. Ist der Fe_2O_3-Gehalt sehr gering, so bestimmt man ihn
kolorimetrisch (vgl. Bd. I, S. 466).

G l a s s c h e r b e n. Die bei der Verarbeitung der Glasmasse sich
ergebenden Abfälle bilden ein wertvolles Zusatzmaterial zum Glasgemenge, durch welches eine bedeutende Materialersparnis erzielt
wird. Werden in einer Hütte verschiedene Glassorten verarbeitet,
so ist eine strenge Scheidung der Abfälle erforderlich. Zur Herstellung
von grünem oder braunem Flaschenglas benutzt man als Zusatz auch
die von Händlern zusammengekauften Glasbruchstücke verschiedener
Zusammensetzung, die dann meist nur nach ihrer Farbe sortiert werden.

7. Entfärbungsmittel. Die Verunreinigung der Rohmaterialien
durch Eisenoxyd, Sulfide und organische Substanzen bewirkt, daß die
Glasmasse selbst bei Verwendung möglichst reinster Materialien stets
einen mehr oder weniger deutlichen Farbton besitzt. Man beseitigt denselben dadurch, daß man der Glasmasse während des Schmelzens Stoffe
zusetzt, welche durch oxydierende Wirkung auf die färbenden Stoffe
oder durch Farbenkompensation oder in beiderlei Weise eine Entfärbung

bewirken. Die wichtigsten Entfärbungsmittel sind: Braunstein, Nickeloxyd, Selen und selenigsaures Natron, arsenige Säure, Salpeter und komprimierter Sauerstoff; auch Didymverbindungen finden in neuerer Zeit zuweilen als Entfärbungsmittel Verwendung. Bei der Untersuchung von Entfärbungsmitteln ist besonders auf Verunreinigungen oder Verfälschungen zu achten.

B r a u n s t e i n. Der Braunstein, das am häufigsten angewandte Entfärbungsmittel, wirkt zum Teil oxydierend auf in der Glasmasse vorhandene Sulfide und organische Substanzen, zum Teil vermöge des rotvioletten Farbtones, den er der Glasmasse erteilt, kompensierend auf die durch das Eisenoxydul erzeugte grünliche Färbung. Die Menge, in der er angewendet wird, beträgt meist weniger als 0,05 % der Glasmasse, in manchen, besonders antiken Gläsern findet man bisweilen auch bis $\frac{1}{2}$ % MnO. Da der Braunstein meist eisenhaltig ist, so benützt man vielfach auch reines Manganoxyd zur Entfärbung der Glasmasse.

Braunstein ist um so besser zur Entfärbung geeignet, je reicher er an Mangandioxyd ist, und je geringere Mengen von Eisenoxyd und Gangart er enthält. Bezüglich der Prüfung, bei der besonders der Fe_2O_3-Gehalt zu beachten ist, siehe Artikel Chlor (Bd. I, S. 567 ff.).

N i c k e l o x y d. Dieses Oxyd wirkt dadurch entfärbend, daß es die Glasmasse violett färbt und dadurch die grünliche Eisenoxydulfärbung aufhebt. Es wird als schwarzes Nickeloxyd oder als grünes Hydrat, gewöhnlich nur in kleinen Mengen (unter 0,005 % der Glasmasse) angewendet.

S e l e n u n d S e l e n v e r b i n d u n g e n , eventuell unter Zusatz von Reduktionsmitteln, werden in neuester Zeit entweder an und für sich oder in Verbindung mit anderen Entfärbungsmitteln, wie Braunstein, Nickeloxyd, Arsenik, zum Entfärben des Glases benutzt. Die Menge des angewendeten Selens beträgt bei diesen durch Patent geschützten Entfärbungsverfahren höchstens 0,004 % der Glasmasse.

Selen und Selenverbindungen enthalten zuweilen wertlose Beimengungen wie Na_2CO_3, $BaCO_3$ usw.; eine Bestimmung des Selengehaltes ist daher sehr empfehlenswert. Selenigsaure Salze werden zu diesem Behufe in verdünnter Salzsäure gelöst, worauf man Schwefeldioxyd bis zur Sättigung einleitet, einige Zeit kocht, durch einen Goochtiegel filtriert, zuerst mit Wasser, dann mit absol. Alkohol auswäscht, bei 105° trocknet und das abgeschiedene Selen wägt. Noch rascher läßt sich die quant. Abscheidung des Selens nach P e i r c e (Amer. Journ. of Science (4), 1, 416; 1896) mit Jodkalium bewirken; man verdünnt die salzsaure Lösung so, daß in 100 ccm nicht mehr als 0,1 g Selen enthalten ist, fügt so viel Jodkalium hinzu, daß ein Überschuß von etwa 3 g vorhanden ist, und kocht 10—20 Minuten lang, wodurch das Se in die schwarze Modifikation übergeht und das freie Jod entfernt wird.

Liegt Selen vor oder ein Selenid, so wird dieses mit konz. Salpetersäure behandelt, wodurch alles Se als selenige Säure in Lösung geht; nach wiederholtem Eindampfen mit Salzsäure unter Zusatz von KCl oder NaCl fällt man das Se wie oben durch SO_2 oder KJ.

Arsenik und Salpeter. Diese wirken durch Sauerstoff-
abgabe oxydierend auf die färbenden Bestandteile der Glasmasse,
wodurch organische Substanzen verbrennen und die Sulfide in Sulfate
verwandelt werden, die in die Galle gehen; gleichzeitig wird die grüne
durch das Eisenoxydulsilikat bewirkte Färbung in eine weniger sichtbare
hellgelbe der Eisenoxydsilikate verwandelt.

Komprimierter Sauerstoff wird in neuester Zeit zur Entfärbung der Glasmassen benutzt, indem man während des Schmelzens
einen Sauerstoffstrom durch die Glasmasse leitet und dadurch eine
Oxydation und gleichzeitige Mischung bewirkt.

8. Färbemittel. Die Anzahl der Stoffe, welche man zur Glas-
färbung benutzen kann, ist eine außerordentlich große. In ausgedehntem
Maße werden, abgesehen von den zur Trübung des Glases dienenden
Stoffen, die Oxyde des Eisens, Kupfers, Kobalts, Chroms, Mangans,
Nickels, Urans, Antimons, die Verbindungen des Silbers, Goldes und
Selens, das Kadmiumsulfid und verschiedene organische Stoffe benutzt.
Bei vielen Färbemitteln ist eine Prüfung auf ihren Gehalt an
eigentlich färbender Substanz oder auf ihre Reinheit unerläßlich. Da
diese nach bekannten analytischen Methoden durchgeführt wird, soll
im nachfolgenden nur auf jene Momente aufmerksam gemacht werden,
die bei der Untersuchung besonders zu beachten sind.

Eisenverbindungen. Diese geben in Glassätzen grüne bis
weingelbe Färbungen; man benutzt natürliches und künstlich hergestelltes Eisenoxyd, Eisenoxydul, Eisenoxydhydrat, Ocker, Eisencarbonat, seltener gelbes Blutlaugensalz und Schwefelkies, bei denen
offenbar auch der Kohlenstoff bzw. der Schwefel färbend wirken.
Bei der Prüfung der künstlich erzeugten Eisenverbindungen ist eine
Verunreinigung durch Sulfate oder Chloride, bei der Untersuchung der
natürlichen der Eisengehalt und die Menge der vorhandenen Gangart
zu berücksichtigen.

Manganverbindungen. Diese erzeugen in Gläsern wein-
rote, violette bis schwarze, mit Eisenoxyd zusammen braune Färbungen.
Man verwendet zumeist Braunstein, seltener künstlich erzeugtes
Manganoxyd oder Mangancarbonat. Bezüglich der Untersuchung
dieser Materialien gilt das bei den Entfärbungsmitteln Angeführte.

Kupferverbindungen. Durch diese Verbindungen ist
man imstande, blaugrüne und rote Gläser zu erzeugen; man benutzt
dazu meist Kupferoxyd und Kupferoxydul, seltener und in unzweck-
mäßiger Weise auch Kupfervitriol. Von großem Einfluß auf die Schön-
heit der blaugrünen Farbe ist ein Eisengehalt dieser Verbindungen,
auf den bei der Prüfung Rücksicht zu nehmen ist. Zu beachten ist auch,
daß das technische Kupferoxyd des Handels nicht selten Sand und andere
in verdünnter HNO_3 unlösliche Bestandteile, auch CuS und Cu_2O
enthält.

Kobaltverbindungen. Sie liefern je nach der Zusammensetzung des Glassatzes und der angewandten Menge himmel- bis dunkel-

blaue Färbungen; man benutzt zumeist Kobaltoxyd und kohlensaures Kobaltoxydul, seltener phosphorsaures oder arsensaures Kobaltoxydul, Zaffer und Smalte. Ein größerer Nickel- oder Eisengehalt der Kobaltverbindungen kann die Färbung unvorteilhaft beeinflussen.

Chromverbindungen. Je nach der Zusammensetzung des Glases erhält man durch Chromverbindungen gelbe bis grüne Färbungen; es werden für diesen Zweck Chromoxyd, Kaliumbichromat, Kaliumchromat, Baryum-, Blei-, Eisen-, Silber- und Zinkchromat verwendet. Chromoxyd sowie die durch Fällung erzeugten Chromate sind nicht selten durch Alkali-Sulfate oder -Chloride verunreinigt, was bei der Verwendung zu beachten ist.

Nickelverbindungen. Das Nickeloxyd, Nickeloxydul und Nickeloxydulhydrat werden nur selten zum Färben, häufiger zum Entfärben des Glases verwendet, da sie der Glasmasse nur unansehnliche rötlichbraune bis grünbraune Farbtöne erteilen.

Uranverbindungen. Bleigläser erhalten durch Uranverbindungen eine licht- oder dunkelgelbe, bleifreie Gläser eine gelbgrüne, bisweilen fluoreszierende Farbe. Die meist verwendete Uranverbindung ist das Urangelb (Uranoxydnatron), seltener benutzt man Uranoxyd oder Uranoxyduloxyd. Urangelb enthält oft Na_2SO_4, zuweilen auch Zusätze von $PbCO_3$ und $CaCO_3$.

Antimonverbindungen. Antimonoxyd kann nur bei bleireichen Gläsern als Färbemittel Verwendung finden, denen es sowohl in Form von Oxyd, Sulfid oder Antimonglas (ein geschmolzenes, glasähnliches Gemenge von Oxyd und Sulfid) eine gelbe Farbe erteilt. Bleifreie Gläser werden durch Antimonoxyd nicht gefärbt, doch erteilt schon ein geringer Zusatz von Antimonmetall dem Glase einen erhöhten Glanz, weshalb es zu diesem Zwecke häufig Anwendung findet.

Silberverbindungen. Das Silber besitzt ein außerordentlich großes Färbevermögen, und benutzt man sowohl Silberoxyd, kohlensaures Silber, Silbernitrat, chromsaures Silber und Schwefelsilber zur Herstellung gelber Gläser.

Goldverbindungen. Gold färbt Glas je nach der angewandten Menge rosa- bis rubinrot und besitzt wie Silber eine sehr große Färbekraft; es wird dem Glasgemenge zumeist in Form von Goldchlorid, seltener als Goldpurpur einverleibt.

Selenverbindungen. Selen und Salze der selenigen Säure, besonders selenigsaures Natrium und Calcium haben in neuerer Zeit ausgedehnte Anwendung zur Erzeugung roter Gläser gefunden; Bezüglich der Untersuchung vgl. S. 99.

Kadmiumsulfid. Von den Kadmiumverbindungen färbt das Schwefelkadmium das Glas intensiv gelb. In Verbindung mit Selen und als Kadmiumrot ($CdS + CdSe$) wird es in neuerer Zeit zur Herstellung roter Gläser verwendet.

Organische Stoffe. Aus Erlen-, Pappel- und Birkenholz erzeugte Holzkohle, Graphit und Anthrazit finden schon seit langer Zeit zum Gelbfärben von Glas Anwendung. Die rötliche oder goldgelbe

Färbung, welche das Glas durch diese Stoffe erhält, rührt jedoch nicht von den Materialien selbst her, sie ist vielmehr auf die färbende Kraft von Sulfiden zurückzuführen, welche durch die reduzierende Wirkung der organischen Stoffe auf die im Glasgemenge befindlichen Sulfate entstehen.

T r ü b u n g s m i t t e l. Zur Erzeugung weißer, mehr oder weniger getrübter Gläser dienen: Zinnoxyd, Arsenik, Kryolith, Flußspat, Fluoraluminium, Fluornatrium zusammen mit Feldspat oder Kaolin, Knochenasche, Guano und Federweiß. An Stelle des teueren Kryoliths benutzt man in neuerer Zeit auch Kunstprodukte, die im Handel als künstlicher Kryolith, Kryolithersatz, Milchglaskomposition, Albinit, Opalin, Kryolin usw. bezeichnet werden.

Z i n n o x y d findet zumeist bei der Fabrikation von Emaillen und Glasuren Anwendung, A r s e n i k bei der Erzeugung leichtschmelzbarer Emailgläser und mit Talk zusammen zu Opalglassorten.

K n o c h e n a s c h e und der phosphorsäurereiche B a k e r - G u a n o dienen zur Herstellung des Bein- und Knochenglases und wirken trübend infolge ihres Gehaltes an phosphorsaurem Kalk. Die Untersuchung der beiden Stoffe wird nach dem im Kapitel „Künstliche Düngemittel" (Bd. III.) angegebenen Verfahren vorgenommen, wobei auf die Ermittlung eines schädlich wirkenden Eisengehaltes Rücksicht zu nehmen ist.

Der K r y o l i t h trübt die Glasmasse infolge seines Fluor- und Aluminiumgehaltes; das damit erzeugte Glas führt den Namen Opalglas. Die Ermittlung des Fluorgehaltes im Kryolith erfolgt nach dem beim Flußspat angeführten Verfahren, die Bestimmung der Tonerde, des Eisenoxydes und Natrons durch Aufschließen mit Schwefelsäure.

Die vielfach angepriesenen K r y o l i t h - E r s a t z m i t t e l, die wesentlich aus Mischungen von Fluoriden (Natrium-, Calcium- und Aluminiumfluorid) mit Tonerde, Feldspat oder Kaolin bestehen, waren anfangs nicht nur billiger, sondern auch reicher an Fluoriden als der natürliche Kryolith. In neuerer Zeit werden sie aber vielfach verfälscht, so daß eine Bestimmung des Fluorgehaltes oder der sonstigen Bestandteile in diesen Produkten sehr zu empfehlen ist.

Der Flußspat wird unter gleichzeitigem Zusatz von Feldspat oder Kaolin zur Erzeugung des sogenannten Spatglases benutzt, wozu nur die eisenfreien Sorten tauglich sind. Seine Prüfung wurde bereits angegeben.

B. Zusammensetzung und Prüfung des Glases.

I. Zusammensetzung des Glases.

Die außerordentliche Mannigfaltigkeit in der Zusammensetzung der Gläser läßt ersehen, daß von einer einheitlichen Formel für Glas nicht die Rede sein kann. Immerhin lassen sich aber beim Vergleich

der Analysen von Gläsern ähnlicher Zusammensetzung gewisse Gesetz-
mäßigkeiten erkennen. Der schon von B e r z e l i u s ausgesprochene
Lehrsatz, daß das dem Wasser und den Säuren Widerstand leistende
Glas ein Doppelsilikat zweier verschiedener Basen, ein Alkali und ein
Oxyd der Erd- oder Schwermetalle nebeneinander enthaltend, sei,
hat seit den Arbeiten S c h o t t s in Jena allerdings nur mehr beschränkte
Geltung. Diese haben ergeben, daß die Gegenwart von Alkali im Glase
nicht unbedingt nötig ist, daß vielmehr dieses kräftig wirkende Schmelzmittel durch die Einführung von Borsäure zu ersetzen sei, und daß durch
Einführung von ZnO, BaO, MgO usw. Gläser mit wesentlich anderen
physik. Eigenschaften erzeugt werden können. Nach den Bestandteilen
des Glases lassen sich zwei Hauptklassen unterscheiden: 1. B l e i -
f r e i e G l ä s e r, 2. B l e i g l ä s e r.

Die b l e i f r e i e n G l ä s e r zeigen nach dem Zwecke, zu dem
sie bestimmt sind, Unterschiede in der Zusammensetzung und lassen sich
in A l k a l i k a l k g l ä s e r, t o n e r d e h a l t i g e G l ä s e r, B o r o -
s i l i k a t g l ä s e r, P h o s p h a t g l ä s e r usw. einteilen.

A l k a l i k a l k g l ä s e r. Sie sind entweder Natrongläser, Kaligläser oder Kalinatrongläser; das Verhältnis der Basen zur Kieselsäure
wie dasjenige der Alkalien zum Kalk ist großen Schwankungen unterworfen. Die besten Kalkgläser, sogenannte Normalgläser, sind Tri-
silikate und. entsprechen der Formel $K_2O(Na_2O) : CaO : 6 SiO_2$. Da
Glas von dieser Zusammensetzung aber sehr schwer verarbeitbar ist,
so entsprechen die im Handel vorkommenden Kalkgläser insofern nicht
der obigen Formel, als sie bei dem Verhältnis von 1 CaO : 1 K_2O weniger
als 6 SiO_2, z. B. nur 4,5—5 SiO_2 enthalten, oder bei einer Vermehrung
des Alkaligehaltes auch eine größere Menge Kieselsäure besitzen, z. B.
1 CaO : 1,5 Na_2O : 8,1 SiO_2. Dieser Ausgleich ist jedoch nur innerhalb
gewisser Grenzen möglich, weil bei bedeutenden Abweichungen von
der Normalformel fehlerhaftes, d. h. leicht zersetzbares Glas entsteht.
Die Art des Alkalis ist für die Eigenschaften des Glases nicht gleichgültig; Kali liefert farbloses, strengflüssiges, glänzendes Glas (Kali-
kristall), Natrongläser zeigen stets einen grünlichen Farbstich. W e b e r
(Sprechsaal **21**, 242; 1888) hat die gleichzeitige Anwesenheit von Kali und
Natron als Ursache der Depressionserscheinungen bei Thermometern,
d. h. der vorübergehenden Erweiterung der Quecksilberröhre infolge
der Erwärmung erkannt. Ein erheblicher Ersatz des Kalkes durch
Magnesia fördert die Neigung zum Entglasen, während ein geringer
Tonerdegehalt dem entgegenwirkt.

T o n e r d e - K a l k g l ä s e r. Die Zusammensetzung dieser
Gläser, die zur Erzeugung grüner und brauner Flaschen dienen, weicht
wesentlich von der reiner Kalkgläser ab. Da das Verhältnis (CaO
+ Na_2O + MnO) : SiO_2 in diesen Gläsern nicht 1 : 3, sondern nur
1 : 1,8 ist, so muß man schließen, daß die Tonerde im Glase die Stelle
einer Säure einnimmt (F r a n k, Dinglers polyt. Journ. **273**, 90; 1889);
andererseits haben diese Gläser einen höheren Kalkgehalt, der zum
Blankschmelzen erforderlich ist.

B o r o s i l i k a t g l ä s e r. Sie besitzen infolge ihres Borsäuregehaltes nur wenig oder gar kein Alkali und zeichnen sich durch eine geringe Ausdehnung aus. Das Jenaer Glaswerk S c h o t t und G e n o s s e n erzeugt derartige Gläser, in denen der Kalkgehalt ganz oder teilweise durch andere Metalloxyde, wie BaO, MgO, ZnO, Sb_2O_3 ersetzt ist, zur Herstellung von Thermometern, Lampenzylindern, chemischen Geräten usw (H o v e s t a d t, Jenaer Glas und seine Verwendung in Wissenschaft und Technik, Jena, 1900).

B l e i g l ä s e r. Die Bleigläser sind wie die Kalkgläser zusammengesetzt, doch ist der Kalk ganz oder teilweise durch Bleioxyd ersetzt. Die kalkfreien heißen **B l e i k r i s t a l l -**, die kalkhaltigen **H a l b k r i s t a l l g l ä s e r.** Sie sind um so weicher und leichter zersetzbar, je größer ihr Bleigehalt ist.

Über den Einfluß der chemischen Zusammensetzung des Glases auf dessen mechanische Eigenschaften (spez. Gewicht, Zug- und Druckfestigkeit, Elastizität, thermische und optische Eigenschaften) sind von S c h o t t, W i n k e l m a n n und anderen Forschern umfangreiche Untersuchungen angestellt worden, deren Ergebnisse von H o v e s t a d t zusammengefaßt wurden.

II. Prüfung des Glases auf Wetterbeständigkeit und Widerstandsfähigkeit gegen Wasser und chemische Agenzien.

Das Verwittern der Gläser und ihre größere oder geringere Angreifbarkeit durch Wasser sind nach den Untersuchungen R. W e b e r s und F. F ö r s t e r s ihrem Wesen nach als gleichartige Vorgänge zu betrachten; beide sind Folgen der zersetzenden Wirkung, welche Wasser auf die Glassubstanz ausübt.

Die Verwitterung besteht in einer Veränderung der Glasoberfläche, hervorgerufen durch die Wirkung des atmosphärischen Wasserdampfes; es entstehen dadurch alkalische Zersetzungsprodukte, aus denen durch weitere Einwirkung der Kohlensäure Alkalicarbonate gebildet werden. die als Auswitterungen auf dem Glase erscheinen. Die Verwitterung ist um so bedeutender, je mehr ein Glas vom Wasser angegriffen wird.

Über den Einfluß der Zusammensetzung des Glases auf die Angreifbarkeit durch Wasser sind von O. S c h o t t (Zeitschr. f. Instrumentenk. 9, 81), S t a s (Zeitschr. f. anal. Chem. 7, 165; 1868), K o h l r a u s c h (Ber. 24, 3574; 1891; Ann. d. Phys. u. Chem. N. F. 44, 557), R. W e b e r (ebend. N. F. 4, 431; Sprechsaal 24, 14; 1891; Zeitschr. f. angew. Chem. 4, 662; 1891) und E. S a u e r (Ber. 25, 70, 814; 1892) und besonders von M y l i u s und F ö r s t e r (ebend. 22, 1092; 1889) ausführliche Studien gemacht worden, aus denen sich ergibt, daß heißes Wasser ungleich stärker einwirkt als kaltes, daß bei derselben Temperatur kalkarme Natrongläser weniger leicht angegriffen werden als Kaligläser analoger Zusammensetzung, daß aber mit steigendem Kalkgehalt dieser Unterschied mehr und mehr verschwindet. Das Verhältnis zwischen Kalk und Alkali soll bei widerstandsfähigen Gläsern nach R. W e b e r 1 CaO : 1,3—1,5 K$_2$O (Na$_2$O) betragen und dabei mindestens so viel Kieselsäure vorhanden sein, daß ein Trisilikat vorliegt, was sich durch die Formel 2 (1 $\overset{II}{RO}$: 1,3—1,5 $\overset{I}{R_2O}$) : 6 SiO$_2$ ausdrücken läßt. F ö r s t e r schließt aus seinen Beobachtungen (Unters. a. d. Phys.-Techn. Reichsanstalt, Zeitschr. f. anal. Chem. 34, 381; 1895), daß nicht die Annäherung an die Normalformel K$_2$O(Na$_2$O) . CaO . 6 SiO$_2$, sondern die Zahl der Alkalimoleküle, die nach den analytischen Angaben auf je 100 Moleküle der glasbildenden Oxyde kommen, von wesentlicher Bedeutung für die Widerstandsfähigkeit gegen Wasser sei. F ö r s t e r und M y l i u s stellen als Verhältnis für die widerstandsfähigsten Gläser die Formel I CaO : 1,1 K$_2$O (Na$_2$O) : 7 SiO$_2$ fest. Bleigläser sind gegen reines Wasser widerstandsfähiger als Kalkgläser, während sie durch Alkalien und Säuren leicht angegriffen werden.

Die Wirkung der S ä u r e n , A l k a l i e n und anderer c h e - m i s c h e r A g e n z i e n auf Glas ist von W e b e r und E. S a u e r (Ber. 25, 70, 1814; 1892) und in sehr eingehender Weise von F. F ö r s t e r (Ber. 26, 2915; 1893 und Zeitschr. f. anal. Chem. 33, 299; 1894) unter-sucht worden. Es hat sich daraus die bemerkenswerte Tatsache ergeben, daß Säuren im allgemeinen weniger stark auf Glas einwirken als Wasser, und daß konzentrierte Säuren eine schwächere Wirkung ausüben als verdünnte, so daß bei den letzteren wohl die stärkere Einwirkung dem vorhandenen Wasser zuzuschreiben ist. Die von den Gläsern an Wasser abgegebenen Substanzmengen bilden demnach auch einen Maßstab für die Beurteilung der Widerstandsfähigkeit gegen Säuren.

Alkalien wirken weit stärker auf Glas ein wie Wasser, doch be-dingt der Unterschied in der Zusammensetzung der Glassorten keine große Verschiedenheit in der Angreifbarkeit; am widerstandsfähigsten haben sich gegen Alkalien tonerdehaltige Alkalikalkgläser erwiesen.

Die Stärke der Einwirkung von kochendem Wasser und chemischen Agenzien auf Glas und der Zusammenhang zwischen Angreifbarkeit und Zusammensetzung geht aus den, von R. W e b e r zusammengestellten Tabellen S. 106 hervor.

M y l i u s und F ö r s t e r (F r e s e n i u s , Zeitschr. f. anal. Chem. 31, 241; 1892) sind auf Grund ihrer Untersuchungen zu dem Schlusse gelangt, daß eine Beurteilung von Glasgefäßen zu chemischen Zwecken auf Grund ihrer Zusammensetzung deshalb unmöglich ist, weil sie verschiedenen Typen angehören können, die sich miteinander nicht vergleichen lassen, wie Silikat-, Borat-, Alkalikalk-, Tonerde- und Bleigläser. Es ist dies nur auf Grund vergleichender Prüfungen möglich, und F. F ö r s t e r (ebend. 33; 381; 1894) hat deshalb ver-schiedene Gläser, die sich bei früheren Versuchen schon als hervor-ragend gut erwiesen hatten, bezüglich ihres ganzen chemischen Ver-haltens untersucht.

Die Tabellen (S. 107 und 108) geben eine Übersicht über die er-haltenen Resultate. Übersicht I enthält die chemische Zusammensetzung

Glassorten	1	2	3	4	5	6	7	8	9	10
Einwirkung von kochendem Wasser, 5 Std.	$62\frac{1}{2}$	$31\frac{1}{2}$	$29\frac{1}{2}$	17	13	$9\frac{1}{2}$	$7\frac{1}{2}$	$7\frac{1}{2}$	5	$4\frac{1}{2}$
Schwefelsäure, 25proz., 3 Std.	—	$43\frac{1}{2}$	35	8	7	$6\frac{1}{2}$	$5\frac{1}{2}$	5	5	3
Salzsäure, 12proz., 3 Std.	85	—	21	4	$2\frac{1}{2}$	$1\frac{1}{2}$	1	1	keine	keine
Ammoniak, 10proz., 3 Std.	—	—	62	11	$8\frac{1}{2}$	$7\frac{1}{2}$	$7\frac{1}{2}$	6	5	5
Phosphors. Natron, 2proz., 3 Std.	—	—	81	64	40	$35\frac{1}{2}$	34	30	15	$12\frac{1}{2}$
Kohlens. Natron, 2proz., 3 Std.	283	160	130	124	$50\frac{1}{2}$	45	42	42	$26\frac{1}{2}$	25
Kali	23	$19\frac{1}{2}$	$16\frac{1}{2}$	$10\frac{1}{2}$	$8\frac{1}{2}$	$8\frac{1}{2}$	8	8	$7\frac{1}{2}$	7
Baryt	14	$10\frac{1}{2}$	$8\frac{1}{2}$	6	$5\frac{1}{2}$	5	5	5	5	$4\frac{1}{2}$

(Left margin label: Abnahme eines 100-ccm-Kolbens in Milligramm)

Analysen:

	1	2	3	4	5	6	7	8	9	10
SiO_2	76.22	74.09	76.39	68.56	74.48	74.69	66.75	74.12	77.07	74.40
Al_2O_3	—	0.40	0.50	1.85	0.50	0.45	1.31	0.50	0.30	0.70
CaO	4.27	5.85	5.50	7.60	7.15	7.85	13.37	8.55	8.10	8.85
K_2O	—	7.32	4.94	2.24	6.64	8.64	15.50	4.86	3.75	4.40
Na_2O	19.51	12.34	12.67	19.75	11.23	8.37	3,07	11.97	10.78	11.65
	100.00	100.00	100.00	100.00	100.00	100.00	100.00	100.00	100.00	100.00
Molekülverhältn.: $SiO_2 : CaO : \begin{cases} Na_2O \\ K_2O \end{cases}$	17:1:4	11:1:2.6	12·7:1:2	10:1:3	9.5:1:2	8.8:1:1.6	4.5:1:0.8	8:1:1.6	8.8:1:1.5	8:1:1.5

der untersuchten Gläser, Übersicht II gibt die Untersuchungsresultate an.

Wie aus den Tabellen zu ersehen ist, gibt es kein Glas, welches sich gegenüber jeder Art chemischer Einwirkung als vollkommen gutes Glas erweist.

Als besonders widerstandsfähig gegen kaltes Wasser haben sich die Gläser 1 bis 9, darunter das S t a s sche Glas Nr. 4, gegen heiße Säuren die kalkreichen, alkaliarmen Gläser 3, 4 und 5 erwiesen.

Durch Sodalösung, Ammoniak, Kali- und Natronlauge wird das kalkreiche, tonerdehaltige Natronglas Nr. 11 am wenigsten angegriffen, während die borsäurehaltigen Gläser durch diese Agenzien sehr stark verändert werden.

Übersicht I.

Nummer des Glases	K_2O	Na_2O	CaO	ZnO	MnO	Al_2O_3 $(+ Fe_2O_3)$	SiO_2	B_2O_3	I II $R_2O : RO : SiO_2$	Zahl der Alkalimoleküle in 100 Mol.
1	—	11.0	—	—	0.5	5.0	71.95	12.0	—	10.8
2	—	19.8	7.0	5.0	0.3	3.5	74.4	—	0.84 : 1 : 6.59	10.0
3	5.8	7.6	10.4	—	—	0.3	75.9	—	0.99 : 1 : 6.81	11.2
4	6.6	6.7	9.5	—	—	0.6	76.6	—	1.05 : 1 : 7.52	11.0
5	6.2	6.4	10.0	—	0.2	0.4	76.8	—	0.95 : 1 : 7.16	10.4
6	7.0	8.3	8.1	—	—	0.3	76.3	—	1.44 : 1 : 8.80	12.7
7	11.8	4.9	7.6	—	0.1	0.5	75.1	—	1.50 : 1 : 9.24	12.8
8	4.3	10.0	7.8	—	—	0.3	77.6	—	1.48 : 1 : 9.28	12.6
9	4.6	10.1	7.7	—	—	0.4	77.2	—	1.54 : 1 : 9.36	13.0
10	—	14.0	7.0	7.0	—	2.5	67.5	2.0	1.06 : 1 : 5.41	14.0
11	0.6	14.3	11.2	—	0.4	2.9	70.6	—	1.18 : 1 : 5.88	14.6
12	14.0	1.0	5.8	—	0.1	0.2	78.9	—	1.59 : 1 : 12.7	10.4
13	1.8	12.9	11.0	—	—	1.3	73.0	—	1.16 : 1 : 6.20	13.8
15	9.7	9.0	6.8	—	Spur	0.4	74.1	—	2.04 : 1 : 10.17	15.4
16	6.7	13.7	7.2	—	—	0.3	68.9	—	2.27 : 1 : 8.91	18.6
17	12.7	—	—	PbO 30.0	—	—	57.3	—	1.00 : 1 : 7.10	11.0

Gegen Wasserdampf ist das Glas Nr. 1 am widerstandsfähigsten, daher besonders für Wasserstandsröhren an Dampfkesseln geeignet.

Die besten, zu chemischem Gebrauche in Betracht kommenden Gläser, welche gegenwärtig erzeugt werden, sind das S t a s sche Glas [1] Nr. 4. und das vom glastechnischen Laboratorium in Jena in den Handel gebrachte borsäurehaltige J e n a e r G e r ä t e g l a s, welches nach dem Urteil von F. F ö r s t e r (Zeitschr. f. anal. Chem. 33, 396; 1894) und F. K o h l - r a u s c h (ebenda 34, 592; 1895) hinsichtlich seines Verhaltens gegen Wasser noch das S t a s sche Glas übertrifft und sich außerdem durch große Resistenz gegen plötzliche Temperaturwechsel auszeichnet.

Zur q u a l i t a t i v e n P r ü f u n g der W i d e r s t a n d s - f ä h i g k e i t von H o h l - und T a f e l g l ä s e r n sowie G l a s u r e n dient die S a l z s ä u r e p r o b e von R. W e b e r (Ann. d. Physik und Chemie 6, 431; 1879). Das mit Wasser und sodann mit Alkohol gesäuberte Probestück wird den Dünsten rauchender Salzsäure während 24 Stunden ausgesetzt; die Probe befindet sich über einer mit einer Glocke bedeckten Schale, welche die Salzsäure enthält. Auf dem Schalenrande liegen Glasstäbchen, auf denen die Probe ruht. Nach vollendeter Einwirkung läßt man den feuchten Säurehauch in einem staubfreien Raum abdunsten. Je nach der Beschaffenheit des Glases zeigt sich nun bei mangelhaften Gläsern ein starker Beschlag, ein geringerer bei den besseren und nur ein zarter Hauch bei den guten, der bei den besten Sorten fast ganz verschwindet. Die W e b e r sche Probe setzt ein geübtes Auge voraus und ist bei rauhen Glasflächen nicht anwendbar.

---

[1]) Von der Firma E. L e y b o l d in Köln erzeugt.

Übersicht II.

Laufende Nummer	Nähere Bezeichnung der Gläser	Alkaliabgabe an Wasser, ausgedrückt in Tausendstel Milligramm Na_2O in		Verhältnis der an kaltes und heißes Wasser abgegebenen Alkalimengen	Gewichtsabgabe an doppeltnormale Alkalilösungen in 3 Stunden bei 100° in Milligrammen an		Bei 4 stündiger Behandlung mit Wasser von 190° wurden an dieses abgegeben in Milligrammen			Anzahl der Moleküle SiO_2, welche auf 1 Molekül Alkali in Wasser von 190° übergingen
		8 Tagen bei 20°	3 Std. bei 80°		Natronlauge	Sodalösung	im Ganzen	an Alkalien	Menge Na_2O, welche den gelösten Alkalien entspricht	
1	Kalkfreies Natronborosilikat	2.5	2.7	1.1	67.3	23.5	23.7	3.5	3.5	6.0
2	Natronarmes, tonerdehaltiges Zinkkalkglas	2.1	6.3	3.0	39.7	17.6	—	—	—	—
3	Kalkreiches, alkaliarmes Glas	10.7	28.4	2.65	35.4	—	—	—	—	—
4	desgl.	8.9	28.2	3.17	37.5	59.5	17.2	5.6	4.6	2.65
5	desgl.	13.1	26.8	2.05	—	—	—	—	—	—
6	Gutes Kalkalkaliglas	14.0	56	4.00	39.8	76.9	—	—	—	—
7	desgl.	14.5	45	3.10	37.7	79.2	51.3	15.4	11.1	3.35
8	desgl.	14.9	50	3.40	38.5	73.0	—	—	—	—
9	desgl.	17.8	66	3.72	42.4	79.4	67	16.4	14.7	3.57
10	Zinkoxyd und Tonerde enthaltendes Kalknatronglas	16.6	65	3.91	46.5	23.0	34	6.4	6.4	4.42
11	Kalkreiches, tonerdehaltiges Natronglas	27	98	3.63	31.3	40.7	?	7.3	7.3	—
12	Kalkarmes, gutes Kaliglas	—	—	—	—	—	63	16.2	10.7	4.5
13	Kalkreiches Natronglas	—	—	—	—	—	37	8.3	8.3	3.6
15	Alkalireicheres Glas	32	217	6.78	—	—	—	—	—	—
16	Alkalireicheres, tonerdehaltiges Natronglas	77	654	8.50	46	45	126	61	52	1.3
17	Bleikristallglas	74	350	4.73	58	51	—	—	—	—

M y l i u s (Ber. 22, 310; 1889 und Zeitschr. f. anal. Chem. 30, 247;
1891) hat zur vergleichenden Prüfung verschiedener Gläser bezüglich
ihrer Widerstandsfähigkeit gegen Wasser die nachstehende Farbreaktion
verwendet, die auch bei rauher Glasoberfläche gut brauchbare Resultate
gibt: Die Glasgefäße werden zuerst sorgfältig mit Wasser, dann mit
Alkohol, schließlich mit Äther ausgespült und noch vor dem Abdunsten
des Äthers mit einer Eosinlösung behandelt, die man erzeugt, indem
man käuflichen Äther durch Schütteln mit Wasser sättigt und in je
100 ccm der Flüssigkeit 0,1 g Jodeosin löst. Man läßt die Lösung 24
Stunden einwirken, und spült sodann mit Äther ab. Je nach der Angreifbarkeit ist nun die Oberfläche mit einer mehr oder weniger intensiv
roten Schicht bekleidet, die bei sehr schlechten Gläsern matt und
krystallinisch aussieht.

Zur q u a n t i t a t i v e n Ermittlung der W i d e r -
s t a n d s f ä h i g k e i t verschiedener Glassorten gegen W a s s e r ,
L a u g e n und S ä u r e n können vier Methoden benützt werden:

1. Die g e w i c h t s a n a l y t i s c h e P r ü f u n g. Sie ist besonders dann angezeigt, wenn eine stärkere Einwirkung auf das Glas
z. B. durch heißes Wasser, Wasserdampf, Laugen oder Salzlösungen
zu erwarten ist. Nach R. W e b e r und E. S a u e r (Ber. 25, 70; 1892)
wählt man von den zu vergleichenden Glassorten Gefäße aus, deren
Inhalt bzw. Innenfläche sich möglichst genau messen oder berechnen
läßt, reinigt sie durch wiederholtes Ausspülen mit destilliertem Wasser
und Alkohol und ermittelt nach sorgfältiger Trocknung ihr Gewicht.
Hierauf füllt man sie mit so viel destilliertem Wasser beziehungsweise
Lauge, Säure usw., daß in allen Gefäßen eine möglichst gleiche Fläche
davon bespült wird, und notiert den Flüssigkeitsstand. Man erhitzt
nun auf einem Sandbade oder einer Asbestunterlage zum Sieden, wobei
man Sorge trägt, daß alle zu prüfenden Gefäße möglichst gleichmäßig
erhitzt werden, und daß die verdampfende Flüssigkeit von Zeit zu Zeit
durch Nachfüllen ersetzt wird. Nach 3—5 Stunden unterbricht man das
Kochen, entleert die Gefäße, bestimmt nach völligem Trocknen und
Erkalten den Gewichtsverlust und berechnet ihn zum Vergleich auf
100 qcm Oberfläche. Soll die Einwirkung nicht bei Siedehitze geprüft
werden, so erhitzt man die mit Wasser gefüllten Glasgefäße in einem
Paraffin- oder Luftbade, das man sorgsam auf der bestimmten Temperatur erhält. Obgleich nach diesem Verfahren bei Verwendung von in
Glasgefäßen aufbewahrtem und daher etwas alkalihaltigem destillierten
Wasser keine absolut genauen Zahlenwerte erhalten werden, so liefert
es doch brauchbare Vergleichszahlen; es ist außerdem bei der Einwirkung von Säuren und Laugen das allein mögliche Verfahren. Statt
die Gewichtsabnahme der Gläser zu bestimmen, kann man bei der
Prüfung mit destilliertem Wasser durch Abdampfen in einer Platinschale und schwaches Glühen des Rückstandes die Menge der gelösten
Glassubstanz ermitteln.

Das zuerst von K o h l r a u s c h (Ber. 26, 2998; 1893) angewandte
Verfahren, Glas in Pulverform in Platingefäßen der Einwirkung von

Wasser auszusetzen und die gelösten Bestandteile im Abdampfrück-
stande zu bestimmen, leidet an dem Übelstande, daß es nicht möglich
ist, bei verschiedenen Glaspulvern eine gleiche Oberfläche herzustellen.

2. Die titrimetrische Prüfung. Da bei der Zersetzung
des Glases durch Wasser die Auflösung der alkalischen Bestandteile
eine Hauptrolle spielt, haben Förster und Mylius vorgeschlagen,
die Angreifbarkeit durch Wasser nach der Menge der gelösten alkalischen
Bestandteile (K_2O, Na_2O, CaO) zu beurteilen. Bei größeren Alkalimengen gelingt dies durch Titration mittels sehr empfindlicher Indikatoren wie Phenolphtalein, auch bei Verwendung von $1/_{100}$ N.-Säure.
Bei sehr geringen Alkalimengen haben Förster und Mylius
(Zeitschr. f. anal. Chem. 31, 241; 1892) mit Hilfe von Jodeosin und Äther
mit $1/_{1000}$ N.-Schwefelsäure noch scharfe Resultate erhalten, wenn in
100 ccm Wasser nur 0,1 mg Na_2O enthalten ist. Zur Herstellung von
$1/_{1000}$ N.-Lösungen muß vollkommen reines (aus Platinapparaten mit
Zusatz von etwas H_2SO_4 destilliertes) oder mit 0,2—0,3 mg H_2SO_4
pro Liter neutralisiertes destilliertes Wasser verwendet werden. 50
bis 100 ccm der zu untersuchenden alkalischen Lösung werden in einer
Stöpselflasche mit 10—20 ccm einer ätherischen Jodeosinlösung
(2 mg Farbstoff pro Liter) überschichtet und unter öfterem Schütteln
mit so viel $1/_{1000}$ N.-Schwefelsäure versetzt, bis die Farbe der
wäßrigen Schicht soeben aus rosa in farblos übergeht; 1 ccm Säure
entspricht 0,031 mg Na_2O oder 0,047 mg K_2O.

3. Das kolorimetrische Verfahren von Förster
und Mylius (Zeitschr. f. anal. Chem. 31, 241; 1892). Es beruht
darauf, daß beim Schütteln sehr verdünnter Alkalilösungen mit einer
ätherischen Jodeosinlösung deren Eosingehalt dem Alkali gegenüber
im Überschuß ist, sich die Alkalilösung mehr oder weniger stark rosa
färbt. Vergleicht man die Intensität der Färbung mit der einer alkalischen Jodeosinlösung von bekanntem Alkaligehalt, so läßt sich ein
Schluß auf den Gehalt der Alkalilösung ziehen. Die Glasgefäße werden
zunächst 3 Tage mit völlig reinem, sogenanntem „neutralen" Wasser
von 20 ⁰ C behufs Entfernung einer allfälligen Verwitterungsschicht
behandelt, die Lösung beseitigt, neuerlich 3 Tage mit neutralem Wasser
von 20⁰ C behandelt und sodann die Menge der in Lösung gegangenen
Alkalien kolorimetrisch bestimmt. Die Menge des gefundenen Alkalis
gibt einen Maßstab für die größere oder geringere Widerstandsfähigkeit
des Glases. Bei der Ausführung der kolorimetrischen Bestimmung
sind bestimmte Bedingungen einzuhalten, bezüglich derer und aller
Einzelheiten auf die Originalarbeit verwiesen werden muß.

4. Die Bestimmung des elektrischen Leitungsver-
mögens der durch Berührung von Glas und Wasser entstehenden
Lösung. Dieses Verfahren, das sich durch große Genauigkeit auszeichnet,
ist von E. Pfeiffer und F. Kohlrausch (Wiedemanns Ann.
44, 239, 257; Ber. 24, 3560; 1891) und Haber und Schwenke (Zeitschr.
f. Elektrochem. 10, 143; 1904) benutzt worden, um die Angreifbarkeit des Glases durch Wasser zu bestimmen. Es ist ein besonderer Vor-

teil dieser Methode, daß sie die Möglichkeit bietet, den Verlauf der chemischen Wirkung des Wassers auf Glas durch eine lange Zeit hindurch zu beobachten.

III. Analyse des Glases.

Als Bestandteile der farblosen Glassorten und des grünen Flaschenglases kommen in Betracht: Kieselsäure, Borsäure, Tonerde, Eisenoxyd, Kalk, Magnesia, Kali, Natron, Mangan- und Bleioxyd, ferner seltener Baryt, Zink- und Antimonoxyd. Bei den farbigen und getrübten Gläsern können noch Phosphorsäure, Fluor, Selen, Gold, Silber, die Oxyde des Zinns, Kupfers, Kadmiums, Arsens, Kobalts, Nickels, Chroms, Urans und Sulfide hinzutreten.

Nur in den seltensten Fällen ist man in der Lage, schon von vornherein zu wissen, welche 'von den angeführten Bestandteilen in dem zu untersuchenden Glase enthalten sind; da sich das Verfahren bei der quantitativen Ermittlung der Bestandteile aber je nach der An- oder Abwesenheit einzelner Körper verschieden gestaltet, so ist in den meisten Fällen eine vorherige qualitative Untersuchung des Glases notwendig.

a) Qualitative Glasuntersuchung.

1. **Ermittelung sämtlicher Bestandteile mit Ausnahme der Kieselsäure, Borsäure und des Fluors.** Zur qualitativen Untersuchung schließt man vorteilhaft eine etwas größere Menge (etwa 5 g) des Glases in der später beschriebenen Weise mit reiner Flußsäure und etwas Schwefelsäure auf. Den erhaltenen Abdampfrückstand erwärmt man mit Salzsäure und Wasser und erhält dadurch bei Abwesenheit von Baryt oder größeren Mengen von Blei- und Zinnoxyd eine klare Lösung, die man nach dem gewöhnlichen Analysengange weiter untersucht.

Ist ein Rückstand geblieben, so kann dieser aus Baryumsulfat und Bleisulfat sowie Metazinnsäurehydrat bestehen und, falls er violett oder rötlich gefärbt ist, auch Gold oder Selen enthalten. Er wird abfiltriert und zunächst mit einer konzentrierten Lösung von essigsaurem Ammon gekocht, wodurch das Bleisulfat in Lösung geht. Bleibt ein Rückstand, so wird er nach dem Abfiltrieren mit Sodalösung gekocht, abfiltriert und nach dem Auswaschen mit Salzsäure behandelt, wodurch das entstandene Baryumcarbonat gelöst wird. Die erhaltenen Lösungen prüft man auf Blei bzw. auf Baryum; den etwa gebliebenen Rückstand aber behandelt man, wenn seine Farbe auf die Gegenwart von Gold schließen läßt, mit etwas Königswasser und schmilzt ihn nach dem Abfiltrieren zur Prüfung auf Zinn mit Soda und Schwefel; die Schmelze, in Wasser gelöst und mit Salzsäure behandelt, gibt bei Anwesenheit von Zinn eine Fällung von Schwefelzinn.

Zum Nachweis von Selen erwärmt man in einer Platinschale ungefähr 5 g Glas mit Flußsäure auf dem Wasserbade bis zur völligen

Zersetzung und bis die Flußsäure abgedampft ist. Den gebliebenen, rötlich gefärbten Rückstand erhitzt man mit konzentrierter Salpetersäure, verdampft wiederholt mit konz. HCl in einer Porzellanschale zur Trockne, und prüft mit Salzsäure und Zinnchlorür oder Salzsäure und schwefliger Säure auf Selen. Bei Anwesenheit desselben entsteht sofort eine ziegelrote Färbung oder ein deutlicher Niederschlag von Selen.

Soll rasch geprüft werden, ob das vorliegende Glas b l e i haltig ist, so schließt man eine Probe mit Flußsäure und Salpetersäure auf, verdampft zur Trockne, löst in wenig Salpetersäure und unter reichlichem Zusatz von Wasser auf und leitet in die stark verdünnte und, wenn nötig, filtrierte Lösung Schwefelwasserstoff. Eine andere, in der Hand des Geübten sehr rasch zum Ziele führende Methode besteht darin, daß man ein kleines Stück des fraglichen Glases durch 1—2 Minuten in der Oxydationsflamme des Lötrohres oder in einer Gebläseflamme erhitzt. Bleigläser zeigen dann eine mehr oder weniger deutlich geschwärzte, in Regenbogenfarben schillernde Oberfläche.

2. P r ü f u n g   a u f   K i e s e l s ä u r e ,   B o r s ä u r e   u n d F l u o r. Eine Prüfung auf Kieselsäure ist wohl nur in den seltensten Fällen notwendig; sie wird in bekannter Weise ausgeführt.

Zur Auffindung der B o r s ä u r e kann die vom Verfasser ermittelte Methode empfohlen werden. Man übergießt in einen Platintiegel etwa ½—1 g des feingeriebenen Glases mit Flußsäure und dampft auf dem Wasserbade zur Trockene ab. Nach dem Erkalten gibt man einige Tropfen konzentrierter Schwefelsäure dazu, rührt gut um, legt den Deckel des Tiegels so auf, daß ein schmaler Spalt bleibt, und erhitzt nun den Tiegel vorsichtig auf einer Asbestunterlage mit Hilfe eines Bunsenbrenners mit Pilz-Aufsatz. Gleichzeitig hält man eine nicht leuchtende Bunsen- oder Spiritusflamme derart knapp über den Tiegel, daß die durch den Spalt entweichenden Dämpfe diese Flamme passieren müssen. Schon nach kurzem Erhitzen tritt bei Gegenwart von Borsäure eine mehr oder weniger lebhafte Grünfärbung der Flamme auf. Die Reaktion ist so empfindlich, daß man 0,1 % B_2O_3 noch deutlich erkennen kann. Bei einiger Übung kann der Borsäurenachweis schon gelegentlich der Aufschließung für die qualitative Analyse vorgenommen werden, wenn man dabei in der angeführten Weise verfährt.

Zum Nachweis sehr geringer Borsäuremengen in Gläsern benutzt Verfasser die von ihm modifizierte R o s e n b l a d t sche Methode. Man schließt etwa 1 g des feingeriebenen Glases durch Abdampfen mit Flußsäure in einem Platintiegel auf dem Wasserbade auf, rührt den Rückstand mit konzentrierter Schwefelsäure zu einem dicken Brei an und bringt diesen in ein Probierröhrchen, das mit einem doppeltdurchbohrten, zwei Röhren tragenden Kork verschlossen werden kann. Die eine Röhre aus Glas reicht bis in die Nähe des Bodens des Probierröhrchens, die zweite Röhre aus Porzellan [1]) endigt unmittelbar unter

---

[1]) Verfasser benutzt eine Röhre, wie sie zu Bestimmungen im R o s e schen Tiegel dient.

dem Stopfen. Man leitet nun durch den Apparat reines Wasserstoffgas, das man an der Öffnung der Porzellanröhre entzündet, und erwärmt den Inhalt des Probierröhrchens vorsichtig mit einer Flamme, wodurch anfangs starkes Schäumen und Entwicklung von Fluorwasserstoff stattfindet, welcher die Wasserstoffflamme, die zweckmäßig 2—3 cm lang sein soll, schwach bläulich färbt. Hat nach 1—2 Minuten das Schäumen nachgelassen, so erwärmt man etwas stärker und sieht nun nach einiger Zeit eine deutliche Grünfärbung der Wasserstoffflamme, die selbst dann noch wahrzunehmen ist, wenn nur 0,01 % B_2O_3 im Glase enthalten ist.

Zum Nachweis des F l u o r s schmilzt man eine Probe des Glases mit der 4—6 fachen Menge Natriumkaliumcarbonat, weicht die Schmelze in Wasser auf, filtriert, engt das Filtrat durch Eindampfen in einer Platinschale ein, setzt Salzsäure zu bis zur schwach sauren Reaktion und läßt stehen, bis die CO_2 entwichen ist. Man übersättigt hierauf mit NH_3, filtriert in einen Glaskolben, setzt zu der noch heißen Flüssigkeit Chlorcalciumlösung, verschließt den Kolben und läßt stehen. Setzt sich nach längerer Zeit ein Niederschlag ab, so bringt man diesen auf ein Filter, trocknet ihn und bringt ihn nach Zumischung von fein verteilter Kieselsäure in ein kleines Glaskölbchen, das man mit einem doppelt durchbohrten, 2 Röhren tragenden Kork verschließt. Man leitet nun durch die bis auf den Boden reichende Röhre einen langsamen Strom trockner Luft und läßt sie durch das zweite, knapp unter dem Korke endigende Röhrchen austreten, das mit einem U-förmigen, an der Biegung zu einer kleinen Kugel erweiterten und wenige Tropfen Wasser enthaltenden Röhrchen verbunden ist. Erhitzt man nun das Kölbchen auf etwa 160° C, so entweicht mit dem Luftstrom SiF_4, das dort, wo es mit dem Wasser in Berührung kommt, Flocken von Kieselsäure ausscheidet, die sich sehr deutlich wahrnehmen lassen.

b) Quantitative Glasanalyse.

V o r b e r e i t u n g   d e r   S u b s t a n z   z u r   A n a l y s e. Zur vollständigen Aufschließung ist kein außerordentlich feines Pulverisieren des Glases erforderlich; man erreicht die entsprechende Zerkleinerung in der einfachsten Weise, indem man das zu untersuchende, eventuell früher abgeschreckte Glas in einer geräumigen, glatten Porzellanschale zerstößt und sodann in einer Achatschale feinreibt, bis keine Körnchen mehr wahrzunehmen sind.

In Fällen, wo es sich weniger um die genaue Ermittlung des Eisengehaltes handelt, kann die Zerkleinerung auch in einem Diamantmörser aus hartem Stahl vorgenommen werden; das erhaltene Pulver reibt man bis zur entsprechenden Feinheit in einer Achatschale. Es ist bei dieser Art der Zerkleinerung nicht zu vermeiden, daß sich dem Glaspulver eine geringe Menge Eisen beimischt, das sich weder durch Anwendung mechanischer noch chemischer Mittel ohne Zersetzung der Glassubstanz entfernen läßt. Es ist, wie ich mich seit Jahren überzeugt habe, am besten, stets die l u f t t r o c k e n e Substanz zur Analyse zu verwenden; dies wird auch von T r e a d w e l l und H i l d e - b r a n d empfohlen; den F e u c h t i g k e i t s g e h a l t bestimmt man durch schwaches Glühen in einer besonderen Probe.

A u f s c h l i e ß u n g. Zur Aufschließung der Glassubstanz benutzt man gewöhnlich die N a t r i u m c a r b o n a t m e t h o d e und die F l u ß s ä u r e m e t h o d e. Bei der Bestimmung der Alkalien in Alkalikalk- und Tonerdekalk-Gläsern kann auch die Aufschließung mit Calciumcarbonat und Ammoniumchlorid nach L a w r e n c e S m i t h mit Vorteil verwendet werden. Die von J a n n a s c h (Pr. Leitfaden d. Gewichtsanalyse II, Leipzig 1904) zur Silikatanalyse empfohlenen Aufschließungsmethoden mit B_2O_3, $PbCO_3$, PbO und Bi_2O_3 bieten bei Glasuntersuchungen keinerlei Vorteile, ganz abgesehen davon, daß sich bei der Analyse von Borat- oder Bleigläsern einzelne dieser Aufschließungsmittel selbst ausschließen. Ich gebe bei der Glasanalyse der Flußsäure-Aufschließung vor allen anderen Methoden den Vorzug, insoweit es sich nicht um die Bestimmung von SiO_2, B_2O_3 oder F handelt; sie erfordert wenig Zeit, ist einfach in der Ausführung, ermöglicht es, da $2/3$ bis $3/4$ der Substanz in Form von SiF_4 bzw. BF_4 sich verflüchtigt, selbst größere Mengen (5 g) Glas aufzuschließen und dadurch auch Bestandteile mit großer Sicherheit und Schärfe zu bestimmen, die in sehr minimalen Mengen in der Glasmasse vorhanden sind; sie bietet außerdem den Vorteil, daß etwa vorhandene B_2O_3 oder F, die bei der Trennung und Bestimmung der Basen unerwünscht sind, bei der Aufschließung entfernt werden. Haupterfordernis ist allerdings eine vollkommen reine, am besten aus einer Platinretorte destillierte Flußsäure; die chemisch reine Flußsäure des Handels muß unbedingt auf ihre Reinheit geprüft werden; 50 g sollen nach dem Verdunsten und schwachen Glühen höchstens 1—2 mg Rückstand geben.

In vielen Fällen wird es genügen, eine Aufschließung mit Natriumcarbonat für die Bestimmung der Kieselsäure und der übrigen Bestandteile mit Ausnahme der Alkalien und eine Flußsäureaufschließung zur Alkalibestimmung vorzunehmen; hat die qualitative Analyse ergeben, daß einige Bestandteile in sehr geringer Menge vorhanden sind, so schließt man noch eine dritte größere Probe (etwa 5 g) des Glases mit Flußsäure auf, in der man diese Bestandteile bestimmt.

1. A n a l y s e b l e i f r e i e r A l k a l i k a l k - u n d T o n - e r d e k a l k g l ä s e r. Zur Untersuchung dieser Gläser sind mindestens zwei Aufschließungen vorzunehmen.

a) B e s t i m m u n g d e r K i e s e l s ä u r e u n d d e r B a s e n m i t A u s n a h m e d e r A l k a l i e n. Man bringt 1—1,5 g des Glaspulvers in einen geräumigen Platintiegel, gibt ungefähr die vierfache Menge reines, trockenes Natriumcarbonat partieweise dazu und mengt mittels eines starken Platindrahtes oder eines rund abgeschmolzenen Glasstabes gut durch. Hat man mit einem Pinsel auch die letzten noch am Glasstabe hängenden Reste in den Tiegel gebracht, so wird dieser mit dem Deckel gut verschlossen, in ein Platin-, Quarz- oder mit Spitzen versehenes Porzellandreieck gesetzt und zunächst ganz vorsichtig erhitzt, ohne daß der Tiegel ins Glühen kommt. Nach kurzer Zeit verstärkt man die Flamme so, daß der Tiegel ganz schwach rotglühend wird, und erhitzt endlich mit der vollen Flamme eines Teclubrenners, bis die Masse in ruhigen Fluß gekommen ist. Die Anwendung der Gebläseflamme ist überflüssig. Man entfernt nunmehr den Tiegeldeckel, bringt mittels einer Zange einen verhältnismäßig langen und starken Platindraht, den man am Ende zu einer Schlinge umgebogen hat, in die Schmelze und entfernt die Flamme. Ist der Inhalt so weit erstarrt, daß die Schlinge des Platindrahtes von der Schmelze festgehalten wird, so erhitzt man mit der Gebläseflamme den Tiegel neuerlich und trachtet, durch gelindes Ziehen am Platindrahte den Schmelzkuchen aus dem Tiegel herauszuziehen, was nach kurzer Zeit gelingt [1]). Man läßt erkalten und bringt in ein geräumiges Becherglas, in dem man vorher etwa 100 ccm Wasser erwärmt hat, zunächst Deckel und Tiegel. Nach kurzer Zeit sind die daranhaftenden Reste der Schmelze aufgeweicht, so daß man beide herausheben und alles noch Anhaftende mit heißem Wasser unter Zuhilfenahme eines Kautschukwischers in das Becherglas spritzen kann [2]). Nun wird der am Platindraht hängende Schmelzkuchen, den man unterdessen in einer reinen Schale aufbewahrt hat, in die Flüssigkeit eingehängt. Ist dieser ebenfalls aufgeweicht, so hebt man den Draht heraus, spült ihn wie Deckel und Tiegel ab und setzt zu der mit einem Uhrglase bedeckten Flüssigkeit nach und nach vorsichtig Salzsäure bis zum Vorwalten. Man erhitzt nun im bedeckten Becherglase, bis keine Kohlensäureentwicklung mehr stattfindet, und verdampft schließlich zur Abscheidung der Kieselsäure in einer Platinschale auf dem Wasserbade zur Trockne.

Ist man im Besitze einer geräumigen (wenigstens 200 ccm fassenden) Platinschale, und zeigt die Farbe der Schmelze nicht größere Mengen von Mangan [3]) an, so kann das Aufweichen der Schmelze und die Zersetzung mit Salzsäure in der Schale selbst vorgenommen werden; es ist jedoch beim Ansäuern, das man mit Hilfe einer Pipette vornimmt, die Schale mit einem Uhrglase bedeckt zu halten und größte Vorsicht anzuwenden, damit ein Herausspritzen oder Überschäumen verhütet wird.

Ist der Inhalt der Schale so weit abgedampft, daß die Masse breiartig wird, so ist es angezeigt, mit einem Platindrahte oder Glasstabe öfter umzurühren, weil dadurch das Abdampfen wesentlich beschleunigt

---

[1]) Nach Hillebrand läßt sich der Schmelzkuchen bequem entfernen, indem man den Tiegel, so lange die Schmelze noch flüssig ist, mit einer Zange mit gekrümmten Platinspitzen faßt und eine kreisende Bewegung gibt. Die Schmelze erstarrt dadurch am Boden und an der Wandung in dünner Schicht, die sich leicht entfernen läßt und leicht gelöst wird.

[2]) Hartnäckig festhaftende Teilchen können schließlich mit einigen Tropfen Salzsäure gelöst und zur Hauptflüssigkeit gebracht werden.

[3]) Da das Mn in Form von Na_2MnO_4 in der Schmelze vorhanden ist, so findet beim Zusatz von HCl eine Reduktion unter gleichzeitiger Cl-Entwicklung statt, welches die Platingefäße angreift.

und die Entstehung größerer Klümpchen, die schwer austrocknen, verhindert wird. Man setzt das Abdampfen so lange fort, bis keine Salzsäuredämpfe mehr entweichen, und bringt dann zur völligen Austrocknung und möglichst vollständigen Abscheidung der Kieselsäure die Schale in ein Luftbad, in dem man sie einige Stunden auf 110—120⁰ C erhitzt. Nach dem Erkalten wird die Masse gleichmäßig mit konz. Salzsäure befeuchtet und in bedeckter Schale 10 bis höchstens 20 Minuten lang stehen gelassen, sodann mit 100—150 ccm Wasser versetzt, gut umgerührt und nach kurzem Erwärmen auf dem Wasserbade oder Aufkochen die ausgeschiedene Kieselsäure abfiltriert. Man geht dabei so vor, daß man zunächst nur die klare Flüssigkeit durch das Filter gießt und die am Boden der Schale abgesetzte Kieselsäure noch 2—3 mal mit etwas Salzsäure und heißem Wasser dekantiert, ehe man schließlich die gesamte Kieselsäure auf das Filter bringt. Man wäscht diese mit heißem Wasser so lange aus, bis das Waschwasser Silbernitratlösung nicht mehr trübt[1]).

Die so bewirkte Abscheidung der Kieselsäure ist nach den Untersuchungen von L i n d e , G i l b e r t , C r a i g , namentlich aber H i l l e b r a n d s (Journ. Am. Chem. Soc. **24**, 362; 1902), E. J o r d i s (Zeitschr. f. anorg. Chem. **35**, 16; 1903; ebenda **43**, 2510; 1905) und J. M e y e r s (Zeitschr. f. anorg. Chem. **47**, 45; 1909) keineswegs quantitativ; es ist unbedingt nötig, das Filtrat nochmals auf dem Wasserbade zur Trockne abzudampfen und die noch gelöste Kieselsäure durch die gleiche Behandlung des Rückstandes abzuscheiden. Die sodann noch im Filtrat verbleibende Kieselsäure beträgt nach H i l l e b r a n d höchstens 0,15 % der gesamten Kieselsäuremenge; die letzten Reste können durch ein drittes Abdampfen gewonnen werden, doch begnügt man sich meist mit einer zweimaligen Abscheidung der Kieselsäure. Die auf 2 Filtern gesammelte Kieselsäure bringt man naß in einen gewogenen Platintiegel, erhitzt anfangs sehr vorsichtig, später, bis die Filterkohle verbrannt ist, stärker und glüht zum Schlusse auf dem Gebläse bis zur Gewichtskonstanz. Der Tiegel muß im Exsikkator erkalten und bald gewogen werden, da die Kieselsäure sehr hygroskopisch ist. Die erhaltene Kieselsäure wird sodann auf ihre Reinheit geprüft; man durchfeuchtet sie mit 2—3 ccm Wasser, fügt 1—2 Tropfen Schwefelsäure (1 : 1) und 5—6 ccm reine Flußsäure zu und verdampft auf einem mit destilliertem Wasser gefüllten Wasserbade, bis keine Dämpfe mehr entweichen; zuletzt raucht man die überschüssige Schwefelsäure durch vorsichtiges Erhitzen über freier Flamme ab und glüht nachher mit der vollen Flamme eines guten Teclubrenners. Das Gewicht des Rückstandes (meist $Al_2O_3 + Fe_2O_3$) wird von der ermittelten Kieselsäuremenge in Abzug gebracht.

Die von der Kieselsäure abfiltrierte Flüssigkeit wird zunächst mit einigen Tropfen konzentrierter Salpetersäure behufs Oxydation

---

[1]) Nach F r i e d h e i m und P i n a g e l (Zeitschr. f. anorg. Chem. **45**, 410; 1905) ist es besser, mit salzsäurehaltigem Wasser auszuwaschen.

des Eisenoxyduls erwärmt, sodann, falls nicht wägbare Mengen von Manganoxydul [1]) vorhanden sind, in einer Porzellan- oder Platinschale mit einer reichlichen Menge Salmiaklösung und möglichst kohlensäurefreiem Ammoniak in geringem Überschusse versetzt und kurze Zeit zum Kochen erhitzt, wodurch Eisenoxyd und Tonerde gefällt werden. Den Niederschlag filtriert man ab, bringt ihn nach dem Auswaschen mit heißem Wasser, dem man 1 Tropfen Ammoniak und etwas Ammonnitrat zugesetzt hat, behufs vollständiger Trennung vom Kalk durch Abspritzen des Filters in die Schale zurück, löst ihn in verdünnter Salzsäure und wiederholt die Fällung mit Ammoniak. Das Filter wird mit dem Niederschlage naß im Platintiegel verbrannt und 10 Minuten im bedeckten Tiegel vor dem Gebläse geglüht; durch abermaliges Glühen und Wägen überzeugt man sich von der Gewichtskonstanz.

Zur Abscheidung des Kalkes versetzt man die vereinigten Filtrate von der Tonerde mit verdünnter Salzsäure bis zur schwachsauren Reaktion, engt wenn nötig durch Abdampfen ein und versetzt die kochendheiße Lösung mit einer hinreichenden Menge einer durch HCl angesäuerten heißen Oxalsäurelösung[2]); man fügt hierauf nach und nach verdünntes Ammoniak bis zur basischen Reaktion hinzu, läßt 4 Stunden stehen, filtriert und wäscht mit heißem Wasser oder besser mit warmer 1 proz. Ammonoxalatlösung bis zum Verschwinden der Cl-Reaktion aus; es gelingt so durch einmalige Fällung CaO fast vollständig von MgO zu trennen. Der Niederschlag wird naß verbrannt und auf dem Gebläse bis zu konstantem Gewichte geglüht und gewogen.

Zur Abscheidung des Magnesiumoxyds war es bisher üblich, die stark ammoniakalische Lösung in der Kälte mit Natriumphosphat zu fällen, wobei man nach den Untersuchungen Neubauers bald zu niedrige, bald zu hohe Resultate erhalten kann. Man versetzt deshalb besser nach B. Schmitz (Zeitschr. f. anal. Chem. 45, 512; 1906) die saure, ammoniaksalzhaltige Flüssigkeit mit einem Überschuß von Natrium- oder Ammoniumphosphat, erhitzt zum Sieden, fügt zur heißen Lösung sofort $\frac{1}{3}$ ihres Volumens 10 proz. Ammoniak, läßt erkalten, filtiert nach einigem Stehen[3]), wäscht mit $2\frac{1}{2}$ proz. Ammoniak aus, trocknet, glüht den Niederschlag nach gesonderter Veraschung des Filters in der Platinschale bis zum konstanten Gewicht und wägt als $Mg_2P_2O_7$.

Ist die Menge des Eisenoxyds so groß, daß eine Trennung von der Tonerde nötig wird so schließt man den gewogenen Tonerde-Eisenoxyd-Niederschlag mit Kaliumhydrosulfat auf, löst die Schmelze in Wasser, bestimmt nach Reduktion mit Zink im bekannter Weise durch Titration mit Permanganatlösung das Fe_2O_3 und findet aus der Differenz Al_2O_3.

---

[1]) Man erkennt einen größeren Mangangehalt schon an der dunkelgrünen Farbe der Schmelze und der wäßrigen Lösung.
[2]) Auf 1 Gewichtsteil CaO + MgO 3 Teile krist. Oxalsäure.
[3]) Am besten durch einen Platin-Gooch-Tiegel.

Sind in einem Glase g e r i n g e Mengen von Antimonoxyd, Eisenoxyd oder Manganoxydul zu ermitteln, so bestimmt man diese oder auch
sämtliche Basen mit Ausnahme der Alkalien in einer gesonderten Probe,
indem man etwa 5 g Glas mit Flußsäure und Schwefelsäure, wie nachstehend angegeben, aufschließt. Ist nur Eisenoxyd allein zu bestimmen,
dann wird die erhaltene schwefelsaure Lösung mit Zink reduziert und
mit Permanganatlösung titriert; sind auch die anderen Oxyde zu bestimmen, dann wird bei der Aufschließung die überschüssige Schwefelsäure durch Abdampfen entfernt und der Rückstand in verdünnter
Salzsäure gelöst. Aus dieser Lösung scheidet man zunächst das Antimonoxyd mit Schwefelwasserstoff ab, entfernt aus dem Filtrat durch Kochen
den überschüssigen Schwefelwasserstoff, oxydiert mit etwas Salpetersäure, neutralisiert mit Natriumcarbonat und fällt Tonerde und Eisenoxyd mittels Natriumacetat. Im Filtrate kann sodann das Mangan
mit Brom und in weiterer Folge auch Kalk und Magnesia abgeschieden
und bestimmt werden. Statt mit Natriumacetat kann die Trennung des
Manganoxyduls von der Tonerde und dem Eisenoxyd auch so vorgenommen werden, daß man die durch Salpetersäure oxydierte Lösung
mit einer relativ großen Menge Salmiaklösung versetzt, Tonerde und
Eisenoxyd mit Ammoniak fällt, den abfiltrierten Niederschlag wieder
in Salzsäure löst und nochmals in gleicher Weise fällt, aus den vereinigten und konzentrierten Filtraten aber das Mangan mittels Schwefelammonium vom Kalk und der Magnesia trennt.

  b) B e s t i m m u n g d e r A l k a l i e n. Die Bestimmung der
Alkalien kann mit gleich gutem Resultate nach mehreren Methoden
durchgeführt werden.

  Die F l u ß s ä u r e m e t h o d e v o n B e r z e l i u s. Man bringt
1—2 g des Glaspulvers mit etwas Wasser in eine geräumige Platinschale,
fügt vorsichtig etwa 10 ccm vollkommen reiner Flußsäure hinzu und
rührt mit Hilfe eines starken, umgebogenen Platindrahtes das Ganze
gut durch, wobei starke Erwärmung eintritt. Sodann bedeckt man die
Schale mit einem flachgewölbten Platindeckel, erwärmt durch einige
Stunden auf dem Wasserbade oder läßt über Nacht stehen und verdampft nach erfolgter Zersetzung auf dem Wasserbade zur Trockne.
Die erhaltenen Fluoride verrührt man nun mit 2—3 ccm verdünnter
Schwefelsäure (1 : 1), verdampft zunächst auf dem Wasserbade und
erhitzt sodann auf einer Unterlage aus Asbestpappe mittels eines Bunsenbrenners mit Pilzaufsatz zuerst allmählich, später stärker, so daß die
Schwefelsäure abraucht. Zur Vermeidung von Substanzverlusten,
die während dieser Zersetzung der Fluoride mit Schwefelsäure durch
die entweichenden Dämpfe entstehen können, ist es nötig, die Schale,
sobald sich ein Spritzen bemerkbar macht, mit einem Platindeckel zu
bedecken und so lange bedeckt zu halten, bis dichte Schwefelsäuredämpfe entweichen. Man entfernt sodann die Flamme, erhitzt mit
dieser von oben den auf der Schale liegenden Deckel, bis keine Dämpfe
mehr abgehen, entfernt nun den Deckel und dampft den Schaleninhalt
ab, bis die Schwefelsäure größtenteils abgeraucht ist. Nach dem Er-

kalten durchfeuchtet man die Sulfate mit 1—2 ccm konzentrierter Salzsäure, fügt heißes Wasser hinzu und erwärmt bei wieder aufgelegtem Deckel, bis vollständige Lösung erfolgt ist.

Zur Umwandlung der Sulfate in Chloride verdünnt man auf ungefähr 400 ccm, erhitzt zum Kochen und fällt nun entsprechend den Versuchen von L u n g e (Zeitschr. f. angew. Chem. 18, 1921; 1905) sowie H i n t z und W e b e r (Zeitschr. f. anal. Chem. 45, 43; 1906) mit einer 2,4 proz. heißen Chlorbaryumlösung, die man unter lebhaftem Umrühren möglichst rasch in einem Guß unter Vermeidung eines größeren Überschusses zugibt. Nachdem man sich von der vollständigen Ausfällung überzeugt hat, versetzt man zur Entfernung des Eisenoxyds, der Tonerde, des Kalkes und überschüssigen Chlorbaryums, ohne vorher abzufiltrieren, mit Ammoniak und Ammoncarbonat in geringem Überschuß. Hat sich der entstandene Niederschlag abgesetzt, so überzeugt man sich zunächst von der Vollständigkeit der Ausfällung, wäscht 2—3 mal durch Dekantation, filtriert dann ab und wäscht vollständig aus. Das Filtrat verdampft man auf dem Wasserbade zur Trockne und hält zu Beginn des Abdampfens und nach jedem Nachfüllen die Platinschale so lange bedeckt, bis das anfängliche Spritzen der Flüssigkeit aufgehört hat. Den Abdampfrückstand trocknet man zunächst 1—2 Stunden im Trockenschranke und verjagt sodann die Ammonsalze durch vorsichtiges Erhitzen, so daß die Schale nicht ins Glühen kommt. Man löst sodann in etwas Wasser, kocht zur Entfernung vorhandenen Magnesiumoxyds mit einer kleinen Menge reiner Kalkmilch, filtriert, scheidet aus dem Filtrate Kalk und einen kleinen Rest von Baryt mit Ammoniak, Ammoncarbonat und etwas oxalsaurem Ammon ab, filtriert, verdampft das Filtrat wieder zur Trockne und wiederholt nach Verjagung der Ammonsalze die Fällung mit Ammoniak und oxalsaurem Ammon, wobei man nur 1—2 Tropfen dieser Reagenzien verwendet. Nachdem man so die letzten Reste von Kalk entfernt hat, verdampft man das Filtrat in einer gewogenen Platinschale zur Trockne und wägt nach schwachem Glühen die Alkalichloride.

Zur Trennung des K a l i u m s vom N a t r i u m löst man die Chloride in wenig Wasser und scheidet nach Zusatz von Platinchlorid in bekannter Weise das Kalium als Kaliumplatinchlorid (Bd. I, S. 617 ff.) ab. Der auf dem Filter gesammelte Niederschlag von Kaliumplatinchlorid kann entweder durch Reduktion im Wasserstoffstrome in Platin übergeführt und als solches gewogen werden, oder man trocknet ihn im Filter, wäscht ihn mit heißem Wasser in ein gewogenes Platinschälchen, verdampft zur Trockne, trocknet bei 130° C im Luftbade und bestimmt das Gewicht des Kaliumplatinchlorids. Die in einem wie im anderen Falle berechnete Menge des Chlorkaliums vom Gesamtgewicht der Chloride abgezogen, gibt das Gewicht des vorhandenen Chlornatriums. In etwas weniger genauer, aber sehr rascher Weise läßt sich die Menge des Kaliums und Natriums bestimmen, wenn man in der mit etwas Salpetersäure und 5 ccm gesättigter Eisenalaunlösung versetzten wäßrigen Lösung der Alkalichloride durch Titrierung mit Silbernitrat-

und Rhodanammoniumlösung nach V o l h a r d (Bd. I, S. 150) den Chlorgehalt bestimmt und daraus die Menge des Chlorkaliums und Chlornatriums berechnet.

J a n n a s c h (Prakt. Leitfaden der Gewichtsanalyse, Leipzig 1904) empfiehlt, die Überführung der Sulfate in Chloride nicht durch Baryumchlorid, sondern vermittelst Bleiacetat zu bewirken, weil bei der Ausfällung der Schwefelsäure aus salzsaurer Lösung mit Baryumchlorid Kalium- und Natriumsulfat mit niedergerissen werden (vgl. L u n g e , Zeitschr. f. angew. Chem. 18, 1921; 1905). Die Verluste sind jedoch, wenn man die oben beschriebene Arbeitsweise einhält, minimal, wie ich mich wiederholt durch Kontrollbestimmungen nach dem Verfahren von J a n n a s c h überzeugt habe.

Die Alkalibestimmung nach der Methode von L a w r e n c e S m i t h (Journ. Amer. Chem. Soc. 1, 269) gibt bei geringem Zeitaufwand sehr gute Resultate. Man benötigt zu dieser Alkalibestimmung reines Ammoniumchlorid, das man durch Sublimation des käuflichen Salzes bereitet, reines Calciumcarbonat, das man durch Auflösen von reinstem Kalkspat in Salzsäure, Fällen mit Ammoniak und Ammoncarbonat in der Wärme und Auswaschen bis zum Verschwinden der Chlorreaktion erzeugt, und einen fingerförmigen Platintiegel von 8 cm Länge, 2—3,5 cm oberem und 1,5—2,5 cm′ unterem Durchmesser. Man verreibt 0,5—1 g der feinst gepulverten Substanz und ebensoviel Ammonchlorid mit einem Pistill innig in einem Achatmörser, fügt hierauf die sechsfache Menge Calciumcarbonat hinzu, verreibt neuerlich innig, bringt zunächst die Mischung mit Hilfe eines Glanzpapieres und sodann die letzten Reste aus der Reibschale und vom Pistill mit 1—2 g Calciumcarbonat in den Tiegel.

Der Tiegel wird hierauf in schwach geneigter Lage durch die seitliche Öffnung eines oben und unten offenen Asbestkästchens geschoben, so daß nur etwa 2 cm des Tiegels aus der Öffnung hervorragen, mit einem übergreifenden Platindeckel verschlossen und zunächst ¼ Stunde mit einer kleinen Flamme erhitzt. Hat die Ammoniak-Entwicklung aufgehört, wird ¾ Stunden kräftig mit einem großen Teclu-Brenner erhitzt, worauf man erkalten läßt. Man weicht nunmehr die zusammengesinterte Masse mit heißem Wasser auf, spült sie in eine geräumige Porzellan- oder Platinschale und digeriert unter beständigem Zerdrücken von harten Teilen, bis vollständige Zersetzung erfolgt ist. Die Flüssigkeit gießt man durch ein Filter, wäscht den Rückstand viermal durch Dekantation, bringt ihn aufs Filter und wäscht vollkommen mit heißem Wasser aus. Bei vollständiger Aufschließung muß der Rückstand von verdünnter Salzsäure vollständig gelöst werden.

Die in einem Porzellanbecher oder einer Schale befindliche Flüssigkeit versetzt man zur Abscheidung des Kalks mit Ammoniak und Ammoncarbonat, erwärmt und filtriert. Zur Trennung von kleinen Alkalimengen, die der Niederschlag enthalten kann, löst man ihn in Salzsäure und fällt nochmals mit Ammoniak und Ammoncarbonat. Die vereinigten Filtrate verdampft man zur Trockne, vertreibt durch vorsichtiges Erhitzen die Ammonsalze, löst den Rückstand in wenig Wasser und fällt die letzten Reste von Kalk mit etwas Ammonoxalat und Ammoniak. Nach 12 stündigem Stehen wird filtriert, das Filtrat in gewogener Platinschale zur Trockne abgedampft, schwach geglüht, nach dem Erkalten mit etwas Salzsäure befeuchtet, abgedampft und nochmals schwach geglüht, worauf man die erhaltenen Alkalichloride wägt.

Ein Bestandteil des Glases, der nach Appert und Henrivaux Knapp (Sprechsaal **28**, 466; 1895) sowie nach eigenen Erfahrungen in vielen Gläsern, besonders in den mit Sulfat erschmolzenen, vorkommt, ist N a t r i u m s u l f a t. Zur Ermittelung desselben schließt man 1—2 g Glas mit schwefelsäurefreiem Natriumcarbonat auf, scheidet die Kieselsäure ab und bestimmt im Filtrate die Schwefelsäure durch Fällung mit Chlorbaryum.

2. A n a l y s e d e r B l e i g l ä s e r. Entsprechend der Einteilung der Bleigläser kann es sich um die Analyse kalkhaltiger (Halbkristall-) oder kalkfreier (Bleikristall-) Gläser handeln.

H a l b k r i s t a l l g l ä s e r. Bei der Analyse dieser blei- und kalkhaltigen Gläser werden ebenfalls zwei Aufschließungen vorgenommen: die eine mit Flußsäure und Schwefelsäure zur Alkalibestimmung, die zweite mit Natriumcarbonat zur Bestimmung der übrigen Basen und der Kieselsäure.

Die F l u ß s ä u r e a u f s c h l i e ß u n g wird in der angegebenen Weise (S. 118) ausgeführt, der nach dem Abrauchen mit Schwefelsäure gebliebene Rückstand mit Salzsäure und Wasser erwärmt, der ungelöst gebliebene Teil des Bleisulfates abfiltriert und mit dem Filtrate zur Bestimmung der Alkalien so wie bei den bleifreien Gläsern verfahren. Zur Überzeugung, ob die Aufschließung mit Flußsäure und Schwefelsäure eine vollkommene gewesen ist, erscheint es rätlich, das abfiltrierte Bleisulfat mit einer Lösung von essigsaurem Ammon zu erwärmen, wodurch bei gelungener Aufschließung vollkommen klare Lösung erfolgen muß.

Die A u f s c h l i e ß u n g m i t N a t r i u m c a r b o n a t erfolgt wie die bei bleifreien Gläsern; eine Gefahr für den Platintiegel ist, wenn man während des Schmelzens nicht durch einen groben Verstoß eine Reduktion herbeiführt, selbst bei sehr bleireichen Gläsern nicht vorhanden[1]. Die erhaltene Schmelze wird, nachdem sie in der bereits geschilderten Art mit Wasser aufgeweicht wurde, mit Salpetersäure oder aber mit Salzsäure zersetzt und die Kieselsäure daraus durch Abdampfen abgeschieden. Die Anwendung von Salpetersäure hat wohl den Vorteil, daß die Entstehung von schwerlöslichem Bleichlorid vermieden wird, verhindert aber, wenn sie in etwas größerer Menge angewendet wird, die vollständige

---

[1] Auch der vielfach empfohlene Zusatz von etwas Kalisalpeter ist nach meinen Erfahrungen völlig überflüssig; er verursacht während des Schmelzens nur ein lästiges Schäumen des Tiegelinhaltes und macht eine Zersetzung der Schmelze mit Salzsäure in Platingefäßen unmöglich.

Ausfällung des Schwefelbleis. Es erscheint deshalb nach eigenen Erfahrungen vorteilhafter, Salzsäure anzuwenden, wobei allerdings zu beachten ist, daß behufs vollständiger Trennung der Kieselsäure von dem ausgeschiedenen, schwerlöslichen Bleichlorid möglichst heiß filtriert, die Kieselsäure einige Mal mit heißem Wasser dekantiert und mit heißem Wasser gewaschen werden muß. Es gelingt so leicht, ohne Anwendung größerer Flüssigkeitsmengen, die Kieselsäure vollständig vom Bleichlorid zu trennen. Auch hier ist zweimaliges Abdampfen der Kieselsäure nötig.

Aus dem von der Kieselsäure getrennten Filtrate, das nicht zu viel freie Säure enthalten darf, wird sodann durch Einleiten von Schwefelwasserstoff das Blei als Schwefelblei abgeschieden; sollte sich schon vor dem Behandeln mit Schwefelwasserstoff aus der salzsauren Lösung Bleichlorid in Form von Nadeln am Boden des Becherglases abgesetzt haben, so ist es zweckmäßig, unter Umrühren die Flüssigkeit bis zur Auflösung des Chlorbleies zu erwärmen, durch Einstellen in kaltes Wasser rasch bis auf Handwärme abzukühlen und, noch ehe eine neue Ausscheidung von Bleichlorid erfolgen kann, Schwefelwasserstoff einzuleiten.

Um das Bleisulfid in Bleisulfat überzuführen, spritzt man das noch feuchte Bleisulfid in ein Becherglas, versetzt mit Salpetersäure vom spez. Gew. 1,2 und erwärmt allmählich, bis das Bleisulfid gelöst ist und nur noch Schwefelteilchen in der Flüssigkeit schwimmen. Nun wird in eine Porzellanschale filtriert, das Filtrat mit Schwefelsäure versetzt und eingedampft, bis die Schwefelsäure abzurauchen beginnt, worauf man mit Wasser verdünnt und das Bleisulfat in bekannter Weise abfiltriert. Nach dem Auswaschen und Trocknen wird es in einen Porzellantiegel gebracht, in dem man vorher das noch Reste von Schwefelblei enthaltende Filter bei Luftzutritt verbrannt und den gebliebenen Rückstand mit Salpetersäure und einem Tropfen Schwefelsäure eingedampft hatte, darin geglüht und gewogen. Nach T r e a d w e l l (Lehrbuch der anal. Chem. II, Leipzig und Wien 1907) bringt man zur Überführung des Bleisulfids in $PbSO_4$ so viel wie möglich von dem trockenen Niederschlage auf ein Uhrglas, verascht das Filter mit den daran befindlichen Resten von PbS vorsichtig in einem geräumigen, schräg stehenden Porzellantiegel, fügt die Hauptmenge des Niederschlages hinzu, befeuchtet mit Wasser, bedeckt den Tiegel mit einem Uhrglas und behandelt den Tiegelinhalt mit konz. Salpetersäure. Nachdem die Haupteinwirkung vorüber ist, wird die Behandlung mit rauchender Salpetersäure wiederholt, bis der Tiegelinhalt rein weiß erscheint, das Uhrglas entfernt, 5—10 Tropfen verdünnter Schwefelsäure hinzugefügt, zunächst auf dem Wasserbade so weit als möglich verdampft und schließlich die überschüssige Schwefelsäure im Luftbade abgeraucht.

Die Abscheidung und Bestimmung der übrigen Basen wird in der vom Bleisulfid abfiltrierten Lösung vorgenommen, indem man zuerst durch Erhitzen den gelösten Schwefelwasserstoff entfernt und sodann

nach dem bei den bleifreien Gläsern angegebenen Verfahren
vorgeht.

B l e i k r i s t a l l g l a s. Die Untersuchung kann wie die der
Halbkristallgläser vorgenommen werden, man kommt jedoch rascher
in folgender Art zum Ziele:

E i n e A u f s c h l i e ß u n g nimmt man mit N a t r i u m c a r b o n a t
vor und bestimmt darin die Kieselsäure, eine z w e i t e A u f -
s c h l i e ß u n g mit F l u ß s ä u r e und S c h w e f e l s ä u r e
dient zur Alkalibestimmung, und eine d r i t t e A u f s c h l i e ß u n g
mit F l u ß s ä u r e und S a l p e t e r s ä u r e verwendet man zur Bestimmung des Bleioxyds, der Tonerde, des Eisenoxyds (Manganoxyduls)
und der etwa vorhandenen geringen Menge von Kalk und Magnesia. Die
ersten beiden Aufschließungen werden wie bei Halbkristallgläsern ausgeführt; zur Aufschließung mit Flußsäure und Salpetersäure versetzt man
in einer Platinschale 1—2 g des Glases mit Flußsäure und verdampft
nach längerem Digerieren auf dem Wasserbade zur Trockne. Den
Rückstand übergießt man mit konzentrierter Salpetersäure, verdampft
abermals zur Trockne, wiederholt den Zusatz von Salpetersäure und
das Abdampfen noch 2—3 mal, nimmt dann mit Salpetersäure und
heißem Wasser auf und erhält nun, falls die Aufschließung vollständig
ist, eine klare Lösung. Zur Abscheidung des Bleies versetzt man mit
überschüssiger Schwefelsäure, verdampft, bis sie abzurauchen beginnt, läßt erkalten, verdünnt mit Wasser und filtriert das Bleisulfat
ab, das man zuerst mit schwefelsäurehaltigem Wasser und hierauf mit
Alkohol auswäscht, glüht und wägt. Im Filtrate, das man nicht mit dem
alkoholischen Waschwasser vermischt hat, bestimmt man nun wie
gewöhnlich die übrigen Basen, ausgenommen die Alkalien.

Bei entsprechender Erfahrung kann man die Anwendung der
Salpetersäure beim Aufschließen umgehen und das Glas direkt
mit Flußsäure und Schwefelsäure aufschließen mit der Vorsicht,
daß man etwas mehr Schwefelsäure anwendet und diese nicht vollständig abraucht; nur darf dann kein Zweifel bezüglich der vollkommenen Aufschließung bestehen.

Für den Fall, daß kein Magnesiumoxyd im Glase enthalten
ist, kann eine gesonderte Aufschließung für die Alkalien ent-
fallen, weil diese sich dann in einfacher Weise neben den übrigen Basen
bestimmen lassen; es ist aber jedenfalls nach erfolgter Abscheidung
des Bleies im Filtrate zunächst der Überschuß an Schwefelsäure durch
Abdampfen zu entfernen, ehe man an die Bestimmung der übrigen Bestandteile geht.

3. A n a l y s e b o r s ä u r e h a l t i g e r G l ä s e r. Gewöhnlich
wird die B o r s ä u r e in Gläsern nicht direkt, sondern aus der Differenz
bestimmt, da die Bestimmungsmethoden wohl genau, aber etwas umständlich sind.

H ö n i g und S p i t z (Zeitschr. f. angew. Chem. 9, 100; 1896)
bestimmen die Borsäure in Silikaten auf maßanalytischem Wege. Die
feingeriebene Substanz wird durch Schmelzen mit Kaliumnatrium-

carbonat aufgeschlossen. Man laugt die Schmelze mit Wasser aus, fügt eine dem angewandten Alkalicarbonat mindestens äquivalente Menge eines Ammonsalzes hinzu und kocht die Lösung längere Zeit. Dann setzt man zur Fällung der letzten Reste der Kieselsäure ammoniakalische Zinkoxydlösung hinzu, erwärmt nochmals bis zum Verschwinden des Ammoniaks, filtriert und wäscht aus. Die Lösung wird auf ein möglichst geringes Volumen eingedampft, in ein Kölbchen gespült und nach Zusatz von Methylorange mit einem kleinen Überschuß von ½ Normal-Salzsäure 10 bis 15 Minuten am Rückflußkühler gekocht. Nach dem Erkalten wird der Kühler mit Wasser in das Kölbchen ausgespült und nach neuerlichem Zusatz von Methylorange der Überschuß der Salzsäure durch Lauge weggenommen. In der neutralisierten Lösung erfolgt nun die Bestimmung der Borsäure genau wie bei den Boraten (S. 89).

Gewichtsanalytisch kann die Borsäure in Gläsern nach der Methode von R o s e n b l a d t - G o o c h (Zeitschr. f. anal. Chem. 26, 18, 364; 1887) bestimmt werden. Man schließt das feingepulverte Glas mit der vierfachen Menge Natriumcarbonat auf, laugt die Schmelze mit Wasser aus, verdampft die Lösung, die alle Borsäure enthält, auf ein kleines Volumen ab, säuert nach Zusatz von etwas Lackmus mit Salzsäure gerade an, fügt einen Tropfen verdünnter Natronlauge und dann einige Tropfen Essigsäure hinzu und bringt die Lösung, die nicht mehr als 0,2 g B_2O_3 enthalten soll, durch das Trichterrohr T (Fig. 2 a. f. S.) in die pipettenförmige, 200 ccm fassende Retorte R, spült das Trichterrohr dreimal mit 2—3 ccm Wasser nach und schließt den Hahn. In den als Vorlage dienenden Erlenmeyerkolben bringt man eine genau gewogene Menge reinen Kalk, indem man ungefähr 1 g reinen Kalk vorerst in einem geräumigen Platintiegel vor dem Gebläse bis zu konstantem Gewicht glüht, soviel als möglich in den Erlenmeyerkolben gibt und den geringen Rest des Kalkes vorläufig im Exsikkator aufbewahrt. Den im Kolben befindlichen Kalk löscht man durch vorsichtigen Zusatz von ungefähr 10 ccm Wasser und verbindet dann Destillationsapparat und Kolben, wie aus der Figur zu ersehen; der Kork muß bei s einen Einschnitt haben, damit die Luft entweichen kann. Man erhitzt nun die Retorte R in einem Paraffinbade auf höchstens 140⁰ und fängt das Destillat in der Vorlage auf. Ist die Flüssigkeit abdestilliert, so senkt man das Paraffinbad, läßt etwas abkühlen, bringt dreimal aufeinanderfolgend je 10 ccm absoluten, acetonfreien Methylalkohol in die Retorte und dampft jedesmal zur Trockne ab. Hierauf bringt man 2—3 ccm Wasser und einige Tropfen Essigsäure in die Retorte, so daß ihr Inhalt deutlich rot wird, und destilliert noch dreimal mit je 10 ccm Methylalkohol ab. Man schüttelt nun die Vorlage, die alle Borsäure enthält, gut um, läßt gut verschlossen 1—2 Stunden stehen und verdampft den Inhalt der Vorlage in einer geräumigen Platinschale bei möglichst n i e d e r e r Temperatur (nicht auf siedendem Wasserbade!) zur Trockne. Hierauf bringt man die letzten Kalkreste aus der Vorlage mit Hilfe eines Tropfens sehr verdünnter Salpetersäure und etwas Wasser in die Platinschale, verdampft auf siedendem Wasserbade zur Trockne, erhitzt die Platinschale vorsichtig zum Glühen, weicht den Inhalt der Schale nach dem Erkalten mit wenig Wasser auf, bringt ihn ohne Verlust in den Platintiegel, worin der Kalk geglüht wurde, und spült die an der Schale haftenden Kalkreste mit 1—2 Tropfen sehr verdünnter Salpetersäure ebenfalls in den Tiegel. Der Tiegelinhalt wird nun im Wasserbade zur Trockne verdampft, dann mit aufgelegtem Deckel zuerst schwach, dann stärker bis zum konstanten Gewichte geglüht und gewogen. Die Gewichtszunahme ist B_2O_3. Die Methode ist auch bei Anwesenheit von Fluor brauchbar, wenn man Essigsäure zur Freisetzung der Borsäure verwendet.

Mit Rücksicht darauf, daß die Gegenwart von Borsäure die Trennung vieler Metalloxyde erschwert, ist es zweckmäßig, auch bei der Analyse borsäurehaltiger Gläser d r e i getrennte Aufschließungen vorzunehmen. Eine Partie wird mit kohlensaurem Natron aufgeschlossen und zur Bestimmung der K i e s e l s ä u r e sowie etwa vorhandener durch S c h w e f e l w a s s e r - s t o f f fällbarer M e t a l l o x y d e benutzt, eine zweite mit Flußsäure und Schwefelsäure aufgeschlossene Partie ist für die Ermittlung der A l k a l i e n bestimmt, und ein dritter, ebenfalls mit Flußsäure und Schwefelsäure aufgeschlossener Teil dient, da sich beim Aufschließen die Borsäure als Borfluorid verflüchtigt, zur Bestimmung der ü b r i g e n O x y d e. Ergibt sich die Notwendigkeit, diese in der mit Natriumcarbonat aufgeschlossenen Partie bestimmen zu müssen, dann ist zunächst die Borsäure daraus zu entfernen. Es gelingt dies nach J a n n a s c h (Zeitschr. f. anorg. Chem. 12, 208; 1896 und Zeitschr. f. anal. Chem. 36, 283; 1897) vollständig, wenn man die behufs Kieselsäureabscheidung zur Trockne gebrachte Masse 3—4 mal mit Methylalkohol abdampft, den man vorher mit Chlorwasserstoff gesättigt hat. Bei Abwesenheit von Magnesia ist eine gesonderte Aufschließung für die Bestimmung der Alkalien überflüssig; diese lassen sich dann leicht in der Flußsäure-Aufschließung neben den anderen Oxyden ermitteln.

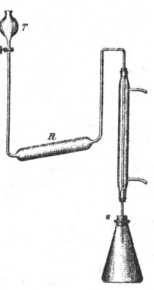

Fig. 2.

4. A n a l y s e f l u o r h a l t i g e r G l ä s e r. Die Bestimmung der A l k a l i e n und der übrigen Basen wird in einer mit Fluorwasserstoffsäure und Schwefelsäure bewirkten Aufschließung in gewöhnlicher Weise vorgenommen. Die Ermittlung des F l u o r s und der K i e s e l s ä u r e ist jedoch mit Schwierigkeiten verbunden weil beim

Eindampfen einer fluorhaltigen Lösung mit Salzsäure behufs Abscheidung
der Kieselsäure eine Verflüchtigung von Siliciumfluorid und somit ein
Verlust von Kieselsäure eintreten würde. Man ist zur Bestimmung
dieser beiden Bestandteile trotz der ausführlichen Untersuchungen
S e e m a n n s (Zeitschr. f. anal. Chem. 44, 343; 1905) noch immer
auf die Methode von B e r z e l i u s angewiesen, die zwar bezüglich
der Kieselsäure befriedigende Resultate gibt, bezüglich des Fluorgehaltes
aber nach S e e m a n n und A. A. K o c h (Journ. Amer. Chem. Soc. 29,1126:
1907) Fehler von 10—15 % der Fluormenge ergeben hat. Man schmilzt
1 g des fein gepulverten Glases mit der 6 fachen Menge Natriumkaliumcarbonat, wobei man sehr allmählich erhitzt und zu starkes Erhitzen
vermeidet, und beendigt die Aufschließung, sobald keine Kohlendioxyd-
entwicklung mehr stattfindet. Nach dem Erkalten wird die Schmelze
mit Wasser ausgelaugt, filtriert und sorgfältig mit heißem Wasser ausgewaschen. Das alkalische Filtrat wird in einer Platinschale zur Abscheidung von Kieselsäure und etwa vorhandenen Aluminiumoxyds
unter Verwendung eines Indikators mit Salzsäure fast neutralisiert,
mit etwa 4 g Ammoncarbonat versetzt und zunächst in bedeckter Schale
so lange erhitzt, bis das Spritzen der Flüssigkeit nachgelassen hat.
Man dampft dann bis auf einen kleinen Rest ein, fügt noch etwas Ammoncarbonat während des Eindampfens in kleinen Mengen zu, filtriert
den aus Kieselsäure und Aluminiumhydroxyd bestehenden Niederschlag ab und wäscht ihn mit ammoncarbonathaltigem Wasser aus.
Das Filtrat neutralisiert man nun genau, versetzt es zur Abscheidung
der letzten Reste von Kieselsäure mit 1—2 ccm ammoniakalischer
Zinkoxydlösung[1]), verdampft auf dem Wasserbade zur Trockne,
nimmt den Rückstand mit Wasser auf, filtriert den aus Zinksilikat
und Zinkhydroxyd bestehenden Niederschlag ab und wäscht mit reinem
Wasser aus.

Zur Bestimmung des Fluors wird die erhaltene Lösung, die alles
Fluor als Fluorkalium enthält, erhitzt und hierauf Chlorcalciumlösung
hinzugefügt, wodurch ein aus Fluorcalcium und etwas Calciumcarbonat
bestehender Niederschlag sich bildet, den man nach dem Abfiltrieren,
Auswaschen und Trocknen schwach glüht, zur Entfernung des kohlensauren Calciums mit verdünnter Essigsäure behandelt, zur Trockne
abdampft, mit Wasser versetzt, filtriert und nach dem Auswaschen
trocknet, glüht und wägt.

Zur Bestimmung der Kieselsäure wird zunächst der durch Zinkoxydammon erhaltene Niederschlag in Salpetersäure gelöst, durch Eindampfen zur Trockne daraus die Kieselsäure abgeschieden, abfiltriert
und nach dem Auswaschen geglüht und gewogen. Der beim Auslaugen
der Schmelze gebliebene Rückstand und der durch Ammoncarbonat
erhaltene Niederschlag werden nach dem Trocknen vom Filter entfernt
und nachdem dieses bei schwacher Glühhitze verbrannt ist, mit der

---

[1]) Man löst chem. reines Zink in Salzsäure, fällt die Lösung mit Kalilauge, filtriert, wäscht gut aus und löst den feuchten Niederschlag in Ammoniak auf.

Filterasche zusammen in Salzsäure gelöst. Aus der Lösung wird zunächst die Kieselsäure abgeschieden, deren Gewicht zu der bereits gefundenen Menge zu addieren ist; im Filtrate können noch vorhandene Metalloxyde bestimmt werden.

S e e m a n n hat gefunden, daß die Abscheidung der Kieselsäure aus alkalischer Lösung mit Ammoncarbonat und Zinkoxydammon unvollständig ist, wenn die Flüssigkeit nicht zur Trockne abgedampft wird; er empfiehlt, zur Abscheidung eine gesättigte Quecksilberoxyd-ammoncarbonatlösung zu verwenden [1]). Man neutralisiert die durch Auslaugen der Natriumcarbonatschmelze erhaltene Lösung mit Salzsäure unter Anwendung eines Indikators, fügt so viel Quecksilberoxydlösung zu, daß auf 0,2 g zu fällender Kieselsäure etwa 100 ccm Quecksilberlösung kommen, verdampft auf dem Wasserbade zur Trockne, nimmt den Rückstand mit Wasser auf und filtriert. Das schwach alkalische Filtrat wird abermals mit Salzsäure neutralisiert, mit 10—20 ccm Quecksilber-lösung versetzt und nochmals zur Trockne eingedampft. Nach dem Abfiltrieren und Auswaschen werden die beiden Niederschläge vereinigt, getrocknet, in einem Platintiegel erhitzt und schließlich auf dem Gebläse bis zu konstantem Gewicht geglüht.

5. A n a l y s e p h o s p h o r s ä u r e h a l t i g e r G l ä s e r. Ein Phosphorsäuregehalt des Glases, wie er bei Milchgläsern vorkommt, bedingt eine Abänderung des gewöhnlichen Analysenganges; einerseits muß auf die Bestimmung der Phosphorsäure Bedacht genommen werden, andrerseits kann die Ermittlung der Alkalien und der vorhandenen Metalloxyde erst dann vorgenommen werden, wenn aus den betreffenden Lösungen die Phosphorsäure entfernt worden ist.

Die Bestimmung der P h o s p h o r s ä u r e wird in einer mit Flußsäure und Schwefelsäure aufgeschlossenen Probe ausgeführt, wobei man jedoch das Erhitzen nicht bis zum Entweichen von Schwefel-säuredämpfen steigern, sondern wegen der Gefahr einer Verflüchtigung vonPhosphorsäure nur so lange fortsetzen darf, bis alles Fluor als Silicium-fluorid und Fluorwasserstoff entwichen ist. Den Rückstand nimmt man mit Salpetersäure auf, verdünnt, filtriert und bestimmt im Filtrate die Phosphorsäure nach der Molybdänmethode.

Zur A l k a l i b e s t i m m u n g wird eine Probe mit Flußsäure und Schwefelsäure aufgeschlossen und die salzsaure Lösung zur Abscheidung der Phosphorsäure mit Eisenchlorid und sodann mit essig-saurem Ammon versetzt und gekocht, wodurch alle Phosphorsäure als basisch phosphorsaures Eisenoxyd gefällt wird. Man filtriert und behandelt hierauf das Filtrat zur Trennung der Alkalien von den übrigen Metalloxyden und Entfernung der Schwefelsäure in bekannter Weise.

Die K i e s e l s ä u r e wird in dem durch Natriumcarbonat aufgeschlossenen Teile durch Zersetzen und Eindampfen mit Salpetersäure

---

[1]) Man fällt Quecksilberchloridlösung mit Natron- oder Kalilauge, wäscht den Niederschlag sorgfältig aus und trägt ihn so lange in eine Lösung von 235 g kohlensaurem Ammon, 180 ccm Ätzammoniak (D. 0,92) und 1000 Wasser ein, bis ein Rest des Quecksilberoxyds ungelöst bleibt.

abgeschieden; im Filtrate wird dann, falls nicht Bleioxyd oder andere durch Schwefelwasserstoff fällbare Metalloxyde vorhanden sind, welche früher entfernt werden müssen, die Phosphorsäure durch essigsaures Blei und Bleicarbonat oder durch salpetersaures Silber und Silbercarbonat nach den bekannten Arbeitsweisen abgeschieden und nach dem Abfiltrieren des Niederschlages der Überschuß der Fällungsmittel im Filtrate durch Schwefelwasserstoff bzw. durch Salzsäure entfernt. Die phosphorsäurefreie Lösung wird dann in bekannter Weise weiter untersucht.

Es ist hierbei zu beachten, daß die abgeschiedene Kieselsäure stets kleine Mengen von Phosphorsäure enthält, deren Entfernung bis auf einen kleinen Rest nur möglich ist, wenn man die abfiltrierte und ausgewaschene Kieselsäure längere Zeit mit wäßrigem Ammoniak behandelt; da hierbei auch etwas Kieselsäure gelöst wird, so dampft man die ammoniakalische Lösung unter Zusatz von etwas Salpetersäure ein, löst in Wasser und etwas Salpetersäure und filtriert die ausgeschiedene Kieselsäure ab, die man mit der Hauptmenge vereinigt.

6. Analyse von Farbgläsern. Die Ausführung der Untersuchung, insbesondere die Art und Zahl der nötigen Aufschließungen, und des allgemeinen Analysenganges hängt zum Teil von den vorhandenen Färbemitteln, hauptsächlich aber von der Art des Glases ab, ob bleifreies oder Bleiglas, Borat- oder Phosphatglas usw. vorliegt. Man wählt daher unter den bei diesen Gläsern beschriebenen Arbeitsweisen die passende aus.

Was die Aufschließung betrifft, ist zu bemerken, daß das Schmelzen von Farbgläsern mit kohlensaurem Natron behufs Aufschließung ganz unbesorgt in Platintiegeln vorgenommen werden kann, auch wenn das Glas leicht reduzierbare Metalloxyde, wie Zinnoxyd, Antimonoxyd, Bleioxyd enthält, da bei Anwendung einer oxydierenden Flamme keine Reduktion zu befürchten ist. Bezüglich der Aufschließung mit Flußsäure und Schwefelsäure muß berücksichtigt werden, daß bei Gegenwart von Zinnoxyd und Bleioxyd sich der Abdampfrückstand weder in Salzsäure noch in Salpetersäure klar lösen kann; andererseits wird es in Fällen, wo durch Schwefelwasserstoff fällbare Metallverbindungen im Glase enthalten sind, zumeist notwendig werden, diese Oxyde aus der zur Alkaliermittelung bestimmten Lösung zunächst durch Einleiten von Schwefelwasserstoff zu entfernen, ehe die weitere Behandlung der Flüssigkeit nach dem üblichen, bereits beschriebenen Verfahren platzgreifen kann. Es wird dies immer geschehen müssen, wenn sich die betreffenden Metalloxyde durch die später anzuwendenden Fällungsmittel (Ammoniumcarbonat und Kalkmilch) nicht aus der Lösung entfernen lassen; ebenso wird sich unter solchen Umständen bisweilen die Notwendigkeit ergeben, auch noch eine Fällung mit Schwefelammonium vorzunehmen.

Die Abscheidung der Kieselsäure erfolgt in bekannter Weise; ob dabei Salz- oder Salpetersäure anzuwenden ist, hängt natürlich von der Art der vorhandenen Metalloxyde ab; bei Gegenwart von Zinn- oder Antimonoxyd ist Salpetersäure nicht anwendbar, weil dadurch Metazinnsäurehydrat und Antimonsäure gebildet werden, die der Kieselsäure beigemengt bleiben würden. Die Trennung und Bestimmung der Metalloxyde im Filtrate erfolgt nach dem gewöhnlichen Analysengange und bietet meist keine Schwierigkeiten. Sind sehr geringe Mengen färbender Bestandteile zu bestimmen (z. B. Gold in Rubingläsern), so ermittelt man diese nicht im Filtrate von der Kieselsäure, sondern verwendet dazu eine gesonderte Aufschließung von mindestens 5 g Glas mit Flußsäure.

Bei antimonhaltigen Gläsern ist es schwer, die Kieselsäure vollkommen vom Antimonoxyd zu trennen, selbst wenn man dieselbe wiederholt mit konzentrierter Salzsäure unter Zusatz von Weinsäure auskocht. Mehrfache Versuche haben ergeben, daß sich dieses Ziel in nachstehender, allerdings umständlicher Art erreichen läßt:

Man schließt eine Probe des feingepulverten Glases mit Natriumcarbonat auf und scheidet die Kieselsäure durch wiederholtes Abdampfen der salzsauren Lösung ab (S. 116). Die noch feuchte, unreine Kieselsäure wird nunmehr vom Filter in eine Platinschale gespritzt und, nachdem man die auf dem Filter gebliebenen Reste durch Aufgießen von etwas heißer Natriumcarbonatlösung und Nachwaschen mit heißem Wasser ebenfalls in die Schale gebracht hat, mit so viel reiner 8 proz. Natriumcarbonatlösung versetzt, daß auf je 0,1 g Kieselsäure ungefähr 18—20 ccm Natriumcarbonatlösung kommen. Man kocht, bis die Kieselsäure vollkommen gelöst ist, säuert mittels einer Pipette bei aufgelegtem Uhrglase mit Salzsäure an, erwärmt, bis keine Kohlensäureentwickelung mehr stattfindet, scheidet sodann durch zweimaliges Eindampfen die Kieselsäure ab, die nunmehr rein ist, während sich die früher beigemengten geringen Mengen von Antimonoxyd bzw. auch Bleioxyd als Chloride in der Lösung vorfinden und daraus mit Schwefelwasserstoff abgeschieden werden können.

7. Analyse von Glas- und Metallemailen und Schmelzfarben. Dem Glas im weiteren Sinne des Wortes gehören auch die verschiedenen Emaile, die zum Schutz oder zur Dekoration von Metallen, sowie zur Verzierung von Glasgefäßen dienen, und die zur Dekoration von Glas und Tonwaren dienenden Schmelzfarben an. Die große Mannigfaltigkeit in der chemischen Zusammensetzung dieser glasähnlichen Materialien macht es zwar unmöglich, eine genaue Anleitung zu ihrer Untersuchung zu geben, die qualitative Untersuchung und die nachstehenden Bemerkungen dürften aber den in einzelnen Fällen einzuschlagenden Weg erkennen lassen.

Die Gold-, Silber- und Kupferemaile, die im Handel in Form flacher Scheiben vorkommen, sind mehr oder weniger leicht schmelzbare und zumeist borsäurehaltige Bleikristallgläser von verschiedener Farbe. Die opaken Emaile sind zumeist durch Arsentrioxyd oder Zinnoxyd getrübt. Die Untersuchung dieser Metallemaile wird daher so wie die der Farbgläser bzw. Borat- und Bleikrystallgläser durchgeführt.

Die E i s e n e m a i l e sind gewöhnlich bleifreie, aber borsäure-
und oft auch fluorhaltige glasige Massen. Der auf Eisenblech- oder
Eisengußwaren aufgeschmolzene Emailüberzug besteht fast immer aus
zwei Schichten, dem unteren bläulich-grauen Grundemail und dem
darüberliegenden, durch Zinnoxyd getrübten weißen oder farbigen
eigentlichen Email. Die quantitative Analyse wird daher nur dann Erfolg haben, wenn sie gesondert zur Untersuchung kommen können.
Man wird dabei die bei borsäure- bzw. fluorhaltigen Gläsern übliche
Untersuchungsmethode anwenden.

Soll ermittelt werden, ob das Email eines Kochgeschirrs bleihaltig
ist, so befeuchtet man ein Stückchen Filtrierpapier mit reiner Flußsäure,
legt dieses auf das Email auf und läßt einige Minuten liegen. Hierauf spült man das Papier und die auf dem Email haftende breiartige
Masse in ein Platinschälchen. verdünnt mit Wasser und prüft mit
Schwefelwasserstoff auf Blei.

Die opaken oder transparenten G l a s e m a i l e , die bei der
Dekoration von Glaswaren in dicker, pastoser Lage aufgetragen und dann
eingebrannt werden, kommen im Handel gewöhnlich pulverförmig,
selten in Stücken vor; sie bestehen aus bleireichen, zum Teil auch borsäurehaltigen Glassorten, die sehr leicht schmelzen und im pulverförmigen Zustande schon durch verdünnte Salz- oder Salpetersäure
vollkommen zersetzt werden. Ihre Untersuchung wird dadurch wesentlich
vereinfacht.

Die zur Dekoration von Glas- und Tonwaren dienenden S c h m e l z -
f a r b e n (auch Glas- oder Porzellanfarben genannt), die im Gegensatz
zu den Emailen nur in verhältnismäßig dünner Lage auf die Glas- oder
Tongegenstände aufgetragen werden, bestehen zumeist aus einem feuer-
beständigen Farbkörper, der mit einem leicht schmelzbaren Glase,
dem sog. Fluß innig gemischt ist. Da dieser blei- oder borsäurereiche
Fluß durch Säuren stets zersetzlich ist, während der Farbkörper oft
nicht angegriffen wird, so erleichtert dies wesentlich die Untersuchung
der Schmelzfarben. Eine Aufschließung mit Natriumcarbonat ist dabei
stets überflüssig und schon mit Rücksicht auf den gefährdeten Platintiegel zu vermeiden.

Die Mörtelindustrie.

Von

Prof. Dr. Karl Schoch, Berlin.

Die Grundstoffe für die Mörtelindustrie finden sich in der Natur wesentlich als Verbindungen des Calciums, und zwar einerseits mit Kohlensäure als kohlensaurer Kalk, sogenannter Kalkstein, und andererseits als schwefelsaurer Kalk, der Gips. Außer diesen beiden Grundstoffen sind zunächst noch zu nennen die kohlensaure Magnesia in Form der dolomitischen Gesteine und in zweiter Linie die Puzzolanen, sowohl natürliche wie künstliche. Diese Puzzolanen vermögen nicht für sich allein einen Mörtel zu bilden; sie werden vielmehr nur als Hydraulefaktoren dem gebrannten und dann trocken abgelöschten Kalke zugesetzt.

Für die künstlichen Mörtelsubstanzen, als deren vornehmster Repräsentant der künstliche Portlandzement zu nennen ist, die also künstlich durch Zusammenverarbeiten zweier verschiedener Materialien hergestellt werden, kommt dann noch der Ton in Betracht.

A. Kalk.

I. Kalkstein.

Nach ihrem Gehalt an Ton teilt man die Kalksteine nach ihrer Verwendung in der Praxis ein in Materialien für

Luftkalk oder Weißkalk,

eigentlichen hydraulischen Kalk und

Romanzement,

welcher letzterer sich bei Benetzung mit Wasser nicht mehr von selbst löscht, sondern künstlich bzw. maschinell zerkleinert und gepulvert werden muß.

Außer tonigen Anteilen (Kieselsäure, Tonerde und Eisenoxyd) finden sich ferner noch in fast allen Kalksteinen als akzessorische Bestandteile Magnesia, und zwar gewöhnlich als kohlensaure Magnesia, organische Substanz (Bitumen und Kohle) und Feuchtigkeit, ferner noch Schwefelkies, Alkalien und seltener Phosphorsäure und Manganoxydul.

Für gewöhnlich sind diese Substanzen nur in ganz geringen Mengen bzw. Spuren vertreten. Doch finden sich auch Kalksteine mit bis zu mehreren Prozent Schwefelkies vor, sowie solche mit fast 2 % Kohle [1]). In noch stärkeren Mengen kann kohlensaure Magnesia vertreten sein, welche zugleich die Härte und das spez. Gewicht des betreffenden dolomitischen Gesteins merklich erhöht.

a) Vorprüfungen.

1. Bestimmung des Gehaltes an kohlensaurem Kalk. Diese ist meist eine volumetrische und erfolgt in der Weise, daß der fein gepulverte Kalkstein in einem geschlossenen Glasgefäße mittels Salzsäure zersetzt und die entwickelte Kohlensäure in einer Meßröhre aufgefangen wird. Während hierbei kleinere Mengen von kohlensaurer Magnesia naturgemäß nicht unterschieden werden können, lassen sich größere Mengen, schon über 4—5 % $MgCO_3$, sofort mit Leichtigkeit am Apparate (Calcimeter) erkennen. Kohlensaure Magnesia entbindet bei der Zersetzung mittels Salzsäure ihre Kohlensäure weitaus schwerer und langsamer als kohlensaurer Kalk. Findet man also nach der sofortigen ersten Ablesung an der Meßröhre noch eine sukzessiv eintretende weitere Vermehrung des Gasvolumens, so deutet das mit unfehlbarer Sicherheit auf einen Gehalt an Magnesia über 3 %.

Als empfehlenswerte Calcimeter sind folgende Apparate zu nennen:

a) Der Apparat nach Lunge und Marchlewski bzw. Lunge und Rittener, welcher bereits im Allgemeinen Teil, Bd. I, S. 180 beschrieben ist.

b) der Apparat nach Scheibler-Dietrich;

c) der Apparat nach Baur-Cramer, in der vom Verfasser modifizierten Form.

Außerdem hat Sander ein Calcimeter beschrieben, bei dem das Volumen des entwickelten Kohlendioxyds auf mechanischem Wege ohne Rechnungsoperation auf die Normalbedingungen 0° C und 760 mm Druck reduziert wird. Da dieser Apparat sozusagen identisch mit dem in Bd. I, S. 166 beschriebenen Lungeschen Gasvolumeter ist, so brauchen wir nur auf dieses zu verweisen.

Die Einrichtung und Handhabung der Apparate b) und c) ist die folgende:

Der Apparat nach Scheibler-Dietrich (Fig. 3) besteht aus zwei Röhren, welche durch einen dickwandigen Gummischlauch miteinander in Verbindung stehen, und von denen die eine a mit einer Teilung von 0 bis 200 versehen ist. Diese letztere Röhre ist unbeweglich in zwei Haltern festgeklemmt, die erstere b an einer Gleitstange auf und ab beweglich: sie dient zum Ausgleich der Sperrflüssigkeit in den

---

[1]) Ein vom Verf. untersuchter Kalkstein aus dem Königreiche Sachsen (Berggießhübel) zeigte zwischen 1—2% Anthrazit, dasselbe ein Kalkstein aus Venezuela (Süd-Amerika).

Röhren, welche aus abgekochtem Wasser besteht, dem etwas Kupfersulfat und Schwefelsäure zugesetzt werden. Die Meßröhre *a* ist an ihrem oberen Ende zusammengezogen und mit einem Dreiwegehahn *d* versehen, der einerseits die Verbindung nach außen, andererseits mittels des Systems *c* diejenige zum Entwickelungsgefäß bewirkt.

Da die Teilung der Röhre von 0—200 geht, so ist jedesmal die doppelte Menge Substanz abzuwägen, die auf der nachstehenden Tabelle verzeichnet ist. In gleicher Weise ist demgemäß das gefundene Resultat zu halbieren.

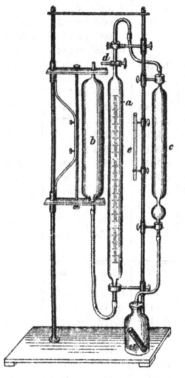

Nachdem der Apparat auf seine Dichtigkeit geprüft ist, indem man alle Öffnungen schließt und durch Herunterlassen der Ausgleichsröhre *b* die Sperrflüssigkeit etwas zum Sinken bringt, worauf sie auf konstantem Niveau stehen bleiben muß, wird der eigentliche Versuch in folgender Weise durchgeführt:

Man bestimmt Barometer- [1]) und Thermometerstand und ermittelt danach die abzuwägende Menge der zu untersuchenden Substanz mit Hilfe der unten folgenden Tabelle.

Bei 12°C und 766 mm Druck sind $2 \times 0,4271 = 0,8542$ g Substanz einzuwägen. Die Substanz wird in das Entwicklungsgefäß eingegeben, und ferner werden in ein Säuregläschen 5 ccm Salzsäure vom spez. Gewicht 1,124 eingefüllt. Dann schließt man den Gummistopfen des Entwicklungsgefäßes, stellt die Sperrflüssigkeit auf Null ein und stellt mittels des Hahnes *d* die Verbindung zwischen Entwicklungsgefäß und Meß-

Fig. 3.

röhre *a* her. Darauf läßt man durch Neigen des Entwicklungsgefäßes die Säure zur Substanz treten und gleicht je nach dem Sinken der Sperrflüssigkeit durch Herunterlassen der Röhre *b* das Niveau in beiden Röhren aus. Nach vollständiger Beendigung der Entwicklung läßt man 3 Minuten abkühlen, stellt genau auf gleiches Niveau ein und liest schließlich an der Meßröhre den Stand der Sperrflüssigkeit ab. Nach Division mit 2 ergeben sich direkt die Prozente an kohlensaurem Kalk.

---

[1]) Das ist der wirkliche, augenblicklich herrschende Luftdruck, also nicht der auf die Meereshöhe des betreffenden Ortes reduzierte Barometerstand.

Tabelle für die Gewichte der
(wenn 1 ccm Kohlendioxyd 1 Proz. Calciumcarbonat anzeigen soll, bei 700—770 mm

t⁰	700	702	704	706	708	710	712	714	716	t⁰
10	0.3944	0.3955	0.3967	0.3978	0.3990	0.4001	0.4013	0.4024	0.4035	10
11	0.3924	0.3936	0.3947	0.3959	0.3970	0.3981	0.3993	0.4004	0.4016	11
12	0.3908	0.3919	0.3931	0.3942	0.3953	0.3965	0.3976	0.3987	0.3999	12
13	0.3891	0.3903	0.3914	0.3925	0.3937	0.3948	0.3959	0.3970	0.3982	13
14	0.3872	0.3883	0.3895	0.3906	0.3917	0.3928	0.3940	0.3951	0.3962	14
15	0.3855	0.3866	0.3877	0.3889	0.3900	0.3911	0.3922	0.3933	0.3945	15
16	0.3837	0.3848	0.3859	0.3871	0.3882	0.3893	0.3904	0.3915	0.3926	16
17	0.3818	0.3829	0.3841	0.3852	0.3863	0.3874	0.3885	0.3896	0.3907	17
18	0.3800	0.3811	0.3822	0.3833	0.3846	0.3856	0.3867	0.3878	0.3889	18
19	0.3782	0.3793	0.3804	0.3815	0.3826	0.3837	0.3848	0.3859	0.3870	19
20	0.3763	0.3774	0.3785	0.3796	0.3807	0.3818	0.3829	0.3840	0.3851	20
21	0.3744	0.3755	0.3766	0.3777	0.3788	0.3799	0.3810	0.3821	0.3832	21
22	0.3726	0.3737	0.3748	0.3758	0.3769	0.3780	0.3791	0.3802	0.3813	22
23	0.3705	0.3716	0.3727	0.3738	0.3749	0.3760	0.3771	0.3782	0.3793	23
24	0.3687	0.3698	0.3709	0.3720	0.3731	0.3742	0.3753	0.3764	0.3774	24
25	0.3667	0.3678	0.3689	0.3699	0.3710	0.3721	0.3732	0.3743	0.3754	25
26	0.3647	0.3657	0.3668	0.3679	0.3690	0.3701	0.3711	0.3722	0.3733	26
27	0.3626	0.3637	0.3648	0.3659	0.3669	0.3680	0.3691	0.3702	0.3712	27
28	0.3606	0.3617	0.3628	0.3638	0.3649	0.3660	0.3671	0.3681	0.3692	28
29	0.3585	0.3595	0.3606	0.3617	0.3627	0.3638	0.3649	0.3660	0.3670	29
30	0.3564	0.3574	0.3585	0.3596	0.3606	0.3617	0.3628	0.3638	0.3649	30

t⁰	736	738	740	742	744	748	750	752	754	t⁰
10	0.4150	0.4161	0.4172	0.4184	0.4195	0.4207	0.4218	0.4229	0.4241	10
11	0.4129	0.4141	0.4152	0.4163	0.4175	0.4186	0.4196	0.4209	0.4220	11
12	0.4112	0.4123	0.4135	0.4146	0.4157	0.4169	0.4180	0.4191	0.4203	12
13	0.4095	0.4106	0.4117	0.4129	0.4140	0.4151	0.4163	0.4174	0.4185	13
14	0.4075	0.4086	0.4097	0.4109	0.4120	0.4131	0.4142	0.4154	0.4165	14
15	0.4057	0.4068	0.4079	0.4090	0.4102	0.4113	0.4124	0.4135	0.4147	15
16	0.4038	0.4049	0.4061	0.4072	0.4083	0.4094	0.4105	0.4117	0.4128	16
17	0.4019	0.4030	0.4041	0.4052	0.4063	0.4074	0.4086	0.4097	0.4108	17
18	0.4000	0.4011	0.4022	0.4033	0.4044	0.4055	0.4067	0.4078	0.4089	18
19	0.3981	0.3992	0.4003	0.4014	0.4025	0.4036	0.4047	0.4058	0.4069	19
20	0.3962	0.3973	0.3984	0.3995	0.4006	0.4017	0.4028	0.4039	0.4050	20
21	0.3942	0.3953	0.3964	0.3975	0.3986	0.3997	0.4008	0.4019	0.4030	21
22	0.3923	0.3934	0.3945	0.3956	0.3967	0.3977	0.3988	0.3999	0.4010	22
23	0.3902	0.3913	0.3924	0.3935	0.3945	0.3956	0.3967	0.3978	0.3989	23
24	0.3883	0.3894	0.3905	0.3916	0.3927	0.3938	0.3948	0.3959	0.3970	24
25	0.3862	0.3873	0.3884	0.3895	0.3905	0.3916	0.3927	0.3938	0.3949	25
26	0.3841	0.3852	0.3863	0.3873	0.3884	0.3895	0.3906	0.3917	0.3928	26
27	0.3820	0.3831	0.3842	0.3852	0.3863	0.3874	0.3885	0.3896	0.3906	27
28	0.3799	0.3810	0.3821	0.3832	0.3842	0.3853	0.3864	0.3875	0.3885	28
29	0.3777	0.3788	0.3799	0.3809	0.3820	0.3831	0.3841	0.3852	0.3863	29
30	0.3756	0.3766	0.3777	0.3788	0.3798	0.3809	0.3820	0.3830	0.3841	30

zu untersuchenden Substanz

Barometerstand und 10—30° C, wobei die Wasserdampftension schon berücksichtigt ist).

t°	718	720	722	724	726	728	730	732	734	t°
10	0.4047	0.4058	0.4070	0.4081	0.4092	0.4104	0.4115	0.4127	0.4138	10
11	0.4027	0.4038	0.4050	0.4061	0.4072	0.4084	0.4095	0.4107	0.4118	11
12	0.4010	0.4021	0.4033	0.4044	0.4055	0.4067	0.4078	0.4089	0.4101	12
13	0.3993	0.4004	0.4016	0.4027	0.4038	0.4050	0.4061	0.4072	0.4083	13
14	0.3974	0.3985	0.3996	0.4007	0.4019	0.4030	0.4041	0.4052	0.4064	14
15	0.3956	0.3967	0.3978	0.3989	0.4001	0.4012	0.4023	0.4034	0.4046	15
16	0.3938	0.3949	0.3960	0.3971	0.3982	0.3994	0.4005	0.4016	0.4027	16
17	0.3918	0.3930	0.3941	0.3952	0.3963	0.3974	0.3985	0.3996	0.4008	17
18	0.3900	0.3911	0.3922	0.3933	0.3944	0.3956	0.3967	0.3978	0.3989	18
19	0.3881	0.3892	0.3903	0.3914	0.3925	0.3936	0.3948	0.3959	0.3970	19
20	0.3862	0.3873	0.3884	0.3895	0.3906	0.3918	0.3929	0.3940	0.3951	20
21	0.3843	0.3854	0.3865	0.3876	0.3887	0.3898	0.3909	0.3920	0.3931	21
22	0.3824	0.3835	0.3846	0.3857	0.3868	0.3879	0.3890	0.3901	0.3912	22
23	0.3804	0.3815	0.3825	0.3836	0.3847	0.3858	0.3869	0.3880	0.3891	23
24	0.3785	0.3796	0.3807	0.3818	0.3829	0.3840	0.3851	0.3861	0.3872	24
25	0.3765	0.3775	0.3786	0.3797	0.3808	0.3819	0.3830	0.3840	0.3851	25
26	0.3744	0.3755	0.3765	0.3776	0.3787	0.3798	0.3809	0.3819	0.3830	26
27	0.3723	0.3734	0.3745	0.3756	0.3766	0.3777	0.3788	0.3799	0.3809	27
28	0.3703	0.3714	0.3724	0.3735	0.3746	0.3757	0.3767	0.3778	0.3789	28
29	0.3681	0.3692	0.3702	0.3713	0.3724	0.3734	0.3745	0.3756	0.3767	29
30	0.3660	0.3670	0.3681	0.3692	0.3702	0.3713	0.3724	0.3734	0.3745	30

t°	756	758	760	762	764	766	768	770	t°
10	0.4252	0.4263	0.4275	0.4287	0.4298	0.4309	0.4321	0.4332	10
11	0.4232	0.4243	0.4254	0.4266	0.4277	0.4289	0.4300	0.4311	11
12	0.4214	0.4225	0.4237	0.4248	0.4259	0.4271	0.4282	0.4293	12
13	0.4196	0.4208	0.4219	0.4230	0.4242	0.4253	0.4264	0.4275	13
14	0.4176	0.4187	0.4199	0.4210	0.4221	0.4232	0.4244	0.4255	14
15	0.4158	0.4169	0.4180	0.4191	0.4203	0.4214	0.4225	0.4236	15
16	0.4139	0.4150	0.4161	0.4172	0.4184	0.4195	0.4206	0.4217	16
17	0.4119	0.4130	0.4141	0.4152	0.4164	0.4175	0.4186	0.4197	17
18	0.4100	0.4111	0.4122	0.4133	0.4144	0.4155	0.4166	0.4178	18
19	0.4080	0.4091	0.4102	0.4113	0.4125	0.4136	0.4147	0.4158	19
20	0.4061	0.4072	0.4083	0.4094	0.4105	0.4116	0.4127	0.4138	20
21	0.4041	0.4052	0.4063	0.4074	0.4085	0.4096	0.4107	0.4118	21
22	0.4021	0.4032	0.4043	0.4054	0.4065	0.4076	0.4087	0.4098	22
23	0.4000	0.4011	0.4022	0.4033	0.4044	0.4055	0.4066	0.4076	23
24	0.3981	0.3992	0.4003	0.4014	0.4025	0.4036	0.4046	0.4057	24
25	0.3960	0.3970	0.3981	0.3992	0.4003	0.4014	0.4025	0.4036	25
26	0.3938	0.3949	0.3960	0.3971	0.3982	0.3992	0.4003	0.4014	26
27	0.3917	0.3928	0.3939	0.3949	0.3960	0.3971	0.3982	0.3992	27
28	0.3896	0.3907	0.3918	0.3928	0.3939	0.3950	0.3960	0.3971	28
29	0.3874	0.3884	0.3895	0.3906	0.3916	0.3927	0.3938	0.3948	29
30	0.3852	0.3862	0.3873	0.3884	0.3894	0.3905	0.3916	0.3926	30

Dem Scheibler-Dietrichschen Apparate wird von den Verkäufern desselben eine Tabelle mitgegeben, welche anzeigt, wie viel man von der zu untersuchenden Substanz abwägen muß, um aus dem am Gasmeßrohre abgelesenen Gasvolumen bei verschiedenen Temperaturen und Barometerständen ohne weiteres den Prozentgehalt der Substanz an Calciumcarbonat ablesen zu können. Diese Tabelle ist jetzt veraltet, da sie auf einem nicht mehr als gültig anzunehmenden Litergewichte des Kohlendioxyds basiert. Wir ersetzen sie daher durch die vorstehende von Berl neuberechnete Tabelle. Diese bezieht sich auf das experimentell gefundene Litergewicht von Kohlendioxyd (1,9768g), das von dem berechneten (1,9633) um 0,7% abweicht. Dabei ist auch die Wasserdampftension des feucht gemessenen Kohlendioxyds bereits berücksichtigt.

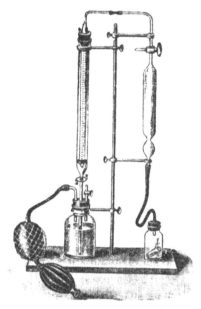

Fig. 4.

Indessen ist ein Teil Kohlensäure durch die gebildete Chlorcalciumlauge wieder resorbiert worden — wieviel, kann man nur durch jedesmalige direkte Versuche an dem betreffenden Apparate ermitteln! —; dieser Absorptionskoeffizient ist dann jedesmal noch hinzuzuaddieren.

Der Apparat Baur-Cramer (Fig. 4) hat mannigfache Wandlungen durchgemacht. Er wurde zunächst von Cramer-Berlin wesentlich verbessert, erhielt auch von diesem als Sperrflüssigkeit Petroleum, da die von Baur mitgegebene Sperrflüssigkeit Kohlensäure absorbierte. Bei den Versuchen im Laboratorium des Verfassers zeigte es sich aber, daß auch Petroleum Kohlensäure absorbiert. So wurde denn zum Wasser zurückgegriffen, das abgekocht und mit etwas Kupfersulfat und ein paar Tropfen Schwefelsäure versetzt wird. Auch die Einrichtung des gelochten Säurekölbchens erwies sich als unpraktisch, da auch die Reinigung desselben nicht ganz einfach war. Der Apparat wurde vielmehr wieder dem von Scheibler-Dietrich näher gebracht. Der Unterschied ist nur der, daß nicht zwei Röhren nebeneinander stehen, sondern daß die Meßröhre sich innerhalb der Ausgleichsröhre befindet; übrigens das einzige, was von dem ursprünglichen Baur-Apparat geblieben ist. Die Teilung geht beliebig von 0—100 oder speziell für Zementfabriken von 50—100. Statt beim Arbeiten wie beim Dietrich - Apparat die Ausgleichsröhre herunterlassen zu müssen, öffnet man nur den Abflußhahn am unteren Ende der äußeren (Ausgleichs-) Röhre und läßt entsprechend dem Sinken des Wassers in der inneren Meßröhre an Wasser so viel ausfließen, daß die Niveaus in beiden Röhren gleichstehen [1]).

2. Zur titrimetrischen Bestimmung des in einem Kalkstein enthaltenen kohlensauren bzw. Ätzkalkes wägt man 1 g der Substanz in ein Kölbchen, übergießt mit etwas Wasser und läßt langsam 25 ccm N.-Salzsäure zufließen, indem man als Indikator Cochenillelösung benutzt. Vor gänzlicher Rücktitrierung mittels Halbnormalammon oder N.-Natronlauge kocht man eben einmal kurz auf, um alle Kohlensäure auszutreiben, und titriert erst dann vollständig aus, nachdem man zuvor hat erkalten lassen [2]). Die verbrauchten Kubikzentimeter N.-Salzsäure hat man nur mit 5 bzw. mit 2,8 zu multiplizieren, um den Gehalt der untersuchten Substanz an kohlensaurem Kalk bzw. an Ätzkalk zu finden.

Stellt man sich die Titerflüssigkeiten selbst her, so ist unbedingt darauf zu achten, die Säure nicht zu verdünnt zu nehmen, damit selbst sehr dichte, derbe Kalksteine während des 3 Minuten langen Kochens mit völliger Sicherheit zersetzt werden.

Führt ein Kalkstein größere oder schwankende Mengen von Magnesia, so kann man die titrimetrische Kalk- und Magnesiabestimmung nebeneinander technisch durchaus befriedigend nach Newberry ausführen.

Das Verfahren gründet sich auf die Tatsachen, daß Magnesiahydrat in Wasser hinreichend löslich ist, um Phenolphtalein zu färben, und daß die Magnesia beim Kochen in verdünnter Lösung durch Natron vollständig niedergeschlagen und vom Kalk getrennt wird. Man wägt 0,5 g des zu untersuchenden Kalksteins ab und bringt ihn in einen Erlenmeyerkolben von ungefähr 500 ccm Inhalt, der mit Gummistopfen und einer dünnwandigen Glasröhre von etwa 75 cm Länge, die als Kühler dienen soll, versehen ist. Aus der Bürette läßt man 60 ccm $^1/_5$ N.-Säure einfließen, setzt den Kühler auf und kocht gelinde, damit keine Dämpfe aus der Röhre entweichen, ungefähr 2 Minuten lang. Jetzt spült man die Röhre mit einigen Tropfen Wasser aus, entfernt den Kühler und kühlt die Lösung durch Einsetzen des Kolbens in kaltes Wasser vollkommen ab. Sobald die Lösung kalt ist, fügt man 5—6 Tropfen Phenolphtaleinlösung hinzu (1 g in 200 ccm Alkohol) und titriert mit $^1/_5$ N.-Lösung zurück bis zu schwacher Rosafärbung. Es ist von Wichtigkeit, daß man den Punkt erkennt, wo sich eine leichte Rosafarbe durch die Lösung verbreitet, wenn diese auch nach einigen Sekunden wieder verschwindet. Setzt man nämlich Alkali bis zu dauernder

---

[1]) Bei den Wasserapparaten *b* und *c* muß man die Röhren innerlich sorgfältig mittels heißer Sodalösung und dann mittels konzentrierter Schwefelsäure von Fetteilchen befreien, da sonst Tropfen an den Wandungen hängen bleiben.

[2]) Bei Anwendung von Methylorange als Indikator wird sofort in der Kälte zurücktitriert.

und starker Rötung zu, so fällt die Kalkbestimmung zu niedrig aus. Das gebrauchte Volumen Säure sei „e r s t e   S ä u r e" und die beim Zurücktitrieren benutzte Menge Alkali „e r s t e s   A l k a l i" genannt.

Wenn man mit Materialien zu tun hat, die nur unbedeutende Mengen Magnesia enthalten, so ist das Verfahren hier vollendet und die Rechnung ist einfach:

$$a \text{ ccm Säure} - b \text{ ccm Alkali} \times 2 \times 0{,}56 = \% \text{ CaO}.$$

In diesem Falle ist das Abkühlen der Lösung unnötig, und eine dauernde Farbe erscheint im Moment der Neutralisation. Um die Magnesia zu bestimmen, arbeitet man wie folgt weiter: Die neutrale Lösung gießt man in eine große Probierröhre, 30 cm lang und von $2\frac{1}{2}$ cm innerem Durchmesser, an der durch eine Marke ein Volumen von 100 ccm angezeichnet ist. Man erhitzt bis zum Sieden, setzt nach und nach kubikzentimeterweise $\frac{1}{5}$ N.-Natronlösung zu und kocht einen Augenblick nach jedem Zusatz, bis eine tiefrote Färbung nach längerem Kochen nicht mehr verschwindet. Nach einiger Übung kann dieser Punkt leicht bis auf $\frac{1}{2}$ ccm genau erkannt werden. Die der neutralen Lösung zugesetzte Natronmenge wird „z w e i t e s   A l k a l i" genannt. Man verdünnt nun bis auf 100 ccm, kocht einen Moment und stellt die Röhre beiseite, damit der Niederschlag sich absetzt. Ist dies geschehen, so nimmt man mit einer Pipette 50 ccm der klaren Lösung heraus und titriert mit $\frac{1}{5}$ N.-Säure bis zur Farblosigkeit zurück. Die zur Neutralisation gebrauchte Menge Säure wird mit 2 multipliziert und als „z w e i t e   S ä u r e" notiert. Die Rechnung ist wie folgt:

$$\text{Zweites Alkali} - \text{zweite Säure} \times 2 \times 0{,}40 = \% \text{ MgO}.$$

$$\text{Erste Säure} - (\text{erstes Alkali} + \text{zweites Alkali} - \text{zweite Säure}) \times 2 \times 0{,}56$$
$$= \% \text{ CaO}.$$

Der Alkaliüberschuß beim Fällen der Magnesia sollte nicht über 1 ccm betragen; die „zweite Säure" darf also nicht mehr als 1 ccm sein, sonst reißt das Magnesiahydrat Kalkhydrat mit nieder.

Die Methode gibt leicht zu hohe Magnesia- und daher niedrigere Kalkwerte. Dies rührt z. T. von der Bildung von Calciumcarbonat her, infolge der Wirkung der atmosphärischen Kohlensäure auf das Kalk-hydrat während des Ausscheidens der Magnesia. Durch den Gebrauch einer großen Probierröhre, wie oben beschrieben, wird diese Fehlerquelle fast beseitigt. Zu wenig Kalk findet man ferner, wenn dieser in dem zu untersuchenden Kalkstein so gebunden ist, z. B. an Feldspat, daß er von verdünnter Säure nicht gelöst wird. Diesen Nachteil haben alle alkalimetrischen Methoden; aber auch im Calcimeter findet man so ge-bundenen Kalk nicht. Beim Kalkstein kommen bemerkenswerte Mengen unlöslichen Kalkes nur sehr selten vor.

Viel lösliche Tonerde und Eisenoxyd verschleiern die Endreaktion bei der ersten und zweiten Titrierung. Beim Niederschlagen von Ton-erde durch Natron erscheint aber die rote Farbe erst nach vollkommener Ausscheidung des Hydrats. Bei der Analyse wird deshalb die ge-fundene Menge Magnesia nicht durch die vorhandene lösliche Tonerde vermehrt.

Die vorstehende Methode ist nach Versuchen des Tonindustrie-Laboratoriums für die reineren Materialien recht gut brauchbar. Weniger genau sind die Werte bei mergelartigen Materialien. Dies rührt nicht allein daher, daß ein kleiner Teil des Kalkes, nämlich der in Silikaten gebundene, von der verdünnten Salzsäure nicht gelöst wird. Sehr störend wirkt bei der zweiten Titration mit Natronlauge die große Menge des Niederschlages bzw. unlöslicher Bestandteile, weil deshalb der Endpunkt der Reaktion schwieriger zu erkennen ist. Die Färbung muß unzweifelhaft tiefrot sein. Bei Kalken mit viel Kieselsäure, Tonerde und Eisenoxyd wird das Flüssigkeitsvolumen größer als 100 ccm. Es empfiehlt sich, bei diesen Materialien gleich ein größeres Meßgefäß zu benutzen.

C. B a l t h a s a r führt die titrimetrische Bestimmung von Kalk und Magnesia nebeneinander in der Weise aus, daß zuerst die Summe von Kalk- und Magnesiacarbonat durch Auflösen in Salzsäure und Zurücktitrieren der überschüssigen Säure durch Alkali bestimmt wird. Hierauf fällt man mit Oxalsäure, filtriert, zersetzt die im Filtrat vorhandene Oxalsäure durch Permanganatlösung und bestimmt somit den Kalk für sich allein.

Aus der Summe $CaCO_3 + MgCO_3 = a$
und aus dem Kalkgehalt $CaCO_3 = b$
findet man den Magnesiagehalt $MgCO_3 = a—b$

1,25 g der Probe werden wie üblich im Erlenmeyerkolben, dessen Hals eine Marke trägt, durch 25 ccm Normalsäure nach Zusatz von Wasser unter Kochen zersetzt und der Überschuß an Säure nach Zusatz von Phenolphtalein durch Halbnormal-Natronlauge zurücktitriert.

Die Ablesung a an der Laugenbürette verdoppelt und von 100 abgezogen, gibt, wie eine einfache Rechnung zeigt, den gesuchten Gehalt an Kalk- und Magnesiacarbonat in 100 Teilen der Probe.

Dieser gefundene Gehalt an Carbonat ist nur dann exakt richtig, wenn keine Magnesia vorhanden ist. Im andern Falle ist das gefundene Ergebnis zu hoch und bedarf daher einer Korrektion, die noch weiter unten erörtert wird.

Der Gehalt an Carbonat wird vermerkt. Die im Erlenmeyerkolben vorhandene neutrale Lösung wird wiederum zum Kochen erhitzt, ungefähr 10 ccm konzentrierte Essigsäure hinzugesetzt, hierauf vom Brenner abgenommen, etwa 20—25 ccm konzentriertes Ammoniak hinzugefügt und nochmals rasch zum Kochen erhitzt. Nun läßt man langsam 50 ccm Halbnormal-Oxalsäure hinzufließen, nimmt den Brenner fort und füllt bis zur Marke mit destilliertem Wasser. Nach etwa 5 Minuten Umrühren pipettiert man etwa 20 ccm heraus und läßt sie durch ein Filter laufen. Ist die Flüssigkeit (zunächst etwas trüb) vollständig durchgelaufen, pipettiert man nochmals 2×50 ccm und fängt das Filtrat auf: ein Auswaschen ist überflüssig bzw. falsch. Das Filtrat wird mit etwas Mangansalz und ungefähr 5 ccm normaler Schwefelsäure versetzt und mit $1/_{10}$ Normal - Permanganatlösung titriert. Zum Zurücktitrieren nimmt man $1/_{10}$ Normal-Oxalsäure.

Die Umrechnung auf kohlensauren Kalk geschieht wie folgt: Die Ablesung auf der Permanganatbürette gibt c ccm; da jedoch nur 100ccm des Kolbeninhaltes damit bestimmt wurden, so ist c entsprechend umzurechnen, etwa $= c \cdot m$. Den Koeffienten m bestimmt man für Reihenuntersuchungen im Fabriksbetriebe am besten gleich ein für alle Mal (vgl. hierzu Ton-Ind.-Ztg. 1907, 1153).

Durch diese Bestimmung wurde lediglich der kohlensaure Kalk ermittelt, da die oxalsaure Magnesia löslich und deren Oxalsäure ebenso wie die an Ammoniak gebundene im Filtrate zersetzt wurde.

Beide Bestimmungen ergeben

$$CaCO_3 + MgCO_3 = a$$
$$\underline{CaCO_3 \qquad\quad = b}$$
$$MgCO_3 = a-b = d$$

Der für das Magnesiumcarbonat gefundene Wert wird wie folgt richtig gestellt.

Würde man reines Magnesiumcarbonat titrieren und ebenso wie bei der erfolgten Titrierung mit Salzsäure und Alkali als $CaCO_3$ angeben, so würde man, da 0,84g $MgCO_3$ gerade 1,00g $CaCO_3$ entsprechen, $\dfrac{100}{0,84}$ % erhalten.

Dieser Wert verhält sich nun zu dem richtigen Werte, wie der bestimmte scheinbare Wert sich zu seinem wirklichen verhält, also:

$$\frac{100}{0,84} : 100 = d : \% \ MgCO_3$$
$$\% \ MgCO_3 = 0,84 \times d,$$

wobei d die Differenz aus den beiden erfolgten Bestimmungen bedeutet.

Ferner hat H e n d r i c k (The Analyse 32, 320; 1907) ein Verfahren zur Ermittelung des Ätzkalkes neben kohlensaurem Kalk und Magnesia veröffentlicht, das schnell und ziemlich exakt arbeiten soll: Man füllt in eine Flasche von 500 ccm Inhalt 10 ccm Alkohol und 5 g von dem zu untersuchenden feinst gepulverten Kalk. Die Flasche wird bis zur Marke mit 10 proz. Zuckerlösung aufgefüllt und dann sofort in einem Schüttelapparat mindestenst 4 Stunden lang geschüttelt. Darauf wird ein Teil schnell in eine Flasche von 100 ccm Fassung filtriert und mit Normalsalzsäure in Gegenwart von Methylorange titriert. (Der Zusatz von Alkohol soll dabei die Bildung eines schwer auslaugbaren Kuchens von Calciumsaccharat verhindern.)

3. Hat man mittels Calcimeters oder durch Titrieren gefunden, daß ein Kalkstein einen erheblicheren Gehalt an T o n hat, so ist es ratsam, auch diesen tonigen Anteil wenigstens technisch-analytisch festzustellen. Zu diesem Zwecke wägt man 2 g des gepulverten Kalksteins (also Mergels) in eine halbkugelförmige Porzellanschale von ca. 14 bis 15 cm Durchmesser ein, füllt zur Hälfte mit destilliertem Wasser und gibt ca. 10 ccm Salzsäure hinzu. Nachdem man die Schale mit einem Uhrglas bedeckt hat, erhitzt man dieselbe und läßt die Flüssigkeit etwa

10 Minuten kochen. Alsdann fällt man mit einem geringen Überschuß von Ammoniak die etwa gelösten Sesquioxyde (Al_2O_3 und Fe_2O_3), filtriert in ein glattes Filter und wäscht nur unvollkommen aus, etwa 5—6 mal. Das Filter nebst Niederschlag wird ganz schwach getrocknet und der Niederschlag durch vorsichtiges Abtupfen vom Filter losgelöst und dann im Platintiegel bei ganz dunkler Rotglut scharf getrocknet. Resultate recht befriedigend, innerhalb ¼ % liegend, Zeitdauer ca. 1½ bis 2 Stunden.

b) Vollständige Analyse,

Für die vollständige Analyse kommen folgende Bestandteile im Kalkstein in Betracht: Glühverlust (Wasser, Kohlensäure und Bitumen), Silikate, und zwar zusammen Kieselsäure + Tonerde + Eisenoxyd, Kalk, Magnesia und Schwefelsäure. Ferner ist unter Umständen eine Trennung von Wasser und Kohlensäure erwünscht, während bei den reineren Kalksteinen, d. h. solchen mit ca. 4—5 % Gesamtsilikat, eine Trennung der einzelnen Bestandteile Kieselsäure, Tonerde und Eisenoxyd überflüssig ist. Eine derartig weitergehende Trennung ist nur bei Kalksteinen mit mehr als 5 % Gesamtsilikat geboten und wird für hydraulische Kalke sehr oft verlangt. Diese ganz eingehende Analyse kommt noch später beim Zement und Ton zur Besprechung.

Für die oben angesetzten Untersuchungen beschafft man sich zunächst wieder, und zwar möglichst p e r s ö n l i c h, an Ort und Stelle ein gutes D u r c h s c h n i t t s m u s t e r [1]). Der Laie vermag nur in den seltensten Fällen wirklich passende Proben zu entnehmen. — Zu diesem Zwecke läßt man im Bruche zunächst das zu Tage anstehende Gestein, welches meist verwittert ist, abschlagen und wählt aus dem darunter bzw. dahinter befindlichen Material eine nicht zu kleine Probe aus. Soll das Material auch auf Grubenfeuchtigkeit untersucht werden, so muß es unbedingt sofort luftdicht in einem tarierten Glasgefäß verschlossen werden.

Die G r u b e n f e u c h t i g k e i t muß dann auch möglichst bald bestimmt werden. Man wägt dazu ca. 100 g des Materials ab und bringt diese in eine weite Glasröhre hinein, durch welche man zunächst mittels Wasserstrahlgebläses trockene Luft von gewöhnlicher Temperatur hindurchsaugt. Man ermittelt damit die e i g e n t l i c h e Grubenfeuchtigkeit. Erst wenn diese bei wiederholten Wägungen konstant bleibt, geht man dazu über, auch die F e u c h t i g k e i t d e s l u f t - t r o c k e n e n S t e i n e s zu bestimmen, indem man das Material nunmehr in einen Trockenschrank (sehr empfehlenswert ist der mit Porzellan ausgekleidete Trockenschrank von T h ö r n e r) bringt und ca. 2 Stunden lang bei 105° C trocknet. Kommt es nicht darauf an,

---

[1]) Natürlich heißt das: ein Durchschnittsmuster von j e d e m e i n z e l n e n Vorkommen im Lager. Das ist sehr wichtig, weil in Kalksteinlagern oftmals Luftkalk und hydraul. Kalke zugleich vorkommen, oder auch Magnesiabänke eingelagert sind; in derselben Weise findet man auch neben Gips hier und da den wertlosen Anhydrit.

den Trockenverlust zu ermitteln. so kann das Trocknen des Materials auch ganz einfach auf einer eisernen Platte vor sich gehen.

Von der gut getrockneten Substanz wägt man 2 g in einen Platintiegel hinein und ermittelt durch Glühen derselben den G e s a m t - g l ü h v e r l u s t an Wasser, Kohlensäure und Bitumen. Die Bunsenflamme wird dabei erst nach und nach, etwa im Laufe von 15 Minuten, bis zu voller Höhe aufgeschraubt und zunächst das Glühen weitere 15 Minuten auf voller Flamme fortgesetzt. Danach wird der Tiegel auf ein Gasgebläse oder ebensogut auf eine B a r t e l sche Benzingebläselampe gebracht und das Glühen nochmals 30 Minuten vervollständigt. Nach dieser Zeit kann man absolut sicher sein, daß auch die letzte Spur von Kohlensäure ausgetrieben ist. Man läßt erkalten und wägt nach etwa 10 bis 15 Minuten. Länger soll man nicht damit warten, da die vorliegenden Materialien sehr hygroskopisch sind. Die geglühte Substanz wird aus dem Tiegel in eine geräumige Porzellanschale gebracht, mit wenig Wasser übergossen und sofort mit Salzsäure zersetzt.

Da beim Glühen neben Wasser, Kohlensäure und Bitumen auch Alkali entweicht, so hat G. W e n k einen speziellen Tiegel [1] hierfür konstruiert, der es ermöglicht, den Alkaliverlust zu vermeiden. Er bedeckt den Tiegel mit einem vollkommen dicht abschließenden Deckel, welcher oben in der Mitte ein seitlich abgebogenes Röhrchen trägt, das zudem noch eine kleine Platinspirale enthält. Dieses Röhrchen ist so lang, daß es sich am Ende so weit abkühlt, um gerade noch das Alkali sich darin absetzen zu lassen, während die übrigen flüchtigen Stoffe, spez. also die Wasserdämpfe, unkondensiert entweichen.

Will man die einzelnen Komponenten des Gesamtglühverlustes direkt ermitteln, so hat man zunächst den W a s s e r g e h a l t in der Weise zu bestimmen, daß man 10 g der Substanz mit 200 g Bleisuperoxyd mischt, in einem schwer schmelzbaren Kaliglasrohr durch Erhitzen zersetzt und unter Durchleiten von getrockneter Luft das ausgetriebene Wasser in einem gewogenen Chlorcalciumröhrchen auffängt und somit direkt bestimmt.

Die Bestimmung der K o h l e n s ä u r e geschieht gasanalytisch nach der Methode von L u n g e - R i t t e n e r (Bd. I, S. 180) oder gewichtsanalytisch nach der bekannten Methode F r e s e n i u s - C l a s s e n [2]. Man zersetzt eine genau abgewogene Menge der Substanz in einem mit Rückflußkühler versehenen Kolben durch Übergießen mit verdünnter Salzsäure. Die hierbei entwickelte Kohlensäure leitet man zunächst in ein mit Glasperlen gefülltes U-Röhrchen, wo sie durch konzentrierte Schwefelsäure getrocknet wird. Die Absorption findet dann in zwei weiteren U-Röhrchen durch Natronkalk statt. Die Zirkulation der mit der Kohlensäure beladenen Luft besorgt ein Aspirator. — Die Gewichtsdifferenz der beiden Natronkalkröhrchen ergibt den Gehalt an Kohlensäure.

---

[1] Zu beziehen von H e r ä u s - Hanau.
[2] C l a s s e n : Ausgewählte Methoden der analytischen Chemie, Bd. II, S. 653.

Die Untersuchung der im Platintiegel geglühten und dann in der Porzellanschale zersetzten Substanz wird in folgender Weise fortgeführt.

1. **Unzersetztes (Ton und Sand), Kieselsäure, Tonerde und Eisenoxyd.** Der Inhalt der bis zur Hälfte mit destilliertem Wasser aufgefüllten Porzellanschale (von ca. 500 ccm Inhalt) wird zum Kochen erhitzt und noch auf dem Feuer mit Ammoniak bis zur deutlich alkalischen Reaktion versetzt. Hiernach wird die Schale sofort von der Flamme genommen und der Inhalt einmal umgerührt, worauf sich die gebildeten Niederschläge sehr rasch absetzen werden. Sie werden ohne Dekantieren in einen Literkolben abfiltriert und mit heißem Wasser ausgewaschen, bis jede Spur von Chlorammonium beseitigt ist (Prüfung mit Silbernitrat!). Nach vollständigem Auswaschen wird das Filter mitsamt den Niederschlägen sofort noch feucht in einem Platintiegel eingeäschert und etwa 10 Minuten auf voller Bunsenflamme geglüht.

Der Literkolben mit der Filterflüssigkeit wird nach gehöriger Abkühlung bis zur Marke aufgefüllt, die Flüssigkeit durch tüchtiges Umschütteln innigst gemischt und dann zu je zweimal 500 ccm herauspipettiert. Der eine Teil dient zur Prüfung auf Kalk und Magnesia, der andere zur Ermittelung der Schwefelsäure.

2. **Kalk.** Die 500 ccm Flüssigkeit für die Kalkbestimmung werden in einem Becherglase von ca. 1000 ccm Fassungsvermögen zum Kochen erhitzt, nachdem sie vorher mit Salzsäure wieder angesäuert worden waren. Letzteres geschieht aus dem Grunde, zu verhindern, daß in der ammoniakalischen Lösung sich kohlensaurer Kalk ausscheidet, welcher mit großer Vorliebe durch das Filter geht. Während dann die Flüssigkeit im Kochen ist, fällt man den Kalk durch Zusatz von **fester** Oxalsäure, wobei man auf je 1 Gew.-Tl. CaO 3 Tle. krystallisierter Oxalsäure setzt (theoretisch erforderlich 2,25 Tle.). Hierbei ist nicht zu vergessen, auch die etwa vorhandene Magnesia als Kalk mit in Rechnung zu ziehen; da oxalsaurer Kalk in Chlormagnesiumlösung etwas löslich ist, so muß eben auch die Magnesia vollständig in oxalsaure Magnesia übergeführt werden.

Die Menge an Kalk und Magnesia kann man nun leicht durch die Vorprüfungen speziell im Calcimeter annähernd ermitteln, so daß man imstande ist, recht genau mit der nötigen Menge Oxalsäure zu fällen. Bei der Fällung selbst verfahre man sehr vorsichtig; wollte man in die kochende Flüssigkeit sofort die ganze Menge Oxalsäure eingeben, so könnte leicht ein Überschäumen eintreten. Man gibt also nur einzelne Krystalle in das Becherglas oder rührt erst mit einem Glasstabe um. Unmittelbar nach Zusatz der Oxalsäure fügt man etwas Ammoniak im Überschuß hinzu und läßt dann, möglichst in der Wärme (Sandbad), über Nacht stehen.

In dieser Weise der Fällung erübrigt sich, wie Verfasser aus vielen hunderten Parallelversuchen feststellen konnte, vollständig die doppelte Fällung des Kalkes, wie solche oftmals empfohlen wird. Die Fehler betrugen im Mittel noch nicht $1/10$ %. Bei richtiger Durchführung dieser

Art des Fällens ist man auch fast absolut vor dem sonst so unangenehmen Durchlaufen des Kalkniederschlages durch das Filter sicher.

Am andern Tage, frühestens aber nach 3 Stunden, filtriert man den oxalsauren Kalk ab und wäscht mit kaltem Wasser, bis jede Spur von Chlorammonium beseitigt ist. Bei vorsichtiger Hantierung kann man dann das Filter nebst dem Niederschlage sofort noch feucht zur Einäscherung bringen. Der Einäscherung folgt dann ein halbstündiges Glühen über der Gebläselampe, wobei der oxalsaure Kalk vollständig in Ätzkalk, CaO, übergeführt wird.

3. M a g n e s i a. Das Filtrat vom Kalkniederschlage säuert man wiederum etwas mit Salzsäure an und dampft bis auf etwa 200 ccm ein. Das Ansäuern findet statt, um die Ausscheidung von Magnesiasalzen beim Eindampfen zu verhindern. Die eingedampfte Flüssigkeit wird in ein Becherglas von etwa 600 ccm Fassungsvermögen eingegeben, bis zum völligen Erkalten stehen gelassen und dann zu $^1/_5$ ihres Volumens mit Ammoniak (25 %) versetzt. Durch weiteren Zusatz von phosphorsaurem Natron fällt man schließlich die Magnesia als phosphorsaure Ammonmagnesia, welche zu ihrer völligen Ausscheidung allermindestens eines Zeitraumes von 12 Stunden bedarf. Danach filtriert man den Niederschlag ab und wäscht ihn mit Wasser, welchem $^1/_5$ Ammoniak zugesetzt ist. Bei der Prüfung mit Silbernitrat, ob völlig ausgewaschen ist, soll gerade noch ein eben sichtbares weißlich-bläuliches Opalisieren eintreten. Der Niederschlag wird mit dem Filter vorsichtig getrocknet und dann so weit wie möglich vom Filter abgelöst. Das Filter wird dann zunächst für sich in einer Platindrahtschlinge an offener Flamme verbrannt und erst die Asche wieder mit dem Magnesianiederschlage vereinigt. Beide werden nun zusammen in einem kleinen Porzellantiegel (nicht Platintiegel!) geglüht, event. unter Zusatz einiger Tropfen Salpetersäure, bis der Tiegelinhalt rein weiß ist. Gegebenenfalls ist das Glühen, auch unter Anwendung der Gebläselampe, zu wiederholen. Auf keinen Fall dürfen schwärzliche Punkte nachbleiben, während ein bläulich-grauer Schimmer ohne Einfluß auf das Resultat ist, welches meist um $^1/_{10}$—$^2/_{10}$ % zu hoch ausfällt.

Die vorstehende Trennung bzw. Bestimmung von Kalk und Magnesia wird in dieser Art in den meisten mörteltechnischen Laboratorien Deutschlands mit bestem Erfolge durchgeführt [1]. Andererseits wird freilich behauptet, daß bei der angegebenen Art des Arbeitens ein Teil der Magnesia sich zusammen mit dem Kalke niederschlage und entsprechend wiederum etwas Kalk mit in das Magnesiafiltrat übergehe. Vgl. hierzu auch die Bd. I, S. 492 angeführte Arbeit von Th. W. R i c h a r d s.

4. S c h w e f e l s ä u r e. Die zweiten 500 ccm des Literkolbens werden zur Bestimmung der Schwefelsäure verwendet [2].

---

[1] Weitere Trennungen bzw. Einzelbestimmungen von Kalk und Magnesia vgl. noch späterhin bei der Zementanalyse nach amerikanischer Vorschrift; ferner an verschiedenen anderen Stellen dieses Werkes, insbesondere Bd. I, S. 491.

[2] Über eine „rasche Sulfatbestimmung" berichtet D. D. J a c k s o n - New York (Ton-Ind. Ztg. 1905, 932), welche das äußerst langsame Absitzen geringer Schwefelsäuremengen vermeidet.

Hat der Augenschein gelehrt, daß Schwefelkies im Kalkstein vorhanden ist, so muß die Vorarbeit in etwas anderer Weise vorgenommen werden. Zu diesem Zwecke verwendet man von dem bei 105 °C getrockneten Material, ohne es aber zu glühen. Es werden 2 g davon in eine geräumige Porzellanschale eingewogen und sofort mit Bromwasser übergossen. Nach und nach läßt man dann in der Kälte etwa 30 ccm Salzsäure einfließen zur Zersetzung der Substanz; hierbei wird der sich entwickelnde Schwefelwasserstoff ohne Verlust oxydiert. Nach völliger Zersetzung filtriert man vom Niederschlage ab und bestimmt im Filtrate die Gesamtmenge an Schwefelsäure, wie Bd. I, S. 325 beschrieben.

Will man neben Schwefelsäure den Schwefel für sich bestimmen, so arbeitet man 2 Analysen nebeneinander; die eine o h n e , die andere m i t Bromwasser. Dann berechnet man zunächst den Gesamtgehalt an Schwefelsäure, zieht hiervon denjenigen der eigentlichen Schwefelsäure ab und rechnet den Rest auf Schwefel um [1]).

II. Ätzkalk.

Da gebrannter Kalk an der Luft außerordentlich begierig Wasser und Kohlensäure anzieht, so hat die Entnahme von wirklich stimmenden Mustern am zweckmäßigsten am Ofen selbst zu geschehen, und die gezogenen Proben müssen sofort luftdicht in einer Flasche verschlossen werden. Kleinere Brocken sollen tunlichst verworfen werden; am besten nimmt man die Proben aus der Mitte größerer Stücke, welche zu diesem Zwecke zu zerschlagen sind.

Die vollständige c h e m i s c h e A n a l y s e des Kalkes geschieht in ganz derselben Weise, wie bereits beim Kalkstein beschrieben [2]). Auch der Glühverlust muß bestimmt werden, da trotz aller Vorsicht die Aufnahme von Wasser und Kohlensäure nicht ausgeschlossen ist.

Die technischen Prüfungen des Kalkes speziell für Bauzwecke sind im wesentlichen die folgenden:

a) Stehvermögen,
b) Löschfähigkeit,
c) Ausgiebigkeit,
d) Gehalt an Sprengkörnern.

a) S t e h v e r m ö g e n. Weniger für die Qualität des Kalkes als solche, als vielmehr für die praktischen Bedürfnisse der Aufbewahrung und des Versandes von Stückkalk ist es vorteilhaft, zu wissen, wie lange Zeit ein solcher Kalk braucht, um sich durch freiwillige Aufnahme von Feuchtigkeit und Kohlensäure selbst abzulöschen und zu zerfallen. Je länger die Zeit, welche ein Kalk dazu braucht, um so besser ist es für den

---

[1]) Vgl. über Sulfidbestimmungen auch weiterhin bei „Schlackenanalyse" S. 175 und bei dem Kapitel „Zusätze zum Portlandzemente", S. 218.
[2]) Vgl. eine einfache Bestimmung des freien CaO und der CO_2 von L u n g e Bd. I, S. 574.

Kalkbrenner; er kann die Ware länger auf Lager halten und weiter versenden.

b) L ö s c h f ä h i g k e i t. Hartgebrannter, reiner Kalk soll sich bei der Behandlung mit Wasser unter Wärmeentwicklung rasch und vollständig ablöschen.

Geschieht diese Behandlung mit Wasser nur ganz kurze Zeit (Eintauchen auf 1—2 Minuten, bis der Kalk sich eben mit Wasser vollgesogen hat!) und in geringem Maße, so bildet sich Kalkhydrat, indem der Kalk nach und nach zu einem feinen, unfühlbaren Pulver vom spezifischen Gewichte 2,08 zerfällt. Erfolgt die Behandlung mit viel Wasser und in längerer Dauer (in der Mörtelpfanne), so quillt der Kalk nach und nach zu einem steifen Brei auf: er „gedeiht". Letzteres Verfahren ist das auf der Baustelle übliche.

Die Löschfähigkeit eines Kalkes ist für manche Industrien von großer Wichtigkeit. So z. B. müssen die Schlackenzement- und Kalksandstein-Fabrikanten unbedingt wissen, in welcher Zeit sich der von ihnen benutzte Kalk ablöscht, um danach den Löschprozeß einrichten zu können und nicht etwa durch vorzeitiges Abbrechen desselben noch unabgelöschten Kalk in die Rohmasse hineinzubekommen. Dieser unvollkommen abgelöschte Kalk könnte infolge späteren Nachlöschens die Ursache von Treibern werden und event. zur Zerstörung der damit hergestellten Werkstücke führen.

Zur Ermittelung der Löschfähigkeit benutzt Verf. das schon Bd. I, S. 573 erwähnte S t i e p e l sche Kalk-Kalorimeter. In einer Reihe von Versuchen hat Verf. gefunden, daß dieses Kalk-Kalorimeter seinen eigentlichen Zweck, die Ermittelung des Kalkgehaltes im Kalk, nicht immer in ausreichender Weise erfüllt. Es hat vielmehr bei einer ganzen Anzahl von Kalkproben, darunter sehr reinen, versagt, indem das Löschen nur sehr langsam erfolgte und dabei eine entsprechende Menge Löschwärme verloren ging. Aber dafür war die Schnelligkeit bzw. Langsamkeit des Steigens des Quecksilbers im Thermometer ein sehr interessanter und sehr zuverlässiger Faktor, um die Zeitdauer des Löschens genau beobachten zu können. Der Kalksandstein-Fabrikant hat damit in diesem Apparat ein sehr einfaches Mittel, um zu beurteilen, wie lange bzw. wie energisch er seinen Kalk ablöschen muß, um ein glatt und durchaus vollkommen abgelöschtes Kalkhydrat zu gewinnen.

c) A u s g i e b i g k e i t. Je nach der Reinheit und Dichte des Kalkes ist das Aufquellen und Gedeihen, d. h. die Ausgiebigkeit eine mehr oder minder größere.

Da der Verkauf des Stückkalkes in neuerer Zeit mehr und mehr nach Gewicht erfolgt, ist auch die Ausgiebigkeitsprüfung eine sehr einfache geworden, wenn man das M ö r t e l - V o l u m e n o m e t e r von Dr. M i c h a ë l i s (Fig. 5) dazu benutzt. Der Apparat ist sehr bequem, handlich und in seinen Resultaten, wie Verf. in vielen Untersuchungen feststellen konnte, mehr als hinreichend genau. Nur sollten die Größenverhältnisse nicht so klein sein und die Benutzung von 100 g, nicht blos von 50 g Kalk gestatten. Der Apparat besteht aus einer

Messingdose von genau 400 ccm Fassungsvermögen, auf welche eine graduierte Glasröhre luftdicht aufgeschraubt werden kann. Die Teilung auf der Röhre geht von 200 bis 300 ccm. Zur Ausführung des Versuches bringt man ein Stück Kalk von genau 50 g [1]) in die Dose und gibt für den Vorversuch 120 g Wasser auf: die richtige Menge Wasser kann nur durch ein paar Versuche ermittelt werden. Nun bedeckt man sofort mit einem Uhrglase und erwärmt auf dem Wasserbade, indem man von Zeit zu Zeit den sich bildenden Kalkbrei durch kurzes, hartes Aufstoßen des Gefäßes zusammenrüttelt. Sobald der Kalkbrei anfängt, Schwindungsrisse zu bekommen, läßt man abkühlen und schraubt den Deckel auf. Dann gibt man mittels einer Vollpipette 200 bzw. 300 ccm Wasser auf und liest nun direkt das Volumen des erhaltenen Kalkbreies ab.

Das Gewicht des normales Kalkbreies schwankt zwischen 1350 bis 1450 g für ein Liter [2]).

Will man nicht vom Gewichte, sondern vom V o l u m e n des Kalkes, d. h. natürlich von dem w i r k l i c h e n Volumen, also einer bestimmten Raumeinheit, ausgehen, so taucht man das Kalkstückchen, 50 g, rasch in geschmolzenes Paraffin und berechnet in entsprechender Weise den Paraffinüberzug. Auf diese Art ergibt sich ein Ausgiebigkeitskoeffizient zwischen 3,0—4,5.

Als N o r m a l k o n s i s t e n z f ü r K a l k - b r e i galt früher diejenige Steifheit, die bei eben eingetretener Rissebildung des Breies von Rüdersdorfer Kalk einen Piston à la Vicat-Nadel von 2 kg Gewicht 25 mm tief eindringen läßt. Die Handhabung desselben ist eine sehr einfache und ergibt sich von selbst nach der Abbildung Fig. 6 a. f. S.

Fig. 5.

Jetzt ist aber vom Internat. Verbande für die Materialprüfungen der Technik der Kalkstein des Bruches Christinenklippe zu Rübeland der Vereinigten Harzer Kalkindustrie zu Elbingerode als Rohmaterial für die Herstellung von Normalkalk gewählt worden: „normal" nicht in dem Sinne als Maßstab für die Bewertung anderer Luftkalke, spez. also auch in Bezug auf Mörtelfestigkeit, sondern einzig und allein in Bezug auf Reinheit [3]).

Das spez. Gewicht dieses Kalksteines beträgt 2,713, sein Raumgewicht 2,696; der Dichtigkeitsgrad der Poren 0,994.

---

[1]) Bei hydraulischem Kalk: 100 g Kalk und zunächst 200 g Wasser.

[2]) Von 4 Wochen altem Grubenlöschkalk wiegt 1 Liter 1,355 kg, bei einem Gehalt von 49% CaO + 51% H_2O. — Vgl. hierzu noch: Prof. S t e i n g r ä b e r - Krakau, Zur Bestimmung des Gedeihens von gebranntem Kalk. Ton-Ind. Ztg. 1906, 1851.

[3]) Dieser Normalkalk soll künftighin auch zu den Traßprüfungen wie überhaupt zur Prüfung von Puzzolanen, verlängertem Zementmörtel usw. benutzt werden. Vgl. hierzu auch S. 157.

Die chemische Zusammensetzung im rohen wie im gebrannten Zustande ist:

	Kalkstein	Kalk
Glühverlust	43.89 %	—
Kieselsäure u. Unlösliches .	0.40 %	0.71 %
Eisenoxyd-Tonerde	0.24 %	0.43 %
Kalk (CaO)	54.87 %	97.79 %
Magnesia (MgO)	0.18 %	0.32 %
Schwefelsäure (SO_3) . . .	0.07 %	0.12 %
Rest: Alkalien usw. . . .	0.35 %	0.62 %
	100.00 %;	99.99 %.

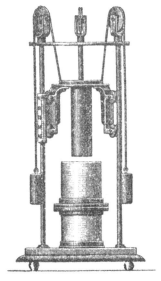

Fig. 6.

Die Herstellung und Kontrolle dieses N o r m a l k a l k e s [1]) erfolgt durch das Königl. Material-Prüfungsamt zu Dahlem im gleichen Sinne wie z. B. auch diejenige des Freienwalder Normalsandes. Der Vertrieb ist in entsprechender Weise dem Tonindustrie-Laboratorium, Berlin NW 21, Dreysestr. 4, übertragen.

Eine kombinierte Methode, festzustellen, welche Mengen Wasser mit irgendeinem Kalke zum Zwecke der Ablöschung verbunden werden können, mit dem Endzweck, welche Steifigkeit dieser Brei annimmt, um als ein guter Löschkalk zu gelten, hat C r a m e r dem Deutschen Kalkverein vorgeschlagen. (Vgl. das Vereins-Protokoll: Ton-Ind.-Ztg. 1904, 517.)

d) S p r e n g k ö r n e r i m K a l k. Die Sprengkörner sind ihrer Natur nach noch nicht ganz sicher festgestellt. Mit einiger Wahrscheinlichkeit kann man annehmen, daß sie eine Zwischenstufe zwischen Kalk und Kalkkrebsen bilden, also dichte Kalkstückchen sind, welche infolge hohen Gehaltes an Silikat nicht sofort ablöschen. Sie entstehen besonders auch leicht beim Löschen unter allzuviel Wasserzusatz (Ersäufen von Kalk!).

Das Laboratorium für Tonindustrie hat zur Erkennung von derartigen Sprengkörnern die folgende einfache Methode angegeben (vgl. Ton-Ind.-Ztg. 1904, 530):

Der zu untersuchende sandfreie Kalkbrei wird mit der dreifachen Menge Wasser gut verrührt und durch ein Sieb mit 120 Maschen pro qcm gegossen und sorgfältig mit Wasser nachgespült. Der gefundene Rückstand an Körnchen wird auf die benutzte Menge Kalkbrei verrechnet.

---

[1]) Vgl. hierzu auch Ton-Ind. Ztg. 1904. 587.

Von großer Wichtigkeit für die Genauigkeit des Resultates ist die Entnahme der Probe. Hierfür wurden zwei Apparate konstruiert, der eine für festen, der andere für flüssigen Brei (Fig. 7 u. 8):

Der erstere besteht aus einem einzölligen Gasrohr, welches an einem Ende einen völlig geschlossenen, nur mit einem seitlichen Spalt versehenen Blechzylinder trägt. Die Spaltlänge beträgt $\frac{2}{3}$ der Höhe des Zylinders. Darüber ist der Zylinder zerschnitten und der untere Teil an dem oberen durch Bajonettverschluß befestigt. Das Gasrohr ist am oberen Ende durch eine Überwurfmutter mit Gummidichtung luftdicht zu schließen. — Beim Gebrauch wird der Apparat oben geschlossen, in die Kalkgrube gestoßen und am Boden gedreht. Dabei wird durch die vorstehende scharfe Kante des 1 cm breiten Schlitzes Kalk in den Blechzylinder geschabt. Man kann so von verschiedenen Stellen am Boden der Grube Proben entnehmen, ohne daß diese mit Kalk aus den höheren Schichten vermischt werden. Nach Lösen des Bajonettverschlusses ist der Kalk leicht aus dem Apparate zu entfernen, und dieser kann dann mühelos gereinigt werden.

Fig. 7.

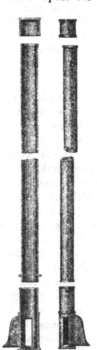

Fig. 8.

Der Apparat für flüssigen Brei (Fig. 8) besteht aus einem Blechrohr, das oben mit einem luftdicht schließenden abnehmbaren Deckel, unten mit einer fest angelöteten Platte, die etwas über den Rand hervorsteht, verschlossen ist. Am unteren Ende ist eine 7 cm lange und 2 cm breite rechteckige Öffnung in das Rohr eingeschnitten. Über diesem Teil des Rohres ist ein zweites Blechrohr leicht drehbar angeordnet, das auf dem erwähnten hervorstehenden Rand aufsitzt. Es hat eine mit der ersten korrespondierende Öffnung und eine in radialer Richtung außen angebrachte Platte, ein sogenanntes Schwert. Beim Niederstoßen des Apparates in die Grube muß die Öffnung durch das zweite Rohr geschlossen sein. Am Boden dreht man den Apparat, dabei wird das äußere Rohr durch das Schwert festgehalten, beide Öffnungen kommen zur Deckung und das Rohr füllt sich nach Entfernung des oberen Deckels mit Kalkbrei. Dann schließt man durch Drehen wieder die untere Öffnung, ferner den Kopfverschluß und kann nun den Apparat herausziehen, ohne daß

noch Kalk eindringt. Auch bei diesem Apparat hängt der untere Teil
an dem oberen mittels Bajonettverschluß, man kann ihn ·also leicht
leeren und gut reinigen (was bei diesen Apparaten sehr wichtig ist!).
Der gewonnene Probekalk wird dann wie oben ausgeschlämmt und
die reingespülten Körner werden weiter sorgfältig getrocknet. Zerfallen sie hierbei zu Staub, so liegen Sprengkörner vor, die bei wiederholter Befeuchtung und Trocknung stets zerfallen. Unter Umständen
muß man also Trocknen, Befeuchten und Wiedertrocknen mehrmals
vornehmen.

III. Kalkmörtel.

Man wird den Kalkmörtel zum Ausweis seiner Güte den F e s t i g -
k e i t s p r o b e n zu unterwerfen haben, wie solche genauer beim Zement beschrieben sind. Und zwar müssen diese Untersuchungen sich
wesentlich auf die relativen Festigkeiten mit verschiedenem Sandzusatz erstrecken. Die üblichen Sandzusätze sind auf 1 Teil Kalk entsprechend 3, 4 und 5 Teile Sand. In der Praxis ist es üblich, diese Mörtelmischungen nach Maß vorzunehmen. Für genaue Prüfungen ist dies
natürlich unzulässig; selbst Mischungen nach Gewichtsteilen, Kalkbrei
zu Sand, sind nicht als scharf genug anzuerkennen. Man prüft vielmehr neuerdings in der Weise, daß die Mörtelmischung aus einer Anzahl
von Gewichtsteilen Sand pro Einheit der im Kalkbrei von Normalkonsistenz enthaltenen festen Substanz hergestellt wird. Man geht also
dabei von den Glührückstand im Kalkbrei aus, welcher ca. $\frac{1}{3}$ des Ge-
samtgewichtes ausmachen soll.

Die Festigkeiten [1]), welche der Luftkalkmörtel erlangt, sind keine
hohen; man rechnet bei gutem Kalk nach 28 Tagen

auf eine Festigkeit bei	3	4	5	Teilen Sand
für Zug auf	3—4	4—5	3½—4½	} kg pro 1 qcm
für Druck auf	9—16	12—20	10—18	

Nun sind in letzter Zeit in den meisten größeren Städten Mörtel-
werke entstanden, welche gleich den fertigen Mörtel auf die Baustelle liefern. Zur Kontrolle, ob diese f e r t i g e n M ö r t e l -
m i s c h u n g e n auch den richtigen K a l k g e h a l t haben, sind von
Dr. F r ü h l i n g und von Dr. H o l m b l a d zwei Methoden angegeben
worden, welche ziemlich leicht ausführbar sind und auch ganz brauchbare Resultate ergeben.

a) Verfahren von Dr. F r ü h l i n g (Ton-Ind.-Ztg. 1884, 393):
Ein oben und unten offener, genau 100 ccm fassender Hohlwürfel aus
Zinkblech wird nach Aufsetzen auf eine glatte Unterlage vollständig
(unter Vermeidung von Hohlräumen) mit dem zu untersuchenden Mörtel
gefüllt und der über den äußeren Rand tretende Überschuß durch Ab-
streichen entfernt.

---

[1]) Die Festigkeiten werden zweckmäßig nach dem M i c h a ë l i s schen
Verfahren auch auf Lochung geprüft, wie solches beim Portlandzement noch des
näheren ausgeführt ist.

Hierauf wird der Mörtelinhalt des Würfels durch einen Blechtrichter unter Vermeidung jeglichen Verlustes in eine verschließbare Flasche gefüllt und der an Würfel und Trichter haftende geringe Rückstand mit genau 150 ccm Salmiaklösung, welche inzwischen in einem kalibrierten Standgefäße abgemessen wurden, in die Flasche nachgespült. Sodann wird nach Abnehmen des Trichters die Flasche mit einem eingeschliffenen Stöpsel geschlossen und einige Zeit kräftig geschüttelt, bis Mörtel und Salmiaklösung innig gemischt sind. Jetzt läßt man die Flasche ca. 15 Minuten in gut verschlossenem Zustande ruhig stehen, damit sich der Sand von der den Kalk gelöst enthaltenden Flüssigkeit möglichst vollkommen trenne. Es ist jedoch nicht erforderlich, daß die über dem Sande stehende Lösung ganz klar wird; die etwa in der Flüssigkeit suspendiert bleibenden voluminösen Flocken üben auf den weiteren Gang des Verfahrens keinen wesentlichen Einfluß aus.

Von der über dem Sande stehenden Flüssigkeit mißt man sodann in dem Standglase genau 100 ccm ab, gießt das abgemessene Quantum in eine Porzellanschale, welche bereits mit 400—500 ccm Wasser bis etwa zur Hälfte gefüllt ist, und färbt die Flüssigkeit mit ca. 20 Tropfen alkoholischer Rosolsäurelösung intensiv rot. Hierauf bringt man die Schale sogleich unter eine 200 ccm fassende Bürette, die inzwischen mit Salzsäure, von der 1 ccm 0,05 g CaO_2 sättigt, gefüllt ist, und läßt durch Öffnen des Quetschhahnes Salzsäure aus der Bürette unter Umrühren in die Schale fließen bis zu dem Punkte, wo die intensiv rote Farbe der Flüssigkeit in eine schwach gelbliche übergeht.

Die Zahl der verbrauchten ccm Salzsäure entspricht genau den kg Kalk, welche in einem cbm des geprüften Mörtels enthalten waren, so daß also bei 130 ccm bis zur Reaktion verbrauchter Säure 130 kg Kalk in 1 cbm Mörtel enthalten sind.

In derselben Weise kann natürlich auch eingelöschter Grubenkalk auf seinen Festgehalt kontrolliert werden, wenn man ein abgemessenes Volumen oder ein abgewogenes Quantum der Untersuchung mit dem Apparate unterwirft. Die Resultate schwanken nicht mehr als um etwa ½ %.

Frühling geht bei dieser seiner Methode von der Eigenschaft des Kalkhydrates aus, Ammoniaksalze schnell zu zersetzen.

b) Noch einfacher und handlicher ist das Verfahren von Dr. Holmblad (Ton-Ind.-Ztg., 1889, 143). Die Salzsäure ist so gestellt, daß 1 ccm Säure 0,05 g $Ca(OH)_2$ neutralisiert, also 1 % gelöschten Kalk angibt. Der Meßapparat, mit welchem die Probe entnommen wird, hat einen kubischen Inhalt, welcher 5 g Mörtel mit 14 % Wasser entspricht. Das Gewicht des darin enthaltenen trockenen Mörtels entspricht also bei diesem Wassergehalt 0,86 × 5 = 4,3 g. Dieser Prozentsatz an Wasser ist nämlich für Mörtel der mittlere, und Abweichungen nach der einen oder der anderen Seite werden die Genauigkeit des Resultates nicht erheblich beeinflussen.

Der Apparat besteht aus drei Teilen: dem Probenehmer, dem Probeglas und der Flasche mit Normalsäure. Der Probenehmer ist ein kleiner Zylinder aus Messing, der an dem einen Ende geschlossen und mit einem beweglichen Kolben versehen ist. Das Probeglas ist mit Teilung versehen, und zwar gibt jeder ganze Teilstrich 0,86 ccm an, also 1 % Kalk des t r o c k e n e n Mörtels. Die Flasche, welche die Säure enthält, ist nach Art der bekannten Tropfgläser eingerichtet.

Der Probenehmer wird mit Mörtel gefüllt und mittels des Kolbens desselben das bestimmte Volumen von Mörtel in das Probeglas gedrückt. Hierauf wird Wasser bis zum Nullpunkt des Probeglases aufgegossen und nach aufgesetztem Stöpsel der Inhalt tüchtig durchgeschüttelt. Danach erfolgt der Zusatz der Säure.

Wenn angenommen werden kann, daß der Mörtel nicht unter 5 bis 6 % gelöschten Kalk enthält, kann man aus der Säureflasche direkt mit abgenommenem Stöpsel bis zum Teilstrich 5 oder 6 Säure eingießen. Sobald diese Säure durch Schütteln sich mit der Flüssigkeit gemischt hat, tritt die rote Färbung der Rosolsäure auf. Dann wird nach aufgesetztem Stöpsel aus der Flasche mehr Säure tropfenweise zugegossen. Sobald beim Umschütteln die rote Färbung eben verschwindet und eine schmutzig-gelbe Färbung erscheint, ist die Neutralisierung des Kalkes erfolgt, und man kann nun den Prozentgehalt von gelöschtem Kalk einfach an der Teilung des Glases ablesen, indem man die Zahl nimmt, welche dem Niveau der Flüssigkeit entspricht. Bei normalem Mörtel wird man 8—10 % gelöschten Kalk finden.

Dieses sonst sehr einfache Verfahren leidet nur darunter, daß durch die Salzsäure auch eventuell im Sand vorhandene Kalksteinstückchen neutralisiert werden können, damit also der Gehalt des Mörtels an Kalk zu hoch gefunden würde. Wenn man aber beim Zusatz der Salzsäure sehr vorsichtig ist, so wird zunächst immer erst das freie Kalkhydrat neutralisiert.

Will man diese Fehlerquelle ausscheiden, so arbeitet man sicherer und ebenso schnell nach der L u n g e schen Methode, welche bereits früher beschrieben ist (vgl. hierzu Bd. I, S. 92), und bei welcher bei richtiger Manipulation, wie sie dort beschrieben ist, das vorhandene Calciumcarbonat keinen Fehler verursacht. Als Farbenindikator wird dabei Phenolphtalein angewendet.

c) Von dem Tonindustrie-Laboratorium wird dann noch eine Methode empfohlen (vgl. Ton-Ind.-Ztg. 1907, 619), welche sich auch sehr gut für die Prüfung von Kalksandsteinen eignet und darum weiter unten bei diesen beschrieben ist.

Über das gleiche Thema haben ferner noch Dr. R e i s e r und Ferd. M. M e y e r einige Untersuchungsmethoden veröffentlicht. Vgl. hierzu Ton-Ind.-Ztg. 1906, 1633 und 1733, sowie auch noch 1907, 327; auch hier wird speziell auf den Gehalt mancher Sande an Kalksteinkörnchen aufmerksam gemacht, die natürlich das Resultat stark beeinflussen können.

IV. Kalksandsteine.

Für die Kalkbestimmung in Kalksandgemengen, also zur Kontrolle des richtigen K a l k g e h a l t e s i n K a l k s a n d s t e i n e n ist im Laboratorium für Tonindustrie eine einfache Methode ausgearbeitet worden (vgl. hierzu Ton-Ind.-Ztg. 1902, 1719 ff.). Die zur Untersuchung kommende Rohmasse wird am besten als feuchte Kalksandsteinmasse von den Mischapparaten bzw. dem Kollergange entnommen. Es ist jedoch meistens zweckmäßig, die Masse mittels eines Borstenpinsels durch ein Sieb zu reiben, damit eine gleichmäßige Verteilung des Kalkes gewährleistet ist. Zur Ausführung der Kalkbestimmung wägt man 100 g Kalksandmasse ab, bringt sie in eine Pulverflasche, fügt ca. 25 g Salmiak hinzu, füllt die Flasche zur Hälfte mit Wasser und schüttelt gut durch. Dann setzt man etwa 20 Tropfen Phenolphtaleinlösung hinzu, wodurch das Wasser und die Masse rot gefärbt werden, und schüttelt nochmals gut durch. Nunmehr läßt man aus einer Meßröhre 50 ccm Salzsäure von bestimmter Stärke vorsichtig in die Pulverflasche fließen, wodurch die Rötung verschwindet, jedoch nur scheinbar, denn nach kräftigem Schütteln tritt sie wieder auf. So lange die Rötung sichtbar bleibt, ist noch Kalk zugegen, welcher nicht durch die Salzsäure aufgelöst ist. Die noch vorhandene Rötung nimmt man durch weiteren Salzsäurezusatz fort, die man von ccm zu ccm zulaufen läßt und gut durchschüttelt. Zuletzt, wenn die Rotfärbung längere Zeit ausbleibt, fügt man jedes Mal nur noch 0,5 ccm hinzu und überzeugt sich beim Umschütteln der Pulverflasche, ob noch schwache Rötung eintritt. Ist die Rötung ganz verschwunden, und erscheint erst nach 5 Minuten eine weinrote Tönung, so braucht man sich um diese nicht zu kümmern.

Der beim Umschütteln aufgeschlämmte Sand stört das Erkennen des Farbenumschlages nicht. Er setzt sich sehr rasch wieder zu Boden, so daß man die Färbung mühelos erkennen kann.

Die ganze Prüfung dauert nur wenige Minuten. Ist die Rotfärbung endgültig verschwunden, so liest man die verbrauchte Anzahl ccm Salzsäure ab, dividiert diese durch 10 und erhält den Kalkgehalt direkt in Prozenten, unter der Voraussetzung, daß 100 ccm der benutzten Salzsäurelösung 12,8 g Chlorwasserstoff enthalten, welche 10,0 g Ätzkalk (Calciumoxyd) entsprechen.

Zum sichersten Nachweis von t r e i b e n d e m K a l k im Preßmörtel hat G. B e i l die folgende Methode empfohlen (Ton-Ind.-Ztg. 1908, 1353): Wenn man etwa 2 Stunden, bevor eine neue Menge Kalkhydrat, konzentrierter Mörtel oder fertiger Mörtel zur Verarbeitung gelangt, aus diesem dünne Kuchen stampft oder preßt und diese Kuchen in einem kleinen Probier-Härtekessel der Einwirkung des Dampfes von der Spannung des Härtedampfes aussetzt, so wird sich je nachdem in kurzer Zeit ein etwaiges Treiben bemerkbar machen, das in Form von Treibrissen, von Aussprengungen oder von starker Dehnung der Kuchen sichtbar werden wird. — Als Härtegefäß kann z. B. ein leerer Kondenstopf oder dergl. benutzt werden.

Über die Bestimmung der l ö s l i c h e n K i e s e l s ä u r c in Kalksandsteinen hat Prof. M. G l a s e n a p p - Riga mehrfach berichtet. Vgl. hierzu besonders auch Ton-Ind.-Ztg. 1906, 1405. — Ferner vgl. über Frostbestimmungen von Kalksandsteinen Ton-Ind.-Ztg. 1908, 1801 ff.

V. Kalkmilch und Kalkwasser.

Über den Gehalt der K a l k m i l c h hat B l a t t n e r (Dingl. pol. Journ. 250, 464; 1883) eine Tabelle veröffentlicht, die in Bd. I, S. 574 abgedruckt ist, wonach man ihn mittels des Aräometers bestimmen kann.

Andernfalls bestimmt man den Gesamtgehalt an Kalk durch Titrieren mit Normalsalzsäure, während man den etwa in kohlensauren Kalk übergeführten Ätzkalk, wie S. 142 beschrieben, ermittelt. Feste Rückstände, besonders also Sand, bestimmt man durch Abschlämmen, wie noch näher bei der Tonuntersuchung ausgeführt ist.

B. Hydraulische Zuschläge zum Kalk.

Es gibt eine Reihe von Substanzen, welche, dem b e r e i t s f e r t i g e n Kalk zugesetzt, diesen zu einem hydraulischen Mörtel zu machen vermögen. Diese sogenannten Hydraulefaktoren sind im wesentlichen:

    I. Puzzolanerde, Santorinerde und Traß.
    II. Granulierte Hochofenschlacke usw.

I. Die natürlichen Puzzolanen: Puzzolanerde, Santorinerde und Traß.

Alle drei Vorkommen sind vulkanischen Ursprunges und zwar Tuffgesteine aus Puteoli bei Neapel und Auvergne (Frankreich), von den Zykladen-Inseln Santorin, Theresia und Aspronisi und schließlich dem Eifelgebiete. Ihre charakteristische chemische Zusammensetzung ist:

	Puzzolanerde	Santorinerde	Traß
Wasser	bis 12%	4.29%	3—12%
Kieselsäure	52—60	65.43	49—59
Titansäure	—	0.69	—
Tonerde	9—21	15.01	10—19
Manganoxydul	—	0.50	—
Eisenoxyd	5—22	1.88	4—12
Eisenoxydul	—	2.06	—
Kalk	2—10	2.84	1— 8
Magnesia	bis 2	1.06	1— 7
Alkalien	3—16	7.61	3—10

Charakteristisch für alle drei Puzzolanen ist der Gehalt an chemisch gebundenem Wasser, derart, daß z. B. T e t m a j e r ihre Güte als

hydraulischen Mörtelzuschlag nach der Höhe des Glühverlustes der bei
110° C getrockneten Substanz bemessen möchte. Wird dies chemisch
gebundene Wasser künstlich ausgetrieben, so verliert die Puzzolane
fast vollständig ihre Eigenschaft als Hydraulefaktor und damit ihren
Wert als Mörtelzuschlag. Bei vorkommenden Untersuchungen solcher
Puzzolanen hat man also zunächst, neben der allgemeinen chemischen
Zusammensetzung, sein Augenmerk auf dies chemisch gebundene Wasser
zu richten.

F e i c h t i n g e r dagegen (Dingl. pol. Journ. 197, 146; 1870) hält
gelegentlich einer Untersuchung von Santorinerde dafür, daß ihre hydraulischen Eigenschaften auf der Anwesenheit von „freier", verbindungsfähiger Kieselsäure beruhen.

Demgegenüber kommen L u n g e und M i l l b e r g (Zeitschr.
f. angew. Chem. 10, 428; 1897) bei ihren diesbezüglichen Untersuchungen
zum Schluß, daß bei den Puzzolanen nicht freie Kieselsäure, sondern
leicht aufschließbare Silikate tätig sind. Hiernach enthalten alle diese
Hydraulite (Santorinerde, Puzzolanerde, Traß usw.) keine freie amorphe
Kieselsäure, sondern (neben schwer aufschließbaren, vermutlich in-
aktiven Silikaten und Quarz) als aktiven Bestandteil zeolithähnliche
Silikate, welche durch 30 % Kalilauge schon bei Wasserbadtemperatur
aufgelöst werden. Auf diesem Wege findet also auch sehr zweckmäßig
die Prüfung solcher Materialien auf ihren Wert als hydraulische Zuschläge statt.

Von den drei natürlichen Puzzolanen interessiert am meisten
der Traß; für ihn sind denn auch durch den Vorstand „für Materialprüfungen der Technik" gelegentlich der Rüdesheimer Versammlung
(im Herbst 1900) die folgenden P r ü f u n g s n o r m e n aufgestellt
worden.

1. **Bestimmung des hygroskopischen Wassers und des Hydratwassers (Glühverlust).** Vorbemerkung. — Guter Traß wird aus hydraulischen Tuffsteinen gemahlen. Die Untersuchung auf Glühverlust gibt
in den meisten Fällen Anhalt dafür, ob der Traß aus guten hydraulischen Tuffsteinen hergestellt ist.

Guter Traß soll mindestens 7 % Glühverlust (Hydratwasser, chemisch
gebundenes Wasser) ergeben; doch soll diese Prüfung nicht allein als
entscheidend für den Wert des Trasses angesehen werden.

Trasse von 5½ bis 7½ % Glühverlust sind zum Gebrauch zuzulassen, wenn die für die Festigkeit gestellten Bedingungen erfüllt werden.

a) V o r b e r e i t u n g d e r P r o b e n. — Von dem zu untersuchenden Traß wird eine Durchschnittsprobe von etwa 20 g entnommen
und in einer Reibschale so weit zerkleinert, daß alles durch ein Sieb von
5000 Maschen auf 1 qcm geht.

Wird der zu untersuchende Traß aus angelieferten ungemahlenen
Tuffsteinen hergestellt, so ist darauf zu achten, daß die aus den letzteren
entnommene Probe eine möglichst richtige Durchschnittsprobe von etwa
10 kg aus der Lieferung darstellt, und daß die entnommenen Steine genügend durcheinander gemischt werden.

Die 10 kg faustgroßen Stücke sind im Mörser zu zerstoßen, bis auf dem 10-Maschen-Sieb kein Rückstand verbleibt. Von dem Siebgut ist nach gründlichem Durchmischen 1 kg zu entnehmen welches so weit zerkleinert wird, daß auf dem 60-Maschen Sieb kein Rückstand verbleibt. Von diesem Siebgut sind 100 g fein zu reiben, bis auf dem 900-Maschen-Sieb kein Rückstand verbleibt.

b) Ermittelung des Trockenverlustes. — Um die Menge des hygroskopischen (mechanisch festgehaltenen) Wassers zu bestimmen, werden von der nach der Vorschrift unter a) vorbereiteten Traßmenge 10 g in ein Wägegläschen mit eingeschliffenem Stopfen und einer Bodenfläche von mindestens 4 cm Durchmesser gefüllt. Das Gläschen wird offen mit geneigt auf die Öffnung gelegtem Stopfen in einem Trockenschrank [1]) mit Wasserumspülung und Lufterneuerung gebracht und während drei Stunden gleichmäßig auf annähernd 98° C erhitzt.

Alsdann wird das Gefäß mit dem warmem Stopfen verschlossen, herausgenommen und zum Abkühlen in einen Exsikkator gebracht. Die dann festgestellte Gewichtsabnahme wird als der Gehalt des Trasses an hygroskopischem Wasser angesehen [2]).

c) Ermittelung des Glühverlustes. — Um den Glühverlust zu bestimmen, werden von der nach der Vorschrift unter a) vorbereiteten Traßprobe 10 g (die zweite Hälfte der vorbereiteten Menge) in einem Platin- oder Porzellantiegel entweder 30 Minuten über dem Gasgebläse oder im Hempelschen Glühofen mindestens 40 Minuten bis zur Rotglut erhitzt. Hierbei ist darauf zu achten, daß die Anfangs-erwärmung des Trasses, der außer Wasser auch Luft enthält, nur langsam gesteigert wird, so daß erst in 5—10 Minuten Rotglut eintritt. Bei zu schneller Erhitzung reißen das heftig austretende Wasser sowie die ein-geschlossene Luft feine Teile des Trasses mit sich, wodurch Stoffverlust entsteht, der sich fälschlich als Glühverlust geltend machen würde.

Nach Ablauf der Glühzeit ist der Tiegel mit einer angewärmten Zange sofort zum Erkalten in einen Exsikkator zu bringen.

Nach dem Erkalten wird die Gewichtsabnahme festgestellt.

Bei Berechnung des Glühverlustes (Hydratwassers) muß von dem Gewichtsverlust des geglühten Trasses der Gewichtsverlust des gleich-zeitig getrockneten Trasses (das hygroskopische Wasser) in Abzug gebracht werden. Der dann noch bleibende Gewichtsverlust des ge-glühten Trasses muß auf die Gewichtsmenge des vorgetrockneten

---

[1]) Es ist darauf zu achten, daß die Flamme nicht unter dem Boden des Schrankes hervorschlägt und die Tür erhitzt, wodurch der Trockenraum stärker erwärmt wird, als es das kochende Wasser bedingt. Es ist ferner darauf zu achten, daß sich keine Wasserdämpfe im Innern des Schrankes niederschlagen können.

[2]) Für die genaue Ermittelung des mechanisch gebundenen Wassers ist es notwendig, die Trocknung bei ungefähr 98° C bis zu gleichbleibendem Gewicht fortzusetzen; für die Praxis werden aber meistens drei Stunden Trockenzeit genügen, da nach dieser Zeit die Gewichtsabnahme nur noch Zehntel-Prozente zu betragen pflegt, um welche sich der Glühverlust alsdann höher stellt.

Trasses, also Trasses ohne hygroskopisches Wasser, in Prozenten berechnet werden.

2. . Mahlfeinheit [1]). — Für die Prüfung auf Mahlfeinheit sollen die für die Zement-Prüfung üblichen Siebe von 144, 900 und 5000 Maschen auf 1 qcm benutzt werden.

Für die Siebung sind je 100 g bei 98—100° C getrocknetes Pulver zu benutzen, und zwar soll die Siebung auf dem feinsten Gewebe beginnen. Der darauf zurückbleibende Rest soll gewogen und auf das nächstfolgende Sieb gebracht werden usw.

3. Nadelprobe. — Das Traßpulver ist im Anlieferungszustande zu verwenden; doch sollen die auf dem 144-Maschen-Sieb liegen bleibenden Körner ausgeschlossen werden, da sie den Nadelversuch vereiteln können. Eine Mischung von 2 G.-T. Traß, 1 G.-T. Kalkhydratpulver und 0,9 bis 1 G.-T. Wasser ist bei 15—18° C anzurühren, in Hartgummidosen ohne Boden, die auf eine Glasplatte gesetzt werden, zu füllen und glatt abzustreichen. Die Dose soll sofort unter Wasser von 15—18° C gebracht [2]) und nach 2, 3, 4 und 5 Tagen im normalen Nadelapparat derartig geprüft werden, daß festgestellt wird, mit welcher Belastung die 300 g schwere Normalnadel mit 1 qmm kreisförmigem Querschnitt den Mörtel durchdringt.

Wenn der Traßmörtel bei niederen Temperaturen verwendet wird, z. B. im Winter oder bei Grundbauten, so empfiehlt es sich, eine zweite Versuchsreihe bei entsprechender Temperatur auszuführen. In jedem Falle ist die Wasser- und Luftmenge anzugeben [3]).

Als Kalk soll der Normalkalk verwandt werden, der bereits S. 147 beschrieben ist.

4. Zug- und Druckfestigkeit. — Aus 2 G.-T. Traß + 1 G.-T. Kalkhydratpulver + 3 G.-T. Normalsand + 0,9 bis 1 G.-T. Wasser sollen Zug- oder Druckproben in der für die Zementprüfungen üblichen Form und Größe mit 150 Schlägen von B ö h m e s Hammer eingerammt werden. Die Zugproben sind 20 Minuten nach Herstellung, die Druckproben 24 Stunden nach Herstellung aus den Formen zu nehmen.

Alle Körper sollen 24 Stunden nach der Herstellung in einem bedeckten, mit feuchter Luft erfüllten Zinkkasten aufbewahrt werden und hiernach 6 bzw. 27 Tage unter Wasser von 15—18° C weiter erhärten.

---

[1]) Der Traß soll so fein wie möglich gemahlen werden, da die Bindefähigkeit des Stoffes mit seiner Feinheit wächst. Zurzeit ist es gerechtfertigt, zu fordern, daß auf dem Siebe von 900 Maschen auf 1 qcm höchstens 25% und auf dem Siebe von 5000 Maschen auf 1 qcm nicht mehr als 50% liegen bleiben.

[2]) Die Ausführung der Nadelprobe bei Luftlagerung wird empfohlen, wenn der Traßmörtel zu Luftbauten verwandt werden soll.

[3]) In der Praxis ist es meist üblich, zu fordern, daß nach 4 Tagen die Vicat-nadel bei 15° C und unter einer Belastung von 1 kg nicht mehr als 5 mm in die Mörtelmischung eindringt, während schon am zweiten Tage der Eindruck eines Fingers nicht mehr bemerkbar sein soll. — Bei höherer Temperatur als 15° C soll die Belastung gesteigert werden, und zwar soll dieselbe bei ca. 18¾° C Temperatur 2 kg, bei 22½° C Temperatur 3,25 kg betragen. (A. H a m b l o c h . Der rheinische Traß usw. Andernach 1903.)

Unmittelbar nach der Entnahme aus dem Wasser sind die Körper zu prüfen [1]).

Die Vorbereitung und die Verarbeitung der Mörtelstoffe soll in folgender Weise geschehen:

    a) Das Traßpulver ist im Anlieferungszustande zu verwenden.

    b) Der Kalk ist aus reinem Luft- (Fett-) Kalk [2]) zu brennen. Je 5 kg des Ätzkalkes sind auf Walnußgröße zu zerkleinern und in Drahtsieben so lange unter Wasser von 20 °C zu halten, bis keine Blasen mehr aufsteigen. Dann ist der Kalk in ein hölzernes, mit Zink ausgeschlagenes Gefäß zu schütten, acht Tage lang bedeckt stehen zu lassen und auf dem 120-Maschen-Sieb abzusieben. Das Grobe ist zu verwerfen.

Richtig gelöschter Kalk hat etwa 25 % Wasser. Soll der Kalk für spätere Versuche aufbewahrt werden, so ist er luftdicht zu verschließen.

Als Normalsand soll der für Zementprüfungen übliche Sand von Freienwalde Verwendung finden.

Die Mischung des Mörtels soll in dem Normalmörtelmischer von S t e i n b r ü c k - S c h m e l z e r derart vorgenommen werden, daß die in einer Schüssel trocken vorgemischten Mengen von Traß und Kalkpulver 20 Umgänge des Mörtelmischers durchmachen, dann wieder in einer Schüssel mit dem Sande trocken vorgemischt und abermals während 20 Umdrehungen im Mischer bearbeitet werden, wobei das erforderliche Wasser während der ersten Schüsselumdrehung zugesetzt wird [3]).

Außer diesen Normenprüfungen ist es in der Praxis auch wohl noch üblich, das Maßgewicht des Trasses festzustellen. Hierbei soll das Hektolitergewicht (lose eingeschüttet) nicht mehr als höchstens 94 kg betragen.

Die Puzzolanen sind meistens dunkel gefärbt; beim Traß ist diese dunklere Färbung ein wesentliches Unterscheidungsmerkmal gegenüber dem viel heller gefärbten w i l d e n Traß welcher sich als lockere vulkanische Asche auf dem echten Traß aufgelagert findet und so gut wie gar keine hydraulischen Eigenschaften besitzt.

Für die allgemeine Prüfung von Puzzolanen hat F é r e t auf dem 4. Kongreß des Internationalen Verbandes für die Materialprüfungen der Technik vom 3.—8. Septbr. 1906 in Brüssel folgende Vorschläge gemacht (vgl. hierzu das Sitzungsprotokoll bzw. den Bericht in der Ton-Ind.-Ztg. 1906, 1698 ff.):

---

[1]) Zurzeit ist es üblich, nach 28 Tagen wenigstens 12 kg/qcm Zugfestigkeit und wenigstens 60 kg/qcm Druckfestigkeit des Kalk-Traß-Mörtels zu verlangen; für die Berechnung des Mittelwertes werden die 6 höchsten Zahlen aus je 10 erprobten Körpern benutzt.

Als Sand empfiehlt F é r e t einen solchen aus gleichen Gewichtsteilen von Körnern zwischen 0,5—1,0 mm, 1,0—1,5 mm und 1,5—2,0 mm Durchmesser.

[2]) Als Normalkalk ist der Kalk aus dem Werke Christinenklippe der Vereinigten Harzer Kalkwerke zu Elbingerode am Harz gewählt (vgl. S. 147), gegen den allerdings R e b u f f a t und v a n d e r K l o e s Bedenken erhoben hatten.

[3]) Die entsprechenden Apparate finden sich später beim Portlandzement beschrieben.

Die Puzzolane ist so weit zu zerkleinern, daß sie auf dem 4900-Maschen-Siebe 20—30 % Rückstand hinterläßt. Der Vergleichskalk muß vollständig zu Pulver abgelöscht und abgesiebt sein, er darf nicht mehr als 3 % feste Verunreinigungen und nicht mehr als 7 % kohlensauren Kalk, sowie nicht weniger als 24,3 % und nicht mehr als 30 % Wasser enthalten und auf dem 900-Maschen-Siebe keinen Rückstand hinterlassen. Der Normalsand ist derselbe wie beim Portlandzement. Die Mörtelzusammensetzung erfolgt im Verhältnis Kalk zu Puzzolan zu Normalsand = 1 : 4 : 15. Die Herstellung des Mörtels erfolgt durch Trockenmischung von 50 g Kalk und 200 g Puzzolane, Zusatz von 750 g Normalsand, Trockenmischen mit diesem und 5 Minuten langes Durcharbeiten mit der richtigen Wassermenge. Diese wird mit Hilfe eines mit 2 kg belasteten Pistons von 1 qcm Durchmesser ermittelt. Der richtige Wasserzusatz ist erreicht, wenn dieses Piston 6 mm über dem Boden der Dose stehen bleibt. Die Abbindezeit wird an dem Normalmörtel mit Hilfe des Fingernagels ermittelt. In Streitfällen tritt zu diesem Versuch ein Festigkeitsversuch, indem das Ende der Bindezeit dann als erreicht betrachtet wird, wenn der Normalsandmörtel 5 kg/qcm Druckfestigkeit besitzt. Die Zimmerwärme während dieser Versuche soll zwischen 15—18° C betragen. Druck- und Biegungsfestigkeiten werden an 16 cm langen quadratischen Probestäben von 4 cm Stärke ermittelt. Diese werden plastisch angemacht, mit den Fingern in die Metallform eingedrückt und mit der Kelle abgestrichen. Das Ausformen der Probekörper erfolgt nach 24 stündiger Erhärtung an feuchter Luft, in welcher sie dann noch 6 Tage liegen bleiben. Nachdem sie dann noch 3 Wochen in Süßwasser gelagert haben, erfolgt zunächst die Prüfung auf Biegefestigkeit. Die von dieser herrührenden Bruchstücke werden in bekannter Weise auf Druck geprüft. — Die Ausführung der praktischen Versuche in bezug auf die Abbindezeit und Festigkeit bleibt dieselbe. In bezug auf Raumbeständigkeit ist das Verhalten der für die Festigkeitsversuche hergestellten Stäbe während der Lagerung maßgebend. Die sogenannten beschleunigten Proben, die man zuweilen für die Prüfung von Zementen anstellt, sind für die Beurteilung von Puzzolanmörteln unstatthaft. Die Kornbeschaffenheit wird mit Hilfe der bereits erwähnten Normen ermittelt. Mit den so ausgesonderten verschiedenen Korngrößen kann man dann die verschiedenen anderen Versuche über Festigkeit, Abbindezeit usw. durchführen.

II. Die künstlichen Puzzolanen.

Als solche haben sich neben verschiedenen anderen Stoffen besonders die Abfälle aus den Hüttenwerken und zwar die g r a n u -
l i e r t e n S c h l a c k e n aus dem Roheisenprozeß, mit gutem Erfolge eingeführt.

Für die Untersuchung solcher Schlacken zwecks Verwertung als Hydraulefaktor kommen verschiedene Faktoren in Betracht:

a) Die Schlacke soll b a s i s c h sein, in dem Sinne, daß der Quotient $CaO : SiO_2$ nicht kleiner als 1 ist.

b) Die Schlacke soll möglichst reich an Tonerde sein.

c) Die Schlacke soll möglichst arm an Mangan, Magnesia und Schwefel (Schwefelcalcium) sein.

Demgemäß ist die chemische Zusammensetzung gut geeigneter Schlacken etwa die folgende:

SiO_2	25—36 %		CaO	30—50 %
Al_2O_3	10—22		MgO	bis 3
Fe_2O_3	bis 1½		$CaSO_4$	bis 2
FeO	bis 2		CaS	bis 3
MnO	bis 3		KNaO	. . .

Die Untersuchung der Schlacke muß also eine ganz eingehende sein. Soweit diese Analyse nicht schon beim Kalk besprochen ist, wird dies genauer noch beim Ton erfolgen.

Vorbedingung für die Güte einer Schlacke ist noch, daß der Prozeß des Granulierens in Weißglut, bei hohem Druck und möglichst eiskaltem und viel Wasser erfolgt ist.

Die technischen Prüfungen der fertig zusammengesetzten Puzzolan- und Schlackenzemente, wie sie gemeinhin genannt werden, vollziehen sich im allgemeinen in ähnlicher Form wie noch beim Portlandzement genauer auszuführen sein wird. Spezifische Prüfungen und Merkmalbestimmungen sind die folgenden:

Die Mischungen zwischen den Puzzolanen und Schlacken einerseits und dem Kalk andererseits werden meist im Verhältnis von 100 : 15 bis 100 : 30 vorgenommen. Dementsprechend liegt das s p e z. G e w i c h t dieser Puzzolan- und Schlackenzemente gewöhnlich bei 2,8, der Glühverlust beträgt meist 4 % und darüber; er wird in seiner Richtigkeit gewöhnlich durch nebenhergehende Oxydationsprozesse stark beeinflußt.

Das Litergewicht in lose eingesiebtem Zustande liegt für 1 l ungefähr bei 900 g. — Die Farbe ist lichtgrau bis bräunlichgelb.

Abbindezeit: Schlackenzemente bis zu 10 Minuten Bindezeit gelten als Raschbinder, solche über 30 Minuten Bindezeit als Langsambinder: dazwischen liegen die Mittelbinder.

Da der Kalk in Form von Kalkhydrat zugeschlagen wird, so ist zu prüfen, ob auch vollständige Hydratisierung desselben stattgefunden hat und nicht etwa Körnchen von Ätzkalk nachgeblieben sind. Dieselben würden sonst leicht durch nachträgliches Ablöschen die Festigkeit des Mörtels erheblich beeinträchtigen und zu dem sogenannten „T r e i b e n" führen können. Geringe Mengen solcher Ätzkalkkörnchen schaden im Normalmörtel (Sandmörtel) nicht wesentlich, da hierbei zunächst nur die Hohlräume ausgefüllt werden. Größere Mengen dagegen rufen Spannungen im Mörtel hervor, welche sich durch Verkrümmungen und Rissebildung äußern und bis zur vollständigen Zerstörung der Mörtelproben führen können. Man hat also bei der Untersuchung von Puzzolan-

und Schlackenzementen besonders auch auf „Volumbeständigkeit" zu prüfen. Tadellose Schlackenzemente sollen nicht nur im Wasser und an der Luft vollkommen volumbeständig sein, d. h. also ihre bei der Verarbeitung erhaltene Form auch dauernd beibehalten, sie sollen auch schärfere Proben wie die dreistündige Dampfdarre und die dreistündige Kochprobe vollkommen bestehen, ohne irgendwelche Verkrümmungen oder Netz- bzw. Kantenrisse aufzuweisen.

Da indessen alle Puzzolan- und Schlackenzemente meist sehr langsam abbinden, so dürfen besonders die „b e s c h l e u n i g t e n" Prüfungen jedenfalls nicht vor erfolgtem Abbinden vorgenommen werden.

Die Festigkeiten zeigen gegenüber dem einfachen Luftkalk als wesentliche Unterscheidung, daß auch der reine Mörtel für sich, d. h. also o h n e Sandzusatz, erhebliche Festigkeiten erreicht, so daß also diese Mörtel als selbständige zu bezeichnen sind. Die Normal-Sandfestigkeiten, d. h. 1 Zement : 3 Sand, betragen im Durchschnitt nach 7 tägiger Luft- und 21 tägiger Wasserlagerung:

	Erhärtungsdauer	Druck-Festigkeit kg	Zug-Festigkeit pro qcm kg
Schnellbinder	nach 7 Tagen	—	8
	- 28 -	120	12
Mittel- und Langsam-binder	- 7 -	—	12
	- 28 -	180	18

C. Hydraulische Mörtel.

I. Natürliche hydraulische Kalke.

Die hydraulischen Kalke werden zunächst in natürliche und künstliche hydraulische Kalke eingeteilt, je nachdem sie nur durch Brennen der in der Natur bereits fertig gemischten Rohsteine gewonnen werden oder erst durch umfangreiches Zusammenverarbeiten zweier oder mehrerer Materialien hergestellt werden müssen.

Zu den ersteren zählen:

a) Der eigentliche hydraulische Kalk,
b) der Romanzement,
c) der Dolomit- oder Magnesiazement,

während als Vertreter der letzteren der Portlandzement und der Eisenportlandzement zu nennen sind.

a) Der eigentliche hydraulische Kalk.

Unter den natürlichen hydraulischen Kalken stehen sich der eigentliche hydraulische Kalk und der Romanzement sehr nahe, so daß sie fast unmerklich der eine in den anderen übergehen.

Der Prüfung, ob eigentlicher hydraulischer Kalk oder Romanzement
vorliegt, liegt der Faktor zugrunde, daß ersterer sich bei der Benetzung mit Wasser noch zu Hydrat ablöschen soll, während letzterer
dies nicht mehr tut, sondern erst künstlich durch Zerkleinerungs
maschinen in ein feines Pulver übergeführt werden muß. In erster Linie
hängt diese Eigenschaft von dem geringeren oder größeren Tongehalt ab,
ohne daß indessen dies in allen Fällen wirklich entscheidend ist. Es wird
also zunächst eine chemische Analyse des Rohmaterials nötig sein, um
diesen Tongehalt erkennen und genauer unterscheiden zu lassen. Die
einfache Calcimeterprüfung auf kohlensauren Kalk oder diejenige auf
Kohlensäure ist hier nicht immer maßgebend, weil ja auch brauchbares
d o l o m i t i s c h e s Material vorliegen kann, welches anders zu beurteilen ist.

Die chemische Analyse darf sich aber hier nicht bloß auf Feststellung des Gesamtgehaltes an Silikat (Kieselsäure, Tonerde und Eisenoxyd) beschränken, sondern sie soll nunmehr diese drei Bestandteile
auseinanderhalten. Demgemäß ist auch der Gang der Analyse ein
wesentlich anderer wie beim Luftkalk.

Analyse des hydraulischen Kalkes. Zunächst wird von dem bei
105° C getrockneten Material der Glühverlust[1]) in derselben Weise wie
beim Luftkalk (S. 142) bestimmt und dann der Glührückstand mit
Salzsäure zersetzt. Die salzsaure Flüssigkeit wird nunmehr auf dem
Wasserbade bis zur vollkommenen Trockne eingedampft, wobei der nach
und nach sich ausscheidende Rückstand gut mit einem Glasstabe zu
verreiben ist, bis er sich zu lockeren, kleinen Bröckchen zusammenballt.
Alsdann wird die Porzellanschale nebst Inhalt in einen T h ö r n e r -
schen Trockenschrank gebracht und nochmals bei g e n a u 110—115° C
mindestens zwei Stunden lang bis zur vollständigen Vertreibung der
Salzsäure und Abscheidung der Kieselsäure nachgetrocknet.

a) K i e s e l s ä u r e + R e s t. Nach dem Trocknen läßt man
abkühlen, betupft den Rückstand mit konzentrierter Salzsäure und
läßt mehrere Stunden, am besten über Nacht stehen. Dann füllt
man die Schale bis zur Hälfte mit destilliertem Wasser, erwärmt auf dem
Wasserbade und filtriert. Das Filtrat wird gleich in einem Literkolben
aufgefangen und nach erfolgter Abkühlung bis zur Marke aufgefüllt.

Ist der Niederschlag rein weiß, und hat man sich überzeugt, daß
kein Sand darin ist (Knirschen unter dem Glasstab in der Porzellanschale!), so kann man ihn direkt noch feucht zur Einäscherung bringen.
Dies muß aber vorsichtig geschehen, da Kieselsäure sehr leicht ist und
gern zerstäubt. Nach vollständiger Einäscherung des Filterpapiers wird
dann die Kieselsäure zur gänzlichen Austreibung ihres Wassers etwa
7—8 Minuten auf dem Gebläse geglüht. Resultat: SiO_2.

Zeigt dagegen die Kieselsäure eine gelblich-graue Verfärbung, und
hat man Sand konstatiert, so muß hier nochmals eine Scheidung zwischen
löslicher, d. h. verbindungsfähiger Kieselsäure und dem unlöslichen, d. h.

---

[1]) Hydraulische Kalke zeigen meist einen Glühverlust bis zu 10%.

unwirksamen Rest bzw. Sand erfolgen. Zu diesem Zwecke bringt man den Niederschlag mitsamt dem Filter, ohne es einzuäschern, in dieselbe Porzellanschale zurück und erwärmt unter Zusatz von 200 ccm 10 proz. Sodalösung (wasserfreier Soda!) etwa 1 Stunde auf dem Wasserbade. Die lösliche Kieselsäure wird hierbei vollständig wieder aufgelöst, und man gewinnt als Rückstand den unwirksamen Rest bzw. Sand. Dieser wird wie vorher durch Dekantieren mit heißem Wasser ausgewaschen und dann nochmals mit heißer Sodalösung behandelt. Nunmehr wird vollständig abfiltriert. Im Filter, welches direkt noch feucht verbrannt wird, haben wir S a n d und U n l ö s l i c h e s . Die beiden vereinigten Filtrate dagegen enthalten die gelöste, wirksame SiO_2.

Dieses gemeinsame Filtrat wird angesäuert, wiederum zur Trockne eingedampft und bei 110—115° C zwei Stunden lang getrocknet. Darauf wird der Rückstand mit konzentrierter Salzsäure betupft, über Nacht stehen gelassen und darauf am nächsten Tage erst durch Dekantieren und dann im Filter mit heißem Wasser ausgewaschen. Resultat: SiO_2.

Mit Ätzalkalien darf man hier nicht operieren, da L u n g e und M i l l b e r g in einer ausgedehnten Versuchsarbeit (Zeitschr. f. angew. Chem. 10, 393; 1897; vgl. oben S. 40) nachgewiesen haben, daß Ätzalkalien auch die quarzige, unwirksame Modifikation der Kieselsäure erheblich angreifen.

Das ursprüngliche Filtrat von Kieselsäure + Sand und Unlöslichem im Literkolben wird nun zu 400 ccm, 300 ccm und 300 ccm herauspipettiert und in Bechergläser von 800 bzw. 600 ccm Fassungsvermögen gebracht. Hiervon werden die 400 ccm zur Bestimmung der Gesamtsesquioxyde, des Kalkes und der Magnesia, die ersten 300 ccm zur Trennung der Sesquioxyde (Tonerde und Eisenoxyd) und die anderen 300 ccm zur Bestimmung der Schwefelsäure verwendet.

b) S e s q u i o x y d e (T o n e r d e + E i s e n o x y d). Die 400 ccm des Kieselsäurefiltrates werden mit ein paar Tropfen Salpetersäure versetzt, um etwa vorhandenes Eisenoxydul in Oxyd überzuführen, und bis zum Kochen erhitzt. Während des Kochens werden dann sofort Tonerde und Eisenoxyd mittels eines ganz geringen Überschusses von (kohlensäurefreiem) Ammoniak gefällt [1]). Zu viel Ammoniak würde etwas Tonerde wieder in Lösung bringen. Der Zusatz von Chlorammonium vor der Fällung ist nur bei sehr viel Magnesia nötig, da sonst bereits genügend davon infolge des Neutralisierens der salzsauren Lösung mit Ammoniak vorhanden ist. Nach dem Fällen wird das Becherglas sofort vom Feuer genommen, worauf sich der Niederschlag rasch absetzen wird. Der Niederschlag wird so schnell wie nur irgend möglich

---

[1]) Man gibt so lange Ammoniak tropfenweise hinzu, bis ein Farbenumschlag ins Rotbraune erfolgt, d. h. nahezu neutralisiert ist. Dann genügt für die eigentliche Ausfällung ein ganz geringer Überschuß von Ammoniak. (Vgl. hierüber auch oben S. 37 und namentlich S. 73 f, wo nachgewiesen ist, daß z. B. bei dem Verfahren nach B l u m (Zeitschr. f. angew. Chemie 2, 635; 1889) ein nicht allzugroßer Überschuß von Ammoniak unschädlich ist.

abfiltriert und ohne Dekantieren mit heißem Wasser direkt im Filter ausgewaschen, wobei man Sorge zu tragen hat, daß dabei der Niederschlag durch den Wasserstrahl der Spritzflasche immer wieder aufgerührt wird. Andernfalls legt sich die schleimige Tonerde zu dicht auf das Papier und hindert das rasche Filtrieren. Aus diesem Grunde ist auch streng zu vermeiden, daß der Niederschlag u n a u s g e w a s c h e n , also etwa über Nacht, im Filter verbleibt und erst am nächsten Tage ausgewaschen wird. Nach beendetem Auswaschen wird der Niederschlag noch feucht im Platintiegel bei heller Rotglut eingeäschert und als $Al_2O_3 + Fe_2O_3$ gewogen. Zu scharfes Glühen ist hierbei zu vermeiden, da sonst ein Teil des Eisenoxyds leicht in Eisenoxyduloxyd übergeht. Resultat: $Al_2O_3 + Fe_2O_3$.

c) In dem Filtrate von den Gesamtsesquioxyden werden dann nach erfolgter Ansäuerung mit Salzsäure der K a l k und die M a g n e s i a bestimmt, wie bereits S. 143 ff. und 144 ff. beschrieben.

d) Trennung von T o n e r d e u n d E i s e n o y x d. Der zweite Teil der Filtratflüssigkeit von der Kieselsäure, 300 ccm, wird zur Bestimmung des Eisenoxyds verwendet, wofür verschiedene Methoden in Anwendung sind:

α) Eisenoxyd wird gewichtsanalytisch durch Fällen mit Kalilauge aus salzsaurer Lösung (in der Platinschale), Tonerde aus der Differenz bestimmt.

β) Die Sesquioxyde werden mit $KHSO_4$ aufgeschlossen, die Schmelze in Wasser und wenig Salzsäure gelöst. Aus der Lösung wird nach Zusatz von Weinsäure und Ammoniak das Eisen durch Schwefelammon gefällt, das Schwefeleisen in Salzsäure und etwas Salpetersäure gelöst, mit Ammoniak gefällt und gewichtsanalytisch bestimmt.

γ) Die Sesquioxyde werden mit Ammoniak gefällt und wieder in Salzsäure gelöst. Die eine Hälfte wird nochmals mit Ammoniak gefällt, Fe_2O_3 mit $KHSO_4$ aufgeschlossen, in HCl gelöst und mit H_2S reduziert, H_2S im CO_2-Strom fortgekocht, der ausgeschiedene Schwefel abfiltriert und die Lösung mit Kaliumpermanganat titriert (das auf Natriumoxalat eingestellt ist). — Die andere Hälfte wird direkt in salzsaurer Lösung mit H_2S reduziert und dann wie vorstehend weiterbehandelt (Resultate gleich !).

δ) Die Sesquioxyde werden in verdünnter Schwefelsäure gelöst, die eine Hälfte wieder gefällt, mit $KHSO_4$ aufgeschlossen, die Lösung mit Zink reduziert und mit Kaliumpermanganat titriert. — Die andere Hälfte wird direkt reduziert und ebenso titriert (Resultate gleich !).

ε) Das Eisen wird elektrolytisch abgeschieden, in Salzsäure gelöst, mit Kalilauge gefällt und gewichtsanalytisch bestimmt.

Über Bestimmung von Eisen in minimalen Mengen vgl. noch Bd. I, S. 466 — Ferner lese man über vergleichende Bestimmungen noch Ton-Ind.-Ztg. 1908, 1609 nach, wo die Methoden mit Zinnchlorürlösung, mit Natriumthiosulfatlösung und mit Kaliumpermanganatlösung mit der R o t h e schen Äthermethode verglichen werden.

e) Handelt es sich darum, neben dem Gehalt an Eisenoxyd auch noch etwa vorhandenes E i s e n o x y d u l zu bestimmen, so nimmt man von der nur bei 100° C getrockneten, aber n i c h t g e g l ü h t e n Ausgangssubstanz 2 g und zersetzt diese in einen Kölbchen mittels Schwefelsäure unter steter Zufuhr von Kohlensäure [1]). Hiernach spült man die trübe Flüssigkeit in einen Kolben von 400 ccm Fassungsvermögen, in welchen man vorher 1 g Natriumbicarbonat eingegeben hat, füllt bis zur Marke auf und schüttelt gut durch. Dann läßt man absitzen, pipettiert 200 ccm heraus und titriert sofort mit Permanganatlösung. Resultat: FeO. Die restlichen 200 ccm Flüssigkeit filtriert man ab, reduziert sie wie oben vollends mit Zink und titriert wiederum mit Permanganatlösung. Resultat: $Fe_2O_3 + FeO$. Man hat damit nebeneinander Fe_2O_3 und FeO bestimmt.

f) Der dritte Teil der Filtratflüssigkeit von der Kieselsäure wird in derselben Weise, wie Bd. I, S. 325 beschrieben, zur Bestimmung der S c h w e f e l s ä u r e verwendet.

Hat man es mit stark b i t u m i n ö s e m Gestein zu tun, so ist es wohl angebracht, auch die Bestimmung auf Bitumen vorzunehmen. Diese kann genau nur in Form einer Elementaranalyse vor sich gehen.

Die Analyse hat nun zunächst nur gezeigt, in welcher Höhe dem Kalkstein ein Tongehalt beigemengt ist. Einen sicheren Schluß auf Unterscheidung des vorliegenden Materials in eigentlichen hydraulischen Kalk und Romanzement läßt sie aber nicht zu, nicht einmal einen solchen auf Brauchbarkeit des Materials.

Der Tongehalt ist nur dann wirksam, wenn er gleichmäßig durch die ganze Masse des Gesteins verteilt ist, und nicht etwa, wenn er, wie das auch wohl vorkommt, in Form von Nestern darin enthalten ist. Letztere Gesteine bieten dem Brennen große Schwierigkeiten und ergeben ein sehr ungleichmäßiges Produkt.

Über die Untersuchung von M e r g e l n f ü r h y d r a u l i s c h e Z w e c k e gibt die ausgedehnte Untersuchung von L u n g e und S c h o c h o r - T s c h e r n y (Zeitschr. f. angew. Chem. 7, 481; 1894) sehr leicht zu ermittelnde und vollkommen ausreichende Unterlagen.

Das Material wird in grobkörnigem Zustande 2 Stunden lang bei Weißglut geglüht, dann feinst gepulvert und erst mit verdünnter Salzsäure (1 : 3), dann mit 5 proz. Sodalösung gekocht. Es müssen sich danach in den beiden Flüssigkeiten die gesamte aufgeschlossene Kieselsäure und Silikate finden, während das unaufgeschlossene Silikat und die unlösliche Kieselsäure als Rückstand verbleiben. Letzterer soll dann, gleichsam als „negativer" Wertfaktor, getrocknet und geglüht einen möglichst geringen Bruchteil des Mergels bilden.

Die U n t e r s c h e i d u n g dagegen d e s M a t e r i a l s i n e i g e n t l i c h e n h y d r a u l i s c h e n Kalk und in R o m a n z e m e n t kann nur auf dem Wege einiger Löschversuche vor sich gehen,

---

[1]) Über einen ausgezeichneten kleinen Kohlensäure-Entwicklungsapparat von B a r g e hat Verf. in der Ton-Ind.-Ztg. 1896, 887 berichtet.

und hierzu gehört eine ziemliche Übung. Die Versuche geschehen mit
heißem Wasser und in verdecktem Gefäß, um die Umsetzungswärme
gehörig auszunutzen. Oftmals geht die Hydratisierung erst flott von
statten, wenn man zur Kontaktwirkung zuerst ein Stückchen reinen
Ätzkalk hydratisiert und darauf dann die Stücke hydraulischen Kalk
auflegt.

Die eigentlichen hydraulischen Kalke löschen
also unter Wasserbenetzung noch mehr oder minder zu Hydrat ab.
Kleine, nicht zu Pulver zerfallene Knötchen weisen auf Tonnester
oder Sand und Steine im Material hin. Sand und Steine wirken ver-
schlechternd auf die Qualität des hydraulischen Kalkes. Tonknötchen
dagegen können durch Zerreiben und Untermischen unter das Hydrat-
pulver zuweilen sogar dessen Qualität als hydraulisches Mörtelmaterial
erhöhen.

Bildet der hydraulische Kalk ein homogenes Gemenge, so hängt
die Güte wesentlich von dem Gehalt an Kieselsäure ab. So besteht
z. B. der berühmte Chaux du Teil fast ausschließlich aus kieselsaurem
Kalk, während Tonerde und Eisenoxyd fast verschwinden. Man nennt
darum solche Materialien auch wohl direkt „Kieselkalke".

Während diese Gesteinsmaterialien für hydraulischen Kalk sehr
wertvoll sind, befriedigen sie nicht im selben Maße bei Verwertung zur
Zementfabrikation, da der hohe Gehalt an Kieselsäure sehr leicht ein
intensives Zerrieseln der Klinker bewirkt.

Im übrigen entscheiden über die Güte eines hydraulischen Kalkes
naturgemäß einzig und allein die technischen Prüfungen auf V o l u m -
b e s t ä n d i g k e i t und F e s t i g k e i t.

Die E i g e n f e s t i g k e i t des hydraulischen Kalkes ist eine
ziemlich mäßige. Demgemäß nimmt die Sandkapazität gegenüber dem
Luftkalk ab, und Mörtelmischungen 1 : 5 sind bereits fast immer denen
von 1 : 3 an Festigkeit unterlegen.

Nach den Schweizer Normen für einheitliche Benennung, Klassi-
fikation und Prüfung der hydraulischen Bindemittel sollen die Minimal-
Festigkeiten des Normalmörtels (1 : 3 Sand) für

	Zug	Druck	
leichten hydraulichen Kalk	6 kg,	30 kg ⎫	pro 1 qcm
schweren - -	8 kg,	50 kg ⎭	

betragen, und zwar nach einer Lagerungsfrist der Probekörper von
3 Tagen an der Luft und 25 Tagen unter Wasser.

Die Nacherhärtung ist eine nicht unerhebliche; sie geht bis reichlich zu zwei Jahren und mehr und kann Festigkeiten bis zu 30 kg für
Zug und 250 kg für Druck erreichen.

Die A b b i n d e z e i t der hydraulischen Kalke ist sehr wechselnd.
Gewöhnlich beträgt sie etwa 20—30 Stunden; doch kann sie selbst auf
3—4 Stunden hinunter-, andererseits aber auch wieder bis zu 10 Tagen
hinaufgehen.

Die V o l u m b e s t ä n d i g k e i t [1]). Hydraulische Kalke haben
an der Luft fast ausschließlich kein eigentliches Lufttreiben gezeigt.
Im Wasser dagegen können sich wohl Treiberscheinungen zeigen, und
zwar infolge eines allmählich verlaufenden Nachlöschprozesses körniger
Einschlüsse (überbrannter Kalkkörner, mangelhaft hydratisierter Mergel-
körner).

Die übliche Wasserprobe ist wegen der zu langen Frist der Probe
für die Praxis nicht ausreichend. Dagegen läßt sich die Volumbeständigkeit sehr gut und rasch durch 50° Wasser- oder feuchte Luftbäder
(Dampfdarren) bestimmen. Beide Prüfungen sind ziemlich gleichwertig
und der trockenen Darre entschieden vorzuziehen. — Die Volumbeständig-
keitsprüfung darf natürlich erst nach erfolgtem vollständigen Abbinden des betreffenden Probekörpers erfolgen.

Über hydraulische Kalke und Krebszemente lese man die L e d u c -
schen Arbeiten nach, spez. also auch Ton-Ind.-Ztg. 1907, 71.

b) Romanzement.

Im wesentlichen Unterschiede von den vorstehenden eigentlichen
hydraulischen Kalken löschen sich die Romanzemente bei Benetzung mit
Wasser nicht mehr von selbst ab, sondern müssen, um als Bindemittel
reaktionsfähig zu werden, zuvor auf Zerkleinerungsmaschinen fein gepulvert werden. Auch in der chemischen Zusammensetzung weichen
sie meist durch höheren Tongehalt von den eigentlichen hydraulischen
Kalken erheblich ab.

Die analytische Untersuchung der Romanzemente vollzieht sich
genau in derselben Weise, wie bereits beim hydraulischen bzw. Luftkalk genauer beschrieben. Der Tongehalt steigt in den betreffenden
Materialien in dem Maße, daß er im Durchschnitt sich zum Kalk etwa
wie 1 : 1,2 bis 1,6 verhält. Letztere Verhältniszahl, also der Quotient
„Kalk: Gesamtsilikat" heißt „h y d r a u l i s c h e r M o d u l".

Die Analyse von Romanzementen wird also etwa folgende Zahlen
ergeben:

Kieselsäure	24—27 %
Tonerde	8—10
Eisenoxyd	3— 6
Kalk	48—57
Magnesia	bis 3
Schwefelsäure	. . .
Alkali	. . .

Liegt die chemische Zusammensetzung in den vorstehenden Grenzwerten, so kann man daraus schon mit ziemlicher Sicherheit auf eine
brauchbare Ware schließen, obwohl naturgemäß auch hier nur die

---

[1]) Vgl. T e t m a j e r , Methoden und Resultate der Prüfung der hydraulischen Bindemittel, Heft 6, 1893.

mechanischen Eigenschaften, insbesondere also A b b i n d e n , V o -
l u m b e s t ä n d i g k e i t und F e s t i g k e i t zu entscheiden
haben.

Bei der Untersuchung der Rohsteine ist auch hier wieder auf möglichst
große Gleichmäßigkeit in der chemischen Zusammensetzung zu sehen,
da der Stein direkt aus dem Bruche in den Ofen wandert, ein k ü n s t -
l i c h e r Ausgleich also, wie z. B. beim Portlandzement, ausgeschlossen ist.

Da Romanzement erst künstlich zu feinem Pulver zerkleinert werden
muß, so ist die Prüfung auch auf die Mehlfeinheit des Zementes zu
erstrecken; denn mit wachsender Feinheit des Kornes wächst auch die
Festigkeit des daraus hergestellten Mörtels.   Romanzement wird nun
nicht bis zur Sinterung gebrannt, also nicht vollständig bis zur höchsten
Dichte gebracht. Demgemäß ist das Brennprodukt noch ziemlich locker
und das daraus gewonnene Zementmehl verhältnismäßig weich und
,,unfühlbar''.

Die technischen Prüfungen nimmt man zweckmäßig an der Hand
der dafür ausgearbeiteten ö s t e r r e i c h i s c h e n N o r m e n vor.
Danach sind Romanzemente Erzeugnisse, welche aus tonreichen Kalk-
mergeln durch Brennen unterhalb der Sintergrenze gewonnen werden
und bei Benetzung mit Wasser sich nicht mehr löschen, daher durch
mechanische Zerkleinerung in Pulverform gebracht werden müssen.

Das s p e z i f i s c h e G e w i c h t der Romanzemente variiert
zwischen 2,7 bis 3,0, höchst selten darüber.   Der G l ü h v e r l u s t
beträgt bis zu 5 %. Die F a r b e ist gelblich bis rötlichbraun.

Da Romanzemente begierig Wasser und Kohlensäure aufnehmen,
so müssen sie bis zur Prüfung in gut verschlossenen Behältern aufbewahrt werden, weil sie sonst in ihren Eigenschaften Einbuße erleiden.

Romanzemente b i n d e n in der Regel ziemlich rasch ab; der
Erhärtungsbeginn fällt für die Raschbinder innerhalb 7 Minuten, für
Mittelbinder bis zu 15 Minuten und für Langsambinder über 15 Minuten
hinaus. Die Prüfung auf Abbinden erfolgt in der Weise wie auch beim
Portlandzement (vgl. diesen !).

Romanzemente sollen v o l u m b e s t ä n d i g sein, d. h. ihre beim
Erhärten einmal angenommene Form nicht verändern.   Ein 24 Stunden
nach dem Anmachen bzw. nach erfolgtem Abbinden unter Wasser ge-
legter Kuchen soll weder Kanten- noch Netzrisse oder Verkrümmungen
erhalten (Prüfungsdauer: 28 Tage).   Außer dieser Normenprobe sind
aber, um schneller zu einem Resultat kommen zu können, einige b e -
s c h l e u n i g t e Prüfungen üblich geworden. Diese bestehen in einer
75⁰-Warmwasser- und 75⁰-Dampfdarrprobe, während die 100⁰-Proben
(wie beim Portlandzement) sowie die Glühprobe selbst von ganz guten
Romanzementen nicht immer bestanden werden.   Die beschleunigten
Prüfungen sollen eine 6-Stundendauer haben und 24 Stunden nach dem
Anmachen des Kuchens, jedenfalls aber immer erst nach erfolgtem
Abbinden, vorgenommen werden.   Halten die Kuchen die 75⁰-Proben
nicht aus, so sind sie weiter noch bei 50⁰ zu prüfen.

Die **M a h l u n g** der Romanzemente soll möglichst fein sein; es sollen mindestens 64 % Feinmehl durch ein Sieb mit 2500 Maschen pro 1 qcm und mindestens 82 % durch ein Sieb mit 900 Maschen pro 1 qcm hindurchgehen.

Die **B i n d e k r a f t** und **F e s t i g k e i t** des Romanzementes ist für Zug und Druck zu prüfen, wie noch näheres darüber beim Portlandzement gesagt ist. In Normalmörtelmischung (1 Zement : 3 Sand) sollen gute Romanzemente nach 7 bzw. 28 Tagen Erhärtung (die ersten 24 Stunden an **f e u c h t e r** Luft, die folgenden Tage unter Wasser) die nachstehenden **M i n i m a l** festigkeiten erreichen:

	nach Tagen	Zugfestigkeit	Druckfestigkeit	
Raschbinder	7	4 kg	—	
	28	8 -	60 kg	pro 1 qcm.
Mittel- und Langsambinder	7	5 -	—	
	28	10 -	80 kg	

Indessen überragen die wirklichen Festigkeiten bester Romanzemente diese minimalen Normenzahlen ganz erheblich. Die Festigkeiten können bis zu 20 bzw. 180 kg nach 28 Tagen steigen. Die Nacherhärtung geht meist bis zu einem Jahre vorwärts und erreicht Festigkeiten bis zu 30 bzw. 300 kg für Zug bzw. Druck.

Auch die Eigenfestigkeit der Romanzemente ist gegenüber den eigentlichen hydraulichen Kalken eine erheblich höhere und beträgt, auf Zug geprüft, nach 7 Tagen 12—15, nach 28 Tagen 20—30 kg pro 1 qcm.

c) Dolomit- bezw. Magnesiazement[1]).

Enthält ein Kalkstein größere Mengen von kohlensaurer Magnesia, so heißt er „d o l o m i t i s c h“. Der reine Dolomit ist ein Gemenge von $CaCO_3 + MgCO_3$ von der chemischen Zusammensetzung 54,3 % $CaCO_3$ und 45,7 % $MgCO_3$. Indessen ist dieser Normaldolomit durchaus nicht der beste für die Verwendung als Mörtelmaterial. Vielmehr werden solche mit 8—10 % Tongehalt meist günstiger sein. Das liegt an folgendem Umstande. Das Brennen des dolomitischen Steines darf 400°C nicht überschreiten, da unter dieser Brennzone nur die Magnesia, nicht aber der Kalk die Kohlensäure entbindet. Würde sich viel Ätzkalk bilden, so würde dieser später unter Wasser zu lockerem Kalkbrei ohne jegliche Festigkeit werden und das Gefüge des Mörtels empfindlich schädigen. Hier greift der Tongehalt wirksam ein, indem er den etwa gebildeten Kalk ebenfalls hydraulisch macht. Das wirkt derart günstig, daß man bei mangelndem Tongehalt diesen durch Zusatz einer Puzzolane, z. B. fein gestoßenes Ziegelmehl, **k ü n s t l i c h** hydraulisch macht. — Die Magnesia selbst hat ihrerseits die Fähigkeit, bei Gegenwart von kohlensaurem Kalk unter Wasser zu erhärten.

---

[1]) Hier sind auch die Magnesite zu berücksichtigen, als das Ausgangsmaterial zum S o r e l schen Zement und den hochfeuerfesten Magnesiaziegeln.

Über die Brauchbarkeit dolomitischer Gesteine entscheidet zunächst also die A n a l y s e. Gesteine unter 10 % MgO sind von vornherein minderwertig, solche mit einem Tongehalt bis zu 10 % entsprechend höher zu bewerten.

Sodann ist ein B r e n n v e r s u c h mit dem Material zu machen, wobei also wesentlich nur die Magnesia, der Kalk aber nur so weit entsäuert sein soll, als der Gehalt an Tonsubstanz zu binden vermag. Mit diesem gebrannten Material werden dann die entsprechenden Versuche auf Abbinden, Volumbeständigkeit und Festigkeit gemacht, zu welchem Zwecke das Brenngut, da es sich bei Benetzung mit Wasser kaum oder überhaupt nicht von selbst ablöscht, entsprechend fein zu mahlen ist.

Die B i n d e z e i t des Dolomitzementes ist meist eine mittlere, 3 bis 12 Stunden. Die F a r b e ähnelt sehr derjenigen des schweren hydraulischen Kalkes. Das spezifische Gewicht beträgt ca. 2,7.

In der F e s t i g k e i t, wie überhaupt im allgemeinen, steht der Dolomitzement zwischen den eigentlichen hydraulischen Kalken und dem Romanzement. Der Normalmörtel (1 Zement : 3 Sand) eines vom Verfasser wiederholt geprüften Zementes betrug nach 28 Tagen (7 Tage an der Luft, 21 Tage unter Wasser belassen) im Mittel 12 kg. Mit 5 Teilen Sand wurde immer noch eine Festigkeit von 9 kg pro 1 qcm gefunden. — Die Eigenfestigkeit ist nicht bedeutend; im Gegenteil verträgt dieses Material sogar einen recht reichlichen Sandzusatz.

Zur abgekürzten Bestimmung der M a g n e s i a in M a g n e s i t e n schlägt M a y e r h o f e r (Zeitschr. f. angew. Chem. 21, 593; 1908) folgendes einfache Verfahren vor:

5 g der feinst gepulverten Substanz werden mit Königswasser im Wasserbade aufgeschlossen, die überschüssige Säure verjagt, der Rückstand zur Trockne eingedampft und eine halbe Stunde auf 180 bis 200° C erhitzt. Der Rückstand wird mit wenig Salzsäure auf dem Wasserbade in Lösung gebracht, abfiltriert und die Lösung auf 1 Liter aufgefüllt.

40 ccm = 0,2 g bei Rohmagnesiten oder 20 ccm = 0,1 g bei gebrannten Magnesiten werden in einem Becherglase mit 5 ccm konz. Schwefelsäure, 100 ccm ammoniakalischer Citronensäurelösung, welche im Liter 100 g Citronensäure und 333 ccm Ammoniak (d = 0,91) enthält, 20 ccm 10 proz. Natriumphosphatlösung und 15 ccm konzentr. Ammoniak genau in der angegebenen Reihenfolge versetzt, die Mischung etwa 5 Minuten gut durchgerührt, wobei ein Berühren der Glaswandungen möglichst zu vermeiden ist, nach 2 stündigem Stehen (durch den Goochtiegel) filtriert und geglüht. Das Gewicht des Niederschlages, mit 180 bzw. 360 multipliziert, ergibt die Magnesia in Prozenten.

II. Künstliche hydraulische Kalke (Portlandzement usw.).

Während die sämtlichen vorstehenden Mörtelmaterialien genau so zum Brennen und später zur Verarbeitung gelangen, wie sie von der

Natur gemischt sind, bedürfen die künstlichen hydraulischen Kalke, als deren vornehmster Repräsentant der P o r t l a n d z e m c n t gilt, erst einer eingehenden und umfangreichen Bearbeitung, da sie meist aus zwei oder mehreren Komponenten, Kalkstein, Mergel und Ton usw., zusammengesetzt bzw. gemischt werden müssen.

Von den in Frage kommenden Materialien ist die chemische Analyse der Kalksteine und Mergel schon genügend besprochen (S. 141 ff.). Die des T o n e s [1]) vollzieht sich in derselben Weise, nur daß der Ton vorher, da er durch Salzsäure nicht zersetzlich ist, durch S c h m e l z e n m i t k o h l e n s a u r e m A l k a l i a u f g e s c h l o s s e n werden muß. Zu diesem Zwecke wägt man in einen geräumigen, schlanken Platintiegel 10 g eines Gemisches von 50 Teilen Kaliumcarbonat, 50 Teilen Natriumcarbonat und 5 Teilen Kalisalpeter ein, welches vorher im Porzellanmörser möglichst fein zerrieben wurde. Dann wägt man auf einem Tarierblech 2 g Ton ab, welcher ebenfalls fein gepulvert (Achatmörser!) und dann bei 105° C getrocknet ist, und gibt diesen ebenfalls in den Platintiegel, wo er zusammen mit dem Alkalicarbonat mittels Platinstabes gut durchgemischt wird. Die Masse muß durchaus homogen aussehen und darf den Platintiegel, welcher mehr hoch als breit zu wählen ist, kaum bis zur Hälfte füllen, da die schmelzende Masse leicht spritzt. Hierauf bringt man den Tiegel zuerst auf eine ganz kleine Flamme, welche nur vorsichtig und nach und nach zu verstärken ist. Die Masse fällt dabei etwas zusammen und bildet schließlich einen dunkelglühenden Kuchen mit starren, krustenartig abgeschmolzenen Rändern. In diesem Zustande, dem Sinterprozeß, bei welchem das eigentliche Aufschließen des Tones durch das kohlensaure Alkali bewirkt wird, soll man die Masse reichlich $\frac{1}{2}$ Stunde belassen und sie dann erst bis zum wirklichen, ruhigen Fluß herunterschmelzen, was in etwa $\frac{1}{4}$ Stunde geschieht, ev. unter Zuhilfenahme der Gebläselampe. Darauf läßt man erkalten und bringt dann den Tiegel nebst Schmelze in mit Salzsäure angesäuertes Wasser (geräumige Porzellan- oder besser Platinschale!) und weicht auf dem Wasserbade auf. Der Tiegel wird dann herausgenommen und gut abgespült, während man die Flüssigkeit auf dem Wasserbade zur Trockne dampft und damit, wie beim hydraulischen Kalk näher beschrieben, weiter verfährt. Hatte die Schmelze ein blaugrünes Aussehen, so deutet das auf Mangan und muß ev. auch dieses ermittelt werden, was am besten durch die bekannte, unter „Eisen" näher beschriebene Natriumacetatmethode geschieht, bei der Eisenoxyd und Tonerde zusammen gefällt werden, während das Mangan in Lösung bleibt und dann durch Bromwasser als Superoxyd ausgefällt wird. Im Filtrate sind CaO und MgO, die, wie S. 143 f. angegeben, bestimmt werden.

Im Verlaufe der Tonanalyse wird die von den übrigen Bestandteilen getrennte Kieselsäure mit Flußsäure und Schwefelsäure verdampft. Der Gewichtsverlust stellt die SiO_2 dar. Der verbleibende Rest wird

---

[1]) Vgl. hierzu auch S. 35 ff. (K r e i l i n g s Methode).

vielfach als $Al_2O_3 + Fe_2O_3$ angesprochen und diesen späterhin hinzugerechnet.

W. R. B l o o r hat nun Untersuchungen über die Berechtigung der obigen Annahme angestellt. Bei der Analyse virginischer Tone hat er 1 g Substanz mit 6—8 g Na_2CO_3 zusammengeschmolzen, wobei nach dem Entweichen der CO_2 aus der Schmelze diese noch 15 Minuten im Fluß gehalten wurde. Zur Ausscheidung der SiO_2 wurde zweimal eingedampft und bis zur vollständigen Eintrocknung 3 Stunden auf 125° C erhitzt. Nach jeder Eindampfung wurde filtriert und der Rückstand ausgewaschen, bis Silbernitrat im Waschwasser keine Trübung mehr verursachte. Der Rückstand der zweiten Filtrierung wurde im Platintiegel geglüht, dann mit Wasser und Schwefelsäure angefeuchtet und schließlich unter Zusatz von Flußsäure verflüchtigt.

Der gewogene Rückstand wurde mit Kaliumbisulfat geschmolzen und die Schmelze in mit etwas Schwefelsäure angesäuertem Wasser aufgenommen. Der ungelöste Rest wurde abfiltriert, ausgewaschen, geglüht und als „unlöslicher Rest" gewogen. Im Filtrate wurden Al_2O_3 und Fe_2O_3 in der üblichen Weise ermittelt, CaO durch doppelte Fällung bestimmt. Der erste Oxalatniederschlag war meistens sehr gering und wurde stets erst am Tage nach der Fällung filtriert. Er wurde in Salzsäure gelöst und fiel dann auf Ammoniumoxalat-Zusatz rasch wieder aus. Die MgO wurde wie üblich ermittelt. Die Gegenwart von TiO_2 wurde in allen untersuchten Tonen festgestellt, aber nicht quantitativ bestimmt.

Im Durchschnitt bestand der 1,01 % des Kieselsäuregehaltes ausmachende Rückstand der Verdampfung mit Schwefelsäure-Flußsäure aus 57,36 % Ammoniumniederschlag, 21,48 % CaO und 14,05 % MgO.

Dadurch daß die abgeschiedene Kieselsäure bei einzelnen Proben zweimal je 3 Stunden auf 125° C erhitzt wurde, stieg die Menge des nach der SiO_2-Verflüchtigung nachbleibenden Rückstandes auf 40 %, wobei bemerkenswert ist, daß gleichzeitig der Gehalt an Sesquioxyden in diesem Rückstande nur um 7 % stieg. Ist die Menge des Rückstandes groß im Verhältnis zur gefundenen Menge Gesamtkieselsäure, so steigt der Gehalt an Sesquioxyden zwar auch, aber nicht im gleichen Verhältnis.

Trotz großer Verschiedenheit der untersuchten Tone war die Menge des Rückstandes ziemlich gleich. In allen Fällen ergab sich, daß die in der beschriebenen Weise gefällte SiO_2 von allen hauptsächlichen Bestandteilen des Tones verunreinigt war, wenngleich freilich die Sesquioxyde stark vorwiegen.

H i l l e b r a n d hält dem entgegen, daß, wenn die Zersetzung der Silikat-Schmelze eine vollständige war, eigentlich weder Calcium noch Magnesium einen Bestandteil des „Rückstandes" bilden könnten. Er führt B l o o r s Ergebnisse diesbezüglich auf verschiedene Fehlerquellen zurück: 1.Ungenügendes Aufschließen des Tones beim Schmelzen. 2. Ungenügendes Auswaschen der gefällten SiO_2. 3. Verunreinigungen durch die Porzellan- (Eindampf-) Schale; doch zeigte diese beim Kon-

trollversuch gegenüber dem Eindampfen in der Platinschale keine
nennenswerten Differenzen. 4. Abweichendes Verhalten der verschiedenen
Tone im Analysengange. (Vgl. hierzu das Jour. Amer. Chem. Soc.
1907, Novemberheft sowie Ton-Ind.-Ztg.1907, 1874, ferner auch die
noch später folgenden Mitteilungen über die Methoden H i l l e -
b r a n d , S t a n g e r und B l o u n t usw).

Während nun die vollständige Analyse wenigstens einen sicheren
Aufschluß über Magnesia- und Schwefelsäuregehalt [1]) gibt, läßt sie über
den Gehalt an q u a r z i g e r K i e s e l s ä u r e , d. h. S a n d zunächst im Stiche [2]). Sand aber, besonders in größeren Mengen und
merklicher Korngröße, wirkt in der Rohmasse des Portlandzementes
wie Ballast, da er sich im Sinterprozeß nicht gut aufschließt. Nur ein
ganz besonders feines Mahlen der Rohmaterialien kann diesen Fehler
wieder etwas beseitigen. Da dies aber viel Kraft erfordert, so versuchte
man früher, diesen Sand durch Abschlämmen des Tones zu beseitigen.
Aber das kostet auch wieder viel Geld, da das künstlich beigefügte
Schlämmwasser natürlich nachher wieder zum größten Teil beseitigt
werden muß. Man verwirft also lieber sehr sandreiche Tone oder wendet
etwas mehr Kraft (Kesselkohle) zum Feinmahlen der Materialien an.

Über den Sandgehalt eines Tones gibt eine S c h l ä m m a n a l y s e
entsprechende Auskunft (vgl. S. 24). Zu diesem Zwecke wägt man
50 g des getrockneten und nur gröblich zerstoßenen Tones in eine geräumige Porzellanschale und übergießt mit Wasser und roher Salzsäure (3 : 1). Hierauf bringt man die Schale aufs Feuer und kocht
etwa 3 Stunden. Dann läßt man erkalten, gießt die salzsaure Flüssigkeit vorsichtig ab und schlämmt nun den Rückstand weiter mit Wasser
aus. Das kann ganz einfach am raschesten und für den vorliegenden
Zweck auch vollkommen genügend von Hand geschehen, indem man
einen mäßigen Wasserstrahl in die Schale einfließen läßt, dabei den
Rückstand mit den Fingern vorsichtig verreibt und entsprechend den
Tonschlamm aus dem Ausguß der Schale abgießt, bis der klare Sand allein
zurückbleibt. Dies einfache Handverfahren hat den Vorteil, daß man
den Sand leichter und genauer rein vom Ton herausbekommt. während
die Anwendung von Apparaten nur die mazerierende Wirkung des
strömenden Wassers, also eine allzu geringe mechanische Wirkung zur
Grundlage hat. Oftmals aber haftet der Ton so fest am Sande, daß
selbst ein Abrauchen mit Schwefelsäure oder ein Kochen mit Sodalösung
den Sand nicht völlig frei von Ton zu machen vermag, geschweige denn
das schwache Abweichen langsam fließenden Wassers.

Will man dennoch zu einem Apparate greifen, so kommen hierfür
der S c h u l z sche und der S c h ö n e sche Apparat in Betracht.

Der S c h u l z sche Apparat (Fig. 9) ist sehr handlich; er besteht
aus einem Kelchglase mit Ausfluß am oberen Rande, in welches bis zum
Boden herab zentral ein Glasrohr mit mäßig ausgezogener Spitze und

---

[1]) Schwefelkies wird durch den Zusatz von Salpeter beim Schmelzen oxydiert.
[2]) Vgl. darüber S. 40 f.

Trichteransatz heruntergeführt ist. Darüber ist ein Wasserbehälter angebracht, aus welchem das Wasser durch das Trichterrohr von unten
her in das Kelchglas eintreten und dieses bis zum Ausguß durchströmen
kann. Den Zufluß des Wassers regelt man nach dem Abfluß aus dem
Kelchglase. — Bevor man zu dem eigentlichen Schlämmversuch schreitet,
gibt man den Tonschlamm nebst Sandrückstand in das Kelchglas ein
und läßt dann erst das Wasser durchfließen.

Der S c h ö n e sche Apparat (Fig. 10 a. f. S.) [1]) ist etwas kompli-
zierter gestaltet, ohne indessen genauer zu arbeiten. Er besteht aus dem
Schlämmtrichter von ca. 50 cm Länge mit nach aufwärts gebogenem
Zuflußrohr. Auf dem Schlämmtrichter ist ein 100 cm langes N-förmig

gebogenes Piëzometerrohr mit Teilung aufgesetzt, welches im Scheitelpunkte der nach
unten gerichteten Biegung ein kleines, kreis-
rundes Loch hat. Nachdem der Schlämm-
rückstand in den Schlämmtrichter eingebracht
ist, läßt man wieder das Wasser durch das
Zulaufsrohr E den Trichter von unten nach
oben durchströmen. Man hat hier nur noch
den Vorteil, ganz genau die Stromgeschwindigkeit bzw. den Druck des Schlämmwassers im
Piëzometerrohr ablesen, d. h. also unter
ganz bestimmtem und gleichmäßigem Druck
schlämmen zu können.

Hat man auf die eine oder die andere Art
den Sand völlig frei vom Ton erhalten, so spült
man ihn in ein ganz kleines Porzellanschälchen
und trocknet ihn zuerst auf dem Wasserbade, sodann im Trockenschrank.

Fig. 9.

Will man die Korngrößen des Sandes ermitteln, so kann das entweder durch Sieben des trockenen Sandes oder dadurch geschehen,
daß man im S c h ö n e schen Apparat nacheinander unter verschiedenem,
d. h. verstärktem Druck schlämmt und die übergehenden Produkte
einzeln auffängt und für sich weiter verarbeitet.

Bei der Trennung des Sandes unterscheidet man

Schluff:	Korngröße bis	0.025 mm
Staubsand:	-	0.040 -
Feinsand:	-	0.200 -
Grobsand:	-	über 0.200 -

In neuerer Zeit wird oftmals granulierte Hochofen-Schlacke sowohl
als Ersatz des Tones, sowie auch später zum Zumischen zu dem fertigen
Klinkerzement verwendet (im sogen. Eisenportlandzement meist im
Normalverhältnis von 30 : 70). In diesem Falle ist die Schlacke eben-

---

[1]) Der größte Teil der nachstehenden Figuren ist uns von dem Chemischen
Laboratorium für Tonindustrie, Prof. Dr. H. S e g e r und E. C r a m e r in
Berlin NW 5, welches fast alle hier beschriebenen Apparate liefert, überlassen
worden.

falls zu untersuchen, speziell auch auf Mangan, gemeinhin in der vorstehend angeführten Weise.

Da die Schlacken naturgemäß nur geringe Spuren von Eisenoxydul usw. enthalten sollen, so ist bei dessen Bestimmung sehr vorteilhaft auch die Methode von K n o r r e (Ber. 18, 2728; 1885) anzuwenden, welche durch Nitrosonaphtol-Fällung des Eisens die Möglichkeit einer scharfen Trennung selbst geringster Mengen Eisen von Tonerde und einer direkten Bestimmung der letzteren in dem Eisenfiltrat durch Ammoniak bietet. Bei dieser Trennung durch Nitrosonaphtol fällt Eisen als sehr voluminöser Niederschlag aus und läßt sich recht gut auswaschen usw.

Auch die Bestimmung des Sulfidschwefels in der Schlacke ist unter allen Umständen durchzuführen. Eine spezielle Vorschrift hierfür gibt F r e s e n i u s nach dem etwas abgeänderten Verfahren von J. und H. S. P a t t i n s o n (Journ. Soc. Chem. Ind. 17, 214; 1898.)

3 g Schlackenmehl werden in einer Stöpselflasche mit 100 ccm einer Lösung von arseniger Säure versetzt (enthaltend in 1 L. 3 g As_2O_3 und 300 ccm Salzsäure vom spez. Gew. 1,12) und 12 Stunden damit stehen gelassen. Hierauf spült man den ganzen Inhalt der Flasche in einen 500-ccm-Kolben über, füllt mit destilliertem

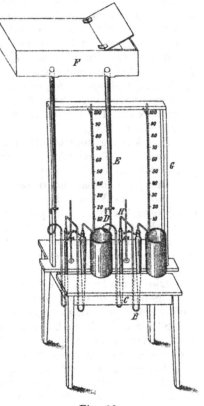

Fig. 10.

Wasser zur Marke auf, schüttelt kräftig um und filtriert. In 250 ccm des Filtrates fällt man das darin noch befindliche Arsen durch Einleiten von Schwefelwasserstoff quantitativ aus, filtriert das Schwefelarsen im Hahntrichter ab und wäscht mit Schwefelwasserstoffwasser gut aus.

Der auf dem Filter befindliche Niederschlag wird im Trichter (bei geschlossenem Hahn) in Ammoniak gelöst und das Filter gut ausgewaschen. Lösung und Waschwasser dampft man in einer kleinen Porzellanschale auf dem Wasserbade zur Trockne und erhitzt den verbleibenden Rückstand auf dem Sandbade mehrere Stunden mit 10 ccm konzentrierter Schwefelsäure. DieFlüssigkeit färbt sich hierbei dunkel, Nebel von Schwefelsäuredämpfen steigen auf, und die Erhitzung ist beendet, wenn sicher keine schweflige Säure mehr entwickelt wird.

Hierauf läßt man erkalten, gießt die Lösung in kaltes Wasser und dampft alsdann wieder auf etwa 30 ccm ein. Die braunschwarze organische Masse ballt sich hierbei in Flocken zusammen, die nach dem Erkalten abfiltriert und mit kaltem Wasser ausgewaschen werden. Das klare Filtrat wird mit festem Natriumcarbonat nahezu, jedoch nicht vollständig neutralisiert und mit 30 ccm einer kalt gesättigten Lösung von Natriumbicarbonat, das zuvor mit kaltem Wasser ausgedeckt war, versetzt. Jetzt wird noch Stärkekleister zugegeben und mit $1/_{10}$ Normal-Jodlösung bis zur eben eingetretenen Blaufärbung titriert. Man findet so diejenige Menge arsenige Säure, die nicht zur Bindung des Sulfid-schwefels verbraucht war; die Differenz gegen die angewandte Menge entspricht also dem Sulfidschwefel selbst. 1 ccm $1/_{10}$ Normal-Jodlösung = 0,00495 g As_2O_3.

Zweckmäßig kontrolliert man die Stärke der benutzten Lösung von arseniger Säure durch Schwefelwasserstoffällung von 50 ccm und jodometrische Bestimmung des Schwefelarsens.

Die Verwendbarkeit dieses Verfahrens hat Fresenius (im Protokoll des Vereins Deutscher Portlandzement-Fabrikanten 1901) durch eine Anzahl von Beispielen belegt. (Vgl. hierzu die Ausführungen über „Ermittelung von Zusätzen zum Portlandzement", S. 216).

Analytisch interessiert uns beim Zement wesentlich nur die Zusammensetzung des Zementes im gebrannten wie im ungebrannten Zustande, d. h. des Klinkers und des Rohmehls.

Die Analyse des Klinkers bzw. Zementes führt Verf. genau in derselben Weise durch wie die des Tones, nur daß das Aufschließen mit Alkalicarbonat unterbleibt.

Soll das Rohmehl nur auf Gehalt an Ton und Kalkstein bzw. Kalk untersucht werden, so genügt die Ausführung der Analyse, wie sie für tonhaltigen Kalkstein, Mergel usw. unter A. I. b (Genaue Analyse) S. 143a gegeben ist. Sollen dagegen im Zementrohmehl genau dieselben Einzelbestimmungen ausgeführt werden wie beim Zement bzw. beim Ton, so ist das Rohmehl unbedingt mit Alkalicarbonat aufzuschließen. Ein einfaches Glühen, selbst auf der stärksten Gebläselampe genügt für viele Materialien durchaus nicht!

Über die Handhabung der Analysen von Zement und Zementrohmehl finden sich interessante Zusammenstellungen von Hillebrand im Journ. Soc. Chem. Ind. 12, 1221; 1902, wo es sich darum handelt, eine vollkommen genaue und dabei doch sehr schnelle Normalanalyse auszuführen. Aus einer ganzen Reihe von Zement- und Rohmehlanalysen verschiedener Chemiker hat Hillebrand die folgenden Normalmethoden für Zement-analyse ausgearbeitet [1]).

---

[1]) Vgl. hierzu Ton-Ind.-Ztg. **1904,** 840 und den revidierten Bericht von Richardson, ebenda S. 1375.

Von dem zu untersuchenden Zement wird ½ g in einen Platintiegel eingewogen und 15 Minuten lang auf einer starken Gebläselampe geglüht. Die Masse wird mit etwas Wasser aufgenommen, mit Salzsäure zersetzt und vom ungelösten Rest abfiltriert, welch letzterer für sich dann erst noch durch Schmelzen mit kohlensaurem Natron aufgeschlossen wird. Die Schmelze wird mit Wasser aufgenommen und mit dem ersten Filtrate vereinigt.

a) K i e s e l s ä u r e: Die vereinigten Lösungen werden eingedampft und die dabei ausgeschiedene Kieselsäure abfiltriert. Das Filtrat wird wiederum eingedampft und etwa noch sich ausscheidende Kieselsäure ebenfalls abfiltriert. Die beiden Kieselsäuren werden getrocknet, 15 Minuten auf dem Gebläse geglüht und alsdann gewogen. Hiernach wird die Masse mit 10 ccm Flußsäure und 4 Tropfen Schwefelsäure abgeraucht und der nachbleibende Rest geglüht und gewogen.

Aus der Differenz: Gesamtkieselsäure abzüglich Rest ergibt sich der wirkliche Gehalt an eigentlicher Kieselsäure.

b) S e s q u i o x y d e. Das Filtrat von der Kieselsäure wird mit kohlensäurefreiem Ammoniak übersättigt und der Überschuß daran weggekocht [1]). Die Niederschläge werden abfiltriert, ein wenig ausgewaschen, mit Salzsäure wieder zersetzt und Tonerde-Eisenoxyd nochmals durch Ammoniak gefällt. Nach erfolgtem Abfiltrieren und Auswaschen wird der Niederschlag 10 Minuten auf dem Gebläse geglüht [2]).

c) E i s e n o x y d. Zur Trennung des Eisenoxyds von der Tonerde wird der geglühte Anteil beider Sesquioxyde im Platintiegel mit 3—4 g saurem schwefelsaurem Kali oder besser Natron niedergeschmolzen und die Schmelze mit heißem Wasser und so viel Schwefelsäure aufgenommen, daß in der Lösung 5 g H_2SO_4 vorhanden sind. Die Lösung wird abgedampft und der Rückstand bis zur Entwicklung von Säuredämpfen erhitzt. Dann verdünnt man wieder, filtriert etwa noch vorhandene SiO_2 ab, reduziert das Filtrat mit Zink oder besser mit Schwefelwasserstoff, entfernt dessen Überschuß durch Kohlensäure und titriert das Eisen mit Permanganat.

d) Die beiden Filtrate von den Sesquioxyden (b) werden vereinigt, zum Kochen gebracht und der K a l k mittels Ammoniumoxalat daraus gefällt. Das ausgeschiedene und filtrierte Calciumoxalat wird auf der Gebläselampe geglüht und als CaO gewogen (vgl. Bd. I, S. 491). Oder aber man titriert die verbrauchte Oxalsäure mit Permanganatlösung und bestimmt aus deren Verbrauch den Kalk.

e) M a g n e s i a (s. a. S. 180). Die vereinigten beiden Filtrate vom Kalk werden eingeengt, Natriumphosphat hinzugefügt, gekocht, wieder abgekühlt und mit Ammoniak erst tropfenweise, dann im Überschuß versetzt. Alle diese Operationen werden in einem Kolben vorgenommen

---

[1]) Hierdurch wird freilich die Tonerde leicht schleimig und läßt sich dann nur sehr schlecht filtrieren bzw. auswaschen. Vgl. S. 73 f.

[2]) Das Glühen auf dem Gebläse erscheint nicht richtig, da hierbei Eisenoxyd in Eisenoxydoxydul übergeht. Bequemer ist das S. 37 f. beschriebene Verfahren.

und zum Schluß durch Schütteln desselben das Absitzen des Niederschlages befördert. Nach ein paar Stunden wird abfiltriert, in verdünnter Salzsäure gelöst und die ganze Fällung wie vorstehend wiederholt. Das Glühen erfolgt ebenfalls auf dem Gebläse (vgl. Bd. I, S. 492).

f) S c h w e f e l s ä u r e . Die Bestimmung erfolgt durch Lösen eines Grammes Substanz in Salzsäure, Filtrieren, Kochen, Fällen mit Baryumchlorid usw. Vgl. Bd. 1, S. 325.

g) S c h w e f e l [1]). 1 g Substanz wird mit kohlensaurem Natron und etwas Kalisalpeter) geschmolzen, die Schmelze mit heißem Wasser aufgenommen, filtriert, angesäuert und mit Baryumchlorid gefällt usw.

h) Für die Bestimmung der A l k a l i e n wird die Methode von J. L a w r e n c e S m i t h empfohlen (vgl. hierzu R i c h a r d K. M e a d e , The Chemical and Physical Examination of Portlandzement, 1901, S. 78), die noch weiter unten beschrieben wird.

Diese vorstehenden amerikanischen Untersuchungsmethoden sind mehrfach kritisiert worden.

So erhitzen S t a n g e r und B l o u n t (Journ. Soc. Chem. Ind. 21, 1216; 1902) die getrocknete SiO_2, aber gleich bis zu 200° C hinauf. Sie vergessen hierbei, daß Eisenchlorid über 120° C flüchtig wird. S t a n g e r und B l o u n t legen auch Wert darauf, daß beim Trocknen die Schicht der Substanz in der Schale nur ganz dünn ausgebreitet ist, was als richtig anzuerkennen ist. Kieselsäure, Sesquioxyde und Kalk werden von ihnen nur einmal bestimmt. Das Filtrat vom Kalk dampfen sie unter Zusatz von 40 bis 50 ccm Salpetersäure (vom spez. Gewicht 1,4) ein und verjagen die Ammoniumsalze durch Abrauchen. Dann nehmen sie den Rückstand mit Wasser und etwas Salzsäure auf und fällen schließlich, wie üblich, mit Phosphorsalz. Die Veraschung nehmen sie im feuchten Zustande vor, was allen sonstigen Literaturangaben widerspricht.

Ferner wird oftmals beim Schmelzen des Sesquioxyd-Gemisches mittels $KHSO_4$ der Eisengehalt zu niedrig gefunden. Schon H i l l e - b r a n d hat daher das Niederschmelzen mit Kaliumpyrosulfat ($K_2S_2O_7$) vorgeschlagen. Doch löst sich hierbei meist etwas Platin aus dem dazu verwendeten Tiegel. Deshalb schlägt D e u ß e n (Zeitschr. f. angew. Chem. 18, 815; 1905) als Lösungsmittel saures Kaliumfluorid $KHFl_2$ vor. Man schmilzt damit das Sesquioxydgemisch, verjagt den Überschuß an Flußsäure mit verdünnter Schwefelsäure, bringt in einer Platinschale durch Zusatz von Wasser und Erwärmen die Sulfate völlig in Lösung, reduziert in bekannter Weise und titriert schließlich (in einem Jenaer Becherglase) mit Permanganat.

Vornehmlich aber wenden sich John C. H e r t l e und William Harman B l a c k in einem längeren Bericht an den Mayor Hon. George B. Mc C l e l l a n vom 27. Juli 1905 (bei W. P. M i t c h e l l & S o n s,

---

[1]) Der Gehalt deutscher Zemente an Sulfidschwefel beträgt nach Untersuchungen des Laboratoriums des V. D. P. Z. F. im Mittel nicht mehr als 0,3%. Vgl. hierzu das Vereinsprotokoll von 1907.

New-York) gegen die Ausführungen H i l l e b r a n d s und seiner Mitarbeiter usw.

Speziell werfen sie dem Verfahren vor, daß dadurch eine Trennung des Zementes und seiner Verunreinigungen unmöglich gemacht sei. Auch hätte es keinen Zweck, so überaus verfeinerte Analysenmethoden zu ersinnen, da die Qualitätsunterschiede der verschiedenen Zemente nicht von so minimalen Differenzen im Gehalte der verschiedenen Bestandteile abhängen könnten. Da spielten andere Momente mit: falsche Verhältnisse im Rohmehl, fehlerhaftes Brennen (auch Aschenverunreinigung) usw.

Sie haben daher eigene Methoden ausgearbeitet, welche für die Wertbestimmung der verschiedenen Zemente sich besser eignen sollen (deren weitere Ausführung aber an dieser Stelle den Rahmen des vorliegenden Werkes überschreiten würde).

Von sonst noch im Zement zu bestimmenden Substanzen sind schließlich K a l i und N a t r o n zu nennen.

a) Kommt es nur auf den Gehalt an G e s a m t a l k a l i an, so glüht man nach A. H e r z f e l d 10 g Zement nochmals auf dem Gebläse, zieht nach dem Erkalten mit Wasser aus und leitet in die wäßrige Lösung Kohlendioxyd ein, um den Kalk als kohlensauren Kalk niederzuschlagen. Dann filtriert man, säuert das Filtrat mit wenig Salzsäure an, dampft zur Trockene und versetzt mit neutralem Ammoniumcarbonat. Hierauf filtriert man und erhält durch vorsichtiges Abdunsten des Filtrates und schwaches Glühen des Rückstandes im Platintiegel die Alkalien als Chloride.

b) Will man ganz genau verfahren und schließlich b e i d e A l - k a l i e n g e t r e n n t nebeneinander bestimmen, so zersetzt man nach W. M i c h a ë l i s 2 g der feinst gepulverten und in einer Platinschale mit Wasser aufgeweichten Substanz mit konzentrierter Schwefelsäure und Flußsäure (1 : 20), dampft auf dem Wasserbade ein und raucht die überschüssige Schwefelsäure vorsichtig über freiem Feuer ab. Der Rückstand wird in heißer Salzsäure gelöst, und dann werden Tonerde, Eisenoxyd und Kalk zusammen mit Ammoniak und Oxalsäure gefällt. Das Filtrat von diesem Niederschlage wird eingedampft und der Überschuß an Ammoniaksalzen wieder vorsichtig abgeraucht. Nun nimmt man den Rückstand mit ganz wenig Wasser auf, gibt ca. 20 ccm S c h a f f - g o t s c h scher Lösung [1]) hinzu und filtriert nach 24 stündigem Stehenlassen die ausgeschiedenen Magnesiasalze ab, indem man mit ca. 30 ccm derselben Lösung nachwäscht. Das Filtrat dampft man zur Trockne, glüht schwach, nimmt mit Wasser auf, versetzt mit ganz wenig Ammoniak und filtriert wiederum. Im Filtrate hat man nunmehr nur noch die Alkalien als Sulfate. Man spült in einen Platintiegel, dunstet vorsichtig ab und glüht ganz schwach. Resultat: $K_2SO_4 + Na_2SO_4$.

Dann löst man den Tiegelinhalt wieder in verdünnter Salzsäure, versetzt mit Platinchlorid und dampft auf dem Wasserbade bis zu ca.

---

[1]) Eine Lösung von 235 g kohlensauren Ammon und 180 ccm Ätzammon vom spez. Gewicht 0,92 in 1000 ccm Wasser.

1 ccm ab. Hierauf löst man die Natriumverbindung durch eine Mischung von 3 Teilen absolutem Alkohol und 1 Teil Äther, filtriert das rückständige Kalisalz ab und wäscht mit der gleichen Mischung nach. Das Filter wird nun zusammen mit dem Niederschlage eingeäschert und im Wasserstoffstrom schwach geglüht. Hierbei reduziert sich das Platinchlorid zu metallischem Platin. Das eingeäscherte Filter mit Platin und dem nebenbei gebildeten Kaliumchlorid wird auf ein neues Filter gebracht und mittels recht wenig Wasser das Kaliumchlorid ausgewaschen; es bleibt also auf dem Filter schließlich nur das metallische Platin zurück, welches getrocknet, geglüht und gewogen wird. Aus seinem Gewicht rechnet man auf Kalium um und hieraus wieder auf K a l i u m - s u l f a t. Das N a t r i u m s u l f a t berechnet sich dann als Differenz vom Gesamtalkalisulfat [1]).

c) Verfahren nach J. L a w r e n c e S m i t h (vgl. S. 178, h): 1 g Zement wird mit 1 g Salmiak im Achatmörser zusammengerieben, zu der Mischung 8 g alkalifreies Calciumcarbonat gegeben und die Masse quantitativ in einen großen Platintiegel gebracht. Dann wird erst vorsichtig mit kleiner Flamme und zusetzt eine Stunde stark erhitzt. Darauf wird der Tiegel in einer Schale mit destilliertem Wasser ausgekocht und, wenn der Schmelzkuchen völlig zerfallen ist, ausgespült. Die Lösung filtriert man von dem unlöslichen Rückstand ab, fügt zum Filtrat 1,5 g reines Ammoniumcarbonat und dampft auf ca. 50 ccm ein, worauf noch mehr Ammoniumcarbonat und Ammoniak hinzugesetzt wird. Nun filtriert man von dem ausgeschiedenen Kalk ab, dampft das Filtrat in einer Platinschale ein, verjagt die Ammonsalze und behandelt den Rückstand zur Sicherheit nochmals mit Ammoniak und Ammoniumcarbonat. Nun filtriert man zum letztenmal, säuert das Filtrat mit etwas Salzsäure an, verdampft zur Trockne und wiegt nach vorsichtigem Glühen das Gemisch als Kalium- und Natriumchlorid.

Dann löst man die Chloride in Wasser, fällt mit Platinchlorid im Überschuß, dampft bis zur Sirupkonsistenz ein und nimmt den Rückstand mit 20 ccm 80 proz. Alkohol auf. Sobald die Natronsalze gelöst sind, filtriert man auf gewogenem Filter oder im Goochtiegel ab, wäscht mit Alkohol nach, trocknet und wägt das Kaliumplatinchlorid.

d) Über eine weitere Alkali-Bestimmung von J. E. T h o m s e n lese man im Journ. amer. Chem. Soc. Heft 3, Band 30 nach bzw. dessen kurzen Auszug in der Ton-Ind.-Ztg. 1908, 482. —

Da ein hoher Gehalt an M a g n e s i a den Zement schwieriger in der Aufbereitung und auch wohl minderwertig macht, so hat man zuweilen nur auf diese zu prüfen und schlägt dazu das folgende abgekürzte Verfahren ein. Man zersetzt 2 g Zement mittels Salzsäure in einer geräumigen Porzellanschale, füllt bis zur Hälfte mit Wasser, erhitzt zum Sieden und fällt neben der bereits ausgeschiedenen Kieselsäure

---

[1]) Vgl. über die von den Kalispezialisten angewendete Art der Kalibestimmung Bd. I S. 609 ff.

mittels Ammoniak und Oxalsäure auf einmal Tonerde, Eisenoxyd und Kalk. Die trübe, mit den Niederschlägen durchsetzte Flüssigkeit spült man in einen Literkolben, kühlt unter der Wasserleitung ab, füllt bis zur Marke auf und schüttelt tüchtig durch. Hierauf läßt man absetzen, gießt durch ein Filter und pipettiert von dem nunmehr klaren Filtrat 400 ccm in ein Becherglas. Dann versetzt man mit $^1/_5$ des Volumens, also ca. 80 ccm, Ammoniak und fällt die Magnesia, wie üblich, mittels Natriumphosphates. Die ganze Operation dauert etwa 2—3 Stunden. Die ausgeschiedene Magnesia wird am nächsten Tage abfiltriert und, wie üblich, weiter bestimmt. — Resultate bis auf $^1/_4$ % genau. Diese Methode braucht also zur vollständigen Ausführung nur 24 Stunden und eignet sich darum auch zu Reihenbestimmungen.

Auch J. J. P o r t e r - Cincinnati hat eine solche abgekürzte Magnesiabestimmung veröffentlicht (Bi-Monthly Bulletin of the American Institute on Mining Engineers, Nr. 18, 1907; vgl. hierzu den Auszug in der Ton-Ind.-Ztg. 1908, 787). Doch eignet sich dieses Verfahren wesentlich nur für Material mit geringerem Anteil an Magnesia (nicht über 4 %!), auch ist es nicht schneller als die oben angeführte Methode.

Ferner schlägt M a y e r h o f e r (Zeitschr. für angew. Chem. 21, 592; 1908), eine abgekürzte Magnesiabestimmung vor welche bereits beim Magnesiazement S. 170 beschrieben ist.

Die chemische Zusammensetzung des Portlandzementes ist, wie bereits bemerkt, eine ziemlich eng begrenzte [1]):

Kieselsäure	19—27 %
Tonerde	4—10
Eisenoxyd	2— 4
Kalk	57—66
Magnesia	bis 5
Schwefelsäure	- 3
Alkalien	- 3

Eine stärkere Abweichung von diesen Grenzwerten wird fast immer von Treiberscheinungen und damit Einbuße an Festigkeit begleitet sein. Dies kommt auch in den verschiedenen N o r m e n b e i d e r D e - f i n i t i o n d e s P o r t l a n d z e m e n t e s zum Ausdruck; so lauten z. B. die derzeitigen (neuesten) deutschen Normen wie folgt:

Portlandzement ist ein hydraulisches Bindemittel mit nicht weniger als 1,7 Gewichtsteilen Kalk (CaO) auf 1 Gewichtsteil lösliche Kieselsäure (SiO_2) + Tonerde (Al_2O_3) + Eisenoxyd (Fe_2O_3), hergestellt durch feine Zerkleinerung und innige Mischung der Rohstoffe, Brennen bis mindestens zur Sinterung und Feinmahlen.

Dem Portlandzement dürfen nicht mehr als 3 % Zusätze zu besonderen Zwecken zugegeben werden.

---

[1]) Einzelne Bestandteile, z. B. Eisenoxyd, Magnesia und Schwefelsäure sind außerdem durch die „Normen" in verschiedenen Ländern in ihrem Maximalgehalt beschränkt.

Der Magnesiagehalt darf höchstens 5 %, der Gehalt an Schwefel-säure-Anhydrid nicht mehr als $2\frac{1}{2}$ % im geglühten Portlandzement betragen.

In der obigen Begriffserklärung des Portlandzementes ist nur die unterste Grenze des Gewichtsverhältnisses „Kalk : Hydraulefaktoren", d. h. also des hydraulischen Moduls normiert. Die oberste Grenze liegt für k ü n s t l i c h e Portlandzemente gemeinhin bei 2,2, für n a t ü r - l i c h e Portlandzemente bis zu 2.4 [1]).

Die K o n s t i t u t i o n d e s P o r t l a n d z e m e n t e s ist bislang noch immer nicht auch nur annähernd klargelegt. Die Schwierig-keit liegt wesentlich darin, daß bei ihm chemische und physikalische Prozesse nebeneinander hergehen. Von den diesbezüglichen Fragen sei hier nur diejenige des „freien Kalkes" berührt. Auch die Existenz dieses „freien Kalkes" ist (auch dem Verf.) noch sehr fraglich. Über seine Bestimmung (?) usw. vgl. man Ton-Ind.-Ztg. 1904, 1713, 1905, 17, 311 und 422; 1906, 597 und 1907, 1881. Vgl. hierzu auch den Vortrag von B l o u n t über neue Fortschritte in der Zementindustrie Journ. Soc. Chem. Ind. 25, 1025; 1906. B l o u n t verwirft alle anderen Prüfungsmethoden und will wesentlich nur das synthetische und spez. mikroskopische Verfahren angewendet wissen.

Für genauere Untersuchungen der Zusammensetzung des Zementes soll man möglichst nicht die durch Asche und dergl. verunreinigte Handels-ware, sondern das gemahlene Produkt aus den Rohmaterialien, d. h. das fertige „R o h m e h l" oder den reinen Klinker zu Grunde legen. Auch in den Fabriken ist das erstere üblich: Man prüft zwecks Kon-trolle der Fabrikation gemeinhin das Rohmehl, und zwar, wie bereits beim hydraulischen bzw. Luftkalk angegeben, mittels Calcimeters auf seinen Gehalt an kohlensaurem Kalk und durch eine Restbestimmung auf tonigen Anteil. Der Gehalt an kohlensaurem Kalk wechselt ungefähr zwischen 74,5 % bis zu 77,0 %, wobei meist noch ein Aufschlag von etwa 1 % für kohlensaure Magnesia hinzukommt; die Restbestimmung ihrerseits ergibt entsprechend 22—20 % Gesamtsilikat.

Der f e r t i g e Z e m e n t ist ein mehr oder weniger dunkel-graues Pulver mit einem schwachen Stich ins Grünliche. Die hellere oder dunklere Färbung wird meist durch höheren Silikatgehalt gegenüber nur wenig Eisenoxyd beeinflußt. Aus diesem Grunde sind Zemente, bei welchen der Ton durch granulierte Schlacke ersetzt ist, meist hell lichtgrau gefärbt, gewöhnlich mit bläulichem Schimmer, welcher von Manganverbindungen herrührt. Bräunliche Verfärbungen im gewöhn-lichen Portlandzement deuten auf Zusatz von Flußspat zur Rohmischung, ferner auch auf fehlerhaften Brand durch reduzierendes Feuer.

Das Portlandzementpulver fühlt sich im Gegensatz zum Roman-zement stets scharf an. Sein s p e z i f i s c h e s G e w i c h t liegt

---

[1]) Vgl. hierzu die „Russischen Normen". Dort berechnet sich das hydrau-lische Modul nach der Formel $\dfrac{CaO + K_2O + Na_2O}{SiO_2 + Al_2O_3 + Fe_2O_3} = 1,7$ bis 2,2 resp. 2,4.

für frischen bzw. geglühten Zement, in jedem Falle über 3,0, meist aber darüber hinaus zwischen 3,1 bis 3,2.

Das spezifische Gewicht des Zementes kann man in der üblichen Weise mittels Pyknometers bestimmen. In der Praxis indessen sind meist einige andere Apparate dazu eingeführt.

a) Das Volumenometer von Schumann (Fig. 11). Dasselbe besteht aus einem Standgefäß aus Glas mit eng zusammengezogenem Halse, in welchem eine Glasröhre ganz dicht eingeschliffen ist. Diese Glasröhre ist mit einer Teilung in Kubikzentimeter von 0 bis 40 versehen. Zur Ausführung des Versuches dreht man die am unteren Ende etwas eingefettete Glasröhre dicht in den Hals des Standgefäßes ein und füllt mit Terpentinöl, Benzin oder Ligroin bis wenig über die Nullmarke auf. Dann gibt man langsam nach und nach 100 g Zement in die Röhre hinein, indem man durch vorsichtiges Aufstoßen des ganzen Apparates einem Verstopfen derselben vorbeugt. Nachdem die 100 g Zement vollständig in den Apparat eingegeben sind,

Fig. 11.

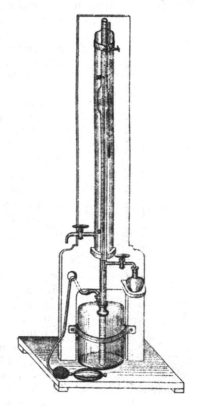

Fig. 12.

wobei die Flüssigkeitssäule entsprechend steigt, liest man nach kurzem Stehen (2—3 Minuten) wiederum den Stand der Flüssigkeit ab. Beispielsweise zuerst 1,8 ccm und hernach 33,4 ccm. Die Differenz beider Ablesungen beträgt 33,4—1,8 = 31,6. Es haben also die 100 g Zement 31,6 ccm Flüssigkeit verdrängt; demgemäß ist das spezifische Gewicht 100 : 31,6 = 3,16.

b) Ebenso ist der Apparat von Erdmenger und Mann (Fig. 12) recht brauchbar. Er besteht aus einer doppelhalsigen Flasche, welche einerseits mit einem Gummi-Luftdruckball in Verbindung steht und andererseits eine Meßröhre trägt, welche 50 ccm faßt. Die unteren

20 ccm sind je in $^1/_{20}$ ccm geteilt, die oberen 30 ccm sind ungeteilt in einer Kugel vereinigt. Die an einem Stativ befestigte Meßröhre ist von einem Wasserkühler nebst Abflußhahn umgeben. Sie ragt in die Flasche hinein und hat im Innern ein feines Steigrohr, welches genau an der Teilmarke 50 endigt und unten durch einen Hahn verschließbar ist. Infolge dieser Anordnung ist der Apparat zu jeder Zeit gebrauchsfertig. Man pumpt mittels des Druckballes die Flüssigkeit aus der Flasche in das Steigrohr und damit in die Meßröhre, wobei der überschießende Teil von selbst durch das Steigrohr in die Flasche zurückfließt und die Flüssigkeit in der Meßröhre sich automatisch auf die Marke 50 einstellt. Der Abfluß aus der Meßröhre erfolgt unten durch einen seitlichen Hahn.

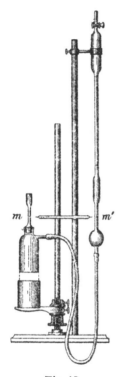

Fig. 13.

Zur Ausführung des Versuches wägt man 50 g Zement in ein tariertes Kölbchen von 50 ccm Fassungsvermögen und läßt durch den Abflußhahn der Meßröhre so viel Flüssigkeit einfließen, bis die Marke erreicht ist. Die Menge der im Apparat verbleibenden Flüssigkeit wird dann direkt abgelesen. Die Berechnung ist wieder dieselbe wie beim S c h u m a n n - schen Apparat.

c) Während die vorbeschriebenen Apparate auch für andere Materialien zu benutzen sind, ist derjenige von F e r d. M. M e y e r nur für Portlandzement eingerichtet. Der M e y e r - sche Apparat (Fig. 13) besteht aus einer dick- wandigen Barometerröhre, welche mit einer Teilung von 9,0 bis 10,0 versehen ist. Oben ist das Rohr mit einem Hahn versehen, unten trägt es eine Nullmarke m_1. Es steht weiterhin durch einen Gummischlauch mit einem Glasgefäß in Verbindung, in dessen Hals ein konischer Aufsatz eingeschliffen ist, der ebenfalls eine Marke m trägt.

Man gießt nun bei herabhängendem Gummischlauch ca. 110 ccm Alkohol [1]) durch den oberen Hahn in die Meßröhre ein, bringt die Marken m und m_1 durch Heben oder Senken des Fläschchens auf gleiches Niveau und füllt vorsichtig weiter mit Alkohol bis zur Marke $m-m_1$. Dann hebt man das Fläschchen, bis der Alkohol bis nahe an den Meß- rohrhahn aufsteigt, bringt in die vorherige Lage zurück und tariert nochmals sorgfältig aus.

Zur Ausführung des Versuches wird der Rand des Fläschchens äußerst sorgfältig mit Fließpapier getrocknet, das Fläschchen gehoben,

---

[1]) Denaturierter Alkohol, den man ständig über etwas Portlandzement stehen läßt.

bis der Alkohol nahe unter der Bohrung des Hahnes steht, und der
Hahn geschlossen. Nun entfernt man den Stopfen von dem Fläschchen,
füllt 30 g Portlandzement ein und schüttelt letzteren etwas in dem
Fläschchen. Dann setzt man den Stopfen wieder ein, öffnet den Hahn
und senkt so weit, bis der Alkohol die Marke m erreicht. Nach Verlauf von 3 Minuten wird nochmals genau eingestellt und an der Bürette
das Volumen des Zementes abgelesen. Aus dem Volumen ist nach der
Formel

$$\gamma = \frac{G}{V}$$

das spezifische Gewicht zu berechnen oder unmittelbar aus der beigegebenen Tabelle abzulesen.

Ebenfalls über einen Raummesser speziell für Portlandzement
berichtet D. D. J a c k s o n (Engineering Record, 50, 82). Der Apparat
ist demjenigen von E r d m e n g e r - M a n n ähnlich, ohne indessen
eine Verbesserung desselben zu sein.

Eine vergleichende Studie über die drei ersten Apparate hat
H e i s e r (in der Ton-Ind.-Ztg. 1907, 1454) veröffentlicht, deren
Resultate Verf. indessen durchaus nicht als vollkommen berechtigt
anerkennen kann. So hat sich der abfällig kritisierte E r d m e n g e r -
M a n n sche Apparat eigentlich in der Praxis so gut bewährt, daß auch
das Königl. Material-Prüfungs-Amt zu Lichterfelde damit arbeitet.
Das Amt hat sich den Apparat für seine Zwecke nur etwas umgebaut,
das Prinzip desselben aber beibehalten. Vgl. hierzu Mitteilungen des
Königl. Materialprüfungsamtes zu Groß-Lichterfelde-West, 1904, Heft 5,
S. 217.

Dasselbe Amt berichtet übrigens weiter noch im Jahre 1905, Heft 6,
S. 276 über die negativen Resultate seiner Versuche, das spez. Gewicht
(nach Angaben von H a u e n s c h i l d - M e y e r) aus dem Glühverluste zu bestimmen.

Neben diesen genauen Gewichtsbestimmungen ist noch vielfach, besonders in Frankreich, auch die Bestimmung des L i t e r g e w i c h t e s
üblich, und zwar in lose eingelaufenem wie auch in eingerütteltem Zustande. Diese Prüfung ist für sich allein, d. h. ohne Bestimmung der
Mehlfeinheit, nicht ganz maßgeblich. Feingemahlene, also technisch
besser erstellte Fabrikate werden stets ein geringeres Litergewicht
ergeben. Und der Schluß z. B. vom Litergewicht auf das Hektolitergewicht ist ebenfalls falsch, weil sich im größeren Gefäß die größere
Menge Zement auch viel dichter zusammenlegt ,und ein relativ höheres
Gewicht ergeben wird, Tatsachen, welche dem Verfasser zu wiederholten Malen in der Praxis vorgekommen sind, wenn Hektolitergewicht
vorgeschrieben war und die Kontrollprobe im Litergewicht vorgenommen
wurde.

Wie soeben angedeutet, ist die M a h l u n g der Zemente, sowohl im
fertigen Zustande wie besonders in der Rohmehlmischung, von ganz
wesentlicher Bedeutung. Je feiner die Mahlung der einzelnen Roh-

materialien, um so inniger wird sich deren Mischung bewirken lassen, und mit der vermehrten Oberfläche wird auch die wechselseitige Reaktion sich um so intensiver gestalten[1]). Ebenso werden sich die einzelnen Partikelchen des Zementes um so inniger, dichter und damit fester aneinander bzw. an den Sand im Mörtel lagern, je feiner der Zement gemahlen ist[2]).

Man prüft also die Feinheit des Rohmehles und Zementes, indem man dieselben auf Sieben von bestimmter Maschenzahl auf eine Flächeneinheit absiebt. Meist werden dazu Siebe von 4900, doch auch von 2500 und 900 Maschen pro 1 qcm bzw. 70, 50 und 30 Maschen auf das laufende Zentimeter benutzt. Bei diesen Sieben wird die Drahtstärke gleich der halben Maschenweite gesetzt. — Der Versuch wird mit 100 g Material vorgenommen; seine überaus einfache Handhabung erübrigt eine genauere Beschreibung.

Zur maschinellen Siebung hat Tetmajer einen kleinen Apparat konstruiert, welcher event. zugleich noch die Bestimmung des Litergewichtes ermöglicht.

Das Rohmehl soll durchschnittlich so fein gemahlen sein, daß es das 900-Maschensieb vollständig passiert und auf dem 4900-Maschensiebe nicht mehr als 15 % Rückstand hinterläßt; für Zement kann man auf 1 % Rückstand auf 900 und 20 % Rückstand auf 4900 Maschen gehen.

Auch der Sand, mit dem die Mörtelprüfungen des Zementes vorgenommen werden, soll als „Normalsand" eine ganz bestimmte Korngröße aufweisen. Da er als Zwischenprodukt beim Absieben auf dem 60- bzw. 120-Maschensiebe resultiert, so soll er beim Passieren des ersteren keinen Rückstand auf demselben hinterlassen, andererseits aber vollständig auf dem letzteren zurückbleiben, ohne daß irgendwelche Teilchen durch dieses Sieb hindurchgehen.

Während der Normalsand, um einen Vergleich der verschiedenen Zementmörtel anstellen zu können, ein Korn von ganz bestimmter Größe aufweisen soll, ist beim Sande in der Praxis gerade das Gegenteil der Fall. Sand von ganz gleicher Korngröße ist ungünstig, da er zu einem „satten", d. h. vollkommen dichten, porenfreien Mörtel unverhältnismäßig viel Kittsubstanz, d. h. Zement erfordert. Hat man dagegen Sand von verschiedener Korngröße, so werden zunächst die kleineren Körnchen die Hohlräume zwischen den größeren zum großen Teil ausfüllen, so daß nur wenig Zement erforderlich wird, um durch Ausfüllen des noch restierenden Hohlraumes einen satten Mörtel zu liefern. Bei der Siebprobe von Sanden ist darauf großer Wert zu legen, Sand mit allen Korngrößen ist entsprechend höher zu bewerten wie solcher von verhältnismäßig ein und derselben Korngröße.

---

[1]) Speziell ist besonders feine Mahlung des Rohmehls sogar direkt geboten, wenn dasselbe mit Quarzsand belastet ist.

[2]) Man hat hierbei aber nicht zu vergessen, daß schwach gebrannter Klinker natürlich leichter fein zu mahlen ist als gut gesinterter, letzterer aber wieder besseren Zement liefert.

Man hat nun der obigen Prüfung auf Mehlfeinheit vorgeworfen, daß es fast unmöglich sei, wirklich genau gearbeitete Siebe mit der genauen Maschenzahl sowie der richtigen Drahtstärke und Maschenweite in der Praxis zu erhalten. Besonders M i c h a e l i s hat daher vorgeschlagen (Ton-Ind.-Ztg. 1895, 548), das Absieben durch A b - s c h l ä m m e n zu ersetzen. Indessen ist hierin ein Vorteil durchaus nicht zu ersehen. Es sei gern zugegeben, daß die käuflichen Siebe durchaus nicht genau den gestellten Anforderungen entsprechen. Aber auch das Abschlämmen hat seine Nachteile. Es ist doch ganz klar, daß im Schlammtrichter selbst beim konstantesten Drucke die Strömung in der Mitte stets lebhafter sein wird als an den Gefäßwandungen, ein Fehler, der demnach jedes genaue Einstellen auf bestimmten Druck bzw. bestimmte Stromgeschwindigkeit vollkommen illusorisch macht.

Die t e c h n i s c h e n P r ü f u n g e n d e s Z e m e n t e s werden fast ausschließlich damit eingeleitet, daß man den Zement entweder für sich allein oder zusammen mit Sand der E i n w i r k u n g d e s W a s s e r s aussetzt, indem man ihn damit zu einem Brei anrührt bzw. „a n m a c h t‟. Dazu wird gewöhnlich ein recht erheblicher Überschuß genommen; im übrigen vermag der Zement anfangs nur außerordentlich wenig Wasser chemisch zu binden.

Als äußerlich sichtbares Zeichen dieser Einwirkung des Wassers auf den Zement bzw. den Zementmörtel setzt das „A b b i n d e n‟ ein, welches in 2 Phasen erfolgt, dem Beginn und dem Ende des Abbindens. Beide Erscheinungen haben mit der n a c h e r f o l g t e m A b - b i n d e n mehr oder weniger energisch einsetzenden „E r h ä r t u n g‟ nichts zu tun.

Das Abbinden ist ein sehr wesentlicher Faktor für die Klassifizierung eines Zementes. Je nach der chemischen Zusammensetzung des Zementes und dem Temperaturgrade, welchem er beim Brennen ausgesetzt war, unterscheidet man nach der Schnelligkeit, mit welcher das Abbinden und speziell dessen Beginn eintritt, die einzelnen Zemente in

Rapidbinder bzw. Gießzemente bis zu   5   Minuten beendigter Bindezeit
Schnellbinder von   10—20   -   -   -
Mittel- bzw. Normalbinder von   1—3 Stunden   -
Langsambinder über   3   -   -   -

Die Bindezeit wird auch noch durch verschiedentliche äußere Faktoren, also abgesehen von der chemischen Zusammensetzung und dem Brenngrade, recht erheblich beeinflußt. Dahin gehört in erster Linie die M e n g e d e s A n m a c h e w a s s e r s. Nun kommt es aber bei fast allen diesen Prüfungen nicht auf wirklich absolute, sondern nur auf relative, d. h. auf Vergleichszahlen an. Demgemäß müssen andererseits alle Prüfungen auf durchaus einheitlicher Grundlage basieren. Da also für das Abbinden des Zementes die Menge von Anmachewasser sehr wesentlich ist, so muß der zu untersuchende Zement genau in der einheitlich festgesetzten Weise zunächst auf seine W a s s e r k a p a z i t ä t

geprüft werden. Für diese Prüfung haben wir eine rein praktische und
eine wirklich genaue.

a) In der Praxis, d. h. z. B. auf der Baustelle kann man nach
dem französischen Verfahren den Wasserzusatz in der Weise bestimmen,
daß man den Zement mit einer ungefähren Menge Wasser zu einem
plastischen Brei oder einer Kugel anmacht. Hierbei ist die Wassermenge
derartig zu bemessen, daß beim Zusammenballen des Zementes zur Kugel
an den inneren Handflächen nicht merkliche Mengen des Materials haften
bleiben. Läßt man dann die Kugel aus 50 cm Höhe herabfallen, so soll
sie sich nur abplatten, ohne aber Risse zu erhalten. Ebenso soll sich
der Zementbrei glatt von der Kelle ablösen und beim Fall aus 50 cm
Höhe den Zusammenhang bewahren, ohne zerklüftet zu werden.

b) Im Laboratorium prüft man genauer in der Weise, daß man
mittels eines Konsistenzmessers auf den in eine Dose eingegebenen
Zementbrei einen Kolben von 1 cm Durchschnitt bei einer Belastung von
300 g einwirken läßt und die Tiefe des Eindringens dieses Kolbens in
den Zementbrei an einer Skala abliest. Die Höhe der Dose bzw. des
darin befindlichen Zementbreies beträgt 40 mm, demgemäß ist die Skala,
von unten nach oben gelesen, von 0—40 mm eingeteilt. Man kann also
die Tiefe des Eindringens des Kolbens in den Zementbrei an der Skala
direkt ablesen. Die richtige Wassermenge, „Normalkonsistenz", ist diejenige, bei welcher der Kolben in Höhe von 5—7 mm im Brei stecken
bleibt. Andernfalls ist der Versuch mit etwas mehr oder weniger Wasser
zu wiederholen, wobei jedesmal auch anderer Zement zu nehmen ist;
ein Wasserzusatz zu dem vorerst benutzten Brei, um ihn flüssiger zu
machen, ist durchaus unzulässig.

Hat man auf diese Weise die entsprechende Wassermenge ermittelt,
deren ein Zement bedarf, um einen Brei von Normalkonsistenz zu bilden,
so prüft man auf A b b i n d e n mittels des gleichen Apparates, nur daß
hier der Kolben durch eine Nadel (V i c a t - N a d e l), Fig. 14 a. f. S. [1]),
von 1 mm Querschnitt ersetzt und zur Ergänzung der Normalbelastung von
300 g ein schwererer Teller aufgesetzt wird. Man läßt nun zur Prüfung auf
A b b i n d e n die Nadel in den Zementbrei herab: durchdringt diese den
Brei nicht mehr vollständig, sondern bleibt bei Teilstrich 1—2 stecken,
so b e g i n n t der Zement zu binden. Man prüft zuerst jede Minute,
dann nach 5 Minuten alle 2 Minuten und nach einer Viertelstunde alle
5 Minuten, wie weit das Abbinden vorwärts schreitet. Hinterläßt die
Nadel auf dem Brei nur noch einen gerade sichtbaren Eindruck, so dreht
man die Dose mit dem abgebundenen Brei um und prüft nochmals auf
der Unterseite, bis auch dort die Nadel einen eben noch sichtbaren Eindruck hinterläßt. Die Prüfung der Oberseite ist nicht maßgebend, da sich
auf dieser gewöhnlich etwas Schlamm absetzt, und dieser eine härtere
Kruste bildet.

---

[1]) Eine Abart bzw. eine Abänderung der Vicat-Nadel hat L o u i s P é r i n
im Génie Civil vom 4. Juni 1904 beschrieben.

Einen ganz praktischen, „automatisch" arbeitenden Apparat zur Bestimmung der Abbindezeit (nach G o o d m a n n) bringt das Tonindustrie-Laboratorium in den Handel (Fig. 15 a. f. S.). Der Apparat besteht aus einer beweglichen Rinne, in welche der zu prüfende Zement eingegeben wird, und einem fest gelagerten, belasteten Rädchen, das mit einer Schreibvorrichtung versehen ist. Man füllt 500 g Zement (in Breiform) in die Rinne und läßt dieselbe mittels Gewichtes und Uhrwerkes mehr oder weniger langsam vorwärts gehen. Das Registrierrädchen, als Ersatz der V i c a t - Nadel, wird in den Brei herabgelassen und infolge seines Gewichtes in denselben einsinken. Bei Beginn des Abbindens und im weiteren Verlaufe desselben wird das Rädchen immer weniger tief in den Brei eindringen können und schließlich nach erfolgtem vollständigen Abbinden nur mehr auf der Oberfläche des harten Kuchens sich abrollen. Dabei wird durch den Schreibapparat auf einem Papierstreifen dieses Emporsteigen des Rädchens gemäß dem eintretenden Abbinden automatisch als fortlaufende Kurve aufgezeichnet werden. Aus dem Verlauf dieser Kurve ist Beginn und Ende des Abbindens ohne weiteres ersichtlich. Soweit überhaupt das Abbinden mechanisch prüfbar ist, erscheint der vorstehende Apparat recht brauchbar.

Viel rascher und einfacher prüft man das Abbinden, indem man aus ca. 100 g Zementbrei von Normalkonsistenz auf einer Glasplatte flache Kuchen von 10—12 cm Durchmesser und 1 cm Dicke herstellt, welche nach dem Rande zu nur wenig dünner auslaufen. Man prüft

Fig. 14.

dann nur durch einen Druck mit dem Fingernagel: bleibt der Eindruck in den Kuchen klaffen, fließt also der Brei an dieser Stelle nicht wieder ineinander, so beginnt der Zement abzubinden; bringt der Fingernagel nur einen eben noch sichtbaren Eindruck hervor, so hat der Zement sein Abbinden beendet.

Die T e m p e r a t u r e r h ö h u n g, welche der Zement beim Abbinden zeigt, ist verschieden. Normal- und Langsambinder erfahren eine Temperaturerhöhung von kaum 3° C, während Rasch- und Rapidbinder eine solche bis zu 12° aufweisen.

Diese Temperaturerhöhung ist schon vor Jahren einmal vom Verf. in Beziehung zu dem Abbinden gebracht und untersucht worden. Neuerdings hat Prof. G a r y diese Erscheinung benutzt, um damit den Verlauf des Abbindens festzulegen bzw. zu kontrollieren.

Der dazu nach Angaben von M a r t e n s von F u e ß gebaute Apparat ist im wesentlichen eine Dunkelkammer, in der ein lichtempfindliches Papier, das über eine zylindrische Trommel gespannt ist, in 12, 24 oder 48 Stunden je einmal rotiert. Auf den lichtempfindlichen Streifen fällt ein Lichtstrahl, der seitlich durch zwei feine, einander gegenüberliegende Spalten in die Kamera eintritt und den Schatten der Quecksilbersäule des Beobachtungsthermometers auf den lichtempfindlichen Streifen projiziert. Infolgedessen bleibt der beschattete Teil der Platte unbelichtet, und beim Entwickeln zeigt sich die obere von der Abbindekurve begrenzte Fläche hell, während der belichtete Teil dunkel erscheint.

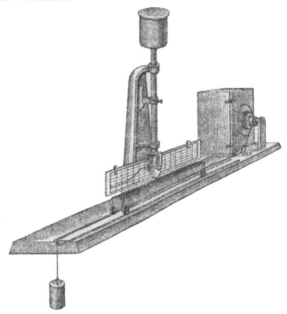

Fig. 15.

Demselben Zweck dient ein Apparat von C. P. G o e r z - Friedenau, bei welchem ebenfalls mit Hilfe einer Linse die Länge der Quecksilbersäule des im Zement steckenden Thermometers auf eine lichtempfindliche Platte projiziert wird. Die Platte bewegt sich durch ein Uhrwerk in 12 oder 24 Stunden vollständig an einem Schlitz vorbei, und es zeichnet nun der Lichtstrahl das Steigen und Sinken der Quecksilbersäule genau auf der Platte ab.

Beiderseits bezeichnet der tiefste Punkt der Kurve den Anfang, der höchste Punkt das Ende des Abbindens des untersuchten Zementes. Nach der Auffassung des Verfassers ist hierdurch ein Anfang gemacht, das Abbinden in wesentlich exakterer Weise zu überwachen als mit der Vicat-Nadel und es ist dringend erwünscht, diese Methode weiter auszubauen. — Vergl. hierzu die Protokolle des Vereins Deutscher Portlandzementfabrikanten aus den Jahren 1904, 1905, 1906.

Bei allen Abbindeprüfungen ist der Zementbrei in der Dose bzw. der Zementkuchen auf der Glasplatte mit einem Uhrglase gut bedeckt zu halten, um ein vorzeitiges Austrocknen zu verhüten. Die Kuchen müssen unter allen Umständen bis zum erfolgten Abgebundensein in einer gleichmäßig feuchten Atmosphäre gehalten werden. Unterläßt man dies, so wird dabei einmal eine fehlerhafte, d. h. zu schnelle Bindezeit herauskommen und andererseits können die Kuchen mehr oder weniger von Schwindrissen durchsetzt werden, welche oftmals leicht mit Treibrissen verwechselt werden. Diese Risse verlaufen meist spiralförmig, ohne an dem Ende zu klaffen. Sie entstehen infolge der einseitig raschen Austrocknung der Oberfläche des Kuchens, mit welcher der Kern nicht Schritt hält. Das Resultat der dadurch bedingten inneren Spannungen sind dann bei Auslösung derselben die „Schwindrisse".

Von größerem Einfluß auf das Abbinden ist dann noch die Temperatur der Luft und des Wassers. Warme Luft und warmes Wasser beschleunigen ganz beträchtlich das Abbinden, kalte Luft und kaltes Wasser verlängern es in entsprechendem Maße. Die Temperatur beider soll sich möglichst zwischen 15—18 ⁰ C bewegen.

Hat man es mit sehr schnell bindenden Zementen zu tun, so kann es leicht vorkommen, daß man dieselben „überrührt", d. h. das Abbinden setzt schon ein, während man den Zement eben erst anmacht. In solchem Falle tritt wohl ein zweites, aber dann weniger energisches Abbinden ein. Man prüft also unbekannte Zemente zunächst in der Weise, daß man sie mit reichlich Wasser anmacht, rasch umschwenkt, und dann eine eventuelle Krustenbildung beobachtet. Solche Rapidbinder müssen erst an der Luft etwas ablagern bzw. mit etwas Wasser und Gips versetzt werden, ehe sie weiter geprüft werden dürfen. Oder aber, es wird direkt gewünscht, auch die Prüfung solcher Rapidbinder durchzuführen.

Schnellbinder bedürfen beim Anmachen auch meist eines stärkeren Wasserzusatzes als Normal- und Langsambinder. Im übrigen bewegt sich der Wasserzusatz zwischen 25—36 % und steigt nur für ganz frische Zemente oder Rapidbinder bis 40 %. — Zu viel Wasser darf ein Zement ebenfalls nicht erhalten; er wird dann, wie auch der Kalk, „ersäuft", d. h. in der Entfaltung seiner mechanischen Eigenschaften beträchtlich herabgemindert [1]). —

Die beiden Haupteigenschaften, welche ein guter Zement zeigen soll, sind V o l u m b e s t ä n d i g k e i t und F e s t i g k e i t , d. h. der Zement soll sowohl für sich, wie auch mit Sand im Mörtel, die ihm bei der Verarbeitung gegebene und beim Abbinden angenommene Form dauernd beibehalten, ohne mürbe zu werden, Verkrümmungen oder Risse zu erhalten oder gar gänzlich zu zerfallen, und er soll ferner infolge fortschreitender Erhärtung eine möglichst hohe Festigkeit erreichen. In diesen beiden Punkte sind so ziemlich alle wesentlichen Prüfungen des

---

[1]) Vgl. hierzu weiterhin auch noch Ton-Ind. Ztg. **1908**, 1033 f.

Zementes auf seine Eigenschaften als Mörtelmaterial zusammengefaßt.

F e s t i g k e i t. Die Bedeutung des Portlandzementes beruht im wesentlichen auf der ganz bedeutenden Erhärtung, sowohl im reinen Zustande wie im Normalmörtel bzw. in der Praxis im Beton usw. Die Festigkeiten, welche der Portlandzement infolge dieser besonders anfangs überaus energischen Erhärtung erreicht, übertreffen diejenigen aller übrigen Mörtelmaterialien ganz erheblich. Sie bestätigen durchaus den Satz, daß mit der Verdichtung eines Materials auch seine Festigkeit wächst, indem dem dichteren Mörtelmaterial auch ein dichterer Mörtel entspricht.

Die Festigkeit eines Portlandzementes hängt also wesentlich von dem Grade der Verdichtung, d. h. der scharfen Sinterung beim Brennen ab. Als Kontrolle hierfür dient das spezifische Gewicht. Aber auch von anderen Faktoren hängt die Erhärtung und damit die erlangte Festigkeit ab. Zunächst spricht hier die chemische Zusammensetzung mit. Je höher ein Zement im Kalkgehalt, desto energischer ist seine Anfangserhärtung, während seine Endfestigkeit durch einen Zement mit viel Kieselsäure, trotz schwächerer Anfangsenergie, im Laufe der Zeit nicht unerheblich übertroffen wird. Auch stark eisenhaltige Zemente erlangen keine besonders hohen Festigkeiten: Kalkferrat wird von Wasser angegriffen, während Kalksilikate und Kalkaluminate, besonders in den Monoverbindungen, dem Wasser ausgezeichnet widerstehen.

Auch das Wasser spielt eine Rolle, indem hartes sowie Kohlensäure haltendes Wasser höhere, weiches Wasser niedrigere Festigkeiten ergibt. Ebenso wirkt Seewasser wegen seines Gehaltes an Schwefelsäure (Magnesiumsulfat!) zersetzend.

Gleichfalls von Bedeutung ist die Bindezeit, insofern mit Beschleunigung derselben die Festigkeiten niedriger, bei Verlangsamung dagegen höher ausfallen. Desgleichen die Mehlfeinheit des Zementes, sofern gut gesinterte Klinker zur Vermahlung gelangt sind.

Ferner wirkt der Sand im Mörtel mitbestimmend auf die Festigkeit: reiner, tonfreier Sand, mit scharfen Ecken und Kanten und gemischter Korngröße ist allen anderen vorzuziehen.

Mit der starken Verdichtung des Zementes bei der Sinterung der Klinker steigt wesentlich auch die Eigenfestigkeit desselben. Diese ist eine so hohe, daß schon darin ein ganz augenfälliges Unterscheidungsmerkmal gegenüber anderen Mörtelmaterialien liegt, und z. B. Proben aus reinem Zement nur aus dem Grunde angefertigt werden, um den Portlandzement als solchen zu identifizieren. Und hauptsächlich sind es die Proben auf Druckfestigkeit, welche bei reinem Zement dieses charakteristische Merkmal aufweisen.

An A n m a c h e w a s s e r bedürfen die Proben aus reinem Zement gewöhnlich ca. 19—22 %, die Proben aus Normalmörtel in erdfeuchter Mischung meist 7,5—11 %, und zwar hier wieder die Raschbinder mehr Wasser als die Langsambinder, und ebenso Proben, welche von Hand gefertigt werden, mehr als solche von Maschinen-arbeit [1]).

Zur Herstellung der Proben wird der reine Zement oder der Normalmörtel mit der entsprechenden Menge Wasser zersetzt und damit tüchtig verrührt. Hierbei ist darauf zu achten, daß einerseits damit der Beginn des Bindens nicht versäumt wird, und andererseits nicht durch zu starkes Aufdrücken der Mischkelle die Sandkörner zer-rieben werden. Am besten mischt man mittels einer Gabel mit ganz kurzen, dicken Zinken.

Statt des Mischens von Hand wird neuerdings die m a s c h i n e l l e H e r s t e l l u n g d e s M ö r t e l s bevorzugt. Dieser Mörtelmischer, System S t e i n b r ü c k - S c h m e l z e r (Fig. 16 und 17) besteht aus

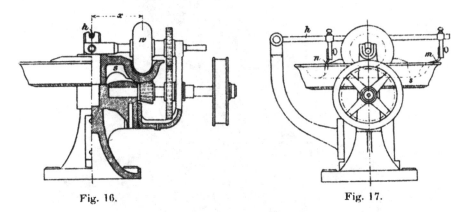

Fig. 16. Fig. 17.

einer Mischschale *s*, in welcher der Mörtel unter dem Gewichte der in gleicher Richtung wie die Schale, aber mit anderer Geschwindigkeit laufenden Walze *w* niedergedrückt und ausgestrichen wird, um darauf von den beiden Abstreichern *m* und *n* wieder aufgelockert und gewendet zu werden. Zum Reinhalten der Walze ist ebenfalls noch ein Abstreicher vorhanden, der auf der Abbildung nicht ersichtlich ist. Der Antrieb er-folgt mittels Handkurbel oder maschinell. Die Schale soll im Vollgang in der Minute 8 Umdrehungen machen. Sie vermag für jede Mischung 500 g Zement + 1500 g Sand aufzunehmen, also Material für ca. 11 bis 12 Zug-Probekörper.

Die Masse wird nun in die Form eingegeben und von Hand oder mit einem Apparat in diese eingeschlagen, bis sie vollkommen ver-dichtet ist. Geschieht dies von Hand, so macht sich dieser Zeitpunkt der erreichten Dichtigkeit dadurch kenntlich, daß der Brei in der Form plastisch wird und sich an der Oberfläche etwas Wasser absondert. Bei

---

[1]) Vgl. hierzu das Protokoll des 4. Kongresses des Internationalen Verbandes für die Materialprüfungen der Technik vom 3.—8. September 1906 bezw. dessen Auszug in der Ton-Ind.-Ztg. **1906**, 1788 f.

Maschinenarbeit soll diese Wasserabsonderung ebenfalls nach einer bestimmten Anzahl von Schlägen erfolgen.

Für das Einschlagen des Zement- bzw. Mörtelbreies von Hand dient ein Spatel, welcher früher ca. 350 mm lang war und eine Aufschlagfläche von 40 × 80 mm bei einem Gewicht von 250, 300 oder 350 g hatte. Es hat sich indessen herausgetellt, daß es vorteilhafter ist, einen schwereren Spatel zu wählen, etwa zu 750 g.

Für das Einschlagen mittels maschineller Vorrichtung dienen zwei Apparate, der Hammerapparat von B ö h m e und die Fallramme von T e t m a j e r.

Fig. 18.

a) Der B ö h m e sche Apparat (Fig. 18) ist ein ausbalanzierter, sogenannter Schwanzhammer g, von 2 bzw. 3 kg Gewicht, welcher um eine Achse nahe am unteren Ende schwingt und eine konstante Fallhöhe von 25 cm hat. Dieser Hammer wird durch Knaggen a eines Daumenrades b durch das Vorgelege f in Bewegung gesetzt und macht 120 bzw. 150 Schläge, wobei nach 12- bzw. 15-maliger Umdrehung des 10-zahnigen Daumenrades eine automatische Zählvorrichtung c die Ausrückung von selbst besorgt. Nach 120 bzw. 150 Schlägen fällt der Sperrhebel e herunter und kuppelt die Antriebsscheibe f aus.

Der Apparat ist sehr verbreitet, leidet aber an den Folgen des schiefen Schlages sowie darunter, daß die Fallhöhe des Hammers im Verlaufe des Einschlagens sich ändert.

b) Die Tetmajer-Fallramme (Fig. 19) ist ein aus 250 mm bzw. 500 mm Höhe frei herabfallendes Gewicht von 2 bzw. 3 kg., welches durch ein Friktionsrad gehoben wird. Die Tourenzahl beträgt 120 bzw. 150 Schläge, nach welchen der Apparat die Ausrückung selbsttätig vornimmt.

Letzterer Apparat erfüllt somit die Forderung einer einheitlichen Arbeitsleistung für Zug- wie für Druckprobekörper, denn seine Arbeitsleistung ist für 1 ccm Trockensubstanz

$$\text{für Zug} = \frac{120 \times 2 \times 0,25}{200} = 0,3 \text{ mkg},$$

$$\text{für Druck} = \frac{150 \times 3 \times 0,50}{750} = 0,3 \text{ mkg}.$$

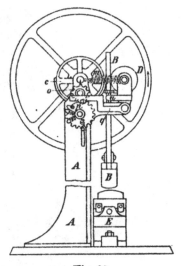

Fig. 19.

Die Handhabung erfolgt durch den Fallhammer B, welcher durch Friktion von den Scheiben D und c nach oben gehoben wird. Hier ist die Fallhöhe also eine absolute, weil unabhängig von der Höhe des einzuschlagenden Mörtels. Die Ausrückung ist gleichfalls automatisch und wird durch Zählwerk $o\,p$ betätigt.

Als Formen für die Zugproben dienen 8-förmig ausgeschnittene Formen, von 22,2 mm Höhe und 22,5 mm Breite an der eingeschnürten Stelle und einem dementsprechenden Zerreißquerschnitt von 5 qcm.

Als Formen für die Druckproben dienen Würfel von 7,07 cm Kantenlänge und einer dementsprechenden Druckfläche von 50 qcm. Der kubische Inhalt der Zugprobe beträgt 70 ccm, derjenige des Würfels 354 ccm. Daraus erhellt ohne weiteres, daß trotz alledem von einer durchaus einheitlichen Herstellung beider Arten Probekörper und demgemäß einer Vergleichbarkeit derselben keine Rede sein kann. Es ist dies umsomehr hervorzuheben, weil z. B. auch der Böhmesche Apparat von vornherein meist nicht die Einheitlichkeit der Anfertigung gewährt. Nachdem indessen in den neuesten deutschen Normen die Zugfestigkeit als maßgebender Faktor aufgegeben ist, fällt dieser Umstand nicht mehr so sehr ins Gewicht.

Etwa 20 Stunden nach der Herstellung werden die Probekörper entformt und nach weiteren 4 Stunden unter Wasser gelegt.

Zieht man eine sofortige Entformung vor, so bedient man sich hierzu am besten des Michaëlischen Entformers (Fig. 20). Dieser kleine,

sehr handliche Apparat ist dem Prinzip der Vicatnadel nachgebildet.
In einem seitlich gebogenen Arm oder Halter läuft in einer Führung ein
Vierkantstab, welcher oben einen Druckknopf und unten eine Stahl-
platte trägt von fast genau dem lichten Querschnitt der Form. Der
Stab läßt sich durch eine Schraube feststellen. Außerdem sind zwei
kurze Vierkantstäbe am Apparat, welche zur Führung der betreffenden

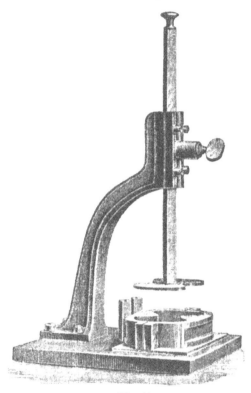

Form dienen und genau in
2 Kerben derselben so ein-
passen, daß in dieser
Stellung die Form genau
unter der entsprechenden
Preßplatte des Vierkant-
stabes bzw. Stempels liegt.
Zum Entformen wird die
glatt abgestrichene Form
unter den Stempel ge-
bracht und dicht an die
Führungsstäbe angelegt.
Dann senkt man den
Stempel mit leichtem
Druck auf die Form,
stellt ihn mittels der
Schraube fest und kann
nunmehr leicht und be-
quem die Form nach
obenhin vom Probekörper
abziehen. Dann löst man
die Schraube, lüftet den
Stempel etwas und nimmt
den Probekörper fort.
Diese Art des Entformens,
welche zudem den Probe-
körper in keiner Weise
in seinem Zusammen-
hange lockert, gewährt
noch den Vorteil, absolut

Fig. 20.

parallele Flächen zu schaffen, was in dem Falle von Wert
ist, daß man die Zerreißproben nach dem Zerreißen auch noch
drücken will. Es genügen dazu ein paar ganz leichte Schläge, mit der
Hand auf den Druckknopf, welche man, will man ganz genau und pein-
lich arbeiten, von der Schlagzahl in den Einschlag-Apparaten abziehen
kann. Der Apparat ist also in mehrfacher Hinsicht vorteilhaft und empfehlenswert, und zwar für Zug- wie für Druckfestigkeitskörper.
　　Der entformte Probekörper wird sofort in eine Zinkkiste
gesetzt, welche mit einem Deckel verschließbar ist. Es geschieht dies
aus dem Grunde, um das vorzeitige Austrocknen des Probekörpers,
besonders durch warme Zugluft zu verhindern, indem man ihn auf diese

Weise in einer gleichmäßig feuchten Atmosphäre beläßt. Nach 24 Stunden bzw. frühestens nach erfolgtem Abbinden des Probekörpers wird er unter Wasser oder an die Luft gelegt. Das Wasser ist alle 14 Tage zu erneuern und soll nicht mehr als 2 cm über den Probekörpern stehen.

Reine Luftproben sind nur wenig üblich; die Austrocknung der Probekörper ist zu ungleichmäßig; das erzeugt dann Spannungen in denselben und verursacht dadurch schlechte Festigkeiten.

Dagegen wird nach 7 Tagen Wasserlagerung die Hälfte der Probekörper aus dem Wasser genommen und der weiteren Erhärtung an der Luft überlassen: Kombinierte Lagerung! Die hierfür bestimmten Probekörper müssen einzeln freistehend auf dreikantigen Holzleisten im geschlossenen Raum zugfrei bei 15 bis 30° C gelagert werden.

Proben aus reinem Zement sind im allgemeinen nicht üblich, obgleich sie immerhin zur Erkennung des Zementes als Portlandzement gegenüber anderen Zementen nicht ohne Wert sind.

Unter Wasser bleibt der Probekörper bis unmittelbar zu dem Zeitpunkte, wo er geprüft wird. Man trocknet ihn alsdann oberflächlich ab und spannt ihn in den Apparat ein [1]). —

Die gewöhnlichen Festigkeitsprüfungen sind zunächst diejenigen auf Zug- und Druckfestigkeit. Für beide Prüfungen sind recht brauchbare Apparate konstruiert worden, und zwar für

a) Zugfestigkeit der Hebelapparat nach Frühling, Michaëlis & Co., Berlin,

b) Druckfestigkeit: 1. die Amsler-Laffonsche hydraulische Presse nach dem Amagatschen Prinzip und 2. die Webersche Presse.

a) Der Zugfestigkeitsapparat (Fig. 21), meist nur nach Michaëlis benannt, beruht auf einem Doppelhebelsystem a b mit 10 × 5 facher = 50 facher Übersetzung.

Die obere Klammer d, in welche der zu zerreißende Probekörper i eingespannt wird, hängt auf einem Dorn, die untere, e, ist mittels Kugelgelenks an einer Schraubenspindel mit Stellrad f befestigt. Diese Klammern mit leicht gewölbten Angriffsflächen gewährleisten ein sicheres Angreifen der Zugkraft in 4 Punkten.

Ein Gegengewicht k dient zur genauen Ausbalanzierung des ganzen Hebelsystems und zur Einstellung in die Gleichgewichtslage, wobei die Ebenen, welche man sich durch die Schneidekanten gelegt denkt, horizontale sind.

Zur Ausführung des Versuches hängt man einerseits den Probekörper vorsichtig in die ganz lockeren Klammern und andererseits den Becher c zur Aufnahme des Schrotes in die dazu bestimmte Aufhängevorrichtung l. Der Becher soll dabei etwa 7 cm über dem Boden entfernt sein. Nun bringt man durch Anziehen der Schraubenspindel die beiden Klammern dicht an den Probekörper, wobei streng darauf zu achten ist,

---

[1]) Die Dichte der Probekörper bestimmt man durch Wägen oder im Michaelis-Apparat zur Ermittelung der Kalkausgiebigkeit. Vgl. hierzu S. 146, c.

daß dieser genau eingehängt ist, damit die Zugkraft aller 4 Angriffs-
punkte genau dieselbe ist.

Ist die Einhängung des Probekörpers und des Bechers so weit fertig,
so läßt man nunmehr das Schrot in den Eimer laufen, wobei der letztere
im ersten Momente etwas mit dem Finger unterstützt wird, um den ersten
Stoß des Schrotes unschädlich zu machen. Beim Zerreißen des Probekörpers an der eingeschnürten Stelle fällt der Becher mit Schrotinhalt
herab und schließt dabei zugleich automatisch den Schrotzulaufsapparat.

Der Becher nebst Schrot wird darauf auf einer Wage gewogen;
das mit 10 multiplizierte Gewicht $\left(\dfrac{50\text{ fache Übersetzung}}{5\text{ qcm Querschnitt}}\right)$ ergibt alsdann
das Zerreißgewicht bzw. die Zugfestigkeit des geprüften Probekörpers.

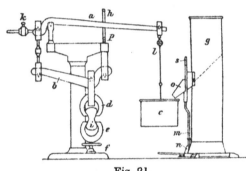

Um sehr schwache
Probekörper, z. B. Kalk-
luftmörtel prüfen zu
können, ersetzt man den
großen Schrotbecher
durch einen solchen von
geringerem Gewicht und
balanziert außerdem
dieses selbst mittels des
Gegengewichtes mit dem
ganzen Hebelsystem aus.
Man kann auf diese
Weise von 1 kg Zug-
festigkeit an prüfen.

Fig. 21.

Auf die Resultate ist das mehr oder weniger rasche Einlaufen des
Schrotes in den Eimer von nicht unbeträchtlichem Einfluß. Das Ein-
laufen ist deshalb dahin zu regulieren, daß pro Sekunde 100 g, in der
Minute also 6 kg Schrot den Auslauf passieren.

Die Zugfestigkeit für Zement-Normenmörtel beträgt anfangs etwa
10—11 % der Druckfestigkeit und geht im Laufe der Zeit bis auf etwa 6½
bis 7 % noch weiter herunter: Die Zunahme der Druckfestigkeit ist
also wesentlich besser als die der Zugfestigkeit.

b) D r u c k f e s t i g k e i t s a p p a r a t e. 1. Unter den Apparaten zur Prüfung auf Druckfestigkeit hat in den letzten Jahren
derjenige von A m s l e r - L a f f o n in Schaffhausen unbestritten
die erste Stufe und zugleich ausgedehnteste Verbreitung erreicht.
Der Apparat arbeitet mittels hydraulischen Druckes und beruht
auf dem A m a g a t schen Prinzip, statt mit der Kolbendichtung durch
Manschetten nur mit dicht eingeschliffenem Kolben und dickflüssigem
Öl zu arbeiten. Dadurch wird die Reibung aufgehoben, und es tritt an
deren Stelle die Klebrigkeit des Öles.

Der Apparat hat als Hauptteile zwei senkrecht übereinander
gestellte Zylinder, die durch die Zugstangen der Presse und zwei am
unteren Ende derselben angebrachten Muttern zusammengehalten werden.
Im oberen Zylinder sitzt, mit Spielraum eingeschliffen, der Preßkolben.

Sein oberes Ende besitzt eine sphäroidale Vertiefung, eine Pfanne, die zur Aufnahme der unteren Druckplatte dient. Diese Druckplatte sitzt mit einem kugelförmigen Unterteil in der erwähnten Pfanne. Die obere Druckplatte sitzt an der mit einem Griffrad versehenen Druckschraube und ist ähnlich der unteren Druckplatte geformt und konstruiert. Der Apparat wird in zwei Ausführungen geliefert. Bei der bewährten und darum sehr beliebten älteren Konstruktion ist die Antriebskurbel des Apparates am o b e r e n Preßzylinder befestigt. Wird die Kurbel von unten über links nach oben gedreht, so wird eine langsam fortschreitende Bewegung und damit ein Eindringen der genannten Preßspindel in den ölgefüllten Raum des oberen Preßzylinders, also D r u c k erzeugt. Soll die Preßspindel zurückgezogen, d. h. in die Ausgangsstellung gebracht werden, so hat man einfach die Antriebskurbel in entgegengesetzter Richtung zu drehen.

Der u n t e r e Preßzylinder enthält den großen Kolben des Differentialmanometers; der kleine Kolben dringt behufs Druckaufnahme durch den Boden in den oberen Preßzylinder ein. Nahe am oberen Rande des unteren Zylinders befindet sich eine kleine rechteckige Öffnung, aus welcher ein mit dem Differentialmanometer fest verbundener Hebel hervorragt. Dieser Hebel dient dazu, den Differentialkolben des Apparates während des Versuches zu bewegen. Bei der großen Empfindlichkeit des Manometers ergaben sich nämlich zuweilen kleine Anstände, die dadurch behoben wurden, daß der ausbalanzierte Hebel mittels einer angemessenen Führung an die Kurbelwelle gehängt, von dieser automatisch in Bewegung gesetzt wird. Der Hohlraum des unteren Preßkolbens ist zum kleineren Teile mit Quecksilber, im übrigen mit Rizinusöl gefüllt, welches nach Bedarf mittels einer kleinen, seitlich rückwärts am unteren Preßzylinder befestigten Handpumpe eingebracht werden kann. Durch ein eisernes Röhrchen steht der untere Preßzylinder mit der lotrechten, auf einer Latte unveränderlich befestigten, ziemlich weiten Glasröhre des Manometers in Verbindung. Die Latte selbst wird durch zwei an dem Apparat befestigte Arme getragen. Auf der Vorderseite dieser Latte schleift, durch eine kleine Mikrometerschraube verstellbar, eine zweite, die Teilungen tragende Latte. Der Nullpunkt der Teilung befindet sich unten und kann mittels der genannten Mikrometerschraube auf den jeweiligen Stand des Quecksilbers im Glasrohr des Manometers eingestellt werden. In diesem Glasrohr ist ein ausbalanzierter eiserner Stabschwimmer angebracht. Der Faden, an welchem das Gegengewicht des Schwimmers hängt, läuft über eine am oberen Ende der festen Latte ganz leicht gebremste kleine Rolle. Der leiseste Zug am Faden der Bremsbacke genügt, um den Stabschwimmer in eine langsame A b w ä r t s bewegung zu versetzen. Sitzt demnach der Schwimmer auf der Quecksilbersäule auf, und steigert man den Druck im Apparate, so wird vermöge der gewählten Konstruktion der Stabschwimmer nahezu widerstandslos mitgenommen und bleibt an der höchst erreichten Stelle der Quecksilbersäule stehen, wenn der Druck absichtlich oder zufolge der Überwindung der Kohäsion des Materials

eines Versuchskörpers abnimmt, und die Quecksilbersäule zu sinken
beginnt.

Bei der neueren Ausführung (Fig. 22) befindet sich die Druck-
pumpe rechts am obern Querhaupt der Maschine.   Dieselbe ist eine
doppelt wirkende Schraubenpumpe, die von Hand an einer Kurbel
angetrieben wird.   Sie saugt die Druckflüssigkeit (Öl) aus einem

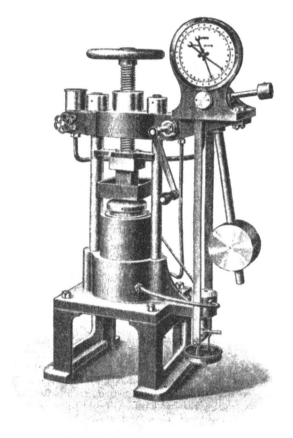

Fig. 22.

kleinen Behälter, links am Querhaupt, an und drückt sie in den
Zylinder der Presse.

Öffnet man das Ventil unterhalb des Ölbehälters, so fließt das
Öl unter dem Druck des Kolbens aus dem Zylinder wieder in den
Behälter zurück.

Abgelesen wird der Druck am Zifferblatt rechts, dessen Zeiger
durch ein Pendel gedreht wird, das durch den Öldruck aus der
senkrechten Gleichgewichtslage nach rechts abgelenkt wird.

Bricht der Probekörper, so zeigt ein Schleppzeiger, der stehen bleibt, die Bruchbelastung an, während der Laufzeiger langsam zurückgeht.

Das Zifferblatt zeigt sowohl den Druck in Tonnen (1 Tonne = 1000 kg) als auch den Druck in kg/qcm eines Würfels von 50 qcm Grundfläche an.

Der **A m s l e r - L a f f o n** sche Apparat arbeitet sehr genau und gibt bei entsprechend guter Anfertigung der Probekörper recht befriedigende Resultate. Leider ist er nur etwas zu empfindlich und bedarf sehr vorsichtiger Handhabung, paßt also kaum in ein Fabrikslaboratorium. Auch ist der Preis ein sehr hoher.

Da indessen die Ermittelung der Druckfestigkeit eines Zementes nunmehr die entscheidende geworden ist, so hat man verschiedentlich kleinere und billigere Pressen konstruiert. Von diesen Pressen ist recht tauglich und gibt für die Technik in der Praxis vollkommen genügend scharfe Resultate diejenige von J. W e b e r & C o., Uster (Schweiz), und zwar in der vom Verfasser modifizierten bzw. verbesserten Form; sie ist für Fabriken äußerst empfehlenswert.

2. Die **W e b e r** sche Presse (Fig. 23) besteht ebenfalls aus zwei Preßplatten, deren obere durch

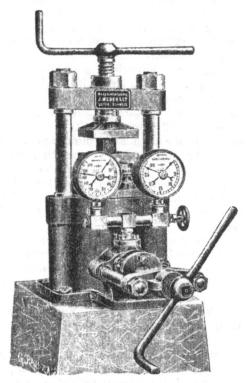

Fig. 23.

eine Schraubenspindel auf und ab beweglich ist. Als Führung dieser Schraubenspindel dient eine eiserne Traverse, welche durch zwei Eisensäulen am unteren Teile des Apparates befestigt ist. Der untere Teil der Presse besteht aus dem Preßzylinder nebst Preßkolben, welch letzterer die untere Preßplatte trägt und durch Manschetten gegen Ölverlust abgedichtet ist. Am Vorderteil des Apparates ist die Kolbenführung angebracht, welche einerseits den in das Öl einzutreibenden Kolben, andererseits ein Doppelmanometer trägt.

Das eine derselben ist für hohe, das andere, durch eine kleine Schraubenspindel abstellbare ist nur für niedere Festigkeiten (Kalk-

mörtelproben usw.) justiert. Der Druck des eingetriebenen Kolbens wird
durch das Öl einerseits auf die Preßplatten, andererseits auf die Manometer übertragen und kann direkt abgelesen werden. Benutzung des
Apparates wie bei der A m s l e r - Presse. — Wünschenswert wäre an
dieser Presse, die sonst für den Fabriksbetrieb recht brauchbar, ein
Manometer mit feinerer Skala, um gleich kg/qcm ablesen zu können.
Auch dürfen die Manometer keinen Nullanschlag haben.

Die Druckfestigkeit eines guten Portlandzementes ist besonders
seit Einführung des Drehofen-Betriebes eine ganz bedeutende. Schon
die deutschen Normen schreiben nach 7 Tagen Wasserlagerung
120 kg/qcm, nach 28 Tagen 200 kg/qcm und für kombinierte Lagerung
240 kg/qcm vor. Indessen werden diese Werte z. T. bis fast um das
Doppelte übertroffen.

Als Druckform dient gemeinhin ein Würfel von 7,07 cm Kantenlänge, gleich 50 qcm Druckfläche. Handelt es sich dagegen nicht um die
Normensandmörtel, sondern um größere Betonprüfungen, so werden
dafür Würfel von 30 cm Kantenlänge vorgeschrieben. Das Einschlagen
mittels des 12 kg schweren Stampfers erfolgt in ähnlicher Weise wie bei
der K l e b e schen Fallramme, nur daß für die größere Stampffläche
des Betonwürfels eine Verschiebung des Formtisches zum Stampfer
vorgesehen ist, um die Stampfarbeit möglichst gleichmäßig über die
ganze Fläche zu verteilen. Bei dieser S c h m i d t s c h e n B e t o n -
s t a m p f m a s c h i n e ist also außer der Fallhöhe des Stampfers und
der Anzahl der Schläge auch der Ort der Stampfschläge genau festgelegt.

Zur Prüfung dieser großen Betonwürfel bedient man sich dann der
großen 300 t-Presse, Bauart M a r t e n s , welche übrigens auch zur
Prüfung geringerer Druckfestigkeiten bis zu 20 t unter Verwendung
einer Reduktions-,,Meßdose" benutzt werden kann (Ton-Ind.-Ztg. 1906,
270).

Neben der Druck- bzw. Zugfestigkeit werden die Mörtel weiterhin
noch geprüft auf:

c) H a f t f e s t i g k e i t (d. i. wesentlich die Festigkeit, mit der
ein Mörtel am Steine haftet, wenn man die Steine senkrecht zur Fuge
voneinander zu trennen sucht). Hierfür prüft man nach M i c h a ë l i s
in dessen dazu etwas umgebauten Zugfestigkeitsapparate vollkommen
senkrecht zu den Fugenflächen, was freilich praktisch mit großen Fehlern
begleitet ist, da eine exakte Einstellung genau senkrecht zur Mörtelfläche
nahezu unmöglich ist. — Oder man prüft mittels des später (S. 204)
beschriebenen F é r e t schen Biegungsapparates. F é r e t klemmt kleine
Mörtelsäulchen von 4 × 4 cm Querschnitt in einer Platte oder Klaue fest
und belastet dann diese mittels eines durch Gewichte beschwerten,
gut ausbalanzierten Hebels in der gleichen Art, wie es auch beim Zug-
apparat geschieht (Fig. auf S. 198). Vgl. hierzu: Würdigung und Prüfung
der Konferenzbeschlüsse über die Bestimmung des Haftvermögens
hydraulischer Bindemittel von P. F é r e t , Chef du laboratoire des
ponts et chaussées à Boulogne s. M. Ferner noch Ton-Ind.-Ztg. 1908,

660 und die ähnlichen Versuche von B. H e l w e g - Delft, die ebenda 1908, 1370 beschrieben sind, sowie auch 1785 und 1665.

d) S c h e r f e s t i g k e i t (d. i. die Kraft, welche nötig ist, um zwei vermauerte Steine in der Ebene der Fuge gegeneinander zu verschieben). Auch hierzu liegen noch keinerlei einwandsfreie Prüfungs-Methoden bzw. Apparate vor. Vgl. Ton-Ind.-Ztg. 1908, 660.

e) B i e g u n g s f e s t i g k e i t [1]). Zur Prüfung auf Biegungsfestigkeit eignet sich der bekannte Zerreißapparat, nachdem derselbe dazu mit der nötigen Einrichtung (Fig. 24) versehen ist. Diese besteht aus einer genügend kräftigen stählernen Brücke A, die an Stelle der unteren Zugklammern auf der mit dem Handrad versehenen Zugschraube im Kugelgelenk sitzt. Auf den beiden zylindrischen Schenkeln der Brücke

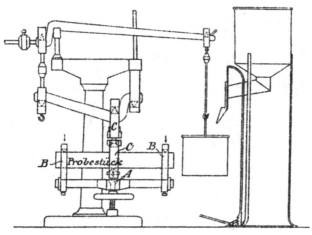

Fig. 24.

sind die Sättel B B aufgesteckt, welche die äußeren Stütz- bzw. Auflagepunkte des Probestabes bilden. Der Angriff der Kraft befindet sich in der Mitte des Stabes auf der unteren Seite, indem sich hier die Druckschneide des Gehänges C an den Probestab anlegt. Durch Belastung des Hebelwerkes wird das Gehänge C gehoben, die Schneide wird gegen das Probestück gedrückt, und schließlich wird nach genügender Steigerung der Last der Bruch des Stabes herbeigeführt. Spannweite und Querschnittsdimensionen des Probestabes sind behufs Vereinfachung der Berechnung der Biegungsfestigkeit auf ein bestimmtes Maß gebracht. Zunächst ist für den Versuch ein Probestab von quadratischem Querschnitt mit 4 cm großer Querschnittsseite vorgesehen, da dieser Stab nach Durchführung des Biegungsversuches auch für Druckversuche vorzüglich geeignet ist. Als Spannweite ist ein freier Abstand der Stütz-

---

[1]) Nach M i c h a ë l i s , Ton-Ind.-Ztg. 1898, 408. Protokoll des Vereins Deutscher Portlandzement-Fabrikanten.

schneiden von 256 mm angenommen. Für diesen Querschnitt und die
bezeichnete Spannweite ergibt sich die Biegungsspannung s gleich dem
30 fachen der am Hebel 1 : 50 aufgewandten Last. Die Verschiebung
der Sättel B B ist auf der Brücke A nach außen durch zwei Stellringe
begrenzt. Nach der Mitte der Brücke zu verschoben, ergibt sich für
die Sättel ein Endabstand von 100 mm. Diese Stützweite kommt bei
kleinen Probestäbchen mit 2,2 cm quadratischem Querschnitt in Anwendung. Zum Brechen der 2 cm dicken Stäbe muß die Druckschneide
des Gehänges um 2 cm gehoben werden. Sie ist zu diesem Zweck mit
seitlichen Führungsleisten versehen und zum Verschieben im vertikalen
Sinne eingerichtet. Durch Unterlage eines 2 cm dicken Stahlklötzchens
wird die verlangte erhöhte Lage erhalten.

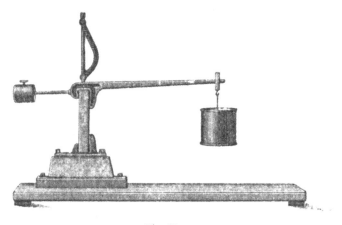

Fig. 25.

In der Praxis beträgt die Biegungsfestigkeit etwa das Doppelte der
Zugfestigkeit.

Bei dem F é r e t schen Apparat (Fig. 25) steht ein Mörtelprisma
vertikal zwischen zwei einander gegenüberliegenden Klauenpaaren.
Das untere Paar steht fest in einem Block. Das obere befindet sich an
einer hebelartigen Stange, welche an dem kürzeren Ende ein Gegengewicht, an dem längeren das Schrotgefäß zur Aufnahme der Belastung
trägt. Der Unterschied zwischen den Apparaten M i c h a ë l i s und
F é r e t besteht darin, daß bei jenem an der Druckstelle des Prismas
außer der liegenden auch noch schneidende Kräfte wirken, während
bei diesem das Versuchsprisma einer Biegung unter konstantem Moment
unterworfen ist, und der Bruch an einer Stelle erfolgt, wo der Versuchskörper nicht direkt irgendeiner anderen äußeren Kraft ausgesetzt ist.

Nach Ausführung der Biegeprobe dienen dann die Hälften der
Prismen (deren Größe 4 × 4 × 16 cm beträgt), wie auch schon bei
M i c h a e l i s , noch zur Bestimmung der Druckfestigkeit. Und es
ist zweifellos ein Vorzug dieser beiden Prüfungsmethoden, an ein

und derselben Probe zwei verschiedene Festigkeitsprüfungen vornehmen zu können. Vgl. hierzu Ton-Ind.-Ztg. **1906, 1701; 1907,
1035** und **1908, 1011.**

Auch A m s l e r - L a f f o n haben in Anlehnung an ihre schon
beschriebene Druckpresse einen vorzüglichen Biegungsfestigkeits-
Prüfungsapparat bis zu 5000 kg Leistungsfähigkeit konstruiert. Die
Träger der Endschneiden lassen sich auf dem Biegebalken verschieben
und festklemmen. Die Endschneiden sind beweglich gelagert, so daß
sie sich der Auflagefläche des zu prüfenden Gegenstandes anschmiegen
können. Die Mittelschneide kann ihre Richtung nicht verändern;
sie bestimmt die Lage der Probeplatte. Sie ist an der zur Prüfung von

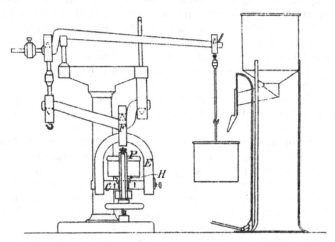

Fig. 26.

Druckproben dienenden oberen Preßplatte befestigt, die mittels Handrad
und Schraubenspindel vor dem Versuch in passende Höhe gestellt wird.
Während des Versuches bleibt die Mittelschneide stehen. Der Biegebalken mit den Endschneiden wird durch den Druckkolben, der im
oberen Zylinder spielt, in die Höhe gedrückt. Der hydraulische Druck
auf den Kolben wird durch Öl erzeugt, das von einer einfachen Kolben-
pumpe in den Zylinder gepreßt wird. Im übrigen arbeitet der Apparat
wie die schon beschriebene Druckpresse.

Mit dieser Maschine können Platten bis zu 35 cm Breite und 17 cm
Höhe geprüft werden. Die größte Entfernung der Endschneiden beträgt
110 cm, die kleinste 30 cm. Das Spiel des Druckkolbens beläuft sich
auf 7 cm. Als größte Beanspruchung sind 5000 kg angenommen.

f) L o c h u n g s f e s t i g k e i t [1]). Über den Erhärtungsprozeß
verschaffen Versuche mit Eintreiben von Dornen in den Zement oftmals
wünschenswerten Aufschluß. Auch den dazu benutzten Apparat (Fig. 26)

---

[1]) Vgl. hierzu auch die Nadelproben beim Traßmörtel S. 157.

hat M i c h a ë l i s mit dem Normalzerreißapparat in Verbindung gebracht. Als Probekörper werden die in der 8 cm weiten und 4 cm hohen
zylindrischen Dose des V i c a t schen Nadelapparates (S. 189) erzeugten
Zylinder benutzt. Der Probezylinder wird in den Rahmen *A* eingebracht
und gegen eine stählerne Druckplatte gelagert, wobei er zunächst auf
einer in vertikaler Richtung verstellbaren Konsole *H* ruht. Der Rahmen
A selbst sitzt, im Kugelgelenk beweglich, auf der Stellschraube des
Zerreißapparates. Unter dem Probestück befindet sich ein Stahldorn
in der Brücke *C*. Letztere wird von dem hufeisenförmigen Bügel *E*
getragen, der auf der Spitze des Gehänges *F* ruht. Hiernach muß der
Dorn bei einer Belastung des Hebelwerkes der aufwärts gerichteten
Bewegung des Gehänges *F* folgen, so daß er, während der Probezylinder
im Rahmen *A* an der Druckplatte fest anliegt, in den Zylinder bei entsprechend gesteigerter Last eindringt. Zur leichteren Einführung der
Probezylinder ist einer der Arme des Rahmens *A* mit Scharnier versehen, so daß der Rahmen nach einer Seite zu vollständig geöffnet werden
kann. Der bewegliche Arm ist aus Stahl von genügender Widerstandsfähigkeit gefertigt.

Die Prüfung von Mörteln durch Eintreiben von Dornen ist bereits
mehrfach in Frankreich in Gebrauch und zwar an Stelle der früher hierzu
üblichen, für diesen Zweck aber völlig unzureichenden V i c a t - Nadel.
Die Nadel von 1 qmm Querschnitt ist zu schwach; für die Dorne ist
ist ein solcher von 1 qcm wohl am besten geeignet. Speziell für Festigkeiten von Kalken dürfte dieses Verfahren sehr angebracht erscheinen.

V o l u m b e s t ä n d i g k e i t. Einen wesentlichen Einfluß auf die
Festigkeit hat die Volumbeständigkeit des Zementes, die wie im Wasser
so auch an der Luft eine möglichst unbedingte sein soll. Mangelnde
Volumbeständigkeit äußert sich an der Luft zunächst darin, daß die
Proben aus solchem Zemente „absanden“, mürbe werden, abbröckeln
und schließlich gänzlich zerfallen, während sie im Wasser Verkrümmungen erfahren, netzartige Risse über den ganzen Kuchen oder radial-
verlaufende Kantenrisse erhalten, welche nach dem Rande zu ausein-
anderklaffen. Auch Warzenbildung deutet auf schlechte Volumbeständigkeit, d. h. „Treiben“ des betreffenden Zementes.

Die üblichen „Normenproben“ auf Volumbeständigkeit bestehen
einfach darin, daß man die Kuchen, wie sie bereits für die Prüfung auf
Abbindezeit angefertigt wurden, einfach unter Wasser legt und dann
längere Zeit (28 Tage) darin beläßt. Zeigen sich nach Ablauf dieser
Frist nicht jene vorbeschriebenen Treiberscheinungen, so spricht man
den Zement als genügend volumbeständig an. Abgesehen nun, daß diese
Proben nicht immer scharf bzw. sicher genug und z. B. für „Gipstreiben“,
d. h. Treiben infolge zu hohen Gehaltes an Schwefelsäure, unter Umständen
sogar noch zu kurz sind, beanspruchen sie viel zu viel Zeit. Man hat deshalb nach beschleunigten Proben gesucht und diese auch gefunden in

a) H e i n t z e l s Kugelglühprobe,
b) D a r r e bzw. Dampfdarre und
c) M i c h a ë l i s' Kochprobe.

Außer diesen Proben sind hier und da noch einige andere üblich, z. B.
P r ü s s i n g s Preßkuchen-Probe und E r d m e n g e r s Hochdruck-
probe; indessen gewähren die obigen drei Proben schon ein genügend
scharfes Bild über die Volumbeständigkeit eines Zementes.

a) H e i n t z e l s G l ü h p r o b e. Man befeuchtet 150 g Zement
mit nur so viel Wasser, daß er sich in der Hand gerade noch zu einer
Kugel ballen läßt, d. h. mit ca. $\frac{3}{4}$ des für Normalkonsistenz benötigten
Wassers. Diese Kugel setzt man sofort nach der Anfertigung auf ein
Drahtnetz oder eine Eisenplatte und erhitzt sie darauf während 3 Stunden
mittels eines einfachen Bunsenbrenners. Etwaiges Treiben zeigt sich
darin, daß die Kugel von unten her sich aufblättert und durch Risse
mehr oder weniger tief zerklüftet wird.

b) D a r r e u n d D a m p f d a r r e. Man stellt sich aus 75 g
Zement mittels der für Normalkonsistenz nötigen Menge Wassers einen
Brei her, dem man durch einen gehöhlten runden Löffel zunächst
Kugelgestalt gibt, und bringt ihn auf eine dünne Glasplatte, wo man
ihn durch senkrechtes Aufstoßen derselben sich zu einem Kuchen von
ca. 10 cm Durchmesser und 1 cm Dicke ausbreiten läßt. Die Ränder
sollen nicht unnötig flach verlaufen. Die fertigen Kuchen werden 24
Stunden lang, jedenfalls aber bis nach erfolgtem Abbinden, in feuchter
Atmosphäre gehalten, dann bis zur Sättigung in Wasser getaucht und
auf eine Eisenplatte gebracht, wo sie während 3 Stunden auf 180 bis
210⁰ C erhitzt werden. — Diese gewöhnliche Trockendarre kann man
noch, ebenso wie auch die Glühprobe unter a), durch Überdecken eines
Uhrglases verschärfen: D a m p f d a r r e. Die Kuchen sind dann im
Anfang der Prüfung der Einwirkung heißer Dämpfe ausgesetzt.

Nach Versuchen von G r e s l y (Ton-Ind.-Ztg. 1905, 1679)
eignet sich die Dampfdarre besonders gut auch zur Ermittelung von
„Gipstreiben". Das Darren ist dann allerdings während 6 Stunden bis
auf 300⁰ C zu steigern. Dann werden die Kuchen noch gut handwarm
(60—70⁰ C) direkt ins Wasserbad gelegt und dort weiter beobachtet.
Dieses Wasserbad ist tunlichst auf etwas erhöhter Temperatur zu halten,
also etwa auf 50⁰ C. Die Kuchen zerfallen im Wasserbade oft schon nach
wenigen Tagen, während früher eine Beobachtung auf Wochen und
Monate hinaus nötig war. (Vgl. weiter hierzu auch noch Ton-Ind.-Ztg.
1905, 1150).

c) K o c h p r o b e. Zur Ausführung derselben bringt man die
gleichen Kuchen [1]), wie sie für die Darrprobe benutzt werden, in ein
Gefäß mit kaltem Wasser und bedeckt dasselbe mit einem Uhrglase.
Dann erhitzt man zum Kochen und beläßt die Kuchen in dem kochenden
Wasser während 3 Stunden.

Bleiben bei den Proben b) und c) die Kuchen klingend hart, so
deutet das auf vollständige Volumbeständigkeit. Andernfalls treten die

---

[1]) T e t m a j e r empfahl, K u g e l n (wie bei der Glühprobe beschrieben)
und nicht in Süßwasser, sondern in Seewasser zu kochen.

oben geschilderten Treiberscheinungen auf, ja bei der Kochprobe können schlechte Zemente vollständig zu Brei zerfallen.

Die Ursachen des Treibens sind sehr verschiedener Art; sie mögen hier nur gestreift werden. Zunächst kommt schlechte, d. h. nicht genügend feine Mahlung und unzureichende Mischung der Rohmaterialien in Betracht, dann mangelhaftes Brennen, zu hoher Schwefelsäuregehalt, sowie zu viel Kalk, d. h. eine Überschreitung der oberen Grenze des hydraulischen Moduls.

Übrigens läßt sonst tadelloses Verhalten im Wasser durchaus nicht etwa auf gleiches Verhalten auch an der Luft schließen. Hier äußert sich das Treiben in einem allmählichen Absanden bis zur völligen Zerstörung der Kohärenz (Lufttreiben!).

Alle Zemente nun erfahren wie auch die natürlichen und künstlichen Bausteine gewisse Änderungen in der A u s d e h n u n g , die für normale Zemente im Wasser in einer Ausdehnung, an der Luft in einer Schwindung bestehen.

Diese D e h n u n g s v e r h ä l t n i s s e werden mittels des B a u - s c h i n g e r schen T a s t a p p a r a t e s (Fig. 27 a. f. S.) bestimmt[1]. Schwache Dehnung im Zemente wirkt, weil verdichtend, entsprechend günstig, stärkere würde unter Umständen den Zusammenhang des Mörtels gefährden.

Der Apparat ist folgendermaßen eingerichtet: An dem einen Schenkel des Messingsbügels A befindet sich die Mutter für eine feine Mikrometerschraube, für welche auf der Trommel B noch $1/100$ Umdrehungen gemessen und Zehntel dieser Teile, also $1/1000$ Umdrehungen, geschätzt werden können. Die ganzen Umdrehungen zeigt die Teilung C. Am andern Schenkel des Bügels befindet sich die Drehungsachse eines Fühlhebels D—D, dessen kurzer Arm in eine stumpfe Stahlspitze endigt, während der längere, einen Index tragende Arm von einer Feder E stets nach links gedrängt wird. Diese Feder findet ihre Stütze an einer rahmenartigen Fortsetzung des linken Bügelschenkels nach oben hin, an welchem Rahmen auch eine kleine Teilung F mit markiertem Mittelstrich angebracht ist.

In eine ähnliche stumpfe Spitze, wie der kleine Arm jenes Fühlhebels, endigt die Mikrometerschraube, und beide Spitzen legen sich beim Gebrauch des Instrumentes in entsprechende Körner, welche in die kleinen etwas hervorstehenden Deckflächen der eingekitteten Konusse eingelassen sind. Um aber dieses Anlegen der Spitzen ohne seitlichen Druck bewerkstelligen zu können, ist der mittels eines Gegengewichtes ausbalancierte Bügel in der Mitte seines Quersteges mittels eines dicken Messingdrahtes H an dem einen Ende eines Wagebalkens so aufgehängt, daß er nach beiden Seiten und auch auf- und abwärts leicht beweglich ist. Zu dem Ende bewegt sich der Messingdraht H an beiden Enden in Kugelgelenken und der Bügel selbst noch zwischen zwei Spitzen-

---

[1] Mitteilung a. d. mech.-techn. Laboratorium der Techn. Hochschule in München, 8, 13.

schräubchen um eine horizontale Achse, während am anderen Ende des
Wagebalkens ein verschiebbares Gewicht den ganzen Bügel nebst Aufhängevorrichtung balanziert.

Auf diese Weise ist es möglich, das Instrument, wenn nötig, unter
gleichzeitiger Drehung der Mikrometerschraube so an das Probestück
anzulegen, wie oben gesagt wurde. Darauf wird die Mikrometerschraube
so weit vorwärts bewegt, bis der längere Arm des Fühlhebels auf der

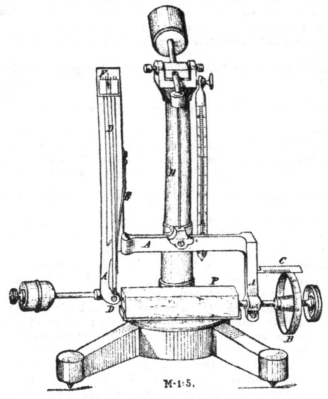

M·1:5.

Fig. 27.

anderen Seite auf den markierten Mittelstrich der Teilung einspielt.
Man ist dann sicher, daß die Stahlspitzen der Schraube und des Fühlhebels mit einem bestimmten, der Stärke der Feder E entsprechenden
Druck gegen ihre Körner gedrückt werden, und kann dann den Stand
der Mikrometerschraube ablesen. Daß beim Gebrauch des Instrumentes
die Einstellung des Fühlhebels stets von e i n e r Seite her bewerkstelligt werden muß, etwa stets durch Vorwärtsdrehen der Mikrometerschraube, um den toten Gang derselben zu eliminieren, bedarf keiner
näheren Erwähnung.

In Betracht zu ziehen ist bei den Messungen, daß sie stets bei ein und derselben Temperatur stattfinden müssen; eventuell muß also nachträglich eine Korrektur stattfinden, welche für $\pm 1^0$ C $= \pm 0{,}002$ Skalateile beträgt. Auch sollen die Proben im Wasser bzw. an der Luft mindestens 3 Stunden vorher im temperierten Raume untergebracht sein.

Die erstmalige Ausmessung des Probekörpers, welcher zu 95 cm Länge als quadratisches Prisma in eine entsprechende Form eingeschlagen wird, geschieht nach 48 Stunden, während das Einkitten der Metallkörnchen bereits nach 24 Stunden erfolgte. Dabei müssen die Probekörper stets g a n z g e n a u u n d i m m e r w i e d e r in ein und derselben Lage eingespannt werden, um jegliche Fehlerquelle auszuschließen.

Nun entspricht der Nullpunkt der Skala bei genau einspielendem Fühlhebel einer Tasteröffnung von 95,000 mm. Ein Umgang der Meß-schraube $=$ ein Skalateil $= 0{,}500$ mm, ein Trommelteil $= \dfrac{0{,}500}{100} =$ 0,005 mm.

Für 100,000 mm absolute Länge z. B. ergibt sich eine Ablesung von 10,000 Skalateilen, aus welcher Ablesung die Länge des ausgemessenen Stabes mit Hinzurechnung der vorstehend angegebenen Taster-weite bei Null (95,000 mm) $= \dfrac{10{,}000}{2} + 95{,}000 = 100{,}000$ mm folgt. —

Als Kontrolle hierfür dient ein beigegebenes, in Holz gefaßtes Stahlstäbchen von genau 100,000 mm Länge.

Da bei einem Krummwerden der Stäbe eine exakte Messung unmöglich sein würde, so hat K l e b e in München versucht, die Messungen durch einen Meßkeil vorzunehmen (Fig. 28 a. f. S.). Als Probekörper können die gewöhnlichen Festigkeitsproben für Zug und Druck verwendet werden. Diese Proben bereitet man für die Messung vor, indem man in dieselben, während das Material noch plastisch ist, unter Benutzung geeigneter, dem Apparat beigegebener Deckplatten je zwei gewöhnliche Stecknadeln ohne Kopf (nicht Stahlnadeln) in einem Abstand von 50 mm so einführt, daß sie 5—6 mm hoch aus der oberen Fläche des Probestückes hervorragen. Die Nadeln *s s* dienen sowohl als Anschlag wie auch als Merkpunkt für den Meßkeil *k*, der den Hauptbestandteil des Apparates bildet. Die zwischen den Nadeln liegende freie Strecke von ca. 50 mm Länge ist die für die Messung in Betracht kommende Gebrauchslänge An den Längskanten des Keiles ist eine Millimeterteilung aufgetragen. Die Breite des Keiles am unteren Ende zwischen den Teilstrichen 0—0 ist auf 47,5 mm, am oberen Ende zwischen den Teilstrichen 10—10 auf 52,5 mm bemessen. Jedem Zwischenraum von 1 mm in der Längsrichtung entspricht ein Breitenunterschied von $^1/_{20}$ mm. Damit der Keil stets mit einem gleichen Druck gegen die Nadeln *s s* anliegt, ist an seinem oberen Ende eine Schnur mit einem Gegengewicht befestigt. Soll der Probekörper ausgemessen werden, so bringt man ihn auf einen im Winkel von 30^0 geneigten Stativteller *t* und überdeckt die Fläche zwischen den Nadeln mit einem ebenen, glatten Blechabschnitt, um eine gleichmäßig beschaffene Gleitbahn zu erhalten. Auf dieser Bahn, die stets rein gehalten werden muß, läßt man den Keil langsam niedergleiten, wobei man ihn am unteren Ende vorsichtig so lenkt, daß die gleichnamigen Teilstriche zu beiden Seiten des Keiles gleichzeitig mit den Nadeln in Berührung kommen, und an beiden Kanten die gleichen Ablesungswerte erhalten werden. Von Wichtigkeit ist, daß der Druck an den Berührungspunkten von Nadeln und Keil stets gleich groß ist; er soll nur durch die Neigung des Tellers und durch das Eigengewicht des Keiles bewirkt werden. Ein Nachdrücken des Keiles von Hand ist unzulässig.

Ist der Keil mit den Nadeln in Berührung, so wird der Stand des Keiles an den Berührungspunkten abgelesen, wobei die Nadeln, wie anfangs erwähnt, als Merkstelle dienen. Kleine Unterschiede an den Anlegepunkten werden ausgeglichen, indem man aus den Ablesungen das Mittel zieht. Ergibt sich für die Berührungspunkte z. B. eine Ablesung von 4,45 bzw. 4,47, also im Mittel 4,46, so entspricht

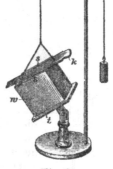

dieser Wert einem Nadelabstand von $\dfrac{446}{200}$ + der dem Nullpunkt des Keiles zukommenden Breite. Diese letztere Breite aber ist, wie schon bemerkt, 47,50 mm. Für die Berührungspunkte ist sonach die Meßlänge im vorliegenden Falle

$$\frac{446}{200} + 47,50 = 49,73 \text{ mm.}$$

Fig. 28.

Nach dem Gebrauch müssen die Stahlschienen des Keiles stets gut eingefettet werden. Schienen und Gleitbrett sind vor dem Gebrauch sorgfältigst zu reinigen.

Einen recht einfachen und dabei doch für die praktischen Anforderungen genügenden Apparat (Fig. 29) hat auch M a r t e n s konstruiert (Mitteil. des Kgl. Material-Prüfungsamtes **1905**, 203).

Ein Zeigerhebel h läßt an der Skala $f—g$ die Längenänderungen zwischen den in der Probe eingelassenen Stiften a und b (50 mm Abstand) in $^1/_{200}$ mm ablesen. Der Messer ist auf einem Stahlblech aufgebaut, das mit der Kante $d—e$ so auf die Stifte a und b im Probekörper aufgesetzt wird, daß der Stift a sich genau in den rechtwinkligen Ausschnitt des Bleches legt, während dieses mit seiner Rückenfläche auf der Probenfläche ruht. Auf dieser Rückenfläche sind aus praktischen Gründen die Stifte c und k als Kuppen ausgebildet, so daß die Berührungslinie $d—e$ nicht an dem Fuß der in den Probekörper eingesteckten und mit ihm nach dem Erhärten des Zementes fest verbundenen Stifte anliegt, sondern etwas höher, denn an den Stiften wird der letzte Zementrest immer einen kleinen Wulst bilden, der das genaue Anliegen der Meßflächen hindern würde. Beim Aufsetzen hält man den Probekörper

14*

in der linken Hand ein wenig nach hinten und nach der Seite geneigt, während man das Blech, mit der Glimmerplatte des Zeigers zusammen zwischen Daumen und Zeigefinger der Rechten haltend, auf die Stifte

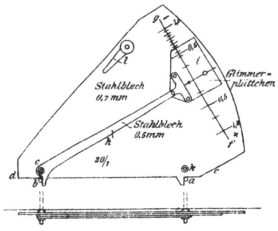

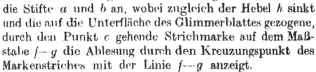

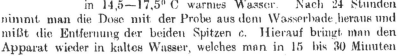

Fig. 29.

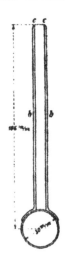

Fig. 30.

a und b aufsetzt. Wird jetzt der Messer freigegeben, so legen sich durch das Gewicht seiner Teile die maßgebenden Flächen ganz von selbst an die Stifte a und b an, wobei zugleich der Hebel h sinkt und die auf die Unterfläche des Glimmerblattes gezogene, durch den Punkt c gehende Strichmarke auf dem Maßstabe f—g die Ablesung durch den Kreuzungspunkt des Markenstriches mit der Linie f—g anzeigt.

Die „Englischen Normen" schreiben als Dehnungsmesser den Apparat von Le Chatelier (Fig. 30) vor. Derselbe besteht aus einer kleinen, bei a aufgeschnittenen Metalldose, 30 mm hoch, mit 30 mm innerem Durchmesser und 0,5 mm Wandstärke. Auf den Seiten des Schlitzes a sind zwei Zeiger b aufgenietet, zwischen deren Enden c die Ausdehnung gemessen wird, wobei die Entfernung von c bis zum Mittelpunkte der Dose 165 mm beträgt. Der Versuch ist so auszuführen, daß die Dose auf eine Glasplatte gestellt und mit Zementbrei angefüllt wird, wobei Sorge zu tragen ist, daß die Dose bei a vollständig geschlossen ist. Hierauf legt man eine zweite Glasplatte auf die Dose, welche man durch Auflegen eines Gewichtes beschwert, und bringt das Ganze sofort in 14,5—17,5° C warmes Wasser. Nach 24 Stunden nimmt man die Dose mit der Probe aus dem Wasserbade heraus und mißt die Entfernung der beiden Spitzen c. Hierauf bringt man den Apparat wieder in kaltes Wasser, welches man in 15 bis 30 Minuten zum Sieden bringt und 6 Stunden darin erhält. Nach dem Abkühlen mißt man wiederum die Spitzenentfernungen c. Der Unterschied der beiden Messungen stellt die Ausdehnung des Zementes dar (vgl. hierzu Ton-Ind.-Ztg. 1905, 342).

Zu dem gleichen Zwecke hat L. P a u s einen kleinen Apparat konstruiert, der ziemlich genau arbeitet, aber doch nicht ganz frei von Fehlern ist (vgl. hierzu Ton-Ind.-Ztg. 1907, 484).

Von anderweitigen Prüfungen sind noch zu nennen und werden verschiedentlich ausgeführt:

 a) die Mörtelausgiebigkeit,
 b) die Wasserdurchlässigkeit,
 c) die Frostbeständigkeit und
 d) die Abnutzbarkeit.

Von den vorstehenden Prüfungen ist
 a) die M ö r t e l a u s g i e b i g k e i t
bereits beim Luftkalk (S. 146, c) beschrieben.
Die Ausgiebigkeit von Zementmörteln wird
mit demselben Apparat in analoger Weise,
nur ohne das Wasserbad, ausgeführt. Man
mengt 100 g Zement mit der fraglichen
Menge Sand, d. h. 300, 400, 500 usw. g, gibt
das Gemisch in die Dose und setzt nach
und nach so viel Wasser hinzu, daß schließlich die Masse beim Aufstoßen sich in einen
Brei verflüssigt, über welchem dann noch
einige Kubikzentimeter Wasser stehen
bleiben. Diese zieht man mit etwas
Fließpapier vorsichtig ab und läßt dann
den Apparat, mit einem Uhrglase bedeckt,
24 Stunden stehen. Darauf gibt man mit

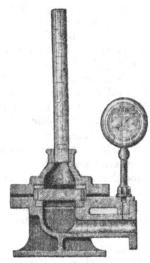

Fig. 31.

der Pipette 200 ccm Wasser auf und kann direkt das Volumen des gebildeten Mörtelbreies ablesen.

 b) Die W a s s e r d u r c h l ä s s i g k e i t wird mit folgendem Apparat (Fig. 31) bestimmt [1]). Er besteht aus einem Bodenstück und einer gußeisernen Haube, welche in eine in ccm geteilte Glasröhre aus-läuft. Zwischen dem Bodenstück und der Haube wird der zu prüfende Probekörper zwischen Gummischeiben mit 4,5 cm Lochweite einge-klemmt. Das auf einem Betonsockel unverrückbar montierte Bodenstück des Apparates besitzt ein mit Manometer ausgerüstetes Flanschenrohr, welches an eine Wasserleitung mit mindestens 4,5 Atmosphären Über-druck angeschlossen wird. Zwischen Bodenstück und Wasserleitung wird zum Leeren des Apparates und behufs Regulierung etwaiger Schwan-kungen des Wasserdruckes ein T-Stück mit Ablaßhahn eingeschaltet. Während des Versuches steht dieser Hahn teilweise geöffnet, so daß das überschüssige Wasser abfließen kann. Selbstverständlich wird auf diesem

---

[1]) T e t m a j e r , Hydraul. Bindemittel 1893, Heft 6, S. 109—111.

Wege eine genaue Regulierung der auftretenden Druckschwankungen nicht erreicht; immerhin zeigt das Manometer nunmehr unwesentliche Schwankungen. Die Erzeugung der Probekörper geschieht von Hand. Das zu prüfende Bindemittel wird im gewünschten Mischungsverhältnisse mit Sand zum Mörtel angerührt und in Messingringe von 7,2 cm lichter Weite und 2,0 cm Höhe eingeschlagen. Nach 24 Stunden werden die Probekörper unter Wasser gelegt.

Zur Prüfung auf Durchlässigkeit werden die Probekörper unter einer Luftpumpe vorsichtig mit Wasser gesättigt und hierauf samt deren Umfassungsringen zwischen die erwähnten Gummischeiben bei mit Wasser vollständig gefülltem Bodenstücke in den Apparat gespannt. Mittels Pipette oder Kautschukschlauches wird die Haube des Apparates mit Wasser bis auf eine beliebige Marke des Meßrohres gefüllt, abgelesen und der Probekörper durch Öffnen des Absperrventils der Wasserleitung unter Druck gesetzt. Nach Verlauf von 1, 2, 4, 8, 24 und mehr Stunden wird wiederum abgelesen und das Ergebnis der Messung auf die Einheit der Zeit und der dem Drucke ausgesetzten Fläche des Probekörpers bezogen.

Unabhängig vom Wasserdruck arbeitet der B ö h m e sche Apparat, der sich u. A. besonders auch im Laboratorium des Vereins Deutscher Portlandzementfabrikanten bewährt hat, und mit dem man, in der Ausführung von M a x H a s s e & C o. in Berlin, 6 Platten auf einmal prüfen kann.

Der Apparat (Fig. 32 a. f. S.) besteht aus 6 Preßstöcken, in welche die zu prüfenden Materialstücke eingeschraubt werden. Jeder dieser Preßstöcke sitzt auf einer Glasdose, in welcher das Wasser, das die Formstücke durchdringt, sich sammelt. Die Preßstöcke sind sämtlich mit einem Zentralstock verbunden, auf welchem das Manometer sitzt, das den Wasserdruck anzeigt. Das Wasser wird irgendeiner Druckwasserleitung entnommen, durch einen kleinen Akkumulator reguliert und zum Zentralstock geführt. Die Anordnung des Akkumulators ist derart, daß er je nach der Wasserdurchlässigkeit des Materials gerade so viel Wasser aus der Druckleitung entnimmt, wie eben gebraucht wird, und sich dabei selbsttätig reguliert. Hierbei ist zu bemerken, daß der kleine Akkumulator nicht mehr Druck erzeugen kann, als die Druckwasserleitung hat. Ist mehr Druck erforderlich, als die Wasserleitung hergibt, so kann auch noch Druck durch Auflegen von Gewichten erreicht werden. Hierbei ist man jedoch an das in dem Akkumulator enthaltene Wasserquantum gebunden, und die Probestücke können nur eine gewisse Zeit, solange das Wasserquantum reicht, unter Druck bleiben. — Vgl. hierzu Mitteil. d. Kgl. Material-Prüfungsamtes 1893, 228—236.

Unabhängig von der Druckleitung arbeitet auch der kleine Apparat von M i c h a ë l i s sowie der A m s l e r - L a f f o n sche Apparat. Dieser letztere ist ein Akkumulator, welcher mit komprimierter Luft geladen ist und der Wasser von unten her durch den Versuchskörper drückt. Über dem Versuchskörper, der oben auf dem Akkumulator eingespannt ist, sammelt sich das durchgedrungene Wasser in einem Glasrohr mit Einteilung in Kubikzentimeter; der im Akkumulator herrschende Druck wird an einem Manometer abgelesen. Die Füllung des Akkumulators mit Luft und Wasser geschieht mittels einer Handpumpe. Die Druckflüssigkeit wirkt gleichbleibend und vollkommen gleichmäßig auf den Versuchskörper. Die Luftfüllung des Akkumulators hat man nur dann zu ergänzen, wenn man zu einem höheren Druck übergehen will. Im Akkumulator selbst geht keine Luft verloren. Das Wasser

Fig. 32.

kann nur durch den Versuchskörper entweichen. Die Wasser durchlassende Öffnung der Form bzw. des Probekörpers ist ein Kreis von 5 cm Durchmesser. Die Dicke der Kuchen beträgt 2, 3 oder 4 cm. — Vgl. weitere Methoden und Apparate auch noch Ton-Ind.-Ztg. — 1907, 582, 813 und 1908, 1437.

c) Frostbeständigkeit. Zur Ausführung von Frostbeständigkeitsversuchen bedient man sich eines Gefrierschrankes nach L i n d e schem System, in welchem Temperaturen bis — 30⁰ C erzeugt werden können. Steht ein solcher nicht zur Verfügung, so kann man sich ebenso gut des B e l e l u b s k y schen Frostkastens bedienen. Vgl. Ton-Ind.-Ztg. 1892, 1220.

Die Probekörper, Würfel von 7 cm Kantenlänge, werden nach vollständiger Sättigung mit Wasser (unter einer Luftpumpe) und nach

12 stündigem Lagern unter Wasser während 4 Stunden in den Kühl-
schrank gebracht, und zwar am besten nicht frei, sondern in engan-
schließende Zinkkästchen eingekapselt. Hierauf werden sie noch einmal
in Wasser getaucht, um das oberflächlich verdunstete Wasser wieder zu
ersetzen und nun zum zweiten Mal 4 Stunden lang bis auf ca. — 20° C
abgekühlt. Danach wird der Probekörper in Wasser von Zimmertemperatur über Nacht aufgetaut und am nächsten Tage wiederum je
2 mal 4 Stunden lang in den Gefrierschrank gebracht. — Dieses ab-
wechselnde Gefrieren und
Wiederauftauen erfolgt
20 mal. Dann wird schließlich an den so behandelten
Probekörpern die Normal-
druckprobe vorgenommen
und deren Resultat mit
demjenigen von nicht
gefroren gewesenen Probe-
körpern desselben Ma-
terials verglichen.

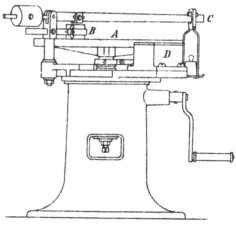

Über die Frostproben
von Kalksandsteinen vgl.
auch noch Ton-Ind.-Ztg.
1908, 1801 ff.

d) A b n u t z b a r -
k e i t. Zur Prüfung auf
Abnutzbarkeit hat B a u -
s c h i n g e r die bekannte

Fig. 33.

rotierende Schleifscheibe A konstruiert von ca. 3 cm Dicke und
122 cm Durchmesser, welche genau eben abgerichtet ist und
unverrückbar auf einer vertikalen Welle aufsitzt (Fig. 33).
Die obere Führung dieser Welle trägt zwei Arme etwa 3 mm über
der Scheibe, welche radial verschiebbar sind und zur Aufnahme
der Probekörper B dienen. Auf letztere kann man mittels zweier
Hebelvorrichtungen C einen Druck bis zu 30 kg ausüben, während die
Körper bei konstantem Schleifbahnradius von 50 cm mittels Naxosschmirgel abgeschliffen werden. Die Tourenzahl (200) wird automatisch
kontrolliert. Vor und nach dem Versuch wird das Gewicht der Versuchskörper bis auf 0,1 g genau ermittelt: die Differenz ergibt den Grad
der Abnutzung. Dieselbe ist anfangs ziemlich erheblich, geht aber im
Laufe der Zeit beträchtlich zurück.

Eine andere, sehr gute Schleifbahnmaschine haben noch A m s l e r -
L a f f o n konstruiert. —

Z u s ä t z e   z u m   P o r t l a n d z e m e n t.

Nachdem besonders auch in der letzten Zeit der mit Hochofen-
schlacke versetzte Portlandzement als „Eisenportlandzement" auch

seitens der Behörden als vollwertiges Mörtelmaterial anerkannt und benutzt wird, kann füglich von einer „Verfälschung" des Portlandzementes durch Schlacke nicht gut mehr die Rede sein. Dieser Zusatz an Schlacke soll allerdings nicht mehr als 30 % (d. i. die vom Verf. aufgestellte Wertziffer!) im fertiggemischten Produkt (Handelsware) ausmachen, also das Mischungs-Verhältnis 1 : 3 nicht wesentlich überschreiten.

Zur Prüfung des Zementes auf Zumischung von Schlacke, qualitativ wie quantitativ, haben sich schließlich die folgenden Normen [1]) herausgebildet, nachdem die früheren sich vielfach, besonders auch nach Einführung des Drehofenzementes (Eisenoxydul!) als nicht maßgebend erwiesen hatten.

V o r p r ü f u n g : a) Der zu untersuchende Zement wird zunächst auf das Vorhandensein von Sulfidschwefel geprüft: Entwicklung von Schwefelwasserstoff beim Übergießen mit Salzsäure.

b) Bestimmung des Sulfidschwefels mittels Bromsalzsäure.

c) Bestimmung des Verbrauches an Permanganatlösung.

d) Mikroskopische Untersuchung (am besten mit dem Z e i ß schen Stereo-Mikroskop) des 5000-Maschen-Grieses.

T r e n n u n g : Ist dargetan, daß der Zement mit Wahrscheinlichkeit freie Schlacke enthält, so werden etwa 500 g des Zementes auf einem Siebe von 10 000 Maschen pro qcm abgesiebt. Im allgemeinen werden dabei etwa 30%, also etwa 150 g, Rückstand erhalten. Dieser Siebrückstand wird mit dem Magneten von metallischem Eisen befreit und dann mit Alkohol und Äther zur Entfernung der anhaftenden staubfeinen Teilchen gewaschen und im Dampftrockenschrank getrocknet. 60 g dieses Grieses werden in einem gläsernen Scheidetrichter von etwa 150 ccm Inhalt mit Methylenjodid-Terpentin [2]) vom spez. Gewicht 3,0 gründlich aufgeschüttelt und so lange sich selbst überlassen, bis eine glatte Trennung erfolgt ist. Durch Abfiltrieren der Flüssigkeit werden dann die schweren und leichten Anteile gesondert gewonnen. Um sicher zu gehen, daß nicht die schweren Anteile noch Schlacke, die leichten Teile noch Klinkerbestandteile enthalten, werden beide Teile noch jeder für sich mit einer leichteren bzw. schwereren Scheideflüssigkeit in der gleichen Weise, wie eben beschrieben, behandelt, also etwa mit Flüssigkeiten von 3,05 bzw. 2,95, 2,90 und 2,70 spez. Gewicht. Wie das spez. Gewicht dieser Flüssigkeiten im einzelnen gewählt werden muß, läßt sich nicht allgemein vorweg bestimmen. Oft wird eine Trennung erleichtert, indem man z. B. statt 2,95 nur 2,94 oder aber auch 2,96 spez. Gewicht wählt.

Bei schwerem Klinker und leichter Schlacke wird die Trennung ziemlich glatt erfolgen, nur schwierig dagegen, wenn die spez. Gewichte beider Stoffe sich ziemlich nähern. Im allgemeinen kann als Regel an-

---

[1]) Vgl. hierzu Mitteil. d. Kgl. Mat.-Prüf. Amtes **1905**, 1—21.

[2]) Statt Terpentin ist nach F r a m m vielleicht besser Benzol zu nehmen, weil diese Lösungen beweglicher sind und daher bessere Trennungen geben.

gegeben werden, daß die schweren Griesanteile noch mit Methylen-
jodid-Mischung vom spez. Gewicht 3,40—3,10 nachbehandelt werden
müssen, ebenso die leichten mit Scheideflüssigkeit vom spez. Gewicht
2,96—2,90.

Die so erhaltenen s c h w e r s t e n und l e i c h t e s t e n Anteile
und der Zement im Anlieferungs-Zustande werden nun auf Glühverlust,
Kieselsäure, Sesquioxyde, Kalk, Unlösliches (Sand — Asche) und Sulfidschwefel untersucht. Die Schwefelbestimmung wird dabei derart ausgeführt, daß man in 4 g Substanz die Schwefelsäure in üblicher Weise
als schwefelsauren Baryt bestimmt. Weitere 4 g werden mit Bromwasser und Bromsalzsäure oxydiert und dadurch der Sulfidschwefel
ebenfalls in Schwefelsäure übergeführt. Alsdann wird durch Chlorbaryum die g e s a m t e Schwefelsäure — vorhandene und durch
Oxydation gebildete — als Baryumsulfat ausgefällt. Aus der Differenz
beider Schwefelsäuremengen ergibt sich der als Sulfid vorhandene
Schwefel. Aus dessen Gehalt wieder a) in der reinen Schlacke, b) im reinen
Klinker und c) im angelieferten Material berechnet sich der Prozentgehalt an freier Hochofenschlacke:

$$x = 100 \; \frac{c-b}{a-b}.$$

Bezeichnet y den Gehalt des Mischungszementes an Klinkerteilen, so ist

$$y = 100 - x.$$

Die Methode erfordert sehr große Erfahrung und besondere manuelle
Übung und Fertigkeit.

D. Gips.

Die analytische Prüfung des Rohmaterials hat wesentlich die Reinheit des Gipses festzustellen. Sie ergibt sich leicht aus den genaueren
Ausführungen bei den Analysen der vorstehenden Mörtelmaterialien.

Gips ist schwefelsaurer Kalk mit 2 Molekülen Konstitutionswasser,
$CaSO_4 . 2 H_2O$, und hat als solcher die folgende chemische Zusammensetzung: CaO 32,56 %, SO_3 46,51 %, H_2O 20,93 %.

Gips ist entweder als Estrichgips ein Langsambinder oder als Putz-,
Form- oder Modellgips der ausgesprochenste Rapidbinder und findet als
letzterer überall da Anwendung, wo schnellstes Abbinden und Erhärten
des Mörtels verlangt wird. Da nun die letzten Spuren Wasser erst über
180° C ausgetrieben werden, so soll ein richtig gebrannter Gips immer
noch einen Wassergehalt von ca. 6½ % besitzen, entsprechend dem
Halbhydrat, $CaSO_4 . \frac{1}{2} H_2O$; sein spez. Gewicht ist alsdann 2,685,
während völlig wasserfreier Gips, also der Estrichgips bzw. die wasserfreie Modifikation des Gipses, der Anhydrit, ein spez. Gewicht von
2,926 aufweist.

Der eventuelle Gehalt an Wasser (bis zu 6½ %) sowie das spez.
Gewicht sind also charakteristische Unterscheidungsmerkmale für die

beiden Modifikationen des gebrannten (also gebrauchsfertigen) Gipses.
Die schwächer gebrannte Modifikation ist der P u t z - oder S t u c k -
g i p s , der in sorgfältigerer Aufbereitung auch wohl F o r m - o d e r
M o d e l l g i p s heißt. Die stärker gebrannte (wasserfreie) Modifikation
ist der neuerdings wieder sehr in Aufnahme gekommene E s t r i c h g i p s.
Tatsächlich gibt es also nicht weniger als 5 bzw. 6 Modifikationen
des Gipses, die übrigens sämtlich im Putzgips vorkommen können [1]).
Die Prüfungsmethoden und Unterscheidungsmerkmale sind die
folgenden [2]):

1. F a r b e : Der Putzgips ist bläulich-weiß, der Estrichgips dagegen ausgesprochen rötlich.

2. H y d r a t w a s s e r, H y d r a t e und A n h y d r i t e. (Nach
L e P é r i n , Académie des Sciences, 3. IX. 1900).

Die zur Untersuchung gelangende Probe wird bei 70⁰ C bis zu gleichbleibendem Gewicht getrocknet. Eine abgewogene Menge des getrockneten Materials wird einige Tage über Wasser in feuchter Luft aufbewahrt, bis keine nennenswerte Gewichtszunahme mehr stattfindet,
und dann wieder getrocknet. Aus der Gewichtszunahme a beim Lagern
über Wasser läßt sich auf die Menge des wasserfreien Stuckgipses, der
hierbei zu wasserhaltigem geworden ist, schließen, und zwar ist seine

$$\text{Menge } x = \frac{136 \times a}{9} = \text{rund } 15\,a.$$ — Der Gips wird sodann mit

Wasser durchfeuchtet und nach dem Abbinden bis zu gleichbleibendem
Gewicht bei 70⁰ C getrocknet. Man findet so aus der erneuten Gewichtszunahme b die Menge z des Halbhydrates, von dem ein Teil bereits aus

dem wasserfreien Stuckgips entstanden ist: $z = \dfrac{145 \times b}{27} = 5{,}37\,b.$

Die ursprünglich vorhanden gewesene Menge Halbhydrat ist dann:

$$y = \frac{145 \times b}{27} - \frac{145 \times a}{9} = 5{,}37\,(b - 3a).$$ — Zur Bestimmung des

Rohgipses wird nun durch Erhitzen im Doppeltiegel, bei dem jede schädliche Überhitzung ausgeschlossen ist, der Hydratwassergehalt der Probe
in ihrer ursprünglichen Form festgestellt. Der Menge des Halbhydrates,
die man schon vorher ermittelt hat, entspricht ein bestimmter Wassergehalt, der sich nach der Reaktionsformel berechnen läßt. Findet man
nun durch den Versuch einen höheren Gehalt an Wasser, so muß der

---

[1]) Vgl. hierzu und zu dem noch Folgenden: v a n 't H o f f (mit Schülern),
Chem. Zentralbl. 1901, II, 142; 1902, I, 280; Zeitschr. f. Elektrochem. 8, 575;
Zeitschr. f. physik. Chem. 45, 257; R o h l a n d , Ber. 33, 2831; Chem.-Ztg.
26, 804 1902; Zeitschr. f. anorg. Chem. 85, 201; 86, 332; Ton-Ind.-Ztg. 1904,
389, 942, 1297; 1906, 492; 1908, 1593, 1873; G l a s e n a p p , Ton-Ind.-Ztg.
1908, 1148, 1197, 1230, 1594; K r u m b h a a r , Ton-Ind.-Ztg. 1908, 639 f.
[2]) Vgl. hierzu H e u s i n g e r v. W a l d e g g (Dr. Moye), 2. Aufl., S. 293
bis 329; K r u m b h a a r , Der Gips, Ton-Ind.-Ztg. 1906, 2260 f.; Dr. R. M ü l l e r,
Untersuchungen über Gips, Verlag d. Ton-Ind.-Ztg. 1904.

Überschuß n auf Rohgips verrechnet werden, dessen Menge p beträgt

dann: $p = \dfrac{172 \times n}{36} = 4,78\ n.$

3. **S p e z i f i s c h e s G e w i c h t**: Vgl. hierzu die entsprechenden Prüfungen beim Portlandzement. — Putzgips hat ca. 2,7, Estrichgips ca. 2,9 als spez. Gewicht.

4. **L i t e r g e w i c h t**: Vgl. wieder Portlandzement: Putzgips wiegt, lose eingelaufen, 650—850 g, fest eingerüttelt 1200—1400 g pro Liter, Estrichgips dagegen bei seinem dichteren Gefüge und gröberen Mahlung, lose eingelaufen 1000—1100 g, fest eingerüttelt 1500—1600 g.

5. **M a h l u n g**. Die feinste Mahlung weist der Form- oder Modellgips auf, danach kommt der Putz- oder Stuckgips und schließlich, am gröbsten gemahlen, der Estrichgips.

6. **W a s s e r b e d a r f und A n m a c h e n**. Zur Ermittelung des Verhältnisses von Wasser zu Gips (Putzgips) beim Anmachen wird in eine Wassermenge von 100 g, die sich in einer Schicht von 2—3 cm Höhe in einer Schale von ca. 15 cm Boden-Durchmesser befindet, so viel Gipsmehl in gleichmäßiger Verteilung eingestreut, daß die Oberfläche des entstehenden Gipsbreies gerade feucht ist. Es entsteht so ein mäßig dünnflüssiger Brei, der sich gerade noch in einem Strahle ausgießen läßt. — Beim Estrichgips wird das Einstreuen von Gips ins Wasser so lange fortgesetzt, bis auf letzterem eine ganz dünne trockne Schicht von Gips sich zu bilden anfängt. Dann rührt man ca. 5 Minuten gut mit einem Löffel um. — Klumpenbildung hierbei deutet beiderseits auf mangelhaften Brand.

Für Putzgips kann man das Verhältnis Wasser : Gips etwa wie 100 zu 150—160 rechnen. Estrichgips braucht bedeutend weniger Wasser, etwa die Hälfte wie Putzgips, also etwa 30—36 %.

7. **G i e ß z e i t und S t r e i c h z e i t**: Die G i e ß z e i t des Stuckgipses ist die Zeitdauer vom Beginn des Einstreuens des Gipses ins Wasser bis zu dem Augenblicke, wo er nicht mehr (in einem z u - s a m m e n h ä n g e n d e n Strahle) gießfähig ist. — Die S t r e i c h - z e i t dagegen ist die Zeitdauer vom Einstreuen des Gipses ab, bis zu welcher bzw. innerhalb welcher der Brei zur Verwendung aufgetragen und geglättet werden kann. Man ermittelt diese Streichzeit, indem man mit einem Glasstabe Furchen durch den Brei zieht und von den Rändern dieser Furchen mit einem Messer 2—3 mm dicke Späne abschneidet. In dem Augenblicke, in welchem ein solcher Span „bröcklig" wird, ist das Ende der Streichzeit erreicht.

8. **A b b i n d e n** (vgl. Portlandzement) und **T e m p e r a t u r - k u r v e**: Putzgips ist rapidbindend. Man kann aber dieses schnelle Binden wesentlich verlangsamen, wenn man dem Anmachewasser bzw. dem Gips Alkohol (10—20 %) oder stickstoffhaltige Stoffe, etwa Leimwasser (mit Holzfeile) oder auch Borax zusetzt.

Estrichgips dagegen ist ein ausgesprochener Langsambinder, der seine Bindezeit von 10—50 Stunden hinzieht (12—18 im Mittel).

Temperaturerhöhung. Eine solche zeigt beim Abbinden, und zwar in ziemlich hohem Grade, nur der Putzgips, nicht aber der Estrichgips. — Um den Abbindeprozeß des Stuckgipses thermisch zu bestimmen, wird in 200 g Wasser von bestimmter Temperatur der zu untersuchende Gips von genau derselben Temperatur eingestreut und der entstandene Brei in ein zylindrisches Gefäß eingefüllt und zur Vermeidung des Abkühlens in einen Trockenofen gebracht, dessen Temperatur immer auf gleicher Höhe mit der des abbindenden Gipses gehalten wird. Um die Erwärmung durch das Abbinden in einer Kurve aufnehmen zu können, werden entweder die Zeitpunkte, bei denen die verschiedenen Temperaturgrade erreicht werden, oder der Stand des Thermometers von Minute zu Minute angemerkt und die Abbindekurve in ein Koordinatensystem eingezeichnet, auf dessen Abszissenachse die Zeiten, auf dessen Ordinatenachse dagegen die Temperaturgrade abgetragen sind.

Zur Bestimmung der **Temperaturerhöhung infolge der Hydratation des wasserfreien Stuckgipses,** die bei Herstellung des Breies nur einige Grade beträgt und also nicht sehr deutlich wahrnehmbar ist, werden 200 g Gips unter Rütteln in einen Glaszylinder eingefüllt, in die Mitte des Pulvers das Thermometer eingeführt und 50 ccm Wasser eingegossen (Gips und Wasser wieder von genau gleicher Temperatur!). Mittels eines zugespitzten Glasstabes werden dann in das Gipsmehl Löcher bis auf den Boden des Gefäßes gebohrt, so daß das Wasser die Masse vollständig durchdringen kann. Bald nach Eingabe des Wassers steigt die Temperatur in 1–2 Minuten rasch bis auf einen bestimmten höchsten Punkt. Der Unterschied zwischen der Anfangstemperatur und der höchsten erreichten Temperatur gibt dann die durch die Hydratation des löslichen Anhydrits bewirkte Erwärmung an.

9. **Volumvermehrung beim Abbinden** (Dehnung) findet sich nur beim Putzgips und nicht beim Estrichgips, und zwar ergibt sich für ersteren eine Dehnung von ca. 1 %.

10. **Treiben** soll bei sorgfältiger Aufbereitung weder bei Putz- noch bei Estrichgips stattfinden. — Außer den entsprechenden Prüfungen, wie solche schon beim Portlandzement beschrieben und sinngemäß auch hier zu benutzen sind, wendet man noch die folgenden Methoden an: Man formt runde Preßkuchen von ca. 2½ cm Dicke, hält sie während 24 Stunden in feuchter Luft und legt sie dann in Gipswasser (gesättigte Gipslösung), das sich in Glaswannen mit ebenem Boden befindet und darin nur einige Millimeter hoch steht (Wannenprobe). Treiben zeigt sich bald durch Aufquellen und Reißen des Kuchens. Ätzkalk treibt sehr rasch, schon in wenigen Stunden, Schwefelcalcium in etwas erheblichem Gehalte gewöhnlich in 8–10 Tagen, Anhydrit gar erst in drei Monaten. Eine Temperaturerhöhung des Bades auf 30 bis 40 ⁰ C beschleunigt das Treiben. — Speziell für Ermittelung des Treibens durch Schwefelcalcium empfiehlt F. Hart neben der Kochprobe die Dampfprobe, bei welcher die Preßkuchen 24 Stunden nach

ihrer Anfertigung 4 Stunden lang gesättigten Wasserdämpfen von
60—70⁰ C ausgesetzt werden.

11. S c h w i n d e n ist, gute Aufbereitung vorausgesetzt, für
beide Gipssorten ausgeschlossen.

12. H ä r t e p r ü f u n g. Über die Qualität des Gipses, besonders
des Putzgipses, kann man sich rasch vergewissern, wenn man gleich nach
erfolgtem Abbinden auf dem Probekuchen (Glasseite) mit einer Messerspitze eine gerade Linie einritzt. Guter Gips soll dann beim Brechen
(ähnlich wie Glas) genau in der geritzten Linie brechen. — Auch die
Klangfarbe von Gipsstäben ist ein Zeichen ihrer Härte. Je höher und
heller der Klang, um so größer die Härte, vorausgesetzt natürlich, daß
alle Proben durchaus gleichmäßig hergestellt waren.

13. F e s t i g k e i t e n. Putzgips weist nach 28 Tagen eine Zugfestigkeit von ca. 20 kg und eine Druckfestigkeit von ca. 90 kg auf,
während der langsamer bindende dichtere Estrichgips wesentlich höher
in der Festigkeit kommt und nach Ermittelungen des Tonindustrie-
Laboratoriums (Berlin) Druckfestigkeiten bis zu 250 kg/qcm erreicht. —
Die Würfel aus reinem Gips werden beim Stuckgips durch Eingießen
der dickflüssigen Masse, beim Estrichgips durch Einfüllen des ziemlich
steifen Breies mit dem Löffel angefertigt. Durch Einstechen mit einem
spitzen Glasstabe, besonders in die aufrechten Kanten, entfernt man
die Luftblasen. Der steife Brei des Estrichgipses wird hierbei auch etwas
eingedrückt. Die Anfertigung der Putzgipswürfel muß hierbei innerhalb
3 Minuten erfolgen: dabei wird die Form gerade bis zum Rande gefüllt.
Beim steifen Brei des Estrichgipses füllt man dagegen die Formen bis
etwa ¾ cm über ihre Oberkante und streicht das Überschüssige so weit
zurück, daß es den Rand der Form überall freiläßt, damit während des
Abbindens ein Nachsinken möglich ist. Das Entformen erfolgt beim
Stuckgips sofort, beim Estrichgips, nachdem die Masse etwas steif geworden ist und sich gesetzt hat.

Die fertigen Körper werden erst z. T. etwas bedeckt gelassen und
nach dem Abbinden in Gipswasser eingelegt. Auch die Lagerung in
feuchter Luft wird empfohlen. (Als Prüfungsapparate gelten dieselben
wie beim Portlandzement.)

14. P o r o s i t ä t u n d R a u m g e w i c h t: Die P o r o -
s i t ä t wird ermittelt, indem der lufttrockene Körper gewogen und
dann in die Verdrängungsflüssigkeit während 24 Stunden eingetaucht
wird. Bei Anwendung einer Luftpumpe genügen hierfür 6 Stunden.
Im Zustande der Sättigung wird der Körper nach schnellem oberfläch-
lichen Abtrocknen wiederum gewogen. Der Unterschied beider Gewichte gibt die Menge der aufgesaugten Flüssigkeit an, die Teilung
durch deren spez. Gewichte alsdann den Porenraum in Kubikzentimetern.

Die Ermittelung des R a u m g e w i c h t e s erfolgt, wie auch beim
Portlandzement, durch irgendeins der bekannten Volumenometer.

15. Der G e h a l t an CaCO₃ bzw. CaO sowie der an CaS wird in
der auch sonst üblichen Weise ermittelt. —

Von den vorbeschriebenen **Prüfungen** sind nach **Krumbhaar** als die wichtigsten anzusprechen, die auch zugleich die einfachsten und schnellst auszuführenden sind: Hydratwassergehalt, Verhältnis von Wasser zu Gips und Temperaturverhältnisse beim Abbinden. Aus ihnen läßt sich z. B. auch viel besser als durch die etwas schwierige Festigkeitsprüfung ein genügend klares Bild über den untersuchten Gips gewinnen.

Literatur.

Tonindustrie-Zeitung, Berlin.

Baumaterialienkunde, Stuttgart.

Mitteilungen des Königl. Material-Prüfungsamtes zu Berlin-Charlottenburg (bzw. Großlichterfelde-West).

Mitteilungen des Internationalen Verbandes für Materialprüfungen der Technik.

Handbuch der Architektur, I. Teil, 1. Band, erste Hälfte, „Die Technik der wichtigeren Baustoffe".

Hauenschild, Katechismus der Mörtelmaterialien, II. Teil, „Die Mörtelsubstanzen".

Feichtinger, Technologie der Mörtelmaterialien.

Schoch, Die moderne Aufbereitung der Mörtelmaterialien (1904).

Tetmajer, Hydraulische Bindemittel, Heft 6 und 7, 1893/4.

Verein Deutscher Portlandzement-Fabrikanten, a) Der Portlandzement und seine Anwendung im Bauwesen. — b) Das kleine Zementbuch.

Heusinger v. Waldegg, Der Gips.

Tonindustrie-Zeitung, Das kleine Gipsbuch.

Candlot, Ciments et chaux hydrauliques.

Maclay, Der Portlandzement.

Trink- und Brauchwasser.

Von

Prof. Dr. L. W. Winkler, Budapest [1]).

Chemisch reines Wasser kommt in der Natur nicht vor: jedes natürliche Wasser enthält kleinere oder größere Mengen von Salzen usw. gelöst. Im allgemeinen ist das G l e t s c h e r s c h m e l z w a s s e r , dann das R e g e n w a s s e r das reinste; abgesehen von den im Regenwasser gelösten Gasen (N_2, O_2, CO_2) findet man darin fast immer Ammoniak (im Liter 1—5 mg), so auch Spuren von salpetriger Säure und Salpetersäure. Der Regen reißt ferner Staubteile mit sich und löst daraus geringe Mengen mineralischer Bestandteile, z. B. Natriumchlorid. Merkliche Mengen anorganischer Bestandteile, namentlich Schwefelsäure, findet man im Regenwasser, welches im Umkreise von Fabrikstädten gesammelt wurde. Das Regenwasser enthält auch immer Kleinwesen und deren Keime.

Das niegerdefallene Regenwasser dringt den Bodenverhältnissen entsprechend mehr oder minder tief ein, um stellenweise als Q u e l l - w a s s e r wieder zur Oberfläche zu gelangen. Auf diesem seinem Wege kommt das Wasser mit mineralischen Stoffen in innige Berührung und löst davon größere oder geringere Mengen. Die Erdrinde besteht zwar zum größten Teile aus in reinem Wasser fast unlöslichen Verbindungen, das in den Boden eindringende Wasser wird jedoch durch die Bodenluft mit Kohlensäure geschwängert, wodurch es auch solche Verbindungen zu lösen vermag, die sonst in Wasser unlöslich sind. Dementsprechend enthält jedes Quellwasser Calcium- und Magnesiumsalze, die seine Härte bedingen. Calcium und Magnesium kommen im natürlichen Wasser für gewöhnlich hauptsächlich als Hydrocarbonate und nur in untergeordneten Mengen als Sulfate vor. Auf dem erwähnten Wege löst das Wasser auch geringe Mengen von Natrium- und Kaliumsalzen, ferner gelangen Sulfate, Chloride, Nitrate und Silikate hinein. Es finden sich auch Spuren von näher nicht bekannten Kohlenstoffverbindungen im Quellwasser; die Menge der organischen Substanzen ist jedoch im Verhältnisse zu den mineralischen in reinem, natürlichem Wasser ver-

---

[1]) Mit Benutzung der in der 4. Auflage von Prof. Dr. F r. E r i s m a n n , Zürich, besorgten Bearbeitung und seiner eigenen Publikationen.

schwindend klein.. Das Brunnenwasser ist eine durch Grundwasser gespeiste, künstlich eröffnete Quelle, enthält daher dieselben
Bestandteile wie das eigentliche Quellwasser. Manche Quellwässer sind
gehaltreicher oder besitzen eine höhere Temperatur als die gewöhnlichen; dies sind die sogenannten Mineralwasser.

Das an die Erdoberfläche gelangte Quellwasser setzt seinen Lauf
als Bach und Fluß fort. Unterdessen kommt das Wasser vielfach mit
Luft in Berührung, wodurch die Hydrocarbonate größtenteils zersetzt
werden; das Kohlendioxyd entweicht, die im Wasser fast unlöslichen
Carbonate dagegen werden abgeschieden. Darum ist das Flußwasser
weicher als das Quellwasser. Das Flußwasser führt auch kleine Trümmer
von Mineralien (Ton, Glimmer, Quarz usw.), ferner Substanzen vegeta-
bilischen und animalischen Ursprungs mit sich, welche durch den Regen
hineingeschwemmt werden, endlich auch lebende Wesen. Der durch den
Fluß mitgeführte Schlamm wird bei ruhiger Strömung abgesetzt, die
organischen Bestandteile aber, besonders durch die oxydierende Wirkung
der Luft unter Mitwirkung von Kleinwesen, mineralisiert: Selbstreinigung der Flüsse.

In diesem Abschnitte sollen besonders die für die hygienische
Beurteilung des Wassers maßgebenden Untersuchungsmethoden
behandelt werden. Obwohl die meisten dieser Methoden sich mit denen
decken, welche man zur Prüfung des Wassers für technische
Zwecke anwendet, so werden dennoch die einschlägigen, speziell
geeigneten Verfahren im nächsten Kapitel nochmals hervorgehoben
werden.

In natürliche Wasser können verschiedene Verunreinigungen
gelangen. Die Kanäle der Ortschaften ergießen ihren Inhalt meist in
Flüsse, aber auch das Wasser eines in der Nähe einer Senkgrube oder
eines Stalles usw. befindlichen Brunnens kann bei ungenügender Bodenfiltration mehr oder weniger vom durchsickernden Harn und löslichen
Fäkalstoffen verunreinigt werden. Abgesehen davon, daß ein solches
Wasser als Trinkwasser ekelerregend ist, ist es auch oft direkt gesundheitsschädlich. Die Erfahrung hat nämlich gezeigt, daß ein solches
Wasser von Kleinwesen wimmelt, unter denen auch Krankheitserreger
vorkommen können. Häufig wird das Wasser auch durch verschiedene
Industriebetriebe, besonders durch Fabrikabwässer, verunreinigt (siehe Abschnitt: „Abwässer"). Endlich ist nicht zu vergessen,
daß das durch Metallröhren geleitete Wasser metallhaltig
werden kann.

Zur Beurteilung der Güte eines Wassers für Trinkwasser-
zwecke kann nur ausnahmsweise die physikalische und chemische Untersuchung genügen: die mikroskopische
und bakteriologische Untersuchung ist heute kaum
mehr zu umgehen; außerdem ist auch die Lokalinspektion
und geologische Untersuchung von besonderer Wichtigkeit, um auf die
Reinheit oder auf die Verunreinigung des Wassers sicher schließen zu
können (s. Beurteilung des Wassers S. 291).

Der Wert einer Wasseruntersuchung hängt in nicht geringem Grade von einer richtigen P r o b e e n t n a h m e ab, da durch Verwendung schlecht gereinigter Sammelgefäße, alter, schon zu anderen Zwecken verwendeter Korke oder durch Hantieren mit unsauberen Händen usw. dem Wasser ungemein leicht Verunreinigungen von außen zugeführt werden können. Als Sammelgefäße sind nur wohlgereinigte Glasflaschen aus durchsichtigem Material zu verwenden; am besten ist es, wenn sie mit eingeschliffenem Glasstöpsel versehen sind. Aus Pumpbrunnen darf die Wasserprobe immer erst nach längerem Pumpen entnommen werden; aus den Leitungsröhren soll man im allgemeinen (wenn es sich nicht um den Nachweis von Blei handelt) auch erst eine Weile das Wasser ablaufen lassen. In offenen Wasserläufen geschieht das Füllen der Gefäße durch Eintauchen in das zu untersuchende Wasser, wobei man sowohl die Oberfläche, die häufig durch Staub u. dgl. verunreinigt wird, als auch den schlammigen oder sandigen Untergrund zu vermeiden hat. In jedem Falle müssen die Sammelgefäße zuerst mit dem zu untersuchenden Wasser gründlich gespült und dann erst definitiv aufgefüllt werden. Am besten ist es, wenn die Entnahme der Wasserprobe durch einen Sachverständigen geschieht. Zwei Liter genügen meist zur chemischen Untersuchung.. Sollen die im Wasser gelösten Gase bestimmt werden, oder wünscht man auch eine bakteriologische Untersuchung vorzunehmen, so müssen beim Entnehmen der Wasserproben besondere Regeln eingehalten werden (s. S. 276 bzw. 287). — Kann das Wasser nicht sogleich untersucht werden, so ist es an einem kühlen Orte (Keller, Eisschrank) aufzubewahren. Für den Transport der Wasserproben auf längere Entfernungen hat man eigens konstruierte Eiskästen [1]).

A. Untersuchung des Wassers.

I. Physikalische Untersuchung.

Bei Trink- und Brauchwasseruntersuchungen kommen nur T e m - p e r a t u r , K l a r h e i t , F a r b e , G e r u c h und G e s c h m a c k des Wassers in Betracht. Die Bestimmung des spezifischen Gewichtes sowie auch die bei Mineralwasseruntersuchungen übliche Bestimmung des Gefrierpunktes und des daraus berechneten osmotischen Druckes werden in der Regel nicht ausgeführt. Die Bestimmung der elektrischen Leitfähigkeit wurde neuerdings zur Kontrolle von Wasserversorgungsanlagen in Vorschlag gebracht; vgl. u. a. E. E r n y e i , Chem.-Ztg. 32, 697; 1908.

---

[1]) Genaueres über Entnahme von Wasserproben s. in T i e m a n n - G ä r t n e r s „Handbuch der Untersuchung und Beurteilung der Wässer", 4. Aufl. Hrsg. von W a l t e r und G ä r t n e r , S. 40.

a) Temperaturbestimmung.

Diese wird mit einem geprüften, in $^1/_{10}$ Grade geteilten Quecksilberthermometer vorgenommen; gleichzeitig wird auch die Lufttemperatur notiert.

Kann man nicht direkt zum Wasser gelangen oder den Thermometerstand nicht ablesen, so wird ein größeres Gefäß mit dem Wasser gefüllt und dessen Temperatur unverzüglich bestimmt. Je nachdem die Temperatur des Wassers oder die der Luft eine niedrigere ist, kann auch vorteilhaft ein Minimum- oder Maximum-Thermometer in Anwendung kommen.

b) Klarheit, Farbe, Geruch und Geschmack.

K l a r h e i t und F a r b e des Wassers werden so bestimmt, daß man das Wasser in 20—30 cm hohe und ca. 4 cm breite Zylinder von farblosem Glase einfüllt und diese auf weißes Papier stellt. Zum Vergleiche hält man sich absolut farbloses und klares Wasser bereit. Man beobachtet den Farbenton und eventuelle Trübung der Flüssigkeit, indem man von oben in die Zylinder hineinsieht. Huminsubstanzen geben dem Wasser eine gelbliche oder gelblich-bräunliche Färbung, die auch bei längerem Stehen nicht verschwindet, während die von suspendierten Beimengungen herrührenden Trübungen sich vollständig oder wenigstens teilweise durch Absetzen verlieren. Lehm verleiht dem Wasser eine gelbliche oder grünliche Farbe, an der Luft ausgefallenes Ferrihydroxyd eine rötlich-braune, Calciumcarbonat eine weiße, usw. — Genaueres über Menge und Charakter der das Wasser trübenden Substanzen kann man auf mikroskopischem Wege, ferner durch Filtration und weitere Untersuchung des Rückstandes (Trocknen, Wägen, Veraschen) erfahren. Äußerst fein suspendierte Stoffe passieren freilich auch manchmal gute Filter. Überhaupt hat für gewöhnlich der chemischen Untersuchung des Wassers eine gründliche Filtration vorauszugehen, sobald dasselbe nicht ganz klar ist.

Um zu ermitteln, ob das Wasser r i e c h e n d e Substanzen enthält, erwärmt man es in einem großen, halbgefüllten Kolben auf 40 bis 50° C. Besonders deutlich tritt ein allfälliger Geruch beim Umschwenken des Kolbens hervor.

Zur G e s c h m a c k s prüfung bringt man das Wasser auf eine Temperatur von 15—20° C. Verunreinigungen durch Eisensalze, Leuchtgas, Moder- und Fäulnisprodukte, eventuell auch größere Kochsalzmengen werden leicht geschmeckt.

Bezüglich der Bestimmung der Klarheit und Durchsichtigkeit, der Farbe, des Geruches und Geschmackes vgl. Dr. H. K l u t : Untersuchung des Wassers an Ort und Stelle, Berlin 1908, S. 9, 13, 22 bzw. 25.

II. Chemische Untersuchung.

Die chemische Untersuchung des Wassers kann eine mehr oder weniger ausgedehnte sein. Oft reicht man, wenigstens für hygienische Zwecke, mit einer Bestimmung des Abdampfrückstandes, des Härtegrades, des Reduktionsvermögens, des Chlors und des Proteid-Ammoniaks, nebst qualitativer Prüfung auf Ammoniak, Schwefel- und salpetrige Säure aus. Nicht selten wird jedoch eine erschöpfende Analyse benötigt, und zuweilen kommt es wesentlich auf die Bestimmung einzelner Bestandteile (Magnesia, Eisen, Blei, usw.) an.

Bei Wasseranalysen ist es auch heutzutage noch üblich, das Ergebnis der Analyse in den der dualistischen Formel entsprechenden Komponenten der Salze auszudrücken; es wird also im Analysenbefund angegeben, wieviel das Wasser an Kalk (CaO), an Magnesia (MgO), bzw. an Schwefelsäure (SO_3), Salpetersäure (N_2O_5) usw. enthält. Schon im Jahre 1864 schlug C. v. T h a n aus praktischen Gründen vor [1]), das Ergebnis der Mineralwasseranalysen so auszudrücken, daß wir angeben, wieviel es an Calcium (Ca), an Magnesium (Mg), bzw. an Schwefelsäurerest (SO_4), Salpetersäurerest (NO_3) usw. enthält. Die neueren Untersuchungen über die Konstitution der Salzlösungen führten zu dem Ergebnisse, daß die Salze in verdünnten wäßrigen Lösungen großenteils in ihre Jonen dissoziiert sind. Da die natürlichen Wässer ja eigentlich nur sehr verdünnte Salzlösungen sind, so enthalten sie dieser Theorie entsprechend die gelösten Salze fast ausschließlich in Form von Ionen; ein natürliches Wasser enthält also Calcium-Ion (Ca··), Magnesiumlon (Mg··), bzw. Sulfat-Ion (SO_4''), Nitrat-Ion (NO_3') usw., so daß die von v. T h a n schon früher vorgeschlagene Ausdrucksweise mit der Dissoziationstheorie im vollen Einklang steht. Es wäre demnach sehr wünschenswert, daß auch bei Trinkwasseranalysen das Ergebnis den v. T h a n schen Prinzipien entsprechend ausgedrückt werden würde, da wir in dieser Weise auch den modernen ionistischen Anschauungen gerecht werden [2]). Es soll aber hier im großen und ganzen hier noch die ältere Darstellung beibehalten werden, da sich die neueren Ergebnisse der physikalisch-chemischen Forschungen bei chemisch-technischen und hygienischen Untersuchungen noch nicht allgemein eingebürgert haben.

a) Abdampfrückstand.

Der Abdampfrückstand enthält alle im Wasser gelösten anorganischen und organischen Substanzen (mit Ausnahme derjenigen Verbindungen, welche sich schon bei relativ niedriger Temperatur ver-

---

[1]) C. v. T h a n , Über die Zusammenstellung der Mineralwasseranalysen; Sitzungsberichte d. Wiener k. Akademie 1865, Bd. LI. — Die chemische Konstitution der Mineralwässer und die Vergleichung derselben; T s c h e r m a k s mineralog. und petrograph. Mitteilungen, Bd. XI, S. 487.

[2]) Dies stimmt auch durchaus mit der von W. F r e s e n i u s in neuerer Zeit aufgestellten Forderung (V. Intern. Kongr. f. angew. Chem.).

flüchtigen). Zur Bestimmung desselben werden 250—1000 ccm Wasser in einer tarierten Platin- oder Glasschale auf dem Wasserbade vorsichtig verdampft. Um das Hineinfallen von Staubteilchen aus der Luft in das abzudampfende Wasser zu verhüten, befestigt man in geeigneter Entfernung über der Schale einen V. M e y e r schen Glastrichter (Bd. I, S. 27, Fig. 11). Nachdem alles Wasser zur Trockne gebracht ist, entfernt man die Schale vom Wasserbade, reinigt ihre Außenseite mit einem weichen, sauberen Tuche und bringt sie in einen Luftrockenschrank, welcher auf einer Temperatur von 100° C konstant erhalten werden kann. Nach dreistündigem Trocknen wird die Schale in einen Exsikkator gebracht und nach völligem Erkalten gewogen. Da das erste Wägen immer etwas längere Zeit in Anspruch nimmt, und die im Abdampfrückstand enthaltenen Salze häufig Neigung haben, Wasser aus der Luft anzuziehen, so findet man das Gewicht hierbei nicht selten etwas zu hoch. Man trocknet deshalb nochmals und wägt wieder, fährt überhaupt mit dem Trocknen und Wägen so lange fort, bis Gewichtskonstanz eintritt.

Es ist im Interesse der Vergleichung verschiedener Analysen wichtig, daß im allgemeinen immer bei einer und derselben Temperatur getrocknet werde, da man, wie die Beobachtungen von S e l l (Mitteilungen des K. Gesundheitsamtes, I, 1881) gezeigt haben, etwas andere Werte erhält, je nachdem man das Trocknen des Abdampfrückstandes bei 100°, 140° oder 180° vornimmt. Der bei 100° getrocknete Rückstand enthält nämlich zuweilen noch erhebliche Mengen von Krystallwasser oder hygroskopischem Wasser, da verschiedene anorganische Salze (Gips, Bittersalz, namentlich aber Calcium- und Magnesiumchlorid) ihr Krystallwasser erst bei höheren Temperaturen vollständig abgeben, und amorph abgeschiedene mineralische und organische Verbindungen bei 100° zuweilen noch hygroskopisches Wasser zurückhalten. Bei Gegenwart größerer Mengen der erwähnten Salze erhält man also ein genaueres Resultat, wenn man beim Trocknen die Temperatur auf 140° oder noch besser auf 180° steigert. Allerdings erleiden manche in dem Abdampfrückstand vorhandene Stoffe bei diesen Temperaturen bereits eine teilweise Zersetzung.

Um sich über die M e n g e der im Wasser enthaltenen o r g a n i s c h e n S u b s t a n z e n zu o r i e n t i e r e n , wird die Platinschale, in der sich der Abdampfrückstand befindet, auf freier Flamme stärker erhitzt. Ist das Wasser arm an organischen Substanzen, so färbt sich der Rückstand kaum gelblich; im entgegengesetzten Falle bräunt oder schwärzt er sich. Sind die organischen Substanzen mehr pflanzlichen Ursprungs, so wird bei deren durch Hitze verursachten Zersetzung nur ein schwacher, wenig charakteristischer Geruch wahrnehmbar sein, sind aber stickstoffhaltige organische Substanzen in größerer Menge vorhanden, so riecht der Rauch versengtem Horne ähnlich.

b) Alkalinität.

Frisch geschöpftes Quell- oder Brunnenwasser ist fast immer von sehr schwach saurer Reaktion, welche durch freie Kohlensäure bedingt wird. Dementsprechend bleibt eine solche Wasserprobe, mit einigen Tropfen alkoholischer Phenolphtaleinlösung und einem Tropfen Kalkwasser versetzt, farblos. Verwenden wir aber Methylorange als Indikator, so ist die Reaktion der natürlichen Wässer scheinbar alkalisch, denn es wird das Hinzufügen einer gewissen Menge Salzsäure nötig sein, bis das Wasser eine eben bemerkbare saure Reaktion annimmt; ist dieser Punkt erreicht, so ist gerade die Gesamtmenge der Hydrocarbonate in Chloride umgewandelt worden. Verwendet man einen für freie Kohlensäure empfindlichen Indikator (Phenolphtalein, Alizarin, Lackmus usw.), so muß man, um diesen Punkt zu erreichen, beim Zutröpfeln der Salzsäure die sich entwickelnde Kohlensäure durch kräftiges Kochen fortwährend austreiben. Die Alkalinität der natürlichen Wässer ist in diesem Sinne zu verstehen.

Zur Bestimmung der Alkalinität nach Wartha [1]) werden „100 ccm Wasser mit Alizarin als Indikator versetzt, kochend mit $^1/_{10}$ normaler Salzsäure titriert, bis die zwiebelrote Farbe in gelb umschlägt und auch nach anhaltendem Kochen nicht mehr wiederkehrt". Wartha bezeichnet die Alkalinität in Graden, welche die Zahl der auf 100 ccm des Wassers verbrauchten ccm $^1/_{10}$ normaler Säure bezeichnen [2]).

Noch leichter läßt sich die Alkalinität bestimmen, wenn man als Indikator Methylorange benutzt, weil so das Kochen wegfällt (Lunge) [3]). Man versetzt 100 ccm des Wassers mit 2—3 Tropfen wäßriger Methylorangelösung (1 : 1000) und titriert mit $^1/_{10}$ N.-Salzsäure bis zur rötlichen Farbe.

Da die Bestimmung der Alkalinität leicht auch an Ort und Stelle ausgeführt werden kann, so eignet sie sich besonders bei fortlaufenden

---

[1]) J. Pfeifer, Kritische Studien über Untersuchung und Reinigung des Kesselspeisewassers. Zeitschr. f. angew. Chem. 16, 198; 1902.

[2]) Diese Grade entsprechen demnach je 5 mg $CaCO_3$ in 100 ccm Wasser und sind also = 5 französischen Härtegraden. Es scheint unzweckmäßig, die ohnehin bestehende Verwirrung, die durch die Bezeichnung nach deutschen, französischen und englischen Härtgraden besteht, durch die Einführung der Warthaschen Grade noch zu vergrößern, die übrigens in der Literatur bisher kaum angewendet worden sind. Am besten versteht man unter „Alkalinität" dasselbe wie „vorübergehende Härte" (s. u.) und bezeichnet sie mit den sonst üblichen Härtegraden. Lunge hat dies schon 1885 vorgeschlagen. (Die Wasserversorgung von Zürich, Zürich 1885, S. 104.)

Die Warthasche Methode muß übrigens, um genaue Resultate zu geben, in Silber- oder Platingefäßen ausgeführt werden. Das erforderliche lange Kochen würde bei Anwendung von Glasgefäßen total falsche Ergebnisse liefern, und selbst bei Porzellanschalen ist man in diesem Falle nicht ganz sicher.

[3]) Dies hat Lunge schon 1885 a. a. O. vorgeschlagen und angewendet; die Methode ist nicht nur viel einfacher und schneller auszuführen als die Titration mit Alizarin, weil das Kochen wegfällt, sondern sie gestattet auch die Anwendung von Glasgefäßen. Die Anwendung von Methylorange für diesen Zweck ist deshalb fast allgemein üblich geworden.

Untersuchungen, um zu kontrollieren, ob sich die Zusammensetzung des Wassers nicht geändert hat. Ferner kann man aus der Alkalinität eines Wassers dessen temporäre Härte (S. 237) und auch die Menge der festgebundenen und halbgebundenen Kohlensäure (S. 258) in einfachster Weise berechnen.

c) Härte.

Man bezeichnet in Deutschland die Gewichtsteile von Kalk (Ca O) in 100 000 Gewichtsteilen Wasser als H ä r t e g r a d e, wobei für vorhandene Magnesiumverbindungen die äquivalente Menge Kalk in Rechnung kommt. Zeigt also ein Wasser 10 Härtegrade, so schließen wir daraus, daß es in 100 000 Gewichtsteilen 10 Gewichtsteile Kalk (oder auch teilweise äquivalente Mengen von Magnesia) an Kohlensäure, Schwefelsäure, Salpetersäure oder Chlorwasserstoffsäure gebunden, enthalte.

In Frankreich versteht man unter Härtegraden Gewichtsteile von Calciumcarbonat in 100 000 Teilen Wasser, in England Gewichtsteile von Calciumcarbonat in 70 000 Teilen Wasser (1 grain in 1 gallon, d. h. 0,0648 g in 4,543 Liter). Es ist sonach 1 deutscher Härtegrad = 1,79 französischen = 1,25 englischen Härtegraden. Um französische Härtegrade in deutsche zu verwandeln, muß man sie mit 0,56 multiplizieren.

Beträgt die Härte eines Wassers weniger als 10 deutsche Grade, so ist es w e i c h , ist die Härte 10—20°, so ist es m i t t e l h a r t , übertrifft endlich die Härte 20 Grade, so ist es als h a r t zu bezeichnen. Wasser von weniger als 5° Härte wäre also s e h r w e i c h , ein solches von über 30° Härte s e h r h a r t .

Zur g e n a u e n E r m i t t e l u n g d e r H ä r t e bestimmt man g e w i c h t s a n a l y t i s c h , wie viel das Wasser an Kalk und Magnesia enthält (Bd. I, S. 491 ff.). Jedes Zentigramm in 1000 ccm Wasser gefundenes Calciumoxyd bedeutet einen deutschen Härtegrad; die in 1000 ccm gefundene Menge Magnesiumoxyd in Zentigrammen ist mit 1,4 zu multiplizieren. Die Summe der durch Kalk und Magnesia verursachten Härte gibt die Gesamthärte.

Die Härte eines Wassers läßt sich auch gut a l k a l i m e t r i s c h bestimmen. Von den vorgeschlagenen Methoden soll hier die von W a r t h a angegebene beschrieben werden [1]. Nach dieser Methode wird vorerst mit 100 ccm Wasser die Alkalinität unter Anwendung von Alizarin als Indikator bestimmt (S. 230). ,,Das neutralisierte Wasser wird nun mit einem Ü b e r s c h u s s e einer Lösung, bestehend aus gleichen Teilen $^1/_{10}$ N.-Natriumhydroxyd- und $^1/_{10}$ N.-Natriumcarbonatlösung, versetzt, einige Minuten gekocht, sodann abgekühlt, auf 200 ccm aufgefüllt, filtriert und in 100 ccm des Filtrates das überschüssige Alkali durch Titration mit $^1/_{10}$ N.-Salzsäure bestimmt, wobei man Methylorange als Indikator verwendet. Die verbrauchten ccm der

---

[1] J. P f e i f e r, loc. cit.

$^1/_{10}$ N.-Lauge auf 200 ccm des Filtrates bezogen, multipliziert mit 2,8, ergeben die Gesamthärte in deutschen Härtegraden."

Einfacher ist es, bei der Bestimmung der Härte nach W a r t h a nur e i n e n Indikator, nämlich Methylorange, anzuwenden. Nachdem man mit Verwendung dieses Indikators bei gewöhnlicher Temperatur die Alkalinität bestimmt hat, erhitzt man die Flüssigkeit bis zum Aufkochen und versetzt sie erst dann mit $^1/_{10}$ N.-Natriumhydroxyd-Natriumcarbonatlösung im gehörigen Überschusse. Im übrigen verfährt man wie oben angegeben.

Bei vielen technischen und den meisten hygienischen Wasseruntersuchungen genügt eine a n n ä h e r n d e B e s t i m m u n g der Härte, welche am einfachsten m i t t i t r i e r t e r S e i f e n l ö s u n g vorgenommen werden kann. Unter diesen Methoden ist die von C l a r k angegebene (Jahresber. f. Chem. 1850, S. 608) die bekannteste, welche, obwohl schon mehrfach als veraltet bezeichnet, in neuerer Zeit wieder zur Benutzung warm empfohlen wurde; s. K l u t : „Über vergleichende Härtebestimmungen im Wasser" (Mitteil. a. d. Königl. Prüfungsanst. für Wasserversorgung usw. zu Berlin, Heft 10, S. 75).

Zur Härtebsetimmung nach C l a r k bedient man sich einer titrierten S e i f e n l ö s u n g , von welcher genau 45 ccm 12 Härtegraden [1]) entsprechen, d. h. eine solche Menge neutraler Alkalierdmetallsalze zersetzen, die 12 mg Kalk in 100 ccm Wasser äquivalent ist. Zur Bereitung der Seifenlösung werden 150 g Bleipflaster (fettsaures Blei) auf dem Wasserbade erweicht und mit 40 g Kaliumcarbonat zu einer völlig gleichförmigen Masse zerrieben. Sodann zieht man das entstandene fettsaure Kalium mit starkem Alkohol aus, läßt absitzen, filtriert, destilliert den Alkohol ab und trocknet die Seife im Wasserbad; 20 g dieser Seife werden dann in 1 Liter verdünnten Alkohols von 56 Volumprozenten (spez. Gew. = 0,921) gelöst.

Zur Einstellung der Seifenlösung bedient man sich einer Lösung von B a r y u m n i t r a t , die derart hergestellt ist, daß 100 ccm derselben genau 12 Härtegraden entsprechen, d. h. eine 12 mg Kalk äquivalente Menge des Salzes enthalten. Zur Darstellung einer solchen Baryumnitratlösung löst man 0,559 g reinen, trockenen Baryumnitrats in Wasser auf 1000 ccm.

Die T i t e r s t e l l u n g geschieht in der Weise, daß man 100 ccm der Baryumnitratlösung in ein etwa 250 ccm fassendes Stöpselglas bringt und aus einer Bürette sukzessive (im Anfang je 5 ccm, später weniger) die Seifenlösung hinzufließen läßt, wobei jedesmal das Stöpselglas in der Richtung seiner Längsachse kurz und energisch etwa 6—8 mal geschüttelt wird. Man fährt mit dem Seifenzusatz so lange fort, bis auf der Oberfläche der Flüssigkeit, wenn man der Flasche eine horizontale Lage gibt, ein feinblasiger, solider Schaum wenigstens 5 Minuten lang, ohne zu zerreißen, stehen bleibt, Da man hierzu weniger als 45 ccm Seifenlösung brauchen wird, so muß die letztere mit Alkohol von 56 Vo-

---

[1]) Unter Härtegraden sind auch hier d e u t s c h e Grade verstanden.

lumprozenten entsprechend verdünnt werden. Nach vorgenommener Verdünnung muß man sich wieder überzeugen, ob es jetzt stimmt, und wenn dies nicht der Fall ist, so muß in derselben Richtung vorgegangen werden, bis 45 ccm der Seifenlösung genau 100 ccm der Baryumnitratlösung entsprechen.

Bei der Ausführung der Härtebestimmung in dem zu untersuchenden Wasser wird im wesentlichen gerade so verfahren wie bei der Titerstellung. Zur Analyse nimmt man, wenn die Vorprüfung ergibt, daß man es mit einem w e i c h e n Wasser zu tun hat, 100 ccm. Beträgt die Härte des Wassers 12° und mehr, so muß es entsprechend verdünnt werden; man nimmt dann nur 50, 25 oder noch weniger ccm und füllt mit a u s g e k o c h t e m dest. Wasser bis zu 100 ccm auf. Würde die zu verbrauchende Menge der Seifenlösung dem Härtegrade des Wassers genau proportional zunehmen, so könnte man aus der wirklich gebrauchten Quantität der Seife die Härte des untersuchten Wassers direkt berechnen. Diese Voraussetzung trifft nun nicht vollständig zu, denn je höher der Härtegrad, desto geringer ist diejenige Menge der Seifenlösung, welche einem Härtegrade entspricht. Man muß sich deshalb einer empirischen Tabelle bedienen; folgende Zahlen sind vom Verfasser aus den Versuchen von F a i ß t und K n a u s s abgeleitet:

ccm	Grade	ccm	Grade	ccm	Grade
4	0.7	18	4.3	32	8.1
5	0.9	19	4.5	33	8.4
6	1.2	20	4.8	34	8.7
7	1.4	21	5.1	35	9.0
8	1.7	22	5.3	36	9.3
9	1.9	23	5.6	37	9.6
10	2.2	24	5.9	38	9.9
11	2.4	25	6.2	39	10.2
12	2.7	26	6.5	40	10.5
13	3.0	27	6.7	41	10.8
14	3.2	28	7.0	42	11.1
15	3.5	29	7.3	43	11.4
16	3.8	30	7.6	44	11.7
17	4.0	31	7.8	45	12.0

Es ist hier noch darauf hinzuweisen, d a ß d i e A n w e s e n h e i t g r ö ß e r e r M e n g e n v o n M a g n e s i u m s a l z e n d a s R es u l t a t d e r A n a l y s e w e s e n t l i c h b e e i n f l u s s e n k a n n, und zwar in dem Sinne, daß ein Härtegrad gefunden wird, der mehr oder weniger bedeutend hinter dem wirklichen zurücksteht. Es bildet sich in diesem Falle, oft lange bevor die Endreaktion eintreten sollte, auf der Oberfläche der zu titrierenden Flüssigkeit eine weiß-opale, ungleichmäßig dicke, hie und da schaumige Haut, welche von Ungeübten leicht für den am Ende der Umsetzung entstehenden Schaum gehalten wird und hiermit zu groben Täuschungen Veranlassung geben kann. Um sich in solchen Fällen vor Irrtümern zu schützen, muß man das zu untersuchende Wasser mit k o h l e n s ä u r e f r e i e m, also ausgekochten dest. Wasser noch mehr verdünnen als bei der Untersuchung von an Magnesia armen Wassern.

Eine andere, der C l a r k schen ähnlichen Methode, die den Vorteil bietet, daß sowohl die Gesamthärte, als auch e i n z e l n d i e d u r c h K a l k u n d M a g n e s i a v e r u r s a c h t e H ä r t e rasch annähernd bestimmt werden kann, ist vom Verfasser dieses Abschnitts in der Zeitschr. f. analyt. Chem. 40, 82; 1901 und in der Zeitschr. f. angew. Chem. 17, 200; 1903 beschrieben:

Versetzt man Calcium- und Magnesiumsalze enthaltendes Wasser in Gegenwart von Seignette-Salz, wenig Kaliumhydroxyd und Ammoniak mit Kaliumoleat-Lösung, so verwandelt sich b e i g e h ö r i g e r V e r - d ü n n u n g fast nur das Calciumsalz in Calciumoleat, das Magnesiumsalz hingegen nicht; versetzt man aber in Gegenwart von wenig Ammoniumchlorid und Ammoniak das Wasser mit Kalium-Oleatlösung, so verwandeln sich sowohl die Calcium- wie auch die Magnesiumsalze in Oleate. Daß die Umwandlung zu Oleaten vor sich gegangen, das heißt, daß die Flüssigkeit einen geringen Überschuß an Kaliumoleat enthält, ist dadurch ersichtlich, daß die Flüssigkeit, so wie beim C l a r k schen Verfahren, bei heftigem Schütteln schäumt, und der gebildete Seifenschaum minutenlang nicht verschwindet. Das Calciumsalz reagiert rasch auf Kaliumoleat, nicht so das Magnesiumsalz, weshalb beim gemeinsamen Titrieren des Kalkes und der Magnesia darauf zu achten ist, daß die Titration nur dann als beendet angesehen werden darf, w e n n d e r d u r c h S c h ü t t e l n g e b i l d e t e d i c h t e w e i ß e S e i f e n s c h a u m w e n i g s t e n s f ü n f M i n u t e n l a n g a n - h ä l t. Versetzt man nämlich eine etwas Ammoniumchlorid und Ammoniak enthaltende Magnesiumsalzlösung mit weingeistiger Kaliumoleat-Lösung, so schäumt zwar die Flüssigkeit schon nach Verbrauch von verhältnismäßig wenig Kaliumoleat-Lösung, jedoch fällt der falsche Schaum nach ein bis zwei Minuten in sich zusammen zum Zeichen, daß die Reaktion zwischen Kaliumoleat und Magnesiumsalz beendet ist; das gesamte Magnesium ist erst dann Oleat geworden, wenn der Schaum minutenlang nicht verschwindet, beziehungsweise die von neuem geschüttelte Flüssigkeit stark schäumt. Die nötigen Lösungen sind die folgenden:

a) K a l i u m h y d r o x y d - A m m o n i a k - S e i g n e t t e - s a l z - L ö s u n g. 6 g reines geschmolzenes Kaliumhydroxyd und 100 g krystallisiertes Seignette-Salz werden in Wasser gelöst, 100 ccm 10 proz. Ammoniak hinzugefügt, endlich das Ganze auf 500 ccm verdünnt. Ob dieses Reagens und auch das bei den Bestimmungen zum Verdünnen nötige dest. Wasser calciumfrei ist, kontrolliert man dadurch, daß man 5 ccm der Lösung mit destilliertem Wasser auf 100 ccm verdünnt und 0,1 ccm weingeistige Kaliumoleat-Lösung (siehe weiter unten) zusetzt. Beim Zusammenschütteln schäume die Flüssigkeit kräftig.

b) A m m o n i a k - A m m o n i u m c h l o r i d - L ö s u n g. 10 g Ammoniumchlorid werden in Wasser gelöst und zur Lösung 100 ccm 10 proz. Ammoniak gemengt, endlich das Ganze auf 500 ccm verdünnt.

c) **Baryumchlorid** oder **-nitratlösung** von 100°
Härte. 4,355 g frisch umkrystallisiertes trockenes, jedoch nicht
verwittertes Baryumchlorid oder 4,660 g zu Pulver zerriebenes und
bei 100° getrocknetes reines Baryumnitrat werden in Wasser zu
1000 ccm gelöst.

d) **Alkoholische Kaliumoleat-Lösung**, von wel-
cher jedes Kubikzentimeter mit einer solchen Menge Kalk äquivalent ist,
die in 100 ccm Wasser 1° Härte verursacht. Zur Herstellung dieser
Lösung gibt man in eine Flasche 15 ccm reinste käufliche, von Stearinsäure, Palmitinsäure und Linolsäure möglichst freie Ölsäure (A c i d.
o l e i n i c. p u r i s s.), schüttet darauf 600 ccm konzentrierten Alkohol
(90—95 proz.) und 400 ccm destilliertes Wasser und löst endlich in
der trüben Flüssigkeit 4 g reines käufliches Kaliumhydroxyd; sollte
die Flüssigkeit nicht vollständig klar sein, so ist dieselbe nach 2—3 tägigem
Stehen zu filtrieren. Die so dargestellte, etwas zu starke Lösung ist mit
verdünntem Weingeist (6 Volumen konzentrierter Weingeist, 4 Volumen
Wasser) derart zu verdünnen, daß jedes verbrauchte Kubikzentimeter
1° durch Kalk verursachte Härte angibt, wenn man damit 100 ccm
Wasser titriert. Um die Stärke der Kaliumoleat-Lösung zu erfahren,
träufeln wir 10 ccm der 100° harten Baryumchloridlösung in eine Flasche
mit Glasstöpsel von 200 ccm, verdünnen hier mit destilliertem Wasser
auf annähernd 100 ccm und versetzen dann die 10° harte Baryum-
chlorid-Lösung mit 5 ccm Reagens a. In diese Flüssigkeit wird von der
in einer Bürette befindlichen Kaliumoleat-Lösung geträufelt. Nach
jedem Zusatze der Kaliumoleat-Lösung wird die Flüssigkeit kräftig geschüttelt, um zu beobachten, ob sie schon schäumt, und der Schaum
einige Minuten lang stehen bleibt. Hat man diesen Punkt erreicht,
so ist die Titration beendet. Die Kaliumoleat-Lösung wird dem Resultate entsprechend verdünnt und in einer Flasche mit gut schließendem
Glasstöpsel aufbewahrt.

Vor der eigentlichen Bestimmung der Härte des natürlichen Wassers
ist ein Vorversuch auszuführen, um sich über die Härte zu orientieren.
Von dem zu untersuchenden Wasser werden 10 ccm auf 100 ccm verdünnt, und diese Flüssigkeit mit 2—3 ccm Lösung b versetzt, endlich
unter Schütteln soviel Kaliumoleat-Lösung zugeträufelt, bis ständiger
Schaum entsteht. Die Anzahl der verbrauchten Kubikzentimeter mit
10 multipliziert gibt die annähernde Härte des zu untersuchenden
Wassers an. Nachdem wir uns auf diese Weise über die Härte des zu
untersuchenden Wassers orientiert haben, wird dasselbe, wenn es härter
als 10° ist, so weit verdünnt, daß die Härte annähernd 10° beträgt, und
sodann die durch Kalk und Magnesia verursachte Härte bestimmt.
**Bei Wassern, deren Härte überwiegend durch
Magnesia verursacht wird, ist eine Verdünnung
auf ca. 5° nötig.** Selbstverständlich wird beim Berechnen der Härte
der Verdünnungsfaktor in Betracht genommen.

Zur Bestimmung der durch Kalk verursachten Härte versetzen wir
100 ccm Wasser von der annähernden Härte 10° (5°) mit 5 ccm von der

Lösung a und titrieren dann die Flüssigkeit mit Kaliumoleat-Lösung. So viele Kubikzentimeter Kaliumoleat-Lösung verbraucht werden, eben so viele Grade beträgt die durch Kalk verursachte Härte.

Behufs Bestimmung der durch Magnesia verursachten Härte werden in anderen 100 ccm des annähernd 10^0 (5^0) harten Wassers Kalk und Magnesia zusammen titriert, sodann wird nach Abzug der auf den Kalk verbrauchten Kaliumoleat-Lösung aus dem Rest die durch Magnesia verursachte Härte berechnet. Zu diesem Zwecke werden 100 ccm des annähernd 10^0 (5^0) harten Wassers in eine Flasche mit Glasstöpsel von etwa 400 ccm Inhalt geschüttet und hier noch mit 100 ccm destilliertem Wasser verdünnt. Dieser Flüssigkeit werden 5 ccm Lösung 2 und dann so viel Kaliumoleat-Lösung zugesetzt, bis der durch Schütteln entstandene Schaum 5 Minuten anhält. Es ist wiederholt zu betonen, daß, da das Magnesium mit dem Kaliumoleat nur langsam reagiert, das Titrieren nicht übereilt werden darf, da sonst weniger Magnesia gefunden wird, als in Wirklichkeit vorhanden ist. Die Differenz zwischen den Mengen der jetzt und der beim Titrieren des Kalkes verbrauchten Kaliumoleat-Lösung um $\frac{1}{4}$ verkleinert, ergibt den durch Magnesia verursachten Härtegrad. Das Verkleinern um ein Viertel ist darum nötig, weil die auf Calcium- und Magnesiumsalzlösungen gleicher Härte verbrauchten Mengen der Kaliumoleat-Lösung zueinander n a h e z u im Verhältnis von 3 : 4 stehen.

Bezüglich der Verwendbarkeit dieser Methode ist folgendes zu bemerken:

Je weicher und magnesiaärmer das Wasser ist, um so richtiger sind die Resultate, je härter und magnesiareicher es dagegen ist, um so größer ist der Fehler. D e r F e h l e r d ü r f t e i n d e r P r a x i s i m a l l g e m e i n e n b e i w e i c h e m W a s s e r k a u m e i n e n G r a d , b e i h a r t e m W a s s e r e i n e n b i s z w e i G r a d e , b e i s e h r h a r t e m W a s s e r e i n i g e G r a d e b e t r a g e n. Die Methode würde sich ihrer raschen Ausführbarkeit halber besonders bei T r i n k w a s s e r - und H a u s g e b r a u c h s w a s s e r u n t e r-s u c h u n g e n empfehlen, da vom Standpunkte der hygienischen Beurteilung aus es irrelevant ist, ob man das Wasser um ein bis zwei Grade weicher oder härter gefunden hat. Ist das Wasser sehr hart, so sind auch mehrere Grade Fehler belanglos. Der ungünstigste Fall, wenn nämlich im Wasser Magnesia überwiegt und das Wasser gleichzeitig sehr hart ist, ist eigentlich eine Seltenheit. Wenn wir also auch von der Anwendung der Methode in diesen speziellen Fällen ganz absehen würden, so steht derselben noch immer ein weites Feld offen.

Um sich über den Magnesiagehalt im vorhinein zu orientieren, reagiert man qualitativ. Man kann auch nach dem Vorversuch auf Gesamthärte noch einen anderen Vorversuch auf Kalk mit dem auf ca. 5 Grad verdünnten Wasser vornehmen.

Auf die besprochene Weise erhält man die „G e s a m t h ä r t e" des Wassers. Nun wird beim Kochen die größte Menge der im Wasser enthaltenen Hydrocarbonate des Calciums und Magnesiums als Carbonate gefällt, während die Sulfate, Nitrate und Chloride gelöst bleiben. Das Wasser wird also durch das Kochen weicher, und man nennt die Härte des gekochten, durch Zusatz von destilliertem Wasser auf das ursprüngliche Volumen gebrachten Wassers die „bleibende" oder permanente Härte. Der Unterschied zwischen Gesamthärte und bleibender Härte wird als „vorübergehende" oder temporäre Härte bezeichnet. Die letztere entspricht annähernd den ursprünglich gelösten Hydrocarbonaten des Calciums und Magnesiums. — Statt „vorübergehende Härte" wird auch der Ausdruck Carbonathärte, statt „bleibende Härte" Mineralsäurehärte (Klut) benutzt.

Zur Bestimmung der permanenten Härte wird nach der Clarkschen Methode das zu untersuchende Wasser längere Zeit hindurch gekocht, dann auf das ursprüngliche Volumen gebracht, endlich die Härte des Filtrates bestimmt. Auf diese Weise bekommen wir aber die permanente Härte eigentlich fehlerhaft, da beim Kochen die Zersetzung der Hydrocarbonate keine vollständige ist. Richtige Werte erhält man in einfacherer Weise dadurch, daß wir aus der Alkalinität des Wassers die temporäre Härte berechnen (1 ccm $^1/_{10}$ N.-Säure auf 100 ccm Wasser = 2,8 deutsche Grade) und dieselbe von der Gesamthärte in Abzug bringen [1]).

Bei Mineralwässern und bei Kesselspeisewässern, die mit unnötig viel Soda gereinigt worden sind, kann die aus der Alkalinität berechnete temporäre Härte scheinbar auch größer sein als die Gesamthärte; in diesem Falle hat das Wasser selbstverständlich keine permanente Härte und enthält überschüssiges Natriumcarbonat. Dies ist auch bei den artesischen Wässern der ungarischen Tiefebene recht oft der Fall.

d) Reduktionsvermögen.

In reineren natürlichen Wassern finden sich gewöhnlich nur geringe Mengen organischer Stoffe, die dann im wesentlichen aus Zersetzungsprodukten von Pflanzenüberresten bestehen, meist nur wenig Stickstoff enthalten und als Humussubstanzen bezeichnet werden. Daneben kommen aber auch, namentlich in Wassern, die irgendwelchen Verunreinigungen von der Oberfläche aus ausgesetzt oder in Berührung mit verunreinigtem Boden geraten sind, stickstoffreiche Zersetzungsprodukte tierischer Abfälle und Überreste von Stoffwechselprodukten des tierischen Organismus vor. Die dabei in Betracht kommenden organischen Verbindungen haben sehr verschiedene Eigenschaften. Einige sind leicht oxydierbar und leicht zersetzlich, andere schwer oxydierbar und beständig; manche verflüchtigen sich schon bei relativ niedriger Temperatur mit den Wasserdämpfen, viele bleiben beim Abdampfen des Wassers zurück; ein Teil dieser Körper ist basischer, ein anderer saurer Natur. Auch in hygienischer Beziehung ist ihre Bedeutung

---

[1]) J. Pfeifer, loc. cit. (Von Lunge ist dies schon 1885 a. a. O. vorgeschlagen und seither sehr allgemein ausgeführt worden.)

eine total verschiedene: während die von Pflanzenüberresten stammenden organischen Substanzen im allgemeinen als hygienisch indifferent betrachtet werden können, macht die Gegenwart stickstoffhaltiger Zersetzungsprodukte des animalen Stoffwechsels das Wasser in hohem Grade verdächtig.

Die q u a n t i t a t i v e Bestimmung einzelner organischer Verbindungen im Wasser bietet sowohl ihrer Mannigfaltigkeit wegen, als auch weil man über deren Zusammensetzung vielfach noch im Unklaren ist, große, teilweise unüberwindliche Schwierigkeiten. Man wird deshalb gegenwärtig von dem Analytiker wesentlich nur die Beantwortung der Fragen verlangen können, ob e i n W a s s e r b e a c h t e n s - w e r t e Mengen o r g a n i s c h e r Ve r u n r e i n i g u n g e n a u f - w e i s t, u n d o b d i e l e t z t e r e n m e h r p f l a n z l i c h e n o d e r m e h r a n i m a l i s c h e n U r s p r u n g s s i n d. Von dem rein hygienischen Standpunkt aus ist die zweite Frage sogar wichtiger als die erste.

Bei der Unmöglichkeit, die Menge der organischen Verbindungen im Wasser direkt zu bestimmen, müssen wir uns damit begnügen, auf i n d i r e k t e m Wege hiervon wenigstens eine annähernde Vorstellung zu bekommen. Dies wird dadurch ermöglicht, daß wir das R e d u k - t i o n s v e r m ö g e n des natürlichen Wassers bestimmen.

Eine wenigstens annähernd den wirklichen Verhältnissen entsprechende Antwort auf die z w e i t e Frage erhalten wir durch Abspaltung und Bestimmung des Stickstoffs der organischen Substanzen in der Form des sogenannten A l b u m i n o i d - oder des P r o t e i d - a m m o n i a k s.

Hier soll in erster Linie die auf der Oxydierbarkeit der organischen Substanzen beruhende Methode der Bestimmung beschrieben werden; von der Bestimmung des Albuminoid- und Proteidammoniaks wird weiter unten (S. 266) die Rede sein.

Um das R e d u k t i o n s v e r m ö g e n natürlicher Wässer zu b e s t i m m e n, bedient man sich des Kaliumpermanganates; man stellt nämlich die reduzierende Wirkung des natürlichen Wassers entweder auf saure (K u b e l s Verfahren) oder auf alkalische Permanganatlösung (S c h u l z e s Verfahren) fest. Welches dieser Verfahren das empfehlenswertere sei, darüber ist die Meinung der Fachgenossen geteilt, ebenso auch über die Art der Ausführung der Messungen.

Zur Beantwortung der Frage, ob das Oxydieren mit saurer oder mit alkalischer Permanganatlösung vorteilhafter ist, diene folgendes[1]). Auf Grund von Erfahrungen ist entschieden die Oxydation in alkalischer Lösung zu befürworten, und zwar nicht nur, weil in alkalischer Lösung die Oxydation der organischen Substanzen zumeist eine vollständigere ist, und auch die Gegenwart größerer Mengen von Chloriden keinen störenden Einfluß ausübt, sondern besonders darum, weil die alkalische Flüssigkeit unvergleichlich ruhiger im Kochen erhalten werden kann

---

[1]) Zeitschr. f. anal. Chem. 1, 419; 1902.

als die saure. Dieser scheinbar geringfügige Umstand ist in der Praxis
dennoch von Bedeutung, da, wenn das zu untersuchende Wasser rein
ist, dasselbe, wenn angesäuert, nach dem Austreiben der gelösten Gase
kaum mehr im Kochen erhalten werden kann: es findet nämlich abwechselnd ein Siedeverzug und ein explosionsartiges Aufkochen statt,
wobei leicht ein Verlust entsteht. Die Bestimmung des Reduktionsvermögens der natürlichen Wasser ist also in der weiter unten beschriebenen Weise vorzunehmen. Die nötigen Lösungen sind folgende:

a) Verdünnte Schwefelsäure. Mit 300 ccm in einem
Kolben befindlichen destillierten Wassers werden 100 ccm reinster
käuflicher Schwefelsäure gemengt, dann zu der etwas abgekühlten,
jedoch noch ziemlich warmen Flüssigkeit tropfenweise so viel verdünnte
Kaliumpermanganatlösung hinzugefügt, bis die Flüssigkeit eine eben
wahrnehmbare, verbleibende rosenrote Färbung angenommen hat.

b) Oxalsäurelösung. Käufliche Oxalsäure wird erst aus
salzsäurehaltigem, sodann aus reinem destillierten Wasser umkrystalli-
siert, sodann bei gewöhnlicher Temperatur an der Luft so lange getrocknet,
bis die Krystalle nicht im geringsten mehr aneinander haften. Von der
so erhaltenen reinen Oxalsäure werden 0,630 g unter Hinzufügung von
10 ccm verdünnter Schwefelsäure (siehe oben) in reinem destillierten
Wasser auf 1000 ccm gelöst. Die Lösung ist im Dunkeln aufzubewahren.
Die so dargestellte $^1/_{100}$ N.-Oxalsäurelösung kann ein Jahr lang (Veränderung ca. — 0,5 %) als richtig betrachtet werden [1]).

c) Alkalische Permanganatlösung. 50 g reinstes
käufliches Natriumhydroxyd (pro analysi) und 0,8 g Kaliumpermanganat
werden in 250 ccm dest. Wasser gelöst und die so erhaltene 60—70⁰
warme Lösung nach vollständigem Abkühlen auf 500 ccm verdünnt. Die
Lösung wird in einer gut verschlossenen Flasche aufbewahrt; durch
Verdünnen von 100 ccm derselben auf 500 ccm erhalten wir die zu den
Messungen zu benutzende Lösung. Der Titer dieser Permanganatlösung wird in einem ganz kleinen Kochkolben mit 10 ccm der $^1/_{100}$ N.-
Oxalsäurelösung bestimmt; zum Ansäuern nehmen wir 10 ccm verdünnter Schwefelsäure. Verwenden wir bei der Bestimmung des Titers
so viel Permanganatlösung, daß die Flüssigkeit eben nur bemerkbar
rosenrot gefärbt ist, so ist als Korrektur 0,05 ccm in Abzug zu bringen.
Die Färbung der Flüssigkeit ist in der Weise zu beobachten, daß wir das
Kochfläschchen über eine Milchglasplatte halten. Zum Messen der Permanganatlösung verwenden wir eine mit Vaseline geschmierte enge
Hahnbürette.

Die Bestimmung des Reduktionsvermögens des
natürlichen Wassers wird so vorgenommen, daß von demselben 100 ccm
in einen Erlenmeyerschen Kochkolben von 300 ccm geschüttet
und mit 10 ccm $^1/_{100}$ normaler alkalischer Permanganatlösung versetzt
werden; der Kolben wird nun auf einer Asbestplatte bis zum Aufkochen

---

[1]) Von anderen Seiten ist eine bedeutend geringere Haltbarkeit der $^1/_{100}$ N.-
Oxalsäure beobachtet worden; vgl. Beck, Bd. I, S. 119.

der Flüssigkeit mit großer Flamme erhitzt, sodann die Flamme so reguliert, daß die Flüssigkeit in ruhigem, gleichmäßigem Kochen verbleibt. Nachdem die Flüssigkeit, vom Aufkochen an gerechnet, 10 Minuten hindurch im Kochen erhalten wurde, wird die Kochflasche von der Flamme entfernt, unmittelbar darauf werden unter Schwenken erst 10 ccm verdünnte Schwefelsäure und dann sogleich 10 ccm $^1/_{100}$ N.-Oxalsäurelösung hinzugefügt. Nach Verlauf einiger Minuten, nachdem die Flüssigkeit v o l l s t ä n d i g farblos geworden ist, wird nun von der in der Bürette enthaltenen alkalischen Permanganatlösung tropfenweise noch so viel hinzugeträufelt, bis die Flüssigkeit eben nur bemerkbar rosenrot geworden ist; zur merkbaren Färbung von 100 ccm Flüssigkeit genügt 0,1 ccm $^1/_{100}$ N.-Permanganatlösung, der durch das Kochen verursachte Sauerstoffverlust beträgt 0,2 ccm, es werden also als K o r - r e k t u r im ganzen 0,3 ccm $^1/_{100}$ N.-P e r m a n g a n a t l ö s u n g in Abzug gebracht. Sollte das zu untersuchende Wasser in erheblicher Menge salpetrige Säure oder Ferrosalze enthalten, so ist die zu deren Oxydation erforderliche Menge Permanganatlösung auch in Abzug zu bringen, um so aus dem Gesamtreduktionsvermögen das durch organische Stoffe verursachte Reduktionsvermögen zu erhalten. Reduziert das zu untersuchende Wasser mehr als 5 ccm $^1/_{100}$ N.-Permanganatlösung, so ist es zum Endversuche mit ganz reinem oder mit destilliertem Wasser von bekanntem Reduktionsvermögen vorerst entsprechend zu verdünnen.

Das soeben beschriebene Verfahren gibt, w e n n m a n b e i A u s f ü h r u n g d e s s e l b e n d i e v o r g e s c h r i e b e n e n B e - d i n g u n g e n s o r g f ä l t i g i n n e h ä l t , konstante, unter sich vergleichbare Zahlen, wogegen veränderte Bedingungen zu abweichenden Werten führen. Doch muß man sich hüten, zu glauben, daß einer bestimmten Menge Kaliumpermanganat immer ein und derselbe Gehalt des Wassers an organischen Stoffen entspreche, denn gleiche Gewichtsmengen der verschiedenen organischen Verbindungen reduzieren, je nach ihrem Charakter und ihrer Herkunft, verschiedene Mengen Kaliumpermanganat.

Es ist üblich, die Verunreinigung der natürlichen Wasser mit organischen Substanzen durch die zu ihrer Oxydation erforderliche Menge von Kaliumpermanganat oder Sauerstoff, und zwar auf 1000 oder 100 000 Teile Wasser bezogen, auszudrücken. Da sowohl die Härte als auch die Alkalinität in Graden ausgedrückt werden, so wäre es, schon um das Rechnen zu vermeiden, zweckmäßig, auch das Reduktionsvermögen in Graden auszudrücken, das heißt, das Reduktionsvermögen des natürlichen Wassers mit so viel Graden anzunehmen, als Kubikzentimeter $^1/_{100}$N.-Permanganatlösung von 100 ccm desselben reduziert werden.

e) Bestimmung der einzelnen Bestandteile.

1. Kieselsäure.

Kieselsäure kommt in natürlichen Wassern zumeist nur in sehr geringer Menge vor. Hygienisch ist sie belanglos. Bei technischen Wasseruntersuchungen ist die Kieselsäure, wenn in größerer Menge vor handen, insofern von Interesse als sie zu den Kesselsteinbildnern zählt.

Zur B e s t i m m u n g der Kieselsäure werden 500—1000 ccm Wasser mit Salzsäure versetzt zur Trockne verdampft. Der Rückstand wird einige Male mit konzentrierter Salzsäure benetzt und ebenso oft wieder vollständig getrocknet, endlich nach Zusatz von Salzsäure in heißem Wasser gelöst. Die in der Flüssigkeit schwimmenden Kieselsäureflocken werden auf einem kleinen Filter gesammelt, mit verdünnter Salzsäure und heißem Wasser ausgewaschen. Die Kieselsäure kommt endlich nach dem Glühen als Siliciumdioxyd zur Wägung. Das Filtrat kann zur gewichtsanalytischen Bestimmung der Schwefelsäure oder des Kalkes und der Magnesia dienen.

Enthält das zu untersuchende Wasser viel Calciumsulfat, so kann sich der abgeschiedenen Kieselsäure Gips beimengen. Am besten ist es in diesem Falle, die unreine Kieselsäure mit dem zehnfachen Gewichte Kalium-Natriumcarbonat aufzuschließen und sie dann nochmals abzuscheiden.

2. Schwefelsäure.

Zum q u a l i t a t i v e n Nachweis der Schwefelsäure säuert man etwa 10 ccm Wasser mit S a l z s ä u r e an und fügt einige Tropfen B a r y u m c h l o r i d l ö s u n g hinzu; enthält das Wasser im Liter 100 mg SO_3, so entsteht sofort ein weißer, pulverförmiger Niederschlag; bei 10 mg SO_3 nach einigen Minuten weiße Trübung; bei 2 mg SO_3 nach längerem Stehen kaum bemerkbare Trübung.

Auf derselben Reaktion beruht auch die q u a n t i t a t i v e , g e w i c h t s a n a l y t i s c h e Bestimmung der Schwefelsäure. Je nachdem man bei der qualitativen Probe nur eine Trübung oder einen erheblichen Niederschlag erhalten hat, verwendet man 500—1000 oder nur 200—300 ccm Wasser zur Untersuchung. Die Wasserprobe wird nach dem Ansäuern mit Salzsäure am Wasserbade zur Trockene verdampft; enthält das Wasser erhebliche Mengen Nitrate, so ist zum Eindampfen eine Glasschale zu verwenden, da Platin angegriffen wird. Man befeuchtet den Rückstand mit verdünnter Salzsäure und löst ihn in ca. 50 ccm heißem destillierten Wasser. Zur Entfernung der Kieselsäure wird filtriert, mit 50 ccm nachgewaschen und mit Baryumchlorid auf bekannte Weise heiß gefällt (vgl. Bd. I, S. 324).

Zur t i t r i m e t r i s c h e n Bestimmung der Schwefelsäure empfiehlt sich folgende jodometrische Methode. Das Wesen dieser Methode besteht darin, daß man das gelöste Sulfat mit einem Überschuß von in Salzsäure gelöstem Baryumchromat zersetzt, hierauf die Flüssigkeit mit Ammoniak sättigt und endlich im Filtrate die mit der ursprünglich vorhanden gewesenen Schwefelsäure äquivalente Menge Chromsäure jodometrisch bestimmt [1].

---

[1] Zeitschr. f. anal. Chem. **40**, 467; 1901. G. B r u h n s , Zeitschr. f. anal. Chem. **45**, 573; 1906. A. K o m a r o w s k y , Chem.-Ztg. **81**, 498; 1907.

Von dem zu untersuchenden Wasser gießt man 100 ccm in eine Kochflasche, säuert es mit 2—3 ccm verdünnter Salzsäure (10 proz.) an und streut 0,1—0,2 g reines Baryumchromat in die Flüssigkeit [1]). Die Flüssigkeit wird nun auf freier Flamme 10—15 Minuten lange in Kochen gehalten, damit die K o h l e n s ä u r e v o l l s t ä n d i g a u s - g e t r i e b e n w e r d e. Zur vollständig erkalteten Flüssigkeit wird e i n Tropfen A l u m i n i u m c h l o r i d l ö s u n g (10 proz.), so- dann so viel Ammoniak geträufelt, bis die orangerote Farbe ins Gelbe umschlägt, und ein herausgenommener Tropfen auf rotem Lackmus- papier eine schwach blaue Färbung verursacht. Die Flüssigkeit wird hierauf in einen Meßkolben von 100 ccm geschüttet und mit dem Spül- wasser der Kochflasche auf 100 ccm ergänzt. Aus der zusammen- geschüttelten Flüssigkeit scheidet sich der aus Baryumsulfat und über- schüssigem Baryumchromat bestehende Niederschlag äußerst rasch ab, da das aus dem Aluminiumchlorid sich bildende Aluminiumhydroxyd gewissermaßen als Klärmittel dient, so daß schon nach 1—2 Minuten die über dem Niederschlag stehende Flüssigkeit vollständig klar ge- worden ist. Nunmehr wird die Flüssigkeit durch ein kleines trockenes Filter filtriert; der anfänglich filtrierte, durch das Papier eventuell veränderte Teil der Flüssigkeit wird weggeschüttet, darauf 50 ccm des Filtrates zur jodometrischen Messung benutzt.

Um die jodometrische Bestimmung auszuführen, werden die 50 ccm der chromathaltigen Flüssigkeit in eine Kochflasche von ca. 200 ccm gegeben, hierauf mit ca. 50 ccm 10 proz. Salzsäure angesäuert, endlich 2—3 g krystallinisches Kaliumbicarbonat hinzugefügt. Durch die sich kräftig entwickelnde Kohlensäure wird sowohl die gelöste als auch die in der Flasche befindliche Luft verdrängt. Um bei der heftigen Gasentwicklung durch Verspritzen keinen Verlust zu erleiden, stellt man die Flasche während der Gasentwicklung schief. Nachdem sich die Gasentwicklung gemäßigt hat, löst man in der Flüssigkeit ca. 0,5 g Kaliumjodid und titriert nach Verlauf von 10—15 Minuten das aus- geschiedene Jod mit $^1/_{100}$ Natriumthiosulfatlösung. Ein Indikator wird nicht verwendet, sondern man fügt die Meßflüssigkeit so lange hinzu, bis die Farbe der anfänglich gelblichbraunen, dann grünlichen Flüssigkeit ins Blaßblaue umschlägt. Die Endreaktion kann nach einiger Übung bis auf 1—2 Tropfen getroffen werden. Die Zahl der verbrauchten ccm $^1/_{100}$ Natriumthiosulfatlösung multipliziert mit 5,338 gibt die in 1000 ccm Wasser enthaltenen Milligramme SO_3 an; wünscht man das Resultat in SO_4 auszudrücken, so multipliziert man mit 6,405.

Die angegebene Methode gibt bei reinen, nicht zu viel und nicht zu wenig Schwefelsäure enthaltenden Wassern recht genaue Resultate; so

---

[1]) Behufs Darstellung des Baryumchromates versetzt man heiße, mit einigen Tropfen Essigsäure angesäuerte Baryumchloridlösung mit überschüssiger Kalium- chromatlösung. Der Niederschlag wird erst durch Dekantation, dann am Filter gut gewaschen, endlich getrocknet und zu Pulver zerrieben. Man kann den Nieder- schlag auch unter Wasser aufbewahren; von der aufgeschüttelten trüben Flüssigkeit sind 5—10 Tropfen zu verwenden.

fand z. B. Fräulein G. L é g r á d y im Budapester Leitungswasser mit dieser Methode 30,6 mg SO_4 pro Liter, während die gravimetrische Bestimmung 31,1 mg ergab.

Ist das Wasser mit organischen Substanzen verunreinigt, so wird durch diese beim Kochen ein Teil der Chromsäure reduziert, wodurch natürlich eine zu geringe Schwefelsäuremenge gefunden wird. Um diesen Fehler zu umgehen, werden 100 ccm des zu untersuchenden Wassers mit Salzsäure angesäuert, mit 10 ccm frischen Chlorwassers versetzt und in einer Glasschale zur Trockne verdampft. Der Rückstand wird hierauf mit 100 ccm reinem dest. Wasser gelöst und die Schwefelsäurebestimmung in dieser Lösung in angegebener Weise ausgeführt. So zeigten die Versuche, daß z. B. bei Budapester Leitungswasser die Resultate dieselben blieben, ob nun das Wasser mit Chlor behandelt worden war oder nicht, weil es eben nur äußerst geringe Mengen von organischen Substanzen enthält. Bei einem mit organischen Substanzen stark verunreinigten Brunnenwasser dagegen wurde die Menge der Schwefelsäure ohne Behandlung mit Chlor zu gering gefunden. Nachdem aber die organischen Substanzen mit Chlor zerstört worden waren, ergab sich titrimetrisch ein Gehalt von 65,0 mg SO_4 pro Liter, während gravimetrisch 66,4 mg gefunden wurden.

Ist das zu untersuchende Wasser sehr reich an Sulfaten (100 mg oder mehr im Liter), so ist die Endreaktion weniger scharf. In diesem Falle muß das Wasser entsprechend verdünnt werden. Ist im Gegenteil der Schwefelsäuregehalt nur sehr gering (weniger als 10 mg im Liter), so werden einige Hundert ccm Wasser auf 100 ccm eingedampft.

Bei manchen technischen und den meisten hygienischen Wasseruntersuchungen genügt eine a n n ä h e r n d e B e s t i m m u n g der Schwefelsäure, welche durch F a r b e n v e r g l e i c h rasch ausgeführt werden kann. Man verfährt in allem wie oben angegeben, mit dem Unterschiede, daß man statt des Titrierens sich mit dem Farbenvergleich begnügt. Man hält sich zu diesem Zwecke als Farbenskala 5 Medizinfläschchen oder eckige Formflaschen von 50 ccm Inhalt in Bereitschaft, welche der Reihe nach mit Kaliumchromatlösung von solcher Stärke beschickt sind, die einem Schwefelsäuregehalt von 20, 40, 60, 80 bzw. 100 mg pro Liter äquivalent ist. Zum Farbenvergleiche wird eine ähnliche Flasche mit dem chromsäurehaltigen Filtrate gefüllt. Je nachdem die Farbe dieser Flüssigkeit mit einer der Flaschen der Farbenskala zusammenfällt oder zwischen zweien liegt, wird der Schwefelsäuregehalt pro Liter annähernd zu 10, 20, 30 usw. mg gefunden.

Eine a c i d i m e t r i s c h e B e s t i m m u n g der Schwefelsäure in Trinkwasser wurde neuerdings von F. R a s c h i g empfohlen. Die Schwefelsäure wird aus dem Wasser als schwefelsaures Benzidin gefällt und im Niederschlage die Menge der Schwefelsäure durch Titrieren mit $^1/_{10}$ N.-Lauge bestimmt. Ausführliches siehe Zeitschr. f. angew. Chem. 19, 334; 1905 (s. a. Bd. I, S. 334 ff.).

3. Chloride.

Um Chloride q u a l i t a t i v nachzuweisen, versetzt man etwa 10 ccm des zu untersuchenden Wassers mit einigen Tropfen S a l p e t e r - s ä u r e und S i l b e r n i t r a t l ö s u n g. Aus der Intensität der Reaktion läßt sich die Menge des Chlors schätzen; enthält das Wasser im Liter 100 mg Cl, so entsteht eine milchige Flüssigkeit, aus welcher sich beim Schütteln das Silberchlorid in Flocken abscheidet. Bei 10 mg Cl erhält man eine stark opalisierende Flüssigkeit. Bei 1 mg Cl opalisiert die Flüssigkeit eben nur bemerkbar.

Zur q u a n t i t a t i v e n B e s t i m m u n g des Chlors in natürlichen Wassern eignet sich besonders die allgemein bekannte M o h r sche Methode. M o h r s Methode führt jedoch nur dann zu einem befriedigenden Resultat, wenn der Chlorgehalt pro Liter wenigstens 25 mg beträgt [1]. Ist der Chlorgehalt geringer, und wurde das Wasser vorher nicht durch Eindampfen konzentriert, so findet man bedeutend mehr Chlor, als in Wirklichkeit vorhanden ist, da eine gewisse Menge Silbernitratlösung erforderlich ist, um so viel Silberchromat zu bilden, daß dasselbe, sich als Niederschlag ausscheidend, die Flüssigkeit rötlich färbt. Die Genauigkeit des Verfahrens kann also demnach gesteigert werden, wenn man die zur Erreichung der Endreaktion verbrauchte Menge Silbernitratlösung in Rechnung zieht [2].

Verwendet man eine Silbernitratlösung, von welcher 1 ccm mit 1 mg Chlor äquivalent ist, als Indikator aber 1 ccm 1 proz. Kaliumchromatlösung, und führt die Bestimmung mit 100 ccm Wasser aus, so sind fragliche Korrektionswerte folgende:

Verbrauchte Lösung ccm	Korrektion ccm	Verbrauchte Lösung ccm	Korrektion ccm
0.2	—0.20	2.0	—0.44
0.3	—0.25	3.0	—0.46
0.4	—0.30	4.0	—0.48
0.5	—0.33	5.0	—0.50
0.6	—0.36	6.0	—0.52
0.7	—0.38	7.0	—0.54
0.8	—0.39	8.0	—0.56
0.9	—0.40	9.0	—0.58
1.0	—0.41	10.0	—0.60

Auf Grund des Angeführten wird demnach der Chlorgehalt der natürlichen Wasser auf folgende Weise bestimmt:

Man verwendet eine Silbernitratlösung, von der 1 ccm 1 mg Chlor entspricht (4,791 g Ag NO$_3$ in 1000 ccm). Zur Ausführung der Bestimmung sind zwei Flaschen von je 150 ccm Inhalt nötig; am besten sind Flaschen aus geschliffenem Glase; eventuell genügen auch gewöhn-

---

[1] T i e m a n n - G ä r t n e r : Untersuchung und Beurteilung der Wasser. 4. Aufl. Braunschweig 1895, S. 152.

[2] Zeitschr. f. anal. Chem. **41**, 598; 1902.

liche farblose Medizinflaschen. In jede Flasche kommt je 1 ccm 1 proz. Kaliumchromatlösung. In die erste Flasche werden 100 ccm des zu untersuchenden Wassers eingeführt;in die zweite Flasche wird nur der größere Teil der mit dem Maßkolben gemessenen 100 ccm Wasser hineingeschüttet, ein Teil (etwa 10 ccm) im Maßkolben zurückgelassen. Zu der in der zweiten Flasche enthaltenen Flüssigkeit wird nun so lange Silbernitratlösung hinzugeträufelt, bis die durch Silberchromat verursachte rötliche Färbung erscheint; hierauf fügt man das im Maßkolben verbliebene Wasser zur Flüssigkeit hinzu, wodurch die rötliche Färbung binnen 1—2 Minuten verschwindet. Die so erhaltene gelbe, trübe Flüssigkeit dient nur zum Vergleiche. Die Bestimmung selbst wird in der ersten Flasche ausgeführt; das heißt, es wird unter Hin- und Herschwenken so lange Silbernitratlösung hinzugeträufelt, bis der Inhalt dieser Flasche, mit dem Inhalte der anderen Flasche verglichen, einen gerade nur wahrnehmbaren, bräunlich-rötlichen Farbenton angenommen hat, und dieser Ton auch während 5 Minuten nicht verschwindet. Um die störende Wirkung des Lichtes auszuschließen, ist es angezeigt, die Flaschen mit einem Sturz aus Pappe zu bedecken, den wir nur bei der Beobachtung entfernen. Wird der aus der Tabelle entnommene Korrektionswert von der zum Titrieren der in der ersten Flasche enthaltenen Flüssigkeit verbrauchten Silbernitratlösung abgezogen und der Rest mit 10 multipliziert, so erhalten wir die in 1000 ccm Wasser enthaltene Chlormenge in Milligrammen.

Bei Anwesenheit großer Mengen organischer Substanzen, was zwar bei Trinkwassern selten ist, bei Brauchwassern aber wohl vorkommen kann, ist eine direkte Titrierung mit Silbernitrat nicht ausführbar, da wegen eintretender Mißfärbung der Endpunkt der Reaktion nicht zu erkennen ist. In solchen Fällen sind d i e o r g a n i s c h e n S u b - s t a n z e n v o r d e r T i t r i e r u n g z u z e r s t ö r e n. Man erwärmt 200 ccm Wasser auf ca. 100° und läßt so lange neutrale Kaliumpermanganatlösung zufließen, bis das Wasser schwach rot gefärbt erscheint; man kocht nun ungefähr 5 Minuten und setzt, wenn während dieser Zeit Entfärbung der Flüssigkeit eintritt, noch einige Tropfen Kaliumpermanganat hinzu. Um den Überschuß des letzteren zu entfernen, versetzt man die heiße Flüssigkeit mit einigen Tropfen Alkohol läßt eine Viertelstunde stehen, filtriert die abgeschiedenen Mangandioxydverbindungen ab und titriert das vollkommen erkaltete, auf 200 ccm ergänzte und in zwei gleiche Teile geteilte, farblose Filtrat, das von neutraler Reaktion sein muß, in der oben angegebenen Weise. — Dasselbe Verfahren ist auch dann anzuwenden, wenn das Wasser S c h w e f e l - w a s s e r s t o f f enthält.

Man kann, auch bei Anwesenheit einer großen Menge organischer Substanzen, das Chlor im Abdampfrückstand bestimmen, nachdem man denselben behufs Zerstörung der organischen Substanzen vorsichtig geglüht hat. Man löst dann den Rückstand mit einigen Tropfen Salpetersäure in möglichst wenig k a l t e m destilliertem Wasser, filtriert die Flüssigkeit, löst darin einige Kryställchen Kaliumhydrocarbonat (ein

Überschuß ist belanglos) und titriert endlich das Chlor in der von M ö h r ursprünglich angegebenen Weise.

4. Jodide.

Die neueren Untersuchungen haben gezeigt, daß das Jod von wichtiger physiologischer Bedeutung ist, da es an Eiweißkörper gebunden im Sekrete der Schilddrüse vorkommt. Da auch das Trinkwasser eine Quelle des Jodbedürfnisses des Organismus ist, so kann bei hygienischen Wasseruntersuchungen der eventuelle Jodgehalt von Interesse sein.

Um J o d i d e in Wasser n a c h z u w e i s e n und gleichzeitig a n - n ä h e r n d q u a n t i t a t i v zu bestimmen, versetzt man 1000 ccm Wasser mit einigen Tropfen Natronlauge und dampft es auf ca. 10 ccm ein, filtriert in eine etwas weitere Probierröhre und wäscht den Rückstand mit 5 ccm Wasser nach. Die Flüssigkeit wird mit Salzsäure angesäuert und ein Tropfen Kaliumnitritlösung hinzugefügt; endlich setzt man ca. 5 ccm Tetrachlorkohlenstoff zu und schüttelt das ganze kräftig durch. Enthält das Wasser im Liter 0,1 mg Jod, so ist der Tetrachlorkohlenstoff bereits rosa gefärbt. Um sich auch in bezug auf die Menge des Jods zu orientieren, gibt man in eine andere ganz gleiche Probierröhre 15 ccm destilliertes Wasser, 5 ccm Tetrachlorkohlenstoff, einige Tropfen Salzsäure und einen Tropfen Kaliumnitritlösung, träufelt dann zur Flüssigkeit unter Schütteln so lange sehr verdünnte Kaliumjodidlösung (1 ccm = 0,1 mg J), bis der Tetrachlorkohlenstoff dieselbe Färbung angenommen hat wie im ersten Falle.

Z u r g e n a u e n B e s t i m m u n g kleiner Mengen von Jod kann die in der Chem.-Ztg. 29, II, 1316; 1905 mitgeteilte Methode Verwendung finden.

5. Salpetersäure.

Von den Salpetersäurereaktionen eignet sich zum N a c h w e i s e der Salpetersäure in natürlichen Wassern am besten die Reaktion mit B r u c i n - S c h w e f e l s ä u r e.

Man mischt nach Augenmaß zu 3 ccm k o n z e n t r i e r t e r S c h w e f e l s ä u r e tropfenweise 1 ccm Wasser und löst in der vorerst v o l l s t ä n d i g a b g e k ü h l t e n Flüssigkeit einige Milligramme B r u c i n. Aus der Intensität der Färbung kann man beurteilen, ob das Wasser viel, wenig oder nur Spuren von Salpetersäure enthält; ist der Salpetersäuregehalt im Liter

100 mg N_2O_5: kirschrote Färbung, die bald in orange und nach längerem Stehen in schwefelgelb übergeht;

10 mg N_2O_5: die Flüssigkeit färbt sich rosenrot, nach längerem Stehen blaßgelb;

1 mg N_2O_5: blaßrosenrote Färbung, später fast farblos.

Löst man das Brucin in der noch heißen Flüssigkeit, so geht die Färbung fast momentan in Gelb über.

Es ist von besonderer Wichtigkeit, daß die zur Reaktion verwendete Schwefelsäure rein sei, namentlich keine oder höchstens nur minimale Mengen von Salpetersäure enthalte. Deshalb ist es unbedingt angezeigt, eine Gegenprobe mit destilliertem Wasser, Schwefelsäure und Brucin auszuführen. Nur in dem Falle, wenn die Flüssigkeit ganz farblos bleibt, oder auch dann, wenn sie eine schwächere Färbung annimmt als die Probe mit natürlichem Wasser, ist die Gegenwart von Salpetersäure erwiesen. Das Brucin sei schneeweiß; ein gelbliches Präparat, welches sich in Schwefelsäure mit bräunlicher Farbe löst, ist zu verwerfen.

Ähnliche Reaktionen wie Salpetersäure geben auch andere oxydierende Substanzen mit Brucin-Schwefelsäure, so z. B. Chlorate, Persulfate, freies Chlor usw. Da jedoch diese Substanzen in natürlichen Wassern nicht vorkommen, ist diese Sache von keinem Belang. Von besonderem Interesse ist zu wissen, daß durch salpetrige Säure, wenn man die Wasserprobe mit einigen Volumen konzentrierter Schwefelsäure gemengt hat, so daß die salpetrige Säure in Nitrosylschwefelsäure übergeführt wurde, und man das Brucin erst in der vollständig erkalteten Flüssigkeit löst, keine Reaktion eintritt (L u n g e; vgl. Bd. I, S. 444). Die Reaktion wird auch durch Ferrisalze nicht hervorgerufen. Bekanntlich enthalten natürliche Wasser oft Spuren von Ferrihydroxyd in Schwebe, ferner ist die salpetrige Säure ein häufiger Begleiter der Salpetersäure. Eben deshalb eignet sich die Brucinreaktion zum Nachweise der Salpetersäure in natürlichem Wasser weit besser als die sonst recht empfindliche Schwefelsäure-Diphenylaminreaktion, da dies Reagens nicht nur durch Salpetersäure, sondern unter anderen auch durch Ferrisalze und salpetrige Säure gebläut wird. Es muß noch erwähnt werden, daß in dem Falle, wenn man 1 Vol. des zu untersuchenden Wassers mit nur 0,5 Vol. Schwefelsäure mengt und in der vollständig erkalteten, nicht zu viel Salpetersäure enthaltenden Flüssigkeit etwas Brucin löst, nur die salpetrige Säure reagiert. Mengt man endlich zu dem zu untersuchenden Wasser 2 Vol. konz. Schwefelsäure und löst in der noch h e i ß e n Flüssigkeit etwas Brucin, so reagieren beide Säuren, und zwar fast sogleich, mit gelber Farbe.

F e r r o s a l z e w i r k e n sowohl bei der Diphenylamin- als bei der Brucinreaktion der Salpetersäure s t ö r e n d. Versetzt man z. B. die durch Salpetersäure rosa gefärbte Brucin-Schwefelsäure mit einem Tropfen Ferrosulfatlösung, so wird die Flüssigkeit sofort farblos; hat jedoch die Flüssigkeit schon die gelbe Farbe angenommen, so übt Ferrosulfat keine wesentliche Wirkung mehr aus. Eben deshalb muß das Ferro-Eisen, wenn solches zugegen ist, entfernt werden. Zur Entfernung des Ferro-Eisens versetzt man eine Wasserprobe mit einigen Tropfen nitratfreier Natronlauge und verwendet zur Reaktion das durch Sedimentieren oder Filtrieren geklärte Wasser. — Ist das Wasser gefärbt, so müssen die organischen Substanzen vorerst durch Oxydation mit Kaliumpermanganat entfernt werden (s. S. 250).

Für die q u a n t i t a t i v e Bestimmung der Salpetersäure existiert eine große Reihe von Methoden, die meistens entweder die Ü b e r - f ü h r u n g d e r S a l p e t e r s ä u r e i n l e i c h t bestimm-

bare Stickstoffverbindungen (Stickoxyd, Ammoniak)
bezwecken, oder auf die Menge der vorhandenen Salpetersäure a u s
d e r o x y d i e r e n d e n W i r k u n g schließen lassen, welche sie
auf oxydierbare Verbindungen, z. B. Indigo, ausübt. Auch kann die
Menge der Salpetersäure dadurch bestimmt werden, daß man die vorhandenen Nitrate in Chloride umwandelt, und die Chloridzunahme bestimmt (F r e r i c h s). Es wurde auch neuerdings eine gewichtsanalytische Bestimmung der Salpetersäure beschrieben (B u s c h ,
Bd. 1, S. 390). Endlich läßt sich die Salpetersäure auch auf Grund der
B r u c i n r e a k t i o n k o l o r i m e t r i s c h bestimmen. Einen
Überblick über die wichtigsten und bewährtesten Methoden der Salpetersäurebestimmung geben L u n g e und B e r l auf S. 377ff., Bd. I.
dieses Werkes, wo auch einige derselben eine nähere Besprechung
gefunden haben.

Bei Wasseruntersuchungen kommen wesentlich in Betracht: a) die
Methode von S c h u l z e - T i e m a n n , b) die Methoden von U l s c h ,
c) die Methode von M a r x - T r o m m s d o r f f , d) die Methode von
F r e r i c h s , e) die Methode von B u s c h , f) die k o l o r i m e -
t r i s c h e M e t h o d e m i t B r u c i n - S c h w e f e l s ä u r e . Von
diesen Methoden möchte Verfasser dieses Abschnittes für die Praxis,
im Falle ein nitratreiches Wasser vorliegt, die F r e r i c h s sche, bei
nitratarmen Wassern die k o l o r i m e t r i s c h e Methode mit Brucin-
Schwefelsäure empfehlen.

a) Bei dem Verfahren von S c h u l z e - T i e m a n n wird das unter
der Einwirkung von Salzsäure und Ferrochlorid aus den Nitraten entwickelte S t i c k o x y d in einem Gasmeßrohr über ausgekochter Natronlauge aufgefangen und die Menge der vorhandenen Salpetersäure aus
dem dabei erhaltenen Stickoxydvolumen ermittelt. Dieses Verfahren
ist der allgemeinen Anwendbarkeit fähig und gibt in einigermaßen geübten Händen hinreichend genaue Resultate, wenn auch die erhaltenen
Werte gewöhnlich um ein geringes zu niedrig ausfallen. Von organischen
Beimengungen oder von den mineralischen Verbindungen, welche gleichzeitig mit Nitraten in den zu untersuchenden Wassern enthalten sein
können, wird die Methode von S c h u l z e - T i e m a n n nicht beeinflußt. Eine eingehende Schilderung des Verfahrens findet sich in Bd. I,
S. 386 dieses Werkes.

b) Die Methoden von U l s c h [1]) beruhen auf der Reduktion der
Salpetersäure durch Ferrum hydrogenio reductum und verdünnte
Schwefelsäure, wobei sich die Menge der Salpetersäure entweder aus
der für die Reduktion verbrauchten Wasserstoffmenge oder aus der
Menge des gebildeten Ammoniaks ergibt. Diese Methoden sind Bd. I,
S. 379 ff. beschrieben.

c) Die Bestimmung der Salpetersäure durch Titrieren mit I n d i g o -
l ö s u n g nach M a r x - T r o m m s d o r f f verdient hier, trotz der

---

[1]) Zeitschr. f. anal. Chem. **30**, 175; 1891 und **31**, 392; 1892. Zeitschr. f. angew.
Chem. **5**, 241; 1891. T i e m a n n - G ä r t n e r s Handbuch, 4. Aufl., S. 164
und 166.

mit ihr verbundenen Fehlerquellen, wegen ihrer raschen Ausführbarkeit hervorgehoben zu werden, weshalb sie in allen jenen Fällen empfohlen werden kann, wo eine annähernde Bestimmung der in einem Wasser vorhandenen Salpetersäure ausreicht. Man braucht folgende Probeflüssigkeiten:

1. **Verdünnte Indigolösung.** Zur Darstellung derselben wird in einem kleinen Porzellanmörser 1 g reinstes, pulverisiertes Indigotin mit 5 ccm konz. Schwefelsäure gleichmäßig zerrieben, dann 5—10 ccm rauchende Schwefelsäure zugemischt. Das ganze läßt man an einem warmen Orte 1—2 Stunden stehen. Es bildet sich vorwiegend Indigodisulfosäure neben etwas Indigomonosulfosäure. Man gießt nun die Flüssigkeit in ca. 300 ccm dest. Wassers, mischt und filtriert. Zum Versuch wird diese konzentrierte Indigolösung ca. 10 fach verdünnt. Die Lösung ist im Dunkeln aufzubewahren. — Man kann statt Indigotin auch besten käuflichen Indigocarmin (indigodisulfosaures Natrium) nehmen; man löst dann 2 g Indigocarmin in 100 ccm verdünnter Schwefelsäure, verdünnt auf etwa 300 ccm und filtriert. Auch diese konz. Lösung ist zum Gebrauch ca. 10 fach zu verdünnen.

2. **Reinste (nitrit- und nitratfreie) konz. Schwefelsäure.**

3. Eine Lösung von **Kaliumnitrat**, von der 25 ccm 1 mg Salpetersäureanhydrid entsprechen (0,0749 g KNO_3 im Liter).

Es muß nun zuerst der **Titer der Indigolösung** festgestellt werden. Zu diesem Zwecke gibt man 25 ccm der Kaliumnitratlösung (= 1 mg N_2O_5) in ein **Erlenmeyer**sches Kölbchen und setzt unter Umschwenken des Kölbchens rasch 25 ccm konz. Schwefelsäure zu, die man vorher in einem Meßzylinder abgemessen hat; es tritt hierbei eine Temperaturerhöhung auf etwa 120 ⁰ C ein. Man läßt nun sofort unter stetem Umschwenken des Kölbchens aus einer Glashahnbürette so lange Indigolösung zufließen, bis der anfangs gelbe Farbenton des Kolbeninhaltes in ein dauerndes Grün übergeht. Gegen Ende des Versuches, wenn man sieht, daß die unmittelbar nach dem Einfließen der Indigolösung eintretende Grünfärbung immer langsamer dem gelben Farbenton weicht, läßt man die Indigolösung in kleineren Portionen, schließlich tropfenweise zufließen, um den Übergang von gelb in grün nicht zu übersehen. Wenn der grüne Farbenton beim Umschwenken der Flüssigkeit anhält, wird die Anzahl der verbrauchten ccm Indigolösung notiert.

Dieser erste Versuch hat nur die Bedeutung einer Orientierung. Man läßt ihm einen zweiten folgen, bei welchem man s o f o r t in einem Strahl, ohne sich mit Umschwenken des Kölbchens aufzuhalten, die ganze Menge Indigolösung hinzugibt, welche beim ersten Versuch gebraucht wurde; sodann schwenkt man um, bis die Flüssigkeit gelb geworden, und läßt nun tropfenweise noch so lange Indigolösung unter Umschwenken zufließen, bis ein ganz schwach grünlicher Farbenton resultiert. Auf diese Weise gelingt es, so rasch zu arbeiten, daß die Temperatur des Gemisches während des Versuchs nicht unter 100⁰ sinkt. Dieser zweite Versuch gibt dann diejenige Menge Indigolösung an, welche

1 mg N_2O_5 entspricht. Am besten ist es, wenn hierzu 8—10 ccm Indigolösung erforderlich sind (S e n d t n e r).

Die B e s t i m m u n g d e r S a l p e t e r s ä u r e im Wasser nach der Methode von T r o m m s d o r f f wird in ganz gleicher Weise vorgenommen wie die Feststellung des Titers der Indigolösung. Man benutzt zum ersten Versuche 25 ccm Wasser, setzt 25 ccm Schwefelsäure zu und läßt die Indigolösung unter stetem Umschwenken des Kölbchens in rasch aufeinanderfolgenden Tropfen zufließen, bis der grünliche Farbenton erreicht ist. Beim zweiten Versuch läßt man dann sofort nahezu die Gesamtmenge der im ersten Versuche verbrauchten Indigolösung zufließen und verfährt in der oben geschilderten Weise. Bei einiger Übung wird der dritte Versuch mit dem zweiten übereinstimmen. Die Bestimmung muß deshalb einige Male wiederholt werden, weil man bei einem Wasser, dessen Gehalt an Salpetersäure unbekannt ist, das erste Mal nicht sehr rasch arbeiten kann, und infolgedessen die Temperatur der Flüssigkeit zu tief sinkt.

Die Berechnung der Versuchsresultate ist sehr einfach. Nehmen wir an, daß für 25 ccm des zu prüfenden Wassers 6 ccm Indigolösung verbraucht worden seien, und daß der Titer der letzteren = 9 sei, d. h. daß 9 ccm Indigolösung $= 1$ mg N_2O_5 seien; in diesem Falle enthalten 25 ccm Wasser $^6/_9 = 0,667$ mg N_2O_5, und in 1 Liter Wasser befinden sich $40 . 0,667 = 26,7$ mg N_2O_5.

Wenn das zu prüfende Wasser bedeutendere Mengen von Salpetersäure enthält, so daß in 25 ccm desselben mehr als 1 bis höchstens 1,5 mg N_2O_5 vorhanden sind, wenn man also beim ersten Versuch mehr als 10 ccm Indigolösung verbraucht hat, so muß man, im Interesse der Genauigkeit der Bestimmung, das Wasser entsprechend verdünnen und dann bei der Berechnung der Resultate den Verdünnungskoeffizienten berücksichtigen. Salpetersäurearme Wasser sind vorerst durch Einkochen zu konzentrieren.

Die Methode von M a r x - T r o m m s d o r f f gestattet zwar eine rasche Bestimmung der Salpetersäure, gibt aber nur sehr annähernd richtige Werte. Vieles kommt hierbei auf die Übung und auf die Schnelligkeit im Arbeiten an. Von ungünstigem Einfluß ist die Anwesenheit bedeutenderer Mengen leicht oxydierbarer organischer Substanzen, weil diese, indem sie selbst durch die Salpetersäure oxydiert werden, einen Teil des Indigos der Oxydation entziehen. In diesem Falle soll man nach T r o m m s d o r f f die organischen Substanzen vorher durch Oxydation mit Kaliumpermanganat entfernen. Man mißt 100 ccm des Wassers in ein Becherglas, säuert mit ca. 1 ccm konz. Schwefelsäure an und versetzt die Flüssigkeit mit einigen Tropfen Kaliumpermanganatlösung. Das Becherglas wird am Dampfbade 10—15 Minuten lang erhitzt, darauf zur rosenroten Flüssigkeit tropfenweise so viel Oxalsäurelösung hinzugefügt, bis sich dieselbe vollständig entfärbt hat. Da bei dieser Operation ein Überschuß von Oxalsäure kaum zu vermeiden ist, so träufelt man nachträglich behutsam noch so viel Permanganatlösung hinzu, bis die rosenrote Färbung eben noch verschwindet. Nach dem vollständigen Abkühlen wird die Flüssigkeit auf 100 ccm ergänzt und dann erst die Salpetersäurebestimmung vorgenommen.

Enthält das zu untersuchende Wasser e r h e b l i c h e r e M e n g e n von s a l p e t r i g e r Säure, so ist es auch am besten, diese in eben angegebener Weise mit Kaliumpermanganat zu Salpetersäure zu oxydieren und nach Beendigung der Titration, in Salpetersäure umgerechnet, in Abzug zu bringen. Die salpetrige Säure bestimmt man in einer Original-Wasserprobe nach der S. 256 angegebenen Methode.

d) Von den neueren Methoden zur Bestimmung der Salpetersäure soll hier die Methode von F r e r i c h s hervorgehoben werden [1]), nach welcher die im Wasser enthaltenen Nitrate durch Eindampfen mit Salzsäure in Chloride umgewandelt werden, in denen dann das Chlor titrimetrisch bestimmt wird. Am besten wird die Bestimmung in folgender Weise ausgeführt:

Vom zu untersuchenden Wasser werden 100 ccm, unter Anwendung von Methylorange als Indikator, mit verdünnter S c h w e f e l s ä u r e g e n a u neutralisiert, darauf mit 5 ccm verdünnter Salzsäure auf dem Wasserbade in einer Glasschale zur Trockne verdampft. Der Rückstand wird in 5 ccm verdünnter Salzsäure gelöst und die Lösung von neuem zur v o l l s t ä n d i g e n T r o c k n e verdampft. Sind erheblichere Mengen von Salpetersäure zugegen, so wird schon beim ersten Eindampfen das Methylorange zerstört. Sollte das Methylorange nicht zerstört worden sein, so fügt man bei der Lösung des Rückstandes in Salzsäure auch einige Tropfen Chlorwasser hinzu, wodurch das Methylorange sofort entfärbt wird. Besonderes Gewicht ist darauf zu legen, daß der Rückstand salzsäurefrei sei. Um dies zu erreichen, trocknet man ihm erst so lange auf dem Wasserbade, bis er nicht mehr im geringsten nach Salzsäure riecht, befeuchtet ihn hierauf mit einigen ccm dest. Wassers und dampft wieder zur vollständigen Trockne ein; letztere Operation ist eventuell zu wiederholen. Um sicher zu gehen, daß der Rückstand wirklich keine Spur von freier Salzsäure mehr enthält, löst man ihn in 5 ccm dest. Wassers und versetzt die vollständig erkaltete Lösung mit einem Tropfen sehr verdünnter Methylorangelösung (1 : 10 000). Ist die Abwesenheit von freier Salzsäure erwiesen, so wird die unverdünnte Flüssigkeit mit einem Tropfen Kaliumchromatlösung versetzt, sodann die Menge des Chlors in bekannter Weise mit Silbernitratlösung titrimetrisch bestimmt. Am besten verwendet man dieselbe Silbernitratlösung, welche zur Bestimmung des Chlors empfohlen wurde, von der 1 ccm je 1 mg Chlor anzeigt. Von der jetzt verbrauchten Silbernitratlösung ist die bei dem direkten Titrieren des Chlors verbrauchte Silbernitratlösung abzuziehen, und zwar nach der S. 244 angeführten Tabelle korrigiert. Der Rest mit 1,523 und 10 multipliziert, gibt die in 1000 ccm Wasser enthaltene Salpetersäure (N_2O_5) in Milligrammen an.

---

[1]) Arch. der Pharm. **241**, 47—53.

Es soll nur noch bemerkt werden, daß die im Wasser eventuell vorhandene salpetrige Säure mitbestimmt wird. Bei genaueren Untersuchungen ist also die auf eine oder andere Weise bestimmte salpetrige Säure in äquivalente Salpetersäure umgerechnet in Abzug zu bringen. Außerdem ist bei genaueren Bestimmungen in Betracht zu ziehen, ob die Salzsäure an und für sich nicht schon Spuren von nicht flüchtigen Chloriden enthält, wodurch das Resultat ungehörig vergrößert werden könnte. Es ist also angezeigt, von der vorhandenen verdünnten Salzsäure 10 ccm in der verwendeten Glasschale v o l l s t ä n d i g einzutrocknen und die Lösung des Rückstandes in 5 ccm Wasser auch mit der Silbernitratlösung zu titrieren. Die hierzu eventuell verbrauchte Silbernitratlösung wird dann ein für allemal in Korrektion gesetzt.

Verfasser dieses Abschnittes hatte Gelegenheit, sich zu überzeugen, daß man mit der soeben beschriebenen einfachen Methode recht genaue Resultate erhält.

e) Zur Bestimmung der Salpetersäure wurde von M. B u s c h eine gewichtsanalytische Methode angegeben [1]), die darauf beruht, daß die von B u s c h entdeckte Base, kurz „N i t r o n" benannt, mit Salpetersäure eine in eiskaltem Wasser kaum lösliche Verbindung eingeht, so daß die Bestimmung der Salpetersäure durch Gewichtsanalyse vorgenommen werden kann (s. a. Bd. I, S. 391):

Von dem zu untersuchenden Wasser werden, wenn es im Liter 100 mg oder mehr Salpetersäure enthält, 100 ccm mit 10 Tropfen verdünnter Schwefelsäure angesäuert, fast zum Kochen gebracht, dann 10 ccm essigsaure Nitronlösung [2]) hinzugefügt. Die Flüssigkeit wird hierauf in Eiswasser auf ca. 0⁰ abgekühlt, und unter öfterem Umrühren mit einem Glasstabe 2—3 Stunden lang bei dieser Temperatur erhalten. Der ausgeschiedene krystallinische Niederschlag von Nitronnitrat wird dann in einem N e u b a u e r - oder G o o c h schen Tiegel auf Asbest gesammelt, mit 10 ccm eiskaltem Wasser gewaschen, endlich bei 105—110⁰ bis zum konstanten Gewichte getrocknet. Um aus der Nitronnitratmenge die Salpetersäure (N_2O_5) zu finden, multipliziert man mit 0,144. Nitratärmere Wasser müssen erst entsprechend eingedampft werden.

Nach des Verfassers Erfahrungen eignet sich diese Methode n u r f ü r n i t r a t r e i c h e W a s s e r. Bei an Nitrat sehr armen Wassern versagte dieselbe, selbst wenn das Wasser entsprechend eingedampft wurde.

f) D i e a n n ä h e r n d e B e s t i m m u n g d e r S a l p e t e r - s ä u r e kann auch d u r c h F a r b e n v e r g l e i c h auf Grund des Verhaltens der Salpetersäure zur heißen B r u c i n - S c h w e f e l - s ä u r e erzielt werden [3]). Diese Methode eignet sich am besten zur

---

[1]) Zeitschr. f. Unters. der Nahrungs- und Genußmittel 9, 464; 1905.
[2]) 10 g käufliches Nitron (M e r c k) werden in 100 ccm 5 proz. Essigsäure gelöst. Die Lösung ist in einer dunklen Flasche aufzubewahren. Sollte sie eine braune Farbe angenommen haben, so kann die Lösung mit Kohlepulver entfärbt werden.
[3]) Chem.-Ztg. 23, 454; 1899 und 25, 586; 1901. Vgl. auch Bd. I, S. 463.

Untersuchung von Wassern, die wenig Salpetersäure enthalten und mit organischen Substanzen nicht zu stark verunreinigt sind. Die Methode empfiehlt sich also bei Trinkwasseranalysen. Am einfachsten kann sie in folgender Weise ausgeführt werden:

Man nimmt zwei kleine, je ca. 50 ccm fassende Kölbchen und mißt in das eine 10 ccm des zu untersuchenden Wassers, in das andere 10 ccm destilliertes Wasser. Hierauf gibt man in die Kölbchen je eine Messerspitze reines Brucin und einige Tropfen Schwefelsäure und setzt (nachdem sich das Brucin gelöst) den Flüssigkeiten je 20 ccm konzentrierter Schwefelsäure hinzu. Die Schwefelsäure läßt man langsam am Rande des Kölbchens zufließen, um das Aufkochen der Flüssigkeit und so einen Verlust an Salpetersäure zu vermeiden. Das nitrathaltige Wasser färbt sich gelb, während sich das andere überhaupt nicht oder nur sehr wenig verändert, wenn nämlich die Schwefelsäure Spuren von Salpetersäure enthält. Sodann wird zur letzteren Flüssigkeit in n o c h g a n z h e i ß e m Zustande eine Kaliumnitratlösung zugetropft, und zwar eine solche, von der jedes ccm 0,1 mg Salpetersäure (N_2O_5) entspricht (0,1872 g KNO_3 im Liter). Zum Abmessen der Kaliumnitratlösung benutzt man eine enge Bürette. Die Flüssigkeit wird nach dem Einfallen eines jeden Tropfens umgeschwenkt und die Farbe mit derjenigen der ersten Lösung verglichen; sind beide gleich intensiv gefärbt, so ist die Bestimmung beendigt. Jedes 0,1 ccm verbrauchter Kaliumnitratlösung entspricht 1 mg N_2O_5 in 1000 ccm Wasser.

Wird nicht genügend schnell gearbeitet, so kühlt die im Vergleichsgefäße enthaltene Flüssigkeit so weit ab, daß die durch die Nitratlösung verursachte rote Färbung nur langsam ins Gelbe übergeht; in diesem Falle ist ein Erhitzen der Flüssigkeit durch kurze Zeit über einer freien Flamme angezeigt. Enthält das natürliche Wasser auch salpetrige Säure, so wird diese, in Salpetersäure umgerechnet (Faktor 1,42), von der gefundenen Menge der Salpetersäure in Abzug gebracht.

Die Bestimmung gelingt am besten, wenn die Menge der Salpetersäure im Liter 2—20 mg beträgt; nitratreiche Wasser sind demnach entsprechend zu verdünnen, nitratarme durch Einkochen zu konzentrieren. Enthält das Wasser bedeutende Mengen organischer Substanzen, so sind diese vorerst nach auf S. 250 angegebener Weise mit Kaliumpermanganat zu zerstören. Gleichzeitig wird hierdurch auch das sonst störende Ferro-Eisen unschädlich gemacht.

Wünscht man das Resultat als Nitrat-Jon (NO_3) auszudrücken, so multipliziert man die gefundene Menge Salpetersäure N_2O_5 mit 1,148.

Dieses Verfahren kann noch dadurch verbessert werden, daß man zum Farbenvergleiche nicht gewöhnliche Kölbchen, sondern zu diesem Zwecke eigens aus einer dünnwandigen Glasröhre von ca. 3 ccm Durchmesser erzeugte zylinderförmige, langhalsige Glasfläschchen von annähernd 50 ccm Inhalt verwendet (Fig. 34 a. f. S.). Die Fläschchen haben drei Marken, welche das Volum 10, 20 und 30 ccm bezeichnen [1]). Zur möglichst

---

[1]) Solche Fläschchen können von Dr. K a r l K i s s , Glastechnisches Institut in Budapest, bezogen werden.

scharfen Vergleichung der Farben werden die Fläschchen über eine Milchglasplatte gehalten, gleichzeitig eine schwarze Papierblende angewendet und die Farbennüancen durch Betrachten von obenher verglichen. Da jetzt die gefärbten Flüssigkeitssäulen höher sind als bei Verwendung gewöhnlicher Kölbchen, so sind salpetersäurereichere Wasser so weit zu verdünnen, daß der Salpetersäuregehalt im Liter etwa 10 mg betrage.

Die Richtigkeit des Resultates kann dadurch kontrolliert werden, daß man zu destilliertem Wasser so viel Kaliumnitratlösung zusetzt, bis der Salpetersäuregehalt derselbe ist, als man im untersuchten Wasser gefunden hatte, und dann einen Parallelversuch mit Brucin und Schwefelsäure ausführt. War die Bestimmung eine richtige, so sind jetzt beide Flüssigkeiten von gleicher Farbe. Endlich kann man auch beide Proben mit Wasser auf 100 ccm verdünnen und die Farbe nochmals vergleichen.

Fig. 34.

6. Salpetrige Säure.

Der q u a l i t a t i v e Nachweis der salpetrigen Säure kann dadurch geschehen, daß man etwa 50 ccm Wasser in einen Zylinder von farblosem Glase gibt, einige Tropfen Kaliumjodidlösung und 1 ccm Stärkelösung zusetzt und die Flüssigkeit mit einigen Tropfen verdünnter Schwefelsäure ansäuert. Bei Gegenwart von salpetriger Säure, welche Jod freimacht, entsteht eine um so tiefere Blaufärbung der Flüssigkeit, je größer die vorhandene Menge der salpetrigen Säure ist. Die Einwirkung direkten Sonnenlichtes ist hierbei zu vermeiden; auch ist die Reaktion nur dann maßgebend, wenn die Blaufärbung sofort oder längstens nach 5 Minuten eintritt. Vor Täuschungen bewahrt man sich am sichersten, wenn man mit 50 ccm reinem destilliertem Wasser eine Parallelprobe ausführt. Die Reaktion ist empfindlich: 0,1 mg salpetrige Säure in 1 L. Wasser rufen schon eine deutliche Blaufärbung hervor. — Die Gegenwart größerer Mengen organischer Substanzen kann die Reaktion sehr kleiner Mengen gleichzeitig vorhandener salpetriger Säure verhindern oder wenigstens erheblich abschwächen. Dagegen findet nach den Untersuchungen von P r e u s s e und T i e m a n n die von K ä m m e r e r (Zeitschr. f. analyt. Chem. 12, 377; 1873) befürchtete Reduktion der Nitrate bei Anwesenheit von Schwefelsäure und organischen Substanzen nicht statt. — Wenn Eisen im Wasser enthalten ist, so muß dasselbe erst abgeschieden werden (s. jodometrische Bestimmung der salpetrigen Säure S. 256), weil aus Lösungen der Metalljodide durch Ferrisalze Jod in Freiheit gesetzt wird.

Von T i e m a n n und P r e u s s e wurde die von G r i e s s (Ber. 11, 624; 1878) entdeckte Eigenschaft der salpetrigen Säure, M e t ap h e n y l e n d i a m i n (Metadiamidobenzol) in Triamidoazobenzol (Bismarckbraun), einen Körper von lebhafter Farbe umzuwandeln, zum qualitativen Nachweis (und zur quantitativen Bestimmung) dieser

Säure im Wasser benutzt. Die Reaktion ist ungemein scharf; für ein geübtes Auge ist noch die Färbung erkenntlich, welche durch die Gegenwart von 0,03 mg N_2O_3 pro Liter in einem an und für sich farblosen Wasser auf Zusatz von verdünnter Schwefelsäure und Metaphenylendiaminlösung nach Verlauf von etwa 10 Minuten hervorgerufen wird. — Das Reagens wird auf die Weise bereitet, daß man 5 g reines Metaphenylendiamin in etwas destilliertem Wasser löst, sofort verdünnte Schwefelsäure bis zur deutlichen sauren Reaktion hinzugibt und sodann mit destilliertem Wasser zu 1 L. auffüllt. Sollte die Lösung gefärbt erscheinen, so wäre sie mit ausgeglühter Tierkohle unter Erwärmen zu entfärben. Sie kann in einem gut verschlossenen Gefäß monatelang zum Gebrauch aufbewahrt werden.

Zum Nachweis der salpetrigen Säure werden 100 ccm des zu untersuchenden Wassers in einem Zylinder von farblosem Glase mit 5 ccm 10 proz. Schwefelsäure angesäuert und sodann mit 1 ccm der obigen Lösung versetzt. Je nach dem geringeren oder höheren Gehalt an salpetriger Säure entsteht eine gelbliche, goldgelbe oder gelbbraune Färbung. — Die Gegenwart organischer Stoffe beeinträchtigt den Verlauf der Reaktion nicht. — Gegen Ferriverbindungen sind wäßrige Lösungen von Metaphenylendiamin sehr empfindlich und werden dadurch leicht mehr oder weniger gelb gefärbt; doch macht überschüssige Schwefelsäure die Lösung von Metaphenylendiamin bedeutend indifferenter, so daß, wenn man in der oben angegebenen Weise verfährt, die eintretende Reaktion der salpetrigen Säure durch kleine Mengen vorhandener Eisenverbindungen nicht wesentlich beeinflußt wird.

Eine spätere, ebenfalls von Griess (Ber. 12, 427; 1879) angegebene, aber von Ilosvay (Bull. soc. chim. (3), 2, 317; 1889), bzw. von Lunge (Zeitschr. f. angew. Chem. 3, 666; 1889) modifizierte Methode, die Gegenwart von salpetriger Säure nachzuweisen, beruht darauf, daß in einer essigsauren Naphtylamin-Sulfanilsäurelösung bei Gegenwart minimaler Mengen von salpetriger Säure in kurzer Zeit eine deutliche Rotfärbung eintritt; dieselbe wird dadurch bewirkt, daß die salpetrige Säure die Sulfanilsäure in die entsprechende Diazoverbindung überführt, welche sich dann mit dem Naphtylamin zu einem roten Farbstoff verbindet. Pagnini (Chem. Zentralbl. 1902, II, 770) fixiert den Farbstoff auf Wolle.

Zur Darstellung des Reagens löst man einerseits 0,5 g Sulfanilsäure in 150 ccm verdünnter Essigsäure (30 proz), während man andererseits 0,1 g festes Naphtylamin mit 20 ccm Wasser kocht, die farblose Lösung von dem blauvioletten Rückstand abgießt, sie mit 150 g verdünnter Essigsäure versetzt und dann beide Lösungen zusammengießt. Das Reagens wird in kleinen, gut verschlossenen Fläschchen aufbewahrt, deren Stopfen mit einer Schicht geschmolzenen Paraffins überzogen werden.

Behufs Prüfung des Wassers auf salpetrige Säure nach diesem Verfahren werden 20 ccm Wasser mit 2—3 ccm des Reagens vermischt und auf 70—80° erwärmt. Die Rotfärbung tritt bei einem Gehalt an salpetriger Säure von 0,001 mg in 1 Liter Wasser binnen 1 Minute ein. Der Versuch ist in vollgefüllten, verstöpselten Gefäßen auszuführen, weil schon der Gehalt der Luft an salpetriger Säure den Eintritt einer von oben nach unten fortschreitenden Rotfärbung der Versuchsflüssigkeit bewirkt, wenn dieselbe längere Zeit mit der Atmosphäre in Berührung bleibt. Nach den von T i e m a n n angestellten Versuchen scheint ein Gehalt des Wassers an Salpetersäure, Ammoniak oder organischen Substanzen keinen bemerkbaren Einfluß auf den Verlauf der Reaktion auszuüben.

Ist salpetrige Säure nur in Spuren vorhanden, so begnügt man sich zumeist mit dem qualitativen Nachweis. Die q u a n t i t a t i v e B e s t i m m u n g   geringer Mengen geschieht auf k o l o r i m e - t r i s c h e m Wege, entweder nach T r o m m s d o r f f (Zeitschr. f. anal. Chem. 8, 358; 1869 und 9, 168; 1870) oder nach P r e u s s e und T i e m a n n (Ber. 11, 627; 1878) oder auch nach dem. Verfahren von L u n g e und L w o f f (s. Bd. I, S. 461); merkliche Mengen salpetriger Säure bestimmt man nach L. W. W i n k l e r j o d o m e t r i s c h (Chem.-Ztg. 23, 454; 1899 und 25, 586; 1901) wie folgt:

Zur Bestimmung verwendet man 100 ccm Wasser, das man in einen 200 ccm fassenden Kolben schüttet. Das Wasser wird mit 20 ccm 10 proz. Salzsäure angesäuert, ferner 2—3 ccm Stärkelösung beigemengt. Sodann streut man annähernd 5 g aus nicht zu kleinen Krystallen bestehendes reines Kaliumbicarbonat in die Flüssigkeit. Nach 1 Minute langer Gasentwicklung wird ein Kryställchen Kaliumjodid (0,2—0,3 g) zugesetzt, endlich das ausgeschiedene Jod nach Verlauf von 5 Minuten bestimmt. Das Jod wird mit einer stark verdünnten Natriumthiosulfatlösung titriert, am zweckmäßigsten mit einer solchen, von der jedes ccm 0,1 mg N_2O_3 entspricht. Eine solche Lösung wird erhalten, wenn man 26,3 ccm $^1/_{10}$ N.-Natriumthiosulfatlösung auf 1000 ccm verdünnt, oder 0,653 g reines $Na_2S_2O_3 . 5 H_2O$ auf 1000 ccm löst. Nach Beendigung der Titration darf sich die Flüssigkeit innerhalb 10 Minuten nicht bläuen, da sonst die Austreibung der Luft bzw. die des Stickstoffmonoxydes eine unvollständige war.

Ist das Wasser trübe, besonders aber durch Eisenrost gelb gefärbt, so ist es durch Filtration vorher zu reinigen. Am besten ist es, auch das Ferro-Eisen zu entfernen, da es doch störend wirken könnte. Um Eisen sicher zu entfernen, gibt man zu 250 ccm Wasser 1—2 ccm nitritfreier Natronlauge, worauf das Wasser auf einen halben Tag beiseite gestellt wird; zur Untersuchung wird das vom Niederschlag abgetrennte event. filtrierte reine Wasser verwendet.

Enthält das Wasser bedeutendere Mengen organischer Substanzen, so kann durch diese ein Teil des ausgeschiedenen Jodes wieder gebunden werden, wodurch weniger salpetrige Säure gefunden wird, als wirklich vorhanden ist. Um diesen Fehler zu eliminieren, versetzt man 100 ccm zu untersuchendes Wasser und 100 ccm destilliertes Wasser mit je 0,5 g Kaliumjodid und 1 ccm $^1/_{100}$-Jodlösung und bestimmt das Jod in beiden Lösungen mit der stark verdünnten Natrium-thiosulfatlösung nach 5 Minuten. Die Differenz entspricht dem

Korrektionswerte. Es ist kaum nötig zu bemerken, daß dies Verfahren ohne weiteres nur bei durch Sedimentieren oder Filtrieren geklärtem, nicht aber bei durch Lauge geklärtem und dadurch stark alkalisch gewordenen Wasser angewendet werden kann. In letzterem Falle müßte vorher so lange reine Kohlensäure eingeleitet werden, bis eine herausgenommene Wasserprobe Phenolphtaleinlösung eben nicht mehr rötet; ein Überschuß der Kohlensäure ist möglichst zu vermeiden.

7. Phosphorsäure.

Um Phosphorsäure q u a l i t a t i v n a c h z u w e i s e n , verdampft man eine größere Menge Wasser (500—1000 ccm), mit Salpetersäure angesäuert, in einer Glasschale zur Trockne. Den Rückstand befeuchtet man wiederholt mit Salpetersäure und trocknet denselben ebenso oft wieder möglichst vollständig aus. Der Rückstand wird mit einigen Tropfen Salpetersäure und ca. 10 ccm destilliertem Wasser ausgelaugt. Das Filtrat dient zum Nachweise der Phosphorsäure. Als Reagens verwendet man 10 ccm A m m o n i u m m o l y b d a t l ö s u n g , zu welcher man soviel S a l p e t e r s ä u r e geträufelt hat, bis der anfänglich entstandene Niederschlag eben gelöst ist. Dieser Flüssigkeit wird das auf Phosphorsäure zu prüfende Filtrat zugesetzt und das Ganze auf 60—80⁰ erwärmt. Ist Phosphorsäure zugegen, so entsteht sogleich oder auch erst nach längerem Stehen ein schön g e l b g e f ä r b t e r s c h w e r e r N i e d e r s c h l a g .

8. Kohlensäure.

Die natürlichen Wasser enthalten meist nur wenig f r e i e Kohlensäure; der größte Teil derselben ist in Form von Hydrocarbonaten g e b u n d e n zugegen. Da die Hydrocarbonate leicht die H ä l f t e ihrer Kohlensäure abgeben, so wird noch h a l b g e b u n d e n e und f e s t g e b u n d e n e Kohlensäure unterschieden.

Die G e g e n w a r t v o n K o h l e n s ä u r e im Wasser verrät sich durch eine weiße Trübung, die auf Zusatz von klarem Kalkwasser auftritt.

Um f r e i e K o h l e n s ä u r e nachzuweisen, wird 1 ccm destill. Wasser mit einem Tropfen Phenolphtaleinlösung und einem Tropfen s e h r v e r d ü n n t e r L a u g e versetzt, dann zur rosenroten Flüssigkeit von dem zu untersuchenden Wasser 5—20 ccm hinzugefügt; tritt unter einigen Minuten Entfärbung ein, so ist freie Kohlensäure zugegen.

Um g e b u n d e n e K o h l e n s ä u r e , also Hydrocarbonate, nachzuweisen, wird 1 ccm destilliertes Wasser mit einem Tropfen Methylorangelösung und einem Tropfen s e h r v e r d ü n n t e r S a l z s ä u r e versetzt, dann zur nelkenroten Flüssigkeit vom zu untersuchenden Wasser 5—20 ccm hinzugefügt; tritt Gelbfärbung ein, so sind Hydrocarbonate zugegen.

Die quantitative Bestimmung der freien Kohlensäure geschieht nach Trillich volumetrisch[1]), und zwar am besten in folgender Weise: Man wählt einen mit Glasstöpsel verschließbaren Meßkolben von 100 ccm, dessen Marke sich möglichst tief unten am Halse befindet, und füllt denselben, indem man das zu untersuchende Wasser längere Zeit durchleitet, damit das anfänglich mit der Luft in Berührung gewesene, durch Gasaustausch kohlensäureärmer gewordene Wasser verdrängt werde (vgl. S. 276). Nachdem man das über der Marke stehende Wasser mit einer Pipette entfernt hat, gibt man 10 Tropfen alkoholische Phenolphtaleinlösung hinzu und tröpfelt nach und nach zur Flüssigkeit so viel $^1/_{10}$ N.-Natriumcarbonatlösung, bis sie eine blaß rosenrote Färbung angenommen hat, welche nach einigemaligem behutsamen Umwenden der zugestöpselten Flasche selbst nach 5 Minuten nicht mehr verschwindet. Jedes ccm verbrauchter Natriumcarbonatlösung entspricht 1,113 ccm oder 2,2 mg CO_2.

Um das Volum der gebundenen Kohlensäure, also die Summe der halbgebundenen und festgebundenen Kohlensäure in 1000 ccm Wasser in Kubikzentimetern zu berechnen, multipliziert man die beim Titrieren mit Methylorange und $^1/_{10}$ N.-Salzsäure verbrauchten ccm (s. S. 230) mit 22,26; multipliziert man mit 44, so bekommt man die in 1000 ccm enthaltene gebundene Kohlensäure in Milligrammen.

Durch Addition der freien und gebundenen Kohlensäure erhält man die Gesamtkohlensäure. Mit den erwähnten Methoden bekommen wir die Menge der gebundenen Kohlensäure genau, die der freien aber nur annähernd, so daß auch die Menge der Gesamtkohlensäure nicht genau ausfällt, jedoch immerhin den bei Trinkwasseranalysen gewöhnlich gestellten Anforderungen entspricht.

Wünscht man die Gesamtkohlensäure genau zu bestimmen, so kann man dies nach Lunge und Rittener (Bd. I, S. 180) gasvolumetrisch tun oder folgendes gewichtsanalytisches Verfahren einschlagen, welches darauf beruht, daß man aus einer gemessenen Wasserprobe die Gesamtkohlensäure durch in der Flüssigkeit selbst entwickeltes Wasserstoffgas austreibt, und sie nach Absorption mit Lauge zur Wägung bringt (Zeitschr. f. anal. Chem. 42, 735; 1903).

Das Wasser wird an Ort und Stelle in einer mit Glasstöpsel verschließbaren Flasche a (Fig. 35 a. f. S.) von 500—600 ccm gesammelt, wobei besonders darauf zu achten ist, daß kein mit Luft in Berührung gewesenes Wasser in der Flasche verbleibe (S. 276). Die bis zum Überlaufen gefüllte Flasche wird nach dem Verschluß mit dem Stöpsel, noch mit einer dünnen Gummimembran verbunden, ins Laboratorium transportiert. Um die Kohlensäurebestimmung vorzunehmen, wird auf die Flasche das

[1]) H. Trillich, Die Münchener Hochquellenleitung aus dem Mangfalltale. München 1890, II, S. 63 ff. — Emmerich und Trillich, Anleitung zu hygienischen Untersuchungen, 3. Aufl. München 1902, S. 120.

aus der Fig. 35 ersichtliche Glasgefäß *b* gesetzt, sodann in die Flasche 20 g granuliertes Zink gegeben [1]. Es ist zweckmäßig, das Zink erst mit verdünnter Salzsäure, dann mit destilliertem Wasser abzuwaschen, damit etwa anhaftendes Zinkcarbonat entfernt werde. Nachdem man in das Glasgefäß eine mit Hahn versehene Trichterröhre *c* eingesetzt hat, verbindet man es bei *d* mit einer Chlorcalciumröhre und daran schließend mit einem gewogenen Kaliapparat. Durch die Trichterröhre wird nun, im Laufe einer Stunde, nach und nach 50 ccm 20 proz. Salzsäure, die mit einem Tropfen Platinchloridlösung versetzt ist, hinzufließen gelassen. Nachdem sich das Wasserstoffgas im ganzen 3 Stunden lang entwickelt hat, ist alle Kohlensäure ausgetrieben. Es erübrigt nur noch, aus dem ausgeschalteten Kaliapparat das Wasserstoffgas zu vertreiben, was durch Durchleiten von trockener und kohlensäurefreier Luft erreicht wird. Die Gewichtszunahme des Kaliapparates gibt die Menge der in der Wasserprobe enthaltenen Gesamtkohlensäure; 1 g CO_2 = 505,9 ccm.

9. Kalk und Magnesia.

Die gewichtsanalytische Bestimmung dieser Körper geschieht nach bekannten Methoden (Bd. I, S. 491 ff.).

Die Bestimmung des Kalkes kann auch maßanalytisch nach der von Mohr angegebenen Methode vorgenommen werden, welche darauf beruht, daß man zur Ausfällung der Calciumverbindungen das Wasser mit einer überschüssigen Menge titrierter Oxalsäurelösung versetzt und dann diejenige Quantität der Oxalsäure, welche nicht in den gebildeten Calciumoxalatniederschlag übergegangen, sondern in Lösung geblieben ist, mit Kalium-permanganatlösung zurücktitriert. Aus dem gefällten Anteil der Oxalsäure wird dann die Kalkmenge berechnet. Richtiger ist es, den gut ausgewaschenen aus Calciumoxalat bestehenden Niederschlag in warmer verdünnter Schwefelsäure zu lösen und in dieser Lösung die Oxalsäure bzw. die mit ihr äquivalente Kalkmenge durch Titrieren mit Kaliumpermanganatlösung zu bestimmen. Die Genauigkeit der Methode ist für die meisten hygienischen Zwecke vollkommen genügend.

Fig. 35.

Auch die in natürlichen Wassern enthaltene Magnesia kann maßanalytisch bestimmt werden; von den in Vorschlag gebrachten Methoden soll hier die Pfeifersche (Zeitschr. f. angew. Chem. 16, 199; 1902) Platz finden.

„Zur Bestimmung der Magnesia werden 100 ccm Wasser, wie bei der Bestimmung der Alkalinität nach Wartha, unter Zusatz von

---

[1] Noch besser ist es, das Zink vor dem Beschicken mit Wasser in die Flasche zu geben und das Volum des Zinks in Betracht zu ziehen; 20 g Zink = 2,5 ccm.

Alizarin mit $^1/_{10}$ N.-Säure kochend titriert, sodann wird das nunmehr kohlensäurefreie Wasser mit ausgekochtem destillierten Wasser in einen Meßkolben von 200 ccm gespült, mit überschüssigem (25—50 ccm) gemessenen Kalkwasser versetzt; der Kolben wird 5 ccm über die Marke gefüllt, mit einem Kautschukstöpsel verschlossen, gut durchgeschüttelt, nach einigen Minuten abgekühlt und dann die Flüssigkeit auf ein großes Faltenfilter gebracht. In 100 ccm des Filtrats wird der überschüssige Kalk zurückgemessen (Indikator Phenolphtalein); aus dem verbrauchten Kalk berechnet sich die Magnesia, da jedem ccm $^1/_{10}$ N.-Kalklösung 2,0 mg Magnesia entsprechen."

Das angegebene Verfahren gibt, mit einiger Sorgfalt ausgeführt, befriedigende Resultate. Zu beachten ist hierbei, daß man das Fällungsmittel in genügendem Überschuß verwende. Das Kalkwasser muß, um die Versuchsfehler auszugleichen, durch einen der Bestimmung selbst genau entsprechenden blinden Versuch auf seinen Gehalt geprüft werden.

Aus den gewichtsanalytisch oder titrimetrisch bestimmten Mengen von Kalk und Magnesia kann man nun auch die G e s a m t h ä r t e d e s W a s s e r s b e r e c h n e n (s. S. 231).

10. Natron und Kali.

Trink- und Brauchwasser enthalten für gewöhnlich nur geringe Mengen Natron und Kali. Diese Bestandteile der natürlichen Wasser wurden bisher weniger berücksichtigt, so daß man von deren direkter Bestimmung [1]) schon der Umständlichkeit halber zumeist absah. Nach neueren Erfahrungen aber scheint ein übermäßiger Gehalt an Kaliumsalzen im Vergleich zum normalen Wasser der Gegend auf Verunreinigungen hinzudeuten. Organische stickstoffhaltige Abfallstoffe enthalten ja bekanntlich nicht unbedeutende Mengen von Kaliumverbindungen. Im allgemeinen gehen nämlich ein ungewöhnlich hoher Gehalt an Chlor mit Natron, ein solcher an Salpetersäure mit Kali zusammen, so daß bei Wassern mit bedeutendem Salpetersäuregehalt auch auf einen bedeutenden Kaligehalt geschlossen werden kann.

Hat man im Wasser den K a l k und die M a g n e s i a , ferner die f e s t g e b u n d e n e K o h l e n s ä u r e , S c h w e f e l s ä u r e , S a l p e t e r s ä u r e , und das C h l o r bestimmt, so l ä ß t s i c h d i e M e n g e d e r A l k a l i e n b e r e c h n e n . Das Resultat ist zwar, wie bei den meisten Differenzbestimmungen kein genaues, kann aber dem Zwecke noch immer entsprechen.

Um die Menge der Alkalien zu bekommen, werden sowohl die gefundenen Mengen der Basen als auch die der Säuren durch ihr Äquivalentgewicht dividiert, dann addiert man die Quotienten der Basen für sich und die der Säuren ebenfalls. Enthält das Wasser Alkalien, so ist die Summe der Quotienten der Basen kleiner als die der Quotienten

---

[1]) T i e m a n n - G ä r t n e r , Untersuchung und Beurteilung der Wasser, 4. Aufl., S. 108 ff.

der Säuren. Multipliziert man die Differenz mit dem Äquivalentgewichte des Natrons, so bekommt man die Menge der Alkalien in Natron ausgedrückt.

Wählen wir als Beispiel ein stark verunreinigtes Brunnenwasser, dessen Analyse durch Fräulein G. Légrády ausgeführt wurde. In folgender Tabelle sind die analytischen Resultate, sodann die Äquivalentgewichte der in Frage kommenden Basen und Säuren, und endlich die Quotienten und deren Summen angegeben:

	In 1000 ccm Wasser	Äquivalentgewichte	Quotienten	
Kalk	115,2 mg	½ CaO = 28,0	4,11	
Magnesia	54,0 -	½ MgO = 20,2	2,67	6,78
Chlor	60,2 -	Cl = 35,5	1,69	
Schwefelsäure	49,5 -	½ SO₃ = 40,0	1,24	
Salpetersäure	89,4 -	½ N₂O₅ = 54,0	1,66	10,44
Fg. Kohlensäure	128,7 -	½ CO₂ = 22,0	5,85	

Die beiden Summen 6,78 und 10,44 differieren um 3,66; multiplizieren wir diese Zahl mit dem Äquivalentgewichte des Natrons, also mit 31, so erhalten wir als Resultat, daß das untersuchte Wasser im Liter 113,5 mg Alkalien, als Natron (Na_2O) ausgedrückt, enthält. Multipliziert man mit 23, so bekommt man die Menge der Alkalien, als Natrium ausgedrückt.

Ammoniak und salpetrige Säure usw. kämen nur dann in Betracht, wenn sie in größeren Mengen vorhanden wären. Kieselsäure ist zwar in jedem Wasser vorhanden, doch ist dies belanglos, da bei der Bestimmung der Alkalinität die Kieselsäure auf Methylorange wirkungslos ist.

Zum Nachweis und titrimetrischen Bestimmung des Kalis in gewöhnlichen natürlichen Wassern schlägt Verfasser dieses Abschnittes folgendes schnell ausführbares Verfahren vor, bei welchem das Kali als Kaliumhydrotartrat zur Abscheidung gelangt und mit ¹/₁₀ normaler Lauge titriert wird.

Zum Nachweis und zur Bestimmung des Kalis sind folgende Lösungen nötig:

1. Alkoholische Lithiumhydrotartratlösung. Man löst 0,5 g Lithiumcarbonat mit 2,0 g reiner Weinsäure in Wasser auf 100 ccm; zu dieser Lösung werden 50 ccm Alkohol (95 proz.) gemengt. Man streut dann noch in die Flüssigkeit ca. 1 g reines Weinsteinpulver.

2. Verdünnter Alkohol mit Weinstein gesättigt. Die Mischung von 100 ccm Wasser mit 50 ccm Alkohol (95 proz.) wird ebenfalls mit 1 g Weinsteinpulver versetzt.

Diese Lösungen, welche dem Verderben nicht ausgesetzt sind, werden in Vorrat gehalten. Bei Bedarf wird vom Bodensatze die nötige Menge klarer Flüssigkeit abgegossen bzw. filtriert.

Um Kali nachzuweisen, verdampft man 100 ccm Wasser in einer Platinschale zur Trockne und laugt darauf den erkalteten Rückstand mit 5 ccm der Lösung 2 aus. Das Filtrat wird in einer Probierröhre mit dem gleichen Volumen der Lösung 1 zusammen geschüttelt. Enthält das Wasser pro Liter einige Zentigramme Kali, so entsteht schon nach einigen Minuten ein glitzernder krystallinischer Niederschlag von Kaliumhydrotartrat. Ist der Kaligehalt geringer, so zeigt sich der Niederschlag erst nach längerem Stehen. Bildet sich auch innerhalb einer Stunde kein Bodensatz, so enthält das Wasser nur unbedeutende Mengen von Kali, so daß man von dessen Bestimmung als belanglos absieht.

Zur q u a n t i t a t i v e n B e s t i m m u n g des Kalis nimmt man 100—1000 ccm Wasser, je nachdem man aus der qualititaven Probe auf einen bedeutenderen oder geringeren Kaligehalt schließen konnte. Die abgemessene Wasserprobe wird in einer kleineren Platinschale mit etwas reinem gefällten Baryumcarbonat[1]) unter wiederholtem Aufrühren mit einem Glasstäbchen zur Trockne verdampft, um die Sulfate des Calciums und des Magnesiums zu zersetzen. Der trockene Rückstand wird 3 mal mit je 10 ccm heißen Wassers ausgelaugt und das Filtrat, mit Salzsäure angesäuert, in einer ganz kleinen Glasschale von bekanntem Gewichte zur Trockne verdampft. Den Rückstand löst man, wenn das Gewicht desselben nicht mehr als 0,1 g beträgt — wie dies gewöhnlich der Fall ist — in 10 ccm Lösung 1; sollte der Rückstand ausnahmsweise mehr als 0,1 g betragen, so wird entsprechend mehr Lösung 1 verwendet. Die Abscheidung des Kaliumhydrotartrates beginnt schon nach einigen Minuten, doch muß man bis zur vollständigen Ausscheidung ca. 1 Stunde warten. Während dieser Zeit ist die Glasschale bei möglichst gleicher Temperatur zu halten, ferner muß die Schale gut bedeckt gehalten werden, damit kein Alkohol verdampfe. Es ist auch angezeigt, den Niederschlag gelegentlich mit einem ganz kleinen Glasstabe aufzurühren. Nach Verlauf der angegebenen Zeit sammelt man den Niederschlag in einen kleinen Glastrichter, in welchen man einen Wattebausch von ca. 0,02 g Gewicht hineingedrückt hatte. Die Schale und der Niederschlag werden mit 10 ccm Lösung (2) gewaschen, darauf wird der Niederschlag in ca. 10 ccm heißen Wassers gelöst, endlich das in Lösung befindliche Kaliumhydrotartrat mit $^1/_{10}$ normaler Lauge (Indikator Phenolphtalein) titriert; am besten ist es, die Lauge auf reines Kaliumhydrotartrat einzustellen. Die verbrauchten ccm der $^1/_{10}$ normalen Lauge mit 4,71 multipliziert, geben den Kaligehalt (K_2O) der verwendeten Wasserprobe in Milligrammen.

So wurde z. B. bei Anwendung von 100 ccm oben erwähnten Brunnenwassers 1,48 ccm, bei 300 ccm Wasser 4,43 ccm $^1/_{10}$ normaler Lauge verbraucht, was einem Kaligehalte von 69,5 mg pro Liter entspricht; die gravimetrische Bestimmung ergab 72,6 mg.

---

[1]) Das Baryumcarbonat bereitet man sich vorteilhaft selbst durch Fällen einer Baryumchloridlösung mit überschüssigem Natriumcarbonat. Der ausgewaschene Niederschlag wird am besten unter Wasser in Vorrat gehalten; bei Bedarf werden von der aufgeschüttelten schlammigen Flüssigkeit ca. 10 Tropfen verwendet.

11. Ammoniak.

Für den q u a l i t a t i v e n Nachweis des Ammoniaks besitzen wir ein äußerst empfindliches Reagens in der von J. N e s s l e r zuerst empfohlenen K a l i u m q u e c k s i l b e r j o d i d l ö s u n g, einer Auflösung der Doppelverbindung von Kaliumjodid und Mercurijodid (K_2HgJ_4) in Kali- oder Natronlauge. Dieses Reagens verursacht in äußerst verdünnten Ammoniaklösungen eine kräftige bräunlichgelbe Farbe; die Reaktion ist so empfindlich, daß bereits 0,05 mg Ammoniak in 1000 ccm Wasser nachgewiesen werden können. Da jedoch natürliche Wasser meist bedeutende Mengen Calcium- und Magnesiumsalze enthalten, so entsteht bei Anwendung dieses Reagens gleichzeitig ein aus Calciumcarbonat und Magnesiumhydroxyd bestehender Niederschlag, welcher bei dem Nachweise geringer Mengen von Ammoniak äußerst störend wirkt. Um also in natürlichen Wassern auf Ammoniak reagieren zu können, sind entweder die störenden C a l c i u m - u n d M a g n e s i u m v e r b i n d u n g e n durch Natronlauge z u e n t - f e r n e n, oder es ist durch Anwendung von S e i g n e t t e - S a l z d i e A b s c h e i d u n g der E r d a l k a l i m e t a l l e zu v e r - h i n d e r n. Einfacher ist jedenfalls die Anwendung des letzteren Verfahrens. Zum Nachweise (und auch zur kolorimetrischen Bestimmung) des Ammoniaks sind also folgende Reagenzien nötig:

1. N e s s l e r sches R e a g e n s. Dieses möge nach folgender Vorschrift bereitet werden (keinesfalls mit Mercurichlorid):

Mercurijodid	10 g
Kaliumjodid	5 g
Natriumhydroxyd	20 g
Destilliertes Wasser	100 ccm

Das Mercurijodid wird in einem kleinen Porzellanmörser mit Wasser verrieben, dann in eine Flasche gespült und das Kaliumjodid zugesetzt; das Natriumhydroxyd wird in dem Reste des Wassers gelöst und die v o l l s t ä n d i g e r k a l t e t e Lauge mit dem Übrigen gemengt. Das fertige Reagens wird im Dunkeln aufbewahrt. Zur Verwendung kommt dieses Reagens erst nach einigen Tagen, nachdem es sich durch Sedimentation vollkommen geklärt und auch die Auskrystallisierung des überschüssigen Mercurijodids sich nahezu vollzogen hat. Das so dargestellte Reagens ist eine blaßgelbe, ätzende Flüssigkeit vom spezifischen Gewichte 1,28. — Zur Aufbewahrung dieses Reagens, sowie auch anderer stark alkalischer Flüssigkeiten, sind Flaschen mit Glasstöpsel weniger geeignet, da der Stöpsel mit dem Flaschenhals leicht verkittet; sehr geeignet erweisen sich jedoch gute Korkstöpsel, die in geschmolzenes Paraffin getaucht, noch im warmen Zustande in den trockenen Flaschenhals eingesetzt wurden.

2. S e i g n e t t e s a l z l ö s u n g. 50 g krystallisiertes Seignettesalz werden in 100 ccm warmen Wassers gelöst und die filtrierte Lösung, um sie vor Schimmel zu schützen, mit 5 ccm N e s s l e r schem Reagens versetzt. Auch diese Lösung ist im Dunkeln aufzubewahren.

Da das käufliche Seignettesalz fast immer Spuren von Ammoniak enthält, so ist die Flüssigkeit anfänglich gelblich, sie wird jedoch nach 2—3 tägigem Stehen farblos.

Wünscht man die mit N e s s l e r schem Reagens versetzte Seignettesalzlösung oder das N e s s l e r sche Reagens selbst zu filtrieren, so wird dies durch einen kleinen in einen Glastrichter hineingedrückten Wattebausch vollzogen. Die anfänglich abtropfende Flüssigkeit ist zu verwerfen.

Zum Nachweis des Ammoniaks versetzt man etwa 50 ccm des zu untersuchenden Wassers in einem Zylinder von farblosem Glase mit 1 ccm Seignettesalzlösung und ebensoviel N e s s l e r schem Reagens und beobachtet nun die Färbung der Flüssigkeit, indem man von oben schräg durch dieselbe auf ein untergelegtes weißes Papier sieht. Wenn das Wasser ursprünglich farblos war, wird nun bei Anwesenheit der geringsten Spuren von Ammoniak ein gelber, eventuell braungelber Farbton zu sehen sein.

Zur q u a n t i t a t i v e n Bestimmung des Ammoniaks bedient man sich in Anbetracht der geringen Mengen desselben am besten der k o l o r i m e t r i s c h e n M e t h o d e[1]); die Ausführung der Bestimmung ist die folgende:

Erforderlich dazu sind zwei Flaschen mit Glasstöpsel und einem Inhalte von ca. 150 ccm; am zweckdienlichsten ist es, wenn man geschliffene Flaschen benutzt, da sich die Färbung in solchen am schärfsten beobachten läßt. Man kann auch Glaszylinder von ca. 4 cm Durchmesser und 20 cm Höhe verwenden. In die eine Flasche schüttet man 100 ccm des zu untersuchenden Wassers, in die andere ebensoviel ammoniakfreies gewöhnliches oder destilliertes Wasser; hierauf wird diesen Wasserproben je 2—3 cm Seignettesalzlösung und t r o p f e n w e i s e ebensoviel N e s s l e r sches Reagens beigemengt. In die Flasche mit dem ammoniakfreien Wasser läßt man nun aus einer engen Bürette langsam eine Ammoniumchloridlösung zufließen, von der jedes ccm die 0,1 mg Ammoniak entsprechende Menge Ammoniumchlorid enthält. Von dieser Lösung wird unter öfterem Umschwenken so viel verbraucht, bis das ursprünglich ammoniakfreie Wasser die Farbe des zu untersuchenden Wassers angenommen hat. Die verbrauchten ccm Ammoniumchloridlösung ergeben das in 1000 ccm des zu untersuchenden Wassers enthaltene Ammoniak in mg.

Behufs Herstellung der zu den Messungen nötigen Ammoniumchloridlösung löst man 0,315 g reines trockenes Ammoniumchlorid in Wasser auf 1000 ccm.

Man sollte meinen, daß es zweckmäßig wäre, die zur kolorimetrischen Bestimmung des Ammoniaks zu benützenden Reagenzien nach gleichem Volumen gemischt vorrätig zu halten. Aus dieser Mischung beginnt jedoch schon nach eintägigem Stehen die Ausscheidung von krystallinischem Mercurojodid in goldgelben, dem Bleijodid ähnlichen

---

[1]) Chem.-Ztg. **23**, 454, 541; 1899 und **25**, 586; 1901.

Flittern, deren Menge fortwährend zunimmt. Das so veränderte Reagens ist zur Bestimmung des Ammoniaks durch Farbenvergleich nicht mehr geeignet, weil bei dessen Anwendung nicht nur eine Färbung, sondern auch eine Trübung eintritt. Am besten ist es, von beiden Reagenzien nach Augenmaß nur so viel zu mischen, als unmittelbar zum Versuche notwendig ist; von dieser Mischung werden bei den Bestimmungen je 5 ccm verwendet. Dieses Gemenge wollen wir in der Folge g e m i s c h t e s R e a g e n s benennen. Zu den 100 ccm des zu untersuchenden Wassers sind die 5 ccm des gemischten Reagens n i c h t a u f e i n m a l hinzuzufügen, sondern t r o p f e n w e i s e, da sonst in Gegenwart von Ammoniak oft nicht die erwartete bräunlichgelbe, sondern eine mehr citronengelbe Färbung entsteht, so daß dann die Bestimmung des Ammoniaks durch Farbenvergleich nicht mehr ausgeführt werden kann. Sollte sich bei der Anwendung dieses gemischten Reagens Mercurijodid ausscheiden, was hauptsächlich bei frischem N e s s l e r schen Reagens vorkommt, so löst man in 50 ccm desselben 0,1—0,2 g Kaliumjodid. Mehr Kaliumjodid vermindert die Empfindlichkeit.

Zur Vergleichsflüssigkeit eignet sich reines n a t ü r l i c h e s Wasser besser als d e s t i l l i e r t e s Wasser, da letzteres ammoniakfrei, meist schwieriger zu beschaffen ist. Das destillierte Wasser der Laboratorien und Apotheken ist oft ammoniakhaltig; dieser Ammoniakgehalt stammt nur ausnahmsweise aus der Luft, er wird vielmehr durch Ammoniak produzierende Bakterien erzeugt.

Ist das zu untersuchende Wasser t r ü b e, so wird es zuerst filtriert; dabei ist es zweckmäßig, sich eines kleinen Filters zu bedienen und die ersten 100—200 ccm des Filtrates das eventuell vom Papier ammoniakhaltig sein könnte, zu verwerfen. Bei s e h r h a r t e m W a s s e r verursacht das gemischte Reagens einen aus den Tartraten der Erdalkalimetalle bestehenden N i e d e r s c h l a g; in diesem Falle sind die 100 ccm Wasser vorerst mit 5 ccm Seignettesalzlösung zu mengen und dann erst mit dem gemischten Reagens.

Wenn das zu untersuchende Wasser g e f ä r b t ist, so kann ohne Vorbereitung die kolorimetrische Bestimmung nicht vorgenommen werden. Manchmal gelingt es, eine farblose Flüssigkeit dadurch herzustellen, daß man 500 ccm Wasser mit 1 ccm Natronlauge und ebensoviel Sodalösung versetzt und in einer geschlossenen Flasche einige Stunden lang stehen läßt, wobei der sich bildende Niederschlag die färbenden Bestandteile mit sich reißt. Kann das Wasser auf diese Weise nicht entfärbt werden, so ist die Methode von M i l l e r (Journ. Chem. Soc. 3, 117; Zeitschr. f. anal. Chem. 4, 459; 1865) anzuwenden, bei welcher das Ammoniak durch Destillation des mit Natriumcarbonat versetzten (verdünnten oder unverdünnten) Wassers isoliert und im Destillat auf vergleichend k o l o r i m e t r i s c h e m Wege mit Hilfe des N e s s l e r schen Reagens bestimmt wird. Bei diesem Verfahren ist auf die Reinheit der anzuwendenden Gefäße besonders acht zu geben. Das zu untersuchende Wasser muß die Retorte zu mindestens zwei Dritteilen anfüllen, und das Wasser darf nicht weiter als bis zu zwei

Fünfteilen seines ursprünglichen Volumens abdestilliert werden. E m m e r l i n g (Ber. **35**, 2291; 1902) schreibt vor, bei Gegenwart von Eiweißstoffen das auf Ammoniak durch N e s s l e r s Reagens zu prüfende Wasser unter allen Umständen zu destillieren, weil die direkte Bestimmung in diesem Falle ganz ungenau ist.

Wo es sich um g r ö ß e r e M e n g e n von Ammoniak handelt, wie sie in Trink- und Brauchwassern schwerlich jemals vorkommen, kann man sich der von F l e c k (2. Ber. d. chem. Zentralst. f. öffentl. Gesundheitswesen S. 5) angegebenen Methode bedienen, welche darauf beruht, daß der in ammoniakhaltigem Wasser durch Zusatz alkalischer Kaliumquecksilberjodidlösung entstehende Niederschlag von Dimercuriammoniumjodid ($JNHg_2 + H_2O$) mit Hilfe von Natriumthiosulfat in Lösung gebracht und das gelöste Quecksilber durch Titrieren mit Schwefelleberlösung bestimmt wird.

Ebenfalls nur bei der Untersuchung stark ammoniakhaltiger Wasser kommt die a l k a l i m e t r i s c h e Bestimmung des unter Zusatz von Natriumcarbonat abdestillierten Ammoniaks oder die Überführung des durch Destillation isolierten Ammoniaks in P l a t i n s a l m i a k mit darauf folgendem Glühen und Wägen des hierbei erhaltenen metallischen Platins zur Anwendung [1]).

12. Albuminoid- und Proteid-Ammoniak.

Die die natürlichen Wasser verunreinigenden stickstoffhaltigen organischen Substanzen sind verschiedenen Ursprunges; so können durch den menschlichen Harn bzw. durch den Harn der pflanzen- und fleischfressenden Tiere, Harnstoff, Hippursäure und Harnsäure, ferner durch Exkremente und durch die Fäulnis der Eiweißstoffe pflanzlichen und tierischen Ursprungs Leucin, Tyrosin, Asparaginsäure, Glutaminsäure, Indol, Scatol usw. hineingelangen. Um sich über die Menge der verunreinigenden, stickstoffhaltigen organischen Substanzen zu orientieren, kann man die sogenannte A l b u m i n o i d - A m m o n i a k - B e s t i m m u n g vornehmen [2]), das heißt, man destilliert eine gemessene Wasserprobe mit stark alkalischer Kaliummanganatlösung und bestimmt hierauf den Ammoniakgehalt des Destillates. Über die Mengen der verunreinigenden, in Lösung und Schwebe befindlichen stickstoffhaltigen organischen Substanzen kann man sich auf einfachere Weise einen Anhaltspunkt verschaffen, indem man sie in saurer Lösung mit Kaliumpersulfat oxydiert und darauf die Menge des abgespaltenen Ammoniaks, mit Umgehung der Destillation, in der Flüssigkeit selbst durch Farbenvergleich bestimmt: Bestimmung des P r o t e i d - A m m o n i a k s (L. W. W i n k l e r , Zeitschr. f. anal. Chem. **41**, 290; 1902). Es handelt

---

[1]) Siehe hierüber die 4. Aufl. von T i e m a n n - G ä r t n e r s Handbuch der Untersuchung und Beurteilung der Wasser, S. 125 ff.
[2]) J. A l f r e d W a n k l y n and E r n. T h. C h a p m a n , Water-Analysis, London (Deutsch von H. B o r c k e r t) ; T i e m a n n - G ä r t n e r , Untersuchung der Wasser, 4. Aufl., S. 263.

sich bei diesen Bestimmungen wohlverstanden nicht darum, die absolute Menge der im Wasser vorhandenen stickstoffhaltigen organischen Stoffe zu bestimmen — einen solchen Rückschluß erlauben diese Verfahren nicht —, aber die hierbei gewonnenen Resultate können als I n d e x für die stickstoffhaltigen organischen Substanzen dienen. — Im folgenden sollen beide Verfahren eingehender beschrieben werden:

Albuminoïd-Ammoniak. Man verbindet die Bestimmung des albuminoiden Ammoniaks zweckmäßig mit der Bestimmung des im Wasser vorhandenen fertig gebildeten (anorganischen) Ammoniaks durch Destillation nach M i l l e r . Man braucht außer den Reagenzien die zur Bestimmung des fertiggebildeten Ammoniaks bereits angegeben wurden, noch eine a l k a l i s c h e K a l i u m m a n g a n a t l ö s u n g, welche nach folgender Vorschrift bereitet wird:

100 g reines, käufliches Kaliumhydroxyd und 4 g krystallisiertes Kaliumpermanganat werden in ½ Liter destillierten Wassers gelöst und die Lösung in einer großen E r l e n m e y e r schen Kochflasche ¼ Stunde lang lebhaft gekocht. Etwa vorhandene Spuren von Ammoniak oder stickstoffhaltigen organischen Substanzen werden dadurch ausgetrieben bzw. zerstört. Man läßt nun die konzentrierte Flüssigkeit an einem ammoniakfreien Orte erkalten, füllt mit ammoniakfreiem destillierten Wasser zu ½ Liter auf und bewahrt die Lösung in einer Flasche mit gut schließendem paraffinierten Korkstöpsel auf. Die so erhaltene Lösung enthält neben Kaliumpermanganat auch etwas Kaliummanganat.

Zur A u s f ü h r u n g der Bestimmung wird eine etwas über 1 Liter fassende tubulierte Retorte, deren Tubus mit eingeschliffenem Glasstöpsel verschließbar ist, derart mit einem Kühler verbunden, daß der Retortenhals etwas schräg nach aufwärts, der Kühler aber schräg nach abwärts gerichtet ist. Hierdurch wird ein etwaiges Überspritzen der Flüssigkeit beim Destillieren vermieden. Der Retortenhals ist am Ende im stumpfen Winkel abwärts gebogen und derart verjüngt, daß er gerade so weit ist als das Kühlrohr des Kühlers. Der Retortenhals wird mit dem Kühlrohr durch ein Stückchen ausgekochten schwarzen Kautschukschlauch verbunden. Beim Verbinden achte man darauf, daß das Ende des Retortenhalses an dem Kühlrohr anliege, so daß der Dampf mit dem Kautschuk möglichst wenig in Berührung kommt. Man läßt nun 500 ccm des zu prüfenden Wassers durch den Tubus in die Retorte fließen. Sollte das Wasser saure Beschaffenheit haben, so müßte ihm etwas frisch geglühtes Natriumcarbonat zugesetzt werden, um das präformierte Ammoniak frei zu machen. Für gewöhnlich ist ein solcher Zusatz nicht nötig, da die Trink- und Brauchwasser in der Regel kohlensaure alkalische Erden enthalten. Man destilliert nun so schnell als möglich, indem man die Retorte direkt, oder über ein J u n g - h a h n sches Asbestluftbad mit der Flamme eines Dreibrenners erhitzt. Das Destillat wird in 2 Fraktionen von 100 zu 100 ccm in Medizinflaschen von ca. 150 ccm Inhalt aufgefangen und, sobald die zweiten 100 ccm abdestilliert sind, die Destillation für einige Augenblicke unter-

brochen. Die zwei Flaschen enthalten die gesamte Menge des fertiggebildeten Ammoniaks, welches in den zum Versuche angewandten
500 ccm Wasser vorhanden war; es kann nach dem schon beschriebenen
kolorimetrischen Verfahren mit Nesslerschem Reagens bestimmt
werden.

Man läßt nun etwas abkühlen, entfernt von der Retorte den Glasstöpsel und gießt unter gelindem Umschütteln der Retorte durch einen
sorgfältig gereinigten Glastrichter 50 ccm der stark alkalischen Kaliummanganatlösung in die Flüssigkeit. Hierauf schließt man die Retorte
wieder, setzt die Destillation fort und fängt je 100 ccm in 2 Flaschen
auf. Dieses Destillat enthält nun das aus den stickstoffhaltigen organischen Substanzen gebildete Ammoniak, das ebenfalls k o l o r i m e -
t r i s c h mit Hilfe von Nesslers Reagens bestimmt wird.

Proteid-Ammoniak.   Zur Bestimmung des P r o t e i d - A m -
m o n i a k s in natürlichen Wassern sind nach L. W. W i n k l e r
folgende Lösungen notwendig (Zeitschr. f. anal. Chem. 41, 295; 1902).

1. K a l i u m p e r s u l f a t l ö s u n g.   Von reinem, namentlich
von Ammoniumpersulfat freiem, zu Pulver zerriebenem Kaliumpersulfat wird 1 g in Wasser auf 100 ccm gelöst. — Das käufliche Kaliumpersulfat ist meist mit bedeutenderen Mengen Ammoniumpersulfat verunreinigt und deshalb erst einer Reinigung zu unterziehen. Zu diesem
Zwecke werden 15 g des Präparates zu Pulver zerrieben und sodann unter
Hinzufügung von 1,5 g Kaliumhydroxyd in 100 ccm warmen (50—60°)
Wassers gelöst. Die Lösung wird durch einen kleinen Wattebausch geseiht und auf einige Stunden an einen kühlen Ort gestellt. Die ausgeschiedenen Krystalle werden in einem Glastrichter gesammelt, mit kaltem
Wasser gewaschen und bei gewöhnlicher Temperatur getrocknet. Sollte
das Salz noch nicht ammoniakfrei sein, so ist das Reinigen zu
wiederholen. — Die Kaliumpersulfatlösung ist nicht längere Zeit haltbar, und ist demnach nicht vorrätig zu halten. Die frische Lösung
ist neutral und wird von Baryumchlorid nicht getrübt; die veränderte,
Kaliumbisulfat enthaltende ist von saurer Reaktion, und Baryumchlorid erzeugt in ihr einen Niederschlag.

2. A n n ä h e r n d $^1/_5$ N o r m a l s c h w e f e l s ä u r e.   6 ccm
reine konzentrierte Schwefelsäure werden mit Wasser auf 1000 ccm
verdünnt.

Die zur Bestimmung des a b g e s p a l t e n e n A m m o n i a k s
zu benutzenden Reagenzien sind dieselben wie die zur Bestimmung des
Ammoniakgehaltes der natürlichen Wasser empfohlenen.

Die P r o t e i d - A m m o n i a k b e s t i m m u n g selbst wird in
folgender Weise vorgenommen:

In eine Kochflasche von ca. 200 ccm werden von dem zu untersuchenden Wasser 100 ccm gemessen, jedoch die Flasche vorerst mit
demselben ausgespült; sodann wird die Wasserprobe mit 5 ccm $^1/_5$ N.-
Schwefelsäure und ebensoviel Kaliumpersulfatlösung versetzt (sollte die
Flüssigkeit nicht sauer reagieren, so werden noch 5 ccm $^1/_5$ N.-Schwefel-
säure zugegeben). Die Flasche wird möglichst tief auf ein Wasserbad

gesetzt, in welchem sich das Wasser in heftigem Sieden befindet, so daß der Wasserdampf den ganzen unteren Teil der Flasche direkt bestreicht. Damit keine wesentliche Verdampfung der Flüssigkeit stattfinde, wird die Kochflasche mit einem kleinen Becherglas bedeckt gehalten. Die Kochflasche verbleibt im Dampfbade im ganzen 15 Minuten, dann wird sie mittels darauf strömenden kalten Wassers vollständig abgekühlt. Die Flüssigkeit wird sodann in eine Flasche aus geschliffenem Glase von ca. 150 ccm Inhalt oder in einen Glaszylinder von ca. 4 cm Durchmesser und 20 cm Höhe geschüttet und schließlich t r o p f e n w e i s e unter Umschwenken mit 5 ccm gemischtem Reagens (s. Bestimmung des Ammoniaks S. 265) gemengt. In eine ganz gleiche Flasche, bzw. einen Glaszylinder, werden ebenfalls 100 ccm des zu untersuchenden Wassers geschüttet und sodann dasselbe zuerst mit 5 (10) ccm $^1/_5$ N.-Schwefelsäure; sodann tropfenweise mit 5 ccm gemischtem Reagens und auch noch mit 5 ccm Kaliumpersulfatlösung gemengt. Letztere Flüssigkeit ist weniger, die erstere stärker gelb gefärbt. Um die Menge des Proteid-Ammoniaks zu erfahren, wird jetzt zur schwächer gefärbten Flüssigkeit so viel Ammoniumchloridlösung (1 ccm = 0,1 mg NH_3) hinzugeträufelt, bis derselbe Farbenton erreicht ist. So viele Kubikzentimeter Ammoniumchloridlösung verbraucht wurden, ebensoviel Milligramme beträgt die Menge des Proteid-Ammoniaks, bezogen auf 1000 ccm des zu untersuchenden Wassers.

Es sei nochmals darauf hingewiesen, daß das Versetzen der Vergleichsflüssigkeit mit Schwefelsäure und Persulfatlösung nicht umgangen werden darf, da sonst das in den Reagenzien fast immer, wenn auch nur in Spuren, enthaltene Ammoniak bedeutende Fehler verursacht, welche vollständig eliminiert werden, wenn man den angegebenen Arbeitsmodus einhält. Selbstverständlich wird auf diese Weise das im Wasser enthaltene Proteid-Ammoniak unabhängig von dem im untersuchten Wasser eventuell enthaltenen Ammoniak bestimmt, da doch als Vergleichsflüssigkeit dasselbe Wasser verwendet wurde.

Die Proteid-Ammoniakbestimmung kann besonders bei der Untersuchung von Trinkwasser angewendet werden.

Für stark trübes Schmutzwasser und gefärbte Wasser ist die Albuminoid-Ammoniakbestimmung geeigneter. Mit filtriertem (und nötigenfalls verdünntem) Wasser kann zwar in den meisten Fällen die Proteid-Ammoniakbestimmung ausgeführt werden, jedoch beziehen sich dann die gefundenen Werte nur auf die gelösten, stickstoffhaltigen Substanzen, da die schwebenden durch das Filtrieren entfernt wurden.

Mit der Proteid-Ammoniakbestimmung können im Wasser d i e g e - r i n g s t e n M e n g e n a n i m a l i s c h e r S t o f f e s i c h e r nachg e w i e s e n w e r d e n. Gelangen z. B. zu 1 cbm Wasser 10 ccm Harn, so wird man auch noch nach einigen Wochen im Liter ca. 0,1 mg Proteid-Ammoniak finden.

13. Eisen.

Das Eisen ist gewöhnlich als Ferrohydrocarbonat im Wasser gelöst; beim Stehen an der Luft setzt es sich als unlösliches braunrotes

Ferrihydroxyd ab. Man hat deshalb bei der Prüfung eines Wassers auf Eisen zunächst zu beobachten, ob sich das letztere nicht schon in Form von Flocken abgeschieden hat. Im letzteren Falle wird man den gelbbraunen Bodensatz auf einem Filter sammeln, mit heißer, eisenfreier Salzsäure digerieren und nach dem Verdünnen mit Kaliumferrocyanid (Blaufärbung) oder Ammoniumrhodanat (Rotfärbung) auf Eisen prüfen.

Ist das Eisen im Wasser noch gelöst enthalten, so geschieht der q u a l i t a t i v e Nachweis desselben am besten durch die Zugabe von einigen ccm S c h w e f e l w a s s e r s t o f f w a s s e r und 1—2 Tropfen A m m o n i a k zu 100 ccm Wasser. Enthalten diese 100 ccm Wasser 0,1 mg Ferro-Eisen, so färbt sich die Flüssigkeit kräftig b r a u n; die Reaktion ist aber auch noch wahrnehmbar, wenn 100 ccm Wasser nur 0,01 mg Eisen enthalten. Um sicher zu gehen, daß nicht etwa vorhandene Blei oder Kupferspuren die Reaktion verursachen, versetzt man die braune Flüssigkeit mit Essigsäure bis zur sauren Reaktion; verschwindet die Farbe, so ist Eisen sicher nachgewiesen, im entgegengesetzten Falle wäre Blei oder Kupfer zugegen. — Auf Ferri-Eisen ist Ammoniumsulfid bedeutend weniger empfindlich. Eine stark verdünnte Ferro- oder Ferri-Salzlösung wird von wenig Ammoniumsulfid, wenn gleichzeitig v i e l Ammoniak hinzugefügt wird, bläulichgrün gefärbt.

Zur q u a n t i t a t i v e n Bestimmung des Eisens bedient man sich, je nachdem bemerkbare Mengen oder nur Spuren vorhanden sind, entweder des titrimetrischen Verfahrens oder der kolorimetrischen Methoden.

Um Eisen t i t r i m e t r i s c h zu bestimmen, wird eine größere Menge (500—1000 ccm) Wasser unter Hinzufügung von einigen ccm Salzsäure und 0,1—0,2 g Kaliumchlorat in einer Glasschale zur Trockne verdampft. Das Hinzufügen von Kaliumchlorat bezweckt, die organischen Substanzen zu zerstören. Wenn aus dem zu untersuchenden Wasser nach längerem Stehen sich das Eisen abgeschieden hätte, so wird zur Untersuchung die ganze Flasche Wasser verwendet. Das Volumen des Wassers bestimmt man durch nachträgliches Kalibrieren der Flasche. Die Flasche ist einige Male mit warmer Salzsäure auszuspülen, damit die an der Flaschenwandung haftenden Eisenverbindungen nicht vernachlässigt werden. Der in der Glasschale verbliebene Rückstand wird mit 20 ccm verdünnter Schwefelsäure einige Zeit hindurch am Dampfbade erwärmt, sodann die Flüssigkeit vom ungelösten Gips, Kieselsäure usw. abfiltriert und das Ungelöste mit 10—20 ccm heißem destillierten Wasser ausgewaschen. Das in Lösung befindliche Eisen wird nun auf bekannte Weise mit eisenfreiem Zink oder Magnesium reduziert und mit $^1/_{100}$ normaler Kaliumpermanganatlösung titrimetrisch bestimmt.

In den meisten Fällen dürften wohl die k o l o r i m e t r i s c h e n M e t h o d e n vorzuziehen sein.

Wünscht man das Eisen auf Grund der Stärke der Farbenreaktion, welche in geringe Mengen Ferri-Eisen enthaltenden Lösungen durch K a l i u m f e r r o c y a n i d oder A m m o n i u m r h o d a n a t hervorgebracht werden, zu bestimmen, so muß man selbstverständlich das

Ferro-Eisen vorerst durch Oxydation in Ferri-Eisen verwandeln. Dies geschieht mit Salzsäure und Kaliumchlorat, wie oben angegeben, jedoch löst man den Rückstand in diesem Falle unter Anwendung von einigen Tropfen Salzsäure in destilliertem Wasser auf 100 ccm. Sodann vergleicht man die Farbennuance, welche durch Zusatz von Kaliumferrocyanid oder Ammoniumrhodanat in dieser Flüssigkeit entsteht, mit jenen Farbentönen, welches durch eines der genannten Reagenzien in gleichen Mengen destillierten Wassers entstanden sind, denen man genau bekannte, abgestufte kleine Mengen von Ferri-Eisen hinzugefügt hat (vgl. T i e - m a n n - G ä r t n e r s Handbuch, IV. Aufl., S. 80 ff., ferner im vorliegenden Werke Bd. I, S. 465 ff.).

Ist die Möglichkeit gegeben, so bestimmt man die Menge des Eisens an Ort und Stelle mit frisch geschöpftem Wasser. In diesem Falle kann das Verfahren dadurch vereinfacht werden, daß man sich die Umwandlung in Ferri-Eisen erspart und dementsprechend die kolorimetrische Bestimmung unter Anwendung von S c h w e f e l - a m m o n i u m vornimmt (Zeitschr. f. anal. Chem. 41, 550; 1902). Dieses Verfahren dürfte sich also besonders bei fortlaufenden Wasseruntersuchungen, z. B. bei Enteisenungs-Anlagen, bewähren.

Als Meßflüssigkeit benutzt man eine Ferro-Salzlösung von bekanntem Eisengehalte: Man löst 0,700 g M o h r sches Salz unter Hinzufügung von 1 ccm verdünnter Schwefelsäure in Schwefelwasserstoffwasser auf 1000 ccm; 1 ccm = 0,1 mg Fe. Die Lösung ist nur so lange brauchbar, als sie noch nach Schwefelwasserstoff riecht. Eben deshalb muß sie gut verschlossen aufbewahrt werden. Es empfiehlt sich, die Lösung in kleine Medizinflaschen zu verteilen, die Fläschchen mit gesunden Korkstopfen zu verschließen und hierauf den Kopf der Flaschen in geschmolzenes Paraffin zu tauchen. Auf diese Weise läßt sich die Lösung jahrelang unverdorben aufbewahren. Aber auch eine verdorbene Lösung kann wieder brauchbar gemacht werden, wenn man sie mit Schwefelwasserstoff sättigt.

Die Bestimmung des Ferro-Eisens durch Farbenvergleich führt man mit frisch geschöpftem Wasser möglichst an Ort und Stelle auf folgende Weise aus:

Von dem zu untersuchenden Wasser werden 100 ccm in einen farblosen Glaszylinder von etwa 4 cm Durchmesser und 20 cm Höhe gebracht, hierauf 5 ccm Schwefelwasserstoffwasser und 1—2 Tropfen Ammoniak hinzugefügt. In einen anderen, ebensolchen Zylinder werden 100 ccm destilliertes Wasser und ebenfalls 5 ccm Schwefelwasserstoffwasser und 1—2 Tropfen Ammoniak gegeben, sodann zu dieser Flüssigkeit unter Umschwenken tropfenweise so viel von der Ferrosalzlösung zugesetzt, bis die Farbe beider Flüssigkeiten annähernd gleich dunkel ist. Der Farbenvergleich kann jetzt noch nicht richtig vorgenommen werden, da erstere Flüssigkeit braun, letztere jedoch mehr bläulichschwarz gefärbt ist. Deshalb fügt man zu letzterer 2—3 Tropfen verdünnter Salzsäure und nach dem Entfärben einige Tropfen Ammoniak, worauf sich auch diese Flüssigkeit braun färbt. Jetzt wird die noch nötige Menge Ferrosalz.

lösung hinzugeträufelt, bis beide Flüssigkeiten gleich gefärbt sind. Endlich werden beide Flüssigkeiten durch einige Tropfen Salzsäure entfärbt, sodann die Reaktion durch Ammoniak wieder hervorgerufen; ist die Farbe der Flüssigkeiten auch jetzt ganz gleich, so ist die Bestimmung beendigt. So viele Kubikzentimeter Ferrosalzlösung verbraucht wurden, eben so viele Milligramme Ferro-Eisen enthält das untersuchte Wasser im Liter.

Das angegebene Verfahren führt nur dann zu genauen Resultaten, wenn das zu untersuchende Wasser im Liter 0,3—1,5 mg Ferro-Eisen enthält; ist die Menge des Eisens geringer als 0,3 mg, so führt man den Farbenvergleich in höheren und auch etwas weiteren Zylindern mit 500 ccm Wasser aus. Ist der Eisengehalt im Liter höher als 1,5 mg, so wird eine abgemessene, mit einigen Kubikzentimetern Schwefelwasserstoffwasser versetzte und dadurch für gewöhnlich dunkelgefärbte Wasserprobe entsprechend verdünnt.

Wenn man die Bestimmung des Eisens nach dieser Methode im Laboratorium vornehmen will, so konserviert man das Ferro-Eisen dadurch, daß man die Wasserprobe im Sammelgefäße mit einigen Tropfen Salzsäure a n s ä u e r t und mit 10% Schwefelwasserstoffwasser versetzt. So lange das Wasser noch nach Schwefelwasserstoff riecht, ist eine Umwandlung in Ferri-Eisen ausgeschlossen. Die kolorimetrische Bestimmung wird in diesem Falle selbstverständlich statt mit 100 ccm mit 110 ccm Wasser ausgeführt. Enthält das zu untersuchende Wasser auch Blei, so versetzt man die Wasserprobe auch mit der angegebenen Menge Salzsäure und Schwefelwasserstoffwasser, führt aber die Bestimmung erst Tags darauf aus, nachdem sich also das Bleisulfid mit dem gleichzeitig sich abscheidenden Schwefel zu Boden gesetzt hat. Die klare Flüssigkeit wird vom Bodensatze einfach abgegossen.

Es könnte auch unsere Aufgabe sein, zu bestimmen, wie groß die Menge des Eisens im g e l ö s t e n und wie groß sie im s u s p e n - d i e r t e n Z u s t a n d e ist. Um nur das gelöste Eisen zu bestimmen, versetzt man das zu untersuchende Wasser, o h n e d a s s e l b e a n - z u s ä u e r n , pro Liter mit 50 ccm Schwefelwasserstoffwasser und filtriert die braune Flüssigkeit durch Papier. Das entstehende Ferrosulfid ist nämlich in der Flüssigkeit anfänglich im kolloidalen Zustande vorhanden, so daß merkliche Mengen beim Filtrieren nicht zurückgehalten werden. Vom Filtrate benutzt man dann 105 ccm zur kolorimetrischen Probe. Bestimmt man ferner die Gesamtmenge des Eisens im Wasser, so ergibt die Differenz die in den unlöslichen Verbindungen enthaltene Eisenmenge.

Mit dem angegebenen Verfahren kann auch der G e s a m t e i s e n - g e h a l t des Wassers bestimmt werden, jedoch muß zuvor mit Schwefelwasserstoff das Ferri-Eisen zu Ferro-Eisen reduziert werden: Von dem zu untersuchenden Wasser werden je nach dem Eisengehalte 10 bis 500 ccm mit einigen ccm Salzsäure und 0,1 g Kaliumchlorat in einer Glasschale zur Trockne verdampft. Der Rückstand wird mit einigen Tropfen Salzsäure und ca. 10 ccm Wasser am Dampfbade einige Minuten lang erwärmt, dann wird der noch warmen Flüssigkeit ca. 5 ccm Schwefelwasserstoffwasser hinzugefügt und sie nach dem Erkalten durch ein kleines Filter filtriert, endlich mit so viel destilliertem Wasser nachgewaschen, bis das Filtrat 100 ccm beträgt. Im Filtrat wird das Eisen in oben beschriebener Weise bestimmt. Das Filtrat opalisiert zwar etwas vom fein zerteilten Schwefel, was aber nicht im geringsten stört, da beim Zusatz von Schwefelwasserstoffwasser und Ammoniak der Schwefel sich im gebildeten Schwefelammonium löst.

Ist das Wasser g e f ä r b t , so verfährt man auch, wie eben beschrieben wurde, wobei die färbenden Substanzen durch das sich entwickelnde Chlor zerstört werden.

14. Mangan.

Die neueren Untersuchungen haben ergeben, daß das Mangan in natürlichen Wassern häufig vorkommt. Es ist für gewöhnlich der Begleiter des Eisens. Hygienisch sind Mangansalze unschädlich, da sie aber wie das Eisen das Gedeihen gewisser Crenothrixarten begünstigen, sind sie in technischer Beziehung unter Umständen äußerst unangenehme Bestandteile; es kann sich nämlich durch die Lebenstätigkeit erwähnter Organismen manganhaltiger Schlamm usw. in den Leitungsröhren anhäufen.

Das Mangan ist im Wasser gewöhnlich als Manganohydrocarbonat gelöst und wird wie das Eisen beim Stehen des Wassers an der Luft als Manganihydroxyd abgeschieden; diese Abscheidung vollzieht sich aber langsamer als beim Eisen und ist auch unvollständiger. Immerhin wird man aber bei Untersuchung einer eingesandten Wasserprobe auch den eventuell an der Flaschenwand haftenden Niederschlag auf Mangan prüfen. In manchen Fällen könnte es auch angezeigt sein, sowohl die Menge des noch in Lösung befindlichen, als auch die schon abgeschiedene Menge des Mangans einzeln zu bestimmen.

Um M a n g a n n a c h z u w e i s e n , werden 100 ccm des zu untersuchenden Wassers mit Salpetersäure angesäuert in einer kleinen Glasschale am Wasserbade zur Trockne verdampft; der Rückstand wird darauf mit Salpetersäure benetzt und nochmals getrocknet. Den Rückstand löst man in 5 ccm verdünnter Salpetersäure (10 %) und streut in die Flüssigkeit eine kleine Messerspitze reines B l e i s u p e r o x y d . Nun wird die Schale unter Umrühren mit einem Glasstäbchen am Wasserbade 2—3 Minuten lang erwärmt, dann die Flüssigkeit in eine Probierröhre gegossen. Nachdem sich das Bleisuperoxyd abgesetzt hat, beobachtet man die Farbe der geklärten Flüssigkeit; schon bei einem Gehalte von 0,1 mg Mangan pro Liter ist die Flüssigkeit deutlich rosenrot gefärbt; noch schärfer läßt sich die Färbug beobachten, wenn man die Flüssigkeit durch Asbest filtriert (s. w. u.). Um das Mangan in dem an der Flaschenwand haftenden Niederschlag nachzuweisen, spült man die Flasche einige Male mit warmer verdünnter Salzsäure aus, die man mit e i n e m Tropfen Oxalsäurelösung versetzt hat, verdampft die Flüssigkeit in der Glasschale zur

Trockne, befeuchtet den Rückstand wiederholt mit Salpetersäure und verdampft immer wieder zur Trockne, löst ihn endlich in 5 ccm verdünnter Salpetersäure und verfährt im übrigen wie oben angegeben.

Um Mangan zu bestimmen, benutzen wir die kolorimetrische Methode. Es werden, je nachdem im Wasser bedeutendere Mengen oder nur Spuren von Mangan zugegen sind, 100—1000 ccm mit Salpetersäure angesäuert, in einer Glasschale zur Trockne verdampft. Besonderes Gewicht ist darauf zu legen, daß die im Wasser vorhandenen Chloride vollständig zersetzt werden. Man trocknet also den Rückstand wie bei der qualitativen Probe wiederholt mit Salpetersäure ein. Der Rückstand wird dann in 5 ccm verdünnter Salpetersäure (10 proz.) gelöst und die Lösung in eine ganz kleine Kochflasche geschüttet; die Glasschale wird 2 mal mit je 5 ccm verdünnter Salpetersäure nachgespült. Die Flüssigkeit wird nun mit einer kleinen Messerspitze Bleisuperoxyd versetzt, 5 Minuten lang in ruhigem Sieden gehalten, darauf durch gereinigten Asbest filtriert. Beim Filtrieren benutzt man einen ganz kleinen Glastrichter, in welchen man etwas von dem mit Salpetersäure ausgekochten, vorrätig gehaltenen Asbest hineingedrückt hat; vor dem Filtrieren ist der Asbest im Trichter mit Salpetersäure zu befeuchten. Das Filtrat fängt man in einem Becherglase von 50 ccm auf und wäscht mit so viel verdünnter Salpetersäure nach, bis die Flüssigkeit ca. 25 ccm beträgt. In ein ganz gleiches Becherglas werden sodann 25 ccm von der verdünnten Salpetersäure gegeben und aus einer engen Bürette soviel Kaliumpermanganatlösung von bekannter Stärke hineingeträufelt, bis die Flüssigkeit ebenso stark gefärbt ist wie die erste. Bei der kolorimetrischen Bestimmung verwendet man zweckmäßig eine Lösung, die im Liter 0,2877 g Kaliumpermanganat enthält; 1 ccm = 0,1 mg Mangan.

Über jodometrische Bestimmung des Mangans s. die Abhandlung von Baumert und Holdefleiß (Zeitschr. f. Unters. d. Nahrungs- u. Genußm. 8, 177; 1904) und die von E. Ernyei (Chem.-Ztg. 32, 41; 1908).

15. Blei.

Das Blei kann aus dem Material der Leitungsröhren unter gewissen Umständen in kleinen, aber in hygienischer Beziehung nicht unschädlichen Mengen ins Leitungswasser geraten. Das Blei ist im Wasser als Bleihydrocarbonat gelöst. Beim Stehen an der Luft, ebenso beim Kochen wird das Blei mit dem sich abscheidenden Calciumcarbonat mit abgeschieden.

Wenn es sich um den qualitativen Nachweis von Blei handelt, so schüttet man 100 ccm des zu untersuchenden Wassers in ein Becherglas, versetzt dasselbe bis zur sauren Reaktion mit Essigsäure, endlich mit einigen ccm Schwefelwasserstoffwasser; enthält das Wasser im Liter auch nur einige Zehntel Milligramme Blei, so färbt sich die Flüssigkeit bereits bräunlichgelb. Eisen ist nicht störend, da es in saurer Lösung mit Schwefelwasserstoff nicht reagiert.

Enthält das zu untersuchende Wasser im Liter 0,1 mg oder weniger Blei, so muß das Blei erst angereichert werden. G. F r e r i c h s (Apoth.-Ztg. 17, 884; 1902) hat die besonders wichtige Beobachtung gemacht, daß, wenn man bleihaltiges Wasser durch r e i n e W a t t e seiht, das Blei von dieser vollständig z u r ü c k g e h a l t e n, also das Wasser entbleit wird. Diese Eigenschaft der Watte kann also dazu benutzt werden, um die kleinsten Mengen Blei im Wasser qualitativ nachzuweisen und auch quantitativ zu bestimmen. Um äußerst geringe Mengen Blei auf diesem Wege nachzuweisen, kann folgender Weg eingeschlagen werden:

Man drückt in einen Glastrichter einen ca. 0,5 g schweren Verbandwattebausch und befeuchtet ihn mit destilliertem Wasser, damit er an dem Trichter anhafte. Vom zu untersuchenden Wasser wird nun ca. 1 L. durch den Wattebausch geseiht. Um das zurückgehaltene Blei wieder in Lösung zu bekommen, wird der Wattebausch mit a n - g e s ä u e r t e m Wasser ausgewaschen. Man versetzt 10 ccm dest. Wasser mit 1 ccm verdünnter Essigsäure, erhitzt bis zum Kochen und schüttet die heiße Flüssigkeit kubikzentimeterweise auf den Wattebausch. Durch die saure Flüssigkeit wird das Blei der Watte vollständig entzogen, so daß das Filtrat mit Schwefelwasserstoffwasser selbst dann noch eine kräftige Reaktion gibt, wenn auch nur Spuren von Blei zugegen waren, da auf diese Weise das Blei in der Lösung fast hundertfach angereichert wurde. Um sicher zu sein, daß die Reaktion nicht etwa durch Kupfer verursacht wurde, wiederholt man das Verfahren, versetzt jedoch die essigsaure Lösung nicht mit Schwefelwasserstoff, sondern fügt Ammoniak im Überschusse hinzu. Die Flüssigkeit wird nach dem Erwärmen filtriert, um eventuell vorhandenes Eisen zu entfernen. Das Filtrat wird in einer ganz kleinen Glasschale zur Trockne verdampft. Der Rückstand wird mit einem Tropfen Salzsäure in einigen Tropfen Wasser gelöst und mit Kaliumferrocyanid auf Kupfer geprüft.

Die q u a n t i t a t i v e Bestimmung des Bleis wird ebenfalls auf Grund der Reaktion mit Schwefelwasserstoff k o l o r i m e t r i s c h ausgeführt. Als Meßflüssigkeit dient eine Bleisalzlösung, die im ccm $^1/_{10}$ mg Blei enthält. Zur Darstellung dieser Lösung werden von zu Pulver zerriebenem getrockneten Bleinitrat 0,16 g in dest. Wasser auf 1000 ccm gelöst. Von dieser Bleisalzlösung werden nun je nach Stärke der Farbe, die man bei der qualitativen Prüfung beobachtet hat, 0,5, 1,0, 1,5 oder 1,5, 2,0, 2,5 ccm in farblosen Bechergläsern mit bleifreiem Wasser auf 100 ccm verdünnt und mit 1 ccm verdünnter Essigsäure angesäuert. In ein ähnliches Becherglas werden 100 ccm vom zu untersuchenden Wasser gemessen und dieses ebenfalls mit 1 ccm Essigsäure versetzt. Nun werden allen Wasserproben je 10 ccm Schwefelwasserstoffwasser zugefügt und die Farben verglichen, wodurch der Bleigehalt des Wassers gefunden wird. Ist im Wasser das Blei nur in Spuren enthalten, so wird das Blei ebenfalls erst angereichert. Um sicher vorzugehen, seiht man einige Liter zu untersuchenden Wassers w i e d e r h o l t e Male durch den Wattebausch. Nach Lösen des Bleis in essigsäurehaltigem heißen

Wasser wird mit bleifreiem Wasser nachgewaschen, bis die Flüssigkeit 100 ccm beträgt, und dann die kolorimetrische Bleibestimmung mit dieser Lösung vorgenommen.

Wäre das Wasser gefärbt, so muß es vor der Vornahme der kolorimetrischen Bleibestimmung entfärbt werden. Man säuert 100 ccm Wasser mit einigen Tropfen Salzsäure an und fügt einige ccm Chlorwasser zu. Die Flüssigkeit wird in einer E r l e n m e y e r schen Kochflasche so lange gekocht, bis das überschüssige Chlor vertrieben ist. Die erkaltete Flüssigkeit wird bis zur eben bemerkbaren alkalischen Reaktion mit Ammoniak versetzt, auf 100 ccm verdünnt, 1 ccm verdünnte Essigsäure zugefügt, endlich die kolorimetrische Bestimmung wie oben beschrieben, ausgeführt.

f) Bestimmung der gelösten Gase.

Fast jedes natürliche Wasser enthält g a s f ö r m i g e K o h l e n - s ä u r e , ferner Luft, also S t i c k s t o f f - und S a u e r s t o f f g a s gelöst. Grundwasser enthalten zuweilen in geringer Menge S c h w e f e l - w a s s e r s t o f f. M e t h a n kommt in gewöhnlichen natürlichen Wassern nur ausnahmsweise und in geringer Menge vor; manches artesische Wasser dagegen ist mit Methan übersättigt, so daß aus dem Brunnen mit dem Wasser auch gleichzeitig Methan ausströmt.

Es ist besonders zu betonen, daß sich auf den Gasgehalt der natürlichen Wasser nur dann richtig schließen läßt, wenn man das Wasser sogleich in der zur Bestimmung dienenden Flasche auffängt, ferner dafür Sorge trägt, daß das anfänglich in die Flasche gelangte mit Luft in Berührung gewesene Wasser nicht darin verbleibt. Bei der Untersuchung von Leitungswasser gestaltet sich die Sache am einfachsten, indem man das Wasser durch eine bis zum Boden reichende dünne Glasröhre einige Minuten durch die Flasche strömen läßt. Zur Untersuchung des Wassers eines Saugbrunnens wird vorerst ca. 10 Minuten lang Wasser geschöpft, sodann die Ausflußröhre mit einem Kautschukstöpsel verschlossen, in dessen Bohrung gleichfalls eine bis zum Boden der Flasche reichende Glasröhre gesteckt wird. Hierauf wird noch wenigstens fünf Minuten hindurch Wasser gepumpt, so daß sich das Wasser in der Flasche sicher erneuert. Zur Untersuchung von fließendem Wasser wird in die an einer Stange befestigte Flasche eine etwas weitere, gebogene Glasröhre gesetzt und darauf die Flasche bis zur gewünschten Tiefe in das Wasser gesenkt (Fig. 36 a. f. S.); nach einer Viertelstunde kann mit Sicherheit angenommen werden, daß sich das Wasser in der Flasche erneuert hat. Die Flasche wird erst nach dem Entfernen der Glasröhre aus dem Wasser gehoben. Um stehendes Wasser zu sammeln, wird in die an der Stange befestigte Flasche ein dünnes Bleirohr oder ein Asphaltkautschukrohr, welchem eine kurze Glasröhre angesetzt ist, gesteckt und so zur gewünschten Tiefe untergetaucht. Die Röhre wird mit einer kleinen Handpumpe verbunden und etwa zehnmal so viel Wasser gepumpt, als das Volum der Flasche beträgt. Die größte Genauigkeit wird dadurch erreicht, daß man am Halse der Flasche einen federnden Deckel anbringt, so daß nach dem Entfernen der Röhre die Flasche durch Zuklappen des Deckels automatisch abgeschlossen wird. Ist die Möglichkeit vorhanden, so bestimmt man den Gasgehalt an Ort und Stelle. Ist dies nicht ausführbar, so verwendet man zum Sammeln des Wassers Flaschen mit Glasstöpseln; beim Verschluß der Flasche ist darauf zu achten, daß keine Luftblasen darin verbleiben; ferner wird der Stöpsel vor dem Transport mit einer dünnen Gummiplatte verbunden (Zeitschr. f. anal. Chem. 40, 532; 1901).

Als Sammelgefäße eignen sich auch sehr gut Glasflaschen, welche mit Glasstöpsel und übergreifender Glaskappe, beide gut eingeschliffen, versehen sind [1]). Nachdem die Flasche auf angegebene Weise gefüllt wurde, wird auch die Glaskappe mit Wasser gefüllt und auf die Flasche gestülpt.

Die Bestimmung der freien Kohlensäure wurde schon S. 258 erörtert; die Bestimmungsmethoden der übrigen gelösten Gase, namentlich des **Stickstoffs**, **Sauerstoffs** und **Methans**, ferner des **Schwefelwasserstoffs** werden hier behandelt werden.

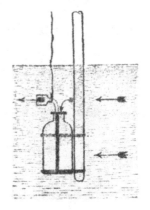

Fig. 36.

1. Stickstoff, Sauerstoff, Methan.

Die Bestimmung des in den natürlichen Wassern gelösten **Sauerstoffs** und **atmosphärischen Stickstoffs**[2]) kann auf leichte Weise dadurch ausgeführt werden, daß man die gelösten Gase durch im Wasser selbst entwickeltes Kohlendioxyd austreibt und sie über Natronlauge sammelt (Zeitschr. f. anal. Chem. 40, 523; 1901). Die Menge des Sauerstoffgases erfährt man am genauesten durch jodometrische Bestimmung (s. w. unten). Im ausgetriebenen Gasgemenge bestimmt man das Sauerstoffgas am einfachsten durch Absorption mit alkalischer Pyrogallollösung. Der im Wasser gelöste Sauerstoff und Stickstoff wird mit Kohlendioxyd auf folgende Weise ausgetrieben:

In einen Meßkolben von $\frac{1}{2}$ l Inhalt, dessen Volum bis zum Glasstöpsel bestimmt wurde (oder auch in eine gewöhnliche Halbliterflasche), streut man 10 g grobkörnigen, vom feinen Staube durch Sieben gereinigten Calcit. Auf den Calcit wird nun wenig mit Salzsäure angesäuertes Wasser gegossen; nach 1—2 Minuten anhaltender Gasentwicklung wird die Flüssigkeit vom Calcit abgegossen. Zweck dieses Vorgehens ist einzig der, den Calcit gleichmäßig zu befeuchten. Das zu

---

[1]) Farnsteiner-Buttenberg-Korn, Leitfaden für die chemische Untersuchung von Abwasser, S. 84.

[2]) Unter atmosphärischem Stickstoff verstehen wir den aus Luft dargestellten, Argon usw. enthaltenden Stickstoff.

untersuchende Wasser wird nun auf geeignete Weise längere Zeit durch den Meßkolben geleitet, bis es sich jedenfalls im Meßkolben erneuert hat (S. 276). Dem im ganz vollen Kolben enthaltenen Wasser werden nun mit einer Pipette 20 ccm rauchende Salzsäure (spez. Gew. 1,18—1,19) rasch zugesetzt. Die Salzsäure wird nicht auf den Boden, sondern in den Hals des Kolbens einfließen gelassen. Verfährt man so, dann beginnt die Gasentwicklung nicht sogleich, so daß Zeit bleibt, den schon mit einer dickwandigen, engen Gasleitungsröhre adjustierten Kautschukstöpsel in den Hals des Kolbens einzusetzen, sowie auch die mit 20 proz. Natronlauge gefüllte, ca. 40 cm lange und 1 cm weite Meßröhre auf das Ende des Gasleitungsrohres zu stellen (Fig. 37). Das in sehr kleinen Bläschen sich entwickelnde Kohlendioxyd-

Fig. 37.

gas reißt die in der Flüssigkeit gelösten Gase mit sich und überführt sie auf diese Weise in die Meßröhre. Nach 15—20 Minuten ist die Operation beendet. Um die Absorption des Kohlendioxydes vollständig zu gestalten öffnet man zeitweilig auf kurze Zeit den Hahn der Meßröhre, damit in dieselbe aus der daran befestigten Trichterröhre etwas frische Lauge einfließen kann.

Um die Menge des Gases möglichst einfach bestimmen zu können, wird fürs erste mit einem an Draht gebundenen Fläschchen (Fig. 38 a. f. S.) die Meßröhre aus der Lauge gehoben und für einige Minuten in ein Becherglas mit destilliertem Wasser gestellt, damit die schwere Flüssigkeit möglichst ausfließt. Sodann stellt man die Meßröhre, wieder unter Anwendung des Fläschchens in einen Glaszylinder von genügender Höhe. In den Glaszylinder wird so viel Wasser geschüttet, daß es 1—2 mm höher steht als im Meßrohre. Die Meßröhre erhält einen Deckel aus Pappe, durch welchen auch ein Thermometer eingeführt wird (Fig. 39 a. f. S.) Nach ca. 20 Minuten wird das Volumen des Gases und der Thermometer- und Barometerstand abgelesen und auf Normal-Volum reduziert.

In dem auf diese Weise gefundenen Gesamtvolum Sauerstoff und Stickstoff wird der Sauerstoff nach den bekannten Methoden der Gasanalyse bestimmt (Bd. I, S. 140 ff.). (Vgl. auch Zeitschr. f. anal. Chem. 40, 529; 1901.)

Auf den Luftgehalt der konzentrierten Salzsäure braucht man bei gewöhnlichen Bestimmungen keine Rücksicht zu nehmen; ebenso kann auch das Volum des Calcits vernachlässigt werden. Bei genaueren Messungen sind auch diese in Betracht zu ziehen. Die 10 g Calcit haben ein Volum von 3,6 ccm. Aus 1000 ccm bei gewöhnlicher Temperatur mit Luft gesättigter 38 proz. Salzsäure wurden durch Auskochen 9,58 ccm Stickstoff und 4,17 ccm Sauerstoffgas erhalten, so daß die den 20 ccm

Salzsäure entsprechende Korrektion 0,192 ccm Stickstoff und 0,083 ccm Sauerstoff beträgt.

Enthält das Wasser größere Mengen M e t h a n , so ist das nach Absorption des Sauerstoffs in der Meßröhre verbliebene Gas e n t - z ü n d l i c h. Kleinere Mengen Methan lassen sich nur gasanalytisch nachweisen. Um das Methan q u a n t i t a t i v zu bestimmen, treibt man das in Wasser gelöste Gas aus anderen 500 ccm in angegebener Weise mit Kohlendioxyd aus und leitet das Methan mit sich führende Kohlendioxyd in einen kleinen, mit Quecksilber gefüllten Gasometer, in dem sich zur Absorption des Kohlendioxydes 25 ccm 50 proz. Kalilauge befinden. Das erhaltene Gas wird dann eudiometrisch untersucht.

Soll im Wasser n u r d e r g e l ö s t e S a u e r - s t o f f bestimmt werden, so eignet sich hierzu be- sonders L. W. W i n k l e r s j o d o - m e t r i s c h e M e t h o d e (Ber. 21, 2843; 1888 und 22, 1764; 1889). Das Wesen der Methode besteht im folgenden:

Man oxydiert durch den in einer ge- messenen Menge Wasser gelösten Sauerstoff überschüssiges Manganohydroxyd in Gegen- wart von Alkali zu Manganihydroxyd. Hernach gibt man zur Flüssigkeit Kalium- jodid und Salzsäure, wobei sich eine dem gelösten Sauerstoff äquivalente Menge Jod ausscheidet. Dieses titriert man mit Natriumthiosulfatlösung, woraus sich die Sauerstoffmenge berechnen läßt.

Fig. 38.

Fig. 39.

Zur Bestimmung des gelösten Sauerstoffs sind folgende Lösungen nötig:

1. M a n g a n o c h l o r i d l ö s u n g. Man löst 40 g reines krystalli- siertes Manganochlorid, $MnCl_2 . 4 H_2O$, in Wasser auf 100 ccm. Das Manganochlorid sei nicht mit Eisen verunreinigt; aus einer angesäuerten Kaliumjodidlösung scheide es höchstens Spuren von Jod aus.

2. K o n z e n t r i e r t e N a t r o n l a u g e. Von reinstem käuf- lichen, namentlich n i t r i t f r e i e n Natriumhydroxyd wird 1 Teil in 2 Teilen Wasser gelöst. In e i n e m T e i l der Lauge löst man ca. 10 % K a l i u m j o d i d. Eine verdünnte, mit Salzsäure angesäuerte Probe der kaliumjodidhaltigen Natronlauge bläue Stärkelösung nicht sogleich; auch enthalte sie wenig Carbonat. Beide Lösungen werden in mit paraffinierten Korkstöpseln verschlossenen Flaschen aufbewahrt.

Die Bestimmungen führt man in starkwandigen, mit gut einge- schliffenen Glasstöpseln versehenen, ungefähr 250 ccm fassenden Flaschen aus, deren Inhalt man genau bestimmt hat. Die Flasche füllt man voll- ständig mit dem zu untersuchenden Wasser an; dieses einfach in die Flasche zu gießen, kann nur in dem Falle erlaubt werden, wenn das Wasser mit Luft gesättigt ist, andernfalls hat man das Wasser so lange durch die Flasche zu leiten, bis eine vollständige Erneuerung desselben anzunehmen ist (s. S. 276). Die Reagenzien sind sogleich in die Flasche einzuführen. Man benutzt hierzu mit langen engen Stielen versehene Pipetten von 1 ccm Inhalt, welche man in das Wasser bis nahe an den Boden des Gefäßes einsenkt. Vorerst trägt man einen ccm von der kaliumjodidhaltigen Natronlauge ein, darauf einen von der Manganosalzlösung. Man verschließt die Flasche mit der Vorsicht, daß keine Luftblasen in ihr zurückbleiben, was man leicht erreicht, wenn man den Stopfen durch Eintauchen in Wasser erst anfeuchtet. Die Flasche wendet man nun einige Male heftig um, um ihren Inhalt zu mischen, wobei natürlich der

Fig. 40.

Stopfen festzuhalten ist. Schon nach einigen Minuten setzt sich der flockige Niederschlag, und die Flüssigkeit wird in dem oberen Teil der Flasche fast völlig klar. Sollte die klare Flüssigkeit nicht farblos, sondern bräunlich sein, so wendet man die Flasche nochmals ruhig um. Schüttelt man die Flasche unnötigerweise längere Zeit hindurch, so verliert der Niederschlag die erwähnte flockige Beschaffenheit, wird pulverig und setzt sich dann nur langsam ab. Wenn die Zeit nicht drängt, ist es am besten, den Niederschlag vollständig setzen zu lassen; um die Flasche von der Luft abzuschließen, taucht man sie mit dem Stopfen nach abwärts in ein mit Wasser gefülltes Bechergläschen und stellt darauf die Flasche samt dem Bechergläschen wieder aufrecht (Fig. 40). Für gewöhnlich genügt es aber, die Flasche einfach einige Minuten ruhig stehen zu lassen. Wenn der Niederschlag sich so weit gesetzt hat, daß der obere Teil der Flüssigkeit in der Flasche klar erscheint, so öffnet man dieselbe und trägt mit einer langstieligen, vorher m i t W a s s e r a n g e - f e u c h t e t e n Pipette ungefähr 5 ccm rauchende Salzsäure ein. Man verschließt die Flasche abermals und mischt ihren Inhalt; der Niederschlag löst sich rasch, und man erhält eine von Jod gelb gefärbte Flüssigkeit, in welcher das Jod in bekannter Weise mit Natriumthiosulfatlösung gemessen wird.

In der Praxis wird eine $^1/_{100}$ normale Thiosulfatlösung am zweckmäßigsten sein; einem jeden ccm entsprechen 0,0560 ccm Sauerstoff (bei 0^0 und 760 mm Druck).

Es wird hierbei nicht in Betracht gezogen, daß die in den Reagenzien gelöste Sauerstoffmenge nur eventuell dieselbe ist wie die in dem zu untersuchenden Wasser; aber in Anbetracht dessen, daß die Reagensmenge beiläufig nur 1 % der ganzen Flüssigkeit ausmacht, wird dadurch nur ein unbedeutender Fehler begangen. Bei Normalbestimmungen verwendet man gesättigte, also praktisch luftfreie Reagenzien; in diesem

Falle muß aber auch mit Kohlensäure gesättigte luftfreie Salzsäure angewendet werden (Ber. 22, 1764; 1889).

Da Manganocarbonat dem Sauerstoff gegenüber sich indifferent verhält, so müssen wir bei solchen Wassern, welche bedeutendere Mengen Kohlensäure enthalten, die doppelte Menge (also 2 ccm) Natronlauge anwenden.

In reinen natürlichen Wassern kann auf angegebene Weise der gelöste Sauerstoff sehr genau bestimmt werden. Enthält das Wasser aber g r ö ß e r e M e n g e n o r g a n i s c h e r S t o f f e , so kann dadurch etwas Jod gebunden werden, wodurch man weniger Sauerstoff findet, als vorhanden. Um diesen Fehler zu eliminieren, versetzt man 100 ccm dest. Wassers und 100 ccm zu untersuchendes Wasser mit je 0,5 g Kaliumjodid und 10 ccm $^1/_{100}$ N.-Jodlösung und bestimmt nach 5 Minuten mit Natriumthiosulfatlösung die Menge des Jods in beiden Flüssigkeiten. Die Differenz der in beiden Fällen verbrauchten Natriumthiosulfatlösung gibt den Korrektionswert bezüglich 100 ccm Wasser an.

B e s o n d e r s s t ö r e n d ist es, wenn das zu untersuchende Wasser s a l p e t r i g e S ä u r e enthält. Ist auch nur wenig salpetrige Säure zugegen (im Liter 0,1 mg), so findet man für gewöhnlich mehr Sauerstoff, als wirklich vorhanden. Die salpetrige Säure scheidet nämlich aus der angesäuerten Kaliumjodidlösung auch Jod aus; diese Menge von Jod ist aber zumeist verschwindend klein. Die eigentliche Störung verursacht das aus der salpetrigen Säure entstandene Stickoxyd, welches während des Titrierens, ähnlich wie bei der Fabrikation der englischen Schwefelsäure, aus der Luft in unbegrenzter Menge fortwährend Sauerstoff überträgt. Dieser Fehler läßt sich jedoch leicht umgehen, wenn man zur Sauerstoffbestimmung N a t r o n l a u g e o h n e K a l i u m j o d i d verwendet. Bei Zusatz der Salzsäure wird energisch oxydierendes Manganichlorid gebildet, welches die salpetrige Säure sofort in Salpetersäure überführt. Das Kaliumjodid wird nur nachträglich zur Flüssigkeit gegeben, wobei sich der noch in der Flüssigkeit schwimmende Niederschlag rasch löst; das ausgeschiedene Jod wird dann mit Natriumthiosulfatlösung titriert. Durch das Manganichlorid wird aber nicht nur die salpetrige Säure oxydiert, sondern auch die im Wasser enthaltenen organischen Substanzen, und zwar eigentlich auf Kosten des im Wasser ursprünglich gelöst gewesenen Sauerstoffs, so daß wir jetzt auch weniger Sauerstoff finden würden, kurz, es ist auch in diesem Falle eine Korrektion nötig.

Die Ausführung des modifizierten Verfahrens, welches in jedem Falle anzuwenden ist, wenn 1000 ccm Wasser mehr als 0,1 mg salpetrige Säure enthalten, ist die folgende:

Wir benutzen die eben erwähnte Natronlauge, in welcher kein Kaliumjodid enthalten ist. Das weitere Verfahren ist das oben beschriebene nur ist zum Ansäuern die doppelte Menge Salzsäure zu verwenden. Nach dem Mischen wartet man zwei bis drei Minuten und versetzt die Flüssigkeit erst hierauf mit einem Kryställ-

chen Kaliumjodid. Die zur Korrektion benötigte Manganichloridlösung wird nur vor dem Gebrauche bereitet, und zwar in folgender
Weise: Man gibt zu 20 ccm dest. Wasser 1 ccm von der reinen
Natronlauge, nachher 5—10 Tropfen von der Manganochlorid-
lösung. Man läßt das Gemenge unter öfterem Umschütteln einige Minuten stehen, damit sich in gehöriger Menge Manganihydroxyd bildet.
Hierauf wird so viel rauchende Salzsäure zugesetzt, bis sich der Niederschlag gelöst hat, endlich die braune Lösung mit ca. 500 ccm dest.
Wasser verdünnt. Von dieser Manganichloridlösung messen wir zweimal
100 ccm ab (in speziellen Fällen auch mehr). Die ersteren 100 ccm verdünnen wir mit dest. Wasser auf 200 ccm, zu den anderen geben wir
100 ccm von dem zu untersuchenden Wasser. Nach dem Vermengen
warten wir 2—3 Minuten, setzen dann zu beiden ein Kryställchen Kaliumjodid und messen das ausgeschiedene Jod mit derselben Thiosulfatlösung,
mit welcher der Sauerstoff bestimmt wird. Die Differenz der in beiden
Fällen verbrauchten Thiosulfatlösung gibt den Wert der Korrektion
für 100 ccm Wasser. Man berechnet den Wert der Korrektion für die
zur Titrierung des Sauerstoffs angewandte Wassermenge und addiert
ihn zu der dort verbrauchten Natriumthiosulfatlösung. — Noch einfacher läßt sich fraglicher Korrektionswert mit K a l i u m p e r m a n -
g a n a t l ö s u n g bestimmen: Man versetzt 100 ccm des zu untersuchenden Wassers und 100 ccm reines destilliertes Wasser mit je
10 ccm $^1/_{10c}$ N.-Kaliumpermanganatlösung, und säuert beide Flüssigkeiten mit je 20 ccm 10 prozentiger S a l z s ä u r e an. Nach 2 bis
3 Minuten gibt man nun zu beiden Flüssigkeiten Kaliumjodid und verfährt im übrigen, wie eben angegeben. — In Fällen, wo die annähernde
Bestimmung des Sauerstoffs genügt, kann die Korrektion wegbleiben.

Auf Grundlage der Sauerstoffbestimmung kann man auch die
F ä u l n i s f ä h i g k e i t des Wassers untersuchen. Zu diesem Zwecke
leiten wir durch 1—2 Liter des zu untersuchenden Wassers ¼ Stunde
lang mit Watte filtrierte Luft hindurch, um das Wasser mit Luft zu
sättigen, und verteilen es dann auf kalibrierte Flaschen, die auf beschriebene Weise mit ihrem Stöpsel und mit Wasser gefüllten Bechergläschen verschlossen werden (S. 280). Enthält das Wasser schon ursprünglich ziemlich viel Sauerstoff, so ist das Sättigen mit Luft unnötig. In
einer der Flaschen wird der gelöste Sauerstoff sofort bestimmt; die übrigen
werden an einen d u n k l e n O r t von mittlerer Temperatur gestellt. In
diesen Flaschen wird der gelöste Sauerstoff nur nach längerem Stehen
(am anderen Tage, nach einigen Tagen, nach einer Woche usw.) bestimmt,
wobei man in unreinem Wasser eine Abnahme des Sauerstoffs findet,
da ein Teil desselben, unter Mitwirkung von Kleinwesen, zur Oxydation
der vorhandenen organischen Stoffe verbraucht wurde. Je bedeutender
die Abnahme, um so größer ist die Fäulnisfähigkeit des Wassers. Bei
reinem natürlichen Wasser ist die Abnahme so gering, daß sie kaum
konstatiert werden kann, bei mit organischen Substanzen verunreinigten
und bakterienreichen Wassern dagegen ist sie schon merkbar, bei Abwässern endlich bedeutend.

Interessant ist es, daß in manchen Wassern, wenn sie dem S o n n e n -
l i c h t e ausgesetzt werden, eine Zunahme des Sauerstoffs konstatiert
werden kann; in diesem Falle ist das Wasser reich an chlorophyll-
haltigen mikroskopischen Wasserpflanzen, durch deren Lebensprozeß
aus Kohlensäure Sauerstoff gebildet wird.

Es sollen hier einige Versuche bezüglich der Fäulnisfähigkeit natürlicher Wasser angeführt werden, die durch Herrn L. E k k e r t .im
I. chemischen Institut der Budapester Universität ausgeführt wurden.
Wasser 1 ist ein reines natürliches Wasser (Leitungswasser vom 25. Okt.
1900); dasselbe wurde nicht mit Luft gesättigt. Wasser 2 ist unreines,
sauerstoffarmes Brunnenwasser; dasselbe wurde vorerst mit Luft gesättigt. In 1000 ccm wurde Sauerstoff gefunden:

	Wasser 1.	Wasser 2.
Anfänglich	4,29 ccm	6,50 ccm
Tags darauf	4,27 ccm	5,86 ccm
Nach 4 Tagen	4,22 ccm	5,45 ccm

Die Fäulnisfähigkeit könnte auch in G r a d e n ausgedrückt werden.
So viele ccm von 100 ccm ursprünglich gelöstem Sauerstoff in den ersten
24 Stunden verschwinden, ebenso viele Grade beträgt die Fäulnisfähigkeit des Wassers. Die Fäulnisfähigkeit des Wassers 1 ist also bei gewöhnlicher Temperatur 0,5, des Wassers 2 dagegen 9,9 Grade.

Endlich sollen noch, um Vergleiche anstellen zu können, die Lös-
lichkeitsverhältnisse der a t m o s p h ä r i s c h e n L u f t und des
M e t h a n s in Wasser bei verschiedener Temperatur angeführt werden.

Nach den Versuchen des Verfassers dieses Abschnittes enthalten
1000 ccm Wasser beim Barometerstande 760 mm mit kohlensäure- und
ammoniakfreier Luft gesättigt folgende auf normales Volum reduzierte
Mengen an Gasen gelöst:

t	Sauerstoff ccm	Stickstoff, Argon usw. ccm	Summe ccm	Sauerstoffgehalt d. gel. Luft $^0/_0$
0°	10.19	18.99	29.18	34.91
1	9.91	18.51	28.42	34.87
2	9.64	18.05	27.69	34.82
3	9.39	17.60	26.99	34.78
4	9.14	17.18	26.32	34.74
5	8.91	16.77	25.68	34.69
6	8.68	16.38	25.06	34.65
7	8.47	16.00	24.47	34.60
8	8.26	15.64	23.90	34.56
9	8.06	15.30	23.36	34.52
10	7.87	14.97	22.84	34 47
11	7.69	14.65	22.34	34.43
12	7.52	14.35	21.87	34.38
13	7.35	14.06	21.41	34.34
14	7.19	13.78	20.97	34.30
15	7.04	13.51	20.55	34.25
16	6.89	13.25	20.14	34.21

t	Sauerstoff ccm	Stickstoff Argon usw. ccm	Summe ccm	Sauerstoffgehalt d. gel. Luft %
17	6.75	13.00	19.75	34.17
18	6.61	12.77	19.38	34.12
19	6.48	12.54	19.02	34.08
20	6.36	12.32	18.68	34.03
21	6.23	12.11	18.34	33.99
22	6.11	11.90	18.01	33.95
23	6.00	11.69	17.69	33.90
24	5.89	11.49	17.38	33.86
25	5.78	11.30	17.08	33.82
26	5.67	11.12	16.79	33.77
27	5.56	10.94	16.50	33.73
28	5.46	10.75	16.21	33.68
29	5.36	10.56	15.92	33.64
30	5.26	10.38	15.64	33.60

Unter denselben Verhältnissen lösen nach Versuchen des Verfassers 1000 ccm Wasser bei 0° 55,30, bei 5° 47,64, bei 10° 41,27, bei 15° 36,28, bei 20° 32,33, bei 25° 29,13, bei 30° 26,48 ccm M e t h a n [1]).

2. Schwefelwasserstoff.

Zum N a c h w e i s geringer Mengen gelösten Schwefelwasserstoffes kann die von E. F i s c h e r angegebene Reaktion benützt werden: Man säuert 100 ccm Wasser mit 10 ccm verdünnter S a l z - s ä u r e (10 proz.) an, streut dann in die Flüssigkeit eine kleine Messerspitze s a l z s a u r e s D i m e t h y l p a r a p h e n y l e n d i a m i n (Merck) und versetzt nach dem Lösen dieses Präparates die Flüssigkeit mit einigen Tropfen F e r r i c h l o r i d l ö s u n g. In Gegenwart von Schwefelwasserstoff färbt sich die Flüssigkeit in Folge von Bildung von Methylenblau, nach einiger Zeit (5—30 Minuten) schön blau.

Schwefelwasserstoff kommt in manchen Grundwässern vor, aber für gewöhnlich nur in so geringer Menge, daß man zu dessen B e - s t i m m u n g die Methode D u p a s q u i e r - F r e s e n i u s [2]) nicht anwenden kann. Für unsere Zwecke eignet sich dagegen die k o l o r i - m e t r i s c h e Methode [3]):

Versetzt man das schwefelwasserstoffhaltige Wasser mit Seignettesalzlösung (um die Ausscheidung von Calcium- und Magnesiumcarbonat zu verhindern) und einer alkalischen Bleisalzlösung, so färbt es sich, dem Schwefelwasserstoffgehalt entsprechend, mehr oder minder bräunlich. Mengt man dann zu destilliertem Wasser die unten erwähnten Reagentien und träufelt zur Flüssigkeit eine stark verdünnte Sulfidlösung von bekanntem Gehalte, bis sie ebenso stark gefärbt ist als die zu untersuchende Flüssigkeit, so ist die zu diesem Zwecke verbrauchte Sulfidlösung das

---

[1]) Ber. 34, 1419; 1901.
[2]) F r e s e n i u s, T i e m a n n - G ä r t n e r, Untersuchung der Wasser, 4. Aufl., S. 227.
[3]) Zeitschr. f. anal. Chem. 40, 772; 1901.

Maß der Schwefelwasserstoffmenge. Als Meßflüssigkeit bewährte sich eine ammoniakalische Arsentrisulfidlösung in solcher Konzentration, daß davon 1 ccm einer Menge von 0,1 ccm Schwefelwasserstoffgas (bei 0° und 760 mm Druck) entspricht.

Zur Bestimmung kleiner Mengen Schwefelwasserstoffes in natürlichen Wassern benötigt man folgende Lösungen:

1. 25 g krystallinisches Seignettesalz, 5 g Natriumhydroxyd und 1 g Bleiacetat werden in Wasser zu 100 ccm gelöst.

2. 0,0367 g reines, trockenes Arsentrisulfid [1]) werden in einigen Tropfen Ammoniak gelöst und die Flüssigkeit auf 100 ccm verdünnt; 1 ccm dieser Lösung entspricht 0,1 ccm Schwefelwasserstoffgas von 0° und 760 mm Druck. Diese Lösung kann nicht vorrätig gehalten werden, da sie sich rasch verändert; deshalb wird sie nur k n a p p v o r d e m G e b r a u c h e bereitet.

Die Bestimmung selbst wird auf folgende Weise ausgeführt: Von dem zu untersuchenden Wasser werden 100 ccm in eine Flasche aus farblosem Glase von ca. 150 ccm Inhalt geschüttet, in der sich 5 ccm vom Reagens 1 befinden. In eine gleiche Flasche kommen 100 ccm destillierten Wassers und 5 ccm Reagens 1. Zu dieser Flüssigkeiten wird nun von der in einer kleinen, engen Bürette enthaltenen Ammoniumthioarsenitlösung so viel hinzugeträufelt, bis beide Flüssigkeiten gleich gefärbt erscheinen. So viele ccm Ammoniumthioarsenitlösung verbraucht werden, ebenso viele ccm Schwefelwasserstoff enthalten 1000 ccm des zu untersuchenden Wassers.

Handelt es sich um genauere Bestimmung des Schwefelwasserstoffs, so wird das zu untersuchende Wasser an Ort und Stelle durch eine Reagensflasche von etwas mehr als 100 ccm Inhalt so lange durchgeleitet, bis es sich darin sicher erneuert hat. Auf den Boden der mit dem zu untersuchenden Wasser ganz gefüllten Flasche werden nun mit einer langstieligen Pipette 5 ccm Reagens 1 einfließen gelassen, die Flasche verschlossen und der Inhalt durch heftiges Bewegen gemengt. Der Schwefelwasserstoffgehalt wird aus 100 ccm dieser Flüssigkeit bestimmt, indem man als Vergleichsflüssigkeit 95 ccm destilliertes Wasser und 5 ccm Reagens verwendet. Der Schwefelwasserstoffgehalt des zu untersuchenden Wassers ergibt sich, wenn wir in Rechnung ziehen, wie viel die abgemessenen 100 ccm Flüssigkeit tatsächlich vom zu untersuchenden Wasser enthielten.

Das angegebene Verfahren bietet den Vorteil, daß die in Schwefelwassern meist vorhandenen Thiosulfate das Resultat nicht beeinflussen. Ist die Schwefelwasserstoffmenge pro Liter weniger als 0,2 ccm, so ist die Färbung derart schwach, daß die Schwefelwasserstoffmenge aus 100 ccm nicht mehr bestimmt werden kann; in diesem Falle wird zum Farbenvergleiche eine größere Wasserprobe (500—1000 ccm) verwendet.

---

[1]) Reines Arsentrisulfid erhalten wir, indem wir zu 100 ccm frischen Schwefelwasserstoffwassers die Lösung von 1 g Arsentrioxyd in verdünnter Salzsäure hinzufügen und dann den Niederschlag nach dem Auswaschen bei 100° trocknen.

Ist die Schwefelwasserstoffmenge pro Liter mehr als 1,5 ccm, so ist die Färbung zu stark; in diesem Falle empfiehlt es sich, die Methode D u p a s q u i e r - F r e s e n i u s anzuwenden.

Ist das s c h w e f e l w a s s e r s t o f f h a l t i g e W a s s e r gleichzeitig g e f ä r b t , so kann weder die kolorimetrische, noch die jodometrische Methode in Anwendung kommen. In diesem Falle ist es angezeigt, den gelösten Schwefelwasserstoff durch in der Flüssigkeit selbst entwickeltes Kohlendioxyd auszutreiben und das Gasgemenge durch Bromwasser zu leiten, wobei der Schwefelwasserstoff zu Schwefelsäure oxydiert wird. Die Versuchsanordnung ist dieselbe wie bei der Bestimmung der Gesamtkohlensäure (S. 258), jedoch wird statt metallischem Zink in die ca. 500 cmm große Sammelflasche (am besten noch vor dem Beschicken mit Wasser) 20 g grobkörniger Calcit (Vol. 7,2 ccm) gegeben [1]. Im Laboratorium wird dann das aus der Fig. 35 (S. 259) ersichtliche Glasgefäß *b* aufgesetzt und dasselbe mit einer kleinen Waschflasche verbunden, in der sich verdünntes schwefelsäurefreies Bromwasser befindet. Durch die Trichterröhre werden sodann nach und nach 50 ccm konz. Salzsäure einfließen gelassen. Nachdem die Gasentwicklung aufgehört hat, wird das Bromwasser auf ein kleines Volum verdampft, endlich die gebildete Schwefelsäure gewichtsanalytisch bestimmt.

III. Mikroskopische Untersuchung.

Zweck der mikroskopischen Untersuchung ist, zu eruieren, ob nicht auf direktem Wege, also durch unreine Zuflüsse oder durch ungenügende Bodenfiltration, Fäkalien bzw. Abfälle des menschlichen Haushaltes oder ähnliche Verunreinigungen ins Wasser gelangten. Ein solches Wasser ist nicht nur widerwärtig, sondern es enthält auch oft pathogene Keime und ist deshalb als Trinkwasser und als Brauchwasser für häusliche Zwecke jedenfalls zu verwerfen. Die mikroskopische Untersuchung des Wassers wird ausgeführt, indem man den B o d e n s a t z d e s W a s s e r s bei 50—500 facher Vergrößerung untersucht. Ist das Wasser merklich trübe, so läßt man es in der Sammelflasche 24 Stunden stehen. Hierauf entnimmt man vom Bodensatz ein wenig, und zwar in der Weise, daß man eine unten zur Spitze ausgezogene Glasröhre oben mit dem Finger verschließt und rasch bis zum Boden eintaucht. Hierauf öffnet man die Röhre, wodurch etwas Satz in dieselbe dringt. Nun wird die Röhre mit dem Finger wieder verschlossen, behutsam aus der Flasche gezogen und von dem Inhalt je ein kleiner Tropfen auf Objektträger gebracht und mit Deckgläschen bedeckt. Ist das Wasser nicht merklich getrübt, so läßt man es vorerst in der Sammelflasche sedimentieren, dann wird der größte Teil behutsam abgegossen und der Rest in ein Spitzglas gegossen. Tags darauf wird vom Boden des Glases in der angegebenen Weise eine Probe entnommen.

---

[1] Der Calcit muß vorerst untersucht werden, ob beim Lösen desselben in Salzsäure absolut schwefelwasserstofffreie Kohlensäure entwickelt wird.

Der Bodensatz eines nicht verunreinigten Wassers besteht haupt-sächlich nur aus Trümmern von Mineralien. Unser Augenmerk ist jedoch bei dieser Untersuchung besonders darauf zu richten, ob nicht den Ver-dauungskanal passierte, durch G a l l e g e l b g e f ä r b t e F l e i s c h - p a r t i k e l, Eier von im Darm der Menschen oder Tiere lebenden Parasiten oder Abfälle des menschlichen Haushaltes, so besonders Stärke-körnchen, Woll-, Hanf-, Leinfäden oder Papier-stückchen usw. vorkommen. Näheres über die mikroskopische Untersuchung ist in Spezialwerken zu suchen, z. B. T i e m a n n - G ä r t n e r, Untersuchung und Beurteilung der Wässer.

Neuerdings wird auch auf die b i o l o g i s c h e U n t e r s u c h u n g des Wassers Gewicht gelegt; derartige Untersuchungen gehören aber nicht in das Gebiet der Chemie. Als einschlägige Literatur möge erwähnt werden: K u r t L a m p e r t: Das Leben der Binnen-gewässer, Leipzig 1899; ferner: R. K o l k w i t z und M. M a r s s o n: Grundsätze für die biologische Beurteilung des Wassers usw. (Mitt. der K. Prüfungsanst. f. Wasservers. u. Abwasserb. zu Berlin, Heft 1, S. 33).

IV. Bakteriologische Untersuchung.

Der Zweck der bakteriologischen Untersuchung ist einesteils die Bestimmung der Zahl der im Wasser lebenden Bakterien und Bakterien-keime, andernteils nachzuweisen, ob das Wasser keine pathogenen Bak-terien (Cholera-, Typhuserreger usw.) enthält. Letzteres kann nur durch langwierige fachgemäße Untersuchungen beantwortet werden, das Zählen der Bakterien dagegen kann relativ leicht auch im chemischen Labora-torium vorgenommen werden. — Eine andere in das Gebiet der Bak-teriologie gehörige Untersuchungsmethode ist die E i j k m a n sche Gärungsprobe, s. H. K l u t, Untersuchung des Wassers 1908, S. 60.

Die Zahl der entwickelungsfähigen Keime kann dadurch bestimmt werden, daß man eine abgemessene Wasserprobe in lauwarme, daher flüssige Gelatinelösung, in sogenannte Nährgelatine einimpft. Die Nähr-gelatine stockt beim Erkalten und bindet die Bakterien an ihrer Stelle. Die Bakterien und deren Keime vermehren sich in der Gelatine schnell und bilden, da sie sich nicht verteilen können, in einigen Tagen schon mit freiem Auge sichtbare Kolonien; durch Zählen der Kolonien erfahren wir die in der Wasserprobe ursprünglich enthaltene Zahl der entwickelungsfähigen Keime.

Mit besonderer Sorgfalt ist die zur bakteriologischen Untersuchung bestimmte W a s s e r p r o b e zu entnehmen. Als Sammelgefäß benutzt man ein Fläschchen mit Glasstöpsel; das zuge-stöpselte und verbundene Fläschchen wird durch längeres Erhitzen im Luftbade bei 150° sterilisiert und nur vor dem Beschicken mit Wasser geöffnet, nachher wieder verbunden. Wäre Leitungswasser zu unter-suchen, so muß man es erst längere Zeit dem Hahne entströmen lassen.

bevor man die Probe nimmt; mit einem Pumpbrunnen muß auch erst
ca. 10 Minuten lang kräftig gepumpt werden.   Mit Quellwasser oder
Oberflächenwasser wird das an einen Draht gebundene Fläschchen durch
einfaches Untertauchen gefüllt. Besonders wichtig ist zu wissen, daß
der Bakteriengehalt des Wassers beim Stehen sich schon
unter einem Tage bedeutend verändern kann.
Eben deshalb wird die Wasserprobe sofort ins Laboratorium gebracht
und die Untersuchung ohne Säumen in Angriff genommen. Der ursprüngliche Keimgehalt des Wassers kann auf 1—2 Tage dadurch erhalten werden, daß man das Fläschchen Wasser, in eine passende Blechbüchse verschlossen, zwischen Eis verpackt transportiert.

Eine einmalige bakteriologische Untersuchung
wird selten genügen; dieselbe muß vielmehr in entsprechenden
Zeiträumen (Sommer, Winter, vor und nach einer Regenperiode, bei
niederem und hohem Wasserstand usw.) wiederholt werden.

Im folgenden wird die Darstellung einer zur Kultur der Wasser-
bakterien geeigneten Nährgelatine und deren Sterilisieren angegeben, weiter unten dann das Zählen der Bakterien, und zwar in
der Weise, daß diese Operationen in jedem chemischen Laboratorium auch
ohne spezielle bakteriologische Einrichtung ausgeführt werden können.

Bereitung von Nährgelatine. Man schüttet auf 20 g (im Sommer
auf 22 g) kleingeschnittener, feinster, trockner Gelatine, die sich
in einer Kochflasche befindet, 200 ccm destilliertes Wasser
und erwärmt unter fleißigem Umschwenken am Dampfbade bis zur vollständigen Lösung. Die so erhaltene Gelatinelösung ist zu klären. Zu diesem
Zwecke schüttelt man frisches Hühnereiweiß mit dem gleichen Volumen destillierten Wassers zusammen und versetzt die lauwarme
Gelatinelösung mit 10 ccm dieser Eiweißlösung. Die Flüssigkeit ist jetzt
am Dampfbade so lange zu erhitzen, bis das koagulierende Eiweiß sich in
Flocken abgeschieden hat.   Die Flüssigkeit wird durch ein größeres
Faltenfilter filtriert. Die anfänglich trübe abtropfende Flüssigkeit wird
so lange aufs Filter zurückgegossen, bis das Filtrat ganz klar ist; hierauf wird das Ganze in einen auf ca. 40⁰ erwärmten Trockenkasten
gestellt. Das Filtrieren der angegebenen Menge Gelatinelösung nimmt
etwa 2 Stunden in Anspruch. Das so erhaltene ziemlich saure Filtrat
wird mit so viel Natronlauge versetzt, bis empfindliches blaues
Lackmuspapier nur eben noch gerötet wird. Wenn man die Lösung
übersättigt, so trübt sie sich nach einiger Zeit [1]).

Die fertige Nährgelatine hat man in Probierröhren zu verteilen und in diesen zu sterilisieren. Von der noch warmen Flüssigkeit wird so viel in die Probierröhren gegeben, daß sich in jeder ca.

---

[1]) Wenn es sich nur darum handelt, zu entscheiden, ob das Wasser bakterienarm, bakterienreicher oder besonders bakterien-
reich ist, entspricht diese Nährgelatine dem Zwecke vollständig; wie Parallel-
versuche zeigten, ist das Bereiten der Gelatinelösung mit Fleischwasser, das Alkali-
sieren, ferner der übliche Zusatz von Pepton und Kochsalz in diesem Falle ganz
überflüssig.

10 ccm befinden; man achte, daß beim Einfüllen der Nährgelatine der obere Teil der Probierröhre rein bleibe. Am bequemsten und reinlichsten ist es, die flüssige Nährgelatine aus einer Hahnbürette in die Probier- röhren fließen zu lassen. Die Probierröhren sind mit Watte sorgfältig zu verschließen. Die so beschickten Probierröhren werden behufs Sterili- sierung in ein entsprechendes Becherglas gesetzt, an dessen Rand man einen Drahthenkel angebracht hat. Dieses Becherglas wird in ein weiteres gesenkt, auf dessen Boden sich eine Lage Stroh und einige Finger hoch Wasser befinden. Das große Becherglas wird mit einem gewölbten Deckel bedeckt, darauf erhitzt; von Beginn des Dampf- ausströmens an gerechnet, wird das Wasser eine Viertelstunde hindurch in lebhaftem Kochen erhalten. Der Zweck dieser Operation — des Sterilisierens — ist, die in der Gelatine enthaltenen und die an der Wand der Probierröhren und der Watte haftenden Bakterien zu töten. Da jedoch durch einmaliges Sterilisieren bei 100⁰ die Sporen der Klein- wesen nicht sicher vernichtet werden, hat man das Sterilisieren in an- gegebener Weise am folgenden und nächstfolgenden Tage zu wieder- holen. Die sterile Gelatine enthaltenden Probierröhren werden an einem kühlen Orte in einer Blechbüchse aufbewahrt, wo sie sich monatelang unverändert halten, da der Wattepfropf das Hineingelangen von Klein- wesen aus der Luft verhindert. War man beim Sterilisieren nicht sorg- fältig genug, so kommt es vor, daß in der einen oder in der anderen Probierröhre sich Bakterienkolonien bilden. Diese nicht sterilen Proben sind selbstverständlich auszumerzen.

Das Zählen der Bakterien. Zum Züchten der Bakterien bedienen wir uns sogenannter Petrischer Glasschalen. Diese Kultur- schalen werden vor allem sterilisiert. Hierzu werden die be- deckten reinen Schalen in einem Luftbade eine Stunde hindurch auf 150—160⁰ erhitzt, wodurch die anhaftenden Bakterien sowie deren Keime sicher vernichtet werden. Dementsprechend sind auch die er- kalteten Schalen steril und bleiben es auch im Innern, wenn sie fort- während bedeckt gehalten werden. In Ermangelung eigentlicher Kultur- schalen können auch gut gewöhnliche Krystallisierschalen von ca. 10 cm Durchmesser verwendet werden, wobei etwas größere Krystallisier- schalen als Deckel dienen.

Zum Entnehmen der zu untersuchenden Wasserprobe benutzt man eine 15—20 cm lange Glasröhre von ca. 5 mm Durchmesser, die durch Ausziehen eines Endes in eine dünne Spitze zur Pipette gemacht wurde. Das dünne Ende der Pipette wird in stumpfem Winkel gebogen und vor dem Sterilisieren die Spitze abgeschmolzen, die weite Mündung dagegen mit einem Asbestpfropf verschlossen. Die Pipette wird auf die- selbe Art wie die Schalen sterilisiert.

Vom zu untersuchenden Wasser wird mit dieser Pipette eine Probe genommen. Die bakteriologische Untersuchung wird, wenn schon nicht an Ort und Stelle, immerhin mit der ganz frischen Wasserprobe vorgenommen. Um die Proben zu entnehmen, wird die dünne Spitze der Pipette abgebrochen, dann wird diese am oberen Teile gefaßt, einige

Male durch eine Flamme gezogen, um die außen anhaftenden Bakterien zu zerstören. Der ausgezogene Teil der Pipette darf selbstverständlich nicht mehr mit der Hand berührt werden. Die Pipette wird jetzt in das zu untersuchende Wasser eingetaucht; sind 1—2 ccm Wasser eingedrungen, und hat man die Pipette oben mit dem Finger verschlossen, so wird sie aus dem Wasser gehoben. Aus der Pipette wird nun ungesäumt in die sterilen Kulturschalen Wasser geträufelt, und zwar in die eine 1, in die andere 5 und in die dritte 10 Tropfen. Die Schalen werden nur eben während des Hineinträufelns halb offen gehalten, darauf sofort wieder bedeckt.

Die Wasserproben sind jetzt mit steriler Gelatine zu mengen. Die Gelatine muß dementsprechend flüssig sein, weswegen man die mit Gelatine beschickten Probierröhren in laues (40°) Wasser stellt. (Der Schmelzpunkt der 10 proz. Nährgelatine liegt bei 32°.) Nachdem die Gelatine v o l l s t ä n d i g geschmolzen, wird der Wattepfropf entfernt, das offene Ende der Probierröhre auf einen Augenblick in eine Flamme gehalten (um die am freien Rande der Probierröhre haftenden Bakterien zu töten) und dann erst die Gelatine in die Schale gegossen. Selbstverständlich muß man auch jetzt darauf achten, daß die Schalen nur sehr kurze Zeit offen bleiben, damit aus der Luft möglichst keine Bakterien hineinfallen. Um die Wasserprobe mit der Gelatine gleichförmig zu vermischen, wird die bedeckte Schale in der Hand derartig behutsam geschwenkt, daß die Flüssigkeit am Boden der Schale sich im Kreise bewege. Nachdem man auf dem Deckel der Schale die Zahl der Tropfen vermerkt hat, werden die Schalen auf eine wagerechte Platte gelegt, wo der Inhalt baldigst gelatiniert. Es ist auch das Volumen eines Tropfens aus der Pipette zu bestimmen. Dies wird einfach dadurch erreicht, daß man zählt, wieviel Tropfen auf einen ccm gehen. Angenommen, es wären 40 Tropfen = 1 ccm, so ist das Volumen eines Tropfens 0,025 ccm, daher werden in der ersten Schale aus 0,025, in der zweiten aus 0,125, in der dritten aus 0,250 ccm Wasser die Bakterien gezüchtet. Nachdem der Inhalt der Schalen erstarrt ist, werden dieselben an einen Ort von mittlerer Temperatur gestellt. Direktes Sonnenlicht darf die Schalen nicht treffen.

In der glashellen Gelatineschicht sieht man gewöhnlich schon nach 24—48 Stunden kleine Knötchen: die B a k t e r i e n k o l o n i e n. Wir warten nach Möglichkeit noch 1—2 Tage, damit sich die Kolonien besser entwickeln, und erst dann zählen wir sie. Wartet man zu lange, so zerfließt zumeist die Gelatine, oder es wachsen die Schimmelpilzkolonien so groß, daß sie andere verdecken. Die Kolonien werden in derjenigen Schale gezählt, wo dies am besten geht. Sind die Kolonien zerstreut, so zählt man alle; zu diesem Ende werden die Schalen umgewendet. Um sich beim Zählen nicht zu irren, werden gleichzeitig die Stellen der schon gezählten Kolonien außen am Glase mit Feder und Tinte bezeichnet. Sind die Kolonien dichter, so wird mit Tinte oder mit einem Glasschreibstift der Boden der Schale außen strahlenförmig in Felder geteilt, und in jedem Felde werden die Kolonien einzeln gezählt. Haben sich in den Kulturschalen viele Kolonien gebildet, so kann man nicht abwarten, bis sie groß gewachsen sind, sondern man muß sie verhältnismäßig früh zählen. Als Hilfsmittel bedient man sich einer einfachen Lupe, eines sogenannten F a d e n z ä h l e r s , der in der unteren Platte eine gerade einen qcm große Öffnung hat. Nachdem man die auf 1 qcm fallenden Kolonien am Boden der umgestürzten und auf schwarzes Glanzpapier gelegten Schale an mehreren Stellen gezählt hat, nimmt man den Mittelwert und berechnet daraus die Gesamtzahl der Kolonien. Nehmen wir z. B. an, daß in der dritten Schale, in welcher sich 10 Tropfen = 0,250 ccm Wasser befanden, auf 1 qcm Fläche sich durchschnittlich 16 Kolonien entwickelt haben. Der Durchmesser der Schale sei 10 cm; dementsprechend ist die Fläche des Bodens $r^2 . \pi = 78$ qcm und die Zahl der in der Schale befindlichen Kolonien 1248. So viele Kolonien entwickelten sich aus 0,250 ccm Wasser, in 1 ccm untersuchtem Wasser sind also viermal so viel, d. h. rund 5000 Bakterien und Bakterienkeime enthalten.

Um bei der bakteriologischen Untersuchung mit mehr Sicherheit vorzugehen, empfiehlt es sich, in eine Schale nur Nährgelatine zu gießen und auch diese zu beobachten. Hat man alles richtig gemacht, so entwickeln sich in dieser Schale entweder gar keine oder nur einige wenige Kolonien. Es ist gerecht, die Zahl der ev. sich hier gebildeten Kolonien in Korrektion zu bringen.

Näheres über die bakteriologische Untersuchung ist auch in Spezialwerken zu suchen, z. B. T i e m a n n - G ä r t n e r , Untersuchung und Beurteilung der Wasser.

B. Beurteilung des Wassers.

Das fade schmeckende, ungesunde R e g e n w a s s e r wird nur ausnahmsweise, in Ermangelung eines besseren, getrunken; als Trinkwasser kann es nur dann geduldet werden, wenn es an reinen Flächen und in entsprechenden Zisternen gesammelt wurde.

Als Trinkwasser dient für gewöhnlich G r u n d w a s s e r; das b e s t e Trinkwasser ist Q u e l l w a s s e r , g u t e s W a s s e r , r e i n e s B r u n n e n w a s s e r . Ist die Quelle richtig gefaßt und gedeckt, hat ferner der Brunnen die gehörige Tiefe, ist der Boden schon an und für sich nicht verunreinigt, können von außen weder durch Hineinfallen oder Zufließen, noch durch mangelhafte Bodenfiltration aus ev. in der Nähe gelegenen Aborten, Senkgruben, Kanälen, Mist- oder Düngerhaufen, Ställen usw. Verunreinigungen ins Wasser gelangen, so ist ein solches Wasser hygienisch einwandfrei. Diesen Anforderungen wird aber ein Brunnen in einer dicht bevölkerten Gegend selten entsprechen. Sehr gutes Trinkwasser ist das Wasser a r t e s i s c h e r B r u n n e n , wenn es bei gehöriger Tiefe aus gutem Untergrunde stammt, also klar, farblos oder nur wenig gefärbt, ferner auch wohlschmeckend ist, da hier von außen kaum Verunreinigungen hineingelangen können.

Als Trinkwasser oder Hausgebrauchswasser eignet sich u n f i l -
t r i e r t e s , stehendes oder fließendes O b e r f l ä c h e n w a s s e r
(Wasser der Teiche, Flüsse usw.) s c h l e c h t , da in dieses ungemein
leicht gefährliche Verunreinigungen gelangen können, dementsprechend
es also immer i n f e k t i o n s v e r d ä c h t i g ist. Wird aber ein solches
Wasser durch zweckentsprechende Filtrieranlagen usw. g e r e i n i g t ,
so kann es h y g i e n i s c h k a u m m e h r b e m ä n g e l t werden,
insofern es nachträglich nicht wieder verunreinigt wird, unter anderem
z. B. durch die Röhrenleitung nicht B l e i hineingelangt.

Zur hygienischen Beurteilung des Wassers verfügen wir über zwei
Mittel: 1. die U n t e r s u c h u n g d e r L o k a l v e r h ä l t n i s s e ,
2. die p h y s i k a l i s c h e , c h e m i s c h e , m i k r o s k o p i s c h e
und b a k t e r i o l o g i s c h e U n t e r s u c h u n g. In Ausnahme-
fällen kann zwar die eine oder die andere Untersuchungsmethode
genügen, für gewöhnlich aber müssen s o w o h l d i e L o k a l -
i n s p e k t i o n a l s a l l e e r w ä h n t e n U n t e r s u c h u n g s -
m e t h o d e n in Anwendung kommen, um über die Brauchbarkeit des
Wassers im hygienischen Sinne ein wirklich richtiges Urteil fällen zu
können. Die Gesichtspunkte, welche bei der Beurteilung des Wassers
in Betracht kommen, wären hauptsächlich folgende:

1. Zur h y g i e n i s c h e n B e u r t e i l u n g eines Wassers ist
eine umsichtige L o k a l i n s p e k t i o n b e s o n d e r s w i c h t i g ,
ohne welche die im Laboratorium ausgeführten Untersuchungen ganz
wertlos werden können. Eben deshalb sollte ein g e n a u e s S t u d i u m
d e r O r t s v e r h ä l t n i s s e n i e u n t e r b l e i b e n.

2. Tadelloses Trinkwasser ist f a r b l o s und k r y s t a l l k l a r ,
ferner g e r u c h l o s und von a n g e n e h m e m , e r f r i s c h e n d e m
G e s c h m a c k e ; ein solches Wasser liefern reingehaltene Quellen
und gute Brunnen. Bei artesischem Wasser kommt eine ev. Färbung
weniger in Betracht. Ist ein Quell- oder Brunnenwasser t r ü b e ,
so ist es immer v e r d ä c h t i g. Es kommt aber viel darauf an, durch
was die Trübung verursacht wird. Ist das Wasser durch äußerst fein
zerteilten T o n oder andere M i n e r a l t r ü m m e r getrübt, so ist
es nicht gesundheitsgefährlich, immerhin aber unappetitlich. Sollte sich
aber herausstellen, daß die Trübung durch ins Wasser gelangte V e r -
u n r e i n i g u n g e n verursacht wird, so ist das Wasser als ekelhaft
und im hohen Grade infektionsverdächtig als Trink- oder Hausgebrauchswasser u n b e d i n g t a u s z u s c h l i e ß e n. Wasser, welches u n -
a n g e n e h m r i e c h t o d e r s c h m e c k t , ist als T r i n k w a s s e r
zu v e r w e r f e n ; ein geringer Schwefelwasserstoffgeruch, besonders
wenn derselbe beim Stehen an der Luft bald verschwindet, kann bei
artesischen Wässern unbeanstandet bleiben. Wasser, welches an
Hydrocarbonaten oder an freier Kohlensäure zu arm ist, ist zwar
nicht ungesund, jedoch von weniger erfrischendem Geschmack.

3. Trinkwasser soll k ü h l , jedoch n i c h t e i s k a l t sein.
Der Genuß eiskalten Wassers kann die Gesundheit gefährden; Wasser
über 15⁰ wird nicht gerne getrunken. Im allgemeinen soll die Temperatur

des Quell- oder Brunnenwassers von der mittleren Ortstemperatur nur wenig abweichen, also in den verschiedenen Jahreszeiten nur wenig schwanken.

4. Der getrocknete **A b d a m p f r ü c k s t a n d** aus 1 Liter Wasser betrage möglichst nicht mehr als 500 mg. Ein bedeutenderer Abdampfrückstand wäre nur dann unbedenklich, wenn es die geologischen Verhältnisse der Gegend mit sich bringen.

5. Als **T r i n k w a s s e r** eignet sich am besten Wasser von **m i t tl e r e r H ä r t e** (10—20⁰); ein weiches Wasser wird den daran nicht Gewöhnten kaum munden. Sehr hartes Wasser könnte bei an solches nicht Gewöhnten vorübergehend in der Magendarmfunktion Störungen verursachen. Für Trinkwasser kann als obere Grenze für gewöhnlich 50⁰ Härte angenommen werden. Destilliertes Wasser, Gletscherschmelzwasser und Regenwasser ist, da es eben gar keine Härte hat, fast nicht zu trinken.

Als **H a u s g e b r a u c h s w a s s e r** eignet sich **h a r t e s W a s s e r s c h l e c h t.** Gemüse, namtlich Hülsenfrüchte, können in sehr hartem Wasser nicht weichgekocht werden, beim Waschen und Baden wird übermäßig viel Seife verbraucht usw.

Für die meisten **t e c h n i s c h e n Z w e c k e**, so besonders als Kesselspeisewasser, ist **w e i c h e s W a s s e r** erwünscht. Auch die Gärungsgewerbe, ferner Gerbereien, Wäschereien usw. benötigen weiches Wasser.

Ist ein Brunnenwasser auffallend härter als das normale Wasser der Gegend, so ist dies oft ein Zeichen, daß im Boden organische Substanzen faulen, da bei diesem Prozesse unter anderem Kohlensäure und Salpetersäure gebildet werden, die dann auf die im Boden enthaltenen Mineralien lösend wirken.

6. Die Menge des **C h l o r j o n s** ist im zum Trinken bestimmten Wasser zumeist sehr **g e r i n g**: sie beträgt pro Liter für gewöhnlich nur Milligramme und erreicht Centigramme nur selten. Entspringt das Wasser in der Nähe des Meeres oder aus einem Boden, der Steinsalz in sich führt, so ist selbstverständlich auch ein bedeutend höherer Chlorgehalt hygienisch belanglos. Ist jedoch das normale Wasser der Gegend chlorarm, und enthält das untersuchte Brunnenwasser augenscheinlich **m e h r C h l o r a l s d a s n o r m a l e W a s s e r**, so deutet dies auf **V e r u n r e i n i g u n g d u r c h H a r n** oder **A b f ä l l e d e s m e n s c h l i c h e n H a u s h a l t e s**, was fast zur Gewißheit wird, wenn man auch auf Grund der Lokalinspektion dasselbe annehmen kann. Dies ist in größeren Städten meist der Fall, wo eben durch das dichte und lange Bewohnen der Boden derartig verunreinigt ist, daß der Chlorgehalt der Stadtbrunnen den der Landbrunnen oft um das Vielfache überwiegt. Die Zunahme des Chlorgehaltes ist hier der Maßstab der Verunreinigung, besonders wenn auch der Abdampfrückstand bzw. die Härte und auch der Nitratgehalt entsprechend größer ist. Um sich vor Täuschungen zu bewahren, darf nicht vergessen werden, daß in die

Brunnen mitunter auch absichtlich in größerer Menge Steinsalz gegeben wird, um das Wasser zu „verbessern".

7. Der Schwefelsäuregehalt der natürlichen Wasser ist für gewöhnlich gering: einige Zentigramme im Liter. Der Schwefelsäuregehalt eines guten Wassers kann aber auch im Liter 100 mg betragen. Ein hoher Schwefelsäuregehalt wäre nur dann bedenklich, wenn er nicht die Folge der geologischen Formation der Gegend wäre.

8. Wichtiger ist der Salpetersäuregehalt. Die Salpetersäure wird für gewöhnlich als Endprodukt der Oxydation der stickstoffhaltigen organischen Substanzen betrachtet. Ein geringer Salpetersäuregehalt (10—20 mg im Liter) kann nachgesehen werden, ein bedeutender schon weniger, besonders wenn das normale Wasser der Gegend nitratarm ist. — Wie schon S. 260 erwähnt, haben salpetersäurereiche Wasser für gewöhnlich auch einen hohen Kaligehalt.

9. Ammoniak und salpetrige Säure fehlen in wirklich reinem Trinkwasser ganz, oder es sind nur Spuren davon vorhanden. Ammoniak oder salpetrige Säure in bedeutenderer Menge (1 mg oder mehr pro Liter) lassen das Wasser als mit faulenden, stickstoffhaltigen Stoffen verunreinigt und demnach infektionsverdächtig erscheinen. Es muß jedoch betont werden, daß das Wasser mancher artesischer Brunnen trotz einem erheblichen Ammoniakgehalte als Trinkwasser oder Hausgebrauchswasser getrost zugelassen werden kann, da in diesem Falle dem Ammoniak nicht dieselbe Bedeutung zukommt, wie z. B. im Brunnenwasser. Auch das Regenwasser enthält als normalen Bestandteil Ammoniak (1—5 mg im Liter) und Spuren von salpetriger Säure.

Man muß übrigens in der Beurteilung eines Wassers, in welchem Spuren von Ammoniak gefunden werden, sehr vorsichtig sein, da bei der ungemeinen Verbreitung des Ammoniaks in der Luft der Laboratorien eine Verunreinigung der Gefäße und Flüssigkeiten mit denselben sehr leicht möglich ist.

10. Reines Quell- oder Brunnenwasser enthält nur äußerst wenig organische Substanzen; das Reduktionsvermögen (s. S. 240) reinen Quellwassers beträgt für gewöhnlich kaum einen Grad, reinen Brunnenwassers 1—2 Grade. Mehrere Grade Reduktionsvermögen sind ein schlechtes Zeichen, ebenso eine nicht unbedeutende Fäulnisfähigkeit (S. 282). Aber auch in diesem Falle wird man das Wasser als Trink- und Hausgebrauchswasser nur dann mit Recht ausschließen, wenn gleichzeitig stickstoffhaltige organische Substanzen vorhanden sind, was durch die Albuminoid- oder Proteidammoniakbestimmung erforscht wird.

11. Die Albuminoid- und die Proteidammoniakbestimmung scheinen unter den chemischen Untersuchungsmethoden die wichtigsten zu sein. Ammoniak und salpetrige Säure sind nicht nur im Regenwasser enthalten, sondern können auch durch Reduktion der Nitrate durch Kleinwesen gebildet werden;

hat man aber im Wasser Albuminoid- oder Proteidammoniak mehr als in Spuren nachgewiesen, so sind u n v e r ä n d e r t e oder i n F ä u l - nis befindliche stickstoffhaltige organische S u b s t a n z e n sicher vorhanden, die fast nur animalischen Ursprungs sein können. Die Bestimmung des Albuminoidammoniaks ist umständ= lich und gibt nur dann zuverlässige Werte, wenn sie mit peinlicher Sorgfalt ausgeführt wird. Die Bestimmung des Proteidammoniaks gelingt dagegen leicht und sicher, weshalb sie bei Trinkwasserunter- suchungen nie umgangen werden sollte. Bezüglich dieser neueren Untersuchungsmethode kann v o r l ä u f i g folgendes gelten [1]):

a) Bei Untersuchung von ganz reinem natürlichen Wasser wird kein Proteidammoniak gefunden.

b) Die Menge des Proteidammoniaks kann als Index für die Verunreinigung mit stickstoffhaltigen Substanzen angenommen werden.

c) Beträgt das auf 1 Liter bezügliche Proteidammoniak mehr als 0,1 mg, so ist das Wasser als Trinkwasser vom hygienischen Standpunkte aus zu bemängeln; als zulässige äußerste Grenze könnte vor der Hand 0,2 mg Proteidammoniak gelten.

Bezüglich des Albuminoidammoniaks könnte dasselbe gesagt werden.

Ist auch das Reduktionsvermögen bedeutend, enthält aber dabei das Wasser kein Albuminoid- oder Proteidammoniak, so ist das eben ein Zeichen, daß entweder nur organische Substanzen pflanzlichen Ur- sprunges zugegen sind, oder daß die Verwesung organischer Substanzen animalischen Ursprunges bereits beendet ist, das Wasser also eine ge- wisse Selbstreinigung erfahren hat.

12. In gewöhnlichen reinen natürlichen Wassern ist P h o s p h o r - s ä u r e höchstens in S p u r e n vorhanden. Die Exkremente des Menschen und der Tiere sind verhältnismäßig reich an Phosphor- säure, so daß, wenn man im Wasser Phosphorsäure in mehr als Spuren nachweisen kann, dies auf durch Exkremente verursachte Verunreini- gung deutet.

13. Natürliche Wasser, die w e i c h sind und dabei f r e i e K o h l e n s ä u r e und S a u e r s t o f f g a s gelöst enthalten, werden b l e i h a l t i g, wenn man sie durch Bleiröhren leitet. Wenn von Blei auf einmal auch nur äußerst geringe Mengen doch durch lange Zeit hin- durch, in den Organismus gelangen, so ist dies von äußerst nachteiliger Wirkung; bleihaltige W a s s e r sind demnach als direkt gesundheitsschädlich zu betrachten und dürfen zu Genußzwecken nicht zugelassen werden. Da aber auch hartes, kohlensäure- und sauerstoffarmes Wasser unter Umständen Bleispuren zu lösen vermag, andererseits der Billigkeit und Bequemlichkeit halber als dünnere Leitungsröhren Bleirohre auch heutzutage noch vielfach ge- braucht werden, so wird man Spuren von Blei zuzulassen oft genötigt sein.

---

[1]) Zeitschr. f. anal. Chem. 41, 299; 1902.

Enthält jedoch das Wasser i m L i t e r e i n i g e Z e h n t e l m i l l i -
g r a m m e B l e i , so ist die Sache schon b e d e n k l i c h , ist der
Bleigehalt p r o L i t e r e i n mg o d e r n o c h m e h r , so ist
das Wasser als direkt g i f t i g zu bezeichnen.

14. E i s e n h a l t i g e W a s s e r sind zwar nicht gesundheitsschädlich, jedoch nicht wohlschmeckend und auch unappetitlich, da sie
die Eigenschaft haben, beim Stehen an der Luft sich zu trüben. Auch
begünstigt der Eisengehalt das Gedeihen von „Eisenbakterien" (Creno-
thrix). Eisenhaltige Wasser sind auch oft für technische Zwecke unbrauchbar. Solche Wasser lassen sich durch Enteisenung verbessern;
der zulässige Eisengehalt wird pro Liter gewöhnlich zu 0,3 mg angenommen. Bezüglich der B e d e u t u n g d e s M a n g a n s s.
S. 273.

15. Reines Wasser enthält höchstens S p u r e n von M i n e r a l -
t r ü m m e r n . Wenn man bei der mikroskopischen Untersuchung
k l e i n e P f l a n z e n , besonders aber (wenn auch unschädliche)
W a s s e r t i e r c h e n findet, so ist das Wasser als unappetitlich zum
Trinken weniger geeignet, kann aber als Hausgebrauchswasser getrost
zugelassen werden. Beweist aber die mikroskopische Untersuchung,
daß in das Wasser A b f ä l l e d e s m e n s c h l i c h e n H a u s -
h a l t e s oder gar F ä k a l i e n gelangten, so ist das Wasser als ekelhaft und infektionsverdächtig selbstverständlich vom Gebrauche als
Trink- oder Hausgebrauchswasser auszuschließen

16. Sind bei der b a k t e r i o l o g i s c h e n U n t e r s u c h u n g
aus 1 ccm Wasser nur h ö c h s t e n s 100 K o l o n i e n zur Entwicklung gelangt, so ist das Wasser bakterienarm; ein solches Wasser
liefern aber zumeist nur gut gefaßte Quellen und sehr gute Filteranlagen.
Der Bakteriengehalt der Brunnenwasser ist äußerst verschieden; die
Zahl der entwickelungsfähigen Keime kann im ccm weniger als 100, aber
auch viele Tausende betragen. Besonders b a k t e r i e n r e i c h sind
die O b e r f l ä c h e n w a s s e r bewohnter Gegenden.

Als Trink- und Hausgebrauchswasser sind b a k t e r i e n r e i c h e r e
W a s s e r m ö g l i c h s t z u v e r m e i d e n , a u f f a l l e n d
b a k t e r i e n r e i c h e W a s s e r a u s z u s c h l i e ß e n . Sollte es
dem Bakteriologen gelingen, im Wasser p a t h o g e n e B a k t e r i e n
nachzuweisen, so kann dasselbe als h ö c h s t g e f ä h r l i c h zum
Trinken oder zum häuslichen Gebrauche keinesfalls Verwendung
finden [1]).

---

[1]) Der a b s o l u t e Bakteriengehalt des Wassers ist so schwankend, daß
man sich den größten Täuschungen aussetzt, wenn man die Beschaffenheit des
Wassers danach beurteilen will, ohne alle anderen Umstände in Rechnung zu
ziehen. Der Wert der Bakterienzählung beruht hauptsächlich darauf, daß sie
gestattet, die Wirkung von Reinigungsvorrichtungen wie Filtern usw. zu kontrollieren.

Prüfung des Wassers für Kesselspeisung und andere technische Zwecke.

Von

Prof. Dr. G. Lunge und Privatdozent Dr. E. Berl, Zürich.

A. Definition der „Härte" und Methoden zu ihrer Bestimmung.

Die außerordentlich wichtige Prüfung des Wassers für die in der Überschrift genannten Zwecke ist eine wesentlich einfachere als diejenige des Trinkwassers (oben S. 224 ff.). Nur ausnahmsweise kommt es vor, daß ein für technische Zwecke bestimmtes Wasser so große Mengen von Chloriden, Nitraten und organischen Substanzen enthält, daß es darauf quantitativ untersucht werden muß, was dann nach den oben S. 244 und 246 beschriebenen Methoden geschehen kann.

In den meisten Fällen kommt es nur auf den Gehalt an E r d - a l k a l i e n an, im wesentlichen den Bicarbonaten und Sulfaten von Kalk und Magnesia. Man bezeichnet den Gehalt an diesen Verbindungen als die H ä r t e des Wassers und drückt ihn in Einheiten von CaO auf 100 000 Wasser aus, indem man auch die Magnesiasalze als ihr Äquivalent von CaO verrechnet. Je 1 Teil CaO in 100 000 Teilen Wasser, oder 0,010 g CaO in 1 Liter, bedeutet einen deutschen Härtegrad. Über die französischen und englischen Härtegrade s. S. 231.

Als „G e s a m t h ä r t e" bezeichnet man sämtliches CaO und MgO, berechnet als CaO; als „b l e i b e n d e" oder „p e r m a n e n t e" Härte gewöhnlich diejenige, welche nach anhaltendem Kochen des Wassers, Filtration und Ergänzung auf das ursprüngliche Volum durch destilliertes Wasser zurückbleibt (s. u.); der Unterschied zwischen beiden heißt „v o r ü b e r g e h e n d e" Härte, und da diese im wesentlichen durch die Ausscheidung von $CaCO_3$ und $MgCO_3$ (oder MgO) verursacht wird, die ursprünglich als Bicarbonate in Lösung waren, die aber durch Titration mit Säuren gleich den Alkalien angezeigt werden, so bezeichnet man sie auch als „A l k a l i n i t ä t" (vgl. S. 230). Dies ist um so berechtigter als die eigentlichen Alkalien (Kali oder Natron) in gewöhnlichen Wassern weder als Hydrate noch als Carbonate vorkommen, was nur bei Mineralwassern oder absichtlich mit Soda versetzten Wassern eintreten kann (s. u.).

Pfeifer (Zeitschr. f. angew. Chem. 15, 198; 1902) verwirft übrigens die Identifizierung der permanenten Härte mit derjenigen des andauernd ausgekochten Wassers; man dürfte dies nur die scheinbare permanente Härte nennen, da die Löslichkeit des Magnesiumcarbonats mit der Temperatur sehr wechselt, und man daher ziemliche Unterschiede findet, je nachdem man heiß oder kalt filtriert. Man soll also nach ihm als permanente Härte nur diejenige bezeichnen, die durch andere Körper als die kohlensauren Erdalkalien veranlaßt wird.

I. Die Clarksche Seifenmethode und ihre Modifikationen.

Die in früheren Jahren für obigen Zweck allgemein übliche und auch heut noch vielfach ausgeführte Prüfung ist die Härtebestimmung nach dem Clarkschen Seifenverfahren, welche S. 232 ff. beschrieben ist. Sie wird von einigen Chemikern (z. B. Mayer und Kleiner, Journ. f. Gasbel. 50, 321, 353; 1907) noch neuerdings empfohlen. Die Resultate sind indes unter verschiedenen Umständen nicht direkt vergleichbar und die empirischen Korrektionen (S. 233) recht unsicher. Aber auch wenn wir diese gelten lassen wollen, so bleibt noch immer der Übelstand bestehen, daß wir nie wissen können, wie viel der „Härte" auf Kalk, auf Magnesia, auf Carbonate und Sulfate kommt. Wollen wir dies etwas besser, aber auch nur mit roher Annäherung erfahren, so müssen wir neben der Bestimmung der Gesamthärte auch diejenige der Permanenthärte (S. 237) vornehmen, wodurch selbst ein Zeitgewinn für diese Methode illusorisch wird, da die Ausführung der Methode dann ziemlich lange Zeit beansprucht. Bei größeren Mengen freier Kohlensäure und schon bei geringeren Mengen von Magnesia- und Eisensalzen versagt die Clarksche Methode.

An Stelle der verdünnten Seifenlösung bei der ursprünglichen Clarkschen Methode sind von verschiedenen Seiten teils konzentriertere Seifenlösungen (Methode von Boutron und Boudet, Compt. rend. 40, 679; 1855; s. a. Trommsdorff, Chem. pharm. Zentralbl. 26, 343; 1885, modifiziert von Telle, Journ. d. Pharmacie et de Chimie 1908, 380 und Basch, Journ. f. Gasbel. 52, 145; 1909), teils Lösungen von Kaliumstearat (Winkler, Zeitschr. f. anal. Chem. 40, 82; 1901; Blacher, Rigasche Industriezeitung 1907, Nr. 24; Blacher und Jacoby, Chem.-Ztg. 32, 744, 1908) vorgeschlagen worden.

Die Methode von L. W. Winkler (Zeitschr. f. anal. Chem. 40, 82; 1901) besteht in der Titrierung von Kalk allein mit Kaliumoleatlösung (nach vorherigem Zusatz von Seignettesalz und Kaliumhydroxyd), dann von Kalk und Magnesia zusammen, ebenfalls durch Kaliumoleat, aber nach vorherigem Zusatz von ammoniakalischer Ammoniumchloridlösung (vgl. S. 234). Nach Grittner (Zeitschr. f. angew. Chem. 15, 847; 1902) gibt diese Methode häufig keine brauchbaren Resultate.

B l a c h e r (l.c.) bestimmt die Härte mittels alkoholischer Kaliumstearatlösung, welcher zur Erhöhung der Löslichkeit 25 % Glycerin
zugesetzt werden. Man gibt sie aus einem Tropffläschchen, bei dem
rund 110 Tropfen der alkoholischen Kaliumstearatlösung [1]) auf 3 ccm
kommen, zu 15 ccm des zu untersuchenden mit Salzsäure und
Methylorange neutralisierten Wassers, aus dem man die entstandene
Kohlensäure' durch Durchpressen von Luft mittels eines kleinen
Gummiballons entfernt hat. Die Hälfte der bis zur Rotfärbung
des Phenolphtaleins verbrauchten Tropfenzahl (wenn die Lösung
durch den letzten Tropfen Salzsäure zu rot geworden, so zählt
man den ersten Tropfen nicht, ebenso zählt man den letzten
nicht, wenn durch denselben die Lösung intensiv rot wird)
gibt die Anzahl der Härtegrade an. Das zu titrierende Wasser
soll nicht härter als 10 deutsche Grade sein, sonst muß es andernfalls
verdünnt werden, ebenso, wenn es zu viel Chloride enthält.

II. Chemische Titrations-Methoden.

Genauer und dabei einfacher und kürzer als die C l a r k sche
und die ihr ähnlichen Methoden ist die Untersuchung des Wassers nach
den gewöhnlichen chemischen Methoden. Für die meisten Zwecke genügen folgende Analysenvorschriften:

a) Bestimmung der Alkalinität des Wassers durch Titration [2]).

Man titriert 200 ccm des Wassers i n d e r K ä l t e mit Methylorange und $^1/_5$ oder $^1/_{10}$ N.-Salzsäure, bis der erste rötliche Schein auftritt. Bei natürlichen Wassern kann man annehmen, daß hierbei so
gut wie ausschließlich das Calcium- und Magnesiumbicarbonat in die
entsprechenden Chloride umgewandelt werden. Man berechnet das
Resultat als Gramm von $CaCO_3$ im Liter; bei Anwendung von 200 ccm
Wasser zeigt also jedes verbrauchte ccm $^1/_5$ N.-Salzsäure immer 0,0500 g
$CaCO_3$ (oder 0,0280 CaO) im Liter. Auf diesem Wege erfahren wir auch
ungleich genauer und schneller als durch Seifentitration, die „vorübergehende" Härte des Wassers. Wir brauchen dann nur die für 200 ccm
Wasser verbrauchten ccm der $^1/_5$ N.-Salzsäure mit 2,8 zu multiplizieren,
um die deutschen Härtegrade zu erfahren (durch Multiplikation mit 5
erfahren wir die französischen, mit 3,5 die englischen Grade).

Bei alkalischen Mineralwassern wird die „Alkalinität" nicht von
Erdalkalicarbonaten, sondern vorzugsweise von Soda herrühren; ebenso

---

[1]) 28,4 g Stearinsäure, 400 ccm Alkohol und 250 g Glycerin warm gelöst,
10,5 g Phenolphtalein zugefügt, mit alkoholischer Kalilauge neutralisiert und mit
Alkohol auf 1000 ccm aufgefüllt.

[2]) Diese Methode wird häufig als H e h n e r sche bezeichnet, namentlich
von englischen und amerikanischen Schriftstellern, ist aber von L u n g e schon
1885 angegeben worden. (Die Wasserversorgung von Zürich, amtliche Schrift,
1885, S. 103.)

bei mit Soda gereinigten Brauchwassern. In diesen Fällen wird, nach Ausführung der ersten Operation, das Wasser anhaltend in einer Porzellanschale gekocht, um die Bicarbonate der Erdalkalien vollständig zu zersetzen, das Volum durch dest. Wasser auf das ursprüngliche gebracht und im Filtrat das Na_2CO_3 wie oben bestimmt. Nach N o l l (Zeitschr. f. angew. Chem. 21, 640; 1908) findet man hierbei etwas zu hohe Werte für das Alkalicarbonat, da Calcium- und Magnesiumcarbonat in kohlensäurefreiem Wasser etwas löslich sind. Hierdurch wird die temporäre Härte etwas zu niedrig und die permanente Härte zu hoch gefunden.

Methylorange ist weitaus der beste Indikator für diesen Fall, und namentlich auch dem Alizarin vorzuziehen. (vgl. S. 301), bei dem man ganz ebenso wie beim Phenolphtalein anhaltend kochen muß, mit allen den Bd. I, S. 93 hervorgehobenen Nachteilen. Wer den bei Methylorange freilich weniger in die Augen fallenden Übergang aus gelb in braun nicht gleich von vornherein deutlich sehen kann, muß sich mit Vergleichslösungen helfen, die beide Farben zeigen.

b) Die Gesamtmenge der alkalischen Erden (Kalk und Magnesia).

Man bestimmt die Gesamtmenge der alkalischen Erden durch Ausfällung derselben mittels Natriumcarbonatlösung in der Hitze, wobei das Calciumsulfat in Carbonat übergeht. Man verwendet einen Überschuß von Sodalösung und kocht einige Minuten in einer Porzellanschale (Glas könnte ein wenig angegriffen werden.) Für ganz genaue Bestimmungen dampft man zur Trockne ein, erhitzt den Rückstand auf etwa 180° und nimmt ihn mit heißem Wasser auf. Der Niederschlag von Erdalkali-Carbonaten wird abfiltriert, mit möglichst wenig kohlensäurefreiem Wasser ausgewaschen, in $^1/_5$ N.-Salzsäure aufgelöst und mit $^1/_5$ N.-Natron und Methylorange zurücktitriert; die verbrauchte Salzsäure ist das Maß für die Erdalkalien, wie oben.

Auch hier wird man zunächst alles auf Kalk verrechnen, wovon jedes ccm der verbrauchten $^1/_5$ N.-Salzsäure 0,00561 g, also bei 200 ccm 0,0280 g CaO im Liter anzeigt und, multipliziert mit 2,8, je einen Grad von „G e s a m t h ä r t e" angibt. Die Reaktion ist: $Ca(HCO_3)_2 + Na_2CO_3 = CaCO_3 + 2 NaHCO_3$ und $CaSO_4 + Na_2CO_3 = CaCO_3 + Na_2SO_4$. Man kann auch eine gemessene Menge Sodalösung verwenden und deren Überschuß zurücktitrieren. Wenn man in gewöhnlichen (nicht sodahaltigen) Wassern von der hierbei gefundenen Menge von Erdalkalien, berechnet als CaO, die in Nr. 1 ermittelte „Alkalinität", ebenfalls berechnet als CaO, abzieht, so erhält man diejenige Menge von CaO, welche im Wasser als Sulfat vorhanden war, so daß man für je 28 Teile dieses CaO immer 68 Teile $CaSO_4$ setzen darf.

Bei Gegenwart von Magnesia kann man ebenso verfahren, wird aber hier besser das von P f e i f e r und W a r t h a (Zeitschr. f. angew. Chem. 15, 198; 1902) empfohlene Gemisch von gleichen Teilen $^1/_{10}$ N.-Natriumcarbonat und $^1/_{10}$ N.-Natriumhydroxyd anwenden, wel-

ches bei genügendem Überschuß des Reagens (50 ccm der gemischten
$^1/_{10}$ N.-Lösung auf 200 ccm Wasser wird meist vollkommen ausreichend
sein) und bei längerem Kochen die Magnesia als Hydroxyd ausfällt,
dessen Löslichkeit in Wasser viel geringer als die des Carbonates ist.
Auch hier darf man nie in Thüringer oder Böhmischem Glase kochen,
eher in Jenaer Glas, am besten in Berliner Porzellan.

c) Härtebestimmungsmethode nach Wartha-Pfeifer und ihre Modifikationen.

Die H ä r t e bestimmt P f e i f e r (nach Vorgang von W a r t h a)
wie folgt: 100 ccm Wasser, mit etwas Alizarin versetzt, werden kochend
mit $^1/_{10}$ N.-Salzsäure titriert, bis die rote Farbe in gelb umschlägt
und auch nach. anhaltendem Kochen nicht wiederkehrt. (Ungleich
schneller und faktisch genauer kommt man nach L u n g e durch
kaltes Titrieren mit Methylorange zum Ziele, vgl. Bd. I. S. 80 f.) Jedem
ccm der $^1/_{10}$ N.-Salzsäure entsprechen 2,8 mg CaO, also erhält
man die A l k a l i n i t ä t oder t e m p o r ä r e H ä r t e durch
Multiplikation der verbrauchten ccm mit 2,8. Das neutralisierte
Wasser wird nun mit einem Überschuß eines Gemisches von
gleichen Teilen $^1/_{10}$ N.-NaOH und $^1/_{10}$ N.-Na$_2$CO$_3$ versetzt, einige
Minuten gekocht, abgekühlt, auf 200 ccm aufgefüllt und in 100 ccm
des Klaren das überschüssige Alkali durch Titrieren mit $^1/_{10}$ N.-Salzsäure
und Methylorange bestimmt. Die verbrauchten ccm von $^1/_{10}$ N.-Alkali,
bezogen auf 200 ccm des Filtrates ($=$ 100 ccm des ursprünglichen Wassers)
und multipliziert mit 2,8, ergeben die G e s a m t h ä r t e in deutschen
Graden, woraus man durch Subtraktion der temporären Härte die p e r -
m a n e n t e Härte bekommt. Sollte die Gesamtstärke geringer als
die Alkalinität sein, so ist das Wasser sodahaltig, und man braucht dann
zur Reinigung desselben nur Kalk.

Bei Anwesenheit von Alkalibicarbonat im Rohwasser ist die Ermittlung der permanenten Härte nach W a r t h a - P f e i f e r natürlich
nicht möglich (s. a. D r a w e , Chem.-Ztg. 27, 1219; 1903).

v. C o c h e n h a u s e n (Zeitschr. f. angew. Chem. 19, 2025;
1906) empfiehlt, bei der Untersuchung nach W a r t h a - P f e i f e r
250 ccm Wasser anzuwenden, nach der Titration mit $^1/_{10}$ N.-Salz-
säure und Kochen die neutralisierte Flüssigkeit mit der Sodaätz-
natronlösung zum Kochen zu bringen, erkalten zu lassen und auf
500 ccm aufzufüllen. Man filtriert durch ein gehärtetes Faltenfilter
Nr. 605 von S c h l e i c h e r und S c h ü l l und fängt erst die
zur Rücktitration zu verwendenden 250 ccm auf, nachdem 150
bis 200 ccm durch das Filter gelaufen sind. Da CaCO$_3$ und
Mg (OH)$_2$ in den dabei vorhandenen Lösungen von Na$_2$SO$_4$, NaCl,
Na$_2$CO$_3$ und NaOH nicht unlöslich sind, so erhält man Resultate,
welche je nach der Härte des Wassers für die gesamte und dadurch auch
permanente Härte um 0,6—0,3 Grade zu klein sind (s. a. S i c h l i n g ,

Chem. Zentralbl. 1905, II, 982, M a y e r u n d K l e i n e r, Journ. f. Gasbel. 50, 321; 1907).

Man kann auch sämtliche Daten in einer einzigen Operation bestimmen, wenn man zur Härtebestimmung eine Soda-Ätznatronlösung verwendet, in der man durch Titrieren nach Zusatz von Phenolphtalein und Methylorange nacheinander den Gehalt an $NaOH$ und Na_2CO_3 ermittelt hat (vgl. Bd. I, S. 93) und nach Fällung von Kalk und Magnesia im Filtrate von neuem das $NaOH$ und Na_2CO_3 bestimmt. Man titriert also das Wasser kochend mit $^1/_{10}$ N.-Säure, spült in den Meßkolben, setzt die Soda-Ätznatronlösung zu, füllt auf 205 ccm auf; läßt abkühlen, wobei dann das Volum auf 200 ccm kommt, und titriert 100 ccm des Filtrats wie oben erst mit Phenolphtalein, dann mit Methylorange zurück.   Dann zeigt die erste Titration die temporäre Härte, das verbrauchte Gesamtalkali die Gesamthärte, das verbrauchte Ätznatron die Magnesia, die verbrauchte Soda den Kalk an. Dieses Verfahren gibt jedoch nur annähernde Resultate, da der Umschlag des Phenolphtaleins bei der Soda-Ätznatronlauge zu allmählich ist. In der Tat ist der Umschlag ganz ungenau, wenn man nicht nahe an 0° arbeitet und großen Überschuß an Kochsalz zusetzt; vgl. Bd. I, S. 94. G r i t t n e r (Zeitschr. f. angew. Chem. 15, 847; 1902) und P r o c t e r (Journ. Soc. Chem. Ind. 23, 8; 1904) haben mit der kombinierten W a r t h a - P f e i f e r schen Methode gute Resultate erhalten.

B l a c h e r (Sep.-Abdr. aus Rigaer Industrie-Ztg. 1902, Nr. 23 und 24), sowie N a w i a s k y und K o r s c h u m (ref. Zeitschr. f. angew. Chem. 20, 1900; 1907) titrieren die vorübergehende Härte nach S. 299 mit $^1/_{10}$ N.-Salzsäure und Methylorange in der Kälte, setzen das Soda- Ätznatrongemisch zu, kochen auf, filtrieren, fügen neutrales Baryumchlorid zu und titrieren mit $^1/_{10}$ N.-Salzsäure und Phenolphtalein die Hydroxyde und nach Methylorangezusatz die Carbonate.

D r a w e (Zeitschr. f. angew. Chem. 23, 52; 1910) versetzt mit gesättigtem Kalkwasser, erhitzt, filtriert, titriert das Filtrat mit Salzsäure und Methylorange, fällt die neutralisierte Lösung mit $^1/_{10}$ N.-Sodalösung, filtriert und titriert die unverbrauchte Soda zurück.

L u n g e empfiehlt folgendes vereinfachte Verfahren zur Ermitelung der Gesamthärte. Man übersättigt 200 ccm des Wassers schwach mit Salzsäure, kocht auf 40—50 ccm ein, spült in einen 100 ccm-Kolben mit wie gewöhnlich k a l t angestellter Marke, neutralisiert nach Zusatz von Methylorange genau mit Natronlauge, setzt 40 ccm eines Gemisches aus gleichen Volumen von $^1/_{10}$ N.-Natron und $^1/_{10}$ N.-Natriumcarbonat zu, kocht auf, läßt abkühlen, füllt mit dest. Wasser bis zur Marke, gießt durch ein trockenes Faltenfilter und titriert in 50 ccm des Filtrates das unverbrauchte Alkali mit $^1/_{10}$ N.-Salzsäure und Methylorange zurück. Die hierbei verbrauchten ccm $^1/_{10}$ N.-Salzsäure werden mit 2 multipliziert und von 40 abgezogen, was das zur Fällung der Erdalkalien in 200 ccm Wasser verbrauchte Alkali in ccm ergibt. Durch Multiplikation dieser Zahl mit 1,4 erfährt man die Gesamthärte in deutschen Graden. Will man die Magnesia besonders bestimmen, so kann man das Filtrat nach P f e i f e r s Methode (s. unten) untersuchen.

III. Bestimmung von Einzelbestandteilen im Rohwasser.

1. Bei genaueren Analysen wird man die S u l f a t e (die man ohne Fehler als Calciumsulfat berechnen kann) in 200 ccm durch Fällung mit Chlorbaryum bestimmen, am besten gewichtsanalytisch nach Bd. I, S. 325, oder, wenn man will, maßanalytisch nach Bd. I, S. 330. Das erstere wird in diesem Falle bei den geringen Mengen des $BaSO_4$-Niederschlages kaum mehr Zeit als das letztere beanspruchen.

2. Die M a g n e s i a bestimmte man früher nur gewichtsanalytisch nach vorheriger Ausfällung des Kalks als Oxalat, durch Fällung als Ammonium-Magnesiumphosphat (Bd. I, S. 492). Für genauere Analysen muß dies noch heut geschehen; annähernde Bestimmungen kann man maßanalytisch nach P f e i f e r nach folgender Vorschrift ausführen. Man titriert 100 ccm Wasser wie bei der Härtebestimmung unter Zusatz von Alizarin mit $^1/_{10}$ N.-Säure kochend, das nunmehr kohlensäurefreie Wasser wird mit ausgekochtem destillierten Wasser in einen 200-ccm-Kolben gespült, der Gesamthärte entsprechend mit überschüssigem (25—50 ccm) gemessenen $^1/_{10}$ N.-Kalkwasser versetzt, bis 5 ccm über die Marke aufgefüllt, gut umgeschüttelt, einige Minuten abkühlen lassen, durch ein großes Faltenfilter gegossen und in 100 ccm des Filtrats der nicht verbrauchte Kalk zurückgemessen. Jedem ccm $^1/_{10}$ N.-Kalkwasser entspricht 2,0 mg MgO. Die Kalklösung selbst muß durch einen ganz ebenso ausgeführten blinden Versuch auf ihren Gehalt geprüft werden.

Nach v. C o c h e n h a u s e n (Zeitschr. f. angew. Chem. 19, 1991; 1906) ist die Magnesiabestimmung nach P f e i f e r befriedigend genau, wenn man keinen großen Kalküberschuß anwendet und die Löslichkeit des Magnesiumhydroxydes nicht berücksichtigt, welche bei richtig gewähltem Kalküberschuß durch das Mitreißen von Kalkhydrat durch das Magnesiumhydroxyd ausgeglichen wird. Häufig werden aber für die Magnesia zu hohe Werte gefunden (s. a. M a y e r und K l e i n e r, Journ. f. Gasbel. 50, 484, 504; 1907).

3. E i s e n kann im Wasser leicht in solchen Mengen vorkommen, daß seine Anwendung für Bleichereien, Färbereien, Papierfabriken usw. schädlich wird. Da seine Bestimmung nach den gewöhnlichen Methoden, z. B. durch Titrieren mit Permanganat (Bd. I, S. 464), wegen der geringen vorhandenen Menge meist nicht gut angeht, so empfiehlt sich hier die kolorimetrische Bestimmung nach Bd. I, S. 466.

4. K i e s e l s ä u r e soll nach R e i c h a r d t (Chem.-Ztg. 20, 65; 1896) bei ganz weichen Wassern Kesselsteinbildung veranlassen können; doch ist dies jedenfalls ein ausnahmsweiser Fall. Für genauere Untersuchung wird man immerhin auch die Kieselsäure bestimmen, was gewichtsanalytisch nach bekannten Methoden geschieht (vgl. S. 240).

Thörner (Chem.-Ztg. 29, 802; 1905) konstatiert bei größeren Silikatgehalten des Wassers eine Schädigung des Dampfkessels durch Eintreibung und Einbuchtung der Flammrohre an den heißesten Stellen des Kessels und empfiehlt als Abhilfe ein möglichst häufiges teilweises Abblasen des Kesselinhaltes (s. a. B a s c h , ebenda S. 878).

5. Die C h l o r i d e werden zwar nicht als Kesselsteinbildner, aber deshalb gefürchtet, weil sie das Eisen angreifen können, und unter ihnen am meisten das C h l o r m a g n e s i u m. Nach O s t (Chem.-Ztg. 26, 819; 1902) wäre dieses sogar der allein schuldige Teil. Es dürfte aber höchst selten im Speisewasser Chlormagnesium in schädlicher Menge auftreten. Nach J. P f e i f e r (Zeitschr. f. angew. Chem. 15, 194; 1902) setzen sich im Kessel unter dem dort herrschenden Drucke die löslichen Magnesiasalze mit den Kalksalzen in schwer lösliche Magnesiaverbindungen und leicht lösliche Kalksalze um. Die M a g n e s i a wirkt schädlich, weil ihr Carbonat beim Kochen basisch wird, und das frei werdende Kohlendioxyd die Anfressung des Eisens begünstigt.

Zur direkten Bestimmung des Chlormagnesiums gibt P f e i f f e r - Magdeburg (Zeitschr. f. angew. Chem. 22, 435; 1909) eine Methode an, deren Voraussetzungen und experimentelle Ergebnisse nach E m d e und S e n s t (ebenda 22, 2038, 2236; 1909) unrichtig sind, wogegen P f e i f f e r a. a. O. S. 2040 Einspruch erhebt (s. a. S. 329).

Calciumchlorid und Magnesiumchlorid werden bei der Reinigung des Wassers mit Soda und Kalkwasser beseitigt, nicht aber bei der Reinigung mit Baryumcarbonat (s. a. B a s c h , Chem.-Ztg. 29, 721; 1905; ferner M a y e r und K l e i n e r, Journ. f. Gasbel. 50, 504; 1907).

6. S a u r e Wasser sind natürlich zum Kesselspeisen nicht direkt brauchbar, doch kommen sie nur bei Grubenwassern (durch Verwitterung von Kiesen) und Moorwassern vor und sind durch Behandlung mit Kalk leicht unschädlich zu machen.

7. Absichtlich oder unabsichtlich dem Kesselinhalte zugesetztes Ö l wird bei der Überhitzung verkohlt. Die Bestimmung des Ölgehaltes kann nach M a c f a r l a n e und M e a r s (Chem.-Ztg. 29, Rep. 393; 1905) erfolgen. Zu 2 L. des Wassers werden 5 ccm Eisenchloridlösung (10 g Eisen in 200 ccm Salzsäure gelöst, mit Salpetersäure oxydiert, auf 1 L. aufgefüllt) zugefügt, zum Kochen erhitzt, mit Ammoniaküberschuß gefällt und neuerlich zwei Minuten gekocht. Der Niederschlag, der alles Öl mitgerissen hat, wird mit Äther extrahiert.

B. Ermittung der Zusätze zur Reinigung des Rohwassers.

I. Auf Grund der Härtebestimmung.

P f e i f e r (Zeitschr. f. angew. Chem. 15, 198; 1902) macht auf die längst festgestellte und trotzdem häufig übersehene Tatsache aufmerksam, daß die Magnesia aus ihren Verbindungen durch überschüssiges

Kalkwasser als $Mg(OH)_2$ niedergeschlagen wird und daher durch Rück-titrierung des nicht verbrauchten Kalks im Filtrat bestimmt werden kann (s. o. S. 303).

Er faßt die Vorgänge bei der Wasserreinigung in folgenden Gleichungen zusammen, die das wirkliche Verhalten der Magnesia berücksichtigen:

1. $Ca(HCO_3)_2 + CaO = 2 CaCO_3 + H_2O,$
2a. $Mg(HCO_3)_2 + CaO = MgCO_3 + CaCO_3 + H_2O,$
2b. $MgCO_3 + CaO = MgO + CaCO_3,$
3. $CaSO_4 + Na_2CO_3 = CaCO_3 + Na_2SO_4,$
4a. $MgCl_2 + CaO = MgO + CaCl_2,$
4b. $CaCl_2 + Na_2CO_3 = CaCO_3 + 2 NaCl.$

Man muß also auf jedes Mol. der Bicarbonate 1 Mol. CaO und auch auf jedes Mol. MgO, gleichviel in welcher Verbindung, 1 Mol. CaO berechnen [1]), ferner auf je 1 Mol. der die permanente Härte bedingenden Verbindungen 1 Mol. Na_2CO_3. Das heißt: an Kalk für jeden Grad temporäre Härte (deutsche Grade von 10 mg CaO im Liter) 10 mg CaO und außerdem für je 40 mg MgO immer 56 mg CaO, oder pro mg Mg: 1,4 mg CaO. An Soda für jeden Grad permanenter Härte:

$$\frac{106}{56} \times 10 = 18,9 \text{ mg } Na_2CO_3 \text{ pro Liter.}$$

Nach M a y e r und K l e i n e r (Journ. f. Gasbel. 50, 479, 504; 1907) entsprechen die Gleichungen 1, 2a und 2b nicht den tatsächlichen Verhältnissen. In Wirklichkeit verläuft Gleichung 1 so, daß mit Calciumcarbonat auch Calciumbicarbonat mitfällt und zwar in einem Verhältnis, das sich nicht voraussehen läßt; Gleichung 2a, nach der Magnesia und Kalk in dolomitischem Verhältnis gefällt werden, geht immer vor sich, Gleichung 2b nur bei Kalküberschuß. Da nach 2a und 2b P f e i f e r auf je 1 Mol. Magnesiumbicarbonat 2 Mol. Kalk rechnet, und da seine Magnesiabestimmungsmethode etwas zu hoch ausfällt (s. S. 303), so ist mehr Kalk vorhanden, als diesen Gleichungen entspricht. Dieser Kalk kann die freie Kohlensäure binden, welche nach obigen Gleichungen gar nicht berücksichtigt wird. Von ihrer Menge hängt es ab, inwieweit Gleichung 2a und 2b sich vollziehen. Die P f e i f e r sche Methode zur Bestimmung der Zusätze an Kalk und Soda führt in vielen Fällen nur dadurch zu guten Resultaten, daß die Fehler sich kompensieren. Die Berechnung des Sodazusatzes wird nie ganz richtig ausfallen, weil die permanente Härte nach W a r t h a - P f e i f e r (S. 301) stets etwas zu niedrig bestimmt wird.

v. C o c h e n h a u s e n (Zeitschr. f. angew. Chem. 19, 2025; 1906) gibt folgende einfache Berechnungsformeln an:

Wenn   a = Anzahl Milligramme gebundene CO_2 in 1 Liter,

        b = Anzahl Milligramme MgO in 1 Liter,

        H = Gesamthärte in deutschen Härtegraden bedeuten,

---

[1]) Dies stimmt nicht ganz, da man auch für die freie CO_2 des Wassers Kalk braucht (s. S. 306).

dann beträgt die Menge des erforderlichen Kalks $= \dfrac{a + 1,1\,b}{0,786}$ und der

Soda $= 18,9\,H - 2,41\,a$ Milligramme pro Liter.

Bei stark eisenhaltigen Wassern müssen nach N o l l (Zeitschr. f. angew. Chem. 21, 640, 1455; 1908) für je 1 mg Fe 0,8 mg CO_2 in Abzug gebracht werden.

II. Besondere empirische Proben für Wasserreinigung.

An Stelle der auf Grund der Härtebestimmung ermittelten Zusätze an Kalk und Soda (s. S. 305) bestimmt man häufig mit Erfolg die Menge dieser Zusätze durch besondere, mehr empirische Proben.

a) Ermittlung des Kalkzusatzes.

Man versetzt 200 ccm des Wassers mit klarem K a l k w a s s e r , dessen Titer gegen $^1/_5$ N.-Salzsäure mit Phenolphtalein festgestellt ist. Das zu prüfende Wasser wird ebenfalls mit Phenolphtalein versetzt und das Kalkwasser zugesetzt, bis die erste, kurze Zeit bleibende Rötung eintritt. Hierbei wird Kalk verbraucht, nicht allein zur Umwandlung von Calciumbicarbonat in normales Carbonat, sondern auch zur Sättigung der freien Kohlensäure und zur Fällung von organischen Substanzen usw., was aber im großen ganz ebenso nötig ist, so daß diese Probe den auch im großen zu gebenden Kalkzusatz anzeigt.

Besser versetzt man nach B i n d e r (Zeitschr. f. anal. Chem. 27, 176; 1888) 500 ccm Wasser — bei großer Härte weniger — mit 100 ccm reinem Kalkwasser von bekanntem Gehalt, erwärmt eine halbe Stunde auf schwach siedendem Wasserbade, filtriert rasch nach dem Erkalten und titriert in 500 ccm den zugesetzten Kalküberschuß. Die angewandte Kalkmenge um $^6/_5$ der wiedergefundenen vermindert, ergibt den zur Reinigung von 500 ccm Rohwasser erforderlichen Zusatz. Nach P f e i f f e r (Zeitschr. f. angew. Chem. 15, 196; 1902) muß das Kalkwasser in reichlichem Überschuß zugesetzt werden, damit die Magnesiasalze als Hydroxyde gefällt werden. Da kohlensaurer Kalk immer etwas Ätzkalk mitreißt, und dies umsomehr, je größer der Kalküberschuß ist, so erhält man nach dieser Probe keine sehr genauen Werte. Um den Einfluß der Luftkohlensäure bei Abmessen, Filtrieren usw. auszuschalten, muß der Titer der Kalklösung durch einen blinden Versuch unter den gleichen Bedingungen wie der Hauptversuch ausgeführt werden.

G a r d n e r und L l o y d (Journ. Soc. Chem. Ind. 24, 392; 1905) titrieren die nach dem Zusatz von Kalkwasser und Filtrieren erhaltene Lösung mit $^1/_{10}$ N.-Salzsäure zuerst mit Phenolphtalein, dann mit Methylorange als Indikator. Der Unterschied zwischen den beiden Titrierungen zeigt die noch in Lösung befindlichen Calcium- und Magnesiumcarbonate an und ist von der Phenolphtaleintitration in Abzug zu bringen.

Vignon und Meunier (Compt. rend. 128, 683; Chem. Zentralbl. 1899, 1, 901) ermitteln zuerst den Kalkverbrauch für Bindung der freien und halbgebundenen Kohlensäure wie folgt. Man mischt 50 ccm des Wassers mit 50 ccm frisch destilliertem Alkohol (was die Ausfällung des $CaCO_3$ befördert) und setzt nach dem Abkühlen 10 Tropfen einer 5 proz. alkoholischen Phenolphtaleinlösung zu, dann aus einer Bürette Kalkwasser (von 1,8 g Ca $(OH)_2$ pro Liter bei 15°) unter Schütteln, bis bleibende Rotfärbung entsteht; zu vergleichen mit einem Typ, hergestellt aus destilliertem Wasser, wie oben, unter Zusatz von 1 ccm Kalkwasser. Wenn die verbrauchten ccm Kalkwasser = n, so ist die freie und halbgebundene CO_2 in 1 Liter =

$$\text{Vol. } CO_2 = \frac{n \times 1{,}8 \times 22 \times 1000}{50 \times 37 \times 1{,}9774} = 300 \; \frac{n \times 1{,}8}{50} = 10{,}8 \, n.$$

Für 1 Liter CO_2 muß man je 2,51 g CaO zur Reinigung des Wassers verwenden.

v. Cochenhausen (Zeitschr. f. angew. Chem. 19, 2026; 1906) ermittelt den zur Reinigung notwendigen Kalkzusatz in der Weise, daß er zu 200 ccm des zu prüfenden Wassers die erforderliche Menge der im großen hergestellten Ätznatronlösung zufügt, dann aus einer Bürette solange von dem Kalkwasser, (demselben, welches bei der Reinigung im großen verwendet wird) zulaufen läßt, bis der entstehende Niederschlag sich nicht mehr pulverförmig, sondern in Flocken abscheidet. Hat man durch einen Vorversuch die ungefähr notwendige Menge Kalkwasser, z. B. 14 ccm, ermittelt, so läßt man in 5 Flaschen, welche ebenfalls je 200 ccm Wasser und die nötige Menge Natronlauge enthalten, je 12 ccm, 13 ccm, 14 ccm, 15 ccm und 16 ccm Kalkwasser auf einmal einfließen, mischt durch Umschütteln und ermittelt nun aus der Form der Niederschläge, welche Menge Kalkwasser den flockigen Niederschlag entstehen läßt. Die Anzahl der verbrauchten ccm mit 5 multipliziert ergibt die zur Reinigung von 1 cbm Wasser erforderliche Anzahl Liter Kalkwasser.

b) Ermittlung des Sodazusatzes.

Die bei a (S. 306) bleibende trübe Flüssigkeit wird filtriert und das Filtrat mit $^1/_5$ N.-Natriumcarbonatlösung versetzt, deren Überschuß durch Filtrieren und Rücktitrieren mit $^1/_5$ N.-Salzsäure ermittelt wird. Hierdurch findet man die Menge der Soda, welche man außer dem Kalkwasser im großen zusetzen muß, um das Calciumsulfat zu zersetzen. Andere ziehen es vor, das Wasser mit überschüssiger titrierter Natriumcarbonatlösung zur Trocknis zu verdampfen, auf 150—180° zu erhitzen (J. Pfeifer, Zeitschr. f. angew. Chem. 15, 193; 1902), um das Magnesiumcarbonat zu zerstören und unlöslich zu machen, dann den Rückstand mit kohlensäurefreiem Wasser zu behandeln, zu filtrieren und den Überschuß der Soda in der Lösung zu bestimmen.

V i g n o n und M e u n i e r (s. S. 307) bestimmen die zur Umwandlung der Chloride und Sulfate von Calcium und Magnesium in
Carbonate erforderliche Menge Soda durch 5 Minuten langes Kochen
von 50 ccm des Wassers in einer Nickelschale, Wiederauffüllen auf 50 ccm
mit dest. Wasser, Zusatz von 50 ccm Alkohol und von Phenolphtaleinlösung
wie oben und dann von einer Lösung von 1 g Na_2CO_3 in 1 Liter Wasser,
bis Rötung gleich einem Typ entstanden ist, den man aus dest. Wasser
mit 3 ccm der Sodalösung hergestellt hat. Ist n die Anzahl der verbrauchten ccm Sodalösung, abzüglich 3, so braucht man pro Liter
Wasser 0,02 n Gramm Soda.

Wenn man mit Soda allein (im Dampfkessel selbst) reinigen will,
so muß man dem Speisewasser die soeben ermittelte Menge von Soda
für dessen Gehalt an Chloriden und Sulfaten regelmäßig zusetzen;
außerdem noch 4,76 g Soda pro Liter CO_2, aber dies nur ein für allemal,
entsprechend dem Inhalt des Dampfkessels, da dieser Teil der Soda sich
beständig regeneriert, indem das Calcium- und Magnesiumbicarbonat,
unter Niederschlagung von $CaCO_3$ und $MgCO_3$, Natriumbicarbonat
bilden, das sich in Na_2CO_3, H_2O und CO_2 spaltet. (Für Magnesia stimmt
dies nicht ganz.)

Ein anderes Verfahren ohne besondere Vorzüge beschreibt G r ö g e r
(Zeitschr. f. angew. Chem. 4, 220; 1891).

C. Eigenschaften des gereinigten Wassers und chemische Vorgänge im Dampfkessel.

Ein in richtiger Weise gereinigtes Wasser ist nur schwach alkalisch,
so daß rotes Lackmuspapier sich erst nach 1 Minute zu bläuen beginnt
und 100 ccm Wasser durch 1—1,5 ccm $^1/_{10}$ N.-Säure neutralisiert werden;
seine Härte ist nicht größer als 3—4 Grade, und Ammonoxalat erzeugt
erst nach 1—2 Minuten schwaches Opaleszieren. Bei Verwendung
eines gereinigten Wassers dürfen die Eigenschaften, welche es besitzen
muß, nicht übersehen werden. Bei gewissen Färbereiprozessen und beim
Degummieren von Seide muß die schwache Alkalität durch Zusatz
kleiner Essigsäuremengen aufgehoben werden. Ein größerer Natrium-
sulfatgehalt kann hier schädlich sein. In solchen Fällen ist die Baryt-
salzreinigung angezeigt. Bei Verwendung zur Kesselspeisung ist zu berücksichtigen, daß durch den Reinigungsprozeß mit Natriumsalzen eine
dem Gips und Magnesiumchlorid äquivalente Menge Natriumsulfat und
Natriumchlorid ins Wasser übergegangen sind, welche durch Anhäufung
beim Verdampfen Salzabscheidung veranlassen, wobei Nieten und Fugen
durch Krystallbildung gelockert werden können. Der Inhalt eines
Kessels soll nie ein höheres spez. Gewicht als 3° Bé haben (J o n e s ,
Zeitschr. f. angew. Chem. 8, 75; 1895), besser aber 1,5—2° Bé nicht
übersteigen, was durch häufiges, am besten tägliches Abblasen des
Kessels ohne große Wärmeverluste bewerkstelligt wird (s. v. C o c h e n

h a u s e n , Zeitschr. f. angew. Chem. 19, 2028; 1906 und B a s c h , ebenda 22, 1933; 1909).

Auch bei richtig vorgenommenem Zusatz von Soda und Kalk erfolgen unter den Verhältnissen des Dampfkesselbetriebes Umsetzungen, welche zu Schädigungen des Dampfkessels Anlaß geben können (R o t h - s t e i n , Zeitschr. f. angew. Chem. 18, 540; 1905). Als solche im Dampfkessel verlaufende Reaktionen erweist B a s c h (Zeitschr. f. angew. Chem. 22, 1905; 1909) folgende:

1. $Na_2SO_4 + CaCO_3 \leftrightarrows Na_2CO_3 + CaSO_4$ (im Sinne des Pfeils von links nach rechts) und

2. $Na_2CO_3 + H_2O = 2 NaOH + CO_2 + H_2O$, wodurch infolge Gips bildung nach 1. eine Bildung von Kesselstein und durch Ätznatron bildung nach 2. eine Korrosion des Dampfkessels eintreten kann (s. a. B r a n d , Chem. Zentralbl. 1904, II, 860; T a t l o c k und T h o m - s o n , Journ. Soc. Chem. Ind. 23, 428; 1904; G a r d n e r und L l o y d , ebenda 24, 392; 1905 und F r i s c h e r , Chem.-Ztg. 30, 125; 1906)

Abwässer.

Von

Prof. Dr. E. Haselhoff,

Vorsteher der landw. Versuchstation in Marburg.

Die Abwässer besonders der chemischen Groß- und Kleinindustrie sind so außerordentlich verschieden, daß es kaum durchführbar erscheint, die Methoden für eine analytische Prüfung derselben in kurz gedrängter Form anzugeben.

Man kann die Abwässer unterscheiden in solche mit vorwiegend m i n e r a l i s c h e n B e s t a n d t e i l e n und in solche mit s t i c k - s t o f f h a l t i g e n o r g a n i s c h e n S t o f f e n. Die Untersuchung der Abwässer ersterer Art ist im wesentlichen dieselbe wie bei Trinkwasser, indem dabei nur der durch die betreffende Industrie bedingte abnorme Bestandteil besonders zu berücksichtigen ist. Die Abwässer mit vorwiegend stickstoffhaltigen organischen Stoffen erfordern verschiedentlich andere Untersuchungsmethoden als gewöhnliches Wasser, und diese abweichenden Methoden müssen näher besprochen werden.

Bevor ich auf die Untersuchung der Abwässer eingehe, will ich kurz vorausschicken, auf welche Bestandteile bei den verschiedenen Abwässern im wesentlichen zu achten ist, wobei ich jedoch die Bemerkung nicht unterlassen will, daß bei der Verschiedenheit der Abwässer diese Angaben auf Vollständigkeit keinen Anspruch machen können.

a) Abwässer mit vorwiegend mineralischen Bestandteilen aus:

1. S t e i n k o h l e n g r u b e n : Chlornatrium, Chlorbaryum, Chlorcalcium, Chlorstrontium, Chlormagnesium, Ferro- und Ferrisulfat, freie Schwefelsäure.

2. S t r o n t i a n i t g r u b e n : Strontium-, Calcium- und Magnesiumcarbonat bzw. -sulfat.

3. B r a u n s t e i n g r u b e n : Feiner Braunsteinschlamm mit feinen Quarzteilchen, zuweilen arsen- und kupferhaltig.

4. S a l i n e n u n d S o l q u e l l e n : Chlornatrium, Chlorcalcium, Chlorstrontium und Chlormagnesium.

5. Chlorkaliumfabriken, Salzsiedereien, Chlorkalkfabriken : Chlorcalcium, Chlormagnesium und in letzterem Falle außerdem Manganchlorür.

6. Schwefelkiesgruben, Schwefelkieswäschereien, Schutthalden von Steinkohlenzechen : Freie Schwefelsäure, Ferrosulfat und bisweilen Zinksulfat.

7. Zinkblendegruben, Galmeigruben, Zinkblendepochwerken : Zinksulfat, Zinkbicarbonat.

8. Drahtziehereien : Je nach der Beizflüssigkeit: freie Schwefelsäure oder freie Salzsäure und Ferro- und Ferrisulfat oder Ferro- und Ferrichlorid.

9. Verzinkereien : Freie Salzsäure, Ferrochlorid.

10. Messinggießereien, Kupferhütten, Silberbeizereien : Freie Schwefelsäure, Kupfersulfat.

11. Nickelfabriken : Nickel, Kupfer, Zink.

12. Kiesabbränden : Je nach dem verwendeten Material die Sulfate von Eisen, Zink oder Kupfer, freie Schwefelsäure.

13. Soda- und Pottaschefabriken : Schwefelcalcium, Schwefelnatrium, Natrium- und Calciumpolysulfide, Chlorcalcium, freier Kalk.

14. Schlackenhalden : Schwefelcalcium, Schwefelnatrium.

15. Bleichereien : Chlorcalcium, unterchlorigsaures Calcium.

16. Gasfabriken und Kokereien : Schwefelcalcium, Schwefelammonium, Rhodancalcium, Rhodanammonium, Phenol.

17. Acetylenanlagen : Kalkhydrat.

18. Blutlaugensalzfabriken : Schwefel- und Cyanverbindungen.

19. Farbenfabriken, Färbereien : Neben Farbstoffen besonders Beizen, Zink-, Zinn-, Blei-, Kupfer- und Chromoxyd, Antimon, Arsen.

20. Ultramarinfabriken : Natriumsulfat, Natriumcarbonat, Ätznatron.

21. Galvanisierungsanstalten : Cyankalium, freie Säuren, Kalk-, Magnesia-, Eisen- und Zinksalze.

22. Nitrozellulose- und Dynamitfabriken : Schwefelsäure, Salpetersäure, Kalk.

23. Pikrinsäurefabriken : Pikrinsäure.

24. Superphosphatfabriken : Chlorcalcium, freie Mineralsäuren.

b) Abwässer mit vorwiegend stickstoffhaltigen organischen Stoffen.

Hierhin gehören die städtischen Abwässer, die Abgänge aus Schlachthäusern, Zucker- und Stärkefabriken, Bierbrauereien, Brennereien, Molkereien, Papierfabriken, Wollwäschereien, Tuchfabriken, Leimsiedereien, Gerbereien, Flachsrotten usw.

Bei allen diesen Wassern handelt es sich besonders um die suspendierten und gelösten organischen Stoffe, um die Menge des zur Oxy-

dation dieser Stoffe notwendigen Sauerstoffs und um den Gehalt an
Stickstoff in seinen verschiedenen Formen. Im einzelnen ist noch bei
Bierbrauerei- und Brennereiabwässern auf Hefezellen und ferner auf
Gummi und Zucker Rücksicht zu nehmen. Letztere beiden Bestandteile
sind auch in den Abgängen der Stärkefabriken zu beachten. Die Ab-
wässer aus Wollwäschereien und Tuchfabriken sind noch besonders auf
Fette, Seifen und Arsen zu prüfen. Auch bei den Abwässern aus
Gerbereien ist eine Prüfung auf Arsen, ferner Schwefelnatrium bzw.
Schwefelcalcium notwendig. In den Sulfitzellulosefabriken ist die
schweflige Säure nach J. H. V o g e l — Zeitschr. f. angew. Chem.
22, 49; 1909 — nicht in freiem Zustande, sondern an Zucker gebunden
als glukoseschweflige Säure vorhanden, welche nicht die schädliche
Wirkung der freien Säure haben soll.

Diese kurze Übersicht gibt uns ein ungefähres Bild von der Mannigfaltigkeit der Zusammensetzung der Abwässer. Es bedarf keiner weiteren
Auseinandersetzung, daß selbst in demselben Betriebe die Abwässer
nicht immer von gleicher Zusammensetzung sein werden, ja daß es vorkommen kann, daß sich die Zusammensetzung der Abwässer eines Be-
triebes sogar innerhalb kurzer Zeiträume mehrmals ändert. Daraus
folgt, wie außerordentlich wichtig es für die richtige Beurteilung eines
Abwassers ist, daß die Proben desselben für die Untersuchung sach-
gemäß entnommen werden. In der falschen Probenahme ist viel öfter
der Grund für eine unrichtige Beurteilung eines Abwassers zu suchen
als in der Untersuchung selbst.

A. Probenahme. [1])

Es ist selbstverständlich, daß die für die Probenahme verwendeten
Gefäße (Flaschen) und Korke rein sein müssen; Flaschen und Korke
werden weiterhin noch mit dem zu untersuchenden Wasser mehrmals
aus- und abgespült, bevor man die Flaschen mit dem betreffenden
Wasser füllt. Für die Entnahme von Wasserproben sind Apparate
verschiedener Art empfohlen (vgl. S c h u m a c h e r: Gesundh.-Ing.
1904, 418, 434, 454); hier möge nur eine Vorrichtung dazu Erwähnung
finden, welche F r i e d r. C. G. M ü l l e r konstruiert hat und welche
besonders zum Schöpfen von Wasserproben aus beliebiger Tiefe dienen
kann. Der Apparat ist einfach, dabei bequem und zuverlässig.
M ü l l e r beschreibt denselben in folgender Weise (Forschungsber.
a. d. biolog. Station zu Plön 10, 189, 1903): Der in eine 2 kg schwere
Bleiplatte A (Fig. 41) gelötete Bügel B wird mittels einer Spiralfeder E und des Karabinerhakens F an einer Lotleine aufgehängt.
Im Bügel kann eine Flasche D von 400 ccm mit Hilfe der Klemmvorrichtung C befestigt werden. Die Flasche wird mit einem

---

[1]) Hierbei wie bei den Untersuchungsmethoden sind die Zusätze
G. J. F o w l e r s zu der englischen Übersetzung dieses Kapitels der letzten Ausgabe berücksichtigt.

doppelt durchbohrten Kautschukstopfen versehen und die beiden Bohrungen mit dem U-förmigen Stöpsel *H* verschlossen. Letzterer sitzt an der Kette *J*, welche nicht völlig gespannt durch die Spirale hängt und mit ihrem oberen Ende an *F* befestigt ist.

Es ist einleuchtend, daß, wenn diese Vorrichtung in das Wasser hinabgelassen ist, ein kurzer Ruck an der Leine das Herausziehen des Stöpsels *H* zur Folge hat, da ja die Spiralfeder sich langzieht, ohne daß die daran hängende träge Masse gleich nachfolgt. Nach Entfernung des Stöpsels dringt aber das Wasser durch das in der einen Bohrung steckende Röhrchen *G* ein, während die Luft durch die andere Bohrung entweicht. Nach spätestens 80 Sekunden kann die Flasche gefüllt emporgezogen werden[1].

Auf eine andere von M ü l l e r konstruierte Vorrichtung für die Entnahme von Wasserproben, besonders bei Benutzung des „Tenax"-Apparates (vgl. S. 331), kann nur verwiesen werden.

Für die Untersuchung sind in jedem Falle von einem Wasser 2 bis 4 L. zu entnehmen.

Sobald es sich um eine für Gerichte und Verwaltungsbehörden erforderliche Begutachtung eines Abwassers handelt, können nur die von dem Sachverständigen selbst entnommenen Proben maßgebend sein.

Fig. 41.

Bei der Probenahme eines Abwassers kommt es vor allem darauf an, daß die entnommene Probe auch wirklich eine gute D u r c h s c h n i t t s p r o b e des Abwassers darstellt. Es ist deshalb notwendig, festzustellen, ob das Abwasser ständig und stets in derselben Zusammensetzung abfließt, oder ob sich die Zusammensetzung im Laufe des Tages ändert, oder schließlich, ob das Abwasser nur zeitweise und nicht beständig den ganzen Tag über abfließt. Im ersteren Falle, wo das Abwasser den ganzen Tag über in gleicher Beschaffenheit abfließt, ist es gleichgültig, zu welcher Tageszeit die Probe entnommen wird. Ändert sich aber die Zusammensetzung tagsüber, so wird man zweckmäßig in der Weise verfahren, daß man innerhalb kurzer Zwischenräume (etwa alle 10—15 Minuten) Proben mittels eines Schöpfgefäßes nimmt, diese Einzelproben in einem größeren, gut gereinigten und darauf mit dem betreffenden Abwasser wiederholt ausgespülten Fasse sammelt, nach Beendigung der Probenahme gut durchmischt und von diesem gesammelten Wasser nun eine Probe für die Untersuchung entnimmt. Man kann in diesem zweiten Falle auch in der Weise verfahren, daß man alle 10—15 Minuten während etwa 2 Stunden und zu verschiedenen Tageszeiten Einzelproben entnimmt, diese letzteren später zusammenmischt und dieses Gemisch zur Untersuchung verwendet.

---

[1] Bezugsquelle: Vereinigte Fabriken für Laboratoriumsbedarf in Berlin.

Wenn das Abwasser nur zu gewissen Tageszeiten abgelassen wird, so muß eben zu dieser Zeit die Probe entnommen werden. Wechselt die Zusammensetzung, so ist während jeden Ablassens des Wassers eine Probe zu entnehmen und das Gemisch der Einzelproben im Verhältnis der absoluten Wassermengen zur Untersuchung zu verwenden.

Hat die Untersuchung den Zweck, die Wirkung eines Reinigungsverfahrens festzustellen, so ist darauf zu achten, daß das gereinigte abfließende Wasser auch dem ungereinigten Abwasser entspricht. Um dieser Forderung zu genügen, ist zu ermitteln, wieviel Zeit das Abwasser zum Durchfließen der Reinigungsanlage gebraucht; dieselbe Zeit muß auch zwischen dem Anfange der Probenahme des ungereinigten Wassers und dem Anfange der Probenahme des gereinigten Wassers liegen. Selbstredend ist bei der Entnahme der Probe des gereinigten Wassers genau in derselben Weise zu verfahren, wie die Probenahme des ungereinigten Wassers gehandhabt ist.

Bei dem Einfluß eines Abwassers in einen ö f f e n t l i c h e n F l u ß l a u f handelt es sich meistens um den Nachweis, ob das Flußwasser durch die Aufnahme des Abwassers eine für bestimmte Zwecke schädliche Beschaffenheit angenommen hat. Der Nachweis von schädlichen Bestandteilen in dem Abwasser genügt hier allein nicht. Man hat in diesem Falle einmal oberhalb und ferner unterhalb der Einmündungsstelle Proben zu entnehmen. Dabei ist zu beachten, daß das Wasser oberhalb der Einmündungsstelle nicht infolge Rückstaues mit dem betreffenden Abwasser vermischt ist; ferner ist zu berücksichtigen, ob nicht etwa schon oberhalb der Einmündungsstelle des fraglichen Abwassers irgendwelche Zuführung von Abwässern zu dem Flußlauf stattgefunden hat. Die Probeentnahme unterhalb der Einmündungsstelle darf erst an der Stelle des Flußlaufes stattfinden, wo eine vollkommene Vermischung des Abwassers mit dem Flußwasser eingetreten ist. Letztere wird durch Krümmungen im Flußlauf, Stauwerke, Sträucher usw. gefördert. Bei einem ruhigen Flußlauf mit geringer Stromgeschwindigkeit kann eine gute Durchmischung unter Umständen erst nach meilenweitem Fließen eintreten. Auch bei der Probenahme unterhalb der Einmündungsstelle des fraglichen Abwassers ist festzustellen, ob nicht zwischen der Einmündungs- und Probenahmestelle noch andere Zuflüsse zu dem Flußlaufe vorhanden sind; in diesem Falle sind von jedem Zuflusse Proben zu entnehmen und in sachgemäßer Weise zu untersuchen.

Es empfiehlt sich, von den beiden Seiten und aus der Mitte des Flußlaufes, von der Oberfläche und aus größerer und geringerer Tiefe des Wassers Proben zu entnehmen, diese Einzelproben zu mischen und diese zusammengemischte Probe für die Untersuchung zu verwenden. Eine derartig verteilte Entnahme von Proben ist besonders bei stillstehenden Gewässern, bei Teichen oder Seen angebracht.

In manchen Fällen, besonders bei einem fließenden Gewässer mit vielen, rasch wechselnden Zuflüssen von Abwässern, kann man auch die Größe der Beeinflussung bzw. der Verunreinigung durch ein Abwasser in der Weise finden, daß man neben der jedesmaligen Zusammensetzung die Menge des Wassers sowohl des Flusses wie der einzelnen Zuflüsse bestimmt und hieraus die Größe der Verunreinigung bei Niedrig-, Mittel- und Hochwasser berechnet. Die Wassermengen läßt man am zweck- mäßigsten durch einen Hydrotechniker feststellen.

Unter Umständen gibt auch die Untersuchung des Schlammes oder der auf Steinen und Pflanzen haftenden Überzüge oder der beschädigten Pflanzen und Bäume oder der eingegangenen Fische Aufschluß über die Ursache einer etwaigen Verunreinigung. Auch die Fauna und Flora der Gewässer ist bei der Probenahme zu beachten.

B. Chemische Untersuchung.

Die chemische Untersuchung hat sich nur auf diejenigen Bestand- teile zu erstrecken, welche für die vorgelegte Frage in Betracht kommen.

I. Vorprüfung an Ort und Stelle.

Die Vorprüfung an Ort und Stelle hat sich auf folgende Punkte zu richten:

1. Äußeres Ansehen des Wassers; ob klar, getrübt, gefärbt usw. Inwieweit ein getrübtes oder gefärbtes Wasser schädlich ist, kann erst durch die Untersuchung der die Trübung verursachenden Schwebestoffe festgestellt werden; das trübe Aussehen eines Wassers an sich ist nicht entscheidend für die Frage, ob ein Wasser schädlich ist oder nicht. Für die Bestimmung der Durchsichtigkeit und Klarheit empfiehlt Kolkwitz — Mitt. d. Kgl. Prüfungsanstalt 1907, Heft 9 — bei Oberflächenwasser eine weiße Porzellanscheibe in das Wasser zu versenken; die Tiefe, bei der die Porzellanscheibe für das Auge ver- schwindet, kann als Maßstab für die Durchsichtigkeit dienen. Weiter vgl. unter B b (S. 317).

2. Geruch; ob nach Schwefelwasserstoff, schwefliger Säure, freiem Chlor, Ammoniak, Rüben, Hefenwasser usw.

3. Reaktion, welche durch Lackmuspapier zu ermitteln ist, indem man letzteres direkt in das fließende Wasser hält.

4. Temperatur, welche man in der Weise bestimmt, daß man ein empfindliches Thermometer so lange in das fließende Wasser hält, bis der Stand des Quecksilbers konstant ist; die Prüfung hat an verschiedenen Stellen bzw. Tiefen des Wassers zu geschehen.

5. Salpetrige Säure; es genügt die qualitative Prüfung mit Jodkalium, Stärkelösung und verdünnter Schwefelsäure oder mit Metaphenylendiamin.

6. Freie Gase und flüchtige Säuren. Sollen Sauer- stoff, Kohlensäure, Schwefelwasserstoff, Chlor, Salzsäure usw. quan- titativ bestimmt werden, so müssen die Stoffe entweder an Ort und Stelle bestimmt oder doch so gebunden werden, daß sie auf dem Trans-

port keine Veränderung erleiden. So kann Sauerstoff nach der Methode von L. W. W i n k l e r (S. 279) oder F r i e d r. C. G. M ü l l e r , Kohlensäure durch Zusatz von kohlensäurefreiem Kalkwasser, Schwefelwasserstoff durch Zusatz von Cadmiumchlorür oder arsenigsaurem Natrium und Alkali, Salzsäure durch Silberlösung usw. gebunden werden und die weitere Untersuchung, wie unten näher angegeben, im Laboratorium ausgeführt werden.

7. D i e b a k t e r i o l o g i s c h e U n t e r s u c h u n g muß an Ort und Stelle am besten in P e t r i schen Schalen angestellt und später im Laboratorium fortgesetzt werden (vgl. S. 287).

II. Untersuchung im Laboratorium.

Die U n t e r s u c h u n g i m L a b o r a t o r i u m hat stets möglichst bald nach der Probenahme zu erfolgen, besonders dann, wenn das Abwasser viele organische Stoffe enthält; denn diese organischen Stoffe zersetzen sich leicht, indem einerseits organische Stoffe gasifiziert, andererseits suspendierte organische Stoffe gelöst oder unlösliche organische Stoffe ausgeschieden werden. Kann die Untersuchung nicht sofort nach der Probenahme ausgeführt werden, so ist hierauf bei der Beurteilung des Wassers Rücksicht zu nehmen oder noch bei der Probenahme ein Zusatz konservierender Mittel vorzunehmen. Solche Konservierungsmittel sind: verdünnte Schwefelsäure oder Chloroform, erstere als Zusatz zu filtriertem Abwasser, in welchem die Oxydierbarkeit, die organischen Stickstoffverbindungen, das Ammoniak und der organische Kohlenstoff bestimmt werden sollen, letzteres als Zusatz zu dem unfiltrierten Wasser da, wo es sich um die Bestimmung des Abdampfrückstandes, der suspendierten Stoffe, des Glühverlustes, der Salpetersäure, der salpetrigen Säure und des Chlors handelt. H. G r o ß e - B o h l e berichtet (Zeitschr. f. Unters. d. Nahr.- und Genußm. 6, 969; 1903), daß auch bei Anwendung von Chloroform als Konservierungsmittel die Bestimmung der Oxydierbarkeit, der organischen Stickstoffverbindungen und des organischen Kohlenstoffs in dem Wasser ohne Fehler ausgeführt werden kann. Wo es möglich ist, ist der Anwendung von Konservierungsmitteln die Verpackung der Proben in Eis bis zur Untersuchung vorzuziehen.

Die vorerwähnten Vorprüfungen an Ort und Stelle sind möglichst zu wiederholen und zu kontrollieren. Zur Bestimmung der D u r c h - s i c h t i g k e i t u n d K l a r h e i t eines Abwassers kann man farblose Glaszylinder mit ebenem Boden mit dem zu prüfenden Wasser füllen und aus der zur Erzielung der Durchsichtigkeit notwendigen Verdünnung den Durchsichtigkeitsgrad des Wassers feststellen. J. K ö n i g (Zeitschr. f. Unters. d. Nahr.- und Genußm. 7, 129, 587; 1904) hat hierfür ein Diaphanometer konstruiert, welches auf der Anwendung von Tauchröhren und der Vergleichung durch ein L u m m e r - B r o d h u n sches Prisma beruht. W. O h l m ü l l e r — Untersuchung des Wassers 1906, 16 — empfiehlt für gefärbte Wasser zur Feststellung des Färbegrades eine Karamellösung als Vergleichslösung, welche man in folgender Weise erhält: 1 g Rohrzucker wird in 50 ccm Wasser gelöst, mit 1 ccm Schwefelsäure (1 : 2) versetzt und genau 10 Minuten zum schwachen Sieden erhitzt; darauf wird 1 ccm 33 proz. Natronlauge hinzugefügt und wieder 10 Minuten lang gekocht. 1 ccm dieser Lösung = 1 mg Karamel. Die Lösung ist gut verschlossen und vor Licht geschützt aufzubewahren. In Amerika benutzt man eine Mischung von Kaliumplatinchloridlösung und Kobaltchloridlösung als Vergleichslösung, und zwar enthält sie für den Färbungsgrad 500: 1,246 g Kaliumplatinchlorid = 0,5 g Platin und 1 g Kobaltchlorid, krystallisiert = 0,25 g Kobalt in 100 ccm Salzsäure vom spez. Gew. 1,19 gelöst und mit destilliertem Wasser auf 1 L. aufgefüllt. Durch Verdünnung dieser Lösung werden andere Vergleichslösungen hergestellt. Statt der Lösungen werden auch Kobalt-Kaliumplatinchloridglasplatten, welche entsprechend gefärbt sind und am Ende von Metallröhren als Verschluß angebracht werden, verwendet.

Bezüglich des Geruches sei hier darauf hingewiesen, daß derselbe häufig erst durch Erwärmen auf 40—50⁰ oder durch Umschwenken einer kleinen Probe in einem Becherglase bemerkbar wird. Will man schwefelwasserstoffhaltiges Wasser noch auf andere Gerüche prüfen, so kann man den Schwefelwasserstoff durch Zusatz von etwas Kupfersulfat entfernen.

Werden in einem Streitfalle die Abwässer von verschiedenen Chemikern untersucht, so hat diese Untersuchung stets nach denselben Methoden zu erfolgen; gegebenenfalls sind die anzuwendenden Methoden von den betreffenden Chemikern zu vereinbaren. Die im nachfolgenden angegebenen Methoden haben sich bisher als zuverlässig erwiesen.

a) Abdampfrückstand und Glühverlust.

200 ccm Wasser werden in einer ausgeglühten und gewogenen Platinschale auf dem Wasserbade zur Trockne verdampft; der Rückstand wird im Trockenschrank bei 105—110⁰ C eine Stunde lang getrocknet, im Exsikkator erkalten gelassen und gewogen. Das Trocknen wird bis zur Gewichtskonstanz fortgesetzt.

Darauf glüht man den Abdampfrückstand in der Platinschale, befeuchtet den Glührückstand mit Ammoniumcarbonat und glüht nochmals schwach. Die Differenz zwischen dem Gewicht des Abdampfrückstandes und des so erhaltenen Glührückstandes bedeutet nach Abzug des Krystallwassers ziemlich genau die Menge der im Wasser enthaltenen organischen Stoffe; der Glührückstand gibt die Menge der wasserfreien Mineralstoffe an.

b) Suspendierte und gelöste organische und unorganische Stoffe.

In vielen Fällen kann die Art der suspendierten Stoffe Anhaltspunkte für die Beurteilung des Wassers geben und empfiehlt sich des-

halb die makro- und mikroskopische Untersuchung des Bodensatzes.

Zur Bestimmung der suspendierten Stoffe werden je nach dem
Gehalte des Wassers daran 200—1000 ccm Wasser durch ein vorher
ausgewaschenes, bei 100—105° C getrocknetes und gewogenes Filter
filtriert, das Filter darauf mit destilliertem Wasser zweimal nachgewaschen, bei 100—105° C getrocknet, gewogen, eingeäschert und die
Asche wieder gewogen. Bei der Filtration kann ein mit Asbest beschickter Goochtiegel (nach Spillner — Chem.-Ztg. 33, 172; 1909 —
besonders eine Modifikation desselben, der sog. Vollerstiegel (s. Bd. I,
S. 30) gute Dienste leisten. Der Gesamtrückstand gibt die Menge der
suspendierten organischen und unorganischen Stoffe an, die Asche, vermindert um die Filterasche, die Menge der unorganischen Stoffe und
die Differenz dieser beiden die Menge der organischen Stoffe.

Zur näheren Feststellung der vorhandenen Mineralstoffe wird die
Asche in Salzsäure bzw. Salpetersäure gelöst und die Lösung in der
üblichen Weise untersucht.

Zur Bestimmung der gelösten Stoffe wird mit dem oben erhaltenen
Filtrat inkl. Waschwasser oder mit einem aliquoten Teile desselben,
wie unter 1. angegeben ist, verfahren.

Wenn das Wasser schlecht filtriert, so daß eine Veränderung des
Wassers während der Filtration zu befürchten ist, so verfährt man
zweckmäßig in der Weise, daß man einen Teil des gut gemischten
Wassers durch ein trockenes Faltenfilter filtriert und in je 200 ccm dieses
filtrierten und ferner auch in 200 ccm des unfiltrierten ursprünglichen
Wassers den Abdampfrückstand und Glühverlust in der unter 1 ange-
gebenen Weise ermittelt. Die Differenz der Glühverluste des unfiltrierten
und filtrierten Wassers gibt die Menge der suspendierten organischen
Stoffe, die Differenz der Glührückstände des unfiltrierten und filtrierten
Wassers die Menge der suspendierten anorganischen Stoffe an. Die
gelösten organischen und anorganischen Stoffe ergeben sich aus dem
Glühverlust und Glührückstand des filtrierten Wassers.

Enthält das Wasser größere Mengen suspendierter Stoffe, so kann
auch in der Weise verfahren werden, daß man 500 ccm Wasser stehen
läßt, bis sich der größere Teil der suspendierten Stoffe abgesetzt hat,
dann die überstehende Flüssigkeit abhebert, den Rückstand auf ein
Filter bringt, auswäscht und bei 100—110° trocknet; darauf wird der
Rückstand in einem gewogenen Tiegel gewogen. Durch Veraschen
des Rückstandes erhält man die Menge der Mineralbestandteile in den
suspendierten Stoffen.

Bei der gleichzeitigen Untersuchung einer größeren Anzahl Proben
kann die Zentrifuge gute Dienste bei der Bestimmung der suspendierten
Stoffe leisten.

Wenn ein freien Kalk enthaltendes Abwasser vorliegt, so leitet
man erst überschüssige Kohlensäure ein und verfährt dann wie sonst;
die dem freien Kalk entsprechende Menge Kohlensäure bringt man
vom Gesamtrückstand in Abzug.

c) Organische Kolloide.

Die in städtischen Abwässern gelösten organischen Substanzen sind zum großen Teil nicht in wahrer Lösung als Krystalloide, sondern pseudogelöst als Kolloide vorhanden, und erklären O. K r ö h n k e und W. B i l t z (Hyg. Rundschau **14**, 401; 1904) daraus zum Teil die Reinigung der Abwässer nach dem sog. biologischen Verfahren. Da die gelösten Kolloide nicht oder nur äußerst langsam durch Pergament diffundieren, so kann hierauf eine Methode zur Bestimmung der Kolloide gegründet werden. F o w l e r verfährt hierbei in der Weise, daß er das Abwasser der Dialyse unterwirft, bis der Chlorgehalt des Wassers innerhalb und außerhalb des Dialysators der gleiche ist. Die Bestimmung der Oxydierbarkeit oder des Albuminoidammoniaks in dem Wasser innerhalb und außerhalb des Dialysators gibt ein Maß zur Feststellung der Kolloide und Krystalloide. Wenn x der Wert für die Lösung außerhalb des Dialysators, y der Wert für die Lösung innerhalb des Dialysators ist, so verhalten sich die Kolloide zu den Krystalloiden wie x—y : 2 y.

Man kommt schneller zu ähnlichen Beziehungen, wenn man 200 ccm Wasser durch 2 Minuten langes Kochen mit 2 ccm einer 5 proz. Eisenchloridlösung und 2 ccm einer 5 proz. Natriumacetatlösung klärt, filtriert, abkühlt und nun die Oxydierbarkeit oder das Albuminoidammoniak in dem geklärten und ungeklärten Wasser bestimmt. Ist x der Wert für das ungeklärte Wasser, y der Wert für das geklärte Wasser, so verhalten sich die Kolloide zu den Krystalloiden wie x—y : y.

d) Oxydierbarkeit (Reduktionsvermögen).

Der Verbrauch an Kaliumpermanganat gibt uns kein absolutes Maß für den Gehalt der oxydierbaren Stoffe in einem Wasser, weil die Oxydationsfähigkeit der organischen Stoffe durch Kaliumpermanganatlösung eine sehr verschiedene und unter den vorgeschriebenen Versuchsbedingungen selten vollständige ist. Immerhin erhält man vergleichbare Werte, wenn es sich um Wasser gleichen oder ähnlichen Ursprunges handelt.

Die Bestimmung der durch Kaliumpermanganat oxydierbaren Stoffe erfolgt stets im filtrierten Wasser. Bei vergleichenden Untersuchungen von gereinigtem und ungereinigtem Wasser ist die Verdünnung zweckmäßig so zu wählen, daß zu dem gleichen Volumen verdünnten Wassers annähernd eine gleiche Anzahl Kubikzentimeter $^1/_{100}$ N.-Permanganatlösung verwendet wird. Die Verdünnung ist so vorzunehmen, daß die Flüssigkeit beim Kochen mit 20 ccm dieser Permanganatlösung noch gerötet bleibt; nachträgliches Hinzufügen von Permanganat zur kochenden Flüssigkeit, wenn die ursprünglich zugesetzte Permanganatmenge nicht ausreichend erscheint, ist zu vermeiden, da in diesem Falle der Permanganatverbrauch zu hoch ausfällt. Man führt die Bestimmung sowohl in saurer Lösung (nach K u b e l) wie auch in alkalischer Lösung (nach S c h u l z e) aus. Das erstere Ver-

fahren ist einfacher und gibt etwas konstantere Zahlen; bei dem anderen
Verfahren ist aber die Mineralisierung der organischen Substanzen eine
vollständigere.

Hinsichtlich der Ausführung der Bestimmungen kann auf die Mitteilungen unter „Trinkwasser" (S. 238) verwiesen werden. Da bei
der Bestimmung der Oxydierbarkeit in Abwässern in den meisten Fällen
eine Verdünnung des Abwassers mit destilliertem Wasser erfolgen muß,
so sei darauf besonders aufmerksam gemacht, daß das destillierte Wasser
niemals frei von organischer Substanz ist. Deshalb schlägt H. N o l l
(Zeitschr. f. angew. Chem. 16, 748; 1903) vor, bei der Bestimmung
der Oxydierbarkeit in der Weise zu verfahren, daß man den Titer mit
destilliertem Wasser bestimmt und nach der Ausführung dieser Bestimmung gleich hinterher nochmals 15 ccm $^1/_{100}$ N.-Oxalsäure zufließen
läßt und feststellt, wieviel Permanganatlösung diese verlangen. Die
Differenz zwischen diesem und dem ersten Befunde zeigt die Oxydierbarkeit des destillierten Wassers an, welche für die Korrektur bei der
Berechnung in Betracht zu ziehen ist.

Aus den in dieser Weise erhaltenen Zahlen für die zur Oxydation
der organischen Stoffe notwendige Menge Kaliumpermanganat kann
man die im Wasser vorhandene Menge organischer Stoffe in verschiedener Weise zum Ausdruck bringen. Angenommen, es entsprechen
10 ccm Permanganatlösung genau 10 ccm Oxalsäurelösung, und es sind
von ersterer 10 ccm durch ursprünglichen Zusatz und 5 ccm durch
nachheriges Zurücktitrieren verbraucht, so erfordern die in 100 ccm des
untersuchten Wassers vorhandenen organischen Stoffe zur Oxydation
5 ccm Permanganatlösung oder pro 1 Liter:

$$0,316 \times 5 \times 10 = 15,8 \text{ mg Kaliumpermanganat}$$
$$\text{oder } 0,08 \quad \times 5 \times 10 = \quad 4,0 \text{ mg Sauerstoff.}$$

Wenn man nach W o o d und K u b e l als Norm annimmt, daß
1 Gewichtsteil Kaliumpermanganat im allgemeinen 5 Gewichtsteilen
organischer Substanz entspricht, so enthält 1 Liter Wasser:

$$1,58 \times 5 \times 10 = 79,0 \text{ mg organische Stoffe.}$$

Für die Bestimmung der Oxydierbarkeit dienen in England noch
folgende Methoden [1]):

a) F o u r H o u r s' T e s t : 50 ccm Wasser — oder je nach dem
Gehalt an oxydierbarer Substanz mehr bzw. weniger — werden mit
10 ccm Schwefelsäure (1 : 3) und 50 ccm Kaliumpermanganatlösung
(10 ccm = 1 mg Sauerstoff) versetzt; diese Mischung bleibt in einer
verschlossenen Flasche 4 Stunden stehen bzw. wird bei Gegenwart
oxydierbarer suspendierter Stoffe von Zeit zu Zeit umgeschüttelt. Wird
die Permanganatlösung vor Ablauf von 4 Stunden merklich blasser, so
wird mehr Säure und Permanganatlösung zugesetzt. Nach Ablauf von
4 Stunden gibt man einige Tropfen Jodkaliumlösung (10 %) hinzu. Die

---

[1]) K. F a r n s t e i n e r , P. B u t t e n b e r g , O. K o r n , Leitfaden für
d. chem. Untersuchung von Abwasser 1902.

Menge des in Freiheit gesetzten Jods wird durch Titration mit einer Lösung von Natriumthiosulfat (1 ccm = 2 ccm Permanganatlösung) erhalten; ferner ergibt sich die unverbrauchte Permanganatmenge, aus der die absorbierte Sauerstoffmenge berechnet wird.

In anderen Fällen wird die Einwirkungsdauer des Permanganats auf 3 Minuten beschränkt, und nennt man dann dieses Verfahren dementsprechend T h r e e M i n u t e s ' T e s t.

b) I n c u b a t o r T e s t. Zunächst wird eine Bestimmung des dem Permanganat durch die Probe in 3 Minuten entzogenen Sauerstoffs ausgeführt. Hierauf wird eine Flasche vollständig mit der Probe gefüllt, sodann verschlossen 6 oder 7 Tage bei 27⁰ C im Brutschrank gehalten. Dann wird wieder die in 3 Minuten bewirkte Sauerstoffabsorption bestimmt. Falls Fäulnis stattgefunden hat, wird die in 3 Minuten bewirkte Sauerstoffabsorption infolge der leichteren Oxydierbarkeit der Fäulnisprodukte eine entschiedene Vermehrung aufweisen, im anderen Falle aber, wenn die Probe frisch geblieben ist, wird keine solche Vermehrung oder aber eine geringe Abnahme der Sauerstoffabsorption sich ergeben, letztere infolge der geringen Oxydation der Verunreinigungen während der Aufbewahrung bei Bruttemperatur auf Kosten der Nitrate oder der gelösten in dem Wasser vorhandenen Luft.

c) D i e M e t h o d e v o n T i d y ist der unter b) angegebenen ähnlich. Man läßt die Permanganatlösung bei gewöhnlicher Temperatur 2 bzw. 3 Stunden auf das angesäuerte Wasser einwirken und bestimmt das unzersetzt gebliebene Kaliumpermanganat in der unter a) angegebenen Weise.

e) Alkalinität.

Die A l k a l i n i t ä t eines Wassers kann durch freien Kalk, Ammoniak usw. bedingt sein. Sie wird durch Titration mit $^1/_{10}$ oder $^1/_5$ N.-Salzsäure und Methylorange als Indikator bestimmt, und zwar gibt man sie in mg CaO pro 1 Liter bzw. in mg der vorherrschenden Base an (vgl. S. 230 und 299).

f) Freie Säure.

Die f r e i e n S ä u r e n lassen sich unter Anwendung von Lackmustinktur als Indikator mit $^1/_{10}$ N.-Lauge titrieren, sobald das Wasser nur Alkalien oder Erdalkalien als Basen enthält. Sind auch Metalloxyde (Eisen, Zink, Kupfer) vorhanden, so muß man die Gesamtmenge der Säuren und Basen bestimmen, auf Salze umrechnen und den verbleibenden Rest als freie Säure annehmen. Hierbei nimmt man diejenige Säure als ungebunden an, welche nach der Natur des Abwassers als im Überschuß vorhanden anzusehen ist.

g) Stickstoff.

Für die Beurteilung eines Abwassers ist der Gehalt an Gesamtstickstoff sowohl wie auch an den einzelnen Stickstoffverbindungen von besonderer Bedeutung, so daß die Methoden zu ihrer Bestimmung eingehender angegeben werden müssen.

a) **Gesamtstickstoff.** 250—500 ccm Abwasser werden nach dem Verfahren von Kjeldahl-Jodlbaur mit 25 ccm Phenolschwefelsäure (in 1 L. konz. Schwefelsäure 200 g Phosphorsäureanhydrid und 40 g Phenol) in einem Rundkolben von Jenaer Glas von etwa 700 ccm Inhalt auf freier Flamme eingekocht; nach dem Abkühlen setzt man vorsichtig 2—3 g stickstofffreien Zinkstaub und 1 g Quecksilber hinzu, läßt einige Zeit stehen und erhitzt nunmehr, bis die Flüssigkeit farblos erscheint. Darauf wird in üblicher Weise mit Natronlauge destilliert und das übergehende Ammoniak in titrierter Schwefelsäure aufgefangen. Ausführliches in Band III unter „Düngemittel".

Farnsteiner empfiehlt 250 ccm Wasser nach Zusatz von 5 ccm verdünnter Schwefelsäure, 2,5 g Zinkstaub und 1 Tropfen Platinchlorid auf 50 ccm einzudampfen, nach dem Abkühlen 20 ccm konz. Schwefelsäure, eine kleine Messerspitze voll (0,1 g) Kupferoxyd und 4 Tropfen Platinchlorid zuzusetzen, so lange zu erhitzen, bis die Flüssigkeit farblos bzw. hellgrün geworden ist und nun in üblicher Weise zu destillieren.

b) **Ammoniak** [1]. Die **qualitative Prüfung** eines Wassers auf **Ammoniak** erfolgt in der Weise, daß man etwa 100 ccm nach Zusatz von $^1/_2$ ccm Natronlauge und 1 ccm Natriumcarbonatlösung nach dem Absetzen des Niederschlages mit Neßlers Reagens [2] versetzt. Je nach der Menge des vorhandenen Ammoniaks tritt eine schwachgelbe bis rotbraune Färbung bzw. Fällung ein.

Zur **quantitativen Bestimmung** des Ammoniaks kann man entweder ein bestimmtes Volumen Abwasser mit gebrannter Magnesia oder Natriumcarbonat destillieren und das übergehende Ammoniak in titrierter Schwefelsäure auffangen oder aber eine kolorimetrische Bestimmung ausführen. Der Nachteil der ersteren Bestimmungsart liegt darin, daß stickstoffhaltige organische Substanzen zersetzt werden und infolgedessen die Resultate zu hoch ausfallen können; es darf daher nicht zu weit destilliert werden. Diese Abspaltung von Ammoniak tritt besonders leicht bei bereits in Gärung befindlichen eiweißhaltigen Abwässern ein. Hierfür empfiehlt A. Bayer (Chem.-Zeitg. 27, 809; 1903) ein Verfahren zur Bestimmung des Ammoniaks, welches sich auf die Ausscheidung des Ammoniaks als Ammoniummagnesiumphosphat und Destillation des Niederschlages mit Magnesia gründet. Es werden 200 ccm Abwasser mit 1—2 ccm rauchender Salzsäure, 2 Tropfen Phenolphtaleinlösung, Chlormagnesiumlösung und etwa 12 bis 15 g pulverisiertem Dinatriumphosphat versetzt. Nach der Lösung des Phosphates wird unter Umrühren tropfenweise Natronlauge bis zur bleibenden Rotfärbung hinzugefügt, nach 15 Minuten langem Umrühren der Niederschlag abfiltriert, dieser mit dem Filter in den Destillations-

---

[1] Vgl. auch unter Trinkwasser S. 263.
[2] Vgl. dessen Herstellung S. 263.

kolben gegeben und nach Zusatz von 2—3 g Magnesia und Wasser destilliert.

Das k o l o r i m e t r i s c h e V e r f a h r e n eignet sich nur bei nicht zu großen Mengen Ammoniak, da anderenfalls das Abwasser stark zu verdünnen ist, und hierdurch zugleich auch der Beobachtungsfehler entsprechend vergrößert wird. Bei dem kolorimetrischen Verfahren ist die jedesmalige Herstellung der Farbentöne aus Lösungen von bekanntem Ammoniakgehalt umständlich; diesem Übelstande ist durch ein Kolorimeter mit fester Farbenskala, wie sie J. K ö n i g hat herstellen lassen, abgeholfen (Chem.-Ztg. 21, 599; 1897). Das Kolorimeter besteht aus 6 Farbenstreifen, welche je die Färbung bei einem bestimmten Ammoniakgehalt angeben; dasselbe ist um eine Achse drehbar. In einen seitlich angebrachten Schirm wird der Zylinder mit der Vergleichsflüssigkeit gestellt; als Zylinder werden die von H e h n e r gewählt, welche bei 25, 50, 75 und 100 ccm eine Marke haben. In den Zylinder gibt man stets 100 ccm des zu untersuchenden Wassers und die vorgeschriebene Menge Reagenzien. Die Farbenstreifen haben dann mit dem Durchmesser und der Flüssigkeitssäule des Zylinders bis 100 ccm gleiche Breite und Höhe, wodurch die Vergleichung erleichtert wird. Zur Ausführung der Bestimmung werden 300 ccm Wasser in einem verschließbaren Zylinder mit 2 ccm Natriumcarbonatlösung (2,7 Teile reiner krystallisierter Soda in 5 Teilen Wasser) und 1 ccm Natronlauge (1 Teil Natriumhydrat in 2 Teilen Wasser) versetzt, durchgeschüttelt und zum Absetzen zurückgestellt. Die überstehende Flüssigkeit gießt man in den H e h n e r schen Zylinder klar ab; ist die Flüssigkeit nicht klar, so muß sie durch ein vorher durch Auswaschen von Ammoniak befreites Filter filtriert werden. Zu den 100 ccm der Flüssigkeit im H e h n e r schen Zylinder fügt man 1 ccm N e ß l e r s Reagens; tritt gleich eine starke, ins Rötliche gehende Färbung ein, so nimmt man 2 ccm derselben, mischt gut und setzt den Zylinder mit der Flüssigkeit in den Schirm, um die Färbung mit den Farbentönen des Kolorimeters zu vergleichen. Würde die Stärke der Färbung über den höchsten Farbenton hinausgehen, so hat man die Versuchsflüssigkeit entsprechend zu verdünnen.

Für vergleichende Untersuchungen einer größeren Anzahl Proben empfiehlt F o w l e r S t o k e s ' Kolorimeter.

c) S a l p e t r i g e S ä u r e. Zum q u a l i t a t i v e n N a c h w e i s d e r s a l p e t r i g e n S ä u r e (vgl. auch S. 254) benutzt man das klare oder das durch Zusatz von 3 ccm Sodalösung (1 : 3), 0,5 ccm Natronlauge (1 : 2) und einigen Tropfen Alaunlösung (1 : 10) geklärte Wasser. Man versetzt etwa 50 ccm Wasser mit $^1/_2$ ccm Zinkjodidstärkelösung (4 g Stärkemehl werden im Porzellanmörser mit wenig Wasser zerrieben, die so erhaltene milchige Flüssigkeit nach und nach zu einer im Sieden befindlichen Lösung von 20 g reinem Zinkchlorid in 100 ccm Wasser hinzugefügt; nachdem bis zur völligen Lösung der Stärke erhitzt ist, wird mit Wasser verdünnt und nach Zusatz von 2 g trockenem Zinkjodid zu 1 Liter mit Wasser aufgefüllt). Man mischt, gibt 5—6 Tropfen verdünnter Schwefelsäure hinzu und mischt wieder. Je nachdem die Blaufärbung sogleich oder erst nach einigen Minuten eintritt, ist viel oder wenig salpetrige Säure vorhanden; eine nach etwa 5 Minuten auftretende Blaufärbung kann auch durch organische Substanz und Ferrisalze veranlaßt werden. Letztere Fehlerquelle wird bei Anwendung einer schwefelsauren Lösung von Metaphenylendiamin vermieden. Mit 1 ccm dieser Lösung werden in einem hohen Glaszylinder 100 ccm Wasser nach Zusatz von 1—2 ccm verdünnter Schwefelsäure versetzt; je nachdem wenig oder viel salpetrige Säure vorhanden ist, entsteht eine braune bis gelbbraune, selbst rötliche Färbung eines Azofarbstoffes.

Die q u a n t i t a t i v e B e s t i m m u n g d e r s a l p e t r i g e n S ä u r e erfolgt zweckmäßig auf kolorimetrischem Wege. Die genaueste kolorimetrische Bestimmung der salpetrigen Säure durch das G r i e ß - sche Reagens von G. L u n g e und L w o f f ist schon Bd. I, S. 461 angegeben, und sei deshalb hier darauf verwiesen. Auch das auf Veranlassung von J. K ö n i g in ähnlicher Weise wie für die Ammoniakbestimmung hergestellte Kolorimeter kann sehr gute Dienste leisten. Bei der Einrichtung dieser Kolorimeter ist J. K ö n i g von der Blaufärbung der Zinkjodidstärkelösung durch salpetrige Säure ausgegangen; ich habe bereits vorher gesagt, daß dieses Verfahren unter Umständen versagen kann.

d) S a l p e t e r s ä u r e. Für die Beurteilung eines Abwassers ist der Nachweis des Vorhandenseins von Salpetersäure an sich gleichgültig; vielmehr kommt es nur auf die Menge derselben an. Es ist daher die qualitative Prüfung von geringer Bedeutung, und verweise ich bezüglich derselben auf die früheren Angaben S. 246. Es ist dabei bereits auf etwaiges Vorhandensein von Substanzen hingewiesen worden, welche ebenfalls die Brucinreaktion geben, die aber weniger in Trinkwasser, wohl aber öfters in gewerblichen Abwässern vorkommen. Um die beim Nachweis von Nitraten störende Wirkung dieser Substanzen aufzuheben, empfiehlt K l u t (Mitt. d. Kgl. Prüfungsanst. f. Wasservers. 1908, 86) bei Gegenwart oxydierender Stoffe das Abwasser stark einzudampfen. Persulfate werden beim Kochen des Wassers in Sulfate und Schwefelsäure übergeführt. Chromate werden mit Bleiacetat gefällt. Bei Anwesenheit von Cyaniden und Rhodaniden wird das Wasser zunächst mit Bleiacetat und darauf mit Ammoniak bis zur schwachalkalischen Reaktion versetzt und das Filtrat geprüft. Schwefelwasserstoff wird durch Zinkacetat entfernt. Beim Fehlen oxydierender und färbender Substanzen und Abwesenheit von salpetriger Säure reduziert man die Nitrate durch Zusatz von etwas Schwefelsäure und Zink und prüft mit Jodzinkstärkelösung; hierbei stört vorhandenes Manganoxyd. In Abwässern wie aus Stärke- und Zuckerfabriken, welche mit konz. Schwefelsäure allein schon eine Schwarzfärbung geben, reduziert man bei Abwesenheit von Nitriten ebenfalls die Nitrate und prüft mit Jodzinkstärkelösung.

Für die q u a n t i t a t i v e B e s t i m m u n g der Salpetersäure seien außer den früher erwähnten Methoden, von denen diejenige von

U l s c h (Bd. I, S. 379) sich bei größeren Mengen (mehr als 10 mg
Salpetersäure in 1 Liter) gut bewährt hat, noch die sogenannte Z i n k -
e i s e n m e t h o d e und das Verfahren von S c h u l z e - T i e m a n n
näher beschrieben.

1 Liter Wasser wird unter Zusatz von salpetersäurefreier Kalilauge
und zuletzt von etwas Kaliumpermanganat bis auf 50 ccm verdampft;
in dem Rückstand bestimmt man dann den Nitratstickstoff nach der
angegebenen Methode.

Die Z i n k e i s e n m e t h o d e , welche im wesentlichen eine
Reduktion des Nitratstickstoffes zu Ammoniak in alkalischer Lösung
ist, ist bei der vorhandenen alkalischen Flüssigkeit die zweckmäßigste.
Man fügt hierbei zu der eingedampften Flüssigkeit noch etwas salpeter-
säurefreies Ätzkali, ferner 75 ccm Alkohol und 4 g Zink- und Eisenstaub;
außerdem zur Verhinderung des Schäumens etwas gereinigte Tierkohle.
Darauf verbindet man den Kolben unter Einschaltung geeigneter Ab-
kühlungsvorrichtungen mit einer Vorlage, welche 10 ccm Normalschwefelsäure enthält. Man läßt 3—4 Stunden stehen, so daß die erste
heftige Wasserstoffentwickelung vorüber ist, und destilliert nun mit
einer kleinen Flamme. Sobald aller Alkohol überdestilliert ist und
deutlich Wasserdämpfe übergehen, kann die Destillation unterbrochen
werden. Die überschüssige vorgelegte Schwefelsäure wird mit Natronlauge zurücktitriert und aus der Anzahl der verbrauchten Kubikzentimeter Schwefelsäure die Menge des vorhandenen Nitratstickstoffs berechnet.

0. B ö t t c h e r verwendet bei dieser Methode auf 0,5 g Salpeter
80 ccm Natronlauge von 32° Bé. und 5 g Zinkstaub + 5 g Eisenstaub
(Ferrum limatum Pulver).

Die Methode von S c h u l z e , modifiziert von T i e m a n n ,
beruht auf der Zersetzung der Nitrate durch Salzsäure und Eisenchlorür
in Stickoxyd, Eisenchlorid und Wasser und auf der Messung des gebildeten Stickoxydgases. Zur Ausführung der Bestimmung bedient
man sich des beistehend abgebildeten Apparates.

Das Zersetzungsgefäß A, ein Kölbchen von ca. 150 ccm Inhalt,
ist mit einem doppeltdurchbohrten Kautschukstopfen verschlossen,
durch dessen Durchbohrungen die Röhren b c und d e gehen, die bei
b und e durch Kautschukschläuche mit den Röhren a und f verbunden
und mit Quetschhähnen versehen sind. b c ist bei c etwa 2 cm unterhalb des Stopfens zu einer feinen Spitze ausgezogen, während d e mit
der unteren Fläche des Stopfens abschneidet. B ist eine Glaswanne,
die mit 10 proz. ausgekochter Natronlauge gefüllt ist, C ein in $^{1}/_{10}$ ccm
geteiltes, mit derselben Natronlauge gefülltes Meßrohr.

Die Bestimmung der Salpetersäure wird in folgender Weise ausgeführt: Man spült den eingedampften Rückstand in das Zersetzungsgefäß A und dampft die Flüssigkeit weiter bei offener Röhre bis auf
15—20 ccm ein. Darauf taucht man das untere Ende der Röhre d e f
in das mit 20 proz. Natronlauge gefüllte Gefäß B und läßt die Wasserdämpfe durch dieselbe einige Minuten lang entweichen. Haben die

Wasserdämpfe alle Luft aus dem Apparate vertrieben, so steigt, wenn man den Kautschukschlauch bei *e* mit den Fingern zusammendrückt, die Natronlauge schnell in *ef* zurück, und man fühlt einen gelinden Schlag an demselben. Der Quetschhahn bei *e* wird dann geschlossen und das Einkochen, während *a b c* offen bleibt, so lange fortgesetzt, bis nur noch etwa 10 ccm im Zersetzungskolben vorhanden sind. Nachdem der Quetschhahn bei *b* geschlossen ist, wird die Flamme sofort entfernt

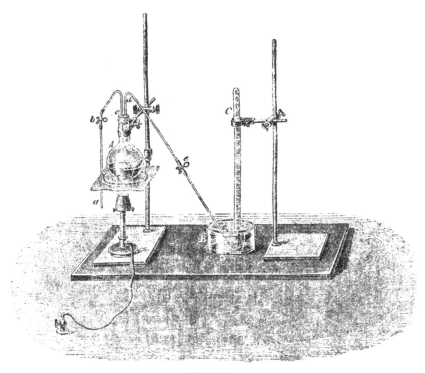

Fig. 42.

und die Röhre *a* mit Wasser vollgespritzt, wobei man darauf zu achten hat, daß kein Luftbläschen bei *b* zurückbleibt. Nun wird die Meßröhre *C* über das untere Ende des Rohres *d ef* geschoben, so daß das letztere ungefähr 2 cm in die Meßröhre hineinragt. Haben sich die Schläuche bei *b* und *e* zusammengezogen, so taucht man die Röhre *a* in ein kleines, mit 20 ccm ausgekochter Eisenchlorürlösung gefülltes Becherglas und läßt durch vorsichtiges Öffnen des Quetschhahnes bei *b* ca. 15 ccm der Lösung in das Zersetzungsgefäß *A* einfließen. Hierauf taucht man die Röhre *a* in ein anderes, mit ausgekochter Salzsäure gefülltes Gläschen und läßt so viel von der Säure nachfließen, bis die Eisenchlorürlösung aus der Röhre *a b c* verdrängt ist. Man erwärmt nun den Kolben *A* schwach, bis sich die Schläuche bei *b* und *e* etwas aufblähen, ersetzt dann den Quetschhahn bei *e* durch die Finger und läßt dann bei stärker werdendem Druck das entwickelte Stickoxydgas langsam in die Meßröhre *C* steigen. Schließlich wird stärker und so lange erhitzt, bis sich das Gasvolumen in *C* nicht mehr verändert. Ist dieses erreicht, so entfernt man die Röhre *e f* aus dem Meßrohre *C* und bringt dasselbe mittels eines kleinen, mit Natronlauge gefüllten Porzellanschälchens in einen großen, mit Wasser gefüllten Glaszylinder. Nach halbstündigem Stehen ermittelt man die Temperatur des Wassers, liest den Barometerstand ab und ebenso das Volumen des Stickoxydes, indem man das Rohr an einer Klemme so weit emporzieht, daß die Flüssigkeit in dem Rohre mit derjenigen im Zylinder in gleichem Niveau steht.

Das gefundene Volumen wird nach der Formel

$$v_1 = \frac{v\,(b-w)}{(1 + 0,00366\ t)\ 760}$$

auf 0^0 und 760 mm Barometerstand reduziert, wobei v_1 das Volumen bei 0^0 und 760 mm Barometerstand, v das abgelesene Volumen, b den Barometerstand in mm, w die Tension des Wasserdampfes und t die Temperatur des Wassers nach Celsius bedeutet, oder man benutzt zur Reduktion die Tabellen VI—VIII des 1. Bandes. Aus dem gefundenen Volumen erhält man die Salpetersäure in Milligrammen, wenn man v_1 mit 2,814 multipliziert.

Da im Wasser etwa vorhandene salpetrige Säure bei dieser Bestimmungsmethode ebenfalls als Salpetersäure gefunden wird, so muß man für jeden gefundenen Gewichtsteil salpetriger Säure ($H\,NO_2$) 1,340 Gewichtsteile Salpetersäure in Abzug bringen.

Eine von G. F r e r i c h s (Arch. Pharm. **241**, 47; 1903) für die Bestimmung der Salpetersäure in Wasser angegebene Methode, (s. S. 251) welche darauf beruht, daß sich die im Wasser vorkommenden Nitrate durch Salzsäure sehr leicht in Chloride umwandeln lassen und ein Überschuß von Salzsäure schon beim Abdampfen auf dem Wasserbade entfernt wird, so daß aus der Differenz aus dem Gesamtchlor und dem in diesem Rückstande vorhandenen Chlor die der vorhandenen Salpetersäure entsprechende Chlormenge berechnet werden kann, besitzt nach A. M ü l l e r (Zeitschr. f. angew. Chem. **16**, 746; 1903) manche Unsicherheiten, welche diese Methode nicht empfehlenswert erscheinen lassen.

Bei geringen Mengen Salpetersäure empfiehlt sich die kolorimetrische Prüfung, bezüglich deren auf die früher (Bd. I, S. 463; vgl. auch S. 252) mitgeteilte Methode von G. L u n g e und L w o f f, welche die Brucinreaktion verwenden, hingewiesen sei.

Für eine annähernde Bestimmung der Salpetersäure empfiehlt F o w l e r die zuerst von J. H o r s l e y (Chem. News **7**, 268; 1863), später von F. W. S t o d d a r t ausgearbeitete Methode, nach welcher 10 ccm Wasser zunächst mit 0,2 g Pyrogallol vermischt und nun vorsichtig 2 ccm konz. Schwefelsäure und danach 0,1 g Natriumchlorid zugesetzt werden; je nach dem Gehalt an Salpetersäure tritt an der

Schichtungsgrenze von Schwefelsäure und Wasser eine mehr oder weniger starke Rotfärbung auf. Die Intensität der Färbung entspricht dem Nitratgehalt.

e) **Suspendierter und gelöster organischer Stickstoff und Ammoniak.** Je 200 ccm oder bei geringhaltigen Wassern entsprechend größere Mengen des unfiltrierten und des filtrierten Abwassers werden behufs Zerstörung der Salpetersäure in einem S c h o t t schen Hartglaskolben von 500—600 ccm Inhalt mit etwas saurem schwefligsaurem Natrium, Eisenchlorid und einigen Tropfen Schwefelsäure erhitzt und bis auf 10—20 ccm eingekocht; darauf versetzt man den Rückstand mit 20 ccm konzentrierter Schwefelsäure und verfährt wie üblich bei der Stickstoffbestimmung nach der K j e l d a h l - Methode. Die Differenz zwischen dem Stickstoffgehalt des unfiltrierten und des filtrierten Wassers gibt die Menge des in suspendierter Form vorhandenen Stickstoffs, der Stickstoffgehalt des filtrierten Wassers die Menge des in gelöster Form vorhandenen organischen und Ammoniakstickstoffs an.

f) **Organisch gebundener Stickstoff (bzw. sogenanntes Albuminoidammoniak).** Die Menge des sogenannten Albuminoidammoniaks ergibt sich als die Differenz von dem nach e) gefundenen organischen Stickstoff und dem Ammoniakstickstoff. Zur direkten Bestimmung verfährt man nach der Methode von W a n k l y n , C h a p m a n und S m i t h (vgl. unter Trinkwasser S. 266).

h) Schwefelwasserstoff und Sulfide.

Bei einem geringen Gehalte an S c h w e f e l w a s s e r s t o f f bestimmt man denselben am besten kolorimetrisch. Zu diesem Zwecke setzt man zu 100 ccm Wasser 1 ccm Nitroprussidnatrium (2 g pro 1 Liter Wasser) und vergleicht die entstehende Violettfärbung mit einer Farbenskala, deren verschiedene Farbentöne einen bestimmten Gehalt an Schwefelwasserstoff angeben (vgl. auch S. 284).

Die Titration des Schwefelwasserstoffes mit Jodlösung in Wasser mit viel organischen Stoffen ist nicht genau. Man kommt hier annähernd zum Ziel, wenn man zunächst in einem Vorversuch feststellt, wieviel Jodlösung man bei 200 ccm Wasser annähernd bis zur Blaufärbung gebraucht. Darauf gibt man diese ungefähre Menge titrierter Jodlösung in einen Kolben, setzt rasch 200 ccm des zu untersuchenden Wassers zu, schüttelt gut durch, setzt Stärkelösung zu und läßt noch so viel Jodlösung zufließen, bis die Blaufärbung eintritt.

Man kann auch zu dem Abwasser ammoniakalische Silberlösung setzen, das ausgeschiedene Schwefelsilber abfiltrieren, in Salpetersäure lösen und das Silber wieder als Chlorsilber fällen und wägen. 1 g AgCl = 0,1189 g Schwefelwasserstoff. Aber auch diese Methode ist ungenau, weil die organische Substanz des Abwassers leicht Silberlösung reduziert.

Freier Schwefelwasserstoff wird am besten in der Weise nachgewiesen, daß man mittels Natronlauge gereinigte kohlensäurefreie Luft durch das Wasser leitet, den Schwefelwasserstoff der abströmenden Luft als Bleisulfid bindet und in üblicher Weise bestimmt. Im Rückstand werden die löslichen Sulfide durch Versetzen mit einer Lösung von Zinkacetat und Essigsäure in Zinksulfid übergeführt oder unter Berücksichtigung der bereits vorhandenen Sulfate oxydiert, die Schwefelsäure als Baryumsulfat gewogen und auf Schwefel oder Schwefelwasserstoff umgerechnet (vgl. C. W e i g e l t , Vorschriften für die Entnahme und Untersuchung von Abwässern und Fischwässern. Berlin 1900, 20).

i) Schweflige Säure.

a) F r e i e s c h w e f l i g e S ä u r e. 250—500 ccm Wasser werden mit vorgelegtem Kühler in frischbereitete Jodlösung oder Bromwasser mit eingetauchtem Vorstoß bis etwa auf die Hälfte abdestilliert; das Destillat wird mit Salzsäure angesäuert und darin die gebildete Schwefelsäure mit Chlorbaryum gefällt.

b) G e b u n d e n e s c h w e f l i g e S ä u r e. Zur Bestimmung wird der Rückstand mit Phosphorsäure angesäuert und in gleicher Weise destilliert wie unter a.

Wenn die schweflige Säure zugleich in freiem Zustande und in sauren oder neutralen Salzen vorhanden ist, so kann bei der direkten Destillation ein Teil der gebundenen schwefligen Säure mit abgespalten werden, so daß in diesem Falle eine genaue Trennung beider Formen nicht erreicht wird.

k) Chlor.

a) G e b u n d e n e s C h l o r : 100 ccm des filtrierten Wassers — oder bei hohem Chlorgehalt entsprechend weniger — werden zum Kochen erhitzt, mit wenig Kaliumpermanganat versetzt und weiter gekocht, bis die Flüssigkeit bei flockiger Abscheidung der Manganoxyde klar erscheint. Bleibt die Flüssigkeit infolge eines zu großen Zusatzes von Kaliumpermanganat rötlich gefärbt, so erreicht man die Entfärbung durch Zusatz von wenig absolutem Alkohol. Die Flüssigkeit wird filtriert, mit heißem Wasser ausgewaschen und mit $^1/_{10}$ N.-Silberlösung titriert (Bd. I. S. 149 u. d. B. S. 244). 1 ccm $^1/_{10}$ N.-Silberlösung = 0,003546 g Chlor.

Hat man zur Oxydation der organischen Substanzen viel Kaliumpermanganat gebraucht, und besitzt das Filtrat eine alkalische Reaktion, so kann man das Chlor entweder nach der Neutralisation des Filtrates mit Salpetersäure in der angegebenen Weise titrimetrisch bestimmen, oder aber man bestimmt das Chlor in solchem Falle besser gewichtsanalytisch oder maßanalytisch nach V o l h a r d (Bd. I, S. 150).

Wenn es sich um die Feststellung des an Magnesium gebundenen Chlors handelt, wie es bei den durch Kaliendlaugen verunreinigten Wassern der Fall sein kann, so kann man zum Nachweise nach einem Vorschlage von P f e i f f e r (Zeitschr. f. angew. Chem. 22, 435; 1909) die

Eigenschaft des Chlormagnesiums benutzen, bei einstündigem Erhitzen auf 400—450⁰ mit dem Krystallwasser alles Chlor in Form von Salzsäure abzuspalten, während alle anderen vorhandenen Choride bestehen bleiben. Damit die entstehende Salzsäure nicht durch etwa vorhandenes Calciumcarbonat gebunden wird, ist das Wasser zunächst mit $^1/_{10}$ N.-Schwefelsäure genau zu neutralisieren; darauf wird es eingedampft und der Abdampfrückstand auf 400—450⁰ im Sandbad erhitzt. Die Differenz aus dem Chlorgehalt des Wassers und des erhitzten Rückstandes gibt die Menge des Chlormagnesiums an, und zwar ist 1 Teil Chlorverlust = 1,344 Teile Chlormagnesium. E m d e und S e n s t beanstanden (Zeitschr. f. angew. Chemie **22**, 2038, 2236; 1909) die Brauchbarkeit dieses Verfahrens.

    b) F r e i e s   C h l o r.   100—500 ccm des zu untersuchenden Wassers werden mit 1 g Jodkalium und Salzsäure — R. S c h u l t z empfiehlt für die Feststellung des wirksamen Chlors in den mit Chlorkalk desinfizierten Abwässern Essigsäure zum Ansäuern (Zeitschr. f. angew. Chem. 16, 833; 1903) — versetzt und das freigewordene Jod mit $^1/_{10}$ N.-Thiosulfatlösung titriert; dabei läßt man letztere bis zur schwachen Gelbfärbung zufließen, setzt dann frisch bereitete kalte Stärkelösung hinzu und titriert bis zur Entfärbung. 1 ccm $^1/_{10}$ N.-Thiosulfatlösung = 0,003546 g Chlor. Diese Methode gibt für Abwässer hinreichend genaue Resultate.

l) Die übrigen Mineralstoffe.

    Die Bestimmung von B l e i   K u p f e r,   E i s e n,   Z i n k, M a n g a n,   C a l c i u m,   M a g n e s i u m,   K a l i u m,   N a t r i u m, S c h w e f e l s ä u r e erfolgt nach den allgemein üblichen Methoden. Sind die betreffenden Bestandteile nur in sehr geringer Menge im Wasser vorhanden, so ist stets eine entsprechend größere Menge Wasser unter Zusatz einer geeigneten Säure für die Bestimmung vorher einzudampfen.

    Die P h o s p h o r s ä u r e bestimmt man, indem man je nach dem Gehalt ½—2 Liter Wasser in einer Platinschale zur Trockne verdampft, den Trockenrückstand mit Soda und Salpeter schmilzt, die Schmelze in Salpetersäure löst und in der salpetersauren Lösung die Phosphorsäure mit molybdänsaurem Ammoniak fällt.

m) Eiweißverbindungen, Zucker, Stärke, Hefe.

    Zum Nachweis von Eiweißverbindungen in Abwässern bedient man sich am zweckmäßigsten der B i u r e t r e a k t i o n. Man versetzt das Wasser mit sehr viel konzentrierter Natronlauge und einigen Tropfen einer 1 proz. Lösung von Kupfersulfat; bei Gegenwart von Eiweißverbindungen tritt eine rotviolette Färbung ein.

    Man kann den Nachweis von Eiweißverbindungen in Abwässern auch mit Hilfe des M i l l o n schen Reagens (eine Lösung von 1 Teil Quecksilber in 2 Teilen Salpetersäure von 1,42 spez. Gewicht, welche mit dem zweifachen Volumen Wasser verdünnt wird) führen, da hierdurch bei Gegenwart von Eiweißverbindungen die Lösung rosenrot gefärbt wird. Bei der Untersuchung wird das Abwasser eingedampft — bei kalkhaltigen Wassern nach dem Sättigen mit Kohlensäure —, darauf, falls Schwefelwasserstoff vorhanden ist, mit Bleiessig gefällt und bei 60° C mit dem Millonschen Reagens versetzt. B. Proskauer (vgl. Weigelt, Vorschriften usw. a. a. O.) empfiehlt den Schwefelwasserstoff durch Schütteln mit Bleiglätte fortzuschaffen und eventuell auch durch die Biuretreaktion oder durch Ferrocyankalium und Essigsäure auf gelöstes Eiweiß zu prüfen, jedenfalls aber in dem Niederschlage auf ungelöstes Eiweiß zu prüfen. Man fällt bei Anwesenheit von durch Bleisalze fällbaren Eiweißstoffen mit sehr wenig Bleiessig unter Erhitzen, wäscht den Niederschlag aus und verdaut ihn in 0,5 % Milchsäure enthaltender Flüssigkeit mit Pepsin; im Filtrat stellt man dann die Biuretreaktion an.

Die Prüfung der Abwässer auf Z u c k e r geschieht nach der Konzentration mit F e h l i n g scher Lösung. Auch die Schichtprobe mit α-Naphtol und konz. Schwefelsäure (Violettfärbung) kann rasch und scharf zum qualitativen Nachweis von Zucker dienen.

S t ä r k e und H e f e werden nach dem Zentrifugieren des Abwassers mikroskopisch nachgewiesen.

n) Sauerstoff.

Zur Bestimmung des im Wasser gelösten Sauerstoffs eignet sich das Verfahren von L. W. Winkler sehr gut. Die Methode beruht darauf, daß Manganohydroxyd bei Gegenwart von Alkali durch den Sauerstoff zu Manganihydroxyd oxydiert wird, welches letztere durch Salzsäure in Manganichlorid übergeführt wird; dieses aber zerfällt sogleich in Manganochlorid und Chlor, das Chlor setzt aus Jodkalium Jod in Freiheit, und das Jod wird durch Thiosulfatlösung titriert (vgl. S. 279). Hinsichtlich der Ausführung der Bestimmung kann auf „Trinkwasser" S. 279 verwiesen werden.

F r i e d r i c h C. G. M ü l l e r (Forschungsber. a. d. biolog. Station zu Plön 10, 177; 1903) hat einen „T e n a x" genannten Apparat zur Bestimmung der im Wasser vorhandenen Gase konstruiert, welchem ein von dem Deutschen Fischereiverein ausgeschriebener Preis zuerkannt worden ist. Dieser Apparat soll die Bestimmung der Gase außerhalb des Laboratoriums sicher und schnell gestatten. M ü l l e r beschreibt denselben in folgender Weise:

Der Hauptbestandteil des Tenaxapparates ist die nebenstehend in Fig, 43 a. f. S. in $^1/_{10}$ natürl. Größe wiedergegebene Tenaxbürette. Sie besteht aus einem 10 mm weiten, im mittleren Teil U-förmig gebogenen Sperr-Rohr *A B C D*, das sich oben zu dem Eingußtrichter *A* erweitert, unten bis auf 4 mm verjüngt und bei *C* kugelförmig aufgeblasen ist. Am Scheitel der Biegung bei *B* ist das 4 ccm fassende, in $^1/_{10}$ ccm geteilte Meßrohr *E* angesetzt, welches oben durch einen gut eingeschliffenen Glasstopfen *F* geschlossen wird. Dieser Stopfen dient zugleich als Hahn und gestattet durch Umdrehen das Innere der Bürette mit dem kapillaren Ansatzröhrchen *P* in Verbindung zu setzen. Das Meßrohr ist von dem Kühlbecher *G* umschlossen; ebenso steckt der untere Teil des Sperrrohrs in einem Kühler *H*, dem das Kühlwasser durch das Trichterrohr unten zugeführt wird, um oben durch ein gebogenes Glasrohr und einen Schlauch abzufließen. An der abwärts gerichteten Biegung ist der Ablaßhahn *L* angesetzt. Das Ganze wird in senkrechter Stellung in ein Stativ gespannt.

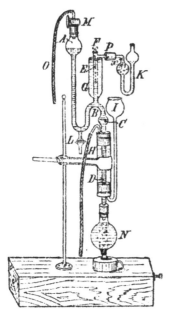

Fig. 43.

Die zu untersuchende Wasserprobe befindet sich unter einem durchbohrten Kautschukstopfen in einem Kölbchen *N* von 100 ccm Fassung. Nach Entfernung des in der Bohrung steckenden Verschlußstäbchens schiebt man Stopfen nebst Fläschchen von unten auf das verjüngte Ende des Sperr-Rohrs, wie Fig. 43 es zeigt. Nunmehr gießt man bei *A* Erdöl ein, bis dasselbe nach Ausfüllung des unteren Rohrendes in das Meßrohr steigt. Man führt nach Öffnung des Stöpsels *F* so lange mit dem Eingießen fort, bis das Öl dicht an die Kapillare des Ansatzes *P* reicht, worauf man den Stöpsel in Verschlußstellung mit der Vorsicht wieder einsetzt, daß kein Luftbläschen unter demselben abgefangen wird. Jetzt kann, nachdem noch der Kühler *H* und der Becher *G* mit Kühlwasser gefüllt sind, das Auskochen der Gase beginnen. Man bringt mit großer Flamme den Inhalt schnell bis zum Sieden und kocht dann mit ganz klein gemachter Flamme 10 Minuten lang aus. Schon während des Erhitzens und beim Beginn des Kochens ist die Hauptmenge der Gase in Form größerer Blasen in das Meßrohr emporgestiegen, wobei die verdrängte Sperrflüssigkeit nach *A* hinübertritt. Beim Auskochen muß sich oben im Kölbchen und im unteren Teil des Rohres *C D* ein wasserleerer Dampfraum bilden; doch soll man darauf achten, daß die Trennungsfläche von Öl und Wasser nicht über die Erweiterung ·*C* hinaufsteigt. So oft dies eintritt, entfernt man die Flamme auf einige Sekunden, worauf das Wasser, den Dampfraum ausfüllend, wieder aus dem Rohr zurückschnellt. Im Verlauf und nach Beendigung des Auskochens wird eine Portion kaltes Wasser durch den Kühler *H* gegossen.

In solcher Weise ist der ganze Gasgehalt der Probe ausgetrieben und im Meßrohr gesammelt. Um das Volumen abzulesen, muß zunächst aus dem Hahn *L* so viel Öl in das dafür bestimmte Fläschchen abgelassen werden, daß es im offenen Schenkel ebenso hoch steht wie im

Meßrohr. Dann muß man mindestens 5 Minuten warten, damit die an der Wandung des Meßrohres hängende Flüssigkeit herabläuft. Außerdem muß die Kuppe der Trennungsfläche klar werden. Es bilden sich nämlich in dem dickflüssigen Öl Blasen, welche nur langsam verschwinden. Wenn man es eilig hat, kann man in folgender Weise nachhelfen. Man schließt die Eingußöffnung A, wie in der Figur gezeichnet, mit dem mit Hahn M und Schlauch O versehenen Kautschukstopfen. Saugt man dann in schnellen Absätzen an dem Schlauch, wodurch die Kuppe im Meßrohr ein wenig heruntergeht, um wieder zurückzuschnellen, so wird schon nach 5 Minuten wenigstens der Scheitel der Kuppe sichtbar sein. Nun liest man den Stand der Kuppe ab, gleichzeitig die Temperatur an dem kleinen in den Becher G gebrachten Thermometer. Dazu wird der Barometerstand notiert. Damit sind die Daten für das Gesamtvolumen gegeben.

Nun folgt die Bestimmung des Sauerstoffs durch Absorption in einer Gaspipette K von der aus der Figur ersichtlichen Form und Größe. Sie ist bis zum Knie ihrer Kapillare mit einer Lösung gefüllt, welche aus 1 Vol. 10 proz. Salmiakgeist, 1 Vol. einer gesättigten Lösung von anderthalbfach-kohlensaurem Ammon und 2 Vol. Wasser besteht. Außerdem enthält die Kugel Spiralen von Kupferdraht, welche die eigentlichen Vermittler der Sauerstoffabsorption sind. Die Pipette ist mittels eines Stückes dickwandiger Kautschukkapillare mit dem Ansatz P des Meßrohres· verbunden und bleibt bei einer Reihe aufeinander folgender Analysen daran sitzen. Nach zehn Bestimmungen muß die Flüssigkeit erneuert werden. Die an sich farblose Lösung wird durch Sauerstoffaufnahme blau.

Es ist nun ohne weiteres einleuchtend, wie man nach Aufdrehung des Hahns F das Gas durch Blasen an O aus dem Meßrohr in die Pipette hinuntertreiben und umgekehrt durch Saugen wieder zurückziehen kann. Man beachtet dabei, daß weder Öl nach der Pipette, noch Absorptionsflüssigkeit in das Meßrohr gelangt, was übrigens nicht das Resultat, sondern nur die Sauberkeit beeinträchtigen würde. Man treibt also das Gas in die Pipette, zieht es nach 2 Minuten zurück, um es sofort nochmals auf 5 Minuten hinüberzutreiben. Jetzt ist aller Sauerstoff absorbiert, und nach 5 Minuten Wartens kann das Volum des Stickstoffs abgelesen werden.

Schließen sich mehrere Bestimmungen an, sei es sofort oder nach Stunden und Tagen, so bleibt das Öl im Apparat und das Kölbchen an seinem Ort. Nach Schließen der Hähne läßt sich das Kölbchen abziehen, ohne daß Öl ausfließt, und ein anderes mit einer neuen Probe aufstecken, worauf dann die Arbeit weiter geht, wie vorhin beschrieben.

Wenn das Meßrohr nach einer Bestimmung sehr verschmiert erscheint, wird es mit einem Röllchen Fließpapier ausgewischt, nachdem durch Saugen an O und Schließen von M das Öl heruntergebracht ist. Falls die Bestimmungen sofort aufeinander folgen, läßt man nach dem Auskochen das Kölbchen in kaltes Wasser tauchen, damit es beim Beginn der neuen Operation abgekühlt ist. Auch aus dem Kühlbecher wird das Wasser, falls es sich erheblich über die Temperatur der Umgebung erwärmte, mittels eines Schlauchs abgehebert und durch kaltes Wasser ersetzt.

Es erübrigt nun festzustellen, welche Genauigkeit den mit dem Tenax erhaltenen Ergebnissen beizumessen ist. Was zunächst die Ablesung betrifft, so sind die 0,1 ccm entsprechenden Teilstriche des Meßrohres weit genug auseinander, um mit Sicherheit 0,01 abschätzen zu können, wobei dank der auf der Rückseite angebrachten korrespondierenden Teilung die normale Lage der Visierlinie gesichert ist. Nun bleibt noch die Korrektion wegen der Kuppelwölbung, von welcher übrigens die Sauerstoffzahl, als Differenz zweier Ablesungen, gar nicht berührt wird. Man kann nun selbst sowohl die Größe dieser Korrektion als die Richtigkeit der Teilung mit Hilfe eines kleinen geprüften Meßzylinders von der Weite des Meßrohres feststellen. Man setzt den Apparat ohne die Pipette zusammen und füllt ihn ganz mit Öl, so daß dies beim Einsetzen des Stopfens in die Eingußöffnung bis in den Hahn M steigt, den man dann schließt. Nun dreht man F auf und läßt aus L kleine Portionen Öl in den Meßzylinder fließen und vergleicht nach genügendem Abwarten die Ablesungen. Nebenbei bemerkt darf kein Tropfen an L hängen bleiben; man muß in dem Moment abbrechen, in dem sich ein Tropfen loslöste. Auch gibt man, um von dem Meniskus im Zylinder unabhängig zu sein, vorab so viel Öl hinein, daß die Kuppe genau auf 1,00 einsteht. Läßt man nun aus dem Apparat so viel Öl in den Zylinder, daß es z. B. bei 2,55 steht, und liest man oben am Meßrohr 2,63 ab, so beträgt die Korrektion — 0,08. Dieser Betrag ist übereinstimmend bei einer größeren Anzahl Tenaxbüretten festgestellt.

Hinsichtlich der beim Tenaxapparat befolgten Methode ist zu beachten, daß die Gase in der Sperrflüssigkeit nicht ganz unlöslich sind. Wenn man luftgesättigtes gewöhnliches Brennpetroleum nimmt, erhält man bei sauerstoffreichen Gasen etwas zu wenig, bei sauerstoffarmen Gasen etwas zu viel Sauerstoff. Obwohl dieser Fehler in den meisten Fällen praktisch belanglos ist, verwenden wir trotz seiner unangenehmen Schaumbildung das unter dem Namen Vaselinöl bekannte hochsiedende Petroleumdestillat vom spez. Gew. 0,87. Dieses löst den Sauerstoff so wenig und so langsam, daß bei den im Tenaxapparat obwaltenden Verhältnissen ein bemerkbarer Fehler nicht eintritt [1].

o) Organischer Kohlenstoff.

Es ist schon oben darauf hingewiesen worden, daß die Menge des zur Oxydation verbrauchten Kaliumpermanganats kein genaues Maß für die Menge der im Wasser vorhandenen organischen Stoffe ist; es erfordern nicht nur die einzelnen in einem Wasser möglicherweise vorkommenden organischen Kohlenstoffverbindungen verschiedene Mengen

---

[1] Der Apparat wird von Alt, Eberhardt und Jäger in Ilmenau (Thür.) und Vereinigte Fabriken für Laboratoriumsbedarf in Berlin geliefert.

Sauerstoff zur Oxydation, sondern auch verschiedene unorganische Verbindungen, wie z. B. Ferro-, Nitrit- und Schwefelverbindungen, die nicht selten in einem Abwasser vorkommen, nehmen den Sauerstoff des Kaliumpermanganats zur Oxydation in Anspruch. Um für die Bestimmung des organischen Kohlenstoffs ein sicheres Verfahren zu schaffen, hat J. K ö n i g (Zeitschr. f. Unters. d. Nahr.- u. Genußm. 4, 193; 1901) eine Methode von P. D e g e n e r (Zeitschr. d. Ver. f. Rübenzucker-Ind. d. Deutschen Reiches 1882, 59) vervollständigt, welcher der Gedanke zugrunde lag, den sämtlichen Kohlenstoff der organischen Verbindungen nach Entfernung der fertig gebildeten Kohlensäure durch oxydierende Mittel in Kohlensäure überzuführen, diese durch Natronkalk (bzw. Kalilauge) zu binden und gewichtsanalytisch zu bestimmen. J. K ö n i g verfährt in folgender Weise:

a) O r g a n i s c h e r K o h l e n s t o f f i m f i l t r i e r t e n W a s s e r. 500 ccm des Wassers werden, wenn es trübe ist, durch einen großen G o o c h schen Porzellan- oder Metalltiegel von etwa 100 ccm Inhalt (vgl. Bd. I, S. 30) mit Asbestfilter unter Anwendung der Saugpumpe schnell[1]) filtriert und der abgesaugte Rückstand im Tiegel mit etwas destilliertem Wasser nachgewaschen. Das Filtrat gibt man in einen Rundkolben *k*, setzt 10 ccm verdünnter Schwefelsäure hinzu und verbindet (vgl. Fig. 44 a. f. S.) mit dem Kühler, aber ohne die Verbindung mit dem übrigen Teile des Apparates herzustellen. Das Wasser wird — bei offenem Kühlrohr — zuerst eine halbe Stunde unter fortwährendem Kühlen gekocht, bis alle fertig gebildete Kohlensäure ausgetrieben ist. Darauf läßt man erkalten, setzt 3 g Kaliumpermanganat, 10 ccm einer 20 proz. Mercurisulfatlösung [2]), sowie noch weitere 40 ccm verdünnte Schwefelsäure zu und verbindet wiederum mit dem Kühler. Jetzt aber stellt man die Verbindung des Kühlers mit den Röhren her, wie es Fig. 44 zeigt. Die P e l i g o t sche Röhre *a* ist bis zum unteren Ende der großen Kugel mit etwa 20 ccm konz. Schwefelsäure gefüllt, die Röhre *b* enthält Chlorcalcium, *c* und *d* Natronkalk, *e* zur Hälfte Natronkalk und zur Hälfte Chlorcalcium. Der Kolben *k* ist mit einem doppelt durchbohrten Gummipfropfen geschlossen, durch dessen eine Öffnung ein Glasrohr zum Kühler führt, während durch die andere Öffnung ein Glastrichterrohr *t*, welches oben ein mit Natronkalk gefülltes Glasrohr *m* trägt, bis nahezu auf den Boden des Kolbens reicht; das Glasrohr soll die von links zutretende Luft von Kohlensäure befreien; der Kühler dient zur Verdichtung der Wasserdämpfe, die Röhren *a* und *b* sollen die letzten Reste Wasserdampf beseitigen, während die Röhre *e* den Zutritt von Wasser und Kohlensäure von rechts her abhält. Die Röhrchen *c* und *d* dienen zur Bindung der durch die Oxydation gebildeten

---

[1]) Bei schwer filtrierenden Flüssigkeiten kann man die Filtration unter Umständen durch Fällen mit einer Lösung von Eisen- und Aluminiumalaun und Dinatriumphosphat ohne Beeinträchtigung der Ergebnisse unterstützen.

[2]) Dieser Zusatz erfolgte, weil erfahrungsgemäß bei den Stickstoffbestimmungen nach K j e l d a h l die Quecksilbersalze die Verbrennung wesentlich unterstützen.

Kohlensäure; sie werden daher vor und nach dem Versuche gewogen. — Man kann auch konz. Kalilauge im L i e b i g schen Kaliapparate zur Bindung der Kohlensäure verwenden, indessen hat Kalilauge den Übelstand, daß sie beim Stoßen der Flüssigkeit, was häufig bei der Oxydation der Schwebestoffe in dem kleinen Kölbchen stattfindet, leicht verspritzen kann. — Nach Verbindung des Apparates erwärmt man den Kolben k mit kleiner Flamme, so daß nur langsam und gleichmäßig Gasblasen sich entwickeln. Wenn nach einigem Kochen der Flüssigkeit

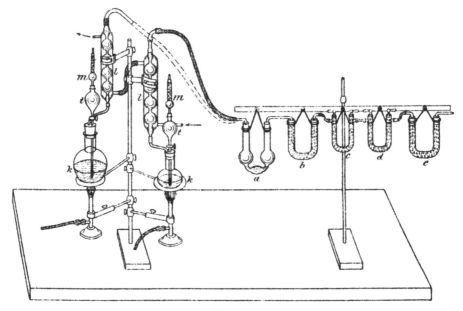

Fig. 44.

die Gasentwickelung aufhört, und die Flüssigkeit in die Röhre a zurückzusteigen beginnt, stellt man für einen Augenblick die Flamme unter dem Kolben k weg, verbindet mit einem Aspirator, öffnet den Hahn am Trichterrohr t und leitet so lange — etwa ½ Stunde — einen schwachen kohlendioxydfreien Luftstrom durch, bis alle Kohlensäure aus dem Apparate entfernt und durch die Natronkalkröhren c und d zur Bindung gelangt ist. Während des Durchleitens der Luft kann der Inhalt in Kolben k durch eine kleine Flamme bei gutem Kühlen in schwachem Sieden erhalten werden, um die Entfernung der Kohlensäure aus dem Kolben, Kühler usw. zu unterstützen. Die mit Glashähnen versehenen Röhren c und d werden nach Beendigung des Versuches weggenommen, geschlossen etwa eine halbe Stunde beiseite gestellt, dann kurze Zeit geöffnet, wieder geschlossen und gewogen.

Sind f l ü c h t i g e o r g a n i s c h e K o h l e n s t o f f v e r b i n d u n g e n vorhanden, die sich in ähnlicher Weise wie Kohlensäure nicht wieder mit den Wasserdämpfen verdichten sollten, so würde man zu wenig organischen Kohlenstoff finden. In einem solchen Falle muß man die fertig gebildete Kohlensäure und den organischen Kohlenstoff nach sofortigem Zusatz von Schwefelsäure, Kaliumpermanganat und Mercurisulfat zusammen, in einer zweiten gleich großen Menge Wasser die fertig gebildete Menge Kohlensäure für sich allein bestimmen und aus der Differenz beider Kohlensäuremengen den organischen Kohlenstoff durch Multiplikation mit 0,2728 berechnen.

b) Organischer Kohlenstoff in den Schwebestoffen. Man gibt den bei der Filtration von 500 ccm Abwasser im Gooch schen Tiegel erhaltenen Rückstand samt Asbestfilter in ein etwa 250 ccm großes Kölbchen k, setzt 10 ccm 20 proz. Mercurisulfatlösung, 5 g Chromsäure oder 10 ccm einer 50 proz. Chromsäurelösung zu, verbindet das kleine Kölbchen mit dem Kühler und den letzteren mit den Absorptionsröhren (Fig. 44, S. 336). Darauf läßt man unter starker Durchleitung von Kühlwasser durch das Trichterrohr m langsam 50 ccm konz. Schwefelsäure zufließen, erwärmt anfänglich mit sehr kleiner, zuletzt mit stärkerer Flamme, bis keine Gasblasen mehr durch die Peligot sche Röhre aufsteigen. Man verbindet nun mit dem Aspirator, leitet langsam Luft durch und verfährt weiter wie unter a.

Enthalten die Schwebestoffe Calcium- oder Magnesiumcarbonat, so kocht man dieselben vor dem Zusatz von Chromsäure mit verdünnter Schwefelsäure.

p) Kohlensäure.

Die Bestimmung der fertig gebildeten Kohlensäure kann nach J. König in der unter o) angegebenen Weise erfolgen. Dabei wird der Kolben k durch das Kühlrohr von Anfang an mit den Absorptionsröhren verbunden, und werden die Röhren c und d dann vor und nach dem Auskochen des Wassers mit alleinigem Zusatz von Schwefelsäure gewogen.

Die qualitative Prüfung auf freie Kohlensäure, die quantitative Bestimmung derselben, sowie die der freien und halbgebundenen Kohlensäure und Gesamtkohlensäure sind im einzelnen unter „Trinkwasser" angegeben (S. 257 ff.), und kann deshalb hier darauf verwiesen werden.

q) Cyanverbindungen.

Zuckerraffinerien, welche Melasseschlempe auf Cyanverbindungen verarbeiten, lassen Abwässer ab, die Cyanverbindungen in nachteilig wirkender Menge enthalten. Die qualitative Prüfung der Abwässer auf Cyanverbindungen durch Fällung von Berlinerblau mit Eisenoxydulsalz und Natronlauge und darauf folgenden Zusatz eines Eisenoxydsalzes und einer Säure ist nach dem Bericht von Rubner und von Buchka (Mitt. d. Kaiserl. Gesundheitsamtes 28, 338;

1908) weder empfindlich noch zuverlässig genug; sie hat nur den beschränkten Wert einer Vorprobe und ist in folgender Weise auszuführen: 50 ccm Wasser werden mit 1 ccm einer 10 proz. Ferrosulfatlösung und ½ ccm einer 10 proz. Natronlauge versetzt; nach etwa 5 Minuten wird die Lösung mit Schwefelsäure angesäuert. Eine dabei eintretende, selbst vorübergehende Blaufärbung zeigt das Vorhandensein von Cyanverbindungen an.

Für die q u a n t i t a t i v e B e s t i m m u n g der g i f t i g e n Cyanverbindungen eignet sich nach R u b n e r und v o n B u c h k a folgendes Verfahren: 500 ccm Wasser werden nach Zusatz von 50 g Natriumcarbonat aus einem Literkolben mit einfachem Aufsatz unter Vorlage von 2 ccm $^{1}/_{10}$ N.-Silbernitratlösung und etwa 10 ccm verdünnter Salpetersäure destilliert, bis das Destillat 100 ccm beträgt. Wenn das Destillat keinen Niederschlag gibt, enthält es weniger als 0,5 mg Cyankalium im Liter; unter diese Grenze zu gehen, erscheint auf Grund der toxikologischen Beurteilung der Blausäure nicht nötig. Entsteht bei der Destillation in der Vorlage ein Niederschlag von Cyansilber, so wird dieser abfiltriert und in einem aliquoten Teile des Filtrates das überschüssige Silbernitrat nach V o l h a r d titrimetrisch bestimmt. Da bei der Verwendung von frischen Kautschukstopfen das Destillat zuweilen an sich schon eine Opaleszenz oder schwache Trübung zeigen kann, so sind Kautschukstopfen bei den in Anwendung kommenden Apparaten zu vermeiden.

Zu Bestimmungen des G e s a m t g e h a l t e s a n C y a n v e r - b i n d u n g e n werden 500 ccm Wasser nach Zusatz von 50 ccm etwa 50 proz. Schwefelsäure aus einem Literkolben mit einfachem Aufsatz unter Vorlage von etwa 10 ccm Wasser, welche etwa ½ ccm 10 proz. Natronlauge enthalten, destilliert, bis das Destillat 100 ccm beträgt. Das alkalisch reagierende Destillat darf höchstens ½ ccm $^{1}/_{10}$ N.-Silbernitratlösung bis zum Eintritt einer Trübung verbrauchen; dann ist im Liter höchstens ein 13 mg Cyankalium entsprechender Gehalt an Gesamtcyanverbindungen vorhanden, welcher zulässig erscheint, wenn nicht der Gehalt an giftigen Cyanverbindungen die Grenze von 0,5 mg Cyankalium im Liter überschreitet. Wird bei der Prüfung auf Gesamtcyanverbindungen mehr Silbernitratlösung als angegeben verbraucht, so wird mit der Zugabe der Silbernitratlösung bis zur eintretenden Trübung fortgefahren und die Menge an Gesamtcyanverbindungen aus der verbrauchten Anzahl Kubikzentimeter Silbernitratlösung nach L i e b i g berechnet.

Die u n g i f t i g e n C y a n v e r b i n d u n g e n in den Abwässern werden aus der Differenz der Gesamt- und giftigen Cyanverbindungen ermittelt.

r) Nachweis von Auswurfstoffen.

Tierische Auswurfstoffe, sowie tierische und pflanzliche Verwesungsprodukte enthalten stets in geringer Menge Phenol, Kresol, Skatol, Indol und andere Verbindungen, welche mit Diazokörpern, wie Diazobenzolsulfosäure, intensiv gelb gefärbte Verbindungen geben. Hierauf hat P. G r i e ß folgende Methode zum Nachweis der genannten Stoffe gegründet: 100 ccm Wasser werden in einem hohen Zylinder aus farblosem Glas mit etwas Natronlauge und einigen Tropfen einer frisch bereiteten Lösung von Diazobenzolsulfosäure vermischt; dabei tritt bei Gegenwart von menschlichen oder tierischen Auswurfstoffen oder Verwesungsprodukten innerhalb 5 Minuten eine Gelbfärbung ein. Zum Vergleich prüft man nebenher in derselben Weise 100 ccm destillierten Wassers. Menschenharn soll auf diese Weise noch in einer Verdünnung von 1 : 5000, Pferdeharn in einer solchen von 1 : 50 000 eine deutliche Gelbfärbung zeigen.

Zum Nachweis von Harnstoff, der sich aber nur in sehr frischen Abwässern findet, werden 100 ccm Flüssigkeit mit einigen Tropfen Essigsäure gekocht, filtriert, zur Trockne verdampft, mit Alkohol ausgezogen, der Alkohol verjagt, der Rückstand mit Wasser aufgenommen, die Lösung bis auf 3 ccm eingedampft und nun mit Salpetersäure angesäuert. Nach dem Verdunsten bilden sich bei Anwesenheit von Harnstoff Zwillingsstäbchen von salpetersaurem Harnstoff.

Kotbestandteile lassen sich in dem Bodensatz eines Wassers mikroskopisch nachweisen.

E y k m a n n hat vorgeschlagen, zum Nachweis von fäkalen Verunreinigungen im Wasser das Vermögen der Kolibakterien, noch bei höherer Temperatur (46⁰) Zuckerlösungen zu vergären, zu benutzen; diese Eigenschaft soll nur den aus Warmblutsorganismen, nicht auch den aus Kaltblütern stammenden Kolibakterien zukommen. C h r i s t i a n (Arch. f. Hyg. 54, 386 und Zeitschr. f. Hyg. 16, 1318; 1906) hat dieses Verfahren geprüft und kommt zu dem Schluß, daß ein positiver Ausfall der Probe für eine fäkale Verunreinigung des Wassers, ein negativer Ausfall dagegen spricht.

In den weitaus meisten Fällen wird man aber diese Auswurf- oder Verwesungsstoffe nicht direkt nachweisen können, sondern man wird auf eine Verunreinigung mit denselben indirekt aus einem größeren Gehalt an organischen Stickstoffverbindungen oder, da diese leicht zersetzt werden, an Salpetersäure, an Schwefel bzw. Sulfaten und Kohlenstoff bzw. Carbonaten schließen müssen. Da derartige Abgänge zugleich reich an Chloriden sind, so haben wir auch in dem Chlorgehalt einen Anhaltspunkt für die Beurteilung. Zeigt das Wasser nun einen hohen Gehalt an einem dieser Bestandteile, so kann dieser in natürlichen Verhältnissen begründet sein; sind aber diese Verbindungen gleichzeitig in erhöhtem Maße vorhanden, so kann, besonders wenn andere Wasser gleicher Art und Herkunft in der Nähe einen ähnlichen hohen Gehalt nicht aufweisen, die Beurteilung nicht schwer fallen.

Sehr oft kommt es vor, die Abflußstelle von Harn und Jauche festzustellen bzw. Düngerstätten, Jauchegruben, Aborte, Abwasserbassins auf Durchlässigkeit zu prüfen. Hierfür hat H. N ö r d l i n g e r (Pharm. Zentralhalle 1894, 109) einen Zusatz von Saprol oder von Saprol mit Fluorescein (Uranin) und Fuchsin zum Grubeninhalt usw.

empfohlen. Ich habe das Verfahren wiederholt mit gutem Erfolge verwendet. Zum Nachweis des uranin- bzw. fuchsinhaltigen Saprols dient
die Feststellung der Fluoreszenz, indem man das Wasser nach Zusatz
von Ammoniak in einen hohen Glaszylinder gibt. Nach Zusatz von
Essigsäure tritt bei Gegenwart von Fuchsin Rotfärbung ein. Zum
Nachweis der im Saprol enthaltenen Kresole wird 1 ccm Wasser mit
1 ccm konz. Schwefelsäure und einigen Tropfen konz. Salpetersäure
versetzt und dieses Gemisch vorsichtig in destilliertes Wasser gegeben;
danach wird mit Ammoniak neutralisiert und auf 50—60° erwärmt.
Beim Vorhandensein von Kresolen tritt Gelbfärbung ein. Eisensalze
verdecken diese Reaktion und sind daher vorher zu entfernen.

s) Nachweis von Leuchtgasbestandteilen im Wasser.

Eine Verunreinigung mit Leuchtgasbestandteilen kann u. a. infolge
Undichtigkeit von Gasröhren entstehen. Der Nachweis gelingt nach
C. H i m l y , wenn man eine größere Menge Wasser mit Chlorwasser
mischt, diese Mischung dem Sonnenlichte aussetzt und das überschüssige
Chlor durch Schütteln mit Quecksilberoxyd entfernt; ist Leuchtgas vorhanden, so tritt nun ein starker Geruch nach Äthylenchlorid oder ähnlichen gechlorten Kohlenwasserstoffen auf. H. V o h l will aus dem Vorhandensein von Schwefelammonium oder von kohlensaurem, schwefelsaurem und thioschwefelsaurem Ammonium bzw. der vermehrten Menge
der Kalk- und Magnesiasalze dieser Säuren auf eine Verunreinigung mit
Gas- und Teerwasser schließen. Ferner ist auf Phenol zu prüfen. Bei
Anwesenheit desselben tritt nach Zusatz von Eisenchlorid eine violette
Färbung ein, nach Zusatz von Brom entsteht ein gelblichweißer Niederschlag von Tribromphenol, mit Oxalsäure und Schwefelsäure bildet sich
beim Erhitzen Rosolsäure. O. K o r n empfiehlt (Zeitschr. f. anal.
Chem. 47, 552; 1908) das Verfahren von K o ß l e r und P e n n y,
welches darauf beruht, daß das abdestillierte Phenol durch überschüssigen Jodzusatz in Trijodphenol verwandelt und das nicht verbrauchte Jod mittels Thiosulfatlösung zurücktitriert wird. O. K o r n
versetzt 200 ccm Wasser mit 5 ccm gesättigter Zinkacetatlösung,
schüttelt um, läßt 12 Stunden in verschlossenem Zylinder stehen,
filtriert danach, versetzt das Filtrat mit Natronlauge bis zur stark
alkalischen Reaktion, dampft darauf bis auf 50 ccm ein, gibt den Rest
in einen E r l e n m e y e r kolben, fügt Schwefelsäure bis zur sauren
Reaktion hinzu und destilliert unter Beigabe einiger Bimssteinstückchen
bis auf 20 ccm ab; danach werden 100 ccm Wasser zugesetzt, und wird
nun nochmals abdestilliert. Nach nochmaliger Wiederholung ist in
der Regel das vorhandene Phenol überdestilliert. Zur Vermeidung eines
störenden Einflusses der übergegangenen Säuren auf die spätere Jodie-
rung werden die Destillate mit gepulvertem Calciumcarbonat bis zum
Verschwinden der sauren Reaktion geschüttelt und destilliert. Zu den
jetzt erhaltenen Destillaten setzt man $^1/_{10}$ N.-Natronlauge bis zur deutlich
alkalischen Reaktion, erwärmt im Wasserbade auf 60°, fügt $^1/_{10}$ N.-Jod-

lösung (der Phenolmenge entsprechend) hinzu, verschließt das Gefäß mit einem Glasstöpsel, schüttelt um und läßt abkühlen. Nach dem Zusatze von verdünnter Schwefelsäure (1 : 3) bis zur sauren Reaktion und etwas Stärkelösung wird mit $^1/_{10}$ N.-Natriumthiosulfatlösung titriert. Der Umschlag der dunkel blauvioletten Färbung in helles Rot zeigt den Endpunkt der Reaktion deutlich an.

Auch kann die Prüfung des Wassers auf Rhodan mit Eisenchlorid von Vorteil sein. Vgl. auch das kolorimetrische Verfahren von G. Lunge unter „Gaswasser".

t) Prüfung auf Haltbarkeit bzw. Gärversuche mit den Abwässern.

Die Ansicht, daß ein Wasser, welches sich 5 und mehr Tage klar erhält und nicht in Fäulnis übergeht, ohne ernste Bedenken abgeführt werden kann, ist nicht immer stichhaltig. Man wird z. B. durch einen überschüssigen Zusatz von Kalk ein vollkommen klares Wasser herstellen können, welches sich in gut verschlossenen Flaschen lange Zeit aufbewahren läßt, ohne daß sich Fäulnisbakterien bemerklich machen, da der freie Kalk deren Entwickelung verhindert. Bei der Aufbewahrung in offen stehenden Gefäßen wird der freie Kalk allmählich durch Kohlensäure abgestumpft, damit stellen sich dann auch die Fäulnisbakterien wieder ein und wirken zersetzend auf die gelösten organischen Stoffe, ohne daß aber ein Fäulnisgeruch auftritt. Fließt aber ein derartiges, an freiem Kalk reiches Abwasser in einen Fluß mit geringer Stromgeschwindigkeit, so ist eine Schlammbildung nicht unwahrscheinlich und damit auch zugleich besonders bei wärmerer Witterung Fäulnis mit unangenehmen Gerüchen möglich.

Wenn demnach eine Prüfung der Haltbarkeit eines Abwassers praktisch im allgemeinen wenig Bedeutung hat, so kann sie uns doch bisweilen Anhaltspunkte für die größere oder geringere Zersetzbarkeit der organischen Stoffe geben, und damit zugleich Anhaltspunkte für die größere oder geringere Schädlichkeit derartiger Abwässer.

Man verfährt bei der Prüfung auf Haltbarkeit wie folgt:

a) Je 2 Flaschen mit ½—1 Liter Wasser werden offen hingestellt.

b) Je 2 Flaschen mit ½—1 Liter Wasser werden mit sterilisierter Watte verschlossen.

c) Je 2 Flaschen mit ½—1 Liter Wasser werden mit gut schließenden Korken verschlossen.

Von diesen Flaschen wird je 1 Flasche bei niedrigen Temperaturen, 0—10⁰ und je 1 Flasche bei 10—20⁰ aufbewahrt.

Bei Gegenwart von freiem Kalk im Wasser werden außerdem noch nach vorheriger Abstumpfung des Kalkes durch Kohlensäure je 2 Flaschen mit diesem Wasser gefüllt und in gleicher Weise behandelt.

Ist eine Verdünnung des Wassers notwendig, so hat diese mit längere Zeit gekochtem und unter Watteverschluß erkaltetem destillierten Wasser zu geschehen.

Wenn das Abwasser von Fäulnisbakterien frei ist, so beschickt
man eventuell eine weitere Reihe Flaschen, welche man mit irgendeiner
in fauliger Gärung begriffenen Flüssigkeit gleichmäßig infiziert.

Die einzelnen Proben werden dann nach einer festgesetzten Zeit
mikroskopisch und bakteriologisch untersucht und ferner auf Farbe,
Geruch, Ammoniak, salpetrige Säure, Gesamtstickstoff, Schwefelwasserstoff, Oxydierbarkeit durch Permanganat usw. oder nach der sog. Be-
brütungsprobe (Incubator Test) geprüft.

Man erhält über die Haltbarkeit oder Fäulnisfähigkeit eines Wassers
auch durch die sog. Methylenblauprobe bald Auskunft. Hierbei werden
0,3 ccm einer 0,05 proz. Methylenblaulösung auf den Boden einer 50 ccm
fassenden Glasflasche mit eingeschliffenem Stopfen gebracht; darauf
wird die Flasche mit dem zu untersuchenden Wasser vollständig gefüllt
und fest verschlossen drei Stunden lang bei 37° aufbewahrt.　Alle
Wasser, welche faulen und Schwefelwasserstoff entwickeln, sind nach
dieser Zeit vollkommen entfärbt.

C. Mikroskopische und bakteriologische Untersuchung der Abwässer.

Die mikroskopische und bakteriologische Untersuchung der Abwässer entspricht im wesentlichen derjenigen des Trinkwassers; es sei
deshalb hier auf die letztere verwiesen (S. 287).　Es möge nur besonders
auf das Vorkommen von Beggiatoa und Leptomitus in Abwässern mit
mehr oder weniger eiweißartigen Stoffen (Bierbrauereien, Zucker-,
Stärke-, Papierfabriken usw.) hingewiesen werden. Beggiatoa findet sich
unterhalb des Einflusses der Abwässer in den Bächen oder Flüssen in
dichten Rasen, welche Steine, Holz und andere im Wasser feststehende
Körper überziehen; diese schleimartigen Massen setzen sich aus un-
zähligen feinen, unverzweigten Fäden zusammen, welche in den älteren
Entwicklungsstadien mehr oder weniger Schwefelkörner eingebettet
enthalten.　Durch alkoholische Anilinfarbstofflösungen, schwefligsaures
Natrium usw. tritt die Struktur der Fäden, welche in einer Gliederung
der Längs- und Kurzstäbchen und bei älteren Fäden in Scheiben und
Kokken besteht, hervor.　Der Pilz Leptomitus lacteus überzieht den
Boden des Gewässers mit einem grauweißen Schleim. Zum Unterschied
von Beggiatoa läßt Leptomitus Verzweigungen und weiterhin auch
Einschnürungen erkennen.

D. Beurteilung der Verunreinigung der Gewässer und deren Schädlichkeit.

Bei der Beurteilung der Verunreinigungen eines Flußlaufes durch
Abwasser irgendeiner Anlage hat die Probeentnahme des verunreinigten
Wassers stets an der Stelle stattzufinden, an der die etwaige schäd-

liche Wirkung in Frage steht; denn infolge der Selbstreinigung eines
Wassers kann ein Wasser seine nachteilige Beschaffenheit für die verschiedenen Nutzungszwecke bis zu der in Frage stehenden Stelle verloren haben. Außerdem aber ist der Nutzungszweck des betreffenden
Wassers sehr wohl zu beachten, denn die schädlichen Bestandteile der
Abwässer wirken für die verschiedenen Nutzungszwecke wie Fisch-
zucht, Viehtränke, gewerbliche Zwecke, landwirtschaftliche Zwecke
(Boden und Pflanzen) in verschiedener Weise schädlich, und es kann
sehr wohl vorkommen, daß ein Wasser, welches für den einen Nutzungszweck nachteilig wirkt, für einen anderen Nutzungszweck unbedenklich ist.

I. Schädlichkeit für die Fischzucht.

Die Tatsache, · daß in einem durch irgendein Abwasser verunreinigten Bachwasser die Fische eingegangen sind, kann allein noch
nicht als Beweis für die Schädlichkeit des betreffenden Abwassers
gelten, denn es liegen Beobachtungen von großen Fischerkrankungen
bzw. -sterben vor, die mit einem Abwasser nichts zu tun haben, sondern
in natürlichen Erkrankungen begründet gewesen sind. Die Schädlichkeit
eines Abwassers bzw. des damit verunreinigten Bachwassers kann in
folgender Weise nachgewiesen werden.

a) Durch Ermittelung der Fauna und Flora
der verunreinigten Gewässer. Jedes natürliche Gewässer,
in welchem Fische auf die Dauer leben sollen, muß eine hinreichende
Menge von Tieren und Pflanzen enthalten, welche den Fischen zur
Nahrung dienen. Je nach der Art und dem Grade der Verunreinigung
wird nun das tierische und pflanzliche Leben in einem verunreinigten
Gewässer entweder gänzlich zerstört oder in der Entwickelung gehemmt,
oder aber die Tier- und Pflanzenwelt ändert sich. Ein Vergleich mit
einer benachbarten, möglichst gleichartigen, aber von der verunreinigten
Stelle nicht getroffenen Strecke desselben Gewässers kann hier die
Entscheidung wesentlich erleichtern. Jedoch fallen derartige Untersuchungen mehr in das Gebiet des zoologischen und botanischen Sachverständigen; ich kann deshalb hier nur darauf verweisen.

b) Durch Untersuchung der Fische. Bei Verun-
reinigungen des Wassers durch Kupfer, Zink, Blei, Eisen, Arsen, Farbstoffe
usw. kann die Untersuchung der Fische Aufklärung schaffen. Werden
Fische einem Chemiker zur Untersuchung eingesandt, so geschieht dies
zweckmäßig in der Weise, daß die Fische möglichst frisch in Eis und
Stroh einzeln in Pergamentpapier gewickelt werden. Bei der Untersuchung werden die Fische bzw. die Eingeweide und das Fleisch getrennt
wie bei einer Leichenuntersuchung auf den fraglichen schädlichen Bestandteil untersucht.

c) Durch Untersuchung des Wassers und Versuche über die Schädlichkeit dieses Wassers für
Fische. Die Untersuchung des Wassers ist besonders dann notwendig, wenn mehrere und verschiedenartige Abwässer an der Ver-

unreinigung beteiligt sind, oder wenn sich die Bestandteile des Abwassers mit der Zeit ändern. Abwässer, welche stark mit organischen Stoffen verunreinigt sind (städtische Abwässer, fäkalienhaltige Abwässer), können in frischem Zustande für Fische ganz unschädlich sein, ja vielfach suchen einige Fischarten gerade die Stellen auf, an denen derartige Abwässer in den Flußlauf fließen; gehen aber die organischen Substanzen dieser Abgänge in Fäulnis über, so kann das Wasser infolge von Sauerstoffmangel oder Bildung von Schwefelwasserstoff, Ammoniak usw. schädlich für die Fische werden. Die Grenzzahlen, welche durch Versuche für die einzelnen schädlichen Bestandteile ermittelt worden sind, können und sollen durchaus nicht als für alle Fälle feststehend gelten, sondern nur einen Anhalt bieten. Wie schon C. W e i g e l t (Landw. Versuchsst. 28, 321 u. Archiv f. Hyg. 3, 39; 1885) hervorhebt, verhalten sich nicht nur die einzelnen Fischarten, sondern auch die einzelnen Fische derselben Art je nach Körpergewicht und Alter gegen einen schädlichen Bestandteil verschieden; je kräftiger und älter im allgemeinen ein Fisch ist, desto widerstandsfähiger ist er auch. Ferner ist auch die Temperatur von Einfluß, indem die schädliche Wirkung eines Bestandteiles im allgemeinen mit der Temperatur steigt und fällt. Es wird daher in vielen Fällen der Sachverständige auf Grund der bisher ermittelten Grenzzahlen für die Schädlichkeit der einzelnen Bestandteile zu keinem endgültigen Urteil gelangen können; es bleibt ihm hier dann nichts anderes übrig, als mit dem betreffenden verunreinigten Wasser bzw. mit den das Wasser verunreinigenden Substanzen direkte Versuche anzustellen.

Nach diesen Ausführungen darf ich wohl annehmen, daß die nachfolgenden, von mir durch Versuche an der Versuchsstation in Münster (Landw. Jahrb. 26, 76; 1897; 30, 583; 1901) ermittelten Grenzzahlen für einige Schädlinge keine unrichtige Anwendung finden. Die Versuche sind mit Karpfen, Schleien und Goldorfen durchgeführt. Die angegebenen Zahlen beziehen sich stets auf 1 Liter Wasser und geben, wo nichts anderes bemerkt ist, die Grenze an, bei welcher eine Erkrankung der Fische eingetreten ist, bzw. die Fische eingegangen sind.

1. S a u e r s t o f f g e h a l t : Bei 2,8 ccm, d. h. bei etwa $\frac{1}{3}$ der für gewöhnlich in einem fließenden Wasser vorkommenden Sauerstoffmenge, können Fische noch unbeschädigt fortkommen. Zu dem Sauerstoffmangel in fauligen Wassern kommen aber noch andere Veränderungen des Wassers, welche für die Fische nachteilig wirken können; dahin gehört die Bildung der nachfolgend unter 2—5 aufgeführten Verbindungen.

2. S c h w e f e l w a s s e r s t o f f : 8—12 mg.

3. F r e i e K o h l e n s ä u r e : 190—200 mg.

4. F r e i e s A m m o n i a k : 17 mg bei kleinen Fischen, 30 mg bei großen Fischen.

5. K o h l e n s a u r e s A m m o n i a k : 170—180 mg $(NH_4)_2CO_3$ $+ 2 NH_4 HCO_3 = $ 36—38 mg Ammoniak.

6. C h l o r a m m o n i u m: 0,7—1,0 g.

7. A m m o n i u m s u l f a t: 0,8—1,0 g.

8. C h l o r n a t r i u m: 15 g.

9. N a t r i u m c a r b o n a t: 5 g.

10. C h l o r c a l c i u m: 8 g.

11. C h l o r m a g n e s i u m: 7—8 g.

12. C h l o r s t r o n t i u m: 145—172 mg; diese Grenze kann durch allmähliche Steigerung der Gaben auf 181—235 mg erhöht werden.

13. C h l o r b a r y u m: In einzelnen Fällen schadeten 20,3 mg, in anderen Fällen wirkten 64,3—500 mg nicht nachteilig, so daß es scheint, wie wenn die Fische sich gegen Chlorbaryum individuell sehr verschieden verhalten und sich in gewisser Hinsicht demselben anpassen können.

14. Z i n k s u l f a t: 31 mg ZnO = 110 mg $ZnSO_4$. Das ausgeschiedene feinflockige Zinkhydroxyd wirkt ferner noch dadurch nachteilig, daß es sich auf die Kiemen niederschlägt und den Atmungsvorgang beeinträchtigt.

15. K u p f e r s u l f a t: 4 mg CuO = 8 mg $CuSO_4$, selbst geringere Mengen können auf die Dauer nachteilig wirken.

16. F e r r o - u n d F e r r i s u l f a t: Je nach der Menge des ausgeschiedenen flockigen Ferrihydroxydes wird eine größere oder geringere Menge dieser Salze schädlich. wirken; die ausgeführten Versuche ergeben eine schädliche Wirkung bei 40—50 mg Ferrosulfat. C. W e i g e l t hat bei 50 mg Ferrosulfat noch keine schädliche Wirkung feststellen können, wohl aber bei 15—30 mg Ferrisulfat.

17. F r e i e r K a l k: 23 mg CaO.

18. F r e i e S c h w e f e l s ä u r e: 35—50 mg SO_3.

19. S c h w e f l i g e S ä u r e: 20—30 mg.

20. F r e i e S a l z s ä u r e: 50 mg.

21. K a l i a l a u n: 300 mg $K_2Al_2(SO_4)_4 + 24 H_2O$.

22. C h r o m a l a u n: 230 mg $K_2Cr_2(SO_4)_4 + 24 H_2O$.

Ferner sind noch eine Reihe verschiedener Farbstoffe auf ihre Schädlichkeit für die Fische geprüft worden, doch können hier diese Versuchsresultate nicht im einzelnen mitgeteilt werden (vgl. Landw. Jahrb. **30,** 583; 1901).

Neuere Versuche mit Schleien, Goldfischen und Karpfen sind an der Versuchsstation in Münster von H a s e n b ä u m e r (Zeitschr. f. Unters. d. Nahr.- u. Genußm. **11,** 97; 1906) ausgeführt und haben ergeben, daß 0,0018 g Cyankalium in 1 Liter Wasser in kurzer Zeit tödlich wirken (nach W e i g e l t bei Forellen 0,005—0,01 g), daß bei 1,5—3,0 g Ferrocyankalium, 1,7 g Ferricyankalium und 1,5 g Rhodankalium und Rhodanammonium in 1 Liter Wasser die schädliche Wirkung beginnt; W e i g e l t konnte bei Forellen bei 1 g Ferrocyankalium und 0,1 g Rhodanammonium eine schädliche Wirkung nicht feststellen.

II. Schädlichkeit für die Viehzucht.

Im allgemeinen muß für das Vieh ein gleich reines Wasser verlangt werden wie für Menschen, wenn auch das Vieh gegen Verunreinigungen des Wassers nicht so empfindlich sein mag. Besonders für Milchvieh können Verunreinigungen des Tränkwassers insofern nachteilig wirken, als infolge davon die Milch eine fehlerhafte Beschaffenheit annimmt; bei trächtigen Tieren kann durch Verunreinigung des Tränkwassers mit putriden Stoffen und mit abführenden Salzen (Chloriden, Sulfaten, Nitraten in größerer Menge) leicht Abortus entstehen, bei Pferden können dadurch Kolikanfälle verursacht werden usw.

Ferner können die das Tränkwasser verunreinigenden Abwässer direkt giftig wirkende Bestandteile enthalten, wie Blei-, Kupfer-, Zink-, Arsen- und andere Verbindungen. Weiterhin kann aber auch durch ein derartig verunreinigtes Wasser bei Überschwemmungen der Wiesen oder Äcker das Futter verdorben werden, sei es, daß diese Verunreinigungen den Futterpflanzen mechanisch anhaften, sei es, daß die giftigen Bestandteile von den Pflanzen aufgenommen werden; in jedem Falle ist die Möglichkeit einer für die Gesundheit der Tiere nachteiligen Wirkung dieser Futterpflanzen bei der Verfütterung derselben gegeben. Man wird bei einer erforderlichen Untersuchung diese Bestandteile in den Faeces oder bei verendeten Tieren in den Futterresten des Magen- und Darminhaltes, unter Umständen auch im Harn finden.

III. Schädlichkeit für gewerbliche Zwecke.

Für gewerbliche und technische Zwecke ist jedes trübe, durch Schlamm- oder Farbstoffe oder durch mineralische Salze stark verunreinigte Wasser zu verwerfen. Inwieweit die verschiedenen Abwässer für gewerbliche und technische Zwecke nachteilig sein können, kann man rückschließend aus den nachfolgenden Anforderungen, welche für bestimmte technische und gewerbliche Zwecke an das zu verwendende Wasser zu stellen sind, ersehen.

Für die meisten technischen Betriebe ist eine der wichtigsten Fragen welche Bestandteile ein Wasser als K e s s e l s p e i s e w a s s e r ungeeignet machen (vgl. S. 297). Hierbei hat man zwischen solchen Bestandteilen, welche das Kesselblech an sich angreifen und zerstören, und solchen, welche zu Kesselsteinbildungen Veranlassung geben und dadurch die Leitung der Wärme verlangsamen, zu unterscheiden. Zu den Stoffen ersterer Art gehören freie Säuren, Ammoniumsalze, Chlormagnesium, viel gelöster Sauerstoff, Humussubstanzen, Fett (von Maschinenölen herrührend). In Zuckerfabriken hat sich auch die Melasse als für Kessel nachteilig erwiesen. Die Bildung von K e s s e l - s t e i n ist nach den Untersuchungen von F e r d. F i s c h e r besonders auf die Gegenwart von Calciumsulfat, Calciumcarbonat und Magnesiumcarbonat zurückzuführen. Zur Verhütung der Kesselsteinbildung werden allerlei sog. K e s s e l s t e i n m i t t e l vorgeschlagen, welche aber insgesamt mindestens von sehr fraglicher Wirkung sind. Am sichersten vermeidet man das Absetzen von Kesselstein, wenn man das Wasser reinigt, bevor es in den Kessel gelangt; dies geschieht am zweckmäßigsten durch Soda oder auch Kalk, Chlorbaryum usw. Die zur Reinigung des Wassers notwendige Menge Soda ändert sich naturgemäß je nach der Zusammensetzung des zu verwendenden Wassers, und hat man sich von der genügenden und doch nicht zu reichlichen Anwendung des Fällungsmittels durch eine Untersuchung des abgeklärten, gereinigten Wassers zu überzeugen.

Das Wasser für P a p i e r f a b r i k e n, F ä r b e r e i e n, D r u c k e r e i e n, B l e i c h e r e i e n und L e i m f a b r i k e n soll weich und namentlich frei von Eisen sein.

Bei der Z u c k e r f a b r i k a t i o n wirken die Sulfate und Alkalicarbonate und namentlich die Nitrate stark melassebildend, und sind deshalb derartige Wässer bei der Zuckerfabrikation nicht zu gebrauchen

Für alle G ä r u n g s g e w e r b e, speziell für B i e r b r a u e r e i e n und B r a n n t w e i n b r e n n e r e i e n ist ein durchaus klares, reines und weiches Wasser erforderlich. Vor allem soll das Wasser frei sein von fauligen Substanzen und möglichst wenig Mikroorganismen enthalten, da diese Nebengärungen verursachen, welche das Aroma und den Geschmack des Gärungsproduktes beeinträchtigen können.

Auch für den M o l k e r e i b e t r i e b sind derartige Wasser zu verwerfen, weil die mit solchem Wasser gereinigten Gefäße für die Rahmsäuerung schädliche Mikroorganismen zurückhalten und weil Butter, mit schlechtem Wasser gewaschen, bald ranzig und faulig wird.

IV. Schädlichkeit für den Boden.

Ein Abwasser bzw. ein durch ein Abwasser verunreinigtes Bachwasser kann nach drei Richtungen hin für den Boden nachteilig wirken. Enthält das Wasser viele suspendierte Schlammstoffe wie Eisenoxydschlamm, Asche- oder Schlackenteilchen, Kohleteilchen, organische Fasern usw., so können diese Substanzen den Boden verschlammen, indem sie dabei sich entweder dem Boden in dicker Schicht auflagern und die normale Vegetation ersticken, oder aber die Bodenporen verstopfen, dadurch eine Versauerung des Bodens herbeiführen und so eine nachteilige Veränderung der Vegetation hervorrufen.

Ferner kann ein Abwasser dem Boden Stoffe zuführen, welche für die Pflanzen entweder direkt schädlich sind wie Rhodanammonium, arsenige Säure, Metalloxyde usw. oder aber infolge ihrer Oxydation schädlich wirkende Verbindungen liefern wie z. B. Schwefelverbindungen.

Schließlich wirken freie Mineralsäuren, Chloride (Chlornatrium, Chlorcalcium, Chlormagnesium) und Sulfate (Ferro-, Kupfer- und Zinksulfat), bzw. die Nitrate, wenn sie in einem Abwasser auf die Wiesen oder Äcker gelangen, lösend auf die Bodenbestandteile, so daß bei längerer Einwirkung der Boden immer mehr an Kalk, Magnesia und

Kali verarmen und je nach dem Nährstoffreichtum des Bodens in kürzerer
oder längerer Zeit Mindererträge liefern muß. Infolge dieser nährstoff-
lösenden Wirkung derartiger Abwässer können im Anfange der Einwirkung bessere Erträge erzielt werden; man begegnet daher vielfach
der Ansicht, daß diese Wasser nicht schädlich wirken; vielfache Erfahrungen der Praxis und umfassende wissenschaftliche Untersuchungen
lassen aber keinen Zweifel an der nachteiligen Wirkung dieser Abwässer
zu. Bei der Einwirkung der Sulfate bleibt das betreffende Metalloxyd
im Boden zurück und kann durch die Pflanzen aufgenommen werden.
Die Chloride bewirken in dem Boden außerdem noch ein festeres Zu-
sammenlagern der Tonteilchen; dadurch wird der Boden dicht und
somit weniger ertragsfähig.

Bei der Feststellung der Beschädigung eines Bodens durch Abwässer ist demnach nicht nur der betreffende schädliche Bestandteil in
dem Boden und in den auf dem Boden gewachsenen Pflanzen zu bestimmen, sondern außerdem auch noch der Gehalt an Kalk, Magnesia
und Kali sowie die größere oder geringere dichte Lagerung der Bodenteilchen gegenüber einem Boden derselben Art, welcher aber nicht durch
das Abwasser gelitten hat, zu ermitteln. In einigen Fällen zeigt auch
die Vegetation selbst die Einwirkung eines bestimmten Abwassers auf
den Boden an; so ist z. B. für die durch Zinkverbindungen verdorbenen
Böden das Vorkommen von Arabis Halleri oder Petraea, für die durch
Kochsalz verdorbenen Böden Atriplex hastata charakteristisch.

Die Probenahme und Untersuchung des Bodens erfolgt nach den
unter „Boden" angegebenen Methoden.

V. Schädlichkeit für die Pflanzen.

Die Einwirkung pflanzenschädlicher Abwässer auf die Pflanzen ist
zum Teil nicht durch die Untersuchung der Pflanzen nachzuweisen, da
sich die betreffenden schädlichen Bestandteile sehr bald im pflanzlichen
Organismus verändern, wie z. B. Rhodanammonium. Andere pflanzenschädliche Bestandteile werden von den Pflanzen nur in sehr geringer
Menge aufgenommen, z. B. arsenige Säure. Dagegen gibt es auch eine
größere Reihe von pflanzenschädlichen Bestandteilen, welche von den
Pflanzen in größeren Mengen aufgenommen werden; dazu sind vor allem
die Chloride und Metallsulfate zu rechnen.

VI. Schädlichkeit für das Grund- und Brunnenwasser.

Wenn durch das Versickern eines Abwassers in den Boden die
Zusammensetzung des Grund- und Brunnenwassers beeinflußt worden
ist, so müssen sich in demselben die für das betreffende Abwasser
charakteristischen Bestandteile oder aber deren Umsetzungsprodukte
mit Bodenbestandteilen nachweisen lassen. Es empfiehlt sich, bei derartigen Untersuchungen auch auf der Verbindungslinie zwischen der
verunreinigenden Quelle und dem verunreinigten Brunnen Grund-

wasserproben zu entnehmen, da deren Untersuchungsergebnisse Anhaltepunkte für die Beurteilung einer etwaigen Einwirkung des Abwassers auf die Zusammensetzung des Brunnenwassers gewähren können. Im übrigen sei auf die Werke von J. K ö n i g : „Die Verunreinigung der Gewässer, deren schädliche Folgen, sowie die Reinigung von Trink- und Schmutzwässer“ (2. Auflage, Berlin 1899, J u l i u s S p r i n g e r) und „Die Untersuchung landwirtsch. u. gewerbl. wichtiger Stoffe“ (2. Auflage, Berlin 1898, P a u l P a r e y), ferner von C. W e i g e l t : „Vorschriften für die Entnahme und Untersuchung von Abwässern und Fischwässern nebst Beiträgen zur Beurteilung unserer natürlichen Fischgewässer“ (Berlin, Verlag des deutschen Fischereivereins) und E. H a s e l h o f f : „Wasser und Abwässer, ihre Zusammensetzung und Untersuchung“ (Leipzig 1909, G. J. G ö s c h e n sche Verlagsbuchhandlung) verwiesen.

Boden.[1]

Von

Prof. Dr. **E. Haselhoff,**

Vorsteher der landwirtsch. Versuchsstation in Marburg.

Nach der Entstehungsweise, Beschaffenheit und landwirtschaftlichen
Bearbeitung unterscheiden wir zwei Hauptarten von Böden, nämlich
M i n e r a l - und M o o r b ö d e n; die ersteren zeichnen sich vorwiegend durch einen hohen Gehalt an mineralischen Bestandteilen, die
letzteren durch einen hohen Gehalt an organischen Stoffen aus.

Bei der großen Verschiedenheit dieser beiden Bodenarten in ihrer
Zusammensetzung und Beschaffenheit ist es erklärlich, daß auch die Art
und Weise der Untersuchung eine verschiedene sein muß. Die Untersuchung der Mineralböden ist in neuerer Zeit wenig, diejenige der Moorböden dagegen besonders von der Moorversuchsstation Bremen eifrigst
gefördert worden. Die früheren Untersuchungen beschäftigen sich fast
ausschließlich mit Mineralböden. Auf Grund der von L i e b i g aus-
gesprochenen Ansicht, daß die Pflanze ihre Nahrung aus der Atmosphäre
und dem Boden entnehme, und daß eine Vegetation nur dann auf einem
Boden möglich sei, wenn dieser die Aschenbestandteile der Pflanze enthalte, glaubte man aus dem durch die chemische Untersuchung festgestellten Gehalt an Pflanzennährstoffen Schlüsse auf die Fruchtbarkeit
des Bodens ziehen zu können. Die Folge davon war, daß der chemischen
Analyse des Bodens besondere Aufmerksamkeit geschenkt wurde. Man
sah jedoch bald ein, daß man den Wert der chemischen Untersuchung
eines Bodens für die Beurteilung der Fruchtbarkeit desselben über-
schätzt hatte, daß neben dem Gehalt an Pflanzennährstoffen auch noch
andere Faktoren bei der Fruchtbarkeit des Bodens mitsprachen, und

---

[1] J. K ö n i g, Die Untersuchungen landw. und gewerbl. wichtiger Stoffe,
Berlin, Paul Parey, 1898. E. Ha s e l h o f f: E. W o l f f s Anleitung zur
chemischen Untersuchung landw. wichtiger Stoffe. Berlin, Paul Parey, 1899
und Agrikulturchemische Untersuchungsmethoden. Leipzig. G. J. Göschensche
Verlagsbuchhandlung. 1909. F. W a h n s c h a f f e, Anleitung zur wissenschaftlichen Bodenuntersuchung. Berlin, Paul Parey, 1903. H. W. W i l e y, Official
and provisional methods of Analysis. Washington, Government printing office,
1908. A. D. H a l l : Englische Übersetzung dieses Kapitels der letzten Ausgabe.
R u y t e r d e W i l d t : Privatmitteilung über holländische Untersuchungsmethoden.

dieses führte zu der mechanischen und physikalischen Untersuchung der Böden. Immerhin kann uns aber die chemische Bodenanalyse, besonders in Verbindung mit dem Vegetationsversuche, wertvolle Anhaltspunkte für die Beurteilung eines Bodens geben.

Da die im Boden enthaltenen Pflanzennährstoffe sich in einem sehr verschiedenen Löslichkeitszustande befinden, so ist es einleuchtend, daß das Resultat der Analyse in hohem Grade von der Art des Lösungsmittels, welches man in Anwendung bringt, abhängig sein muß. Ein gleichmäßiges Verfahren bei der Bodenanalyse ist daher zur Erlangung allgemein vergleichbarer Resultate unbedingt notwendig. Ich werde im nachfolgenden die vom Verbande landwirtschaftlicher Versuchsstationen im Deutschen Reiche getroffenen Vereinbarungen zugrunde legen. Ferner ist es selbstverständlich, daß die nachher angegebenen Untersuchungsmethoden nicht immer sämtlich Anwendung finden müssen; um hierfür einen Anhalt zu gewähren, will ich nachfolgend die Fragen, welche bei der Bodenuntersuchung vorzugsweise beachtet werden müssen, nach F. Wahnschaffe kurz angeben:

1. Das gesamte Bodenprofil, soweit es für die Pflanzenernährung von Wichtigkeit ist (zumeist die Ackerkrume, der flachere und tiefere Untergrund), ist bei der Untersuchung zu berücksichtigen.

2. Alle drei Bodenschichten (die Ackerkrume stets, sofern sie nicht dem Moorboden entstammt) sind möglichst der mechanischen Analyse zu unterwerfen, da hierdurch Aufschluß über die physikalischen Eigenschaften und die mechanische Mengung der Bodens erhalten wird.

3. Für die Beurteilung des Untergrundes ist die Bestimmung des Gehaltes an kohlensaurem Kalk und an Ton von Wichtigkeit.

4. Sollten die Schichten des Untergrundes zu Meliorationszwecken verwertet werden, so sind sie auf die für das Pflanzenwachstum nützlichen und schädlichen Stoffe zu untersuchen; erstere sind vornehmlich kohlensaurer Kalk und Phosphorsäure, letztere schwefelsaures Eisenoxydul, freie Schwefelsäure und Schwefeleisen.

5. Bei allen chemischen und physikalischen Untersuchungen der Ackerkrume ist stets der bei 105° getrocknete Feinboden (unter 2 mm Durchmesser) anzuwenden, und die Resultate sind darauf zu beziehen.

6. Was die Abscheidung der Bodenkonstituenten betrifft, so ist in dem bei 105° getrockneten Feinboden der Ackerkrume der Gehalt an Kalk, Ton, Humus und Sand festzustellen.

7. Die Bestimmung des Stickstoffs ist, abgesehen von den Moorböden, nur in der Ackerkrume auszuführen.

8. Für die Bestimmung der Pflanzennährstoffe ist der Auszug mit kochender konz. Salzsäure zu verwenden; es sind in erster Linie Kalk, Magnesia, Kali, Phosphorsäure und Schwefelsäure zu bestimmen; erst in zweiter Linie sind Kieselsäure, Tonerde, Eisenoxyd, Manganoxyd und Natron zu berücksichtigen.

9. Zur Bestimmung der unmittelbar zur Verfügung stehenden Pflanzennährstoffe ermittelt man für Kali den in Kalkwasser löslichen Anteil daran und für Phosphorsäure diejenige Menge, welche in Citronensäure oder Essigsäure löslich ist. 10. Die Bestimmung des Knopschen Absorptionskoeffizienten erfolgt nur bei Oberkrumen. 11. Von den physikalischen Untersuchungen sind in erster Linie die Wasserkapazität (wenn möglich auf freiem Felde), die Kapillarität und Benetzungswärme zu berücksichtigen.

A. Mineralboden.

I. Probenahme.

Die Aufnahme der Bodenproben geschieht je nach der Größe der Fläche (eine möglichst gleichmäßige Bodenbeschaffenheit vorausgesetzt) an 3, 5, 9, 12 oder mehr verschiedenen, in gleicher Entfernung voneinander gelegenen Stellen. Die Proben werden durch senkrechten, gleich tiefen Abstich bis zur Pflugtiefe genommen, für etwaige Untersuchung des Untergrundes bis zu 60 bzw. 90 cm Tiefe. Die Einzelproben werden entweder getrennt untersucht oder, wenn es sich um Feststellung eines Durchschnittswertes handelt, sorgfältig gemischt und von der Mischung ein geeignetes Quantum zur Untersuchung verwendet.

In England werden die Bodenproben stets bis zu 9 Zoll Tiefe entnommen, wenn sich nicht schon früher eine scharfe Abgrenzung von Ober- und Untergrund zeigt. In Amerika geht man bis zu 6 Zoll Tiefe oder bei gleichmäßiger Beschaffenheit des Bodens bis zu 12 Zoll Tiefe; in größerer Tiefe wird auch bei unveränderter Beschaffenheit eine besondere Probe entnommen.

Bei der Probenahme bedient man sich zweckmäßig des Schnecken- oder amerikanischen Tellerbohrers.

Behufs vollständiger Untersuchung des Bodens müssen wenigstens 4—5 kg Boden zur Verfügung stehen, welche an der Luft oder in einem mäßig erwärmten Trockenschrank bei 30—40°, stets gegen Staub usw. sorgfältig geschützt, ausgetrocknet werden.

Es empfiehlt sich auch, das Gewicht eines bestimmten Bodenvolumens in natürlicher Lagerung zu bestimmen, um eine Umrechnung des prozentigen Gehaltes auf die Bodenfläche zu ermöglichen.

Bei der Probenahme sind zugleich sorgfältige Notizen zu sammeln über:

a) den geognostischen Ursprung des Bodens,

b) die Tiefe der Ackerkrume und über den Zustand des zunächst unter der Ackerkrume liegenden Untergrundes sowie womöglich über die Beschaffenheit der tieferen Schichten,

c) die klimatischen Verhältnisse, namentlich auch über die Lage des Feldes über dem Meeresspiegel,

d) die Art der Bestellung und Fruchtfolge in den vorhergehenden Jahren,

e) die Art und Menge der stattgehabten Düngung,

f) die in den vorhergehenden Jahren wirklich erzielten Erträge und womöglich auch über die Durchschnittserträge des betreffenden Feldes bei dem Anbau der wichtigeren Kulturpflanzen,

g) die Beurteilung des Bodens durch den praktischen Landwirt (Beschaffenheit, Ertragsfähigkeit usw.),

h) Grundwasserstand, Neigung des Bodens usw.

Aus dem luftrockenen Boden werden die größeren Steine und Steinchen gesammelt und von demselben abgesiebt, mit Wasser abgespült und deren mineralogische Beschaffenheit, Gewicht und ungefähre Größe ermittelt.

II. Mechanische Untersuchung.

Die mechanische Bodenanalyse bezweckt die quantitative Ermittelung der Mengenverhältnisse der den Boden zusammensetzenden gröberen und feineren Bestandteile. Diese Kenntnis ist aus folgendem Grunde wichtig. Die Feinerde (Ton) ist zwar in chemischer Hinsicht als die Trägerin der Fruchtbarkeit anzusprechen, da sie alle Pflanzennährstoffe in reichlicher und in einer den Pflanzenwurzeln zugänglichen Form enthält, dagegen ist sie von ungünstiger physikalischer Beschaffenheit, denn sie ist undurchlassend für Wasser und nach dem Eintrocknen auch undurchdringlich für Luft; auch besitzt sie ein sehr hohes Wasserfassungsvermögen und verändert durch Aufnahme und Abgabe von Wasser ihr Volumen sehr bedeutend. Alle diese für die Fruchtbarkeit eines Bodens ungünstigen Eigenschaften der Feinerde können durch Beimengung der gröberen skelettartigen Teile vermindert oder vollkommen beseitigt werden.

Die Korngröße von mehr als 2—3 mm Durchmesser ermittelt man durch Absieben mittels Siebe von 2—3 mm Lochweite, die anderen Körnungsprodukte durch die Schlämmanalyse.

Nach J. K ü h n (Landw. Versuchsst. 42, 153; 1893) verfährt man bei der Untersuchung zweckmäßig in folgender Weise:

Die zu untersuchende Bodenprobe wird in möglichst frischem Zustande so weit zerkleinert, daß bei dem späteren Sieben auf einem 5-mm-Siebe nur Steine zurückbleiben. Sie wird dann gleichmäßig an einem vor Staub geschützten Ort ausgebreitet, bis sie lufttrocken geworden ist. Hierauf wird sie gewogen und durch ein 5-mm-Sieb getrennt. Die auf dem Siebe verbleibenden Steine (> 5 mm) werden durch aufgegebenes Wasser von anhängenden Erdteilen gereinigt und in lufttrockenem Zustande gewogen. Das Gewicht derselben wird in Prozenten des Gesamtbodens ausgedrückt.

Der durch das 5-mm-Sieb gefallene Boden besteht nur aus gröberen Gesteinstrümmern und aus der Feinerde (< 2 mm). Die ersteren werden bei Schwemmlandsböden als Kies, bei Verwitterungsböden als Grus bezeichnet, und zwar:

Korngröße: Durchmesser in mm	Bezeichnung:
Über 5	Steine (Grus, Kies),
- 5—2	Grand,
- 2—1	sehr grober Sand,
- 1—0,5	grober Sand,
- 0,5—0,2	mittelkörniger Sand,
Unter 0,2	feiner Sand,
Abschlämmbare Teile (sehr feiner Sand, Mineralstaub, Ton usw.).	

Feinerde {

Die abschlämmbaren Teile sind durch das Mikroskop auf ihren Gehalt an größeren und kleineren Quarzstaubkörnchen, Glimmer, Tonteilchen usw. zu untersuchen.

Zur Ausführung der Untersuchung werden von dem durch das 5-mm-Sieb gefallenen staubfreien Boden bei feinerdigerer Beschaffenheit desselben 50 g, bei kies- oder grusreicheren Böden 100 g verwendet und zunächst in einer Porzellanschale mit einem halben Liter Wasser unter häufigem Umrühren mittels eines Spatels so lange in gelindem Sieden erhalten, bis alle Bodenteilchen völlig zerkocht sind. Nach genügendem Erkalten gibt man die zerkochte Bodenmasse durch ein 2-mm-Sieb in einen Kühnschen Schlämmzylinder. Der auf dem Siebe verbleibende Rückstand wird über dem Zylinder sorgfältig mit der Spritzflasche abgespült und dann an der Luft getrocknet. Durch ein 3-mm-Sieb wird er in groben Kies und Grus (5—3 mm) und in feinen Kies oder Grus (3—2 mm) getrennt und jeder Teil für sich gewogen.

Leider herrscht über die Bezeichnung „Feinerde" keine Übereinstimmung; der Verband landw. Versuchsstationen im deutschen Reiche bezeichnet den das 2-mm-Sieb passierenden Boden als Feinerde; in England benutzt man das 3-mm-Sieb zur Trennung. Es ist deshalb für alle Fälle angezeigt, bei jeder Bodenanalyse anzugeben, auf welche Korngröße sich die Bezeichnung der zur Untersuchung verwendeten Feinerde bezieht.

Die Feinerde wird durch Schlämmen in weitere Körnungsprodukte zerlegt. Die bei der Schlämmanalyse verwendeten Apparate beruhen entweder auf dem Prinzipe, die gröberen Teile von den feineren durch ihre verschiedene Fallgeschwindigkeit im ruhenden Wasser zu trennen oder die Trennung durch einen aufsteigenden Wasserstrom zu bewirken; zu den Apparaten der erstren Art gehört der Kühnsche Schlämmzylinder, zu denjenigen der zweiten Art der Schlämmapparat von Schöne (S. 174). Ich führe hier nur den Kühnschen Schlämmzylinder eingehender an; derselbe zeichnet sich durch eine leichte und sichere Handhabung aus und gibt gute Resultate.

Der Kühnsche Schlämmzylinder besteht aus einem 30 cm hohen Glaszylinder von 8,5 cm lichter Weite, an dessen unterem Ende,

5 cm vom Boden, ein Tubus von 1,5 cm Weite angebracht ist, welcher mittels eines Gummistopfens geschlossen wird.

Zur Ausführung des Schlämmversuches bringt man die Feinerde in den Schlämmzylinder, gibt s.⸗ viel Wasser zu, daß dasselbe bis zu der 2 cm unter dem Rande des Zylinders angebrachten Marke reicht, und rührt mit einem glatten Holzstab ca. 1 Minute lang gründlich um. Dann zieht man den Rührstab schnell heraus und läßt das von ihm abfließende Wasser in den Zylinder tropfen. Diesen läßt man 10 Minuten lang ruhig stehen, zieht dann den Stopfen aus dem Tubus und läßt das trübe Wasser ablaufen, wobei man eine Probe in einem Reagenzglas auffängt. Letzteres wiederholt man bei jedem folgenden Aufschlämmen und vereinigt die gleich großen Proben in einem Becherglase. Nach Beendigung der Schlämmoperation wird der Inhalt des Becherglases abfiltriert, die auf dem Filter bleibende Masse innig gemischt und zur mikroskopischen Untersuchung verwendet.

Nach jedem Abschlämmen schließt man den Tubus wieder, wobei man stets darauf zu achten hat, daß der Stopfen genau mit der inneren Wand des Zylinders abschneidet. Dann füllt man bis zur Marke, rührt um und läßt auch bei jedem folgenden Abschlämmen 10 Minuten lang ruhig stehen, um dann ablaufen zu lassen, wieder aufzufüllen und so lange damit fortzufahren, bis nach 10 Minuten langem Stehen über dem Tubus keine schwebenden Bodenpartikelchen mehr wahrzunehmen sind..

Der im Schlämmzylinder zurückbleibende Sand wird mit Hilfe der Spritzflasche in eine Porzellanschale gebracht und auf dem Wasserbade zur völligen Trockne eingedampft. Damit der Sand die Luftfeuchtigkeit wieder anzieht, läßt man die Schale etwa 24 Stunden an einem vor Staub geschützten Ort stehen und wiegt zunächst den gesamten Sand. Hierauf siebt man erst durch das 1-mm-Sieb, dann durch das 0,5-mm-Sieb und das 0,25-mm Sieb, um so das Gewicht des sehr groben Sandes oder Grandes (2—1 mm), des groben Sandes (1—0.5 mm), des feinen Sandes (0,5—0,25 mm) und des sehr feinen Sandes (1<0,25 mm) zu erhalten. Eine bei dem Vergleiche mit dem Gesamtgewichte des Sandes durch Verstäuben beim Sieben sich ergebende Differenz ist dem „sehr feinen Sande" zuzurechnen. Die gefundenen Gewichtsmengen von Kies oder Grus und Sand sind in Prozenten des steinfreien, lufttrockenen Bodens auszudrücken. Die Menge der abschlämmbaren Teile sich aus der Differenz zwischen dem ursprünglichen Gewichte des zur Untersuchung verwendeten steinfreien, lufttrockenen Bodens (50 oder 100 g) und dem Gewichte von Kies oder Grus und Sand.

Dem Ergebnis der Schlämmanalyse ist immer das Resultat der mikroskopischen Untersuchung hinzuzufügen. Findet eine eingehendere Feststellung der mineralogischen Beschaffenheit der Feinerde nicht statt, so ist doch stets schätzungsweise anzugeben, in welchem Verhältnis größere Quarzstaubkörnchen im Vergleich zu den feineren Gemengteilen in den abschlämmbaren Teilen der untersuchten Bodenprobe vorhanden sind.

T h. B. O s b o r n e kommt auf Grund seiner vergleichenden Untersuchungen (Conn. Agric. Experim. Ltd. Rep. 1886 und 1887, ferner Forsch. a. d. Geb. d. Agrik.-Physik 10, 196; 1888) zu dem Schluß, daß durch wiederholtes Dekantieren in Bechergläsern eine Trennung der Bodenbestandteile leichter und einfacher zu erreichen ist. Diese Methode hat nach H a l l (Journ. Chem. Soc. 88, 950; 1904) unter Berücksichtigung der Feststellungen von S c h l ö s i n g (Compt. rend. 78, 1276; 1874), wonach durch nacheinanderfolgendes Behandeln des Bodens mit schwacher Säure ($^1/_5$N.-Salzsäure) und Ammoniak der für die feineren Bodenteilchen als Bindemittel wirkende Humus vor dem Schlämmen zu entfernen ist, in England allgemein Anwendung gefunden. H a l l hat festgestellt, daß in dem nicht in dieser Weise vorbehandelten Boden weniger an feinsten Teilchen gefunden wurden, als in dem humusarmen oder von Humus befreiten Boden.

Nach H a l l unterscheidet man in England bei der mechanischen Analyse: 1. d u r c h   S i e b e   g e t r e n n t , und zwar: a) feiner Kies von 3—1 mm Durchmesser, b) grober Sand von 1—0,2 mm Durchmesser; 2. d u r c h   S c h l ä m m e n (S e d i m e n t i e r u n g) g e t r e n n t und zwar: a) feiner Sand von 0,2—0,04 mm Durchmesser, b) Schlamm von 0,02—0,01 mm Durchmesser, c) feiner Schlamm von 0,01—0,002 mm Durchmesser und d) Ton unter 0,002 mm Durchmesser.

Die obige Beobachtung S c h l ö s i n g s hat auch E. A r n t z (Landw. Versuchsst. **70**, 269; 1909) bei seinen an der Moorversuchsstation in Bremen ausgeführten Versuchen über die Ermittelung des Tongehaltes im Boden berücksichtigt; diese Untersuchungen mögen wegen ihrer Beziehung zu der mechanischen Bodenanalyse an dieser Stelle Erwähnung finden. E. A r n t z empfiehlt für die Tonbestimmung im Boden folgendes Verfahren: 5 g Feinerde werden mit etwa 50 ccm Wasser und 2 ccm Salzsäure (10%) erwärmt. (Bei stärker kalkhaltigem Boden nimmt man entsprechend mehr Salzsäure.) Die Flüssigkeit wird filtriert und der ausgewaschene Boden in ein Becherglas von ungefähr 300 ccm Inhalt (12 cm Höhe und 6 cm Durchmesser) gespült. Nach Zusatz von 30 ccm Ammoniak (18—20 %) kocht man eine halbe Stunde gelinde, wobei man das Becherglas mit einem Uhrglase bedeckt. Nach dem Erkalten wird bis zu einer 11 cm über dem Boden des Becherglases befindlichen Marke aufgefüllt und nach 24 Stunden mit einem am unteren Ende kurz umgebogenen Heber die trübe Flüssigkeit bis 1 cm über dem Boden des Gefäßes abgehebert. Der in eine Porzellanschale gespülte Rückstand wird mit wenig Wasser so oft verrieben, bis dasselbe klar bleibt. Der Rückstand und die abgegossene Flüssigkeit wird in dasselbe Becherglas zurückgespült und mit 20 ccm Ammoniak 1/4 Stunde gelinde gekocht. Nach dem Abkühlen wird bis zur Marke aufgefüllt und nach 24 Stunden abgehebert. Nachdem man noch dreimal aufgefüllt und abgehebert hat, wird die trübe Flüssigkeit mit Chlorammonium versetzt, wodurch der Ton sich flockig zu Boden setzt und von der klaren Flüssigkeit getrennt werden kann. Der Ton wird mit dem aus der anfänglich erhaltenen salzsauren Lösung ausgefällten Eisen und der Tonerde vereinigt auf einem Filter gesammelt, ausgewaschen, geglüht und gewogen. Bei Boden mit einem Tongehalt von 1—15 % dividiert man das erhaltene Resultat durch 0,99, bei solchen mit 15—30 % durch 0,98 und bei solchen mit 30—50 % durch 0,97. A r n t z hält selbst diese Art der Tonbestimmung nicht für eine exakte, glaubt aber, daß sie für die Praxis genügend genaue Resultate gibt; sie hat den Vorzug, daß sie in relativ kurzer Zeit eine beliebig große Anzahl Analysen ermöglicht.

III. Physikalische Untersuchung.

Die physikalische Untersuchung des Bodens wird dadurch erschwert, daß es unmöglich ist, die Bodenarten zur Untersuchung im **Laboratorium** in derselben Art der Zusammenlagerung zu verwenden, welche sie in der Natur zeigen. Hierdurch verlieren die durch die Untersuchung gewonnenen Resultate an Wert für die Praxis, und infolgedessen gehört die Bestimmung der physikalischen Eigenschaften eines Bodens zu den Seltenheiten im chemischen Laboratorium. Ich kann mich deshalb hier auch auf die Angabe der Bestimmung folgender physikalischer Eigenschaften beschränken:

a) Bestimmung der Kapillarität oder des Aufsaugungsvermögens des Bodens. Die Kapillarität steht in engster Beziehung zu der mechanischen Zusammensetzung des Bodens; je feiner die Gemengteile sind, desto mehr kapillare Hohlräume sind vorhanden, und desto größer ist das Aufsaugungsvermögen. Das kapillar festgehaltene Wasser bestimmt im wesentlichen den Kulturwert des Bodens, während jeder Überschuß an Grundwasser die Vegetation benachteiligt und durch Entwässerungsanlagen beseitigt werden muß. Zur Bestimmung der Kapillarität werden 100 cm lange, in Zentimeter eingeteilte Glasröhren von 2 cm lichtem Durchmesser am unteren Ende mit feinem Mull oder dünner Leinwand verschlossen — zweckmäßig mit einem Kautschukring befestigt —, darauf diese Röhren unter gelindem Aufklopfen mit lufttrockenem Feinboden gefüllt und in senkrechter Stellung, 1—2 cm tief, in eine mit Wasser gefüllte Glaswanne eingesenkt. Man stellt nunmehr die Zeit fest, welche die Flüssigkeit gebraucht, um von unten her 20—30—40—50—60—70 cm hoch aufzusteigen, und in welcher Zeit dieselbe das Maximum des Aufsteigens erreicht hat. Das aus der Wanne von dem Boden aufgenommene Wasser ist stets zu ersetzen.

b) Bestimmung der wasserfassenden Kraft oder Wasserkapazität des Bodens. Die wasserfassende oder wasserhaltende Kraft eines Bodens ist die Fähigkeit desselben, eine gewisse Menge von flüssigem Wasser in seine Poren aufzunehmen. Zur Bestimmung derselben verfährt man wie folgt: Ein Zylinder aus Zinkblech oder Glas von 4 cm lichtem Durchmesser und genau 200 ccm Rauminhalt ist am Boden mit einem feinen Nickeldrahtnetz versehen. Vor dem Versuch legt man auf den Drahtnetzboden des Zylinders feine, angefeuchtete Leinwand, darauf füllt man die lufttrockene Erde in kleinen Portionen in den Zylinder, indem man zugleich durch gelindes Aufklopfen des Zylinders auf eine weiche Unterlage ein dichtes und gleichförmiges Zusammensetzen der Bodenteilchen bewirkt. Man wägt nun den mit Boden gefüllten Zylinder, stellt dann denselben so tief in einer Glaswanne in Wasser, daß der Siebboden 5—10 mm in das Wasser hineinreicht, stellt eine Glasglocke darüber, um die Luft abzuhalten, und läßt die Erde von unten her sich mit Wasser vollsaugen. Die Feuchtigkeit erscheint je nach der Beschaffenheit des Bodens in kürzerer oder längerer Zeit an der Oberfläche desselben. Man läßt den Apparat in Wasser stehen, bis nach wiederholtem Wägen nur noch höchst unbedeutende Gewichtsveränderungen zu bemerken sind. Die gesamte Gewichtszunahme ergibt die Menge des absorbierten Wassers.

Hall empfiehlt eine von Hilgard angegebene Methode zur Bestimmung der Wasserkapazität des Bodens (Unit. Stat. Dep. o Agriculture; Bull. 38, 1893 und Hall: The Soil; 64, 76).

c) Bestimmung der Absorptionsgröße des Bodens gegen $^1/_{10}$ bzw. $^1/_{100}$ Normallösungen der wichtigeren Pflanzennährstoffe. Man verwendet zweckmäßig Lösungen von Chlorammonium, Kaliumnitrat, Calciumnitrat, Magnesiumsulfat und Monocalciumphosphat, welche $^1/_{10}$ bzw. $^1/_{100}$ des Molekulargewichtes, in Grammen ausgedrückt, in 1 L. enthalten. Zur Prüfung der Absorptionsgröße eines Bodens gegen eine vollständige Nährstofflösung benutzt man eine Lösung, welche gleichzeitig Kaliumnitrat, Calciumnitrat, Magnesiumsulfat und saures phosphorsaures Calcium, und zwar von jedem Salze die einer $^1/_{50}$ Normallösung desselben entsprechende Menge, enthält. Die Absorptionsversuche werden mit lufttrockenem Boden, welcher durch ein 0,5-mm-Sieb gesiebt ist, ausgeführt. 50 g dieses Bodens werden mit 200 ccm der betreffenden Normallösung 48 Stunden in einem dicht verschlossenen Kolben unter wiederholtem Umschütteln bei Zimmertemperatur stehen gelassen; dann wird möglichst schnell durch ein Faltenfilter filtriert und im Filtrat derjenige Bestandteil bestimmt, dessen absorbierte Menge man erfahren will.

Mehr den natürlichen Verhältnissen entspricht die Filtriermethode von W. Pillitz und N. Zalomanoff (Ber. d. landw. Instit. Halle von J. Kühn 1880, 40). Der hierbei verwendete Apparat besteht aus zwei senkrecht aufeinander gestellten Zylindern, welche durch Glasröhren und Gummischlauch, welch letzterer einen Quetschhahn trägt, verbunden sind. Der untere Zylinder ist in ccm eingeteilt. Das Verbindungsröhrchen ist in dem oberen Zylinder mit Fließpapier bedeckt. Bei der Ausführung des Versuches gibt man in den oberen Zylinder zunächst den Boden und darauf die anzuwendende Lösung. Man öffnet nun den Quetschhahn, läßt ein bestimmtes Volumen Lösung tropfenweise durch den Boden filtrieren und schließt den Quetschhahn wieder. Man rührt die durchfiltrierte und die im oberen Zylinder verbliebene Flüssigkeit um, bestimmt in beiden Flüssigkeiten die Menge der vorhandenen Bestandteile und erhält aus der Differenz die Menge der absorbierten Nährstoffe.

Nach dem Vorschlage von M. Fesca gibt man die Menge des absorbierten Bestandteiles in mg an, bezogen auf die Einheit 100 g Boden, und bezeichnet diese Zahl als Absorptionskoeffizient.

Für die Zwecke der Bodenbonitierung genügt es nach Knop (Landw. Versuchsst. 17, 85), das Absorptionsvermögen des Bodens gegen Ammoniak zu bestimmen. F. Wahnschaffe weist aber mit Recht darauf hin, daß es falsch sein würde, den Boden allein nach der Absorption zu beurteilen, denn eine einzelne für den Boden günstige Eigenschaft kann durch andere ungünstig wirkende Eigenschaften hinsichtlich ihres Wertes völlig aufgehoben werden. Knop verfährt bei der Bestimmung des Absorptionsvermögens wie folgt: 50 g der durch ein $^1/_4$—$^1/_3$-mm-Sieb hindurchgegangenen Erde werden mit 5 g Kreidepulver gemischt.

Dieser Zusatz von Kreide ist besonders bei kalkarmen Böden notwendig und hat nach K n o p den Zweck, die bei der Absorption des Ammoniaks aus dem Chlorammonium frei werdende Salzsäure zu binden. Die Mischung von Boden und Kreide wird alsdann mit 100 ccm einer Salmiaklösung unter öfterem Umschütteln 48 Stunden in Berührung gelassen. Die Salmiaklösung wird so bereitet, daß sie in 208 ccm 1 g Salmiak = 0,2619 g Stickstoff enthält, welche bei der Zersetzung in K n o p s Azotometer genau den Raum von 208 ccm (bei 0^0 und 760 mm Barometerdruck) einnehmen, so daß also 1 ccm dieser Lösung auch 1 ccm Stickstoffgas entspricht. Nach der Digestion mit dieser Lösung wird durch ein trocknes Filter filtriert und in 20 oder 40 ccm des Filtrates der Stickstoff mittels des K n o p schen Azotometers bestimmt. Aus der Differenz ergibt sich die Menge Stickstoff, welche aus 100 ccm der Lösung durch 50 g Erde absorbiert wurde, und daraus die Menge, welche 100 g Erde absorbieren. Die Zahl, welche diese Menge Stickstoff in ccm ausdrückt, wird als Absorptionsgröße bezeichnet und dient als Maßstab für das Absorptionsvermögen verschiedener Erden.

In Holland wird in einer dieser ähnlichen Weise verfahren, indem 100 g Boden, mit $^1/_{10}$ Kreidepulver vermischt, mit 250 ccm einer Chlorammoniumlösung, welche 4—8 g Chlorammonium in 4 L. enthält, 24 Stunden in Berührung gelassen werden (dann und wann geschüttelt), und danach in dem Filtrat das Ammoniak bestimmt wird. R. G a n s verwendet bei den Absorptionsbestimmungen nach der Methode von K n o p den durch das 2-mm-Sieb gegangenen Feinboden, einmal, weil dieser als Ausgangsmaterial für alle übrigen Bodenuntersuchungen dient, und weiter, weil sich größere Mengen Feinerde unter 0,5 mm Durchmesser wegen der Feinheit des Siebes nur mühsam herstellen lassen. Ferner hält G a n s den Zusatz von kohlensaurem Kalk bei der Stickstoffabsorption für unnötig, da keine freie Salzsäure entsteht, dann aber auch für unzulässig, weil durch Kalkzusatz die Bildung zeolithartiger Körper aus tonigen Substanzen und ferner von humussaurem Kalk gefördert wird, diese Verbindungen an der Absorption aber hauptsächlich beteiligt sind.

d) Auf weitere Eigenschaften des Bodens, deren Ermittelung zur Beurteilung der Fruchtbarkeit des Bodens von Bedeutung ist, kann hier nur hingewiesen werden; es sind folgende Eigenschaften: Verdunstungsfähigkeit, Filtrationsfähigkeit, Absorptionsvermögen für Wasserdampf und Sauerstoff, Durchlüftungsfähigkeit, Verhalten gegen Wärme u. a. m. In der B e n e t z u n g s w ä r m e des B o d e n s glaubt A. M i t - s c h e r l i c h (Journ. f. Landw. 46, 255; 1898 und Landw. Jahrb. 30, 361; 1901) alle aus der mechanisch-chemischen Bodenanalyse erhaltenen Resultate in einer Größe darstellen zu können; man versteht darunter die Wärme, welche der Boden bei seiner Benetzung mit Wasser entwickelt. Die Benetzungswärme ist nach W i l h e l m y von der Größe und Form der Oberfläche sowie von den spezifischen Adhäsionskonstanten der einzelnen Bodenteilchen abhängig. Zu ihrer Bestimmung benutzt M i t s c h e r l i c h das B u n s e n sche, von S c h u l l e r und

W a r t h a verbesserte Eiskalorimeter. Auf die nähere Ausführung der Methode kann hier nicht im einzelnen eingegangen werden; es sei auf die Literatur verwiesen.

H a l l hebt hervor, daß die Ausführung dieser Methode keine Schwierigkeiten bereitet, daß es aber schwer fällt, die Untersuchungsergebnisse für die praktische Bodenbeurteilung richtig zu deuten, weil die Unterlagen für einen Vergleich mit Bodenprüfungen im freien Felde fehlen.

IV. Chemische Untersuchung.

Zur chemischen Untersuchung nimmt man den durch trockenes Absieben mittels des 2-mm-Siebes erhaltenen Feinboden, und zwar in lufttrockener, nicht durch vorheriges Erhitzen veränderter Form. Bei gewöhnlicher, möglichst rasch auszuführender Bodenanalyse wird Wassergehalt, Glühverlust, Stickstoff- und Humusgehalt bestimmt und außerdem das durch 3 Stunden langes Erwärmen des Bodens mit 10 proz. Salzsäure — auf 1 Gewichtsteil Boden 2 Volumenteile 10 proz. Säure unter Berücksichtigung der Carbonate des Bodens — auf dem Wasserbade erhaltene Extrakt auf seine Bestandteile untersucht; letztere Untersuchung wird zumeist auf Kalk, Magnesia, Kali und Phosphorsäure beschränkt, deren Bestimmung nach den unten näher angegebenen Methoden erfolgt.

In E n g l a n d verwendet man die durch das 3-mm-Sieb erhaltene Feinerde, welche mit heißer konz. Salzsäure (50 g Boden + 100 ccm Salzsäure) 5—10 Minuten lang gekocht und darauf 24 Stunden auf dem Wasserbade erwärmt wird. Außerdem wird der Boden mit 1 proz. Citronensäure behandelt — vgl. weiter unten. — In N o r d a m e r i k a werden 10 g Boden mit 100 ccm Salzsäure vom spez. Gewicht 1,115 auf einem Wasserbade 10 Stunden lang unter Umschütteln erwärmt. Nach dem Absetzen des Niederschlages wird die überstehende Flüssigkeit in eine Porzellanschale abgegossen, der Rückstand auf ein Filter gebracht und mit heißem Wasser ausgewaschen, bis das Filtrat chlorfrei ist, sodann Filtrat und ursprüngliche Lösung unter Zusatz von etwas Salpetersäure auf dem Wasserbade eingetrocknet, der Rückstand mit Wasser aufgenommen, unter Zusatz von etwas Salzsäure wieder zur Trockne eingedampft, um die Kieselsäure abzuscheiden und das schließlich kieselsäurefreie Filtrat zur Bestimmung der einzelnen Bestandteile verwendet.

Um die chemische Konstitution eines Bodens besser beurteilen zu können, behandelt man den Boden nacheinander mit a) kohlensäurehaltigem Wasser, b) kalter konzentrierter Salzsäure, c) heißer konzentrierter Salzsäure, d) konzentrierter Schwefelsäure, e) Flußsäure. Allerdings bezweifelt J. M. v a n B e m m e l e n (Zeitschr. f. anorg. Chem. 42, 265; 1905 und Zeitschr. f. anal. Chem. 45, 65; 1906), daß durch das Auskochen des Bodens mit Säure verschiedener Stärke ein klares Bild von der Zusammensetzung der einzelnen Verwitterungssilikate, welche im Boden enthalten sind, gewonnen wird, weil die Kieselsäure des durch die Säuren aufgeschlossenen Silikates nicht vollständig von denselben aufgenommen wird. Man kann diese jedoch in Lösung bringen, wenn man im Anschluß an jede einzelne Auskochung die Bodenprobe wenige Minuten unter Erwärmung auf etwa 50° mit verdünnter Kali- oder Natronlauge schüttelt.

a) **Behandlung des Bodens mit kohlensäure-haltigem Wasser.** 1500 g Boden werden mit 6000 ccm des mit Kohlensäure zu ¼ gesättigten Wassers in einer gut verschließbaren Flasche übergossen und durchgeschüttelt. Das kohlensäurehaltige Wasser erhält man in der Weise, daß man 1500 ccm destillierten Wassers bei gewöhnlicher Temperatur und mittlerem Luftdruck vollständig mit Kohlensäure sättigt und darauf mit 4500 ccm Wasser verdünnt. Unter häufigem Umschütteln läßt man die Mischung 3 Tage lang stehen, läßt dann absetzen, gießt ⅔ der Flüssigkeit = 4000 ccm = 1000 g Boden möglichst klar ab und filtriert sie darauf durch ein doppeltes Filter unter Bedecken des Trichters. Ein Teil des Filtrates wird in einer Platinschale zur Trockne verdampft, der Rückstand bei 125° getrocknet und gewogen. Man erfährt so die Gesamtmenge der in Lösung gegangenen Substanzen. Um auch die Menge der gelösten Mineralstoffe kennen zu lernen, glüht man den Rückstand gelinde unter wiederholter Behandlung mit kohlensaurem Ammoniak und wägt. Dieser Rückstand kann auch zur Bestimmung der einzelnen Bestandteile dienen.

b) **Behandlung des Bodens mit kalter konzentrierter Salzsäure.** 750 g Boden werden in einer mit Glasstöpsel versehenen Flasche mit 1500 ccm 25 proz. Salzsäure [1]) übergossen und unter häufigem Umschütteln 48 Stunden bei Zimmertemperatur stehen gelassen. Hierbei müssen die im Boden enthaltenen Carbonate berücksichtigt werden, d. h. man muß eine um so stärkere Salzsäure verwenden, je reicher der Boden an Carbonaten ist, so daß nach Sättigung der Carbonate auf 1 Gewichtsteil des lufttrockenen Bodens stets 2 Volumteile 25 proz. Salzsäure einwirken.

Nach beendeter Einwirkung dekantiert man 1000 ccm = 500 g Boden ab, verdampft im Wasserbade unter Zusatz von wenigen ccm Salpetersäure — zur Oxydation des Eisenoxyduls und zur Zerstörung der organischen Substanz — zur Trockne, scheidet die Kieselsäure durch wiederholtes Befeuchten des Rückstandes mit Salzsäure und Trocknen bei 100—105° C in bekannter Weise ab, löst den Rückstand in verdünnter Salzsäure, füllt mit der abgeschiedenen Kieselsäure zu 1000 ccm auf, filtriert durch ein Faltenfilter und bestimmt in dem Filtrat in drei Portionen 1. Eisenoxyd, Tonerde, Mangan, Kalk und Magnesia, 2. Schwefelsäure und Alkalien, 3. Phosphorsäure.

Die Bestimmung dieser Bestandteile erfolgt nach den bekannten Methoden. Man fällt **Eisenoxyd** und **Tonerde** durch Natriumacetat als basisch essigsaure Salze bzw. Phosphate, löst den Niederschlag

---

[1]) Die Salzsäure muß frei sein von Arsen, da letzteres die Bestimmung der Phosphorsäure beeinträchtigen würde.

in Schwefelsäure, teilt die Lösung in 2 Teile, fällt in der einen Hälfte
$Fe_2O_3 + Al_2O_3 + P_2O_5$ und bestimmt in der anderen Hälfte das Eisen
nach der Reduktion titrimetrisch mit Permanganatlösung. Aus der Differenz des obigen Befundes an Eisenoxyd + Tonerde + Phosphorsäure
und dem zuletzt gefundenen Eisen + Phosphorsäure, welche besonders
zu ermitteln ist, erhält man den Gehalt an Tonerde. Das M a n g a n
wird zweckmäßig in dem essigsauren Filtrat durch Chlor als Superoxyd
abgeschieden; letzteres wird in Salzsäure gelöst, die Lösung mit Wasser
verdünnt, mit kohlensaurem Ammon übersättigt, das Mangancarbonat
abfiltriert, durch Glühen in Manganoxyduloxyd übergeführt und als
solches gewogen. Die von dem Mangansuperoxyd abfiltrierte Flüssigkeit
erhitzt man bis zum Sieden, um das Chlor zu verjagen, neutralisiert dieselbe mit Ammoniak und fällt den K a l k mit oxalsaurem Ammon,
filtriert nach mehrstündigem Stehen, glüht den Niederschlag und wägt
ihn als Calciumoxyd. Das Filtrat von dem oxalsauren Kalk wird zur
Fällung der M a g n e s i a mit Ammoniak und phosphorsaurem Natrium
versetzt, der Niederschlag nach 12 stündigem Stehen filtriert, geglüht
und als pyrophosphorsaure Magnesia gewogen (vgl. Bd. I. S. 492).

Die S c h w e f e l s ä u r e wird durch Zusatz von Chlorbaryum als
Baryumsulfat gefällt und als solches gewogen. Das erhaltene Filtrat
versetzt man unter Erwärmen mit Ammoniak und kohlensaurem
Ammon, filtriert, wäscht den Niederschlag mit heißem Wasser bis zum
Verschwinden der Chlorreaktion aus und verdampft das Filtrat in einer
großen Platinschale oder in einer glasierten Porzellanschale auf dem
Wasserbade zur Trockne. Die trockenen Ammonsalze werden in letzterem Falle mittels eines Platinspatels in eine kleinere Platinschale gebracht und über freier Flamme vorsichtig verjagt; nach dem Erkalten
spült man die noch in der Porzellanschale verbliebenen Reste in die Platinschale, setzt Oxalsäure hinzu, verdampft auf dem Wasserbade und glüht
vorsichtig. Dabei gehen die oxalsauren Salze in Carbonate über, und
werden die A l k a l i e n von den noch vorhandenen Resten von Magnesia, Kalk, Baryt, Mangan, Tonerde usw. getrennt. Der Glührückstand wird mit heißem Wasser aufgenommen, filtriert und das Filtrat
nach Ansäuern mit Salzsäure in einer gewogenen Platinschale zur Trockne
verdampft; der Rückstand wird schwach geglüht und als Gesamt-Chlor-
alkalien gewogen. Darauf wird der Rückstand in Wasser gelöst, filtriert
und das Filtrat mit Platinchlorid zur Trockne verdampft. Der Rückstand wird mit Alkohol aufgenommen, durch ein gewogenes Filter filtriert
und als K a l i u m p l a t i n c h l o r i d gewogen. Die Differenz aus
dem aus letzterem berechneten Chlorkalium und den Gesamtchlor-
alkalien ergibt den Gehalt an C h l o r n a t r i u m .

Zur Bestimmung der P h o s p h o r s ä u r e dampft man die ur-
sprüngliche Lösung mehrmals mit Salpetersäure ein, nimmt dann den
Rückstand mit dieser Säure auf und fällt mit molybdänsaurem
Ammon.

c) B e h a n d l u n g d e s B o d e n s m i t h e i ß e r k o n z e n -
t r i e r t e r S a l z s ä u r e . 150 g Boden werden in einem geräumigen

Glaskolben mit 300 ccm konzentrierter reiner Salzsäure von 1,15 spez. Gewicht übergossen, unter häufigem Umschütteln der ganzen Masse bis zum Kochen erhitzt, genau eine Stunde im Kochen erhalten und darauf nach Verdünnen mit Wasser und Auffüllen auf ein bestimmtes Volumen filtriert. Das Filtrat wird wie unter b) untersucht.

Die Untersuchung des salzsauren Bodenauszuges bereitet wegen der meistens vorhandenen großen Mengen von Eisen- und Aluminiumsalzen und gelösten organischen Stoffen Schwierigkeiten. Deshalb hat H. N e u - b a u e r (Landw. Versuchsst. 63, 141) ein Verfahren hierfür vorgeschlagen, welches sich darauf gründet, daß Eisen- und Aluminiumchlorid schon bei mäßigem Erhitzen an der Luft in die in Wasser unlöslichen Oxyde übergehen und dabei zugleich die Phosphorsäure als unlösliches Eisen-phosphat abgeschieden wird, während Calcium- und Magnesiumchlorid nur teilweise, die Alkalichloride gar nicht verändert werden. Bei der Untersuchung wird ein 25 g Boden entsprechendes Volumen der sauren Bodenlösung in einer Platinschale zur Trockne verdampft (falls beim Behandeln des Bodens mit Säure kein Aufbrausen eingetreten ist, unter Zusatz von Calciumcarbonat) und der Rückstand schwach geglüht, so daß eine Verflüchtigung der Alkalichloride nicht stattfindet; die verbleibende krümelige Masse wird mit einem Glaspistill fein zerrieben und weiter erhitzt; nach etwa einer Stunde ist die Zersetzung beendet und die organische Substanz zerstört. Der Rückstand wird in ein 125 ccm fassendes Meßkölbchen gespült, nach Zusatz von Wasser eine halbe Stunde lang über einer kleinen Flamme gekocht, darauf bis zur Marke aufgefüllt und filtriert. Das Filtrat muß vollkommen klar und wenigstens schwach alkalisch sein, dann ist es frei von Eisen, Phosphorsäure und Kieselsäure. 100 ccm des Filtrates (= 20 g Boden) werden in einer Porzellanschale zur Trockne verdampft; der Rückstand wird mit einigen Tropfen Salzsäure und Platinchlorid versetzt und das K a l i u m nach der N e u b a u e r - F i n k e n e r schen Methode (Zeitschr. f. anal. Chem. 39, 981; 1900) oder auch nach einer der sonstigen Methoden bestimmt. Die Bestimmung des N a t r i u m s erfolgt ebenfalls in der üblichen Weise oder nach einer von N e u b a u e r (Zeitschr. f. anal. Chem. 43, 14; 1904) angegebenen Methode.

In ähnlicher Weise wird in den h o l l ä n d i s c h e n V e r s u c h s - s t a t i o n e n bei der Bestimmung des Kaliums verfahren; hier werden 88 g Boden 2 Stunden lang mit 200 ccm 5 proz. Salzsäure am Rückfluß-kühler gekocht; darnach wird filtriert. 50 ccm des Filtrates werden in einer Platinschale bis zur Trockne eingedampft, darauf mit kleiner Flamme erhitzt, bis keine Salzsäure mehr entweicht, der Rückstand nach dem Verreiben mit Wasser in ein Kölbchen von 110 ccm gespült, eine halbe Stunde lang auf kleiner Flamme gekocht, darauf bis zur Marke aufgefüllt, die Lösung filtriert und in 100 ccm des Filtrates das Kalium nach der Methode von F r e s e n i u s bestimmt.

Die Bestimmung des Kaliums erfolgt in E n g l a n d entweder als Platindoppelsalz oder nach der Reduktion mit Ameisensäure aus dem erhaltenen Platin.

Zur Feststellung der P h o s p h o r s ä u r e verwendet H. N e u - b a u e r den bei der Kaliumbestimmung verbliebenen unlöslichen Rückstand, welcher durch Kochen mit verdünnter Schwefelsäure gelöst wird. In dem Filtrat erfolgt die Bestimmung der Phosphorsäure nach der Molybdänmethode; hierbei empfiehlt N e u b a u e r besonders das Verfahren von L o r e n z (Landw. Versuchsst. 53, 183). In E n g l a n d wird die Phosphorsäure ebenfalls mit Ammoniummolybdat gefällt; der Niederschlag wird entweder 1. in Ammoniak gelöst und als Ammoniummagnesiumphosphat ausgefällt oder 2. nach dem Auswaschen mit Ammonnitratlösung in Ammoniak gelöst, die Lösung in einer Porzellanschale eingedampft, der Rückstand erhitzt und aus dem Glührückstand (mit 3,794 % Phosphorsäure) die Phosphorsäure berechnet, oder 3. mit 3 proz. Natriumnitratlösung ausgewaschen, der Rückstand in einer abgemessenen Menge $^1/_2$ N.- oder $^1/_{10}$ N.-Alkali gelöst und der Überschuß an Alkali mit Normalsäure unter Anwendung von Phenolphtalein als Indikator zurücktitriert; 1 ccm Normalalkali = 0,003082 g P_2O_5. Letztere Modifikation findet auch in N o r d a m e r i k a Anwendung.

Nach den Vereinbarungen der h o l l ä n d i s c h e n V e r s u c h s - s t a t i o n e n werden zur Bestimmung der Phosphorsäure 50 g Boden in einer Platinschale leicht erhitzt, um die organischen Stoffe zu zersetzen; der geglühte Boden wird mit 100 ccm 11 proz. Salpetersäure eine Stunde lang gekocht; danach wird dekantiert und schließlich der Bodenrückstand auf einem Filter mit heißem Wasser ausgewaschen. Die gesamte Flüssigkeitsmenge wird zur Trockne verdampft, der Trockenrückstand noch weitere 30 Minuten auf dem Wasserbade erhitzt, sodann mit sehr wenig konz. Salzsäure 15 Minuten stehen gelassen, etwas kochendes Wasser zugesetzt und dann von der abgeschiedenen Kieselsäure filtriert. Das Filtrat wird mit Ammoniak neutralisiert, danach mit Salpetersäure angesäuert und die Phosphorsäure darin nach der Molybdänmethode gefällt.

Zur schnellen Bestimmung der Phosphorsäure kann man auch nach M. M ä r c k e r in folgender Weise verfahren: 25 g Boden werden mit 20 ccm rauchender Salpetersäure und 50 ccm konzentrierter Schwefelsäure $\frac{1}{2}$ Stunde gekocht, die Lösung nach dem Erkalten auf 500 ccm gefüllt und hiervon 100 ccm zur Fällung verwendet. Letztere werden mit Ammoniak übersättigt, wieder schwach angesäuert, nach dem Erkalten mit 50 ccm M ä r c k e r scher Citratlösung — 1100 g reine Citronensäure in 4000 g 24 proz. Ammoniaks gelöst und mit Wasser auf 10 L. gefüllt — und 25 ccm Magnesiamixtur versetzt, $\frac{1}{2}$ Stunde mittels Rührapparates umgerührt und erst nach 24—48 stündigem Stehen abfiltriert.

Für die Bestimmung von K a l k und M a g n e s i a dampft N e u - b a u e r einen weiteren Teil des sauren Bodenauszuges (= 25 g Boden) ein, erhitzt den Rückstand, übergießt ihn sodann mit etwas Wasser, versetzt die Lösung, welche nicht sauer sein darf, da sonst die Zersetzung der Chloride eine ungenügende gewesen ist, mit 2—5 g Ammoniumchlorid, erhitzt auf dem Wasserbade, bis keine Ammoniakentwickelung mehr wahr-

nehmbar ist, kocht dann noch einige Minuten nach Zusatz von wenigen
Tropfen Ammoniak, füllt nach dem Abkühlen auf 125 ccm auf und
filtriert. In 100 ccm des Filtrats werden Kalk und Magnesia in der üblichen Weise bestimmt. Die holländischen Versuchsstationen verfahren
nach dieser Methode. D. J. H i s s i n g gibt (Chem. Weekblad 1906,
Nr. 6) die Methode von v a n R o m b u r g h an, nach welcher die salzsaure Bodenlösung mit Ammoniak versetzt, der Niederschlag abfiltriert,
ausgewaschen, in Salzsäure wieder gelöst, nochmals mit Ammoniak gefällt
und wieder abfiltriert wird. Die Filtrate werden auf etwa 25 ccm eingedampft; die Lösung wird durch ein kleines Filter filtriert, das Filtrat
mit Essigsäure angesäuert und in dieser essigsauren Lösung der Kalk
mit Ammoniumoxalat in der Kochhitze gefällt. Wenn der Kalk in der
ammoniakalischen Lösung gefällt wird, so ist der Kalkniederschlag manganhaltig; in diesem Falle kann der Niederschlag in verdünnter Salpetersäure gelöst und wieder gefällt werden.

d) B e h a n d l u n g   d e s   B o d e n s   m i t   k o n z e n t r i e r t e r
S c h w e f e l s ä u r e. Der von c) verbleibende Rückstand wird nach
dem Trocknen an der Luft gewogen und hiervon ein Teil zur Aufschließung mit Schwefelsäure verwendet. Zu dem Zwecke wird der Boden
in einer Platinschale mit Schwefelsäure zu einem dünnen Brei angerührt
und dann die Schwefelsäure in einem Dampfbade oder auf einer Asbestplatte bei ganz kleiner Flamme verjagt; die Operation wird 2—3 mal
wiederholt. Der Rückstand wird mit Salzsäure im Wasserbade zur
Trockne verdampft, darauf einige Zeit im Luftbade erwärmt, mit salzsäurehaltigem Wasser aufgenommen und filtriert. In dem Filtrat werden
Tonerde, Eisenoxyd, Kalk, Magnesia und die Alkalien nach den oben
angegebenen Methoden bestimmt. Im Rückstande befinden sich
Kieselsäure, Sand und Silikate; durch Kochen mit kohlensaurem Natron
wird die aufgeschlossene Kieselsäure entfernt, so daß noch Quarzsand
und Silikate verbleiben, welche nach dem Trocknen und Einäschern des
Filters gewogen und im Achatmörser fein zerrieben werden. Ein Teil
dieses Rückstandes dient zur

e) B e h a n d l u n g   m i t   F l u ß s ä u r e. Man verwendet hierbei
zweckmäßige die wässrige Flußsäure — A. D. H a l l empfiehlt Fluorammonium — und verfährt dabei wie folgt: Man bringt obigen Rückstand in eine Platinschale, feuchtet ihn mit Wasser an und übergießt
mit starker Flußsäure; die Schale wird unter Bedecken und öfterem
Umrühren des Inhaltes mit einem Platinspatel 2—3 Tage stehen gelassen, bis die Masse breiartig zergangen ist. Darauf wird zur Austreibung
der gebildeten Kieselfluorwasserstoffsäure unter Umrühren auf dem
Wasserbade zur Trockne verdampft, der Rückstand mit konzentrierter
Schwefelsäure befeuchtet und letztere durch Erhitzen der Schale verjagt.
Der Rückstand wird mit salzsäurehaltigem Wasser aufgenommen und
gekocht; wenn sich nicht alles löst, wird filtriert und der Rückstand
von neuem mit Flußsäure behandelt. In den vereinigten Filtraten werden
Tonerde, Kalk, Magnesia, Kali und Natron nach den obigen Methoden
bestimmt.

Zur Feststellung der l e i c h t l ö s l i c h e n M e n g e n P h o s - p h o r s ä u r e u n d K a l i verwendet man in E n g l a n d nach einem Vorschlage von B. D y e r (Journ. Chem. Soc. 65, 115; 1894) 1 proz. Citronensäure. Nach den Angaben von A. D. H a l l werden hierbei 100 g Boden mit 20 g Citronensäure und 2 Liter Wasser versetzt und eine Woche stehen gelassen, indem dabei gelegentlich umgeschüttelt wird; durch Ausschütteln in einem Schüttelapparat kann die Extraktion in einem Tage beendet sein. 500 ccm der Lösung werden eingedampft, der Rückstand wird geglüht und schließlich in Säure gelöst; die filtrierte Lösung dient zur Bestimmung von Kali und Phosphorsäure. In N o r d - a m e r i k a werden zur Lösung der wirksamen Phosphorsäure 10 g Boden mit 100 ccm $^1/_5$ N.-Salzsäure 5 Stunden lang unter öfterem Umschütteln auf dem Wasserbade auf 40⁰ erwärmt.

a) Bestimmung einzelner Bestandteile des Bodens.

1. H y g r o s k o p i s c h e s W a s s e r. 5—10 g lufttrockenen Bodens werden im Trockenkölbchen im Luftbade bei 100—105⁰ bis zur Gewichtskonstanz getrocknet.

2. C h e m i s c h g e b u n d e n e s W a s s e r b z w. G l ü h - v e r l u s t. Außer dem hygroskopischen, mechanisch absorbierten Wasser ist im Boden in den Hydroxyden, Gips, Ton usw. noch chemisch gebundenes Wasser vorhanden, welches durch Trocknen bei 100⁰ nicht entfernt wird. Zur Bestimmung des letzteren werden 100 g Boden schwach geglüht, bis alle organische Substanz zerstört ist; darauf behandelt man den Glührückstand mit kohlensaurem Ammon, glüht wieder und wiederholt diese Operation so lange, bis sich das Gewicht nicht mehr ändert. Bringt man von dem so ermittelten Glühverlust die vorhandene Menge organischer Substanz (s. weiter unten) und die Menge des hygroskopischen Wassers in Abzug, so ergibt die Differenz die Menge des chemisch gebundenen Wassers. Dieses Resultat ist aber nur annähernd richtig, denn einmal wird bei größeren Mengen kohlensaurer Erden ein Teil der Kohlensäure durch das Glühen verflüchtigt, ferner geht vorhandenes Eisenoxydul in Oxyd über, und schließlich bilden auch größere Mengen von Ammoniak- und salpetersauren Salzen Fehlerquellen.

Nach den Beschlüssen des Verbandes der deutschen Versuchsstationen wird zur Bestimmung des Glühverlustes der Boden bei 140⁰ C getrocknet, geglüht, mit kohlensaurem Ammoniak befeuchtet und wieder schwach geglüht. Wenn, wie angenommen wird, das chemisch gebundene Wasser bei 140⁰ C fortgeht, so gibt der Glühverlust hier die organische Substanz an. Bei Moorboden und stark humosem Boden ist dieses Verfahren nicht zulässig, da schon bei 120⁰ C energische Zersetzungen der Humusstoffe eintreten.

Die holländischen Versuchsstationen schreiben ein Trocknen des ursprünglichen wie auch nachher des geglühten Bodens bei 110⁰ vor.

3. H u m u s. Der Humusgehalt des Bodens ist nach den Beschlüssen des Verbandes der deutschen Versuchsstationen nach der von G. L o g e s

(Landw. Versuchsst. 28, 229; 1883) vorgeschlagenen Methode zu bestimmen. Die Ausführung ist folgende: 5—10 g des zu untersuchenden Bodens werden zur Austreibung der fertiggebildeten Kohlensäure im H o f f m e i s t e r schen Glasschälchen mit verdünnter Phosphorsäure — schweflige Säure ist nicht so empfehlenswert — auf dem Wasserbade zur Trockne verdampft. Das Glasschälchen wird zusammen mit dem eingetrockneten Boden zerrieben, mit pulverigem Kupferoxyd gemischt und in eine an beiden Seiten offene, 60 cm lange Verbrennungsröhre gebracht; an die mit dem Boden vermischte feinpulverige Kupferoxydschicht schließt sich, durch Asbestpfropfen getrennt, eine 20 cm lange Schicht von körnigem Kupferoxyd, hieran zur Reduktion der entstandenen Stickoxyde eine 10—12 cm lange Kupferdrahtspirale oder auch eine ebenso lange Schicht von ganz feinem Silberdraht, welcher neben Reduktion der Stickoxyde auch Chlor zurückhält. Man verbindet die Verbrennungsröhre in üblicher Weise mit einem Chlorcalciumrohr, dieses mit einem Kaliapparat und verfährt wie bei einer organischen Elementaranalyse. Die Gewichtszunahme des vorher gewogenen Kaliapparates ergibt die aus dem Humus gebildete Kohlensäure.

Hat man die fertig gebildete Kohlensäure des Bodens nicht vorher durch Phosphorsäure ausgetrieben, sondern den Boden direkt verwendet, so muß man die erstere für sich bestimmen und von der Gesamtmenge Kohlensäure abziehen.

W a r i n g t o n und P e a k e (Mitt. a. d. Laborat. zu Rothamstead; vgl. H o f f m a n n s Jahresber. 23, 392 und Ber. 13, 2096; 1880) schlagen folgendes Verfahren zur Bestimmung des Kohlenstoffs vor. 10 g Boden werden zunächst zur Entfernung der Kohlensäure der Carbonate mit einer konzentrierten Lösung von schwefliger Säure gelinde erwärmt, im Wasserbade zur Trockne verdampft, der Rückstand in ein Platinschiffchen gebracht, dieses in ein Verbrennungsrohr geschoben, dessen vorderer Teil mit Kupferoxyd gefüllt ist, und im Sauerstoffstrom verbrannt.

Die vielfach in Vorschlag gebrachten Methoden der Oxydation auf nassem Wege mittels Chromsäure oder Schwefelsäure und Permanganat liefern durchweg zu niedrige Resultate — nach Versuchen von G. L o g e s 64—96 %, nach W a r i n g t o n und P e a k e Chromsäure 72—80 %, Permanganat 89—95 % des Gesamtkohlenstoffs — und sind daher für die Bodenanalyse zu verwerfen.

Aus dem ermittelten Kohlenstoffgehalt kann man die Menge der wasserfreien und stickstoffreien Humussubstanz durch Rechnung finden, wobei man nach E. W o l f f in dieser Substanz 58 % Kohlenstoff annimmt. Man findet demnach den Gehalt an Humussubstanz, indem man die erhaltene Menge Kohlenstoff mit 1,724 oder die gefundene Menge Kohlensäure mit 0,471 multipliziert.

In A m e r i k a werden zur Bestimmung des Humus 10 g Boden in einem G o o c h tiegel mit 1 proz. Salzsäure ausgewaschen, bis das Filtrat mit Ammoniak und oxalsaurem Ammoniak keinen Niederschlag mehr gibt. Der Rückstand wird durch Auswaschen mit Wasser von der Säure befreit und danach der ganze Tiegelinhalt mit 500 ccm 4 proz. Ammoniaks 24 Stunden unter öfterem Umschütteln stehen gelassen. Die überstehende Flüssigkeit wird darauf filtriert; 100 ccm des klaren Filtrates werden eingedampft; der Trockenrückstand wird gewogen, verascht und der verbliebene Rest wieder gewogen. Die Differenz beider Wägungen (Glühverlust) wird als Humus berechnet. H a l l bezeichnet den so gefundenen Humus als l ö s l i c h e n H u m u s.

Zur B e s t i m m u n g d e s H u m u s s t i c k s t o f f e s wird in Amerika Boden mit 2 proz. Salzsäure gekocht, die Säure mit Wasser auswaschen, der Humus mit 3 proz. Natronlauge extrahiert und in dem Auszug der Stickstoff in gewöhnlicher Weise bestimmt.

Über die B e s c h a f f e n h e i t d e r H u m u s s u b s t a n z können wir uns in folgender Weise einigen Aufschluß verschaffen:

Zunächst bietet uns das V e r h ä l t n i s v o n K o h l e n s t o f f z u S t i c k s t o f f einen Anhalt; je enger bei mittlerem Humusgehalt (3—4 %) dieses Verhältnis ist, desto günstiger ist es. Das Verhältnis von organisch gebundenem Stickstoff zu Kohlenstoff schwankt von 1 : 5 bis 1 : 40.

Durch die m i k r o s k o p i s c h e U n t e r s u c h u n g der einzelnen Schlämmprodukte und durch die Ermittelung des Glühverlustes der letzteren vergewissert man sich über den Grad der Zersetzung und Vermoderung des Humus.

Man beobachtet die R e a k t i o n des Bodens, indem man ihn in mäßig feuchtem Zustande auf empfindliches Lackmuspapier legt. Reagiert der Boden bleibend sauer — eine vorübergehende, beim Trocknen des Papiers verschwindende Rötung rührt von der Kohlensäure her — so kann man die Menge der freien Säure annähernd bestimmen, indem man 50 g Boden mit Wasser kocht und diese Mischung mit verdünntem Barytwasser bis zur schwach alkalischen Reaktion titriert. In Amerika bestimmt man die Bodensäure in der Weise, daß 100 g Boden mit 250 ccm Normal-Kaliumnitratlösung 3 Stunden im Schüttelapparat oder alle 5 Minuten mit der Hand geschüttelt, über Nacht stehen gelassen, sodann 125 ccm der überstehenden Flüssigkeit abgehebert, zum Austreiben der Kohlensäure 10 Minuten gekocht und schließlich mit Normalnatronlauge unter Anwendung von Phenolphtalein titriert werden — weiter vgl. unter Moorboden. —

Man ermittelt nach K n o p (Landw. Versuchsst. 8, 40) das Absorptionsvermögen des Bodens gegen Kalk, welches fast ausschließlich den Humusstoffen zuzuschreiben ist. Zu dem Zwecke läßt man 100 g Boden mit 200 ccm einer ammoniakalischen Calciumnitratlösung, welche in 200 ccm 1 g CaO und eine der Salpetersäure äquivalente Menge Ammoniak enthält, 24 Stunden unter Umschütteln in Berührung, filtriert und bestimmt in einem Teile des Filtrates den Kalk. H a l l hält diese Bestimmung für wertlos.

4. K o h l e n s ä u r e. Die gebundene Kohlensäure kann entweder durch den Gewichtsverlust oder durch direkte Wägung nach den be-

kannten Methoden oder gasanalytisch nach der Methode L u n g e -
R i t t e n e r (Bd. I, S. 180) bestimmt werden.

Nach I m m e n d o r f f (Zeitschr. f. angew. Chem. 13, 1177; 1900) erhält man aber bei humosen Böden mit geringem Gehalt an kohlensauren
alkalischen Erden ungenaue Resultate, weil die Humusstoffe beim Erhitzen mit Wasser oder verdünnter Salzsäure in Gegenwart von Sauerstoff (ja selbst in einer Wasserstoffatmosphäre) Kohlensäure in Mengen
abspalten können, die für die Bestimmung der Kohlensäure nicht belanglos sind. Deshalb empfiehlt Im m e n d o r f f , von einer Erhitzung
ganz abzusehen und die Bestimmung der Kohlensäure bei Zimmertemperatur zu Ende zu führen; wird die Einwirkung der Salzsäure genügend lange (etwa 3 Stunden) fortgesetzt, so ist selbst eine Zerlegung
etwa vorhandenen dolomitischen Materiales bei der feinen Verteilung im
Erdboden zu erreichen.

H a l l und R u s s e l l (Journ. Chem. Soc. 81, 18; 1902) zersetzen
beim Vorhandensein kleiner Mengen Kohlensäure (weniger als 1 %)
die vorhandenen Carbonate mit Salzsäure, erwärmen unter gleichzeitigem
Durchleiten von Luft, fangen die entwickelte Kohlensäure in Normal-
natronlauge auf und titrieren den Überschuß an Natronlauge mit
$1/_{10}$ N.-Salzsäure unter Anwendung von Phenolphtalein als Indikator
zurück.

Wenn es sich um die Ermittelung der in der Bodenluft gasförmig
vorhandenen Kohlensäure, welche einen Maßstab für die Menge der
organischen Stoffe im Boden und für die Intensität der Zersetzungsprozesse
abgibt, handelt, so treibt man in den Boden ein größeres zylindrisches
Loch, versenkt darin mehrere Gas- oder Bleirohre von verschiedener
Länge bis zur gewünschten Tiefe und läßt das Loch sich von selbst
wieder zuziehen oder füllt es mit der ausgehobenen Erde wieder an.
Nach einigen Tagen verbindet man das Ende der ca. 15 cm über der
Bodenoberfläche befindlichen Röhre (bzw. Röhren) mit einer Gas-
reinigungsflasche, worin sich konzentrierte Schwefelsäure befindet, und
letztere weiter mit einem P e t t e n k o f e r schen Absorptionsrohr, in
welches man ein abgemessenes Volumen Barytwasser von bekanntem
Gehalt gebracht hat, saugt die Bodenluft hindurch, und bestimmt den
nicht mit Kohlensäure gesättigten Teil durch Zurücktitrieren mit Oxalsäure unter Anwendung von Rosolsäure als Indikator. Will man die
Kohlensäure gewichtsanalytisch bestimmen, so saugt man die Bodenluft
durch einen vorher gewogenen Kaliapparat, welcher zum Abhalten von
Wasser an beiden Seiten durch Chlorcalciumrohre abgeschlossen ist.

Vor Beginn des Versuches ist stets ca. 1 Liter Luft mittels Aspirators
abzusaugen und dann erst die Absorptionsflüssigkeit einzuschalten.

e) G e s a m t s t i c k s t o f f. Der Gesamtstickstoff wird nach der
Methode von K j e l d a h l bestimmt; ist Salpetersäure vorhanden, so
verfährt man nach der Methode von J o d l b a u r (S. 322). In jedem
Falle verwendet man von Humus- und Moorboden 1—2 g, von humosem
Sandboden 2—5 g und von gewöhnlichem Ackerboden 5—10 g Substanz
in lufttrockenem, fein gepulvertem Zustande. Um ein Stoßen bei der

Destillation zu vermeiden, verdünnt man nach der Verbrennung mit
wenig Wasser, gießt die Lösung von dem zurückbleibenden Sande ab,
gibt wiederum Wasser in den Kolben, schüttelt den Sand damit gehörig
und gießt die Lösung wieder ab; diese Operation wiederholt man noch
etwa dreimal und destilliert darauf aus den vereinigten Lösungen das
Ammoniak in gewohnter Weise ab.

f) A m m o n i a k s t i c k s t o f f. Ammoniak findet sich in der
Regel nur in sehr geringer Menge im Boden. Zur Bestimmung desselben
verfährt man nach E. W o l f f folgendermaßen: 100 g Feinerde werden
mit 500 ccm Wasser, in welchem 5 g ausgeglühte, gebrannte Magnesia
aufgeschlämmt sind, übergossen, gut umgeschüttelt und 200 ccm bei
gleichmäßiger Kochhitze (zweckmäßig im Sandbade, da die Mischung
über freiem Feuer sich schlecht kocht) abdestilliert; das übergehende
Ammoniak wird in titrierter Schwefelsäure aufgefangen.

Man kann auch in folgender Weise verfahren: 100 g Feinerde
werden in einen gewogenen, 1—2 Liter fassenden Kolben gebracht;
dazu setzt man zunächst 50 ccm verdünnte Salzsäure (1 : 4) und nach
dem Entweichen der Kohlensäure noch so viel dieser Salzsäure, bis die
Salzsäure auch nach öfterem Umschütteln unverkennbar vorwaltet. Darauf setzt man ammoniakfreies Wasser zu, bis die Flüssigkeitsmenge
etwa 400 ccm beträgt, mischt gehörig, wägt den Kolben, läßt den Boden
absetzen und hebert die überstehende klare Flüssigkeit vorsichtig ab;
durch Zurückwägen des Kolbens erfährt man die Menge der dekantierten
Flüssigkeit. Um zu erfahren, welchen Teil der im ganzen vorhandenen
Flüssigkeit man herausgenommen hat, filtriert man den ungelösten Rückstand ab, wäscht ihn aus, trocknet ihn bei 125⁰ und zieht sein Gewicht
von dem des anfänglichen Gesamtinhaltes der Kochflasche ab. In der
dekantierten salzsauren Bodenlösung bestimmt man das Ammoniak
durch Destillation mit gebrannter Magnesia.

g) S a l p e t e r s ä u r e s t i c k s t o f f. Man übergießt 1000 g des
lufttrockenen Feinbodens mit so viel Wasser, daß die Menge des Wassers
einschließlich der im Boden vorhandenen Feuchtigkeit zusammen
2000 ccm beträgt. Unter häufigem Umschütteln läßt man 48 Stunden
stehen, gießt die klare Flüssigkeit durch ein Filter und konzentriert
1000 ccm des Filtrats unter Zusatz von etwas Natriumcarbonat durch
Eindampfen im Wasserbade auf ein kleines Volumen. Bei Gegenwart
ziemlich beträchtlicher Mengen von löslicher Humussubstanz wird diese
durch Aufkochen der Flüssigkeit mit Kalkmilch und nach dem Filtrieren
der überschüssige Kalk durch Einleiten von Kohlensäure ausgefällt;
darauf wird filtriert und in dem Filtrat die Salpetersäure nach der
Methode von K. U l s c h , S c h l ö s i n g , B ö t t c h e r usw. bestimmt
(vgl. Bd. I, S. 379 und Bd. II, S. 325). B u h l e r t und F i n k e n d e y
(Landw. Versuchsst. 63, 239) ziehen die Methode von S c h l ö s i n g vor;
sie haben nach der Methode von U l s c h infolge der Gegenwart löslicher
Humussubstanzen zu geringe Werte gefunden. Demgegenüber weist
E. G u t z e i t (Landw. Versuchsst. 65, 217) auf seine günstigen Er-
fahrungen mit der Methode von U l s c h hin; nach dem Ausfällen

der Humusverbindungen hat er erheblich niedrigere Resultate erhalten,
weil ein Teil der Salpetersäure sich mit den Humussubstanzen und Kalk
in schwerlösliche Verbindungen umgesetzt hat.

H a l l empfiehlt, zur Lösung der Nitrate und Chloride 300—500 g
Boden in einem Trichter mit Wasser zu sättigen und nun, indem gleichzeitig kleine Mengen Wasser auf den Boden gegeben werden, abzusaugen,
bis das Filtrat etwa 100 ccm beträgt; letzteres enthält die Gesamtmenge
der Nitrate und Chloride.

Nach den Vereinbarungen der holländischen Versuchsstationen
werden zur Bestimmung des leicht zersetzlichen organischen Stickstoffs,
des Ammoniak- und Nitratstickstoffs 50 g Boden mit 50 ccm 5 proz.
Natronlauge, 50 ccm Alkohol, 20 g Zinkpulver und 10 g Ferrum reductum
vermischt, vom Wasserbade destilliert und das Ammoniak bestimmt.
Der Gesamtstickstoff wird nach J o d l b a u r (S. 322) bestimmt.

h) D e r S t i c k s t o f f i n F o r m v o n o r g a n i s c h e n
V e r b i n d u n g e n wird durch Differenzrechnung gefunden, indem
man von dem Gesamtstickstoff diejenige Menge Stickstoff in Abzug bringt,
welche in Form von Ammoniak und Salpetersäure vorhanden ist.

i) C h l o r. Man übergießt 300 g lufttrockener Feinerde mit so viel
destilliertem Wasser, daß einschließlich der im Boden enthaltenen Feuchtigkeit die Gesamtmenge 900 ccm beträgt, läßt unter Umschütteln 48
Stunden stehen, filtriert 450 ccm (entsprechend 150 g Feinboden) ab,
dampft das Filtrat unter Zusatz von etwas kohlensaurem Natron bis auf
etwa 200 ccm ein, filtriert nochmals und bestimmt in dem Filtrat das
Chlor entweder maß- oder gewichtsanalytisch.

k) S c h w e f e l. Nicht selten enthält der Boden Schwefel in Form
von Schwefelmetallen oder organischen Verbindungen.   In diesem Falle
wird man in dem geglühten Boden mehr Schwefelsäure finden als in
dem ungeglühten Boden.   Da gerade manche Schwefelverbindungen
(z. B. Schwefelcalcium) von Nachteil für die Pflanzen sind, auch andere
an sich nicht schädliche Schwefelverbindungen (z. B. Schwefeleisen)
durch Oxydation in lösliche schädliche Verbindungen (schwefelsaures
Eisenoxydul) übergehen, da endlich auch die Gegenwart solcher Verbindungen auf eine ungünstige physikalische Beschaffenheit des
Bodens hindeutet, so kann die Bestimmung desjenigen Schwefels,
welcher nicht als Schwefelsäure im Boden vorhanden ist, oft von
Wichtigkeit sein.   Bei der B e s t i m m u n g d e s S c h w e f e l s
übergießt man 25 g der lufttrockenen Feinerde in einer Platinschale mit einer konzentrierten Lösung von salpetersaurem Kali
und Kalilauge und erhitzt bis zum Glühen.   Nach dem Erkalten
kocht man die Masse mit verdünnter Salzsäure unter Zusatz von
etwas Salpetersäure aus, verdampft zur Abscheidung der Kieselsäure
zur Trockne, nimmt mit verdünnter Salzsäure auf und fällt mit Chlorbaryum.   Von der so gefundenen Menge Schwefelsäure bringt man diejenige Menge in Abzug, welche in dem mit heißer Salzsäure bereiteten
Auszuge gefunden wurde.   Die Differenz entspricht den anorganischen
oder organischen Schwefelverbindungen.

M. F l e i s c h e r [1]) verfährt wie folgt: 20 g der mit Wasser extrahierten und getrockneten Feinerde werden in einem aus böhmischem Glase bestehenden Rohre im Luftstrome geglüht, wobei etwa vorhandene Schwefelverbindungen zersetzt und der Schwefel in Schwefelsäure und schweflige Säure übergeführt wird. Die Substanz wird in dem Verbrennungsrohr zwischen Glaswollepfropfen lose eingeschlossen; das eine Ende des Rohres ist mit einer Wasser enthaltenden Gaswaschflasche verbunden, um den durchzusaugenden Luftstrom kontrollieren zu können, das andere Ende ist umgebogen und etwas ausgezogen und endet in einer P e l i g o t-schen U-Röhre, welche schwefelsäurefreie Kalilauge enthält. Das andere Ende der P e l i g o t schen Röhre trägt ein Rohr, welches mit Kalilauge befeuchtete Glasperlen enthält und vermittels eines rechtwinklig gebogenen Glasrohres, das an dem horizontalen Arme zu einer Kugel ausgeblasen ist, zum Aspirator führt; in die letztere Kugel bringt man neutralisierte Lackmuslösung, welche während des Versuches ihre Farbe nicht ändern darf. Während des Erhitzens der Substanz in dem so beschickten Rohre wird beständig Luft durchgeleitet; das Erhitzen geschieht von hinten nach vorn fortschreitend bis zur Rotglut. Auch die im vorderen Teile des Verbrennungsrohres sich verdichtenden Destillationsprodukte werden durch vorsichtiges Erhitzen in die Vorlage hinübergetrieben. Nach dem Erhitzen wird die Kalilauge mit Salpetersäure übersättigt, zur Oxydation der schwefligen Säure zu Schwefelsäure mit Brom versetzt und darauf das Brom durch Kochen entfernt. Sodann fällt man die Schwefelsäure mit Chlorbaryum in der üblichen Weise.

Für Moorboden empfiehlt es sich, die Substanz im Sauerstoffstrom zu glühen.

F. W a h n s c h a f f e schmilzt 5—10 g des mit Wasser extrahierten Bodens mit 20 ccm Wasser und 5 ccm Brom in einem Rohr aus böhmischem Glase ein, erhitzt im Wasserbade allmählich unter häufigem Umschütteln bis auf 70° C, gibt den Inhalt in ein Becherglas, verdünnt mit Wasser und kocht so lange, bis kein Brom mehr wahrnehmbar ist, filtriert und fällt im Filtrat die Schwefelsäure mit Chlorbaryum. Bei Anwesenheit großer Mengen Gips ist diese Methode nicht anwendbar, da dann nicht alle Sulfate durch Wasser extrahiert werden.

l) E i s e n o x y d u l. Die Schädlichkeit der Eisenoxydulsalze, besonders wenn sie in löslichem Zustande vorhanden sind, ist bekannt; oft kann die Gegenwart derselben der alleinige Grund der Unfruchtbarkeit eines Bodens sein. Leider macht die Gegenwart von organischen Substanzen die genaue Ermittelung der Menge des Eisenoxyduls oft zur Unmöglichkeit. Es genügt in vielen Fällen aber auch schon der quali-

---

[1]) M. F l e i s c h e r berechnet die in pflanzenschädlicher Form vorhandene Schwefelsäure wie folgt: 1. Als freie Schwefelsäure (der Schwefelsäurerest, welcher nach Verrechnung auf die Basen des Wasserauszuges übrig bleibt); 2. Schwefelsäure, in Eisenvitriol enthalten (berechnet aus dem Eisenoxydulgehalt des Wasserauszuges); 3. Schwefelsäure, welche aus Schwefeleisen entstehen kann (durch Glühen des mit Wasser extrahierten Bodens erhalten).

tative Nachweis desselben, besonders wenn man Rücksicht auf die Löslichkeit nimmt, indem man den Boden in einer Kohlensäureatmosphäre
mit verschiedenen Lösungsmitteln (Wasser, verdünnter Essigsäure, kalter
und heißer Salzsäure, Schwefelsäure, neutralen weinsauren Salzen usw.)
behandelt und diese Lösungen q u a l i t a t i v mittels Ferricyan-
kaliums auf Eisenoxydul prüft.

Zur q u a n t i t a t i v e n Bestimmung werden 10 g des lufttrockenen Bodens in einen 250 oder 500 ccm fassenden Kolben gebracht,
mit etwa 100 ccm verdünnter (1 : 3) Schwefelsäure übergossen, nachdem
man die überstehende Luft durch Einleiten von Kohlensäure vertrieben
bzw. durch letztere ersetzt hat; der Kolben wird alsdann durch ein
B u n s e n sches oder besser C o n t a t sches Ventil (Bd. I, S. 131)
verschlossen. Man digeriert jetzt unter häufigem Umschütteln auf
dem Wasserbade ungefähr 2 Stunden, läßt erkalten, füllt mit ausgekochtem destilliertem Wasser, dem man noch etwas verdünnte
Schwefelsäure zusetzt, damit die Flüssigkeit sehr stark sauer ist,
bis zur Marke auf und mischt den Inhalt. Man läßt den Kolben verstopft
stehen, bis sich der ungelöste Boden vollständig gesetzt hat, hebert einen
aliquoten Teil der klaren Flüssigkeit ab und titriert diese mit $^1/_{10}$ N.-
Permanganatlösung, indem man dabei die erste, einige Sekunden anhaltende Rötung der Lösung als Endreaktion annimmt. Bei humus-
reichem Boden kann diese Methode leicht zu hohe Resultate geben,
weil die gelöste organische Substanz schon in der Kälte auf
Permanganat wirkt.

m) K u p f e r u n d B l e i. Diese Metalle finden sich zuweilen im
natürlichen Boden, sie können aber auch durch Fabrikabgänge oder
durch die Düngung mit Straßenkehricht bzw. Hausabfällen in den Boden
gelangen. Zu ihrer Bestimmung wird in die erwärmte salzsaure Bodenlösung Schwefelwasserstoff geleitet; ist gleichzeitig auf Zink Rücksicht
zu nehmen, so muß man stärker mit Salzsäure ansäuern, da nach verschiedenen Beobachtungen sonst das Zink teilweise mitgefällt wird.
Nach den Versuchen von R. G r u n d m a n n setzt man auf etwa
250 ccm Lösung 30 ccm Salzsäure vom spezifischen Gewichte 1,1 zu und
leitet bei etwa 70° C Schwefelwasserstoff bis zum starken Vorwalten ein,
filtriert, ehe der Schwefelwasserstoffüberschuß entwichen oder zersetzt
ist, wäscht mit schwefelwasserstoffhaltigem Wasser aus, trocknet den
Niederschlag, glüht ihn, löst ihn wieder in Königswasser, verdampft zur
Trockne, setzt Wasser und Salzsäure zu und fällt nochmals mit Schwefelwasserstoff. Der auf diese Weise zinkfreie Niederschlag wird wieder
abfiltriert, ausgewaschen, in Salpetersäure gelöst, mit destilliertem Wasser
verdünnt und filtriert. Das Filtrat versetzt man mit reiner Schwefelsäure in nicht geringem Überschuß, verdampft, bis die Schwefelsäure
anfängt, sich zu verflüchtigen, läßt erkalten, fügt Wasser und $^1/_3$ des
Volumens Alkohol hinzu und filtriert sofort das ungelöst bleibende
schwefelsaure Blei ab. Sollte der Rückstand nicht mehr genug freie
Schwefelsäure enthalten, so fügt man zu demselben verdünnte Schwefelsäure, bevor man Wasser zusetzt. Den Niederschlag wäscht man mit

schwefelsäurehaltigem Wasser aus, verdrängt dieses zuletzt durch Alkohol, trocknet, glüht im Porzellantiegel und wägt als Bleisulfat.

Im Filtrate vom Bleisulfat wird das Kupfer bestimmt, indem man die Flüssigkeit zum Sieden erhitzt und mit Kalilauge versetzt. Das gefällte Kupferoxydhydrat wird abfiltriert, heiß ausgewaschen, getrocknet im Porzellantiegel geglüht und als Kupferoxyd gewogen.

n) Zink. In den beiden vereinigten Filtraten vom Schwefelwasserstoffniederschlage wird zuerst durch Kochen der überschüssige Schwefelwasserstoff verjagt und das Zink in folgender Weise bestimmt. Zunächst scheidet man das Eisen durch essigsaures Natron ab, filtriert, und fällt das Zink in dem Filtrat durch Einleiten von Schwefelwasserstoff in die warme Lösung. Nach 12 stündigem Stehen an einem warmen Orte wird filtriert und mit schwefelwasserstoffhaltigem Wasser ausgewaschen. Um noch etwaige Spuren von Eisen, die in dem Schwefelzinkniederschlage enthalten sein können, abzuscheiden, wird das Schwefelzink in heißer verdünnter Salzsäure gelöst und nach dem Kochen mit etwas chlorsaurem Kali mit Ammoniak übersättigt; das Eisen fällt aus, während das Zink in der ammoniakalischen Lösung gelöst bleibt. Man filtriert das Eisenoxydhydrat ab, macht das Filtrat essigsauer und leitet in die warme essigsaure Lösung wieder Schwefelwasserstoff, läßt 12 Stunden stehen, filtriert, wäscht wie oben aus, löst wieder in Salzsäure, oxydiert wie vorhin und fällt aus der salzsauren Lösung in der Siedhitze, nachdem man annähernd mit Natronlauge neutralisiert hat, das Zink mit Natriumcarbonat als Zinkcarbonat, kocht so lange, bis alle freie Kohlensäure entwichen ist (da diese Zinkcarbonat in Lösung hält), filtriert sodann, wärcht mit heißem Wasser aus, trocknet, glüht im Platintiegel und wägt das Zink als Zinkoxyd.

B. Moorboden.

I. Probenahme.

Bei der Entnahme von Proben ist auch bei Moorboden vor allem darauf zu achten, daß die entnommenen Proben wirkliche Durchschnittsproben darstellen. Zu dem Zwecke verfährt man nach den von der Moorversuchsstation in Bremen aufgestellten Grundsätzen in folgender Weise.

Man stellt zunächst durch Beobachtung des augenblicklichen Pflanzenwuchses und der äußeren Bodenbeschaffenheit fest, ob die in Betracht kommenden Ländereien

a) einen einheitlichen Charakter tragen oder b) bedeutende Verschiedenheiten aufweisen.

Im Falle a) verteilt man die Probenahme gleichmäßig über die ganze Fläche in der Weise, daß man an möglichst vielen Stellen

1. Proben von ca. 1—2 kg von der Oberfläche bis zu 20 cm Tiefe,
2. Proben von ca. 1—2 kg von 20 cm Tiefe bis zur Sohlentiefe der vorhandenen oder noch zu ziehenden Entwässerungsgräben aushebt.

3. Für den Fall, daß die Gräben schon in den mineralischen Untergrund einschneiden, hält man den mineralischen Teil (Probe 3) von dem moorigen Teil der Probe 2 gesondert.

Im Falle b) behandelt man jede einzelne der untereinander verschiedenen Flächen für sich und entnimmt somit weitere Proben: 1 a, 2 a usw., 1 b usw.

Sämtliche Proben unter 1. werden auf das sorgfältigste durcheinander gemischt, daraus ein Durchschnittsmuster von 2—3 kg entnommen und in einen vorher mit unauslöschlicher Farbe numerierten Beutel verpackt. In derselben Weise wird mit den anderen Proben verfahren. Es ist wünschenswert, daß den Proben ein unverletztes charakteristisches Stück der ursprünglichen Bodennarbe (Gras-, Heide-, Moornarbe) beigelegt wird.

Finden sich in der Nähe des Moores oder in erreichbarer Tiefe des Untergrundes mineralische Bodenarten: Sand, Lehm, Mergel, Wiesenkalk u. dergl., welche möglicherweise für die Melioration des Moorbodens Bedeutung gewinnen können, so sind auch hiervon Durchschnittsproben von 1—1½ kg zu entnehmen und mit einer genauen Beschreibung der Lagerungsverhältnisse, des räumlichen Umfanges usw. zu versehen.

Bei der Probenahme ist besonders auch der Grad der Zersetzung der moorbildenden Pflanzenreste festzustellen, insbesondere ob die Struktur der Pflanzen noch zu erkennen ist, ob der Boden erdig und mehr oder weniger krümelig erscheint. Je weiter die Zersetzung vorgeschritten ist, desto besser ist der Boden für die Kultivierung geeignet.

II. Die Untersuchung des Moorbodens.

Im allgemeinen gelten für die Untersuchung des Moorbodens dieselben Regeln wie für diejenige der Mineralböden; es kann deshalb im großen und ganzen auf die früher unter „A. Mineralboden" mitgeteilten Methoden verwiesen werden. Nur folgende Ergänzungen seien hier angegeben:

a) Bestimmung des Volumgewichtes. Diese ist bei Moorboden besonders wichtig; denn infolge des schwankenden Mineralstoffgehaltes, des verschiedenen Zersetzungsgrades und der Verschiedenheiten in der Dichtigkeit der Lagerung können nicht die gewichtsprozentischen Zahlen der vorhandenen Nährstoffe, sondern nur die in einer bestimmten Schicht den Pflanzen zugänglichen Nährstoffe uns den wirklichen Nährstoffgehalt des betreffenden Bodens erkennen lassen. Deshalb ist es das Beste, man gibt an, wieviel von den betreffenden Pflanzennährstoffen in einem bestimmten Bodenvolumen, z. B. auf einer Fläche von 1 ha, in der Oberflächenschicht von 0,20 m oder in einer gleichmächtigen Schicht der tieferen Lagen vorhanden ist.

Zur Bestimmung des Volumgewichtes wird die gut gemischte Moorprobe mit den Händen möglichst dicht zusammengepreßt, die Masse sodann geebnet und aus derselben mit Hilfe einer vorher tarierten

Blechform ein Würfel von 10 oder 15 cm Höhe, entsprechend 1000 bzw. 3375 ccm Inhalt, ausgestochen, gewogen, die Moorsubstanz im Trockenschrank bei 90° getrocknet und nach dem Erkalten wieder gewogen. Die Masse wird dann zerkleinert und zur chemischen Untersuchung verwendet.

b) Bestimmung der Trockensubstanz. Eine absolut genaue Bestimmung derselben im Moorboden erscheint kaum möglich, da selbst ohne Anwendung von Wärme die organischen Substanzen unter Abgabe von Wasser zerfallen, bevor noch das hygroskopische Wasser entfernt ist. Man erhält hinreichend genaue Resultate, wenn man 2—3 g Substanz im Vakuum über Schwefelsäure oder Phosphorsäureanhydrid stehen läßt. Die getrocknete Substanz ist sehr hygroskopisch und muß daher schnell gewogen werden.

c) Bestimmung der Mineralstoffe. Zur Bestimmung der mineralischen Bestandteile des Moores ist dasselbe stets zu veraschen. Die Veraschung geschieht am besten in einer flachen, geräumigen Platinschale; dabei soll die Hitze dunkle Rotglut nicht übersteigen. Gegen das Ende der Veraschung muß häufig mit einem Platindraht umgerührt werden, weil die Kohleschicht auf der Oberfläche der Asche sonst schwer verbrennt. Da die Moorasche sehr hygroskopisch ist, so muß sie sehr bald gewogen werden. Wenn es sich um die Bestimmung von Bestandteilen handelt, welche bei der Veraschung sich leicht verflüchtigen (Chlor, Schwefel und der in organischen Verbindungen — Nukleinen — vorhandene Phosphor), so durchfeuchtet man die Substanz mit Natriumcarbonatlösung, trocknet vollständig im Wasserbade ein und verkohlt auf kleiner Flamme oder bei Schwefelbestimmungen auf einer Spiritusflamme. Die verkohlte Masse wird in der Platinschale mit einem Pistill zerdrückt, mit Wasser durchfeuchtet, auf dem Wasserbade eingetrocknet und dann weiter verbrannt.

Die Bestimmung der einzelnen Bestandteile erfolgt nach den bekannten Methoden (S. 366 ff.); es ist hierbei in erster Linie auf Stickstoff. Schwefel, Gesamtphosphor, Kalk, pflanzenschädliche Stoffe sowie auf die Absorption wichtiger Pflanzennährstoffe und auf die freien Humussäuren Rücksicht zu nehmen. Bei der Absorption der Pflanzennährstoffe ist darauf zu achten, daß man nicht mit zu geringen Mengen der Nährlösungen arbeitet, da man sonst wegen der großen wasserhaltenden Kraft des Moorbodens nach Beendigung der Absorption eine für die Untersuchung ungenügende Menge von Flüssigkeit erhält.

d) Bestimmung der freien Humussäure. Hierfür gibt B r. T a c k e (Chem.-Ztg. 21, 74; 1897) folgendes Verfahren an, welchem die Bestimmung der Kohlensäure, die durch die Bodensäuren aus dem dem Boden zugesetzten Calciumcarbonat frei gemacht wird, zugrunde liegt. Das Verfahren gibt in der von T a c k e zuerst vorgeschlagenen Art der Ausführung, wie Versuche von T a c k e selbst und anderen ergeben haben, zu hohe Resultate, weil eine Abspaltung von Kohlensäure durch Zersetzung der organischen Stoffe in einer je nach der Bodenart wechselnden Menge einsetzt, sobald der Boden mit dem Calciumcarbonat

in Berührung kommt. Auf Grund weiterer Versuche an der Moorversuchsstation hat deshalb H. S ü c h t i n g (Zeitschr. f. angew. Chem.
21, 151; 1908 und Landw. Versuchsstat. 70, 13; 1909) das Verfahren
von T a c k e modifiziert und empfiehlt folgende Art der Ausführung:
Der zur Aufnahme der Untersuchungssubstanz bestimmte Kolben von
300 ccm Inhalt wird mit einem gut schließenden Gummistopfen verschlossen, durch den ein bis auf den Boden gehendes Zuleitungsrohr
für Wasserstoff, an dem ein Einfülltrichter mit Glashahn sitzt, und ein
Ableitungsrohr in die Vorlage, eine P e t t e n k o f e r sche Absorptionsröhre, gehen. Außerdem führt durch diesen Gummistopfen der mit
Quecksilberdichtung versehene Rührer, der unten zwei in der Ruhe
zusammenklappende Glasflügel besitzt, so daß er auch in einen engen
Kolbenhals eingeführt werden kann. Das Einleitungsrohr für Wasserstoff ist unten etwas zur Seite gebogen, damit es den Rührer nicht hindert.
Der ganze Apparat ist an einem Stativ befestigt. 10—30 g, bei mineral-
reicheren Böden 30—50 g Boden werden in den Kolben gefüllt und bis
zur Hälfte des Kolbens mit Wasser sowie mit einem nach Maßgabe der
Lauge in der Vorlage nicht zu großen Überschuß an kohlensaurem Kalk
versetzt. Man verbindet dann das Ableitungsrohr des Kolbens mit der
Vorlage durch einen Gummischlauch und leitet unter kräftigem Rühren
einen nicht zu langsamen Strom Wasserstoff (schätzungsweise 6—10
Blasen per Sekunde bei einer 1 m langen Vorlage) durch das ganze
System, um die durch Humussäure freigemachte Kohlensäure zu entfernen. Nach zwei Stunden unterbricht man das Durchleiten und verschließt den Kolben am Zu- und Ableitungsrohr. Die gleichfalls vorn und
hinten durch Gummischlauch in bekannter Weise verschlossene Vorlage
füllt man nun, möglichst ohne sie lange offen zu halten, mit 100 ccm
Natronlauge, welche gegen Salzsäure eingestellt ist. Nach erneutem
Zusammensetzen des Apparates gibt man durch den Einfülltrichter
50 ccm 20 proz. Salzsäure in den Kolben und entfernt die dadurch
frei gewordene Kohlensäure des von den Bodensäuren noch nicht zersetzten Calciumcarbonates durch einstündiges Durchleiten von Wasserstoff unter dauerndem Rühren. Danach titriert man den Inhalt der
Vorlage, subtrahiert den hierdurch festgestellten Gehalt an Kohlensäure
von der in dem zugesetzten Calciumcarbonat enthaltenen Menge Kohlensäure und erhält in der Differenz die durch die Bodensäuren entbundene
Kohlensäure. S ü c h t i n g weist noch besonders darauf hin, daß das
verwendete Wasser ausgekocht sein muß und stets auf neutrale Reaktion
zu kontrollieren ist.

Ein anderes Verfahren zur Bestimmung der B o d e n a c i d i t ä t
gibt R. A l b e r t (Zeitschr. f. angew. Chem. 22, 533; 1909) in folgender
Weise an: 20—50 g lufttrockener Boden werden in einem etwa 1 Liter
fassenden E r l e n m e y e r - Kolben (von Jenenser Glas) mit 200 ccm
Wasser übergossen, dazu aus einer vor direktem Luftzutritt geschützten
und mit der Vorratsflasche direkt verbundenen Bürette eine bestimmte
Menge Barytlauge (50—100 ccm) von bekanntem Gehalt gegeben und
weiter ca. 10 g festes Chlorammonium hinzugefügt. Darauf wird destilliert

und das nach 20—25 Minuten langem Kochen übergehende Ammoniak in $^1/_{10}$ N.-Schwefelsäure aufgefangen; der Säureüberschuß wird mit $^1/_{10}$ N.-Natronlauge unter Anwendung von alizarinsulfosaurem Natrium als Indikator zurücktitriert; dieser Indikator ist deshalb gewählt, weil er auch in heißer Lösung sehr empfindlich ist und eine Titration sogleich nach beendeter Destillation gestattet, ferner auch das Herannahen des Sättigungspunktes (in saurer Lösung) durch einen Farbenumschlag von gelb in braun anzeigt, während der Endpunkt erst durch Übergang in Violettrot erkannt wird, so daß ein Übertitrieren kaum möglich ist.

Auf die Beurteilung dieser Methode durch H. Süchting und Th. Arend sei erwiesen (Zeitschr. f. angew. Chem. 23, 103; 1910).

III. Untersuchung der Materialien zur Bedeckung des Moorbodens.

Zur Bedeckung für den Moorboden verwendet man den Mineralboden aus dem Untergrund oder aus der Umgebung des Moores. Dabei handelt es sich meistens um Sand- oder Kiesböden mit oder ohne kohlensauren Kalk, um kalkfreie und kalkhaltige Tonböden oder um Wiesenmergel. Bei der Untersuchung, ob diese Materialien für die Bedeckung geeignet sind, begnügt man sich in der Regel mit einer qualitativen Prüfung auf pflanzenschädliche Stoffe. Als solche kommen Schwefelkies und seine Oxydationsprodukte, schwefelsaures Eisenoxydul und freie Schwefelsäure in Frage.

Zum Nachweis von Eisenoxydul wird die Substanz mit Wasser übergossen und nach Zusatz von rotem Blutlaugensalz unter Umrühren 24 Stunden stehen gelassen; Blaufärbung zeigt die Gegenwart von Eisenoxydul an. Bei Anwesenheit von kohlensauren Salzen wird, wenn aus Schwefeleisen durch Oxydation schwefelsaures Eisenoxydul entsteht, bald eine Umsetzung eintreten und, wenn die Carbonate ausreichen, alles Eisensulfat in Carbonat zu verwandeln, kein wasserlösliches Eisenoxydul nachzuweisen sein.

Schwefeleisen gibt bei heftigem Glühen unter Luftzutritt allen Schwefel in Form von schwefliger Säure bzw. Schwefelsäure ab, man wird deshalb aus dem Geruch nach schwefliger Säure auf das Vorhandensein von Schwefeleisen schließen können. Sind kohlensaure oder humussaure Salze vorhanden, so wird ein Teil der Säure von den Basen zurückgehalten werden; unter Umständen wird selbst bei einem großen Überschuß an Calciumcarbonat beim Glühen schweflige Säure frei, vielleicht weil die Mischung keine so innige ist, daß alle schweflige Säure von dem Kalk gebunden wird. Wässerige Auszüge geben dann keine Reaktion auf Eisenoxydul. Derartige kalkreiche Materialien können unbedenklich zur Bedeckung des Moorbodens verwendet werden. Es empfiehlt sich daher, außer auf wasserlösliches Eisenoxydul und Schwefeleisen auch auf Kohlensäure zu prüfen.

Die Luft.

Von

Prof. Dr. K. B. Lehmann,
Vorstand des Hygienischen Instituts in Würzburg.

---

1. Vorbemerkung.

Die Luft im Freien zeigt einen sehr konstanten Gehalt an Sauerstoff und Stickstoff (nebst Argon, Helium und den anderen „Edelgasen") und Kohlensäure. Außerdem enthält die nicht verunreinigte freie Luft wechselnde Mengen von Wasser, sehr geringe Mengen von Ozon, von Wasserstoffsuperoxyd, von Ammoniak und Salpetersäure. In der Nähe von Fabriken finden sich nicht selten die verschiedensten Gase; namentlich Salzsäure, Fluorwasserstoffsäure, schweflige Säure und Schwefelwasserstoff erheischen gelegentlich eine Bestimmung. Am stärksten schwankt der Gehalt an Wasserdampf.

In den Wohnräumen der Menschen wird meist, da auch hier der Gehalt an Sauerstoff und Stickstoff nur sehr selten eine erhebliche Veränderung zeigt, nur auf Kohlensäure untersucht, deren Menge durch den Atmungsprozeß und das Brennen von Flammen oft erheblich erhöht ist. Seltener sind andere Gase der Luft beigemischt, am ehesten Kohlenoxyd.

In Fabriken können namentlich aus hygienischem Interesse die verschiedensten Gase und Dämpfe zu bestimmen sein. Leider sind bisher noch nicht für alle in Frage kommenden Substanzen geeignete Methoden bekannt, um kleinste Mengen quantitativ zu ermitteln. Neben Gasen ist bei Luftuntersuchungen häufig auch feinverteilte feste Substanz, also Staub, zu berücksichtigen.

Um Wiederholungen zu vermeiden, beschränken sich die Angaben dieses Abschnittes auf die Bestimmung der Bestandteile der reinen Luft und den Nachweis und die Bestimmung ihrer wichtigsten Verunreinigungen. Stets ist angenommen, daß die Verunreinigungen nur in geringer Menge anwesend seien.

2. Sauerstoff.

Für die selten ausgeführten Sauerstoffbestimmungen in der Luft verwendet man in der Regel die im Abschnitt „Technische Gasanalyse" (Bd. I) dieses Werkes ausführlich geschilderten Absorptionsapparate von Orsat, Winkler, Hempel und anderen, die mit alkalischer Pyrogallussäure oder Phosphorstückchen den Sauerstoff aus einem gemessenen Gasvolum wegnehmen, nachdem mit Natronlauge die Kohlensäure entfernt ist.

Auch mit der B u n t e schen Bürette lassen sich rasch und bequem Sauerstoffbestimmungen ausführen (vgl. auch Bd. III, Gasfabrikation).

Eine schöne Titriermethode für den Luftsauerstoff hat C h l o p i n (Arch. f. Hyg. 37, 323; 1900) der L. W. W i n k l e r schen Sauerstoffbestimmung im Wasser nachgebildet. Indem ich für die Prinzipien auf

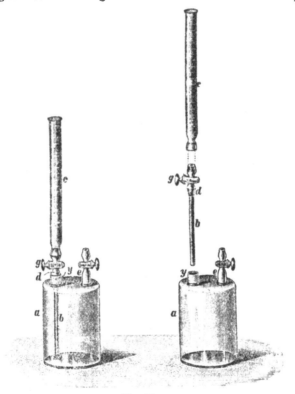

Fig. 45.

W i n k l e r s Darstellung im Abschnitt Wasser (S. 279 ff.) verweise, gebe ich hier nur die Ausführungen an.

Man gibt in den in Fig. 45 abgebildeten kalibrierten Glasapparat (zu beziehen von P. A l t m a n n, Berlin, Luisenstraße) 15 ccm einer Manganchlorürlösung (40 g $MnCl_2 + 4 H_2O + 60$ Wasser) und stellt den Apparat in ein Gefäß mit Wasser, das der Luft ähnlich temperiert ist, öffnet die Hähne und bläst mit einem Blasebalg durch den Apparat einen Luftstrom. Die Temperatur des Wassers gibt die Temperatur der Luft an. Für sehr genaue Versuche hat man besondere Apparate, in die noch ein Thermometer eingeschliffen ist. Nun setzt man die Bürette c auf das obere Ende der Röhre d und füllt die Bürette mit einem Gemenge von Jodkalium und Natronlauge (30 g KJ + 32 g NaOH in 100 ccm Wasser) und läßt, indem man den Hahn y öffnet, 15 ccm des Gemenges in die Flasche fließen, ohne dieselbe aus dem Wasser herauszunehmen. Jetzt schüttelt man den Inhalt des Apparates bis zum Moment der völligen Absorption, der daran erkannt wird, daß die anfänglich schwarzbraune Färbung des Inhalts des Apparats in eine gelbbraune übergeht. Zum Schluß wird durch die Röhre d konzentrierte Salzsäure in die Flasche gegossen und der Niederschlag gelöst, wobei Jod frei wird, welches mit $^1/_{10}$ N.-Natriumthiosulfat (24,8 g in 1 Liter) titriert wird. Da die Wasserdampftension für jede Temperatur gleich der Spannung der bei derselben Temperatur den Raum sättigenden Wasserdämpfe mal 0,857 ist, so findet man das Volum des Sauerstoffs nach folgender Formel:

$$v_0 = \frac{(v_t - 30)\ (B - h.0{,}857)}{(1 + \alpha\, t)\,.\,760}$$

Hierbei bedeuten:

v_0 — das zu bestimmende Volumen des zur Untersuchung benutzten Gasgemenges in trockenem Zustande bei 0° C. und 760 mm Barometerdruck;

v_t — das Volumen des untersuchten Gasgemenges bei der Temperatur t und dem Barometerdruck B;

30 — das Volumen der in den Apparat gegossenen Reagenzien;

h — die Spannung der Wasserdämpfe bei der Temperatur t;

0,857 — ist der Koeffizient zur Umrechnung der Spannung der Wasserdämpfe in die Spannung der Dämpfe der Manganchlorürlösung;

α — ist der Ausdehnungskoeffizient der Gase;

760 — der normale Barometerstand.

Der Prozentgehalt des in den untersuchten Gasmengen enthaltenen Sauerstoffs wird aus folgender Formel berechnet:

$$x = \frac{0{,}560\,.\,n\,.\,100}{v_0}$$

In dieser Formel bedeuten:

0,560 — die Menge des Sauerstoffs, bei 0° und 760 mm Barometerdruck, in Kubikzentimetern ausgedrückt, die 1 ccm der $^1/_{10}$ Normallösung von Natriumthiosulfat entspricht;

n — die Zahl der Kubikzentimeter der Natriumthiosulfatlösung, die zum Titrieren des bei der Bestimmung ausgeschiedenen Jods verbraucht wurden;

v_0 — bedeutet dasselbe wie in der vorigen Formel.

Die Resultate von C h l o p i n stimmen vortrefflich mit Kontrollbestimmungen nach B u n s e n s Methode überein. Er findet im Mittel mit dem Apparat ohne Thermometer 20,99, mit dem Apparat mit Thermometer 20,91, nach B u n s e n 20,88 Prozent. Auch die einzelnen

Analysen weichen nicht mehr als wie um etwa 0,2 % von dem B u n -
s e n schen Wert ab: Differenzen, die für die meisten praktischen Zwecke
vollständig gleichgültig sind.

3. Kohlensäure.

Die Luft im Freien enthält überall $0,3$—$0,4$ $^0/_{00}$ Kohlensäure.
Größere Mengen finden sich dagegen namentlich in tiefen Brunnen-
schachten, Abortgruben, Gärkellern. In unseren Wohnungen wird durch
die Lebensprozesse der Menschen und durch die Verbrennungsprodukte
der Leuchtflammen ein Kohlensäuregehalt bis zu einigen Volumpromille,
nur selten — durch Heizapparate, denen Kamine fehlen (Karbonatron-
öfen, abzugslose Gasöfen, insbesondere Gasbadeöfen) — bis zu einigen
Prozent erzeugt.

Qualitative Kohlensäurebestimmungen sind bei der allgemeinen
Verbreitung dieses Gases zwecklos. Zur genauen quantitativen Bestimmung bedient man sich in der Praxis fast ausschließlich der Absorption der Kohlensäure durch Barytwasser und der Ermittelung der Al-
kalinitätsabnahme des Barytwassers durch Titrieren mit Oxalsäurelösung.

P e t t e n k o f e r hat zwei noch heute unübertroffene Verwendungsweisen des Barytwassers zur quantitativen Bestimmung angegeben. Zur Ausführung der Bestimmungen bedarf man: 1. Barytwasser, 2. Oxalsäure, 3. als Indikator eine Lösung von Rosolsäure
oder Phenolphtalein. Zur Herstellung der Oxalsäure löst man reinste,
nicht verwitterte Krystalle entweder in der Menge von 2,8648 g in
1 Liter Wasser, dann ist 1 ccm = 1 mg Kohlensäure, oder man löst
1,4158 g, dann ist 1 ccm = ¼ ccm Kohlensäure bei 0° und 760 mm Druck.
Steht nur verwitterte Oxalsäure zur Verfügung, so muß man sie in
wenig heißem Wasser lösen, die Lösung filtrieren und in der Kälte aus-
krystallisieren lassen. Die Krystalle sammelt man auf Fließpapier,
preßt sie mehrfach mit Fließpapier ab und läßt sie im warmen Zimmer
einige Stunden in dünner Schicht, mit Papier lose bedeckt, ganz trocken
werden, d. h. so trocken, daß sie nicht mehr am glatten Papier haften.

Wir wollen in folgendem die zweitgenannte, für praktische Luftuntersuchungen übliche Oxalsäurelösung zugrunde legen. Rechnet
man auf großen Kohlensäuregehalt, so nimmt man die Lösung von
Barytwasser und Oxalsäure entsprechend 2—4 mal stärker.

Zur Herstellung des Barytwassers löst man pro Liter ca. 4½ g
reines krystallisiertes Baryumhydroxyd ($BaO_2H_2 + 8 H_2O$), dazu
fügt man pro Liter ca. ¼ g Chlorbaryum, um etwaigen Ätzalkaligehalt
des Baryumhydroxyds unschädlich zu machen. Die erhaltene leicht
trübe Flüssigkeit läßt man in einer Flasche, wie sie Fig. 46 zeigt, absitzen. Das aufgesetzte Röhrchen enthält Bimsstein, der in einer Eisen-
schale erhitzt und nachher in Natronlauge geworfen ist. Dieser Natron-
bimsstein hält die Luftkohlensäure zurück, wenn wir mit einer Pipette
aus dem mit einem Gummischlauch und Quetschhahn versehenen heber-
förmigen Schenkel Barytwasser absaugen.

Wir bestimmen nun den Titer des Barytwassers, indem wir 25 ccm aus der Barytwasserflasche klar ansaugen, in das Kölbchen fließen lassen und 2 Tropfen einer 1 prozentigen alkoholischen Rosolsäure- oder Phenolphtaleinlösung zusetzen. Wir verbrauchen für 25 ccm Barytwasser ca. 24 ccm unserer Oxalsäure. Wir hören mit der Titrierung auf, sowie zum e r s t e n m a l die rote Rosolsäure- oder Phenolphtaleinfarbe verschwunden ist.

Wir verdanken P e t t e n k o f e r zwei Verwendungsweisen der hier angegebenen Lösungen, die sich gegenseitig in sehr glücklicher Weise ergänzen. Während die erste (Flaschenmethode) die Bestimmung des m o m e n t a n e n K o h l e n s ä u r e g e h a l t s ermöglicht, gestattet die zweite Methode (Röhrenmethode), den Durchschnittsgehalt an Kohlensäure in einem Raume zu bestimmen.

a) P e t t e n k o f e r s F l a s c h e n - m e t h o d e. In eine 2—5 Liter (meist ca. 4 Liter) fassende, durch Füllen mit destilliertem Wasser geeichte und nachher wieder vollkommen getrocknete Flasche bringt man durch etwa 60 Stöße mit einem Blasebalg, an dessen Spitze ein Schlauch angesetzt ist, die Luft des

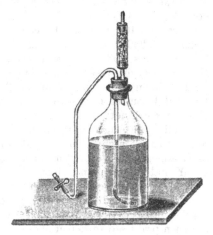

Fig. 46.

Raumes, den man untersuchen will. Man vermeide dabei, seine Atemluft, die 4 % Kohlensäure enthält, beizumischen. Hierzu stellt man am besten die Flasche auf einen Stuhl und wendet bei der Handhabung des Blasebalgs den Kopf ab. Nach 60 Stößen setzt man eine gut schließende Kautschukkappe auf den Hals der Flasche, notiert Barometerstand und Temperatur des Raumes und gibt hierauf 100 ccm klares Barytwasser in die Flasche, indem man die Kautschukkappe etwas lüftet und den Schnabel der Pipette weit durch die Lücke in die Flasche hineinschiebt. Man zieht die Pipette zurück und verschließt wieder sorgfältig mit der Kautschukkappe. Das Einfüllen des Barytwassers kann ruhig ¼ Stunde nach der Entnahme der Luftprobe und in einem anderen Raume geschehen, wenn dieser nur ungefähr gleiche Temperatur wie die Entnahmestelle hat. Durch sanftes Umschwenken, wobei kein Barytwasser an den Kautschuk spritzen soll, absorbiert man binnen einer halben Stunde die Kohlensäure. Hat man mehrere Proben gleichzeitig zu bearbeiten, so schüttelt man zweckmäßig jede Flasche 2—3 Minuten und beginnt dann wieder bei der ersten. Jede Flasche soll etwa im ganzen binnen ½ Stunde 6—10 Minuten geschüttelt werden. Man gießt nun das getrübte Barytwasser am offenen Fenster möglichst rasch durch einen kleinen Trichter in eine nur wenig über 100 ccm fassende Stöpselflasche ab, verstöpselt und wartet 1—2 Stunden, bis sich das Baryumcarbonat abgesetzt hat. Jetzt führt man eine 25-ccm-Pipette in das Glas ein bis etwa 1 cm vom Boden, saugt 25 ccm, ohne den Bodensatz aufzuwirbeln, an, hebt die Pipette heraus und titriert wie oben mit Oxalsäure. Am besten wiederholt man die Titrierung mit einer zweiten Probe, wobei man wieder ein Aufwirbeln des Bodensatzes vermeidet.

Die Berechnung vollzieht sich sehr einfach. War der Titer des Barytwassers vor der Absorption 24, nach der Absorption 22,2, so sind von 25 ccm Barytwasser 1,8 Viertelkubikzentimeter Kohlensäure absorbiert, von 100 ccm also 1,8 ccm Kohlensäure. Hatte die Flasche ein Volum von 2800 ccm bei 17° und 758 mm Barometerstand, so ist dieses Volum minus 100 = 2700 (wegen der Luftverdrängung durch das Barytwasser) nach der Reduktionstabelle Nr. VII (Bd. I) mit 0,939 zu multiplizieren, was 2535 ccm bei 0° und 760 Barometerstand ergibt. Die Reduktion ist notwendig, weil ja die Kohlensäure auch bei 0° und 760 mm gerechnet ist. Es ergibt sich ein Kohlensäuregehalt von 0,7 $^0/_{00}$.

Sollen die Angaben in mg pro Liter gemacht werden, so wird man mit der zuerst angegebenen Oxalsäure titrieren, sonst aber genau, wie oben angegeben, verfahren; auch hier wird man das Flaschenvolum auf 0° und 760 mm umrechnen.

Auf die zahlreichen Verbesserungsvorschläge der Pettenkofer-schen Flaschenmethode einzugehen, lohnt nicht. Die minimalen Fehler, welche nach dieser klassischen Methode gemacht werden können, kommen praktisch in keiner Weise in Betracht, da Angaben in Promille und Zehntelpromille vollkommen ausreichen. Am ersten hat es einen Sinn, zur Verfeinerung der Methode größere Flaschen zu wählen, bis etwa 6 Liter.

b) Die Pettenkofersche Röhrenmethode. Durch eine schräg gestellte Röhre von der in Fig. 47 (a. f. S.) abgebildeten Form, welche zu etwa ¾ mit einer abgemessenen Menge (100—250 ccm) Barytwasser gefüllt ist, läßt man mit Hilfe eines Aspirators langsam die zu untersuchende Luft streichen, so daß eine Blase sich an die andere reiht. Zur Erhöhung der Genauigkeit empfiehlt es sich, zwei solche Röhren hintereinander einzuschalten und sich zu überzeugen, daß die zweite Röhre nur Spuren von Kohlensäure absorbiert. Hat man je nach dem Kohlensäuregehalt 1 bis 4 Liter Luft durchgesaugt, so nimmt man den Aspirator ab, schließt die erste Röhre nach Entfernung des Kautschuk-stöpsels mit dem Daumen, nimmt nun die Röhre aus dem Stativ und entleert sie in eine geeignete Stöpselflasche durch Einführung des Schnabels und Loslassen des Daumens. Eine vollständige Entleerung der Röhre ist praktisch gleichgültig. Ebenso entleert man die zweite Röhre in eine zweite Flasche.

Die Titrierung und Berechnung geschieht genau wie bei der Flaschen-methode, auch hier muß Temperatur und Druck der Luft bekannt sein. Die Methode ist besonders wertvoll zur Untersuchung von Luft, die sich

an schwer zugänglichen Orten befindet. So wird z. B. die Bodenluft leicht untersucht, indem man eiserne, in der Nähe der Spitze und
auch seitlich perforierte Röhren in den Boden schlägt. Erst wird mit
der Wasserluftpumpe oder mit einem großen Aspirator eine Zeitlang
Luft aus der Röhre abgesaugt, um dann Proben, wie eben beschrieben,
durch Barytröhren streichen zu lassen. Auch Luft aus Öfen, Schorn-
steinen, Gärbehältern läßt sich so untersuchen. Endlich ist die Methode
sehr bequem, um die gesamte Kohlensäure zu bestimmen, die bei einem
bestimmten Vorgang in einer gewissen Zeit gebildet wird, z. B. die
Kohlensäuremenge, welche eine Stearinkerze oder eine Hefekultur
in ½ Stunde bildet. Man saugt dann einfach durch einen Behälter,

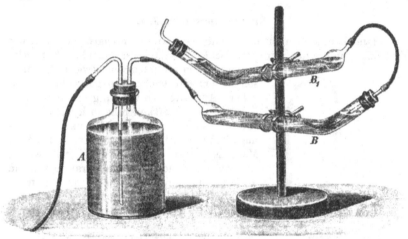

Fig. 47.

in dem der Vorgang sich abspielt, einen Luftstrom, den man vorher von
Kohlensäure befreit und nacher durch Barytröhren leitet. Ist viel CO_2
zu erwarten, so nimmt man starkes Barytwasser, große Röhren (250 ccm)
und schaltet eventuell drei hintereinander.

Im Laufe des letzten Jahrzehnts ist viel getan worden, um die
gasvolumetrische Methode der Kohlensäurebestimmung in
den Dienst der Praxis zu stellen. Dieselbe beruht darauf, daß ein ab-
gegrenztes Luftvolumen vor und nach Absorption der in ihm enthaltenen
Kohlensäure genau gemessen wird. Der zuerst von Pettersson
(Zeitschr. f. analyt. Chemie 25, 467; 1886) angegebene und hernach von
Pettersson und Palmquist (Ber. 20, 2129; 1887) modifizierte Apparat besteht aus drei Hauptteilen: aus der Meß-
pipette mit dem Skalenrohre, welches durch einen Kautschukschlauch mit einem beweglichen Quecksilbergefäß verbunden ist, aus
dem Orsatschen Kalirohre zur Absorption der Kohlensäure und aus
dem Kompensationsgefäße mit Manometer, welches zur Beseitigung
des Einflusses der Temperatur und der Druckunterschiede überhaupt

bestimmt ist. — Die weiteren und neuesten Modifikationen dieses
Apparates, wie sie von G e r d a T r o i l i - P e t t e r s s o n (Zeitschr.
f. Hygiene **26**, 57; 1897), von T e i c h (Arch. f. Hygiene **19**,
38; 1893) und von B l e i e r (Zeitschr. f. Hygiene **27**, 111;
1898) beschrieben worden sind, hatten alle den Zweck, die P e t t e r s -
s o n sche Methode, die ungemein genaue. Resultate gibt, den Bedürf-
nissen der hygienischen Praxis anzupassen. Möglichst vereinfacht
ist der in neuerer Zeit von B l e i e r angegebene Apparat. Immerhin
ist es vor der Hand dem gasvolumetrischen Verfahren noch
nicht gelungen, die maßanalytische Methode der Luftkohlensäure-
bestimmung für hygienische Zwecke zu verdrängen.

Annäherungsmethoden.

Handelt es sich nicht um die höchste Analysenschärfe, sondern um
die Erlangung eines für praktische Zwecke ausreichenden Befundes
mit einer Genauigkeit von etwa 10 %, und
soll zudem ein leicht transportabler handlicher Apparat Verwendung finden (insbesondere bei Luftkontrolle in hygienischem
Interesse in Fabriken, Schulen usw.), so genügt die Verwendung einer m i n i m e t r i s c h e n
Methode. Man bestimmt dabei, wie wenig
Luft eben ausreicht, um die charakteristische
Veränderung eines Reagens zu erreichen.

Fig. 48.

Die bequemste Methode dieser Art ist
die von L u n g e und Z e c k e n d o r f (Zeitschr.
f. angew. Chemie **1**, 395; 1888 und **2**, 12;
1889). Man stellt sich eine $\frac{1}{10}$ N.-S o d a -
l ö s u n g her, indem man 5,3 g wasserfreie
oder 14,3 g krystallisierte, 10 Mol. Krystallwasser enthaltende Soda in 1 Liter
destillierten Wassers löst und der Lösung mit

0,1 g Phenolphtalein eine dunkelrote Färbung erteilt. Von dieser
Flüssigkeit, die sich bei gutem Verschluß monatelang hält, setzt man
vor dem Gebrauch 2 ccm zu 100 ccm destillierten, frisch ausgekochten
und in einer verschlossenen Flasche abgekühlten Wassers. Die Bestimmung wird in dem Fläschchen *A* (Fig. 48) vorgenommen; dasselbe
besitzt einen Inhalt von 110 ccm und hat einen weiten Hals, in welchem
sich ein Gummistopfen mit doppelter Bohrung befindet [1]. In der einen
Bohrung steckt eine kurze, über dem Stopfen rechtwinklig abge-
bogene, in der andern eine längere, bis beinahe auf den Boden des
Fläschchens reichende Glasröhre, deren freies Ende durch einen Kautschukschlauch mit einem Ballon *B* von 70 ccm Inhalt verbunden ist,
der, mit Klappen versehen, die Luft nur in einer Richtung durchläßt.

---

[1] Ein Fläschchen mit engerem Hals und k l e i n e r e m Gummistöpsel
verbilligt den Apparat erheblich.

Nachdem man den Apparat in leerem Zustande durch mehrfaches Zu-
sammendrücken und Erschlaffenlassen des Kautschukballons mit der
zu untersuchenden Luft gefüllt hat, gießt man rasch 10 ccm des verdünnten Reagens in das Fläschchen hinein, preßt den Inhalt des Ballons
langsam durch die Flüssigkeit und schüttelt während 1 Minute. Unterdessen füllt sich der Ballon von neuem mit Luft, und es wird nun so lange
durchgeblasen und jedesmal 1 Minute geschüttelt, bis die rote Farbe der
Flüssigkeit einer gelblichen Platz macht. Bei größerem Kohlensäure-
gehalte der zu untersuchenden Luft ist ein 2—4maliges Durchblasen
schon genügend, um die Entfärbung des Reagens hervorzubringen,
während bei reiner Luft 30—40 Füllungen benötigt werden können.
L u n g e und Z e c k e n d o r f haben für die hier angenommene Stärke
des Reagens ($^1/_{500}$ N.-Sodalösung) folgende Verhältniszahlen zwischen
dem Kohlensäuregehalt der Luft und der Zahl der Füllungen angegeben:

Zahl der Füllungen	Kohlensäuregehalt der Luft in Promille	Zahl der Füllungen	Kohlensäuregehalt der Luft in Promille
2	3.00	15	0.74
3	2.50	16	0.71
4	2.10	17	0.69
5	1.80	18	0.66
6	1.55	19	0.64
7	1.35	20	0.62
8	1.15	22	0.58
9	1.00	24	0.54
10	0.90	26	0.51
11	0.86	28	0.49
12	0.83	30	0.48
13	0.80	35	0.42
14	0.77	40	0.38

Wie die Tabelle zeigt, ist die Methode recht umständlich, sowie die
Luft rein ist (schon bei 0,5 $^0/_{00}$ ist 26 Minuten langes Schütteln für eine
einzige Bestimmung nötig), dagegen ist sie recht gut für die Bestimmung
von Gehalten von 1—3 $^0/_{00}$, wie sie in dicht bewohnten Zimmern häufig
vorkommen. — Bei noch unreinerer Luft fand ich mit meinem Schüler
F u c h s [1]) eine doppelt so konzentrierte Natriumcarbonatlösung
(4 ccm Stammlösung auf 100) praktisch, weil die Resultate in diesem
Fall mit der schwachen Lösung zu ungenau wurden. Es bedeuten dann:

16 Füllungen	= 1,2%	5 Füllungen	= 3,0%
8 -	= 2,0 -	4 -	= 3,6 -
7 -	= 2,2 -	3 -	= 4,2 -
6 -	= 2,5 -	2 -	= 4,9 -

Ein anderer von H. W o l p e r t angegebener, auf dem gleichen
Prinzip beruhender Apparat ist, nachdem eine Reihe konstruktiver
Mängel beseitigt ist, auch wohl brauchbar (Arch. f. Hygiene 27,
291). Er hat den Vorteil, daß man mit dem 20 cm langen und 3 cm

---

[1]) L e h m a n n, K. B., Die Methoden der prakt. Hygiene. 2. Aufl., S. 139;
auszüglich in Zeitschr. f. angew. Chemie 12, 620; 1899.

dicken spritzenförmigen leichten Glasapparat [1]) sehr bequem auch „im geheimen" Luftproben untersuchen kann, daß die Analysen bei Übung nicht lange dauern, dafür aber den Nachteil, im Maximum nur 50 ccm Luft zu untersuchen und nur 2 ccm einer sehr schwachen Natriumcarbonatlösung zu verwenden. Die Methode hat ihrem Erfinder namentlich zur Untersuchung der Kleiderluft gute Dienste geleistet, die er durch eine Hohlnadel, mit seiner Spritze durch die Kleidung hindurchstechend, entnahm.

Die beiden Annäherungsmethoden [2]) haben den Nachteil, daß der Untersucher jede entnommene Probe an Ort und Stelle fertig untersuchen muß, ehe er eine zweite nehmen kann, während man nach der P e t t e n k o f e r schen Flaschenmethode beliebig viele Proben, bis zu 10 in einer Stunde, allein entnehmen kann — wenn man nur die nötigen Flaschen transportieren kann.

4. Stickstoff.

Den Stickstoff bestimmt man bei Luftuntersuchungen stets aus der Differenz der Summe aller anderen Bestandteile von 100. Bei reiner Luft subtrahiert man einfach den Sauerstoff, Kohlensäure und Wassergehalt von 100; bei Fabrikluft können noch andere Bestandteile in genügender Menge vorhanden sein, um Berücksichtigung zu verdienen. Argon usw. pflegt als Stickstoff gerechnet und nicht bestimmt zu werden.

5. Wasserdampf.

Wie oben erwähnt, schwankt der Wassergehalt der Luft besonders stark. Bekanntlich vermag die Luft bei jeder Temperatur eine bestimmte Menge Wasser im Kubikmeter zu enthalten. Diese Menge in Gramm ausgedrückt nennt man die m a x i m a l e F e u c h t i g k e i t. Die maximale Feuchtigkeit beträgt bei Temperaturen zwischen 7⁰ über Null und 30⁰ über Null etwa so viel Gramm, als die Luft Grade Celsius warm ist.

Mit a b s o l u t e r F e u c h t i g k e i t bezeichnet man die Menge Wasser in Gramm, welche in 1 cbm z u r z e i t vorhanden ist. Das Verhältnis der absoluten zur maximalen ausgedrückt in Prozent heißt r e l a t i v e F e u c h t i g k e i t. S ä t t i g u n g s d e f i z i t nennt man die Differenz von maximaler und absoluter Feuchtigkeit.

Andere Autoren geben statt der besprochenen Größen die W a s s e r d a m p f t e n s i o n (Dunstdruck) in Millimeter Quecksilber an. Man kann auch hier m a x i m a l e, a b s o l u t e, r e l a t i v e T e n s i o n u n d S p a n n u n g s d i f f e r e n z unterscheiden.

---

[1]) Zu beziehen vom Mechaniker des Hygienischen Institutes in Berlin.
[2]) Eine Verbesserung bzw. Verfeinerung derselben durch R o s e n t h a l (ein Aspirator saugt gemessene Luftmengen in feinem Strahl durch die Absorptionsröhre) beurteile ich wie W o l p e r t: Der Apparat verliert an Bequemlichkeit und Transportfähigkeit, was er an Genauigkeit gewinnt. Man kann gerade so gut nach P e t t e n k o f e r ganz genau arbeiten. Vgl. W o l p e r t, Hygien. Rundschau 1895. 79.

Höchstmöglicher Wassergehalt in 1 cbm Luft in Gramm.
Höchstmögliche Wasserdampfspannung der Luft in mm
Quecksilber bei verschiedener Temperatur.

Temperatur	Spannung	Gramm Wasser	Temperatur	Spannung	Gramm Wasser	Temperatur	Spannung	Gramm Wasser
— 10°	2.0	2.1	8°	8.0	8.1	21°	18.5	18.2
— 8	2.4	2.7	9	8.5	8.8	22	19.7	19.3
— 6	2.8	3.2	10	9.1	9.4	23	20.9	20.4
— 4	3.3	3.8	11	9.8	10.0	24	22.2	21.5
— 2	3.9	4.4	12	10.4	10.6	25	23.6	22.9
0	4.6	4.9	13	11.1	11.3	26	25.0	24.5
1	4.9	5.2	14	11.9	12.0	27	26.5	25.6
2	5.3	5.6	15	12.7	12.8	28	28.1	27.0
3	5.7	6.0	16	13.5	13.6	29	29.8	28.6
4	6.1	6.4	17	14.4	14.5	30	31.6	30.1
5	6.5	6.8	18	15.2	15.1	50	92.2	83.4
6	7.0	7.3	19	16.3	16.2	70	233.8	199.3
7	7.5	7.7	20	17.4	17.2			

Zur Bestimmung der absoluten Feuchtigkeit kann man sich des Durchleitens gemessener Volumina Luft durch zwei hintereinandergeschaltete Kölbchen mit Bimsstein bedienen, der in heißem Zustand in konzentrierte Schwefelsäure geworfen wurde. Die Kölbchen sind mit eingeschliffenen Glasstöpseln versehen. Auch das Durchleiten durch zwei Kölbchen mit konzentrierter Schwefelsäure kann ein meist hinreichend genaues Resultat ergeben. Wichtig ist stets der Nachweis, daß das zweite Gefäß nur unbedeutende Wassermengen aufgenommen hat. Man hat pro Liter Luft bei Zimmertemperatur eine Gewichtszunahme von 2 bis allerhöchstens etwa 25 mg zu erwarten.

Häufiger als die chemische Methode der Wassergehaltsbestimmung werden physikalische angewendet. Mit Hilfe des August schen Psychrometers läßt sich durch zwei Temperaturablesungen und eine einfache Rechnung der Wassergehalt der Luft mit einer Genauigkeit bestimmen, die in der Mehrzahl der Fälle genügen dürfte. Die Konstruktion und Verwendung des Apparates ist kurz beschrieben die folgende. Ein Stativ trägt zwei genau verglichene, in Zehntelgrade geteilte Quecksilberthermometer. Die Kugel des einen Thermometers ist mit einem Tüllläppchen glatt umspannt, das mit einem dochtartig zusammengedrehten Zipfel in ein Näpfchen mit Wasser eintaucht. Man exponiert den Apparat eine Weile der zu untersuchenden Luft und liest t_s, die Temperatur des trockenen, und t_h, die Temperatur des feuchten Thermometers ab und bestimmt die Differenz der beiden Temperaturen. Nach der Formel:

$$a = f_{t_s} — (t_s — t_h)\, c$$

berechnet man a, die absolute Feuchtigkeit, wobei f_{t_s} die aus der Tabelle zu entnehmende maximale Feuchtigkeit bei der Temperatur des trockenen Thermometers und c eine Konstante ist, welche für Temperaturen über 0^0 0,65, für Temperaturen unter 0^0 0,56 beträgt. Diese von dem Erfinder des Psychrometers ermittelten Werte für die Konstante sind in Zimmern für stagnierende Luft etwas zu klein. Man nimmt hier besser die Konstante etwa gleich 0,8—0,9 an; sonst erhält man zu große Werte.

Eine Verbesserung des Psychrometers, die aber nur bei feineren Untersuchungen angewendet zu werden pflegt, ist dadurch gegeben, daß man die beiden Thermometer am Kopf mit einer Öse an einer geflochtenen Schnur befestigt, so daß die Entfernung von der Thermometerkugel bis zu der Stelle, wo man die Schnur anfaßt, genau 1 m ist. Man schwingt nun zunächst das trockene, dann das feuchte Thermometer, dessen Kugel man mit einer doppelten Gazeschicht umbunden und in Wasser getaucht hat, je 100 mal im Kreise, so daß man gerade in einer Sekunde eine Schwingung ausführt. Die Ablesung der Temperatur hat rasch zu erfolgen. Man teilt die Thermometer gewöhnlich in Fünftelgrade, um aus einiger Entfernung ablesen zu können. Die Ausrechnung des Dunstdrucks (absolute Tension) findet nach der Formel statt:

$$d_a = d_{t_s} - 0{,}000\,706 \times b \times (t_s - t_h)$$

wobei b den Barometerstand bedeutet. d_a ist der absolute Dunstdruck, d_{t_s} der Dunstdruck bei der Temperatur t_s des trockenen Thermometers.

Auch mit einem guten H a a r h y g r o m e t e r kann man befriedigende Feuchtigkeitsbestimmungen machen; doch muß man sich überzeugen, daß das Haarhygrometer, das man besitzt, zur Zeit, wo man es benützen will, mit einem Psychrometer oder noch besser mit der chemischen Analyse übereinstimmende Resultate liefert. Ein (am besten von einer meteorologischen Station) geprüftes Haarhygrometer ist der bequemste Apparat zur Wasserbestimmung in der Luft. Es gibt zwar nicht die absolute, sondern die relative Feuchtigkeit an; doch kann man aus der relativen Feuchtigkeit r und der nach der Temperaturablesung aus den Tabellen ermittelten maximalen Feuchtigkeit m sehr leicht die absolute a berechnen nach der Formel:

$$\frac{m \cdot r}{100} = a.$$

Hat der Chemiker nicht viele Feuchtigkeitsbestimmungen auszuführen, und verfügt er nicht über zuverlässige geeichte Instrumente, so ist die direkte Wägung des Wassers immer die zuverlässigste Methode.

Die Umrechnung von Spannung in absolute Feuchtigkeit und umgekehrt findet folgendermaßen statt:

$$\text{absolute Feuchtigkeit} = \frac{\text{Spannung}}{1 + 0{,}003\,66\,t} \cdot 1{,}06$$

$$\text{Spannung} = \text{absolute Feuchtigkeit} \cdot \frac{1 + 0,00366\, t}{1,06}.$$

Für praktische Zwecke darf wohl bei mittleren Temperaturen Spannung = Wassergehalt gesetzt werden (vgl. Tab. S. 389).

6. Allgemeines über die Bestimmung der in den folgenden Abschnitten behandelten, meist nur in Spuren in der Luft vorhandenen Substanzen.

Die Untersuchung auf andere Substanzen als Sauerstoff, Stickstoff und Kohlensäure verlangt meist eine ganz besondere Sorgfalt, weil dieselben nur in sehr geringen Mengen [1]) in der Luft vorhanden zu sein pflegen. Ist schon die Untersuchung der Luft in geschlossenen Räumen deshalb nicht selten eine ziemlich schwierige Aufgabe, so erheischt es meist ganz besondere Umsicht, zuverlässige und brauchbare Werte für den Gehalt der Luft im Freien an anderen Bestandteilen als den oben genannten zu gewinnen. Die Ausführungen der folgenden Abschnitte sollen vorwiegend dem Nachweis sehr kleiner Mengen gewidmet sein, wie sie insbesondere durch den Fabrikbetrieb sich der Luft beimischen. Es wird dabei vielfach auf andere Stellen dieses Buches zu verweisen sein, wo sich Methoden beschrieben finden, die zur Bestimmung größerer Mengen der fraglichen Gase unter anderen Verhältnissen geeignet sind.

Zum Aspirieren größerer Luftmengen wird man sich in den Laboratorien in der Regel der Wasserstrahlluftpumpe bedienen und die aspirierten Luftmengen mit einer Gasuhr messen. Stehen diese Mittel nicht zur Verfügung, oder handelt es sich um die Untersuchung kleinerer Luftmengen, oder muß die Untersuchung im Freien vorgenommen werden, so leisten größere Aspiratoren aus Glas (Schwefelsäureballons), die nach Bedarf mehrmals gefüllt werden müssen, eventuell auch geeichte Fässer, die zu Aspiratoren umgearbeitet sind, recht gute Dienste. Der Improvisationsgeschicklichkeit des Untersuchers sind dabei häufig große Aufgaben gestellt, namentlich erschweren starker Wind und extreme Temperaturen die Arbeit.

Handelt es sich nur um q u a l i t a t i v e Nachweise eines in Spuren vorhandenen Gases in der Luft, oder sind die Mengen desselben so gering, daß auf einen quantitativen Nachweis in einem bestimmten Luftvolum prinzipiell verzichtet werden muß (z. B. minimale Spuren freier Säure in der Luft), so hat man teils versucht, mit ausgehängten Reagenspapieren (Lackmuspapier, Bleinitratpapier, Palladiumchlorürpapier) Ergebnisse zu erzielen, teils hat man nach dem Vorschlag von O s t und H. W i s l i c e n u s Stoffproben, die mit geeigneten Absorptionsflüssigkeiten (z. B. Barytwasser) getränkt waren, in der Luft

---

[1]) Viele Angaben zur Ermittlung minimalster Verunreinigungen in der Luft, spez. der Stadtluft siehe bei R u b n e r, Arch. f. Hyg. Bd. 59. Hier haben nur einzelne Angaben daraus Verwendung finden können.

aufgehängt und dieselben später auf absorbierte Stoffe, z. B. Fluorwasserstoff, Schweflige Säure, Schwefelsäure, Salzsäure usw. untersucht. Absorptionsgefäße für die Gase bei quantitativen
Bestimmungen sind in den verschiedensten Formen zu verwenden. Viel gebraucht werden U-förmige Röhren, die zweckmäßig
zwei Kugeln über dem horizontalen Verbindungsstück tragen (Peligotsche Röhren), auch die sogenannten Birnen nach Will-Varren-
trapp werden oft verwendet. Schon bei der Kohlensäure ist die
Pettenkofer sche Röhre erwähnt, auch die Zehnkugelröhre
(Bd. I, S. 416) ist ein vortrefflich wirkender Apparat. Ich benutze
am meisten nach einem Vorschlag von Rosenthal ca. 30 cm
lange, ca. 1,8 cm weite, oben auf 2,5 cm erweiterte Röhren, die ca.
25 ccm Reagens fassen, und in die mit einem doppelt durchbohrten
Glasstopfen ein langes, fein ausgezogenes und ein kurz abgeschnittenes
Rohr eintaucht. Immer sollte man zur quantitativen Bestimmung zwei
Absorptionsröhren hintereinander einschalten und sich außerdem durch
Anwendung empfindlicher qualitativer Proben davon überzeugen,
daß durch das zweite Gefäß nichts durchgeht. Man wird zur Absorption
geringer Gasmengen, wenn es sich, wie gewöhnlich, um eine Bestimmung durch Zurücktitrieren handelt, eine möglichst schwache
Konzentration der Absorptionsflüssigkeit verwenden, weil die Resultate
dadurch genauer werden.

In manchen Fällen ist auch Durchleiten der Gase durch Glasröhren
in Kältemischungen (Eis + Kochsalz = —16°, Kohlensäureschnee +
Aceton = —87°, flüssige Luft = —240°) zur Kondensation und Isolierung
der gesuchten Stoffe brauchbar.

7. Wasserstoffsuperoxyd.

Namentlich durch die unermüdlichen Untersuchungen von
Schöne (vgl. insbesondere Zeitschr. f. analyt. Chemie **33**, 137; 1894)
ist festgestellt, daß H_2O_2 ein fast konstanter, wenn auch oft nur mini-
maler Bestandteil der atmosphärischen Luft ist. Am ehesten ist er im
Regenwasser nachweisbar, das für diesen Zweck in Porzellan- oder
Glasgefäßen gesammelt wird. Der Schnee hat meist nur einen geringen
Gehalt, weil der H_2O_2-Gehalt der Luft in der sonnigen Jahreszeit sein
Maximum, im Winter sein Minimum hat. 0,05—0,06 mg H_2O_2 in 1 Liter
Regenwasser nennt Schöne einen schwachen Gehalt, 1 mg in der
gleichen Menge einen sehr hohen und seltenen. Sehr gering ist der
H_2O_2-Gehalt der Luft. Schöne gibt als Maximum 0,57 mg in
1000 cbm (!) an. Schöne hat namentlich in dem Reif, der sich auf
Kältemischungen niederschlug, H_2O_2 in der Luft gesucht. — In der
Zimmerluft wird man kaum etwas von H_2O_2 finden.

Von den H_2O_2-Reaktionen sind namentlich drei wichtig:

1. Die Blaufärbung von Chromsäure durch H_2O_2. Man überschichtet die H_2O_2 haltende Lösung, der man eine Spur Kaliumbi-

chromat zugesetzt hat, mit Äther, fügt eine Spur Schwefelsäure zu und schüttelt. Die entstehende blaue Überchromsäure färbt den Äther prachtvoll. Die Chromatmenge muß um so kleiner gewählt werden, je weniger H_2O_2 vorhanden ist. — Leider ist im Regenwasser niemals so viel H_2O_2 anwesend, daß diese eindeutige Reaktion einträte.

2. Die Bläuung von Jodkaliumstärke auf Zusatz von Eisenvitriol (S c h ö n b e i n). Bleibt Regenwasser auf Zusatz von vorschriftsmäßig hergestellter Jodkaliumstärke (s. u.) farblos[1]), färbt sich aber auf Zusatz von sehr wenig Eisenvitriol später blau, so ist die Anwesenheit von H_2O_2 nachgewiesen (S c h ö n e). Man fügt zu dem nicht angesäuerten Regenwasser auf 25 ccm 1 ccm 5 proz. Jodkaliumlösung und 2—3 ccm Stärkewasser. Jetzt darf noch keine Bläuung eintreten[1]). Hierauf fügt man 1 bis wenige Tröpfchen einer ½ proz. Eisenvitriollösung hinzu, und zwar so wenig als möglich.

Säurezusatz, viel Stärke, viel Eisenvitriol stört die Empfindlichkeit der Reaktion. Das Stärkewasser bereitet S c h ö n e folgendermaßen: Man schüttelt 1 g beste Stärke in Stücken in einem Reagenzglas mit 20—25 ccm destilliertem Wasser, läßt 1—2 Minuten absitzen und gießt die suspendiert gebliebene Stärke in 4—500 ccm kochendes Wasser. Nachdem man 1 Minute lang das Kochen hat fortdauern lassen, läßt man abkühlen. Man kann unter Verwendung geeigneter Vergleichsproben eine kolorimetrische Bestimmung des H_2O_2 erreichen; bei größeren Mengen ist auch eine Titrierung des freien Jods mit Natriumthiosulfat möglich. 1 ccm $^1/_{10}$ Normal-Natriumthiosulfat = 1,7 mg H_2O_2.

3. Als weitere Methode empfiehlt S c h ö n e die ebenfalls schon von S c h ö n b e i n benutzte Guajak-Malzauszug-Methode, welche unter Berücksichtigung vieler Fehlerquellen und Vorsichtsmaßregeln sehr gute Resultate gibt.

Man braucht:

a) Eine frische, jedenfalls im Dunklen aufbewahrte Guajakharzlösung, hergestellt mit 2 g aus dem Inneren von im Dunklen aufbewahrten Guajakharzbrocken, aufgelöst in 100 ccm 96 proz. vorher nicht an der Sonne gestandenen Alkohol. (Belichtetes Guajak wird erst blau, dann braun und unfähig, sich später wieder blau zu färben; belichteter Alkohol gibt H_2O_2-Reaktionen. Alte Guajaklösungen geben o h n e H_2O_2 Blaugrünfärbungen.)

b) Eine frisch bereitete Diastaselösung. Bei der Käuflichkeit reiner, trockener, haltbarer Diastase braucht man keine Malzauszüge anzufertigen.

Die zu prüfende Lösung muß ganz schwach alkalisch, jedenfalls nicht sauer sein. Man versetzt 100 ccm H_2O_2 enthaltende Flüssigkeit mit 1 ccm Guajaklösung und ½—1 ccm Diastaselösung und wartet einige Minuten — eine mehr oder weniger intensive hellblaue Farbe

---

[1]) Nach längerer Zeit (mehrere Stunden) bringt H_2O_2 auch ohne Eisensulfat eine positive Reaktion hervor.

verrät das H_2O_2. Die Reaktion erreicht bei dieser Versuchsanordnung bald ihr Maximum, allmählich blaßt die Farbe dann wieder ab. Neutrales Ammoniumnitrat gibt keine Spur von dieser Reaktion.

8. Ozon.

Ozon ist in der Luft nur in Spuren vorhanden, und sicherlich sind alle älteren Angaben über quantitative Ozonbestimmungen unbrauchbar, da die angewendeten Reaktionen vieldeutig und unsicher waren. Namentlich ist jetzt allgemein anerkannt, daß die Blaufärbung einer angesäuerten Jodkaliumstärkelösung weder qualitativ noch quantitativ zum Ozonnachweis brauchbar sei. Chlor, Brom und vor allem die sehr häufig in der Luft vorhandenen Nitrite bläuen sauren (Chlor und Brom auch neutralen) Jodkaliumkleister, Licht entfärbt ihn, ebenso Schwefelwasserstoff.

In vielen Fällen können das „Tetrapapier" von Wurster (Ber. 21, 921; 1888), hergestellt von Dr. Theod. Schuchardt, Görlitz, und das „Tetramethylbasenpapier" von Arnold (Ber. 35, 1324; 1902 und 39, 2555; 1906) zum Ozonnachweis verwendet werden. Beim „Tetrapapier" ist die wirksame Substanz Tetramethyl-p-phenylendiamin, beim „Tetramethylbasenpapier" das Tetramethyldi-p-diamido-diphenylmethan.

Zu einem sicheren Ozonnachweis könnte, wenn Chlor ausgeschlossen ist, die sofortige Bläuung einer n e u t r a l e n Jodkaliumstärkelösung dienen, die durch Nitrite überhaupt nicht, durch H_2O_2 nur sehr spät erfolgt.

Als strengster Nachweis wäre nach Engler und Wild (Ber. 29, 1940; 1896) folgender zu bezeichnen: Man saugt große Luftmengen erst durch fein verteilte Chromsäure zur Entfernung des H_2O_2, dann leitet man das Gas durch eine Glasröhre, in die man nebeneinander legt: ein Mangansulfatpapier, das nur durch Ozon, aber nicht durch Chlor gebräunt wird (Mn_3O_4-Bildung), und ein Thalliumoxydulpapier, das durch salpetrige Säure farblos bleibt, durch Ozon aber gebräunt wird. Bräunung der Mangansulfat- und Thalliumoxydulpapiers beweisen den Ozongehalt.

Eine sichere Ozonbestimmung in der Luft [1]) ist kaum anzugeben. Das Titrieren der aus Jodkalium ausgeschiedenen Jodmenge durch Thiosulfat ist gewiß sehr brauchbar, wenn es sich um reine Luft handelt, die künstlich mit Ozon versetzt worden ist; für verunreinigte Luft hat das Verfahren aber doch Bedenken. Jedenfalls muß man die Jodkaliumlösung nicht angesäuert verwenden. Die Reaktion ist:

$$O_3 + 2\,KJ + H_2O = O_2 + 2\,KOH + 2\,J$$

1 ccm $^1/_{1000}$ Normal-Thiosulfat (0,2482 g pro 1 Liter) $= 0,024$ mg O_3.

9. Ammoniak; albuminoides Ammoniak.

Das A m m o n i a k, das in Spuren fast stets in der Atmosphäre gefunden wird, entstammt vorzugsweise der Fäulnis stickstoffhaltiger organischer Substanzen und der Harnstoffzersetzung.

---

[1]) Neuere quantitative Angaben von H a t c h e r u. A r n y (Am. Journ. Pharm. 1900, S. 423) lauten: Februar 0,015—1,12 mg Ozon in 100 Liter, März 0,08—15,81 mg Ozon in 100 Liter.

Q u a l i t a t i v ist es durch empfindliches **L a c k m u s -** oder **C u r c u m a** papier nachweisbar, das man zwischen zwei Glasplatten oder Uhrgläsern einklemmt, so daß nur die eine herausragende und mit NH_3-freiem destillierten Wasser zu befeuchtende Hälfte des Papiers der ammoniakhaltigen Luft ausgesetzt ist. Der eingeschlossene Teil des Papiers dient dann zur Vergleichung und bietet ein gutes Mittel, um selbst geringfügige Veränderungen der Farbe des freien Teiles zu erkennen. — Auch durch **H ä m a t o x y l i n** papier gelingt der Nachweis sehr geringer Spuren von Ammoniak. Dieses Papier wird bereitet, indem man frisch zerkleinertes Blauholz mit Alkohol übergießt und in dieser Tinktur Papierstreifen tränkt: die gelbe Farbe der letzteren geht durch Ammoniak in rotviolett bis veilchenblau über. Noch empfindlicher ist Papier, das mit **N e ß l e r s** Reagens (S. 263) getränkt ist.

Behufs **q u a n t i t a t i v e r** Bestimmung eines erheblichen Ammoniakgehaltes leitet man die zu untersuchende Luft durch 20 ccm einer $^1/_{10}$- oder $^1/_{20}$-**N o r m a l s c h w e f e l s ä u r e** oder Normalsalzsäure. Als Indikator benutzt man Lackmus, Rosolsäure oder Methylorange, aber nie Phenolphtalein [1]).

Bei sehr geringem Ammoniakgehalt wird man besser die Luft durch mit Schwefelsäure schwach angesäuertes Wasser leiten (wodurch alles Ammoniak zurückgehalten wird) und dann das absorbierte Ammoniak mit Hilfe des **N e ß l e r** schen Reagens kolorimetrisch gerade so bestimmen, wie dies im Wasser geschieht (s. S. 264 ff.), ev. unter Anwendung eines **D u b o s c q** schen Kolorimeters [2]). **W a n k l y n , C h a p m a n** und **S m i t h** bestimmen ähnlich wie im Wasser auch in der Luft das „albuminoide Ammoniak" (vgl. S. 266), nachdem sie die Luft in langsamem Strom fein verteilt durch Wasser geleitet haben. **R u b n e r** hat diese Methode nicht benützt.

10. Anilin.

Qualitativ ist Anilin durch seinen Geruch und durch Auffangen in 10-proz. Schwefelsäure und Eintauchen eines Fichtenspans in die Flüssigkeit nachzuweisen. Beim leichten Erwärmen des Spans hoch über der Flamme färbt er sich intensiv gelb. Die Reaktion ist sehr empfindlich; fällt sie zweifelhaft aus, so ist eine Kontrolluntersuchung mit Schwefelsäure und Fichtenspan allein auszuführen.

Zur quantitativen Anilinbestimmung in der Luft existierte früher keine ausgearbeitete Methode. Sie gelingt jedoch leicht nach meinen Versuchen folgendermaßen. Man absorbiert das Anilin durch Durchleiten der Luft durch 2 hintereinander geschaltete Vorlagen mit 10 proz. Schwefelsäure (nicht Salzsäure); hierauf stumpft man den größten Teil der Säure ab und titriert mit Bromlauge, deren Stärke man mittels Jodkalium und Natriumthiosulfat vorher ermittelt.

Die Bromlauge stellt man aus etwa 3—4 g Brom auf 1 Liter Wasser

---

[1]) Vgl. Bd. I, S. 70.
[2]) Annuaire de l'Observatoire de Montsouris pour l'an 1897, p. 505.

dar; zu der braunen Lösung fügt man Natronlauge, bis die gelbe Farbe verschwindet.

Dabei entsteht aus $Br_2 + 2\,NaOH = NaOBr + NaBr + H_2O$. Sowie wieder Säure hinzukommt, wird aus $NaOBr + NaBr$ wieder alles Br in Freiheit gesetzt. Bromlauge hat vor Bromwasser den Vorzug größerer Haltbarkeit.

Die Umsetzung des Broms mit Anilin geschieht, wie längst bekannt, und wie ich zum Zwecke der Ausbildung einer Titriermethode ausdrücklich feststellte, nach folgender Gleichung:

$$3\,Br_2 + C_6H_5NH_2 = C_6H_2Br_3NH_2 + 3\,HBr.$$

Es ist also 1 ccm $^1/_{10}$ N.-Normalbromlösung $= \dfrac{9{,}3}{6} = 1{,}55$ mg Anilin.

Beispiel: 10 ccm Bromlauge verbrauchten bei der Titerstellung angesäuert und mit Jodkalium versetzt 5,95 ccm $^1/_{10}$ N.-Natriumthiosulfat zur Sättigung, enthielten also 5,95 ccm $^1/_{10}$ Normal-Bromlösung. Die beiden vereinigten Schwefelsäurevorlagen wurden auf 250 ccm aufgefüllt. 25 ccm davon banden 15,7 ccm Bromlauge, also entsprachen sämtliche 250 ccm: 157 ccm Bromlauge $= \dfrac{157 . 5{,}95 . 1{,}55}{10}$ Anilin; folglich waren 145 mg Anilin in der Luft enthalten. Die Wägung ergab, daß das Anilinkölbchen, durch das zur Abgabe des Anilins etwa 50 Liter trockene Luft geleitet worden waren, um 144 mg abgenommen hatte.

Die Methode ist auch für viel schwächere Anilingehalte brauchbar.

11. Salpetrige und Salpetersäure.

Die Luft enhält stets minimale Mengen nitroser Gase, deren Bestimmung aber durch die gleichzeitige Anwesenheit von SO_2 erschwert wird. Die Reduktion von Permanganat oder das Freimachen von Jod aus Jodkalium ist aus diesem Grunde unbrauchbar. Durchleiten der Luft durch Wasser [1]) und hierauf durch ein System sehr gut gekühlter Röhren (Kohlensäureschnee + Aceton ev. flüssige Luft) liefert die salpetrige Säure zur kolorimetrischen Bestimmung mit dem G r i e s schen Reagens, dessen Anwendung, wie ich mich überzeugte, durch kleine Mengen schwefliger Säure nicht leidet.

R u b n e r hat auch einzelne Bestimmungen als Stickoxyd gemacht, ich würde alle Stickstoffsauerstoffverbindungen der Luft nach Oxydation mit H_2O_2 mit Nitron (s. u.) bestimmen. R u b n e r schätzt die Menge in der Stadtluft auf 1,3—3,0 mg HNO_2 und HNO_3 in 1 cbm, womit die Angaben von D e f r e n (Chem. News 74, 240; 1896 und Zeitschr. f. analyt. Chemie 37, 56; 1898) sehr befriedigend stimmen.

---

[1]) Die Möglichkeit, sehr geringe Konzentrationen von HNO_2, HNO_3, SO_2 u. s. f. in Wasser oder alkalischen Lösungen zurückzuhalten, besteht nur sehr unvollkommen, wie alle Forscher übereinstimmend fanden. Beim Durchleiten durch reine schwache Kalilauge zersetzt sich zudem nach L u n g e etwas salpetrige Säure in Salpetersäure und Stickoxyd. Letzteres gibt jenseits der Vorlage durch Sauerstoffaufnahme zu neuer Bildung sichtbarer Dämpfe Anlaß.

Nitrose Gase in der Fabrikluft wären wie folgt zu bestimmen:
Salpetersäuredämpfe (erhalten durch Durchsaugen von Luft durch
reine Salpetersäure) werden nach meinen Erfahrungen am besten bestimmt durch Absorption in festgestopfter Baumwolle (10 cm lang,
1 cm dick) und Titrieren der Auskochung der letzteren unter Verwendung
von Kongorot als Indikator, um Kohlensäure nicht mit zu titrieren.
Natürlich wird gleichzeitig vorhandene freie Salzsäure oder salpetrige
Säure mittitriert.

Das Gemisch nitroser Gase (Stickoxyd, Stickstoffdioxyd,
salpetrige Säure und Salpetersäure) läßt sich gemeinsam als Salpetersäure leicht bestimmen, wenn man die Gase durch 2 Zehnkugelröhren
mit Wasserstoffsuperoxyd (3 %) und hierauf noch durch 4 Jodkalium-
waschflaschen saugt. Die weitaus größte Menge wird von den Hyper-
oxydröhren zurückgehalten und kann nach etwa 16 Stunden Stehen
mit Nitron als Nitronnitrat gefällt und gewogen werden. — Die salpetrige
Säure allein ist bei reichlicherer Anwesenheit leicht durch Schütteln eines
Volums (4—8 Liter) abgesperrter Luft mit Jodkaliumlösung zu bestimmen. Ich fand durch Kombination der beiden genannten Methoden,
daß man aus Stickoxyd, wie L u n g e und B e r l angeben, in der Tat
stets auf ein Molekül HNO_2 ein Molekül HNO_3 in der Luft erhält.

Die Untersuchung der Luft auf größere Mengen von Stickoxyd,
Stickstofftrioxyd und Stickstofftetroxyd ist bei der Schwefelsäure-
fabrikation Bd. I, S. 411 und 413 nachzusehen; die Bestimmung dieser
Körper wird in der Regel mit Permanganat vorgenommen.

12. Schweflige Säure (Schwefeldioxyd).

Durch den Geruch sind Spuren zu erkennen. Bei stärkerem Gehalt
der Luft hat man zuweilen saure Reaktion von Regentropfen beobachtet.
Zuweilen weisen auch Pflanzenschädigungen auf einen Gehalt der Luft
an diesem Gase hin — doch wird man in all diesen Fällen auch fast immer
zeitweise mit dem Geruchsinn Beobachtungen zu sammeln vermögen.

Die quantitative Bestimmung der in der Stadtluft vorhandenen
Spuren macht Schwierigkeiten wegen der Anwesenheit von HNO_2. Beim
Durchsaugen durch n i c h t a n g e s ä u e r t e Permanganatlösung
findet man zuviel, da die salpetrige Säure mitwirkt. Hier wird die von
R a s c h i g empfohlene Modifikation des R e i c h schen Verfahrens (s. Bd. I,
S. 367) anwendbar sein. R u b n e r hat 500—1000 Liter durch Kokos-
nußkohle durchgehen lassen, dann die SO_2 aus der auf 100° resp. 180°
erwärmten Kohle wieder ausgetrieben, in Bromlauge aufgefangen und
als $BaSO_4$ gewogen. Er fand 1,5—2 mg SO_2 in 1 cbm Stadtluft. Die
Schwierigkeiten dieser subtilen Methode siehe im Original. — Durch
Baumwolle läßt sich, wie ich erprobte, SO_2 fast gar nicht absorbieren.

Zur quantitativen Bestimmung in der Fabrikluft leitet man möglichst viel Luft feinverteilt und nicht zu rasch durch 20 ccm einer
titrierten $^1/_{10}$ Normal-Jodlösung (vgl. Bd. I, S. 364). Die Reaktion findet
statt nach der Formel: $SO_2 + J_2 + 2 H_2O = H_2SO_4 + 2 HJ$.

Wie beim Chlor erwähnt, schützt man sich auch hier vor einem Jodverlust durch Nachschaltung von 5 ccm $^1/_{10}$ Natriumthiosulfat hinter die Jodvorlage. Nach Versuchsschluß vereinigt man die 20 ccm Jodlösung und die 5 ccm Natriumthiosulfatlösung, titriert die Mischung mit $^1/_{10}$ Natriumthiosulfatlösung und zieht das Resultat von 15 ab. Jedes ccm Differenz bedeutet 3,2 mg Schwefeldioxyd. Bei sehr kleinen SO_2-Mengen wird man wohl mit $^1/_{50}$ Normallösungen weiter kommen. Man kann auch für weniger genaue Untersuchungen die Luft durch Natronlauge leiten und nach Ansäuern die SO_2 zu Schwefelsäure oxydieren und als Baryumsulfat wiegen.

H. O s t (Chem. Ind. 23, 292; 1900) und in neuerer Zeit namentlich auch H. W i s l i c e n u s (s. u.) haben versucht, sehr geringen SO_2-Gehalt der Luft dadurch nachzuweisen, daß sie Baumwollstoffproben (600 qcm) aufhängten, die mit Baryumhydroxyd oder Calciumhydroxyd getränkt waren. Diese Proben wurden dann nach Monaten auf schweflige Säure bzw. Schwefelsäure, unter Umständen auch auf Salzsäure oder Fluorwasserstoffsäure untersucht. Natürlich fehlt so die Möglichkeit einer Bezugnahme auf ein bestimmtes Luftvolum.

Diese Methoden reichen namentlich dann nicht aus, wenn die schweflige Säure nicht kontinuierlich, sondern periodisch, oder wenn sie in besonders kleinen Mengen in die Luft gelangt. Man kann sich dann im Winter damit helfen, daß man Schneeproben aus dem Untersuchungsgebiet sammelt, und zwar am gleichen Tag und zur gleichen Stunde an Stellen, von denen man eine Beeinflussung durch den Schwefelsäuregehalt in der Luft vermutet, und an Stellen, wo sie ausgeschlossen ist.

Zur Untersuchung verwendet man den gleichmäßig in seiner ganzen Dicke entnommenen Schnee (etwa 1 kg), schmilzt denselben über einer Spiritusflamme (die Verbrennungsprodukte des Leuchtgases enthalten schweflige Säure!) und versetzt 500 ccm des filtrierten Wassers mit einer überschüssigen Menge Jodjodkaliumlösung. Hierauf kocht man die dunkelbraune Lösung, bis sie farblos geworden ist, unter einem Abzug, der die Joddämpfe wegführt. In der Flüssigkeit ist nun die gesamte schweflige Säure in Schwefelsäure verwandelt, die man nach Bd. I, 325 mit Chlorbaryum fällt und als Baryumsulfat wiegt. 1 mg $BaSO_4 = 0,2745$ mg SO_2. Zweckmäßig wird man solche Schneeuntersuchungen bald nach dem Fallen des Schnees, 48 Stunden später und womöglich eine Woche später wiederholen. Viele Kontrollbestimmungen, die an verschiedenen Orten entnommen sind, sind notwendig, da die Windrichtung das Resultat in sehr überraschender Weise beeinflussen kann. Einige Vergleichszahlen setze ich her:

Schnee (3 Tage alt) aus dem bot. Garten in Würzburg 6,3 mg SO_2 pro kg
-            -   aus dem Innern der Stadt   31,3 -   -   -   -
-            -   auf dem Hofe einer Sulfit-Zellu-
                     losefabrik   72,8 -   -   -   -

Gewöhnlich rechnet man alle gefundene Schwefelsäure auf schweflige Säure, man kann aber auch in einem Teil des frischen Schmelzwassers die präformierte Schwefelsäure, in einem anderen die präformierte + der aus SO_2 entstehenden bestimmen.

Bei der Korrektur werden mir die „Abhandlungen über Abgase und Rauchschäden" herausgegeben, von H. Wislicenus in Tharandt, bekannt (seit 1909, Verlag Parey), die wertvolle Spezialmitteilungen über Methoden und Resultate speziell der Säurebestimmung in der Luft enthalten.

13. Schwefelwasserstoff.

Qualitativ kann man Schwefelwasserstoff durch das Aushängen von Bleipapierstreifen nachzuweisen suchen; der Geruchssinn ist aber empfindlicher als das Papier. Spuren von schwarzem Schwefelblei gehen auch mit der Zeit in farbloses Bleisulfat über.

Um minimale Schwefelwasserstoffmengen in der Luft nachzuweisen, kann man sich auch kolorimetrischer Methoden bedienen, indem man über ein mit Bleinitrat getränktes Fließpapierstreifchen von 5 cm Länge und 2 cm Breite, das man in den Anfang einer Glasröhre von 30 cm Länge und 12 mm Breite einschiebt, einen Luftstrom mit der Geschwindigkeit von 6 L. in 30 Minuten leitet. Findet man beim Überleiten von 8 L. nur eine blaßgelblichbraune Färbung, so enthält die Luft etwa 1—2 Milliontel Volum Schwefelwasserstoff. Solche Luft riecht schon sehr widerwärtig. Eine kräftig gelbbraune Färbung bedeutet etwa 3 Milliontel, eine dunkelbraune 5, eine schwarzbraune 8. Die Methode ist namentlich dann zu empfehlen, wenn es sich um fortgesetzte Kontrolle von Fabrikbelästigungen handelt. (Lehmann, Arch. f. Hyg. 14 und 30.)

Größere H_2S-Mengen sind sehr gut jodometrisch quantitativ zu bestimmen. Man titriert mit $^1/_{10}$ Natriumthiosulfatlösung die Titerabnahme einer $^1/_{10}$ Normaljodlösung beim Durchleiten der H_2S-haltigen Luft; jedes Kubikzentimeter entspricht 1,7 mg H_2S.

14. Mercaptan.

Rubner hat einige Reaktionen auf diesen intensiv stinkenden, in den Darmgasen, beim Kochen von Gemüsen und in mancher Kanalluft in geringen Mengen auftretenden Körper angegeben. Als qualitative Proben empfiehlt er namentlich die grasgrüne Verfärbung, welche Stücke von porösem Ton zeigen, die mit Isatinschwefelsäure getränkt sind. Isatinschwefelsäure bereitet man einfach durch Lösung fein zerriebenen Isatins in konzentrierter Schwefelsäure. Rubner empfiehlt, das Gas durch Chlorcalcium zu trocknen und es dann durch Röhren zu leiten, die mit den befeuchteten Tonstücken gefüllt sind. Dieselben werden erst grün, dann blaugrau. Eine quantitative Bestimmung in der Luft wird kaum Aussicht bieten. Rubner hat gezeigt, daß man durch Bleilösungen quantitative Resultate nur erhält, wenn man die Konzentrationsverhältnisse auf das sorgfältigste berücksichtigt. Vgl. Rubner, Archiv f. Hygiene, 19, 156.

15. Schwefelkohlenstoff.

Der qualitative Nachweis ist durch den charakteristischen Geruch meist unschwer zu führen. Zur quantitativen Bestimmung empfehle ich nach eigener Erfahrung (K. B. L e h m a n n, Arch. f. Hyg. 20) die G a s t i n e sche Methode, den Schwefelkohlenstoff in einer starken Lösung von Kali in 96 prozentigem Alkohol zu binden. Der CS_2 geht dabei vollständig in xanthogensaures Kali über.

$$CS_2 + CH_3 . CH_2OH + KOH = CS{<}^{OC_2H_5}_{SK}$$

Zur Bestimmung säuert man den Inhalt des Absorptionsgefäßes, das man mit Wasser und Alkohol zu gleichen Teilen auswäscht, mit etwas Essigsäure schwach an und setzt etwas Calciumcarbonat hinzu, um die Flüssigkeit neutral zu machen. Jetzt fügt man Stärkelösung und etwa so viel Wasser, als man alkoholische Kalilauge verwendete, zu und läßt eine Jodlösung von 1,667 g im Liter so lange zufließen, bis eben schwache Blaufärbung eintritt. 1 ccm Jodlösung entspricht 1 mg CS_2. Die Gleichung ist:

$$2\,CS{<}^{OC_2H_5}_{SH} + J_2 = {\begin{vmatrix}S - CS - O - C_2H_5\\S - CS - O - C_2H_5\end{vmatrix}} + 2\,HJ.$$

Xanthogensäure + Jod = Xanthogenpersulfid + Jodwasserstoff

Anders verfährt S c h m i t z - D u m o n t (Chem. Ztg. 21, 487 und 510; 1897): Er leitet den Schwefelkohlenstoffdampf durch eine Mischung von 50 ccm 5 prozentiger Silbernitratlösung + 5 ccm Anilin, die man auf 60⁰ erwärmt hält. Es finden folgende Reaktionen statt:

$$CS_2 + 2\,C_6H_5NH_2 = CS\,(C_6H_5NH)_2 + H_2S$$
$$H_2S + Ag_2O = Ag_2S + H_2O$$
$$CS\,(C_6H_5NH)_2 + Ag_2O = CO\,(C_6H_5NH)_2 + Ag_2S$$

Das Schwefelsilber wird abfiltriert, mit Soda und Salpeter geschmolzen und die Schwefelsäure als Sulfat bestimmt.

16. Phosphorwasserstoff (PH₃).

Bei der außerordentlichen Giftigkeit des PH_3 werden stets nur Spuren in der Luft von Laboratorien und Fabrikräumen zu finden sein. Titriermethoden sind hier nicht anzuwenden. Am zweckmäßigsten leitet man nach den Untersuchungen, die Y o k o t e in meinem Institut angestellt hat, möglichst große Luftmengen entweder durch Salpetersäure oder durch Bromwasser und bestimmt in diesen Flüssigkeiten die Phosphorsäure in üblicher Weise. Natürlich wird man, ehe man mit Molybdänlösung fällt, das Brom verjagen. 1 mg P_2O_5 = 0,48 mg PH_3 (Arch. f. Hyg. 49).

17. Arsenwasserstoff.

Arsenwasserstoff wird sich in der Luft durch seinen Knoblauchgeruch leicht verraten, selbst wenn quantitativ kaum bestimmbare Mengen vorhanden sind; ebenso verrät er sich beim Durchleiten durch

eine Silberlösung, falls ein Schwefelwasserstoff- und Phosphorwasser-
stoffgehalt der Luft ausgeschlossen ist, durch eine Schwärzung. A l e x.
H é b e r t und H e i m empfehlen, zur sicheren Identifizierung die
Luft durch Leiten durch Kupferchlorürlösung von SH_2, SbH_3 und
PH_3 zu befreien und den AsH_3 durch Gelbfärbung von Sublimatpapier
zu erkennen (Bull. de la Soc. chim. de France (4) 1, 573—75.) Sie
bringen die Kupferchlorürlösung in eine G a u t i e r sche Waschflasche, Abbildung des „Hydrarsinoskops" siehe Zeitschr. f. Gewerbe-
hyg. **15**, 255; 1908.

Zur quantitativen Bestimmung wird folgendes Verfahren empfohlen.
Saugt man Luft durch eine Silbernitratlösung — man wird natürlich
mehrere Vorlagen hintereinander einschalten — so geht folgende Umsetzung vor sich:

$$2\,AsH_3 + 12\,AgNO_3 + 3\,H_2O = As_2O_3 + 12\,HNO_3 + 12\,Ag$$

Man fällt Silber und überschüssiges Silbernitrat mit Salzsäure und
bestimmt im Filtrat das Arsen als $Mg_2As_2O_7$, doch ist die Methode nicht
genau, da oft der Silberniederschlag arsenhaltig ist.

Größere Mengen sind volumetrisch durch Absorption durch neutrales oder ammoniakalisches Silbernitrat (10 %) oder neutrales jod-
saures Kali oder Chlorkalklösung recht bequem zu bestimmen, wie
ich mich selbst überzeugte. Mit Silbernitrat muß man nur etwas gründlich
schütteln, dann ist in 10 Minuten die Analyse beendet (vgl. R e c k-
l e b e n und L o c k e m a n n , Zeitschr. f. angew. Chem. **19**, 275; 1906).

Kleine Mengen von AsH_3 absorbiert man nach R e c k l e b e n
und L o c k e m a n n (sehr genau wie ich mich selbst mit
Dr. D u b i t z k y überzeugte) am besten durch Jodjodkaliumlösung
bei sehr schwach alkalischer Reaktion unter Nachschaltung einer
Thiosulfatvorlage. Die alkalische Reaktion erzeugt man durch Zusatz
von etwas Calciumcarbonat und einem Tropfen 10 proz. Schwefelsäure.
Nach dem Durchleiten bestimmt man das nicht umgesetzte Jod nach
Ausschütteln desselben mit Chloroform, das mit dem Luftstrom weg-
gegangene Jod findet man durch die Titerabnahme des Thiosulfats.

18. Chlor und Brom.

Man leitet möglichst große Mengen Luft durch 15—20 ccm einer
frisch bereiteten, farblosen 10 prozentigen Jodkaliumlösung und schaltet
dahinter eine Vorlage mit $^1/_{10}$ Normal-Natriumthiosulfat. Am Ende
des Versuches ist die Jodkaliumlösung durch ausgeschiedenes Jod braun
geworden, da ein Molekül Chlor oder Brom ein Molekül Jod in Freiheit
setzt.

Man gießt den braunen Inhalt der Vorlage in ein Becherglas, spült
mit Wasser nach und titriert den Jodgehalt durch Zusatz von $^1/_{10}$ bzw.
$^1/_{100}$ Natriumthiosulfatlösung. 1 ccm $^1/_{10}$ Natriumthiosulfat entspricht
7,992 mg Brom oder 3,546 mg Chlor.

Nun hat man noch die Menge Joddampf zu bestimmen, die aus
der Jodkaliumvorlage in die Natriumthiosulfatvorlage hinübergetrieben

wurde, indem man die Thiosulfatvorlage mit $^1/_{100}$ Jodlösung zurücktitriert. Die etwa gefundene Titerdifferenz subtrahiert man von der Abnahme der ersten Vorlage.

19. Jod.

Man verfährt genau wie beim Chlor und Brom, nur wird der Joddampf direkt von Jodkalium gebunden, ohne daß in demselben erst eine Umsetzung stattfindet. 1 cm $^1/_{10}$ Natriumthiosulfat = 12,692 mg Jod.

20. Chlorwasserstoff.

Man absorbiert den Chlorwasserstoff aus der Luft in 5- oder 10-prozentiger Natronlauge, die frei von Chlornatrium ist, oder deren Chlornatriumgehalt man vorher bestimmt hat. Man verwendet möglichst große Luftmengen 20—50 L. zu dem Versuch und titriert das Chlor nach der V o l h a r d schen Methode mit Rhodanammonium und Eisenalaun, nachdem man die Natronlauge mit chlorfreier Salpetersäure gesättigt hat. Näheres Bd. I, S. 150. Es ist auch möglich, die Natronlauge mit Salpetersäure unter Tüpfeln mit Lackmuspapier zu neutralisieren und dann nach M o h r zu titrieren, doch ziehe ich die V o l h a r d sche Methode vor. So große Mengen Salzsäure, daß durch Acidimetrie der Gehalt genau bestimmt werden könnte, finden sich selten in der Luft.

21. Phosphortrichlorid.

Phosphortrichlorid zerfällt mit Wasser quantitativ in phosphorige Säure und Salzsäure. Man bestimmt in der Luft die letztere durch Durchsaugen durch Natronlauge und verfährt wie bei Salzsäure. Vgl. die Arbeit meines Schülers B u t j a g i n (Arch. f. Hyg. 49).

22. Fluorwasserstoff.

Nach Z e l l n e r (Chem.-Ztg. 19, 1143; 1895) lassen sich etwas größere Fluorwasserstoffmengen in Kalilauge auffangen und nach Aufkochen mit Phenolphtalein als Indikator titrieren. Etwa entstandene Kieselfluorwasserstoffsäure verhält sich bei der Titrierung wie Flußsäure. Ohne Aufkochen bekommt man zu niedere Flußsäurezahlen.

Zu den schwierigsten Aufgaben gehört es, die Flußsäurespuren, welche sich in der Nähe chemischer Fabriken bemerkbar machen (Aluminiumfabriken, die mit Fluoraluminium arbeiten), quantitativ zu ermitteln.

H. W i s l i c e n u s, der sich in neuerer Zeit besonders viel mit Fluorbestimmungen in Pflanzen beschäftigt hat, welche den Abgasen der Industrie ausgesetzt waren, hat auf die außerordentliche Schwierigkeit dieser Arbeiten hingewiesen, ohne bisher seine Methode zu publizieren, was er schon vor längerer Zeit in Aussicht stellte. Einige Andeutungen siehe Zeitschr. f. angew. Chemie 14, 705; 1901.

23. Quecksilberdampf.

Quecksilberdampf läßt sich q u a l i t a t i v dadurch in der Luft nachweisen, daß man echte Goldblättchen, echte Goldschlägerhäutchen an geeigneter Stelle auslegt und sich überzeugt, ob sie einen grauen Farbenton annehmen. Besser ist es, die trockene Luft nach K u n k e l durch ein 2—3 mm weites und 25 cm langes, leicht gebogenes Rohr zu leiten, in das man einige kleine Körnchen Jod gibt. Hinter dem Jod schlägt sich das Quecksilber sichtbar als rotes bis gelbrotes Jodqueck-silber nieder, aus dessen Menge sich die Menge des Quecksilbers ungefähr schätzen läßt. Die Luft soll nicht rascher als 1 L. in 8—10 Minuten durch die Röhre streichen.

Zur q u a n t i t a t i v e n Bestimmung des Quecksilbers läßt sich, wie H i l g e r und R a u m e r (Forschungsberichte über Lebens-mittel 1, 32) und R e n k (Arbeiten des Gesundheitsamts 5, 113) zeigten, die Absorption in gewogenen Goldblattkölbchen und -röhren verwenden.

Nach K u n k e l s Ermittelung scheidet sich aber auch bei seiner viel bequemeren Versuchsanordnung das Quecksilber q u a n t i t a t i v ab und kann zu einer genauen Bestimmung verwendet werden. Man löst das Jodquecksilber in Jodkalium, filtriert von Jodbröckchen, die hineingelangt sind, ab und setzt zum Filtrat soviel Natronlauge, daß etwaiges freies Jod gebunden ist. Man kann nun das Quecksilber kolori-metrisch als schwarzes Schwefelquecksilber bestimmen, indem man Vergleichsproben von alkalisch gemachter Sublimatlösung ebenso wie die zu prüfende Lösung mit verdünntem Schwefelammonium versetzt, oder man fällt das Quecksilber durch Elektrolyse und wiegt es. Ver-gleiche K u n k e l und F e s s e l (Verhandl. der Phys.- med. Gesell-schaft in Würzburg 32, S. 1.) — 1 cbm Luft kann bei 0° etwa 2, bei 10° 6, bei 20° 14, bei 30° 31 mg Quecksilberdampf enthalten.

Eine neue, allerdings recht umständliche Methode zur Bestimmung des Quecksilbers in der Luft hat M é n i è r e angegeben (Comptes rendus 146, 754; 1908).

Die quecksilberhaltige Luft streicht durch einen Glaskolben mit 2 Tuben. Durch die eine tritt die Luft ein in 125 ccm Salpetersäure von 40° Bé; durch die andere tritt die Luft mit Salpetersäuredämpfen gemischt aus, denn der Kolben wird auf einem Spiritusbrenner auf 50° erhitzt. Das austretende Steigrohr biegt sich viermal hin und her, taucht dann als Spirale in einen Kühler. Der Sicherheit wegen läßt man die oben aus dem Kühler austretende Luft noch durch einen zweiten derartigen Apparat, bestehend aus erhitztem Salpetersäuregefäß und Kühler, streichen. Man kann 1 Liter Luft per Minute durchsaugen und muß 100—1000 L. untersuchen. Nach dem Abkühlen muß man die Salpetersäure quantitativ wiederfinden; so gut müssen die Rückflußkühler funktioniert haben. Man verdampft die gesammelte Salpetersäure bei 50° langsam bis auf 4—5 Tropfen und nimmt sie in 20 ccm destilliertem Wasser auf. Zur Bestimmung des Quecksilbers bedient man sich einer filtrierten Lösung von 0,25 Diphenylcarbazid in 100 ccm Alkohol von 40⁰ Bé. Von diesem Reagens versetzt man 1 ccm mit 5 ccm der quecksilberhaltigen Flüssigkeit und erhält eine rosa bis blauviolette Flüssigkeit, die nach einer in der Originalpublikation enthaltenen Farbentafel kolorimetrisch auf ihren Quecksilbergehalt zu schätzen ist. Bei größeren Mengen (mehr als 2 mg in den 20 ccm) ist wohl elektrolytische Bestimmung am besten. — Ich habe mich von der Nachweisbarkeit des Quecksilbers in Spuren nach der M é n i è r e schen Methode überzeugt, gleichzeitig aber auch davon, daß eine Menge nicht flüchtiger Schwermetalle mit dem Reagens auffallende, wenn auch anders nuancierte Farben geben. — M é n i è r e fand in über metallischem Quecksilber gesättigter Luft bei 12⁰—100⁰ 0,6 mg bis 420 mg pro 1000 Liter; er gibt noch mehr Zahlenangaben.

24. Kohlenoxyd.

Das Kohlenoxyd kommt in der Luft geschlossener Räume vor, entweder als Produkt unvollkommener Verbrennung von Heizmaterial bei schlechter Konstruktion oder nachlässiger Bedienung von Heizvorrichtungen oder bei Ausströmungen von Leuchtgas, das gewöhnlich 5—10 % Kohlenoxyd enthält. Wassergas und verwandte Produkte enthalten über 30 % Kohlenoxyd.

Q u a l i t a t i v e r   N a c h w e i s. Kleine Mengen des Gases können, vorausgesetzt, daß weder Schwefelwasserstoff noch Ammoniak gegenwärtig ist, durch Palladiumchlorür ($Pd\,Cl_2$) erkannt werden (F o d o r). Man tränkt schmale Streifen von Filtrierpapier mit einer Lösung des Chlorürs (0,2 mg: 1 ccm Wasser) und trocknet dieselben. Einen solchen Streifen hängt man befeuchtet in eine Flasche, welche etwas Wasser enthält und in welche man 10 L. der zu untersuchenden Luft eingeblasen hatte. Die Flasche wird verkorkt und stehen gelassen. 0,5 ⁰/₀₀ Kohlenoxyd in der Luft bewirken schon nach wenigen Minuten die Bildung eines schwarzen glänzenden Häutchens an der Oberfläche des Papiers; bei 0,1 ⁰/₀₀ entsteht dasselbe nach 2—4 Stunden, bei noch geringeren Quantitäten läßt die Reaktion bedeutend länger auf sich warten. Fehlerfrei ist die Methode nicht, da auch Acetylen und andere Kohlenwasserstoffe ähnlich reagieren können.

Sicherer ist es, wenn man das Kohlenoxyd an B l u t [1]) bindet und es dann im Blute entweder auf s p e k t r o s k o p i s c h e m oder c h e m i s c h e m Wege nachweist. Das Kohlenoxyd wird leicht vom Blute absorbiert, auch wenn es nur in sehr geringen Mengen vorhanden ist. Es verdrängt den im Oxyhämoglobin des Blutes enthaltenen Sauerstoff, setzt sich an seine Stelle und bildet Kohlenoxydhämoglobin.

---

[1]) Es gelingt zwar einigermaßen, durch Schütteln mit Blut einem Luftvolum einen kleinen Kohlenoxydvorrat zu entziehen; ganz unmöglich ist es aber, das Kohlenoxyd aus einem Luftstrom zu absorbieren, den man durch Blut leitet; quantitative, auf diesen Gedanken gegründete Arbeiten haben absolut falsche Resultate gegeben.

Spektroskopischer Nachweis. Auf Grund der von Hoppe-Seyler (Zentralbl. f. d. med. Wissenschaft 1865, Nr. 4) entdeckten Verschiedenheiten im spektroskopischen Verhalten des Oxyhämoglobins und des Kohlenoxydhämoglobins schlug Vogel (Ber. 10, 794; 1877 und 11, 235; 1878) eine Methode zum Nachweis des Kohlenoxyds vor, welche am besten folgendermaßen ausgeführt wird: 10 ccm frisches, defibriniertes Blut werden mit etwa 50 ccm Wasser verdünnt und in eine Flasche von 6—10 L. Inhalt gegossen, welche man mittels eines Blasebalges, wie bei der Kohlensäure bestimmung, mit der zu untersuchenden Luft gefüllt hat. Man verschließt dann die Flasche mit einer Kautschukkappe und schüttelt vorsichtig während einer halben Stunde von Zeit zu Zeit um, damit möglichst viel Kohlenoxyd vom Blute absorbiert werde. Das Blut bekommt hierbei eine himbeerfarbene Nuance, die sehr charakteristisch und leicht zu erkennen ist, wenn man sie mit der Farbe einer Kontrollprobe des ursprünglichen Blutes vergleicht.

Zur spektroskopischen Untersuchung verdünnt man 10 Tropfen sowohl von normalem als auch von dem mit Kohlenoxydluft geschüttelten Blut auf etwa 20 ccm und bringt es vor den Spalt eines Spektralapparates (Taschenspektroskope sind für diesen Zweck sehr brauchbar). Das Kohlenoxydhämoglobin zeigt nun ein spektroskopisches Verhalten, das von demjenigen des Oxyhämoglobins verschieden ist; Oxyhämoglobin, also normales Blut, zeigt in Gelb und Grün, somit zwischen den Fraunhoferschen Linien D und E, zwei Absorptionsstreifen mit scharfen Rändern. Bei Kohlenoxydhämoglobin treten ebenfalls zwei scharfe Streifen auf, sie liegen jedoch etwas näher beisammen.

Sehr deutlich wird nun aber der Unterschied zwischen Oxyhämoglobin und Kohlenoxydhämoglobin, wenn man beide Blutproben mit Reduktionsmitteln — mit Schwefelammonium oder Stokesscher Flüssigkeit (weinsaures Eisenoxydulammoniak) behandelt [1]. Man braucht hierzu nur ein paar Tropfen des Reduktionsmittels. Oxyhämoglobin wird dadurch sofort zu Hämoglobin reduziert, nicht aber das beständigere Kohlenoxydhämoglobin. Es zeigt nun das Hämoglobin nur mehr ein breites, stark verwaschenes Absorptionsband, das nicht nur das Intervall zwischen den beiden Streifen des unveränderten O-Hämoglobins einnimmt, sondern sich nach und nach rechts und links hin ausdehnt, immerhin aber die Fraunhoferschen Linien D und E freiläßt; das CO-Hämoglobin dagegen zeigt auch nach dem Zusatze des Reduktionsmittels die beiden getrennten Streifen in beinahe unveränderter Gestalt. Nach Vogel läßt sich auf diese Weise noch ein Kohlenoxydgehalt der Luft von $2,5\,^0/_{00}$

---

[1] Zur Darstellung der Stokesschen Flüssigkeit löst man etwas Ferrosulfat (Eisenvitriol) in Wasser, setzt feste Weinsäure bis zum Entstehen eines starken Niederschlages hinzu und löst dann denselben durch Zusatz von überschüssigem Ammoniak zu einer schwarzgrünen Flüssigkeit, die wohlverschlossen aufzubewahren ist.

nachweisen. Diese einfache Methode ist sehr brauchbar, um Kohlenoxyd im Blute eines Menschen oder Tieres nachzuweisen, die an Kohlendunst- oder Leuchtgasvergiftung gestorben sind, oder nur lange in CO-haltigen Räumen geweilt haben. Auch der Kohlenoxydnachweis im Zigarrenrauch gelingt so leicht, wenn man durch eine Flasche von 200 ccm eine Zeitlang Rauch bläst.

Da das Blut niemals ganz mit Kohlenoxyd gesättigt ist und stets noch Sauerstoffhämoglobin daneben vorhanden ist, so entsteht meist, während die Kohlenoxydhämoglobinstreifen bestehen bleiben, eine mehr oder weniger starke Trübung des Bildes dadurch, daß sich der Streifen des reduzierten Hämoglobins mehr oder weniger stark darüber legt. Aus dem Verhältnis der Intensität der Streifen des Kohlenoxydhämoglobins und des reduzierten Hämoglobins läßt sich bei etwas Übung ein Urteil über die Sättigung des Blutes mit Kohlenoxyd abgeben (U f f e l m a n n, Arch. f. Hyg. 2, 207; 1884). Weiter hat U f f e l - m a n n gezeigt, daß die Untersuchung an Schärfe dadurch gewinnt, daß man dem mit Ammoniumsulfid versetzten Blute noch etwas 10proz. Natronlauge zufügt. Auch jetzt bleibt CO-Hämoglobin und sein Spektrum bestehen, während das reduzierte Hämoglobin durch die Natronlauge in Hämochromogen verwandelt wird. Dieses zeigt einen scharfen dunklen Absorptionsstrich zwischen D und E (näher an D) und ein verwaschenes Band auf E. Ist das Blut nur teilweise mit CO gesättigt, so entsteht Hämochromogen neben CO-Hämoglobin. U f f e l m a n n hat durch sorgfältige Spektralbeobachtung bis 0,33 $^0/_{00}$ CO nachweisen können [1]).

Dem spektroskopischen Nachweis macht heute starke Konkurrenz die von K u n k e l und W e l z e l angegebene Methode, welche mit bloßem Auge die Farbenänderung von kohlenoxydhaltigem und kohlenoxydfreiem Blute unter Verwendung gewisser eiweißfällender Reagenzien vergleicht.

Man absorbiert in einem Luftvolumen von ca. 10 L. durch 20 ccm einer 20prozentigen Blutlösung das Kohlenoxyd wie oben und versetzt nun dieses Blut sowohl wie eine Kontrollösung mit verschiedenen E i w e i ß f ä l l u n g s m i t t e l n. Es entstehen hierbei verschieden gefärbte Niederschläge; bei beiden Lösungen sind diese rötlich, doch im Kohlenoxydblute mehr gegen das Weißlichbläuliche, in der Kontrollprobe gegen das Gelbe oder Braune hin (bei geringem CO-Gehalte).

Als beste Reaktionen empfiehlt W e l z e l die beiden folgenden: a) Zu 5 ccm der Blutlösung setzt man 15 ccm 1prozentige T a n n i n - lösung und schüttelt um. Der hierbei entstehende Niederschlag setzt sich langsam ab; nach 1—2 Stunden ist die schon anfangs auftretende Farbendifferenz deutlich, noch ausgesprochener nach 24—48 Stunden. Nach dieser Zeit ist in kohlenoxydhaltigem Blute ein bräunlichroter,

---

[1]) O g i e r und E. K o h n - A b r e s t entfernen aus der Luftmischung (4 Liter) erst durch Schütteln mit 200 ccm Hy .rosulfitlösung den Sauerstoff und lassen dann das Gas sehr langsam (100 ccm in 13 Min.) mittels Quecksilber aus der Flasche austreiben und durch 1proz. Blutlösung treten. (Chem. Zentralbl. 1908, II, 543).

in gewöhnlichem Blute ein graubrauner Niederschlag zu sehen. Der Farbenunterschied hält sich im gut verschlossenen Glase bis 9 Monate lang und kann sehr gut vor Gericht vorgezeigt werden.

b) Zu 10 ccm der Blutlösung fügt man 5 ccm 20prozentiger F e r r o - c y a n k a l i u m lösung und 1 ccm E s s i g s ä u r e (1 Vol. Eisessig + 2 Vol. Wasser). Sehr bald wird der Niederschlag im kohlenoxydhaltigen Blute rotbraun, im gewöhnlichen Blute graubraun. Der Farbenunterschied vermindert sich schon nach ½ Stunde, nach 2—6 Tagen verschwindet er. — W e l z e l hat nach beiden Verfahren noch 0,023 $^0/_{00}$ Kohlenoxyd in der Luft nachgewiesen.

Es soll noch erwähnt werden, daß man für alle diese Proben, anstatt die Blutlösung mit der verdächtigen Luft in einer Flasche zu schütteln, geeignete Tiere (Kaninchen, Vögel) in den Raum, dessen Luft zu untersuchen ist, bringen und sodann im Blute dieser Tiere das Kohlenoxyd nachweisen kann.

Eine größere Empfindlichkeit als dieses Verfahren besitzt kein anderes, auch die umständliche Methode von F o d o r leistet nicht mehr. Doch mag dieselbe nebenbei ausgeführt werden, da sie auf ein anderes Prinzip (P a l l a d i u m c h l o r ü r v e r f ä r b u n g) gegründet ist. F o d o r s Methode ist folgende. Man bringt (Deutsch. Viertelj. f. öff. Gesundheitspflege 12, 377; 1880) die durch Schütteln mit der verdächtigen Luft CO-haltig gemachte Blutlösung in einen Kolben mit doppelt durchbohrtem Kork, der in ein kochendes Wasserbad zu stehen kommt. Auf der einen Seite ist der Kolben mit einem Palladiumchlorür enthaltenden Absorptionsapparate durch eine Glasröhre verbunden, die in die Blutlösung eintaucht; auf der andern Seite reihen sich an den Kolben mehrere Absorptionsapparate an, von denen der erste mit Schwefelsäure, der zweite mit Bleiacetat, der dritte und vierte mit Palladiumchlorür beschickt sind. Durch die ganze Vorrichtung wird mit Hilfe eines Aspirators ein sehr langsamer Luftstrom hindurchgezogen. In der Vorlage soll etwa in der Luft enthaltenes Kohlenoxyd oder andere Palladiumchlorür reduzierende Stoffe zurückgehalten werden; aus dem kochenden Blute nimmt der Luftstrom verschiedene Gase auf, unter anderem Ammoniak und Schwefelwasserstoff, welche, da sie die Reaktion stören würden, von der Schwefelsäure bzw. dem Bleiacetat zurückgehalten werden; dem Palladiumchlorür gibt die Luft das mitgerissene Kohlenoxyd ab, welches ungehindert die beiden ersten Absorptionsapparate passiert hat. Das Erwärmen des Blutes und das Durchleiten von Luft muß mindestens eine halbe Stunde lang fortgesetzt werden.

Kohlenoxyd scheidet aus Palladiumchlorürlösung schwarzes metallisches Palladium, oft als Häutchen ab:

$$PdCl_2 + CO + H_2O = Pd + 2\,HCl + CO_2.$$

Nach F o d o r kann man durch dieses Verfahren noch 0,2 $^0/_{00}$ Kohlenoxyd in der Luft erkennen. Nach K l e p z o f f (Arb. d. Hyg. Laboratoriums d. Univ. in Moskau (russ.) I, 1886, S. 1 ff.), der gefunden hat, daß bei der von Fodor vorgeschlagenen Anordnung des Versuches ein wesentlicher Teil des aus dem Blute ausgetriebenen Kohlenoxydes mit den Luftblasen durch die Palladiumchlorürlösung hindurchtritt und auf diese Weise verloren geht, kann die Probe noch weit empfindlicher gemacht werden, wenn man die Absorptionsapparate mit dem Palladiumchlorür durch eine hermetisch verschlossene Reihe von Trichtern ersetzt, in denen sich mit Palladiumchlorürlösung getränkte Filter befinden.

Quantitative Bestimmungen des Kohlenoxyds in der Luft sind bisher nur selten ausgeführt worden. Pontag (Zeitschr. f. Unters. d. Nahrungs- u. Genußmittel 6, 673; 1903) hat unter Anlehnung an ältere Vorschläge von Fodor eine Methode angegeben, um im Tabakrauch quantitativ die relativ großen Kohlenoxydmengen zu bestimmen. Sie besteht in folgendem: Die zu untersuchende Luft wird in einem Kolben gesammelt, auf den Kolben ein doppelt durchbohrter Pfropf aufgesetzt und nun durch denselben ein Luftstrom gesaugt, der eine 2 promill. Palladiumchlorürlösung passiert hat. Die aus dem Kolben angesaugte Luft geht erst durch ein Kölbchen mit rauchender Schwefelsäure, welche Kohlenwasserstoffe absorbieren soll, dann durch ein Kölbchen mit Kalilauge, um die Dämpfe der Schwefelsäure aufzufangen, und hierauf durch 4 hintereinander eingeschaltete Kölbchen mit 2 promill. Palladiumchlorür. Man saugt mindestens das Fünffache der Luftmenge des Kolbens durch. Das erste Kölbchen wird durch ausgeschiedenes Palladium am stärksten, das zweite schwach, das dritte spurenweise, das vierte gar nicht getrübt. Ich habe mit Tani gefunden, daß man 8 Palladiumchlorürgläschen hintereinander einschalten muß, um aus 300 ccm in vierstündigem Durchleiten quantitativ das CO zu entfernen (Arch. f. Hyg., 68, 357). Das metallische Palladium wird auf einem Filter gesammelt, mit Wasser gewaschen, geglüht und gewogen. 1 mg Palladium = 0,262 mg Kohlenoxyd. 1 ccm Kohlenoxyd wiegt bei 0° und 760 mm Barometerstand 1,249 mg.

Welischkowsky (Arch. f. Hygiene I, S. 227) hat mit der von Fodor vorgeschlagenen jodometrischen Palladiumbestimmung gute Erfolge gehabt. Er filtrierte das Palladiumchlorür von dem ausgeschiedenen Palladium ab und setzte zu der erhitzten Palladiumchlorürlösung so lange Jodkaliumlösung (3,118 g KJ pro 1 Liter, so daß 1 ccm = 1 mg Palladium), bis nach Abwarten, Aufkochen und erneutem tropfenweisen Palladiumchlorürzusatz kein Niederschlag von PdJ_2 mehr entsteht. Hierbei verläuft die Reaktion:

$$PdCl_2 + 2\,KJ = PdJ_2 + 2\,KCl.$$

Mit Geduld und Sorgfalt ausgeführt, ist die Methode nach Welischkowsky recht gut.

Die neueren Methoden zur Bestimmung von kleinen Kohlenoxydmengen hat neuestens Spitta (Arch. f. Hyg. 46) kritisch zusammengestellt und namentlich die von Nicloux und Gautier unabhängig voneinander publizierten Methoden der Bestimmung des Kohlenoxyds durch Jodsäure diskutiert. Beide Methoden sind auf die Reaktion gegründet:

$$J_2O_5 + 5\,CO = J_2 + 5\,CO_2.$$

Während Gautier die gebildete CO_2 bestimmt, erscheint es mir praktischer, mit Nicloux das Jod zu ermitteln. Man trocknet das zu untersuchende Gas durch Überleiten über Schwefelsäurebimsstein oder Chlorcalcium, nachdem man es zuerst durch kleine Kalistückchen von Kohlensäure befreit hatte. Das Jodsäureanhydrid bringt man zu 1—2 g in ein U-förmig gebogenes Glasröhrchen zwischen 2 Glaswollpfröpfchen und erhitzt es im Luftbad auf 70—100⁰. Den Joddampf habe ich nach Thots Vorgang (Chem.-Zeitg., **31**, 98; 1907) in Chloroform, das von Wasser bedeckt ist, aufgefangen und nachher direkt mit $^1/_{10}$ Thiosulfat titriert. Natürlich hat man am Schluß des Versuchs Sorge zu tragen, daß alles Jod in Dampfform das U-Rohr verläßt und im Chloroform gebunden wird. 127 mg Jod entsprechen 70 mg CO oder 1 ccm $^1/_{100}$Thiosulfat = 0.56 ccm Kohlenoxyd. Spuren kann man auch kolorimetrisch nach dem Grade der Rosafarbe bestimmen. — Leider wirkten auch Äthylen und Acetylen etwas auf J_2O_5. — Ich habe mich überzeugt, daß eine einzige J_2O_5-Röhre genügt, um quantitativ alles Kohlenoxyd aus einer 1prozentigen Mischung umzuwandeln; ein zweites J_2O_5-Rohr bleibt farblos.

Ein Hauptnachteil bei Untersuchung stark verdünnter Gase, den Spitta hervorhebt, ist die außerordentlich geringe Luftmenge, die man zu den Versuchen verwenden kann. Mehr wie 600 bis höchstens 1500 ccm dürfen pro Stunde nicht den Apparat passieren. Die Versuche, das Kohlenoxyd durch Palladiumasbest nach Cl. Winkler zu verbrennen, ergeben kein gutes Resultat. Entweder muß man äußerst langsam arbeiten, oder man bekommt unvollständige Resultate. Es ist also auch diese Methode nur bei größerem Gehalt und kleineren Luftmengen wirklich durchführbar.

Spitta hat deswegen (l. c.) ein neues Prinzip in die Methode eingeführt, bei der er das Kohlenoxyd in einem größeren in eine Flasche eingeschlossenen Luftvolum durch eingeführte Elektroden aus mit Palladium überzogenem Silberblech zu Kohlensäure oxydiert.

Auf die nähere Einrichtung des Apparates, der dem Erfinder genaue Kohlenoxydbestimmungen bis auf 0,1 $^0/_{00}$ gestattet hat, kann hier nicht eingegangen werden, da eine Menge Einzelheiten zu berücksichtigen sind, die nur im Original mit der nötigen Ausführlichkeit mitgeteilt werden können. Die Flasche darf keine Spuren von anderem organischen Material, Kautschuk usw., enthalten. Es ist eine Temperatur des Palladiums von 150 bis 160⁰ einzuhalten. Bei höheren Temperaturen, 180—200⁰, oxydieren sich nämlich auch andere Substanzen wie Äthan, Äther, Benzin, Benzol und über 250⁰ auch Acetylen; Äthylen nicht unter 300⁰. Um gute Resultate zu erzielen, muß man dem Flascheninhalt zirka 20 ccm reinen Wasserstoff zusetzen. Die Verbrennung des Kohlenoxyds dauert etwa 1½ Stunden. Die gebildete Kohlensäure wird nachher nach Pettenkofer (S. 383) bestimmt. In einer genau ebensolchen Flasche, die mit der gleichen Luft gefüllt ist, wird eine Kontrollkohlensäurebestimmung ausgeführt und durch Differenz die Kohlensäure ermittelt, die aus dem Kohlenoxyd entstanden ist. Man sieht, auch diese Methode erheischt Apparate und Übung. S p i t t a hat nach der Methode in einem geschlossenen Raum, in dem ein Auerbrenner 2½ Stunden brannte, 0,068 $^o/_{oo}$ Kohlenoxyd gefunden, entsprechend 142 ccm Kohlenoxyd. Eine Petroleumlampe lieferte kaum nachweisbare Spuren von Kohlenoxyd. 2 Zigarren gaben in dem gleichen Versuchskasten einen Gehalt von 0,132 $^o/_{oo}$ Kohlenoxyd, was für eine Zigarre 421 ccm bedeutete.

Schließlich erwähne ich noch zwei besondere, auf einem ganz anderen Prinzip beruhende quantitative Methoden, über die ich keine Erfahrung besitze.

C l o w e s (Chem. News 74, 188; 1896 und Zeitschr. f. analyt. Chem. 36, 336; 1897) empfiehlt zur Bestimmung von brennbaren Gasen, insbesondere Acetylen und Kohlenoxyd, die Veränderung einer Wasserstoffflamme in solcher Luft. Läßt man eine 10 mm hohe Wasserstoffflamme in unreiner Luft brennen, so zeigt sie:

bei 0,25 % Acetylen eine fahl bläuliche „Haube" von 17 mm
      0,50 %   19 mm
      1,00 %   28 mm
      2,00 %   48 mm.

Ein Kohlenoxydgehalt von 0,25 Proz. erzeugt an einer 10 mm hohen Flamme eine 13 mm hohe Haube.

G r é h a n t (Compt. rend. 123, 1013; 1896) schlägt vor, den CO-Gehalt der Luft im Grisoumeter (Bd. I, S. 262) zu bestimmen.

25. Cyan und Cyanwasserstoff.

Natronlauge nimmt aus der Luft sowohl Cyanwasserstoff als auch Cyan auf. Doch bildet sich nur aus Cyanwasserstoff glatt Cyankalium. Es treten dabei die Reaktionen auf:

$$2 \, CN + 2 \, KOH = KCN + KCNO + H_2O$$
$$HCN + KOH = KCN + H_2O.$$

Titrierbare Mengen von Blausäure werden sich äußerst selten in der Luft finden; sie werden nach meinen Versuchen quantitativ von Natronlauge absorbiert. Die Bestimmung der absorbierten Mengen ist leicht sowohl mit S i l b e r n i t r a t als mit J o d auszuführen. Für die erstere säuert man unter Zusatz von einer Spur Luteol schwach mit Schwefelsäure an, fügt dann eine Messerspitze Kreide, einige Tropfen Kaliummonochromat und dann Silberlösung hinzu, bis eine bräunliche Verfärbung eintritt. 1 ccm ¹/₁₀ Normal-Silbernitrat = 2,705 mg HCN.

Die jodometrische Bestimmung verläuft einfach nach der Gleichung:

$$KCN + J_2 = CNJ + KJ.$$

Zur Titrierung ist die Herstellung einer neutralen Reaktion notwendig, die sich durch Ansäuerung mit Schwefelsäure und Zusatz von Kreide ebenfalls bequem herstellen läßt. Man setzt Jod zu, bis ein zugefügter Tropfen Stärke einen Jodüberschuß erzeugt. 1 ccm $^1/_{100}$ N.-Jodlösung = 1,351 mg HCN.

Hat man, wie dies in der Regel der Fall ist, Cyangas ohne Cyanwasserstoffsäure zu untersuchen, so verfährt man ganz, wie eben geschildert. Es entspricht dann 1 ccm $^1/_{10}$ Normal-Silberlösung 5,2 mg Cyangas.

26. Kohlenwasserstoffe: Methan, Äthylen, Acetylen, Benzin, Benzol.

Über die Bestimmung größerer Mengen dieser Körper vgl. Leuchtgas (III. Band).

Geringe Mengen kohlenstoffreicher Verbindungen wie die oben genannten hat man häufig dadurch in der Luft zu bestimmen versucht, daß man möglichst große Volumina (5—10 Liter) erst durch starke Kalilauge von Kohlensäure befreite, dann durch Barytwasser leitete, um die Abwesenheit von Kohlensäure zu zeigen und nun durch ein Verbrennungsrohr saugte, das mit glühendem Kupferoxyd gefüllt ist. Alle kohlenstoffhaltigen Gase verbrennen dabei zu Kohlensäure, die man in Barytwasser auffängt und titrimetrisch bestimmt. Natürlich wird es oft Schwierigkeiten machen, die erhaltene Kohlensäure auf eine bestimmte Verbindung umzurechnen, weil wir die verunreinigenden Gase nicht kennen. — Einübung auf die Methodik mit Luft von bekanntem Kohlenwasserstoffgehalt ist empfehlenswert.

Auch das von S p i t t a (S. 409) für Kohlenoxyd angegebene Verfahren (Oxydation durch erhitztes Palladium) läßt sich für Kohlenwasserstoffe anwenden, nur muß man die Erhitzungstemperatur höher wählen als für Kohlenoxyd.

Benzol und Äthylen werden von rauchender Schwefelsäure absorbiert. (Näheres über diese Verhältnisse s. Bd. I. S. 239 und im 3. Bande unter „Leuchtgas".)

Von speziellen Methoden für die einzelnen Kohlenwasserstoffe sind wenige bekannt, wenn es sich um sehr kleine Mengen handelt.

Eine q u a l i t a t i v e A c e t y l e n r e a k t i o n hat L. I l o s v a y (Ber. 32, 2697; 1899) angegeben. Man löst in wenig Wasser 1 g krystallisierten Kupfervitriol, fügt 4 ccm 20 proz. Ammoniaklösung und 3 g Hydroxylaminchlorhydrat hinzu und füllt auf 50 ccm auf. Die jetzt das Kupfer als Cupro-Verbindung enthaltende Lösung hält sich einige Tage. Man verwendet sie, indem man über einen mit dem Reagens getränkten Baumwoll- oder Glaswollpropf das Gas leitet oder auch das Gas mit einigen ccm Reagens schüttelt. Rosafärbung bis roter Niederschlag bedeutet Acetylengehalt.

Eine q u a n t i t a t i v e A c e t y l e n b e s t i m m u n g ist bei Abwesenheit von Schwefelwasserstoff und nach Wegnahme der Kohlen-

säure durch Natronlauge nicht allzu schwierig. Beim Durchleiten durch
ammoniakalische Silberlösung fällt Acetylensilber ($C_2H_2Ag_2O$), das
man abfiltriert und als Chlorsilber wiegt, oder man absorbiert das
Acetylen in einer ammoniakalischen Kupferchlorürlösung, filtriert das
Acetylenkupfer ($C_2H_2Cu_2O$) ab, wäscht mit verdünntem Ammoniak
den Niederschlag, bis das Filtrat kein Kupfer mehr enthält. Das Acetylenkupfer löst man in Salzsäure und bestimmt nun das Kupfer jodometrisch oder bei sehr kleinen Mengen allenfalls kolorimetrisch. (Kohlenoxyd wird auch von Kupferchlorür gebunden, erzeugt aber keinen
Niederschlag.)

$$4,89 \text{ mg Cu} = 1 \text{ mg Acetylen.}$$
$$8,3 \text{ mg Ag} = 1 \text{ mg Acetylen.}$$

Benzol ist qualitativ und bei größeren Mengen auch quantitativ
nach Harbeck und Lunge (Zeitschr. f. anorgan. Chem. 16, 26; 1898)
zu bestimmen. Ich habe mich vielfach davon überzeugt, daß die Methode 95 % Ausbeute bei mäßigem Durchsaugen gibt. Man absorbiert
das Benzol in zwei Zehnkugelröhren mit einem Gemisch von konzentrierter Schwefelsäure und Salpetersäure (Nitriersäure). Nach einigen
Stunden Neutralisieren unter Kühlen, Extrahieren mit Äther; der
Ätherextrakt enthält fast absolut reines Dinitrobenzol, das nach dem
Trocknen gewogen wird. 1 g Benzol liefert 1.93 g Dinitrobenzol.

Eine volumetrische Bestimmung des Benzols in der Luft durch
Absorption in konzentrierter Schwefelsäure (vgl. Morton, Chem.
Zentralbl. 1907, I, 507) hat nur bei sehr großem Gehalt Aussicht auf
Genauigkeit.

27. Chloroform und andere gechlorte Kohlenwasserstoffe der Fettreihe.

Durch in Kältemischung stehende Vorlagen von absolutem Alkohol
läßt sich nach meinen Erfahrungen Chloroform quantitativ absorbieren,
wenn man Luft mit etwas Chloroformdampf in mäßigem Strom durchleitet. Den Alkohol (200 g) versetzt man mit etwa 8 g metallischen
Natriums und erhitzt am Rückflußkühler. Bei 10 stündiger Erhitzung
erhielten wir 100 % des Chlors als Chlornatrium, wenn wir den Alkohol
mit der gleichen Wassermenge versetzten neutralisierten und mit Silbernitrat titrierten. Für Chloroform ergaben auch die in der Literatur
empfohlenen Methoden des Kochens mit alkoholischem Kali gute
Resultate, d. h. etwa 95—96 % des Chlorgehalts (vgl. z. B. Nicloux,
Compt. rend. 142, S. 163—165; Vernon Harcourt, Journ. Chem.
Soc. 75, 1060; 1899).

Der letztgenannte Autor empfiehlt noch eine zweite Methode:
Verbrennen des Chloroforms in einem abgeschlossenen Raum durch
einen glühenden Platindraht in 1 Stunde zu HCl, Kohlensäure und Wasser.

Versuche mit anderen gechlorten Kohlenwasserstoffen der
Fettreihe ergaben mit alkoholischer Kalilauge meist unbrauchbare
Resultate, bessere mit Natriumäthylat; es fanden sich vielfach nur ca.

80 %. Gute Resultate namentlich für die höher siedenden Körper ergab der Ersatz von Äthylalkohol durch Amylkohol. (Tetrachloräthan und Tetrachlormethan lieferten je 96 % des Chlors). Die Versuche werden fortgesetzt.

28. Ätherdampf.

Ätherdampf in größeren Mengen läßt sich aus einem abgeschlossenen Luftvolum quantitativ durch Schwefelsäure vom spezifischen Gewicht 1,84 in ca. 30 Minuten absorbieren und somit volumetrisch bestimmen (A. J. K u n k e l und H o r w i t z). Vgl. H o r w i t z, Dissert. medic., Würzburg 1900.

29. Stickstoff- und schwefelhaltige organische Körper.

Für solche Substanzen, für die man keine spezielle Methode kennt, mag, wenn wenigstens ein Absorptionsmittel zur Verfügung steht (Säure, Lauge, Jodlösung, Eiswasser, Paraffinöl), eine Stickstoffbestimmung nach K j e l d a h l oder eine Schwefelbestimmung als Schwefelsäure zum Ziel führen.

30. Organische Substanzen in der Luft.

Die nicht näher bekannten spurenweisen Mengen organischer Substanzen in der Zimmerluft und Stadtluft wollte man früher (vgl. U f f e l - m a n n, Arch. f. Hyg. 8, 262; A r c h a r o w, Arch. f. Hyg. 13, 229) durch Durchleiten durch Permanganatlösungen bestimmen oder doch schätzen. Seit R u b n e r gezeigt hat, daß so vor allem SO_2 und HNO_2 bestimmt werden, und jedenfalls nur ein sehr kleiner Teil der Reduktion auf organischen Kohlenstoff zu beziehen ist, lohnt ein näheres Besprechen der Methode, der ich stets sehr skeptisch gegenüber stand, nicht mehr.

Will man den organischen Kohlenstoff bestimmen, so hat man zwei Luftströme durch P e t t e n k o f e r sche Barytröhren streichen zu lassen. Im einen bestimmt man die präformierte Kohlensäure, im andern, der über eine lange Schicht glühenden Kupferoxyds gegangen ist, die präformierte + der aus organischem Kohlenstoff gebildeten. Führt man eine dritte Bestimmung gleichzeitig aus, bei der man den Luftstrom durch eine dünne Watteschicht filtriert, ehe man ihn über das glühende Kupferoxyd leitet, so gibt die Differenz von II—III die Menge des suspendierten Kohlenstoffs (Ruß).

31. Untersuchung der Luft auf Staub.

Quantitative und qualitative Staubuntersuchungen können im technischen, namentlich aber im hygienischen Interesse veranlaßt sein. Selten nur werden derartige Untersuchungen im Freien vorzunehmen sein. Die Luft im Freien ist auch ihres sehr geringen Staubgehaltes wegen nur schwer quantitativ zu analysieren. Mengen von 1 mg in 1 cbm der freien Luft gelten schon für groß, und in 100—200 L. wird man nur ausnahmsweise deutlich wägbare Mengen erhalten.

Ich habe deshalb vor längerer Zeit Herrn Dr. A r e n s veranlaßt, eine andere Methode auszubilden, welche wenigstens Vergleichswerte über die Belästigung durch den Staubgehalt der Luft zu ermitteln gestattet. A r e n s stülpte Bechergläser von 400 qcm Mantelfläche über ein Brettchen, das in Kopfhöhe auf einem Stabe befestigt war. Das Becherglas war mit Schweinefett bestrichen, so daß alle Staubteilchen, die in der Versuchszeit auf seine Oberfläche fielen, anklebten. Nach bestimmten Zeiten, ¼—1—3 Stunden je nach Staubgehalt und Bewegung der Luft, wurde das Schweinefett mit Äther gelöst und durch ein gewogenes Filter filtriert. Nach Extraktion des Filters mit Äther wurde durch seine Gewichtszunahme die auf demselben zurückgebliebene Staubmenge bestimmt. Es wird so die Staubmenge ermittelt, welche einem Menschen in einer gewissen Zeit ins Gesicht fliegen würde. Man bekommt nach dieser Methode wägbare Staubmengen, wo die Untersuchung von einigen hundert Liter Luft versagt. (A r e n s, Arch. f. Hygiene 21.)

Sind größere Staubmengen, also namentlich in geschlossenen Räumen, zu bestimmen, so filtriert man gemessene Luftmengen (nicht unter 100 L.) durch kleine, leichte, mit Wattepfropf verschlossene, am andern Ende spitz ausgezogene Glasröhrchen von etwa 1—1½ cm Querschnitt. Je rascher der Luftstrom, um so größer werden die Zahlen; ich bin mit weiterem Studien hierüber mit Dr. S a i t o beschäftigt.

Hat man das Wägeröhrchen samt Wattepfropf am Versuchsbeginn gut getrocknet und gewogen, und wägt man am Ende des Versuches nach gutem Trocknen wieder, so ergibt die Gewichtsdifferenz die Staubmenge, die man gewöhnlich auf einen Kubikmeter umrechnet. Am bequemsten ist es, die Luft mit einer Wasserluftpumpe durchzuziehen und sie durch eine Gasuhr zu messen. Wo man keine weiteren Hilfsmittel zur Hand hat, ist eine blasebalgartige, aus gasdichtem Stoff hergestellte, etwa 20 L. fassende Pumpe mit einem Zweiwegehahn sehr angenehm. Man saugt die Luft in den Blasebalg durch den Wattepfropf, verschließt, sobald man 20 L. angesaugt hat, die Kommunikation mit dem Glasröhrchen, bläst nun bei veränderter Hahnstellung die filtrierte Luft ins Freie, stellt den Hahn wieder um und wiederholt das Spiel so oft, bis zirka 2—400 L. angesaugt sind.

Gewöhnlich handelt es sich um eine weitere Analyse des aufgefangenen Staubes, wozu möglichst große Mengen nötig sind. In manchen Fällen wird man sich dieselben durch Zusammenkehren von reinen Flächen in den betreffenden Arbeitsräumen (oben von Schränken!) verschaffen können. Die Analyse selbst wird meist keine Schwierigkeiten machen. Durch Verbrennen des Wattefilterchens wird die Menge der anorganischen Staubbestandteile ermittelt. Löst man diesen Rückstand in Salzsäure, so läßt sich Calcium, Eisen usw. bestimmen. Lägen Ge-

mische von Eisen- und Steinstaub oder Eisen- und Kohlenstaub vor,
so würde es meist am einfachsten sein, den Gesamtrückstand zu be-
stimmen. Organische Staubsorten wie Baumwollstaub, Wollstaub,
Holzstaub werden meist nicht mit anorganischem Staub in größeren
Mengen vermischt sein, so daß eine einfache Bestimmung der Gewichts-
zunahme des Filters das Gewicht dieser organischen Stoffe angibt.
Man könnte aber auch Glaswollfilter nehmen und den Kohlenstoff durch
Elementaranalysen bestimmen.

Folgende Tabelle gibt einige Anhaltspunkte über S t a u b g e h a l t
nach den Versuchen von H e s s e (Dinglers polytechn. Journal 1881)
und C. A r e n s (Arch. f. Hygiene 21). Über die mikroskopische Untersuchung des Staubs vergleiche W e g m a n n (Arch. f. Hygiene 21).
Es enthielt ein Kubikmeter Luft:

Studierzimmer . . . . 0 ·mg
Wohn- und Kinderzimmer . . . . 1,6 ,,
Laboratorium . . . . 1,4 ,,
Bildhauerei (Werkstätte halb im Freien) . . 8,7 ,,
Kunstwollfabrik (Reißraum) . . . . . . 7,0 ,,
    (Schneideraum) . . . . . 20,0 ,,
Sägewerk . . . . 15—17,0 ,,
Mühlen . . . . 4,4; 22; 28; 47 ,,
Eisengießerei: I. Versuch, Arbeit beginnt erst 1,5 ,,
    II. Versuch, wenig Arbeiter 12,0 ,,
    III. Versuch, Putzraum . . . 71,7 ,,
Schnupftabakfabrik . . . . 16—72 .,
Filzschuhfabrik . . . . 175 ,,
Zementfabrik: a) Während der Arbeit. . . 224 ,,
    b) Arbeitspause . . . . . 130. ,,

32. Rauch und Ruß.

Der Rauch verdankt seine dunkle Farbe sowohl festem, unver-
branntem Kohlenstoff (Ruß) als schwebenden gelbbraunen Tröpfchen
von kohlenstoffreichen Produkten der unvollkommenen Verbrennung
(Teer). Sammelt man die den Rauch schwärzenden Anteile nach
R u b n e r s Vorgang auf glatt gespannten Papierfiltern (eine Fließ-
papierscheibe wird zwischen Metallringen eingeschraubt), so erhält man
aus der Schwärzung bzw. Bräunung der Papiere auf kolorimetrischem
Wege einen Anhalt über den Rauchgehalt. (R u b n e r, Hyg. Rundschau 1906, 257 und Arch. f. Hyg., 57, 1908.) Handelt es sich um
Stadtluft, so wird man sich meist mit kolorimetrischen Vergleichen und
Relativzahlen begnügen müssen. R u b n e r hat durch subtile Wägung an staubfreien Tagen (nach Schneefall) etwa 0,14 mg Gesamtruß
im Kubikmeterer erhalten, im Minimum 0,06, im Maximum 0,31, davon
waren etwa 60% Ruß im engeren Sinne (s. u.). Versuche, die Rußmengen
zu bestimmen, welche sich auf einer bestimmten Fläche der Stadt
niederschlagen, hat z. B. L. H e i m (Arch. f. Hyg. 26) angestellt. Er

hat mit Wasser gefüllte Schalen aufgestellt, den Ruß unter Ausschluß
von Sandkörnchen und hineingefallenen Insekten auf Filtern gesammelt und die Filter nachher gewogen. Die Methode kann kolorimetrisch (durch Betrachtung der Schwärzung der Filter) einigermaßen
kontrolliert werden. Auch wäre es wohl zu versuchen, die Rußmengen
auch auf Asbestfiltern zu sammeln und eine Kohlenstoffbestimmung
darin zu machen, da, wie H e i m angibt und im Original nachzusehen
ist, seine Methode doch noch allerlei schwer zu beseitigende Schwierigkeiten darbietet. — Auch der Rußgehalt des Schnees könnte unter
ähnlichen Verhältnissen studiert werden, wobei natürlich die Lage der
umgebenden Kamine, die Windrichtung und die Zeit, die nach dem
Schneefall vergangen ist, zu berücksichtigen wären. Die Angaben wären
besser auf eine Flächeneinheit, etwa auf den qm, als wie auf eine bestimmte Schneemenge zu beziehen, da der Ruß ja meist ganz oberflächlich liegt und durch 5 cm starkes Abkratzen wohl aller Ruß gewonnen wird, der seit einem kürzlichen Schneefall niederfiel.

Ist wirklicher Ofenrauch und dergl. zu untersuchen, so erhält man
schon in 200—2000 Liter leicht wägbare Niederschläge auf Papierscheiben. R u b n e r extrahiert dieselben zur Bestimmung des ,,Teers''
mit Äther, bestimmt die Asche und rechnet den Rest als Kohlenstoff
(Ruß im engeren Sinne). Der Gesamtrückstand im Kubikmeter schwankt
zwischen 10 mg (Anthrazit) und 112 mg (Steinkohlen), der Ätherextrakt beträgt $^1/_5$—$^1/_7$, die Asche $^1/_2$—$^1/_8$ der rohen Substanz. Als einfache Methode
für Rußbestimmung im Schornsteinrauch empfiehlt P. F r i t z s c h e
die folgende: Man stopft ein 150 mm langes, 10 mm weites Rohr mit 2 g
lockerer Cellulose (Nitriercellulose) aus und verbindet dasselbe am
einen Ende mit einem Ansatzrohr, das durch ein Loch in den Schorn-
stein geführt wird, mit dem anderen Ende mit einem Aspirator und
saugt 10—20 L Rauchgase durch den Zylinder. Die Hauptmasse des
Rußes liegt auf dem Anfang der Cellulosefüllung; diese schwarze Partie
bringt man zuerst in eine weithalsige Stöpselflasche von 300 ccm Inhalt;
mit dem Celluloserest wischt man Hauptrohr und Ansatzrohr mit
Hilfe eines Putzstockes sauber. Die Watte gibt man nebst 200 ccm
Wasser in den Kolben und zerschüttelt die ganze Masse zu einem grauen
Brei, der in ein 40—50 mm weites Proberohr gefüllt wird. In ähnliche
Röhren bringt man je 2 g Cellulose und 5—30 mg Ruß mit 200 ccm
Wasser gut geschüttelt. Man kann sich danach auch aus schwarzen
Papierscheiben eine bleibende Skala herstellen (Zeitschr. f. anal. Chemie
37, 92; 1898).

33. Tabakrauch.

Die Untersuchung des Tabakrauchs ist in neuerer Zeit viel studiert
worden; die älteren Arbeiten von K i ß l i n g, T h o m s, P o n t a g
finden sich in meiner ausführlichen Arbeit (Arch. f. Hyg. 68, 1909)
kritisch gewürdigt. Unter Berücksichtigung aller bisherigen fremden
und eigenen Erfahrungen habe ich folgenden Analysengang für die Bestimmung von Ammoniak, Nikotin und Pyridin ausgearbeitet. Ich nenne

Nebenstrom den aus dem brennenden Ende entweichenden nicht angesaugten Rauchanteil, **Hauptstrom** den vom Raucher angesaugten. Zur gleichzeitigen Bestimmung beider Größen verwende ich den nebenstehend abgebildeten Apparat.

Die Zigarre brennt in dem großen Kugelglas A, in das sie mit etwas Watte eingepaßt ist; aus der Zigarre wird der Hauptstrom, aus dem entgegengesetzten Kugelpol der Nebenstrom abgesaugt; die Kugel ist hier zu einer Röhre ausgezogen. Jeder Strom passiert zunächst zwei Peligotsche Röhren, deren erster Schenkel (a) fest mit trockner Watte gestopft ist, während der zweite Schenkel Watte mit 10 proz. Schwefelsäure enthält, dann folgen 2 Waschflaschen mit 10 proz. Schwefelsäure, 2 große Natronkalkröhren für die Absorption der Kohlensäure. Im durchge-

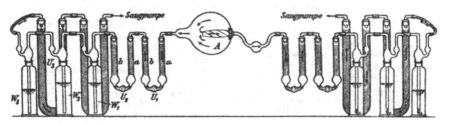

Fig. 49.

gangenen Gas können Sauerstoff, Stickstoff, Kohlenoxyd, Methan (ev. Wasserstoff) bestimmt werden. Schwefelwasserstoff und Blausäure halten die Wattevorlagen z. Th. zurück. Sollte intermittierend geraucht werden, so wurde im Hauptstrom hinter der Zigarre ein Gabelrohr eingeschaltet, dessen offener Schenkel periodisch mit dem Finger für die Dauer eines Rauchzugs verschlossen wurde. Man läßt die Zigarren möglichst ausbrennen, bei Zigaretten gelingt dies vollkommen.

Nach Beendigung des Versuches wurde der Nebenstromsaugapparat noch kurze Zeit in Tätigkeit gelassen, damit sämtliche Rauchgase in die Vorlagen eingesogen werden konnten.

Die Vorlagen des Haupt- und Nebenstromes, bestehend aus H_2SO_4, trockener und saurer Watte, wurden entweder getrennt oder vereinigt in einen großen Destillierkolben entleert und alle Bestandteile des Rauchapparates gründlich mit heißem Wasser, die Kugel A, die Glasspitze und das angrenzende zur Aufnahme von Flüssigkeit bestimmte Gefäß nebenher noch mit verdünnter H_2SO_4, Watte und schließlich mit NaOH gereinigt. Der Inhalt des Kolbens wurde nun mit NaOH bis zu stark alkalischer Reaktion versetzt und der Destillation mit Wasserdampf unterworfen. Es wurden drei Destillate gewonnen. Das erste ca. 1 Liter enthaltende Destillat wurde in 80 ccm Eisessig, dem etwas Wasser zugesetzt war, das zweite und dritte Destillat in leeren Kolben aufgefangen, in der Erwartung, daß nur noch sehr wenig Alkali in dieselben übergehen könne; die nachfolgende Titrierung auf Gesamtalkali ergab auch stets nur eine sehr geringe Menge.

Die weitere Verarbeitung des vereinigten ersten und zweiten Destillates geschah nach folgendem Schema:

2 L. vereinigtes Destillat I und II.

$\frac{1}{5}$ wird alkal. mit Wasserdampf destilliert; der erste Liter in 50 ccm $\frac{1}{10}$ N.-H_2SO_4 aufgefangen und mit $\frac{1}{10}$ N.-NaOH und Karminsäure als Indikator titriert; der zweite und dritte Liter werden im leeren Kolben aufgefangen und titriert. Die Summe mal fünf = Gesamtalkali.

$\frac{4}{5}$ werden mit Eisessig (100 ccm) versetzt und mit Wasserdampf destilliert. Trennung von Nikotin und Pyridin nach T h o m s. [1]

Aus dem Destillat wird Pyridin durch abermalige alkalische Destillation mit Wasserdampf abgetrieben (1 L.), das Destillat in $\frac{1}{10}$ N. Säure aufgefangen und mit Karminsäure als Indikator zurücktitriert. 1 ccm $\frac{1}{10}$ N.-Säure = 7,9 mg Pyridin.

Der Rückstand enthält N i k o t i n und NH_3. Er wurde unter Zugabe von Eisessig (ca. 50—100 ccm) auf etwa 250 ccm eingedampft, mit etwas verd. H_2SO_4 versetzt und mit Wismutjodid gefällt. Der Niederschlag wurde absitzen gelassen und nach Auswaschen mit dem verdünnt. Fällungsmittel nach K e l l e r [2] verarbeitet. 1 ccm $\frac{1}{10}$ N.-Säure = 16,2 mg N i k o t i n.

Das Ammoniak wurde aus der Differenz: Gesamtalkali — (Pyridin + Nikotin) berechnet.

34. Zur Beurteilung der in der Luft nachgewiesenen Gase.

Es mag für manche Leser nicht unerwünscht sein, ein Wort über die hygienische Beurteilung der gefundenen Gase zu hören. Ich beschränke mich darauf, in Form einer kurzen Tabelle Angaben zu machen, soweit solche in der Literatur bisher vorliegen. Namentlich im Archiv für Hygiene findet sich eine große Anzahl von Arbeiten über diesen Gegenstand, auf die ich im übrigen verweisen muß. Eine Reihe der Angaben von mir und meinen Schülern ist bisher nicht oder nur in Form von Dissertationen veröffentlicht. Die Zahlen sind durch Versuche mit Katzen gewonnen; für eine große Anzahl derselben sind die Angaben der Rubrik 3 und 4 auch am Menschen kontrolliert.

---

[1] Pyridin ist eine so schwache Base, daß sie auch bei Anwesenheit von überschüssiger Essigsäure leicht mit Wasserdämpfen übergetrieben wird.

[2] Der Niederschlag wird gut zerkleinert, mit 10 ccm 20proz. Kalilauge übergossen und nun 60 ccm Äther und 60 ccm Petroläther zugefügt und das Ganze gut verschlossen etwa ½ Stunde lang geschüttelt. Man läßt nun absitzen, saugt mit einer Pipette von dem 120 ccm Äther-Petroläthergemisch 80 ccm in eine Flasche ab, fügt 10 ccm Wasser, 10 ccm Alkohol und einen Tropfen Jodeosin zu. Man erhält eine Flüssigkeit von 2 Schichten; die untere wässerig-alkoholische ist mit Jodeosin rot gefärbt, die obere ätherische ist farblos. Man setzt nun tropfenweise $\frac{1}{10}$ Normal-Schwefelsäure zu, bis beim kräftigen Umschütteln die rosa Farbe des Wassers einer gelblichen Färbung des Äthers Platz macht.

Angegeben teils in Volumpromille, teils in mg pro 1 Liter	Rasch tötend 1	Konzentrationen, die in ½—1 Stunde lebensgefährliche Erkrankungen od. hilflose Lähmung bedingen 2	Konzentrationen, die noch ½—1 Stunde ohne schwerere Störungen zu ertragen sind 3	Konzentrationen, die bei mehrstündiger Einwirkung nur minimale Symptome bedingen 4	Autor und Publikationsort
Salzsäuregas		1,5—2 %o	0,05 bis höchstens 0,1 %o	0,01 %o	K. B. Lehmann, Arch. f. Hyg. 5; Matt, Diss., Würzburg 1889.
Schweflige Säure		0,4—0,5 %o	0,05 %o	0,02—0,03 %o	Ogata, Arch. f. Hyg.; K. B. Lehmann, Arch. f. Hyg. 19.
Salpetrige Säure / Salpetersäure		0,4—0,6 mg	0,2—0,3	0,1—0,2 mg	K. B. Lehmann mit Diem u. Hasegawa, Arch. f. Hyg., demnächst erscheinend.
Blausäure	ca. 0,3 %o	0,12—0,15 %o	0,05—0,06 %o	0,02—0,04 %o	K. B. Lehmann, Wagschal u. Ahlmann (Diss.).
Kohlensäure	30 %	ca. 60—80 %o	40—60 %o	20—30 %o	Emmerich, Friedländer und Herter, Zeitschr. f. physiolog. Chem. II.
Ammoniak	ca. 1 %o	2,5—4,5 %o	0,3 %o	0,1 %o	K. B. Lehmann, Arch. f. Hyg. 5 u. 24.
Chlor und Brom		0,04—0,06 %o	0,004 %o	0,001 %o	K. B. Lehmann, Arch. f. Hyg. 7; Matt, l. c.
Jod	3,5 mg	—	0,003 %o	0,0005—0,001 %o	Matt, l. c.
Phosphortrichlorid		0,3—0,5 mg	0,01—0,02 mg	0,004 mg[1]	K. B. Lehmann und Butjagin, Arch. f. Hyg. 14.
Phosphorwasserstoff		0,4—0,6 mg	0,1—0,2 mg		K. B. Lehmann und Yokote, Arch. f. Hyg. 14.
Arsenwasserstoff	1—2 %o	0,04 %o	0,02 %o	0,01—0,02 %o	Hein u. Hébert (Ztschr. f. Gewerbehyg. 1908, 261).
Schwefelwasserstoff		0,5—0,7 %o	0,2—0,3 %o	0,1—0,15 %o	K. B. Lehmann, Arch. f. Hyg. 14.
Benzin		50—70 mg	15—25 mg	10—20 mg	K. B. Lehmann (noch nicht publiziert).
Benzol		25—35 mg	10—15 mg	5—10 mg	
Schwefelkohlenstoff		10—12 mg	2—3 mg	1—1,2 mg	K. B. Lehmann, Arch. f. Hyg. 14.
Tetrachlorkohlenst.	300—400	ca. 100—80 mg	ca. 40—50 mg	ca. 10 mg	K. B. Lehmann
Chloroform	200	30—45 mg	20—30 mg	10 mg	K. B. Lehmann } noch nicht publiziert.
Tetrachloräthan	30—40	5—10 mg	3—4 mg	1 mg	K. B. Lehmann
Kohlenoxyd		2—3 %o	0,5—0,1 %o	0,2 %o	Max Gruber, Arch. f. Hyg. 2.
Anilin u. Toluidin			0,4—0,6 mg[3]	0,1—0,25 mg	K. B. Lehmann und Flögel (Dissertation).
Nitrobenzol			1,0 mg[3]	0,2—0,4 mg	K. B. Lehmann und Zieger (Dissertation).
Nitrochlorbenzol			0,3—0,4 mg[4]	0,1—0,2 mg	K. B. Lehmann und Sturm u. Dreßler (Diss.).

[1] Schon der Aufenthalt bei 0,025 %o einige Tage nacheinander täglich für ca. 6 Stunden genügte, um die Tiere sicher zu töten.

[2] Dosen über 0,8 mg pro Liter töten Katzen meist, wenn Versuchsdauer über 5 Stunden. Toluidin ist etwas weniger giftig.

[3] Nitrobenzol läßt sich nicht in größeren Dosen als etwa 1,0 in die Luft bringen; es wirkt niemals schwer giftig beim Einatmen, wohl aber von Magen und Haut aus.

[4] Dosen von 5—10 mg machen in ½ Stunde Narkose, die größten geprüften Dosen (25 mg) tiefe Narkose ohne Lebensgefährdung.

Daß die Konzentrationen der Rubrik 4 auch bei langdauernder Einwirkung unwirksam sind, ist für die meisten Gase wahrscheinlich, bleibt aber für Einzelfälle noch zu untersuchen. R o n c a l i hat mit Chlor, schwefliger Säure und nitrosen Gasen Dauerversuche an Tieren gemacht (Arch. f. Hyg., Bd. 77). Zu den Angaben der Rubrik 4 ist weiter zu bemerken, daß nach meinen Erfahrungen der Mensch ohne Schaden etwa 3—4 mal größere SO_2-Dosen vertragen lernt, als er am Anfang vertrug (Arch. Hyg. 18); auch an Tieren habe ich in langen Versuchsreihen für Ammoniak und Chlor Ähnliches konstatiert — nicht dagegen für Schwefelwasserstoff (Arch. f. Hyg. 34).

Einige Anhaltspunkte für die S c h ä d l i c h k e i t g e w i s s e r G a s e f ü r P f l a n z e n bieten folgende nach H. W i s l i c e n u s {Zeitschr. f. angew. Chem. 14, 689; 1901) gemachte Angaben:

S c h w e f l i g e S ä u r e schadet nicht mehr bei 0,000 01 bis 0,0001 $^0/_{00}$, dagegen ist von 0,0002 schon ein deutlicher Nachteil bei einjähriger Einwirkung zu verspüren, 0,001 schadet in Wochen, 0,01 $^0/_{00}$ tötet in wenigen Tagen.

K o h l e n s ä u r e : 1% stört etwas, 5% lebhafter.

K o h l e n o x y d : Erst 10 % bringen akute Schädigungen hervor.

R u ß schadet sehr wenig.

Folgende Säuren schaden bei akuter Einwirkung in folgender aufsteigenden Reihenfolge: HCl, SO_2, H_2SO_4, Cl_2, HF, SiF_4 und H_2SiF_6.

Von $H_2 Si F_4$ schädigt eine $^1/_{200}$ N.-Lösung Fichte und Tanne bereits nach 17 maliger Bestäubung in wenigen Tagen äußerst heftig.

Über die Zusammensetzung von R a u c h g a s e n gibt H. W i s l i c e n u s unter anderem an (die Zahlen bedeuten Volumprozente):

	Steinkohlenrauch		Röstgase der Pyritöfen	Abgase der Säurefabriken Halsbrücke	Abgase von Ringziegelöfen	Lokomotivrauch
	Dampfkessel-feuerung	Haus-feuerung				
Stickstoff ..	77.4	79.5	81		68.4	49.4
Sauerstoff ..	10.1	8.0	10		9.0	6.3
Kohlensäure	8.7	12.5		2.5	7.8	5.4
Wasser	4.7				15.7	40.9
$SO_2 + SO_3$.	0.063	0.04	8.5 [3]	0.52	0.074	0.04 [1]
Salzsäure ..	0.005				0.023 [2]	0.004

Abgase von Glasfabriken mit Sulfatbetrieb enthielten beim Anheizen 0,089, beim Schmelzen 0,443 Prozent $SO_2 + SO_3$.

[1] Fast nur $H_2 SO_4$.
[2] Wo der Boden chloridarm ist, fehlen größere HCl-Mengen.
[3] „Genutzt" (also wohl Austrittsgase aus den Kammern) sind 0,45 Prozent $SO_2 + SO_3$.

Eisen.

Von

Dr. P. Aulich,

Oberlehrer an der Kgl Maschinenbau- und Hüttenschule in Duisburg.

Wenn wir von dem rein mechanischen Teil, welcher sich nur mit der Umformung der durch die metallurgischen Prozesse dargestellten Eisenarten beschäftigt, absehen, so zerfällt der Eisenhüttenbetrieb in zwei Hauptzweige, in die Darstellung des Roheisens (Hochofenprozeß) und in die Umwandlung desselben in schmiedbares Eisen (Frischprozeß).

Die Rohstoffe für den ersten Prozeß sind Eisen- und Manganerze, Zuschläge und Brennstoffe, seine Erzeugnisse Roheisen, Schlacken und Gichtgase, nebensächlich auch Gichtstaub, Gichtschwämme, Sauen usw. Zu den Frischprozessen wird als Rohmaterial fast ausschließlich Roheisen verwendet, dem in einzelnen Fällen noch Zuschläge hinzutreten. Die Erzeugnisse sind schmiedbares Eisen der mannigfaltigsten Art und Schlacken.

Zu den E r z e n rechnen wir außer den in der Natur vorkommenden eisen- bzw. manganreichen Mineralien, den Eisensteinen und Manganerzen, auch mancherlei Erzeugnisse anderer Prozesse, als Frischschlacken, Walzsinter, Rückstände von der Schwefelsäuredarstellung, der Anilinfarben- und der Kupfergewinnung (Kiesabbrände, Auslaugungsrückstände). Die Z u s c h l ä g e sind fast ausschließlich Carbonate der alkalischen Erden. An den B r e n n s t o f f e n ist neben ihrer Wärmeleistung hauptsächlich die Zusammensetzung der Asche wichtig. Die S c h l a c k e n sind stets Silikate, zum Teil gemischt mit viel Phosphaten und Eisenoxyduloxyd.

Die Erze, Zuschläge, Brennstoffaschen und Schlacken haben hinsichtlich der analytischen Behandlung so viel Übereinstimmendes, daß wir sie gemeinschaftlich besprechen können. Da ferner auch in den Eisensorten überall dieselben Bestandteile auftreten (einzelne seltene ausgenommen) und zu bestimmen sind, so zerfällt unser Gegenstand naturgemäß in die zwei Abschnitte: Analyse der Erze und Analyse des Eisens.

A. Analyse der Erze (Zuschläge, Schlacken).

I. Qualitative Untersuchung.

Die in der Natur vorkommenden Eisenerze sind entweder Oxyd bzw. Oxyduloxyd (Roteisenstein, Magneteisenerz), Oxydhydrat (Brauneisenstein) oder Eisencarbonat (Spat- und Toneisenstein); seltener sind die natürlichen Silikate (Chamosit, Knebelit) und der Chromeisenstein. Die als Erze verwerteten Rückstände anderer Prozesse sind entweder Oxyd (Kiesabbrände) oder Silikate mit großen Mengen Oxyduloxyd (Frischschlacken) oder letzteres allein (Walzsinter, Hammerschlag).

In allen diesen Stoffen bildet das Eisen den Hauptbestandteil; nach ihm wird man also nicht suchen, sondern höchstens nach dem Vorhandensein der einen oder der anderen Oxydationsstufe. Da die natürlichen Erze überdies nie vollkommen rein sind, sondern immer fremde Stoffe enthalten oder auch mit andern Mineralien durchsetzt sind, so finden wir in ihnen fast jederzeit Kieselsäure, Tonerde, Kalk, Baryt, Magnesia, selten Alkalien, deren Nachweis hier übergangen werden kann. Ebenso verhält es sich mit Wasser und organischen Stoffen, welch letztere in Rasenerzen und Kohleneisensteinen stets enthalten sind.

Der Wert der Eisenerze hängt außer von ihrem Eisengehalt wesentlich auch von der An- und Abwesenheit gewisser Stoffe ab. Während Mangan und Phosphorsäure einerseits den Wert des Erzes häufig erhöhen, drücken die Verunreinigungen, bestehend in Schwefelsäure, Schwefel, Kupfer, Blei, Zink, Antimon, Arsen und Titan, ihn oft sehr bedeutend herab. Diese Stoffe sind es deshalb gewöhnlich in erster Linie, auf welche eine qualitative Prüfung notwendig wird. Zuweilen hat man Veranlassung, auch nach den mehr gleichgültigen oder seltener auftretenden Stoffen Kobalt, Nickel und Chrom zu suchen.

Der Nachweis von **Wasser**, welches nicht nur als Feuchtigkeit, sondern oft als Bestandteil der Mineralverbindung vorhanden ist, kann ebenso wie der von o r g a n i s c h e n S t o f f e n und K o h l e n - s ä u r e zuweilen zur Kennzeichnung des Erzes dienen.

Mangan. Durch Schmelzen einer geringen Menge Erzpulver mit der sechsfachen Menge Soda und einer Kleinigkeit Salpeter auf dem Platinblech erhält man bei Gegenwart des gesuchten Metalls eine mehr oder weniger stark grün gefärbte Schmelze. Die Reaktion ist außerordentlich empfindlich.

Phosphorsäure. Man stellt eine salpetersaure oder eine von überschüssiger Säure freie und mit Ammoniumnitrat versetzte salzsaure Lösung des Erzes her, erwärmt diese und ein gleiches Volumen Molybdänlösung [1]) auf 40—50⁰, tropft erstere allmählich in die letztere ein und schüttelt dann 5—10 Minuten tüchtig durcheinander, wodurch sich der bekannte gelbe Niederschlag von phosphor-molybdänsaurem Ammon ausscheidet; ist der Gehalt an Phosphorsäure sehr gering, so erfolgt seine Ausscheidung oft erst nach stundenlangem Stehen bei 40—50⁰ (aber nicht darüber, weil man sonst durch niederfallende Molybdänsäure getäuscht werden kann). Falls zu vermuten ist, daß das zu untersuchende Erz sehr wenig Phosphorsäure enthält, wie z. B. die zur Bessemer-

---

[1]) 150 g chemisch reines molybdänsaures Ammon in Wasser gelöst, die Lösung mit 450 g Ammonnitrat versetzt, auf 1000 ccm aufgefüllt, in 1000 ccm Salpetersäure (spez. Gew. 1,19) gegossen, 24 Stunden bei 35⁰ belassen und filtriert.

eisenerzeugung geeigneten Roteisensteine, die Eisenspate, viele Magnet-
eisenerze, so ist es ratsam, mehrere Gramm zu verwenden und die
Lösung möglichst einzuengen.

Schwefelsäure wird durch die bekannte Heparreaktion nachgewiesen.

Schwefel. Ist das Vorhandensein von Sulfid nachzuweisen, so
bedient man sich bei durch Säure zersetzbaren Sulfiden der E g g e r t z-
schen Schwefelbestimmung (s. u.), oder man behandelt die mit Soda
und Borax gemengte Erzprobe mit dem Lötrohr auf Kohle reduzierend,
worauf die Heparreaktion ebenfalls eintritt. Wegen des nie fehlenden
Schwefelgehaltes im Leuchtgas benutzt man zur Reduktion vorteilhafter eine Öllampe.

Kupfer. Man löst eine Probe des Eisenerzes in rauchender Salzsäure, engt durch Eindampfen ein und taucht einen dicken Platindraht
in die Lösung, welcher bei Gegenwart von Kupfer die Flamme grün
färbt. Ist der Kupfergehalt sehr gering, so empfiehlt es sich, das
Kupfer bei 70° aus der sauren Eisenlösung mit Schwefelwasserstoff auszufällen und den Niederschlag vor dem Lötrohr in der Boraxperle
zu prüfen.

Blei. Die salzsaure Lösung des Erzes wird nach Zusatz von verdünnter Schwefelsäure in einer Porzellanschale stark eingedampft und
dann mit einem Drittel ihres Volumens Alkohol gemischt. Bringt man
sie dann in ein kleines Becherglas, so ist eine etwa erfolgte Ausscheidung von schwefelsaurem Blei leicht zu erkennen. Um jeder Verwechse-
lung mit schwefelsaurem Baryt vorzubeugen, prüft man den Niederschlag zweckmäßig mit Schwefelammonium, oder man löst den Niederschlag in der Wärme mit ammoniakalischem Ammoniumacetat und
fügt zur Lösung, welche mit Essigsäure angesäuert wird, einige Tropfen
Kaliumchromatlösung; nach längerem Stehen in der Kälte zeigt sich
ein Niederschlag von Bleichromat.

Zink. Zinkhaltige Erze geben vor dem Lötrohre mit Soda redu-
zierend behandelt einen in der Hitze gelben, nach dem Erkalten weißen
Beschlag, der mit Kobaltlösung eine schöne gelblichgrüne, nach völligem
Erkalten am deutlichsten auftretende Farbe annimmt. Ist der Zinkge-
halt sehr gering, so wendet man am besten das unter II angegebene
Verfahren an (S. 439).

Antimon. Man löst eine Probe des feingepulverten Erzes in
Königswasser, dampft wiederholt mit Salzsäure zur Trockne, löst, nachdem alle Salpetersäure verjagt ist, den Rückstand in möglichst wenig
Salzsäure und bringt die aus einigen Tropfen bestehende Lösung mit
einem Stückchen Zink auf den Deckel eines Platintiegels. Selbst die
geringsten Spuren Antimon ergeben einen braunen Fleck.

Etwas größere Mengen erkennt man an dem weißen, beim Darauf-
blasen verschwindenden Beschlag, welcher sich ergibt. wenn eine Erzprobe mit Soda auf Kohle reduzierend geschmolzen wird.

Arsen gibt bei derselben Behandlung mit dem Lötrohr ebenfalls
einen weißen Beschlag, der sich aber in weit größerer Entfernung von

der Probe ablagert und weit flüchtiger ist als der Antimonbeschlag. Gleichzeitig entwickelt sich ein starker knoblauchartiger Geruch nach Arsensuboxyd. Sehr geringe Mengen Arsen werden, besonders wenn es als Arsenat vorhanden ist, am besten sofort quantitativ bestimmt (s. u.).

Kobalt und Nickel. Man fällt die salzsaure Lösung des Erzes mit Ammoniak und Schwefelammonium, zieht den erhaltenen Niederschlag mit sehr verdünnter Salzsäure aus und prüft den etwa verbleibenden schwarzen Rückstand in der Oxydationsflamme mit Borax (blaue Perle mit Kobalt, hyazinthfarbige, in der Kälte blaßgelbe Perle mit Nickel).

Sehr scharf läßt sich Nickel nachweisen, wenn die schwach ammoniakalische Erzlösung bei Gegenwart überschüssiger Weinsäure mit einer alkoholischen Lösung von Dimethylglyoxim versetzt wird. Es entsteht sofort ein hochroter krystallinischer Niederschlag. Kobalt wird von dem Reagens nicht angezeigt.

Chrom. Sehr geringe Spuren erkennt man am sichersten durch die blaue Färbung der ätherischen Lösung von Überchromsäure, welche bei der Einwirkung von Wasserstoffsuperoxyd auf Chromsäure in saurer Lösung gebildet wird. Größere Mengen ergeben sowohl mit Borax als mit Phosphorsalz grüne, in der Kälte dunkler als in der Hitze gefärbte Perlen. Man schmilzt das feingepulverte Erz mit einer Mischung von 6 T. Soda und 1 T. chlorsaurem Kali, zieht die Schmelze mit Wasser aus und säuert die Lösung mit Schwefelsäure an. Einige Kubikzentimeter Wasserstoffsuperoxyd werden im Reagensglase mit Äther übergossen und die saure Lösung der Schmelze in kleinen Portionen unter Umschütteln hinzugefügt. Die Ätherschicht färbt sich, falls die geringste Menge Chrom vorhanden ist, deutlich blau. Diese Prüfung setzt die Abwesenheit von Vanadiumverbindungen voraus, da Vanadinsäure, mit wasserstoffsuperoxydhaltigem Äther geschüttelt, eine rote Färbung gibt.

Man kann auch die oben erhaltene wässerige Lösung der Schmelze mit Essigsäure ansäuern und mit Bleiacetat versetzen (zitronengelber Niederschlag).

Titansäure. Man schmilzt eine nicht zu kleine Probe des Erzes mit der 15-fachen Menge Kaliumbisulfat, löst die erkaltete Schmelze in kaltem Wasser, filtriert von der Kieselsäure ab und bringt die Lösung samt einigen Stückchen Zink in ein großes Reagensglas. Bei Gegenwart von Titansäure stellt sich nach einiger Zeit eine violette Färbung der Flüssigkeit ein. Oder man prüft eine Probe des feingepulverten Erzes mit Phosphorsalz in der Reduktionsflamme durch anhaltendes Blasen mit dem Lötrohr. Bei Gegenwart von Titansäure entsteht eine gelbe, in der Kälte violette Perle. Ist diese Prüfung wegen Vorhandenseins anderer Metalle, wie Kobalt u. dergl., in der ursprünglichen Probe nicht ausführbar, so scheidet man zuerst die Titansäure ab. Man benutzt hierzu einen anderen Teil der Lösung der mit saurem schwefelsauren Kali erhaltenen Schmelze. Man reduziert das Eisenoxyd durch Einleiten von Schwefelwasserstoff und kocht die Lösung andauernd im

Kohlensäurestrom. Der etwaige gefällte Niederschlag wird filtriert und mit Phosphorsalz in der Reduktionsflamme vor dem Lötrohr geprüft. Die Phosphorsalzperle ist bei Gegenwart von Titansäure heiß gelb, kalt violett. Die Färbung verschwindet in der Oxydationsflamme. Da eisenhaltige Titansäure in der Reduktionsflamme eine braunrote Perle gibt, so prüft man auf dieses kennzeichnende Verhalten durch Zusatz von Eisenvitriol.

Vanadium. Die in Eisenerzen auftretenden Mengen sind so klein, daß eine Prüfung mit dem Lötrohr ergebnislos ist. Man schließt deshalb 1—2 g Erz durch Schmelzen mit Alkalicarbonat und Salpeter auf, zieht die Schmelze mit heißem Wasser aus, säuert das Filtrat mit Schwefelsäure ziemlich stark an und versetzt es mit wenig Wasserstoffsuperoxyd. Je nach der Menge des Vanadiums erhält man eine gelbrote bis tiefrote Färbung.

II. Quantitative Analyse.

Vollständige, auf alle Bestandteile sich erstreckende quantitative Analysen der Eisensteine, Zuschläge und Schlacken gehören nicht zu den am häufigsten vorkommenden Arbeiten des Eisenhüttenchemikers. Sie werden in der Regel nur in größeren Zeitabständen von Durchschnittsproben der einzelnen Erzsorten ausgeführt als Grundlage für die Möllerberechnung, ferner wenn aus der Zusammensetzung der Schlacke die Richtigkeit jener geprüft werden soll oder behufs Abschlusses von Erzankäufen. In den weitaus meisten Fällen, z. B. behufs laufender Kontrolle des Wertes angelieferter Erze, begnügt man sich mit der Feststellung des Gehaltes an wertvollen oder schädlichen Bestandteilen, als Eisen, Mangan, Phosphor, Schwefel, Kupfer, Arsen, Zink, Kieselsäure; neben der Bestimmung des unlöslichen Rückstandes genügt sehr häufig schon diejenige der ersten beiden Metalle, die man dann möglichst auf maßanalytischem Wege ausführt. Obwohl nun die Titriermethoden als die am meisten angewendeten an der Spitze unserer Darstellung zu stehen hätten, so möge doch die Gewichtsanalyse vorausgeschickt werden, weil in manchen Fällen der Titration ebensolche Trennungen vorauszugehen haben, wie es in jener der Fall ist.

Probenahme. (Vgl. auch Bd. I, S. 8 ff.) Beide Arten der Analyse können nur dann zu wirklich brauchbaren, Täuschungen ausschließenden und niemand benachteiligenden Ergebnissen führen, wenn die dem Chemiker übergebene Probe auch wirklich dem Durchschnitte des Haufwerkes entspricht, welchem sie entnommen wurde. Das zu erreichen, ist oft sehr schwierig und erfordert umfängliche Vorarbeiten. Je feinstückiger und gleichartiger die zu probierenden Erze sind, desto leichter ist die Aufgabe; es genügt dann z. B., von jedem einlaufenden Eisenbahnwagen eine immer gleiche, vielleicht ein paar Kilogramm betragende Menge Erz zu entnehmen, in einem großen Kasten aufzusammeln und nach einer gewissen Zeit (wöchentlich) oder nach der Anfuhr einer im voraus vereinbarten Anzahl Wagen eine Durchschnittsprobe zu ziehen.

Hat man es mit grobstückigem Material zu tun (Zuschläge, spanische Roteisensteine, schwedische Magnetite), so ist es ungleich schwieriger, einen richtigen Durchschnitt zu erhalten, da die Stücke oft voneinander sehr verschieden sind, und es nicht wohl möglich ist, die Stücke verschiedener Zusammensetzung in dem richtigen Mengenverhältnisse zu entnehmen; es ist dann am zweckmäßigsten, mit dem Verkäufer Vereinbarungen dahin zu treffen, daß irgendeine im voraus zu bestimmende, unterwegs befindliche Wagenladung als Durchschnitt der ganzen Sendung (Schiffsladung) betrachtet werden soll. Diese Wagenladung wird dann gesondert entladen und auf einem Steinbrecher (zweckmäßiger, aber auf Eisenhütten selten vorhanden, sind hierfür Walzwerke) möglichst weit zerkleinert; aus ihr entnimmt man dann die Durchschnittsprobe.

Zu diesem Zwecke breitet man das im Kasten aufgesammelte oder unter dem Steinbrecher befindliche Material auf einem mit Platten belegten Platz zu einer kreisförmig begrenzten Schicht aus und mischt es über den Kegel, d. h. man wirft mit der Schaufel, vom Rande aus beginnend, das Material in der Mitte auf einen Haufen, an dessen Böschung jede weitere darauf geworfene Menge herabrollt und so sich nach allen Seiten gleichmäßig verteilt. Bildet das Erz einen Kegel, so zieht man es wieder auseinander und verfährt in derselben Weise. Nach dreimaligem Mischen wird die ausgebreitete Erzschicht durch zwei Durchmesser des Kreises geviertelt, und von diesen Teilen nimmt man zwei gegenüberliegende oder auch bloß einen, um damit in derselben Weise zu verfahren, bis die entnommene Probe etwa 1—2 kg beträgt. Diese zerkleinert man im Laboratorium in einem eisernen Mörser bis auf etwa Hirsekorngröße und behandelt sie in der beschriebenen Weise weiter, bis endlich eine entsprechend große, dem Analytiker zu übergebende Probe übrig bleibt.

Eine gleiche Menge Probematerial erhält der Verkäufer, und eine dritte wird für allenfalls nötig werdende Schiedsproben versiegelt.

Das größte Korn derselben soll bei Proben von weniger als

100 g nicht mehr als 0,5 mm
100— 500 · · · · 1 ·
500—1000 · · · · 2 ·
1000—2000 · · · · 3 ·

Durchmesser haben.

Diese Proben sind vor dem Einwägen noch so weit zu zerreiben, daß sie durch ein Sieb mit etwa ½ mm weiten Maschen gehen. Für gewisse Bestimmungen ist es zweckmäßig, größere Proben zurückzubehalten.

M c K e n n a (Eng. and. Mining Journ. 70, 462; 1900) hat eine mechanische Zerkleinerungsvorrichtung geschaffen, mittels deren eine weitgehende Zerkleinerung des Probegutes zu erreichen ist. Ein Achatmörser ist auf einer drehbaren Scheibe befestigt, das ebenfalls drehbare schrägstehende Pistill kann durch eine Druckfeder mehr oder weniger angespannt werden. Schale und Pistill werden in derselben Richtung gedreht, nur wird das Pistill erheblich schneller in Umlauf gesetzt. Die Drehung erfolgt durch eine Wasserturbine oder durch elektrischen Antrieb.

Von Rasenerzen und kalkigen Eisensteinen sind die Proben wegen der ungleichen Verteilung des Kalkes besonders feinzureiben. Die mechanischen Probenehmer von B r i d g m a n (D.R.P. 64 329), C l a r k s o n (D.R.P. 76 227) und G e i ß l e r (D.R.P. 100 516) haben bislang keinen Eingang in die deutsche Praxis gefunden.

a) Gewichtsanalyse.

1. Einwägen.

Beim Einwägen nicht ganz gleichmäßigen Probematerials vollzieht sich durch das Klopfen mit dem Finger an den Löffel eine Art Aufbereitung infolge Trennung der spez. schwereren von den leichteren Körpern. H o f m a n n (Zeitschr. f. angew. Ch. **14**, 440; 1891) macht darauf aufmerksam, daß dies die Ursache mancher Analysendifferenzen sei. Dieser Fall liegt bei nicht staubfein geriebenen Eisenerzproben vor, weshalb das Einwägen eines bestimmten Gewichtes zu verwerfen und die volumetrische Teilung der Lösung einer beliebig gegriffenen Einwage vorzuziehen ist.

2. Bestimmung des Wassers bzw. Glühverlustes.

In der Regel handelt es sich nur um die Bestimmung der F e u c h - t i g k e i t , die man mit möglichst großen, ganz frischen Proben in einem Trockenschrank für Roteisenstein bei 110⁰, für manganreiche Brauneisensteine bei 100⁰ und für torfhaltige mulmige Rasenerze bei 90⁰ bis zur Gewichtskonstanz vornimmt. Soll ausnahmsweise der Gehalt an K o n s t i t u t i o n s w a s s e r in Brauneisensteinen bestimmt werden, dann erfolgt diese, falls die Erze frei sind von Carbonaten und Eisenoxydul, durch allmählich gesteigertes Glühen bis zum gleichbleibenden Gewicht. Findet jedoch infolge Anwesenheit der genannten Verbindungen eine Abgabe von Kohlensäure oder Aufnahme von Sauerstoff statt, so kann das Wasser nur durch Auffangen im Chlorcalciumrohr oder in einem ähnlichen Apparat bestimmt werden. Man bringt dann 1 g des feingepulverten Erzes in ein Schiffchen, schiebt es in ein Stück Verbrennungsrohr (hierbei ist darauf zu achten, daß die Luft mit demselben Mittel getrocknet ist, mit dem man das Wasser absorbiert, daß also vorn und hinten das Trocknen mit Chlorcalcium, mit Schwefelsäure oder mit Phosphorsäureanhydrid erfolgt), erhitzt dieses und leitet einen Strom getrockneter Luft über das Erz.

Bei Anwesenheit von organischen Stoffen, wie sie sich z. B. in Rasenerzen stets finden, ist eine genaue Wasserbestimmung überhaupt nicht möglich. Viel häufiger wird die Bestimmung des G l ü h v e r - l u s t e s , also der Summe von Wasser, Kohlensäure und etwa vorhandener organischer Substanz verlangt, weil man aus diesem und dem

Eisenoxyd- bzw. Eisenoxydulgehalt auf die Menge der schlacken-
bildenden Bestandteile des Erzes schließen kann.

Organische Stoffe machen ein vorangehendes Glühen der Erzprobe
erforderlich, ehe man zur Auflösung schreitet; die bereits gewogene
Erzmenge wird in einem offenen Porzellantiegel bei nicht zu hoher
Temperatur so lange erhitzt, bis dieselben zerstört sind. Nicht angängig
ist das Glühen, wenn in der Probe leicht flüchtige Körper wie Arsen,
Schwefel, Kohlensäure enthalten sind und bestimmt werden sollen.

3. Lösen der Erze.

Das beste Lösungsmittel ist stärkste Salzsäure (spez. G. 1,19),
welche man bei 50° C, gegen Ende nahezu bei Siedehitze in einem Becherglase von hoher Form (sogenannte „Jenaer" von S c h o t t und Ge-
nossen) unter häufigem Umschütteln auf das sehr fein gepulverte
Erz einwirken läßt. Die genannten Bechergläser haben den Vorteil,
daß man den Inhalt ohne Gefahr des Springens zur Trockne verdampfen
kann; auf diese Weise erübrigt sich das lästige Umspülen zwecks Eindampfens in einer Porzellanschale.

Das Erwärmen erfolgt zweckmäßig auf einem Sandbad oder auf
der erhitzten Eisenplatte. Die für die Gewichtsanalyse und manche
Titriermethoden erforderliche Oxydation des Eisenoxyduls nimmt man
durch Zusatz von etwas Salpetersäure oder Kaliumchlorat, welcher
jedoch zweckmäßig erst dann erfolgt, wenn die Hauptmenge gelöst ist,
gleichzeitig vor. Falls die Lösung für die darauf folgenden Operationen
besser eine schwefelsaure ist, so bedient man sich der mit dem gleichen
Volumen Wasser verdünnten konzentrierten Schwefelsäure und erwärmt bis auf 100°.

Wird der ungelöste Rückstand nicht weiß, sondern bleibt er gefärbt,
so verdünnt man die Lösung, filtriert sie ab und schließt den Rückstand
entweder mit Natriumkaliumcarbonat auf, oder man feuchtet ihn nach
dem Trocknen in einem Platintiegel mit ein paar Tropfen konzentrierter
Schwefelsäure an und löst die Kieselsäure mit Flußsäure. Nach dem
Abdampfen bis zum Wegrauchen der Schwefelsäure fügt man die Lösung
der Hauptmenge zu.

Die Lösung der Erze in Schwefelsäure wird außerordentlich erleichtert durch vorhergehende Reduktion zu Metall; diese kann sowohl
mit Wasserstoff oder Leuchtgas als mit Metallstaub erfolgen. Behufs
Ausführung des ersten Verfahrens bringt man das abgewogene Erz
in einem Platin- bzw. Porzellanschiffchen oder auf einem gebogenen
Kupferblech in ein Stück Verbrennungsrohr, spannt dieses in eine
Klemme, leitet das Gas darüber und erhitzt es mit einem bis zwei Gas-
brennern auf Rotglut. Der Gasstrom muß so stark sein, daß am offenen
Ende des Rohres eine kleine Flamme brennt. Nach 10—15 Minuten
ist die Reduktion erfolgt. Das Lösen nimmt man dann in verdünnter
Schwefelsäure (1 : 3) vor, in welche man das im Gasstrom erkaltete
Schiffchen möglichst rasch einträgt.

4. Unlöslicher Rückstand und Kieselsäure.

Beim Verschmelzen gut bekannter Erze genügt häufig die Bestimmung des unlöslichen Rückstandes (aus Kieselsäure, Quarzsand, Schwerspat, Ton und unzersetztem Nebengestein bestehend) und des Eisens zur Kontrolle. Man verdünnt dann die auf eine der oben angegebenen Arten hergestellte Lösung, filtriert und glüht den Rückstand im Platintiegel über der Gebläselampe. Soll die Kieselsäure bestimmt werden, so dampft man zweimal zur Trockne, löst in Säure, filtriert und glüht. Beim Abdampfen ist zu verhüten, daß die Temperatur zu hoch steigt, weil sich sonst basische Chloride bilden bzw. Eisenoxyd abscheidet, das schwer in Lösung zu bringen ist. Ferner ist zu beachten, daß Eisenchlorid in höherer Temperatur merklich flüchtig ist, was Verluste zur Folge hat, die eine etwa nachfolgende Eisenbestimmung unrichtig machen. Da die Kieselsäure fast nie vollkommen rein ist, so empfiehlt es sich, sie nach dem Wägen mit Flußsäure wegzudampfen, die Schwefelsäure abzurauchen, den Rest durch kohlensaures Ammon zu verjagen und den Rückstand kräftig zu glühen. Die Gewichtsabnahme entspricht der reinen Kieselsäure.

Enthält der Rückstand Schwerspat, Ton oder unzersetztes Nebengestein, so ist er durch Schmelzen mit Natriumkaliumcarbonat aufzuschließen. Die Schmelze wird in warmem Wasser gelöst unter Vermeidung eines Zusatzes von Salzsäure, welche mit den in jener oft enthaltenen Manganverbindungen Chlor entwickelt. Um das Lösen der Schmelze zu beschleunigen, entfernt man sie zweckmäßig aus dem Tiegel, was durch Drücken des Tiegels leicht vonstatten geht, wenn die vorher erstarrte Masse nochmals bis zum beginnenden Schmelzen ihrer äußern Schicht erhitzt wurde.

Eisenoxyd und Tonerde.

Das Eisenoxyd bestimmt man nur selten gewichtsanalytisch; auch wenn Eisenoxydul neben Eisenoxyd bestimmt werden soll, bedient man sich der Titriermethoden, und nur wenn Tonerde zu bestimmen ist, so fällt man sie mit dem Eisenoxyd gemeinschaftlich aus der salzsauren Lösung mit Ammoniak in g e r i n g e m Überschusse aus, filtriert und wägt. Das vielfach geübte Verfahren, mit größerem Ammoniaküberschusse zu fällen und den Überschuß wegzukochen, führt zu Fehlern, weil es sehr schwer ist, den rechten Zeitpunkt für die Beendigung des Kochens zu finden, und somit leicht etwas Chlorammonium zersetzt wird, was zur Wiederlösung von Tonerde führt, wie B l u m (Zeitschr. f. anal. Chem. 27, 19; 1888) und L u n g e (Zeitschr. f. angew. Chem. 2, 634; 1889) (s. a. S. 73) nachgewiesen h aben. Es ist daher richtiger, mit geringem Ammoniaküberschusse zu fällen, sofern dies nicht in salzsaurer Lösung erfolgte, Chlorammonium zuzusetzen und eben gut absitzen zu lassen. Der Niederschlag enthält außer Eisenoxyd und Tonerde sämtliche Phosphorsäure. Der geglühte und gewogene Niederschlag wird mit Kalium-

bisulfat geschmolzen und in der Lösung das Eisenoxyd titrimetrisch
bestimmt. Die Menge der Tonerde ergibt sich dann aus der Differenz
des Gewichtes aller drei Stoffe zusammen und den Einzelbestimmungen
von Eisenoxyd und Phosphorsäure. Soll jedoch die T o n e r d e u n -
m i t t e l b a r bestimmt werden, so macht sich die T r e n u n g v o m
E i s e n o x y d nötig, die bekanntlich durch Eingießen der konzentrierten
salzsauren Lösung des Niederschlages in siedende Natronlauge, Abfiltrieren von dem ungelöst gebliebenen Eisenoxyd, Übersättigen der
Lösung mit Salzsäure und Fällen mit Ammoniak erfolgt. Um den Niederschlag frei von fixem Alkali zu erhalten, ist die Fällung mit Ammoniak zu
wiederholen. Die Phosphorsäure befindet sich auch jetzt noch bei der
Tonerde und ist vom Gewichte des Niederschlages in Abzug zu bringen.

   Sehr viel einfacher wird die Trennung mittels des Ä t h e r v e r -
f a h r e n s von R o t h e (Mitt. d. Vers.-Anst. 10, 123). Diese Methode
eignet sich besonders gut zum Trennen großer Mengen Eisen von kleinen
Mengen Mangan, Chrom, Nickel, Aluminium, Kupfer, Kobalt, Vanadium,
Titan, also von allen den Metallen, welche mit dem Eisen in seinen
Erzen vergesellschaftet sind oder mit ihm legiert werden. Sie beruht
auf der Tatsache, daß Eisenchlorid mit Äther und Chlorwasserstoffsäure
eine in Äther leicht lösliche Verbindung eingeht, während die Chloride
der anderen genannten Elemente dies nicht tun. Es gelingt infolgedessen,
das Eisenchlorid mittels Äther nahezu quantitativ aus der Lösung auszuziehen und sich auf diese Weise des großen Ballastes von Eisen zu
entledigen. Bedingungen für das Gelingen sind: 1. Anwesenheit des
Eisens als Chlorid; 2. Einhalten einer bestimmten Dichte der Säure;
3. Abwesenheit von Wasser.

   Man löst 5 g des Erzes in Salzsäure, filtriert, wäscht aus und verarbeitet den Rückstand gesondert durch Aufschließen, Abscheiden
der Kieselsäure und Ausfällen der Tonerde aus dem Filtrat mittels
Ammoniaks. Ist der Niederschlag nicht frei von Eisen, so wird er in
Salzsäure gelöst und der Hauptlösung zugefügt.

   Diese dampft man, nach vorhergegangener Überführung etwa an-
wesenden Eisenchlorürs in Eisenchlorid, durch Zusatz einiger Tropfen
Salpetersäure vom spez. Gewicht 1,4 bis auf etwa 10 ccm ein, bringt sie
mittels eines langröhrigen Trichters in ein Gefäß des R o t h e schen
Scheideapparates und spült mit so viel Salzsäure vom spez. Gewicht
1,124 (bei 19°) nach, daß der Inhalt 55—60 ccm erreicht. Man muß
besonders darauf achten, daß die Lösung vollständig klar ist und keine
Ausscheidungen basischer Tonerdesalze enthält.

   Die beiden zylindrischen Gefäße I und II des Scheideapparates
(Fig. 50) sind oben durch Hähne A und B verschließbar; unten stehen sie
durch ein Rohr, welches mit einem Dreiweghahn C versehen ist, in Verbindung. Zum Füllen und Entleeren befestigt man den Apparat mittels
einer Klemme leicht lösbar an einem Stative.

   Hat man die Erzlösung in eines der beiden Gefäße, z. B. in II,
übergeführt, so füllt man das andere (I) mit ebensoviel Äther, erzeugt
über diesem mit einem Kautschukgebläse geringen Überdruck, setzt I

und II mittels des Dreiwegehahnes in Verbindung und drückt den
Äther vorsichtig in die Lösung, worauf sämtliche Hähne geschlossen
werden. Hierauf schüttelt man die Flüssigkeiten in II tüchtig durcheinander, überläßt das Gefäß einige Minuten der Ruhe, bis sich die zwei
Flüssigkeiten scharf voneinander getrennt haben, befördert die untere
unter Anwendung des Kautschukgebläses nach I zurück. Die leichtere
ätherische Eisenlösung aber läßt man nach Umstellung des Dreiwegehahns
abfließen. Man füllt nun frischen Äther in das jetzt leere Gefäß und
wiederholt das Ausschütteln, Trennen und Ab-
lassen. An Stelle der R o t h e schen Vorrichtung
verwendet L e d e b u r einen einfachen Scheidetrichter.

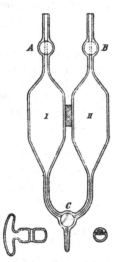

Fig. 50.

Die Lösung der vom Eisen befreiten Metalle
verdampft man nun zur Trockne, nimmt mit
einigen Tropfen Salzsäure und heißem Wasser
wieder auf, versetzt mit 1 ccm konzentrierter
Essigsäure, 1 g Natriumacetat und erhitzt zum
Sieden. Mittels 2 ccm gesättigter Lösung von
Natriumphosphat fällt man die Tonerde als Phosphat aus, filtriert und wäscht mit heißem Wasser.
Da der Niederschlag nicht ganz frei zu sein pflegt
von Mangan und Kupfer, so löst man ihn wieder
in wenig Salzsäure, verdampft die Lösung in einer
Porzellanschale zur Trockne, löst in wenig Kubikzentimetern Wasser, setzt 2—3 g aluminiumfreies
Ätznatron zu, kocht einige Zeit, spült die Lösung
in einen ¼ L.-Kolben, füllt zur Marke auf, mischt
gut durch, filtriert durch ein trockenes Faltenfilter, benutzt von dem Filtrat 200 ccm = 4 g Erz,
säuert mit Essigsäure an und fällt die Tonerde abermals in Kochhitze mit Natriumphosphat, filtriert, wäscht aus, trocknet, glüht und
wägt den Niederschlag, welcher 41,85% Al_2O_3 enthält.

Nach A. W e n c é l i u s (Analytische Methoden für Thomasstahl-
hütten-Laboratorien) läßt sich die T o n e r d e ohne weiteres in der
Erzlösung bestimmen, vorausgesetzt, daß in Salzsäure lösliche Barium-
und Strontiumverbindungen sowie Titansäure nicht zugegen sind.

Das Verfahren beruht auf der Fällung als Phosphat in essigsaurer
Lösung nach vorangegangener Reduktion der Ferrisalze zu Ferrosalzen
durch Natriumhyposulfit. Etwa 1 g Erz wird in Salzsäure (1,19 spez.
G.) gelöst und, falls die Kieselsäure vollständig abgeschieden ist, nach
Verdünnen mit Wasser filtriert. (Ist der Rückstand auf dem Filter
rötlich gefärbt, so schließt man denselben mit Kaliumnatriumcarbonat
oder Kaliumbisulfat auf und fügt das kieselsäurefreie Filtrat zu der
Hauptlösung. Bei rein weißen Rückständen überzeuge man sich von der
Abwesenheit von Tonerde durch Behandeln mit Flußsäure.) Die Lösung
wird mit 500 ccm kaltem Wasser verdünnt und mit Ammoniak soweit
neutralisiert, bis ein ganz leichter Niederschlag erfolgt. Hierauf setzt

man 4 ccm Salzsäure (1,19) und 20 ccm Natriumphosphatlösung
(100 g im Liter) zu und schüttelt gut um. Ist die Wiederauflösung des
Niederschlages erfolgt, wird mit 50 ccm Natriumhyposulfit (200 g im
Liter) reduziert und nach Zusatz von 15 ccm Essigsäure während
15 Minuten gekocht. Es empfiehlt sich, die Filtration mittels einer
Saugpumpe vorzunehmen, um möglichst rasches Filtrieren zu ermöglichen. Nach 5 bis 6 maligem Waschen mit heißem Wasser (Prüfung
auf Ferrosalz) wird der Niederschlag getrocknet, geglüht und als
Aluminiumphosphat mit 41,85 % Tonerde gewogen.

Mangan.

Obgleich in den Hüttenlaboratorien das Mangan heute vorwiegend
maßanalytisch bestimmt wird, sofern es sich nur um diesen einen Bestandteil der Erze oder um Mangan und Eisen handelt, so bleibt doch
im Falle der Ausführung vollständiger Analysen die gewichtsanalytische
Bestimmung meist zweckmäßiger. Ihr hat auf alle Fälle die Abscheidung
von Eisenoxyd und Tonerde vorherzugehen.

Trennung des Mangans von Eisen und Aluminium.

Hierfür sind folgende fünf Verfahren zumeist in Anwendung:
a) Acetatverfahren. Die salzsaure oxydierte Lösung
von 1—2 g Erz (bei sehr geringem Mangangehalt entsprechend mehr)
wird zur Trockne verdampft, in möglichst wenig warmer Salzsäure gelöst und die mit Wasser verdünnte Lösung filtriert. Das vollkommen
erkaltete Filtrat wird mit einer Lösung von kohlensaurem Ammon sehr
genau, d. h. so weit neutralisiert, daß die Flüssigkeit eben beginnt trübe
zu werden. Ist ein wirklicher Niederschlag entstanden, so wird er durch
einige Tropfen Salzsäure gelöst und alsdann von neuem mit kohlensaurem
Ammon neutralisiert. Man bereitet sich zu dem Neutralisieren zweckmäßig zwei Lösungen von kohlensaurem Ammon, eine ziemlich konzentrierte und eine sehr verdünnte, welch letztere man gegen das Ende
der Operation zusetzt. Im Anfange kann man das Salz auch als Pulver
anwenden.

Ist die Flüssigkeit neutralisiert, so setzt man auf je 1 g gelöstes
Eisen $^3/_4$ g essigsaures Ammon hinzu, erhitzt in einer Porzellanschale
zum Sieden und setzt das Kochen etwa 1 Minute fort. Man läßt den
Niederschlag kurze Zeit sich absetzen, dekantiert die farblose Flüssigkeit
und wäscht den Niederschlag durch Dekantation mit heißem Wasser
aus, dem man zweckmäßig etwas essigsaures Ammon hinzufügt. Der
Niederschlag besteht aus basisch essigsaurem Eisenoxyd und enthält
außerdem die etwa vorhandene Tonerde und Phosphorsäure; in ihm
kann das Eisen titrimetrisch ermittelt werden.

Bei guter Ausführung der Neutralisation, die übrigens Übung und
Geduld erfordert, genügt es, die Trennung nur einmal vorzunehmen.
Kommt es auf höchste Genauigkeit an, oder besitzt man noch nicht ge-
nügende Übung, so empfiehlt es sich, die Trennung nach dem Lösen des

Eisenoxydniederschlages zu wiederholen und das Filtrat mit dem ersten zu vereinigen. Auf jeden Fall hat man sich davon zu überzeugen, daß der Niederschlag manganfrei ist, zu welchem Zwecke man eine Probe in Salpetersäure löst und mit Bleisuperoxyd oder Wismuttetraoxyd kocht, wodurch keine Rotfärbung mehr hervorgerufen werden darf. Da Bleisuperoxyd häufig Mangansuperoxyd enthält, so ist es vorher darauf zu prüfen, indem man eine Probe davon mit überschüssiger konzentrierter Schwefelsäure bis zu vollständiger Zersetzung erwärmt und nach dem Erkalten mit Wasser und einer neuen Menge Bleisuperoxyd behandelt. Ist Mangan vorhanden, so erhält man die rote Färbung von Übermangansäure.

Um die Arbeit, welche durch das Auswaschen des gegen das Ende hin leicht durchs Filter gehenden voluminösen Eisenoxyd-Tonerde-acetat-Niederschlages sehr langwierig wird, abzukürzen, ist es zweckmäßig, sich der p a r t i e l l e n F i l t r a t i o n zu bedienen und damit das Auswaschen vollständig zu umgehen. Man füllt zu diesem Zwecke nicht in einer Porzellanschale, sondern in einem großen birnförmigen Kolben (C.G.F. M ü l l e r, St. u. E. 6, 98; 1886) den man nach dem Neutralisieren und Verdünnen mit Wasser auf nahezu 1 Liter unmittelbar (also o h n e Einschalten eines Drahtnetzes) über einen sehr großen Bunsenbrenner bringt. Man braucht nicht zu befürchten, daß der Kolben springt, wenn er diese Behandlung einmal ausgehalten hat; Verfasser kann dies nach eigener Erfahrung nur bestätigen. Hat der Inhalt etwa ½ Minute lebhaft gekocht, so gießt man ihn in einen bereitstehenden Literkolben, füllt diesen entweder mit kochendem Wasser bis zur Marke auf oder liest den Inhalt an Marken ab, die im Abstande von 1 zu 1 ccm ober- und unterhalb der Hauptmarke auf dem Halse des Meßkolbens angebracht sind, und filtriert durch ein großes trockenes Faltenfilter in einen ³/₄ Liter-Kolben oder auch in einen Meßzylinder, was binnen 1 Minute vor sich geht, so daß die Flüssigkeit dabei nur um wenige Grade abkühlt. Der auf diese Weise in kürzester Frist gewonnene Teil der Flüssigkeit wird zur Fällung des Mangans benutzt, der Rest mit dem Niederschlage weggeworfen.

Bei sehr genauen Arbeiten ist es ratsam, die Temperaturerniedrigung und das Volumen des Niederschlages zu berücksichtigen. Für ersteren Zweck dient nachstehende Tabelle (Zeitschr. f. angew. Chem. 1, 220; 1888), letzteres ist für 1 g Eisen zu 0,7 ccm anzunehmen.

b) A m m o n i u m c a r b o n a t - V e r f a h r e n. Die oxydierte salzsaure und von Sulfaten freie Lösung des Erzes wird zur Trockne verdampft (bei vorsichtiger Regulierung der Flamme kann dies unmittelbar im Becherglase auf dem Sandbade oder in der Porzellanschale auf dem Drahtnetze geschehen) und der Rückstand in salzsäurehaltigem, warmem Wasser gelöst. Man setzt alsdann Salmiak (auf je 1 g Erz etwa 5g) hinzu und verdünnt mit Wasser so stark, daß auf je 1 g Erz wenigstens ¼ Liter Flüssigkeit kommt. Hierauf neutralisiert man den größten Teil der freien Säure mit einer verdünnten Lösung von kohlensaurem Ammoniak. Man setzt letztere so lange hinzu, bis eine beginnende

100°	95°	90°	85°	80°	75°	70°	65°	60°	55°	50°	45°
100.00	100.37	100.72	101.07	101.40	101.71	102.02	102.31	102.63	102.84	103.08	103.30
—	100.00	100.36	100.69	101.02	101.33	101.64	101.93	102.21	102.46	102.70	102.91
—	—	100.00	100.34	100.64	100.97	101.24	101.57	101.85	102.10	102.33	102.56
—	—	—	100.00	100.32	100.63	100.94	101.20	101.50	101.75	101.98	102.21
—	—	—	—	100.00	100.30	100.62	100.90	101.17	101.42	101.62	101.88
—	—	—	—	—	100.00	100.30	100.59	100.86	101.11	101.34	101.57
—	—	—	—	—	—	100.00	100.28	100.55	100.80	101.03	101.26
—	—	—	—	—	—	—	100.00	100.27	100.51	100.74	100.97
—	—	—	—	—	—	—	—	100.00	100.24	100.47	100.70
—	—	—	—	—	—	—	—	—	100.00	100.23	100.45
—	—	—	—	—	—	—	—	—	—	100.00	100.22

Trübung der Flüssigkeit entstanden ist. Sollte statt deren ein bleibender Niederschlag entstanden sein, so setzt man einige Tropfen Essigsäure hinzu und wartet das Wiederauflösen des Niederschlages ab. Nunmehr erhitzt man langsam zum Sieden und unterhält das Kochen so lange, bis alle Kohlensäure ausgetrieben ist. Der sich rasch absetzende, aus basischem Eisen- und Aluminiumchlorid sowie Phosphorsäure bestehende Niederschlag wird, da er sich kaum auswaschen läßt, ohne durchs Filter zu gehen, durch partielle Filtration (s. Verfahren a) von der Flüssigkeit getrennt. War die über dem Niederschlage stehende Flüssigkeit nicht farblos, sondern gelblich, so hatte man entweder nicht genügend neutralisiert oder zu viel Essigsäure zum Auflösen des etwa entstandenen Niederschlages gebraucht. Man fügt alsdann vor dem Filtrieren unter Umrühren noch einige Tropfen Ammoniak bis zur schwach alkalischen Reaktion hinzu, läßt absitzen und filtriert. Ammoniakgeruch darf nicht wahrnehmbar sein, oder der Überschuß ist wegzukochen.

Das bei richtiger Ausführung schwach saure und farblose Filtrat wird mit Salzsäure schwach angesäuert (um eine Ausscheidung von Manganoxydhydrat zu verhüten), in einer Porzellanschale über freiem Feuer auf einen kleinen Rest eingedampft und noch heiß mit einigen Tropfen Ammoniak versetzt. Ein hierbei etwa noch entstehender Niederschlag (von Eisenoxyd und Tonerde) wird rasch abfiltriert.

c) Sulfatverfahren. Dieses von Kessler (Zeitschr. f. anal. Chem. 11, 258; 1872) herrührende Verfahren hat vor den vorher beschriebenen den Vorzug, daß sich der Niederschlag sehr gut auswaschen läßt. In der oxydierten sauren Lösung wird die freie Säure mit Ammoniak größtenteils abgestumpft, worauf man mit Ammoniumcarbonat vollkommen neutralisiert, zuletzt (unter Umrühren) durch tropfenweisen Zusatz aus einer Bürette bis zur beginnenden Trübung. Selbst wenn sich ein kleiner Niederschlag abgesetzt hat, aber die Flüssigkeit noch tiefbraun ist, und wenn sie deutlich, aber schwach sauer reagiert, ist kein Ausfallen der Monoxyde zu befürchten. Auf Zusatz von Ammoniumsulfat (1 g für 1 g Eisen) fällt jetzt in der Kälte basisches Eisensulfat von brauner Farbe (wie die des Hydroxydes) aus. Ist der Niederschlag heller gefärbt, so deutet das auf ungenaue Neutralisation, und Eisen bleibt gelöst. Der sehr voluminöse Niederschlag läßt sich anfänglich schlecht filtrieren, aber sehr gut auswaschen und geht nicht durchs Filter. Die Tonerde bleibt zum Teil in der Lösung, kann aber durch nachträglichen Zusatz von wenigen Tropfen Ammoniumacetat und Kochen vollständig abgeschieden werden. Auch hier ist die partielle Filtration gut anzuwenden.

d) Z i n k o x y d v e r f a h r e n. Eine je nach dem Mangangehalt verschieden große Menge (bei Eisenerzen 1—2 g, bei Manganerzen ½ g) der Probe wird in Salzsäure gelöst, vom Rückstand abfiltriert, im Erlenmeyerkolben unter Kochen mit Kaliumchlorat oder Wasserstoffsuperoxyd vollständig oxydiert und nach erfolgtem Wegkochen überschüssigen Chlors mit kaltem Wasser im Meßkolben verdünnt bis fast auf 400 bzw. 800 ccm, je nach der Menge des auszufällenden Eisenoxydes. Dann setzt man in Wasser aufgeschlämmtes, fein verriebenes Zinkoxyd nach und nach in mehreren Portionen und unter fortwährendem Durchschütteln so lange zu, bis plötzlich der Eisenoxydhydratniederschlag gerinnt. Läßt man jetzt absitzen, so ist die über ihm stehende Flüssigkeit wasserklar. Nach dem Auffüllen bis zur Marke und gehörigem Durchschütteln wird partiell filtriert, wie oben angegeben.

e) Ä t h e r v e r f a h r e n. Das oben S. 430 f. bei der Trennung von Eisenoxyd und Tonerde beschriebene R o t h e sche Ätherverfahren ist auch für die Abscheidung des Eisens von Mangan sehr vorteilhaft zu verwenden.

Abscheidung des Mangans.

a) F ä l l u n g a l s M a n g a n s u p e r o x y d. Man bedient sich hierzu entweder des Broms, des Bromwassers bzw. nach W o l f f (Zeitschr. f. anal. Chem. 22, 520; 1883) der Bromluft oder auch des Wasserstoffsuperoxydes. Die Filtrate neutralisiert man, wenn sie stark sauer sind, nahezu mit Ammoniak oder Natriumcarbonat, konzentriert sie durch Eindampfen bis auf etwa 250 ccm und setzt zu der auf 50⁰ abgekühlten Flüssigkeit einige Tropfen Brom oder so viel Bromwasser, bis sie vollkommen gelb erscheint, und erwärmt anfangs gelinde, später bis zum Kochen; der Zusatz von Oxydationsmitteln wird wiederholt, bis die Flüssigkeit durch Bildung einer Spur Übermangansäure rötlich gefärbt erscheint. Letztere wird durch wenige Tropfen Alkohol reduziert, der abfiltrierte Niederschlag anfangs mit salzsäurehaltigem Wasser (1 Vol. HCl. auf 99 Vol. Wasser), dann mit reinem Wasser ausgewaschen, geglüht und in Manganoxyduloxyd übergeführt. Hat man größere Mengen Niederschlag zu glühen, so darf man zuerst nur gelinde erhitzen und erst nach dem Verkohlen des Filters starke Hitze geben.

Stammt das Filtrat von einer Fällung mit Natriumacetat oder hat man mit Natriumcarbonat neutralisiert, enthält es also fixes Alkali, so kann der Niederschlag nicht durch bloßes Glühen für die Wägung vorbereitet werden. Man löst ihn vielmehr in Salzsäure und fällt ihn in einer Porzellan- oder Platinschale kochend mit Natriumcarbonat als kohlensaures Manganoxydul, das nach sorgfältigem Auswaschen durch

Glühen in Oxyduloxyd übergeführt und gewogen wird. Dabei ist sowohl das Filtrat als das Waschwasser auf etwa nicht gefälltes bzw. durchs Filter gegangenes Mangan zu prüfen. Durch Eindampfen beider Flüssigkeiten zur Trockne und Lösen in siedendem Wasser ist der kleine, in den meisten Fällen zu vernachlässigende Rest zu gewinnen, auf einem kleinen Filter zu sammeln und mit der Hauptmenge des Niederschlages zu glühen.

Viel bequemer ist die W o l f f sche Fällungsmethode mit Bromluft. Ein durch Wassertrommelgebläse erzeugter Luftstrom geht durch eine Bromwasser enthaltende Waschflasche a (Fig. 51), auf deren Boden sich

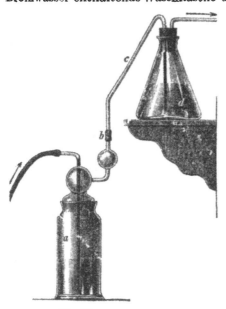

Fig. 51.

Brom befindet, tritt dann mit Bromdampf geschwängert durch die möglichst kurze Gummischlauchverbindung b in die Röhre c ein und streicht durch die s e h r s t a r k a m m o n i a k a l i s c h gemachte, nicht eingedampfte Manganlösung, die sich in der großen Erlenmeyerschen Kochflasche d befindet. Die abgehenden Dämpfe gelangen mittels einer Rohrleitung ins Freie. Wenn die schwarzbraunen Flocken des Manganniederschlages sich scharf abgeschieden in der Flüssigkeit zeigen und letztere bei durchfallendem Lichte nur noch bräunlich bis gelblich von sehr fein verteiltem Niederschlag erscheint, so ist die Fällung beendet. Die Flüssigkeit muß nach der Fällung noch ammoniakalisch sein; man setze deshalb vor derselben einen ziemlichen Überschuß von Ammoniak hinzu; dann hat man weder die Bildung von Bromstickstoff noch eine unvollständige Fällung zu befürchten. In der Regel genügt zur Fällung von schon ziemlich bedeutenden Mengen Mangan (Braunstein, Eisenmangan) etwa 15 bis 20 Minuten langes Durchleiten. Nach beendeter Fällung vertauscht man die Bromflasche mit einer solchen, die ammoniakalisches Wasser enthält, und läßt etwa 15 Minuten lang einen lebhaften Luftstrom durch die Flüssigkeit streichen, welcher zurückgehaltenes Gas (Stickstoff?, Brom) austreibt; auch wird der Niederschlag sehr feinflockig und setzt sich gut ab. Man filtriert dann sofort und benutzt dabei, um anderen Beschäftigungen nachgehen zu können, den K a y s s e r schen Heber mit Kugelventil, der bei der Fällung als Zuleitungsrohr diente, wäscht mit kaltem Wasser aus, glüht und wägt.

Statt Wind durch den Apparat zu treiben, kann man natürlich auch mit der Wasserluftpumpe einen Luftstrom hindurchsaugen.

Das Mangansuperoxyd ist jederzeit durch Kieselsäure, welche das Ammoniak aus den Wänden der Glasgefäße gelöst hat, sowie bei Anwesenheit von Kobalt, Nickel, Zink und alkalischen Erden auch durch diese verunreinigt, weshalb vor der Wägung eine Reinigung des Niederschlages erforderlich ist. Man löst ihn deshalb in Salzsäure und Natriumthiosulfat oder schwefliger Säure, verjagt durch Kochen die schweflige Säure, neutralisiert nahezu mit Ammoniak, setzt einen Überschuß von Ammoniumacetat und etwas Essigsäure hinzu und bringt die Lösung in eine Druckflasche, welche davon nur bis zu $\frac{1}{2}$ oder $\frac{2}{3}$ erfüllt werden darf. Hierauf leitet man Schwefelwasserstoff bis zur Sättigung ein, verschließt und verbindet die Flasche und erhitzt sie 1—1½ Stunden auf 80—90°, wodurch Kobalt, Nickel und Zink als Sulfide ausfallen. Nach dem Abfiltrieren, Auswaschen mit schwefelwasserstoffhaltigem Wasser, Verjagen des Schwefelwasserstoffes und Versetzen mit viel Ammoniak wird abermals mit Brom gefällt. Die Kieselsäure, welche von neuem in den Niederschlag eingegangen ist, wird nach dem Wägen als Manganoxyduloxyd durch Lösen und Eindampfen abgeschieden und in Abzug gebracht.

Chrom ist ohne Einfluß auf die Richtigkeit der Ergebnisse.

b) **Abscheidung als Schwefelmangan.** Obwohl wenig beliebt, verdient dieses Verfahren wegen der Genauigkeit der Trennung des Mangans von den alkalischen Erden (und wegen des Freiseins des Niederschlages von Kieselsäure) doch vielfach den Vorzug vor der Fällung als Superoxyd; die Verbindung muß aber als **g r ü n e s** Sulfid gefällt werden.

Die essigsaure Lösung des Manganoxyduls wird nach der Abscheidung der Sulfide von Kobalt, Nickel und Zink kochend heiß mit einem großen Überschusse von Ammoniak und, ohne Unterbrechung des Kochens, ebenfalls im Überschusse mit gelblichem Schwefelammonium versetzt, wodurch sofort wasserfreies grünes Mangansulfid ausfällt. Nach weiterem, einige Minuten andauerndem Kochen und Absitzen wird sofort filtriert und mit schwefelammoniumhaltigem Wasser ausgewaschen. Das Filtrat enthält zwar noch kleine, aber unbedeutende Mengen Mangan. Diese können nur durch Abdampfen der Lösung, Verjagen der Ammonsalze, Lösen in Salzsäure und Fällen mit Brom gewonnen werden.

Der noch feuchte Sulfidniederschlag wird mit dem Filter in den Tiegel gebracht, das Papier bei niedriger Temperatur verbrannt, an der Luft zu Oxyduloxyd oxydiert und endlich bis zu gleichbleibendem Gewicht etwa 30 Minuten stark geglüht.

Das schwefelammoniumhaltige Filtrat wird mit Salzsäure erwärmt und vom ausgeschiedenen Schwefel abfiltriert. Dann können in der Flüssigkeit die alkalischen Erden wie gewöhnlich bestimmt werden.

c) **Fällung als Ammonium-Manganphosphat** nach Gibbs (Zeitschr. f. anal. Chem. 7, 101; 1868). Durch Böttger (Ber.

33, 1019; 1900) ist das Verfahren so verbessert worden, daß es rasch, einfach und genau ausführbar ist. In der neutralen Lösung wird die 5—10 fache molekulare Menge des vorhandenen Mangansalzes eines Ammoniumsalzes, z. B. Salmiak, gelöst, die Lösung in einer Porzellan- oder Platinschale zum Sieden erhitzt und mit einem beträchtlichen Überschuß von Dinatriumphosphat in 12 proz. Lösung versetzt. Die Umsetzung geht nach folgender Gleichung vor sich:

$$MnCl_2 + NH_4Cl + Na_2HPO_4 = Mn(NH_4)PO_4 + 2\,NaCl + HCl.$$

Die entstehende Säure, welche die Fällung unvollständig macht, wird durch Ammoniak abgestumpft und die Erwärmung bis zur Umwandlung des amorphen Niederschlages in Krystalle (perlglänzende, blaßrote Schuppen) fortgesetzt, abfiltriert, mit heißem Wasser gewaschen, bis der Ablauf keinen glühbeständigen Rückstand mehr hinterläßt, mit dem Filter naß in den Platintiegel gebracht, zuerst schwach, dann über dem Gebläse heftig geglüht, um alle Ammoniaksalze zu entfernen und als Manganpyrophosphat gewogen.

Chrom.

Chromhaltige Eisenerze lassen sich in Salzsäure lösen, Chromeisensteine nur durch Schmelzen aufschließen. Von ersteren verwendet man 2 g, von letzteren ½ g zur Analyse. Das äußerst fein geriebene und durch Leinwand gebeutelte Chromerz wird nach S p ü l l e r und K a l m a n (Chem.-Ztg. 17, 880, 1207, 1360; 1893 und 21, 3; 1897) mit 5—6 g Ätznatron in einem Silberschälchen innigst gemischt, mit 3—4 g Natriumsuperoxyd überschichtet und über einer leuchtenden Flamme erhitzt. Die Temperatur muß so allmählich gesteigert werden, daß nach 5 Minuten der Rand des Ätznatrons und nach weiteren 10 Minuten erst die ganze Masse fließt; dann schmilzt man noch 1 Stunde über leuchtender Flamme, läßt die Schmelze abkühlen und laugt mit Wasser aus. Das Natriumsuperoxyd greift auch die Silberschälchen stark an, weshalb sie häufig durch Nickeltiegel ersetzt werden. Für den Fall, daß die Nickelverbindungen für die Arbeit störend sein sollten, empfiehlt M c K e n n a (Eng. and Min. Journ. 1898, 607) Kupfertiegel. Bei manganarmen Proben ist die Lösung gelb bis braun, bei manganreichen grün bis blaugrün gefärbt von Natriummanganat, welches man durch Zusatz von 0,3—0,6 g Natriumsuperoxyd in sehr kleinen Portionen zerstört, bis die Lösung von Natriumchromat rein gelb gefärbt ist. Den Überschuß von Natriumsuperoxyd zerstört man durch Einleiten von Kohlensäure während einer Stunde und einviertelstündiges Stehenlassen in der Wärme. Ist die Aufschließung vollständig, so hat der Rückstand flockiges Aussehen. M c I v o r und D i t t m a r (Chem. News 82. 97; 1900) schmelzen gleiche Teile Borax und Natrium-Kaliumcarbonat zusammen, geben in 4 g Schmelze 0,5 g feingeriebenes Erz und erhitzen in der Bunsenflamme, bis das Erz gelöst ist. Nach dem Erkalten schmilzt man nochmals mit 2—5 g Natrium-Kaliumcarbonat, gießt die Schmelze in eine Platinschale und löst in heißem Wasser. Man filtriert, wäscht mit heißem Wasser aus, säuert mit Essigsäure an und fällt mit Bleiacetat als Bleichromat.

War das Erz in Salzsäure gelöst worden, so kann man entweder das Eisen nach dem Ätherverfahren (S. 430 ff.) abscheiden, die verdünnte Lösung von Aluminium-, Mangan- und Chromchlorid, oder auch nach Carnot (Zeitschr. f. anal. Chem. 29, 336; 1890) die ursprüngliche Lösung bei 100⁰ mit einigen Kubikzentimetern Wasserstoffsuperoxyd versetzen, mit Ammoniak übersättigen und zum Kochen erhitzen; während die anderen Oxyde ausfallen, bildet sich Ammonchromat als klare, gelbe Lösung. Man läßt absitzen, dekantiert die Lösung, löst den Niederschlag in Säure und wiederholt das Verfahren. Die Reaktion wird durch Umschütteln des Kolbens beschleunigt. Im Filtrate wird nach schwachem Ansäuern die Chromsäure mittels Wasserstoffsuperoxydes reduziert, erhitzt, behufs Verhinderung teilweiser Wiederoxydation durch einen Rest des Wasserstoffsuperoxydes beim Zusatze von Ammon jenes durch kurzes Einleiten von Schwefelwasserstoff zerstört und nun das Chromoxyd durch Ammoniak kochend gefällt, filtriert, ausgewaschen, geglüht und gewogen.

Zink.

Nicht nur die Kiesabbrände, sondern auch viele Brauneisensteine, besonders die aus Kiesen entstandenen und die Erzeugnisse magnetischer Aufbereitung gemischter Erze (gerösteter oder roher Spat) enthalten häufig Zink, das nicht selten Veranlassung zu recht unliebsamen Betriebsstörungen gibt durch Bildung großer Gichtschwämme. Trotzdem ist die in den Erzen enthaltene Zinkmenge noch gering, und ihre Bestimmung gehört nicht zu den leichtesten Aufgaben.

Der gewöhnlich eingeschlagene Weg besteht darin, daß man das Zink nach der Abscheidung des Eisenoxydes und der Tonerde nach dem Acetat- oder dem Sulfatverfahren aus erwärmter essigsaurer Lösung durch anhaltendes Einleiten von Schwefelwasserstoff fällt. In saurer Lösung sollen Kobalt und Nickel gelöst bleiben, doch ist dies nicht vollkommen der Fall, und eine scharfe Trennung von dem Zink hat ihre bedeutenden Schwierigkeiten. Man muß sich dann durch wiederholte Fällung des aufgelösten Schwefelzinkes helfen.

Dagegen gelingt es leicht, einen rein weißen Niederschlag von Schwefelzink zu erhalten, wenn man nach Hampe in ameisensaurer Lösung fält. Durch Kinder (St. u. E. 16, 675; 1896) ist das Verfahren für Eisenerze ausgearbeitet worden. Diese enthalten häufig neben Zink auch Blei, welches vorher mit Schwefelsäure ausgefällt wird, so daß man mit schwefelsauren Lösungen zu arbeiten hat. Unter Berücksichtigung dieses Metalls verfährt man wie folgt: 5 g Erz werden in einer geräumigen bedeckten Porzellanschale mit wenig Wasser aufgeschlämmt und mittels Salzsäure zur Lösung gebracht, der 20—25 ccm verdünnte Schwefelsäure (100 ccm Schwefelsäure 1,84 spez. Gew. auf 200 ccm Wasser) zugesetzt werden. Die Lösung wird eingedampft, bis die Schwefelsäure abraucht. Nach dem Erkalten löst man den Rückstand in Wasser und

filtriert den Niederschlag, welcher das schwefelsaure Blei enthält, ab.
In das auf 300—400 ccm verdünnte Filtrat leitet man Schwefelwasserstoff bis zur Sättigung, filtriert etwa ausgeschiedenes Schwefelkupfer ab
und gibt zu dem Filtrate hiervon 25 ccm von ameisensaurer Ammon-
lösung und 15 ccm Ameisensäure. Wenn die Schwefelsäuremenge nicht
größer war, wie angegeben, so fällt bei etwaigem Zinkgehalte das
Schwefelzink schön flockig und fast weiß nieder. Ist der Schwefelsäurezusatz erheblich größer gewesen, so stumpft man den größten Teil vor
der Zugabe von ameisensaurem Ammon mit Ammoniak ab. Ist der
Zinkgehalt bedeutend, so ist es ratsam, noch einige Zeit Schwefelwasserstoff in die erwärmte Lösung einzuleiten. War das erhaltene
Schwefelzink schön weiß ausgefallen, so kann es nach dem Auswaschen
mit schwach ameisensaurem Schwefelwasserstoffwasser in verdünnter
Salzsäure gelöst und nach dem Verjagen des Salzsäureüberschusses mit
kohlensaurem Natron gefällt als Zinkoxyd oder aber unmittelbar als
Schwefelzink zur Wägung gebracht werden. Wenn das Schwefelzink
der ersten Fällung dunkel gefärbt erscheint, so wird die salzsaure
Lösung der Sulfide mit Ammoniak neutralisiert bis zur alkalischen Reaktion, erwärmt, mit Ameisensäure angesäuert, 15 ccm freie
Ameisensäure hinzugefügt und mit Schwefelwasserstoff gefällt, wie
oben angegeben.

Soll der Niederschlag als Schwefelzink gewogen werden, so ist es
zur Verhütung jeder Oxydation beim Glühen ratsam, diese Operation in
einem Schiffchen im Verbrennungsrohre unter Überleiten von Schwefelwasserstoff oder im Wasserstoffstrom in einem Rose-Tiegel vorzunehmen.
Will man dagegen Zinkoxyd zur Wägung bringen, so löst man das
Schwefelzink in Salzsäure, fällt aus der sauren Lösung mit Natriumcarbonat in der Kälte und erhält einen großflockigen, beim darauf-
folgenden Sieden sich nicht mehr verändernden, aber sich rasch absetzenden Niederschlag. Dieser hält zwar infolge seiner gallertartigen
Beschaffenheit hartnäckig Salze zurück, läßt sich aber sehr gut filtrieren,
so daß man ihn trotzdem durch viermaliges Dekantieren und fünfzehn-
maliges Auswaschen auf dem Filter in einer Stunde ganz rein erhält.
Durch Glühen wird er in Zinkoxyd übergeführt.

Nickel und Kobalt.

Beide zusammen fällt man aus den eisen- und tonerdefreien Filtraten
von der Zinkfällung mit Schwefelammonium aus; ist Mangan zugegen,
so fällt dieses mit nieder. Behandelt man den Niederschlag mit sehr verdünnter Salzsäure (1 : 6), so löst sich das Schwefelmangan; die Sulfide
von Kobalt und Nickel bleiben zurück. Sie werden abfiltriert, ausgewaschen, geglüht und als Oxydul gewogen oder elektrolytisch als Metalle
niedergeschlagen und gewogen. Auf alle Fälle ist der geglühte Niederschlag auf einen Rückhalt an Eisen und Mangan zu prüfen. Eine Trennung beider ist sehr selten erforderlich, zumal Kobalt nicht häufig in
bestimmbaren Mengen in Eisenerzen enthalten ist. Ist eine Trennung un-

umgänglich, so erfolgt sie mittels Kaliumnitrites in bekannter Weise oder weit bequemer nach B r u n c k (Zeitschr. f. angew. Chem. 20, 1847; 1907) mittels D i m e t h y l g l y o x i m.

Kalk und Magnesia

finden sich in den Filtraten von der Manganfällung. Sollen sie bestimmt werden, so bedient man sich zur Abscheidung des Eisenoxydes und der Tonerde natürlich nicht des Zinkoxydes. Kalk wird in bekannter Weise als Oxalat, Magnesia als Pyrophosphat bestimmt.

Baryt

ist in den Erzen fast stets als Schwerspat, in Manganerzen (Psilomelanen) zuweilen als Vertreter des Manganoxyduls, in den Hochofenschlacken als Schwefelbaryum enthalten. Im ersten und letzten Falle finden wir ihn beim unlöslichen Rückstand bzw. der Kieselerde und trennen ihn von ihr durch Aufschließen mit Natriumcarbonat. Im zweiten Falle wird er nach dem Ausfällen des Kalkes mit Schwefelsäure abgeschieder..

Alkalien.

Die Bestimmung dieser nimmt man, wie es bei Silikaten stets geschieht, in der durch Aufschließen mit Flußsäure von der Kieselsäure befreiten Substanz vor; alle Fällungen sind mit Ammonsalzen zu bewirken, so daß man schließlich nach dem Verjagen der letzteren die fixen Alkalien übrig behält und als Sulfate gemeinsam wägt. Die Trennung erfolgt mittels Platinchlorides. Man wird kaum in die Lage kommen, sie zu bestimmen, es sei denn in Brennmaterialaschen (bes. von Holzkohlen) oder in Hochofenschlacken vom Holzkohlenbetriebe.

Von den nur in geringen Mengen vorkommenden Verunreinigungen der Eisenerze können

Kupfer, Blei, Arsen und Antimon

in einer und derselben Probe bestimmt werden. Ihrer geringen Menge wegen nimmt man 10 g Erz in Arbeit, löst es in Salzsäure unter wiederholtem Zusatze geringer Mengen Salpetersäure, filtriert vom Rückstande ab, engt durch Abdampfen ein und entledigt sich der größten Menge des Eisens nach dem Ätherverfahren. Der Rückstand wird mit Alkalicarbonat aufgeschlossen, die Kieselsäure abgeschieden, das Filtrat aber mit der Lösung der Chloride vereinigt eingedampft, wobei sich das Arsenchlorid verflüchtigt, mit Salzsäure aufgenommen und in Wasser gelöst. Aus dieser Lösung fällt man die zu bestimmenden Metalle bei 70^0 mit Schwefelwasserstoff. Den abfiltrierten und mit Schwefelwasserstoffwasser ausgewaschenen Niederschlag digeriert man mit erwärmtem Schwefelnatrium und trennt so das Schwefelantimon von den anderen beiden Sulfiden.

Die Schwefelantimonlösung versetzt man in einem Becherglase mit Salzsäure, scheidet dadurch das Sulfid ab, läßt es absitzen, dekantiert die überstehende Flüssigkeit durch ein Filter, bringt etwa mitgerissene Niederschlagsteilchen in das Becherglas zurück, versetzt mit Salzsäure und oxydiert unter Erwärmen mit Kaliumchlorat. Nachdem man die Lösung von dem ausgeschiedenen Schwefel abfiltriert hat, fällt man unter Erwärmen von neuem mit Schwefelwasserstoff Schwefelantimon, filtriert, wäscht mit Schwefelwasserstoffwasser, bringt den Niederschlag in einen Porzellantiegel, das Filter aber tränkt man mit Ammonnitrat und verbrennt es; die Asche wird mit dem Niederschlage vereinigt.

Der trockene Niederschlag wird wiederholt mit Salpetersäure befeuchtet und zur Trockne erhitzt, endlich geglüht und als antimonsaures Antimonoxyd, mit 78,97 % Antimon, gewogen.

Das Verfahren ist nicht ganz genau, da mit dem Arsenchlorid auch geringe Mengen Antimonchlorid verflüchtigt werden. Sind Arsen und Antimon nebeneinander zu bestimmen, so wird die Lösung des Erzes mit Natriumhypophosphit (in fester Form) versetzt und zum Sieden erhitzt, um das Eisenchlorid zu reduzieren und die Ausscheidung großer Mengen Schwefel beim nachfolgenden Fällen der vier Metalle mit Schwefelwasserstoff zu vermeiden. Nachdem man die Sulfide von Arsen und Antimon mittels Schwefelnatriums von denen des Bleies und Kupfers getrennt und sie oxydiert hat, versetzt man die Lösung mit Weinsteinsäure und fällt die Arsensäure mit Magnesiamischung und Ammoniak als arsensaure Ammoniakmagnesia; nach vierundzwanzigstündigem Stehen wird die Lösung abfiltriert, der Niederschlag geglüht und gewogen. Aus dem mit Salzsäure angesäuerten Filtrate fällt man das Antimon von neuem mit Schwefelwasserstoff und bestimmt es, wie oben angegeben.

Das beim Ausziehen von Arsen- und Antimonsulfid zurückgebliebene Schwefelblei und Schwefelkupfer löst man in Salpetersäure, setzt ein paar Tropfen Schwefelsäure hinzu, dampft stark ein und läßt nach Zusatz von Alkohol das Bleisulfat absitzen; es wird als solches gewogen. Aus der Kupfersulfatlösung kann das Metall entweder wieder mit Schwefelwasserstoff gefällt und durch Verbrennen des n o c h   f e u c h t e n Filters bei sehr niedriger Temperatur und Glühen des Niederschlages in Kupferoxyd übergeführt und gewogen oder noch besser und einfacher elektrolytisch abgeschieden werden. Für Laboratorien, die nicht auf elektrolytische Arbeiten eingerichtet sind, ist U l l g r e e n s höchst einfacher Apparat (Zeitschr. f. anal. Chem. 7, 442; 1868) zu empfehlen; er besteht aus einer kleinen Platinschale, einem 100 mm langen, 30—40 mm weiten und an einem Ende mit Schweinsblase zugebundenen Stück Glasrohr und einem 25 mm breiten Streifen Zinkblech. Der letztere wird so gebogen, daß das eine Ende auf dem Arbeitstische aufliegt und die Platinschale trägt, während das andere tief in das Glasrohr taucht, in welchem sich eine gesättigte Kochsalzlösung befindet. Bringt man nun die Kupferlösung in die Schale und taucht das in eine Bürettenklemme gespannte Glasrohr in erstere so tief ein, daß die Blase noch 6—8 mm vom Schalenboden entfernt bleibt, so beginnt sofort die Ausscheidung des Kupfers; nach 1—2 Stunden ist sie vollendet, wovon man sich durch Prüfung mit

Ammoniak oder Schwefelwasserstoffwasser versichert. Das Auswaschen
der Schale mit Wasser muß ohne Unterbrechung des Stromes vorgenommen und so lange fortgesetzt werden, bis keine Bläschen mehr sich
an der Schale entwickeln. Nach zweimaligem Ausspülen mit 95 proz.
Alkohol und darauf mit Äther trocknet man die Schale 5 Minuten im
Luftbad und wägt.

Hat man sich zur Trennung der Metalle Kupfer, Blei und Antimon
von Eisen des Ätherverfahrens bedient, so ist das Arsen in einer besonderen Erzprobe zu bestimmen, wozu sich die Destillationsmethode
nach Ledebur vorzüglich
eignet; man benutzt sie
auch dann, wenn Arsen
allein zu bestimmen ist.

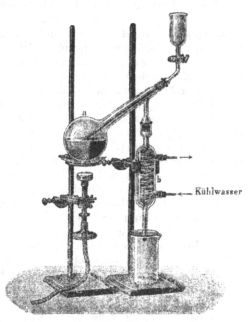

10 g Erz werden in
einem Becherglase mit
120 ccm Salzsäure (spez.
Gew. 1,19) unter wieder-
holtem Umschwenken in
der Kälte digeriert, dann
2—4 ccm Brom zugefügt,
erst gelinde, dann stärker
erwärmt, bis f a s t a l l e s
Brom verflüchtigt ist, die
klare Flüssigkeit abge-
gossen, der Rückstand auf
einem Filter gesammelt und
mit Wasser ausgewaschen.
Den Durchlauf vereinigt
man mit der Hauptlösung
in dem Kolben *a* (Fig. 52)
des Destillierapparates (ein
anderer, weniger zerbrech-
licher Kolben wird von
Kleine (St. u. E. **24**,

Fig. 52.

248; 1904) angegeben), fügt die Lösung von 15 g arsenfreiem Eisenchlorür in 60 ccm Salzsäure, spez. Gew. 1,124,
hinzu und erhitzt vorsichtig mit ausgebreiteter Flamme (Kronen-
brenner oder Mastescher Brenner) zum Sieden. Ist die Flüssigkeit bis auf 40 ccm abdestilliert, so läßt man nochmals 50 ccm Salzsäure
zufließen und destilliert wieder bis auf 40 ccm ab. In der Vorlage hat
man sämtliches Arsenchlorür in Salzsäure, aus welcher das Arsen bei
etwa 70⁰ mit Schwefelwasserstoff ausgefällt wird. Nach vollständigem
Absitzen, das einige Stunden erfordert, filtriert man ab, wäscht bis zu
neutraler Reaktion mit Wasser aus, spritzt den Niederschlag vom Filter,
löst unter Erwärmen mittels 20 ccm gesättigter Ammoniumcarbonatlösung das Schwefelarsen, während der ausgeschiedene Schwefel zurückbleibt, gießt durch das vorher benutzte Filter, um hängengebliebene

Reste von Schwefelarsen abzulösen, wäscht das Filter aus, schlägt das Sulfid durch Salzsäure nieder, fügt Schwefelwasserstoffwasser hinzu oder leitet kurze Zeit Schwefelwasserstoffgas ein, läßt absitzen und filtriert durch ein getrocknetes und gewogenes Filter. Nachdem dies bis zum Ausbleiben der Chlorreaktion ausgewaschen ist, trocknet man Filter und Niederschlag, läßt im Exsikkator erkalten und wägt das Arsentrisulfid. Es enthält 60,93 % Arsen.

Phosphorsäure.

Die zur Bestimmung der Phosphorsäure heute allein in Anwendung stehende Methode ist die der Abscheidung mit Molybdänsäure als Ammoniumphosphordodekamolybdat, $12 \, MoO_3$, $PO_4(NH_4)_3$, welche bei sachgemäßer Ausführung Ergebnisse liefert, die zu den schärfsten der analytischen Chemie gehören. Trotzdem wird nicht selten mit Recht Klage geführt, daß die Bestimmungen verschiedener Chemiker beträchtliche Unterschiede aufweisen. Um vor Fehlern sicher zu sein, ist es nötig die Bedingungen zu kennen, unter denen die Abscheidung erfolgt; eine genaue Zusammenstellung derselben und die Bestätigung früherer Untersuchungen von F r e s e n i u s und vielen anderen lieferte H u n d e s h a g e n (Zeitschr. f. anal. Chem. 28, 141; 1889), nach welchem die Voraussetzungen für die v o l l s t ä n d i g e Fällung folgendermaßen präzisiert werden können:

1. Freie Salzsäure, Schwefelsäure, sehr große Mengen freier Salpetersäure (mehr als 80 Moleküle auf 1 Molekül Phosphorsäure) und Salze mehrbasischer Säuren (Schwefel- und Borsäure) verhindern die vollständige Ausfällung der Verbindung.

2. Freie Salpetersäure in geringeren Mengen (26 bis 80 Moleküle) auf 1 Molekül Phosphorsäure) verzögert die Abscheidung.

3. Noch geringere Mengen freier Salpetersäure als 26 Moleküle und Salze einbasischer Säuren (Chloride, Bromide) wirken nicht störend.

4. Ammoniumnitrat beschleunigt die Abscheidung derart, daß bei Anwesenheit von mehr als 0,5 g dieses Salzes die Verbindung schon nach einigen Minuten ausfällt, wenn nicht bloß sehr geringe Mengen Phosphorsäure vorhanden sind.

5. Hohe Temperatur beschleunigt die Ausfällung. Selbst falls in 100 ccm Flüssigkeit nur 50 mg Phosphorsäure enthalten sind, entsteht bei Siedehitze der Niederschlag augenblicklich, besonders wenn man kräftig rührt oder die Gefäßwände mit dem Glasstabe reibt. Der in der Hitze erzeugte Niederschlag ist krystallinisch, setzt sich rascher ab und läßt sich besser auswaschen als der in der Kälte entstandene.

6. Die angewendete Menge der Molybdänsäure muß doppelt so groß sein als die zur Bildung der Verbindung erforderliche, also 24 Moleküle auf 1 Molekül Phosphorsäure betragen.

7. Kaltes Wasser, sehr verdünnte Säuren und Ammonsalzlösungen lösen den Niederschlag in geringem Maße.

Raseneze müssen wegen der stets vorhandenen organischen Körper vor dem Auflösen geglüht werden, andernfalls hindern dieselben die vollständige Abscheidung der Phosphorsäure. Ferner ist zu beachten, daß vor der Fällung die Kieselsäure v o l l s t ä n d i g abgeschieden sein muß, weil diese mit Molybdänsäure einen ganz ähnlichen Niederschlag gibt wie die Phosphorsäure, so daß bei Anwesenheit der ersteren zu viel gefunden wird, und daß die Lösung nicht niedrigere Oxydationsstufen des Phosphors enthält, welche sich der Fällung entziehen. Sie sind vorher zu Phosphorsäure zu oxydieren. Der bei 130 bis 150° getrocknete Nieder- schlag hat die Formel 12 MoO_3, $PO_4(NH_4)_3$ und enthält 3,782 Phosphor- pentoxyd $= 1,651 \%$ Phosphor.

Die Ausführung der Phosphorsäurebestimmung erfolgt in nach- stehender Weise:

Man löst je nach dem Phosphorsäuregehalt 1—10 g Erz (Thomas- schlacken 0,5 g, Minette, Bohnerze, Rasenerz, Puddelschlacke 1 g, andere Brauneisenerze, Roteisenerze, Magnetite mit mittlerem Phosphorsäure- gehalt 5 g, Erze für Bessemerroheisen 10 g) in konz. Salzsäure, dampft zweimal zur Trockne, nimmt das Eisen mit 10—20 ccm Salpetersäure vom spez. Gew. 1,2 auf, verdünnt, filtriert und wäscht mit salpeter- säurehaltigem Wasser aus; die Lösung soll bei 1 g Erz nicht über 20 ccm, bei größeren Mengen nicht über 50 ccm betragen. Man setzt nun Am- moniak bis zur Neutralisation und 1 g Ammoniumnitrat hinzu, erhitzt zum Kochen und fällt (je nach der Menge der Phosphorsäure) mit 25 bis 50 ccm Molybdänsäurelösung (deren Bereitung in dem Kapitel über Handelsdünger sowie S. 422 beschrieben ist). Nach halbstündigem Stehen bei ca. 70° ist die Ausscheidung vollendet. Man kann nun filtrieren und mit salpetersäurehaltigem Wasser (50 ccm Säure spez. Gew. 1,4 auf 1 Liter) bis zum Verschwinden der Eisenreaktion auswaschen. Da der Nieder- schlag aber Spuren Eisen mit Hartnäckigkeit zurückhält, ist es ratsam, nach v. Reis (St. u. E. 8, 827; 1886) die Flüssigkeit bis auf einen kleinen Rest abzuhebern und dann erst den Niederschlag mit salpetersaurem Waschwasser aufs Filter zu bringen, sowie beim Waschen die Filter- ränder besonders zu berücksichtigen. Dann reinigt man den Nieder- schlag noch durch Auftröpfeln von 15 ccm Citratlösung (10 g Citronen- säure mit 100 ccm Ammoniak vom spez. Gew. 0,91 auf 1 Liter verdünnt) mittels einer Pipette und löst ihn endlich mit wenig verdünntem und erwärmtem Ammoniak. Die Lösung wird im Fällungsgefäß aufgefangen, um auch die darin zurückgebliebenen Reste aufzunehmen, und das Filter mit 2½ proz. Ammoniak ausgewaschen. Dann setzt man Salzsäure zur Lösung, bis der entstehende gelbe Niederschlag sich nur noch langsam wieder löst, fügt 2 ccm Magnesiamischung und ⅓ des ganzen Volumens Ammoniak hinzu, rührt ½ Minute gut um und läßt 15 Minuten ab- sitzen. Bei sehr geringen Phosphorsäuremengen dauert dies länger; auf jeden Fall hat man zu warten, bis die über dem Niederschlage stehende Flüssigkeit klar ist. Man filtriert nun, wäscht mit verdünntem Am- moniak bis zum Verschwinden der Chlorreaktion aus, bringt das feuchte Filter in einen Platintiegel, verbrennt es bei sehr niedriger Temperatur, glüht, bis der Niederschlag weiß ist (zuletzt kurze Zeit heftig) und wägt das Magnesiumpyrophosphat. Sollte dasselbe nicht ganz weiß sein,

so feuchtet man es mit wenigen Tropfen Salpetersäure an, verdunstet diese
sehr vorsichtig, glüht wieder und wägt. Ist das Erz arsenhaltig, so macht sich eine Änderung des vorstehenden Verfahrens nötig, da neben der Phosphorsäure auch Arsensäure mit Magnesiamischung ausfällt. Erreicht der Arsengehalt nur einen geringen Betrag, so braucht man auf ihn nicht Rücksicht zu nehmen; denn die arsensaure Ammoniakmagnesia erfordert viel längere Zeit zur vollständigen Ausscheidung (m i n d e s t e n s 12 Stunden); ist dagegen die Arsenmenge größer, so daß angenommen werden muß, das Ammonium-magnesiumphosphat sei damit verunreinigt, so löst man den abfiltrierten Niederschlag mit Salzsäure, wäscht das Filter bis zum Ausbleiben der Chlorreaktion nach, fällt in der Lösung bei 70° mit Schwefelwasserstoff Schwefelarsen, filtriert ab, zerstört im Filtrat unter Eindampfen den Schwefelwasserstoff durch ein wenig Kaliumchlorat und fällt von neuem mit Magnesiamischung.

Aus titanhaltigen Erzen ist die Titansäure vor der Fällung mit Molybdänsäurelösung abzuscheiden, weil sie mit dieser ebenfalls einen Niederschlag gibt. Man schmilzt die Probe mit der vierfachen Menge Natriumkaliumcarbonat, löst die Schmelze in Wasser, wobei die Titansäure zurückbleibt, filtriert, säuert mit Salzsäure an, dampft zur Trockne behufs Abscheidung der mitgelösten Kieselsäure und verfährt dann weiter, wie oben angegeben.

Anstatt den Molybdänniederschlag in Magnesiumpyrophosphat überzuführen, kann man ihn auch nach F i n k e n e r unmittelbar wägen. Zu diesem Zwecke sammelt man die ammoniakalische Lösung desselben nebst den Waschwassern in einem geräumigen Porzellantiegel, dampft ein, bis die Flüssigkeit nur noch schwach nach Ammoniak riecht, setzt verdünnte Salpetersäure zu bis zur vollständigen Fällung des Salzes und dampft weiter ein. Der hinterbleibende dickliche Rückstand wird nun über einem Schälchen aus Asbestpappe oder über einem Drahtnetz erst ganz gelinde und, wenn er nicht mehr schäumt, stärker (auf 130—150°) erhitzt. Sobald ein über den Tiegel gedecktes kaltes Uhrglas nach einer halben Minute keinen Beschlag mehr zeigt, sind alle Ammonsalze vertrieben. Nach dem Erkalten im Exsikkator wird gewogen. Der Niederschlag hat einen Gehalt von 3,782 % Phosphorsäure.

Nach M e i n e c k e (Chem.-Ztg. 20, 108; 1896) kann man auch den Molybdänniederschlag samt Filter im Porzellantiegel trocknen und vorsichtig glühen, was bei schwacher Rotglut zu erfolgen hat; ein Sublimieren von Molybdänsäure ist unbedingt zu vermeiden. Bei richtiger Arbeitsweise sieht der zusammengesinterte Rückstand blauschwarz aus und entspricht der Zusammensetzung: $24 MoO_3 \cdot P_2O_5$ enthaltend 3,947 % $P_2O_5 = 1,723$ % Phosphor.

Schwerspathaltige Erze erfordern nach v. J ü p t n e r unbedingt ein Aufschließen des Rückstandes und Vereinigung von dessen Lösung mit der Hauptlösung, da sich in ihm beträchtliche Mengen Phosphor, zuweilen größere als in der Hauptlösung, finden.

Schwefelsäure und Schwefel.

Beide werden zusammen bestimmt, da für den Hochofenprozeß die Form, in welcher der Schwefel im Erze sich findet, gleichgültig ist. Die Ausfällung von geringen Mengen Schwefelsäure aus eisenchloridreichen Lösungen erfolgt nicht leicht vollständig und ergibt meist unreine Niederschläge (vgl. Bd. I, S. 358 ff); man verfährt deshalb, anstatt das Erz in Salzsäure (nötigenfalls mit Salpetersäurezusatz) zu lösen, folgendermaßen: 3 g Erz mischt man mit der gleichen Menge Natriumcarbonat, dem der zehnte Teil Kalisalpeter beigemengt ist, erhitzt es in einem Platintiegel, den man, um die stets schwefelhaltigen Verbrennungsgase möglichst fern zu halten, in eine durchlochte Asbestplatte eingepaßt hat, anfänglich schwach, dann allmählich steigend bis zum Schmelzen, in dem man es einige Zeit erhält. Nach dem Erstarren löst man mit heißem Wasser, trennt die allen Schwefel als Schwefelsäure enthaltende Lösung vom Rückstande durch Filtrieren, wäscht aus, dampft behufs Abscheidung der Kieselsäure zur Trockne, nimmt mit Salzsäure und heißem Wasser auf, filtriert von der Kieselsäure ab, wäscht bis zum Ausbleiben der Chlorreaktion, fällt die Schwefelsäure in Siedehitze mit Chlorbaryum, läßt absitzen, filtriert, wäscht aus, bis der Durchlauf nicht mehr auf Chlor reagiert, bringt den noch feuchten Niederschlag in den Tiegel, verbrennt das Filter am Platindraht, fügt die Asche zum Niederschlag, erhitzt recht vorsichtig, glüht und wägt das Baryumsulfat.

Titansäure.

Die Bestimmung dieses wegen seines häufigen Vorkommens in schwedischen und norwegischen Magnetiten Aufmerksamkeit erfordernden Stoffes ist umständlich, durch die Äthertrennung aber immerhin erleichtert worden.

L e d e b u r gibt folgendes Verfahren an, das sich ziemlich verbreiteter Anwendung erfreut.

5 g Erz werden in Salzsäure gelöst. Ein Teil der Titansäure geht in Lösung; der andere bleibt im Rückstande. Die Lösung unterwirft man der Trennung mit Äther, wie oben (S. 430) beschrieben ist. Die vom Eisen befreite Lösung der Chloride enthält neben der Phosphorsäure auch die Titansäure, letztere z. T. flockig ausgeschieden. Der Rückstand wird mit Kaliumnatriumcarbonat aufgeschlossen, die Kieselsäure abgeschieden, durch Filtrieren getrennt, geglüht, mit Flußsäure verjagt und ein etwa verbleibender kleiner Rückstand von Titansäure durch erneutes Schmelzen mit Kaliumnatriumcarbonat gelöst. Die Lösung der kleinen Schmelze vereinigt man mit der der vorigen und der Lösung der Chloride, scheidet nach dem Acetatverfahren den kleinen, bei der Äthertrennung zurückgebliebenen Eisenoxydrest, Tonerde, Phosphorsäure und Titansäure von den übrigen Chloriden, filtriert und wäscht heiß aus, schmilzt den Niederschlag mit Natriumkaliumcarbonat, löst die Schmelze in Wasser, führt so alle Phosphorsäure und einen Teil der Tonerde in Lösung über und behält Eisenoxyd, den

anderen Teil der Tonerde sowie Titansäure im Rückstande. Nach Trennung desselben durch Filtrieren und Auswaschen von der Lösung wird er getrocknet, das Filter verbrannt und abermals, jetzt aber mit der 12 fachen Menge Kaliumbisulfat geschmolzen, bis in der Schmelze ungelöste Teile nicht mehr zu sehen sind. Nach dem Erkalten löst man die Schmelze in kaltem Wasser, leitet behufs Reduktion des Eisenoxydes Schwefelwasserstoff ein, wobei sich unter Umständen etwas Schwefelkupfer oder Schwefelplatin abscheidet, das man abfiltriert, und kocht nun die noch stark nach Schwefelwasserstoff riechende Lösung in einem Erlenmeyerkolben mit aufgesetztem Trichter eine Stunde lang. Sollte trotz des Trichters, welcher das meiste Wasser kondensiert, die Flüssigkeit zu stark eindampfen, so ist von Zeit zu Zeit mit Wasser zu verdünnen. Die Titansäure scheidet sich aus, wird abfiltriert, rein ausgewaschen, geglüht und gewogen.

Ledebur empfiehlt neuerdings (Leitfaden, 8. Aufl. 1908), die Hauptmenge des Eisens von der Titansäure dadurch zu scheiden, daß man die Erzprobe im Wasserstoffstrom zwecks Reduktion der Eisenoxyde stark glüht und das entstandene Eisen in schwacher Schwefelsäure (1 : 40) löst. Man entledigt sich des Kieselsäuregehaltes, indem man den Rückstand mit Fluorwasserstoffsäure behandelt; nach Beobachtungen von Trulot und Riley (St. u. E. 26, 88; 1906) muß man jedoch mit Schwefelsäure eindampfen und dann glühen, da sonst leicht H_2TiFl_6 verflüchtigt wird. Alsdann wird die Titansäure durch Schmelzen mit Kaliumbisulfat löslich gemacht, die Schmelze in Wasser aufgelöst und die Titansäure durch anhaltendes Kochen ausgefällt. Etwa vorhandenes Eisenoxyd wird durch Einleiten von Schwefelwasserstoff zu Oxydul reduziert, wodurch eine Fällung als basisches schwefelsaures Salz verhindert wird. Enthält das Erz mehr als 0,1 % Phosphorsäure, welche mit der Titansäure ausfallen würde, so schmilzt man den mit Flußsäure behandelten Rückstand mit Natriumcarbonat. Die wäßrige Lösung enthält alsdann sämtliche Phosphorsäure, während die Titansäure zurückbleibt. Darauf folgt das Schmelzen mit Kaliumbisulfat.

Wolframsäure.

In eigentlichen Eisenerzen kommt Wolframsäure wohl kaum vor; dagegen kann die Aufgabe vorliegen, sie in Wolframiten zu bestimmen. Der schwierigste Teil ist gewöhnlich das Aufschließen dieses Minerales, welches aber sehr leicht von statten geht, wenn man nach Hempel (Zeitschr. f. anorgan. Chem. 3, 193; 1893) 1 Teil feingeriebenes Erz mit 4 Teilen Natriumsuperoxyd in einem Silbertiegel zusammenschmilzt, wodurch man in wenig Minuten eine in Wasser lösliche Schmelze erhält. Man filtriert die Natriumwolframatlösung von dem Rückstande ab, zersetzt sie mit überschüssiger heißer Salpetersäure in Siedehitze, läßt absitzen, filtriert, wäscht gut aus, glüht und wägt. Mit niedergefallene Kieselsäure wird durch Flußsäure verjagt, von neuem geglüht und die übrig gebliebene Wolframsäure von neuem gewogen. Ist Zinnsäure anwesend, so schmilzt man jedoch das Gemisch beider Säuren mit Cyankalium, löst in Wasser, filtriert das reduzierte Zinn ab und fällt die Wolframsäure abermals mit Salpetersäure aus.

Bei Anwesenheit von Arsensäure und Phosphorsäure wird nach B u l l n h e i m e r (Chem.-Ztg. 24, 870; 1900) dem Natriumsuperoxyd etwa 3 g Ätznatron zugefügt, in der Lösung der Schmelze etwa vorhandene Mangansäure mit Wasserstoffsuperoxyd reduziert. Die Hälfte der abfiltrierten Lösung versetzt man mit 20 g Ammonnitrat, läßt Kieselsäure und Zinnsäure sich absetzen und fällt nun mit Magnesiamischung. Läßt man Kiesel- und Zinnsäure nicht vorher absitzen, so fällt der Niederschlag wolframhaltig. Die ammoniakalische Lösung wird mit Salpetersäure schwach angesäuert, kalt mit 20 bis 30 ccm Merkuronitratlösung (200 g + 20 ccm konz. Salpetersäure auf 1 L.) versetzt, nach einigen Stunden die Säure mit Ammoniak fast abgestumpft, nach vollständigem Absitzen filtriert, mit merkuronitrathaltigem Wasser ausgewaschen, getrocknet und geglüht.

Kohlensäure

zu bestimmen ist selten erforderlich; wenn doch, so erfolgt es durch Ermittlung des Gewichtsverlustes, den das Erz oder der Zuschlag im F r e s e n i u s - W i l l schen Apparate beim Behandeln mit konzentrierter Schwefelsäure erleidet (vgl. auch Bd. I, S. 179 ff. über ein genaueres Verfahren zur Bestimmung von Kohlensäure).

Die A n a l y s e der Zuschläge weicht nicht von der der Erze ab; für die Bestimmung von Kalk bzw. Magnesia sind der hohen Gehalte wegen entsprechend kleine Einwagen zu machen, für die übrigen, meist nur in kleinen Mengen vorhandenen Stoffe aber größere Mengen (1—3 g) in Arbeit zu nehmen.

Die A n a l y s e der Schlacken hat gleichfalls nur wenig Besonderheiten. Eisenreiche S c h l a c k e n v o n d e n F r i s c h p r o z e s s e n sind wie schwerlösliche Erze zu behandeln. T h o m a s s c h l a c k e n enthalten viel Phosphorsäure und werden nach dem Gehalte an dieser gehandelt; ihre Bestimmung ist deshalb sehr häufig auszuführen. Man verfährt mit entsprechend kleinen Proben, wie oben S. 445 beschrieben ist. Bei der großen Zahl von Phosphorsäurebestimmungen ist die Schleudermaschine gut zu verwenden. Von besonderer Bedeutung ist die Bestimmung der im Ammoncitrat löslichen Phosphorsäure, doch darf bezüglich dieser auf das Kapitel über Düngemittel verwiesen werden.

Eine nicht selten vorkommende Arbeit ist die volle Analyse von H o c h o f e n s c h l a c k e n , die ganz nach den Regeln der Silikatanalyse ausgeführt wird. Eine besondere Bestimmung erfordert der als Baryum-, Calcium- und Mangansulfid in ihnen auftretende Schwefel; sie erfolgt nach der Schwefelwasserstoffmethode, wie unten bei Roheisen beschrieben ist.

Ein sehr abgekürztes, wenn auch nicht ganz genaues, so doch in der Regel genügendes Verfahren zur Bestimmung der hauptsächlichsten Bestandteile einer Hochofenschlacke gibt T e x t o r (Journ. of anal. and

appl. Chem. 7, 25; St. u. E. 14, 39 u. 178; 1894) an. Das Wesentliche ist, daß
drei Proben abgewogen werden, um mehrere Stoffe gleichzeitig bearbeiten
zu können. Probe I 1,325 g für Kalk und Magnesia; Probe II 0,5 g
für Kieselsäure und Tonerde; Probe III 0,5 g für Schwefel. Probe I
und II werden mit je 25 ccm heißem Wasser versetzt und zum Sieden
erhitzt, hierauf 25 bzw. 10 ccm Salzsäure (1 : 1) zugefügt und bis zur
völligen Zerlegung der Schlacke gekocht, wobei man durch Rühren die
Abscheidung der gallertartigen Kieselsäure verhindert. Beide Proben
oxydiert man hierauf mit einigen Tropfen Salpetersäure, verdampft II
zur Trockne und erhitzt, bis keine Salzsäuredämpfe mehr entweichen,
I aber verdünnt man mit kaltem Wasser auf 300 bis 350 ccm, versetzt
a l l m ä h l i c h (damit das Chlorammonium die Magnesia in Lösung
hält) mit 25 ccm konzentriertem Ammoniak und füllt in einem Meßkolben auf 530 ccm auf; dann wird partiell filtriert und 250 ccm Filtrat
= 0,625 g Schlacke für die Magnesia-, 200 ccm = 0,5 g Schlacke für die
Kalkbestimmung aufgefangen. Beide Filtrate erhitzt man in Bechergläsern zum Sieden, setzt 25 bzw. 20 ccm Ammoniumoxalatlösung zu,
kocht einige Sekunden, kühlt die Magnesiaprobe in kaltem Wasser,
filtriert inzwischen den Niederschlag der Kalkprobe ab, wäscht aus,
spritzt ihn vom Filter, löst in Schwefelsäure und titriert mit Kaliumpermanganat.

Die Magnesiaprobe füllt man auf 300 ccm auf, filtriert durch ein
trockenes Filter 240 ccm = 0,5 g Schlacke ab und gießt in ein mit
10 ccm Natriumphosphatlösung und 10 ccm konzentriertem Ammoniak
beschicktes Becherglas. Zur Beschleunigung der Fällung wird während
10 Minuten Luft durch die Flüssigkeit getrieben.

Inzwischen ist Probe II genügend lange erhitzt. Man kühlt das
Glas rasch an der Luft und erwärmt den Rückstand gelinde mit 15 ccm
konzentrierter Salzsäure. Währenddem filtriert man den Magnesianiederschlag, wäscht aus, bringt das nasse Filter in den Platintiegel, erhitzt
gelinde bis nach erfolgter Verkohlung des Filters, dann stark und glüht
den Niederschlag zum Wägen. Probe II wird jetzt mit heißem Wasser
verdünnt, aufgekocht, die Kieselsäure abfiltriert und ausgewaschen, das
Becherglas 4—5 mal mit heißem Wasser ausgespült und dieses Wasser
für sich filtriert, die Kieselsäure von den Becherglaswänden auf das Filter
gebracht, die nassen Filter im Tiegel erhitzt, verascht, geglüht und
gewogen. Aus den vereinigten Filtraten fällt man die Tonerde mit
geringem Überschusse von Ammoniak, filtriert durch Saugen ab, wäscht
aus, glüht den nassen Niederschlag und wägt. Die geringen Mengen
Eisenoxyd werden als Tonerde gerechnet. Ist der Eisengehalt größer,
so wird eine besondere Probe gelöst, darin das Eisen titrimetrisch bestimmt und von der Tonerde in Abzug gebracht. Mangan befindet sich
z. T. beim Magnesianiederschlag. Für manganreiche Schlacken eignet
sich das Verfahren nicht. In Probe III bestimmt man den Schwefel
indem 150 ccm heißes Wasser, etwas Stärkelösung, 15 ccm Jodlösung,
(1 ccm = 0,1 % S), hierauf 30 ccm konzentrierte Salzsäure zugefügt
und mit Jodlösung zu Ende titriert wird.

b) Maßanalyse.

Eisen. Von den maßanalytischen Verfahren zur Bestimmung des Eisens sind es vor allem zwei, welche sich durch Einfachheit und Zuverlässigkeit auszeichnen: das Permanganat- und das Zinnchlorür-Verfahren. Da jedoch noch hier und da das Kaliumbichromat-verfahren angewendet wird, so sei auch dieses beschrieben.

1. Das Permanganat-Verfahren. Die intensiv rote Lösung des Kalium-permanganates (Chamäleon) wird durch Reduktion bekanntlich ent-färbt. Jeder geringste Rest unreduzierten Salzes färbt aber die Flüssig-keit noch deutlich rot. Benutzt man zur Reduktion ein Eisenoxydulsalz, z. B. Ferrosulfat, so verläuft die Umsetzung nach folgender Gleichung:

$$10 \text{ FeSO}_4 + 2\text{KMnO}_4 + 8\text{H}_2\text{SO}_4 = 5\text{Fe}_2(\text{SO}_4)_3 + \text{K}_2\text{SO}_4 + 2\text{MnSO}_4 + 8\,\text{H}_2\text{O}.$$

Kennt man nun den Gehalt der Lösung an Permanganat, so läßt sich aus der zur Oxydation des Eisensulfates verbrauchten Menge auf die Menge des Eisensalzes schließen. Bei der Anwendung verfährt man so, daß man eine Ferrosulfatlösung von bekanntem Gehalte mit Permanganatlösung bis zum Eintritt der Rötung versetzt und nun aus der verbrauchten Menge den Wirkungswert des Reagens bestimmt. Man kann dann mit seiner Hilfe jede unbekannte Menge Eisen oxydieren und be-rechnen (vgl. Bd. I, S. 123 ff.).

Die gewöhnlich zur Anwendung kommende Lösung enthält 5 g Kaliumpermanganat im Liter. Sie wurde früher als sehr veränderlich angesehen, so daß ihr Wirkungswert nach Verlauf mehrerer Tage immer von neuem festgestellt werden müßte; in Wirklichkeit hält sie sich viele Monate lang unverändert, wenn sie nach der Bereitung gekocht und dann vor Licht geschützt aufbewahrt wird. Durch das Kochen geht die Veränderung, welche sich sonst über lange Zeit erstreckt, auf einmal vor sich und setzt sich nicht weiter fort (vgl. Bd. I, S. 124). Es steht deshalb nichts im Wege, anstatt eines empirischen Titers derselben den normalen bzw. $^1/_{10}$-normalen Titer (1 ccm = 5,585 mg Fe) zu geben. Die Berichtigung desselben wird dann natürlich nach dem Kochen vor-genommen.

Die Titerstellung soll möglichst unter denselben Verhältnissen er-folgen wie die Anwendung des Verfahrens. Die geeignetste Titersub-stanz wäre hier somit E i s e n selbst, und man hat früher zu diesem Zwecke als reinste Form des Eisens, sogenannten Blumendraht, ver-wendet, unter der Annahme, daß dieser = 99,7 oder 99,8 % reinen Eisens anzunehmen sei. Es ist aber durch die Arbeiten von T r e a d w e l l (Lehrb. d. quant. chem. Anal.) und L u n g e (namentlich Zeitschr. f. an-gew. Chem. 17, 265; 1904) nachgewiesen worden, daß diese Annahme durch-aus nicht stichhaltig ist, und daß der Wirkungswert von Blumendraht häufig sogar über 100 % Fe beträgt, daß Si, P, S, C ebenfalls reduzierend auf Permanganat wirken. Man müßte also mindestens das angeblich ganz reine, durch Elektrolyse hergestellte Eisen verwenden, wie es C l a s s e n , T r e a d w e l l , S k r a b a l u. a. tun (Bd. I, S. 130ff.).

Nicht allein ist aber dieses Präparat sehr schwer zugänglich, da es stets mittels eines umständlichen und teuren Apparates frisch hergestellt und sofort verwendet werden muß, sondern es ist, wie u. a. L u n g e a. a. O. gezeigt hat, keineswegs mit Sicherheit als wirklich chemisch reines Eisen anzusehen. Man wird daher besser von einer unbedingt sicheren Ursubstanz ausgehen, als welche L u n g e a. a. O. die reine Soda und S ö r e n s e n (Zeitschr. f. anal. Chem. 36, 639; 1897, 42, 333, 512; 1903 vgl. Bd. I, S. 127) das nach seiner Vorschrift von K a h l b a u m dargestellte chemisch reine, trockene und nicht hygroskopische Natriumoxalat empfehlen. L u n g e stellte mittels reiner Soda erst eine Normalsalzsäure, dann mittels dieser eine Natronlauge oder besser Barytlösung, damit wieder eine Oxalsäurelösung und endlich mittels dieser die Permanganatlösung her. Er hat sich aber überzeugt, daß man sich in der Tat auf die Reinheit des nach S ö r e n s e n hergestellten Natriumoxalates vollständig verlassen kann, dessen Anwendung sich viel einfacher und direkter gestaltet, indem man es ohne weiteres abwägen kann (für g a n z genaue Bestimmungen allerdings besser nach mehrstündigem Erhitzen im Wasserbad-Trockenschrank), worauf man es in Wasser auflöst, verdünnte Schwefelsäure zusetzt und bei 70⁰ mit Permanganat austitriert. 0,1 g des Natriumoxalats entspricht 14,93 ccm einer $^1/_{10}$ N.-Permanganatlösung.

Man kann auch, wenn man will, als Grundlage für spätere Titrierungen den Wirkungswert eines bestimmten Vorrates von Blumendraht mittels einer vorher durch Natriumoxalat eingestellten Permanganatlösung feststellen und später diesen Draht nach gehöriger Reinigung zur Einstellung neuer Permanganatmengen benutzen. Man muß aber, wie T r e a d w e l l und namentlich L u n g e a. a. O. gezeigt haben, bei der Auflösung des Eisens genau dieselben Bedingungen der Verdünnung und Erhitzung einhalten, da sonst durch ungleiche Entfernung der Kohlenwasserstoffe usw. erhebliche Verschiedenheiten im Resultate herauskommen.

Die Firma F e l t e n u n d G u i l l e a u m e - L a h m e y e r - w e r k e (A.-G.) hat neuerdings für den Laboratoriumsgebrauch einen besonders reinen Eisendraht hergestellt, welcher im Mittel 99,91 v. H. metallisches Eisen enthält; eine Analyse wird dem Draht stets beigegeben. Für Vergleichszwecke dürfte daher der Draht wohl verwendbar sein.

Man verfährt daher am besten stets wie folgt. Man löst den Draht in einem mit dem Aufsatze von C o n t a t - G ö c k e l (Bd. I, S. 131, Fig. 42) versehenen Kolben von 150 ccm Inhalt in 50 ccm Wasser plus 5 ccm konz. Schwefelsäure unter längerem K o c h e n (nicht nur auf dem Wasserbade!) auf. Vorher verjagt man die Luft aus dem Kolben durch Eintragen von etwas Natriumbicarbonat in die saure Lösung. Während des Erkaltens tritt aus dem Aufsatze Bicarbonatlösung in den Kolben zurück und entwickelt Kohlensäure, so daß der Sauerstoff stets ausgeschlossen bleibt. Nach dem Erkalten kann man die Flüssigkeit direkt mit halbnormaler (1 ccm = 0,004 g Sauerstoff

= 0,02793 Fe) oder zehntelnormaler (1 ccm = 0,0008 g Sauerstoff
= 0,005585 g Fe) Permanganatlösung austitrieren, was immer viel
sicherer als Verdünnen mit (jedenfalls ausgekochtem!) Wasser und
Titrieren eines aliquoten Teiles der Lösung ist. Für halbnormale Lösung
wird man am besten ca. 1 g, für zehntelnormale Lösung ca. 0,2 g Eisendraht auflösen und wird dies mindestens dreimal wiederholen.

Die Ausführung der Eisenbestimmung in
Erzen erfolgt am besten und richtigsten in schwefelsaurer Lösung;
wenn irgend möglich, löst man daher das Erz in Schwefelsäure, und zwar,
da ohnehin meist eine Reduktion erforderlich ist, ohne Abschluß der
Luft. Gelingt die Lösung auf diese Weise nicht, so löst man in Salzsäure
und verjagt diese durch Eindampfen mit Schwefelsäure. Rasenerze sind
von ihrem Gehalt an organischen Verbindungen, Kohleneisensteine von
ihrer Kohlensubstanz vorher durch Rösten zu befreien. Diese Lösung
von 0,5—1 g Erz wird dann mittels eines Stückchens eisen- und kohlen-
stofffreien Zinkes, zweckmäßig unter Beigabe eines Stückes Platindraht
oder -blech, reduziert, bis mit Rhodankalium keine Reaktion mehr eintritt, mit ausgekochtem Wasser auf 100 ccm aufgefüllt und in Mengen
von je 20 ccm titriert.

Die umständliche Herstellung einer schwefelsauren Lösung läßt
häufig von ihrer Anwendung absehen und zur Titration in salzsaurer
Lösung greifen. Die Titration einer Eisenchlorürlösung in Gegenwart
freier Salzsäure erfordert aber gewisse Vorsichtsmaßregeln, damit nicht
etwas Permanganat unter Freiwerden von Chlor und Bildung von Wasser
zerlegt ($KMnO_4 + 8\ HCl = KCl + MnCl_2 + 5\ Cl + 4\ H_2O$), der Eisengehalt also zu hoch gefunden wird. Arbeitet man ohne großen Säureüberschuß bei niedriger Temperatur und titriert in sehr verdünnter
Lösung, so ist die Gefahr nicht groß; auch nimmt man eine etwaige Zerlegung von Kaliumpermanganat leicht am Chlorgeruche wahr. Man kann
aber auch die salzsaure rasch in fast ganz schwefelsaure Lösung überführen, indem man mit festem Natriumcarbonat das Eisenoxyd zum
Teile ausfällt und in Schwefelsäure wieder löst; dann erst wird mit Zink
reduziert.

Entschließt man sich zur Titration in salzsaurer Lösung, so kann
man auch Nutzen ziehen von der rasch verlaufenden Reduktion mittels
Zinnchlorürs und braucht nicht das ungleich langsamer wirkende Zink anzuwenden. Man bedient sich dann des Verfahrens von Kessler (Poggen-
dorffs Ann. 95, 204) bzw. der Abänderung desselben von Reinhardt
(St. u. E. 4, 704; 1884, 9, 584; 1889); man löst das Erz in Salzsäure,
erhitzt bis zum Sieden, setzt Zinnchlorür bis zur Entfärbung zu und nimmt
den Überschuß desselben mit 60 ccm einer wäßrigen Lösung von Quecksilberchlorid weg. Hat man dann noch 60 ccm einer sauren Mangansulfatlösung zugesetzt und stark verdünnt, so kann man mit derselben
Genauigkeit wie in schwefelsaurer Lösung arbeiten. — Das entstehende
Eisenchlorid färbt die Lösung gelb, wodurch die erste schwache Rosafärbung etwas verdeckt wird bzw. bräunlich ausfällt. Man erhält
jedoch eine reine Rosafärbung durch Zufügen von Phosphorsäure,

welche das gelbe Eisenchlorid in farbloses Eisenphosphat überführt.
R e i n h a r d t s Lösungen haben folgende Konzentrationen: Kaliumpermanganat 6 g, Quecksilberchlorid 50 g, Zinnchlorür; 30 g Zinn in je
1 L. Die Mangansulfatlösung enthält 66⅔ g Mangansulfat, 333⅓ ccm
Phosphorsäure (spez. Gew. 1,3) und 133 ccm konzentrierte Schwefelsäure
im Liter.

Bei Anwendung des vorbeschriebenen Verfahrens führt man die
Titerstellung zweckmäßig in derselben Weise aus, d. h. man stellt sich
aus Eisenoxyd oder Erz eine Eisenchloridlösung von bekanntem Werte
her, reduziert mit Zinnchlorür usw. Die bisher vertretene Meinung,
daß gewisse das Eisenerz begleitende Nebenbestandteile, wie Kupfer,
Arsen, Chrom, Nickel, Kobalt, Titan und Blei das nach dem Verfahren von Reinhardt erhaltene Resultat beeinflussen könnten, hat
sich nach eingehenden Arbeiten der Chemikerkommission des Vereins
Deutscher Eisenhüttenleute (St. u. E. 28, 508; 1908) nicht bestätigt.
Einzig das A n t i m o n macht hiervon eine Ausnahme und bewirkt
eine Steigerung im Verbrauch von Kaliumpermanganat. Indessen
ist ein Antimongehalt in Eisenerzen so selten, daß diese Frage kaum
mehr ins Gewicht fällt.

2. Das Zinnchlorürverfahren. Hat man es mit fortlaufenden Eisenbestimmungen in rein oxydischen Erzen (die meisten Rot- und Brauneisensteine) zu tun, so gebührt dieser Methode der Vorzug vor der Permanganatmethode. Weniger geeignet ist sie bei oxydulhaltigen Erzen
(Magnet-, Spateisensteine und Eisenschlacken), da das in ihnen enthaltene
Eisenoxydul vor der Titration in Eisenoxydsalz übergeführt werden muß,
was mittels Kaliumchlorat und Salzsäure geschieht. Bekanntlich werden
jedoch die letzten Spuren von freiem Chlor nur durch lange anhaltendes
Kochen verjagt, weshalb man sich vor der Titration unbedingt von der
Abwesenheit des Chlors mit Hilfe von Jodkaliumstärkepapier überzeugen muß.

Das Wesen des Verfahrens beruht auf der Reduktion von Eisenchlorid zu Eisenchlorür durch Zinnchlorür in Gegenwart überschüssiger
Salzsäure und in der Siedehitze nach der Gleichung:

$$2\,FeCl_3 + SnCl_2 = 2\,FeCl_2 + SnCl_4.$$

Das gelbe Eisenchlorid wird hierbei entfärbt, der Überschuß an Zinnchlorür durch Titrieren in der Kälte mit Jod und Stärkelösung zurück-
genommen und von der verbrauchten Zinnchlorürmenge in Abzug gebracht, nach der Gleichung:

$$SnCl_2 + 2\,J + 2\,HCl = SnCl_4 + 2\,HJ.$$

Zur Ausführung bedarf man 1. einer Zinnchlorürlösung. Dieselbe wird
durch so lange andauerndes Erhitzen granulierten Zinnes mit konzentrierter Salzsäure, bis kein Wasserstoff sich mehr bildet, und durch Verdünnen mit 9 Vol. verdünnter Salzsäure (1 : 2) erhalten; 2. einer Lösung
von Jod in Jodkalium, die etwa 10 mg Jod in 1 ccm enthält. 1 Vol.
derselben entspricht ungefähr ⅖ Vol. Zinnchlorür. Der genaue Wirkungswert der Jodlösung zum Zinnchlorür wird durch Versuch ermittelt.

Die Titerstellung erfolgt mittels einer Eisenchloridlösung von genau ermitteltem Eisengehalt. Zur Herstellung derselben kann man verschiedene Materialien benutzen: entweder nimmt man den S. 452 empfohlenen reinen Eisendraht, oder man geht von reinem Eisenoxyd aus, wie es W d o w i s z e w s k i (St. u. E. 21, 816; 1901) und B r a n d (Chem.-Ztg. 32,,842;1908) in Vorschlag gebracht haben, oder endlich, wie es in Eisenhüttenlaboratorien häufig ausgeübt wird, bedient man sich eines möglichst reinen, leicht löslichen Eisenerzes, dessen Gehalt genau ermittelt wurde.

Der Titer ist ein empirischer, weil Zinnchlorürlösung nicht unveränderlich ist. Man schützt sie vor rascher Oxydation dadurch, daß man sie in einer Standflasche mit Tubus und Abflußvorrichtung am Boden aufbewahrt, die oberhalb der Flüssigkeitsoberfläche mit der Leuchtgasleitung in Verbindung steht. Die Titration findet in fast siedender, stark saurer Lösung statt. Da gegen das Ende hin die Reaktion langsam verläuft, so muß man dem Zinnchlorür Zeit zur Einwirkung lassen. Manche Chemiker begnügen sich mit dem Eintritte der Entfärbung als Index; sicherer und genauer ist es, einen geringen Überschuß an Zinnchlorür zuzusetzen und nach dem Verdünnen und Abkühlen unter Zusatz von Stärkekleister den Überschuß mit Jodlösung zurückzumessen.

Da bei dieser Methode zweckmäßig etwas größere Eisenmengen verwendet werden, so löst man 2,5—5 g Erz in Salzsäure, prüft mit Ferridcyankalium auf Eisenoxydul, oxydiert, wenn nötig, mit Kaliumchlorat, verjagt das freie Chlor vollständig, füllt auf 100 ccm auf und verwendet je 20 ccm, also 0,5 bzw. 1 g Erz für jede Probe, von denen eine als Vorprobe behandelt wird, d. h. man schreitet beim Zusatze der Titerflüssigkeit von Kubikzentimeter zu Kubikzentimeter fort, bis die Entfärbung eingetreten ist, ohne Rücksicht darauf, ob man nicht zuletzt mit nur einigen Zehnteln hätte auskommen können. Bei den anderen Proben gibt man dann auf einmal so viel Kubikzentimeter zu, als sicher verbraucht werden, und titriert mit Zehnteln zu Ende, endlich mit Jodlösung den geringen Überschuß zurück.

Anstatt zurück zu titrieren, kann man auch nach Z e n g e l i s (Ber. 34, 2046; 1901; St. u. E. 21, 983; 1901) das Ende der Reaktion durch eine Tüpfelprobe mit Natriummolybdatlösung feststellen. Der geringste Überschuß von Zinnchlorür reduziert das Molybdat unter Blaufärbung.

3. Das Kaliumbichromatverfahren. Die Unannehmlichkeit, Permanganat nicht ohne weiteres bei salzsaurer Eisenlösung verwenden zu können, seine große Empfindlichkeit gegen organische Stoffe, die in manchen Erzen vorkommen (Rasenerze) und gegen andere Kohlenwasserstoffe (aus Eisen), wodurch die Ergebnisse ebenfalls ungenau ausfallen, hat der gegen diese Einflüsse unempfindlichen Bichromatlösung vielfach Eingang verschafft. Sie verwandelt in saurer Lösung Eisenoxydul gleichfalls in Oxyd nach folgender Gleichung: $6 FeO + 2 CrO_3 = 3 Fe_2O_3 + Cr_2O_3$. Ein ihr anhaftender Übelstand ist die Notwendigkeit der Tüpfelprobe, da in der durch Chromsalz grün gefärbten Lösung

das Ende der Reaktion nicht erkannt werden kann. Man löst das Erz in Salzsäure, reduziert mit Zink oder Zinnchlorür unter Beseitigung des Überschusses mit Quecksilberchlorid, verdünnt hinlänglich, säuert mit verdünnter Schwefelsäure stark an und titriert, wobei man zunächst (in der Vorprobe) nach Zusatz von je 1 ccm einen Tropfen Eisenlösung mit einem Tropfen Ferridcyankaliumlösung in Berührung bringt; sobald derselbe nicht mehr im geringsten grün wird, sondern rein gelb bleibt, ist die Oxydation beendet. In einer zweiten und dritten Probe titriert man gegen das Ende hin mit $^1/_{10}$ ccm fertig.

Die Titerlösung, welche sich unverändert beliebig lange aufbewahren läßt, stellt man aus geschmolzenem und zerfallenem Kaliumbichromat her, von dem 4,90 g in 1 L, Wasser gelöst werden. 1 ccm oxydiert dann 5,585 mg Eisen. Die Richtigkeit des Titers wird vor der Verwendung zweckmäßig mittels Eisenlösung kontrolliert.

4. Eisenoxyd neben Eisenoxydul. Auf Grund der Kenntnis vorstehender Methoden ist es leicht, die beiden Oxydationsstufen des Eisens nebeneinander zu bestimmen. Man hat nur nötig, das Erz unter Ausschluß des Sauerstoffes zu lösen und in der Lösung einmal mittels Permanganat oder Bichromat das Oxydul und ein zweites Mal mit Zinnchlorür das Oxyd festzustellen, oder man löst eine Portion unter Luftabschluß behufs Bestimmung einer Oxydationsstufe und in einer zweiten nachher zu reduzierenden oder zu oxydierenden den Gesamteisengehalt.

Das Lösen der Erze unter Luftausschluß nimmt man so vor, wie es von J a h o d a (Zeitschr. f. angew. Chem. 2, 87; 1889) für die Titerstellung des Kaliumpermanganates mit Eisendraht geschieht. In den Lösungskolben a (Fig. 53) bringt man zum Erz eine kleine Menge Natriumbicarbonat, gibt die Säure darauf und schließt ihn mit einem Stopfen, der ein zweimal gebogenes Glasrohr trägt. Das freie Ende des Rohres taucht in ein Becherglas b mit verdünnter Natriumbicarbonatlösung. Nach beendetem Lösen erkaltet der Kolben, und aus dem Becherglase tritt Flüssigkeit in ihn ein. Wenige Tropfen genügen, um eine Kohlensäureentwicklung hervorzurufen, die jedes weitere Nachfließen verhindert. Dieser Vorgang wiederholt sich noch einige Male in aller Ruhe, so daß man die Vorrichtung sich selbst überlassen kann. Genau nach demselben Prinzip, aber viel bequemer arbeitet man mit dem S. 452 erwähnten und Bd. I, S. 131 abgebildeten C o n t a t - G ö c k e l schen Aufsatz.

Mangan. Die gebräuchlichsten Titrationsverfahren für Mangan gründen sich auf nachstehende, von G u y a r d zuerst für den vorliegenden Zweck verwendete Reaktion: $3 MnO + Mn_2O_7 = 5 MnO_2$.

Da jedoch das Mangansuperoxyd infolge seines stark sauren Charakters große Neigung hat, mit Manganoxydul salzartige Verbindungen, z. B. nach der Formel $MnO, 5 MnO_2$ zu bilden, so verläuft die Umsetzung niemals genau nach der oben gegebenen Gleichung; man kann deshalb den Wirkungswert der Titerflüssigkeit nicht berechnen, sondern nur durch Versuch feststellen.

Der Titration mit Permanganat geht bei einer Anzahl Verfahren eine Abscheidung von Mangansuperoxyd voraus, das dann wieder in entsprechende Lösung gebracht wird; bei anderen wird unmittelbar der durch Ausfällung des Eisenoxydes gewonnenen Manganlösung die Titerflüssigkeit zugesetzt, bei einer dritten Klasse ein Überschuß derselben, zurücktitriert. Im nachstehenden sei nur die brauchbarste und vom Verein deutscher Eisenhüttenleute als Normalmethode angenommene ausführlich beschrieben.

Das von N i c. W o l f f   m o d i f i z i e r t e, V o l h a r d s c h e
V e r f a h r e n (St. u. E. 11, 377; 1891) ist eines der am angenehmsten auszuführenden, da jede Filtration
wegfällt. Grundsätzlich muß
alles Mangan als Oxydul und
alles Eisen als Oxyd in salzsaurer Lösung vorhanden sein.
Das Eisenoxyd wird mit Zinkoxyd und das Mangan bei
Gegenwart des Eisenniederschlages aus der auf 80° erwärmten Flüssigkeit durch
Permanganatlösung gefällt.

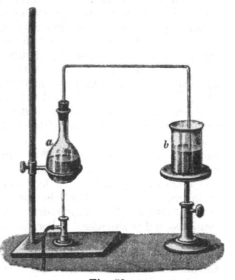

Die Titerlösung enthält
9 g Kaliumpermanganat im
Liter. Von vielen Seiten wird
behauptet, daß die Reaktion
nicht genau im Sinne der
angegebenen Gleichung er-
folge, es müßte mithin der
Titer einer Korrektur unterworfen werden. Nach neuen
Versuchen von d e K o n i n c k
(Bull. soc. chim. Belg. 18, 56;

Fig. 53.

Chem. Zentralbl. 1904, I, 1429) findet die Reaktion doch genau nach der gegebenen Gleichung statt und muß also der Faktor 0,2952 angenommen werden, wenn man den auf Eisen gestellten Titer in den für Mangan umrechnen will.

A u s f ü h r u n g : Von Erzen und Schlacken, die mit Salzsäure einen manganfreien und gegen Kaliumpermanganat indifferenten Rückstand geben, löst man dreimal je 1 g bei 0—20 %, 0,5 g bei 20—50 % Mangangehalt in je einem Erlenmeyerkolben von 1 L. Inhalt mit je 20 ccm Salzsäure von 1,19 spez. Gew., gibt je ca. 3 g Kaliumchlorat hinzu und kocht, bis das Chlor ausgetrieben ist. Erze und Schlacken, die obige Eigenschaften nicht besitzen, löst man in einer bedeckten Porzellanschale, gibt Kaliumchlorat hinzu und dampft so weit zur Trockne, bis die Kieselsäure körnig geworden ist, behufs guter Filtration. Man digeriert den Rückstand mit Salzsäure, filtriert in einen 1-L.-Erlenmeyerkolben, wäscht aus, schließt den Rückstand mit Kaliumnatriumcarbonat auf, behandelt die Schmelze wie die ursprüngliche Substanz und bringt das Filtrat von der Kieselsäure zu dem ersten. Die Flüssigkeit ist durch Abdampfen auf 100 ccm einzuengen.

Bei Substanzen, die neben wenig Eisen so viel Phosphor (oder Arsen) enthalten, z. B. Thomasschlacke, daß die Phosphor- oder Arsensäure nicht vollständig mit niedergeschlagen wird, setzt man eine genügende Menge manganfreies Eisenoxyd zu, oder man gibt gleich beim Lösen der Probe etwa 0,5 g Eisenerz von bekanntem Mangangehalt, der später abzuziehen ist, hinzu. Nachdem man sich mit Ferridcyankalium mittels einer Tupfprobe von der Abwesenheit von Eisenoxydul überzeugt und wenn nötig nochmals mit Kaliumchlorat oxydiert hat (an Stelle des Kaliumchlorats kann auch Baryum- oder Wasserstoffsuperoxyd verwandt werden), kocht man nochmals kurze Zeit auf, um etwa noch vorhandenes Manganoxyd in Oxydul überzuführen, und gibt dann in Wasser fein aufgeschlämmtes Zinkoxyd (indifferent gegen Kaliumpermanganat: Zinc. oxyd. v. sicc. par. bei Luftzutritt unter Umrühren gut ausgeglüht) in kleinen Portionen unter jedesmaligem guten Umschütteln hinzu, b i s e b e n a l l e s E i s e n o x y d a u s g e f ä l l t i s t. Dieser Punkt markiert sich dadurch, daß der Niederschlag plötzlich gerinnt. Obschon alsdann die über dem Niederschlag stehende Flüssigkeit noch bräunlich gefärbt erscheint, so wird sie doch in der Regel nach tüchtigem Umschütteln w a s s e r k l a r. Wenn nicht, so fügt man vorsichtig in kleinen Portionen Zinkoxyd unter Umschütteln und Erwärmen zu, bis die Lösung wasserhell ist. Der Niederschlag darf nicht viel Zinkoxyd enthalten, also nicht hell gefärbt erscheinen, sondern er muß die dunkelbraune Farbe des Eisenoxydhydrates besitzen. Ein geringer Überschuß von Zinkoxyd (namentlich in kompakten Stückchen) beeinflußt das Ergebnis nicht, ein größerer aber führt zu einem zu niedrigen Ergebnis. Außerdem ist dann die Flüssigkeit milchig getrübt, und in dieser läßt sich die Endreaktion schlecht beurteilen. Die Trübung nimmt man durch vorsichtigen Zusatz von verdünnter Salzsäure unter Erwärmen und Umschütteln weg. Man bringt alsdann das Volumen der Flüssigkeit auf ca. 400 ccm (welches bei allen Titrationen annähernd eingehalten wird), erwärmt auf ca. 80⁰ und läßt nun schrittweise zur Vorprobe Nr. 1 so lange je 5 ccm Titerlösung z. B. 5 × 5 = 25 ccm zufließen, bis sie nach wiederholtem Umschütteln gerötet bleibt. Man nimmt dann Vorprobe Nr. 2, setzt auf einmal 20 ccm und dann schrittweise je 1 ccm hinzu, bis ebenfalls bleibende Rötung eingetreten ist, z. B. bei 23 ccm. Zu der m a ß g e b e n d e n Probe Nr. 3 läßt man sofort 22 ccm Titerlösung fließen und titriert alsdann mit je 0,2 ccm zu Ende, bis die Flüssigkeit die Rötung angenommen hat, welche 0,1 ccm in 400 ccm Wasser erzeugt, und welche man sich bei jeder neuen Titerlösung einprägt, indem man 400 ccm Wasser mit 0,1 ccm derselben färbt. Die Nuance der Färbung ist zwar in Wasser etwas verschieden von der Probe, doch läßt sich bei einiger Übung die Stärke der Färbung leicht beurteilen. Hat man bei Probe Nr. 3 22,6 ccm bis zur erforderlichen Rötung verbraucht, so werden 22,5 ccm der Rechnung zu Grunde gelegt.

Nach jedesmaligem Zusatze von Titerflüssigkeit und nachfolgendem Umschütteln läßt man den Niederschlag ein wenig, d. h. nur so viel absitzen, daß man die Farbe der überstehenden Flüssigkeit beurteilen kann. Das Absetzen geht besonders rasch vor sich, wenn man den Kolben in einem Stuhl von der in Fig. 54 abgebildeten Gestalt schräg legt. Die Ausführung dreier Proben ist nur dann erforderlich, wenn der Mangangehalt ganz unbekannt ist. Kennt man die Grenzen, in denen er sich bewegen kann, so genügen deren zwei, und man geht sofort um nur je 1 ccm vorwärts. (Bei Betriebsproben mit bekannten Erzen genügt unter Umständen sogar nur eine Probe.) Wenn das Verfahren auch umständlich erscheint, so führt es doch rasch zum Ziele.

Fig. 54.

Diejenigen Metalle, welche neben dem Eisen in den Erzen vorkommen, beeinflussen das Ergebnis der Titration entweder gar nicht oder nicht erheblich, da sie meist in nur geringen Mengen vorhanden sind. K u p f e r wird durch Zinkoxyd vollständig als Oxydhydrat gefällt und ist somit ohne Einfluß. N i c k e l und B l e i erhöhen das Resultat, wenn sie in g r ö ß e r e n Mengen vorhanden sind. Blei muß deshalb vorher aus saurer Lösung durch Schwefelwasserstoff oder mit Nickel und Kobalt zusammen abgeschieden werden.

K o b a l t und C h r o m erhöhen das Resultat, auch wenn sie in geringen Mengen vorhanden sind. Zur Abscheidung des Kobalts (Nickels, Bleies) übersättigt man die salzsaure Lösung mit Ammoniak und Schwefelammonium, säuert wieder mit Salzsäure an, filtriert, wobei Schwefelkobalt (-nickel und -blei) zurückbleiben, verjagt den Schwefelwasserstoff, oxydiert mit Kaliumchlorat, fällt mit Zinkoxyd und titriert.

Zur Abscheidung des C h r o m s fällt man das Mangan zunächst nach der Chloratmethode aus, löst den gewaschenen Manganniederschlag in Salzsäure, kocht, neutralisiert mit Zinkoxyd und titriert.

W o l f r a m bleibt als Wolframsäure bei dem Rückstand und wird abfiltriert.

Low (Journ. of anal. and appl. Ch. 6, 663; St. u. E. 13, 608; 1893) löst 0,5 g Erz in 10 ccm Salzsäure oder Königswasser, dampft nahezu ab, setzt 75 ccm heißes Wasser und Zinkoxydüberschuß und nach kurzem Aufkochen je nach dem Mangangehalte 25—30 ccm Bromwasser zu, kocht den Überschuß weg, filtriert, wäscht mit heißem Wasser aus, bringt den Niederschlag in das Fällungsgefäß zurück, löst ihn unter Erhitzen in 50 ccm verdünnter Schwefelsäure (1 : 9) und einem Überschusse von Oxalsäure oder Ferroammoniumsulfat, verdünnt mit heißem Wasser und titriert mit Kaliumpermanganat zurück.

Särnström (St. u. E. 4, 127; 1884) sowohl als Schöffel und Donath (St. u. E. 3, 374; 1883) titrieren das Manganoxydul nicht in saurer Lösung wie Wolff, sondern in alkalischer. .Die letzteren lösen die Probesubstanz in Salzsäure, oxydieren, dampfen überschüssige Säure weg, verdünnen und füllen die auf ein bestimmtes Volumen gebrachte Probelösung in eine Bürette. In einem Becherglase wird dann eine gegen Permanganat neutrale verdünnte Natriumcarbonatlösung mit so viel titriertem Permanganat versetzt, daß dasselbe aussreicht, um wenigstens ein Drittel des in der Probelösung enthaltenen Manganoxyduls zu oxydieren. Läßt man die letztere in die heiße alkalische Flüssigkeit tropfen, so fallen Eisenoxyd und Tonerde als Hydrat, Manganoxydul als Carbonat aus; letzteres wird durch das Permanganat sofort in Superoxyd umgewandelt. Bei Eintritt der Entfärbung wird abgelesen und aus der verbrauchten Menge Probelösung der Gehalt des Ganzen berechnet. Diese Methode ist bequem ausführbar, hat aber einen von C. Anger nachgewiesenen Fehler; sie gibt um so niedrigere Werte, je größer der Eisengehalt der Probe ist, wahrscheinlich weil die ausfallenden Oxydhydrate geringe Mengen Mangancarbonat umhüllen und der Oxydation entziehen.

C. Meinecke (Bericht der amtlichen Versuchsstation von Dr. Schmidt, Wiesbaden 1885 und St. u. E. 6, 164; 1886) löst die Probe in Salzsäure, oxydiert mit Kaliumchlorat, verjagt das überschüssige Chlor und neutralisiert mit Zinkoxyd, so daß das Eisenoxyd eben ausgefallen ist. Unterdes hat er in einem 500 ccm-Kolben 50—60 ccm Zinkvitriollösung (1 : 2) mit einer zur Fällung des Manganoxydules mehr als ausreichenden Menge titrierter Permanganatlösung gemischt, in welche jetzt die Probelösung in mehreren Absätzen und unter fortwährendem Umschwenken eingetragen wird. Nach dem Auffüllen bis zur Marke und gehörigem Umschütteln filtriert er durch ein trockenes Asbestfilter in ein trockenes Becherglas, mißt 250 ccm (entsprechend der Hälfte der angewendeten Probe) des Filtrates ab, gibt 25 ccm Antimonchlorürlösung (15 g Sb_2O_3 in 300 ccm HCl von 1,19 spez. Gew. gelöst und auf 1 L. verdünnt) sowie 35 ccm Salzsäure von 1,19 spez. Gew. hinzu und titriert mit Permanganat bis zur Rosafärbung. Anstatt des Antimonchlorürs kann auch Ferrosulfat (100 g Eisenvitriol mit 25 ccm verdünnter Schwefelsäure und Wasser auf 2 L gebracht) verwendet werden.

Durch die Titration erfahren wir, da das Verhältnis zwischen Permanganatlösung und Antimonchlorür oder Ferrosulfat vorher festgestellt wurde, wieviel von der zur Fällung verwendeten Permanganatlösung überschüssig war, bzw. wieviel verbraucht ist.

Schöffel und Donath (St. u. E. 7, 30; 1887), welche ein ganz ähnliches Verfahren wie das vorher beschriebene ausarbeiten, gelangten zu

dem Ergebnisse, daß die Titration ebensogut wie bei der W o l f f schen
Methode, ohne vorhergehende Filtration, also in Gegenwart sowohl des
Eisenoxyd- als des Mangansuperoxydniederschlages auszuführen sei; sie
nehmen aber das Rücktitrieren des Permanganats mit arseniger Säure vor,
und zwar, da sowohl in saurer als in basischer Lösung die Ergebnisse
nicht genau ausfallen, in neutraler Lösung, welche dadurch erhalten
wird, daß man der zu titrierenden Flüssigkeit unmittelbar vor dem
Einfließenlassen der arsenigen Säure etwas aufgeschlämmtes Zinkoxyd
zusetzt, welches die freiwerdende Salzsäure sofort wegnimmt.

Zahlreiche Verfahren erfordern eine vorausgehende Abscheidung
des Mangans als Mangansuperoxyd, welches dann entweder mit Ferrosulfat oder mit Oxalsäure reduziert, in Schwefelsäure gelöst und durch
Rücktitrieren des nicht verbrauchten titrierten Reduktionsmittels bestimmt wird. Hierher gehört das Chloratverfahren von H a m p e (Chem.-
Ztg. 7, 73; 1883, 9, 1478; 1885) und U k e n a (St. u. E. 11, 381; 1891),
sowie dessen Abänderung von N o r r i s (Journ. of anal. and
appl. Ch. 13, 430); da es sich aber für Eisen besser eignet
als für Erze, ist es unter dem betreffenden Abschnitt beschrieben.
M y h l e r t z (Journ. of anal. and appl. Ch. 12, 267) schmilzt
das Erz oxydierend mit Soda und Salpeter, reduziert die Übermangansäure mit Alkohol, das Superoxyd mit Ferrosulfat und titriert
mit Kaliumbichromat zurück. M o o r e (Chem. News 64, 66) wandelt
das Mangan in violett gefärbtes Manganimetaphosphat um und titriert
mit Ferrosulfat bis zur Entfärbung. B l u m (Zeitschr. f. anal. Chem.
30, 284; 1891) titriert in Weinsteinsäure enthaltender ammoniakalischer
Lösung bei Gegenwart von Eisen und Chlorammonium mit Ferrocyankalium und fällt damit alles Mangan als Manganammoniumferrocyanür.
Als Indikator dient die Tupfprobe mit Essigsäure, welche mit der Titerflüssigkeit Blaufärbung hervorruft.

Chrom. Hat man auf eine der S. 438 unter Gewichtsanalyse angegebenen Weisen eine Lösung von Natrium- oder Ammoniumchromat
hergestellt, so filtriert man sie vom Rückstande oder dem Niederschlage
der anderen Oxyde ab, wäscht aus, füllt auf 250 ccm auf und titriert
einen bestimmten Teil davon mit Ferroammoniumsulfat (s. a. unter
Eisen).

Phosphor. E m m e r t o n (B l a i r , Die chem. Untersuchung des
Eisens, übers. v. R ü r u p , S. 78) bestimmt den Phosphor im Phosphor-
molybdänniederschlag maßanalytisch mit Kaliumpermanganat auf
Grund folgender Umsetzung:

$$5\,Mo_{12}O_{19} + 34\,KMnO_4 = 60\,MoO_3 + 17\,K_2O + 34\,MnO,$$

Der Eisentiter der Kaliumpermanganatlösung, multipliziert mit
0,01651, ergibt den Titer auf Phosphor oder, multipliziert mit 0,03781,
den auf Phosphorpentoxyd.

Der ausgewaschene Niederschlag wird mit verdünntem Ammoniak
(1 : 4) durch das durchstoßene Filter in einen ½ L.-Kolben gespült, das
Filter mit der gleichen Flüssigkeit ausgewaschen, bis auch der Nieder-

schlag im Kolben sich gelöst hat (erheblicher Überschuß von Ammoniak ist zu vermeiden), 10 g gekörntes Zink und 800 ccm heiße, verdünnte Schwefelsäure (1 : 4) zugesetzt und 10 Minuten auf dem Sandbad erhitzt, ohne zu kochen. Während der Reduktion der Molybdänsäure zu $Mo_{12}O_{19}$ färbt sich die Lösung erst fleischrot, dann dunkelbraun, blaßgrün und endlich dunkelolivengrün. Dann filtriert man rasch durch ein großes Faltenfilter das ungelöst gebliebene Zink ab, spült den Kolben mit kaltem Wasser nach und gießt das Filter noch einmal voll kaltes Wasser. Durch die Einwirkung der Luft wird die Lösung weingelb, aber eine bemerkenswerte Oxydation tritt nicht ein.

Man titriert nun, wobei die gelbe Lösung immer blasser und zuletzt farblos wird, bis der nächste Tropfen die Rötung hervorruft.

Vanadinsäure. Ein geringer Vanadingehalt findet sich in manchen Eisenerzen (Brauneisensteinen). Soll derselbe bestimmt werden, so verfährt man nach C a m p a g n e (Ber. **36,** 3164; 1903) in folgender Weise: 10—12 g des Erzes werden in Salzsäure gelöst und die Lösung bei Gegenwart von Eisenoxydul zwecks Oxydation mit Salpetersäure versetzt; ein Überschuß der letzteren ist zu vermeiden. Nach der Filtration fährt man in derselben Weise fort, wie es S. 505 angegeben ist.

Schwefel vgl. Bd. I, S. 330.

c) Trockene Proben.

Die Proben auf trockenem Wege sind bei weitem nicht so genau wie die analytischen Bestimmungen auf nassem Wege. Deshalb werden auch die meisten der trockenen Eisenproben, wie sie sich noch vielfach in Büchern verzeichnet finden, kaum mehr in der Praxis angewendet. Die einzige trockene Probe, welche bei der Prüfung von Eisenerzen allenfalls noch Anwendung findet, ist die d e u t s c h e E i s e n p r o b e. Diese ahmt den im Hochofen vor sich gehenden Prozeß im kleinen Maßstabe nach. Man schmilzt in Tiegeln mit Kohlefutter das mit geeigneten Zuschlägen vermischte Eisenerz und wägt den erhaltenen Eisenkönig. Da letzterer gerade so wie beim Hochofenprozeß Kohlenstoff und gewöhnlich Silicium, Mangan usw. enthält, so bekommt man durch das Gewicht des Königs einen unmittelbaren Anhalt für das im Hochofen zu erwartende Ausbringen an Roheisen. Zugleich erhält man, falls man nur die auch im Hochofen angewendeten Zuschläge nimmt, im voraus eine richtige Vorstellung über den Grad des Schmelzbarkeit eines Eisenerzes. In der Regel wird man auf Grund der Analyse die geeigneten Mischungsverhältnisse desselben mit den Zuschlägen stöchiometrisch berechnen und das Verhalten dieser Mischung prüfen. Wie man sieht, kann diese Probe dem Hüttenmann von großem Nutzen sein; sie wird deshalb in einzelnen Ländern, z. B. in Schweden, noch häufig ausgeführt, in Deutschland jedoch kaum mehr. Es erübrigt sich infolgedessen die Beschreibung des Verfahrens, die von B a l l i n g (Die Probierkunde, Braunschweig, Vieweg & Sohn), K e r l u. a. ausführlich dargestellt worden ist.

Eine andere, erst in den letzten Jahren dem Arbeitsgebiete der Eisenhüttenlaboratoriums zugewachsene Untersuchung ist die der Eisen erze auf Reduzierbarkeit. Diese Eigenschaft der Erze ist für das Zugute machen so wichtig, daß die Ausarbeitung eines Verfahrens, sie zahlen mäßig festzustellen, welcher sich W i b o r g h (Jern. Kont. Annal. 52 280; St. u. E. 17, 804; 1897) unterzogen hat als ein recht verdienstvolles Werk anerkannt werden muß.

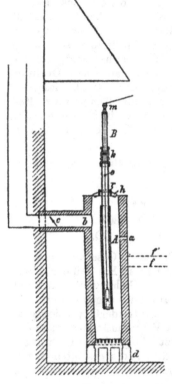

Prüfung der Eisenerze auf Re- duzierbarkeit nach W i b o r g h. Durch K o h l e n o x y d reduzier- bare Erze werden bekanntlich als l e i c h t reduzibel, nur durch Kohlen- stoff reduzierbare als s c h w e r re- duzibel bezeichnet. Die Reduzierbar- keit hängt ab vom Sauerstoffgehalt und von der Dichte, und zwar derart, daß sie zu ersterem in geradem,

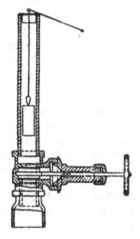

Fig. 55. Fig. 56.

zu letzterer in umgekehrtem Verhältnisse steht. Hiernach reicht die chemische Analyse allein nicht aus zur Beurteilung des wahren Wertes eines Erzes, sondern es ist noch nötig zu wissen, wie leicht reduzierbar die betr. Eisensauerstoffverbindung ist, aus welcher das Erz besteht. Die diesbezügliche Untersuchung zerfällt in die Reduktion des Erzes und in die chemische Analyse des Erzeugnisses.

Der R e d u k t i o n s a p p a r a t besteht aus einem zylindrischen Gaserzeuger (Fig. 55 und 56) von 0,25 m Durchmesser und 1,2 m Höhe, in dem zentral ein eisernes Rohr von 50 mm lichtem Durchmesser ein- gehängt ist, innerhalb dessen die Erzproben von dem Kohlenoxydgas umspült werden. Als Brennstoff dient Holzkohle. Das Reduktionsrohr wird zum Schutze mit feuerfestem Ton umkleidet, den man durch Drahtwickelungen festhält; am oberen Ende sitzt eine Muffe mit Schieber und darüber ein engeres Rohr von 33 mm lichtem Durchmesser, beide zusammen 1,6 m lang und mit dem unteren Ende 25 cm vom Roste entfernt.

Das Reduktionsverfahren. 8—10 g des zerkleinerten Erzes (durch ein Sieb von 19 Maschen auf 1 qcm gegangen) werden in einer Kapsel aus Drahtgewebe von der aus Fig. 57 zu ersehenden Gestalt mit nierenförmigem Querschnitte (drei solcher Kapseln, die zur Verhinderung etwaiger Einwirkung des einen Erzes auf das andere durch Bleche getrennt sind, können gemeinsamer Behandlung unterliegen an einem Draht in das Reduktionsrohr eingehängt, eine Stunde lang in der Höhe festgehalten, in welcher die Temperatur 400⁰

Fig. 57. beträgt, und dann eine weitere Stunde in dem untersten, heißesten Teile des Rohres belassen. W i b o r g h fand im Reduktionsrohr folgende Temperaturen:

unter dem oberen Ende	Temperatur
500 mm	400⁰
900 -	525⁰
1200 -	700⁰
1500 -	800—880⁰

Das Gas enthält 3—3,5 % CO_2 und 32—30 % CO.

Nach erfolgter Reduktion müssen die Proben im Gasstrom erkalten.

Analyse des reduzierten Erzes. Ein Teil der Eisenoxyde ist zu metallischem Eisen, ein anderer zu Glühoxyduloxyd Fe_6O_7 reduziert; außerdem hat sich Kohlenstoff auf ihnen abgeschieden. Die Sauerstoffmenge, welche das Erz noch enthält, wird als der Oxydationsgrad des Eisens bezeichnet; man gibt ihn an im Verhältnisse zu dem Sauerstoffhöchstgehalt, den das Eisenoxyd besitzt. Folgende Bestimmungen sind auszuführen: 1. des Kohlenstoffgehaltes, 2. des gesamten Eisengehaltes, 3. des Gehaltes an metallischem Eisen, 4. des Oxydationsgrades.

1. **Die Bestimmung des Kohlenstoffgehaltes** erfolgt, wie weiter unten bei der Analyse des Eisens beschrieben, durch Oxydation mit Chromschwefelsäure.

2. **Die Bestimmung des metallischen Eisens** geschieht sehr einfach durch Messen des mit verdünnter Schwefelsäure entwickelten Wasserstoffes. Je nachdem, ob die Reduktion mehr oder weniger vollständig ist, wird 0,2 bis 1 g Erz eingewogen, in einen Probierzylinder a (Fig. 58 a f. S.) gebracht, mit einigen Kubikzentimetern Wasser übergossen; man verschließt mit doppelt durchbohrtem Kautschukstopfen, durch welchen ein Trichter b und ein Gasabführungsrohr s führen; letzteres verbindet den Reagierzylinder mit der W u l f f schen Flasche c, von deren unterem Tubus der Kautschukschlauch k nach der

Bürette *d* geführt ist. Flasche *c* hat etwa 200 ccm Inhalt und ist annähernd zu $^4/_5$ mit sehr verdünnter Kalilauge gefüllt behufs Absorption etwa entwickelter Kohlensäure. Ist der Probierzylinder mit der Probe verschlossen, so wird er in einem Becherglase mit 20° warmem Wasser auf diese Ausgangstemperatur gebracht, durch Bewegen der Bürette in *c* Atmosphärendruck hergestellt und der Wasserstand in *d* abgelesen. Nachdem man sich durch Heben und Senken von *d* und abermaliges Ablesen überzeugt hat, daß der Apparat dicht ist, läßt man 10 ccm ver-

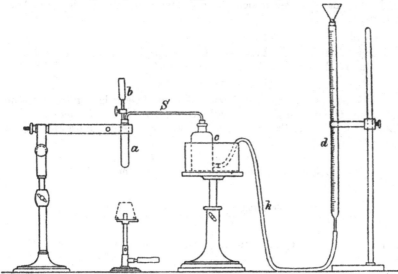

Fig. 58.

dünnte Schwefelsäure (1 : 8) aus Trichter *b* nach *a* fließen, worauf die Lösung des Eisens beginnt. Nach einstündiger Einwirkung bei gewöhnlicher Temperatur erwärmt man vorsichtig bis zum Sieden, bis kein Wasserstoff mehr entwickelt wird. Während des Lösens wird die Bürette gesenkt, damit niemals erheblicher Überdruck in *a* und *c* entsteht. Die Flasche *c* steht in einem Gefäße mit Wasser und wird auf möglichst gleich hoher Temperatur gehalten, *a* nach Beendigung der Lösung auf dieselbe Temperatur gebracht. Man stellt jetzt die Flüssigkeitsspiegel in *c* und *d* wieder auf gleiche Höhe ein, liest ab und ersieht aus dem Unterschiede die Menge des entwickelten Gases.

Nach der Gleichung $Fe + H_2SO_4 = FeSO_4 + H_2$ entwickelt 0,1 g Eisen 40,12 ccm Wasserstoff von 0° und 760 mm Druck; das abgelesene Volumen ist auf das Normalvolumen zu reduzieren und mit 40,12 zu dividieren; der Quotient ergibt dann die Menge des zu Metall reduzierten Eisens.

3. Den **G e s a m t - E i s e n g e h a l t** ermittelt man im ursprünglichen sowohl als im reduzierten Erze nach einem der oben beschriebenen maßanalytischen Verfahren.

4. Bestimmung des Oxydationsgrades. Man bestimmt zuerst im rohen Erze das Oxydul, dann im reduzierten Erze die Summe des als Oxydul vorhandenen und des metallischen Eisens durch Titrieren einer unter Ausschluß der Luft hergestellten Lösung, wie oben (S. 456) angegeben ist, und hat dann in den unter 2 bis 4 gewonnenen alle erforderlichen Daten, um den Oxydationsgrad des Erzes in beiden Zuständen zu berechnen.

Die höchste Oxydationsstufe, das Eisenoxyd, habe den Oxydationsgrad 100; dann ergeben sich für die niederen Oxyde folgende Oxydationsgrade:

Oxyd	$3\,Fe_2O_3$	$= Fe_6O_9$	100
Oxyduloxyd	$3\,Fe_2O_3 - O$	$= Fe_6O_8$	88,9
Glühoxyduloxyd	$3\,Fe_2O_3 - 2\,O$	$= Fe_6O_7$	77,8
Oxydul	$3\,Fe_2O_3 - 3\,O$	$= Fe_6O_6$	66,7

Aus den Analysenergebnissen (Gesamt-Eisengehalt $n\%$, Summe Eisen als Oxydul und als Metall vorhanden $= m\%$, metallisches Eisen $= r\%$) erhält man den gesuchten Oxydationsgrad nach folgenden Gleichungen:

$$\text{im rohen Erz: } n \cdot \frac{3}{2} : (n-m)\,\frac{3}{2} + m = 100 : x$$

$$\text{Oxydationsgrad } x = \left(1 - \frac{m}{3\,n}\right) 100;$$

$$\text{im reduzierten Erz: } (n-r)\,\frac{3}{2} : (n-r) - (m-r)\,\frac{3}{2} + (m-r) = 100 : x$$

$$\text{Oxydationsgrad } x = \left(1 - \frac{m-r}{3\,(n-r)}\right) 100.$$

5. Bestimmung des Reduktionsgrades. Als Maß für die Reduzierbarkeit, Reduktionsgrad, ist angenommen die Menge des ausreduzierten Eisens, ausgedrückt in Prozenten des gesamten Eisengehaltes im rohen Erz. Er wird aus den unter 3 und 2 gewonnenen Ergebnissen berechnet.

In dem Maße, als durch Gas allein das Erz zu metallischem Eisen reduziert wird, ist es leicht reduzierbar. Die beiden höheren Oxyde gehen erst in Glühoxyduloxyd über; nachdem diese Oxydationsstufe erreicht ist, entsteht metallisches Eisen, nicht aber Oxydul oder eine noch niedrigere Oxydationsstufe.

B. Analyse des Eisens.

Alle Eisensorten (Roheisen, Stahl, Schmiedeeisen) enthalten neben Eisen jederzeit Kohlenstoff, Silicium und Mangan, von welchen drei Stoffen der Charakter der Legierung abhängt, sowie ferner Schwefel,

Phosphor und Kupfer, Nickel, Arsen und Titan als Verunreinigungen. In den meisten Fällen wird es auch möglich sein, Calcium, Magnesium, Aluminium, Kobalt, Blei, Antimon, Stickstoff usw. in Spuren nachzuweisen; dieselben haben jedoch in den meist geringen vorkommenden Mengen keinen Einfluß auf die Eigenschaften des Metalles, so daß ihre Bestimmung in der Technik selten erforderlich wird. Chrom und Wolfram, Nickel und Molybdän bilden jedoch wichtige Bestandteile mancher Stahlsorten, sowie der zu ihrer Herstellung verwendeten Legierungen und erheischen deshalb Berücksichtigung. Da somit die Bestandteile der Eisensorten in der Regel bekannt sind, so kommt man nur selten in die Lage, eine qualitative Untersuchung vornehmen zu müssen, es sei denn, daß es gilt, die Anwesenheit eines der vier zuletzt genannten Metalle oder Arsen und Titan nachzuweisen. Das Verfahren ist dann entweder aus dem oben über qualitative Untersuchung der Erze Gesagten zu entnehmen, oder es ist dasselbe wie bei der quantitativen Untersuchung, der wir uns sofort zuwenden können.

Quantitative Untersuchung.

Probenahme.

Für schmiedbares Eisen und graues Roheisen gestaltet sich diese sehr einfach, da man durch Bohren, Hobeln oder Abdrehen leicht Späne von genügender Feinheit herstellen lassen kann. Stehen Werkzeugmaschinen nicht zur Verfügung, so spannt man das Probestück in einen Schraubstock und erzeugt die Späne mittels der Feile, wobei sie auf einem untergelegten Bogen reinen Papieres aufgefangen werden. Es ist darauf zu achten, daß die zu benutzende Feile gehörig hart, aber nicht spröde ist, damit sich nicht Teilchen ihrer Zähne der Probe beimischen. Sehr hartes Metall (weißes Roheisen und gehärteter Stahl) lassen sich zwar mit Hilfe äußerst harter Spezialstahle ebenfalls zerkleinern; da derartige Werkzeuge aber nicht überall in Gebrauch sind, so schlägt man ebenso gut mit einem schweren Hammer von dem auf dem Amboß liegenden Stücke kleine Teilchen ab und zerstößt sie in einem Stahlmörser zu feinen, durch ein Sieb mit ½ mm weiten Maschen gehenden Körnchen. Da Stahlblöcke nicht homogen sind, so können wirklich genaue Analysen nur dann erhalten werden, wenn erstere durch Schmieden oder Walzen auf kleinen Querschnitt gebracht sind. Auch Masseln grauen und weißen Roheisens sowie des Ferromangans zeigen verschiedene Zusammensetzung außen und innen, weshalb die Stückchen und Späne von verschiedenen Stellen entnommen werden müssen. Die Zerkleinerung hat bis auf den bei den Erzen angegebenen Grad zu erfolgen und n i e m a l s dürfen beim Durchsieben größere Stückchen zurückgelassen werden, sondern a l l e s ist durchs Sieb zu treiben.

Da Späne von grauem Roheisen sich leicht von dem viel leichteren Graphitpulver trennen, und infolgedessen Unterschiede im Kohlenstoffgehalte bis zu 0,2 % auftreten können, so feuchtet man sie zweck-

mäßig mit Alkohol an, schüttelt sie 5 Minuten lang tüchtig durcheinander, wobei der Graphit an den Eisenteilchen haftet, und nimmt
vor dem Trocknen die einzelnen abzuwägenden Mengen aus der Masse.
Eine wirklich genaue Durchschnittsprobe ist von grauem Roheisen überhaupt nicht zu erhalten, doch macht sich dieser Übelstand hauptsächlich
nur in betreff des Kohlenstoffgehaltes geltend.

Silicium.

a) A b d a m p f v e r f a h r e n. Je nach dem Siliciumgehalte wägt
man 1 g (von grauem Roheisen), 2 g (von Weißeisen und Bessemerfluß-
eisen) oder 5 g (von Schweißeisen oder Thomasflußeisen) ein, löst in
Salpetersäure, verdampft zur Trockne, nimmt mit Salzsäure auf, verdünnt, schmilzt den Rückstand mit Salpeter und Soda, löst in Salzsäure, dampft abermals zur Trockne, löst, filtriert und glüht. Dieses
umständliche Verfahren hat gute Ergebnisse, ist aber zeitraubend.
Man hat es deshalb auf verschiedene Weise abzukürzen versucht, meist
behufs Vermeidung des Aufschließens und wiederholten Abdampfens,
was erforderlich ist, da die Kieselsäure stets geringe Mengen Eisen
zurückhält.

Vielfach erfolgt die Lösung in Salzsäure und die Oxydation mit
Kaliumchlorat. Das Eindampfen geht dann zwar rascher vor sich als
das der salpetersauren Lösung, man erleidet aber nach B l u m (St. u.
E. 6, 510; 1886) Verluste durch Bildung von Chlorsilicium, so daß die Gehalte bis zu 0,02 % zu niedrig ausfallen.

Die Reinigung der Kieselsäure kann umgangen werden, wenn man
sie nach der ersten Filtration glüht, wägt, unter Zusatz von ein paar
Tropfen Schwefelsäure mit Fluorwasserstoff wegdampft, den Rückstand
über dem Gebläse kräftig glüht und zurückwägt. Ist derselbe irgend
erheblich, so wird er zweckmäßig einige Male mit etwas Ammoniumcarbonat behandelt, um sicher sämtliche Schwefelsäure auszutreiben.

b) V e r f a h r e n v o n B r o w n (nach L e d e b u r). 1 g Eisen
wird mit Salpetersäure von 1,2 spez. Gew. so lange erhitzt, bis alles
Lösliche sich gelöst hat. Alsdann setzt man 35—40 ccm im Verhältnisse von 1 : 4 verdünnter Schwefelsäure nach L e d e b u r, oder 25
bis 30 ccm im Verhältnisse von 1 : 3 verdünnter Schwefelsäure nach
B r o w n hinzu und erhitzt die Lösung auf dem Sand- oder Wasserbade, bis die Salpetersäure verjagt ist. Zu der abgekühlten Flüssigkeit
fügt man vorsichtig 40—50 ccm Wasser, erwärmt bis zur völligen
Lösung des weißen Eisensalzes und filtriert heiß. Der Rückstand wird
mit heißem Wasser gewaschen, bis im ablaufenden Waschwasser kein
Eisenoxyd mehr nachweisbar ist. Alsdann wäscht man etwa viermal
mit heißer Salzsäure von 1,12 spez. Gew. und schließlich wieder mit
heißem Wasser bis zur völligen Entfernung der Salzsäure. Das getrocknete Filter wird im Platintiegel geglüht, bis die Kieselsäure rein
weiß erscheint, was bei Untersuchung von graphitreichem Roheisen
2—3 Stunden zu dauern pflegt.

Das Verfahren wendet man nur dann an, wenn man in der Probe lediglich das Silicium bestimmen und deshalb auf das Filtrat verzichten will; sie ist aber sehr zu empfehlen. R u b r i c i u s (St. u. E. 25, 1012, 1444; 1905) verfährt in der Weise, daß er die möglichst feine Eisenprobe in Schwefelsäure (1 : 2) löst. Nachdem die stürmische Gasentwicklung beendet ist, setzt man vorsichtig konzentrierte Salpetersäure zu und kocht ein. Etwa ungelöst gebliebene Späne werden aufs neue mit Salpetersäure behandelt, bis alles gelöst ist. Das Einkochen wird so lange fortgesetzt, bis reichliche Schwefelsäuredämpfe auftreten. Nach dem Erkalten löst man die breiige Masse in Wasser unter Zusatz von etwas Salzsäure, kocht auf und filtriert. Das Verfahren ist gleich gut anwendbar sowohl für Roheisen als Stahl und ist in 1½ Stunden ausführbar.

Das Lösen von S i l i c i u m e i s e n , auf welches Salpetersäure und selbst Bromsalzsäure häufig nicht genügend einwirkt, erleichtert man durch Schmelzen mit Natrium-Kaliumcarbonat und Natriumsuperoxyd. 0,2—0,3 g der Siliciumlegierung werden mit der 15fachen Menge eines Gemisches von 1 Teil Carbonat mit 2 Teilen Natriumsuperoxyd im Nickeltiegel über dem Bunsenbrenner erst schwach erhitzt und dann zum Schmelzen gebracht; das Aufschließen geht sehr rasch von statten. Die erkaltete Schmelze wird in 200 ccm kaltem Wasser gelöst, mit Salzsäure angesäuert, eingedampft und weiter behandelt w. o.

C h r o m e i s e n schließt man durch Schmelzen mit reinem Natriumsuperoxyd im Nickeltiegel oder durch ein Gemisch von Natriumkaliumcarbonat (5 Teile) und Magnesia (8 Teile) auf, und zwar durch längeres Erhitzen bis zum Sintern im Platintiegel. Die erhaltenen Lösungen werden in üblicher Weise weiter verarbeitet.

Den beschriebenen Methoden wird von manchen Seiten der Vorwurf gemacht, daß sie unrichtige Ergebnisse haben, weil nach ihnen nicht nur das Silicium gefunden werde, sondern auch die in der eingeschlossenen Schlacke enthaltene Kieselsäure; dieser Vorwurf ist jedoch nur für wissenschaftliche Untersuchungen von Belang, nicht aber für technische. F. W a t t s (St. u. E. 2, 444; 1882) empfiehlt deshalb für erstere die Verflüchtigung des Eisens und des Siliciums im Chlorstrom, Auffangen der Dämpfe von $SiCl_4$ in Wasser, Abdampfen, Glühen und Wägen. Diese Methode wird richtige Ergebnisse haben, wenn sie unter Beobachtung aller nötigen Vorsichtsmaßregeln von geübten Chemikern ausgeführt wird; sie ist jedoch ganz unbrauchbar für die Laboratoriumsgehilfen, denen die Siliciumbestimmungen auszuführen in der Regel überlassen wird.

Titan.

Aus titanhaltigen Erzen gelangt das Element auch in das Roheisen; in den schmiedbaren Eisenarten findet es sich dagegen nicht mehr, es sei denn in absichtlich erzeugten Titaneisenlegierungen, welche aber bislang irgendwelche Bedeutung nicht erlangt haben.

Der ältere Weg der Abscheidung von Titansäure besteht in anhaltendem Kochen einer schwefelsauren Lösung.

Man löst 5—10 g Roheisen in Salzsäure, dampft scharf zur Trockne, nimmt mit Säure und Wasser auf, filtriert, glüht den Rückstand, verjagt die Kieselsäure mit Flußsäure und etwas Schwefelsäure, schmilzt den verbliebenen Rückstand mit Kaliumbisulfat und bringt die Schmelze mit kaltem Wasser in Lösung. Die Eisenlösung wird mit Schwefelsäure versetzt, bis zum Entweichen von Schwefelsäuredämpfen eingedampft, mit Wasser gelöst, durch schweflige Säure oder Natriumbisulfat reduziert, mit Natriumcarbonat neutralisiert, ohne daß ein bleibender Niederschlag entsteht, und nun 2 Stunden im bedeckten Becherglas unter Ersatz des verdampfenden Wassers und der schwefligen Säure gekocht. Titansäure, Phosphorsäure und etwas Eisen fällt aus; man filtriert ab, prüft das Filtrat durch weiteres Kochen auf Titansäure, schmilzt den Niederschlag mit Salpeter und Soda, behandelt mit Wasser, wobei Natriumphosphat gelöst wird, während Natriumtitanat und Eisenoxyd zurückbleiben. Man filtriert, löst den Rückstand in Schwefelsäure, reduziert mit schwefliger Säure und kocht von neuem. Die jetzt rein weiß niederfallende Titansäure wird abfiltriert, geglüht und gewogen.

Nach B a s k e r v i l l e (Journ. Amer. Chem. Soc. 16, 427; 1894) fällt jedoch Titansäure auch aus einer neutralen Eisenchloridlösung, wenn sie mit schwefliger Säure reduziert und gekocht wird. Die Überführung in Sulfat wäre demnach überflüssig.

Nach L e d e b u r s Beobachtungen (St. u. E. 14, 810; 1894) verhindert viel Eisenchlorid die Fällung der Titansäure durch Kochen und verursacht sogar, daß beim Aufnehmen des Trockenrückstandes mit konzentrierter Salzsäure die Titansäure wieder in Lösung geht. Er entfernt deshalb, nachdem die Kieselsäure abgeschieden ist, das Eisenchlorid durch zweimaliges Ausschütteln der stark eingedampften Eisenlösung mit Äther (s. o. S. 430), vereinigt die eisenarmen Lösungen, in denen sich Titansäure zum Teil schon flockig ausgeschieden hat, macht diese durch Eindampfen zur Trockne unlöslich, behandelt den Rückstand mit Salzsäure und Wasser, filtriert die Titansäure ab, wäscht aus, glüht und wägt sie. Die früher sehr umständliche Abscheidung wird hiernach sehr viel einfacher.

F e r r o t i t a n kann nur durch Schmelzen mit Kaliumbisulfat aufgeschlossen werden und wird dann behandelt wie Eisen.

Auf kolorimetrischem Wege (s. a. S. 63) kann man Titansäure in schwefelsaurer eisenfreier Lösung bestimmen, wenn man mit einigen Tropfen Wasserstoffsuperoxyd eine schön orangegelbe Färbung hervorruft. Man stellt sich eine Titanlösung her, welche in 1 ccm genau 1 mg Titansäure enthält. Eine gemessene Menge hiervon wird mit gleich viel Wasserstoffsuperoxyd versetzt, so daß jetzt 1 ccm genau 0,5 mg Titansäure enthält. Mit dieser Normallösung vergleicht man die zu prüfende Flüssigkeit. S c h n e i d e r (Österr. Zeitschr. 40, 471) benutzt die nach Fällung des Eisens mit Schwefelammonium durch Eindampfen zur Trockne, Schmelzen des Rückstandes mit Natriumcarbonat und Lösen in Schwefelsäure (s. S. 496, S c h n e i d e r s Verfahren zur Bestimmung des Aluminiums) erhaltene Flüssigkeit vor dem Ausfällen der Tonerde.

Kohlenstoff.

Den Kohlenstoff kennen wir im Eisen bekanntlich in vier Abarten, von denen zwei, der krystallinische G r a p h i t und die amorphe T e m p e r k o h l e , als freie Körper dem Eisen eingelagert, die beiden anderen an Eisen gebunden vorhanden sind, und zwar teils in fest bestimmter chemischer Bindung als C a r b i d k o h l e , teils in Legierung mit dem Eisen als H ä r t u n g s k o h l e. In der Regel begnügt man sich mit der Bestimmung des Gesamtkohlenstoffgehaltes; doch gibt es auch Verfahren zur Einzelbestimmung des Graphites oder der Temperkohle bzw. beider zusammen (nicht aber n e b e n einander) sowie der Carbidkohle; die Härtungskohle kann nur aus der Differenz berechnet werden.

Die B e s t i m m u n g d e s G e s a m t k o h l e n s t o f f e s erfolgt entweder durch unmittelbare Verbrennung des Eisens mit dem Kohlenstoffe auf trockenem oder auf nassem Wege oder durch vorgängige Trennung des Eisens mittels Lösung oder Verflüchtigung und Oxydation des Kohlenstoffes im Lösungsrückstande. In der Regel kommt der Kohlenstoff als Kohlensäure zur Wägung oder Messung; selten wird er durch Farbenvergleichung festgestellt.

a) U n m i t t e l b a r e V e r b r e n n u n g d e s E i s e n s a u f t r o c k e n e m W e g e. Als Oxydationsmittel dient entweder freier Sauerstoff allein (Verfahren von B e r z e l i u s) oder dieser unter Mitwirkung oxydierender Reagenzien, wie Gemenge von Bleichromat und Kaliumchlorat oder Kaliumbichromat (R e g n a u l t , B l a i r) , Kupferoxyd (K u d e r n a t s c h), oder Auflockerungsstoffen wie Tonerde (D u f t y).

Man bringt das äußerst fein zerteilte Eisen in einem Platin- oder Porzellanschiffchen in das mit Kupferoxyd beschickte Porzellanrohr eines großen Verbrennungsofens, welches vorher auf seine ganze im Ofen liegende Länge vorsichtig angeheizt war. Vor dem Rohre befinden sich der Lufttrocken- und -reinigungsapparat sowie der Sauerstoff- und der Luftbehälter, hinter dem Rohre ein Trockenrohr, der Kaliapparat und ein zweites Trockenrohr. Hat man sich von dem Dichthalten aller Verbindungsstellen überzeugt, so erhitzt man das Rohr auf helle Rotglut, läßt zunächst einen Luftstrom und, wenn die Entwickelung von Kohlensäure begonnen hat, Sauerstoff durch das Rohr treten, bis die Verbrennung zu Ende ist, worauf man den Sauerstoffstrom verstärkt, um das reduzierte Kupfer wieder in Oxyd zu verwandeln. Der schwierigste Teil der Arbeit ist die Regelung der Temperatur, da in geringer Hitze die Verbrennung nur sehr langsam fortschreitet, in hoher Temperatur die das Eisen überziehende Oxyduloxydschicht leicht zu einer Schlacke zusammenschmilzt, welche die Eisenteilchen vom Sauerstoff abschließt und die vollständige Verbrennung verhindert. Die Ergebnisse sind nur selten ganz befriedigend, in der Regel wegen unvollständiger Verbrennung des Eisens zu niedrig. Nach S c h n e i d e r (Österr. Zeitschr. 42, 242; 44, 121) wird dieser Vorgang außerordentlich befördert und verläuft bei nicht sehr hoher Temperatur, wenn man mit 3 g Eisenspänen 10 g einer Mischung von Metallpulvern (3 Blei zu 1 Kupfer) oder 10 g Pulver von Phosphorkupfer mischt, die beide nach Erhitzen auf Rotglut im Sauerstoffstrome sich leicht entzünden und die Entzündung auf das Eisen übertragen sollen. In ähnlicher Weise wirken als Sauerstoffüberträger die oben angegebenen Metallsalze und das Kupferoxyd.

Die Anwendung der Verbrennung des Eisens im Sauerstoffstrom ist sehr beschränkt, hauptsächlich auf die durch Säuren schwer angreifbaren Eisenlegierungen mit Silicium, Wolfram, Chrom und Molybdän, zumal das Verfahren umfangreiche Apparate und viel Zeit erfordert. Als Abart des Verfahrens von B e r z e l i u s ist noch zu erwähnen das von L o r e n z (Zeitschr. f. angew. Chem. 2, 395; 1889), welcher einen Verbrennungsofen mit Gebläse anwendet behufs Erzeugung so hoher Temperatur, daß das Eisenoxyduloxyd vollständig flüssig wird und wie die Schlacke beim Frischen wirkt. — P e t t e r s o n und S m i t h (Ber. 23, 1401; 1890, Zeitschr. f. anal. Chem. 32, 385; 1893) verbrennen in schmelzendem Kaliumhydrosulfat, fangen die sich entwickelnde schweflige Säure mit Chromsäure, die Kohlensäure mit Barytlauge auf und bestimmen letztere maßanalytisch. — F o r s t e r (Zeitschr. f. anorg. Chem. 8, 274; 1895) endlich verbrennt ohne Sauerstoffgas nur mit Bleichromat in einer Porzellanretorte.

b) U n m i t t e l b a r e   V e r b r e n n u n g   d e s   E i s e n s   a u f n a s s e m   W e g e in Chromsäure und Schwefelsäure nach v. J ü p t n e r und G m e l i n und Oxydation entweichender Kohlenwasserstoffe nach S ä r n s t r ö m. Obgleich dieses Verfahren von W e d d i n g (Eisenhüttenkunde II. Aufl. S. 611) als nicht empfehlenswert bezeichnet wird, ist es doch eines der genauesten, in kurzer Zeit ausführbar und sicher zurzeit in den deutschen Eisenhüttenlaboratorien weitaus am verbreitetsten Es eignet sich für alle Eisenarten und Eisenlegierungen mit Ausnahme reicher Siliciumeisen und Chromeisen, welche durch das Säuregemisch nur unvollkommen zerlegt werden, und ist vom Vereine deutscher Eisenhüttenleute in der von C o r l e i s (St. u. E. 14, 587; 1894) ausgebildeten Arbeitsweise als „Leitverfahren" angenommen.

Der A p p a r a t (Fig. 59) besteht aus einem Luftreiniger A, dem Entwickelungskolben B, einem Verbrennungsrohr C mit Kupferoxyd, drei U-Rohren, von denen das erste D zum Trocknen dient und glasige Phosphorsäure enthält, während die beiden anderen E_1 und E_2 zur Aufnahme der Kohlensäure mit Natronkalk und zum Zurückhalten etwa vom Gasstrome fortgeführter Feuchtigkeit im zweiten Schenkel oben mit glasiger Phosphorsäure gefüllt sind. Diesen folgt eine Waschflasche F mit konzentrierter Schwefelsäure behufs Verhinderung des Zurücktretens von Feuchtigkeit aus dem Sauger in die Röhren. Die U-Röhren haben eingeschliffene Glasstopfen zum Abschlusse von der Luft beim Wägen. G e r s t n e r und L e d e b u r schalten zwischen dem Verbrennungsrohr C und U-Rohr D noch ein Gefäß mit konzentrierter Schwefelsäure ein, um den Verbrauch an Phosphorsäure herab-

zumindern. Letztere befindet sich übrigens zweckmäßig in U-Rohren mit
oben zugeschmolzenen Schenkeln. Der wichtigste Teil ist der Lösungskolben B^1), dessen Abmessungen aus Fig. 60 a. f. S. zu entnehmen sind.
Der Kühler a befindet sich innerhalb des Kolbenhalses, in der er
bei b eingeschliffen ist; der Rand des Kolbenhalses ist zu einem kleinen
Trichter c erweitert, um einen Flüssigkeitsverschluß herstellen zu können.
Seitlich ist ein fast bis auf den Boden reichendes Rohr in die Kolben-
wand eingeschmolzen mit kugelförmiger Erweiterung behufs Verhinderung etwaigen Rücktrittes von Säure in den Luftreiniger und mit
einem Trichter zum Einfüllen der Säuren; den Verschluß des letzteren
bildet ein eingeschliffener langstieliger Stopfen.   Das Einlaßrohr für

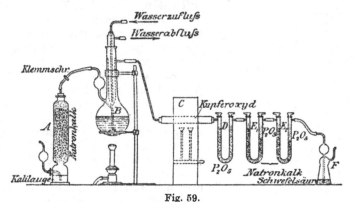

Fig. 59.

die Säure darf nicht unter 6 mm weit sein, weil sonst leicht Ver-
stopfungen eintreten. Das Eintragen der Probe erfolgt mittels eines an
einem Platindrahte hängenden Glaseimerchens e oder durch den weiten
Trichter d.

A u s f ü h r u n g : Nachdem der Verbrennungskolben mit 25 ccm
gesättigter Chromsäurelösung (sog. gereinigte, schwefelsäurehaltige, nicht
sog. chemisch reine, welche häufig organische Stoffe enthält), 150 ccm
Kupfersulfatlösung (200 g reines Salz in 1 Liter Wasser) und 200 ccm
konzentrierter Schwefelsäure beschickt, behufs Mischung der Flüssigkeiten gut umgeschüttelt, das Kühlwasser angelassen (es fließt zweckmäßig in entgegengesetzter Richtung, wie die Pfeile angeben) ist, und
die Flammen unter dem Verbrennungsrohre angezündet sind, wird die
Säuremischung erhitzt und etwa 10 Minuten im Sieden erhalten. Nach
dem Entfernen der Flamme stellt man die Verbindung mit dem Luftreiniger her und leitet etwa 10 Minuten lang einen mäßig starken Luftstrom durch den Apparat. Hierauf wird der Kolben mit dem Verbrennungsrohre, dieses mit den U-Röhren verbunden und abermals
5 Minuten Luft durchgeleitet. Nun werden die Absorptionsröhren
geschlossen, abgelöst, nach etwa 10 Minuten langem Liegen im Wage-

---

^{1}) Zu beziehen von Glasbläser R o b. M ü l l e r in Essen a. d. R.

zimmer kurz geöffnet, mit einem weichen Waschleder oder einem seidenen Tuche abgerieben, auf die Wage gebracht und nach 5 Minuten gewogen. Nach dem Wiedereinschalten der Röhren wird die Probe eingetragen, in die Trichter des Kolbenhalses etwas Wasser oder Schwefelsäure gegeben und die Säuremischung erhitzt.

Die Einwage beträgt je nach dem Kohlenstoffgehalte des Probegutes 0,5—5 g. Während der Verbrennung wird ein ganz schwacher Luftstrom durch den Apparat geleitet. Die Flamme unter dem Kolben ist so zu regeln, daß die Flüssigkeit nach 15—20 Minuten ins Sieden kommt. Das Sieden wird 1—2 Stunden lang unterhalten, hierauf die Flamme entfernt und etwa 2 Liter Luft durch den Apparat gesaugt. Die Natronkalkröhren werden dann geschlossen und für das Wägen vorbereitet, wie oben beschrieben.

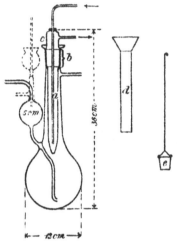

Fig. 60.

Es hat sich herausgestellt, daß bei Anwendung von Kupfersulfat die Menge des als Kohlenwasserstoffe usw. entweichenden Kohlenstoffes ziemlich gleichmäßig ist und im Durchschnitte nahezu 2 % beträgt; infolgedessen kann man bei Betriebsproben das Verbrennungsrohr weglassen und den Verlust an Kohlenstoff durch entsprechend höhere Einwagen ausgleichen. Wiegt man dann anstatt 2,7272 g 2,77 g oder statt 5,4544 g 5,54 g ein, so entspricht je 0,01 g gewogene Kohlensäure 0,1 bzw. 0,05% Kohlenstoff.

Bei Weglassung des Verbrennungsrohres und Anwendung der von C o r l e i s empfohlenen U-Röhren mit schräg gerichteten Verbindungsrohren läßt sich der Apparat viel gedrängter aufstellen.

G e r s t n e r (St. u. E. 14, 589; 1894) vereinfacht den Lösungskolben dadurch, daß er das Zuleitungsrohr für die Schwefelsäure in den außerhalb des Kolbens angeordneten Kühler verlegt. Eine andere verbesserte Form gibt G ö c k e l (Zeitschr. f. angew. Chem. 13, 1034; 1900) an. Noch zweckmäßiger ist aber der Lösungskolben von W ü s t (St. u. E. 15, 389; 1895) (Fig. 61) [1]; auch dieser hat das genannte Rohr im Kühler B, welcher jedoch wieder in den Kolben A hineinragt; die Schliffstelle für die Dichtung im Kolbenhalse ist nicht am Kühlrohr selbst, sondern an einer besonderen Dichtungskappe angebracht und der Trichter für den Flüssigkeitsverschluß auf 3—4 cm erhöht. Diese Anordnung hat den großen Vorzug, daß man den einfacher gestalteten Kolben nach unten wegziehen kann, ohne daß eine Schlauchverbindung gelöst werden

---

[1] Zu beziehen von Glasbläser R o b. M ü l l e r in Essen a. d. R.

muß. Das Vortrocknen des Gases mittels Schwefelsäure erfolgt vor dem Verbrennungsrohre D in einem U-förmig gestalteten Perlenrohre C mit Ablaßhahn und‑Fülltrichter, der durch Schliffstopfen geschlossen ist. Man gewinnt mit diesem Rohre die Möglichkeit, die Schwefelsäure zu erneuern, ohne eine Verbindung lösen zu müssen. Die Anordnung vor dem Verbrennungsrohr ist jedoch nicht zu empfehlen, da nach L e d e b u r s Beobachtungen die Schwefelsäure nach dem Durchleiten der Gase einen ziemlich starken Geruch entwickelt, welcher an den des Aldehyds erinnert und vermuten läßt, daß unter Einwirkung der Chrom‑ säure auf die Kohlenwasserstoffe eine in Schwefelsäure lösliche Ver‑ bindung entstehe, welche der Verbrennung im Kupferoxyd entgeht. Als Verbrennungsrohr verwendet W ü s t ein mit Kupferoxyd gefülltes

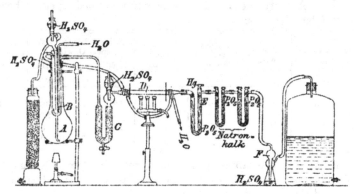

Fig. 61.

und an den Enden mit Wasser gekühltes Platinrohr, das viel rascher heiß wird als ein Glasrohr und dem Zerspringen nicht ausgesetzt ist.

c) A b s c h e i d u n g d e s K o h l e n s t o f f e s d u r c h W e g ‑ l ö s e n d e s E i s e n s u n d n a c h f o l g e n d e V e r b r e n n u n g d e s R ü c k s t a n d e s. Die Zahl der Lösungsmittel für das Eisen unter Zurücklassung des Kohlenstoffes ist groß, die Reihe der Verfahren lang; die meisten sind unvollkommen und genügen den heute an die Genauigkeit der Ergebnisse gestellten Anforderungen keineswegs. Wir beschränken uns deshalb auf die Anwendung von Kupfersalzen als Lösungsmittel.

L ö s e n i n K u p f e r s u l f a t. Lange Zeit war es üblich, das zerkleinerte Eisen mit dem Lösungsmittel zu übergießen, häufig umzu‑ rühren und nach erfolgter Umsetzung die Kupfer- und Eisenlösung von dem ausgeschiedenen Kupfer und dem Rückstande mittels Filtrierens durch Asbest zu trennen. Die Entstehung von Kohlenwasserstoffen auch in neutraler Kupfersulfatlösung verbietet jedoch das Verfahren. S ä r n s t r ö m leitete deshalb die Gase, wie oben beschrieben, durch ein Verbrennungsrohr und benutzte einen ganz ähnlichen Apparat wie die vorbeschriebenen; die Oxydation des Kohlenstoffes mit Chromsäure

erfolgt in Gegenwart der Metalllösung. Dieses Verfahren ist durch
L u n g e (mit M a r c h l e w s k i), L e d e b u r, W i b o r g h u. a.
sowohl als genau wie als bequem ausführbar befunden und deshalb
ziemlich verbreitet. L u n g e (St. u. E. 11, 666; 1891) benutzt
folgende Reagenzien:

1. gesättigte Kupfersulfatlösung;
2. Lösung von 100 g Chromsäure in 100 ccm Wasser;
3. Schwefelsäure vom spez. Gew. 1,65, mit Chromsäure gesättigt;
4.   -   -   -   - 1,71,   desgl.
5.   -   -   -   - 1,10, rein;
6. käufliches Wasserstoffsuperoxyd.

Die Verwendung dieser Reagenzien sowie die Einwage erfolgt je
nach dem Kohlenstoffgehalte der Eisensorte verschieden; eine Übersicht
gewährt folgende Tabelle:

Kohlenstoff-gehalt	Ein-wage	Kupfer-sulfat lösung	Chrom-säure-lösung	Schwefelsäure vom spez. Gewicht			Wasser-stoffsuper-oxyd
				1,65	1,71	1,10	
Proz.	g	ccm	ccm	ccm	ccm	ccm	ccm
über 1,5	0,5	5	5	135	—	30	1
1,5—0,8	1	10	10	130	—	25	2
0,8—0,5	2	20	20	130	—	5	2
0,5—0.25	3	50	45	—	75	5	2
unter 0,25	5	50	50	—	70	5	2

Zuerst wird die abgewogene Eisenprobe in dem Lösungskolben
des oben beschriebenen Apparates nur mit der Kupfersulfatlösung übergossen und damit genügend lange in Berührung gelassen.

Diese Zeit ist erheblich und beträgt bei Roheisen mindestens
6 Stunden, bei schmiedbarem Eisen mindestens 1 Stunde. Während
des Lösens ist die Berührung mit der Flüssigkeit häufig durch Umschütteln zu befördern.

Nach beendeter Umsetzung wird der Kühler auf den Kolben gesetzt,
das Gasabführungsrohr mit dem Verbrennungsrohre verbunden, zuerst
die aus der Tabelle zu entnehmende Menge Chromsäurelösung, darauf
die starke und schließlich zum Nachspülen die schwache Schwefelsäure
langsam eingefüllt. Jetzt stellt man den Sauger an, leitet die Verbrennung des Kohlenstoffes durch schwaches Erwärmen des Kolbens
ein, entfernt die Flamme sofort, sobald die Entwicklung von Gasen zu
stürmisch wird, setzt sie aber später wieder unter und erhält den Kolbeninhalt eine halbe Stunde in schwachem Sieden. Hiernach nimmt man
die Flamme weg, bringt 1—2 ccm käufliches Wasserstoffsuperoxyd in
den Trichter und läßt es langsam in den Kolben laufen. Die bei Berührung von Wasserstoffsuperoxyd und Chromsäure auftretende Sauer-
stoffentwicklung treibt alle in der Flüssigkeit gelöste Kohlensäure vollständig aus; dann leitet man etwa 1 L. Luft durch den Apparat, schließt
die Absorptionsröhren und bringt sie zur Wägung.

Lösen in K u p f e r a m m o n i u m c h l o r i d nach Mc C r e a t h.
Das Verfahren ist nicht ganz so genau (St. u. E. 7, 13; 1887, 11, 50;

1891) wie das vorige, hat aber den Vorzug schnellerer Ausführbarkeit und wird deshalb für die Analyse kohlenstoffreicherer Eisensorten immer noch mit Vorteil verwendet. Der abgeschiedene Kohlenstoff wird hier auf einem Filter gesammelt und entweder mit Sauerstoff oder mit Chromsäure verbrannt.

Als Lösungsmittel dient neutrales Kupferammoniumchlorid (300 g auf 1 L.), wovon 50 ccm für 1 g Eisen erforderlich sind. Man bringt das Eisen in der oben angegebenen Menge in einen Erlenmeyerkolben, gießt das Lösungsmittel darauf und schüttelt nun recht häufig um, anfangs bei gewöhnlicher Temperatur, später unter Erwärmen auf 40—50°. Das Eisen löst sich unter Abscheidung von Kupfer sehr rasch auf; später geht auch das letztere wieder in Lösung, und binnen 25—30 Minuten hat man nur Kohlenstoff, Silicium-, Phosphor- und Schwefeleisen usw. als Rückstand. Scheidet sich beim Lösen oder nachher basisches Eisensalz aus, so bringt man dasselbe vor dem Filtrieren mit einigen Tropfen Salzsäure in Lösung. Man filtriert nun auf ein ausgeglühtes Asbestfilter, prüft das zuerst Durchlaufende durch Verdünnen mit Salzsäure und Wasser bis zur Durchsichtigkeit auf etwa durchs Filter gegangene Kohleteilchen, wäscht zuerst mit Kupferammoniumchlorid, dann mit siedendem Wasser bis zum Verschwinden der Chlorreaktion, hierauf mit Alkohol, zuletzt mit Äther und trocknet bei sehr niedriger Temperatur.

Verbrennung mit Sauerstoff. Den Asbest mit dem Kohlenstoff bringt man in ein Platinschiffchen, wischt die letzten Reste mit etwas feuchtem Asbest aus dem Trichter und verbrennt nun genau wie bei der Elementaranalyse. Der Kohlenstoff beginnt unter der Einwirkung des Sauerstoffes rasch zu glimmen; man kann deshalb bei Verwendung eines gläsernen Verbrennungsrohres sehr gut beobachten, ob die Verbrennung beendet ist. Um nicht durch zurückgehaltene Spuren von Chlor, das sich durchaus nicht leicht vollständig auswaschen läßt, sowie durch die aus dem Schwefeleisen gebildete Schwefelsäure zu hohe Ergebnisse zu erhalten, ist es erforderlich, hinter das Kupferoxyd eine Lage Bleichromat und eine Silberspirale in das Verbrennungsrohr zu schieben.

Verbrennung mit Chromsäure nach Ullgren. Hierfür filtriert man den Kohlenstoff zweckmäßig in einem 75 ccm langen, 15 mm weiten Rohrtrichter auf ausgeglühtem Asbest. Der Apparat kann derselbe sein, der zur unmittelbaren Verbrennung des Eisens dient, doch kann man auch einen einfacheren Apparat ohne Kühler benutzen, auf dessen mit angeschmolzenem Abzugsrohr versehenem Lösungskolben Erlenmeyerscher Form der Hahntrichter unmittelbar mit Schliff aufsitzt. Nachdem der Trichter mit dem Kohlenstoff in den Verbrennungskolben gebracht ist, wird der Apparat zusammengesetzt, auf Dichtigkeit geprüft und einige Liter kohlensäurefreier Luft durchgeleitet; hierauf schließt man die Absorptionsröhren an, trägt das Oxydationsmittel (auf je 1,5 g Eisen 60 ccm eines Säuregemisches, bestehend aus einem Raumteil Chromsäurelösung 3 : 10 und fünf Raumteilen Schwefelsäure vom spez. Gew. 1,83) ein, erhitzt

den Kolben schwach, bringt den Inhalt sehr allmählich (binnen 1 bis
1½ Stunden) zum Sieden, erhält darin kurze Zeit und leitet 3—4 L.
gereinigte Luft durch den Apparat. Hierauf werden die Absorptionsröhren ausgelöst, zum Wägen vorbereitet und gewogen.

Volumetrische Bestimmung der Kohlensäure.
Statt die entwickelte Kohlensäure zu absorbieren und zu wägen, kann
man sie auch dem Volumen nach bestimmen. Vorrichtungen und Verfahren hierfür geben W i b o r g h (St. u. E. 7, 465; 1887), V o g e l
(St. u. E. 11, 486; 1891), L u n g e und M a r c h l e w s k i (St. u. E.
11, 666; 1891, Zeitschr. f. angew. Chem.
4, 412; 1891), R e i n h a r d t (St. u. E.
12, 648; 1892), H e m p e l (Gewerbfl.
Verh. 72, 470) u. a. an. L u n g e s
Apparat (Fig. 62) besteht aus einem
einschließlich des Halses 200 ccm fassenden Kolben A, in dem ein fast am Boden
in eine feine Spitze ausmündendes
Rohr b mit Hahn a und ebenfalls 200 ccm
Inhalt besitzendem Trichter t eingeschmolzen ist. In den Hals des Kolbens
ist ein Stopfen c eingeschliffen, welcher
sich in den Glaskühler d fortsetzt; auf
das obere Ende dieses ist wieder ein
kleiner Helm e aufgeschliffen, an dem das
zum Gasvolumeter B C D führende Haarrohr f sitzt. Die Schliffe bei a, c und e
müssen so vollkommen sein, daß sie ohne
alles Fett schon bei Befeuchtung mit
Wasser luftdicht schließen. Da Schliff e
erst ganz zuletzt nur mit abgekühlter
Flüssigkeit in Berührung kommt, so ist er

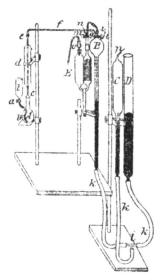

Fig. 62.

allenfalls entbehrlich und kann durch eine Gummiverbindung der glatt
aufeinander stoßenden Röhren ersetzt werden. Man verfährt nun
zunächst, wie S. 476 beschrieben ist. Nach beendigter Lösung des Eisens
in Kupfersulfat wird der Kühler d auf den Kolben A gesetzt und das
Haarrohr f mit dem Kühler einerseits, mit dem Gasvolumeter ander-
seits verbunden. Nun evakuiert man durch s e c h s m a l i g e s Senken
und Heben des Niveaurohres und schließt den Hahn des Gasmeßrohres.
Hierauf läßt man durch t und a die in der Tabelle auf S.476 angegebenen
Säuremengen in langsamem Strahle nach A fließen, schließt a, öffnet
den Doppelhahn h des Gasmeßrohres B, stellt das Niveaurohr möglichst
niedrig und vollzieht die Verbrennung des Kohlenstoffes, wie oben angegeben ist. Das durch den Kühler fließende Wasser bewirkt, daß während
des Siedens weder Dampf noch Wasser in irgend erheblicher Menge
bis in das Gasmeßrohr gelangt, wenn es auch ein wenig betaut wird,
so daß das Gas mit Feuchtigkeit gesättigt bleibt. Nachdem alle in der
Flüssigkeit gelöste Kohlensäure durch die kräftige Sauerstoffentwick-

lung aus dem eingetragenen Wasserstoffsuperoxyd (s. o.) ausgetrieben
ist, läßt man durch t und a heißes Wasser in A eintreten, bis die
Flüssigkeit die ganze Kapillare f bis zum Hahne H erfüllt, den man
sofort abschließt. Man mißt nun die gesamte in dem Meßrohre befindliche Gasmenge, absorbiert die Kohlensäure in dem Orsatrohre E durch
Natronlauge und mißt zurück. Sollte die Gasmenge nicht ausreichen,
um eine Ablesung unterhalb der Kugel zu gestatten, so saugt man vor
der Absorption durch Rohr n und Hahn m etwas kohlensäurefreie Luft
in B ein; ob dies nötig ist, ergibt das Volumen des Gases nach vor-
läufigem Einstellen des Niveaurohres C auf das Niveau im Meßrohre.
Beträgt das Volumen bei schmiedbarem Eisen weniger als 130 ccm, bei
Roheisen weniger als 140 ccm, so muß man soviel Luft einsaugen, daß
diese Gasmengen erreicht werden. Über die Verwendung des „Reduktions-
rohres" C vgl. Bd. I, S. 166 ff.

Jedes auf 0^0 und 760 mm Spannung reduzierte Kubikzentimeter
Kohlensäuregas entspricht 0,539 mg Kohlenstoff.

Das kolorimetrische Verfahren der Kohlensäurebestimmung von Terre-Noire (St. u. E. 5, 259; 1885), beruhend
auf der Farbenwandlung einer durch die Kohlensäure zu Kaliumpermanganat oxydierten Kaliummanganatlösung, kann nicht empfohlen
werden.

d) Abscheidung des Kohlenstoffes durch Weglösen des Eisens und Bestimmung der Menge
durch Farbenvergleichung.

Strichprobe von Peipers (St. u. E. 15, 999; 1895 und Zeitschr.
f. angew. Chem. 8, 321, 466; 1895). Das zu probierende Kohleneisen wird
auf einem unglasierten Porzellantäfelchen so lange stark gerieben, bis
ein Fleck von gewisser dunkler Färbung entsteht. Auf gleiche Weise
stellt man je nach dem vermuteten C-Gehalt der Probe mittels Normal-
stahlen von bekanntem, stufenweise steigendem C-Gehalte neben dem
vorhandenen Flecken gleiche Flecken her (Fig. 63) und taucht die
Porzellantafel in eine etwa $12\frac{1}{2}$ proz. Lösung von $CuCl_2 \cdot 2\,NH_4Cl$,
welche das Fe unter Kupferfällung vom C weglöst. Hat sich das gefällte
Cu in der Flüssigkeit wieder aufgelöst, so taucht man das Täfelchen
in Wasser und vergleicht die Färbung der Flecken (Fig. 64). Fällt
diese Färbung des zu prüfenden Eisens zwischen diejenige der von den
Musterstäben mit bekanntem Gehalte herrührenden Flecken, so liegt
auch die zu ermittelnde Kohlenstoffmenge in diesen Grenzen; wenn
nicht, so muß man entsprechend andere Musterstäbe verwenden.

Der gleichmäßige Auftrag des sehr verschieden harten Eisens und
Stahles macht anfänglich einige Schwierigkeiten, die jedoch durch
Übung überwunden werden. Der Vorzug des Verfahrens gegenüber
dem kolorimetrischen nach Eggertz (S. 482) besteht darin, daß alle
Kohlenstoffarten die gleiche Färbung ergeben, es also gleichgültig ist,
ob man es mit naturhartem oder mit gehärtetem Stahle zu tun hat.

e) Abscheidung des Kohlenstoffes durch Verflüchtigen des Eisens und nachfolgende Ver-

brennung des Rückstandes. Als Verflüchtigungsmittel
dient in der Regel Chlorgas (W ö h l e r), seltener Chlorwasserstoffgas
(D e v i l l e); wegen der Unannehmlichkeiten, die mit der Verwendung
von Chlorgas verbunden sind, der umständlicheren und zeitraubenden
Ausführung sowie der Möglichkeit, leicht etwas zu geringe Werte zu
finden, wird das Verfahren nicht häufig angewendet, ist aber unent-
behrlich für siliciumreiche und für Chrom-Legierungen.

Der Apparat besteht aus einem Entwickelungskolben für Chlorgas
oder einer Flasche mit zusammengepreßtem Chlorgase, einer mit Wasser
gefüllten Waschflasche, einem zweiten Waschgefäße mit konzentrierter
Schwefelsäure, einem U-Rohre mit glasiger Phosphorsäure, einem Verbrennungsofen mit einem mindestens 16 mm weiten, am Austrittsende
rechtwinkelig umgebogenen Verbrennungsrohr und einem Becherglase

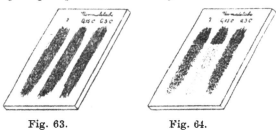

Fig. 63.   Fig. 64.

mit Schwefelsäure zur Verhinderung des Zurücktretens von Luft, in
welches das Verbrennungsrohr eintaucht. Das Ganze ist unter einem
gutziehenden Dunstabzug aufzustellen.

In den Chlorgasentwickler von etwa 1½ Liter Inhalt bringt man
ein durch Zusammenreiben erzeugtes Gemisch von 190 g Braunstein und
280 g Kochsalz und, wenn die Gasentwickelung beginnen soll, 350 ccm
verdünnte Schwefelsäure (1 : 2). In das Verbrennungsrohr schiebt man
ein Schiffchen von Porzellan, in dem die Probe (0,5—1 g) in sehr dünner
Schicht ausgebreitet ist, stellt alle Verbindungen her, beginnt durch
schwaches Erhitzen des Kolbens mit der Chlorentwickelung, verdrängt
alle Luft aus Waschgefäßen und Verbrennungsrohr durch längeres
Hindurchleiten von Chlor, entzündet an dem Austrittsende die erste
Flamme und erst allmählich nach Maßgabe des Fortschrittes in der Verflüchtigung auch die übrigen. Obgleich Eisenchlorid schon in niedriger
Temperatur entsteht und sich verflüchtigt, so muß doch, um auch
schwerflüchtige Chloride zu vertreiben, zuletzt auf Rotglut erhitzt
werden. Trotzdem bleibt immer außer Chromchlorid auch Manganchlorür zurück (H a m p e, Chem.-Ztg. 14, 1777; 1890). Ist alles verflüchtigt,
so läßt man im Chlorstrom erkalten und bringt das Schiffchen in ein
Becherglas mit kaltem Wasser, um Chlor und Chloride wegzulösen.
Chromchlorid ist nicht löslich; hat man also chromhaltiges Eisen mit
Chlor behandelt, so muß dem Lösen ein Glühen im Wasserstoffstrom in
einem zweiten Verbrennungsrohre vorausgehen, wodurch lösliches Chrom-
chlorür erhalten wird. Man spritzt den Kohlenstoff aus dem Schiffchen

in das Becherglas, filtriert auf ein Asbestfilter und verbrennt ihn im Sauerstoffstrom oder in Chromsäure, wie oben beschrieben wurde.

Für die direkte Verbrennung des durch Weglösen des Eisens freigelegten Kohlenstoffs in besonders konstruierten Platintiegeln sei auf die Arbeit von N e u m a n n (St. u. E. 28, 128; 1908) verwiesen. Ebenda wird zur Vermeidung des lästigen Aufschließens von Ferrolegierungen im Chlorstrom mit darauf folgender Verbrennung die direkte Verbrennung der sehr fein zerkleinerten Probe im Sauerstoffstrom mit Hilfe eines elektrischen Ofens (von W. C. H e r a e u s , Hanau) empfohlen. Man benutzt ein nur außen glasiertes Porzellanrohr und hält die Temperatur auf mindestens 1000° C.

Eine etwas gedrängtere Form des hierzu benutzten elektrischen Ofens beschreibt M a r s (St. u. E. 29, 1155; 1909).

Bestimmung einzelner Arten von Kohlenstoff.

a) G r a p h i t u n d T e m p e r k o h l e. Beide sind in Säuren unlöslich, ihre Trennung und gesonderte Bestimmung ist deshalb zurzeit nicht möglich. Temperkohle tritt aber in wenigen, an Kohlenstoff reichen Eisensorten, z. B. in weißem Roheisen und auch in diesem nur nach lange anhaltendem Glühen auf. Die gebundenen Kohlenstoffe lösen sich in Salzsäure nicht vollständig, wohl aber in Salpetersäure, weshalb letztere als Lösungsmittel bei Bestimmungen der freien Kohlenstoffarten des Eisens anzuwenden ist. Durch die Versuche von L e d e b u r (Gewerbfl. Verh. 72, 308) ist das einzuhaltende Verfahren vereinfacht und festgelegt wie folgt: Von graphitreichem Eisen löst man 1 g, von hellgrauem Roheisen oder von geglühtem Weißeisen 2—3 g in einem E r l e n m e y e r kolben in Salpetersäure vom sp. Gew. 1,2 (25 ccm auf je 1 g Eisen) und taucht während des ersten starken Angriffes das Gefäß behufs Kühlung in kaltes Wasser. Dann erhitzt man auf dem Sandbad unter häufigem Umschütteln während zwei Stunden bis nahe zum Sieden, filtriert dann nach vorgängigem mäßigen Verdünnen mit Wasser durch ein ausgeglühtes Asbestfilter, übergießt den Rückstand mit kaltem Wasser, filtriert und bringt ihn selbst auf das Filter, wäscht mit kaltem Wasser, bis im Ablauf Eisen mit Rhodankalium nicht mehr nachweisbar ist, und verbrennt die Kohle in Chromsäure ohne oder in Sauerstoff nach vorgängigem Trocknen, wie oben beim Kupferammoniumchloridverfahren beschrieben ist, zu Kohlensäure.

b) G e b u n d e n e r K o h l e n s t o f f. Carbidkohle kann für sich allein bestimmt werden, wie S. 484 beschrieben ist, Härtungskohle dagegen nicht; ihr Betrag ist vielmehr aus den Werten für Gesamtkohlenstoff, freie Kohlenstoffe und Carbidkohle als Differenz zu berechnen. Erkaltet Eisen aus heller Glühhitze langsam auf gewöhnliche Temperatur, wie es im Hüttenbetriebe in der Regel der Fall ist, erfolgt also weder eine plötzliche Abkühlung durch Abschrecken im Wasser oder einer anderen Kühlflüssigkeit noch ein besonders langsames Abkühlen durch Bedecken mit schlechten Wärmeleitern bzw.

Ausglühen, so ist das Verhältnis zwischen Carbid- und Härtungskohle
jederzeit nahezu dasselbe. Aus diesem Grunde kann das nachstehend
beschriebene Verfahren von E g g e r t z , das zwar nur die Carbidkohle in ihrem vollen Betrage nachweist, doch zur Bestimmung der
Gesamtmenge der gebundenen Kohlenstoffe dienen; denn es beruht auf
dem Vergleiche der braunen Farbe einer salpetersauren Lösung der
Probe mit der Farbe einer auf gleiche Weise hergestellten Lösung von
Normalen, deren Gesamtkohlenstoffgehalt nach irgendeinem der vorbeschriebenen Verfahren genau ermittelt ist.

Die E g g e r t z s c h e k o l o r i m e t r i s c h e K o h l e n s t o f f -
p r o b e ist anwendbar für alle Arten schmiedbaren Eisens mit Ausnahme der Chrom- und Nickelstahle, weil die grüne Farbe der Nickel-
und die gelbe der Chromlösung die der Kohlenstofflösung verändert.

Sie beruht auf der Erscheinung, daß beim Auflösen von Eisen in
Salpetersäure der gebundene Kohlenstoff sich mit löst und die Flüssigkeit, je nach seiner Menge, mehr oder weniger dunkelbraun färbt. Die
Farbe wird durch Eisenchlorid verändert; die Salpetersäure muß daher
chlorfrei sein. Die Farbe des Eisennitrates macht man durch Verdünnen
auf mindestens 8 ccm unschädlich. Von den im Eisen häufiger auftretenden Stoffen sind Phosphor, Schwefel und Kupfer ohne jeden Einfluß auf
die Farbe; Silicium und Wolfram geben unlösliche Säuren, die, wie auch
etwa vorhandener Graphit, abfiltriert werden. Schwache Färbungen, wie
sie zuweilen von Vanadin und Mangan erzeugt werden, könnten verschwinden beim Verdünnen auf 8 ccm.

Die Bestimmung des Kohlenstoffes erfolgt nun derart, daß man die
Farbe der Lösung des zu probierenden Eisens durch Verdünnen in Übereinstimmung bringt mit der einer auf ganz gleiche Weise und zu gleicher
Zeit hergestellten Lösung von N o r m a l s t a h l mit bekanntem Kohlenstoffgehalt. Die gelösten Kohlenstoffmengen stehen dann im umgekehrten Verhältnisse zu dem Volumen der Flüssigkeiten.

Das zweckmäßigste Verfahren ist nach E g g e r t z (Jern. Kont.
Ann. 36, 5; St. u. E. 2, 444; 1882) folgendes: 0,1 g Normalstahl mit 0,8%
Kohlenstoff und 0,1 g des zu untersuchenden Eisens (bei weißem Roheisen nur 0,05 g) werden je in einem Probierröhrchen von 15 mm Weite
und 120 mm Länge nach und nach mit wenig Salpetersäure von 1,2
spez. Gew. übergossen, bis das Aufschäumen vorüber ist; dann setzt
man den Rest der Säure zu. Die erforderliche Menge beträgt für 0,25 %
Kohlenstoff 2,5 ccm, für 0,3 % 3 ccm, für 0,5 % 3,5 ccm und für 0,8 %
4 ccm für weißes Roheisen aber 7 ccm. Etwas zu viel Säure schadet
nicht, wohl aber zu wenig, weil damit die Lösung zu dunkel ausfällt.
Ist der Kohlenstoffgehalt ganz unbekannt, so beginnt man mit 2,5 ccm
Salpetersäure und setzt mehr zu, sobald man aus der Farbe der Lösung
und aus der Menge der abgeschiedenen Kohlesubstanz erkennt, daß
mehr erforderlich ist. Die bedeckten Probierröhrchen bringt man nun in
ein kleines, mit durchlöchertem Deckel versehenes Wasserbad, das im
Sieden erhalten wird. Nach ¾ Stunden ist die Lösung beendet, was am
Aufhören jeder Gasentwicklung erkannt wird. Häufig bemerkt man

an der Glaswand einen rotgelben, sublimatähnlichen Beschlag von
basischem Eisennitrat, den man durch Schütteln ablöst. Macht er die
Flüssigkeit unklar, so muß man ihn durch Filtrieren abscheiden. Früher
löste man bei 80°, wobei der Beschlag nicht entsteht; die Lösung
dauert dann aber 1½—2 Stunden. S p ü l l e r (St. u. E. 19, 825; 1899)
beschleunigt das Lösen so, daß es in 5 Min. beendet ist durch Einstellen
der Röhren in ein auf 135° erhitztes Paraffinbad. Um übereinstimmende
Ergebnisse zu erzielen, müssen die a. a. O. mitgeteilten Vorschriften
genau innegehalten werden. A u c h y (Journ. Am. Chem. Soc. 25, 999;
1903) wägt, um bessere Durchschnittsproben zu haben, 1 g ein, löst in
20 ccm Salpetersäure unter Kühlen in Eiswasser, füllt auf 25 ccm mit
Wasser auf und entnimmt je 5 ccm zur Farbenvergleichung. Nach erfolgter Lösung setzt man die Röhren in ein mit kaltem Wasser gefülltes
und durch eine Pappkappe vor Tageslicht (welches die Lösungen rasch
bleicht) geschütztes Becherglas zum Abkühlen und gießt sie dann in
15 mm weite und in 0,05 ccm geteilte, 30 ccm fassende Meßröhren aus.
Die Normallösung wird (einschließlich des Spülwassers) so weit verdünnt, daß auf je 0,1 % Kohlenstoff 1 ccm Flüssigkeit kommt. Die
Probelösung erhält so lange Wasserzusatz, bis Farbengleichheit hergestellt ist. Die Mischung muß sorgsam nach jedesmaligem Zusatze von
Wasser erfolgen. Die Farbenvergleichung, die wichtigste Operation, ist
am leichtesten bei Ausschluß jeder seitlichen Beleuchtung auszuführen;
zu diesem Zwecke setzt man die Röhren in einen kleinen, nur hinten
und vorn offenen, an der dem Licht zugewandten Seite 26 mm, an der
entgegengesetzten 120 mm weiten und innen schwarz gestrichenen Holzkasten, der in der oberen Wand 2 Bohrungen für die Gläser hat.

Auf diese Weise würde man den Kohlenstoff nur von $^1/_{10}$ zu $^1/_{10}$ %
bestimmen können, was heute nicht mehr genügt; für schärfere Bestimmungen benutzt man deshalb entweder mehrere Normaleisensorten
mit verschiedenem Kohlenstoffgehalt, oder man verdünnt die angegebene
Normallösung auf ½, $^1/_5$, $^1/_{10}$ und $^1/_{20}$ normal. Ersteres Verfahren ist
vorzuziehen. Lösungen von weißem Roheisen werden durch Ausscheidung
einer humusartigen Substanz bald unklar; die Ablesung muß deshalb
rasch erfolgen. In g e h ä r t e t e m S t a h l kann der Kohlenstoffgehalt nicht nach der E g g e r t z schen Probe bestimmt werden, da
die Härtungskohle hellere Lösungen ergibt als die Carbidkohle; durch
Erhitzen bis zur Braunwärme wandelt sich aber erstere in letztere um, und
die Ergebnisse der Probe sind dann richtig.

B r i t t o n änderte E g g e r t z' Probe dahin ab, daß er eine große
Anzahl Normallösungen (15 für 0,02—0,30 % Kohlenstoffgehalt) her-
stellte und nun die immer auf dasselbe Volumen verdünnte Probelösung
mit diesen verglich. Da Eisenlösungen nicht haltbar sind, so verwendete
er solche von gebranntem Zucker in Alkohol bzw. von gebranntem Kaffee;
aber auch diese verändern sich mit der Zeit. E g g e r t z stellte dann
durchaus haltbare Normallösungen aus Metallsalzen her. Neutrales Eisenchlorid löst man in Wasser, mit 1,5 % Salzsäure von 1,15 spez. Gew.
versetzt, neutrales Kobalt- und Kupferchlorid in solchem mit 0,5 %

Salzsäure zu Flüssigkeiten, die 0,01 g Metall im ccm enthalten. Nimmt man von ihnen 8 ccm Eisenchlorid, 6 ccm Kobaltchlorid, 3 ccm Kupferchlorid und 5 ccm Wasser mit 0,5 % Salzsäure, so erhält man eine Lösung von vollkommen derselben Farbe wie die eines kohlehaltigen Eisens in verdünnter Salpetersäure, die 0,1 % Kohlenstoffgehalt auf 1 ccm entspricht. Diese Lösung kann man mit 0,5% Salzsäure haltendem Wasser weiter verdünnen, zu welcher Normalfarbe man will; der Wasserzusatz ist nahezu proportional dem Kohlenstoffgehalte.

J. S t e a d (St. u. E. 3, 539; 1883) vergleicht nicht die braunen Lösungen von Eisennitrat, sondern die basischen Filtrate nach dem Ausfällen des Eisens. Er löst je 1 g vom Normal- und vom Probeeisen bei 90 bis 100° in Salpetersäure von 1,20 spez. Gew., fügt nachher je 30 ccm heißes Wasser und 13 ccm Natronlauge vom spez. Gew. 1,27 hinzu, schüttelt tüchtig durch, füllt auf 60 ccm mit Wasser auf und filtriert nach 10 Min. Von der Normallösung gießt man eine 50 mm hohe Schicht in ein Glasrohr und von der Probelösung so viel in ein zweites von gleichen Maßen, bis die Flüssigkeitssäulen von oben her gesehen gleiche Farbe zeigen. Der Kohlenstoffgehalt beider steht im umgekehrten Verhältnis zur Höhe der Säulen. Die Richtigkeit der Ergebnisse soll weder durch Salzsäure noch durch die Gegenwart von Härtungskohle beeinträchtigt werden. Die Einrichtung des von ihm erfundenen Chromometers, das übrigens durchaus nicht erforderlich ist, kann aus der Quelle ersehen werden.

H. C. B o y n t o n (St. u. E. 24, 1070; 1904) und E. M a u e r (Metallurgie 1909, 33) machen besonders darauf aufmerksam, das Probematerial nur ausgeglühten und langsam erkalteten Stahlstücken zu entnehmen, anderenfalls zeigen sich erhebliche Unterschiede in den Bestimmungsergebnissen. Das Ausglühen erfolgt am geeignetsten in geräumigen Muffelöfen, die man mit den Probestücken langsam erkalten läßt.

Die gesonderte Bestimmung der C a r b i d k o h l e erfordert die vorausgehende Trennung des Eisencarbides von dem diese chemische Verbindung einschließenden Eisen. Da nach den grundlegenden Untersuchungen C. G. F r i e d r i c h M ü l l e r s (St. u. E. 8, 292; 1888) diese Verbindung nur in sehr verdünnten kalten Säuren ungelöst bleibt, durch konzentrierte Säuren aber oder in höherer Temperatur teils gelöst, teils unter Abscheidung von Kohlenstoff zersetzt wird, so muß sehr vorsichtig verfahren werden. Man löst je nach dem Kohlenstoffgehalt 1—3 g möglichst fein zerteiltes Eisen in einem Kolben bei Luftausschluß durch einen Kohlensäure-, Wasserstoff- oder Leuchtgasstrom in sehr verdünnter Schwefelsäure (1 : 9 oder 1 : 10, 30 ccm auf jedes Gramm Eisen) bei gewöhnlicher Temperatur während 2 bis 3 Tagen unter öfterem Umschütteln. Dann filtriert man auf ein Asbestfilter, wäscht bis zum Verschwinden der Eisenreaktion im durchlaufenden kalten Waschwasser und verbrennt im Sauerstoffstrom oder in Chromsäure. Enthielt das Eisen auch Graphit und Temperkohle, so sind diese in einer zweiten

Probe zu bestimmen; der Unterschied beider Ergebnisse ist die Carbidkohle. Die Härtungskohle hat sich beim Lösen als Kohlenwasserstoff
verflüchtigt.

Mangan.

Die oben für die Manganbestimmung in Erzen angegebenen Verfahren sind sämtlich auch auf Eisen anwendbar, ja z. T. waren sie ursprünglich nur für dieses bestimmt und sind erst nachträglich durch
entsprechende Abänderung für Erze brauchbar gemacht worden. Es
kann deshalb hier lediglich auf den betreffenden Abschnitt verwiesen
werden (S. 432 ff.).

Außer diesen gibt es jedoch noch verschiedene Bestimmungsverfahren, welche sich für die Erzanalyse nicht gut, wohl aber für die des
Eisens eignen; sie sind oben weggelassen worden und sollen hier nach-
geholt werden.

Der Mangangehalt des Roheisens beträgt häufig, z. B. in Gießerei-
eisen, weniger als 1 %, öfter, z. B. in Puddel-, Thomas- und Bessemerroheisen, 2—4 %, in Spiegeleisen 5—20 %, in Eisenmangan selbst bis
90 %. Hierauf muß man bei der Einwage Rücksicht nehmen. Die
Manganmengen sind fast immer so groß, daß man mit 1 g Substanz
genug hat; von sehr manganreichen Sorten wird man nur ½ g in Arbeit
nehmen. Vom schmiedbaren Eisen enthalten die Flußeisensorten immer
mindestens einige Zehntelprozente, auch bis nahe 1 %, so daß 1 g ebenfalls als ausreichend zu erachten ist. Nur Schweißeisen ist so manganarm,
daß man mehrere Gramm (2—3) einwägen wird.

Das Eisen bringt man durch Salzsäure in Lösung; ist der Rückstand irgend erheblich, wie z. B. bei grauem Roheisen, so wird man
ihn aufschließen; bei weißem Roh- und schmiedbarem Eisen ist es
nicht erforderlich. Immer aber muß man, sofern man eine Gewichtsanalyse ausführt, die lösliche Kieselsäure durch Eindampfen zur Trockne
abscheiden. Bezüglich des weiteren Verfahrens bei der Gewichtsanalyse
kann lediglich auf das oben bei der Erzuntersuchung Gesagte verwiesen
werden.

Was die Maßanalyse anlangt, so bedient man sich zweckmäßig
ebenfalls

a) des Permanganat-Verfahrens von Volhard-
Wolff (S. 457) und nimmt

bei Roh- und schmiedbarem Eisen 1 g,

bei hochmanganhaltigem Spiegeleisen und Eisenmangan 0,5 g,

bei mehr als 50 proz. Eisenmangan nur 0,3 g in Arbeit.

Wir bringen die Probe in eine mit Uhrglas bedeckte Porzellanschale oder in einen kleinen (75 mm Bodendurchmesser), hohen Erlenmeyerkolben, geben 15 ccm Salpetersäure vom spez. Gew. 1,20 hinzu,
lösen, zuletzt unter Erhitzen, und dampfen scharf zur Trockne. Die
trockene Masse nehmen wir in 20 ccm Salzsäure auf, versetzen mit 3 g
Kaliumchlorat, überzeugen uns von der Abwesenheit von Eisenchlorür,
erwärmen bis zum Verschwinden des Chlorgeruches, verdünnen, filtrieren

in einen 1-Liter-Erlenmeyerkolben, waschen mit salzsäurehaltigem
Wasser aus, fällen mit Zinkoxyd und verfahren nun genau so, wie es
oben S. 457 beschrieben ist.

Hat man sehr zahlreiche Proben auszuführen, besonders in kohlen-
stoffreichem Eisen, so kann man auch das zeitraubende Eindampfen und
Abfiltrieren des Kohlenstoffes sowie die Oxydation mit Kaliumchlorat
umgehen, wenn man nach v. R e i s' (Zeitschr. f. angew. Chem. 5, 672;
1892) Abänderungen arbeitet.

Man wägt zweimal je 1 g Roheisen ein, löst es in Porzellanschalen
mit 25 ccm Säuregemisch (275 Vol. Wasser, 125 Vol. Salpetersäure
(spez. Gew. 1,4), 100 Vol. konz. Schwefelsäure) auf freier Flamme und
dampft bis zum Entweichen von Schwefelsäuredämpfen ein, versetzt
nach genügender Abkühlung mit 100 ccm Wasser und 10 ccm Säuregemisch, erwärmt bis zu vollständiger Lösung der Salze, spült in einen
Erlenmeyerkolben von 1 Liter Inhalt, setzt 3 g Baryumsuperoxyd und
5 ccm konz. Salpetersäure zu behufs Oxydation des Kohlenstoffes, zerstört den Überschuß des Baryumsuperoxydes durch Sieden während 2
bis 3 Minuten, setzt 300—400 ccm Wasser von 90⁰ zu, fällt mit deutlichem Überschusse von Zinkoxydmilch und kann nun titrieren mit
Permanganatlösungen, welche 5 mg bzw. 1 mg Mangan im Kubikzentimeter entsprechen. Zum Rücktitrieren eines Überschusses von Kaliumpermanganatlösung benutzt v. R e i s Mangansulfatlösung von gleichem
Werte wie jene. Man titriert so weit zurück, bis noch die von 0,1 ccm
Kaliumpermanganatlösung erzeugte Färbung übrig bleibt.

Statt des vorbeschriebenen ist in einigen Hüttenlaboratorien
b) das K a l i u m c h l o r a t - V e r f a h r e n von H a m p e und
U k e n a in Gebrauch, das nach den Vereinbarungen der Kommission
des Vereines deutscher Eisenhüttenleute für einheitliche Prüfungs-
verfahren in folgender Weise ausgeführt wird:

Grundlage des Verfahrens bildet die Ausscheidung von Mangansuperoxyd aus Mangansalzen beim Kochen mit Salpetersäure und
Kaliumchlorat. Der Niederschlag enthält geringe Mengen Eisen, weshalb
er sich zu gewichtsanalytischer Bestimmung nicht eignet; für die Maßanalyse ist das ohne Belang; sind aber Kobalt, Blei und Wismut in
größerer Menge vorhanden, so werden sie z. T. mitgefällt und beeinträchtigen die Richtigkeit der Ergebnisse. Es genügt jedoch, den abfiltrierten und gewaschenen Niederschlag mit Salpetersäure und Oxalsäure zu lösen und nochmals mit Kaliumchlorat zu fällen. Kupfer,
Nickel, Zinn und Phosphorsäure sind unschädlich. Bedingungen für das
Verfahren sind: 1. die Flüssigkeit darf nur Nitrate enthalten und
muß sehr konzentriert sein; 2. Schwefelsäure beeinträchtigt die Manganfällung erst, wenn in erheblicherer Menge vorhanden, kann aber durch
Ausfällen mittels Baryumnitrates unschädlich gemacht werden; 3. Salzsäure darf nicht anwesend sein.

Man löst von Stahl 5 g, von Eisenmangan 0,3, von Spiegeleisen
0,5, von strahligem und Thomaseisen 1 g, von manganärmerem Roheisen
2 g in einem Kolben von ½ Liter Inhalt in 70 ccm Salpetersäure vom

spez. Gew. 1,2, indem man zuerst 20, dann 10 ccm und, wenn sich die
Reaktion gemäßigt hat, den Rest zusetzt, läßt stehen, bis die Lösung
nur noch einen schleimigen Rückstand zeigt und erhitzt etwa eine Minute,
bis sie ganz klar ist. Zu Eisenmangan usw. gibt man sämtliche Säure
auf einmal zu und löst auf dem Feuer. Man läßt die Flüssigkeit abkühlen,
schüttet durch einen weithalsigen Trichter 11 g Kaliumchlorat in
Krystallen zu, bringt den Kolben wieder auf das Feuer und kocht
bei mäßiger Flamme binnen 25 bis 40 Minuten auf 30 bis 40 ccm, bei
Eisenmangan so weit als möglich ein. Die Chlordämpfe müssen ganz
verschwunden und die Lösung klar sein, wenn das Mangan vollständig
ausgefallen sein soll.

Es ist wesentlich, bei nicht zu großer Flamme einzudampfen; zu
rasches Einkochen ergibt einen schleimigen, schwer löslichen Niederschlag.

Graues Roheisen löst man zunächst in 50 ccm Salpetersäure in
einem Becherglase, dampft auf die Hälfte ein, verdünnt vorsichtig durch
Hinabfließenlassen an der Wand mit heißem Wasser ohne Aufrühren des
Rückstandes, filtriert durch ein Doppelfilter vorsichtig in den Fällungskolben, wäscht aus, dampft ein, setzt 11 g Kaliumchlorat zu und verfährt weiter wie mit anderen Proben.

Die konzentrierte Lösung wird mit Wasser äußerst vorsichtig und
ohne jedes Aufrühren des sehr feinen, leicht durchs Filter gehenden
Rückstandes verdünnt, die klare Flüssigkeit durch ein Doppelfilter in
einen zweiten Kolben gegossen und erst, wenn diese abgelaufen, der
Niederschlag aufs Filter gebracht. Man spült den Kolben mit Wasser
aus und wäscht bis der Durchlauf Jodkaliumstärke nicht mehr bläut.
Das Filtrat darf mit Salpetersäure und Kaliumchlorat keinen Niederschlag mehr geben und muß darauf geprüft werden. Schärfer ist die
Prüfung durch Überführen eines etwaigen Manganrückhaltes in Übermangansäure durch Kochen einer Probe des Filtrates mit Salpetersäure
und Bleisuperoxyd oder Wismuttetraoxyd und Filtrieren durch ein
geglühtes Asbestfilter. Sehr schwache Rötung kann als unwesentlich
vernachlässigt werden.

Man läßt nun aus der Bürette 10 ccm Ferroammoniumsulfatlösung
in den Fällungskolben fließen, löst damit die hängengebliebenen Teile
des Niederschlages, wenn nötig, unter schwachem Erwärmen, setzt den
Trichter mit dem Niederschlag darauf, stößt das Filter durch, spült den
Niederschlag mit wenig Wasser in den Kolben und läßt nun Titerflüssigkeit auf das Filter tropfen, welches rasch rein weiß wird. In den Kolben
selbst gibt man so viel Titerflüssigkeit, als zur Lösung des Niederschlages
erforderlich ist mit etwas Überschuß, liest den Verbrauch ab, setzt
verdünnte Schwefelsäure 1 : 3 zur Lösung und titriert mit Kaliumpermanganat zurück.

Die Titerstellung muß genau in derselben Weise erfolgen wie die
Manganbestimmung selbst. Man übergießt 0,1 g chemisch reines
Kaliumpermanganat in einem Fällungskolben mit 60 ccm Salpetersäure
vom spez. Gew. 1,2, setzt unter gelindem Erwärmen einige Krystalle

Oxalsäure zu bis zur Entfärbung, erhitzt zum Sieden, fügt 11 g Kaliumchlorat zu und verfährt weiter, wie oben angegeben. Die Titerflüssigkeiten erhalten eine solche Konzentration, daß 1 ccm annähernd 1 mg bzw. 5 mg Mangan entspricht. An Stelle des Ferroammoniumsulfates kann auch Oxalsäure treten

Soll nach diesem Verfahren das Mangan in E i s e n e r z e n bestimmt werden, so wiegt man 5 g ein, löst in Salzsäure, filtriert, schließt den Rückstand auf, vereinigt die Lösungen, füllt auf ½ Liter auf, entnimmt zweimal je 100 ccm zu Probe und Gegenprobe, dampft in Porzellanschalen zur Trockne, nimmt mit Salpetersäure auf, spült mit wenig Wasser, hauptsächlich mit Salpetersäure in den Fällungskolben und verfährt weiter wie mit Eisenlösungen. — Reiche M a n g a n e r z e mit geringem Kieselsäuregehalt kann man unmittelbar in Salpetersäure lösen unter Zusatz einiger Krystalle von Oxalsäure, welche einen unlöslichen Rückstand von Mangansuperoxyd in Lösung bringt. Ein kleiner Überschuß ist unschädlich, da er vom Kaliumchlorat sofort zerstört wird.

c) Das P e r s u l f a t v e r f a h r e n von v. K n o r r e (Zeitschr. f. angew. Chem. 14, 1149; 1901 und 16, 905; 1903). Mangansulfat in saurer Lösung wird in Siedehitze durch Ammoniumpersulfat in Mangansuperoxydhydrat übergeführt, weil das Manganpersulfat nur in der Kälte beständig ist. Der Zerfall geht nach folgender Gleichung vor sich:

$$MnS_2O_8 + 3 H_2O = MnO_2 . H_2O + 2 H_2SO_4.$$

Da bei Anwesenheit anderer Metalle der Niederschlag nicht rein ausfällt, insbesondere aus eisenreicher Lösung erhebliche Mengen Eisen enthält, so kann er nicht durch Glühen in Manganoxydoxydul übergeführt und gewogen, sondern das Mangan muß mittels schwefelsaurer Eisensulfat-, Eisenammoniumsulfat- oder Oxalsäurelösung reduziert und der Überschuß mit Kaliumpermanganat zurücktitriert werden. Der Titer wird zweckmäßig mittels einer Eisen und Mangan haltenden Probe festgestellt, deren Mangangehalt genau bekannt ist, und deren Zusammensetzung der zu untersuchenden Probe möglichst entspricht. Will man den Mangantiter aus dem Eisentiter berechnen, so ist zu berücksichtigen, daß das Mangansuperoxyd etwas weniger als die theoretische Menge Sauerstoff enthält, so daß nach L e d e b u r s Beobachtungen (a. a. O.) diese nicht mit $0{,}492 = \dfrac{55}{111{,}8}$, sondern mit $0{,}501 = \dfrac{55 . 1{,}002}{111{,}8}$ zu multiplizieren ist. Nach Beobachtungen von v. K n o r r e ist die Zahl 0,492 wohl richtig, falls genügende Eisenmengen zugegen sind; unter 0,2 g Eisen sollten bei 0,15—0,2 g Mangan nicht zugegen sein. Wahrscheinlich übernimmt das anwesende Eisen hierbei die Rolle eines Sauerstoffüberträgers. Man wägt von Flußeisen und grauem Roheisen 3 g, von weißem Roheisen 2 g, von Spiegeleisen 1 g und von Eisenmangan 0,3 bis 0,5 g ein, löst in einem Becherglase unter Erhitzen in 60 bzw. 50 ccm verd. Schwefelsäure (1 : 10), filtriert durch ein kleines Filter in einen Erlenmeyerkolben von 500—600 ccm und wäscht aus bis zum Verschwinden der Reaktion auf Eisenoxydul. Silicium-Eisenmangan hinterläßt einen manganhaltigen Rückstand, welchen man im Platintiegel nach dem Verbrennen des Filters mit etwas Schwefelsäure und einigen Tropfen Flußsäure bis zum Entweichen von Schwefelsäuredämpfen erhitzt; nach dem Erkalten wird das Eisensulfat vorsichtig in wenig Wasser gelöst und der Hauptlösung zugefügt. Hierzu setzt man bei Einwagen bis zu 1 g 150 ccm, bei größerer Einwage 250 ccm der Ammoniumpersulfatlösung (60 g im L.), verdünnt auf 250—300 ccm, erhitzt zum Sieden und unterhält dieses 15 Minuten lang; nach dem Absitzen filtriert man durch ein dichtes Filter (Barytfilter) oder durch ein Doppelfilter von 8 cm Durchm., wäscht mit kaltem Wasser, ohne den leicht durchs Filter gehenden Niederschlag mit dem Wasserstrahl in Bewegung zu bringen, aus, löst nun den Niederschlag in einer der vorgenannten titrierten reduzierenden Flüssigkeiten und mißt den Überschuß zurück, wie oben unter b) beschrieben ist.

Lüdert (Zeitschr. f. angew. Chem. 17, 422; 1904) hat das vorstehende Verfahren dahin abgeändert, daß es als genaue und schnell auszuführende Betriebsprobe gelten kann. Man löst von Stahl 2—4 g in 25—50 ccm Salpetersäure (1,2 spez. Gew.) in einem Erlenmeyerkolben (1 Liter Inhalt) auf und erhitzt zum Sieden. Ohne vorher zu filtrieren, wird mit 400 ccm Wasser verdünnt und alsdann 40 ccm Schwefelsäure (1,18 spez. G.) sowie 50 ccm Ammoniumpersulfat (120 g im Liter) zugefügt. Ist das Manganpersulfat und überschüssige Ammoniumpersulfat durch halbstündiges starkes Kochen zerstört, kühlt man durch Einstellen des Kolbens in kaltes Wasser ab und setzt 15 ccm einer titrierten Wasserstoffsuperoxydlösung zu. Das Einstellen der letzteren mit Kaliumpermanganat hat wegen der Unbeständigkeit von Wasserstoffsuperoxyd täglich zu erfolgen. Ist alles ausgefällte Mangansuperoxyd in Lösung gegangen, wird mit der Kaliumpermanganatlösung das verbleibende Wasserstoffsuperoxyd zurücktitriert.

Ist Wolfram zugegen, so gestaltet sich nach v. Knorre (St. u. E. 27, 380; 1907) das Verfahren folgendermaßen: Je nach Mangangehalt werden 2—10 g Wolframstahl unter Luftabschluß in verdünnter Schwefelsäure gelöst. Die Lösung nimmt man in einem geräumigen Erlenmeyerkolben vor, und zwar bedient man sich derselben Vorrichtung, wie sie von Jahoda zur Titerstellung von Kaliumpermanganat mit Eisendraht empfohlen wird (s. S. 456). Nachdem allmählich bis zum Sieden erhitzt wurde, läßt man noch einige Minuten kochen; nach dem Erkalten filtriert man das metallische Wolfram so rasch als möglich ab, da letzteres sich an der Luft ziemlich leicht zu Wolframsäurehydrat oxydiert und mit in Lösung geht. Nach 2—3 maligem Waschen mit Wasser wird das manganhaltige Filtrat in bekannter Weise weiter behandelt. Zu bemerken ist, daß zur Lösung des Mangansuperoxydniederschlages nur Ferrosulfatlösung benutzt werden darf, da Wasserstoffsuperoxyd selbst auf die geringsten Spuren von mitgeführtem Wolfram einwirkt, wodurch sich für Mangan zu hohe Werte ergeben würden.

Schnellbestimmung von Mangan nach Procter Smith (Chem. News 1904, 90, 237), abgeändert durch Rubricius (St. u. E. 25, 890; 1905). Dieselbe stellt eine weitere Abänderung des von Knorreschen Persulfatverfahrens dar, indem Mangan durch Ammoniumpersulfat bei Gegenwart eines Silbersalzes glatt zu Übermangansäure oxydiert wird. Durch Titration mittels arseniger Säure wird hierauf die Reduktion bewirkt. Die Titerstellung geschieht durch Eisen mit genau ermitteltem Mangangehalt. Die Lösung enthält im Liter 0,5 g arsenige Säure und 1,5 g Natriumbicarbonat. Die Ausführung geschieht in folgender Weise: 0,25 g Stahlspäne werden in 25 ccm Salpetersäure (1,2 spez.G.) im Becherglase gelöst und aufgekocht. Die erhaltene Lösung führt man in einen Erlenmeyerkolben von ½ Liter Inhalt über, setzt 10 ccm einer Silbernitratlösung (5 g im Liter) zu, verdünnt mit 300 ccm Wasser, kocht auf und versetzt mit 10 ccm Ammoniumpersulfatlösung. Ist die Oxydation vollzogen, so kühlt man ab und schreitet zur Titration. Der Farbenumschlag von rot auf grün ist ein sehr scharfer. Das Verfahren ist auch für Roheisen anwendbar. Zur Lösung verwendet man 1 g möglichst feine Späne, führt die erhaltene Lösung in einen Meßkolben von 500 ccm über, schüttelt gut um und entnimmt mit der Pipette 50 ccm = 0,1 g Eisen, welche alsdann in entsprechender Weise weiter behandelt werden. Das Verfahren liefert sehr befriedigende Ergebnisse.

Schneider (Dingl. polyt. Journ. 269, 224; Österr. Zeitschr. 40, 46 und 253; Leob. Jahrb. 40, 475) führt Mangan in Übermangansäure über und titriert mit Wasserstoffsuperoxyd. Die Umsetzung verläuft nach der Gleichung (vgl. Bd. I, S. 134):

$$2\,KMnO_4 + 5\,H_2O_2 = 2\,MnO + K_2O + 5\,H_2O + 5\,O_2.$$

Man löst 2 g Stahl oder Roheisen in 200 ccm Salpetersäure vom spez. Gew. 1,2, erhitzt unter reichlichem Zusatze von Bleisuperoxyd oder Wismuttetraoxyd zum Kochen, kühlt sofort nach dem Zusetzen unter häufigem Umschwenken ab und filtriert durch ein mit Salpetersäure befeuchtetes Asbestfilter unter Absaugen.

Man titriert das Filtrat mit Wasserstoffsuperoxyd, das mit der zwei- bis dreifachen Menge Wasser verdünnt und gegen eine Kaliumpermanganatlösung von bekanntem Gehalt eingestellt ist. — An Stelle des teuren Wismuttetraoxydes wird zum Oxydieren häufiger Bleisuperoxyd benutzt, das jedoch nicht selten manganhaltig ist. Man überzeugt sich von der Reinheit durch Erhitzen einer Probe Bleisuperoxyd mit Schwefelsäure bis zur vollständigen Zersetzung und versetzt nach dem Erkalten mit Wasser und einer neuen Menge Bleisuperoxyd. Bei erneutem Erwärmen erhält man dann die rote Lösung von Übermangansäure, falls überhaupt Mangan vorhanden war. Chromhaltiger Stahl läßt sich nach diesem Verfahren nicht analysieren, weil Chromsäure entsteht. Proben mit mehr als 2% Mangan analysiert man besser nach Volhard-Wolff.

d) Kolorimetrisches Verfahren. Die auf die vorbeschriebene Weise hergestellte Lösung von Übermangansäure ist verwendbar zur Farbenvergleichung mit einer Kaliumpermanganatlösung bekannten Gehaltes. Man stellt sie her durch Auflösen von 0,072 g des Salzes in 500 ccm Wasser, so daß 1 ccm 0,05 mg Mangan enthält. Die Lösung ist nur kurze Zeit haltbar und auch während derselben im Dunkeln aufzubewahren. L e d e b u r schreibt vor, 0,2 g Eisen in einem geeichten 100-ccm-Kolben mit 15—20 ccm Salpetersäure vom spez. Gew. 1,2 unter Erhitzen zu lösen, nach dem Verjagen der roten Dämpfe aufzufüllen bis zur Marke und nach gutem Mischen zu jeder Probe 10 ccm Lösung zu verwenden. Man versetzt sie in einem kleinen Becherglase mit 2 ccm Salpetersäure, erhitzt bis zum Sieden, entfernt die Flamme, setzt Bleisuperoxyd in geringem Überschusse (eine kleine Messerspitze voll) zu, mischt, erhitzt nach 2 Minuten zum Sieden, läßt die Flüssigkeit sich klären, gießt durch ein geglühtes und mit Kaliumpermanganat behandeltes, gut ausgewaschenes Asbestfilter in ein E g g e r t z sches Rohr (s. o. S. 483), wäscht mit wenig Wasser bis zum farblosen Durchlaufen aus und mischt gut durch. In ein zweites Rohr bringt man 1 bis 4 ccm Kaliumpermanganatlösung von oben angegebenem Gehalte, verdünnt vorsichtig, bis die Farbentöne in beiden Röhren gleich erscheinen (in durchfallendem Lichte), und berechnet den Mangangehalt in Prozenten nach der Proportion

$$b : c = \frac{a}{4} : x,$$

worin a die Anzahl der Kubikzentimeter Vergleichslösung, b die Anzahl der Kubikzentimeter, auf welche sie verdünnt werden mußte, c die Menge der zu untersuchenden Eisenlösung bedeutet.

Nickel.

Geringe Mengen Nickel finden sich in vielen Roh- und schmiedbaren Eisensorten; absichtlich erzeugte Eisennickellegierungen (Nickelstahl) enthalten bis zu einigen Prozenten.

B r u n c k (St. u. E. 28, 331; 1908, Zeitschr. f. angew. Chem. 20, 1844; 1907) gibt ein Verfahren an, nach welchem in verhältnismäßig kurzer Zeit genaue Bestimmungen ausgeführt werden können. Dasselbe beruht auf der Fällung von Nickel in schwach ammoniakalischer Lösung durch Dimethylglyoxim, wodurch gleichzeitig eine Trennung von Eisen, Chrom, Zink, Mangan und Kobalt erfolgt. Dimethylglyoxim ist ein weißes, krystallinisches Pulver, das sich in warmem Alkohol ziemlich leicht löst, hingegen in Wasser unlöslich ist. Zur Fällung bedient man sich einer einprozentigen alkoholischen Lösung, welche in einer neutralen nickelhaltigen und stark verdünnten Lösung sofort einen hochroten Niederschlag hervorruft. Zur vollständigen Abscheidung desselben ist ein Zusatz von Ammoniak in geringem Überschusse erforderlich. Der leicht auswaschbare Niederschlag enthält nach dem Trocknen bei 110—120° C 20,31 % Nickel und besitzt die Zusammensetzung: $C_8H_{14}N_4O_4Ni$.

Zur Trennung von Eisen bieten sich zwei Möglichkeiten: Entweder man führt das in Form von Oxydsalz vorhandene Eisen durch Zusatz

von Weinsäure in ein Komplexsalz über, wodurch es mit Ammoniak nicht
fällbar ist, oder man reduziert mittels schwefliger Säure zu Ferrosalz
und fällt das Nickel unter Zusatz von Natriumacetat aus schwach
essigsaurer Lösung. Ist Chrom zugegen, so ist das erstgenannte Verfahren anzuwenden. Geringe Mengen von Mangan, Kupfer und Vanadin
wirken nicht störend, nur bei einem größeren Mangangehalt muß die
Fällung in essigsaurer Lösung erfolgen. Man löst von Nickelstahl 0,5
bis 0,6 g in 10 ccm nicht zu konzentrierter Salzsäure und oxydiert mit
etwas Salpetersäure, um alles Ferrosalz in Ferrisalz überzuführen.
Scheidet sich bei siliciumhaltigen Proben Kieselsäure ab, so wird dieselbe
durch einen geringen Zusatz von Fluorwasserstoffsäure in Lösung gebracht; alsdann versetzt man mit 2—3 g Weinsäure und verdünnt auf
ca. 300 ccm mit destilliertem Wasser. Um sicher zu sein, daß mit Ammoniak keine Fällung erfolgt, fügt man einen geringen Überschuß davon hinzu, säuert wiederum mit Salzsäure ganz schwach an und erhitzt
bis nahe zum Sieden. Nunmehr erfolgt die Fällung des Nickels durch
Zusatz von 20 ccm der Dimethylglyoximlösung, welche nach tropfenweisem
Zusatz von Ammoniak bis zur schwach alkalischen Reaktion eine vollständige ist. Der Niederschlag kann sofort[1] filtriert werden, und da
derselbe als solcher zur Wägung gebracht werden muß, so geschieht die
Filtration am besten in einem Neubauer-Tiegel, (Bd. I, S. 30: Platintiegel mit siebartig durchlöchertem Boden, welcher mit Platinmohr als
Filter bedeckt ist). Steht ein solcher nicht zur Verfügung, so kann
man auch einen Goochschen Tiegel mit einer Einlage von Asbest benutzen. In beiden Fällen bedient man sich des raschen Filtrierens wegen
einer Wasserstrahlluftpumpe. Man wäscht 6—8 mal mit heißem Wasser
und trocknet den tarierten Tiegel bei 110—120° C bis zur Gewichtskonstanz, welche nach 3/4 Stunden erreicht ist. Zu beachten ist, daß
nicht, wie bei anderen Verfahren, das Kobalt mitgefällt wird; will man
es berücksichtigen, so addiert man 1/100 des Nickelgehaltes hinzu
(Handelsnickel enthält durchschnittlich 1 % Kobalt!) und erhält so
vergleichbare Werte.

I w a n i c k i (St. u. E. 28, 1547; 1908) vermeidet die Anwendung eines
Neubauer-Tiegels auf folgende Weise: Die Eisenlösung wird vor der
Fällung im Äther-Schüttelapparat behandelt, eine dem verbliebenen
Eisenrest entsprechende Menge Weinsäure zugefügt und der erhaltene
Niederschlag durch ein aschefreies Filter filtriert. Das lästige Tarieren
im Wiegeglas wird nun dadurch vermieden, daß man zwei gleichschwere
Filter herstellt, ohne deren Gewicht zu ermitteln. Den Niederschlag
filtriert man durch eines der Filter, während durch das zweite das klare
Filtrat gegeben wird, damit beide Filter die gleiche Behandlung erfahren,
wäscht beide mit heißem Wasser gleichmäßig aus, trocknet und bringt
sie in ein Wiegegläschen, welches eine Stunde bei 120° getrocknet wird.
Nach dem Erkalten wiegt man das Glas zuerst mit Inhalt, alsdann ohne

---

[1] Für ganz genaue Bestimmungen empfiehlt es sich, die Filtration erst nach
24 stündigem Stehen vorzunehmen.

das leere Filter und schließlich das leere Glas; das Gewicht des Niederschlages ergibt sich unschwer aus den erhaltenen Zahlen.

W d o w i s z e w s k i (St. u. E. 28, 960; 1908 und 29, 358; 1909)
umgeht das Wägen des getrockneten Niederschlages und führt denselben
durch vorsichtiges Glühen im Platin- oder Porzellantiegel in Nickeloxydul über. Etwaiger Sublimation des Oxims beugt man dadurch vor,
daß das feuchte Filter mit dem Niederschlag zu einem Kegel gefaltet
und mit einem zweiten Filter umschlossen wird.

G r o ß m a n n und H e i l b o r n (St. u. E. 29, 143; 1909) wenden zur
Bestimmung von Nickel in Stahl gleichfalls eine organische Verbindung
an und zwar das Dicyandiamidinsulfat (Nickelreagens „Großmann‘‘);
dasselbe erzeugt in einer ammoniakalischen Nickelsalzlösung auf Zusatz
von überschüssiger Natron- oder Kalilauge einen gelben, krystallinischen
Niederschlag, welcher im lufttrockenen Zustand die Zusammensetzung
$Ni(C_2H_5N_4O)_2 . 2 H_2O$ besitzt. Die Verbindung ist in reinem Wasser
sehr schwer, in ammoniakalischem Wasser praktisch unlöslich.

Die B e s t i m m u n g gestaltet sich wie folgt: Je nach Nickelgehalt löst man 0,5—2 g Stahl in Königswasser auf, dampft bis auf
15 ccm auf dem Wasserbade ein und filtriert von etwa ausgeschiedener
Kieselsäure ab. Ebenso wie in dem vorhergehenden Verfahren ist auch
hier die Bildung eines durch Alkalien nicht fällbaren Komplexsalzes
erforderlich, welche durch reichlich bemessenen Zusatz von Seignettesalz (15—20 g für 1 g Eisen) zu der Eisenoxydsalzlösung herbeigeführt
wird. Ist viel Mangan zugegen, welches durch Oxydation leicht zu
Manganhydroxydniederschlägen führen kann, so lassen sich diese durch
einen Zusatz von etwas Hydrazinsulfat vermeiden. Nachdem das
Seignettesalz (am geeignetsten in 50 proz. Lösung) zugesetzt ist, erfolgt
Ausscheidung von Kaliumbitartrat, welches durch eingeschlossene
Mutterlauge gelb gefärbt erscheint; man löst es durch Ammoniak
wieder auf und fügt nunmehr Natronlauge im Überschuß zu (50 ccm
20 proz. NaOH). Es wird hierdurch ein Farbenumschlag in hellgrün herbeigeführt; die Lösung selbst muß dabei vollständig klar bleiben. Zur
Fällung des Nickels gibt man alsdann 1—1,5 g Dicyandiamidinsulfat
zu und erhält alsbald einen gelben, krystallinischen Niederschlag von
obiger Zusammensetzung. Die vollständige Abscheidung erfolgt nach
Versuchen von P r e t t n e r (Chem.-Ztg. 33, 411; 1909) erst nach 48 stünd.
Stehen; indessen sind schon nach mehreren Stunden brauchbare Be-
triebsresultate zu erzielen, zumal bei höheren Nickelgehalten und in
nicht zu verdünnten Lösungen. Man filtriert im vorher gewogenen Gooch-
oder Neubauer-Tiegel in der Kälte und wäscht 4—5 mal mit 6 proz. Ammoniak. Das Trocknen erfolgt bei 120⁰—140⁰ C und ist gewöhnlich
innerhalb ½—¾ Stunden beendigt. Die entwässerte Verbindung enthält 22,5 % Nickel.

Auf ein bisher wenig bekanntes Verfahren, welches gleichfalls in
kurzer Zeit ausführbar ist und das sehr genaue Bestimmungen gewährleistet, hat G r o ß m a n n (Chem.-Ztg. 32, 1223; 1908) hingewiesen.
Dasselbe gründet sich auf das Verhalten von Nickelsalzen in schwach

ammoniakalischer Lösung gegenüber Cyankalium, Silbernitrat und
etwas Jodkalium. Der anfangs durch Silberlösung und Jodkalium erzeugte Niederschlag von Jodsilber wird durch Cyankaliumlösung eben
zum Verschwinden gebracht, ein Zeichen, daß die Ni(CN)$_4$-Ionen in
das komplexe Nickelcyanid eben übergeführt sind. Der Vorgang verläuft nach folgenden Gleichungen:

$$Ni(NO_3)_2 + 4\,KCN = [Ni(CN)_4]\,K_2 + 2\,KNO_3$$
$$AgNO_3 + 2\,KCN = [Ag(CN)_2]K + KNO_3.$$

Die Titerstellung erfolgt am zweckmäßigsten mit einem Nickelstahl
von genau ermitteltem Gehalt.

Die Ausführung gestaltet sich nach D o u g h e r t y (Chem. News
1907, 261) folgendermaßen: 1 g Stahl wird in 15 ccm Salpetersäure
(1,2 spez. G.) gelöst, aufgekocht und die Lösung hierauf in eine solche
von 75 g Chlorammonium in 270 ccm Wasser gegossen. Durch Zusatz
von Salzsäure sucht man eine eben klare Lösung zu erzielen, neutralisiert sehr genau mit Ammoniak, wobei sich dieselbe dunkel färbt,
und man nicht mehr hindurchsehen kann. Nach dem Abkühlen füllt
man unter Zusatz von 50 ccm Ammoniak (0,9 spez. Gew.) in einem
Meßkolben von 500 ccm auf, schüttelt gut durch und filtriert 250 ccm
durch ein trockenes Filter. Unter den eingehaltenen Bedingungen geht
keine Spur Nickel in den Eisenhydratniederschlag über. Die 0,5 g Stahl
enthaltende Lösung wird so weit neutralisiert, daß noch ein geringer
Überschuß von Ammoniak vorhanden ist, mit 5 ccm Silbernitratlösung
(0,5 g in Liter) und 5 ccm Jodkaliumlösung (20 g im Liter) versetzt,
worauf man mit Cyankaliumlösung (24 g im Liter) bis zum Verschwinden
der durch Jodsilber hervorgerufenen Trübung titriert. Anstatt das Eisen
zu fällen, kann man die Titration auch unmittelbar in der Eisenlösung
vornehmen; zu diesem Zwecke ist die Bildung eines durch Ammoniak
nicht fällbaren Komplexsalzes, welches auch auf Cyankalium nicht einwirken darf, notwendig. Verwendet werden Weinsäure, Citronensäure
und Natriumpyrophosphat.

Liegen chrom- und manganhaltige Nickelstahlproben vor, so werden
dieselben nach J o h n s o n (Journ. Amer. Chem. Soc. 1907, 1201) in
etwas abgeänderter Weise behandelt. Die Lösung erfolgt in Salzsäure
(20 ccm für 1 g) mit nachherigem Zusatz von 10 ccm Salpetersäure;
nach dem Eindampfen auf ein geringes Maß (etwa 15 ccm) fügt man
ein Gemisch von 8 ccm konzentrierter Schwefelsäure und 24 ccm Wasser
zu und gießt das Ganze in ein Becherglas, in welchem sich 12 g feingepulverte Citronensäure befinden. Nach erfolgter Lösung des Inhalts
übersättigt man mit Ammoniak (1:1) bis zur schwach ammoniakalischen Reaktion, kühlt ab und setzt 2 ccm einer 20 proz. Jodkaliumlösung hinzu.

Von der vorher auf Cyankalium genau eingestellten Silbernitratlösung läßt man nunmehr aus einer Bürette so viel in die Lösung tropfen,
bis eine bleibende Trübung entsteht, welche durch Cyankaliumlösung
eben zum Verschwinden gebracht wird. Sicherer ist es jedoch, überschüssige Cyankaliumlösung zuzugeben und mit Silbernitrat bis zur

Wiederbildung der Trübung zurückzutitrieren, da diese Erscheinung leichter zu beobachten ist. Die Silberlösung enthält 5,850 g, die Cyankaliumlösung 4,4868 g im Liter, 1 ccm == 0,001014 g Ni. Um die letztere haltbarer zu machen, fügt man ihr 5 g Kalihydrat zu. Ist Chrom zugegen, so verdoppelt man die oben angegebene Citronensäuremenge. Mangan, Wolfram, Vanadin beeinträchtigen das Resultat nicht, während Kupfer dasselbe erniedrigt. Die Titrierlösungen bedürfen einer öfteren Kontrolle.

Elektrolytische Bestimmung. Neumann(St.u.E. 18, 910; 1898) hat für die Bestimmung des Nickels im Nickelstahl folgendes Verfahren als einfach und rasch ausführbar erprobt. 5 g, von nickelreichem Stahl 2,5 g Bohrspäne werden in verdünnter Schwefelsäure gelöst, der ausgeschiedene Kohlenstoff und das Ferrosulfat mit Wasserstoffsuperoxyd oxydiert, wodurch man sofort eine klare gelbe Lösung erhält. Diese Lösung versetzt man in einem 500-ccm-Kolben mit Ammonsulfatlösung, fällt das Eisen mit einem Ammoniaküberschuß, kocht auf, füllt nach kräftigem Durchschütteln mit Wasser zur Marke auf und läßt absitzen. 100 ccm der klaren Lösung, entnommen mit der Pipette oder nach dem Filtrieren durch ein trockenes Filter, werden mit so viel Ammonsulfat versetzt, daß dessen Menge in der Lösung etwa 10 g beträgt ferner mit 30—40 g Ammoniak und 20—60 g Wasser auf 50 bis 60⁰ erwärmt und mit einer Stromdichte von 1 bis 2 Amp. bei 3,5 bis 4 Volt Spannung elektrolysiert. Nach etwa 3 Stunden ist die Elektrolyse beendet. Silicium, Phosphor, Kohlenstoff und Chrom (sofern es nicht als Säure vorhanden ist) beeinträchtigen die Ergebnisse nicht; von Mangan werden höchstens Spuren mit abgeschieden.

Aluminium.

Für die Bestimmung macht es selbstverständlich einen großen Unterschied aus, ob man es mit Aluminiumeisen größeren Aluminiumgehaltes (bis 10 %) oder mit einem durch Aluminium desoxydierten Flußeisen zu tun hat, das nur Spuren davon enthält.

Aluminiumeisen löst sich leicht in Säuren. Die Lösung wird dann behandelt wie die eines tonerdehaltigen Erzes (s. S. 429). Schwierig ist dagegen die Bestimmung sehr kleiner Aluminiummengen neben viel Eisen, wenn man die üblichen Trennungsverfahren anwendet, aber leicht ausführbar mittels der Äthertrennung.

Nach Carnot (Compt. rend. 111, 914; 1890) fällt Aluminiumoxyd in schwach essigsaurer Lösung als neutrales Phosphat beim Kochen vollständig nieder, selbst in Gegenwart großer Mengen Eisen, falls dieses als Ferrosalz vorhanden ist. Er löst 10 g Eisen in Salzsäure, neutralisiert das Filtrat nahezu mit Ammoniak, dann mit Natriumcarbonat, setzt Natriumthiosulfat und, wenn die Lösung farblos geworden ist, 2—3 ccm konzentrierte Natriumphosphat- sowie 20 ccm Natriumacetatlösung zu und hält die Flüssigkeit etwa ¾ Stunden im Sieden, bis der Geruch nach schwefliger Säure verschwunden ist. Der entstandene Niederschlag wird auf dem Filter mit warmem Wasser ausgewaschen, in Salzsäure gelöst, behufs Abscheidung von Kieselsäure zur Trockne verdampft, mit Salzsäure und Wasser aufgenommen, filtriert, auf 100 ccm verdünnt und das Aluminium abermals gefällt, wie oben angegeben wurde. Der Niederschlag von Aluminiumphosphat wird geglüht und gewogen; er enthält 22,18 % Al.

Dasselbe Verfahren in etwas abgeänderter Weise beschreiben Stead (Journ. Soc. Chem. Ind. 8, 965; 1889) und Borsig (St. u. E. 14, 6; 1894), welch letzterer die Reduktion der Eisenlösung durch Vornahme der Operationen (Lösen, Fällen, Auswaschen) unter Luftausschluß ersetzt.

Ziegler (Dingl. polyt. Journ. 275, 526; 1890) scheidet erst die Kieselsäure ab, reduziert das Eisenchlorid mit Natriumhypophosphit, fällt das Aluminiumoxyd mit Zinkoxyd, filtriert, löst den Niederschlag, wiederholt die Fällung mit Zinkoxyd, löst und fällt noch zweimal mit Ammoniak und reinigt den Niederschlag nach dem Glühen noch durch Schmelzen mit Natriumkaliumcarbonat.

Schöneis (St. u. E. 12, 527; 1892) schmilzt die durch Lösen des Stahls mit Salpetersäure und Abdampfen zur Trockne erhaltenen Oxyde mit aluminiumfreiem Ätzkali, löst in Wasser, filtriert, säuert mit Salzsäure an und fällt das Aluminiumoxyd mit Ammoniak; aus basisch erzeugtem Stahl erhält man kieselsäurefreie, aus Aluminiumeisen, aus sauer ausgekleideten Öfen und im Tiegel erzeugtem Stahl kieselsäurehaltige Tonerde. In letzterem Fall ist vor dem Wägen die Kieselsäure mit Flußsäure zu verjagen.

Schneider (Österr. Zeitschr. 40, 471) erhebt gegen die beschriebenen Verfahren den Einwand, daß die Bestimmung der sehr geringen im Flußeisen vorkommenden Aluminiummengen durch Verunreinigungen der Reagenzien zu ungenau wird. Er benutzt deshalb zur Trennung nur Stoffe, die sowohl leicht rein beschafft als auch leicht auf ihre Reinheit geprüft werden können: Ammoniak, Weinsäure und Schwefelammonium.

12 g Flußeisen werden in 150 ccm Salpetersäure vom spez. Gew. 1,2 vorsichtig eingetragen und bis zu völliger Lösung schwach erhitzt. Hierzu gibt man 12 g Weinsäure und 400 ccm verdünntes Ammoniak (1 : 1), wodurch zwar ein starker Niederschlag entsteht, der sich aber beim Erhitzen auf 100⁰ zu einer sehr dunklen, klaren Flüssigkeit wieder löst. In einem 2 Liter fassenden Kolben verdünnt man stark mit heißem Wasser, setzt 100 ccm frisch mit Schwefelwasserstoff gesättigtes verdünntes Ammoniak (1 : 1) hinzu, schüttelt gut durch und füllt auf zwei Liter auf. Nach dem Absitzen filtriert man durch ein mit Säure gut ausgewaschenes trockenes Filter, dampft vom Durchlauf 1,5 Liter gleich 9 g Flußeisen unter mehrmaligem Zusatz von etwas Salpetersäure zur Trockne, erhitzt bis zum Verglimmen des Rückstandes, verjagt die Kieselsäure mit wenig Flußsäure und Schwefelsäure und behält so neben Tonerde auch Titansäure und Vanadinsäure im Rückstande. Diesen verreibt und schmilzt man mit Natriumcarbonat, löst die Schmelze in Schwefelsäure und fällt die Tonerde mit Ammoniak.

R o z i c k i (Monit. scientif. 6, 815) verbrennt das gepulverte Aluminiumeisen im Sauerstoffstrome, glüht weiter in einem Strome trockenen
Salzsäuregases und behält im Platinschiffchen nur durch Kieselsäure
verunreinigte Tonerde, welche vor dem Wägen noch mit Flußsäure zu
behandeln ist. Da dürfen freilich andere, nicht flüchtige Chloride nicht
anwesend sein, was doch häufig der Fall ist.

Das Äthertrennungsverfahren besitzt so große Vorzüge vor den
meisten der vorbeschriebenen Methoden, daß es dieselben mehr und mehr
verdrängt. Man löst das zu untersuchende Eisen (5—10 g) in Salzsäure,
scheidet durch Eindampfen die Kieselsäure ab, löst in Salzsäure und
Wasser, filtriert die Kieselsäure ab, konzentriert die Lösung durch Eindampfen unter gleichzeitiger Oxydation mit Salpetersäure bis auf etwa
12 ccm und behandelt sie nun im Schüttelapparat. Aus der Lösung der
nicht vom Äther gelösten Chloride fällt man die Tonerde als Phosphat,
wie oben unter „Analyse der Erze" beschrieben ist.

Chrom.

Chromstahl ist in Säuren (Schwefelsäure, Salzsäure, Königswasser)
löslich, Chromeisen (Ferrochrom) nicht oder nur unvollständig. Diese
Legierung muß vielmehr durch Schmelzen gelöst oder durch Schmelzen
oxydiert und gelöst werden.

Z i e g l e r (Dingl. polyt. Journ. 274, 513; 1889) schmilzt 0,5 g
C h r o m e i s e n im Silbertiegel mit 6 g Natriumhydroxyd und 3 g
Salpeter; er erhitzt anfangs so schwach, daß erst nach ½ Stunde die
Masse vollständig geschmolzen und damit der Aufschluß erreicht ist.
Die Schmelze wird in Wasser gelöst, die Lösung mit Kohlensäure ge-
sättigt, zur Trockne gedampft, in Wasser gelöst, filtriert und mit etwas
Natriumcarbonat haltendem Wasser gewaschen. Die Trennung vom
Eisen ist so gut wie vollständig; trotzdem ist der Niederschlag weiter
zu untersuchen, und zwar durch Lösen in Salzsäure auf einen unaufge-
schlossenen Rückstand an Legierung, durch Schmelzen eines Teiles
mit Salpeter und Soda auf Chrom.

N a m i a s (St. u. E. 10, 977; 1890) schmilzt 1 g C h r o m e i s e n mit
8—10 g trockenem Kaliumbisulfat und erhält etwa 1 Stunde im Flusse,
nimmt vom Feuer, setzt nochmals 2—3 g Kaliumbisulfat zu und schmilzt
einige Minuten, damit sich die durch das anhaltende Schmelzen entstandenen und schwer löslichen Sulfate in neutrale umwandeln. Die
Schmelze wird durch Kochen mit Salzsäure und Wasser in Lösung gebracht, die Kieselsäure abfiltriert, geglüht und gewogen; enthält sie
noch etwas Chromoxyd, so ist das Schmelzen zu wiederholen. Das
Filtrat wird mit Natronlauge möglichst neutralisiert und mit 2 g aufge-
schwemmter Magnesia versetzt. Hat sich der Niederschlag in der Wärme
vollständig abgesetzt, so wird abfiltriert, gewaschen, geglüht, mit Salpeter und Soda geschmolzen, das Chrom oxydiert und die Lösung der
Schmelze vom Rückstande getrennt. Sie enthält das Chrom als Natriumchromat.

S p ü l l e r und B r e n n e r (Chem.-Ztg. 21, 3; 1897, St. u. E. 17, 101; 1897) schmelzen C h r o m e i s e n wie Chromerz (s. S. 438) mit Natriumhydroxyd und Natriumsuperoxyd. Da ersteres häufig etwas Wasser enthält, was zum Spritzen Anlaß gibt, so haben sie das Verfahren abgeändert wie folgt: 0,35 g s e h r f e i n gepulverter Legierung wird in der Silberschale mit 2 g möglichst trockenem gepulverten Ätznatron mittels eines Silberspatels innig gemischt und mit 4 g Natriumsuperoxyd überschichtet. Man erhitzt zuerst stark, bis die Probe zu schmelzen beginnt (in 1 bis 2 Minuten), und setzt dann den Brenner rasch zur Seite, um zu heftigen Verlauf der Oxydation zu vermeiden. Infolge der Reaktionswärme schmilzt fast der ganze Schaleninhalt; noch festes Natriumsuperoxyd wird mit dem Spatel in die Schmelze gebracht und verflüssigt. Ist die erste kräftige Einwirkung vorüber, so erhitzt man wieder mit großer Flamme, erhält 10 Minuten im Schmelzen, trägt vorsichtig unter Umrühren 5 g Natriumsuperoxyd ein, steigert die Temperatur, bis die ganze Masse vollständig dünn fließt, und trägt nach weiteren 30 Minuten nochmals 5 g Natriumsuperoxyd ein. War die Probe fein genug gepulvert, so ist nach weiteren 20 Minuten die Oxydation vollständig. Nun trägt man nochmals 5 g Natriumsuperoxyd in die Schmelze, verrührt sie mittels des Silberspatels und löscht sofort die Flamme. Der letzte Zusatz hat nur den Zweck, die Menge des unzersetzten Oxydationsmittels in der Schmelze zu erhöhen und dadurch das Lösen zu beschleunigen, wozu auch ein Ausbreiten der Schmelze an der Schalenwand beiträgt. Das weitere Verfahren ist dasselbe, wie bei Erz beschrieben.

Von C h r o m s t a h l werden 2 g in 20 ccm konzentrierter Salzsäure gelöst, mit 10 ccm Schwefelsäure (1 : 1) versetzt, eingedampft, die überschüssige Schwefelsäure abgeraucht, der Rückstand in eine Silberschale gebracht und wie Chromeisen behandelt. In mäßiger Erhitzung erfolgt die Umsetzung der Sulfate ruhig, und die Masse backt zum Teil zusammen. Dann kann man stärker erhitzen usw.

F r e s e n i u s und H i n t z (Zeitschr. f. anal. Chem. 29, 28; 1890) schließen auf und trennen vom Eisen im Chlorstrome.

Die T r e n n u n g des C h r o m s v o n E i s e n erfolgt bei den Aufschließungsverfahren von Z i e g l e r, N a m i a s, S p ü l l e r und K a l m a n von selbst. Hat man dagegen eine Lösung in Säure, so wird sie auf eine der folgenden Weisen vorgenommen:

Nach G a l b r a i t h (Dingl. polyt. Journ. 226, 399; 1877) werden 5 g chromhaltiges Roheisen oder Chromstahl bei Luftabschluss in einem Gemische von 200 ccm Wasser mit 25 ccm Salzsäure von 1,12 spez. Gew. gelöst. Der Luftabschluß ist deshalb unbedingt nötig, weil das Eisenchlorid durch Baryumcarbonat gefällt wird, während das Chlorür in Lösung bleibt. Den Luftabschluß erreicht man am einfachsten durch einen vorgelegten, mit etwa 30 ccm destilliertem Wasser gefüllten Kolben (s. o. Fig. 53, S. 457). Durch eine Schlauchverbindung mit Quetschhahn kann man die Verbindung beider Kolben herstellen oder unterbrechen. Man kocht einige Zeit, bis alle Gasentwickelung aufgehört hat, läßt dann so viel Wasser aus dem vorgelegten Kolben übersteigen, daß die Flüssigkeit auf etwa 400 ccm verdünnt wird, läßt erkalten und setzt, ohne zu filtrieren, vorsichtig Baryumcarbonat in geringem, aber deutlich erkennbarem Überschusse hinzu, verkorkt die Flasche luftdicht und läßt mindestens 24 Stunden unter öfterem Umschütteln stehen. Von dem gefällten Chromoxyd filtriert man das Eisenchlorür ab. Man wäscht rasch mit kaltem Wasser aus, spritzt den Rückstand in ein kleines Becherglas, löst ihn in Salzsäure, erhitzt auf dem Drahtnetze zum Kochen (ohne die ungelöste Kohle usw. abzufiltrieren) und fällt durch Ammoniak in vorsichtigem Überschusse. Da der Niederschlag von Chromoxyd öfters durch wenig Eisenoxyd und Kieselsäure verunreinigt ist, so schmilzt man ihn nach dem Auswaschen und Trocknen mit 3 g Soda und 0,5 g Salpeter, filtriert das Natriumchromat und Natriumsilikat ab, dampft (zur Abscheidung der Kieselsäure und Reduktion der Chromsäure) mit Alkohol und Salzsäure zur Trockne und fällt im Filtrate mit Ammoniak das Chromoxyd.

Reinhardt (St. u. E. 9, 404; 1889) löst 10 g Eisen oder Stahl in 100 ccm Salzsäure vom spez. Gew. 1,19, oxydiert mit Kaliumchlorat, dampft auf 50 ccm ein, filtriert den Rückstand ab, erhitzt zum Sieden und reduziert durch allmählichen Zusatz von 10—20 ccm einer Lösung von Natriumhypophosphit (200 g in 400 ccm kaltem Wasser gelöst und nach einigen Tagen filtriert); dann versetzt er mit Zinkoxydmilch im Überschusse, filtriert den Chromoxydniederschlag ab, wäscht aus, löst ihn mit heißer Salzsäure, wiederholt die Reduktion nur mit ein wenig Hypophosphit, fällt wieder mit Zinkoxyd und wäscht aus. Nach abermaligem Lösen wird zweimal mit Ammoniak gefällt und so vom Zink getrennt. Den gut ausgewaschenen Niederschlag schmilzt man samt dem in Säuren unlöslichen Rückstand mit 8 g eines Gemisches aus 4 Teilen abgeknistertem Kochsalz, 1 Teil entwässerter Soda und 1 Teil Kaliumchlorat (oder einem der anderen oben angegebenen oxydierenden Schmelzgemische). Die Schmelze wird in Wasser gelöst; die Lösung enthält das Chrom als Natriumchromat.

Donath (St. u. E. 14, 446; 1894) behandelt Roheisen mit geringen Chromgehalten folgendermaßen. 3 g Roheisen werden in Salzsäure (1 : 1) gelöst und erhitzt bis zum Sieden; in einer anderen Schale erhitzt er eine Lösung von Natriumcarbonat. Beide werden bis zur starken Rötung mit Kaliumpermanganat versetzt. Hierauf läßt er die Eisenlösung langsam in das Natriumcarbonat fließen. Eisen und Mangan fallen aus, Chrom wird oxydiert und bildet Natriumchromat. Den Überschuß von Kaliumpermanganat zerstört man mit Alkohol. Jetzt wird filtriert und ausgewaschen, das Chrom aber im Filtrate gewichtsanalytisch oder titrimetrisch bestimmt. In letzterem Falle wird man die Lösung mit Niederschlag besser auf ein bestimmtes Volumen auffüllen und partiell filtrieren.

Stead (Journ. Iron und Steel Inst. 43, 160) trennt das Chrom vom Eisen durch Ausfällen als Phosphat aus der mit Natriumthiosulfat und Natriumacetat versetzten neutralisierten Lösung. Durch Schmelzen

des Niederschlages mit Magnesiagemisch wird das Chrom
oxydiert; die Lösung der Schmelze enthält das gebildete Natriumchromat.

In allen den Fällen, wo das chromhaltige Eisen in Säure löslich
ist, empfiehlt sich zur Trennung immer in erster Linie das Ätherverfahren (s. o. S. 430).

v. K n o r r e (St. u. E. 27, 1251; 1907) löst in verdünnter Schwefel-
säure; bei chromarmen Stahlproben genügt eine Säure von 20 %, höhere
Gehalte bedingen konzentriertere Säure (1 T. konz. H_2SO_4 : 2 T. Wasser).
Nach vorangehender Abstumpfung der überschüssigen Säure durch Kali-
lauge oxydiert man mit Ammoniumpersulfat (120 g im Liter), bis alles
Ferrosulfat oxydiert ist. Hierauf verdünnt man auf 400—500 ccm mit
Wasser, setzt 20 ccm Schwefelsäure (1,18 spez. Gew.) zu, erwärmt und
erhält 20—30 Min. in Siedehitze. Vorhandenes Mangan scheidet sich als
Mangandioxydhydrat aus; es wird abfiltriert und kann zur Manganbestimmung dienen. Enthält eine Probe Mangan, so ist nach erfolgter
Ausfällung von Mangandioxydhydrat die Oxydation zu Chromsäure
sicher beendet. Ist kein Mangan zugegen, so setzt man, um sicher zu
gehen, noch einen neuen Anteil von Persulfat hinzu und kocht noch
einige Zeit. Die erhaltene Lösung wird mit Ferrosulfat titriert.

P h i l i p s (St. u. E. 27, 1164; 1907) hat das vorstehende Verfahren
vereinfacht und zur schnellen und sicheren Bestimmung namentlich
geringer Chrommengen empfohlen. 5 g Stahlspäne werden in 30 ccm
Schwefelsäure (1 : 5) gelöst, auf 150 ccm mit Wasser verdünnt und nach
Zusatz von 6—8 Tropfen Silbernitratlösung ($^1/_{10}$ N.) mit 40 ccm einer
kaltgesättigten Lösung von Ammoniumpersulfat versetzt, was eine
sofortige Lösung der Carbide zur Folge hat. Durch nachfolgendes
Kochen werden Chrom und Mangan zu Chromat und Permanganat
oxydiert. Hierauf zerstört man das überschüssige Persulfat durch Zusatz von 10 ccm Salzsäure (1 : 1) und kocht, bis jeglicher Chlorgeruch
verschwunden ist. Das verbliebene Chlorsilber trennt man durch Filtration in ein Becherglas und gibt zum Filtrat, welches die gesamte
Chrommenge als Chromat enthält, 100 ccm der R e i n h a r d tschen
Schutzlösung (200 g $MnSO_4$ auf 1000 ccm H_3PO_4 (1,3 spez. Gew.), 400
konz. H_2SO_4 und 600 ccm H_2O), verdünnt auf 1 Liter, fügt 25 ccm
Ferrosulfatlösung (50 g $FeSO_4$ in 750 ccm H_2O und 250 konz. H_2SO_4)
und titriert den Überschuß mit Permanganat zurück.

Die B e s t i m m u n g des Chroms auf gewichtsanalytischem Wege
erfolgt, wie S. 438 bei der Erzanalyse angegeben ist.

Für die titrimetrische Bestimmung bedient man sich des Verfahrens von S c h w a r z (F r e s e n i u s , Quant. Analyse I, 381);
man beläßt in der Regel die Niederschläge bei der Flüssigkeit, füllt auf
ein bestimmtes Volumen (500 ccm) auf, filtriert durch ein trockenes
Filter und entnimmt einen bestimten Teil zur Titration. Die Maßflüssig-
keiten sind: 14 g Eisenammoniumsulfat in 1 L. Wasser und $^1/_{10}$ N.-
Kaliumpermanganatlösung. 100 ccm der Chromlösung verdünnt man
mit Wasser auf 1 L., säuert mit 20 ccm verdünnter Schwefelsäure (1 : 5)

an und titriert den Überschuß zurück bis zur Rotfärbung. Von Stahl benutzt man einen größeren Teil der Lösung ($\frac{1}{4}$ Liter) und setzt entsprechend mehr Schwefelsäure zu. Die Menge des Chroms findet man durch Division des Eisentiters des Eisenammoniumsulfats durch $52,12 : 167,64 = 0,3109$, da 3 Äq. Ferrosulfat durch 1 Äq. Chrom zu Ferrisulfat oxydiert werden.

Für Chromstahle mit geringem Chromgehalt empfiehlt sich die Anwendung des Verfahrens von Z u l k o w s k y (Chem.-Ztg. 21, 3; 1897, St. u. E. 17, 101; 1897). 250 ccm des Filtrates (= 1 g Stahl) werden in einem hohen, engen Becherglase mit 10 ccm 10 proz. Jodkaliumlösung und bei bedecktem Glase mit chlorfreier Salzsäure (spez. Gew. 1,12) versetzt; genau ebenso verfährt man mit 20 ccm auf 250 ccm zu verdünnender Kaliumbichromatlösung, die $0,9918$ g $K_2Cr_2O_7$ auf 1 L. enthält, läßt beide Proben 15 Minuten im Dunkeln stehen und titriert mit Natriumthiosulfatlösung, die $4,966$ g $Na_2S_2O_3 + 5\,H_2O$ in 1 L. enthält, unter Zusatz von Stärkekleister. Die Berechnung ist einfach, da die 20 ccm Bichromatlösung $0,00695$ g Chrom enthalten.

Von C h r o m s t a h l löst man nach S c h n e i d e r (Österr. Zeitschr. 40, 235) 2 g in verdünnter Schwefelsäure, oxydiert mit 5 ccm Salpetersäure spez. Gew. 1,4, versetzt nach dem Wegkochen der Untersalpetersäure mit 5 g Bleisuperoxyd, kocht $\frac{1}{4}$ Stunde, verdünnt, kühlt ab und filtriert vom Überschusse des Oxydationsmittels ab. Das ammoniakalisch gemachte Filtrat kocht man kurze Zeit zur·Zerstörung der entstandenen Übermangansäure, bis die Lösung über dem Eisenoxydniederschlag rein gelb ist. Diesen löst man durch Schwefelsäurezusatz, läßt erkalten, filtriert durch ein Asbestfilter, falls die Lösung durch Mangansuperoxyd getrübt ist, verdünnt auf 1 L. und titriert, wie oben angegeben. Ist der Chromgehalt so gering (unter 0,1 %), daß die Lösung über dem Eisenoxyd nicht gelb erscheint, so filtriert man nach Auffüllen auf ein bestimmtes Volumen partiell; durch Ansäuern mit Schwefelsäure werden jetzt auch Spuren von Chrom durch Gelbfärbung sichtbar.

P e r r a u l t (Monit. scientif. 6, 722) bedient sich zum Titrieren der Blaufärbung der Chromsäure mit Wasserstoffsuperoxyd. Titerflüssigkeiten sind käufliches Wasserstoffsuperoxyd, verdünnt auf 1:10, und normale Kaliumbichromatlösung, von der 3 ccm auf 1 L. verdünnt werden.

Ein k o l o r i m e t r i s c h e s V e r f a h r e n wird von H i l l e - b r a n d (Journ. Amer. Chem. Soc. 20, 454; 1898) angegeben.

Wolfram.

Wolframstahl ist in Säuren löslich, Wolframeisen (Ferrowolfram) ebenso, metallisches Wolfram nur unvollkommen. Die Grundlage aller Bestimmungsverfahren ist die Überführung des Wolframs in Wolframsäure und Reindarstellung dieser zum Wägen.

W o l f r a m s t a h l (1 bis 2 g) löst man in verdünnter Salpetersäure, setzt Schwefelsäure zu und verdampft, wie oben bei der Bestimmung des Siliciums nach B r o w n beschrieben, bis Schwefelsäuredämpfe entweichen. Das auf dem Filter erhaltene Gemenge von nicht ganz eisenfreier Wolframsäure und Kieselsäure wird behufs Verjagung der letzteren mit Flußsäure behandelt, die Wolframsäure aber geglüht (jedoch nicht über dem Gebläse, weil sich dann merkliche Mengen verflüchtigen) und gewogen. Nach den Beobachtungen von A u c h y (Journ. Amer. Chem. Soc. 21, 239; 1899) ist der Rückhalt an Eisen immer nahezu gleich groß, nämlich bei niedrigen Wolframgehalten (unter 1 %) 0,02 bis 0,03 %, bei höheren 0,03 bis 0,04 %, der auch durch Waschen mit erwärmter Salzsäure nicht zu entfernen ist. Soll die Wolframsäure ganz rein dargestellt werden, so führt man sie durch Schmelzen mit Natriumcarbonat in Natriumwolframat über, dampft die Lösung der Schmelze mit Salpetersäure zur Trockne, löst, filtriert, wäscht mit verdünnter Ammonnitratlösung aus, löst in warmem verdünnten Ammoniak, dampft in einem Platingefäß vorsichtig zur Trockne, glüht und wägt.

H e r t i n g (Zeitschr. f. angew. Chem. 14, 165; 1901) bestimmt die Wolframsäure titrimetrisch mit Normalnatronlauge. Die mit Kieselsäure noch verunreinigte Wolframsäure wird auf dem Filter mit verdünnter Salpetersäure ausgewaschen, die Säure mit 5—10 proz. Kaliumnitratlösung verdrängt, der Niederschlag in einen Erlenmeyerkolben gespritzt, mit Wasser auf 200 ccm aufgefüllt, gekocht und die heiße Flüssigkeit mit Natronlauge unter Verwendung von Phenolphtalein als Indikator bis zur deutlichen Rotfärbung titriert. 1 ccm NormalNatronlauge neutralisiert 0,116 g WO_3 = 0,092 g W.

v. K n o r r e (St. u. E. 26, 1491; 1906) führt die Wolframsäure in B e n z i d i n w o l f r a m a t über, welches durch Glühen reines Wolframtrioxyd liefert. Je nach Wolframgehalt löst man von Stahl unter 1 % W: 7—10 g, bei 2—3,5 %: 4—7 g, bei mehr als 3,5 %: 2 g in verdünnter Salzsäure in einem Erlenmeyerkolben, welcher mit einem Trichter bedeckt ist, auf. Ist nach längerem Erwärmen eine Gasentwicklung nicht mehr zu beobachten, so neutralisiert man die überschüssige Salzsäure mit Natriumcarbonat, bis die Flüssigkeit noch eben schwach sauer reagiert; etwaige ungelöste Rückstände sind nicht weiter zu beachten.

Hierauf versetzt man mit 10 ccm einer $^1/_{10}$ N.-Schwefelsäure und 40—60 ccm Benzidinlösung. (Die Lösung erhält man durch Verrühren von 20 g technischen Benzidins mit Wasser in einer Reibschale, spült mit 300—400 ccm Wasser in ein Becherglas, setzt 25 ccm Salzsäure (1,19 spez. Gew.) hinzu und erwärmt, bis sich alles gelöst hat, filtriert und füllt zum Liter auf.) Die Flüssigkeit mit dem weißflockigen Niederschlag wird allmählich zum Sieden erhitzt und darin einige Minuten erhalten; nach dem vollständigen Erkalten (in der Wärme ist der Niederschlag in Wasser merklich löslich!), was bei Sonnenhitze durch künstliche Kühlung unterstützt wird, filtriert man ab und wäscht mit verdünnter Benzidinlösung (1 : 10), bringt den noch feuchten Niederschlag in einen Platintiegel, verascht vorsichtig und glüht hierauf stark. Die noch unreine Wolframsäure wird durch Schmelzen mit reiner Soda aufgeschlossen, die Schmelze mit warmem Wasser ausgelaugt, das Eisenoxyd abfiltriert und das Filtrat nach vorherigem Zusatz einiger Tropfen Methylorange mit Salzsäure so lange versetzt, bis soeben eine Rotfärbung erzeugt wird. Die weitere Behandlung behufs Wiederfällung erfolgt genau wie oben. Das geglühte reine Wolframtrioxyd enthält 79,30 % Wolfram. Bei Gegenwart von C h r o m erfährt die Bestimmung folgende Abänderung (St. u. E. 28, 986; 1908). Das Lösen der Stahlprobe und weiter bis zum Glühen des Rohniederschlages erfolgt genau in derselben Weise wie oben. Die erhaltene Rohwolframsäure, welche mehr oder weniger Chromoxyd neben Eisenoxyd enthält, wird durch Schmelzen mit wasserfreier Soda aufgeschlossen, die Schmelze ausgelaugt und das Eisenoxyd mit verdünnter Sodalösung ausgewaschen. Das Filtrat enthält neben Natriumwolframat alles Chrom als Chromat. Man neutralisiert genau wie oben und führt die Wolframsäure durch Sieden in Metawolframsäure über. Ist die Lösung abgekühlt, so reduziert man die Chromsäure durch schweflige Säure oder auch durch Natriumbisulfit und Salzsäure, worauf die Fällung der Wolframsäure durch einen reichlich bemessenen Zusatz von Benzidinlösung erfolgen kann. Der erhaltene Niederschlag enthält kein oder nur geringe Spuren von Chromoxyd.

Bei Gegenwart von nur geringen Chrommengen empfiehlt sich die direkte und sofortige Fällung der Wolframsäure in der angesäuerten Schmelze unter Zusatz von Hydroxylaminchlorhydrat (NH_2 . OH, HCl) zwecks Verhinderung der oxydierenden Einwirkung der Chromsäure auf Benzidinwolframat.

W o l f r a m e i s e n löst sich leichter in Königswasser, hinterläßt aber auch damit noch häufig einen ungelösten Rückstand infolge Einschlusses kleiner Mengen in Wolframsäure. Da dieser doch durch Schmelzen aufgeschlossen werden muß, so beschreitet man besser sofort den Weg des oxydierenden Schmelzens und benutzt dazu entweder Natriumcarbonat und Kaliumnitrat oder Natriumhydroxyd mit Natriumsuperoxyd (s. o. S. 448 unter Erzanalyse) oder Kaliumbisulfat oder endlich nach W d o w i s z e w s k i (St. u. E. 15, 675; 1895) D i t t m a r s c h e Mischung, d. i. eine Schmelze von 3 Teilen Kaliumnatriumcarbonat mit 2 Teilen Boraxglas.

M e t a l l i s c h e s W o l f r a m wird entweder durch Rösten, nach P r e u ß e r (Zeitschr. f. anal. Chem. 28, 173; 1889) lediglich an der Luft, nach Z i e g l e r (Chem.-Ztg. 13, 1060; 1889, Dingl. Journ. 274, 513) mit entwässertem Ammonnitrat in Wolframsäure und diese durch Schmelzen mit einem Alkalisalze in Wolframat übergeführt oder mit einem der oxydierenden und lösenden Schmelzmittel behandelt. Das erhaltene Wolframat wird durch Lösen und Eindampfen mit Salpetersäure behandelt, wie vorbeschrieben.

Schmilzt man mit Kaliumbisulfat, so hinterbleibt beim Lösen mit Kieselsäure verunreinigte Wolframsäure (s. o.). N a m i a s (St. u. E. 11, 757; 1891) erzielt die Natriumwolframatlösung durch Behandeln der feingepulverten Legierung mit einer konzentrierten Lösung von Natriumhydroxyd oder Natriumcarbonat in Siedehitze unter Zusatz von Bromwasser.

Molybdän

wird neuerdings zur Bereitung von M o l y b d ä n s t a h l , welcher
davon bis zu 3 % enthält, in Gestalt von entsprechend reicherem
M o l y b d ä n e i s e n verwendet.

Die Bestimmung erfolgt durch Oxydation zu Molybdänsäure,
Trennung vom Eisen, Reduktion ersterer zu $Mo_{12}O_{19}$ und Titration dieser
Verbindung mit Kaliumpermanganat.

Man löst 1,5 g Stahl, bzw. 0,3 g Molybdäneisen nach A u c h y
(Journ. Amer. Chem. Soc. 24, 273; 1902) in einem erheblichen Überschuß
von Salpetersäure unter Zusatz von Kaliumchlorat oder nach L e d e b u r
(Leitfaden für Eisenhütten-Lab., 6. Aufl., S. 119) in 20 ccm Salpetersäure, dampft zur Trockne, löst in 20 ccm Salzsäure spez. Gew. 1,19,
dampft nochmals zur Trockne und löst wieder in 10 ccm Salzsäure. Alsdann bringt man in einen Kolben von 300 ccm Inhalt mit Marke 100 ccm
einer 10 proz. Ätznatronlösung, gießt die Eisenlösung hinein, füllt bis
zur Marke auf und schüttelt tüchtig durch. Die Lösung filtriert man
durch ein trockenes Filter, entnimmt 200 ccm, enthaltend $\frac{2}{3}$ der Einwage, bringt sie in einen geräumigen Kolben, setzt 80 ccm heiße verdünnte Schwefelsäure (1 : 4) und 10 g Zink hinzu, erhitzt bis zur vollständigen Reduktion (20 bis 25 Min.) ohne zu kochen, filtriert rasch
vom Zink ab, spült den Kolben und das Filter mit kaltem Wasser nach
und titriert mit der für Eisenbestimmungen vorrätigen Permanganatlösung. Für sehr geringe Molybdänmengen wird sie zweckmäßig durch
Verdünnen mit Wasser auf die halbe Stärke gebracht. — Der Eisentiter
ist mit 0,606 zu multiplizieren.

Vanadin

kommt in manchen Roheisen vor; nach Beobachtungen von B l u m ,
welcher Differenzen in der Bestimmung des Eisengehaltes in Puddelschlacken auf seine Anwesenheit zurückführt, müßte es ziemlich verbreitet sein, wenn auch nur in sehr geringen Mengen; erheblichere
Beträge finden sich nur als Zusatz in Vanadinstahl.

Nach L e d e b u r (Leitfaden für Eisenhüttenlaboratorien, 6. Aufl.
S. 119) löst man von Roheisen 10 g, von Vanadinstahl 2—5 g, von
vanadinreichen Legierungen 0,3 g in verd. Salzsäure, kocht bis zum
Aufhören der Gasentwickelung, verdünnt mit Wasser auf die anderthalbfache bis doppelte Menge, setzt nach dem Erkalten Baryumcarbonat in
geringem Überschusse hinzu, füllt die Flasche mit Wasser, verkorkt
sie und läßt mindestens 24 Stunden stehen. Man hebert die klare Flüssigkeit ab, filtriert den Rest, wäscht mit kaltem Wasser, trocknet den
Niederschlag, verreibt ihn nebst der Filterasche mit 5—10 g eines Gemisches aus 1 Teil Salpeter und 15 Teilen Natriumcarbonat und schmilzt
im Platintiegel. Um nicht zu viel Sauerstoff zur Oxydation des Kohlen-

stoffes nötig zu haben, ist bei graphitischem Roheisen der Graphit vorher zu verbrennen.

Die Schmelze laugt man mit Wasser aus, säuert die abfiltrierte Lösung mit Salzsäure an, macht mit Ammoniak basisch, fügt einige Kubikzentimeter gelbliches Schwefelammon hinzu, wodurch sich die Lösung rot färbt, säuert mit Essigsäure schwach an, und läßt mindestens 24 Stunden in einem verschlossenen Kolben stehen, bis das braune Vanadinsulfid sich niedergeschlagen hat. Man filtriert, wäscht mit schwefelwasserstoffhaltigem Wasser aus, glüht den Niederschlag im Platintiegel und wägt das 56,14 % V haltende Vanadinpentoxyd.

Ist Chrom zugegen, so fällt dies mit dem Vanadin auf Zusatz von Baryumcarbonat. Die Lösung der Schmelze ist dann behufs Reduktion der Chromsäure mit Salzsäure und Alkohol zur Trockne zu verdampfen, der Rückstand mit wenig Salzsäure und Wasser zu lösen, durch Kochen mit einigen Körnchen Kaliumchlorat das Vanadin wieder zu Vanadinsäure zu lösen, das Chrom aber nach Zusatz einiger Tropfen Ammoniumphosphatlösung in Siedehitze mit Ammoniak zu fällen. Im Filtrat fällt man das Vanadin wie oben als Sulfid aus.

Bei A b w e s e n h e i t von C h r o m , oder wenn dasselbe nur in unerheblichen Mengen zugegen ist, läßt sich mit Vorteil das Verfahren von C a m p a g n e (Ber. **37**, 3166; 1903) anwenden. Man löst je nach dem Vanadingehalt 2,5 bis 5 g, bei vanadinreichen Legierungen 0,25 g in 60 bzw. 20 ccm Salpetersäure (1,18 spez. Gew.) und dampft in einer Porzellanschale zur Trockne; zur Zerstörung der Nitrate erhitzt man in derselben Weise, wie es bei Bestimmung des Phosphors geschieht, löst den Rückstand in konzentrierter Salzsäure und zieht nach dem Ätherverfahren das Eisen möglichst aus. Hierauf wird die abgeschiedene Flüssigkeit zweimal bis fast zur Trockne gedampft, mit 50 ccm konzentrierter Salzsäure aufgenommen und schließlich mit 5 bis 10 ccm konzentrierter Schwefelsäure versetzt und eingedampft, bis sich weiße Schwefelsäuredämpfe zeigen. Jetzt läßt man abkühlen und löst in 300 ccm Wasser, erwärmt auf ungefähr 60° C und titriert mit verdünnter Kaliumpermanganatlösung. Durch Salzsäure wird die anfangs gebildete Vanadinsäure zu Vanadinoxyd reduziert nach der Gleichung:

$$V_2O_5 + 2\ HCl = V_2O_4 + H_2O + Cl_2.$$

Die Berechnung des Kaliumpermanganattiters erfolgt gemäß der Gleichung:

$$5\ V_2O_4 + 2\ KMnO_4 + 3\ H_2SO_4 = 5\ V_2O_5 + K_2SO_4 + 2\ MnSO_4 + 3\ H_2O.$$

Demnach hat man den Eisentiter mit 0,914 zu multiplizieren, um den Vanadintiter zu ermitteln. Wegen der meist geringen Mengen von Vanadin verdünnt man zweckmäßig die Kaliumpermanganatlösung auf das Fünffache, so daß der Umrechnungskoeffizient 0,1828 lautet.

F e r r o v a n a d i n wird mit dem sechsfachen Gewicht Kaliumnatriumcarbonat geschmolzen unter Zusatz geringer Mengen Salpeter behufs Oxydation zu Vanadat.

Kupfer.

Fast alle Bestimmungsverfahren des Kupfers in Eisenarten haben die Abscheidung als Schwefelkupfer gemein, sei es durch Schwefelwasserstoff oder durch Sulfide. Beim Lösen des Eisens in verdünnter Schwefelsäure hinterbleibt sämtliches Kupfer im Rückstande, beim Lösen in Salzsäure wenigstens zum Teil, so daß dieser nie ununtersucht bleiben darf. Auch wenn nicht oxydierend gelöst wird, bilden sich doch so große Mengen Ferrisalz, daß beim Fällen mit Schwefelwasserstoff nicht nur viel Zeit zu deren Reduktion erforderlich ist, sondern auch große Mengen Schwefel ausgeschieden werden, welche die weitere Behandlung des Niederschlages erschweren. Eine vorgängige Reduktion vor der Kupferfällung ist deshalb sehr zu empfehlen. Eine genügend ferrisalzfreie Lösung erhält man schon bei der nach der Schwefelwasserstoffmethode ausgeführten Schwefelbestimmung (s. u.); soll dagegen das Kupfer in besonderer Einwage bestimmt werden (diese muß immer groß sein, da die Kupfergehalte der verschiedenen Eisenarten nur klein zu sein pflegen; der vor Jahren in Creuzot hergestellte Kupferstahl hat irgendwelche Bedeutung nicht erlangt), so löst man 10 g Eisen in 100 ccm Salzsäure vom spez. Gew. 1,19, oxydiert mit Salpetersäure und Kaliumchlorat oder 30 ccm Wasserstoffsuperoxyd, erwärmt 10 Minuten zur Zerstörung des Überschusses von letzterem, engt ein auf 50 ccm, reduziert nach R e i n h a r d t (St. u. E. 9, 404; 1889) mit 5 g Natriumhypophosphit, welches selbst in konzentrierter Lösung und bei starkem Überschuß unter Erhitzen bis zum Sieden in kurzer Zeit wirkt, und leitet in die warme Flüssigkeit Schwefelwasserstoff bis zur Sättigung ein. Das Natriumhypophosphit muß, weil hygroskopisch, in dicht schließenden Gefäßen aufbewahrt werden und findet Verwendung in Lösungen mit kaltem Wasser (1 : 2) oder auch als festes Salz; es zersetzt Schwefelwasserstoff nicht, so daß ein Überschuß nicht entfernt zu werden braucht. Nach vollständigem Absitzen wird filtriert und mit heißem Wasser ausgewaschen. Das Filter enthält jetzt neben dem gefällten Schwefelkupfer auch den Lösungsrückstand. Man spritzt den Filterrückstand in ein Becherglas, wäscht und verbrennt das Filter, bringt die Asche zum Niederschlage, fügt Salzsäure vom spez. Gew. 1,19 und 1—2 g Kaliumchlorat hinzu, erwärmt bis zu völliger Lösung, scheidet durch Eindampfen die Kieselsäure ab, filtriert, fällt aus dem Filtrat entweder das Kupfer nochmals als Schwefelkupfer und wägt es nach erfolgtem oxydierenden Glühen als Gemenge von Kupfersulfür und Kupferoxyd, oder man verjagt die Salzsäure durch Eindampfen mit Schwefelsäure und fällt aus der Sulfatlösung das Kupfer elektrolytisch.

Zur Reduktion der Eisenchloridlösung empfiehlt d e K o n i n c k (Rev. univ. 34, 235) an Stelle des Natriumthiosulfats das Natriumbisulfit, und das Ausfällen des Schwefelkupfers bewirkt v. R e i s (St. u. E. 11, 238; 1891) durch Ammoniumsulfocarbonat. Er verdünnt die Fällungsflüssigkeit auf 600—700 ccm, fügt 10 ccm Ammoniumsulfocarbonat unter Umrühren zu und setzt das Rühren einige Zeit fort. Bei ruhigem

Stehen setzt sich der dunkelbraune Niederschlag von Schwefelkupfer schnell ab und kann filtriert werden. Ausgewaschen wird mit Wasser, welches im Liter 10 ccm Ammoniumsulfocarbonat und 20 ccm konzentrierte Salzsäure enthält.

Das Ammoniumsulfocarbonat wird hergestellt durch anhaltendes Schütteln von 250 ccm konzentriertem Ammoniak, 250 ccm 95 proz. Alkohol und 50 ccm Schwefelkohlenstoff. Ist der Schwefelkohlenstoff gelöst, so wird die dunkelrote Flüssigkeit mit der vierfachen Menge Wasser verdünnt.

L e d e b u r zieht das Lösen des Eisens unter Luftausschluß der Reduktion der Ferrisalze vor. Nach seiner Angabe besteht der Schwefelwasserstoffniederschlag fast nie nur aus Schwefelkupfer, sondern soll in der Regel auch Schwefeleisen, zuweilen Schwefelantimon enthalten. Das Verfahren bei Berücksichtigung dieser Elemente ist unten bei Arsen beschrieben.

E l e k t r o l y t i s c h e   B e s t i m m u n g. Man löst je nach dem Kupfergehalte 10 oder 20 g Eisen in 40 ccm verdünnter Schwefelsäure, setzt nach beendeter Reaktion noch ebensoviel Säure hinzu, verdünnt nach beendigtem Lösen mit Wasser auf 200 ccm, filtriert, glüht den Rückstand im Porzellantiegel, löst in rauchender Salpetersäure, verdampft mit Schwefelsäure zur Trockne, nimmt mit 20 ccm Salpetersäure (spez. Gew. 1,2) und 20 ccm Wasser auf, filtriert, reduziert auf 120 ccm und elektrolysiert mit einer Stromstärke von 0,5 bis 1 Amp/qdm.

K o l o r i m e t r i s c h e s V e r f a h r e n von P e r i l l o n (Dingl. polyt. Journ. 285, 142; 1892) nach Z i e g l e r. Verglichen werden Lösungen von Kupferamminnitrat, die man durch vorsichtiges Überneutralisieren von Kupfernitrat mit Ammoniak erhält. Vergleichslösungen stellt man sich her aus reinstem Elektrolytkupfer durch Lösen in Salpetersäure und Zusatz von so viel Ammoniak, bis sich der Niederschlag e b e n g e l ö s t hat, ja nicht mehr, da ein Überschuß den Farbenton verändert; man benutzt zwei Normale mit 2 und 0,2 mg Kupfer in 1 ccm.

Die Probeflüssigkeiten erhält man durch Lösen des Schwefelkupfers in Salpetersäure. Die Vergleichung selbst erfolgt in geteilten Röhren in der Weise der E g g e r t z schen Kohlenstoffbestimmung, indem man die Probelösung mit Wasser verdünnt bis zur gleichen Färbung mit der Normale (S. 482).

Z i e g l e r benutzt Röhren von 1,5 cm l. W., geteilt in 0,2 ccm, I = 24 ccm

             - 1,2 - - -   - - 0,1 - I = 16 -

             - 0,9 - - -   - - 0,1 - I = 9 -

Länge 15—16,5 cm.

Bei großer Einwage lassen sich noch sehr geringe Kupfermengen genau bestimmen.

Arsen und Antimon.

Für die Bestimmung von Arsen in den verschiedenen Eisenarten kann man sich entweder der Ausfällung desselben als Arsensulfid und

Überführung in Magnesiumarsenat oder der Destillation als Arsenchlorid und Fällung mit Magnesiamischung bedienen.

Beim Lösen von Eisen in Salzsäure wird, wenn die Lösung nicht
sehr sauer ist, kein Arsenwasserstoff gebildet; noch sicherer behält man
nach v. R e i s (St. u. E. 9, 720; 1889) alles Arsen im Rückstande,
wenn die Lösung mit verdünnter Schwefelsäure (1 : 5) erfolgt.

F ä l l u n g   a l s   S c h w e f e l a r s e n. Man löst 10—50 g Eisen
in Salzsäure vom spez. Gew. 1,19 und verfährt zunächst wie bei der
Kupferbestimmung. Nach dem Abscheiden der Kieselsäure und (bei
Roheisenanalysen) des Graphites versetzt man die Lösung mit einem
geringen Überschusse von Kalihydrat und Schwefelnatrium und erwärmt; während das Kupfer, auf dessen Anwesenheit immer gerechnet
werden muß, als Schwefelkupfer ausfällt, bleibt das Arsensulfid in
Lösung. Nach der Trennung beider durch Filtrieren fällt man letzteres
durch Ansäuern des Filtrates mit Salzsäure aus, läßt einen Tag ruhig
stehen, filtriert, bringt den Niederschlag, sofern er z. T. mit auf das
Filter gelangt ist, in das Becherglas zurück, oxydiert mit Salzsäure und
Kaliumchlorat, filtriert die noch nach Chlor riechende Lösung durch ein
kleines Filter, engt sie auf ein ganz geringes Volumen ein und fällt nach
Zusatz von Weinsäure und starkem Ammoniak, durch das ein Niederschlag nicht entstehen darf, mit Magnesiamischung. Zum Absitzen
braucht der Niederschlag von Ammoniummagnesiumarsenat volle
24 Stunden und gewöhnliche Temperatur. Man filtriert, wäscht mit
ammoniakalischem Wasser aus, entfernt den ziemlich trocken gesogenen
Niederschlag vom Filter in einen Porzellantiegel, trocknet das Filter,
tränkt es mit Ammoniumnitrat, äschert ein und vereinigt die Asche
mit dem Niederschlage, den man vorsichtig im Luftbade trocknet, sehr
allmählich stärker erwärmt und zuletzt vorsichtig glüht, um das Magnesiumarsenat zu wägen. Bei nicht zu kleinen Arsenmengen soll nach
v. R e i s (St. u. E. 9, 720; 1889) kräftiges Rühren genügen, um den
Niederschlag von Ammoniummagnesiumarsenat vollständig zur Ausscheidung, und 15 Minuten langes Stehen, um ihn zum Absitzen zu
bringen.

Etwa anwesendes A n t i m o n , das aber im Eisen nur sehr selten
vorkommt, befindet sich im Filtrate von der Arsensäurefällung; man
säuert dieses mit Salzsäure an, fällt in der Wärme mit Schwefelwasserstoff, filtriert, wäscht mit Schwefelwasserstoffwasser aus, befreit das
Filter durch Absaugen von Flüssigkeit und verfährt damit, wie vorstehend angegeben. Das im Tiegel getrocknete Antimonsulfid befeuchtet
man mit ein wenig konzentrierter Salpetersäure, setzt dann wenige
Kubikzentimeter rauchende Salpetersäure zu, dampft zur Trockne,
glüht und wägt das antimonsaure Antimonoxyd.

D e s t i l l a t i o n s - V e r f a h r e n. Dies empfiehlt sich besonders
dann zur Anwendung, wenn n u r Arsen zu bestimmen ist.
Man löst das Eisen, und zwar behufs Erzielung größerer Genauigkeit in ziemlich großer Menge, in verdünnter Schwefelsäure, leitet
Schwefelwasserstoff ein, filtriert ab, behandelt den Rückstand mit

Salzsäure und Brom und verfährt dann so, wie oben bei der Erz-
analyse (S. 443) beschrieben ist. S t e a d (Journ. Iron and Steel Inst. 47, 110) bestimmt das Arsen
im Destillate titrimetrisch. Zu diesem Zwecke macht er es mit Am-
moniak alkalisch, säuert wieder mit Salzsäure schwach an, setzt festes
Natriumcarbonat in geringem Überschusse zu, versetzt mit Stärkelösung
und titriert mit Jod.

Die erforderlichen Titerlösungen sind:

1. A r s e n i g e Säure: 0,66 g arsenige Säure = 0,5 g Arsen werden
unter Zusatz von 2 g Natriumcarbonat in 100 ccm kochendem Wasser
gelöst und nach abermaligem Zusatze von 2 g Natrium b i c a r b o n a t
auf 1 Liter aufgefüllt. 1 ccm = 0,5 mg Arsen.

2. J o d l ö s u n g: 1,2692 Jod mit 2 g Jodkalium in 1 Liter Wasser.
Ist das Jod rein, so ist 1 ccm Jodlösung = 1 ccm arsenige Säure = 0,5 mg
Arsen.

Zinn.

Zinn ist ein ganz außergewöhnlicher Bestandteil des Eisens, kann
aber in Martinflußeisen auftreten, das unter Verwendung von un-
genügend entzinnten Weißblechabfällen erzeugt wurde. In Weißblech
ist es dagegen hin und wieder zu bestimmen.

Nach dem gewöhnlichen Verfahren löst man das Weißblech in konzentrierter Salzsäure, filtriert, neutralisiert das Filtrat mit Natriumcarbonat oder Ammoniak, bis eine kleine Fällung entsteht, bringt dieselbe durch Salzsäure wieder in Lösung, leitet Schwefelwasserstoff bis
zur Sättigung ein, läßt stehen bis fast zum Verschwinden des Geruches,
filtriert, löst den etwas Eisen, Blei usw. enthaltenden Niederschlag
von Zinnoxyd in Schwefelkalium auf, fällt durch Essigsäure Zinnsulfid
aus, befeuchtet den Niederschlag im Porzellantiegel mit Salpetersäure,
glüht nach Abrauchen derselben im schräg gelegten Tiegel vorsichtig
und wägt das Zinn als Zinnoxyd.

M a s t b a u m (Zeitschr. f. angew. Chem. 10, 330; 1897) beobachtete,
daß Weißblech durch einige Minuten anhaltendes Kochen mit 8- bis
10 proz. Salzsäure vollständig entzinnt wird, ohne daß beträchtliche
Mengen Eisen in Lösung gehen. Er digeriert 25 (bei sehr ungleich-
mäßigem Material auch 1000 g) Weißblechschnitzel zwei- bis viermal
je 5 Minuten lang mit je 50 ccm 10 proz. Salzsäure in einem Becherglase
bei Siedehitze und gießt die zinnhaltigen Lösungen in einen Kolben.
Man erkennt am Aussehen der Schnitzel, wann die Entzinnung vollendet
ist. Er füllt dann auf 250 ccm auf, entnimmt 50 ccm, versetzt mit Ammoniak bis zu beginnendem Ausfallen von Zinnoxydulhydrat und
mit 10 ccm stark gelbem Schwefelammonium, schüttelt um und füllt
auf 100 ccm auf.

50 ccm dieser Zinnsulfidlösung = 2,5 g Weißblech werden in einem
Erlenmeyerkolben mit Wasser verdünnt, bis zu vollständiger Ausscheidung
des Zinnsulfides mit Essigsäure versetzt, nach gutem Absitzen filtriert
und der Niederschlag mit Hilfe einer 10 proz. Lösung von Ammonium-

acetat auf das Filter gebracht. Den scharf getrockneten Niederschlag bringt man in einen Porzellantiegel, verascht das Filter unter wiederholtem Zusatze von Ammoniumcarbonat und glüht, bis das Sulfid in Oxyd übergeführt und ganz weiß ist.

Da feuerbeständige Stoffe in der Lösung nicht vorhanden sind, kann sie auch unmittelbar im Tiegel zur Trockne gedampft und geglüht werden.

Sehr viel rascher kommt man zum Ziele mittels des Chlorverfahrens von L u n g e und M a r m i e r (Zeitschr. f. angew. Chem. 8, 429; 1895).

Eine zerschnittene Probe (2—3 g in 2—3 cm langen und 3—5 mm breiten Streifen) wird in einer Kugelröhre in einem passend raschen Strome von trockenem Chlor bei einer so niedrigen Temperatur erhitzt, daß das flüchtige Zinnchlorid entweicht, das Eisen aber größtenteils unverändert bleibt und die entstehende geringe Menge Eisenchlorid nicht verflüchtigt wird. Zur Aufnahme des Zinnchlorids taucht der nach abwärts gebogene Schnabel der Kugelröhre in die erste von zwei Peligotkugelröhren ein, auf die noch ein kleiner Erlenmeyerkolben folgt. Schon ohne Erhitzen wird das Zinn vom Chlor angegriffen, und es destilliert Zinnchlorid über, welches zum Teil an den feuchten Wänden des ersten Peligotrohres krystallisiert, zum Teil in der wäßrigen Lösung sich als Metazinnoxyd abscheidet. Scheint die Reaktion aufzuhören, so erwärmt man die Kugel gelinde mit einer höchstens 3 cm hohen Flamme des Bunsenbrenners, die sich etwa 15 cm unter der Kugel befindet, bis nach 2—3 Stunden die Oberfläche des Eisens gleichmäßig braun ohne weiße Flecken erscheint. Im Rohre der Kugelröhre befindliches Zinnchlorid treibt man mit einer kleinen Flamme in die Vorlage über. Nachdem das Chlor im Apparate durch einen Kohlensäurestrom verdrängt ist, spült man nach Auseinandernehmen des Apparates die Kugelröhre mit Salzsäure und Wasser bis ein wenig über die Biegung mit der Vorsicht aus, daß nicht Eisenchlorid mitgenommen wird. Die vereinigten Flüssigkeiten aus den drei mit Salzsäure und Wasser nachgespülten Vorlagen mit der aus den Verbindungsröhren versetzt man mit Ammoniak bis zur Entstehung einer kleinen Fällung von Metazinnoxyd, löst dieselbe mit einem Tropfen Salzsäure eben wieder auf, fällt das Metazinnoxyd in bekannter Weise mit Ammoniumnitrat, filtriert, wäscht, trocknet, verbrennt das Filter und glüht bis zu gleichbleibendem Gewichte. Auch kann man das Zinn mit Schwefelnatrium oder Schwefelwasserstoff fällen.

A u g e n o t (Zeitschr. f. angew. Chem. 17, 521; 1904) erhitzt 3—4 g zerschnittenes Weißblech, gemengt mit 6—8 g Natriumperoxyd, das das Blech bedecken muß, in einem kleinen Eisentiegel, erst schwach, dann bis zum vollen Fluß und noch zehn Minuten länger, bis die Entzinnung beendigt ist. Den Tiegel stellt man in ein Becherglas, läßt in dieses 100 ccm kaltes Wasser neben dem Tiegel einfließen, bedeckt das Glas, kippt den Tiegel um, zieht ihn nach beendetem Aufzischen mit der Pinzette heraus und spült ihn ab. Die Flüssigkeit bringt man auf 250 ccm, filtriert durch ein trockenes Filter, auf dem das Eisenoxyd zurückbleibt, entnimmt 200 ccm des Filtrates, säuert mit verdünnter Schwefelsäure an, worauf

Zinnhydroxyd niederfällt, kocht 5 Minuten lang, dekantiert durch ein Filter und wäscht auf diesem den Niederschlag gut aus. Das getrocknete und geglühte SnO_2, multipliziert mit 1,25, entspricht dem gesamten SnO_2. Bei Anwesenheit von Blei fällt mit dem Zinnoxydniederschlag durch die Schwefelsäure das Bleisulfat aus; dann muß man den ausgewaschenen Niederschlag samt dem Filter unter Erwärmen digerieren (mit was?), worauf die Zinnsäure ganz weiß wird, und nach Zufügung von Wasser und Sieden abfiltriert wird. 1 Teil SnO_2 = 0,7881 Sn.

In schneller und verhältnismäßig einfacher Weise läßt sich Z i n n bestimmen, wenn man die Lösung des Eisens in Salzsäure (1,124) unter Luftabschluß vornimmt und das entstandene Zinnchlorür auf eine genau abgemessene Menge Eisenchloridlösung von bekanntem Gehalt einwirken läßt. Eine dem Zinnchlorür entsprechende Menge Eisenchlorid wird zu Eisenchlorür reduziert, so daß man nur das verbliebene Eisenchlorid mittels Zinnchlorürverfahren zu ermitteln hat, um aus dem verbrauchten Rest das in der Probe enthaltene Zinn berechnen zu können.

Schwefel.

Dieses Element findet sich in den Eisensorten stets in so geringer Menge (im Schweißeisen bezeichnet ein Gehalt von 0,04 % schon die Grenze der Brauchbarkeit), daß an die zu seiner Bestimmung in Anwendung stehenden Verfahren besonders hohe Anforderungen bezüglich der Genauigkeit gestellt werden müssen.

In neuerer Zeit hat sich das verbesserte S c h u l t e sche Verfahren (St. u. E. 26, 985; 1906), zumal durch die herbeigeführten Vereinfachungen aufs beste bewährt, was aus den zahlreichen Beleganalysen unzweideutig hervorgeht. Dasselbe sei daher als das verhältnismäßig einfachste und genaueste ausführlich beschrieben. Die Probe beruht auf der Entwicklung von Schwefelwasserstoff mittels starker Salzsäure und Einleiten des Gases in eine Lösung von Cadmiumacetat oder in ein Gemisch von Cadmium- und Zinkacetat. Die Verwendung von Kupfer- und Silbersalzen ist unzulässig, da neben dem Schwefelwasserstoff noch andere Gase aus dem Lösungskolben entweichen, welche gleichfalls Niederschläge erzeugen, und zwar in Kupferacetat einen gelben phosphorhaltigen, in Silberacetat metallisches Silber. Das erhaltene Schwefelcadmium wird in Schwefelkupfer übergeführt und dieses als Kupferoxyd gewogen.

Zunächst stellt man sich zwei Lösungen nach folgender Vorschrift her: 25 g Cadmiumacetat oder — weil billiger und gleich gut — 5 g Cadmiumacetat und 20 g Zinkacetat werden in einem Literkolben mit 250 ccm destillierten Wassers und 250 ccm Eisessig auf dem Wasserbade unter Erwärmen gelöst und die Lösung nach dem Erkalten mit Wasser auf 1 Liter verdünnt, gut durchgemischt und filtriert,

Die zweite Lösung erfordert 120 g krystallisierten Kupfervitriol, der zuvor zerkleinert, mit 800 ccm destilliertem Wasser und 120 ccm reinster konzentrierter Schwefelsäure in einer Porzellanschale auf dem Wasserbade gelöst wird. Nach dem Erkalten führt man die Lösung in eine Literflasche über und spült mit Wasser nach bis zur Marke. Nach dem Durchmischen wird ebenfalls filtriert.

Der Apparat ist gegen den früher im Gebrauch befindlichen in der Hinsicht vereinfacht, daß sowohl der Kohlensäureapparat als auch der Verbrennungsofen überflüssig geworden sind. Derselbe (Fig. 65) besteht nunmehr aus einem Entwicklungskolben A mit aufgesetztem Glockentrichter B. Das Verbindungsrohr, welches an den Glockentrichter vermöge einer Gasentbindungsröhre angeschlossen ist, trägt

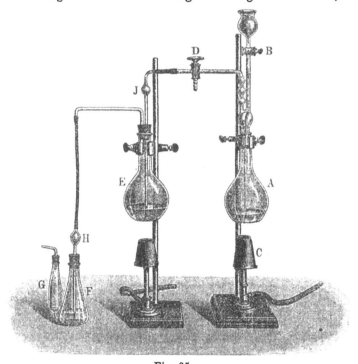

Fig. 65.

zweckmäßig einen Dreiweghahn D. Es folgt eine Waschflasche E zur Aufnahme der abdestillierenden Salzsäure, an welche sich das Absorptionsgefäß F anschließt. (Der Apparat wird von der Firma C. Gerhardt, Bonn, geliefert.)

Während bisher nur verdünnte Salzsäure zur Auflösung des Eisens zur Verwendung gelangte, wird nunmehr nur noch konzentrierte Säure (1,19 spez. Gew.) angewendet. Hierin liegt eine wesentliche Verbesserung der Methode. Es hat sich nach Versuchen von S c h i n d l e r (Zeitschr. f. angew. Chem. 6, 11; 1893) und R e i n h a r d t (St. u. E. 26, 799; 1906) ergeben, daß bei Anwendung reichlich bemessener starker Salzsäure sozusagen kein organischer Schwefel entweicht, also die Einschaltung eines Glühofens überflüssig wird. Allerdings ist zu beachten, daß die erheblichen Mengen

Chlorwasserstoff, welche den Entwicklungskolben zugleich mit Wasserstoff, wenig Schwefelwasserstoff und zuletzt mit Wasserdampf verlassen, unschädlich zu machen sind, damit nicht die Cadmiumacetatlösung beeinflußt wird, denn die letztere darf nur freie Essigsäure, nicht aber Salzsäure enthalten. Man erreicht ein nahezu vollständiges Abhalten des Chlorwasserstoffs durch eine mit destilliertem Wasser beschickte Waschflasche, welche zugleich das Kochen ermöglicht. Solange die Säure in letzterer 12 % nicht übersteigt, besteht keine Gefahr, daß wesentliche Mengen in das Absorptionsgefäß gelangen.

Die Ausführung der Schwefelbestimmung geschieht in folgender Weise: 10 g Eisen in nicht zu groben Spänen werden in den Auflösungskolben gebracht, worauf man den Apparat zusammensetzt; die Waschflasche erhält 160 ccm Wasser, das Absorptionsgefäß ca. 30—35 ccm Lösung. Man füllt nun 50 ccm Salzsäure (1,19) in den Glockentrichter und läßt durch Öffnen des Hahnes zunächst die Hälfte nach unten fließen, und falls die Einwirkung nicht allzu stürmisch ist, nach kurzer Zeit den Rest. Dies wiederholt man noch einmal, so daß im ganzen 100 ccm Salzsäure zur Verwendung gelangen. Man reguliert nun die Gasentwicklung derart, daß in der Sekunde 3—4 Gasblasen zu beobachten sind, was man durch die Benutzung eines regulierbaren Bunsenbrenners mit leuchtender Flamme leicht erreichen kann. Es ist von Wichtigkeit, dafür zu sorgen, daß der Auflösungskolben während des Lösungsprozesses möglichst lange kühl gehalten wird, es bleibt dadurch die Salzsäure bis zur vollständigen Auflösung stark. Ist hierauf die Gasentwicklung langsamer geworden, so vergrößert man die Flamme mehr und mehr, bis gegen Ende der Auflösung ungefähr der Siedepunkt erreicht ist. Jetzt öffnet man den Trichterhahn, um etwaiges Zurücksteigen zu vermeiden (bei plötzlichen Abkühlungen durch Zugluft!) und setzt das Sieden 8—10 Minuten lang fort. Nunmehr wird der Auflösungskolben ausgeschaltet, indem man den Brenner unter die Waschflasche schiebt und sofort den Dreiweghahn schließt. Die Waschflüssigkeit gelangt alsbald zum Sieden, worin man sie ca. 5 Minuten beläßt. Auch die Absorptionsflüssigkeit erwärmt sich hierbei, und kondensieren sich in ihr 15—20 g Wasserdampf mit ganz geringen Chlorwasserstoffmengen, welche einen schädlichen Einfluß nicht ausüben. Ist auch die Acetatlösung nahezu siedend heiß geworden, so ist die Absorption als beendet zu betrachten, d. h. aller Schwefelwasserstoff ist aus dem Waschkolben ausgetrieben. (Die in dem Auflösungskolben verbliebene Eisenlösung läßt sich sehr gut zur Bestimmung von Kupfer oder Silicium verwenden!) Man setzt nunmehr 5 ccm der Kupferlösung zu der im Absorptionskölbchen befindlichen Acetatlösung und erzielt durch Umschwenken eine glatte Umsetzung des gelben Schwefelcadmiums in schwarzes Schwefelkupfer. Durch die mit dem Kupfersulfat eingeführte Schwefelsäure werden die Acetate in Sulfate verwandelt, was das nachher erfolgende Auswaschen des Filters erleichtert. Das Filtrieren erfolgt durch ein aschefreies Filter und benutzt man zum Auswaschen schwach angesäuertes Wasser. In einem vorher gewogenen Platinschälchen verwandelt man das Schwefelkupfer durch Glühen in Kupferoxyd, was anfänglich bei niedriger Temperatur zu erfolgen hat, und röstet alsdann bei Rotglut einige Minuten lang. Zum Schluß erhitzt man kurze Zeit sehr stark, um etwa gebildetes Kupfersulfat ebenfalls in Kupferoxyd überzuführen. Durch Multiplikation des erhaltenen Gewichts an CuO mit 0,403 erhält man den sämtlichen beim Auflösen des Eisens flüchtig gewordenen Schwefel.

Will man das auf vorstehende Weise erhaltene Cadmiumsulfid maßanalytisch bestimmen, so verfährt man nach R e i n h a r d t (St. u. E. 26, 800; 1906) folgendermaßen: Das abfiltrierte Cadmiumsulfid wird mit abgemessener Jodlösung von bekanntem Gehalt unter Zusatz von Salzsäure zersetzt und der Jodüberschuß in der mit Stärke versetzten Lösung durch Thiosulfat zurücktitriert. Der Vorgang erfolgt nach folgenden Gleichungen:

$$CdS + 2\,HCl = CdCl_2 + H_2S \;\Big|$$
$$H_2S + 2\,J = 2\,HJ + S \;\Big|$$
$$6\,J + 6\,Na_2S_2O_3 + 6\,HCl = 6\,NaCl + 3\,Na_2S_4O_6 + 6\,HJ.$$

Das Verfahren zeigt gegenüber dem gewichtsanalytischen den Vorteil, daß man viel schneller zu einem Resultat gelangt, da alle Operationen wie Filtrieren, Auswaschen, Glühen, Wägen in Wegfall geraten.

Die benötigten Titerflüssigkeiten stellt man wie folgt her:

1. J o d l ö s u n g : Um 2 Liter herzustellen, werden 10 g reines Jod und 20 g reines Jodkalium in 100 ccm Wasser unter Umrühren und in der Kälte gelöst und die Lösung durch ein Filter aus Glaswolle und Asbest in eine 2-Literflasche aus braunem Glase filtriert, mit Wasser gut nachgewaschen und zur Marke gefüllt.

2. T h i o s u l f a t l ö s u n g : 25 g krystallisiertes, chemisch reines Thiosulfat ($Na_2S_2O_3 + 5\,H_2O$) werden in 1 Liter Wasser gelöst und gleich falls in eine Flasche aus braunem Glase filtriert. Beide Flüssigkeiten bewahrt man im Kühlen und vor Licht geschützt auf.

3. S t ä r k e l ö s u n g : 5 g feingeriebene Reisstärke werden in einem Literkolben mit 500 ccm Wasser behandelt, mit 25 ccm Natronlauge (1 : 4) versetzt und die gelatinierte Masse mit 500 ccm Wasser übergossen. Nunmehr erhitzt man zum Sieden, fügt nach dem Erkalten noch 400 ccm Wasser hinzu und filtriert. Lösung 1 und 2 werden in ihrem Wirkungsverhältnis zunächst aufeinander eingestellt. Die Titerstellung der Jodlösung (s. a. Bd. I, S. 139) erfolgt auf zweierlei Art. Entweder benutzt man ein Eisen, dessen Schwefelgehalt nach einer N o r m a l m e t h o d e genau festgestellt ist, oder sie erfolgt jodometrisch, und zwar mit Kaliumbichromat, Kaliumpermanganat, Kaliumbijodat oder Jodsäure; ein wesentlicher Unterschied besteht nicht in der Anwendung dieser Substanzen unter der Voraussetzung, daß dieselben chemisch rein sind.

Die A u s f ü h r u n g der Bestimmung gestaltet sich folgendermaßen: Das in dem Kölbchen enthaltene Cadmiumsulfid wird durch ein aschefreies Filter abfiltriert und mehreremals mit verdünntem Ammoniak (1 : 3) gewaschen. Das Filter mit dem Niederschlag wird in das Kölbchen zurückgebracht und mit 20—50 ccm Jodlösung versetzt, gut durchgeschüttelt, alsdann werden 20 ccm Salzsäure (1 : 1) zugegeben und mit 200 ccm Wasser unter Umschütteln verdünnt. Nunmehr erfolgt der Thiosulfatzusatz bis zur schwachen Gelbfärbung und nach Zusatz von 5 ccm Stärkelösung bis zur Entfärbung und darüber hinaus, wobei nach dem Durchschütteln das Filter weiß geworden ist. Durch Zurücktitrieren mit Jod ermittelt man den Jodverbrauch für den entwickelten Schwefel.

K r u g (St. u. E. 25, 887; 1905) macht darauf aufmerksam, daß bei allen Methoden, welche auf der Entwicklung von Schwefelwasserstoff beruhen, zwei Umstände die Genauigkeit der Bestimmung beeinträchtigen: einmal, daß nicht aller Schwefel als Schwefelwasserstoff entweicht (Methylsulfid), und ferner, daß im Lösungsrückstand häufig und nach Erfahrungen von M e i n e c k e (Zeitschr. f. angew. Chem. 1, 377; 1888) immer noch Schwefel nachgewiesen werden kann. Es bliebe daher als alleinige Möglichkeit nur der Weg offen, durch Lösen des Eisens unter gleichzeitiger Oxydation sämtlichen Schwefel zu Schwefelsäure zu oxydieren und diese durch Chlorbaryum zu fällen. Die hierauf beruhenden Verfahren geben jedoch ungenaue Resultate und sind z. T. zeitraubend und umständlich, weshalb man sie für häufig auszuführende Bestimmungen wohl wenig mehr anwendet.

Ausgehend von diesen Gesichtspunkten schlägt K r u g (l. c.) das folgende Verfahren vor: 5 g Eisen werden in 50 ccm Salpetersäure von 1,4 spez. Gew. in einem Rundkolben von ½ Liter Inhalt zunächst gelinde erwärmt bis zum Verschwinden der rotbraunen Dämpfe; hierauf wird nach und nach bis zum Sieden erhitzt, und ist nach 1—2 Stunden die Lösung eine vollständige. Um zu verhindern, daß später beim Glühen des Eisennitrats Schwefelsäure entweicht, setzt man ¼ g schwefelsäurefreies Kaliumnitrat zu, wodurch eine Bindung derselben zu Kaliumsulfat erfolgt. Man dampft zur Trockne und glüht, bis keine braunen Dämpfe mehr auftreten. Nach dem Erkalten löst man in Salzsäure, dampft mehrmals ein bis zum Verschwinden des Chlors, löst und scheidet die Kieselsäure und Kohle ab, engt ein und behandelt das eingeengte Filtrat mit Äthersalzsäure und Äther im Schüttelapparat zur Entfernung des Eisenchlorids. In der von Eisen befreiten Lösung läßt sich nunmehr die entstandene Schwefelsäure durch Chlorbaryum glatt bestimmen.

Der Einwand von v. R e i s , daß bei Anwendung von Salpetersäure als Lösungsmittel Schwefelwasserstoff entweiche, trifft nicht zu, sofern man Säure von 1,4 spez. Gew. anwendet. Durch Vergleich der Resultate mit den nach der Brommethode ermittelten zeigte sich für Schmiedeeisen und Stahl eine sehr gute Übereinstimmung, ein Zeichen, daß die oben angeführten Verlustquellen für kohlearmes Material nicht oder nur im geringen Maße fühlbar werden. Bei Roheisen ist die Abweichung erheblicher, falls man nach der Brommethode arbeitet.

Die Chemikerkommission des Vereins Deutscher Eisenhüttenleute (St. u. E. 28, 249 ff.; 1908) hat durch ihre Arbeiten vollauf bestätigen

können, daß das von C a m p r e d o n und S c h u l t e eingeschaltete
Glührohr entbehrt werden kann, vorausgesetzt, daß zur Lösung des
Probematerials nur Salzsäure von 1,19 spez. Gew. Verwendung findet.
Als Leitmethode wird das B r o m s a l z s ä u r e v e r f a h r e n in Vor-
schlag gebracht, und zwar in folgender Ausführung: 10 g Späne werden
in den Lösungskolben (Fig. 66) gebracht, die Luft in demselben durch
Kohlensäure verdrängt und erst dann das mit 50 ccm Bromsalzsäure be-

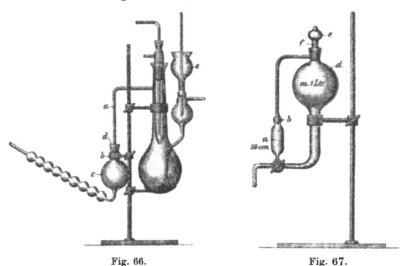

Fig. 66.   Fig. 67.

schickte Kugelrohr angeschlossen, um einen unnnötigen Bromverlust
zu vermeiden.   Nunmehr wird die Salzsäure (100 ccm 1,19 spez. Gew.)
zugelassen.   Nach vollzogener Lösung kocht man noch ungefähr 5 Minuten und leitet während weiteren 10 Minuten reine Kohlensäure durch
den Apparat.   Nunmehr spült man den Inhalt in eine Porzellanschale,
fügt 5 ccm Natriumcarbonatlösung (1 : 10) hinzu, dampft zur Trockne,
nimmt mit 10 ccm Salzsäure (1:1) und Wasser auf und filtriert. Man
erhitzt das Filtrat zum Sieden und fällt mit heißer Chlorbaryumlösung,
kocht etwa 5 Minuten und filtriert nach längerem Stehen an einem warmen
Ort unter Anwendung von sogenannter Filterlösung.   Der Niederschlag
wird mit heißem Wasser gewaschen, bis Chlor nicht mehr nachzuweisen
ist, und hierauf in einem Porzellantiegel, zunächst vorsichtig getrocknet,
mit einigen Tropfen Ammoniumnitrat befeuchtet, wieder getrocknet
und verascht.   Von dem erhaltenen Gewicht ist die durch blinden Versuch ermittelte Baryumsulfatmenge der Bromsalzsäure und Natriumcarbonatlösung in Abzug zu bringen.   Durch Multiplikation mit 13,744
erhält man den Gehalt an Schwefel.
    Zur bequemen Abmessung der Bromsalzsäure hat C o r l e i s einen
A p p a r a t (Fig. 67) konstruiert, der nach Möglichkeit das Entweichen
der schädlichen Bromdämpfe vermeidet.

Was das Probematerial anbelangt, so ist unbedingte Rostfreiheit desselben erforderlich. Die Bromsalzsäure wird durch Lösen von 200 g Brom in 4 Liter verdünnter Salzsäure (1 : 3) erhalten. Zweckmäßig setzt man derselben etwas Schwefelsäure hinzu, um den durch Löslichkeit des Baryumsulfatniederschlages hervorgerufenen Fehler zu beseitigen.

Färbungsverfahren. Die Eggertzsche Probe, welche auf der Färbung von Silberblechen durch den beim Lösen des Eisens sich entwickelnden Schwefelwasserstoff beruht, hat sich als vollkommen unzureichend erwiesen und dürfte wohl kaum mehr in Anwendung sein.

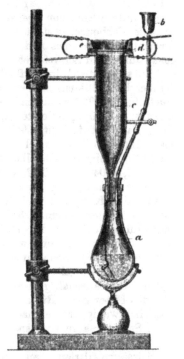

Wiborghs Verfahren (St. u. E. 6, 230; 1886) führt zu richtigeren Ergebnissen, weil sämtliches Eisen in Lösung geht, also auch sämtlicher Schwefel verflüchtigt wird, krankt aber natürlich auch an dem Ausfalle des in anderer Bindung als an Wasserstoff entweichenden Schwefels. Das beim Lösen des Metalls in Salzsäure oder Schwefelsäure entwickelte Gas muß Zeugläppchen durchdringen, die mit einem Metallsalze getränkt sind, welches erstere nach der Umwandlung in Sulfid lebhaft färbt. Kreisrunde Stückchen (80 mm Durchmesser) von weißem, feinem und dichtem Baumwollenzeug werden in einer Lösung von 5 g Cadmiumacetat in 100 ccm Wasser eingeweicht und dann auf einem reinen Leinentuch an der Luft getrocknet. Dieses sich äußerst leicht zersetzende Salz gibt sehr

Fig. 68.

gleichmäßige Farbentöne (entstehen Flecken, so ist die Probe zu wiederholen) und läßt auch keine Zersetzung des Sulfides durch die freiwerdende schwache Säure befürchten. Ein Durchdringen von unzersetztem Schwefelwasserstoff tritt nicht ein, denn bei geringen Schwefelgehalten wird nur die eine Seite des Zeuges gefärbt, und selbst bei großen bleibt von Doppellappen der zweite stets rein weiß.

Der Apparat Wiborghs (Fig. 68) besteht aus einem weithalsigen Kölbchen a mit doppelt durchbohrtem Stopfen, in dem einerseits ein Hahntrichter b, andererseits ein nach oben hin auf 58 mm erweiterter Zylinder c steckt, auf dessen oberer Mündung zwischen Gummi- (d) und Holzringen (e) das Zeugläppchen festgeklemmt wird. Der lichte Durchmesser der ersteren ist 55 mm. In das zur Hälfte mit destilliertem

Wasser gefüllte Kölbchen bringt man in einem Wägeröhrchen das Eisen oder schüttet es in das Wasser, setzt den Stopfen auf und läßt nun durch den Trichter je nach Bedarf Säure einfließen. Vor, während und nach der Auflösung wird das Wasser bzw. die Lösung in gelindem Kochen erhalten, anfangs, um die Luft aus dem Kölbchen zu entfernen, und zuletzt, um allen Schwefelwasserstoff auszutreiben. Ist dies geschehen, so ist auch die Probe beendet, und man hat nur noch nötig, die Farbe des Zeugläppchens mit einer vorrätigen Farbenskala zu vergleichen. Die erforderliche Gleichmäßigkeit in der Färbung wird nur erreicht, wenn das ausgezogene untere Ende von c genau in der Mittelachse des weiten Teiles liegt.

Die Farbenreihe stellt man sich her durch Lösen verschiedener Gewichtsmengen eines und desselben Eisens, das auf anderem Wege genau auf seinen Schwefelgehalt untersucht ist. Die Farbenunterschiede sind am schärfsten beim Verflüchtigen geringer Schwefelmengen, weniger deutlich bei größeren. Man kann aber nach der Methode Schwefelgehalte von 0,0025—2 % bestimmen, wenn man entsprechend mehr oder weniger einwägt, z. B. 0,8 g im ersteren, 0,02 g im letzteren Falle. W i b o r g h hat 7 Farbenstufen aufgestellt, die man erhält, wenn man von einem Eisen mit 0,05 % Schwefel 40, 80, 175, 267, 400, 629 oder 800 mg in Behandlung nimmt. Dieselben Färbungen erhält man mit 100 mg Eisen von 0,02, 0,04, 0,08, 0,12, 0,20, 0,28 und 0,40 Schwefel.

B e s t i m m u n g   d e s   S c h w e f e l s   i m   L ö s u n g s r ü c k - s t a n d e.   K u p f e r c h l o r i d - V e r f a h r e n   v o n   M e i n e k e (Zeitschr. f. angew. Chem. 1, 376; 1888). 5 g Eisen und etwa 50 g Kupferammoniumchlorid werden mit 250 ccm heißem Wasser übergossen, 15 Minuten erwärmt und wiederholt umgeschüttelt, mit 10 ccm Salzsäure versetzt und nahe auf Siedehitze gehalten, bis das ausgeschiedene Kupfer wieder aufgelöst ist. Nun wird sofort auf ein Asbestfilter filtriert und mit salzsäurehaltigem heißen Wasser ausgewaschen. Man bringt jetzt das Filter nebst Rückstand in eine Schale, spült den Trichter mit möglichst wenig Wasser nach, setzt eine Messerspitze Kaliumchlorat, 5 ccm Salpetersäure vom spez. Gew. 1,4 und 10 ccm Salzsäure, spez. Gew. 1,19, hinzu und dampft zur Trockne. Nach dem Aufnehmen mit Salzsäure filtriert man, wäscht mit heißem Wasser aus und fällt im Filtrate mit Chlorbaryum. Dieses Filtrat ist fast frei von Eisen, wenn man es mit grauem Roheisen oder schmiedbarem Material zu tun hat. Weißes und besonders Thomasroheisen gibt aber eine eisenhaltige Lösung, aus welcher das Baryumsulfat ebenfalls eisenhaltig ausfällt. Die Ursache ist das im Rückstande gebliebene Phosphoreisen. Man muß dann nach dem ersten Abdampfen und Abfiltrieren der Kieselsäure mit dem Chlorbaryum abermals zur Trockene dampfen und kann erst nach dem Wiederlösen des Rückstandes und Abklären der Flüssigkeit filtrieren.

Phosphor.

Bei der Bestimmung des Phosphors im Eisen wird nach denselben Grundsätzen verfahren, wie bei der Bestimmung der Phosphorsäure in

den Erzen (S. 444); man hat aber seine Aufmerksamkeit noch auf folgende
beiden Punkte zu richten: 1. daß das Silicium in Form von Kieselsäure
abgeschieden und 2. daß der Phosphor auch vollständig zu Phosphorsäure oxydiert werde. R o h e i s e n. Die einzuwägende Menge richtet sich nach dem
Phosphorgehalt und beträgt zweckmäßig von Thomasroheisen 0,5 g, von
Gießerei- und Puddelroheisen 1—2 g, von Bessemerroheisen 5 g.

a) G l ü h m e t h o d e. Man löst die Einwage in 25 bzw. 50 oder
80 ccm Salpetersäure vom spez. Gew. 1,2, zuletzt unter Erhitzen in
einem Erlenmeyerkolben oder in einer mit einem Uhrglase bedeckten
Porzellanschale bzw. Kasserolle, dampft zur Trockne und zersetzt das
Nitrat durch Erhitzen auf dem Drahtnetz oder über der freien Flamme,
wodurch nicht nur die Kieselsäure unlöslich, sondern auch aller Phosphor
in Phosphorsäure übergeführt wird. Nach dem Erkalten löst man in
10—20 ccm konzentrierter Salzsäure unter Erwärmen auf, dampft zur
Sirupkonsistenz ein, setzt 10 ccm Salpetersäure und nach einigen Minuten heißes Wasser hinzu, filtriert, wäscht mit salpetersäurehaltigem
Wasser aus, neutralisiert mit Ammoniak, fügt 1 g Ammoniumnitrat hinzu, erhitzt die etwa 100 ccm ausmachende Flüssigkeit zum Kochen und
fällt mit 25 ccm Molybdänlösung. Man erhält die Lösung etwa 15 Minuten auf 80—90°, läßt 15 Minuten abklären, hebert die klare Flüssig
keit bis auf einen kleinen Rest ab, bringt diesen und den Niederschlag
aufs Filter, wäscht einmal mit verdünnter Salpetersäure (1:1) aus, löst
den Niederschlag mit 10 ccm 50 proz. Citratlösung (s. o. S. 445), wäscht
mit ammoniakalischem Wasser nach und fällt mit 2 ccm Magnesiamischung, wie bei der Erzanalyse angegeben ist. Sollte die Lösung von
reduzierter Molybdänsäure grün gefärbt sein, so wird diese durch einige
Tropfen Wasserstoffsuperoxyd wieder oxydiert.

b) O x y d a t i o n s m e t h o d e nach v. R e i s. Anstatt durch
Glühen kann die vollständige Oxydation des Phosphors auch mit Kaliumpermanganat erfolgen. Man löst, wie oben angegeben, in Salpetersäure,
setzt 25 ccm Kaliumpermanganatlösung (10 g in 1 Liter) und so viel
Chlorammoniumlösung, daß 8—10 g Salz darin enthalten sind, hinzu
behufs Lösung des ausfallenden Mangansuperoxydes, kocht, bis die
Flüssigkeit klar ist, dampft zur Trockne, nimmt mit Salzsäure auf und
verfährt nun weiter, wie bei der Glühmethode angegeben ist.

F l u ß e i s e n, S c h w e i ß e i s e n, S t a h l. Da der Silicium-
gehalt dieser Eisensorten (etwa mit Ausnahme des Werkzeugstahles
und mancher Bessemermetalle) sehr gering ist, so kann man das Ausscheiden der kleinen Menge Kieselsäure, also auch das Abdampfen zur
Trockne unterlassen. Die Eisenlösung wird vielmehr nach dem Behandeln
mit Kaliumpermanganat und Chlorammonium sofort mit Molybdänsäure
versetzt und die Lösung des Niederschlages auf dem Filter mit 15 ccm
der verdünnteren (10 proz.) Citratlösung vorgenommen. Das weitere
Verfahren ist dasselbe, wie oben beschrieben.

Noch schneller kommt man zum Ziele, wenn man verfährt, wie in
mehreren großen rheinischen Hüttenlaboratorien üblich ist (vgl. auch

B l a i r , a. a. O., S. 77). Die Lösung von 5 g Stahl in Salpetersäure engt man nach der Oxydation mit Kaliumpermanganat bis auf 25 ccm ein, spült sie mit Wasser in einen 400-ccm-Erlenmeyerkolben, setzt konz. Ammoniak hinzu, bis der Eisenoxydniederschlag gallertartig wird, schüttelt durch, vermehrt den Ammoniakzusatz, bis die Masse stark danach riecht, löst durch absatzweisen Zusatz von Salpetersäure unter Schütteln wieder auf, bis die Lösung eine klare, gelbe Farbe zeigt, beobachtet die Temperatur, die etwa 90° sein soll, erwärmt nötigenfalls etwas, setzt 40 ccm Molybdänlösung zu, verschließt den Kolben gut mit einem Gummistopfen, wickelt ein dickes Tuch um den Kolben und schüttelt 5 Minuten tüchtig durch; der Niederschlag ist hiernach ausgefallen, setzt sich rasch ab, wird abfiltriert, ausgewaschen, gelöst und entweder titriert oder mit Magnesiamischung gefällt.

c) K u p f e r c h l o r i d - u n d E i s e n c h l o r i d m e t h o d e. Anstatt in der vorgeschriebenen Weise zu verfahren, kann man auch das Eisen wie bei der Kohlenstoffbestimmung in Lösung bringen. Der Rückstand enthält neben dem Kohlenstoff auch das Phosphoreisen, das man in Salpetersäure löst und durch Eindampfen von der Kieselsäure befreit, worauf mit Molybdänlösung gefällt wird.

Nach M e i n e c k e (Chem.-Ztg. 20, 13; 1896) läßt sich der nach dem üblichen Verfahren erhaltene P h o s p h o r a m m o n i u m m o l y b - d a t - N i e d e r s c h l a g nach vorherigem Trocknen und Glühen in eine Verbindung von der Zusammensetzung: $24 \, MoO_3 . P_2O_5$ überführen, welcher ein Phosphorgehalt von 1,723 v. H. entspricht. Die Temperatur muß indessen nur so hoch gehalten werden, daß der Tiegel schwach rotglühend wird, da bei höherer Temperatur leicht Molybdänsäureanhydrid verflüchtigt wird. Nach Verbrennung des Filters ist der Versuch beendet, und kann zur Wägung geschritten werden.

F r a n k und H i n r i c h s e n (St. u. E. 28, 295; 1908) wiesen nach, daß ein A r s e n g e h a l t im Eisen die Genauigkeit in der Bestimmung des Phosphorgehaltes nach der voranstehenden Methode beeinflußt, und zwar beläuft sich der Fehler bei einem Arsengehalt von 0,0574 auf 0,0150 % Phosphor. Soll daher der genaue Phosphorgehalt ermittelt werden, so ist eine vorangehende Abscheidung des Arsens unumgänglich.

Sauerstoff.

Die Verfahren zur Bestimmung des Sauerstoffs im Eisen, der ohne Zweifel in Form von Eisenoxydul, vielleicht zum Teil auch als Manganoxydul im Metalle gelöst ist, lassen an Genauigkeit und Leichtigkeit der Ausführung noch zu wünschen übrig. Bislang hat man drei Wege eingeschlagen: 1. hat man das Eisen durch Chlorgas verflüchtigt und den Sauerstoff in dem Rückstande bestimmt; da aber beim Erhitzen des Eisens im Chlorstrome Umsetzungen eintreten, die insbesondere von der Temperatur abhängen, aus Eisenoxydul unter Verflüchtigung eines Teiles des Eisens Eisenoxyd, ferner aus Eisenoxydul, Chlor und Phosphor Eisenchlorid und Eisenphosphat entsteht, und es nicht gelingt, den Sauerstoff dieses Rückstandes ganz genau zu bestimmen, so ist dieses Verfahren unbrauchbar.

2. hat man das Eisen durch Kupfersalze, Jod, Brom oder auf elektrolytischem Wege weggelöst; man erhält dann einen Rückstand, der neben Eisenoxydul auch Manganoxydul, Phosphide und Sulfide enthält, in dem ebensowenig der Sauerstoff genau bestimmt werden kann.

Das 3. Verfahren, welches auf der Reduktion des Eisenoxyduls durch Wasserstoffgas und Auffangen des gebildeten Wassers beruht und von Ledebur (St. u. E. 2, 193; 1882) ausgearbeitet ist, hat sich bisher noch am befriedigendsten erwiesen. Selbstverständlich ist der als Eisenoxydul gelöste Sauerstoff auf diese Weise nur im schlackenfreien Flußeisen bestimmbar; in schlackenhaltigem Schweißeisen würde man auch den Sauerstoff der Schlacke wenigstens zum Teil mit bestimmen und somit ganz falsche Ergebnisse erhalten.

Etwa 15 g Späne werden durch Waschen mit Alkohol und Äther vollständig von Fett, das etwa beim Bohren an sie gelangt sein könnte, befreit und im Exsikkator getrocknet. Man breitet sie in einem vorher ausgeglühten Porzellanschiffchen aus und schiebt dieses in ein 18 mm weites und 500 mm langes Verbrennungsrohr, das an einem Ende zu einer Spitze ausgezogen ist, um das zum Auffangen des Wassers dienende U-Rohr mit Phosphorsäure unmittelbar daran befestigen zu können; hinter das Phosphorsäurerohr legt man noch ein solches mit konzentrierter Schwefelsäure zum Schutze gegen etwa von hintenher eintretende Feuchtigkeit. Vor dem Verbrennungsrohre befindet sich der Wasserstoffentwickler (Kippscher Apparat) nebst Reinigungsvorrichtungen für das Gas; diese bestehen aus einem Wascher mit einer Lösung von Bleioxyd in Kalilauge, einem schwach glühenden Rohre mit Platinasbest behufs Verbrennung etwa beigemengten freien Sauerstoffes und zwei Trockenröhren, je eine mit konzentrierter Schwefelsäure und glasiger Phosphorsäure. Durch ein- bis zweistündiges Durchleiten von Wasserstoff füllt man den ganzen Apparat mit diesem Gase; dann zündet man die Brenner unter dem Rohre mit dem Schiffchen an, erhitzt bis zu hellem Glühen und erhält die Temperatur 30 bis 40 Minuten auf dieser Höhe. Währenddem wird ununterbrochen Wasserstoff durchgeleitet. Dann löscht man allmählich die Flammen, läßt im Wasserstoffstrome erkalten, verdrängt denselben durch getrocknete Luft und wägt das Phosphorsäurerohr. Durch Bestimmen des Gewichtsverlustes des Schiffchens und Vergleich desselben mit dem aus der Gewichtszunahme des Phosphorsäurerohres berechneten Sauerstoffgehalt wird die Richtigkeit des Ergebnisses kontrolliert. Wegen Verflüchtigung von geringen Mengen Schwefel ist der Gewichtsverlust meist etwas größer als der gefundene Sauerstoffgehalt. Das umgekehrte Verhältnis kann nur eintreten, wenn fremder Sauerstoff in den Apparat gelangt ist.

Schlacke.

Auch zur Bestimmung der im Schweißeisen eingeschlossenen Schlacke gibt es bislang kein sicheres Verfahren. Der Weg der Verflüchtigung des Eisens im Chlorstrome ist aus denselben Gründen, die vorstehend entwickelt wurden, ausgeschlossen; dagegen liefert das Verfahren von E g g e r t z ziemlich befriedigende Ergebnisse. Er behandelt 2 bis 5 g Eisen mit der fünffachen Menge Jod und ebenso viel Wasser unter Kühlen in Eiswasser und stetem Umrühren in einem Becherglase, bis das Eisen gelöst ist. Dann wird verdünnt, filtriert, der Rückstand im Glase mit sehr verdünnter Salzsäure behandelt, auf dem Filter mit Wasser reingewaschen, geglüht und gewogen. Der Kohlenstoff verbrennt; die Schlacke bleibt zurück.

Sollte das Schweißeisen ausnahmsweise merkliche Mengen Silicium enthalten, so ist die aus ihm entstandene Kieselsäure durch Behandeln des Rückstandes zuerst mit konzentrierter, dann mit verdünnter Natriumcarbonatlösung in einer Platinschale vor dem Glühen wegzulösen.

Metalle außer Eisen.

Von

Dr. O. Pufahl,

Professor an der Kgl. Bergakademie in Berlin.

In den nachstehenden Kapiteln sind überwiegend erprobte analytische Untersuchungsmethoden beschrieben. Von den trockenen, metallurgischen oder dokimastischen Proben der Probierlaboratorien sind nur solche für Silber, Gold, Blei, Zinn und einige andere Metalle aufgenommen, die noch zu Recht bestehen, d. h. entweder durch analytische Methoden an Genauigkeit und Schnelligkeit der Ausführung nicht erreicht bzw. übertroffen werden (die meisten Silber- und Goldproben für Erze usw.), oder die wegen mangelnder schneller analytischer Methoden bisher noch ausschließlich in der Praxis Anwendung finden.

Der chemischen Untersuchung für Erze, Zwischenprodukte und Metalle gehen gewöhnlich mechanische Arbeiten voran.

Diese bezwecken die Entnahme einer richtigen Durchschnittsprobe und die Vorbereitung derselben für die damit vorzunehmende Untersuchung.

Vorbereitung von Erzproben.

Im Anschlusse an das im I. Band S. 8 u. f. von den Herren Herausgebern über die Probenahme Gesagte seien zunächst noch einige bewährte Zerkleinerungs-Apparate erwähnt:

Fig. 69 ein Hartgußmörser mit federnd aufgehängter Keule,
Fig. 70 Hartguß-Reibeplatte mit schwerem Reibehammer,
Fig. 71 gußeiserne Reibschale mit massivem Reiber.

Zum Feinmahlen harter Erzproben benutzt man vielfach ein kleines Hartgußwalzwerk mit nebeneinander liegenden Walzen; das Mahlgut wird in einem Holzkasten aufgefangen.

Beim Absieben zerkleinerter Erze, Schlacken, Krätzen usw. auf dem Siebe zurückbleibende geschmeidige Mineralien (gediegene Metalle,

---

[1] Vorzügliche Hartgußmörser, Platten usw. liefert Friedr. Krupps Grusonwerk, Magdeburg-Buckau.

Silberglanz, Hornsilber) und Legierungen werden ausgehalten, ihr Gewicht und das Gewichtsverhältnis zur ganzen Probemenge ermittelt,
für sich untersucht oder entsprechende Mengen davon dem für die
Untersuchung abgewogenen Siebfeinen zugegeben. (Siehe Krätzproben
S. 538.)

Wasserbestimmung (Nässeprobe). In Erzen, nament-
lich den von den Aufbereitungsanstalten angelieferten Erzschliegen, ist
gewöhnlich zuerst der Wassergehalt,
die „Nässe", zu bestimmen. Man
benutzt hierzu tarierte und numerierte
Eisenblechkästen, in welchen man bis
zu 1 kg des feuchten Erzpulvers
an einem warmen Orte (in der Nähe

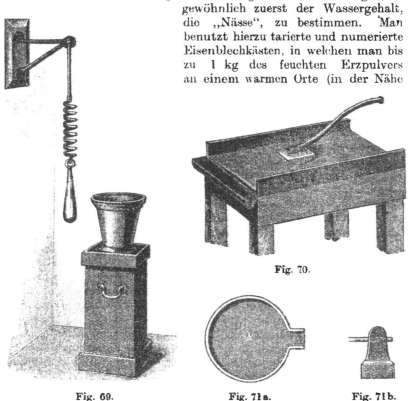

Fig. 70.

Fig. 69.   Fig. 71a.   Fig. 71b.

eines Ofens, auf einem Sandbade usw.) so lange unter häufigem
Umrühren mit einem eisernen Spatel bei einer 100⁰ C nicht weit über-
steigenden Temperatur trocknet, bis eine 1 Minute lang aufgelegte Glas-
scheibe nicht mehr beschlägt und zwei Wägungen übereinstimmen. Das
getrocknete Probegut wird dann in Pulvergläsern, Blechbüchsen,
Schachteln oder auch auf flachen Tontellern (Mehlscherben) im Laboratorium aufbewahrt.

Die beiden einfachen Vorrichtungen (Fig. 72 u. 73) ermöglichen ein
sehr schnelles und zuverlässiges Teilen pulverisierter Substanzen aller
Art. In den Laboratorien der Handelschemiker und in den Hütten-

laboratorien in den Vereinigten Staaten stehen sie überall und gewöhnlich in verschiedenen Größen in ständigem Gebrauch[1]).

Man hebt alle Proben mindestens einige Monate auf, jedenfalls
bis zur endgültigen Erledigung der betr. Angelegenheit (Kauf, Ver-

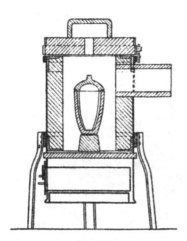

Fig. 73.
Probenteiler von J o n e s.

Fig. 72.
Rillenprobenteiler.

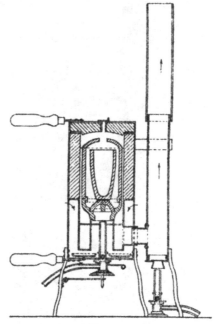

Fig. 74.
Kokswindofen der deutschen
Scheideanstalt.

Fig. 75.
R ö ß l e r s Gasschmelzofen mit
Luftvorwärmung.

kauf usw.). Im Laboratorium der M e t a l l u r g i s c h e n G e s e l l -
s c h a f t (Frankfurt a. M.) werden alle Proben zwei Jahre hindurch
aufbewahrt.

---

[1]) Der Probenteiler von J o n e s ist von P a u l A l t m a n n, Berlin NW. 6,
in zwei Größen zu beziehen.

In irgendwelchen Gefäßen eingeschlossene Schliegproben, welche auf dem Transporte (Post, Bahn) vielfache Erschütterungen erfuhren, können sich wegen der verschiedenen spez. Gewichte der einzelnen Erzbestandteile sehr stark e n t m i s c h t haben. Man breitet das ganze Quantum auf einem Bogen Papier aus und mischt es sehr gut durch, ehe man davon für die Untersuchung abwägt; andernfalls können sehr arge Irrtümer entstehen.

Probenahme von Metallen und Legierungen.

Wenn es irgend angeht, geschieht die Probenahme von Metallen und Legierungen durch die S c h ö p f - und G r a n a l i e n p r o b e.

Fig. 76.
Petroleum-Schmelzofen der Deutschen Scheideanstalt.

Man schmilzt größere Bruchstücke der Barren oder Platten (bei Edelmetallen die ganzen Barren) in einem Graphittiegel im Windofen unter einer Decke von Holzkohle ein, rührt mit einem Eisen-, besser Tonstab (aus Graphittiegelmasse) gut um, entnimmt sofort mit einem mit Ton überzogenen eisernen Löffel oder einem kleinen bis auf den Boden geführten Tontiegel eine Schöpfprobe und gießt diese im dünnen Strahl in einen eisernen Wasserkasten (oder Zuber, Eimer usw.), in dem das Wasser durch einen Reisigbesen lebhaft bewegt wird. Kleine Granalien werden alsdann ausgelesen, getrocknet, ausgeplattet usw.

Für zinkhaltige Legierungen ist dies Verfahren wegen des unvermeidlichen Zinkverlustes (durch Verdampfen) beim Einschmelzen nicht geeignet.

Für das Einschmelzen strengflüssiger Legierungen oder Metalle ist der vielverbreitete P e r r o t - Ofen (Bd. I, Fig. 24, S. 37) wegen sehr

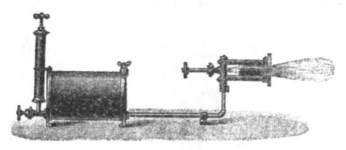

Fig. 77.
H o s k i n s' Benzinbrenner.

hohen Gasverbrauchs nicht besonders geeignet. Man schmilzt entweder in einem mit Koks befeuerten Windofen mit Essenzug oder benutzt Gebläsewindöfen, die mit Koks, Leuchtgas oder Dämpfen von Petroleum, Ligroin, Benzin usw. geheizt werden.

Fig. 78.
H o s k i n s' Muffelofen und Tiegelofen.

Bequemer und häufiger angewendet als die Granalienprobe ist die B a r r e n - oder A u s h i e b p r o b e.

Von vollkommen blank gefeilten, gemeißelten oder gefrästen Stellen der Barren oder Platten entnimmt man mittels eines gekrümmten Meißels oder Hohlmeißels (Fig. 79) Proben von oben und unten, von den entgegengesetzten oberen und unteren Kanten oder Ecken und vereinigt die Proben oder wägt annähernd gleiche Mengen

davon ab. Bei der Ermittelung des Feingehaltes von Edelmetallbarren
werden diese Proben (Ober- und Unterprobe) für sich untersucht und
der Durchschnittsgehalt festgestellt.

Die Aushiebproben werden auf einer polierten Amboßplatte mit
ebensolchem Stahlhammer ausgeplattet oder mit Benutzung eines
kleinen Walzwerks ausgewalzt (Fig. 80).

Erscheint die Metalloberfläche eisenhaltig (durch
die Bearbeitung), dann beizt man mit einer geeigneten
schwachen Säure und trocknet schnell.

Fig. 79.   Fig. 80.   Fig. 81.

Zinnreiche Bronzen, Proben von Lagerguß usw., die zur Analyse
in Form von Spänen usw. verwendet werden müssen, werden dem
Chemiker häufig in kleinen, kompakten Aushieben zugestellt, von
denen man weder mit der Feile noch mit dem Bohrer Probe nehmen
kann. Von solchen Stücken schlägt man mit dem scharfen Gußstahl-
meißel auf einer Unterlage von Bronze oder Kupfer kleine Stücke ab,
die man nachher mit dem Hammer zu möglichst dünnen Plättchen
ausdehnt.

Von Barren, Blöcken oder größeren Stücken notorisch sehr ungleich-
mäßiger Legierungen (Zinn-, Blei-, Antimonlegierungen, Weißmetallen)
entnimmt man Bohrproben, indem man sie in der Mitte und nahe
einer Kante mit einem feinen Bohrer vollständig durchbohrt und die
sehr feinen Späne gut durchmischt. Aus einer größeren Quantität
solcher Späne, von vielen Barren herrührend, stellt man sich durch
Einschmelzen und Eingießen in eine schwach erwärmte eiserne Form
einen Probezain her, den man durchbohrt, oder man gießt das gut
umgerührte Metall auf eine kalte und saubere Eisenplatte aus und

entnimmt mit der Metallschere (Fig. 81) Probeschnitzel von verschiedenen Stellen.

Nach H. N i s s e n s o n und P h. S i e d l e r (Berg.- u. Hüttenm. Ztg. 1903, S. 421 und Repert. Chemiker-Ztg. 27, 267; 1903) gibt bei Blei-Antimonlegierungen ein diagonaler Sägeschnitt durch den Block die beste Durchschnittsprobe. Das Sägemehl wird gemischt, verjüngt, gesiebt, das Grobe (der bleireiche Teil) und das Feine (antimonreiche Teil) getrennt analysiert und die erhaltenen Re-

Fig. 82.

sultate prozentual zusammengesetzt. · In einem Hartbleiblocke wurde der Antimongehalt in der oberen Partie zu 21,64 %, in der mittleren zu 19,98% und in der unteren zu 12,08% gefunden! Der Durchschnittsgehalt wurde nach dem vorstehenden Verfahren zu 18,31 % ermittelt.

Verunreinigungen der Probespäne.

Allen Bohrproben entzieht man die etwa hineingeratenen Eisensplitter durch einen kräftigen Hufeisenmagneten (Ausbreiten der Späne auf Papier usw.).

Läßt man die Bohrspäne durch einen Mechaniker oder Schlosser herstellen, dann achtet man darauf, daß weder Öl noch Seifenwasser als Schmiermittel angewendet wird, und fängt die Späne auf einem Bogen Papier auf.

In Form von Spänen ins Laboratorium gelieferte Proben sind sehr mißtrauisch anzusehen. Häufig sind sie (außer durch Eisen) durch

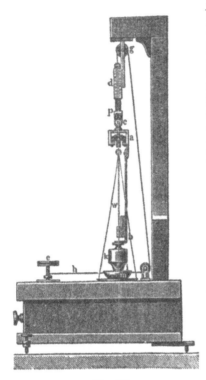

an der abweichenden Farbe erkennbare Späne anderer Metalle oder Legierungen verunreinigt, die man entweder ausliest oder nach Möglichkeit gleichmäßig verteilt. Schmieröl usw. in den Spänen gibt sich bei starkem Erhitzen einer Probe im Reagenzglas durch Dämpfe und deren Geruch zu erkennen. Außerdem finden sich häufig Schmutz, Sand, Holzsplitter und Papier darin. Man reinigt solche Späne, indem man eine Probe davon in einem kleinen Becherglase mit Chloroform übergießt, nach 10 Minuten Stehen 1—2 Minuten lang mit einem Glasstabe gut durchrührt, die gefärbte und getrübte Flüssigkeit schnell abgießt, diese Prozedur noch einmal mit Chloroform und zweimal mit absolutem Alkohol wiederholt und sie dann in einer flachen Porzellanschale auf dem kochenden Wasserbade schnell trocknet. Nach dem Ausziehen der Eisenteilchen mit dem Magneten siebt man dann noch das Feinste und damit den

Fig. 83.   Sand ab.

Feilproben dürfen nur mit einer ganz sauberen, am besten neuen Feile entnommen werden. Manche Metalle und Legierungen verschmieren die Feile schnell.

Abwägen.

Zum Abwägen der Erze usw. für die Untersuchung kann jede hinreichend empfindliche Wage benutzt werden. In den Probierlaboratorien dient hierzu die einfache, schnell zu arretierende S c h l i e g - oder E r z w a g e mit abnehmbaren Schälchen aus Neusilber (Fig. 82 und 83), welche bei höchstens 50 g Belastung auf 1 mg empfindlich ist. Fig 84 stellt den Einwiegelöffel dar.

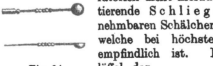

Fig. 84.

Eine sehr praktische Vereinigung einer Vorwage (Tariervorrichtung) mit einer empfindlichen analytischen Wage zeigt sich in der Konstruktion

Fig. 85.

(Fig. 85) von Dr. R. H a s e [1]). Die Wage ist in der Zeitschr. f. angew. Chem. 11, 736; 1898; Chem.-Ztg. 22, 540; 1898 und in diesem Werke, Bd. I, S. 24 beschrieben.

Fig. 86 stellt eine Präzisions-Tarierwage nach Dr. M a c h (Chem.-Ztg. 25, 1139; 1901), gebaut von W. S p o e r h a s e in Gießen, dar, eine Art umgekehrter Dezimalwage mit selbsttätiger Schalen-arretierung, welche nament-lich beim serienweisen Ab-wägen gleicher Gewichts-mengen vorzügliche Dienste leistet. Sie gestattet sehr schnelles Abwägen und ist bei einer Belastung von 100 g auf 1 mg empfindlich. Die Wage wird mit Glasgehäuse geliefert.

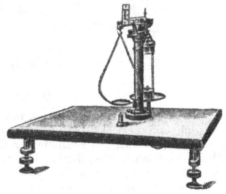

Fig. 86.

---

[1]) Diese auf Anregung von W. W i t t e r , Hamburg, konstruierte Wage ist von M a x B e k e l , Hamburg-Eilbeck, und Dr. R. H a s e , Hannover, zu beziehen.

Zum Auswägen edler Metalle und deren Legierungen dienen in den Münzlaboratorien usw. die den Schliegwagen sehr ähnlichen Kornwagen im Glasgehäuse, welche bei 2 g Belastung auf 0,05—0,01 mg empfindlich sind.

Eine Kornwage (Probierwage) von W. Spoerhase-Gießen zeigt Fig. 87. Bei einer Belastung von 2 g beträgt die Empfindlichkeit 0,01 mg.

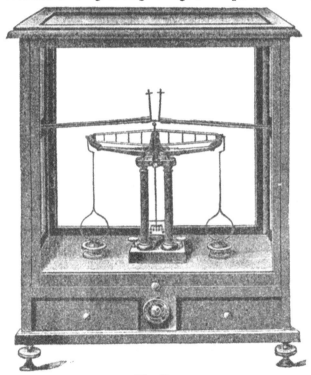

Fig. 87.

Silber.

Die auf ihren Silbergehalt zu untersuchenden Substanzen sind sehr zahlreich und verschiedenartig. Es sind: silberhaltige Erze, Hüttenprodukte (Werkblei und Produkte von der Entsilberung des Werkbleis, Abzug, Abstrich, Glätte, Herd und Test, Blei und Kupfersteine, Speisen, Ofenbrüche, Flugstaub, Schlacken, Schwarzkupfer, Blicksilber, Brandsilber), Zementsilber, Schwefelsilber, Amalgame und Rückstände von Amalgamations- und Extraktionsprozessen, Silberlegierungen und Abfälle von deren Verarbeitung (Krätzen), versilberte Gegenstände, Versilberungsflüssigkeiten oder Silberbäder u. a. m.

In den meisten Fällen empfiehlt sich der „trockene Weg“, das eigentliche Probierverfahren zur Ermittelung des Silbergehaltes; der

„nasse Weg" findet Anwendung auf Silber selbst (Blicksilber, Brandsilber, Barrensilber), silberreiche Legierungen wie Münzlegierungen usw. und Silberbäder, deren Gehalte durch Fällanalysen und durch Titration am genauesten bestimmt werden können.

Manchmal wird auch der nasse Weg mit dem trockenen kombiniert.

Silbererze.

Die wichtigsten sind:

Gediegen Silber, nicht selten geringe Mengen Gold, Quecksilber, Kupfer, Eisen, Arsen und Antimon enthaltend.

Antimonsilber; bis zu 94 % Silber führend.

Silberglanz, Ag_2S; mit 87,1 % Silber.

Polybasit, 9 ($Cu. Ag)_2S$, $(Sb As)_2S_3$; Silbergehalt 64—72 %.

Stephanit, 5 Ag_2S, Sb_2S_3; mit 68,4 % Silber.

Dunkles Rotgültigerz, 3 Ag_2S, Sb_2S_3; 59,8 % Silber enthaltend.

Lichtes Rotgültigerz, 3 Ag_2S, As_2S_3; 65 5 % Silber enthaltend.

Silberkupferglanz, $Cu_2S + Ag_2S$; 53 % Silber enthaltend.

Schilfglaserz, 3 Ag_2S, 4 PbS, 3 Sb_2S_3; 23 % Silber enthaltend.

Silber-Amalgame, bis zu 95 % Silbergehalt.

Hornsilber (Chlorsilber), enthält 72,5 % Silber.

Chlorbromsilber, $AgCl + 3 AgBr$ bis $AgBr + 3 AgCl$; Silbergehalt bis zu 70 %.

Das meiste Silber wird nicht aus den eigentlichen Silbererzen, sondern aus silberhaltigem Bleiglanz gewonnen.

Silberproben auf trockenem Wege [1].

Diese bestehen in einer Bindung des Edelmetalles (Silber und Gold) an reines, edelmetallfreies Blei durch einen Schmelzprozeß, der Verbleiung, und darauf folgender Kupellation des Werkbleis. Man bewirkt die Verbleiung nach zwei verschiedenen Methoden, entweder durch die für alle silberhaltigen Substanzen geeignete Ansiedeprobe oder durch die Tiegelprobe.

I. Trockene Proben für Erze usw.
ausgenommen Silberlegierungen.

a) Verbleiung.
1. Die Ansiedeprobe.
(Verschlackungs- oder Eintränkprobe.)

Die Ansiedeprobe ist von genereller Anwendbarkeit, leider aber langwieriger als die Tiegelprobe (S. 538). Besonders für Erze usw.

---

[1] Es sei hier besonders auf die weitverbreiteten Spezialwerke über Probierkunde von B r u n o K e r l hingewiesen, nämlich: die ausführliche „Metallurgische Probierkunst", 2. Aufl., Leipzig 1882 und das „Probierbuch" (kurzgefaßte Anleitung usw.), 3. Aufl., bearbeitet von Dr. C. K r u g, Leipzig 1908.

mit höheren Gehalten an Schwefel, Arsen, Antimon, Kupfer, Nickel, Zink, Zinn verdient sie den Vorzug.

Sie wird mit Benutzung eines Muffelofens (Fig. 88 u. 89) ausgeführt, der mit Steinkohlen, Koks oder Leuchtgas[1]) (auch Benzin, Ligroin usw.) geheizt wird und mit einer gut ziehenden Esse in Verbindung steht.

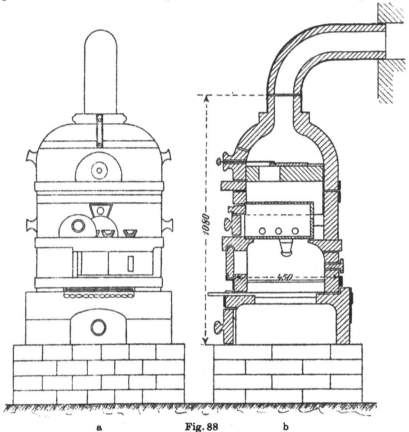

a   Fig. 88   b

Transportabler Freiberger Muffelofen für Steinkohlen- und Koksfeuerung von der K g l. S ä c h s. S c h a m o t t e f a b r i k M u l d e n h ü t t e n b. F r e i b e r g.

A u s f ü h r u n g   d e r   P r o b e. Von der feingepulverten Durchschnittsprobe des Erzes usw. wägt man auf der Schliegwage oder Einwiegewage (Fig. 82, S. 529) gewöhnlich einen Probierzentner ab (1 Probierzentner = 100 Probierpfund, 1 Pfd. = 100 Pfundteile; auf Gramm bezogen ist der Oberharzer Probierzentner = 5,0 g, der Freiberger

---

[1]) Im Staatshüttenlaboratorium zu Hamburg stehen für Ansiedeproben und Kupellationen ausschließlich Gasmuffelöfen in Anwendung. Vorzüge: sehr reinliches Arbeiten, genaueste Regulierung der Temperatur und dementsprechend geringe Silberverluste bei der Ausführung der Proben.

= 3,75 g), von silberreichen Substanzen weniger, von sehr armen mehr (3—5 Ztr.), wenn entsprechend große Probiergefäße (Ansiedescherben) vorhanden sind.

Das erforderliche Quantum von feingekörntem Probierblei wird mit einem Messinglöffel von bekanntem Inhalt abgemessen, nach Augenmaß halbiert, die eine Hälfte im Ansiedescherben mit dem Erzpulver gut durchgemischt und darauf die andere Hälfte als Decke gleichmäßig aufgestreut. Wenn nötig, gibt man obenauf etwas Borax. Ist in der Gangart viel Kieselsäure (Quarz, Silikate), so begünstigt man deren Verschlackung durch einen Zusatz silberfreier Glätte.

Probierblei soll möglichst frei von Wismut sein, weil von diesem Metall oft nicht unerhebliche Mengen in den bei den „Proben" erhaltenen Silberkörnchen zurückgehalten werden. Bei der Ansiedeprobe, bei der große Mengen von Probierblei für jede einzelne Probe verwendet werden, kann der Wismutrückhalt im Silber das Resultat stark beeinflussen. H. Nissenson (Berg- und Hüttenm.-Ztg. 1900, 572 und Repert. Chem.-Ztg. 24, 364; 1900) erhielt bei der Untersuchung australischer „concentrates" durch die Ansiedeprobe Silberkörner, welche 1,316 % Blei, 0,556 % Wismut und 0,276 % Kupfer enthielten, während sich in den Silberkörnern von der mit denselben concen-

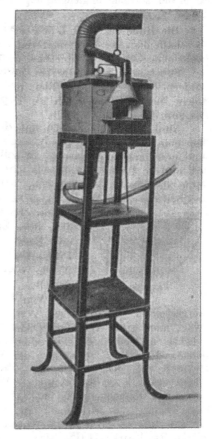

Fig. 89.
Genfer Gasmuffelofen.

trates ausgeführten Tiegelprobe nur 0,52 % Blei und eine Spur Kupfer als Verunreinigungen vorfanden. — Auffällig und sehr nachteilig für das Proberesultat ist hierbei noch der bedeutende Rückhalt an Blei, 1,316 % gegen 0,52 % bei der Tiegelprobe.

Von Substanzen, die bis zu 0,39 % Silber enthalten, pflegt man doppelt einzuwägen, also zwei getrennte Proben auszuführen. Bei einem Gehalte von 0,40—0,79 % wägt man dreifach ein, von 0,80 bis 1,49 % vierfach, von 1,50—2,9 % sechsfach, von 3 00 % und mehr acht- bis zehnfach und nimmt schließlich das arithmetische Mittel aus den Gewichten der aus den Proben erhaltenen und einzeln ausgewogenen Silberkörnchen als den wirklichen Gehalt an.

Ist man über den Gehalt der zu probierenden Substanz auch nicht annähernd unterrichtet, so macht man eine Vorprobe. Dies Verfahren ist in der zumeist ungleichmäßigen Verteilung des Silbers in reicheren Erzen begründet.

Die Höhe des P r o b i e r b l e i z u s a t z e s hängt ganz von der Beschaffenheit des Probematerials ab. Für reinere Bleierze genügt das sechsfache Gewicht Probierblei, ebenso für Hartblei.

Substanzen mit höherem Eisen- und Zinkgehalt erfordern bedeutend mehr Blei, das 10—15-fache Gewicht, solche mit hohem Gehalt an Kupfer, Nickel oder Zinn bis zum 30-fachen Gewicht.

Ähnlich verhält es sich mit dem Zusatz von Borax, den man in Form von gepulvertem Boraxglas (entwässert und geschmolzen) anwendet. Er soll namentlich die Gangart und in Bleioxyd schwerlösliche Metalloxyde im Verlaufe der Probe verschlacken, wird von vornherein in möglichst geringer Menge zugegeben und nötigenfalls nach-

Fig. 90.

gesetzt. Ausführliche Einzelangaben über diese Zusätze von Probierblei und Borax finden sich in K e r l s Probierbuch, III. Aufl., S. 94 und 95 in einer Tabelle zusammengestellt.

Fig. 91.

Von den aus bester Schamotte hergestellten dickwandigen A n s i e d e s c h e r b e n (Fig. 90) verlangt man große Widerstandsfähigkeit gegen schroffen Temperaturwechsel und gegen die korrodierende Einwirkung des geschmolzenen Bleioxyds. Man verwendet mit Vorliebe diejenigen kleinen bzw. größeren Scherben, welche in größter Anzahl in die zu benutzende Muffel gestellt werden können. Will man die einzelnen Scherben besonders bezeichnen, so benutzt man dazu Rötel und bringt die betr. Zahlen oder Striche an der Außenseite an.

Die auf ein Probenbrett gestellten beschickten Scherben werden mit der B a c k e n k l u f t (Fig. 91) in die stark geheizte und hellrotglühende Muffel eingetragen; in die Muffelmündung legt man eine flache und ausgeglühte Holzkohle und schließt dann die Öffnung.

In der nun beginnenden Periode des ersten „Heißtuns“, der Schmelzperiode, muß besonders hohe Temperatur herrschen, wenn die Probesubstanz viel Eisen, Zink, Zinn, Kupfer oder Nickel und Kobalt enthält. Derartigen Proben setzt man von vornherein reichlich Borax zu. Wenn die Scherben nach 15—20 Minuten hellglühend erscheinen, ihr Inhalt glatt geschmolzen ist, sich reichlich Bleidämpfe entwickeln und ein Glättering entsteht, wird die Muffel geöffnet. Die in der jetzt eintretenden Verschlackungsperiode im ununterbrochenen Strome in und durch die Muffel strömende Luft bewirkt eine schnell vorschreitende Oxydation des Inhaltes der Scherben, teils direkt, teils durch oxydierende Einwirkung des reichlich entstehenden Bleioxyds (Glätte) auf noch unzersetzte Metallverbindungen. Schwefel, Arsen, Antimon usw. verflüchtigen sich größtenteils, die Metalloxyde und die Gangart lösen sich allmählich in der geschmolzenen Glätte und dem Borax auf, vorhandene Edelmetalle gehen vollständig in das Blei, welches gleichzeitig auch andere Metalle (Kupfer, Zinn, Wismut, Eisen) sowie Arsen und Antimon in gewissen Mengen aufnehmen kann.

Während dieses Schmelzens bei Luftzutritt verbreitert sich der Glättering immer mehr, bis schließlich die ganze Bleioberfläche mit Schlacke und Borax bedeckt ist. Die Temperatur in der Muffel ist in dieser Periode erheblich gesunken. Man schließt jetzt die Muffelöffnung, feuert (letztes Heißtun), um den Scherbeninhalt recht dünnflüssig zu machen, nimmt nach 10—15 Minuten die Scherben mit der Gabelkluft (Fig. 92) heraus und entleert entweder ihren Inhalt in die Vertiefungen eines mit aufgeschlämmtem Rötel ausgestrichenen, an der Muffel scharf getrockneten Buckelbleches (Fig. 93) oder läßt auch wohl die Scherben mit Inhalt erkalten.

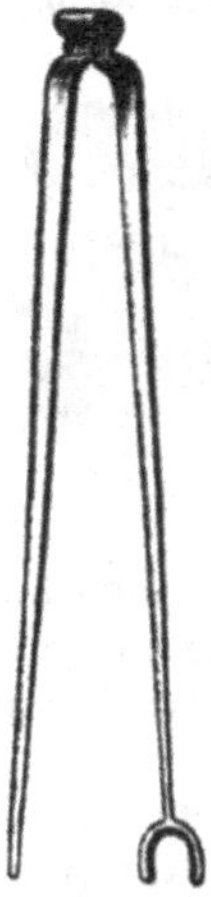

Das erkaltete Blei (Werkblei) wird darauf durch Hammerschläge auf dem Amboß entschlackt, abgebürstet und in die Form eines Würfels gebracht, dessen Kanten und Ecken man durch gelinde Schläge abstumpft. Erweist sich das Blei hierbei als sehr brüchig, verursacht durch einen erheblichen Gehalt an Arsen oder

Fig. 92.

Fig. 93.

Antimon, so darf es nicht direkt abgetrieben werden (siehe Kupellation, S. 541 ff.); es wird besser vorher mit dem gleichen bis dem doppelten Gewichte Probierblei noch einmal dem Ansieden und Verschlacken unterworfen.

Bleikönige im Gewichte von über 15—20 g werden zweckmäßig nochmals auf entsprechend kleinen Ansiedescherben verschlackt, weil hierbei die unvermeidlichen Silberverluste niedriger sind als beim direkten Abtreiben auf der Kapelle. Bei zu lange fortgesetztem Verschlacken oxydiert sich alles Blei, und das Edelmetall verschwindet in der Schlacke.

Ist das probierte Erz so silberarm, daß aus einem oder einigen Probierzentnern davon nur ein winziges Silberkörnchen zu erwarten ist, so wird „konzentriert", d. h. es werden die Werkbleikönige von mehreren Ansiedeproben vereinigt, auf einem größeren Scherben verschlackt und dies nötigenfalls nochmals oder noch mehrfach wiederholt, bis sich schließlich das Silber aus vielen Zentnern Erz in zwei Bleikönigen von je 10—15 g Gewicht angesammelt hat. So verfährt man z. B. auch mit dem gewöhnlich sehr silberarmen Schwarzkupfer u. a.

Im Staatshüttenlaboratorium zu Hamburg wird küpferhaltiges Schwefelsilber (bei Silberextraktionsprozessen gewonnen) zweimal verschlackt; Einwage nicht über 2 g.

Von Schleifstaub der Silberarbeiter wendet man dort nur je 1 g an, führt die Probe 5—10 fach aus und konzentriert die vereinigten Werkbleikönige durch Verschlacken.

2. Die Tiegelprobe (Krätzprobe).

Nach dieser Probe läßt sich das Edelmetall aus einer größeren Menge Probesubstanz durch e i n e Schmelzung in kurzer Zeit in einem Bleikönige ansammeln, der dann sofort auf der Kapelle abgetrieben werden kann. Besonders geeignet ist sie zum Probieren tellurhaltiger

Fig. 94.   Fig. 95.

Erze und solcher, die Hornsilber enthalten; außerdem aber auch für sehr arme Erze, Schlacken, Abgänge von der Erzaufbereitung und die sehr verschiedenartig beschaffenen Edelmetallkrätzen, namentlich wenn sich kohlige Substanzen [1] darin vorfinden.

Zur A u s f ü h r u n g d e r P r o b e benutzt man möglichst glattwandige, feuerfeste Tiegel (Deutsche Scheideanstalt oder Battersea Works), trägt die Mischung von Erz usw. mit Bleiglätte [2] oder Bleiweiß, Fluß- und Reduktionsmitteln ein und verschmilzt im Windofen mit Holzkohlen- oder Koksfeuer (auch im Gasofen von P e r r o t oder R ö ß l e r) bei allmählich gesteigerter Hitze bis zum ruhigen Fließen.

Hierbei soll das Bleioxyd vorhandene Schwefelmetalle usw. zerlegen und das durch Kohlenstoff und die Schwefelmetalle reduzierte Blei das Edelmetall (Silber und Gold) aufnehmen.

An Schwefel, Arsen, Antimon oder Zink reiche Substanzen werden besser vorher auf Röstscherben oder Röstkästen (Fig. 94 und 95) abgeröstet, weil sonst nicht unerhebliche Mengen von Silber in die Schlacke gehen.

---

[1] A d o l f G o e r z, Über Probieren von Gekrätzen durch Ansieden und durch Schmelzen im geschlossenen Gefäße. Berg- u. Hüttenm. Ztg. **1886**, S. 441.

[2] Der Silbergehalt der verwendeten Glätte muß hierbei berücksichtigt werden. Bleiweiß und Bleizucker pflegen sehr silberarm, nahezu silberfrei zu sein. Das nach dem französischen Verfahren auf nassem Wege hergestellte Bleiweiß ist besonders zu empfehlen. Man bestimmt den Silbergehalt in diesen Bleipräparaten am genauesten nach dem Verfahren von B e n e d i k t und G a n s (siehe S. 557) durch Abscheidung als Jodsilber.

Eine in allen Fällen mit gleich gutem Erfolge anwendbare Beschickung existiert nicht. Für Erze eignet sich z. B. in vielen Fällen folgende englische Beschickung: 10 g Erz, 10 g Soda (98 proz. Ammoniaksoda), 50 g Glätte und 1,5 g Weinstein werden in dem geräumigen Tiegel mit einem Spatel gut durchgemischt, darauf 10 g entwässerter Borax und obenauf 10 g kalziniertes (verknistertes) Kochsalz geschüttet. Der Tiegel wird bedeckt in den Windofen auf einen 5—6 cm hohen feuerfesten Untersatz (Käse) oder ein Stück eines feuerfesten Steines gestellt; direkt über den Roststäben kühlt noch die von unten einströmende Luft.

Wenn das betreffende Erz viel Schwefelkies enthält, der aus Glätte Blei reduziert, ist ein Zusatz von Weinstein (Kohlepulver, Mehl) nicht notwendig. J. L o e v y (Privatmitteilung; siehe auch „Gold" S. 566) verwendet einen „Fluß", der aus einer innigen Mischung von 100 Teilen kalz. Soda, 100 Teilen Glätte und 50 Teilen entwässertem Borax besteht. Man verreibt langsam in einer geräumigen Schale und siebt darauf noch zur besseren Mischung durch ein grobes Sieb. L o e v y nimmt zu 100 g Quarz mit geringem Eisengehalt 300 g Fluß und 1 g Holzkohle oder die zwölffache Menge Weinstein; für eisenreiche Gesteine auf 100 g Erz 350—400 g Fluß, 4—5 g Kohle oder entsprechend Weinstein; für Quarz mit wenig Pyrit oder anderen Sulfiden auf 100 g Erz 350 bis 400 g Fluß und 1,5—2 g Kohle bzw. die entsprechende Menge Weinstein. Erze mit hohen Gehalten an Pyrit oder anderen Sulfiden werden bei ganz allmählich gesteigerter Hitze abgeröstet und das Geröstete mit der Beschickung für eisenreiche Gesteine (und Brauneisenstein) verschmolzen.

Für arme Erze genügt doppelte Ausführung der Probe; von reicheren Erzen sowie Edelmetallkrätzen [1] macht man bis zu 6 Proben.

Eine bewährte K r ä t z b e s c h i c k u n g ist nach K e r l : „Einschütten von 10 g Borax, 10 g Weinstein und 20 g Glätte in einen glattwandigen, oben 75 mm weiten und 110 mm hohen Tiegel, Befeuchten der inneren Tiegelwandung durch Hineinhauchen, Schräghalten und Drehen des Tiegels, so daß auf $^2/_3$ seiner Höhe Glätte an der Tiegelwandung hängen bleibt (hierdurch glasiert sich der Tiegel beim beginnenden Schmelzen der Beschickung, Metallkörnchen bleiben dann nicht an der Wandung haften), Hinzufügen von 15 g Pottasche und 25 g Krätze, Mengen des Ganzen mit einem breiten Spatel, dann Decke von 10 g Soda und 12 mm hoch Kochsalz, zuletzt Herumstreuen von 5 g Glätte rings um die Tiegelwand."

Etwa 4—6 solcher so beschickter und bedeckter Tiegel werden im Windofen von entsprechender Rostfläche in gleichmäßigen Abständen voneinander und von der Ofenwandung, auf 40—50 mm hohen Ton-

---

[1] Das durch Absieben aus zerkleinerten Krätzen gewonnene Metall wird nach der Entfernung des metallischen Eisens mit dem Magneten für sich mit Borax und Soda im Tiegel eingeschmolzen, das Gewicht des Barrens festgestellt (Verhältnis zur ganzen Probemenge) und der Feingehalt aus mit dem Meißel entnommenen Proben (Ober- und Unterprobe) ermittelt.

untersätzen (Käsen) stehend, zunächst $^1/_4$ Stunde lang, bis das Aufblähen der Beschickung aufhört, mäßig erhitzt und diese darauf nach dem Herausziehen des Fuchsschiebers in 20 Minuten bis zum gleichmäßigen Fließen eingeschmolzen.

Der Tiegelinhalt wird nicht ausgegossen. Man nimmt die Tiegel mit einer im rechten Winkel gebogenen Tiegelzange aus dem Ofen, läßt sie vollständig erkalten, entschlackt die durch Abbürsten zu reinigenden Bleikönige und treibt sie ab (siehe Abtreiben S. 541 ff.) Diese Schmelzungen lassen sich mit nicht sehr strengflüssigen Beschickungen auch im Muffelofen ausführen. Man stellt dann die Tiegel nach hinten in die Muffel, legt nach $^1/_4$ Stunde eine hohe Schicht schon ausgeglühter Holzkohle davor und schließt die Muffel.

Fig. 96.

Bei sehr gleichartiger Beschaffenheit des Probematerials begnügt man sich wohl auch mit einmaliger Ausführung der Probe. Im Staatshüttenlaboratorium · zu Hamburg wendet man für Erze und Krätzen folgende Beschickung an: Einwage 20—25 g, Fluß von 28 g Pottasche. 10 g Soda, 110—12 g Weinstein, 20—25 g silberfreie Glätte, 1—2 g Holzkohle, 10—14 g Borax. Decke von wenig Glätte und reichlich Kochsalz.

Von armen Quarzen und sonstigen Gesteinen und Sanden verschmilzt man bis zu 500 g auf einmal. Als Beschickung empfiehlt sich das 2—3 fache der Einwage an kalz. Soda, 20 g Bleiweiß und 3 g Holzkohlenpulver. Die Mischung wird wegen des starken Aufschäumens nach und nach mit einer Metallschaufel (Fig. 96) eingetragen, abwechselnd mit Borax, von dem bis zu 25 % der Einwage zugesetzt werden. Ist das Gestein stark eisenschüssig, so nimmt man bedeutend mehr Holzkohle, weil davon viel zur Reduktion des Eisenoxyds zu Oxydul verbraucht wird und andernfalls keine Bleireduktion stattfindet. Vorteilhaft ist außerdem Aufstreuen einer Mischung von Glätte und Weinstein (oder auch etwas Kornblei) auf die ruhig fließende Schmelze.

Beim Probieren von B l e i s c h l a c k e n (Einwage 50 g und darüber) durch längeres Schmelzen mit Soda, Pottasche und Weinstein setzt man Kornblei zu oder streut dasselbe nach dem Einschmelzen oben auf.

B l e i e r z e werden vielfach im eisernen Tiegel (starken, schmiedeeisernen) probiert (siehe Bleiproben S. 660 ff.) und die erhaltenen Bleikönige zur Silberbestimmung angewendet. Man setzt in diesem Falle dem Erz 15—50 g Glätte zu, schmilzt ein und macht einen Zusatz von Glätte, Fluß und Kohle, wodurch etwa in der Schlacke schwebendes Metall sicher niedergerissen wird. Die Resultate stimmen mit denen der Ansiedeprobe überein. Für die Silberbestimmung in Blenden eignet sich die Ansiedeprobe; die Tiegelprobe gibt zu niedrige Resultate.

S a n d e r (Zeitschr. f. angew. Chem. 15, 32; 1902) behandelt die bis zu 30 % mit unverbrannter Reduktionskohle gemischten, Blei und Silber enthaltenden Rückstände von der Zinkdestillation in folgender Weise: 20 g des grobgepulverten Materials werden mit 50 g einer Mischung von 80 % KNO_3 und 20 % Na_2O_2 gemengt und dann in kleinen Portionen von 3—4 g mittels eines eisernen Spatels in den rotglühenden eisernen Tiegel eingetragen. Sobald die anfangs etwas heftige

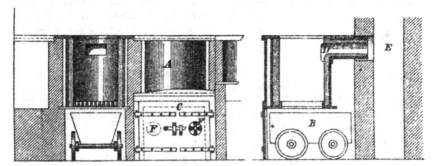

Fig. 97.   Fig. 98.

W i n d ö f e n aus dem Probierlaboratorium der Kgl. Bergakademie zu Berlin.

Reaktion beendet ist, wird der Tiegel ins Feuer gestellt, 60 g Fluß (aus 14 Tl. kalz. Soda, 8 Tl. kalz. Borax und 2 Tl. Weinstein) zugegeben, bis zum ruhigen Fließen geschmolzen, die Schmelze in einen angewärmten eisernen Einguß entleert und der entschlackte Bleikönig abgetrieben. Diese schnell auszuführende Methode gibt gute Resultate.

Beim Probieren sehr reicher Erze geht eine nennenswerte Menge Silber in die Schlacke. Um dieses zu gewinnen, entleert man den Tiegelinhalt in einen angewärmten eisernen Einguß (Fig. 99), sammelt die Schlacke und verschmilzt sie in demselben Tiegel mit Borax, Weinstein

Fig. 99.

und Glätte. Bei ärmeren Probematerialien wird der Verlust durch Verschlackung nicht berücksichtigt.

b) Kupellation (das Abtreiben des Werkbleies).

Die Abscheidung des Silbers (zusammen mit etwa vorhandenem Gold) erfolgt aus dem durch die Ansiedeprobe oder die Tiegelprobe erhaltenen Werkblei durch ein oxydierendes Schmelzen auf der am besten aus reiner Knochenasche (oder Surrogaten, Äscher usw.) hergestellten Kapelle (Fig. 100) im Muffelofen bei heller Rotglut. Hierbei saugt die poröse und feuerbeständige Kapelle das entstehende Bleioxyd allmählich in sich auf, und schließlich bleibt ein sich nicht mehr verkleinerndes, glänzendes Metallkorn, das Silber, auf der Kapelle zurück.

Dies Verfahren ist sehr alt und bewährt; seine korrekte Ausführung erfordert viel praktische Erfahrung.

Zur Herstellung der K a p e l l e n (Erzkapellen) dient am besten durch Zerstampfen und Sieben aus weißgebrannten Schafs- oder Pferdeknochen gewonnenes Knochenmehl, etwa so fein wie grobes Weizenmehl. Nach dem Durchfeuchten mit wenig Wasser (in dem 2 % Pottasche gelöst ist) formt man hieraus mittels „Mönch und Nonne", der aus Messing hergestellten Kapellenform, die zunächst sehr zerbrechlichen

Kapellen, welche man auf Wandbrettern im Ofenraume aufstapelt und vollkommen lufttrocken werden läßt. Sie werden erst nach Monaten in Gebrauch genommen.

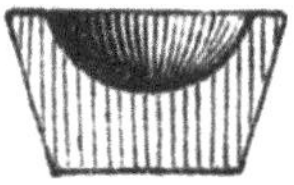

Fig. 100.

Zur maschinellen Herstellung bedient man sich eines Balanciers, siehe M u s p r a t t - S t o h m a n n s Chemie, 4. Aufl., Bd. III, S. 1721, oder einer Hebelpresse, z. B. der im „Manual of Fire Assaying by Ch. H. F u l t o n , Hill Publishing Co., New York 1907" S. 69 abgebildeten.

Die gewöhnliche „Erzkapelle" faßt 15—20 g Blei und kann das daraus entstehende Bleioxyd aufsaugen, größere Kapellen werden nur vereinzelt benutzt, z. B. für armes Werkblei

A u s f ü h r u n g d e r P r o b e. Vor Beginn des Abtreibens werden die Kapellen in der Muffel ganz allmählich ausgeglüht (a b g e - ä t m e t) um Feuchtigkeit und Kohlensäure vollständig daraus zu entfernen Man stellt sie vor dem Anheizen in einer oder mehreren Reihen hinten in der Muffel auf und läßt sie vor der Benutzung mindestens ¼ Stunde in heller Rotglut. Wenn man dies unterläßt, tritt späterhin ein Spritzen des auf den Kapellen eingeschmolzenen Bleies ein, und sämtliche Proben sind dann zu verwerfen.

Man zieht die gut abgeätmeten Kapellen mit dem eisernen Haken auf dem ebenen (schwach nach vorn geneigten) Muffelboden nach vorn und bringt sie im vorderen Drittel der stark glühenden Muffel in eine Reihe nebeneinander. Für eine größere Zahl von Proben werden zwei oder mehrere Reihen von Kapellen so aufgestellt, daß die einzelnen Kapellen wechselständig stehen.

Die auf einem kleinen Buckelbleche liegenden, sorgfältig abgebürsteten und an Kanten und Ecken

Fig. 101. abgestumpften Bleikönige werden mit einer am Ende Fig. 102.

umgebogenen Kluft (Fig. 101) vorsichtig auf die leicht zu beschädigenden Kapellen gesetzt, von denen zuerst die vordere Reihe usw. beschickt wird.

In die Muffelmündung legt man eine flache, ausgeglühte Holzkohle oder ein Stück Retortengraphit, schließt die Muffel und läßt das Blei einschmelzen, wobei es sich zunächst mit einer dunklen Krätzhaut überzieht.

Wenn diese verschwunden, das mit konvexer Oberfläche eingeschmolzene Blei stark raucht (Antreiben des Bleies), wird die Muffel ganz oder teilweise geöffnet, und es beginnt das eigentliche Abtreiben.

Die Oxydation geht jetzt schnell vor sich. Allmählich bilden sich auf der Bleioberfläche Pünktchen flüssiger Glätte (Glättaugen, -perlen oder -tränen), die sich hin und her bewegen und von der porösen Kapelle aufgesogen werden. Bei nicht zu hoher Temperatur wirbelt der Bleirauch, und es bildet sich nach und nach am inneren Rande der Kapellen etwas krystallinische, dunkelrot erscheinende Federglätte (kalt zitronengelb). Gleichzeitig vereinigen sich die von der konvexen Bleioberfläche heruntersinkenden Glättaugen zu einem das Blei ringförmig umgebenden Glätterande von mäßiger Breite.

Gewöhnlich ist die Temperatur in der Muffel von vornherein zu hoch, was man an dem geraden Aufsteigen des Bleirauches und dem Ausbleiben des Glätterandes erkennt. In diesem Falle kühlt man die Proben durch schnelles Einsetzen einer größeren Zahl von Probiergefäßen (Röstscherben, Bleischerben) hinter die Kapellen ab, oder man führt das Kühleisen (Fig. 102) dicht über den Kapellen langsam hin und her. Man hört auf mit Kühlen, wenn sich der Glätterand bzw. Federglätte bildet. Letztere tritt gewöhnlich nur beim Abtreiben reiner, namentlich kupferfreier Werkbleie auf.

Ist die Temperatur zu niedrig, schleicht der Bleirauch über den ziemlich dunkel aussehenden Kapellen durch die Muffel, so muß flott geschürt werden, weil sonst leicht ein „Einfrieren", Erstarren der Proben, eintreten kann. Derartige erfrorene Proben werden verworfen.

Im Verlaufe des Abtreibens werden die Glättaugen allmählich größer und die immer silberreicher werdende Bleilegierung strengflüssiger. Durch die ununterbrochen in die Muffel eindringende kalte Luft wird aber die Temperatur erniedrigt, weshalb man schürt, die Kapellen weiter nach hinten in den heißeren Teil der Muffel schiebt und die Muffelöffnung teilweise schließt. Zuletzt verschwinden die Glättaugen auf dem immer kleiner gewordenen Metallkönige, schleierähnliche und in Regenbogenfarben spielende Oxydhäutchen (nur auf größeren Körnern erkennbar) zeigen sich kurze Zeit, und dann plötzlich wird das Korn vollkommen blank, es „blickt" und leuchtet vor dem Erstarren noch einmal auf.

Kapellen mit winzigen Silberkörnern (im Gewichte von einigen Milligrammen) können sofort aus dem Ofen genommen werden; solche mit größeren Silberkörnern zieht man allmählich nach vorn, damit das Silber langsam erstarrt. Durch Bedecken der betr. Kapellen mit umgekehrt aufgesetzten Kapellen erreicht man langsame Abkühlung, auch wenn man sie sofort aus dem Ofen nimmt. Andernfalls tritt leicht das gewöhnlich mit Silberverlust verbundene „Spratzen" des Korns ein, wobei der von dem flüssigen Silber absorbierte Sauerstoff die schon erstarrte Oberfläche des Korns durchbricht und plötzlich entweicht.

Solche „gespratzte" Körner sind deshalb meist leichter als die übrigen und werden bei der Berechnung des Gehaltes nicht berücksichtigt.

Die kugelförmigen kleineren und die halbkugelförmigen größeren
Körner werden mit der federnden Kornzange herausgestochen, seitlich
gedrückt, zur Entfernung der anhaftenden Kapellenmasse, mit der harten
Kornbürste auf der Unterseite gut abgebürstet und auf ein Bleiblech
(Bleiplatte von der Größe einer Spielkarte mit vielen kleinen Ver-
tiefungen) gelegt.

Körnchen von regelrecht verlaufenen Proben sind oben glänzend
weiß, unten matt silberweiß. Hätte das Blicken bei zu niedriger
Temperatur (in Glätte) stattgefunden, so erscheinen die betr. Körner
oberflächlich matt und gelblich durch ein Glättehäutchen und besitzen
dann häufig einen Bleisack, d. h. die unterste Partie des Kornes ist
stark bleihaltig und sieht bläulich-weiß aus. Solche (zu schwere)
Körner werden verworfen.

Die Körner bestehen niemals aus vollkommen reinem Silber; sie
enthalten 0,2—0,3 % Blei, auch Spuren von Kupfer und Wismut.
Durch diesen Rückhalt wird der unvermeidliche Silberverlust bei der
Probe zum Teil ausgeglichen.

In dem Probematerial enthaltenes Gold (auch Platin) hat sich an
dem Silberkorn quantitativ angesammelt und wird daraus bestimmt
(siehe Gold S. 567).

Das Auswägen der Körner geschieht auf der empfindlichen Kornwage (S. 532) oder auf einer chemischen Wage auf 0,1, besser 0,05 mg
genau. Hatte man mit Probiergewichten (Zentner) eingewogen, dann
wägt man auch nach Pfunden, Pfundteilen bzw. Bruchteilen von
letzteren aus.

Körner aus silberhaltigen Bleierzen pflegen sehr gut im Gewicht
übereinzustimmen, solche aus eigentlichen Silbererzen (besonders denen
mit gediegenem Silber, Silberglanz oder Hornsilber) zeigen wegen der
ungleichmäßigen Verteilung des Silbers in dem Probematerial oft erhebliche Abweichungen. In diesem Falle hat man vielfach eingewogen
und nimmt das arithmetische Mittel. Silberverluste [1]) entstehen in geringem Maße beim Ansieden und bei der Tiegelschmelzung durch Verschlacken von Silber; weit erheblicher sind die Verluste beim Abtreiben. Hierbei wird Silberoxyd mit der Glätte in die Kapellenmasse
geführt (Kapellenzug oder Kapellenraub, besonders hoch bei sehr
porösen Kapellen), außerdem verdampft etwas Silber zusammen mit Blei.

Abgeblickte Proben werden bald nach dem Blicken aus dem Ofen
genommen, weil sonst Silberverflüchtigung stattfindet.

In Gasmuffelöfen, deren Muffeln keine seitlichen Durchbrechungen
besitzen (im Staatshüttenlaboratorium zu Hamburg ausschließlich in

---

[1]) H. Rößler, Untersuchungen über den Grad der Genauigkeit bei
Silberproben. Zeitschr. f. angew. Chem. 1, 20; 1888. Ch. H. Fulton, Manual
of Fire Assaying, New York 1907, teilt auf S. 77 die Ergebnisse der Versuche
von F. K. Rose, betreffend den Einfluß von Verunreinigungen auf die Silberverluste bei der Kupellation, mit, die am höchsten in Gegenwart von Selen, Tellur
und Thallium im Werkblei ausfielen und überwiegend auf Kapellenzug zurückzuführen waren.

Anwendung), erleiden die Proben die geringsten Verluste, hauptsächlich wegen der bei solchen Öfen genau regulierbaren Temperaturen.

Wird bei reichen Erzen usw. große Genauigkeit der Probe gefordert, so verschmilzt man die zerkleinerten Kapellen reduzierend auf Werkblei (siehe Goldproben S. 566), treibt ab und erhält dann den größten Teil des in die Kapelle gegangenen Edelmetalls in Form eines wägbaren Körnchens.

In unreinen Silberniederschlägen (unr. AgCl, AgJ oder Ag_2S), wie man sie aus den bei der Extraktion von armen Erzen, Kiesabbränden usw. gewonnenen Laugen erhält, bestimmt man das Silber am besten durch Ansieden mit wenig Blei und Abtreiben des Werkbleies (siehe kombinierte nasse und trockene Proben für Erze usw.).

Man wickelt in das scharf getrocknete Filter einige Gramm Probierblei und taucht das kleine Paket in schon auf dem Ansiedescherben eingeschmolzenem Blei unter (amerikanisches Verfahren von C. W h i t e - h e a d u. T i t u s U l k e).

1. Kombinierte Blei- und Silberprobe.

In Glätte, Abstrich, Herd und anderen oxydischen Produkten bestimmt man den Silbergehalt durch reduzierendes Schmelzen auf Blei (siehe Bleiproben S. 660 ff.) und Abtreiben des Bleikönigs. Ebenso verfährt man mit Bleikönigen, welche aus Bleiglanz durch die Pottaschenprobe (Bleiproben S. 662) erschmolzen wurden.

Die q u a n t i t a t i v e Lötrohrprobe nach Plattner[1]) ist für Erzsucher (Prospektoren) von besonderer Wichtigkeit; sie gibt bei Anwendung sehr kleiner Substanzmengen (0,1 g) entsprechend genaue Resultate, große Übung vorausgesetzt.

2. Kombinierte nasse und trockene Silberprobe für Erze
(auch goldhaltige, möglichst bleifreie Erze).

Sehr edelmetallarme Pyrite, Blenden, Arsenkiese usw. werden in Mengen bis zu 500 g in der Muffel auf Röstscherben oder Schamotteröstkästen als feines Pulver in dünner Schicht ausgebreitet geröstet; auch aus Schwarzblech hergestellte, mit Rötel ausgestrichene Kästen sind hierzu brauchbar. Dem erkalteten Röstgute mischt man $\frac{1}{3}$ seines Volumens Holzkohlenpulver ein, wiederholt die Röstung und dasselbe nochmals, um Schwefel und Arsen auch aus den bei der Röstung entstandenen Sulfaten und Arsenaten möglichst vollständig auszutreiben. Das darauf sehr fein zerriebene Material wird in einer starken 2-Liter-Flasche (mit Glasstopfen) mit 1½ Litern einer mit Chlor gesättigten konzentrierten Kochsalzlösung übergossen, 10 ccm Brom zugegeben und die Flasche während einiger Tage häufig geschüttelt. Riecht der Inhalt nach 24 Stunden nicht mehr stark, so macht man einen neuen Bromzusatz und schüttelt wiederholt. Schließlich hebert man die Lauge ab,

---

[1]) P l a t t n e r s Probierkunst mit dem Lötrohre, 6. Aufl. Bearbeitet von Prof. Dr. F r i e d r. K o l b e c k. Leipzig 1897, J. A. Barth.

dekantiert mehrfach mit heißer, konzentrierter Salmiaklösung, kocht aus den vereinigten Laugen das freie Chlor und Brom in einer Schale fort, setzt 100 ccm Salzsäure und 100 ccm gesättigte wäßrige schweflige Säure zu, kocht letztere fort, trägt allmählich 25 ccm kaltgesättigte Schwefelnatriumlösung (Na₂S) ein, kocht nochmals ¼ Stunde und filtriert. Der mit heißem Wasser ausgewaschene Niederschlag wird getrocknet, das Filter im Porzellantiegel verascht, Substanz und Asche im Ansiedescherben mit 20—50 g Probierblei gemischt und damit verschlackt, das Werkblei abgetrieben. Die Scheidung von Gold und Silber in dem erhaltenen Korn erfolgt nach S. 567, Goldproben.

Kiesabbrände von Pyriten und Arsenkiesen werden zweimal mit eingemischter Kohle geröstet und wie oben behandelt.

3. Ballings maßanalytische Silberprobe für reine Bleiglanze.

Diese Probe läßt sich ohne Muffelofen ausführen, eignet sich aber nur für reinere und eisenarme Bleiglanze.

2—3 g des feingeriebenen Erzes werden in einem Porzellantiegel mit dem vierfachen Gewichte eines Flusses aus gleichen Teilen Soda und Salpeter (beide chlorfrei!) gemischt, der Tiegel bedeckt und bis zum vollständigen Schmelzen des Inhalts über einem Bunsenbrenner allmählich erhitzt; schließlich rührt man die geschmolzene Masse mit einem angewärmten Glasstabe gut um. Die erkaltete Schmelze im Tiegel wird in einer halbkugelförmigen Porzellanschale mit kochendem destillierten Wasser übergossen. Nach halbstündigem Erwärmen auf dem Wasserbade wird das Ungelöste (hauptsächlich Bleioxyd) auf einem Filter gesammelt und gut ausgewaschen. Darauf spritzt man den Filterinhalt in die schon benutzte Porzellanschale, wäscht das Filter mit kochender, stark verdünnter Salpetersäure aus, filtriert in die Schale, gibt 20 ccm Salpetersäure (1,2 spez. Gew.) hinzu, dampft zur Trockne ab, nimmt den Rückstand mit Wasser und etwas Salpetersäure auf, filtriert, setzt (wenn nötig) etwas Ferrisulfatlösung zu dem erkalteten Filtrat und titriert mit einer Rhodanammoniumlösung, von der 1 ccm etwa 1 mg Silber entspricht (siehe V o l h a r d s Methode S. 554). Der beim Zusatz von Ferrisulfat- oder Eisenalaunlösung entstehende weiße Niederschlag von Bleisulfat stört das Erkennen der Endreaktion nicht. Erforderliche Zeit ca. 3 Stunden.

Vollständige Analysen von eigentlichen Silbererzen (Gültigerzen, Silberglanz, Antimonsilber, Stephanit, Polybasit, Fahlerzen usw.) werden nicht für technische Zwecke ausgeführt. Soll nur der Silbergehalt analytisch ermittelt werden, dann löst man das Erzpulver (1 g) in Salpetersäure und Weinsäure, (10 ccm HNO₃ + 2 g Weinsäure) und fällt das Silber durch Salzsäure oder, wenn das Erz darin nicht löslich, erhitzt man es (ca. 1 g) im Kugelrohr aus schwer schmelzbarem Glase im Chlorstrome [1]), reduziert die in der Kugel zurückgebliebenen Chlor-

---

[1]) R. F r e s e n i u s , Quant. Analyse, 6. Aufl., Bd. I, S. 614 u. 626; Bd. II, S. 493.

metalle durch Erhitzen der Kugel im Wasserstoffstrome, löst die Metalle
in schwacher Salpetersäure und fällt das Silber aus der stark verdünnten
salpetersauren Lösung mit Salzsäure. Man wäscht dann mit schwach
salpetersaurem Wasser bis zum Verschwinden der HCl-Reaktion aus
und trocknet im Luftbade.

Größere Mengen von Chlorsilber wägt man als solches. Man verascht das Filter im gewogenen Porzellantiegel, behandelt die Asche mit
einigen Tropfen HNO_3, später mit einigen Tropfen HCl auf dem Wasserbade, dampft zur Trockne, bringt das auf Glanzpapier aufbewahrte
Chlorsilber in den Tiegel, bedeckt denselben und erhitzt allmählich bis
zum Schmelzen des Chlorsilbers (dunkle Rotglut). Wenige Milligramm
oder Zentigramm Chlorsilber bringt man nach dem Trocknen mit dem
Filter in einen gewogenen R o s e schen Tiegel, verkohlt das Papier, legt
den Deckel auf und reduziert das Chlorsilber durch 10 Minuten langes
Glühen im Wasserstoff- oder Leuchtgasstrome. Nach dem Veraschen
der Filterkohle wird das Silber als solches gewogen. (Porzellantiegel und
Platintiegel läßt man 20—30 Minuten im Exsikkator stehen, ehe man
sie auf die Wage bringt. Sie werden nie in sehr heißen Zustande in
den Exsikkator gestellt.)

Elektrolytische Methoden zur Abscheidung des Silbers aus Lösungen
von Erzen werden wenig angewendet.

II. Proben für Legierungen.

Von den Silberlegierungen werden die ärmeren durchweg auf
trockenem Wege probiert; in den reicheren Legierungen bestimmt man
sehr häufig den annähernden Gehalt durch eine trockene Probe, die man
als „Vorprobe" für die darauf auf nassem Wege auszuführende genaue
Bestimmung benutzt. Die Methoden zur Entnahme von Durchschnittsproben von Legierungen sind S. 526 u. f. besprochen.

a) Trockene Proben.

1. Werkblei. Bei der Verhüttung der Bleierze erhaltenes Werkblei wird, wenn wenig verunreinigt, in Mengen von 20—50 g direkt abgetrieben (siehe Kupellation S. 541). Stark verunreinigtes Werkblei
wird vorher mit der gleichen bis doppelten Quantität Probierblei verschlackt. R e i c h b l e i wird direkt abgetrieben. E n t s i l b e r t e s
B l e i (Weichblei, Armblei) wird in Quantitäten von 100 g und darüber
durch Verschlacken konzentriert, der ca. 20 g wiegende König abgetrieben.

2. Hartblei (Antimonblei) und das silberreiche, stark antimon-
und arsenhaltige mexikanische Peñolesblei wird zunächst mit dem
doppelten Gewichte Probierblei verschlackt, konzentriert usw.

3. Silberhaltiges Wismut wird direkt abgetrieben.

4. Silberhaltiges Schwarzkupfer und Garkupfer erfordert Ansieden
mit dem 30 fachen Gewichte Probierblei, Konzentrieren usw.

5. Silberamalgam. Nach K e r l (Metallurg. Probierkunst, II Aufl.,
S. 301) destilliert man aus sehr quecksilberreichem Amalgam das meiste
Quecksilber aus einer Glasretorte (Kaliglas) ab, verschlackt den Rück-
stand mit dem sechs- bis achtfachen Blei usw.

Festes Amalgam wird auf einer Kapelle, die mit einer umgekehrten
bedeckt ist, ganz allmählich während 1½ Stunden in der Muffel bis zu
heller Rotglut erhitzt und darauf mit dem sechs- bis achtfachen Gewicht Probierblei abgetrieben.

6. Zinkschaum (Blei, Zink, Silber) von der Entsilberung des Werkbleies durch Zink muß mit dem 16 fachen Gewicht Probierblei verschlackt werden. Nach L. C a m p r e d o n [1]) behandelt man ihn
zunächst auf nassem Wege. löst eine Durchschnittsprobe von 25 g in
Salpetersäure und Weinsäure, fällt Silber (und viel Blei) durch Salzsäure, verschmilzt den ausgewaschenen und getrockneten Niederschlag
mit Zusatz von 20 g Glätte und dem nötigen Fluß (siehe Tiegelprobe
S. 538 ff.) im Tiegel auf Werkblei und treibt dieses ab.

7. Blicksilber (mit 95—96 % Ag), B r a n d s i l b e r (mit 97 bis
99,5 % Ag) und Zementsilber werden nicht mehr auf trockenem, sondern
nur noch auf nassem Wege probiert (siehe S. 550 ff.).

8. Kupferhaltiges Silber und Münzlegierungen. Derartige Legierungen, auch die silberreichsten, wurden vor der Einführung der nassen
Probe von G a y - L u s s a c ausschließlich auf trockenem Wege probiert, indem man eine genau abgewogene Menge davon (2 × 0,5 g) mit
einer hinreichenden Menge Probierblei auf der aus reiner Knochenasche
gefertigten „Münzkapelle" in der Muffel des Münzproben- oder Fein-
probenofens legierte und abtrieb.

Der unvermeidliche Silberverlust durch Kapellenzug ist für alle
Silbergehalte durch sehr sorgfältige Bestimmungen der renommiertesten
Münzprobierer seinerzeit ermittelt worden (siehe Korrektionstabelle in
K e r l s Probierbuch, III. Aufl. S. 106) und wird dem Resultate der nach
den Regeln der Kunst ausgeführten Probe hinzugerechnet, wodurch
sich dann der wirkliche Feingehalt mit ziemlicher Genauigkeit ergibt.

V o r p r o b e. Da der Bleizusatz (die Bleischweren) von dem Gehalte der Legierung an Kupfer und sonstigen unedlen Metallen abhängig ist, stellt man zunächst den annähernden Feingehalt der
Legierung durch eine Stichprobe auf dem Probierstein oder durch
Abtreiben von 0,1—0,2 g mit dem 18 fachen Gewicht Probierblei fest.

Auf dem Probiersteine (schwarzer Kieselschiefer, Basalt) bringt
man neben den durch Abreiben der Legierung gemachten Streifen solche
mit P r o b i e r n a d e l n (Strichnadeln) von bekanntem Feingehalte
(der nach „Lötigkeit" oder nach Tausendteilen aufgestempelt ist) an
und vergleicht die Färbungen, bis eine annähernde Übereinstimmung
mit dem Striche einer der Nadeln gefunden ist. Früher gab man den
Feingehalt in Silberlegierungen nach „Lötigkeit" an. Vom Feinsilber

---

[1]) L. C a m p r e d o n , Guide pratique du Chimiste Métallurgiste et de
l'Essayeur, Paris, Baudry & Cie., 1898.

enthält die „Mark" (zu 16 Lot) gerade 16 Lot Silber, 16 lötig heißt
also ebensoviel wie Feinsilber.

Zwölflötiges Silber, die gewöhnlich zu Löffeln, Uhrkapseln usw. ver-
arbeitete Legierung, enthält demnach $^{12}/_{16}$ Silber $= ^3/_4$ seines Gewichts,
75 % oder, nach der jetzt üblichen und gesetzlich vorgeschriebenen
Bezeichnung: 750 Tausendteile Silber.

Durch die Anwesenheit von Zink in der Silberkupferlegierung wird
die Stichprobe stark beeinflußt, die Schätzung fällt zu hoch aus.

Den „S t r i c h" benutzt man auch nach R ö ß l e r , um festzustellen, o b e i n e z u u n t e r s u c h e n d e L e g i e r u n g ü b e r -
h a u p t S i l b e r e n t h ä l t. Man bringt auf das auf den Probiersteine Abgeriebene einige Tropfen reine und starke Salpetersäure und,
wenn der Strich ohne weißliche Trübung verschwunden, einen Tropfen
Salzsäure, der käsiges Chlorsilber ausfällt, oder doch wenigstens eine
Trübung (Opalisieren) hervorbringt. Blei kann auch eine Trübung verursachen, dieselbe verschwindet jedoch beim Zusatze von etwas Wasser.
Siehe auch: Unterscheidung des Silbers von silberähnlichen Legierungen
S. 561. Silberarme Legierungen ($^{400}/_{1000}$ und darunter) werden mit dem
18—20 fachen Gewichte Probierblei, 18—20 Bleischweren (in den Münzlaboratorien in Stücken, Kugeln oder Halbkugeln vorrätig gehalten)
abgetrieben, Legierungen von annähernd $^{500}/_{1000}$ Teilen mit 16, 700 Tl.
mit 12, 800 mit 10, 900 mit 8 und 950 Tl. und darüber Feingehalt
mit 4 Bleischweren.

H a u p t p r o b e. In den Münzlaboratorien werden die Proben
in Muffeln ohne seitliche Durchbrechungen ausgeführt, weil in diesen
die Silberverflüchtigung geringer ist. Man benutzt (wegen der besseren
Temperaturregulierung) mit Vorliebe Gasöfen, z. B. den „Genfer Gasmuffelofen", Fig. 89, S. 535.

Zwei bis vier gut abgeätmete, kleine Münzkapellen werden nach
vorn gezogen, die Bleischweren aufgesetzt, der Ofen geschlossen, und
wenn das Blei angetrieben ist, die in wenig Briefpapier oder Probierbleifolie zu einem „Skarnitzel" eingewickelte Legierung (gewöhnlich
0,5 g, bei Feingehalten über $^{800}/_{1000}$ auch wohl 1 g) mit der Kluft eingetragen und die Muffel wieder geschlossen.

Nachdem in etwa 2 Minuten die Legierung von Blei mit Silber-
kupfer entstanden und die Papierasche verschwunden ist, wird geöffnet
und abgetrieben (siehe S. 541). Anfangs kühlt man mit dem Kühleisen
(Fig. 102, S. 542) oder durch ein T-förmiges Stück Gußeisen, welches man
in die Nähe der betreffenden Kapellen schiebt. Allmählich bildet sich
ein Glättrand, seltener Federglätte. Schließlich erscheinen die Glättaugen ziemlich groß, dann treten die Regenbogenfarben auf, und das
Korn blickt. Die abgeblickten Proben werden zur langsamen Abkühlung
und Vermeidung des Spratzens allmählich nach vorn gezogen und bald
nach dem Erstarren (Einsinken der Oberfläche) herausgenommen.
Darauf erfolgt das Ausstechen der Körner mit der Kornzange, seitliches
Drücken, Abbürsten der Unterseite mit der Kornbürste, Auflegen auf
eine schwarze Holzplatte mit Vertiefungen und Auswägen auf der Korn-

wage. Ober- und Unterprobe zeigen Gewichtsdifferenzen bis zu 3 Tausendteilen bei Feingehalten zwischen 980 und 725 Tausendteilen, zwischen 400 und 200 Tausendteilen erheblich größere. Ergab die mit 2 × 0,5 g Legierung ausgeführte Probe z. B. das Durchschnittsgewicht von 350 mg = 700 Tausendteile, so wäre nach der oben erwähnten Korrektionstabelle der franz. Münz- und Medaillenkommission der zuzurechnende Verlust = 4,75 Tausendteile, der wirkliche Gehalt der Legierung daher 704,75 Tausendteile.

Diese Feinprobe wird jetzt allgemein nur noch als ,,Vorprobe" für die viel genauere maßanalytische Bestimmung nach dem Verfahren von G a y - L u s s a c (siehe dieses unten) ausgeführt. Für arme und stark verunreinigte Silberlegierungen des Handels dient sie auch jetzt noch vereinzelt als definitive Probe.

b) Nasse Proben für Silberlegierungen.

Von den nassen Proben sind die Chlornatriummethode von G a y - L u s s a c [1]) und die Rhodanammoniummethode von V o l h a r d [2]) fast ausschließlich in Anwendung.

Die weniger schnell auszuführende gewichtsanalytische Abscheidung des Chlorsilbers findet in der Praxis, wenn es sich nur um die Feststellung des Silbergehaltes handelt, nur ganz vereinzelt statt, z. B. (nach K e r l) in ostindischen Münzen, wo man wegen der vorherrschenden hohen Temperatur und der dadurch verursachten Eindunstung der Normallösungen diese nicht auf konstantem Wirkungswerte erhalten kann.

Elektrolytische Abscheidungsmethoden haben sich bisher nicht eingeführt, weil sie keine besonderen Vorzüge besitzen.

1. Gay-Lussacs Chlornatriummethode [3]).

Diese Methode ist in allen Laboratorien der Münzstätten in Anwendung. Nach ihr wird das Silber aus der salpetersauren Auflösung der Legierung, welche etwas über 1000 mg reines Silber enthalten soll, zunächst mit einer nicht ganz hinreichenden Menge starker, reiner Chlornatriumlösung (100 ccm ,,Normalkochsalzlösung") in der Kälte als Chlorsilber gefällt, die Flüssigkeit durch Schütteln geklärt und das

---

[1]) Vollständiger Unterricht über das Verfahren G a y - L u s s a c s , Silber auf nassem Wege zu probieren, bearbeitet von J. L i e b i g. Braunschweig 1833. Die Silberprobiermethode, chemisch untersucht von G. J. M u l d e r , aus dem Holländischen übersetzt von Dr. G r i m m. Leipzig 1859.

[2]) Die Silbertitrierung mit Rhodanammonium usw. Leipzig 1878. Vorher in der Berg- und Hüttenm. Ztg. 1875, S. 83; 1876, S. 333 (L i n d e m a n n). Journ. f. pr. Chem. (2) 15, 191; 1877.

(L. C a m p r e d o n bezeichnet diese Methode in seinem ,,Guide Pratique du Chimiste Métallurgiste et de l'Essayeur" als M e t h o d e C h a r p e n t i e r , der die ,,Grundzüge" des Verfahrens schon 1871 in den Comptes rendus de l'Académie des Sciences publiziert habe.)

[3]) Eine sehr ausführliche Beschreibung des Verfahrens findet sich in K e r l , Metallurgische Probierkunst, 2. Aufl., S. 335 u. f.

nun noch in Lösung befindliche Silber durch aufeinander folgende Zusätze von je 1 ccm einer zehnfach schwächeren Kochsalzlösung („Zehntel-Normalkochsalzlösung") und jedesmal wiederholtes Klarschütteln zur vollständigen Ausfällung gebracht.

Ausführung der Methode.

Die notwendigen Lösungen sind:

1. N o r m a l k o c h s a l z l ö s u n g. Sie wird hergestellt durch Auflösen von je 5,4202 g chemisch reinem Chlornatrium oder ganz farblos-durchsichtigem Krystallsteinsalz mit destilliertem Wasser von 15° C zu je 1 Liter und Zusatz von 1—2 ccm Wasser.

(Bei größerem Bedarf stellt man sich 50 Liter (1 Ballon) auf einmal her und geht dabei von einer reinen, kaltgesättigten Kochsalzlösung aus, von der 100 ccm zwischen 10 und 20° C 31,84 g NaCl enthalten. Man befreit eine Auflösung des gewöhnlichen Kochsalzes von Gips und Chlormagnesium durch Behandlung mit Chlorbaryum und kohlensaurem Natron, filtriert, kocht ein und krystallisiert das erhaltene Salz nochmals um.)

100 ccm dieser Lösung sollen·nicht ganz 1000 mg Silber ausfällen können, damit das Fertigtitrieren mit Zehntelnormalkochsalzlösung vorgenommen werden kann.

Man bringt 5—10 Liter der so hergestellten Normallösung in eine unten seitlich tubulierte Flasche (nach S i r e), die auf einem soliden Holzbocke steht und von der aus man die von S t a s angegebene, genau 100 ccm fassende Pipette (Vereinfachung der Pipette von G a y - L u s s a c) mittels eines Gummischlauches füllt (Fig. 103.)

2. Z e h n t e l k o c h s a l z l ö s u n g, durch Verdünnen von 100 ccm der Normallösung zu 1 Liter hergestellt.

3. Z e h n t e l s i l b e r l ö s u n g, erhalten durch Auflösen von 1 g chemisch reinem Silber in 6 ccm reiner Salpetersäure (1,2 spez. Gew.) und Verdünnen zu 1 Liter.

Beide Zehntellösungen werden in Flaschen mit Glasstopfen aufbewahrt.

Der Silbergehalt der zu untersuchenden Legierung muß annähernd bekannt, durch eine Vorprobe auf trockenem Wege (siehe Münzprobe S. 548) oder durch Titration nach der V o l h a r d schen Methode (S. 554) vorher ermittelt worden sein.

In den in den Münzen selbst hergestellten Legierungen (aus Silber von genau bestimmtem Feingehalte und reinem Kupfer) kennt man bereits den Feingehalt der Legierung und kontrolliert ihn nur durch die Chlornatriummethode.

Zuerst stellt man den Titer oder Wirkungswert der Normalkochsalzlösung, die möglichst genau 15° C besitzen soll, mittels einer salpetersauren Auflösung von 1 g chemisch reinem Silber fest. Vollkommen reines Silber (P r o b e s i l b e r) kann man von der „Deutschen Gold- und Silberscheideanstalt Frankfurt a. M." beziehen, auch nach dem Verfahren von J. S. S t a s (Zeitschr. f. anal. Chem. 6, 1425; 1867) durch

Reduktion des Metalls aus ammoniakalischer Lösung, durch schwefligsaures Ammon oder durch ammoniakalische Kupferoxydullösung usw.
selbst herstellen.

Die Silberschnitzel werden in einer starkwandigen, numerierten
„Schüttelflasche" von 200 ccm Inhalt, deren Wölbung scharf im rechten
Winkel abgesetzt ist, mit 6 ccm reiner HNO_3 von 1,2 spez. Gew. unter
allmählichem Erhitzen im Wasserbade gelöst, zur Austreibung der
salpetrigen Säure noch ¼ Stunde darin gelassen, dann herausgenommen.
Nachdem man die Säuredämpfe mit einer gebogenen Glasröhre aus der
erkalteten Flasche geblasen, stellt man diese in einer Blechhülse genau
unter die mit Normalkochsalzlösung gefüllte und durch den oben auf-
gelegten Zeigefinger verschlossene Pipette (Pipette nach S t a s, Fig. 103),
läßt deren Inhalt in die Flasche fließen, die man mit dem gleichfalls
numerierten, gut eingeschliffenen Glasstopfen verschließt, und schüttelt
jetzt die Flasche 5 Minuten lang derart, daß der Inhalt heftig gegen
die Wölbung der Flasche geschleudert wird. Man umfaßt dabei die
Blechhülse und drückt den Zeigefinger auf den Stopfen.

Das gut zusammengeballte Chlorsilber setzt sich schnell zu Boden;
noch an der Wandung und am Stopfen Haftendes wird durch Neigen
und Drehen der Flasche heruntergespült. In die vollkommen geklärte
Flüssigkeit läßt man nach 1—2 Minuten 1 ccm Zehntelnormalkochsalzlösung aus einer Pipette derart einfließen, daß die Pipettenspitze innen
am Flaschenhalse anliegt, und spült mit einigen Tropfen Wasser nach.
Wenn noch Silber in Lösung ist, sieht man in der gegen das Licht gehaltenen Flasche obenauf eine milchige Trübung, die sich beim gelinden
Umschwenken durch die ganze Flüssigkeit verbreitet.

Man markiert den verbrauchten Kubikzentimeter $^1/_{10}$ N.-Koch-
salzlösung durch einen Kreidestrich an der mit der Flasche gleich-
numerierten Abteilung der kleinen Wandtafel, schüttelt klar, setzt
wieder 1 ccm $^1/_{10}$ N.-NaCl-Lösung zu u. s. f., bis nach erneutem Zusatze
keine Trübung mehr erfolgt. Der letzte, überschüssige Kubikzentimeter
wird nicht markiert, der vorletzte nur halb gerechnet und der betreffende
Strich durchkreuzt.

Gab z. B. der dritte Zusatz keine Trübung mehr, dann war der
Verbrauch an Kochsalzlösung zur vollständigen Ausfällung von 1000 mg
Silber = 100 ccm N.-NaCl (= 1000 ccm $^1/_{10}$ N.-NaCl) + 1,5 ccm $^1/_{10}$ N.-
NaCl, zusammen 1001,5 ccm $^1/_{10}$ N.-NaCl-Lösung (Titer der Lösung).

Wenn eine L e g i e r u n g nach der als Vorprobe ausgeführten
trockenen Probe (Münzprobe) unter Hinzurechnung des Kapellenzuges
einen Feingehalt von 734 Tausendteilen (millièmes) besitzt, so ergibt
sich die Einwage für die nasse Probe aus folgender Proportion:

734 mg Ag sind in 1000 mg der Legierung,

1000 - - - - x - - -

$$x = \frac{1000 \times 1000}{734} = 1362 \text{ mg.}$$

Man wägt 1363 mg ein, löst in 10—12 ccm chlorfreier Salpetersäure (1,2 spez. Gew.) und behandelt die Lösung genau, wie beschrieben.

Der vierte Kubikzentimeter gebe keine Trübung mehr, der Verbrauch ist also $1000 + 2,5 = 1002,5$ ccm $^1/_{10}$ N.-NaCl. Da 1 g Silber 1001,5 ccm erfordert, enthält die Einwage (1363 mg) also 1001 mg Silber, entsprechend einem Feingehalte von **734** Tausendteilen.

A n m e r k u n g e n.

1. A p p a r a t. Die sehr einfache und billige Pipette nach S t a s ist ein vollkommener Ersatz für die Original-Gay-Lussac-Pipette mit Hähnen und Verschraubungen aus Feinsilber. Man schützt die Pipette gegen Staub und reinigt sie mit warmer Seifenlösung oder Kalium-

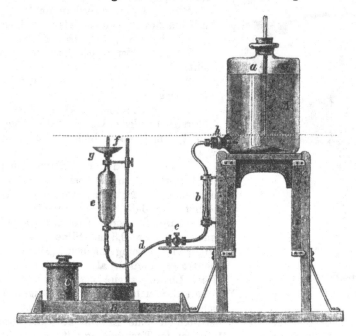

Fig. 103.

bichromat und Schwefelsäure (s. Bd. I, S. 51), wenn einzelne Tropfen der Normallösung beim Ausfließen an der Wandung haften bleiben sollten ($^1/_{10}$ ccm der Normallösung $==$ 1 mg Ag!). In den Münzlaboratorien benutzt man zum gleichzeitigen Einstellen mehrerer Flaschen in das kupferne Wasserbad einen besonderen Träger, zum gleichzeitigen Klarschütteln von 10—12 Proben einen mit zwei Handgriffen versehenen Schüttelapparat, der an einem federnden Wandarme angehängt und durch eine Spiralfeder am Boden befestigt ist (Fig. 104).

Hierbei müssen die einzelnen Flaschen durch Holzkeile in den betreffenden Fächern festgeklemmt und die Glasstöpsel fest eingedreht werden.

2. Einfluß fremder Metalle usw.

Beim Auflösen der Legierung zurückbleibende schwarze Flocken können aus Gold, Platin, Kohlenstoff oder Schwefelsilber bestehen. Letzteres geht durch fortgesetztes Erwärmen und Zusatz von 1—2 ccm starker HNO_3 in Lösung. Eine Trübung durch Antimon wird durch Weinsäure beseitigt, die man auch bei Gegenwart von Wismut zusetzt. Quecksilberhaltige Legierungen werden nach Debray in einem kleinen Graphittiegel in der Muffel allmählich bis zum Schmelzen erhitzt, der König in HNO_3 gelöst usw.

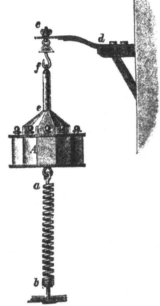

Fig. 104.

Blei und Zinn erfordern nach Kerl Auflösen des Probematerials in Schwefelsäure statt in Salpetersäure; Spuren von Blei stören in der salpetersauren Lösung nicht.

3. Verhalten des Chlorsilbers.

Aus bekanntem Grunde darf der Chlorsilberniederschlag nicht der längeren Einwirkung des Lichtes ausgesetzt werden.

Nach Mulders Untersuchungen ist Chlorsilber in der bei der Titration entstehenden Natriumnitratlösung etwas löslich, so daß bei der Ausfällung des Silbers mit der berechneten Menge Chlornatrium etwa 0,5 mg Silber als Chlorsilber in Lösung bleiben (Mulders neutraler Punkt), also 0,5 ccm $1/10$ N.-NaCl-Lösung zuviel verbraucht werden, wenn davon bis zum vollständigen Verschwinden der Trübung zugesetzt wird. Der hierin liegende Fehler ist jedoch ohne Einfluß auf das Proberesultat, weil er in gleichem Maße bei der Titerstellung mit reinem Silber und der Titration der Legierungslösung auftritt.

4. Genauigkeit der Probe.

Gewöhnlich wird der Feingehalt nur nach ganzen Tausendteilen angegeben; sehr geübte Probierer können indessen die zuletzt auftretende Trübung bis $\pm 0,1$ mg schätzen, arbeiten auch wohl mit kleineren Zusätzen als je 1 ccm $1/10$ N.-NaCl-Lösung.

2. Volhards Rhodanammoniummethode (s. a. Bd. I, S. 150).

Dieses an Genauigkeit der Gay-Lussac-Methode ebenbürtige Verfahren beruht auf der Fällbarkeit des Silbers aus salpetersaurer Lösung durch eine Lösung von Rhodanammonium, $(NH_4)CNS$, oder Rhodankalium, KCNS, bei Gegenwart von Ferrisulfat als Indikator für das Reaktionsende.

Das käsige, wenig lichtempfindliche Rhodansilber ist in verdünnter, und kalter Salpetersäure unlöslich; der geringste Überschuß des Fällungsmittels (Rhodanammonium) gibt sich durch bleibende Rotfärbung von Eisenrhodanid zu erkennen. In chemischen Laboratorien wird diese Methode mit Vorliebe ausgeführt, weil sie keinen besonderen Apparat verlangt.

Ausführung der Probe [1]). N o t w e n d i g e L ö s u n g e n.

1. **R h o d a n a m m o n i u m l ö s u n g.** Das Salz ist chemisch rein zu beziehen und geeigneter als Rhodankalium, welches häufig Chlor enthält. 7,5—8 g werden zu 1 Liter gelöst. Man bestimmt den Titer der Lösung durch Titration von 50 ccm der Silberlösung (2), in einem Becherglase mit 100—200 ccm Wasser verdünnt, nach Zusatz von 5 ccm kaltgesättigter Eisenalaunlösung (chlorfrei!) bis zur bleibenden, schwach bräunlichroten Färbung und verdünnt dann soweit, daß 1 ccm genau 0,010 g Silber ausfällt, was durch einige Titrationen kontrolliert wird.

Durch Verdünnen von 100 ccm dieser Lösung zu 1 Liter stellt man sich die Zehntel-Rhodanammoniumlösung (1 ccm = 0,001 g Ag) her, welche zur Beendigung der Titrationen benutzt wird. Der Titer dieser Lösungen ändert sich nicht.

2. **S i l b e r l ö s u n g.** 10 g chemisch reines Silber (Probesilber, siehe S. 551) werden unter Vermeidung von Verlust durch Verspritzen in einem langhalsigen Kolben in 160 ccm reiner Salpetersäure (1,2 spez. Gew.) gelöst, die salpetrige Säure vollkommen ausgetrieben und die Lösung nach dem Erkalten zu 1 Liter verdünnt. 1 ccm enthält dann genau 0,010 g Silber.

3. Eine kaltgesättigte und chlorfreie Lösung von E i s e n a l a u n, von der 5 ccm bei allen Titrationen zugesetzt werden.

Dadurch etwa entstehende Gelblichfärbung der Lösung wird durch Zusatz von wenig farbloser HNO_3 beseitigt.

Von L e g i e r u n g e n löst man 0,5—1 g in einem mit einem Uhrglase bedeckten Becherglase mit 10—20 ccm HNO_3 (1,2 spez. Gew.) durch Erwärmen auf dem Sandbade auf und wartet, bis die Dämpfe von N_2O_3 und N_2O_4 verschwunden sind. Dann wird das Uhrglas und die Wandung des Glases mit destilliertem Wasser abgespült, 100—150 ccm Wasser und 5 ccm Eisenalaunlösung zugesetzt, ein Blatt weißes Papier untergelegt und wie bei der Titerstellung titriert.

Wenn gegen Ende der Titration die Eisenrhodanidfärbung beim flotten Umrühren nur langsam verschwindet, wird mit Zehntel-Rhodanlösung fertig titriert.

Die V o l h a r d sche Methode gibt sehr gute Resultate. Bei ihrer Ausführung benutze man nur Meßkolben, Pipetten und Büretten, die auf ihre Richtigkeit besonders geprüft oder geeicht sind (siehe Bd. I, S. 60 u. f.).

---

[1]) R. F r e s e n i u s , Quant. chem. Analyse, 2. Aufl., Bd. II, S. 465 u. f.

Anmerkungen.

Die Lösungen werden k a l t titriert; Salpetersäure stört nicht, wohl aber salpetrige Säure, die vorher fortgekocht wird.

Ein Goldgehalt der Probe (z. B. in Blicksilber, Brandsilber) gibt sich beim Auflösen in HNO_3 zu erkennen; das dunkelbraune oder schwarze Pulver wird durch Dekantieren mit heißem Wasser ausgewaschen, in einem Tiegelchen gesammelt, getrocknet, geglüht und gewogen (siehe Güldisch-Probe S. 580 f.).

Bei einem höheren Kupfergehalte der Legierung (über 70 %) ist die Endreaktion schlecht zu erkennen. In diesem Falle setzt man zu der stark gefärbten Lösung eine genau abgemessene Quantität der Silberlösung (oben 2), oder man wägt eine entsprechende Menge Feinsilber hinzu, so daß dann das Verhältnis Cu : Ag = 7 : 3 nicht überschritten wird.

Quecksilber muß durch vorhergehendes Glühen aus der Legierung entfernt werden.

Palladium läßt den Silbergehalt zu hoch finden.

Arsen, Antimon, Zinn, Zink, Kadmium, Blei und Wismut beeinträchtigen die Titration nicht; Kobalt und Nickel stören durch die Färbung ihrer salpetersauren Lösung in gleicher Weise wie ein hoher Kupfergehalt in der Legierung.

A. E. K n o r r (Journ. Amer. Chem. Soc. 19, 814; 1897) empfiehlt als Feinsilberprobe eine Kombination der Methoden von G a y - L u s s a c und V o l h a r d , Fällung der Hauptmenge des Silbers durch Kochsalzlösung und Titration des Restes mit Rhodanammonium.

In den Münz-Laboratorien hat man die Silber-Bestimmung nach G a y - L u s s a c beibehalten, weil a u c h b e i k ü n s t l i c h e m L i c h t e der Eintritt einer schwachen Trübung (von AgCl) in der vorher vollkommen klargeschüttelten Flüssigkeit schärfer zu erkennen ist als die beginnende Rotfärbung (von Eisenrhodanid) nach der vollendeten Ausfällung des Silbers.

Silberbestimmung in B a r r e n s i l b e r nach V o l h a r d s Methode (siehe auch S. 558).

E. A. S m i t h und G. S i m s (Elektrotechn. Ind. 1907, Bd. 4, S. 94; Chem.-Ztg. 31, Rep. 196, 1907) machen den Endpunkt der Titration dadurch schärfer erkennbar, daß sie auf eine bestimmte Probenintensität einstellen. Sie benutzen eine „normale" Rhodanammoniumlösung, von der 100 ccm (abzumessen mit der S i r e schen Pipette; siehe Fig. 103, S. 553) 1,0003—1,0005 g Silber entsprechen, setzen dieses Quantum zur Lösung von genau 1 g chem. reinem Silber in Gegenwart von Ferrisulfat, schütteln 2 Minuten und benützen dann die Rotfärbung der geklärten Flüssigkeit beim Vergleiche als „Standard". Die Färbung muß beim Zusatze von 0,5 ccm einer $^1/_{10}$ N.-Silberlösung verschwinden.

Von Barrensilber bringt man eine wenig über 1 g Silber enthaltende Einwage mit 10 ccm Salpetersäure (D 1,2) in Lösung, treibt die salpetrige Säure vollkommen aus, setzt Ferrisulfat und 100 ccm der Normallösung zu und schüttelt 2 Minuten. Je nachdem nun ein Überschuß von Silber oder von Rhodanammonium erkennbar, wird mit der entsprechenden $^1/_{10}$ N.-Lösung bis zur Standard-Färbung titriert. Zweckmäßig sorgt man bei der Einwage für einen kleinen Silber-Überschuß und titriert mit $^1/_{10}$ N.-Rhodanlösung fertig, wobei 1 Tropfen (0,05 mg Ag entsprechend) einen deutlichen Farbenunterschied ergibt. Beobachtet wird gegen eine weiße Fläche, ohne lange zu warten, weil die Färbung am Lichte eine allmähliche Veränderung erleidet.

3. Gewichtsanalytische Abscheidung des Silbers.

Die Ausfällung des Silbers als Chlorsilber ist schon S. 547 besprochen worden. Es sei hier ein gewichtsanalytisches Verfahren beschrieben, nach welchem das Silber (auch bei sehr geringen Gehalten) mit großer Schärfe als Jodsilber abgeschieden wird. Das von R. B e n e d i k t und L. G a n s (Chem.-Ztg. 16, 4, 12; 1892) angegebene Verfahren zur Bestimmung des Silbers in seinen Legierungen mit Blei wird von H a m p e (Chem.-Ztg. 18, 1899; 1894) nach sorgfältiger Prüfung angelegentlich empfohlen.

Das Verfahren ist folgendes: „Man löst eine dem Silbergehalte des Bleies angemessene Menge (10 g bis einige hundert g) der Legierung in verdünnter chlorfreier Salpetersäure bzw. unter Zusatz von Weinsäure, wenn die Legierung Antimon enthält. Die Menge der Salpetersäure ist am besten so berechnet, daß ungefähr 10 ccm im Überschusse sind. Die stark (auf 300 ccm bis einige Liter) verdünnte, klare, event. filtrierte Lösung wird dann mit einer zur vollständigen Ausfällung des Silbers mehr als hinreichenden, aber nicht zu großen Menge Jodkaliumlösung versetzt und gut bedeckt erhitzt. Das Jodblei löst sich, zersetzt sich dann mit der Salpetersäure, und Jod beginnt zu entweichen. Man dampft so weit ein, bis letzteres völlig entfernt ist, und die Flüssigkeit farblos erscheint. Dann filtriert man das Jodsilber ab und wägt es aus. Dasselbe kann auch leicht in Chlorsilber übergeführt und als solches bestimmt werden."

B e n e d i k t untersuchte silberarme Bleie, deren Silbergehalte im H a m p e schen Laboratorium (Clausthal) auf trockenem Wege mit möglichster Genauigkeit zu 0,003 % und 0,0006 % ermittelt waren. Er fand unter Anwendung von 147 g bzw. 239 g Substanz nach seiner Methode die Silbergehalte zu 0,0034 % und 0,00054 %.

H a m p e kontrollierte das Verfahren noch besonders durch Ausfällung kleiner Mengen von Silber bei Gegenwart von sehr viel chemisch reinem Bleinitrat (320 g Pb $(NO_3)_2$, 1 mg Ag als $AgNO_3$, 2 L. Wasser, 10 ccm HNO_3, gefällt mit 0,5 g Jodkalium in wäßriger Lösung. Resultat 0,98 mg statt 1,0 mg!).

Zur Prüfung von Probierblei, Glätte und Bleiweiß, die bei der Ausführung trockener Silberproben verwendet werden sollen, ist dies Verfahren besonders geeignet.

Untersuchung von Barrensilber [1].

(Blicksilber, Brandsilber, Feinsilber, Zementsilber.)

Eine vollständige Analyse wird selten ausgeführt. Man bestimmt gewöhnlich das beim Auflösen einer größeren Quantität (10 g und darüber) in reiner Salpetersäure zurückbleibende Gold (siehe Gold S. 581) in einem Teile der Lösung das Silber (nach G a y - L u s s a c , V o l h a r d oder durch Gewichtsanalyse) und prüft außerdem auf Verunreinigungen, namentlich auf W i s m u t , von dem schon ein sehr geringer Gehalt die mit dem betr. Silber hergestellten Legierungen (z. B. Münzlegierungen) außerordentlich spröde und brüchig macht.

Bei der qualitativen Prüfung durch Auflösen einiger g in reiner Salpetersäure geben sich A n t i m o n und Z i n n durch eine weißliche Trübung zu erkennen, K u p f e r gibt beim Übersättigen der geklärten Lösung mit Ammoniak Blaufärbung, B l e i und W i s m u t fallen hierbei als Hydroxyde nieder.

P l a t i n und P l a t i n m e t a l l e sind fast immer, meist nur in Spuren, vorhanden. Man scheidet sie durch längeres Schmelzen des durch Eindampfen der geklärten Lösung in einer Porzellanschale erhaltenen Silbernitrats ab. P a l l a d i u m hat H. R ö ß l e r vielfach in Blicksilber angetroffen, bestimmbare Mengen färben die salpetersaure Lösung gelblich.

S c h w e f e l bestimmt man durch Erhitzen einer größeren Einwage (Späne auf langem Porzellanschiffchen im Rohre aus Kaliglas) im Chlorstrome, Auffangen der verflüchtigten Chlorverbindung in einer Vorlage mit salzsaurem Wasser und Fällung des Schwefels als Baryumsulfat. Nach diesem Verfahren lassen sich auch Wismut, Zinn, Arsen und Antimon vom Silber durch Verflüchtigung der Chloride trennen; Kupfer, Blei und Eisen bleiben z. T. beim Chlorsilber, z. T. im kälteren Teile des Glasrohres hinter dem Schiffchen zurück.

S e l e n ist von H. R ö ß l e r und H. D e b r a y im Silber nachgewiesen worden. Zur quantitativen Bestimmung werden nach D e b r a y ca. 100 g Silber in HNO_3 vom spez. Gew. 1,3 gelöst, von ausgeschiedenem Golde dekantiert, aus der verdünnten Lösung das Silber durch Salzsäure gefällt, das Filtrat bis zur Trockne abgedampft, der Rückstand zur Überführung der Selensäure in selenige Säure $1/4$ Stunde hindurch mit Salzsäure gekocht, durch Erwärmen mit wäßriger schwefliger Säure das Selen als rotes Pulver abgeschieden, auf einem gewogenen Filter gesammelt, mit Wasser ausgewaschen, das Filter 3—4 Stunden im Luftbade bei 100^0 getrocknet und zuletzt zwischen Uhrgläsern mit Klemme gewogen.

Bestimmung des Silbers in Versilberungsflüssigkeiten (Silberbädern).

Solche Bäder pflegen im Liter 4—20 g Silber (als Silberkaliumcyanid) und 10—50 g Cyankalium zu enthalten, außerdem cyansaures

---

[1] Siehe auch S. 556.

Kali, kohlensaures Kali, Chlorkalium, wenig Kupfer, Zink und Nickel als Verunreinigungen. Cadmium wird jetzt ziemlich häufig (als Cadmiumkaliumcyanid) den Bädern zugesetzt, weil die damit hergestellte Versilberung weniger leicht anläuft als der reine Silberniederschlag.

10 ccm werden unter einem Abzuge in einer bedeckten Porzellanschale mit 10 ccm Salzsäure übergossen, die Schale ¼ Stunde auf dem kochenden Wasserbade erhitzt, das Uhrglas abgenommen und abgespritzt und der Inhalt der Schale auf dem Wasserbade bis zur Trockne abgedampft. Hierbei gibt sich ein geringer Kupfergehalt durch Braunfärbung der Salzmasse zu erkennen (wasserfreies Kupferchlorid). Man digeriert den Rückstand mit 25 ccm Wasser unter Zusatz einiger Tropfen Salpetersäure, filtriert nach dem Erkalten, wäscht mit schwach salpetersaurem Wasser aus, trocknet das Filter im Luftbade, verkohlt es im R o s e schen Tiegel, wobei schon viel Chlorsilber reduziert wird, glüht 5—10 Minuten stark im Wasserstoff- oder Leuchtgasstrome und verascht dann die Papierkohle.

Das im Filtrate vom Chlorsilber enthaltene K u p f e r , gewöhnlich einige mg, kann man durch Schwefelwasserstoff fällen, den Niederschlag (CuS) auf einem kleinen Filter sammeln, mit Wasser auswaschen, dem 1 Tropfen H_2SO_4 und einige ccm H_2S-Wasser zugesetzt sind, trocknen und im Porzellantiegel durch Rösten (zuletzt über der großen Bunsenflamme) in Kupferoxyd überführen. $CuO \times 0,7989 = Cu$.

Bei Anwesenheit von C a d m i u m fallen beide Metalle als Sulfide nieder; man wäscht den Niederschlag aus, spritzt ihn vom Filter in eine Porzellanschale und kocht 5—10 Minuten mit verdünnter Schwefelsäure (1 Säure : 5 Wasser), wobei sich das Schwefelcadmium vollkommen löst (A. W. H o f m a n n s Methode). Das dann auf dem Filter bleibende Schwefelkupfer behandelt man wie oben; das Cadmium wird aus der stark verdünnten schwefelsauren Lösung als CdS gefällt, auf einem gewogenen Filter gesammelt, bei 100 ⁰ getrocknet und dann (½ Stunde später) zwischen Uhrgläsern mit Klemme gewogen. $CdS \times 0,7780 = Cd$. (Siehe „Cadmium").

Den C y a n k a l i u m g e h a l t der Bäder ermittelt man am schnellsten durch Titration nach L i e b i g mit Silberlösung.

E l e k t r o l y t i s c h e   S i l b e r b e s t i m m u n g e n [1]) bieten keine Vorteile, da sie die vorhergehende Trennung des Silbers von anderen Metallen bedingen. Die Elektrolyse kann in salpetersaurer und in cyankalischer Lösung vorgenommen werden, mit ruhenden und mit bewegten Elektrolyten; zur Abscheidung der letzten mg des Metalls ist längere Einwirkung des Stromes erforderlich, auch fällt das Metall leicht im schwammigen Zustande. Am häufigsten werden wohl die Silbergehalte von AgCl, AgBr und AgJ bestimmt, indem man diese in einem reichlichen Überschusse wäßriger Cyankaliumlösung auflöst und die Lösung mit einem Strom von etwa 0,2 Amp. pro 100 qcm Kathodenfläche elektrolysiert.

---

[1]) C l a s s e n , Elektrolyse, 5. Aufl. 1908, S. 143 u. f. — F i s c h e r , Elektroanalytische Schnellmethoden. Stuttgart 1908, S. 113 u. f.

Wiedergewinnung des Silbers aus Chlorsilber und Rhodansilber.

Chlorsilber wird mehrfach mit verdünnter Salzsäure ausgekocht, durch Dekantieren mit Flußwasser vollständig ausgewaschen, scharf getrocknet, mit der Hälfte seines Gewichtes kalzinierter Soda und $1/8$ des Gewichtes Salpeter gemischt, die Mischung in mehreren Portionen in einen im Windofen stehenden, geräumigen und feuerfesten Tiegel eingetragen, bis zum ruhigen Fließen geschmolzen, die Schlacke abgegossen und das Metall entweder in eine angewärmte eiserne Barrenform oder zur Gewinnung von Granalien im dünnen Strahl in bewegtes Wasser gegossen. Der Barren wird mit heißer, verdünnter Schwefelsäure gereinigt.

In der Pariser Münze schmilzt man 100 Teile Chlorsilber mit 70 T. Kreide und 44 T. Holzkohlenpulver (K e r l, Metallurgische Probierkunst, 2. Aufl.). Vorhergehende Reduktion des Chlorsilbers durch Einlegen massiver Zinkstücke und Übergießen mit schwach schwefelsaurem Wasser, Auswaschen usw. ist weniger zu empfehlen, weil fast jedes Zink bleihaltig ist (Spuren bis 1,5 % und darüber) und solches das schwammige Silber verunreinigt.

Nach John W. P a c k (Assaying of Gold and Silver in U. S. Mint, in „Min. and Sci. Press.", Nov. 14, 1903) stellt man sich in amerikanischen Münzlaboratorien „P r o b e s i l b e r" in folgender Weise her: Blech oder Granalien von hochhaltigem Silber werden in Salpetersäure gelöst und die filtrierte, verdünnte Lösung mit Salzsäure gefällt, das Chlorsilber sorgsam mit salzsaurem Wasser durch Dekantieren gewaschen und durch eingelegte Streifen von bestem Aluminium in Gegenwart von Salzsäure in Metall umgewandelt. Wenn alles Chlorsilber zerlegt, werden die Aluminium-Reste in Salzsäure gelöst, das schwammige Silber ausgewaschen, getrocknet, in einem neuen Tontiegel eingeschmolzen, kleine Barren gegossen und diese zu Streifen ausgewalzt.

P f e i f f e r (Chem.-Ztg. 22, 775; 1898) stellt reines Silber durch elektrolytische Zerlegung von Chlorsilber in der Tonzelle her: Ein Streifen Platinblech ist in einer Tonzelle von gut ausgewaschenem Chlorsilber umgeben, das mit verdünnter Schwefelsäure durchfeuchtet ist. Die Tonzelle und der dieselbe umgebende massive und amalgamierte Zinkzylinder stehen in einem Batterieglase in verdünnter Schwefelsäure, Zink und Platin sind leitend verbunden. Nach der Reduktion wird das schlammige Silber anhaltend ausgewaschen und kann dann eingeschmolzen oder auch sofort auf Höllenstein verarbeitet werden.

Fast genau dasselbe Verfahren hat P r i w o z n i k schon 1879 (Österr. Zeitschr. f. Berg- und Hüttenwesen 1879. 418; B a l l i n g, Fortschritte im Probierwesen 1887. S. 18 und 19) beschrieben, der statt des Platinblechs (P f e i f f e r) 2 Silberblechstreifen anwendet. Nach ihm bringt man in die 24 cm hohe und 8,5 cm weite Tonzelle c schwach schwefelsaures Wasser und stellt zwei massive Zinkstäbe (oder eine starke Zinkplatte) hinein, die durch Kupferdrähte mit zwei 12 cm breiten Silberblechstreifen verbunden sind. Letztere tauchen in das die Ton-

zelle in dem Batterieglase (32 cm hoch, 22 cm weit) umgebende, mit
verdünnter Schwefelsäure (etwa 1 : 10) übergossene Chlorsilber, welches
ca. 1 kg Silber enthält. Die Zinkstücke werden öfter gereinigt. Fig. 105
zeigt den Apparat von P r i w o z n i k.

Nach diesem galvanischen Verfahren stellt man sich in den Münzen
zu Wien, Sidney, Melbourne u. a. aus den bei der Goldscheidung durch
Quartation (siehe diese S. 573) in großen Quantitäten sich ansammelnden
Silbernitratlösungen wieder reines Silber, P r o b e s i l b e r, her.

Rhodansilber wird nach
v. J ü p t n e r durch Kochen mit dem
3—5 fachen Volumen Salzsäure und
tropfenweise zugesetzter Salpetersäure
(bis die anfangs auftretende rote
Färbung verschwunden ist) in Chlorsilber übergeführt, dieses ausgewaschen,
getrocknet und wie oben behandelt.

Unterscheidung des Silbers von silber-
ähnlichen Legierungen.

Nach R ö ß l e r prüft man den
Strich, das auf dem Probiersteine
Abgeriebene, durch Behandlung mit
1 Tropfen Salpetersäure und Zusatz
einer minimalen Menge Salzsäure zur
entstandenen Lösung (S. 549).

Silberähnliche Legierungen, ver-
dächtige Münzen usw. werden durch
Abseifen gereinigt und auf einer angefeuchteten Stelle mit einem Höllen-

Fig. 105.

steinstifte (in Hartgummifassung im Handel vorkommend) gerieben,
wobei auf Legierungen unedler Metalle sofort ein tiefschwarzer Fleck
entsteht. Dieses Verfahren wird von Kassenbeamten vielfach angewendet.

Silberne und versilberte Gegenstände überziehen sich nach dem
Betupfen mit einer kaltgesättigten Lösung von Kaliumbichromat in
Salpetersäure (1,2 spez. Gew.) sofort mit einem kirschroten Fleck von
Silberchromat, der sich nicht abspülen läßt. Hält man den Gegenstand
für versilbert, so schabt man an irgendeiner Stelle die oberste Schicht
ab und prüft das bloßgelegte Metall, welches gewöhnlich eine sehr ab-
weichende Farbe besitzt, ebenfalls mit der Chromsäurelösung. Auf
Neusilber, Messing, Tombak usw. entsteht der rote Fleck nicht.

Selbst sehr schwache V e r s i l b e r u n g erkennt man nach
R. F i n k e n e r durch Betupfen einer mit Alkohol und Äther gereinigten
(bzw. von einem Lacküberzuge befreiten) Stelle des Gegenstandes mit
einer etwa $1\frac{1}{2}$ proz. Lösung von gelbem Schwefelnatrium, die man durch
10 Minuten langes Kochen einer Auflösung von 30 g kristalliertem

Schwefelnatrium in 10 ccm Wasser mit Zusatz von 4,2 g Schwefelblumen und Verdünnen zu einem Liter hergestellt hat. Nach 10 Minuten spült man die betupfte Stelle mit Wasser ab.

Silber gibt sich durch einen ganz gleichmäßigen und stahlgrauen Fleck zu erkennen, silberähnliche Legierungen zeigen höchstens am Rande des Tropfens einen dunkelgefärbten Ring.

Da verquicktes Kupfer (selten vorkommend) sich bei dieser Prüfung nahezu wie Silber verhält, tut man gut, den betreffenden Gegenstand vorher mäßig zu erhitzen und dadurch etwa vorhandenes Quecksilber zu verflüchtigen.

Gold

Gediegenes Gold, alle goldhaltigen Erze und Hüttenprodukte, die meisten Goldlegierungen und die Abfälle von der Verarbeitung derselben pflegen auch Silber in sehr schwankenden Verhältnissen zu enthalten. Gewöhnlich erhält man daher bei der Untersuchung dieser Substanzen beide Edelmetalle in einer Legierung vereinigt, welche der Scheidung zu unterwerfen ist.

Das Probieren der Erze usw. auf trockenem Wege ist mit wenigen Ausnahmen identisch mit dem Verfahren der trockenen Silberprobe: Ansieden oder Tiegelschmelzung und Kupellation des erhaltenen Werkbleikönigs (siehe Silberproben für Erze S. 533 u. f.). In manchen Fällen wird der nasse Weg mit dem trockenen kombiniert.

Legierungen werden nie auf trockenem Wege allein untersucht. Wegen des hohen Wertes des Goldes und des entsprechenden Einflusses der Probedifferenzen ist besondere Sorgfalt auf die Entnahme richtiger Durchschnittsproben zu verwenden. Dies wird vielfach dadurch erschwert, daß das Gold in den Erzen am häufigsten als gediegenes Metall und sehr ungleichmäßig verteilt vorkommt. Dasselbe trifft für die Abfälle von der Verarbeitung der Goldlegierungen (Krätzen) zu, welche häufig Gegenstand der Untersuchung sind. Auch Barren von Goldlegierungen sind nicht von besonders gleichmäßiger Beschaffenheit.

Die wichtigsten Golderze sind:

Gediegen Gold, mit 0,16—38 % Silber (Elektrum), gewöhnlich etwas Kupfer und Eisen enthaltend.

Goldamalgam und Goldsilberamalgam, bis 39,5 % Gold bzw. 36,6 % Gold und 5,0 % Silber enthaltend.

Palladiumgold, mit 86 % Gold, 4,1 % Silber und 9,8 % Palladium.

Rhodiumgold, mit 57—66 % Gold und 34—43 % Rhodium.

Wismutgold, mit 64,5 % Goldgehalt.

Am häufigsten ist das Gold durch T e l l u r vererzt; solche Erze finden sich namentlich in Siebenbürgen, Colorado und Westaustralien.

Hierher gehören:

Petzit ($xAg_2Te + Au_2Te$) mit 18—25,6 % Gold und 40,8 bis 46,8 % Silber.

Schrifterz (Sylvanit), Krennerit, Calavarit ($xAuTe_2 + AgTe_2$) mit 26,5—40,6 % Gold und 2,24—11,3 % Silber.

Weißtellur mit 24,9—29,6 % Gold, 2,7—14,6 % Silber und 2,5 bis 19,5 % Blei.

Blättererz (Nagyagit) mit 5,9—7,6 % Gold und 57,2—60,5 % Blei.

Tellursilber (Hessit) Ag_2Te zeigt häufig einen Goldgehalt.

Ein geringer Goldgehalt findet sich in vielen Schwefelkiesen, Kupfererzen, Arsenkiesen und Arsenikalkiesen usw. So enthalten z. B. Kupfererze vom Rammelsberg 1 Zweimillionstel, Fahluner Kupferkies ein Millionstel Gold.

I. Proben für Erze.

a) Trockene Proben.

Da der einzuschlagende Weg sehr abhängig von der Erzbeschaffenheit ist, empfiehlt es sich, diese zunächs durch V o r p r o b e n auf mechanischem und chemischem Wege zu ermitteln.

Besonders bewährt haben sich einfache S c h l ä m m v o r r i c h - t u n g e n: der hölzerne S i c h e r t r o g (Fig. 106 und 108), die

Fig. 106. Fig. 107.

B a t e a (eiserne oder hölzerne Schüssel, Fig. 107) und auch flache Porzellanteller.

Das sehr fein zerkleinerte Material wird auf dem Sichertroge mit Wasser aufgerührt, die Trübe vorsichtig abgegossen, so daß der Rückstand einen dünnen Schlamm bildet.

Dann gibt man dem horizontal ge-
haltenen Sichertroge schwache Stöße
in der Längsrichtung und gleichzeitig

Fig. 108.

seitliche Bewegungen, ähnlich denen, welche der Stoßherd bei der Aufbereitung der Erze erleidet. Nach kurzer Zeit haben sich die einzelnen Erzbestandteile nach dem spez. Gew. in Streifen nebeneinander gelagert. Nahezu in gleicher Weise arbeitet man mit dem Porzellanteller.

Durch Beseitigung des anscheinend metallfreien Waschproduktes, Aufgeben neuen Probematerials und Wiederholen der Prozedur kann man eine Anreicherung der spezifisch-schweren Partikel bewirken. Nicht immer ist unter diesen eine äußerste Zone von mehr oder weniger fein verteiltem Gold mit Sicherheit zu erkennen, da manche Erze (z. B. Transvaalkonglomerate) das meiste Gold in äußerst feiner Verteilung (mikroskopisch kleinen Blättchen) enthalten, von dem beim „Sichern" viel mit dem feinsten Gesteinsschlamme fortgeht.

Sehr deutlich erkennt man aber andere, begleitende Erze, wie Schwefelkies usw., von denen man kleine Mengen mit dem Lötrohre näher untersucht. Auf T e l l u r g o l d und ähnliche Telluride (siehe

36*

oben Golderze) ist hierbei mit besonderer Sorgfalt zu prüfen; sie können im zerkleinerten Zustande leicht für Arsenkies oder Arsenikalkies gehalten werden. Die Telluride geben beim s c h w a c h e n Erwärmen mit 1 ccm konz. Schwefelsäure im Reagenzglase eine kirschrote Lösung; diese Färbung verschwindet beim stärkeren Erhitzen. Hat man z. B. Tellur nachgewiesen, so ist dadurch der Weg für die Behandlung der Probe gegeben [1]). Solche Erze müssen der Tiegelschmelzung unterworfen werden, weil bei der Ansiedeprobe hohe Goldverluste durch Verflüchtigung mit dem Tellur stattfinden.

Schwefelkiesreiche (pyritische) Erze werden auf Röstscherben oder Röstkästen ausgebreitet, in der Muffel bei mäßiger Hitze abgeröstet und dann entweder im Tiegel (mit Glätte usw.) verschmolzen oder auf dem Ansiedescherben mit Blei angesotten.

Bei der Benutzung der Batea (siehe Fig. 107, S. 563) entfernt man die spezifisch leichten Bestandteile aus dem zerkleinerten Erze durch Drehen und seitliches Neigen; das Schwere bildet einen Schweif im unteren Teile der Schüssel.

Von den Goldwäschern wird beim Arbeiten mit der Schüssel gewöhnlich etwas Quecksilber zur Ansammlung des Freigoldes und etwas Soda zugesetzt.

1. Ansiedeprobe.

Hierfür gilt im allgemeinen das unter „Silber" S. 533 u. f. über diese Probe Gesagte. Sie eignet sich besonders für goldreiche Erze ohne Tellurgehalt, goldführenden Zinnstein [2]), alle bleihaltigen oder kupferreichen Erze und Hüttenprodukte und für Krätzen [3]) (Metallabgänge), die frei von kohligen Substanzen sind.

Über die anzuwendenden Mengen von Probierblei und Borax siehe S. 536; goldhaltiger Zinnstein z. B. erfordert sein 30 faches Gewicht Probierblei und 25 % Borax.

Im Verlaufe der Ansiedeprobe ist man meistens genötigt zu „konzentrieren", d. h. die Werkbleikönige von mehreren Proben vereinigt zu verschlacken usw., um schließlich bei der Kupellation ein faßbares Edelmetallkorn (wenn möglich nicht unter 0,005 g schwer) zu erhalten.

2. Tiegelprobe
(siehe „Silber" S. 538 u. f.).

Sie ist für sehr viele goldhaltige Substanzen geeignet, in den Vereinigten Staaten, Mexiko und Südamerika besonders beliebt, gestattet größere Einwagen (bis zu mehreren hundert g) und verringert dadurch den Einfluß, welchen die unregelmäßige Verteilung des Goldes in der Probesubstanz auf das Resultat ausübt.

---

[1]) Ausführliches über die Behandlung der Tellurerze (vom Cripple Creek) findet sich in F u l t o n s Manual of Fire Assaying, S. 103 u. f.

[2]) Berg- und Hüttenm. Ztg. 1886, 173 (Gold in australischem Seifenzinn. P u f a h l u. B a e r w a l d).

[3]) Berg- und Hüttenm. Ztg. 1886, 441 (A. G ö r z, Über Probieren von Gekrätzen usw.).

Das Schmelzen geschieht in glattwandigen Tiegeln oder Tuten im gewöhnlichen Windofen oder einem solchen, der mit Gas-, Ligroin- oder Petroleumdämpfen befeuert wird (Öfen von P e r r o t , R ö ß l e r , H o s k i n s u. a.). Näheres über die Beschickung (Fluß- und Reduktionsmittel, Glätte [1]), Bleiweiß, Kornblei usw.) findet sich unter Silberproben (S. 539 u. f.).

Nach W e i l l [2]) wird die Tiegelprobe in den Vereinigten Staaten vielfach im Muffelofen [3]), wegen der gleichmäßigeren Erhitzung der Probiergefäße, ausgeführt. 6—8 Tiegel werden in die Muffel gestellt, Einwage 20—100 g.

Nach M i t c h e l beträgt die Einwage für reiche Erze mit 5 bis 10 Unzen (155,5—311 g) Goldgehalt pro amerikanische Tonne (= 2000 pounds avoirdupois) 1 Probiertonne (29,166 g), für sehr arme Erze 2 bis 4 Probiertonnen und sehr reiche eine halbe Probiertonne. Eine erprobte Beschickung ist: Zu 1 Probiertonne Erz 1 Probiertonne Soda, 5 Glätte, 1 Boraxglas und Kochsalzdecke.

Man schmilzt bei langsam gesteigerter Hitze (durch den Fuchsschieber reguliert) im Windofen ein; wenn die Schmelze ruhig fließt, gibt man 2—3 mal je 60 g Glätte, gemischt mit 2 g Kohlenstaub, in den Tiegel und feuert zuletzt stärker. Den aus dem Ofen genommenen Tiegel stößt man einmal auf und läßt ihn erkalten, oder man gießt den Inhalt in eine angewärmte eiserne Form oder einen „Einguß" (Fig. 99 S. 541), um den Tiegel noch 5—6 mal für gleichartige Proben zu benutzen.

Schlacken vom Verschmelzen sehr reicher Erze durch die Tiegelprobe werden mit 20—30 g Glätte, 10—12 g Kohlenpulver und etwas Soda eingeschmolzen, der Werkbleikönig kupelliert.

Die vorerwähnte amerikanische Probiereinheit, die „Probiertonne" (29,166 g = 29166 mg), steht in einer sehr einfachen Beziehung zur amerikanischen Tonne. Die „Tonne avoirdupois" enthält nämlich genau 907,18 kg oder 29 166 Unzen. Wiegt daher ein bei der Probe erhaltenes Edelmetallkörnchen 1 mg, erhalten aus einer Einwage von 1 Probiertonne Erz, so enthält danach das untersuchte Erz eine Unze pro Tonne; bei einer Einwage von $^1/_5$ Probiertonne entspricht 1 mg Korngewicht = einem Gehalte von 5 Unzen pro Tonne usw.

Man wägt nach amerikanischem Verfahren das Erz nach Probiertonnen und Teilen davon ein, die Edelmetallkörnchen nach dem g-Gewichte aus und zwar bis 0,1 bzw. 0,1—0,05 mg genau.

Die in England und Kanada übliche Probiertonne (32,666 g) steht in demselben Verhältnisse (wie die amerikanische Probiertonne zur Tonne) zur englischen oder schweren Tonne, die 1016,65 kg oder 32 666 Unzen

---

[1]) Ist sorgfältig auf etwaigen Goldgehalt zu untersuchen.
[2]) L'Or, propriétés physiques et chimiques, gisements, extraction, applications, dosage par L e o p o l d W e i l l , Ingénieur des Mines. Paris, J. B. Baillière et fils, 1896. (Ein höchst empfehlenswertes Buch!)
[3]) Praktisch bewährte amerikanische Muffelöfen, für verschiedene Brennstoffe eingerichtet und bis zu drei Muffeln enthaltend, finden sich im „Manual of Fire Assaying by C h. H. F u l t o n 1907", beschrieben und abgebildet.

enthält. 1 mg Gold aus einer Probiertonne (von 32,666 g) entspricht also wieder einem Goldgehalte im Erz von 1 Unze in der Tonne (englisch).

Erze mit höherem Gehalte an Schwefel, auch stark pyritische „concentrates" aus den Abgängen der Pochwerks-Amalgamation, arsen- oder antimonreiche Erze werden vorher geröstet und die Röstung unter Einmischen von Holzkohlenpulver wiederholt. Man benutzt hierzu flache, tönerne Röstscherben oder Röstschalen (Frankfurter Scheideanstalt vorm. Rößler, Frankfurt a. M. — Kgl. Sächsische Chamotte-Fabrik, Muldenhütten bei Freiberg i. S.) oder aus Schwarzblech gefertigte flache Kästen, die mit Ton, Rötel oder Graphit überzogen sind. Zur Vermeidung von Goldverlusten darf die Rösttemperatur nur sehr allmählich gesteigert werden. Der Vorsteher des Hamburgischen Staatshüttenlaboratoriums, Herr W. Witter, konstatierte durch sehr zahlreiche Versuche, daß so behandelte kiesige Erze keine Goldverluste beim Rösten erlitten. Nach demselben sind Erze mit geringen Gehalten von Tellur oder Quecksilber ebenso vorsichtig, zunächst längere Zeit bei ganz niedriger und dann erst bei gesteigerter Temperatur zu rösten. Wenn es sich nur um die Goldbestimmung handelt, setzt man zweckmäßig einige cg Feinsilber bei der Tiegelschmelzung zu. J. Loevy (Private Mitteilung) verschmilzt von feingepulverten, ungerösteten Transvaalerzen (Quarz-Konglomerat mit 2—5 % Schwefelkies) 2 Probiertonnen (à 29,166 g) mit 150 g Fluß (2 Soda, 1 Borax, 2 Glätte), das Ganze in einer Reibschale mit 1 g Holzkohle oder 12 g Weinstein innig gemischt, unter Zusatz von 30 mg Silber im glattwandigen Tiegel im Windofen und spült nach dem Einschmelzen mit wenig Fluß in Mischung mit Holzkohle nach (siehe unten). Der 25—40 g wiegende Bleikönig wird bis auf 10—20 g verschlackt und dann auf einer Kapelle aus reiner Knochenasche abgetrieben; die Scheidung erfolgt nach S. 567.

Beim Verschmelzen des Röstrückstandes von Pyriten setzt man eine reichliche Menge Kohlenstaub zur Reduktion des Fe_2O_3 zu FeO zu und verschlackt dieses durch reichlich zugesetzten Borax und pulverisiertes Glas. Hat man nur wenig Kohlenpulver in solchem Falle zugesetzt, so findet keine Reduktion von Blei aus der zugesetzten Glätte oder dem Bleiweiß statt. Man streut nach dem Eintritt des ruhigen Fließens etwas mit Kohle und „Fluß" gemischte Glätte in den Tiegel, um etwa noch in der Schlacke schwebende Metallpartikelchen niederzureißen. Nach den Erfahrungen des Herrn W. Witter empfiehlt es sich nicht, mehr als 200 g Probesubstanz auf einmal zu verschmelzen; man erhält sonst eine geringere Ausbeute, als wenn mehrfach je 100 g der Tiegelschmelzung unterworfen werden.

3. Das Abtreiben des güldischen Bleies
(siehe „Silber" S. 541 u. f.).

Bleikönige von Tiegelproben mit fest anhaftender Schlacke werden zur Beseitigung derselben kurze Zeit auf Ansiedescherben oxydierend

geschmolzen, entschlackt und abgebürstet. Spröde, unreine Werkbleikönige werden mit reichlichem Probierbleizusatze (doppeltes Gewicht)
verschlackt und dann erst abgetrieben.

Beim Abtreiben güldischen Bleies ist gegen Ende höhere Temperatur (1050—1100 ⁰ C) zu geben, als dies bei Silberproben notwendig;
Federglätte soll gegen Ende des Abtreibens wieder verschwinden. Goldreiche Körnchen spratzen nicht.

Nachweisbare Goldverluste entstehen beim A b t r e i b e n g o l d -
r e i c h e r W e r k b l e i e durch Kapellenzug [1]. Zur W i e d e r -
g e w i n n u n g d e s G o l d e s aus der Kapellenmasse wird dieselbe,
getrennt von der nicht mit Glätte durchtränkten Knochenasche, in
folgender Weise behandelt: 100 Tl. Kapellenpulver werden mit 75 Tl.
Flußspat, 75 Tl. Sand, 100 Tl. Soda, 50 Tl. Borax, 50 Tl. Glätte und 4 Tl.
Holzkohlenpulver im Tiegel geschmolzen und der erhaltene Bleikönig
abgetrieben.

4. Die Scheidung.

Nach dem Auswägen auf der Kornwage werden die Körnchen der
Scheidung mittels Salpetersäure (oder konzentrierter H_2SO_4) unterworfen; diese ist stets vorzunehmen, da selbst eigentliche Golderze
immer Silber enthalten. Eine vollkommene Scheidung wird nur erreicht,
wenn Gold und Silber im Verhältnis 1 : 2,5 oder 1 : 3 und darüber legiert
sind (vgl. S. 573).

Legierungen von 40 Tl. Gold und 60 Tl. Silber sind weiß, von
Silber durch Ansehen nicht zu unterscheiden; eine Legierung von 70 Gold
und 30 Silber ist blaß-messinggelb.

Ein weißes Korn plattet man auf einer blanken Amboßplatte mit
einem nur für diesen Zweck benutzten Hammer aus, übergießt es in
einem kleinen Porzellantiegel oder Schälchen (Meißener Glühschälchen)
mit einigen ccm reiner, chlorfreier Salpetersäure (1,2—1,3 spez. Gew.),
bedeckt mit einem Uhrglase und kocht. Wenn das ausgeplattete Korn
hierbei zerfällt, und Gold sich als schwarzbraunes Pulver abscheidet, war
für die Scheidung mehr als hinreichend Silber vorhanden. Man kocht
bis zum Verschwinden der gelben Dämpfe von salpetriger Säure, gießt
die saure Lösung vorsichtig in eine Porzellanschale ab, dekantiert mehrfach mit ausgekochtem, heißem Wasser, trocknet den Tiegel oder das
Schälchen auf dem Wasserbade und erhitzt zuletzt über der Flamme
allmählich bis zum Glühen. Hierbei wird das Pulver goldgelb, schwindet
stark und bekommt etwas Zusammenhang. Nach dem Erkalten bringt
man es direkt auf die Wageschale oder wägt es auf einem tarierten
Uhrglase.

---

[1] C h. H. F u l t o n (loc. cit.) macht Angaben über T. K. R o s e s Versuche zur Ermittelung des Einflusses der Verunreinigungen des Werkbleis auf
den Goldverlust bei der Kupellation. Derselbe ist bei Anwesenheit reichlicher
Mengen von Selen, Tellur und Thallium am höchsten, und zwar überwiegend
durch Kapellenzug oder Kapellenraub, nicht durch Verflüchtigung.

Das im Körnchen enthalten gewesene Silber ergibt sich aus der Differenz. Ein weißes Korn, das sich bei der Behandlung mit Salpetersäure bräunt oder nur oberflächlich angegriffen wird, enthält nicht die zur Scheidung hinreichende Menge Silber. Man spült es ab, trocknet es durch Erhitzen, wickelt es mit dem doppelten oder dreifachen Gewicht Probesilber (in k l e i n e n Stücken anzuwenden) in etwas Bleifolie, setzt das möglichst kleine „Skarnitzel" auf eine abgeätmete Kapelle und treibt ab, was in wenigen Minuten beendet ist; ebenso verfährt man mit gelblichen oder gelben Körnchen, die jedoch gar nicht erst mit Salpetersäure behandelt werden.

Noch einfacher ist direktes Zusammenschmelzen des Kornes mit dem „Quartationssilber" in einer kleinen Vertiefung einer Holzkohle vor dem Lötrohre. Das darauf ausgeplattete Korn wird wie oben mit Salpetersäure gekocht usw. Will man mit Schwefelsäure (konz. H_2SO_4) scheiden, wobei dichteres, gelbes Gold erhalten wird, so ist wegen der Schwerlöslichkeit des Silbersulfats ein zweites Auskochen mit verdünnter Schwefelsäure vorzunehmen; hierbei kann jedoch Platin und eine Spur Blei im Gold zurückbleiben, während k l e i n e Mengen von Platin beim Auskochen der Legierung mit Salpetersäure sich mit dem Silber auflösen. Über die Löslichkeit von Silber-Platin-Legierungen siehe S. 579.

Von Silberproben (Erzproben) herrührende Körnchen werden gewöhnlich in größerer Zahl gemeinschaftlich in einem auf dem Goldscheidestative stehenden Goldkochkolben (siehe Röllchenprobe S. 575 u. f.) mit Salpetersäure ausgekocht, das zurückbleibende Gold nach dem wiederholten Dekantieren mit heißem, destilliertem Wasser in einem kleinen, glattwandigen Tontiegel (Goldtiegel) gesammelt und wie bei der „Güldischprobe" für goldhaltiges Silber (siehe S. 580) weiter behandelt.

Wenn Gold und Silber im Verhältnisse 1 : 2½—3 im Korn bzw. in dem ausgeplatteten Korn enthalten sind, findet durch zweimaliges Auskochen mit Salpetersäure eine vollkommene Scheidung statt, und das Korn behält seine ursprüngliche Form bei. Natürlich besitzt das sehr poröse Gold nur geringen Zusammenhang, bietet aber den Vorteil, daß beim Auswaschen durch Dekantieren (oder Auskochen mit destilliertem Wasser) und beim Ansammeln im Goldtiegelchen weniger leicht Verluste entstehen als bei staubförmig zurückgebliebenem Golde.

Für Erzsucher (prospectors) ist die q u a n t i t a t i v e P l a t t - n e r s c h e L ö t r o h r p r o b e [1)] (G o l d p r o b e) von besonderer Wichtigkeit. Sie besteht in einer Tiegelprobe oder Ansiedeprobe, Konzentrieren und Abtreiben des Werkbleies. Da hierbei nur minimale Mengen Probesubstanz (je 100 mg) angewendet werden können, wird dieselbe durch Waschen mit der Batea oder auf dem Sichertroge (siehe S. 563) vorher möglichst angereichert. Die winzigen Goldkörnchen werden

---

[1)] P l a t t n e r s Probierkunst mit dem Lötrohre. VI. Auflage, bearb. von Prof. Dr. K o l b e c k. Leipzig, J. A. Barth, 1897.

mit dem P l a t t n e r schen Maßstabe (P l a t t n e r sehe Lehre)
gemessen. Aus dem P l a t t n e r schen Verfahren ist das in größerem
Maßstabe auszuführende Verfahren von Dr. G e o r g K o e n i g [1])
von der Michigan-Bergschule hervorgegangen, der in seinem ,,neuen
Gold- und Silberprobierofen ohne Muffel" mit gutem Erfolge Erze probiert. Der mit einem H o s k i n s - (Gasolin-) Brenner geheizte kleine
Ofen dient für Tiegelschmelzungen, Ansieden und Abtreiben. Nach den
Angaben des Erfinders ist der Verlauf der Proben 4—6 mal rascher als
in der Muffel; die Verluste durch Kapellenzug sind nicht größer als beim
gewöhnlichen Abtreiben.

b) Kombinierte trockene und nasse Proben für Erze.

Plattners Chlorationsverfahren.

Nach P l a t t n e r behandelt man goldarme Quarze und vollkommen abgeröstete (totgeröstete) kiesige Erze in Mengen bis zu 500 g
im schwach angefeuchteten Zustande etwa 1 Stunde hindurch mit
salzsäurefreiem Chlor in einem hohen, unten seitlich tubulierten Glaszylinder, laugt das entstandene Goldchlorid mit heißem Wasser aus,
kocht das freie Chlor fort, fällt das Gold durch Erwärmen mit Eisenvitriol und etwas Salzsäure, sammelt es auf einem Filter, das man nach
dem Trocknen in einem Porzellantiegel verascht, tränkt Gold und Filterasche mit 5 g Probierblei auf einem Ansiedescherben ein und kupelliert
das güldische Blei.

In dem betreffenden Glaszylinder ist unten eine Schicht von grob-
zerstoßenem Quarz (oder Porzellanscherben usw.) anzubringen, darüber
(als Filter dienend) etwas feineres Quarzpulver und obenauf das locker
eingefüllte und schwach angefeuchtete Erz. Das gereinigte Chlor wird
von unten, durch den Tubus, während 1 Stunde in langsamem Strome
eingeleitet.

Im Erz enthaltenes S i l b e r umhüllt als Chlorsilber Goldpartikel-
chen und schützt sie vor der Einwirkung des Chlors. B a l l i n g [2])
erhielt aus solchen (siebenbürgischen) Erzen, trotz wiederholter ab-
wechselnder Behandlung mit heißer Kochsalzlösung und Chlorgas,
nur bis zu 92 % des tatsächlichen Goldgehaltes.

Verfasser erhielt mit solchen Erzen bessere Resultate nach dem
S. 545 beschriebenen kombinierten nassen und trockenen Verfahren für
Silbererze mit Goldgehalt. Im übrigen gibt das P l a t t n e r sche Ver-
fahren bei nahezu silberfreien Erzen vorzügliche Resultate.

---

[1]) Einen ausführlichen Bericht (mit 2 Abbildungen des Ofens) über den
im Februar 1898 in Atlantic City gehaltenen Vortrag des Erfinders brachte die
Berg- u. Hüttenm. Ztg. 1898, 335 u. f. Verf. hat bei der persönlichen Vor-
führung durch Prof. K. in seinem Laboratorium zu Houghton eine sehr gute
Meinung von dem Ofen gewonnen, der leider nur von Amerika bezogen werden
kann.

[2]) C a r l A. M. B a l l i n g , Probierkunde. Braunschweig, Vieweg & Sohn,
1879, S. 347.

Sonstige Goldextraktionsmethoden.

Zur Ermittlung der für die Goldgewinnung im großen geeigneten Methode behandelt man nach Dr. R o b. G o e r i n g [1] von oxydischen bzw. totgerösteten Erzen 100—500 g mit Wasser durchfeuchtetes Probemehl in einer starken, gut verschließbaren Flasche mit 7—35 g frischem C h l o r k a l k und 30—150 ccm gewöhnlicher Salzsäure oder mit gesättigtem B r o m w a s s e r , schüttelt die mit einem dicken Tuche umwickelte Flasche wiederholt, läßt sie über Nacht stehen, filtriert und bestimmt das in Lösung gegangene und das im Rückstande verbliebene Gold nach bekannten Methoden.

Die Versuche werden gleichzeitig mit rohen und gerösteten Erzen von verschiedenen Korngrößen angestellt.

In ganz analoger Weise prüft man, ob das Erz durch wäßrige C y a n k a l i u m l ö s u n g extrahiert werden kann. Man läßt stärkere (1 proz.) bzw. schwache Cyankaliumlösungen kürzere bzw. längere Zeit (24 Stunden) einwirken, filtriert, bringt die Lösung mit Zusatz reiner Glätte auf dem Wasserbade zur Trockne, verschmilzt die Masse mit gewöhnlichem Fluß im Tiegel auf Werkblei und kupelliert dasselbe. Abdampfen der Cyangold-Cyankaliumlösung in einem Schälchen aus Probierbleiblech, Trocknen, Tiegelschmelzung usw. ist weniger zu empfehlen. Die gelaugten Rückstände werden ebenfalls probiert.

Von tonigen Sanden und ähnlichen Materialien läßt sich die goldhaltige Lauge nicht durch Filtration trennen. Man bringt die durchfeuchtete Masse auf doppelt gelegte Leinwand, schlägt diese zusammen und preßt mittels einer kleinen eisernen gut lackierten Handpresse ab; den Kuchen weicht man in schwacher Cyankaliumlösung auf und wiederholt das Abpressen am nächsten Tage mit Benutzung derselben Preßtücher.

Nachweis geringer Goldmengen.

Nach S k e y schüttelt man das totgeröstete Erz mit alkoholischer Jodlösung, läßt die Lösung von einigen Streifen schwedischen Filtrierpapiers aufsaugen, trocknet und verascht das Papier. Ein Goldgehalt läßt sich an der Purpurfarbe der Asche erkennen.

Behandlung mit Bromwasser, Konzentrieren der Lösung durch Eindampfen und Zusatz von etwas Zinnchlorür, wodurch Goldpurpur gefällt wird, ist ebenfalls ein scharfer Nachweis.

Die k o l o r i m e t r i s c h e G o l d p r o b e v o n C a r n o t [2] beruht auf dem Auftreten einer rosenroten bis purpurroten Färbung in einer schwach salzsauren, goldhaltigen Lösung, die außerdem etwas Arsensäure und Eisenchlorür enthält, beim Hinzufügen von etwas Zinkstaub. Man benutzt Musterflüssigkeiten, deren Goldgehalt zwischen 1 mg in 100 und 1 mg in 1000 ccm liegt. Nähere Angaben über diese Methode und seine kolorimetrische Zinnchlorürmethode macht T. K.

---

[1] Freundliche Privatmitteilung des Herrn Dr. R o b. G o e r i n g (Homestake Assay Office, Dakota) vom Januar 1890.
[2] W e i l l , L'Or, 1896, S. 378. — Berg- und Hüttenm. Ztg. 1896, 215.

R o s e [1]) in seinem ausgezeichneten Werke über die Metallurgie des
Goldes.

Auch V. S c h m e l c k (Chem.-Ztg. 22, 271: 1898) benutzt das
Verhalten von Goldlösungen zu Zinnchlorür zur quantitativen
kolorimetrischen Bestimmung minimalster Goldmengen.

Nach M a y e n ç o n (Berg- und Hüttenm. Ztg. 1887, 403) ist der
e l e k t r o l y t i s c h e N a c h w e i s, Abscheidung des Goldes auf
einem Platindrahte, außerordentlich scharf.

Th. D ö r i n g (Berg- und Hüttenm. Ztg. 1900, Nr. 5, 7 und 9)
empfiehlt zum Nachweis kleiner Mengen von Gold in Erzen das folgende
Verfahren: „100 g des sehr fein zerriebenen Erzes werden in einer Flasche
mit Glasstopfen mit 1—2 ccm eines Gemisches aus etwa gleichen Raumteilen Brom und Äther ganz schwach, aber gleichmäßig durchfeuchtet,
indem man das Erzpulver mindestens 2 Stunden lang mit dem Extrak-
tionsmittel unter häufigem Umschütteln in Berührung läßt. Während
dieser Zeit muß das Innere der Flasche beständig von rotbraunem
Bromdampf erfüllt sein. Hierauf gibt man 50 ccm Wasser zu und
digeriert unter gelegentlichem Schütteln abermals 2 Stunden lang. Nunmehr filtriert man und dampft das klare Filtrat bis auf ca. ein Fünftel
seines Volumens ein; dann fügt man etwas Bromwasser hinzu, um später
die Bildung einer zur Purpurerzeugung erforderlichen geringen Menge
von Zinnchlorid zu ermöglichen, versetzt die Flüssigkeit schließlich in
einer engen Probierröhre mit Zinnchlorürlösung und beobachtet die eintretenden Farbenerscheinungen. (Eine 0,1 % Gold enthaltende Lösung
wird augenblicklich dunkelbraunviolett gefärbt und ist dann, selbst in
dünnen Schichten, völlig undurchsichtig. In der Lösung mit 0,01 % Gold
entsteht sofort eine braunviolette Färbung der Flüssigkeit, letztere erscheint, durch eine 14 cm dicke Schicht betrachtet, ganz undurchsichtig.
Bei der 0,001 % Gold enthaltenden Lösung beobachtet man sofort eine
schwach violette Farbe, welche nach einigen Minuten an Intensität zunimmt; die Flüssigkeit bleibt auch in einer 14 cm dicken Schicht durchsichtig. In der Lösung mit 0,0005 % Goldgehalt bewirkt der Zinnchlorürzusatz nach einigen Minuten eine namentlich in dickerer Schicht
bemerkbare, schwach violettrote Farbe, welche nach und nach intensiver
wird. Die 0,0001 % enthaltende Lösung wird auf ca. ein Fünftel ihres
Volumens eingedampft und dann mit einigen Tropfen Bromwasser versetzt. Durch Zinnchlorür erhält man nach einigen Minuten eine sehr
schwache, in einer 14 cm dicken Schicht aber deutlich sichtbare, rosenrote
Färbung. Eine Lösung mit 0,00005 % Gold, ebenso behandelt wie die
vorige, zeigt nach dem Zinnchlorürzusatz in einer 14 cm dicken Schicht
sehr schwache, aber immer noch bemerkbare Rosafärbung. (Bei den verdünnteren Lösungen lassen sich die geschilderten Färbungen namentlich
dann mit großer Sicherheit erkennen, wenn man zum Vergleiche durch
eine 14 cm dicke Schicht reinen, in einem Reagenzglase befindlichen

---

[1]) The Metallurgy of Gold by T. K i r k e R o s e. London, Ch. Griffin & Co.,
1898, S. 27 und S. 458. Berg- und Hüttenm. Ztg. 1898, 110.

Wassers blickt.) Das so geschilderte Verfahren eignet sich zur Erkennung von Gold a) in reinen quarzigen Erzen; b) in unreineren, besonders eisenschüssigen, quarzigen Erzen; c) in pyritischen sowie an-
timon- und arsenhaltigen Erzen; diese sind jedoch, sofern irgend erhebliche Mengen von Schwefelkies, Antimon oder Arsen vorhanden
sind, vor der Extraktion abzurösten; d) mit gleich gutem Erfolge dürfte
sich diese Methode anwenden lassen zur Untersuchung auf Gold in
Erzen, welche Sulfide anderer Schwermetalle enthalten, z. B. Bleiglanz,
Zinkblende, Kupferkies; in diesen Fällen erscheint es ebenfalls geboten,
der Extraktion eine Röstung vorangehen zu lassen.   Aus Kupferkies
enthaltenden Erzen verursacht das in gewisser Menge in den Extrakt
gehende Kupferbromid durch den Zinnchlorürzusatz eine Fällung von
weißem Kupferbromür als schweres, krystallinisches Pulver, das indessen
seiner weißen Farbe wegen die Goldpurpur-Reaktion nicht wesentlich
beeinträchtigt.   Nicht mit Sicherheit anwendbar ist das Verfahren auf
Erze, welche Tellur enthalten, da das Äther-Brom-Gemisch sowohl auf
Tellur als auch auf tellurige Säure und Tellurgold lösend einwirkt.
In tellurhaltigen Goldlösungen bewirkt aber Zinnchlorür sogleich eine
schwarze Fällung von Tellur, welche die gleichzeitig erfolgende Gold-
purpurbildung vollkommen verdecken kann." Das D ö r i n g sche Verfahren ermöglicht es, sogar in Erzen mit einem Gehalt von 0,5 g pro
Tonne noch das Gold nachzuweisen.

Gold in Goldbädern für galvanische Vergoldung.

In Goldbädern, welche außer Kalium-Goldcyanür viel Cyankalium
enthalten, bestimmt man den Goldgehalt in folgender Weise: 50 ccm
werden in einer geräumigen (½ Liter haltenden), mit einem Uhrglase
bedeckten Porzellanschale unter dem Digestorium (!) mit 30 ccm gewöhnlicher 25 proz. Salzsäure versetzt, die Schale anfangs bedeckt auf
dem Wasserbade erwärmt, nach 10 Minuten das Uhrglas abgenommen,
eingedampft bis auf ca. 20 ccm, 5 g Zinnchlorür in salzsaurer Lösung zugesetzt, noch ¼ Stunde erwärmt, mit 100 ccm Wasser aufgenommen,
durch ein (starkes oder doppeltes) Filter filtriert, mit kochendem Wasser
ausgewaschen, das an der Schale haftende mit etwas feuchtem Fließpapier losgerieben und auf das Filter gebracht, das Filter getrocknet, im
Porzellantiegel verascht, der Rückstand mit 5 g Kornblei eingetränkt,
das güldische Blei kupelliert. Wenn das erhaltene Goldkorn nicht satt-
gelb gefärbt ist, etwas Silber enthält, ist es nach S. 567 zu scheiden.
      Statt den schwarzen „Goldpurpur" zu verbleien, kann man ihn
auch nach dem starken Glühen im Porzellantiegel mit 5 ccm Salzsäure
und 0,5 ccm Salpetersäure (anfangs mit einem Uhrglase bedeckt) auf
dem Wasserbade erwärmen, die Lösung abdampfen, mit salzsaurem Wasser
aufnehmen, abfiltrieren und (wegen des meist vorhandenen Kupfers) das
Gold mit Eisenvitriol, nicht mit Oxalsäure, ausfällen.   Man filtriert
durch ein doppeltes aschenfreies Filter, wäscht aus, trocknet, verascht
im Porzellantiegel und wägt das reine Gold.

Den Cyankaliumgehalt der Bäder bestimmt man durch Titration mit Silberlösung nach Liebig oder man verdünnt 1 ccm mit 20 ccm Wasser, setzt Silbernitratlösung im Überschusse zu (0,1—0,2 g Silber enthaltend), rührt um, versetzt mit 5 ccm NHO_3 (1,2 spez. Gew.) und läßt einige Stunden stehen. Dann wird filtriert, mit Wasser ausgewaschen, getrocknet, das Filter mit Inhalt im Porzellantiegel erhitzt, die Filterkohle verascht, schließlich stark geglüht und das goldhaltige Silber gewogen. Man bringt das in 1 ccm des Bades enthaltene Gold in Abzug. $Ag \times 0,6035 = KCN$.

Gewöhnlich enthalten die Goldbäder 1—3 g Gold und 5—20 g Cyankalium in 1 Liter. Wenn Goldchlorid statt des Cyandoppelsalzes zur Herstellung des Bades diente, fällt diese KCN-Bestimmung etwas zu hoch aus, weil Chlorsilber in den Cyansilberniederschlag geht.

Gold und Platin lassen sich nach Silva aus Lösungen, welche außerdem die Chloride von Zinn, Antimon und Arsen enthalten, durch Übersättigen mit Natronlauge, Zusatz von Chloralhydrat und Erwärmen rein und metallisch ausfällen.

II. Goldlegierungen.

Gegenstand der Untersuchung sind hauptsächlich hochhaltiges, „bankfähiges" Gold mit wenig Silber, Kupfer, ev. auch Platinmetallen, Legierungen von Gold und Kupfer (Münzlegierungen), Gold und Silber, Gold mit Silber und Kupfer. Außerdem Amalgame, goldhaltiges Platin, und Goldplatinlegierungen (siehe Platin S. 587), goldhaltiges Blei, Wismut und Antimon.

Scheidung mittels Salpetersäure. Quartation mit Silber.

Aus Erzproben erhaltene Edelmetallkörnchen werden nach dem S. 567 beschriebenen Verfahren geschieden. Auch Goldlegierungen (Gold mit Silber und Kupfer) scheidet man allgemein durch Salpetersäure.

Ist das Gold mit viel Silber legiert (güldisches Silber), oder enthält die Legierung außerdem viel Kupfer oder sonstige unedle Metalle, so bleibt das Gold bei der Behandlung der Legierung mit heißer Salpetersäure als Pulver, Staubgold, zurück (siehe Güldischprobe S. 580).

In goldreichen Legierungen ermittelt man den annähernden Goldgehalt durch Vorproben, stellt sich dann eine Goldsilberlegierung her, in der Gold und Silber im Verhältnisse 1 : 2,5 oder 1 : 3 enthalten sind (daher die Bezeichnung „Quartation" oder „Scheidung durch die Quart"), walzt daraus einen Blechstreifen, den man zu einem Röllchen oder einer Locke lose zusammenrollt, kocht diese im Goldscheidekolben mit reiner Salpetersäure bis zur vollständigen Auflösung des Silbers, kocht das poröse Gold mit destilliertem Wasser aus, bringt es in einen kleinen und glattwandigen Tontiegel, trocknet, glüht und wägt das reine Gold.

Wenn der Goldgehalt in der (selbsthergestellten) Legierung bekannt ist und nur kontrolliert werden soll, wie in den Goldkupfermünzlegierungen, wird die Silbergoldlegierung für die Quartation durch direktes Abtreiben mit der berechneten Menge Silber und dem nötigen Gewichte Probierblei auf der Münzkapelle im Muffelofen hergestellt.

a) Vorproben.

1. Für kupferfreie Legierungen.

Strichprobe. Man vergleicht den Strich der Legierung auf dem Probiersteine mit dem von Strichnadeln von bekanntem Feingehalte.

Starke Salpetersäure darf den Strich nicht vollständig auflösen, es muß Gold zurückbleiben (Unterschied von goldähnlichen Legierungen).

Oder man vergleicht die Farbe des aus der ursprünglichen Gold-Silber-Kupferlegierung durch Abtreiben mit Probierblei erhaltenen Gold-Silberkornes (siehe 2, kupferhaltige Legierungen) mit der von selbsthergestellten Musterkörnern aus Gold-Silberlegierungen von 600, 700, 800, 900 und 1000 Tausendstel Goldgehalt, die in weißem Karton eingebettet und von einem schwarzen Rande umzogen sind.

Zu solchem Vergleiche dienen auch nach G o l d s c h m i d t (Zeitschr. f. anal. Chem. 17, 142 ; 1878 und Berg- und Hüttenm. Ztg. 1878, 208) Plättchen von Gold-Silberlegierungen, welche in größerer Zahl (mit allmählich steigendem Goldgehalte) auf einer Porzellanplatte aufgeklebt sind.

In einer Legierung mit 56 % Silber ist der Goldgehalt nicht mehr durch die Farbe zu erkennen, sie ist weiß; 2 % Silber ändern die tiefgelbe Goldfarbe schon in messinggelb um.

Tiefgelbe Legierungen erfordern das 2½—3 fache, hellgelbe das Doppelte und weiße das gleiche Gewicht Silberzusatz oder Quartationssilber. Schätzt man z. B. durch den Vergleich mit den Musterkörnern den Goldgehalt der Legierung als zwischen 7 und 800 Tausendstel liegend, so ergibt sich die für die gewöhnliche Einwage (250 mg) nötige Menge Quartationssilber aus folgendem: Zwischen 7 und 8 liegend wird als 7 gerechnet. Demnach sind in 250 mg der Legierung 0,7 × 250 = 175 mg Gold und 75 mg Silber enthalten. 175 mg Gold erfordern 3 × 175 = 525 mg Quartationssilber, 75 mg Silber sind schon in der Legierung enthalten und werden in Abzug gebracht, sind also 450 mg Probesilber einzuwägen und mit der Legierung abzutreiben.

Sollte die Schätzung zu niedrig ausgefallen sein, die Legierung genau 800 Tausendteile Gold enthalten, so würde selbst in diesem Falle die Einwage von 450 mg Quartationssilber noch zur vollkommenen Scheidung ausreichen, da Gold und Silber dann im Verhältnisse 200 : (450 + 50) = 1 : 2,5 stehen.

Man wendet jetzt fast allgemein das 2½ fache Gewicht des Goldes an Quartationssilber an [1]).

---

[1]) Nach John W. P a c k, „Assaying of Gold and Silver in U. S. Mint", in Min. and Sci. Press, Nov. 14, 1903, nimmt die Münze in San Francisco 2 Tl. Silber auf 1 Tl. Gold. — Die Londoner Münze nahm früher 2,75 Teile Silber, jetzt 2.

Aus weißen Legierungen mit nicht erkennbarem Goldgehalte, die man mit dem gleichen Gewichte Silber legiert hat, erhält man nur dann zusammenhängendes Gold bei der Quartation, wenn der Goldgehalt der Legierung nicht erheblich unter 500 Tausendstel beträgt. Andernfalls bleibt pulveriges Gold zurück, das mehr Sorgfalt beim Dekantieren und Ansammeln verlangt.

2. Für kupferhaltige Legierungen.

Für silberfreie Legierungen ist die Strichprobe, der Vergleich mit Nadeln aus Gold-Kupferlegierungen mit bekanntem Feingehalte anwendbar. Schon geringe Gehalte von Silber, Zink usw. in der Gold-Kupferlegierung beeinflussen aber die Farbe der Legierung sehr erheblich.

Die gewöhnliche Vorprobe besteht in einem Abtreiben von 100 bis 250 mg der Legierung mit dem 16—32 fachen Gewichte Probierblei (je nach der Höhe des Kupfergehaltes) auf der Münzkapelle wie bei der Silberfeinprobe S. 548, jedoch bei etwas höherer Temperatur, weil Kupfer bei Gegenwart von Gold schwerer vollkommen oxydiert wird. Aus dem Gewichtsverluste ergibt sich der Gehalt an Kupfer und sonstigen unedlen Metallen, durch Vergleichen des Kornes mit den Musterkörnern ermittelt man (wie oben) die Menge des Quartationssilbers, welches bei der Hauptprobe zusammen mit der Legierung abgetrieben wird.

b) Die Hauptprobe.
Röllchenprobe [1].
(Nach dem Wiener Münzvertrage von 1857.)

Diese besonders von K a n d e l h a r d t ausgebildete Methode setzt die annähernde Bestimmung des Gold-, Silber-, Kupfergehaltes durch die Vorprobe voraus.

Von den ausgeplatteten Granalien oder Aushieben (Ober- und Unterprobe von Barren) wägt man auf der Münzwage zweimal genau je 250 mg ab, dazu das Quartationssilber in der berechneten Menge, macht daraus mit Briefpapier oder Probierbleifolie 2 möglichst kleine Skarnitzel, legt diese und dazu die nötigen Bleischweren (in Form von Kugeln oder Halbkugeln) auf ein kleines Probenblech und geht damit an den stark geheizten Münzofen, in dem abgeätmete Münzkapellen in größerer Anzahl stehen.

Man stellt 2 Kapellen in der Mitte der Muffel neben einander, trägt das Blei ein, läßt dasselbe in der geschlossenen Muffel antreiben, setzt dann vorsichtig die Skarnitzel ein, schließt, öffnet nach dem Antreiben und verfährt ganz wie bei der Silberfeinprobe. Federglätte soll

---

[1] K e r l , Metallurgische Probierkunst, II. Aufl., S. 367 ff. Über die wissenschaftlichen Grundlagen des Goldprobierverfahrens, seine Erfahrungen damit und besonders auch über die Fehlerquellen hat L. S c h n e i d e r in der Österr. Zeitschr. für Berg- und Hüttenwesen 54, 81, 96; 1906 eingehend berichtet.

nicht auftreten. Des höheren Schmelzpunktes des Goldes wegen muß
stärkere Hitze als für Silberproben angewendet werden.

Das Innehalten der „richtigen" Temperatur beim Abtreiben ist von großem Einflusse auf den Ausfall der Proben.

James Prinsep, Oberwardein der Münze zu Benares, verwendete schon 1828 Legierungen aus Silbergold und Goldplatin zur Kontrolle der Ofentemperatur. Erst seit der in den letzten Jahren erfolgten
Einführung des thermoelektrischen Pyrometers von Le Chatelier
(vgl. Bd. I, S. 219 f.) konnten durch genaue Versuche „Normaltem-
peraturen" für das Probieren der Goldlegierungen von verschiedenen
Feingehalten ermittelt werden.

T. Kirke Rose von der Königlichen Münze zu London, Verfasser der Metallurgy of Gold, hat hierüber zuerst umfassende Versuche
ausgeführt und darüber [1] im Journ. Chem. Soc. 64, 707; 1893 berichtet.
Nach ihm soll die mittlere Temperatur der Muffel beim Abtreiben
1060—1065° C betragen; je 5° C darüber bedingen einen Goldverlust
von 0,01 pro mille.

W. Witter (Chem.-Ztg. 23, 522; 1899), Hamburg, hat sich eingehend mit Untersuchungen betreffend den Einfluß der Temperatur
auf die Genauigkeit der Goldprobe beschäftigt. Er ermittelte als geeignetste Temperatur für das Abtreiben von Münzgold (900 Gold,
100 Kupfer) 930° C, reines Gold 950—960° und Gold mit geringem
Platingehalte 1000—1010° C.

Die abgeblickten Proben werden nach vorn gezogen und nach dem
Erstarren der Legierung, wobei ein schwaches Einsinken der Wölbung
auftritt, herausgenommen. Man sticht die Körner mit der Kornzange
aus, bürstet sie unten ab und wiederholt dies unter abwechselndem
starken seitlichen Drücken der Körner mit der Kornzange, bis die Unterseite vollständig von Kapellenmasse befreit ist.

Hierauf folgt das Ausplatten auf dem Amboß mit dem polierten
Stahlhammer, Ausglühen des ausgeplatteten Korns auf einem flachen
Tonscherben in der Muffel bis zur Rotglut, Strecken durch Auswalzen,
wobei keine Kantenrisse auftreten dürfen, Ausglühen der Lamelle,
Stempeln mit Zahlen, Zusammenrollen über einen dicken Glasstab und
Lockern des fest aufgerollten Löckchens.

Bei einer Einwage von 250 mg Barrengold und 562,5 mg Quartationssilber, abgetrieben mit 4 g Blei (Berliner Münze), hat die Lamelle
ca. 25 mm Länge, 12 mm Breite und 0,5 mm Dicke.

Die nachstehenden Abbildungen Fig. 109 a—e (aus Rose, Met. of
Gold, III. Edit. S. 475) stellen Korn, Lamelle, Röllchen und geglühtes
Goldröllchen in natürlicher Größe dar, erhalten aus der in der Londoner
Münze üblichen Einwage von 500 mg Gold usw.

Die so vorbereiteten Röllchen werden nunmehr jedes für sich oder
auch 2 zusammen, im Goldkochkolben mit Salpetersäure ausgekocht.

---

[1] Siehe auch Berg- u. Hüttenm. Ztg. 1894, 16 und Rose, Metallurgy
of Gold, London 1898, S. 472 u. f.

Solche langgestreckten Kolben aus gut gekühltem Kaliglase (oder Jenenser Glas) sind etwa 200 mm lang, in der Bauchung 50 mm und am Ende des Halses 20 mm weit. Sie werden mit 20 ccm reiner Salpetersäure (1,2 spez. Gew.), die vollkommen frei von Chlor, salpetriger Säure und Selensäure ist, beschickt, auf einem G o l d s c h e i d e s t a t i v (Fig. 110) über einem Kranzbrenner nahezu bis zum Sieden der Salpetersäure erhitzt, die Röllchen eingetragen, dann wird gekocht und das Kochen noch 10 Minuten nach dem Verschwinden der Dämpfe von salpetriger Säure fortgesetzt.

Man nimmt dann die Kolben mit einer federnden, mit Kork gefütterten Holzklemme von dem Stativ, gießt die saure Silberlösung vorsichtig in ein Porzellangefäß ab, dekantiert einmal mit heißem, destilliertem Wasser, gießt ca. 20 ccm heiße, reine Salpetersäure (1,3 spez. Gew.) hinein und kocht damit 15—20 Minuten, um noch im Gold enthaltenes Silber möglichst vollständig in Lösung zu bringen; dies gelingt bis auf einen Rückhalt von 0,1—0,14 %. Zur Vermeidung des „Stoßens" der sich konzentrierenden Salpetersäure gibt man beim zweiten Auskochen ein Stückchen Holzkohle, eine verkohlte Erbse oder ein verkohltes Pfefferkorn in den Kolben.

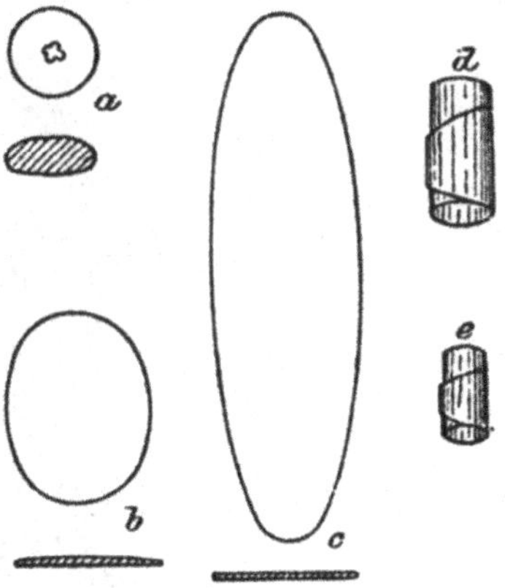

Es wird wieder dekantiert und dies zweimal mit heißem, destilliertem Wasser wiederholt, wobei man den schräg gehaltenen Kolben aus einer

Fig. 109.

Glaskanne mit langem Halse jedesmal bis oben füllt.

Alsdann füllt man den Kolben nochmals mit heißem Wasser, stülpt einen kleinen, glattwandigen Goldglühtiegel (Fig. 111) darüber und kippt langsam um. Das sehr zerbrechliche dunkelbraune Goldröllchen sinkt in den Tiegel; man lüftet den Kolben allmählich, wobei Luftblasen für das ausfließende Wasser in den Kolben treten, zieht ihn nach der Seite fort und läßt das Wasser in ein Becherglas fließen. Aus dem Tiegel gießt man schnell möglichst viel Wasser ab, entfernt den Rest durch einen Streifen Fließpapier, ohne dabei das Gold zu berühren, bedeckt den Tiegel, trocknet ihn 5 Minuten vorn an der Muffel und erhitzt ihn dann in der Muffel selbst in 1—2 Minuten zur hellen Rotglut. Hierdurch schrumpft das Gold etwa auf ⅓ des Volumens des ausgekochten Röllchens zusammen, wird goldgelb, metallisch glänzend und bekommt Zusammenhang. Die aufgestempelte Zahl ist deutlich zu erkennen. Man schüttet die Röllchen in halbkugelförmige Porzellanschälchen und wägt sie bis auf 0,1 bzw. 0,5 mg genau aus. Von Ober- und Unterprobe wird der Durchschnittsgehalt als Gehalt des betreffenden Barrens angenommen.

Die Röllchenprobe gibt nach R o s e bei sorgfältiger Ausführung ein so genaues Resultat, daß die unvermeidlichen Fehler ± 0,02 pro 1000 nicht übersteigen; dies wird auch durch die sehr sorgfältigen Untersuchungen von W. W i t t e r (Chem.-Ztg. 23, 522; 1899) bestätigt. Es gleicht der ständige Silberrückhalt von 1,2—1,4 pro mille in den Röllchen die unvermeidlichen Goldverluste durch Kapellenzug und Verflüchtigung ziemlich genau aus.

Um größere Goldverluste (entstanden durch zu heißes Abtreiben, Auflösung von Gold usw.) sofort zu erkennen, macht man nicht selten

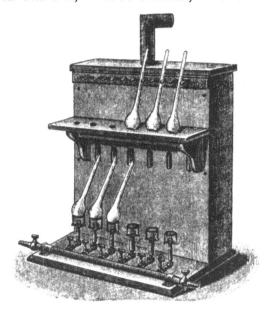

Fig. 110.

Gegenproben (Checkproben) mit ganz reinem Gold, das man mit ebenso viel Silber und Probierblei wie die Probe selbst und gleichzeitig mit derselben abtreibt usw.

Solches „P r o b e g o l d" wurde in der Londoner Münze von R o b e r t s - A u s t e n [1] nach folgendem Verfahren hergestellt: Von sehr hochhaltigem Golde herrührende Löckchen wurden in Königswasser gelöst, der Überschuß davon durch Abdampfen entfernt und Platin durch Zusatz von Chlorkalium und Alkohol zur konzentrierten Lösung ausgefällt. Die abfiltrierte Goldlösung wurde nach starkem Verdünnen mit destilliertem Wasser (15 g Gold in 4,5 Liter Flüssigkeit) zur Abscheidung des Chlorsilbers 3 Wochen stehen gelassen, abgehebert, das Gold aus 45 Litern Lösung innerhalb vier Tagen durch vielfache kleine Zusätze

[1] Vierter Jahresbericht der Londoner Münze, 1878, 40.

reiner Oxalsäure und mäßiges Erwärmen als schwammiges Metall ab-geschieden, wiederholt mit Salzsäure, destilliertem Wasser und Ammoniak digeriert, mit destilliertem Wasser ausgewaschen, getrocknet, im Ton-tiegel mit Kaliumbisulfat und Borax geschmolzen und in eine Steinform gegossen. Cabell Whitehead (Eng. and Min. Journ. 1899, 68, 785 und Chem.-Ztg. 24, Rep. 30; 1900) dampft die Goldchlorid-Lösung zur Trockne ab und löst den Rückstand unter Zusatz einiger ccm Bromwasserstoffsäure in Wasser auf und verdünnt die Lösung von 10 g Gold zu 1,5 Liter. Aus der vollkommen geklärten, abgeheberten Lösung wird Gold durch Einleiten von SO_2 gefällt, nochmals gelöst und wie vorher behandelt, gewaschen, getrocknet und mit Borax und Salpeter eingeschmolzen.

Eine wesentliche Verbesserung der Münzprobe rührt vom Münzwardein Bock (Chem.-Ztg. 21, 973; 1897; 22, 358; 1898, 23, 522; 1899) in Hamburg her. Er vermeidet die mit Goldverlusten verbundene Kupellation, indem er die Probe hochhaltigen ,,bank-fähigen'' Goldes in einem kleinen Graphittiegel mit dem nötigen Silber legiert, das Korn ausplattet, nochmals einschmilzt, das dann hergestellte Röllchen in gewöhn-licher Weise zweimal mit Salpetersäure auskocht und den geringen Silberrückhalt elektrolytisch, unter Be-nutzung sehr verdünnter Salpetersäure (1 Vol. HNO_3 von 1,2 spez. Gew. : 5 Vol. H_2O) als Elektrolyten, durch 10 Minuten lange Einwirkung eines Stromes von höchstens 1 Ampère pro qdm, bezogen auf die negative Elektrode, eine Platinschale, in Lösung bringt.

Fig. 111.

Die Prüfung dieses Verfahrens im Hamburgischen Staatshütten-laboratorium (durch Witter und Bock) gab vorzügliche Resultate. Leider eignet es sich nicht für sprödes Gold, das sich auch in der Le-gierung mit Silber gewöhnlich weder strecken noch walzen läßt, dagegen ist es sehr brauchbar für geschmeidiges Gold und geschmeidige Gold-Silber-Kupferlegierungen.

Einfluß der Platinmetalle auf die Münzprobe.

Platin und Platinmetalle sind im Münzgolde häufig enthalten und recht unerwünscht; Gold mit einem höheren Gehalte davon wird nicht von den Münzen gekauft.

Geringe Mengen Platin im Golde geben sich beim Abtreiben ohne Zusatz von Silber an der rauhen, krystallinischen Oberfläche des Kornes, ein größerer Platingehalt durch graue Farbe des Kornes zu erkennen. Man trennt das Platin vom Gold durch Kupellieren des aus der Probe erhaltenen Röllchens mit dem achtfachen Gewichte Silber und Blei, Auskochen mit HNO_3, Wägen des Staubgoldes, Wiederholen des Le-gierens mit Silber, Auskochens usw., bis Gold von konstantem Gewicht erhalten wird [1].

---

[1] Cl. Winkler, Löslichkeit von Platinsilber in Salpetersäure. Zeitschr. f. anal. Chem. 13. 369; 1874.

Über e l e k t r o l y t i s c h e Trennung und Schnelltrennung des Goldes von Platin (in cyankalischer Lösung von 70 bzw. 100⁰) siehe C l a s s e n , Quant. Analyse durch Elektrolyse, V. Aufl., S. 266.

Sehr geringe Gehalte an Platin im Gold werden beim Probieren leicht übersehen; will man darauf fahnden, so muß die Quartation mit Schwefelsäure vorgenommen (S. 587), das Gold in Königswasser gelöst (Abscheidung von Ag als AgCl) und das Platin aus der Lösung als Platinsalmiak abgeschieden werden.

Nach P r i w o z n i k (Berg- und Hüttenm. Ztg. 1895, 325) geht Platin bis zu 2 % vom Goldgewicht mit dem Silber in die salpetersaure farblose Lösung, die durch Spuren von Palladium weingelb, durch mehr davon bräunlich bis rotbraun gefärbt wird.

Beim direkten Abtreiben mit dem Zusatze von Quartationssilber geben sich nach P r i w o z n i k selbst 20 % Platin nicht an der Beschaffenheit des Kornes zu erkennen, wohl aber am Aussehen des aus einer solchen Legierung erhaltenen fertigen Goldröllchens.

Nach J o h n S p i l l e r (Journ. Chem. Soc. 71, 118; 1897 und Chem.-Ztg. 21, 477; 1897) ist heiße Salpetersäure vom spez. Gew. 1,42 das beste Lösungsmittel für Platinsilber; sie löst mit dem Silber 0,75 bis 1,25 % Platin auf. Schwache Säure (1,2 spez. Gew.) löst nur 0,25 % Platin; stärkste Säure ist ungeeignet, veranlaßt Abscheidung von Platinschwarz.

P a l l a d i u m kann nach P r i w o z n i k keine Veranlassung zu groben Fehlern bei Goldproben geben, da sich selbst eine Legierung aus 102 Teilen Palladium und 1250 Teilen Silber in starker Salpetersäure vollkommen und mit rotbrauner Farbe auflöst.

I r i d i u m im Gold gibt beim Abtreiben (mit Silber und Blei) rauhe schwarzgefleckte Körner, aus welchen rauhe, blasige, dunkelgrau bis schwarz gefleckte Goldröllchen erfolgen, welche in den aufgeplatzten Blasen Iridium erkennen lassen.

I r i d i u m und O s m i u m i r i d i u m werden gewöhnlich in den Scheideanstalten vor dem Affinieren (mit Schwefelsäure) des mit dem doppelten bis dreifachen Gewichte Silber legierten Goldes dadurch aus der Legierung entfernt, daß man sie nach dem Umrühren ½ bis ¾ Stunden im Tiegel stehen läßt. Iridium und Osmiumiridium gehen auf den Boden.

R h o d i u m läßt den Goldgehalt zu hoch finden. Iridium und Rhodium bleiben fast vollständig ungelöst, wenn man die betreffenden Goldröllchen mit Königswasser behandelt.

R u t h e n i u m gibt dem abgetriebenen Korne große Neigung zum Spratzen. Nach dem Erkalten ist es an den nicht gespratzten Stellen grauschwarz angelaufen und blau und grün schillernd.

O s m i u m geht als Überosmiumsäure beim Abtreiben fort.

Güldischprobe oder Staubprobe

für Gold-Silber-Kupferlegierungen und goldhaltiges Silber.

Man treibt 2 × 0,5 g der Legierung mit dem 16—32 fachen Gewichte Probierblei ab, ermittelt durch den Verlust den Gehalt der Legierung an unedlen Metallen, legiert das Korn, wenn nötig, mit Silber und scheidet durch Auskochen mit Salpetersäure usw.

In kupferreichen Gold-Silberlegierungen bestimmt man nach C. Whitehead und Titus Ulke (Chem.-Ztg. 22, Rep. 69; 1898) in den amerikanischen Münzen und in großen New-Yorker Handelslaboratorien die Edelmetalle in folgender Weise: 10 g der Probe werden mit 100 ccm Salpetersäure (1,2 spez. Gew.) durch Kochen gelöst, die Lösung zu 300 ccm verdünnt, das Gold auf einem Filter gesammelt, dieses getrocknet, 2,5 g Kornblei auf das Filter geschüttet, zusammengerollt, das kleine Paket in schon auf einem Ansiedescherben eingeschmolzenes Blei (5 g) eingetaucht, nach kurzem Ansieden ausgegossen, der König entschlackt und abgetrieben.

Das heiße Filtrat vom Gold wird mit einer hinreichenden Menge Kochsalz versetzt und dann durch Druckluft heftig aufgerührt. Bei mehr als 0,06 % Silber in der Legierung ballt sich das Chlorsilber in 30 Minuten gut zusammen. Wegen der Goldspuren wird durch ein doppeltes Filter abfiltriert und 2,5 g Kornblei in das Filter gegeben.

Man trocknet es auf einem Ansiedescherben oberhalb der Muffel, läßt dann das Papier in der Muffel veraschen, gibt 15 g Blei und 0,5 g Borax hinzu und siedet bei niedriger Temperatur an. Der auf ein Gewicht von etwa 4 g verringerte Werkbleikönig wird abgetrieben, das gewogene Korn geschieden.

Randolph van Liew (Eng. and Min. Journ. 1900, 69, 469 und 498; Chem.-Ztg. 24, Rep. 147; 1900) sucht den Gold-Verlust bei der Lösung von edelmetallhaltigem Kupfer in Salpetersäure durch Abkühlung zu verringern. 1 Probiertonne (29,166 g) Späne werden mit 350 ccm Wasser und 100 ccm Salpetersäure (1,42) bei gewöhnlicher Temperatur behandelt; die Lösung ist erst in 24 Stunden beendigt. Dann wird Luft durch die Lösung geblasen, 2—4 ccm Normalkochsalzlösung zugesetzt, der Niederschlag nach 12 Stunden auf einem Filter gesammelt und ausgewaschen. In das getrocknete Filter werden 4—6 g Probierblei gegeben, das Filter auf einem Ansiedescherben außerhalb der Muffel verascht und das Ansieden mit Zusatz von 3—4 g Glätte und 3—4 g Boraxglas ausgeführt. Darauf Kupellation und Scheidung. Während die Goldverluste beim Auflösen des Materials in heißer Salpetersäure 28,9—51,9 % betrugen, werden sie nach diesem Verfahren auf 0,85 bis 1,98 % verringert.

Von Blicksilber löst man nach Lindemann (Zeitschr. f. anal. Chem. 16, 361; 1877) 10 g in einem langgestreckten Kolben in 80—100 ccm HNO_3 (1,2 spez. Gew.), dekantiert die Silberlösung in einen Literkolben, kocht das Staubgold nochmals mit Salpetersäure, dekantiert wieder, wäscht wiederholt mit heißem, destilliertem Wasser, vereinigt alle Waschwässer in dem Literkolben, sammelt das Gold im Tontiegelchen, trocknet, glüht und wägt.

Die Silberlösung kühlt man auf Zimmertemperatur ab, verdünnt genau auf 1 Liter, nimmt davon 100 ccm (entsprechend 1 g Einwage)

und titriert das Silber darin mit Rhodanammonium nach V o l h a r d
(siehe „Silber" S. 554).

Z i n n - u n d z i n k h a l t i g e G o l d l e g i e r u n g e n werden
nach O e h m i c h e n (Zeitschr. f. angew. Chem. 8, 133; 1895) mit der
20 fachen Menge Probierblei und $\frac{1}{4}$ der Einwage Borax 3 Minuten lang
angesotten, das Werkblei abgetrieben usw.

Quartation mit Cadmium nach Balling.
(Österr. Zeitschr. 1879, Nr. 50; 1881, Nr. 3.)

Diese viel angewendete Methode läßt sich ohne Abtreiben in der
Muffel ausführen und gestattet außerdem eine genaue Bestimmung des
Silbers in ein und derselben Probe.

Nach K r a u s (Dinglers Journ. 236, 323; 1880 und
Berg- und Hüttenm. Ztg. 1880, 219) gibt sie in der folgenden
Modifikation richtige Resultate: Man schmilzt in einem kleinen
Porzellantiegel über der Gas- oder Spiritusflamme etwa 3 g
Cyankalium ein, trägt 250 mg der Legierung (Münzgold)
und das 2½ fache Gewicht Cadmium ein, schwenkt nach dem Einschmelzen desselben um, wobei eine silberweiße und wie Quecksilber
bewegliche Legierung entsteht. Nach dem Erkalten spült man das
Cyankalium mit Wasser fort, bringt das Korn (bei doppelter Einwage
beide Körner) in einen Goldscheidekolben, übergießt mit Salpetersäure
(1,2 spez. Gew.), setzt eine verkohlte Erbse hinzu und erhitzt andauernd,
bei Feingold-Einwage bis zu 1 Stunde. Alsdann wird dekantiert, einmal
mit heißem Wasser gewaschen, 10 Minuten mit stärkerer Salpetersäure
(1,3) ausgekocht, dekantiert, mit heißem Wasser gewaschen und 5 Min.
mit Wasser ausgekocht, abgegossen, der Kolben mit Wasser gefüllt,
das Gold (beide Körner) in einem Goldglühtiegel (Tontiegelchen) gesammelt, getrocknet, geglüht und die Körner einzeln oder zusammen
gewogen.

Hat man die abgegossenen Säuren und die Waschwässer gesammelt,
so kann man daraus (nach dem Eindampfen) das Silber als Chlorsilber
fällen oder den Silbergehalt durch Titration nach V o l h a r d ermitteln.
Die Cadmiumlegierung ist spröde, läßt sich nicht ausplatten, deshalb ist
langes Auskochen des Kornes mit HNO_3 notwendig, ebenso zuletzt
Auskochen mit Wasser zur Entfernung eines Rückhaltes von Cad-
miumnitrat.

v. J ü p t n e r s Methode (Zeitschr. f. anal. Chem. 18, 104; 1879 und
Berg- und Hüttenm. Ztg. 1879, 187) Legieren mit dem 3--4 fachen
Gewichte Zink unter einer Decke von Kolophonium, Auskochen der
Zinklegierung mit HNO_3 usw., ist durch die B a l l i n g sche Methode
verdrängt worden.

Goldbestimmung in verschiedenen Legierungen.

K u p f e r r e i c h e Legierungen probiert man am besten auf
nassem Wege (siehe S. 581). Solche mit geringem Kupfergehalte treibt

man nach K e r l mit Zusatz von Silber (etwa dem 3 fachen des vermutlichen Goldgehaltes) ab, weil sonst etwas Kupfer im Goldkorne
bleibt.

Aus G o l d a m a l g a m destilliert man nach K e r l das Quecksilber ab (Kaliglasretorte) und siedet den Rückstand von schwammigem
Gold bei ganz langsam steigender Temperatur mit dem 8 fachen Gewichte Probierblei an.

B l e i - u n d W i s m u t goldlegierungen werden direkt abgetrieben, arme vorher konzentriert.

G o l d h a l t i g e s A n t i m o n wird nach S m i t h (Chem. News
67, 195; 1893); in folgender Weise probiert: 500 Grains (à 0,0648 g) gepulvertes Antimon werden im Tiegel mit 1000 Grains Glätte, 200 Grains
Salpeter und 200 Grains Soda im Windofen ¼ Stunde in dunkler Rotglut geschmolzen, die Schmelze in einen Einguß entleert, der König
abgetrieben. Die Schlacke von der Tiegelschmelzung wird mit 500 Grains
Glätte und 20 Grains Holzkohlenpulver eingeschmolzen, der Bleikönig
ebenfalls abgetrieben.

Legierungen von Gold mit Platin und Platinmetallen siehe unter
„Platin" S. 587.

Elektrolytische Goldbestimmungen[1]) werden selten ausgeführt.

Goldähnliche Legierungen geben nach R. W e b e r auf der mit
Alkohol und Äther gereinigten Oberfläche beim Betupfen mit einer
konzentrierten Lösung von Kupferchlorid einen schwarzen Fleck;
Goldlegierungen und selbst sehr schwach vergoldete Metalle werden
hierbei nicht verändert. Lösungen von Höllenstein und Goldchlorid
wirken wie Kupferchlorid. Auf dem P r o b i e r s t e i n e verschwindet
das Abgeriebene, der Strich, von goldähnlichen Legierungen beim Betupfen mit starker Salpetersäure.

Sehr schwache V e r g o l d u n g gibt sich noch zu erkennen, wenn
man nach R. F i n k e n e r ein 0,1—1,5 g wiegendes, mit Alkohol und
Äther abgespritztes Stück der betreffenden Legierung in einem Becherglase mit 0,5—10 ccm reiner Salpetersäure (1,3 spez. Gew.) übergießt.
Es zeigen sich dann sehr bald Goldflitterchen auf dem Boden und auf
der Lösung schwimmend.

Behandelt man einen feuervergoldeten Gegenstand in derselben
Säure, so erscheinen die mehr zusammenhängenden stärkeren Gold-
flitter auf der Unterseite rauh und dunkler gefärbt.

Platin.

Platinerze, das Metall selbst, die Platinmetalle und ihre Legierungen
kommen sehr selten zur Untersuchung in chemisch-technischen Laboratorien.

---

[1]) C l a s s e n , Quant. Analyse durch Elektrolyse, 5. Aufl., Berlin, Julius
Springer, 1908, S. 159 u. f. Die Abscheidung gelingt gleich gut aus Lösungen in
Cyankalium, Schwefelnatrium und Rhodanammonium.

Zum Zwecke der Gehalts- und Wertermittelung werden sie fast ausschließlich in den Laboratorien der Platinfirmen (in Petersburg, Hanau, Frankfurt a. M., Paris, London, New-York) analysiert, zu denen ja auch die schadhaft gewordenen Platinapparate der Schwefelsäurefabriken, der Laboratorien usw. zum Zwecke der Umarbeitung zurückgelangen.

Die genaue Trennung der einzelnen Platinmetalle voneinander ist bekanntlich zurzeit noch mit vielen Schwierigkeiten verknüpft.

R o h m a t e r i a l i e n für die Darstellung des Platins und der Platinmetalle sind:

1. das natürliche, gediegene Platin, welches durch Waschprozesse aus dem Seifengebirge gewonnen wird und gewöhnlich von Gold, Osmium-Iridium und vielen spezifisch schweren Mineralien (Chromeisenstein, Titaneisen, Magnetit, Zirkon, Spinell usw.) begleitet ist;

2. der Sperrylith, $PtAs_2$, mit wenig Rhodium und Antimon, kommt nur in Kanada zusammen mit Nickelerzen vor;

3. die bei der Affination von Gold-Silber-Legierungen und die bei der elektrolytischen Scheidung und Reinigung des Goldes erhaltenen Platinmetalle;

4. in den 30 er bis 50 er Jahren des 19. Jahrhunderts geprägte und kurze Zeit im Verkehr gewesene russische Platinmünzen in 3-, 6- und 12-Rubelstücken.

Das R o h p l a t i n (Waschplatin) enthält nach K e r l [1]) durchschnittlich 80—86 % Platin, 1—8 % Iridium, 1—8 % Osmium-Iridium, 0,25—2,0 % Palladium, 0,4—3 % Rhodium und Ruthenium, 5—13 % Eisen und Kupfer und 1—4 % Sand. Im uralischen Platinerz beträgt der Gehalt an Iridium, Rhodium und Palladium zusammen meist 4 bis 5 % und der hauptsächlich aus Osmium-Iridium bestehende Rückstand vom Lösen mit Königswasser ca. 8 %.

Gute Erze besitzen gewöhnlich das spez. Gewicht 16—17; größere, von Chromeisenstein usw. durchwaschene Stücke sind erheblich leichter. Verf. ermittelte das spez. Gew. eines derartigen Stücks Eisenplatin von Nischne-Tagilsk zu 12,304.

Probiermethoden für Erze. (Ausführliches in M u s p r a t t - S t o h m a n n s Chemie, 4. Aufl., Bd. VII.) Ursprünglich wurden die Erze nur auf nassem Wege probiert und auch verarbeitet, jetzt bestehen beide Prozesse in einer Kombination trockener und nasser Methoden.

a) Untersuchung von Platinsand auf trockenem Wege nach Deville und Debray [2]).

1. S a n d g e h a l t (Quarz, Chromit, Titaneisen usw.). Man schmilzt mehrere Durchschnittsproben von je 2 g mit 7—10 g Feinsilber unter einer Decke von 10 g Borax in kleinen, glattwandigen Tontiegeln (Goldglühtiegeln) erheblich über Silberschmelzhitze ein, rührt den Borax

---

[1]) M u s p r a t t s Chemie, 4. Aufl., VII (1898), S. 260.
[2]) Ann. Chim. Phys. **56**, p. 385. — Berg- u. Hüttenm. Ztg. **1860**, 256.

mehrfach mit einem tönernen Pfeifenstiele um, läßt erkalten und trennt
Borax und Tiegelmasse vollständig von dem Regulus, wenn nötig, durch
Erwärmen mit verdünnter Schwefelsäure und Flußsäure.

Die Differenz der Gewichte von Erz + Silber und dem Gewichte
des Regulus gibt das Gewicht des Sandes.

2. Goldgehalt. Eine Durchschnittsprobe von 10 g wird einige
Stunden hindurch mit mehrfach erneuten kleinen Quecksilberzusätzen
gekocht und mit heißem Quecksilber ausgewaschen. Man filtriert die
vereinigten Quecksilberportionen durch ein Papierfilter mit durchlochter
Spitze, destilliert das Quecksilber aus einer kleinen Glasretorte ab, glüht
den Rückstand von schwammigem Gold stark und wägt ihn. Man findet
so den Goldgehalt ziemlich genau, meist unbedeutend zu niedrig.

(Nach W. Dupré[1]) löst sich in Platinschalen elektrolytisch gefälltes Gold leicht in einer mit Chromsäure gesättigten Kochsalzslösung
auf, ohne daß Platin dabei angegriffen wird, was Classen bestätigt.
Dieses Lösungsmittel für Gold dürfte demnach für die Bestimmung des
Goldgehaltes in Platinerzen geeignet sein.)

3. Platingehalt. 50 g Erz, gemischt mit 75 g Probierblei und
50 g reinem Bleiglanz, werden in einem hessischen Tiegel eingeschmolzen,
eine Decke von 15· g Borax gegeben, mit einem tönernen Pfeifenrohre
so lange umgerührt, bis alle Körner gelöst sind, allmählich auf Silberschmelzhitze gebracht, 50 g Glätte eingetragen und kurze Zeit noch
stärker erhitzt. Die Platinmetalle (außer Osmium-Iridium) legieren sich
mit dem Blei, Osmium-Iridium sammelt sich auf dem Boden an. Das
durch die Einwirkung des geschmolzenen Schwefelbleies (Bleiglanz) entstandene Schwefelkupfer und Schwefeleisen wird durch die zuletzt zu-
gegebene Glätte oxydiert und die Oxyde verschlackt. Wenn keine
schweflige Säure mehr entweicht, läßt man den Tiegel erkalten, entschlackt den ca. 200 g wiegenden König und sägt den untersten Teil
(etwa $1/10$ vom Ganzen) ab und wägt das Abgesägte. Die Hauptmenge
der spröden Bleilegierung nebst den Sägespänen wird gewogen, gepulvert
und ein Neuntel davon auf der Kapelle abgetrieben. Hierbei verbleibt
ein sehr bedeutender Bleirückhalt von mindestens 6—7 % beim
Platin, den man nach Deville und Debray im kleinen Kalkofen
durch oxydierendes Schmelzen mittels der überschüssigen Sauerstoff
enthaltenden Knallgasflamme vollständig entfernt. Um dies zu umgehen, kann man das bleihaltige Platin mit dem 5—6 fachen, genau
gewogenen Gewichte Silber und Zusatz von Probierblei bei hoher
Temperatur in der Muffel abtreiben. Die Gewichtszunahme des
Silbers gibt den Platingehalt von einem Neuntel der Masse
an, mit 9 multipliziert den der ganzen oberen Partie der Bleiplatin-
legierung.

(Die zu dünnem Blech ausgewalzte Silber-Platinlegierung kann
durch längeres Kochen mit konzentrierter Schwefelsäure geschieden
werden.)

---

[1] Classen, Quant. Analyse d. Elektrolyse, 4. Aufl., Berlin 1897, S. 189.

Der abgesägte untere Teil, etwa ein Zehntel des großen Blei-Platin-regulus wird zerstoßen, mit der zehnfachen Menge Salpetersäure (1,2 spez. Gew.) und ebensoviel Wasser zur Auflösung des Bleies längere Zeit erwärmt, der aus Osmiridkörnchen und -blättchen und Platin-schwarz bestehende Rückstand mit heißem salpetersauren Wasser und zuletzt mit reinem heißen Wasser durch Dekantieren vollständig aus-gewaschen, getrocknet und gewogen. Dann löst man das Platin daraus mit heißem Königswasser auf, wäscht, trocknet und wägt das unver-änderte Osmium-Iridium.

Man findet so den Gesamtgehalt an Platin (nebst Platinmetallen) und an Osmium-Iridium.

Das im Erz enthaltene r e i n e P l a t i n beträgt 4—5 % weniger als gefunden, da das Platin im russischen Platinerze sehr konstant mit 4—5 % der übrigen Platinmetalle legiert ist, während der Gehalt an Osmium-Iridium erhebliche Schwankungen aufweist.

b) Nasse Proben für Erze.

In der Petersburger Münze werden 5—10 g goldfreies Erz mit mehrfach erneuertem Königswasser [1 Vol. HNO_3 (1,34 spez. Gew.) und 3 Vol. Salzsäure (1,18 spez. Gew.)] 8—10 Stunden hindurch in einer Porzellanschale digeriert, bis keine gelbe Lösung mehr entsteht. Die durch Eindampfen etwas konzentrierte Lösung von Pt, Ir, Pd, Rh usw. wird mit konzentrierter Salmiaklösung versetzt, der durch Iridium rot-gefärbte Niederschlag auf ein Filter gebracht, mit Alkohol ausgewaschen, getrocknet und schwach geglüht. Durch lange fortgesetztes Digerieren des Ir-haltigen Platinschwammes mit stark verdünntem Königswasser (1 : 4—5) bei 40° C geht nur Platin in Lösung. Aus der Differenz zwischen dem Gewichte des Ir-haltigen Platinschwammes und des Iridiums erfährt man das ausgebrachte reine Platin.

Nach dem sehr empfehlenswerten V e r f a h r e n v o n He ß (Dingl. Journ. **133**, 270; 1854) schmilzt man das Erz mit dem vierfachen Ge-wichte Zink, behandelt die sehr fein gepulverte Legierung anfangs mit schwacher, dann mit stärkerer Schwefelsäure zur Lösung des Zinks, löst darauf Kupfer und Blei durch Salpetersäure und behandelt den aus-gewaschenen Rückstand mit Königswasser. Die Ausfällung des Platins usw. geschieht wie oben.

M i l l e r [1]) (M u s p r a t t, 4. Aufl. VII, S. 270 und 271) siedet Platinerze mit Probierblei an, löst das Blei aus der Legierung durch fortgesetztes Erwärmen mit schwacher Salpetersäure von 1,05 spez. Gew., oxydiert den Rückstand durch Rösten und kocht ihn nochmals 10 Min. mit Salpetersäure. Der ausgewaschene und getrocknete Rückstand wird als Platin (Rohplatin) gewogen. Enthält er Gold, so löst man dasselbe durch Erwärmen mit stark verdünntem Königswasser (1 : 5), filtriert die

---

[1]) School of Mines Quart. (Columbia University, New York) **17**, 26; Berg-und Hüttenm. Ztg. **1896**, 235.

Platin-Goldlösung ab, verdampft zur Trockne, nimmt mit stark verdünnter Salzsäure auf, fällt das Gold durch Oxalsäure, filtriert, wäscht es aus, trocknet es und treibt es mit wenig Blei ab. Die Differenz der Gewichte des Rohplatins und des Rückstandes von der Behandlung mit Königswasser + dem Goldgewicht gibt das Gewicht des in Lösung gegangenen Platins.

Aus dem bereits mit schwachem Königswasser behandelten Rückstande löst man darauf das Iridium durch Erhitzen mit starkem Königswasser auf, wobei nur Osmium-Iridium zurückbleibt.

Aus goldhaltigen Erzen erhaltene Lösungen dampft man mit Salmiakzusatz auf dem Wasserbade zur Trockne, extrahiert das Chlorammoniumgoldchlorid mit absolutem Alkohol und fällt aus der vom Alkohol befreiten und mit Salzsäure angesäuerten Lösung das Gold durch Eisenvitriol.

Der Rückstand von der Behandlung mit Alkohol wird getrocknet, der Salmiak verjagt, geglüht, das Platin daraus mit verdünntem Königswasser gelöst usw.

Aus seinen Lösungen fällt man das Platin (nach Nordenskjöld und Quennessen) am besten mit Magnesium; das geglühte Metall wird mit verdünnter Salzsäure zur Entfernung von Magnesia behandelt.

Über elektrolytische Abscheidung des Platins siehe Classen, Analyse durch Elektrolyse, 5. Aufl., S. 162.

Platinlegierungen.

1. Platin, Gold und Kupfer.

Man treibt die Legierung zur Entfernung des Kupfers mit dem 8—30fachen Gewichte Blei bei sehr hoher Temperatur ab, löst das ausgeplattete Korn in Königswasser, scheidet das Platin durch Eindampfen mit Salmiak als Platinsalmiak ab und fällt das Gold aus dem mit Salzsäure angesäuerten Filtrate mit Eisenvitriol.

2. Platin, Silber und Kupfer.

Abtreiben mit dem 8—30fachen Gewichte Blei unter Zusatz von so viel Silber, daß auf 1 Teil Platin 5 Teile Silber [1]) in der Legierung enthalten sind. Hierzu muß der annähernde Platingehalt durch eine Vorprobe ermittelt worden sein. Das ausgeplattete Korn wird $\frac{1}{4}$ Stunde mit konzentrierter Schwefelsäure, das pulverige Platin darauf mit verdünnter Schwefelsäure und zuletzt mit Wasser ausgekocht. Man sammelt es im Tiegelchen wie das Staubgold bei der „Güldischprobe" S. 580. Einen Silberrückhalt bestimmt man durch Lösen in Königswasser, Abdampfen, Abfiltrieren des platinhaltigen Chlorsilbers, Lösen des letzteren in verdünntem Ammoniak und Ausfällung durch Übersättigen der Lösung mit Salpetersäure.

---

[1]) Riemsdijk, Berg- und Hüttenm. Ztg. 1886, 213.

3. Platin, Silber und Gold
(auch Kupfer und Osmium-Iridium).

200 mg der Legierung werden mit dem 8—30 fachen Gewichte Blei unter Zusatz von so viel Silber abgetrieben, daß auf 1 Teil Gold 3 Teile Silber [1]) in der neuen Legierung enthalten sind; das Kupfer ergibt sich aus der Differenz. Die Legierung wird ausgeplattet und unter wiederholtem Ausglühen gestreckt, ein Röllchen geformt, dieses nacheinander mit konzentrierter Schwefelsäure, verdünnter Schwefelsäure und Wasser ausgekocht und der Rückstand (Röllchen) nach dem Trocknen und Glühen gewogen. Das in der angewendeten Legierung (200 mg) enthaltene Silber ist glei   dem Verluste abzüglich des zugesetzten Silbers. Das Röllchen wird darauf mit viel Silber (mindestens dem 12 fachen Gewichte vom vermuteten oder durch Vorproben ermittelten Platingehalte) und Probierblei abgetrieben, ein neues Röllchen hergestellt, dasselbe zuerst mit Salpetersäure von 1,16 spez. Gew., dann mit etwas stärkerer (1,26 spez. Gew.) ausgekocht, wobei das Platin mit dem Silber in Lösung geht. (Über die Löslichkeit von Platin-Silberlegierungen in Salpetersäure siehe auch „Goldquartation" S. 579.)

Bei der Behandlung des aus Gold und Osmium-Iridium bestehenden Rückstandes mit Königswasser geht nur Gold in Lösung, das in bekannter Weise ausgefällt wird.

Ein etwas abgeändertes Verfahren teilt O e h m i c h e n (Berg- und Hüttenm. Ztg. **1901**, 137; Chem.-Ztg. **25**, Rep. 104; 1901) mit.

Das Verhalten des Platins und der Platinmetalle bei der Goldprobe (Röllchenprobe) ist S. 579 erörtert worden.

Palladium läßt sich in saurer Lösung (nach H. E r d m a n n und O. M a k o w k a, Ber. **37**, 2694; 1904) von Gold, Platin, Iridium und Rhodium durch Einleiten von Acetylen trennen; es wird dadurch sofort und in Form eines leicht filtrierbaren Niederschlages gefällt, der beim Glühen reines Metall liefert.

Wiedergewinnung des Platins aus Platinrückständen von der Kaliumbestimmung siehe Bd. I, S. 610.

Quecksilber.

Das wichtigste **Quecksilbererz** ist der Zinnober, der im reinsten Zustande 86,21 % Quecksilber enthält. Nicht selten findet sich in ihm metallisches Quecksilber in Tröpfchen eingebettet.

Eine eigentümliche Zinnobervarietät ist der Idrialit (Quecksilberbranderz) von Idria, ein Gemenge von Zinnober mit Idrialin (einem Kohlenwasserstoffe von der Formel C_8H_4, bis zu 75 % im Idrialit enthalten), Schwefelkies, Ton und Gips. Auch das Quecksilberlebererz

---

[1]) F u l t o n (loc. cit.) empfiehlt 10 Teile Silber auf 1 Teil (Au + Pt) und zweimaliges Auskochen mit konzentrierter Schwefelsäure; da von den s t a u b - f ö r m i g erhaltenen Metallen beim Dekantieren leicht etwas verloren geht, wird besser durch ein aschenloses Filter filtriert.

und das Stahlerz von Idria enthalten außer Zinnober Idrialin, Bitumen und kohlige Substanzen in sehr schwankenden Mengen.

Die meisten sonstigen Quecksilbermineralien (Quecksilberhornerz oder Kalomel, Selenquecksilber, die Silberamalgame mit sehr abweichenden Quecksilbergehalten) kommen nicht in größeren Mengen vor und sind nicht Gegenstand chemisch-technischer Untersuchungen. Besonders zu erwähnen ist, daß in manchen ungarischen und Tiroler Fahlerzen bis zu 17% Quecksilber vorkommen.

Am häufigsten wendet man bei der Untersuchung von Quecksilbererzen die schnell auszuführende Eschkasche Goldamalgamprobe an, die sehr befriedigende Resultate gibt. Destillationsproben, bei denen das Quecksilber als solches aufgefangen wird, sind fast nur als Betriebsproben in Anwendung, rein analytische Proben auf nassem Wege gar nicht, doch wird der Quecksilbergehalt der Erze vereinzelt auf elektrolytischem Wege bestimmt.

a) Destillationsproben auf Quecksilber.

Durchschnittsproben im Gewichte bis zu 2 kg werden, mit dem halben bis dem ganzen Gewichte von schwarzem Fluß gemischt, in Steinzeugretorten oder eisernen Retorten oder Röhren bis zur hellen Rotglut erhitzt und die Quecksilberdämpfe durch Wasserkühlung verdichtet.

Recht gute Resultate gibt die im kleineren Maßstabe auszuführende Quecksilberbestimmung durch Destillation nach dem Verfahren von Heinrich Rose[1]). Die Quecksilberverbindungen (Zinnober, Kalomel, Sublimat, Sulfate usw.) werden in einer schwer schmelzbaren Verbrennungsröhre durch mäßiges Glühen mit reinem Ätzkalk zerlegt, die Quecksilberdämpfe durch Kohlensäure aus dem Rohre getrieben und durch Abkühlung verdichtet:

In das an einem Ende zugeschmolzene Verbrennungsrohr (30 bis 45 cm lang, 10—15 mm weit) bringt man zunächst eine 25—50 mm starke Schicht von grob gepulvertem Magnesit (besser als Kreide oder $NaHCO_3$), darauf die Mischung von Erz mit gebranntem Kalk, eine Schicht Ätzkalk und einen losen Asbestpfropfen. Das Ende des Rohres zieht man vor der Glasbläserlampe dünn aus und biegt es im stumpfen Winkel nach unten. Durch vorsichtiges Aufstoßen der horizontal gehaltenen Röhre wird die lose eingefüllte Beschickung verdichtet und Raum für die später entwickelte Kohlensäure geschaffen. Man legt das Rohr in den etwas geneigten Verbrennungsofen, erhitzt zuerst den vor der Mischung von Kalk und Erz liegenden Ätzkalk allmählich bis zum Glühen, darauf die Mischung selbst und den Magnesit. Das ausgezogene Rohrende taucht in ein Kölbchen unter Wasser, hier sammelt sich das meiste Quecksilber an; durch Abschneiden des Rohrendes und Herunterspülen der darin sitzenden Tröpfchen vereinigt man letztere mit

---

[1]) Rose-Finkener, Handbuch der analyt. Chemie II, S. 187 u. f.

der Hauptmenge des Quecksilbers. Dasselbe wird in einen tarierten
Porzellantiegel geschüttet, das Wasser abgegossen, der Rest mit Fließpapier entfernt, der Tiegel kurze Zeit im Luftbade (besser einige Stunden
im Exsikkator neben Schwefelsäure) getrocknet und mit dem Quecksilber gewogen.

Diese Methode muß angewendet werden,
wenn die Probesubstanz erhebliche Mengen
von Quecksilbersalzen (Cl-Verbindungen,
Sulfate) enthält, weil diese sich bei der
Ausführung der allgemein üblichen Eschka-
schen Methode zum Teil unzersetzt verflüchtigen. Quecksilberhaltige
Fahlerze destilliert man mit dem
gleichen Gewichte von Eisenbohrspänen aus
Glasretorten ab, usw. Gerösteten Erzen setzt
man außerdem die gleiche Menge Glätte zu.

Fig. 112.

b) Eschkasche Golddeckel- oder Goldamalgamprobe.

Diese vorzügliche Methode ist besonders in Idria ausgebildet
worden. Als Apparat benutzt man einen Porzellantiegel von der Meißener
Form (etwa 45 mm hoch, oben 48 mm, unten 22 mm weit, 50 ccm Inhalt) mit plangeschliffenem Rande und einen dazu passenden ca. 10 g
schweren Deckel aus Feingold von der Form der Platintiegeldeckel, jedoch mit einer Vertiefung von 6—8 mm (Fig. 112).

Nach Cl. Winkler sind Deckel aus Feinsilber ebenso brauchbar,
doch läßt sich ein minimaler Quecksilberbeschlag auf solchen nicht mit
Sicherheit erkennen.

Von Erzen mit einem Quecksilbergehalte bis zu 1 % wendet
man 10 g an, von solchen mit 1,5—10 % 5 g, von sehr reichen 0.5
bis 2 g. Durch eine Vorprobe mit 1 g Substanz bestimmt man den annähernden Gehalt. Man mischt das Erz im Tiegel mit dem halben Gewichte fettfreier Eisenfeile (besser ist das Ferrum limatum der Apo-
theker), gibt eine 5—10 mm hohe Decke von Eisenfeile, legt den gewogenen Gold- oder Silberdeckel auf, drückt ihn durch vorsichtiges Auflegen einer ebenen Metallplatte fest an den Tiegelrand an, füllt die
Vertiefung des Deckels mit destilliertem Wasser und erhitzt den Tiegelboden 10—15 Minuten lang durch eine Gas- oder Spiritusflamme. Verf.
stellt den Tiegel in einen Ring aus Asbestpappe, wodurch der obere
Teil des Tiegels und der Deckel gegen unnötiges Erhitzen geschützt
werden. Nach dem Erkalten nimmt man den Deckel ab, gießt das Wasser
aus, spült den Deckel oben und unten mit Alkohol ab, trocknet ihn auf
einem Uhrglase 2—3 Minuten über einem kochenden Wasserbade und
wägt ihn nach ¼ Stunde auf einem tarierten Tiegel oder Uhrglase.
Durch allmähliches Erhitzen über der kleinen Bunsenflamme (unter
dem Digestorium vorzunehmen) wird dann das Quecksilber verflüchtigt.

Bei zu großer Einwage haftet entsprechend viel Quecksilber am Deckel, der dann vorsichtig abzuspülen ist. Da in diesem Falle auch der Deckel leidet, er ist nach dem Verdampfen des Quecksilbers sehr rauh und liegt später nicht mehr fest auf dem Tiegelrande auf, so führt man mit Erzen von unbekanntem Gehalte zweckmäßig eine Vorprobe aus. Geringe Quecksilberverluste sind bei dieser Probe unvermeidlich. In Idria werden nach B a l l i n g folgende Ausgleichsdifferenzen hinzugerechnet.:

Erzgehalt:	Ausgleichsdifferenz:
0,0— 0,4 %	0,04 %
0,4— 0,7 -	0,06 -
0,7— 1,0 -	0,08 -
1,0— 3,0 -	0,15 -
3,0— 5,0 -	0,20 -
5,0—10,0 -	0,25 -
10,0—20,0 -	0,35 -
20,0—30,0 -	0,45 -
30,0 und darüber	0,50 -

Bitumenhaltige Erze geben, wenn sie nur durch Eisen zerlegt werden, teerartige Destillationsprodukte, welche sich auf und in dem Quecksilber ansammeln und nicht durch bloßes Abspülen des Deckels entfernt werden können. Setzt man der Erz-Eisenmischung Mennige hinzu (E s c h k a), so erfolgt zwar eine vollständige Verbrennung des Bitumens, zugleich aber eine geringe Bleiverflüchtigung und oberflächliche Oxydation des Quecksilbers.

Zur Vermeidung der hieraus entstehenden Fehler führt man nach K r o u p a (Berg- u. Hüttenm. Ztg. 1890, 150) in Idria die E s c h k a - sche Probe in folgender Abänderung aus: Man mischt reichere und reiche Erze mit feingesiebtem und gut ausgeglühtem Hammerschlag, gibt eine Decke von solchem und obenauf Zinkoxyd. Ärmere und arme Erze werden mit geglühtem Baryumcarbonat gemischt, die Mischung mit Hammerschlag und Zinkweiß bedeckt.

Die Einwage beträgt für arme Erze 10 g, reichere 2 g, Stupp 0,5 g; den Hammerschlag (10 g) mischt man mit einem Glasstabe ein, bedeckt dann die Mischung mit 10 g Hammerschlag und gibt obenauf etwa 3 g Zinkweiß.

R. B i e w e n d (Berg- u. Hüttenm. Ztg. 1902, 441; Chem.-Ztg. 27, 400; 1903) hat die E s c h k a sche Probe wesentlich verbessert. Er empfiehlt, nur so viel Substanz einzuwägen, daß der Quecksilbergehalt 0,2 g nicht überschreitet. Statt des Eisenpulvers wendet B i e w e n d Kupferfeile an; das Gemisch wird zur besseren Abhaltung der strahlenden Wärme von dem Goldamalgam mit gebrannter Magnesia bedeckt. Die Austreibung des Quecksilbers wird in zwei Abschnitten bewirkt. Zunächst wird die Hauptmenge des Quecksilbers bei möglichst niedriger Temperatur abdestilliert, nach dem Erkalten des Tiegels ein zweiter Golddeckel aufgelegt und nun zur Rotglut erhitzt. Zum Schutze des

Deckels gegen die Wärme der Flamme ist der Tiegel in den Ausschnitt einer Asbestplatte gehängt, wie dies vom Verf. empfohlen. Nach B i e - w e n d betrugen die Verluste selbst bei reinem Zinnober nicht über 0,2 %. Übrigens soll J o r d a n in Clausthal schon 40 Jahre früher als E s c h k a das Quecksilber in der gleichen Weise bestimmt haben. C. E h r m a n n und J. S l a u s - K a n t s c h i e d e r (Chem.- Ztg. 26, 201; 1902) fanden, daß die E s c h k a - Methode nicht brauchbar für stark pyritische Erze ist. Sie untersuchten solche dalmatinischen Erze durch Erhitzen im Chlorstrome (F r e s e n i u s, Quant. chem. Analyse, 6. Aufl., Bd. II, S. 493) und beschreiben außerdem eine etwas abgekürzte Methode auf nassem Wege.

In **Amalgamen** (Gold-A., Silber-A.) bestimmt man den Quecksilbergehalt gewöhnlich durch Abdestillieren aus Glasretorten oder Eisenretorten und Wägen des zurückbleibenden Edelmetalls nach dem Abtreiben auf der Kapelle aus der Differenz.

Die in der Zahnheilkunde benutzten Amalgame (Kupfer-A. usw.) werden (ca. 1 g Substanz) in einem Porzellanschiffchen in einer Verbrennungsröhre im Wasserstoffstrome ganz allmählich bis zum Glühen erhitzt und der Quecksilbergehalt aus dem Glühverluste ermittelt.

In **Cadmium-Amalgamen** und **Antifriktionsmetallen** bestimmt man das Quecksilber besser direkt, durch Fällung als Chlorür, mittels phosphoriger Säure, die man durch Schütteln einiger Tropfen Phosphortrichlorid mit Wasser frisch bereitet. Zinn und Antimon werden vorher durch Behandlung der Legierung mit starker HNO_3 (1,4), 20 ccm auf 1 g Substanz, Verdünnen mit Wasser und 5 Min. Kochen abgeschieden.

Elektrolytische Bestimmungsmethoden haben Eingang in die Praxis gefunden.

d e E s c o s u r a (Berg- u. Hüttenm. Ztg. 1886, 329) in Almadén (Spanien) erhitzt 0,5 g feingeriebenes Erz in einer Porzellanschale mit 10—15 ccm Salzsäure und 20 ccm Wasser, setzt in kleinen Portionen 0,5—1 g Kaliumchlorat hinzu, erhitzt bis zu vollständiger Lösung des Zinnobers, verdünnt mit 50 ccm Wasser und kocht das freie Chlor fort. Darauf werden zur Abscheidung von Selen und Tellur 20 ccm einer gesättigten Ammoniumsulfitlösung zugesetzt und einige Minuten gekocht; nach ½ Stunde wird filtriert, ausgewaschen, bis das Filtrat ca. 200 ccm beträgt, und mit Benutzung zweier B u n s e n - Elemente, Kathode aus Goldblech und Anode aus Platinblech, 20—30 Stunden elektrolysiert. Die Gewichtszunahme der mit Alkohol abgespülten und getrockneten Goldblechkathode gibt den Quecksilbergehalt.

Beim Vorhandensein der nötigen Einrichtungen lassen sich natürlich viele Proben gleichzeitig ausführen.

Nach einem neueren Verfahren von d e E s c o s u r a wird das Erz ohne vorhergehende Auflösung elektrolysiert: 0,2 g von 10 proz. Erz werden in einer Platinschale mit 10 ccm Salzsäure, 90 ccm Wasser und 20 ccm einer kaltgesättigten Lösung von Ammonsulfit übergossen, die Schale mit dem Kohlepol, eine in die Flüssigkeit tauchende Goldscheibe mit dem Zinkpole verbunden.

Dieses Verfahren ist eine Abänderung des von C l a s s e n [1]) herrührenden, der das Erz mit schwach salzsaurem Wasser oder einer 10 proz. Kochsalzlösung übergießt, Ammoniumoxalat hinzusetzt und das Quecksilber auf einer eingetauchten, mattierten Platinschale niederschlägt.

Nach C l a s s e n lassen sich ca. 0,3 g Quecksilber aus der mit Ammoniumoxalat versetzten Chloridlösung bei gewöhnlicher Temperatur durch einen Strom von 4—4,75 Volt Spannung und einer Dichte von 0,93—1,02 Ampere (für 100 qcm Kathodenfläche) in 2—3 Stunden vollkommen ausfällen.

E d g a r F. S m i t h [2]) fällt aus der Lösung in Cyankalium. Die etwa 0,2 g Hg enthaltende Oxydsalzlösung wird mit 0,25—2 g Cyankalium versetzt, zu 175 ccm mit Wasser verdünnt und elektrolysiert. Nach C l a s s e n arbeitet man hierbei mit einem Strome von $ND_{100} =$ 0,03 bis 0,08 Amp. und 1,65—1,75 Volt Elektrodenspannung.

B r a n d (Zeitschr. f. angew. Chem. 4, 202; 1891) versetzt die Oxydsalzlösung mit einem geringen Überschusse von Natriumpyrophosphat, löst den entstandenen Niederschlag in wäßrigem Ammoniak oder Ammoniumcarbonat und elektrolysiert mit einem Strome, der in der Minute 2 ccm Knallgas im Voltameter gibt. In 5—6 Stunden kann 1g Quecksilber abgeschieden werden.

R i s i n g und L e n k e r (Journ. Amer. Chem. Soc. 18, 96; 1896) lösen das Zinnobererz in konzentrierter wäßriger Bromwasserstoffsäure, neutralisieren mit Natron, setzen Cyankalium zur verdünnten Lösung (Verf. von E d g. F. S m i t h) und fällen das Quecksilber durch einen sehr schwachen Strom auf einer Platinkathode. Dauer etwa 12 Stunden.

G. K r o u p a [3]) fand bei der Prüfung der verschiedenen, für die Bestimmung des Quecksilbergehaltes in Erzen vorgeschlagenen elektrolytischen Methoden, daß alle inbezug auf Schnelligkeit der Ausführung von der E s c h k a schen Methode (S. 590 u. f.) übertroffen werden, und keine dieser an Genauigkeit überlegen ist.

Prüfung des Quecksilbers auf Verunreinigungen.

Wenn mit heißer Lauge von Fett und Staub befreites Quecksilber keine blanke, konvexe Oberfläche zeigt, am Glase „schmiert", und beim Umschwenken (1 ccm) in einer größeren Porzellanschale Fäden von Metall und dunkel gefärbte Striche entstehen, ist es durch andere Metalle (? Sn, Pb, Zn, Cu, Bi, Cd) verunreinigt.

Man destilliert etwa 20 g aus einer Glasretorte bis auf etwa 1 g ab und untersucht den Rückstand. Beim Auflösen in heißer HNO_3 (1,2 spez. Gew.) etwa sich abscheidende Zinnsäure wird nach dem

---

[1]) Quant. Analyse durch Elektrolyse, 4. Aufl., Berlin 1897, S. 188.
[2]) C l a s s e n (loc. cit.) 5. Aufl., S. 147.
[3]) Österr. Zeitschr. f. Berg- und Hüttenwesen 1906, 26. — Chem.-Ztg. 30, Rep. 68; 1906.

Kochen mit Wasserzusatz abfiltriert, das Filtrat zur Abscheidung des Bleies mit H_2SO_4 abgedampft und aus dem Filtrate davon Quecksilber, Kupfer und Wismut durch H_2S gefällt. Heiße Salpetersäure löst Cu und Bi aus dem Niederschlage auf; Kupfer erkennt man an der Blaufärbung der Lösung beim Übersättigen mit Ammoniak, Wismut an der weißen Fällung von basischem Nitrat, wenn man die im Reagenzglase stark eingekochte Lösung mit viel Wasser verdünnt.

Im Filtrate von dem Hg-, Cu-, Bi-Niederschlage kann Zink, event. Cadmium und Eisen nachgewiesen werden.

Die **quantitative Analyse des Quecksilbers** ist ziemlich langwierig; sie geschieht am besten nach dem Verfahren von F r e s e n i u s (Zeitschr. f. analyt. Chem. 2, 343; 1863).

Man löst 100 g Substanz in reiner, mäßig starker, überschüssiger Salpetersäure in einem Kolben auf und erhält die Lösung einige Zeit im Sieden, um anfangs entstandenes Oxydulnitrat vollkommen in das Oxydsalz überzuführen. Ein hierbei etwa bleibender Rückstand (Zinnsäure, Antimonoxyde, Bleiantimonat, ? Gold) wird abfiltriert, zur Abscheidung des Bleies mit Schwefelleber geschmolzen, aus dem Filtrate vom Schwefelblei Sn und Sb als Schwefelmetalle ausgefällt, in einer Asbestfilterröhre gesammelt, getrocknet und im Chlorstrome erhitzt. In dem mit etwas Salzsäure und Weinsäure versetzten Wasser der Vorlage sammeln sich hierbei die Chloride von Sn und Sb an, werden aus der Lösung durch H_2S gefällt und der Niederschlag zunächst aufbewahrt. Auf dem Asbest des Filterröhrchens kann Gold zurückgeblieben sein; man behandelt mit Königswasser und prüft die eingedampfte Lösung mit Eisenvitriol.

Die saure Lösung des Quecksilbernitrats wird in eine Porzellanschale gebracht, mit 56 g (30 ccm) reiner H_2SO_4, die vorher mit 120 ccm Wasser verdünnt worden, versetzt, die Mischung zur Trockne gebracht und schließlich bis zur vollständigen Austreibung der Salpetersäure erhitzt. Nach dem Erkalten weicht man den Rückstand mit Wasser auf (wobei viel Sulfat in Lösung geht, aber auch reichlich basisches Sulfat ungelöst bleibt) und spült alles in eine 3—4 Liter fassende Stöpselflasche. Die Sulfate der verunreinigenden Metalle sind teils in der Lösung, teils im Niederschlage enthalten.

Zu dem Flascheninhalte setzt man Ammoniak bis zur alkalischen Reaktion, dann einen reichlichen Überschuß von Schwefelammonium, schüttelt und digeriert 24 Stunden hindurch in mäßiger Wärme und unter häufigem Umschütteln. Wenn dann die über dem dichten schwarzen Niederschlage stehende Flüssigkeit nicht gelb gefärbt erscheint, fehlt es an Schwefelammonium; man setzt in diesem Falle gelbes Schwefelammonium hinzu und digeriert noch einige Stunden. Den voluminösen schwarzen Niederschlag bringt man auf ein großes Filter und wäscht ihn mit $(NH_4)_2$S-haltigem Wasser aus.

Aus dem Filtrate fällt man durch Ansäuern mit Salzsäure und Digerieren Sn, Sb und As, läßt 2 Tage stehen, hebert die geklärte Flüssigkeit ab und bringt den hauptsächlich aus Schwefel bestehenden

Niederschlag, vereinigt mit den anfangs (aus dem in Salpetersäure Unlöslichen) erhaltenen Schwefelmetallen auf ein Filter, wäscht zuerst mit
Wasser, dann mit absolutem Alkohol aus, extrahiert den Schwefel mit
reinem Schwefelkohlenstoff und behandelt den Rückstand auf dem Filter
mit heißem gelben Schwefelammonium (wobei Spuren von Hg und Cu
auf dem Filter bleiben), fällt Sn, Sb und As durch Ansäuern als Schwefelmetalle aus und trennt sie voneinander (F r e s e n i u s, Quant. Analyse,
6. Aufl., I, S. 165).

Zur Extraktion von Cu, Ag, Bi, Pb, Zn, Cd aus dem Schwefel-
quecksilberniederschlage spritzt man denselben mit möglichst wenig
Wasser vom Filter in einen Kolben von 0,5 Liter Inhalt, setzt 50 ccm
reine Salpetersäure (1,2 spez. Gew.) und 1 g Ammoniumnitrat hinzu und
erhält eine Stunde hindurch im gelinden Kochen. Durch Filtrieren und
Auswaschen des nicht angegriffenen Schwefelquecksilbers erhält man
sämtliche oben aufgeführten Metalle als Nitrate in Lösung. Diese wird
fast vollständig eingedampft, der Rückstand etwas verdünnt und vorhandenes Silber durch einige Tropfen Salzsäure gefällt. Das Filtrat vom
Chlorsilber wird mit überschüssiger reiner H_2SO_4 abgedampft, mit wenig
Wasser aufgenommen und das Bleisulfat abfiltriert. Aus dem Filtrate
hiervon fällt man nach Zusatz von wenig Salzsäure Kupfer, Wismut und
Cadmium durch Schwefelwasserstoff und trennt sie nach F r e s e n i u s,
Quant. Anal. II, S. 478,₇; in Lösung bleiben Zink und Eisen, die man
in einem fast ganz mit der Lösung angefüllten Kolben durch Zusatz von
Ammoniak, Chlorammonium und Schwefelammonium und längeres
Stehenlassen als Schwefelmetalle abscheidet.

Eine genaue Bestimmung des etwaigen Gehaltes an Eisen im Quecksilber setzt voraus, daß man mit vollkommen e i s e n f r e i e n Reagenzien und eisenfreiem Filtrierpapier gearbeitet hat. Das extrahierte
Schwefelquecksilber wird dadurch auf seine Reinheit geprüft, daß man
eine Probe davon nach dem Trocknen durch Erhitzen in einem Porzellantiegel (unter dem Abzuge) verflüchtigt; es darf kein Glührückstand im
Tiegel bleiben.

S a u e r s t o f f h a l t i g e s Q u e c k s i l b e r gibt das gelöste
Oxyd ab, wenn man es in einer Flasche häufig mit stark verdünnter
Salzsäure schüttelt. Aus dem in Lösung gegangenen Quecksilber ergibt
sich die Menge des im Quecksilber gelöst gewesenen Quecksilberoxyds.

Anhang.

Reinigung des Quecksilbers.

Durch Staub, Fett usw. mechanisch verunreinigtes Quecksilber
reinigt man, indem man es im dünnen Strahl in einen hohen Glaszylinder
fließen läßt, der mit heißer verdünnter Natronlauge angefüllt ist. Nach
dem Abspülen mit Wasser trocknet man es mit einem Handtuche in
einer geräumigen Porzellanschale, gießt es zuletzt durch ein Filter mit

durchlochter Spitze und hält den Rest von etwa 1 ccm auf dem Filter zurück.

Bestehen die Verunreinigungen des Quecksilbers in g e l ö s t e n M e t a l l e n (Blei, Zink, Kupfer, Zinn usw.), dann reinigt man am besten auf chemischem Wege, durch Behandlung mit Säuren usw.

Häufiges Schütteln derart verunreinigten Quecksilbers mit einer salpetersauren Lösung von Mercuronitrat bringt die verunreinigenden Metalle in Lösung, auch Chromsäure — Schwefelsäure (mit Wasser verdünnt) ist von guter Wirkung.

Besonders bewährt hat sich das V e r f a h r e n v o n R. F i n - k e n e r, eine Abänderung desjenigen von U l e x, bestehend in einer Reinigung durch Eisenchlorid.

Man übergießt ca. 5 kg verunreinigtes Quecksilber in einer sehr starkwandigen Zweiliterstöpselflasche mit 250 ccm gewöhnlicher Salzsäure und 75 ccm einer konzentrierten Lösung von Eisenchlorid, Liquor ferri sesquichlorati der Apotheken. Durch kräftiges Schütteln (das während 3—6 Tagen häufig wiederholt wird) findet eine Zerteilung des Quecksilbers in zahllose Tröpfchen statt, welche mit einer Schicht von Chlorür (Kalomel) überzogen sind und sich deshalb nicht vereinigen. Die gelbe Eisenchloridlösung geht in eine blaßgrüne Chlorürlösung über.

Nach mehreren Tagen spült man den Inhalt der Flasche in eine große und starke Porzellanschale von ca. 5 Liter Inhalt, wäscht 4 mal mit je 2 Litern heißem und salzsaurem Wasser durch Aufrühren und Dekantieren aus (zur Entfernung von Pb Cl₂ usw.), stellt dann die Schale auf ein kochendes Wasserbad, gießt die konzentrierte salzsaure Lösung von 200 g frischem Zinnchlorür zu dem Quecksilber, erwärmt unter Umrühren mit einem Porzellanspatel, bis alles Quecksilber zusammengelaufen ist, wäscht das Quecksilber in der Schale durch fließendes Wasser, trocknet es mit sauberen Handtüchern und gießt es durch ein durchstoßenes Papierfilter in die starkwandige Porzellan-Vorratsflasche.

War das Quecksilber sehr stark verunreinigt, so wird ein entsprechend größerer Eisenchloridzusatz angewendet.

Kupfer.

Für die Untersuchung kupferhaltiger Substanzen (Erze, Rohprodukte, das Metall und seine Legierungen) stehen fast ausschließlich nasse Proben in Anwendung. Die trockenen Proben [1] sind umständlich, zeitraubend und zumeist ungenau. Nur beim Probieren von Erzen mit gediegenem Kupfer, wie es auf den Hüttenwerken am Oberen See üblich, erhält man genaue Resultate.

Die Untersuchungsmethoden für den nassen Weg sind sehr zahlreich; man unterscheidet gewichtsanalytische, maßanalytische und kolorimetrische. Natürlich ist die Beschaffenheit der Substanz, die anzu-

---

[1] Siehe K e r l, Metallurg. Probierkunst, II. Auflage, und K e r l, Probierbuch, III. Auflage, bearb. von C. K r u g.

wendende Zeit und die geforderte Genauigkeit auch hier entscheidend für die Auswahl der Methode. Erze, Zwischen- und Rohprodukte werden nach sehr verschiedenen Methoden der drei erwähnten Gruppen untersucht, das Metall des Handels und seine Legierungen dagegen fast nur auf gewichtsanalytischem Wege.

Gegenstand der Untersuchung sind:

Kupfererze:

G e d i e g e n   K u p f e r, meist sehr rein, in großen Massen am Lake Superior, Neu-Mexiko und Chile vorkommend.

O x y d i s c h e   K u p f e r e r z e: Rotkupfererz (Cuprit) mit 88,7 % Kupfer. Malachit, $CuCO_3 + CuH_2O_2$, mit 57,4 % Kupfer. Lasur, $2CuCO_3 + CuH_2O_2$, mit 55,2 % Kupfer. Kieselkupfer, wasserhaltige Silikate mit 35—40 % Kupfergehalt. Atacamit, $CuCl_2 . 3CuO_2H_2$, mit 59,4 % Kupfer. Außerdem zahlreiche Phosphate, Arseniate und Sulfate.

G e s c h w e f e l t e   E r z e: Kupferkies, $CuFeS_2$, 34,6 % Kupfer enthaltend. Buntkupferkies, annähernd Cu_3FeS_3, mit 43—63,4 % Kupfer. Kupferglanz, Cu_2S, 79,9 % Kupfer. Kupferindig, CuS, mit 66,5 % Kupfer. Enargit ($4CuS + Cu_2S + As_2S_3$) mit 48,4 % Kupfer.

Fahlerze, Sulfosalze mit As_2S_3 und Sb_2S_3 als Sulfosäuren, CuS_2, Ag_2S, FeS, ZnS, HgS als Sulfobasen. Reich an Kupfer und arm an Silber sind die Arsenfahlerze, während die Antimonfahlerze oft einen hohen Silbergehalt besitzen; Kupfergehalt: 15—43 %, Silber: 0—32 %, Quecksilber: 0—18 %.

Das meiste Kupfer wird aus Kupferkies gewonnen. Für Deutschland besitzt der im Mansfeldschen Gebiet vorkommende Kupferschiefer besondere Bedeutung, von dem ca. 700 000 Tonnen jährlich verhüttet werden. Er ist ein bituminöser Schiefer der Zechsteinformation, der Kupferkies, Buntkupferkies, Schwefelkies, Kupferglanz, Silberglanz und Rotnickelkies in sehr feiner Verteilung eingesprengt enthält und einen durchschnittlichen Gehalt von 2,75 % Kupfer und 0,015 % Silber besitzt.

Die vorerwähnten Kupfererze kommen häufig zusammen mit Bleierzen, Zinkerzen, Schwefelkies, Antimonglanz, Arsenkiesen usw. vor.

Kupfersteine (ärmere und reichere) sind im Hüttenbetriebe wie auch im Handel vielfach Gegenstand der Untersuchung. Kupfersteine sind komplexe Gemische von Schwefelmetallen, die außer Kupfer, Eisen, Blei, Silber, Zink häufig auch kleinere Mengen von Nickel, Kobalt, Zinn, Arsen, Antimon usw. usw. enthalten und in den technischen Laboratorien gewöhnlich nur auf ihren Gehalt an Kupfer, Blei und Silber untersucht werden. Im reinsten Zustande entspricht die Zusammensetzung des Kupfersteins nahezu der Formel Cu_2S.

Die **Kupferspeisen** enthalten Kupfer, Silber, Eisen, Nickel usw., hauptsächlich an Antimon gebunden.

Kupferschlacken sind mit Ausnahme der Raffinierschlacken arm an Kupfer.

Schwarzkupfer ist das im Hüttenbetriebe erhaltene unreine Kupfer, das bis zu 95 % Kupfer, häufig Silber und wenig Gold enthält, stets durch Eisen und Schwefel, gewöhnlich aber auch durch Blei, Zink, Wismut, Nickel, Arsen, Antimon usw. mehr oder weniger verunreinigt ist.

Konverterkupfer enthält durchschnittlich 98% Kupfer.

Zementkupfer, unreines, aus Laugen durch Eisen gefälltes Kupfer, oft stark arsenhaltig.

Garkupfer, Raffinadkupfer des Handels, enthält gewöhnlich über 99 % Kupfer, stets etwas Sauerstoff (als Kupferoxydul), häufig etwas Silber (bis 0,03 %) und als Verunreinigungen geringe Mengen der im Schwarzkupfer vorkommenden Metalle sowie Spuren von Schwefel, manchmal Selen und Tellur.

Elektrolytisches Kupfer des Handels ist fast chemisch rein und meist nur durch Spuren von Wismut, Antimon, Arsen und Schwefel verunreinigt.

Die sehr zahlreichen **Kupferlegierungen** enthalten sehr schwankende Mengen von Kupfer, Zinn, Zink, Nickel, Blei usw. usw.

Kupferkrätzen, Kupferaschen, Glühspan, Fegsel usw.

Vitriollaugen und Verkupferungsbäder.

Kupferhaltige Kiesabbrände.

I. Gewichtsanalytische Methoden.

Sie bezwecken die Abscheidung des Kupfers als Metall (schwedische Probe, elektrolytische Bestimmung) oder seine Überführung in Sulfür oder Rhodanür. Am häufigsten wird die elektrolytische Bestimmung ausgeführt.

Auflösung der Probesubstanzen.

Malachit, Lasur, Kupferschwärze, Phosphate und Arsenate lösen sich leicht in verdünnter, heißer Schwefelsäure oder Salzsäure auf, Rotkupfererz wird von schwacher Salpetersäure gelöst; geschwefelte Erze wie Kupferkies, Buntkupferkies, Kupferglanz, Kupferindig, Enargit, Fahlerze usw. und Kupfersteine behandelt man i m s e h r f e i n g e - p u l v e r t e n Z u s t a n d e im bauchigen Glaskolben (schräg auf das geheizte Sandbad gelegt) mit starker Salpetersäure, eventuell unter Zusatz von Weinsäure (Fahlerze), oder mit Königswasser, aus 1 Vol. Salpetersäure und 3 Vol. Salzsäure gemischt. Nach der Einwirkung desselben setzt man einen Überschuß von konzentrierter Schwefelsäure zu und kocht dann bis zum Auftreten der weißen Dämpfe von H_2SO_4 auf dem Sandbade oder schneller, über freier Flamme ein.

Die Kupfersilikate und Schlacken werden durch fortgesetztes Kochen mit 50-proz. Schwefelsäure unter Zusatz von etwas Salpetersäure zerlegt, schneller durch Erwärmen mit verdünnter Schwefelsäure und Fluorkalium in der Platinschale und darauf folgendes stärkeres Erhitzen zur Zersetzung der Fluormetalle.

Schwarzkupfer und Garkupfer löst man in Salpetersäure; Kupferaschen, Fegsel usw. behandelt man nach der Zerstörung der organischen

Verunreinigungen durch Brennen ebenfalls mit Salpetersäure oder Königswasser. Die Kupferlegierungen löst bzw. zerlegt man durch Salpetersäure.

1. Die von Kerl abgeänderte schwedische Probe.

Man fällt das Kupfer aus der mäßig konzentrierten s c h w e f e l - s a u r e n o d e r s a l z s a u r e n L ö s u n g durch metallisches E i s e n oder Z i n k (auch Cadmium) in der Wärme aus, reinigt, sammelt und trocknet das schwammige Metall, wägt es als solches oder nach dem Glühen bei Luftzutritt als Kupferoxyd.

Die schnell auszuführende Methode wird vielfach auf Erze, Kupfersteine und Vitriollaugen angewendet und gibt gute Resultate, wenn sonstige, durch Eisen oder Zink fällbare Metalle (Blei, Wismut, Antimon, Arsen.[1]) usw.) nicht zugegen sind.

Als Beispiel sei die Bestimmung des Kupfergehaltes in einem mit Schwefelkies, Zinkblende und Bleiglanz gemischten Kupferkiese mit quarziger Gangart beschrieben.

5 g des s e h r f e i n g e p u l v e r t e n Erzes werden mit Hilfe eines polierten Trichters aus Neusilber usw., sogen. Kupferoxydtrichter der organischen Laboratorien, in einen etwa 250 ccm fassenden „E r l e n - m e y e r - K o l b e n[2])" gebracht, darin mit 40 ccm Königswasser übergossen, der Kolben umgeschwenkt und schräg auf das geheizte Sandbad gelegt. Wenn nach etwa einer halben Stunde keine Einwirkung des Königswassers mehr wahrnehmbar ist, nimmt man vom Feuer, setzt 10 ccm konzentrierte Schwefelsäure hinzu, legt wieder auf das Sandbad und läßt so lange einkochen, bis aus der Salzmasse dicke, weiße Dämpfe von Schwefelsäure entweichen. Der erkaltete Kolbeninhalt muß breiig sein, freie Schwefelsäure enthalten; ist er durch zu langes Erhitzen trocken geworden, so gibt man 10 ccm 50 proz. Schwefelsäure in den Kolben, durchfeuchtet damit die feste Masse und erhitzt 5—10 Minuten auf dem Sandbade. Man setzt darauf 50 ccm Wasser hinzu, schwenkt um, legt auf das Sandbad und läßt schließlich 5 Minuten kochen.

Die gelblich-grüne Lösung enthält alles Kupfer als Sulfat, ferner Ferrisulfat und Zinksulfat, ungelöst ist Bleisulfat, die Gangart und etwas Schwefel. Letzterer muß von reingelber Farbe sein, andernfalls enthält er unzersetzte Erzpartikel eingeschlossen, was besonders dann eintritt, wenn das Erzpulver nicht genügend fein gerieben war.

Man kühlt den Kolben durch Eintauchen in kaltes Wasser ab und filtriert die Lösung nach ¼ Stunde in einen gekühlten Kolben. Will man den B l e i g e h a l t im Erz bestimmen, so spült man das Ungelöste möglichst mit der Spritzflasche aus dem schräg nach unten gehaltenen Kolben auf das Filter, reibt das an der Wandung Haftende mit dem Gummiwischer los, bringt es auf das Filter und wäscht 3- bis 4 mal mit schwach schwefelsaurem Wasser aus. Den Rückstand (un-

---

[1] Antimon und Arsen zählt der Hüttenmann zu den Metallen.
[2] B. K e r l hat derartige Kolben lange vor E r l e n m e y e r benutzt.

reines Bleisulfat) extrahiert man entweder mit einer kochenden, konzen‑
trierten Lösung von neutralem Ammoniumacetat, verdünnt die Lösung
und fällt daraus reines Bleisulfat durch Übersättigen mit Schwefelsäure,
oder man trocknet ihn, verascht das Filter und verschmilzt Substanz
und Filterasche mit Pottasche und Mehl und Eisen im Bleischerben auf
metallisches Blei (siehe trockene Bleiproben S. 662).

Zur Ausfällung des Kupfers setzt man zu der grünen Lösung zu‑
nächst 5 ccm konz. Schwefelsäure, schwenkt um und läßt in den schräg
gehaltenen Kolben 2 Stücke Eisendraht (2—2,5 mm stark, 30 mm lang)
gleiten, bedeckt den Kolben mit einem vor der Glasbläselampe her‑
gestellten Trichterchen mit weitem und abgeschrägtem Rohr und stellt
ihn auf das geheizte Sandbad. Das Eisen überzieht sich sofort mit
Kupfer, es entwickelt sich Wasserstoff, und nach etwa ½ Stunde hat
die Flüssigkeit eine blaßgrünliche Färbung angenommen, die sich nicht
mehr ändert; das abgeschiedene rote und schwammige Kupfer umhüllt
die Reste der Drahtstücke. Wenn ein 1 Minute lang in die Flüssigkeit
getauchter dünner, blanker Eisendraht sich nicht mehr kupferrot
überzieht, ist die Ausfällung des Kupfers beendet. Man nimmt den
Kolben vom Sandbade, füllt ihn mit kaltem Wasser an, dekantiert nach
2 Minuten, wiederholt dies mit kaltem und 2 mal mit ausgekochtem
heißen Wasser, füllt wieder mit kaltem Wasser, stülpt eine Schale oder
besser einen Porzellanuntersatz über den Kolben, kippt um, stellt auf
die Tischplatte und läßt durch Hinundherbewegen des etwas schräg
gehaltenen Kolbens etwa 30—50 ccm Wasser zusammen mit dem
schwammigen Kupfer und den Eisenresten nach außen gelangen. Damit
kein Kupfer an der Kolbenwandung haften bleibt, versetzt man das darin
befindliche Wasser in Rotation, schiebt dann den Kolben vorsichtig zur
Seite, entfernt das noch am Eisen haftende Kupfer unter Wasser mit
den Fingern, nimmt die Eisenreste heraus, hebt dann Untersatz und
Kolben in die Höhe, zieht den Kolben, mit der Öffnung unter Wasser,
nach der Seite ab und läßt das Wasser in ein geräumiges Becherglas
stürzen. Alsdann gießt man das den Kupferschwamm bedeckende
Wasser vorsichtig ab, gießt kochendes Wasser darauf, dekantiert, gießt
etwa 10 ccm absoluten Alkohol auf das Kupfer, schwenkt um, dekantiert
nach 2 Minuten und stellt dann die Schale oder den Untersatz mit dem
von wässerigem Alkohol durchfeuchteten Kupfer zum Trocknen in ein
etwa 120° warmes Luftbad oder auf ein mäßig geheiztes Sandbad.
Wenn staubig trocken, wird das Kupfer mit Hilfe eines Pinsels oder
einer Federfahne auf Glanzpapier gebracht, von da in das tarierte Wäge‑
schälchen gewogen, nochmals ¼ Stunde getrocknet usw., jedenfalls
bis zum konstanten Gewicht.

Hat sich auf dem Boden des Becherglases, welches die Waschwasser
aufgenommen hatte, ein roter Absatz von Kupfer gebildet, so hebert
man die Flüssigkeit ab, sammelt die kleine Menge Kupfer auf einem
Filter, trocknet dies, verascht, glüht, wägt das schwarze Kupferoxyd
und rechnet das darin enthaltene Kupfer (CuO × 0,7989 = Cu) dem
Proberesultate hinzu.

Beim Trocknen auf dem Sandbade zu heiß gewordenes und dadurch zum Teil in Kupferoxyd übergegangenes Fällkupfer führt man durch m ä ß i g e s Glühen [1]) (auf einem Röstscherben, Meißener Glühschälchen oder im Porzellantiegel) in der offenen Muffel bzw. über dem B u n s e n - Brenner in Kupferoxyd über. Hierbei verbrennen auch die Spuren' von Kohlenstoff, welche aus dem Eisen in das Fällkupfer geraten sind. Das gewogene Kupferoxyd löst man in Salzsäure, verdünnt die Lösung, übersättigt mit Ammoniak und erwärmt. Eine erhebliche Verunreinigung des Fällkupfers gibt sich hierbei durch eine entsprechende Abscheidung von Eisenhydroxyd zu erkennen; man sammelt dasselbe auf einem Filter, trocknet, glüht und wägt und bringt das Gewicht des Eisenoxyds von dem schon ermittelten des unreinen Kupferoxyds in Abzug. $CuO \times 0,7989 = Cu$.

Man kann auch nach beendeter Ausfällung des Kupfers bis zur vollständigen Auflösung des Eisens weiter erhitzen, dann sofort filtrieren, anfangs mit kaltem, hinterher mit heißem Wasser auswaschen, trocknen, im Porzellantiegel in der Muffel glühen und das Kupfer als CuO wägen. Prüfung auf Eisen wie vorher. Durch das Dekantieren bzw. Auswaschen mit k a l t e m Wasser sucht man die Abscheidung von basischem Ferrisulfat zu vermeiden.

Z i n k u n d C a d m i u m in Form von Stäbchen, Blechstreifen oder Granalien eignen sich ebenfalls zur Ausfällung des Kupfers. Das Zink muß frei von Blei sein [2]). Da unreines Zink sich unter stürmischer Wasserstoffentwicklung löst und dadurch die Bildung sehr fein verteilten, sich sehr langsam absetzenden Kupfers veranlaßt, ist seine Anwendung weniger zu empfehlen. In der Lösung vorhandenes Nickel wird durch Zink teilweise gefällt. Man löst den Überschuß von Zink oder Cadmium vollständig auf, dekantiert oder filtriert usw. In amerikanischen Laboratorien wird vielfach kupferfreies A l u m i n i u m in Form eines dicken, an den Enden umgebogenen Blechstreifens zur Ausfällung des Kupfers verwendet, nach dem Dekantieren mit Wasser das schwammige und das am Aluminium haftende Kupfer in wenig Salpetersäure gelöst, die Lösung ammoniakalisch gemacht und ihr Kupfergehalt durch Titration mit Cyankaliumlösung ermittelt (siehe S. 620, P a r k e s' Cyankaliummethode).

Einfluß anderer Metalle. Das Proberesultat wird durch die Anwesenheit derjenigen Metalle beeinträchtigt, welche ebenfalls aus der schwefelsauren oder salzsauren Lösung durch Eisen, Zink oder Cadmium gefällt werden und in das Fällkupfer gehen.

Zur Abscheidung des oft vorhandenen Bleies verfährt man wie oben, dampft nach der Einwirkung des Königswassers mit überschüssiger Schwefelsäure ein usw. Beim Behandeln des Rückstandes mit Wasser bleibt auch Silber und ein Teil des etwa vorhandenen Antimons ungelöst.

---

[1]) Kupferoxyd geht in hoher Temperatur (Gelbglut) zum Teil in Kupferoxydul über.

[2]) Sterlingzink, auf deutschen Hütten aus amerikanischen Zinksilikaten (Willemit) gewonnen.

Die so gewonnene Lösung enthält an Verunreinigungen sehr häufig Arsen und Antimon, seltener Zinn, Wismut und Quecksilber und gibt ein Fällkupfer, das nicht rein kupferrot, sondern dunkler gefärbt bis schwarz ist. Durch Glühen des derart verunreinigten Kupfers im Glühschälchen oder auf dem Röstscherben geht Quecksilber fort, auch Arsen und Antimon werden hierbei zum größten Teil verflüchtigt. Auflösen des noch verunreinigten Kupferoxyds in Salpetersäure, Verdünnen mit Wasser, Aufkochen, Übersättigen mit Ammoniak und Filtrieren liefert eine Kupferlösung, die sich zur Titration mit Cyankaliumlösung (s. S. 620) eignet.

2. Die elektrolytische Kupferbestimmung[1].

Auf Grund eines Preisausschreibens der Mansfeldschen Ober-Berg- und Hüttendirektion vom Jahre 1867, welches eine genaue Methode zur Bestimmung des Kupfergehaltes in Erzen (Kupferschiefern) und Hüttenprodukten forderte, hatte C. L u c k o w (Zeitschr. f. analyt. Chem. 8, 23; 1869) sein später prämiiertes elektrolytisches Verfahren eingereicht, das noch heute als das beste zu bezeichnen ist und seinerzeit den Anstoß zur Aufsuchung sonstiger, für die analytische Praxis brauchbarer Bestimmungsmethoden auf elektrolytischem Wege gab.

Das Verfahren von L u c k o w und alle später vorgeschlagenen Methoden bezwecken die quantitative Abscheidung des Kupfers aus Lösungen als festhaftenden und metallisch reinen Überzug auf einem gewogenen Platinapparate in Form eines Blechzylinders, Konus, einer Schale, eines Tiegels oder eines Drahtgeflechts.

Nur die Methoden der galvanischen Ausfällung des Metalls aus saurer, salpetersaurer und aus schwefelsaurer Lösung besitzen praktische Bedeutung und sind allgemein eingeführt.

Als S t r o m q u e l l e benutzt man galvanische Elemente, Thermosäulen und A k k u m u l a t o r e n, letztere überall, wo täglich zahlreiche elektrolytische Bestimmungen auszuführen sind.

Für vereinzelt vorkommende Bestimmungen von Kupfer, Nickel und Kobalt, Zink usw. genügt eine Batterie von 4—8 großen, hinter-

---

[1] Zahlreiche Abhandlungen in der Zeitschr. f. anal. Chem., der Berg- und Hüttenm. Ztg., D i n g l e r s Journal, der Chem.-Ztg. u. a.

F r e s e n i u s , Quant. Analyse, VI. Aufl., Bd. 2, S. 495 f.

A. C l a s s e n , Quant. Analyse durch Elektrolyse, 5. Aufl. Berlin 1908.

Dr. B e r n h a r d N e u m a n n gibt in seiner 1896 im Verlage von W. Knapp, Halle a. S., erschienenen Schrift „Die Elektrolyse als Hilfsmittel der analytischen Chemie" eine vollständige Literaturzusammenstellung und sehr dankenswerte Mitteilungen über die i n d e r P r a x i s e r p r o b t e n e l e k t r o l y t i s c h e n M e t h o d e n. Dr. B e r n h a r d N e u m a n n , Theorie und Praxis der analytischen Elektrolyse der Metalle. W. Knapp, Halle a. S., 1897.

A. C l a s s e n , Ausgewählte Methoden der analytischen Chemie. Braunschweig 1901.

A. H o l l a n d und L. B e r t i a u x , Metallanalyse auf elektrochemischem Wege. Autor. deutsche Ausgabe von Dr. F r i t z W a r s c h a u e r . Berlin 1906.

A. F i s c h e r , Elektroanalytische Schnellmethoden. Stuttgart 1908.

einander geschalteten M e i d i n g e r - E l e m e n t e n, sog. Ballon-
elementen (Fig. 113) oder von der amerikanischen Form (Fig. 114); ausnahmsweise werden auch einige B u n s e n - oder G r o v e - Elemente
gebraucht.

In das große Glas des B a l l o n e l e m e n t e s (Fig. 113) gibt man
eine wäßrige Auflösung von 15—30 g Bittersalz und so viel Wasser,
daß der auf der Einschnürung des Glases ruhende Zinkzylinder nach
dem Einsetzen des Ballons vollständig von der Lösung bedeckt ist.
Man füllt den Ballon ganz mit grobzerstoßenen Krystallen von Kupfervitriol und Wasser und setzt den mit einer kurzen Glasröhre von 2 bis
3 mm lichter Weite versehenen Kork fest auf. Zuerst wird das kleine

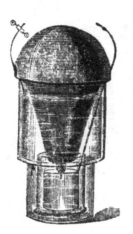

Fig. 113.   Fig. 114.

Glas eingesetzt, da hinein der Kupferblechzylinder, dann der Zinkzylinder und schließlich der Ballon. Der an den Kupferzylinder an-
genietete Draht ist mit Guttapercha isoliert. In einem Raume mit wenig
schwankender Temperatur aufbewahrt, sind die Ballonelemente 5 bis
6 Monate hindurch brauchbar.

Das a m e r i k a n i s c h e Meidinger-Element (Fig. 114)
wird ganz mit Bittersalzlösung gefüllt, ca. 100 g Kupfervitriol in Stücken
eingetragen und von Zeit zu Zeit neue Zusätze davon gemacht.

Wegen der geringen Stromstärke der M e i d i n g e r - Elemente
(6 geben ca. 0,15 Ampere) erfordern die damit auszuführenden Elektrolysen viel Zeit; die vollständige Abscheidung von 0,5—1 g Kupfer z. B.
dauert 12—18 Stunden. Mit 2 B u n s e n - Elementen von 20 cm Höhe
lassen sich gleichzeitig 4 solcher Kupferbestimmungen in 6—8 Stunden
ausführen, wenn die betreffenden Lösungen annähernd gleiche Gehalte
an Kupfer und freier Säure besitzen.

Die Stromstärke der Batterie wird durch ein Amperemeter oder
durch die Knallgasentwicklung in einem mit verdünnter Schwefelsäure

(1:10) gefüllten Voltameter kontrolliert, das zusammen mit der zu elektrolysierenden Probe in den Stromkreis eingeschaltet wird. Zu hohe Stromstärke reduziert man durch Ausschalten einiger Elemente oder indem man Widerstände (aus Drähten oder Blechstreifen von Nickellegierungen) einschaltet. Im allgemeinen sind Elemente nur zur Ausfällung von Metallen aus reinen Lösungen geeignet, nicht zu elektrolytischen Trennungen.

Weit brauchbarer als galvanische Elemente ist die mit Leuchtgas usw. zu heizende T h e r m o s ä u l e v o n G ü l c h e r (Fig. 115), welche die älteren Konstruktionen von N o ë und C l a m o n d erheblich übertrifft. Sie enthält 50 hintereinandergeschaltete Thermo-

Fig. 115.

elemente, die aus je einem Nickelröhrchen bestehen, welches an seinem oberen Ende durch Umgießen mit einer Platte aus einer Art Kupferstein verbunden ist. Die Verbindungsstelle wird durch Gas erhitzt, welches mit angesaugter Luft von einem horizontal liegenden Hauptrohre aus durch die Nickelröhrchen jedem einzelnen Elemente zugeführt wird. Bei konstantem, ev. regulierten Gasdrucke gibt diese Säule mit einem stündlichen Gasverbrauche von 200 Litern einen ganz konstanten Strom von 4,5 Ampere bei 3,6 Volt Spannung und kommt somit der Leistung zweier großer und frisch gefüllter Bunsenelemente gleich. Mit einer solchen Thermosäule lassen sich alle elektrolytischen Fällungen und Trennungen ausführen; sie ist außerdem auch bei gasanalytischen Arbeiten (Erglühen des Platindrahtes für die Methanverbrennung, Treiben des Induktionsapparates) recht gut zu brauchen.

Man benutzt sie zweckmäßig in Verbindung mit Akkumulatoren, die man mit der u n u n t e r b r o c h e n g e h e i z t e n T h e r m o - s ä u l e nebenher ladet. Wiederholtes Außerbetriebsetzen und Wiederanzünden schädigt die Thermosäule in ihrer Leistung allmählich dadurch, daß an der erhitzten Verbindungsstelle von Nickelröhrchen und Kupferstein im letzteren Risse entstehen und der Kontakt leidet.

Akkumulatoren bilden zweifellos die beste Stromquelle für analytisch-elektrolytische Arbeiten in größerem Umfange.

Nach Classens Vorgange in der Technischen Hochschule zu Aachen haben sich zahlreiche größere Laboratorien, besonders auch

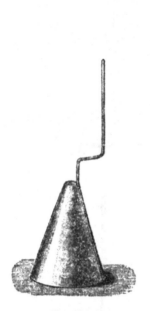

Fig. 116.   Fig. 117.

solche der Blei- und Kupferhüttenwerke, Akkumulatoren in Verbindung mit einer zum Laden bestimmten Dynamomaschine beschafft und bewältigen damit eine erstaunliche Anzahl täglicher Analysen.

H. Nissenson und Rüst (Zeitschr. f. analyt. Chemie 32, 429; 1893) machten sehr wertvolle Mitteilungen über eine derartige Einrichtung in ihrer „Beschreibung des elektrolytischen Laboratoriums der Aktiengesellschaft zu Stolberg und in Westfalen". Als Stromquelle dienen dort einige größere Akkumulatoren, die mit einem zweipferdigen Lahmeyer-Dampfdynamo geladen werden. Nach den Methoden von Classen u. a. können dort täglich von zwei Chemikern und drei Gehilfen ausgeführt werden: 32 Blei- oder 32 Antimon- oder 16 Kupfer-, oder auch je 24 Nickel- oder Kobaltbestimmungen.

Eine vorzügliche Anleitung zur Einrichtung elektrolytischer Laboratorien gibt H. Nissenson, Direktor des Zentral-Laboratoriums der Aktiengesellschaft zu Stolberg und in Westfalen in seiner bei Wilhelm Knapp, Halle a. S. 1903 erschienenen

Schrift „Einrichtungen von elektrolytischen Laboratorien unter besonderer Berücksichtigung der Bedürfnisse für die Hüttenpraxis".

Im Laboratorium der Mansfeldschen Kupferschiefer bauenden Gewerkschaft zu Eisleben werden täglich sehr zahlreiche Kupferbestim-

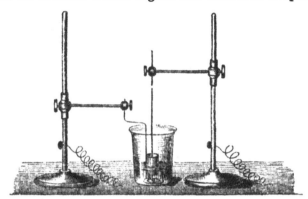

Fig. 118.

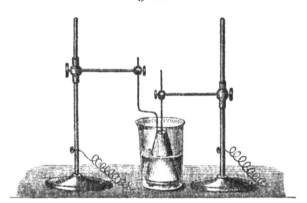

Fig. 119.

mungen mit einer von Dr. G. L a n g b e i n & C o., Leipzig, gelieferten
Einrichtung (Dynamo und Akkumulatoren) gemacht.

Über die Benutzung der Akkumulatoren, die Messung und Regulierung der Stromstärke usw. siehe C l a s s e n, Quant. Analyse durch
Elektrolyse, IV. Aufl.

Als Elektroden-Material wird fast ausschließlich Platin (auch zur
Erhöhung der Festigkeit mit Iridium bis zu 20 % legiert) angewendet;
für elektrolytische Zink-Fällung benutzt man vereinzelt (E i s l e b e n)
Kupferblech-Zylinder als Kathoden.

P l a t i n a p p a r a t e   u n d   S t a t i v e. a) Die zuerst im ge
werkschaftlichen Laboratorium zu Eisleben benutzten Apparate sind:

der für kleinere Kupfermengen bestimmte P l a t i n b l e c h z y l i n d e r (— Elektrode) und die dazu gehörige aus Platindraht gefertigte + Elektrode; ferner der für kupferreiche Lösungen angewendete größere geschlitzte K o n u s nebst + Elektrode (Fig. 116 und 117). Aus den Figuren 118 und 119 ist die Zusammenstellung des Apparates ersichtlich.

Es werden auch Elektroden in Form von Schalen, Tiegeln, Eimern, Zylindern, Spiralen und Drahtgeflechtzylindern und -Körben angewendet.

Nach Dr. A. H a s e befestigt man beide Elektroden an e i n e m Querarme, der in der Mitte durch Hartgummi oder ein dickes Stück Glasstab isolierend geteilt ist (von P a u l A l t m a n n, Berlin NW, zu beziehen).

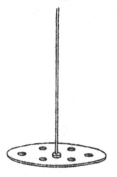

Fig. 120.

Fig. 121.

Zylinder und Konus gestatten die Elektrolyse in Gegenwart ungelöster, auf dem Boden des Glases liegender Substanzen wie Gangart usw. und eignen sich deshalb besonders für die Kupferfällung aus der unfiltrierten Lösung, die man durch Einkochen der Proben von gebranntem Kupferschiefer (oder anderen Erzen) mit Salpetersäure und Schwefelsäure und Behandeln des Rückstandes mit Wasser erhält.

b) Die aus dünnem Platinblech (mit ca. 10 % Iridiumgehalt) geschlagene oder gedrückte Schale nach C l a s s e n (Fig. 120 und 121, Schale und + Elektrode in halber nat. Größe), etwa 35 g schwer, Durchmesser 9 cm, 4,2 cm tief, 250 ccm Inhalt und die als + Elektrode dienende, an einem starken Platindrahte befestigte, vielfach durchlochte Platinscheibe von 4,5 cm Durchmesser. (Für die Ausfällung des Bleies als Superoxyd wird eine innen durch das Sandstrahlgebläse „mattierte" Schale angewendet, an deren Oberfläche das PbO_2 besser haftet als an der gewöhnlichen glatten Schale.)

Die Schale wird auf den mit 3 Platinkontaktstiften versehenen Metallring des Stativs (Fig. 124) gestellt und die + Elektrode bei e festgeschraubt. Ring und Querarm sind an dem massiven Glasstabe G des Stativs befestigt; n und p sind die beiden Polschrauben.

Diese Anordnung gestattet ein Erwärmen des Inhaltes der Schale durch einen darunter gestellten Bunsenbrenner mit k l e i n e r Flamme; ein etwa 1 cm unter der Platinschale durch einen Dreifuß gehaltenes Schälchen aus dünner Asbestpappe bewirkt dabei eine gleichmäßige Verteilung der Wärmezufuhr.

Verluste durch Verspritzen von Flüssigkeit durch die aufsteigenden Gasbläschen werden bei Anwendung des Zylinders, des Konus und der C l a s s e n schen Schale durch Bedecken der betreffenden Gefäße mit den beiden Hälften eines durchgeschnittenen Uhrglases vermieden, deren Kanten man wegen der Drähte an den entsprechenden Stellen eingefeilt hat (kleine Rundfeile und Terpentinöl).

Recht praktisch ist das von v. K l o b u k o w konstruierte Universalstativ (Fig. 125 a. f. S.) für das Arbeiten mit der C l a s s e n schen Schale.

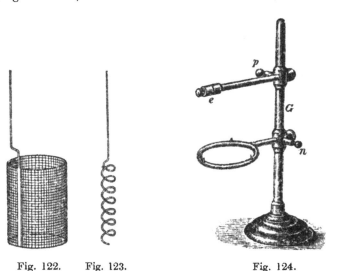

Fig. 122.   Fig. 123.   Fig. 124.

Vielfach bewährt hat sich ferner das elektrolytische Universalstativ von Dr. F r a n z P e t e r s (Zeitschr. f. Elektrochemie 6, 277; 1900).

c) Der Apparat von R. F i n k e n e r, bestehend aus einem 50 bis 60 g schweren Platintiegel von 150 ccm Inhalt, 65 mm Höhe und 60 mm oberer Weite, der aus gewundenem Platindraht bzw. Draht mit angeschmolzenem Blechstück hergestellten + Elektrode, die ein durchbohrtes Uhrglas trägt und dem dazu gehörigen Stativ. Die Fig. 126, S. 610, zeigt einen Akkumulator (2 Zellen in Zelluloid), einen aus Neusilberdrähten bestehenden „Widerstand" bis zu 5 Ohm und ein vom Verf. mit Vorliebe benutztes Stativ mit Schieferplatte und vergoldetem Kupferstreifen zur gleichzeitigen Ausführung von 4 Elektrolysen.

Die Apparate von H e r p i n und R i c h e (siehe C l a s s e n, Elektrolyse) sind durchaus brauchbar, werden aber weniger häufig angewendet; R i c h e benutzte schon das von C l a s s e n adoptierte Stativ mit starker Glasstange für seinen Apparat.

d) Die Figuren 122 und 123 stellen die sehr viel benutzte W i n k l e r sche Drahtnetzkathode und Drahtelektrode dar.

Ausführung der Elektrolyse.

Die salpetersaure Lösung soll höchstens 10 % Salpetersäure vom
spez. Gew. 1,2 enthalten, wenn andere Metalle außer Kupfer zugegen
sind; für reine Kupferlösungen genügen 3 %. Schwefelsaure Lösungen
enthalten zweckmäßig 3—5 % H_2SO_4 und 0,5 % Salpetersäure von
1,2 spez. Gew. (Durch die Elektrolyse in Gegenwart von S a l p e t e r-
s ä u r e wird aus dieser Ammoniumnitrat bzw. Sulfat gebildet.)
Ohne Zusatz von etwas Salpetersäure fällt das Kupfer leicht schwammig
aus; es haftet dann nicht fest an der Wandung des Konus, der Schale

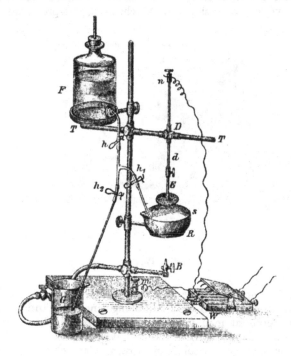

Fig. 125.

oder des Tiegels, wodurch beim Abspülen bezw. Ausspülen Verluste entstehen.

Bei der Analyse der meisten Kupferlegierungen erhält man nach
der Abscheidung des Zinns und dem Eindampfen der salpetersauren
Lösung mit Zusatz von Schwefelsäure zur Abscheidung des Bleies eine
Sulfatlösung, die sich sowohl zur elektrolytischen Abscheidung des
Kupfers als auch zur späteren Ausfällung des Zinks oder Nickels eignet.
Man vermeidet in diesen Fällen einen größeren Zusatz von Salpeter-
säure, weil diese durch die Elektrolyse zum größten Teil in Ammonium-
nitrat umgewandelt wird. Letzteres stört die elektrolytische Ausfällung

des Nickels (aus der mit Ammoniak übersättigten Lösung) und verzögert auch die quantitative Ausfällung des Zinks durch Schwefelwasserstoff aus der neutralisierten und stark verdünnten Lösung.

Mäßiges Erwärmen der Kupferlösungen (auf ca. 30°) beschleunigt die Ausfällung sehr erheblich.

Der Abstand der Elektroden voneinander betrage bei schwächeren Lösungen 5 mm, bei stärkeren 10 mm.

Bei Anwendung einer Stromdichte von 0,5—1 Ampere (für 100 qcm Kathodenfläche) und 2,2—2,7 Volt Spannung ist die quantitative Abscheidung von 1 g Kupfer in 6—7 Stunden beendet, bei geringerer Stromstärke verlangsamt sich die Abscheidung entsprechend, so daß

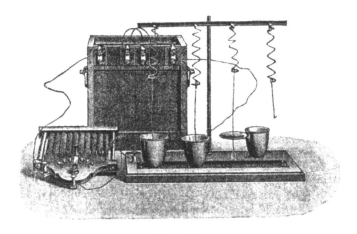

Fig. 126.

man die Ausfällung auch über Nacht bewirken kann. Man darf nie verabsäumen zu prüfen, ob die Ausfällung eine vollständige ist. Zu dem Zwecke verdünnt man die Lösung im Glase, in der Schale oder dem Tiegel durch Zusatz von 10—20 ccm Wasser, mischt und läßt verstärkten Strom noch ½—1 Stunde einwirken. Hat sich nach dieser Zeit kein Hauch von Kupfer auf der vorher nicht benetzten Platinfläche abgeschieden, so ist die Ausfällung beendet; Spuren von Kupfer können trotzdem noch in der Lösung sein. Andernfalls wird diese Operation wiederholt, zuletzt werden auch wohl einige ccm mit der Pipette entnommen und im Reagenzglase mit Schwefelwasserstoffwasser versetzt, wobei keine Braunfärbung eintreten darf.

Nach beendeter Abscheidung des Kupfers wird die saure Lösung aus dem Becherglase oder der Schale durch Einsetzen eines Hebers entfernt und durch reines Wasser ersetzt, bis Lackmuspapier nur noch schwach gerötet wird. Dann erst unterbricht man den Strom und nimmt den Apparat auseinander. Konus oder Zylinder werden schnell in ein größeres Glas mit Wasser getaucht, herausgenommen, ein zweites

Mal mit Wasser abgespült, eine Minute auf Fließpapier gestellt, in ein zylindrisches Gefäß mit absolutem Alkohol getaucht, wieder auf Fließpapier gestellt und zuletzt 1—2 Minuten einige cm über einem erhitzten Blech oder einer Schale durch die aufsteigende erhitzte Luft getrocknet. Nach 30 Minuten wird die Gewichtszunahme (Kupfer) auf der Wage ermittelt, der Konus in ein mit starker chlorfreier Salpetersäure ge-

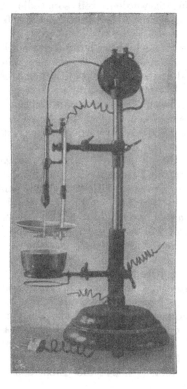 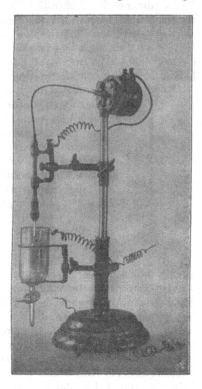

Fig. 127.   Fig. 128.

fülltes Glas gestellt, nach der Auflösung des Kupfers abgespült und für eine neue Elektrolyse benutzt. Sein Gewicht wird von Zeit zu Zeit, etwa alle 14 Tage, kontrolliert.

Die Schale spült man nach dem Abnehmen vom Stativ schnell 3 mal mit je 10—20 ccm Wasser und dann 1 mal mit 10 ccm absolutem Alkohol aus und trocknet sie im Luftbade bei 90° oder auf einem kochenden Wasserbade. Wenn man das Auseinandernehmen sehr schnell, etwa in einer ¼ Minute, bewirkt, kann man das Abhebern der Flüssigkeit und die damit verbundene starke Verdünnung vermeiden, ohne daß sich mehr als einige Zehntel mg Kupfer wieder auflösen. Dies gilt besonders auch für die Benutzung des Tiegels. Man hat dann den

Vorteil, z. B. die elektrolytische Abscheidung des Nickels aus der entkupferten Lösung ohne zeitraubendes Eindampfen ausführen zu können.
Der Tiegel wird wie die Schale ausgespült, getrocknet und nach ½ Stunde
gewogen; die an der + Elektrode haftende Flüssigkeit wird mit der
Spritzflasche abgespült und der Hauptmenge hinzugefügt. Vor der
Elektrolyse dürfen Zylinder und Konus nur am Draht, Schale und
Tiegel nur an der Außenfläche angefaßt werden, weil sonst die von
der Haut übertragene minimale Fettmenge die Abscheidung des Kupfers
auf den berührten Platinflächen verzögert.

   Elektroanalytische Schnellmethoden sind besonders durch Dr.-Ing. A. Fischer (a. a. O.) im Classenschen
Laboratorium ausgebildet worden und besitzen hohen praktischen Wert.

Fig. 129.

Hiernach wird die Elektrolyse mit schnell bewegtem
Elektrolyten unter Anwendung von Spannungen bis
zu 10 Volt und Stromstärken bis zu 10 Amp., teils
sogar mit erwärmtem Elektrolyten vorgenommen, vollkommen dichte Niederschläge erhalten und die
quantitative Abscheidung der Metalle (Cu, Zn,
Ni usw.) in sehr kurzer Zeit beendet. (1 g Cu z.B. kann
aus nicht erwärmtem, bewegtem Elektrolyten quant.
in ca. 1½ Stunden gefällt werden!) Die Fig. 127 und 128
(aus Classen Quant. Analyse durch Elektrolyse,
5. Aufl.) stellen die von A. Fischer, für die Schnell-
Elektrolyse konstruierten Stative dar, welche vom
Mechaniker Heinr. Raake in Aachen bezogen
werden können. — H. Wölbling (Chem.-Ztg. 33, 564; 1909) beschreibt eine nach seinen Angaben von W. C. Heraeus, Hanau, aus
Platin-Iridium-Legierung hergestellte Drahtnetzelektrode (Fig. 129)
für die Schnellelektrolyse, die sich vorzüglich bewährt hat.. Die 2 mm
starke Achse aus 20 % Iridium enthaltender Legierung verträgt
1000 Touren in der Minute ohne Verbiegung, und Versteifungen aus
10 proz. Legierung schützen den Drahtnetz-Zylinder gegen Form-
veränderungen. Die Platin-Firma Heraeus liefert die Elektroden in
2 Größen von 20 bzw. 35 g Gewicht.

   Einfluß anderer Metalle und Metalloide auf
die Kupferfällung. In der Kupferlösung enthaltenes Zink, Nickel und
Kobalt und kleinere Mengen von Eisen stören die Kupferausfällung nicht;
viel Eisen wirkt durch auflösende Einwirkung des vorhandenen oder
erst bei der Elektrolyse entstehenden Ferrisalzes auf bereits abgeschiedenes Kupfer nachteilig. In diesem Falle verdünnt man die Lösung
stark und elektrolysiert mit erhöhter Stromstärke; noch besser ist die
Ausfällung des Kupfers durch Schwefelwasserstoff oder Natriumthiosulfat aus der schwefelsauren Lösung, Behandlung des CuS mit
Salpetersäure, bis der abgeschiedene Schwefel rein gelb geworden,
Filtrieren und Elektrolysieren der reinen Kupferlösung.

   Blei wird gewöhnlich vorher als Sulfat abgeschieden. Ist es in der
salpetersauren Lösung enthalten, so scheidet es sich durch Elektrolyse

als dunkelbraunes, wasserhaltiges Bleisuperoxyd an der Anode ab. Beim Vorhandensein größerer Bleimengen benutzt man die mattierte Platinschale als Anode und schlägt das Kupfer auf der Platinscheibe nieder. In Gegenwart von Schwefelsäure geht solche zum Teil in das Bleisuperoxyd.

Mangan gibt in Lösungen, die über 3 % HNO_3 enthalten, keine Fällung, sondern nur Violettfärbung durch Übermangansäure; aus schwefelsauren Lösungen fällt es als dunkelbraunes, wasserhaltiges Dioxyd, das nur zum Teil an der Anode haftet und in größerer Menge in Flocken in der Flüssigkeit schwebt.

Quecksilber geht in den Kupferniederschlag und wird zweckmäßig durch Glühen oder Rösten der betreffenden Erzprobe usw. v o r d e r A u f l ö s u n g entfernt.

Silber und Wismut scheiden sich mit dem Kupfer aus, ersteres zum Teil auch als Superoyxd an der Anode. Man fällt das Silber aus der Lösung durch eine nach der vorangegangenen Silberbestimmung genau berechnete Menge verdünnter Kochsalzlösung, filtriert das Chlorsilber ab und elektrolysiert Das Silber bleibt als AgCl bei dem Ungelösten auf dem Filter, wenn das betreffende Erz zuerst mit Königswasser und dann mit Schwefelsäure behandelt worden war. Wismut wird in dem Kupferniederschlage nachträglich nach dem S. 640 beschriebenen Verfahren bestimmt und in Abzug gebracht.

Zinn und nahezu alles vorhandene Antimon scheiden sich vorher ab, wenn die Probesubstanz zuerst mit Salpetersäure behandelt wurde. In Lösung befindliches Zinn bildet nach der Kupferausfällung einen grauen Überzug. Antimon und Arsen fallen zum kleineren Teil schon mit dem Kupfer, der größere Teil scheidet sich erst nach Beendigung der Kupferfällung als schwarzer Überzug auf dem Fällkupfer aus. Spuren von As und Sb bilden eigentümliche, schwarze, kommaähnliche Vertikalstriche auf dem Kupfer, bei viel As oder Sb schwimmen schließlich auch schwarze Flocken davon in der Flüssigkeit.

Durch Arsen, Antimon oder beide verunreinigtes Fällkupfer wird häufig in Salpetersäure gelöst, die Lösung zur Beseitigung des großen Überschusses von Salpetersäure eingedampft, mit Wasser verdünnt, mit Ammoniak übersättigt und dann nach P a r k e s mit Cyankaliumlösung titriert (s. S. 620). Da jedoch größere As- oder Sb-Mengen hierbei den Kupfergehalt zu hoch finden lassen, ist es besser, diese Verunreinigungen schon vorher zu beseitigen. Dies kann auf verschiedene Weise bewirkt werden: Ist nur Arsen zugegen, so werden nach A.H.L o w 2 ccm einer Lösung von 2 g Schwefel in 10 ccm Brom zur salzsauren Lösung gesetzt, gekocht, starke Schwefelsäure hinzugefügt und zur Trockne eingedampft. Bei Gegenwart von Antimon wird die sehr konzentrierte salzsaure Lösung nach H e a t h (Chem.-Ztg. 22, Rep. 9; 1898) mit der Lösung von Schwefel in Brom zur Sirupkonsistenz eingedampft und nach einem weiteren Zusatze von 20 ccm reinem Brom so lange (bis fast auf 300° C) erhitzt, bis keine Dämpfe von Antimon-

bromür mehr entweichen. Dieses Verfahren eignet sich besonders für
sehr unreine Schwarzkupfersorten.

Arsen- und antimonhaltige Erze, Kupferspeisen usw. schmilzt man
im sehr fein gepulverten Zustande, innig gemischt mit dem 6 fachen
Gewicht einer Mischung von gleichen Teilen Schwefel und wasserfreier
Soda oder der 6 fachen Menge von entwässertem Natriumthiosulfat in
einem bedeckten Porzellantiegel über einer Bunsenflamme (besser in
einer Muffel), bis kein Schwefel mehr entweicht, extrahiert die erkaltete Schmelze mit kochendem Wasser, wäscht den Rückstand mit
ausgekochtem heißen und mit etwas Schwefelammonium versetzten
Wasser aus, erwärmt ihn mit Salpetersäure, dampft mit Schwefelsäure ein usw.

Antimon, Arsen und Zinn lassen sich auch durch Digerieren mit
einer gelben Schwefelnatriumlösung aus dem unreinen CuS-Niederschlage
entfernen.

Die Behandlung der Erze, Kupfersteine usw. mit reinem und
trockenem Chlor in der Kugelröhre [1]), wobei S, As, Sb, Sn, Se, Te, Bi,
auch etwas Zink und Eisen als Chloride in die Vorlage entweichen, wird
in der Praxis nur selten vorgenommen, da es sich gewöhnlich nur
um Einzelbestimmungen, nicht um ganze Analysen der Erze handelt.

Aus den vorstehenden Erörterungen ergibt sich die Notwendigkeit,
das Kupfer v o r   s e i n e r   A b s c h e i d u n g   d u r c h   d i e   E l e k -
t r o l y s e von einer Anzahl dasselbe häufig begleitender Metalle usw.
auf rein chemischem Wege zu trennen.

3. Die Bestimmung des Kupfers als Sulfür (Cu_2S) nach Heinrich Rose [2]).

Diese sehr genaue Methode beruht auf der Ausfällung des Kupfers
als CuS aus stark schwefelsaurer oder salzsaurer, ev. erwärmter
Lösung durch fortgesetztes Einleiten von Schwefelwasserstoff, Abfiltrieren des sehr voluminösen grünlichschwarzen Niederschlages, Auswaschen mit stark verdünntem und mit einem Tropfen Schwefelsäure
angesäuertem Schwefelwasserstoffwasser, Trocknen, Veraschen des
Filters im R o s e schen Tiegel, Hinzufügen des CuS und einiger dcg
Schwefel, gelindes, dann sehr starkes Erhitzen (20—30 Minuten) in
einem Strome von reinem und trockenem Wasserstoff, Erkaltenlassen
im Wasserstoffstrome und Wägen des grauschwarzen, krystallinischen
Cu_2S mit 79,86 % Kupfer.

Nach H a m p e soll das Gewicht des Cu_2S nicht über 0,2—0,3 g
betragen, da größere Mengen von CuS sich nicht in die konstante Verbindung Cu_2S überführen lassen. Nach den Erfahrungen des Verf.
läßt sich selbst 1 g Kupfer in reines Cu_2S überführen, wenn nur stark

---

[1]) F r e s e n i u s , Quant. Analyse, 6. Aufl., II, S. 493 und 494.
[2]) H. R o s e , Handbuch d. analyt. Chemie, 6. Aufl. von R. F i n k e n e r ,
S 173; F r e s e n i u s , Quant. Analyse, 6. Aufl., I, S. 186 und 187.

genug (z. B. mit einem M u e n c k e - Brenner) im Wasserstoffstrome geglüht wird.

Die Methode ist besonders brauchbar für die Abscheidung des Kupfers aus Lösungen, welche keine ebenfalls aus starksaurer Lösung fällbaren Metalle (Pb, Bi, Cd, Ag, Sn, Sb) enthalten, und ermöglicht eine Trennung des Kupfers von Zink, Nickel und Kobalt, Mangan und Eisen.

In den Niederschlag gegangenes Quecksilber und Arsen verflüchtigen sich beim Glühen im Wasserstoffstrome. Viel Arsen erfordert wiederholtes Glühen . mit Schwefelzusatz.

A u s f ü h r u n g. Die verdünnte Lösung muß stark sauer sein, um Mitfallen von Zink zu verhindern; 500 ccm Flüssigkeit enthalten zweckmäßig 75—100 ccm der gewöhnlichen 25 proz. Salzsäure oder 10 ccm H_2SO_4. Man erwärmt das mit einem Uhrglase bedeckte Becherglas im Wasserbade, bis die Lösung ca. 70⁰ angenommen hat, und leitet H_2S im flotten Strome bis zur vollständigen Fällung ein. Zum Auswaschen auf dem Filter dient mit H_2SO_4 a n g e s ä u e r t e s, sehr verdünntes Schwefelwasserstoffwasser; ein Rückhalt von Salzsäure in dem Niederschlage kann bei dem späteren Erhitzen einen Verlust durch Verflüchtigung von Chlorkupfer verursachen.

Da das Verfahren zeitraubend und umständlich ist, wird es selten bei technischen Untersuchungen angewendet; die Fällung des Kupfers durch Natriumthiosulfat (siehe 4) und Überführung des CuS in CuO gelingt schneller und ist hinreichend genau.

4. Die Fällung des Kupfers durch Natriumthiosulfat.

Eine wässerige Lösung von Natriumthiosulfat wurde zuerst von G. V o r t m a n n (Zeitschr. f. analyt. Chem. **20**, 416; 1881) und A. O r l o w s k i (Zeitschr. f. analyt. Chem. **21**, 215; 1882) als Ersatz für Schwefelwasserstoff bei qualitativen Analysen, späterhin auch zur quantitativen Abscheidung des Kupfers empfohlen, das nach V o r t m a n n und O r l o w s k i schließlich als Cu_2S zu wägen war. V o r t m a n n empfahl dies Verfahren auch zur Trennung des Kupfers vom Cadmium, das aus saurer Lösung nicht durch $Na_2S_2O_3$ gefällt wird. H. N i s s e n s o n und B. N e u m a n n (Chem.-Ztg. **19**, 1591, 1592; 1895) haben diese Methode abgeändert und erheblich vereinfacht, indem sie das CuS durch Rösten im Porzellantiegel in reines, wägbares Kupferoxyd überführen. Das so abgeänderte Verfahren ist durchaus empfehlenswert und in vielen technischen Laboratorien eingeführt.

N i s s e n s o n und N e u m a n n analysieren K u p f e r s t e i n e und K u p f e r b l e i s t e i n e, die außer Kupfer, Blei und Schwefel viel Eisen, häufig auch Zink und Arsen enthalten, in folgender Weise: 1 g der feingepulverten Probe wird im E r l e n m e y e r kolben auf dem Sandbade in 7—10 ccm HNO_3 (1,4 spez. Gew.) gelöst, die Lösung nach Zusatz von 10 ccm destillierter H_2SO_4 bis zum Auftreten weißer Dämpfe von H_2SO_4 eingekocht, der erkaltete Rückstand mit Wasser aufgenommen, Silber durch einige Tropfen Salzsäure gefällt, abgekühlt, Bleisulfat, Kieselsäure und Chlorsilber auf einem Filter gesammelt und mit Wasser, dem 1 % H_2SO_4 zugesetzt worden ist, zuletzt einmal mit reinem Wasser ausgewaschen. Die Weiterbehandlung des unreinen Bleisulfats siehe unter „Blei" S. 632. Das Filtrat wird in einer geräumigen, halbkugelförmigen Porzellanschale mit ca. 5 g Natriumthiosulfat versetzt, gekocht, bis das Schwefelkupfer sich zusammengeballt hat, sofort filtriert und mit kochendem Wasser schnell ausgewaschen, das Filter mit Niederschlag in einen geräumigen Porzellantiegel gebracht, auf dem Sandbade getrocknet und der Tiegel dann in die glühende Muffel gestellt. Hier verascht das Filter, CuS geht allmählich in CuO über, vorübergehend entstandenes Kupfersulfat verliert beim stärkeren Glühen seine Schwefelsäure vollständig. Der Tiegel wird nach der ersten Wägung nochmals stark bei reichlichem Luftzutritte geglüht u. s. f. bis zum konstanten Gewicht. Mit dem Schwefelkupfer gefällte k l e i n e M e n g e n von Zinn, Arsen und Antimon verflüchtigen sich vollständig beim Rösten des CuS in der Muffel. Die von N i s s e n s o n und N e u m a n n nach ihrem abgeänderten Verfahren erhaltenen Resultate stimmen mit den durch Elektrolyse erhaltenen vorzüglich überein.

In der Probesubstanz enthaltenes Zinn und Antimon scheiden sich zum größten Teil schon bei dem Kochen mit Salpetersäure ab und finden sich hinterher beim Bleisulfat; was davon in Lösung gegangen, wird nur zum kleinen Teil mit dem durch kurzes Kochen gefällten CuS abgeschieden und verflüchtigt sich (mit As) beim Glühen in der Muffel.

5. Die Fällung des Kupfers als Rhodanür (CuCNS)
nach R i v o t.

Neutrale oder annähernd neutrale Lösungen von Cuprosalzen geben beim Zusatze von in Wasser gelöstem Kalium- oder Ammoniumrhodanid in hinreichender Menge einen weißen Niederschlag (mit einem Stich ins Violette) von Kupferrhodanür, der sich nach einigen Stunden quantitativ abscheidet. In Lösung befindliches Zink, Cadmium, Eisen, Nickel, Kobalt, Wismut, Zinn, Arsen und Antimon werden nicht gefällt, ein Umstand, der H a m p e (Chem.-Ztg. 17, 1691; 1893) zur Ausarbeitung einer hierauf beruhenden Methode der Garkupferanalyse von großer praktischer Bedeutung Veranlassung gab. Das Kupferrhodanür ist in einem Überschusse des Fällungsmittels in erheblicher Menge löslich, reines Wasser löst nur wenig davon.

A u s f ü h r u n g. Die konzentrierte salpetersaure oder schwefelsaure Auflösung eines Erzes, Hüttenproduktes oder einer Legierung (Messing, Tombak, Neusilber, Legierung der Nickelscheidemünzen, Kupfernickel usw.), aus der Blei und Silber bereits abgeschieden ist, wird mit Natronlauge bis zur schwachen, bleibenden Trübung neutralisiert, mit einer gesättigten wäßrigen Lösung von schwefliger Säure[1])

---

[1]) Nitratlösungen erhalten wegen der freiwerdenden HNO_3 besser einen Zusatz der entsprechenden Menge einer konzentrierten Lösung von Natriumsulfit.

(30—50 ccm für 0,5 g Cu ausreichend) versetzt, auf ca. 40° C erwärmt und mittels einer allmählich zugesetzten Lösung von Rhodankalium von bekanntem Gehalte gefällt. 1 ccm einer solchen Lösung die 76,5 g KCNS in 1 Liter enthält, kann 0,05 g Kupfer fällen. Wegen der Löslichkeit des Kupferrrhodanürs im Fällungsmittel wird ein möglichst geringer Überschuß davon angewendet. Nach etwa 4 Stunden wird der Niederschlag auf einem sehr dichten Filter gesammelt und mit der eben nötigen Menge Wasser ausgewaschen. Hatte man das Filter (nach dem Trocknen bei 100—105° C) gewogen, so kann das Gewicht des Rhodanürs durch vierstündiges Trocknen im Luftbade (bei 100—105°) ermittelt werden. Schneller ist die Umwandlung des Rhodanürs in Sulfür (Cu_2S) auszuführen. Zu diesem Zwecke wird Filter mit Inhalt schnell getrocknet, das Filter im R o s e schen Tiegel verascht, das Rhodanür zugefügt, geglüht, nach dem Erkalten mit dem gleichen Volumen Schwefel versetzt und im Wasserstoffstrome allmählich zum Glühen erhitzt, 15 Minuten im starken Glühen erhalten und im Wasserstoffstrome abgekühlt.

Bei Gegenwart von viel Eisen (z. B. in einer Auflösung von Kupferkies) entsteht beim Zusatze von Kaliumrhodanid zunächst eine dunkelblutrote Färbung von Eisenrhodanid, die durch die Einwirkung der schwefligen Säure allmählich verschwindet.

Die vorher erwähnten Metalle können aus dem Filtrate bestimmt werden, indem man zunächst eindampft, den kleinen Überschuß von Rhodankalium durch Erhitzen mit Salpetersäure zerstört und sie dann nach bekannten analytischen Methoden abscheidet. Zink z. B. fällt man durch Übersättigen der verdünnten Lösung mit Natriumcarbonat und Kochen als basisches Carbonat aus (Messinganalyse).

Nickel und Kobalt fällt man durch Natronlauge, Kochen mit Zusatz von Bromwasser als Sesquioxyde, wäscht kurze Zeit aus, löst die Oxyde in heißer, verdünnter Schwefelsäure unter Zusatz von wäßriger schwefliger Säure, dampft ein, übersättigt mit Ammoniak und fällt beide Metalle elektrolytisch in der Schale, dem Tiegel oder auf dem Konus (Analyse der Reichsnickelmünzen, die 75 % Cu und 25 % Ni enthalten sollen).

Handelt es sich um Neusilber (Cu, Zn, Ni), so wird nach dem Eindampfen mit überschüssiger Schwefelsäure das Zink aus der sehr verdünnten (ca. 500 ccm), ganz schwach mineralsauren Lösung durch Schwefelwasserstoff gefällt, nach 12 Stunden das ZnS abfiltriert, mit verdünntem H_2S-Wasser, dem etwas $(NH_4)_2SO_4$ zugesetzt worden, ausgewaschen, getrocknet und nach dem Glühen mit Schwefelzusatz im R o s e schen Tiegel im Wasserstoffstrome als ZnS gewogen. Aus dem eingedampften Filtrate vom ZnS-Niederschlage bestimmt man Ni + Co elektrolytisch.

Wegen der langsamen, quantitativen Abscheidung des Rhodanürs und seiner nicht unerheblichen Löslichkeit in Wasser bzw. der Lösung des Fällungsmittels wird die Rhodanürmethode weniger häufig als die vorbeschriebenen gewichtsanalytischen Methoden angewendet.

II. Maßanalytische Methoden.

Von den sehr zahlreichen Methoden sollen hier nur diejenigen besprochen werden, welche vielfach in der Praxis eingebürgert sind.

1. Titration mit Zinnchlorür nach F. Weyl[1]).

Das Verfahren beruht auf der Reduktion des Kupferchlorids zu Chlorür durch Zinnchlorür in der Siedehitze. Man versetzt die heiße, salzsaure, von oxydierenden und reduzierenden Agenzien vollkommen freie, intensiv grüne Kupferchloridlösung so lange mit einer salzsauren Lösung von Zinnchlorür, bis die Grünfärbung vollständig verschwunden ist. Ein Tropfen konzentrierter Sublimatlösung soll in der fertig titrierten Lösung eine ganz schwache Trübung von Kalomel (Quecksilberchlorür) hervorrufen.

Die Endreaktion fällt also mit der vollständigen Entfärbung der Flüssigkeit zusammen und ist natürlich nur bei gutem Lichte scharf zu erkennen. Balling[2]) hat sich sehr eingehend mit dieser Methode beschäftigt und keine größeren Differenzen als 0,1—0,2 % gegenüber den besten gewichtsanalytischen Methoden erhalten.

Ausführung. Die Zinnchlorürlösung wird durch Auflösen von 6 g reinem Zinn oder der entsprechenden Menge von frisch hergestelltem käuflichen Zinnchlorür in 200 ccm reiner 25 proz. Salzsäure und Verdünnen der erkalteten Lösung mit ausgekochtem Wasser zu 1 Liter bereitet und (in Quantitäten von 3 Litern oder mehr) in einer Standflasche aufbewahrt, in welche für die ausfließende Lösung Kohlensäure eintritt, die sich in einem kleinen, direkt mit der Flasche verbundenen Kohlensäureentwickler erzeugt (Abbild. siehe Fresenius, Quant. Analyse, 6. Aufl., Bd. I, S. 290). Man benutzt diese Zinnchlorürlösung auch vielfach zur Titration des Eisens in Chloridlösungen.

Zur Herstellung der Kupferlösung von bekanntem Gehalt wägt man genau 7,854 g frisch hergestellten Kupfervitriol (kleine, zwischen Fließpapier abgepreßte Kristalle) ab und löst sie in Wasser zu 0,5 Liter. Hierin sind dann genau 2 g Kupfer enthalten. Statt dessen kann man auch 2 g elektrolytisches Kupfer in 8 ccm HNO_3 von 1,4 spez. Gew. lösen, mit 2 ccm H_2SO_4 bis zur vollständigen Austreibung der HNO_3 eindampfen und den Rückstand mit Wasser zum halben Liter lösen.

Man bringt zur Titerstellung der Zinnchlorürlösung 25 ccm der Kupferlösung (enthaltend 0,1 g Kupfer) in einen 200 ccm haltenden Kolben, versetzt mit 5 ccm reiner, rauchender Salzsäure, erhitzt zum Sieden und läßt so lange Zinnlösung aus der kurz vorher aus der Standflasche gefüllten Bürette einfließen, bis die Grünfärbung der im Sieden

---

[1]) Zeitschr. f. anal. Chem. 9, 297; 1870.
[2]) Die Probierkunde von Carl M. A. Balling, Braunschweig 1879, S. 265 u. f. — Daselbst (S. 270 u. f.) finden sich auch Tabellen zur Berechnung der Kupfergehalte.

erhaltenen Flüssigkeit vollständig verschwunden ist. Bei einem neuen Zusatze von 5 ccm starker Salzsäure etwa eintretende grünliche Färbung wird durch einen oder einige Tropfen der Zinnchlorürlösung beseitigt. Der Titer der Zinnchlorürlösung ist häufig, etwa alle 8 Tage, mittels der zu diesem Zwecke in einer gut verschlossenen Flasche aufbewahrten Kupferlösung zu kontrollieren.

Den Kupfergehalt in Erzen bestimmt man, indem man (je nach dem Gehalt) 2—5 g des sehr feinen Pulvers im Kolben mit Königswasser kocht und mit Schwefelsäure bis nahezu zur Trockne eindampft. Beim Aufnehmen mit Wasser und Filtrieren bleiben Kieselsäure bzw. unzersetzte Gangart, Bleisulfat und Chlorsilber auf dem Filter; das Filtrat wird zu 250 ccm verdünnt, 25 ccm davon in einer Kochflasche mit 5 ccm reiner und rauchender Salzsäure versetzt und genau wie bei der Titerstellung verfahren.

Bei Anwesenheit von E i s e n, das fast immer zugegen ist, ist die mit Salzsäure versetzte Lösung gelbgrün gefärbt und der Verbrauch an Zinnchlorür dem Kupfer- und Eisengehalte entsprechend. Zur Ermittlung des Eisengehalts wird eine besondere Portion von 25 ccm der Sulfatlösung mit Zinkgranalien erwärmt, vom abgeschiedenen Kupfer in ein Becherglas abgegossen, das Kupfer durch Dekantieren mit Wasser gewaschen und die vereinigten eisenhaltigen Lösungen nach dem Abkühlen mit Kaliumpermanganat titriert. 55,85 Teile Eisen verbrauchen ebensoviel Zinnchlorür wie 63,57 Teile Kupfer.

$$\left\{ \begin{array}{l} 2\,CuCl_2 + SnCl_2 = Cu_2Cl_2 + SnCl_4. \\ 2\,FeCl_3 + SnCl_2 = 2\,FeCl_2 + SnCl_4. \end{array} \right\}$$

Besser ist es, das abgeschiedene Kupfer mit dem Reste der (bleifreien) Zinkgranalien bis zur völligen Auflösung der letzteren mit verdünnter Schwefelsäure zu erwärmen, zu dekantieren, eine hinreichende Menge Salpetersäure dem Kupfer zuzufügen, mit H_2SO_4 abzudampfen und den von Salpetersäure befreiten Rückstand nach dem Lösen in wenig Wasser und Zusatz von Salzsäure wie oben zu titrieren. In der Lösung befindliche A n t i m o n s ä u r e (Chlorid) wird durch Zinnchlorür zu Antimonchlorür reduziert und dadurch der Kupfergehalt zu hoch gefunden. Dieser Fehler läßt sich dadurch beseitigen, daß man die titrierte Lösung 12—24 Stunden in einer offenen Schale stehen läßt (wobei das Kupferchlorür vollständig in Chlorid übergeht, das Antimonchlorür aber unverändert bleibt) und dann nochmals titriert. Aus der zweiten Titration ergibt sich dann der richtige Kupfergehalt.

A r s e n beeinträchtigt die Probe nicht. N i c k e l und K o b a l t müssen vorher beseitigt werden, am einfachsten, indem man das Kupfer durch Natriumthiosulfat (S. 615) fällt, das Sulfid mit Salpetersäure und Schwefelsäure behandelt und die mit Salzsäure versetzte schwefelsaure Lösung titriert.

Die Methode wird häufig angewendet, namentlich dort, wo die Zinnchlorürlösung auch zur Titration von Eisenlösungen benutzt wird.

Abänderung des Weylschen Verfahrens von Etard und Lebeau [1]).

Eine mit konzentrierter wäßriger Bromwasserstoffsäure versetzte Lösung von Kupferchlorid ist in der Siedehitze tief-dunkelviolett, ähnlich einer konzentrierten Lösung von Kaliumpermanganat, gefärbt. Diese Färbung bleibt beim Zusatze von Zinnchlorürlösung nahezu unverändert intensiv bis zum Reaktionsende, bei dessen Eintritt die Lösung plötzlich entfärbt wird.

E t a r d und L e b e a u empfehlen, die Kupferchloridlösung mit konzentrierter HBr-Lösung zu versetzen und mit einer Lösung von $SnCl_2$ in wäßriger HBr-Säure zu titrieren.

Mit der ziemlich kostspieligen konzentrierten Bromwasserstoffsäure ist sehr vorsichtig umzugehen; sie ätzt sehr stark.

2. Parkes' Cyankaliummethode [2]).

Diese Reduktionsmethode beruht auf der Entfärbung blauer, ammoniakalischer Kupferoxydlösungen durch Cyankalium unter Bildung des farblos löslichen Kaliumkupfercyanürs:

$$2 [Cu(NH_3)_4] (NO_3)_2 + 5 KCN + H_2O = 2 [Cu(CN)_2]K + KCNO + 2 KNO_3 + 2 NH_4.NO_3 + 6 NH_3.$$

Die Cyankaliumlösung wird durch Auflösen von 20 g möglichst reinem käuflichen Cyankalium (98 proz.) zu 1 Liter hergestellt und ihr Titer mit 100 ccm einer mit Ammoniak und kohlensaurem Ammon versetzten Kupferoxydlösung ermittelt, die zweckmäßig 0,1 g Kupfer enthält. Durch Auflösen von 1 g elektrolytischem Kupfer in 10 ccm HNO_3 von 1,2 spez. Gew., Einbringen in einen Literkolben, Versetzen mit Ammoniak und einer wäßrigen Lösung des käuflichen Ammoniumcarbonats (1 : 10) und Auffüllen zur Marke erhält man eine geeignete Kupferlösung. Man läßt in die in einer Porzellanschale befindliche Kupferlösung von Zimmertemperatur unter flottem Umrühren so lange Cyankaliumlösung aus der Bürette einfließen, bis die Flüssigkeit nur noch einen schwachen violetten Schein besitzt; nach 1—2 Minuten tritt dann vollkommene Entfärbung ein.

Brauchbare Resultate erhält man nur, wenn bei allen Titrationen unter gleichen Verhältnissen in bezug auf den Gehalt an Kupfer, Ammoniak und Ammoniumsalzen bei Zimmertemperatur gearbeitet wird!

Nickel und Kobalt dürfen wegen der Färbung ihrer ammoniakalischen Lösungen nicht zugegen sein. Mangan ist vorher (durch Erwärmen der ammoniakalischen Lösung nach Zusatz von etwas Wasserstoffsuperoxyd) abzuscheiden. Zink in größerer Menge erhöht den Cyankaliumverbrauch bedeutend und macht die Probe unbrauchbar. Arsen und An-

---

[1]) Chem.-Ztg. **14,** Rep. 85; 1890. — Berg- und Hüttenm. Ztg. **1890,** 171, 259; 1891, 28.
[2]) B a l l i n g , Probierkunde 1879, S. 274; dort auch Tabellen zur Gehalts-berechnung.

timon dürfen nur in geringer Menge (etwa bis 0,5 %) vorhanden sein. Blei und Silber sind vorher abzuscheiden.

Ausführung. Man benutzt die Methode hauptsächlich zur Bestimmung des Kupfergehaltes in Erzen, Kupfersteinen und unreinem Fällkupfer.

Von einer Kupferkieslösung z. B., welche hauptsächlich die Sulfate von Kupfer und Eisen enthält (hergestellt wie für die schwedische Probe S. 599) entnimmt man eine 1 g Substanz entsprechende Menge, verdünnt sie in einem bauchigen Kolben auf 200 ccm, versetzt mit 30 ccm starken Ammoniaks, schwenkt den Kolben um und erhitzt ihn auf dem Sandbade bis zum Zusammenballen des voluminösen Niederschlages von Eisenhydroxyd. Dann filtriert man in einen ½-Literkolben, wäscht kurze Zeit mit kaltem Wasser aus, löst den Filterinhalt in möglichst wenig heißer, verdünnter Schwefelsäure, verdünnt die Lösung in einem Becherglase, fällt wieder mit ca. 30 ccm Ammoniak und bringt das deutlich blau gefärbte Filtrat ebenfalls in den Meßkolben. Selbst nach dieser zweiten Fällung mit Ammoniak hält das Eisenhydroxyd noch Kupferoxyd zurück. Der Meßkolben wird durch Eintauchen in kaltes Wasser gekühlt, bis der Inhalt Zimmertemperatur angenommen hat, nach dem Zusatze von Ammoniumcarbonatlösung (30 ccm der Lösung 1 : 10) zur Marke aufgefüllt und die Lösung gut durchgemischt. (Man benutze wegen des schnelleren Durchmischens der Flüssigkeit beim wiederholten Umkippen des verschlossenen Meßkolbens nur solche, deren Marke unten am Halse, dicht über der Bauchung angebracht ist.) Zur Titration werden 100 ccm mit der Pipette entnommen, in eine Porzellanschale gebracht und wie bei der Titerstellung (siehe oben) verfahren.

Vergleicht man das Resultat dieser Bestimmung mit dem aus der schwedischen Probe oder der elektrolytischen Bestimmung erhaltenen, so ergibt sich (wenn das Erz keinen hohen Zinkgehalt besitzt) stets ein zu niedriges Resultat, weil eben das zweimal gefällte Eisenhydroxyd noch Kupferoxyd zurückhält. Aus diesem Grunde fällt man besser aus eisenreichen Lösungen (von Kupferkies, kupferarmem und eisenreichem Kupferstein usw.) zunächst das Kupfer als Metall durch Eisen oder Zink (siehe schwedische Probe) oder als Schwefelkupfer (siehe Sulfürprobe) aus, löst in Salpetersäure, verdünnt, übersättigt mit Ammoniak, filtriert, wenn nötig, und titriert dann erst die alles Kupfer enthaltende Lösung. Hatte man mit H_2S oder mit $Na_2S_2O_3$ gefällt, so wird man es vorziehen, das Sulfid durch Rösten (S. 615) in wägbares Kupferoxyd überzuführen. Eisenarme Kupfererze (Malachit, Lasur, Phosphate) und Kupfersteine, auch durch wenig Arsen oder Antimon verunreinigte Fällkupfer geben, nach dieser Methode probiert, gute Resultate.

Steinbecks abgeänderte Parkes-Methode (Zeitschr. f. anal. Chem. 8, 9; 1869).

Dieses seinerzeit von der Mansfeldschen Gewerkschaft in erster Linie prämiierte Verfahren ist speziell für die Gehaltsbestimmungen der Kupferschiefer und ähnlicher, bleifreier Erze bestimmt.

5 g feingepulverter Kupferschiefer (bituminöse Erze werden vorher im Porzellantiegel geröstet) werden im Kolben mit 40—50 ccm Salzsäure (1,16 spez. Gew.) übergossen und erwärmt, wobei sich der vorhandene kohlensaure Kalk auflöst und wenig Schwefelwasserstoff entweicht. Dann werden 6 ccm verdünnte Salpetersäure (gleiche Teile Säure von 1,2 spez. Gew. und Wasser) zugesetzt, der Kolben $^1/_2$ Stunde auf dem Sandbade erwärmt und schließlich 15 Minuten gekocht. Die heiße, verdünnte Lösung wird (zur Ausfällung des Kupfers nach dem Verfahren von Mohr) in ein ca. 400 ccm fassendes Becherglas filtriert, in dem ein Stäbchen von bleifreiem Zink auf einem Streifen Platinblech steht. Nach $^1/_2$—$^3/_4$ Stunde ist die Ausfällung beendet (Prüfung einer herausgenommenen Probe mit H_2S) und das Zink aufgelöst. Durch wiederholtes Aufgießen von Wasser und Dekantieren wird das Fäll-kupfer gereinigt, aus dem Waschwasser abgesetzte kleine Kupfer-mengen hinzugetan, je nach der Menge in 8—16 ccm der oben er-wähnten, verdünnten Salpetersäure in der Wärme gelöst, die Lösung abgekühlt, mit 40 ccm verdünntem Ammoniak (aus 2 Vol. Wasser und 1 Vol. Ammoniak von 0,93 spez. Gew.) übersättigt und die blaue Lösung mit einer Cyankaliumlösung titriert, von der 1 ccm = 0,005 g Kupfer entspricht.

Über den Wert der Cyankaliummethode sind die Urteile der Prak-tiker sehr verschieden; als Betriebsprobe ist sie durchaus geeignet, im Erzhandel ist sie durch die elektrolytische Kupferbestimmung fast gänzlich verdrängt worden.

3. Titration mit Rhodanammonium nach Volhard.

Die sehr brauchbare Methode besteht in der Ausfällung des Kupfers aus einer nahezu neutralen, heißen und mit SO_2 gesättigten Lösung als Rhodanür (siehe auch S. 616) durch einen geringen Überschuß einer (abgemessenen) Rhodanammoniumlösung von bekanntem Gehalte und dem Zurücktitrieren des Überschusses des Fällungsmittels in der Kälte und nach Zusatz von Ferrisulfat und Salpetersäure mit einer Silber-nitratlösung.

Silber, Quecksilber, Chlor, Brom, Jod und Cyan dürfen nicht vor-handen sein und werden vorher abgeschieden bzw. ausgetrieben.

Ausführung. Die betreffende salpetersaure oder schwefelsaure Lösung wird annähernd mit chlorfreiem Natriumcarbonat oder Ätz-natron neutralisiert, für etwa 0,5 g Cu ca. 50 ccm gesättigte, wäßrige schweflige Säure zugesetzt, zum Sieden erhitzt und mit einem Über-schusse einer auf Silber gestellten Rhodanammoniumlösung gefällt. (Da 107,88 Teile Silber ebensoviel NH_4CNS zur Fällung brauchen wie 63,57 Teile Kupfer, ist der Silbertiter mit $\dfrac{63,57}{107,88} = 0,5893$ zu mul-tiplizieren.)

Bei diesen Operationen wird zweckmäßig ein $^1/_2$-Literkolben be-nutzt, andernfalls spült man die gesamte Flüssigkeit nach der Abkühlung auf Zimmertemperatur in einen solchen, verdünnt bis zur Marke, mischt, läßt kurze Zeit stehen und filtriert einige hundert Kubikzentimeter durch ein trockenes Faltenfilter in ein trockenes Becherglas ab.

100 ccm des Filtrats werden darauf mit 5 ccm kaltgesättigter Eisenalaunlösung und einigen Tropfen reiner Salpetersäure versetzt und bis zum Verschwinden der Eisenrhodanidfärbung mit auf Rhodanammoniumlösung gestellter Silbernitratlösung titriert. Hieraus ergibt sich die zur Fällung des Kupfers gebrauchte Menge NH_4CNS und der Kupfergehalt der Probesubstanz.

In Schwarzkupfer, Legierungen, Kupfersteinen und Erzen von annähernd bekanntem Kupfergehalt läßt sich dieser in kurzer Zeit und einer für technische Zwecke hinreichenden Genauigkeit bestimmen. Der durch die Vernachlässigung des Volumens des festen Kupferrhodanürs entstehende Fehler ist ohne Einfluß auf das Resultat.

4. Die von Low abgeänderte de Haensche Jodidmethode [1].

Die in Deutschland wenig übliche Methode von de Haen (Ann. Chem.Pharm.91,237;1873) wird in der von Low empfohlenen Modifikation in den Vereinigten Staaten, namentlich im Erzhandel, viel angewendet: Low stellt diese Methode in bezug auf Genauigkeit und Schnelligkeit der Ausführung über die elektrolytische!

Ausführung. Zur Titerstellung der durch Auflösen von 38 g reinem Natriumthiosulfat zu 1 Liter bereiteten Lösung werden 0,2 g chemisch reines Kupfer im einen 250 ccm fassenden Kolben in 4 ccm konzentrierter Salpetersäure gelöst, die Lösung unter Vermeidung von Überhitzen auf 1—2 ccm eingeengt, 5 ccm Wasser zugesetzt, mit 5 ccm starkem Ammoniak übersättigt und 1 Minute gekocht. Das Kochen ist unerläßlich, weil sich die Flüssigkeit sonst späterhin gegen Jodkalium so verhält, als ob sie freie Salpetersäure enthielte.

Man setzt dann 6 ccm Eisessig und darauf 40 ccm kaltes Wasser zu, kühlt vollständig ab, trägt 3 g Jodkalium ein und schwenkt den Kolben bis zur Auflösung des KJ um.

Die Umsetzung (Ausfällung von Kupferjodür und Abscheidung von Jod) geht nach folgender Gleichung vor sich:

$$2\ (CH_3COO)_2Cu + 4\ KJ + aq. = Cu_2J_2 + 4\ CH_3COOK + 2\ J + aq.$$

Zu der durch freies Jod braun gefärbten Flüssigkeit läßt man so lange von der Thiosulfatlösung aus der Bürette hinzufließen, die bis Färbung weingelb geworden, dann wird Stärkelösung bis zur deutlichen Blaufärbung zugesetzt und unter Umschwenken bis zum Verschwinden der Jodstärkefärbung titriert. Jod und Natriumthiosulfat geben Natriumtetrathionat und Jodnatrium:

$$2\ Na_2S_2O_3 + 2\ J + aq. = Na_2S_4O_6 + 2\ NaJ + aq.$$

---

[1] Engin. and Mining Journal, 9. Februar 1895. — Berg- und Hüttenm. Ztg. 1895, 174. — Low, Technical Methods of Ore Analysis. New York 1905. S. 77—84.

Die Stärkelösung wird alle zwei Tage frisch hergestellt, indem man 0,5 g Stärke mit $^1/_4$ Liter kaltem Wasser verrührt und bis zum Sieden erhitzt; die aus ganz reinem Thiosulfat durch Auflösen in reinem und luftfreiem Wasser bereitete Lösung hält sich einen Monat unverändert (s. a. Bd. I, S. 143).

Erze werden nach Low in folgender Weise behandelt: 1 g des sehr fein zerriebenen Pulvers wird in einem 250 ccm fassenden Kolben mit 10 ccm konzentrierter Salpetersäure übergossen und damit fast bis zur Trockne eingedampft, der Rückstand mit Zusatz von 10 ccm konzentrierter Salzsäure 2—3 Minuten gekocht, 10 ccm konzentrierte Schwefelsäure zugesetzt und über freier Flamme bis zur reichlichen Entwicklung von Schwefelsäuredämpfen eingekocht. Zu dem erkalteten Rückstande setzt man 10 ccm Wasser, kocht auf und filtriert von dem Bleisulfat und dem Ungelösten (Gangart, Schwefel usw.) ab in ein Becherglas von 3 Zoll (8 cm) Durchmesser und niedriger, amerikanischer Form. Auf dem Boden des Becherglases befindet sich ein ca. 4 cm breiter und 7 cm langer Streifen von dickem Aluminiumblech, dessen Enden umgebogen sind, um festes Aufliegen auf dem Boden des Glases zu vermeiden. Das Aluminium muß frei von Kupfer sein, der Streifen kann mehrmals benutzt werden. Man sorgt dafür, daß Filtrat und Waschwasser zusammen nicht über 75 ccm betragen, bedeckt das Becherglas mit einem Uhrglase und kocht 6—7 Minuten stark. Die Kupferfällung ist dann beendet, verdünntere Lösungen müssen entsprechend länger kochen. Nunmehr bringt man die entkupferte Lösung und möglichst viel von dem Fällkupfer (durch Abspülen des Aluminiums mit der Spritzflasche) in den zuerst gebrauchten Stehkolben, stellt das Becherglas vorläufig beiseite, dekantiert die entkupferte Lauge aus dem Kolben ab durch ein kleines Filter und wiederholt dies 3 mal mit wenig heißem und mit einigen Kubikzentimetern H_2S-Wasser versetztem Wasser. Der Trichter wird dann über das Becherglas gestellt, das Filter mit 3—4 ccm starker Salpetersäure betropft, mit wenig heißem Wasser ausgewaschen; die saure Lösung, welche auch das am Aluminium haftende Kupfer aufgenommen hat, spült man in den Kolben zu der Hauptmenge des Fällkupfers, löst dieses durch Erhitzen des Kolbens über freier Flamme, setzt 5 ccm starkes Bromwasser hinzu, um etwa vorhandenes Arsen zu Arsensäure zu oxydieren, kocht bis auf 1—2 ccm ein, wobei sich keine basischen Kupfersalze abscheiden dürfen, und verfährt dann genau wie bei der Titerstellung.

Da 1 g reines Kupfer 5,22 g Jodkalium erfordert, genügen, bei einer Einwage von 1 g Erz, 3 g Jodkalium für alle Erze mit weniger als 50 % Kupfergehalt. Für sehr reiche Erze nimmt man 5 g KJ.

Arsen als Arsensäure stört die Probe nicht, dagegen ist ein (nicht häufig vorkommender) Wismutgehalt wegen der intensiv gelben Farbe der Lösung des Kalium-Wismutjodids beim Titrieren hinderlich und kann zu spätes Zusetzen der Stärkelösung veranlassen. Mit einer Jodlösung von bekanntem Titer (gestellt auf die Thiosulfatlösung) läßt sich schnell Abhilfe schaffen.

III. Kolorimetrische Proben.

Sie bezwecken die Ermittelung des Kupfergehaltes blauer, ammoniakalischer Kupferoxydlösungen von bestimmtem Volumen durch Vergleichung mit der Färbung von Normallösungen mit bekanntem Kupfergehalte in gleich dicker Schicht und von gleichem Volumen. Wie bei allen kolorimetrischen Proben liegt auch hier die Voraussetzung zugrunde, daß die Intensität der Färbung bei der Vergleichung gleich dicker Schichten des Normalvolumens direkt proportional dem Gehalte der Flüssigkeit an färbender Substanz ist.

Ursprünglich (von Jacquelin, von Hubert u. a.) mit Benutzung graduierter Röhren, wie sie bei der Eggertzschen kolorimetrischen Kohlenstoffbestimmung (siehe S. 482) angewendet werden, auch für die Gehaltsbestimmung reicherer Erze usw. empfohlen, dient die Methode jetzt fast ausschließlich in der Abänderung von Heine zum Probieren armer Erze, Hüttenprodukte und Schlacken, deren Kupfergehalt bis 1 % oder wenig darüber beträgt.

Intensiv gefärbte Lösungen lassen sich schlecht vergleichen; verdünnt man die zu stark gefärbte Lösung zum Vielfachen des Normalvolumens und taxiert dann den Gehalt der verdünnten Lösung durch Vergleich mit den Musterflüssigkeiten, so ist das Resultat z. B. bei vierfacher Verdünnung der ursprünglichen Lösung mit 4 zu multiplizieren, wodurch sich der bei der Schätzung kaum zu vermeidende Fehler entsprechend erhöht.

Aus einer Lösung von Erz usw. in Salpetersäure erhaltene ammoniakalische Kupferlösung ist mit aus Kupfernitrat hergestellten Musterflüssigkeiten zu vergleichen, aus schwefelsaurer Lösung erhaltene mit solchen aus Kupfersulfat, weil die Färbungen der ammoniakalischen Lösungen dieser beiden Salze etwas voneinander abweichen.

Die zu vergleichenden Lösungen müssen gleiche Temperatur und möglichst gleiche Gehalte an Ammoniak besitzen, auch mit ganz reinem, von organischen Substanzen ganz freiem destillierten Wasser und ebensolchem Ammoniak bereitet sein, weil sonst grünliche Färbungen auftreten. In Ermangelung reiner Reagenzien muß man sich entweder dieselben selbst darstellen oder die Musterflüssigkeiten von Zeit zu Zeit erneuern. Bituminöse Erze werden vor der Behandlung mit Säuren zur Zerstörung der organischen Substanz geröstet.

Nickel, Kobalt und das in Ammoniak mit brauner Farbe lösliche Eisenarsenat stören die Probe; geringe Mengen Nickel geben der Lösung einen violetten Schein, so daß sie mit den reinblauen, reinen Kupferlösungen schlecht zu vergleichen ist. Durch vorhergehende Fällung des Kupfers als Sulfid und Lösen desselben in Salpetersäure lassen sich diese Verunreinigungen beseitigen; auch aus viel Eisen und Aluminium enthaltenden Lösungen fällt man zweckmäßig zunächst das Kupfer als Sulfid, weil die voluminösen Niederschläge der betr. Hydroxyde entsprechende Mengen von Kupfer hartnäckig zurückhalten.

Heines Probe für arme Erze und Schlacken.

Man stellt sich (durch Auflösen von elektrolytischem Kupfer) eine salpetersaure bzw. schwefelsaure Lösung her, die in 100 ccm genau 100 mg Kupfer enthält; mit der Pipette entnommene Mengen von 10, 7, 5, 5, 4, 3, 2 und 1 ccm werden in Meßkelchen oder Meßzylindern nach Zusatz von je 10 ccm reinem Ammoniak mit destilliertem Wasser zu je 120 ccm verdünnt, die Lösungen in die ganz gleichen, mit Glasstöpsel versehenen Musterflaschen von rechteckigem Querschnitte und ca. 150 ccm Fassungsvermögen gebracht, die Flaschen mit 1, 0,75, 0,5, 0,4, 0,3, 0,2 und 0,1 % signiert und die Stöpsel mit Pergamentpapier überbunden.

Ausführung. Von Mansfelder Kupferschiefer z. B. werden nach Kerl (Muspratts Chem., 4. Aufl., IV, S. 1759) 2 g im Porzellantiegel in der Muffel geröstet, das Röstgut in einem Becherglase mit 15 ccm einer Mischung von 3 Teilen Schwefelsäure von 30° B. und 1 Teil Salpetersäure (1,2 spez. Gew.) auf dem Sandbade gekocht und bis zum Entweichen von H_2SO_4-Dämpfen eingeengt. Nach dem Erkalten nimmt man die Masse mit destilliertem Wasser auf, bringt das Volumen in einem Meßkelche auf 100 ccm (Hälfte des dort üblichen Normalvolumens), setzt 30 ccm starkes und reines Ammoniak hinzu, rührt um und filtriert in das mit Marke (bei 200 ccm) versehene Musterglas. Nach dem vollständigen Abkühlen wird das Filtrat genau bis zur Marke aufgefüllt, die Flasche zum Vergleich zwischen die auf dem Fensterbrette vor einer mit Seidenpapier oder Pauspapier bespannten Scheibe stehenden Musterflaschen gestellt. Die Normallösungen sind wegen des konstanten Nickelgehaltes in den Schiefern durch Auflösen solcher von genau (elektrolytisch) bestimmtem Gehalte hergestellt.

Stimmt z. B. die Färbung der aus den 2 g Erz erhaltenen, auf 200 ccm verdünnten, ammoniakalischen Lösung mit der einer Normallösung von 40 mg Kupfer in 200 ccm überein, so wäre danach der Gehalt des Erzes 2 %; ist die Färbung intensiver als diejenige der Musterflasche mit dem höchsten Gehalt, so verdünnt man auf das doppelte Volumen, füllt eine Flasche mit der verdünnten Lösung, vergleicht usw.

Nach Heath (Berg- und Hüttenm. Ztg. 1895, 236) werden auf den Hüttenwerken am Oberen See die Schlacken gewöhnlich kolorimetrisch probiert. 2,5 g sehr fein geriebener Schlacke werden in einer Porzellanschale mit 15 ccm starker Salpetersäure (1,4 spez. Gew.), bis die roten Dämpfe verschwunden sind, gekocht, 10 ccm destillierter H_2SO_4 zugesetzt und weiter erhitzt, bis die Masse teigig wird. Nach dem Aufnehmen mit Wasser und dem Übersättigen mit Ammoniak wird durch ein Saugfilter in die 200 ccm fassende Flasche (mit Marke am Halse) filtriert und der Niederschlag mit sehr verdünntem Ammoniak (1 : 10) ausgewaschen. Man kühlt dann ab, füllt bis zur Marke auf usw. wie oben.

J. D. Audley-Smith (Transact. Amer. Inst. of Min. Eng., Canad. Meet. 1900 und Chem.-Ztg. 24, Rep. 291; 1900) benutzt bei der Vergleichung nur eine Kupferlösung, die in 1 ccm 2,5 mg Cu enthält. Die zu untersuchende Lösung wird in eine 200 ccm-Flasche gebracht, in eine ebensolche gibt man 150 ccm Wasser, den gleichen Betrag an HNO_3 und H_2SO_4, wie in der anderen Probe enthalten, setzt 30 ccm Ammoniak (0,9) hinzu und läßt aus einer Bürette so lange unter Umschütteln von der bekannten Kupferlösung hinzufließen, bis die Färbungen übereinstimmen.

Schwer zersetzbare Schlacken schließt man zweckmäßig durch Erhitzen mit Fluorkalium und Schwefelsäure in der Platinschale auf, oxydiert nach der Lösung das Eisen durch Salpetersäure, dampft auf dem Sandbade bis zum Entweichen von H_2SO_4-Dämpfen ein usw.

Zur Bestimmung der geringen Menge Kupfer in Bleiglätte behandelt man 10 g oder mehr Substanz mit schwacher HNO_3, dampft mit H_2SO_4 ab, nimmt mit 50 ccm Wasser auf, filtriert in ein Becherglas, übersättigt mit Ammoniak und filtriert in einen Meßkolben bis zu der am Halse angebrachten Marke für 120 ccm oder dem sonst beliebten Normalvolumen.

Zur Abhaltung seitlichen Lichtes stellt man die zu vergleichenden Flaschen auch wohl in einen an zwei gegenüberliegenden Seiten offenen Pappkasten mit geschwärzten Innenflächen; besondere Kolorimeter (von Müller, Stokes u. a.) werden für diese Kupferbestimmung nicht angewendet.

IV. Spezielle Untersuchungsmethoden.

a) Für Kupfererze, Steine, Speisen und Schlacken.

1. Kupferbestimmung.

Das Auflösen der sehr fein gepulverten Probesubstanzen geschieht im wesentlichen nach S. 598. Bituminöse Erze (z. B. Kupferschiefer) werden vorher gebrannt, sehr arsen- und antimonreiche Erze und Speisen bei sehr langsam gesteigerter Temperatur geröstet.

Auf die Behandlung mit Salpetersäure, Königswasser oder Salzsäure und Kaliumchlorat folgt zweckmäßig Abdampfen mit einem Überschusse von Schwefelsäure, wodurch alles Blei und viel Antimon abgeschieden wird. Nach dem Verfahren von Nissenson und Neumann (S. 616) läßt sich das bei der Ausfällung des Kupfers durch einen kleinen Überschuß von Natriumthiosulfat in geringer Menge in den Niederschlag gegangene Arsen und Antimon durch Rösten vollständig entfernen. Das nur Sulfate enthaltende Filtrat vom Bleisulfat eignet sich häufig zur direkten gewichtsanalytischen Abscheidung des Kupfers als Metall durch die Elektrolyse oder die schwedische Probe, oder zur Fällung als Rhodanür, oder schließlich zur Titration des Kupfers nach einer der beschriebenen Methoden.

Kupferkies, das häufigst vorkommende Kupfererz, untersucht man nach der schwedischen Probe (S. 599) oder elektrolysiert die wegen des hohen Eisengehaltes stark zu verdünnende Lösung nach S. 609;

auch die Rhodanürprobe (S. 616) und die Sulfürprobe (S. 614) sind
hier durchaus am Platze. Titrationen (nach Weyl, Parkes, Low
S. 618 ff.) sind nach vorhergehender Ausfällung des Metalls (durch
Eisen, Aluminium) vorzunehmen.

Kupfersteine und Kupferbleisteine analysiert man nach der
schwedischen Probe S. 599 für Kupferkies mit Bleiglanz usw. oder nach
dem Verfahren von Nissenson und Neumann (S. 615).

In Pyriten und Kiesabbränden bestimmt man den Kupfergehalt nach dem Verfahren der Duisburger Kupferhütte und dem von
Nahnsen, Bd. I, S. 342. Bullnheimer (freundliche Privatmitteilung)
läßt im Laboratorium der Metallurgischen Gesellschaft das Kupfer in
Pyriten in folgender Weise bestimmen: 3 g sehr feingepulvertes Erz
werden mit 40 ccm HNO_3 (spez. Gew. 1,185 = 30 % HNO_3) erwärmt
und nach beendeter Reaktion auf dem Sandbade bis zur Trockne
bzw. bis zum Entweichen von H_2SO_4-Dämpfen eingeengt. Nach
dem Erkalten nimmt man mit Wasser auf, kocht, verdünnt auf ca.
300 ccm und filtriert, eventuell unter Filterbreizusatz, vollkommen
klar. Zum Filtrate (400—500 ccm) fügt man 30 ccm HNO_3 (spez.
Gew. 1,185), worauf man über Nacht das Kupfer auf dem Platin-Konus
elektrolytisch niederschlägt. Stromstärke 0,4 Amp. Anderntags
prüft man durch Verdünnen und Erhöhen der Stromstärke auf Vollständigkeit der Fällung. Ist die Abscheidung beendet, so wäscht man
möglichst rasch mit Wasser, Alkohol, trocknet und wägt nach
$^1/_2$ Stunde. -- Bei sehr unreinen Pyriten nicht schön rot gefallenes Kupfer
wird gelöst und nochmals elektrolytisch niedergeschlagen.

Sehr eisenreiche Schlacken (Spurschlacken) zerlegt man mit
Salzsäure und wenig Kaliumchlorat, dampft zur Trockne ab, nimmt
mit verdünnter Salzsäure auf und fällt das Kupfer im Filtrat von
der Kieselsäure durch H_2S als Sulfid, dessen Kupfergehalt nach der
Auflösung in Salpetersäure kolorimetrisch (s. S. 625) bestimmt wird.

Schwer zersetzbare Schlacken behandelt man mit Fluorkalium und Schwefelsäure in der Platinschale nach S. 627.

Kupferspeisen, Fahlerze, Bournonit ($CuPbSbS_3$) usw. bringt
man nach Hampe (Chem.-Ztg. 15, 443; 1891) am besten durch Erwärmen
mit einer Mischung von Salpetersäure und Weinsäure (für 1 g Substanz
30 ccm HNO_3 von 1,2 spez. Gew. und 10 g Weinsäure) in Lösung,
behandelt die auf 60⁰ C erwärmte, verdünnte Lösung längere Zeit
mit H_2S, extrahiert den voluminösen Niederschlag mit heißer Schwefelkaliumlösung, erhitzt das Ungelöste in der Porzellanschale mit Salpetersäure, dampft mit überschüssiger Schwefelsäure ab und bestimmt
das Kupfer in dem Filtrate durch Elektrolyse oder Fällung als Sulfid,
Rhodanür usw.

Titus Ulke (Engin. and Mining. Journ. 68, 728, 1899; Chem.-
Ztg. 24, Rep. 36; 1900) beschreibt in den Vereinigten Staaten übliche
Methoden der Untersuchung von Kupferhüttenprodukten, Schlacken
und elektrolytischen Bädern.

2. Schwefelbestimmung
(siehe auch Bd. 1, S. 323 u. f.).

Von Kupferkies, bleifreien Erzen und Steinen übergießt man ca. 0,3 g des sehr feinen Pulvers in einem durch Wasser gekühlten Erlenmeyer-Kolben nach und nach mit kleinen Portionen reiner, rauchender Salpetersäure, zusammen 10—15 ccm, und läßt diese etwa 1 Stunde hindurch einwirken. Dann erhitzt man das Wasserbad ganz allmählich im Verlaufe von 3 Stunden bis auf 70° C und in einer weiteren Stunde bis zum Sieden. Sollten sich dann noch Flocken von freiem Schwefel zeigen, so wird dem Kolbeninhalte nach dem Abkühlen nochmals rauchende Salpetersäure zugesetzt und die Prozedur wiederholt. Zuletzt dampft man die Lösung in einer Porzellanschale zunächst ohne Zusatz von Salzsäure, dann zweimal mit je 10 ccm reiner Salzsäure ab, nimmt mit verdünnter Salzsäure auf, filtriert und fällt die siedend heiße, verdünnte Lösung mit ebensolcher Chlorbaryumlösung im geringen Überschusse. $BaSO_4 \times 0,1374 = S$.

Speisen, Fahlerze, rohe und geröstete Kupfersteine, Bleisteine. Nach Hampe wird 1 g mit 6 g Salpeter und 5 g reiner wasserfreier Soda im Platintiegel innig gemischt, das Gemisch mit etwas Salpeter bedeckt und geschmolzen (Vorsicht!). Man laugt die Schmelze mit Wasser aus, fällt in Lösung gegangenes Blei durch Einleiten von Kohlensäure, filtriert, übersättigt das Filtrat mit Salzsäure, dampft zur Trockne, nimmt mit verdünnter Salzsäure auf, filtriert von etwa abgeschiedener Kieselsäure ab und fällt wie gewöhnlich mit Chlorbaryumlösung.

b) Für Handelskupfer (Kupferraffinad, Garkupfer, elektrolytisches Kupfer). [1]

Die Untersuchung des Handelskupfers wird häufig von dem technischen Chemiker verlangt, weil schon verhältnismäßig geringe Mengen von Verunreinigungen die Eigenschaften des Metalls wie auch der daraus hergestellten Legierungen stark beeinträchtigen.

Nach den ganz hervorragenden Arbeiten von Hampe (Beiträge zur Metallurgie des Kupfers in „Zeitschr. f. d. Berg-, Hütten- und Salinenwesen in dem preuß. Staate" 21, 218 und 22, 93. — Zeitschr.f. anal. Chem. 13, 179; 1874) sind die Eigenschaften des raffinierten Kupfers wesentlich abhängig von der Verbindungsform der darin enthaltenen, entweder metallisch mit dem Kupfer legierten oder in oxydischen Verbindungen darin aufgelösten fremden Körper. Die von Hampe selbst und im Anschlusse an seine Arbeiten von Stahl (Über Raffination, Analyse und Eigenschaften des Kupfers, Clausthal 1886) im Hampeschen Laboratorium ermittelten analytischen Methoden zur Unter-

---

[1] Fresenius, Quant. Analyse, 6. Aufl., II, S. 509—258. — Post, Chemisch-technische Analyse, 3. Aufl., Bd. 1, S. 651 u. f. — A. Hollard, Chem.-Ztg. 24, Rep. 146, 1900,

suchung des Kupfers und zur Bestimmung dieser Verbindungsformen
besitzen wissenschaftlichen Wert und sind von großer praktischer Bedeutung für den Kupferraffinierprozeß, dem schwierigsten aller Hütten-
prozesse. Da allein die quantitative Bestimmung der fremden Bestandteile im Handelskupfer, ohne Berücksichtigung ihrer Verbindungsformen, mehrere Tage in Anspruch nimmt, auch vollkommen genügt,
wenn das betreffende Kupfer zur Herstellung von Legierungen verwendet werden soll, so beschränkt sich die technische Untersuchung auf die quantitative Analyse, manchmal auch auf die
bloße Bestimmung des Gehaltes an Kupfer und einiger besonders
schädlicher Verunreinigungen (Bi, Sb, As).

Nach dem Bruchansehen läßt sich die Qualität des Metalls
nicht beurteilen; eine vom Verf. untersuchte japanische Kupfermarke
„Furnkawa" z. B. zeigte bei einem Arsengehalte [1]) von 0,78 % einen
vorzüglichen Bruch. Auch die mit dem Kupfer vorgenommenen
Qualitätsproben (Schmiedeproben, Biegeproben, Zerreißproben usw.)
lassen wohl auf die Verwendbarkeit des Metalls selbst, nicht aber auf
seine Brauchbarkeit zur Herstellung von Legierungen bester Qualität
schließen.

Manche Legierungen lassen sich nur mit sehr reinem Kupfer herstellen, z. B. dünnes Messingblech nur mit solchem, das frei ist von
Wismut und Antimon und unter 0,1 % Arsen enthält; Phosphorbronze
von hoher Festigkeit nur aus reinstem Kupfer und bestem ostindischem
oder australischem Zinn usw.

Das jetzt in großen Massen produzierte elektrolytische Kupfer
pflegt nahezu chemisch rein zu sein; gewöhnlich enthält es nur Spuren
von Schwefel (in Form von eingeschlossener Sulfatlauge), nicht selten
aber auch nachweisbare Mengen von Wismut, Antimon, Arsen, Eisen,
Selen und Tellur.

Das gewöhnliche Kupferraffinad enthält 0,05—0,20 % Sauerstoff
(als Kupferoxydul bzw. in sonstigen oxydischen Verbindungen von
Sb, As, Pb, Bi, Ni usw.); die eigentlichen Verunreinigungen (As, Sb,
Sn, Pb, Bi, Ni, Co, Fe, S, Se, Te) betragen in den besseren Sorten des
Handels zusammen nicht über 0,7 %.

Silber findet sich selten in größerer Menge als 0,03 %, Gold manchmal in Spuren. Als beste Handelsmarken gelten die meisten Elektrolytkupfer, das Kupfer vom Oberen See (Lake-Kupfer), die südaustrali-
schen Marken Wallaroo und Burra-Burra, englisches „best selected"
und das Mansfelder Raffinad.

1. Gesamtanalyse.

Nach der Einführung der Elektrolyse in die Laboratorien empfahl
Hampe 1873 (a. a. O.) die elektrolytische Fällung des Kupfers aus der
von 25—50 g Handelskupfer erhaltenen Lösung und die Bestimmung

---

[1]) Manche Eisenbahnverwaltungen schreiben 0,3—0,5 Proz. Arsen im
Feuerbuchsenkupfer vor!

der fremden Bestandteile aus der ganz oder doch zum größten Teil vom Kupfer befreiten Flüssigkeit; da Wismut sich hierbei mit dem Kupfer abscheidet, mußte das ausgefällte Metall erst wieder gelöst und aus der (durch Einkochen der Nitratlösung mit Salzsäure erhaltenen) Chloridlösung als basisches Chlorid niedergeschlagen werden.

Diese Methode wurde jedoch von vielen wieder verlassen, seitdem Hampe (Chem.-Ztg. 16, 417; 1892) selbst konstatierte, daß sich außer Wismut auch kleine Mengen von Antimon und Arsen zusammen mit dem Kupfer durch die Elektrolyse abscheiden können. Er fand und bestimmte das mit dem Kupfer gefallene Antimon durch Auflösen des elektrolytischen Kupferniederschlages und Ausfällung des Kupfers als Rhodanür im Filtrate von demselben und gelangte so zu der bald darauf veröffentlichten schnellen Methode (S. 635) der Gesamtanalyse, die ausführlich beschrieben werden soll.

Auf Anregung von R. Finkener studierte P. Jungfer (Berg- u. Hüttenm. Ztg. 1887, 490) die von Flajolot (Ann. des Mines 1853, 641; Journ. f. prakt. Chem. 61, 105; 1854) empfohlene Methode der Fällung des Kupfers als Jodür zur Trennung von Arsen und Antimon und fand ein genaues und schnell auszuführendes Verfahren der Kupferanalyse.

α) **Jodürmethode von Jungfer.** Sie besteht in der Abscheidung der Hauptmenge des Kupfers aus der schwach sauren Nitrat- oder Sulfatlösung als Jodür durch Zusatz einer eben hinreichenden Menge von Jodkalium bei Gegenwart von schwefliger Säure und einer kleinen Menge Fluorkalium, welches leichtlösliches Antimonkaliumfluorid bildet, der Beseitigung der freien schwefligen Säure im Filtrate, der Ausfällung des in Lösung gebliebenen Kupfers, zusammen mit Arsen, Antimon (eventuell auch Wismut und Blei) durch Schwefelwasserstoff und der Beseitigung des Kupfers, Wismuts und Bleis aus der nach Zusatz von Weinsäure stark ammoniakalisch gemachten Lösung der Schwefelmetalle nach dem Verfahren von R. Finkener (Mitteilungen der Kgl. techn. Versuchsanstalten zu Berlin, 1889, 76) durch vorsichtigen Zusatz kleiner Mengen von verdünntem Schwefelwasserstoffwasser und gelindes Erwärmen. In dem Filtrate von den Schwefelmetallen können Nickel, Kobalt, Mangan und Eisen bestimmt werden. — Wismut geht bei diesem Verfahren zum größten Teil in das Kupferjodür und wird deshalb aus einer besonderen Menge nach dem Verfahren von Jungfer (S. 635) bestimmt; ebenso wird auch der Silbergehalt des Kupfers in einer besonderen Menge der Substanz ermittelt.

Wenn die betreffende Kupfersorte sich ohne Rückstand in Salpetersäure löst, und nur Arsen und Antimon bestimmt werden soll, kann direkt aus der Nitratlösung gefällt werden; sonst dampft man zur Abscheidung des Bleies mit Schwefelsäure ein usw.

Ausführung. Man löst 10 g Kupfer (in blanken Aushieben oder sauberen Spänen) in einer geräumigen, bedeckten Porzellanschale in 40 ccm reiner Salpetersäure vom spez. Gew. 1,4, die man in mehreren Portionen hinzufügt, setzt 10 ccm mit ebensoviel Wasser verdünnter destillierter Schwefelsäure zu, dampft auf dem Wasserbade zur Trockne und erhitzt dann auf dem Sandbade oder über dem Finkener-Turme (Fig. 130, S. 647) mittels der durch 2 oder 3 Drahtnetze abgekühlten Bunsenflamme bis zum beginnenden Entweichen von H_2SO_4-Dämpfen. Die erkaltete Masse wird in 150 ccm Wasser durch Erwärmen gelöst, abgekühlt und nach einigen Stunden vom Bleisulfat, dem event. Antimonsäure und Bleiantimonat beigemischt ist, durch ein kleines Filter abfiltriert. Die Weiterbehandlung des unreinen Bleisulfats siehe unten.

Das klare Filtrat wird in einem geräumigen Becherglase zu etwa 300 ccm verdünnt, 150 mg reines (arsenfreies!) Fluorkalium darin aufgelöst, 50 ccm reine und gesättigte, wäßrige schweflige Säure und darauf das (in berechneter Menge) in wenig Wasser gelöste reine Jodkalium in mehreren Portionen unter Umrühren zugesetzt. Hierbei etwa frei werdendes Jod wird durch kleine Zusätze von wäßriger SO_2 beseitigt.

10 g reines Kupfer erfordern 26,2 g reines Jodkalium. Man nimmt den Kupfergehalt zu ca. 99 % an und wendet nur 26 g Jodkalium an, weil das Kupferjodür in einem Überschusse von Jodkaliumlösung erheblich löslich ist.

Wenn die letzten Zusätze von KJ und SO_2 gemacht worden sind, erwärmt man durch Aufstellen auf ein kochendes Wasserbad; in etwa 10 Minuten hat sich dann der dichtgewordene, grauweiße Niederschlag abgesetzt. Die überstehende, meistens farblose und selten schwach grünlich gelb gefärbte Flüssigkeit wird möglichst vollständig dekantiert und auf ein Filter gebracht, der Niederschlag 3—4 mal mit je 100 ccm heißem und schwach schwefelsaurem Wasser durch Dekantieren ausgewaschen, in den vereinigten Filtraten die freie SO_2 durch Jodlösung eben fortgenommen und dann längere Zeit Schwefelwasserstoff in die mäßig erwärmte Flüssigkeit eingeleitet.

Man sammelt den alles Arsen, Antimon, das noch in Lösung gewesene Kupfer, ev. auch etwas Wismut enthaltenden Niederschlag der Schwefelmetalle auf einem Filter, wäscht ihn mit schwach schwefelsaurem und mit H_2S versetztem Wasser aus, löst ihn auf dem Filter mit Salzsäure und wenig Kaliumchlorat und macht die Lösung nach dem Zusatze von einigen dcg Weinsäure und dem Verdünnen zu 50 ccm stark ammoniakalisch. Nunmehr wird Kupfer (und Wismut) nach dem Verfahren von Finkener durch Zusatz kleiner Portionen von ver - dünntem H_2S-Wasser und gelindes Erwärmen (als CuS bzw. Bi_2S_3) abgeschieden, schnell abfiltriert, mit Wasser, dem 1 Tropfen $(NH_4)_2S$ zugesetzt worden, ausgewaschen, das Filtrat mit verdünnter H_2SO_4 angesäuert, erwärmt und Arsen und Antimon durch Einleiten von H_2S ausgefällt.

Das auf einem kleinen Filter gesammelte, unreine Bleisulfat (siehe oben) wird nach dem Trocknen möglichst von dem Filter gebracht, das (aschenfreie) Filter in einem Porzellantiegel durch Erwärmen mit starker Salpetersäure, Eindampfen und vorsichtiges Erhitzen des Rückstandes unter Zusatz von etwas Ammoniumnitrat zerstört, der

Niederschlag in demselben Tiegel mit dem 3—6 fachen Gewichte der bekannten Mischung aus gleichen Teilen Schwefel und Soda (oder bei 200° entwässertem Natriumthiosulfat) gemischt, der Deckel aufgelegt und bei mäßiger Temperatur geschmolzen. Man laugt die erkaltete Schmelze mit heißem Wasser aus, bringt das (etwas Wismut und Kupfer enthaltende) Schwefelblei auf ein Filter und wäscht zuerst mit verdünnter Schwefelkaliumlösung, hinterher mit verdünntem H_2S-Wasser aus. Das unreine Schwefelblei wird durch Behandeln mit Salpetersäure und Abdampfen mit Schwefelsäure in Bleisulfat übergeführt und als solches gewogen (siehe „Blei" S. 663). Aus dem schwefelsauren Filtrate kann die etwa vorhandene kleine Menge Wismut durch Neutralisieren mit Ammoniak, Zusatz von wenig Ammoniumcarbonat und längeres Erwärmen gefällt werden; das so erhaltene schwefelsäurehaltige, basische Carbonat wird in wenig Salzsäure gelöst, die freie Säure zum größten Teil durch Abdampfen entfernt und dann das Wismut durch starkes Verdünnen der Lösung mit Wasser als Oxychlorid gefällt. (Diese Wismutbestimmung in dem unreinen Bleisulfate ist notwendig, wenn die Wismutbestimmung in der betreffenden Kupfersorte nach dem Jungferschen Verfahren ausgeführt werden soll.)

Aus der Sulfosalzlösung fällt man Antimon und Schwefel durch Übersättigen mit verdünnter H_2SO_4 und Erwärmen; der auf einem Filter ausgewaschene Niederschlag wird mit Salzsäure und wenig $KClO_3$ behandelt.

Ebenso behandelt man das aus dem Filtrate von Kupferjodür (siehe oben) erhaltene Gemisch von Schwefelantimon und Schwefelarsen. Die vereinigten Lösungen werden mit etwas Weinsäure versetzt, mit Ammoniak stark übersättigt, Magnesiamischung (aus $MgCl_2$ bereitet) und $^1/_3$ vom Volumen absoluter Alkohol zugesetzt und zur vollständigen Abscheidung der arsensauren Ammonmagnesia 48 Stunden unter einer Glasglocke stehen gelassen. Dann wird filtriert, mit einer Mischung von 1 Vol. starkem Ammoniak, 3 Vol. Wasser und 2 Vol. absolutem Alkohol ausgewaschen und der alles Arsen enthaltende Niederschlag schließlich als Magnesiumpyroarsenat gewogen.

Das Filtrat wird zur Verjagung des Alkohols und des meisten Ammoniaks einige Zeit gelinde erwärmt, dann mit H_2SO_4 angesäuert und das Antimon durch Einleiten von H_2S gefällt. Man bringt es auf ein Filter und wäscht es mit stark verdünntem H_2S-Wasser aus. Enthält der Niederschlag anscheinend nur einige mg Antimon, so löst man ihn auf dem Filter in wenig gelbem $(NH_4)_2S$, verdampft die Lösung in einem Porzellantiegel, oxydiert den Rückstand mit HNO_3 und wägt das Antimon schließlich als SbO_2 (siehe „Antimon"). Eine größere Menge Schwefelantimon spritzt man vom Filter in eine geräumige Schale, dampft auf dem Wasserbade zur Trockne, legt ein Uhrglas auf und läßt aus einer Pipette rauchende Salpetersäure zufließen; das Schwefelantimon wird so momentan und fast ohne Schwefelabscheidung zu SbO_2 und H_2SO_4 oxydiert. Inzwischen hat man das an dem Filter haftende Sb_2S_3 in wenig $(NH_4)_2S$ gelöst und die Lösung in einem Por-

zellantiegel auf dem Wasserbade abgedampft. In diesen Tiegel bringt man
darauf den Inhalt der Schale, oxydiert mit HNO_3, dampft ab, verflüchtigt
die H_2SO_4 über dem Finkenerturm, glüht den Rückstand im unbedeckten
Tiegel, zuletzt 2 Minuten über dem Gebläse, und wägt ihn als SbO_2.

Nickel, Kobalt, Eisen, eventuell auch Mangan fällt man aus
dem Filtrate vom H_2S-Niederschlag (siehe oben) zunächst gemeinschaftlich. Man erhitzt die Lösung in einer geräumigen Schale zum Sieden,
oxydiert den H_2S durch Bromwasser, fällt mit reiner Natron- oder
Kalilauge, filtriert und wäscht mit kochendem Wasser aus. Darauf löst
man das Gemisch der Oxyde in heißer, verdünnter H_2SO_4 unter Zusatz
von etwas wäßriger SO_2, dampft die Lösung auf dem Wasserbade, zuletzt mit einigen Tropfen HNO_3, ab, nimmt den nicht mehr sauer
riechenden Rückstand mit Wasser auf, kühlt ab, neutralisiert mit
Na_2CO_3, setzt etwas Natriumacetat hinzu (die 6 fache Menge des vermuteten Eisengehaltes) und erhitzt zum Sieden. Nach 5 Minuten filtriert
man das basische Eisenacetat ab, das zweckmäßig nach dem Lösen in
wenig Salzsäure, dem Verdünnen der fast vollständig abgedampften
Lösung mit Wasser und dem Erwärmen mit Zusatz von Jodkalium
mit einer Lösung von Natriumthiosulfat titriert wird. Das Filtrat wird
durch Eindampfen konzentriert, in einen gewogenen Platintiegel von
100—150 ccm Inhalt gebracht, mit Ammonsulfat und reichlich Ammoniak versetzt und Nickel und Kobalt gemeinschaftlich als Metalle
elektrolytisch auf der Wandung des Platintiegels (Schale, Konus, Drahtnetz) niedergeschlagen (siehe ,,Nickel"). Etwa vorhandenes Mangan
scheidet sich in schwarzbraunen Flocken von wasserhaltigem Superoxyd
hierbei ab, kleine Mengen davon haften an der Anode, lassen sich aber
leicht mit dem Gummiwischer losreiben. Man bringt das MnO_2 + aq.
auf ein kleines Filter, wäscht mit heißem Wasser aus, verascht das
Filter (mit Substanz) im Tiegel, glüht es schließlich stark bei Luftzutritt
und wägt als Mn_3O_4.

Enthält das zu analysierende Kupfer Zinn (meist nur in Altkupfer
vorkommend), so wird dasselbe durch Kochen der verdünnten Nitratlösung (zusammen mit Antimonsäure und Bleiantimonat) als Zinnsäure
abgeschieden und die davon abfiltrierte Lösung nach dem Erkalten mit
KJ usw. behandelt.

Der getrocknete Niederschlag wird dann wie oben mit Soda
und Schwefel geschmolzen Zinn, Antimon und Arsen als Sulfide gefällt,
in Salzsäure und wenig $KClO_3$ gelöst, die Lösung zur Beseitigung des
freien Chlors einige Zeit gelinde erwärmt, abgekühlt, mit viel reiner,
rauchender Salzsäure (1,19 spez. Gew.) versetzt und durch längeres Einleiten von H_2S nur Arsen als As_2S_5 gefällt (Verfahren von R. Finkener).
Die Flüssigkeit muß nach mehrstündigem Stehen unter einer
Glasglocke nach H_2S riechen, andernfalls muß nochmals H_2S eingeleitet
werden. Man filtriert durch ein Asbestfilter und wäscht das Schwefelarsen anfangs mit rauchender, mit H_2S gesättigter Salzsäure aus, zuletzt
mit reinem Wasser. Es wird darauf auf dem Filter in erwärmtem
Ammoniak gelöst, die Lösung in einer Porzellanschale eingedunstet, der

Rückstand in der mit einem Uhrglase bedeckten Schale durch rauchende Salpetersäure oxydiert, abgedampft und die Arsensäure als arsensaure Ammoniakmagnesia gefällt.

Das stark salzsaure Filtrat vom Schwefelarsen wird mit viel Wasser verdünnt, auch ein Teil der freien Säure durch Ammoniak neutralisiert und Zinn und Antimon durch Einleiten von H_2S als Sulfide gefällt. Ihre Trennung erfolgt durch Eisen in der salzsauren Lösung, wobei das Antimon quantitativ abgeschieden wird, während das Zinn als Chlorür in Lösung bleibt und aus dem mit Ammoniak fast neutralisierten Filtrate vom Antimon durch H_2S als dunkelbraunes SnS gefällt werden kann. Siehe „Zinn".

Die Edelmetalle im Handelskupfer und Schwarzkupfer bestimmt man entweder durch Ansieden mit Blei, Konzentrieren und Kupellieren (siehe Silber S. 541), oder nach dem S. 581 beschriebenen Verfahren von C. Whitehead und Titus Ulke.

Wismutbestimmung nach Jungfer (a. a. O.). Man löst 10 g Handelskupfer in der nötigen Menge (50 ccm) Salpetersäure von 1,4 spez. Gew., verdünnt die klare Lösung mit 100 ccm kaltem Wasser und läßt unter flottem Umrühren so lange von einer verdünnten Sodalösung einfließen, bis ein geringer, bleibender Niederschlag entsteht. Die Flüssigkeit wird dann noch einige Minuten umgerührt und 1—2 Stunden stehen gelassen. Alles Wismut befindet sich nunmehr in dem meist gut abgesetzten Niederschlage, den man auf ein Filter bringt und auswäscht. Man löst ihn in wenig Salzsäure auf, verdampft die meiste freie Säure und fällt das Wismut durch Verdünnen der Lösung mit viel Wasser (ca. 1 Liter) als Oxychlorid, das nach 2—3 Tagen auf einem kleinen Filter gesammelt und nach dem Trocknen bei 110° C gewogen wird.

β) **Rhodanürmethode von Hampe** (Chem.-Ztg. 17, 1678; 1893). Hampe stellt eine Sulfatlösung des Kupfers her, filtriert vom Bleisulfat (und den unlöslichen Antimonaten des Kupferoxyduls und Wismutoxyds) ab, verdünnt die Lösung in einer Zweiliterflasche, leitet viel SO_2 ein und fällt das Kupfer in der Kälte durch eine knapp hinreichende Menge von reinem, in Wasser gelöstem Rhodankalium fast vollständig als Rhodanür aus, während wenig Kupfer, alles Arsen, Antimon, Wismut, Zinn, Nickel, Kobalt, Eisen und Mangan in Lösung bleiben und daraus nach den unter α beschriebenen Methoden bestimmt werden können.

Ausführung. 25 g Kupfer werden in einem geräumigen Becherglase in einer Mischung von 200 ccm Wasser, 100 ccm reiner H_2SO_4 und 45—46 ccm. HNO_3 vom spez. Gew. 1,210 unter Erwärmen gelöst. Nach der Gleichung:

$$3\,Cu + 2\,HNO_3 + 3\,H_2SO_4 = 3\,Cu\,SO_4 + 4\,H_2O + 2\,NO$$

reicht das angewendete Quantum HNO_3 gerade zur Oxydation des Kupfers aus, und es bleibt nur ein ganz kleiner Überschuß davon in der Lösung. Ausgeschiedenes Bleisulfat usw. wird nach dem Verdünnen der Lösung mit 200 ccm Wasser abfiltriert und, wie unter α beschrieben.

weiter untersucht. In das klare, auf ca. 40⁰ erwärmte Filtrat wird zur Zerstörung der darin enthaltenen kleinen Menge Salpetersäure anhaltend SO_2 eingeleitet, bis keine roten Dämpfe mehr entweichen. Dann scheidet sich beim weiteren Einleiten von SO_2 in der Lösung enthaltenes Silber metallisch aus, durch Zusatz einiger Tropfen Salzsäure fällt das noch in Lösung befindliche Silber als Chlorsilber nieder; nach 24 Stunden wird der Silberniederschlag auf einem aschenfreien Filter gesammelt, das Filter verascht, AgCl durch Wasserstoff reduziert und das Silber gewogen.

Die Lösung wird nun in eine Zweiliterflasche gebracht, flott SO_2 eingeleitet und nach und nach die zur Fällung des Kupfers beinahe ausreichende Quantität einer wäßrigen Lösung von reinem Rhodankalium zugesetzt, deren Gehalt man durch Titration mit Silberlösung bestimmt hatte (siehe „Silber", Titration nach Volhard). 107,88 Ag entsprechen 63,57 Cu. Etwa 500 ccm der KCNS-Lösung sollen zur Fällung von 25 g Kupfer genügen. Man hört mit dem Einleiten der SO_2 auf, wenn die Flüssigkeit nach dem Umschwenken deutlich danach riecht. Dann entfernt man das Zuleitungsrohr, füllt bis zur Marke mit Wasser auf, schüttelt wegen der absorbierten SO_2 nicht, sondern gießt den ganzen Inhalt der Zweiliterflasche in ein großes, trockenes Becherglas und rührt darin gut um.

Wenn sich das Rhodanür leidlich abgesetzt hat, filtriert man den größten Teil der Lösung durch ein trockenes Faltenfilter in ein großes trockenes Becherglas ab und entnimmt zur Analyse (siehe α) z. B. genau 1800 ccm. Man verjagt die SO_2 durch Erhitzen der Flüssigkeit und leitet dann längere Zeit H_2S ein. Das Filtrat vom H_2S-Niederschlage enthält sehr viel freie H_2SO_4, die beim Lösen des Kupfers im großen Überschusse angewendet wurde, um Abscheidung basischer Wismut- und Antimonsalze beim Verdünnen zu 2 Liter zu verhindern. Ehe man jetzt Ni, Co, Fe, Mn durch NH_3 und $(NH_4)_2S$ oder NaOH fällt, tut man gut, den größeren Teil der freien H_2SO_4 durch Eindampfen und vorsichtiges Erhitzen der konzentrierten Lösung auf dem Sandbade zu verflüchtigen. Die erwähnten Metalle werden dann aus der wieder verdünnten Lösung gemeinsam gefällt und nach bekannten Methoden (siehe α) geschieden und bestimmt. Bei der Analyse besonders reiner Kupfersorten genügen übrigens 25 ccm H_2SO_4 für 25 g Kupfer.

Zur Berechnung der Analyse muß man das Volumen des aus 25 g Kupfer erhaltenen Rhodanürs kennen, das nach Hampe das spez. Gew. 2,999 besitzt. Die aus 25 g Kupfer erhaltene Menge nimmt 15,983 ccm ein, die überstehende Flüssigkeit in der Zweiliterflasche besaß demnach ein Volumen von 2000—15,983 = 1984,017 ccm. Erhielt man z. B. aus den zur Analyse angewendeten 1800 ccm Flüssigkeit 0,1020 g Arsen, so ist der Gehalt in der ganzen Kupfermenge (25 g)

$$= \frac{0{,}1020 \times 1984{,}017}{1800} \text{ g.}$$

Hampe hat seine Methode sorgfältig geprüft und dabei ganz vorzügliche Resultate erhalten!

(Bei der Jodürmethode (α) ist der Verbrauch an chemisch reinem Jodkalium nicht unbeträchtlich; man hebt das Jodür auf, wäscht es mit Wasser durch Dekantieren aus, verrührt es zu einem dünnen Brei, erhitzt ihn mit im Überschuß zugesetzten reinen Eisendrehspänen, filtriert die farblose Eisenjodürlösung ab, fällt das Eisen durch eine hinreichende Menge von reinem Kaliumcarbonat und dampft die abfiltrierte Jodkaliumlösung zur Kristallisation ein.)

Kupfer, Sauerstoff, Schwefel und Phosphor werden in besonderen Einwagen bestimmt. Selen und Tellur scheiden sich beim fortgesetzten Einleiten von SO_2 mit dem Silber ab; ihre Bestimmung siehe S. 642.

Über die Bestimmung der Edelmetalle siehe ,,Silber'' und ,,Gold''.

2. Einzelbestimmungen.

Solche werden viel häufiger ausgeführt als die sehr zeitraubenden vollständigen Analysen.

Kupfer. Man löst eine Durchschnittsprobe von 10 g in 40 ccm HNO_3 von 1,4 spez. Gew., verdünnt zu 250 ccm und nimmt 50 ccm (2 g Substanz entsprechend) davon für die elektrolytische Kupferbestimmung (S. 609 u. f.). Diese Bestimmung wird auf den Kupferraffinierwerken vielfach für Schwarzkupfer und Handelskupfer als Betriebsprobe ausgeführt. Unreines (As-, Sb-, Bi-haltiges) Fällkupfer wird vom Konus, der Schale usw. gelöst, ein Teil der Lösung ev. auf Wismut geprüft, aus einem anderen Teile das Cu durch H_2S gefällt und das CuS von den Verunreinigungen befreit usw. (s. Sulfürprobe S. 614).

Gesamtsauerstoff. 10 g ganz sauberer Späne werden in einem Kugelrohre aus Kaliglas, dessen engere Röhre etwa 20 cm lang ist, abgewogen und darin eine Stunde hindurch in einem langsamen Strome von reinem und trockenem Wasserstoff zur dunklen Rotglut erhitzt. Aus Kupfersorten mit höherem Arsen- und Antimongehalte verflüchtigen sich diese zum Teil, setzen sich aber in dem engen Rohre wieder als Metallspiegel ab. Kleine Mengen von Schwefel (wahrscheinlich aus vom Kupfer eingeschlossenem Schwefeldioxyd stammend) können als H_2S fortgehen, den man zweckmäßig in einem Kugelröhrchen durch Bromsalzsäure oxydiert und als $BaSO_4$ bestimmt.

Nach dem Erkalten und der Verdrängung des Wasserstoffs durch Luft wird der Gewichtsverlust ermittelt. Sauerstoff $=$ Verlust minus Schwefel. Raffinad enthält 0,03—0,20 % Sauerstoff. In elektrolytischem Kupfer sollen Spuren von Sauerstoff nachgewiesen sein (eingeschlossene Kupfer-Lauge?)

Nur wenig As und Sb enthaltendes (bereits analysiertes) Kupfer kann auch auf einem Porzellanschiffchen im Verbrennungsrohre reduzierend geglüht werden.

(Den nötigen Wasserstoff entwickelt man im Kippschen Apparat aus möglichst reinem Zink und reiner verdünnter Schwefelsäure. Man reinigt und trocknet ihn durch Hindurchleiten durch kleine Waschflaschen mit alkalischer Bleilösung, Höllensteinlösung und destillierter

Schwefelsäure; zuletzt trocknet man ihn noch durch mit H_2SO_4 getränkten Bimsstein in einer U-Röhre.)

Über die Bestimmung des als Oyxdul im Kupfer enthaltenen
Sauerstoffs und die dadurch ermöglichte Bestimmung der „Verbindungsformen" der Verunreinigungen im Kupfer siehe die Original-
arbeiten von Hampe (a. a. O.) und Fresenius, Quant. Analyse,
VI. Aufl., Bd. II, S. 522 u. f.

Schwefel. Die beste Methode ist zweifellos die von Lobry
de Bruyn (Chem.-Ztg. 15, Rep. 354; 1891) vorgeschlagene. Man löst 5 g
(von Schwarzkupfer weniger) in reiner starker Salpetersäure, verdünnt
die Lösung und fällt das Kupfer elektrolytisch aus. Zur Vertreibung
der Salpetersäure wird zunächst über freiem Feuer, zuletzt auf dem
Wasserbade eingedampft, der hauptsächlich aus Ammoniumnitrat bestehende Abdampfungsrückstand 2 mal mit je 50 ccm reiner Salzsäure
abgedampft, in Salzsäure und Wasser gelöst und die Lösung in der Siedehitze mit verdünnter heißer Ba Cl_2-Lösung gefällt (vgl. Bd. I, S. 325).

Phosphor. Kommt nur selten und in Spuren im Handelskupfer vor. Arsenfreies Kupfer kann in konzentrierter, wenig freie
Salpetersäure enthaltender Lösung zur Abscheidung der Phosphorsäure
als Ammoniumphosphormolybdat direkt mit Molybdänsäurelösung unter
Zusatz von viel festem Ammoniumnitrat in der Kälte gefällt werden;
der Niederschlag wird nach 24 Stunden abfiltriert und wie bei „Phosphorkupfer" S. 646 ausführlich beschrieben, weiter behandelt.

Von arsenhaltigem Kupfer (die meisten Handelsmarken enthalten Arsen) löst man 10 g in einer eben hinreichenden Menge Salpetersäure, verdünnt die Lösung zu 200 ccm und behandelt sie mit kohlensaurem Natrium so, als ob es sich um eine Wismutbestimmung nach
dem Verfahren von P. Jungfer (S. 635) handelte. Man setzt zu der zunächst neutralisierten Lösung so viel $Na_2 CO_3$, daß etwa 0,2 g Kupfer
niedergeschlagen werden. Die salzsaure Lösung des abfiltrierten Niederschlages wird in einem Kolben mit 20 ccm wäßriger SO_2 versetzt, gekocht, bis der Geruch nach SO_2 verschwunden, dann verdünnt und durch
Einleiten von H_2S in die erwärmte Lösung Cu, Bi, Pb, As als
Schwefelmetalle gefällt. Das Filtrat von diesem H_2S-Niederschlage wird
abgedampft, der Rückstand nochmals mit 5 ccm HNO_3 abgedampft, mit
einigen Tropfen HNO_3 und wenig Wasser aufgenommen, mit Molybdänsäurelösung versetzt usw. (Phosphorsäure und Arsensäure waren vollständig in den Kupfercarbonatniederschlag gegangen; sicherer ist,
statt (nach Jungfer) nur einigemale umzurühren, die trübe Flüssigkeit
einige Stunden im Wasserbade zu erwärmen und häufig umzurühren.)

Arsen. Man bestimmt es am schnellsten nach der Destillationsmethode von E. Fischer (Ber. 13, 778; 1880). Zunächst wird das Arsen
aus 10 g Kupfer als basisches Arsenat zusammen mit Kupfercarbonat
wie oben bei „Phosphor" gefällt, der Niederschlag auf dem Filter in wenig
starker Salzsäure gelöst und das Filter damit ausgewaschen. (Sind zahlreiche Bestimmungen auszuführen, so empfiehlt es sich, die in einer flachen
Porzellanschale hergestellte Kupfernitrat-Lösung mit dest. H_2SO_4 zu

versetzen (1 ccm für 1 g Kupfer), abzudampfen und den Rückstand schließlich auf dem Finkener - Turm (Fig. 130 S. 647) bis zum Entweichen reichlicher H_2SO_4-Dämpfe zu erhitzen. Der erkaltete hellgraue Rückstand, wasserfreies Sulfat, wird mit einem Spatel aus der Schale auf glattes Papier gebracht, zerdrückt und in einen Stehkolben von geeigneter Größe (bei 10 g Kupfer ca. 500 ccm Inhalt) geschüttet, der Rest in der Schale mit starker Salzsäure nachgespült, 30—50 g reines, auf Arsen geprüftes Eisenchlorür und noch ca. 100 ccm reine, starke Salzsäure zugegeben.) Der Lösung werden in einem Stehkolben von etwa 300 ccm Inhalt 20 g Eisenvitriol (oder 20 g Mohrsches Salz, oder 10 g festes Kupferchlorür (nach Clark, vgl. Bd. I, S. 340) und 75 ccm reine, rauchende Salzsäure zugesetzt. Man setzt dann einen grauen Kautschukstopfen auf, durch dessen Durchbohrung ein im Winkel von 70° gebogenes Glasrohr von je 10 cm Schenkellänge und 3 mm lichter Weite gesteckt worden war. Dieses Glasrohr wird durch ein Schlauchstück von starkwandigem Paragummi (Glas auf Glas!) mit einer Vollpipette (50 ccm Inhalt) verbunden, deren Spitze einige mm tief in in einem Becherglase befindliches luftfreies Wasser (2—300 ccm) eintaucht.

Der Inhalt des auf ein Asbestpappeschälchen gestellten Kolbens wird zum Sieden erhitzt und so lange darin erhalten, bis etwa die Hälfte der Flüssigkeit und damit alles Arsen als Chlorür überdestilliert ist. Durch die vorgelegte Pipette wird das Zurücksteigen der Flüssigkeit aus dem Becherglase verhindert [1].

Zur gewichtsanalytischen Bestimmung des Arsens in der Lösung erwärmt man sie mäßig, fällt das As als As_2S_3 durch einen raschen Strom von H_2S, filtriert durch ein gewogenes Filter, trocknet 3 Stunden bei 105—110° C und wägt das reine Arsensulfür.

$$As_2S_3 \times 0,6093 = As.$$

Ebenso genau ist die maßanalytische Bestimmung nach Fr. Mohr (Lehrb. d. chem.-analyt. Titriermethode): Die Lösung wird mit festem Ammoniumcarbonat neutralisiert, mit 20 ccm einer kaltgesättigten Lösung von reinem $NaHCO_3$ und etwas frisch bereiteter Stärkelösung versetzt und mit einer Jodlösung (Bd. I, S. 148) titriert.

$$As_2O_3 + 4J + 2H_2O = As_2O_5 + 4HJ.$$

Antimon. Die Einzelbestimmung wird selten ausgeführt; gewöhnlich bestimmt man es im Anschluß an die Arsenbestimmung aus dem Filtrate von Kupferjodür oder Rhodanür (siehe Gesamtanalyse 1 und 2). Schneller auszuführende Methoden für die Bestimmung des Antimons im Handelskupfer sind nicht bekannt. Kupfersorten mit erheblichem Antimongehalt (unbrauchbar für Legierungen außer ordinärem Guß) kommen sehr selten in den Handel.

Wismut. Wismut ist eine der schädlichsten Verunreinigungen im Kupfer; schon 0,05 % Wismut (als Metall, nicht als Antimonat

---

[1] Siehe auch das S. 443 beschriebene Verfahren.

oder Arsenat darin vorhanden) machen das Kupfer kaltbrüchig und stark rotbrüchig! Aus diesem Grunde kaufen manche Raffinierwerke überhaupt kein wismuthaltiges Kupfer. In Rio-Tinto-Zementkupfer sind bis zu 5 % Wismut nachgewiesen worden. Auf S. 635 ist schon die Wismut-Bestimmung nach P. Jungfer beschrieben worden; das nachstehende Verfahren ist in der Kgl. Chemisch-Technischen Versuchsanstalt zu Berlin (jetzt Kgl. Materialprüfungsamt) in Anwendung. 10 g Kupfer werden in einem Becherglase in 60 ccm HNO_3 vom spez. Gew. 1,3 gelöst, die klare[1]) Lösung mit reinem Natron so weit neutralisiert, daß Kongorotpapier nur noch ganz schwach gebläut wird, in eine Fünfliterflasche gebracht, mit 4 Liter destilliertem Wasser verdünnt, 5 g NaCl zugesetzt und tüchtig geschüttelt. (Das NaCl hält die kleine Menge Ag Cl in Lösung.) Nach dreitägigem ruhigen Stehen hat sich der Niederschlag völlig abgesetzt. Man hebert und filtriert die Flüssigkeit ab, bringt den Niederschlag auf ein Filter, wäscht ihn aus, löst ihn in wenig Salzsäure, macht die Lösung schwach ammoniakalisch, filtriert den Bi, Fe ev. Sb enthaltenden Niederschlag ab, wäscht aus und löst den Niederschlag in wenig heißer Salpetersäure vom spez. Gew. 1,2. In die verdünnte Lösung wird H_2S eingeleitet und der Niederschlag auf dem Filter mit gelbem $(NH_4)_2S$ behandelt. Das zurückbleibende Bi_2S_3 wird in heißer HNO_3, 1,2 spez. Gew., gelöst, die Lösung schwach ammoniakalisch gemacht, der jetzt ganz schwefelsäurefreie Niederschlag von Wismuthydroxyd nach dem Auswaschen auf dem Filter in heißer HNO_3 gelöst, die Lösung in einem geräumigen Porzellantiegel abgedampft, der Rückstand erst über dem Finkener-Turm (S. 647), dann über freier Flamme erhitzt und gelinde geglüht. Das so erhaltene Wismutoxyd, Bi_2O_3, wird gewogen. ($Bi_2O_3 \times 0,8968 = Bi$.)

Das Verfahren von Fernandez-Krug und Hampe[2]) beruht auf der von Fresenius und Haidlen (Quant. Analyse, 6. Aufl., Bd. II, S. 478) angegebenen Methode zur Trennung von Kupfer und Wismut mittels Cyankaliumlösung: 10 g des Kupfers werden in 40 ccm HNO_3 vom spez. Gew. 1,4 gelöst, die Lösung in einer Platinschale (oder Porzellanschale) mit 20 ccm verdünnter Schwefelsäure (1 Vol. H_2SO_4 : 1 Vol. H_2O) auf dem Wasserbade abgedampft und der Rückstand über dem Finkenerschen Drahtnetzturme bis zum beginnenden Fortrauchen der H_2SO_4 erhitzt. Die erkaltete Masse wird mit 175 ccm einer Mischung von 25 ccm der Schwefelsäure von 50 Vol.-Proz. und 150 ccm Wasser durch Erwärmen in Lösung gebracht, die Lösung abgekühlt und das jetzt wismutfreie Bleisulfat abfiltriert. (Arsensaures Wismut, das in HNO_3 unlöslich ist, konnte sich anfangs abgeschieden haben! Man prüft das Bleisulfat nach dem Wägen auf einen etwaigen Gehalt an Antimon durch Schmelzen mit Soda und Schwefel oder entwässertem unterschwefligsaurem Natrium und bestimmt den Antimongehalt in

---

[1]) Ungelöstes wird abfiltriert und nach „Gesamtanalyse 1“ mit Soda und Schwefel aufgeschlossen usw.

[2]) Nach einer freundlichen Privatmitteilung.

der wäßrigen Lösung der Schmelze, wie dies bei der „Gesamtanalyse"
angegeben wurde.) Zu der vom Bleisulfat abfiltrierten Lösung setzt
man 25 ccm Salzsäure (spez. Gew. 1,125), verdünnt sie im Becherglase zu
350 ccm und leitet H_2S im flotten Strome bis zur vollständigen Ausfällung des Kupfers ein. Alsdann erhitzt man das Becherglas im fast
kochenden Wasserbade 1 Stunde, bringt den sehr voluminösen Niederschlag auf ein geräumiges (eisenfreies) Filter und wäscht mit kochendem Wasser gut aus. (Das hierbei erhaltene Filtrat wird mit H_2S-
Wasser auf etwa noch in Lösung befindliches Cu geprüft; es kann nach
dem Konzentrieren durch Eindampfen zur Bestimmung von Fe, Ni und
Co dienen.) Den ausgewaschenen Niederschlag von CuS usw. bringt
man mit einem Hornspatel und durch Abspritzen mit sehr wenig
Wasser möglichst vollständig vom Filter herunter in das Becherglas,
setzt festes Cyankalium hinzu, rührt um, bis sich alles CuS mit wein-
gelber Farbe gelöst hat, erwärmt die Lösung gelinde und gießt sie durch
das Filter, auf dem sich noch etwas CuS befindet. Nötigenfalls ist dieser
Rest von CuS mit etwas heißer KCN-Lösung zu übergießen. Das auf
dem Filter und im Becherglase zurückgebliebene Schwefelwismut
(Bi_2S_3) wird mit heißem Wasser ausgewaschen, in verdünnter warmer
HNO_3 gelöst, die Lösung mit Ammoniak übersättigt, mit Schwefelammonium versetzt und 10 Minuten im kochenden Wasserbade erhitzt.
Nach dem Auswaschen wird das Bi_2S_3 nochmals in verdünnter HNO_3
gelöst, aus der Lösung durch tropfenweise zugesetztes Ammoniak im
ganz geringen Überschusse das Wismut als Hydroxyd gefällt (wobei
eine Spur Cu in Lösung bleibt), das $Bi(OH)_3$ in verdünnter HNO_3 gelöst,
die Lösung im gewogenen Porzellantiegel abgedampft und der Rückstand
durch ganz allmähliches Erhitzen bis zum Glühen in Bi_2O_3 übergeführt,
das gewogen wird.

Kolorimetrische Wismutbestimmung. Eine schnell auszuführende, von C. und J. J. Beringer [A Text-Book of Assaying
by C. & J. J. Beringer, 11. Ed. London 1908, S. 208 u. 223 (1. Ed.
1889, S. 168 u. 182)] mitgeteilte kolorimetrische Wismutbestimmung
verdient die besondere Beachtung der praktischen Chemiker. Die
Methode beruht auf der Löslichkeit des dunkelbraunen Wismutjodids,
BiJ_3, in KJ-Lösung und der Schätzung des Bi-Gehaltes der intensiv
gelben bis bräunlichgelben Lösung durch Verdünnen derselben zu
einem bestimmten Volumen und Vergleichen mit Musterlösungen von
bekanntem Bi-Gehalt mit Benutzung von genau gleich geformten
Musterflaschen von rechteckigem Querschnitte (siehe Heines kolorimetrische Kupferprobe S. 626). Nach der Originalbeschreibung wird die
Nitratlösung von 10 g Kupfer mit Soda neutralisiert, mit 1—1,5 g
$NaHCO_3$ versetzt, 10 Minuten gekocht, der abfiltrierte Niederschlag
in heißer verdünnter Schwefelsäure gelöst, ein Überschuß von SO_2 und
KJ in wäßriger Lösung zugesetzt, alles Jod fortgekocht, filtriert, das
Filtrat zu 500 ccm verdünnt und 50 ccm der gelben Lösung nach dem
Zusatze einiger ccm stark verdünnter wäßriger Lösungen von SO_2
(1 : 100!) mit den Lösungen in den Musterflaschen verglichen.

Verf. zieht es vor, die verdünnte Sulfatlösung mit einem kleinen Überschusse von Rhodankalium in Gegenwart von wenig SO_2 zu fällen und erst das Filtrat davon mit 1—2 g KJ zu versetzen und dann durch ein doppeltes Filter zu filtrieren. 1 mg Wismut in 500 ccm gibt noch deutliche Gelbfärbung! Die zu vergleichenden Lösungen müssen etwas[1]) freie SO_2 enthalten. Blei stört nicht, weil sich selbst reichliche Mengen des intensiv gelben Jodbleies farblos in KJ-Lösung auflösen. Das Vergleichen muß bei Tageslicht oder bei möglichst weißer, künstlicher Beleuchtung (elektrisches Bogenlicht, Gasglühlicht) vorgenommen werden.

Zur Einübung bzw. Kontrolle der Methode muß man sich eine wismutfreie Kupferlösung selbst herstellen; ein vom Verf. zuerst benutzter, als „chemisch rein" gekaufter Kupfervitriol und diverse andere vorrätige Kupferpräparate und Handelskupfer besaßen einen geringen Wismutgehalt. Die durch Auflösen von reinem Wismutoxyd herzustellende Sulfatlösung enthält zweckmäßig 0,1 mg Bi pro ccm.

Nachweis sehr geringer Mengen von Wismut im Kupfer nach Abel und Field. Im reinen Zustande niedergeschlagenes Bleijodid ist goldgelb; durch mit ihm ausgefälltes Wismutjodid wird es orange, hochrot bis dunkelbraun gefärbt. Man setzt zur Auflösung von 5 g Kupfer in Salpetersäure eine Lösung von 0,3 g Bleinitrat, übersättigt mit Ammoniak und Ammoniumcarbonat, digeriert, filtriert und wäscht aus. Den Niederschlag löst man in warmer Essigsäure, setzt so viel Jodkalium hinzu, daß der Niederschlag sich beim Erwärmen löst, und kühlt ab. Beim Vergleiche mit der Färbung von aus KJ-Lösung beim Abkühlen rein ausgefallenem Bleijodid lassen sich noch 0,02 mg Wismut an der abweichenden Färbung erkennen.

Zinn. Diese selten vorkommende Verunreinigung wird nach dem unter „Gesamtanalyse S. 634" Gesagten abgeschieden und bestimmt.

Selen und Tellur. In amerikanischem Handelskupfer sind häufig geringe Gehalte von Selen und Tellur nachgewiesen worden[2]). Bei der Auflösung des Kupfers (siehe „Gesamtanalyse". β. Hampes Verfahren, S. 635) geht Selen als Selensäure, H_2SeO_4, Tellur als tellurige Säure, H_2TeO_3, in Lösung; beide scheiden sich durch längere Einwirkung von schwefliger Säure in der Wärme quantitativ als Elemente in Form eines dunkelroten oder schwärzlichen Pulvers zusammen mit metallischem Silber aus der Lösung ab. Wenn ihre Anwesenheit hierdurch erkannt worden, behandelt man das Gemisch von Silber, Selen und

---

[1]) Viel SO_2 kann zu Irrtümern führen, da KJ allein mit konz. wäßriger SO_2 eine intensive Gelbfärbung gibt!

[2]) Verf. untersuchte ein „Urmenetakupfer", bei dessen Auflösung in schwacher Salpetersäure schwarze, zuerst für Gold gehaltene Partikelchen von Selen zurückblieben. Das betreffende Kupfer löst sich in HNO_3 von 1,4 spez. Gew. vollkommen klar auf. Vielleicht gibt im Kupfer vorhandenes Selen Veranlassung, daß eine geringe Menge Gold ebenfalls in Lösung geht. Es ist mehrfach beobachtet worden, daß die auf nassem Wege ausgeführte Goldbestimmung im Handelskupfer viel niedrigere Resultate gibt als die trockene Probe (Ansieden und Kupellation).

Tellur mit Salpetersäure, dampft die Lösung ab, bringt das Silber durch Abdampfen mit wenig Salzsäure zur Abscheidung, filtriert und fällt Selen und Tellur zusammen durch Erwärmen der Lösung mit Zusatz einiger dcg salzsauren Hydroxylamins[1]). Man sammelt den Niederschlag auf einem gewogenen Filter, trocknet dasselbe 4 Stunden bei ca. 110° C und wägt. Wurden mehr als einige mg erhalten, so kann man eine annähernde Trennung nach dem Verfahren von H. Rose (Rose - Finkener, Handb. d. analyt. Chem. II, S. 431) in folgender Weise ausführen. Man bringt die Substanz möglichst vollständig von dem Filter in einen Roseschen Tiegel, wägt das Filter zurück, setzt zu dem Gemisch von Selen und Tellur mindestens das 12 fache Gewicht Cyankalium, schmilzt damit 10 Minuten bei mäßiger Hitze in einer Wasserstoffatmosphäre und läßt im Wasserstoffstrome erkalten. Die Schmelze wird in heißem Wasser gelöst, die dunkelweinrote Lösung von Tellurkalium stark verdünnt, einige Stunden Luft eingeleitet und schließlich das abgeschiedene, schwarze kristallinische Tellur auf einem gewogenen Filter gesammelt. Nach vierstündigem Trocknen bei 100—110° wird gewogen; das Selen ergibt sich aus der Differenz.

Verf. kann keine Verbesserung in der Anwendung des Hydroxylamins zur Fällung finden, da dasselbe das Tellur erst nach dem vollständigen Abdampfen der Lösung und weiterem Erhitzen zur Abscheidung bringt, während wäßrige schweflige Säure sofort reduzierend einwirkt. Man tut gut, erst nach längerem Erwärmen mit wiederholten Zusätzen von wäßriger SO_2 zu filtrieren und das Filtrat durch nochmaliges Erwärmen mit SO_2 zu prüfen.

. Selen gibt anfangs eine orangegelbe Trübung un dann eine rote Fällung, die allmählich rötlich schwarz wird und gleichzeitig ausfallendes Tellur verdeckt. Man begnügt sich gewöhnlich mit der Bestimmung von Selen + Tellur, die in gutem Raffinad z u s a m m e n selten mehr als 0,01 Proz. betragen [2]). Q u a l i - t a t i v   l ä ß t   s i c h   T e l l u r   n e b e n   S e l e n   s c h n e l l   e r k e n n e n , wenn man das Gemisch beider mit 1—2 ccm konzentrierter H_2SO_4 im Reagenzglase s c h w a c h erwärmt, wobei sich zunächst nur Tellur (nach v. K o b e l l) mit kirschroter Farbe löst; erhitzt man stärker, so verschwindet die Tellurfärbung, und vorhandenes Selen löst sich in der siedenden H_2SO_4 mit gelbgrüner Farbe auf.

Selen ist außerdem an dem sehr charakteristischen Geruche bei der Verbrennung leicht zu erkennen, Tellur an der Bildung von Tellurnatrium beim Schmelzen mit Soda und Kohlenstaub; die erkaltete Schmelze gibt mit wenig Wasser eine purpurrote Lösung, welche sich schnell durch Abscheidung von Tellur trübt.

c) Für Schwarzkupfer (Rohkupfer, Gelbkupfer).

Schwarzkupfer wird aus gerösteten, hochhaltigen Kupfersteinen und aus oxydischen Kupfererzen durch reduzierendes Schmelzen oder aus Kupfersteinen direkt (durch den Kupfer-Bessemer-Prozeß) ge-

---

[1]) K e l l e r , Über die Analyse des Raffinadkupfers vom Oberen See. Berg- und Hüttenm. Ztg. 1894, 410. The Journal of Franklin Inst. 1894, Nr. 823, S. 54.

[2]) E g l e s t o n hat in einem Coloradokupfer 0,08 Proz. Tellur nachgewiesen. Schon 0,03 Proz. machen das Kupfer rotbrüchig.

wonnen; aus ihm wird durch den Raffinierprozeß das Garkupfer, Raffinad-
oder Handelskupfer dargestellt.

Es ist meist erheblich verunreinigt und enthält 0,5—20 Prozent von
fremden Körpern in sehr wechselnden Mengen. Eisen und Schwefel
sind stets darin; außerdem kommen vor: Blei, Arsen, Antimon, Wismut,
Zink, Nickel und Kobalt, Zinn, Gold, Silber, auch Platin, Selen und Tellur.
Da die Platten oder Barren ziemlich ungleichmäßig beschaffen
sind, entnimmt man die Durchschnittsprobe am besten, indem man alle
Platten an verschiedenen Stellen (Schachbrett-Methode) vollständig
durchbohrt, die Späne mahlt, gut durchmischt und davon abwägt.

Die Untersuchung geschieht im wesentlichen nach den unter
„Handelskupfer" (Gesamtanalyse α und β und „Einzelbestimmungen")
S. 630 u. f. beschriebenen Methoden. Edelmetalle werden am besten
auf trockenem Wege durch Ansieden mit Blei und Kupellation
(siehe „Silber") bestimmt.

Zur Bestimmung des Schwefelgehalts löst man das Schwarzkupfer in starker Salpetersäure nach dem unter „Schwefelbestimmung
in Kupferkies usw." S. 629 beschriebenen Verfahren. Hierbei ist zu
berücksichtigen, daß in dem Ungelösten Bleisulfat enthalten sein kann.
Man extrahiert daher daraus das Bleisulfat mittels Ammoniumacetat,
fällt das Blei wieder durch H_2SO_4 (oder als Chromat) und berechnet
daraus den Schwefel in dem in HNO_3 Unlöslichen.

Zur genauen Bestimmung des Schwefelgehaltes muß das Schwarzkupfer im Chlorstrome erwärmt, die flüchtigen Chloride in einer Vorlage in Chlorwasser aufgefangen werden usw.

In stark durch Antimon und Nickel verunreinigten Schwarzkupfersorten
findet sich nicht selten eine merkwürdige oxydische Verbindung, der Kupferglimmer, eingeschlossen, der, wenn wie im Glimmerkupfer in größerer
Menge vorhanden, nicht nur eine blättrige Struktur des Kupfers verursacht,
sondern es auch zur Herstellung von Raffinad (außer durch Elektrolyse) un-
tauglich macht. Nach der Untersuchung von Hampe besteht der in kleinen,
gelben Blättchen beim Auflösen von Glimmerkupfer in Salpetersäure zurückbleibende, von Bleisulfat und Antimonsäure befreite Kupferglimmer aus: $6 Cu_2O$,
$Sb_2O_4 + 8 NiO, Sb_2O_5$. Die Verbindung kann durch Schmelzen mit Soda und
Schwefel oder mit Kaliumbisulfat aufgeschlossen werden.

d) Für Zementkupfer.

Das aus Kupferlaugen und Grubenwässern durch Eisen (Roheisen,
Schmiedeisen-Abfälle, Eisenschwamm) gefällte Zementkupfer ist ge-
wöhnlich durch Arsen, Antimon, Wismut, basische Eisensalze, Graphit,
Kalksalze usw. usw. verunreinigt und wasserhaltig.

Zur Probenahme wird eine größere, aus vielen Säcken entnommene
Menge (25 kg) durch Absieben mit Siebsätzen aus durchlochten Blechen
unter Vermeidung des Verstäubens in 3—4 verschiedene Produkte zerlegt und davon in deren Gewichtsverhältnis zum Gesamtgewichte der
Siebprodukte für die Untersuchung 100—200 g abgewogen.

Man bestimmt in einem Teile der Lösung (die Lösung von 100 g
Substanz wird zu 2 L. verdünnt) Kupfer, Wismut, Arsen, Antimon, Blei,

Eisen nach den unter „Handelskupfer" beschriebenen Methoden. Die Edelmetalle werden auf trockenem Wege bestimmt. Das bei 100° fortgehende Wasser wird in einer besonderen Einwage von einigen hundert Gramm ermittelt. Ein Chlorgehalt wird durch Auskochen einer Durchschnittsprobe von 50 g mit etwa 300 ccm stark verdünnter HNO_3 (1 Vol. vom spez. Gew. 1,2 : 10 Vol. Wasser), Filtrieren und Fällung von $^1/_{10}$ des Filtrats mit Silbernitrat bestimmt.

e) Für Kupferaschen (Glühspan und Walzsinter), Krätzen und Fegsel.

Von nicht durch Schmutz, Holzpartikel usw. verunreinigten Aschen und Krätzen zerstampft man eine größere Probe von einigen Kilogramm, trennt durch Blechsiebe in mehrere Produkte und wägt entsprechende Mengen, zusammen etwa 50 g, ab. Größere Eisenstückchen werden hieraus mit dem Magneten entfernt; das übrige erwärmt man 1 Stunde hindurch in einer bedeckten Porzellanschale auf dem kochenden Wasserbade mit 300 ccm gewöhnlicher Salzsäure, der in mehreren Portionen zusammen 30 ccm HNO_3 (1,2 spez. Gew.) zugesetzt werden. Wenn das Spritzen aufhört, wird verdünnt, die abgekühlte Lösung in einen Literkolben gespült, 50 ccm entnommen, mit 5 ccm H_2SO_4 abgedampft, der Rückstand mit Wasser aufgenommen, die Lösung mit HNO_3 versetzt und das Kupfer elektrolytisch auf dem Konus niedergeschlagen. Man kann auch die filtrierte schwefelsaure Lösung mit Natriumthiosulfat fällen, das Kupfersulfür in Kupferoxyd überführen und als solches wägen.

Reiner Glühspan und Walzsinter können mit starker Salpetersäure gelöst und die so erhaltene Lösung nach dem Verdünnen sofort elektrolysiert werden.

Durch organische Substanzen verunreinigte Aschen (Fegsel) werden gebrannt, gesiebt und, wenn viel Metallisches darin zu erkennen war, mit Salpetersäure unter Zusatz von wenig Salzsäure 1—2 Stunden erwärmt. Von der stark verdünnten Lösung wird eine 2—2,5 g Substanz entsprechende Menge entnommen, mit H_2SO_4 abgedampft usw. Bestand das Material hauptsächlich aus Oxyden, dann löst man in Salzsäure mit Zusatz von wenig Salpetersäure.

f) Für Phosphorkupfer, Siliciumkupfer und Mangankupfer.
(Zusätze zu Kupferlegierungen.)

Phosphorkupfer wird hauptsächlich als sauerstoffentziehender Zusatz (Ersatz für roten Phosphor) den Bronzelegierungen zugesetzt, Siliciumkupfer dient zur Herstellung von Siliciumbronze (für Telephondrähte usw.), Mangankupfer zur Herstellung manganhaltiger Kupfer-Zinklegierungen, wie Deltametall usw.

Sie sind sämtlich sehr spröde, lassen sich leicht pulverisieren
und werden in Form sehr feinen Pulvers für die Analyse angewendet.

Gewöhnlich sind sie mit Benutzung sehr reinen Handelskupfers
hergestellt.

1. Phosphorkupfer

kommt mit einem P-Gehalt bis zu 20 % in den Handel.

Phosphorbestimmung. 0,5 g der sehr fein gepulverten Substanz werden in einer bedeckten Porzellanschale mit 10 ccm HNO_3
(1,4 spez. Gew.) übergossen und die Schale nach der heftigen Reaktion
längere Zeit über einer ganz kleinen Flamme erhitzt; wenn nach einer
halben Stunde noch unzersetzte Substanz zu erkennen ist, werden nach
und nach einige Tropfen Salzsäure zugesetzt. In diesem Falle wird die
erhaltene Lösung mit 10 ccm gewöhnlicher HNO_3 abgedampft. (Phosphorkupfer löst sich viel schneller in Königswasser, dabei verflüchtigt
sich aber viel Phosphor als Chlorid!) Man nimmt den Abdampfungsrückstand mit wenig HNO_3 und Wasser auf, filtriert etwa abgeschiedene
Kieselsäure ab, übersättigt die Lösung in einem Becherglase stark
mit Ammoniak und fällt die Phosphorsäure durch Magnesiamischung.
Von dem Doppelsalz eingeschlossene Spuren von Kupfer wirken kaum
auf das Resultat ein, man kann jedoch die ausgewaschene phosphorsaure Ammonmagnesia in verdünnter Salzsäure oder Salpetersäure
lösen und unter Zusatz von etwas Magnesiamischung rein ausfällen.
Man wägt schließlich das Pyrophosphat, $Mg_2P_2O_7 \times 0,2784 = P$.

Verf. zieht die Fällung der Phosphorsäure mittels Molybdänsäurelösung und die Weiterbehandlung des Niederschlages nach
dem Verfahren von R. Finkener (Ber. 11, 163; 1878) vor: Ein Fünftel
der Auflösung von 0,5 g Substanz wird durch Abdampfen in einer
$1/4$ Liter fassenden Porzellanschale zu etwa 10 ccm Volumen konzentriert,
150 ccm der nach Finkener bereiteten Molybdänsäurelösung zugesetzt
und so viel Ammoniumnitrat eingetragen, wie sich bei längerem Umrühren in der Kälte auflöst. Die Phosphorsäure scheidet sich in 12 bis
18 Stunden quantitativ als Ammoniumphosphomolybdat ab. Nach
dieser Zeit filtriert man durch ein einige Minuten vorher mit konzentrierter Ammoniumnitratlösung befeuchtetes, dichtes Filter ab und
wäscht die gelbe Verbindung mit einer 20 proz. Lösung von Ammoniumnitrat aus, die mit wenig HNO_3 angesäuert ist. Man kann zuletzt
einmal mit 5 proz. Salpetersäure (5 ccm HNO_3 von 1,2 spez. Gew. in
100 ccm enthaltend) auswaschen. Der Niederschlag wird darauf mit
wenig Wasser in einen geräumigen, gewogenen Porzellantiegel gespritzt,
den man dann auf ein kochendes Wasserbad stellt. Man bringt das
an der Wandung der Schale Haftende durch etwas verdünntes Ammoniak in Lösung, löst damit die noch am Filter haftende gelbe Substanz,
wäscht das Filter dreimal mit wenig Wasser aus und dampft diese
Lösung nebst Waschwasser in einem Porzellantiegel auf dem Wasserbade ein. Wenn das Volumen nur noch wenige Kubikzentimeter beträgt

wird ein Tropfen Ammoniak zugesetzt, umgeschwenkt und die Lösung mit wenig Wasser in den gewogenen Porzellantiegel gebracht, dessen Inhalt nach Zusatz einiger Tropfen HNO_3 auf dem Wasserbade bis zur Trockene eingedampft wird. Zur Verflüchtigung des Ammoniumnitrats und zur Gewinnung einer wägbaren P-Verbindung wird nunmehr der Tiegel in dem **Finkenerschen Trockenturm** (Fig. 130) über der durch (anfangs) 3 Drahtnetze abgekühlten Bunsenflamme ganz allmählich erhitzt, durch Herausziehen des untersten Drahtnetzes und Vergrößern der Flamme dann die Temperatur gesteigert, bis sich schließlich ein eine Minute lang auf den Tiegel gelegtes Uhrglas nicht mehr durch NH_4NO_3 beschlägt. Noch stärkeres Erhitzen ist nicht nötig; wenn ein kleiner Teil des gelben Salzes durch zu starkes Erhitzen grünlichschwarz geworden ist (durch partielle Reduktion von MoO_3), hat dies doch keinen merklichen Einfluß auf die Bestimmung. Man stellt den noch über 100° warmen Tiegel in einen **Schwefelsäureexsikkator** und wägt den **bedeckten** Tiegel nach $^1/_2$ Stunde.

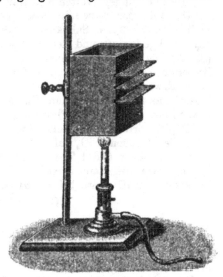

Fig. 130.

Nach **Finkener** enthält das „gelbe Salz" 3,753% P_2O_5 oder 1,639 % P.

Die „**Molybdänsäurelösung**" stellt man her, indem man 80 g käufliches Ammoniummolybdat mit 640 ccm Wasser und 160 ccm Ammoniak (spez. Gew. 0,925) in einer Flasche bis zur Auflösung schüttelt und diese Lösung in mehreren Portionen unter Umrühren in eine gut abgekühlte Mischung von 960 ccm HNO_3 (von 1,18 spez. Gew.) und 240 ccm Wasser einträgt. Man hebt die Lösung in einer lose (durch ein Becherglas) bedeckten Standflasche auf; in einer fest verschlossenen Flasche setzt sie bald erhebliche Mengen eines gelben, sauren Ammoniummolybdats ab.

Von dieser Lösung muß stets ein Überschuß angewendet werden, so daß nach **Finkener** höchstens $^2/_3$ des Zusatzes zur Bildung des gelben Salzes selbst verbraucht werden.

In der zu fällenden Lösung enthaltene **Arsensäure** geht zum größten Teil als arsenmolybdänsaures Ammonium in den Niederschlag ein, ebenso fällt gelöste **Kieselsäure** als entsprechende Verbindung aus. Beide werden vorher abgeschieden (siehe Einzelbestimmung: „Phosphor", S. 638).

Kupferbestimmung. 1 g des feinen Pulvers. wird in einer bedeckten Porzellanschale mit einer Mischung von 10 ccm HNO₃ (1,2 spez. Gew.) und 5 ccm der gewöhnlichen 25 proz. Salzsäure gelöst, die Lösung mit 1—2 ccm destillierter H_2SO_4 abgedampft, 10 ccm Wasser zugesetzt, nochmals abgedampft, der Rückstand in Wasser gelöst, HNO₃ zugesetzt und elektrolysiert.

2. Siliciumkupfer.

Enthält meistens ca. 12 % Silicium.

1 g der feingepulverten Substanz wird längere Zeit mit 10—20 ccm HNO₃ (1,4 spez. Gew.) in einer bedeckten Porzellanschale erhitzt, schließlich 1—2 ccm Salzsäure zugesetzt, weiter erwärmt, mit 2 ccm H_2SO_4 abgedampft und der Rückstand über dem **Finkener-Turme** (S. 647) bis zum Entweichen von H_2SO_4-Dämpfen erhitzt, um die Kieselsäure unlöslich zu machen. Man nimmt den Rückstand mit Wasser unter Erwärmen auf, filtriert die Kieselsäure ab, wäscht mit heißem Wasser aus und fällt aus dem Filtrate das Kupfer. Das feuchte Filter wird in einem bedeckten Platintiegel bis zur vollständigen Verkohlung des Papiers erhitzt, der Deckel abgenommen und **stark** geglüht. Man prüft die gewogene SiO₂ auf ihre Reinheit, indem man sie mit 10 ccm reiner Flußsäure und 1 Tropfen H_2SO_4 auf dem Wasserbade löst, die Lösung abdampft, dann vorsichtig die H_2SO_4 verjagt und den etwaigen Rückstand (CuO) stark bei Luftzutritt glüht.

$$SiO_2 \times 0,4693 = Si.$$

3. Mangankupfer.

Wird mit sehr verschiedenen Mangangehalten, bis zu 40 %, in den Handel gebracht. Die Fabrikate der Isabellenhütte (Nassau) z. B. enthalten ca. 4, 10, 15 und 30 % Mangan und sind bzw. kupferrot, rötlichgrau, gelblichgrau und grau gefärbt. Zur Probeentnahme werden einige Barren durchbohrt und die feinen Späne gut durchgemischt. Das Mangankupfer enthält stets etwas Eisen (1—2 %), etwas Silicium und die Verunreinigungen des verwendeten Kupfers.

Analyse. 1 g Späne werden in einer bedeckten Porzellanschale in 10—15 ccm schwacher Salpetersäure gelöst, die Lösung mit 2 ccm H_2SO_4 abgedampft, der Rückstand zur vollständigen Abscheidung der SiO₂ weiter erhitzt, nach dem Erkalten mit H_2SO_4 und Wasser erwärmt, die Lösung filtriert und die SiO₂ wie unter 2) „Siliciumkupfer" bestimmt [1]). Man verdünnt darauf die Lösungen zu 400—500 ccm, setzt noch einige Kubikzentimeter H_2SO_4 hinzu und fällt das **Kupfer** durch Einleiten von H_2S in die mäßig erwärmte Lösung. Der mit schwach schwefelsaurem und H_2S-haltigem Wasser ausgewaschene Niederschlag

---

[1]) Etwa vorhandenes Blei findet sich als Sulfat bei der Kieselsäure und wird durch Übergießen desselben mit einer heißen Ammoniumacetatlösung ausgezogen.

von CuS wird entweder nach dem Verfahren von H. Rose (S. 614) in Cu_2S übergeführt, oder in HNO_3 gelöst und die Lösung elektrolysiert (S. 609). Das Filtrat vom CuS wird in einer Porzellanschale eingedampft, nach der Verjagung des H_2S durch einige Tropfen Bromwasser oxydiert, bis zu ca. 200 ccm konzentriert, die abgekühlte Lösung zu 300 ccm in einem Meßkolben aufgefüllt, 100 ccm ($^1/_3$) zur Bestimmung des Eisengehaltes (Reduktion mit amalgamiertem Zink, Titration mit Kaliumpermanganat) entnommen und in $^2/_3$ der Lösung das Mangan nach der Methode von Volhard (S. 457 u. f.) durch Titration mit Permanganat bestimmt. Zwei vom Verfasser ausgeführte Analysen ergaben folgende Resultate:

	Kupfer	Mangan	Silicium	Eisen	Nickel	Blei
a)	68,39	29,94	0,07	1,29	0,19	0,06
b)	56,29	40,86	1,08	1,50	1,10	Spur

g) Für Kupferlegierungen mit Zinn, Zink, Blei, Eisen, Mangan und Edelmetallen [1].

(Kupfer-Nickel-Legierungen und Neusilber siehe unter „Nickel", Weißmetalle (Antifriktionsmetalle) und Britanniametall unter „Zinn", Aluminiumbronzen unter „Aluminium".)

Die Kupferlegierungen werden stets mittels Salpetersäure gelöst bzw. zersetzt; zinnreiche Legierungen müssen in Form von Spänen oder ausgeplatteten Stückchen verwendet werden.

1. Bronzen.
(Glockengut, Kanonenbronze, Phosphorbronze, Phosphorbleibronze, Maschinenbronze, Manganbronze, Statuenbronze, Medaillenbronze, Siliciumbronze.)

1 g Späne werden in einer durch Wasser gekühlten, bedeckten, halbkugelförmigen Schale (am besten in einer Platinschale von ca. 300 ccm Inhalt, deren Ausguß vollständig von dem Uhrglas bedeckt wird) mit 10 ccm reiner HNO_3 von 1,4 spez. Gew. übergossen, die Schale nach $^1/_2$ Stunde auf ein kochendes Wasserbad gestellt, nach dem Verschwinden der nitrosen Dämpfe 100 ccm kochendes Wasser zugesetzt, 5 Minuten über freiem Feuer gekocht, die Zinnsäure durch ein dichtes, aschenfreies Filter abfiltriert, mit kochendem Wasser ausgewaschen, getrocknet, das Filter in einem gewogenen Porzellantiegel verascht, der Niederschlag in den Tiegel gebracht, 10 Minuten stark geglüht, nach einigen Minuten der noch warme Tiegel in den Exsikkator gestellt und nach $^1/_2$ Stunde gewogen. $SnO_2 \times 0,7881 = Sn$.

Das Filtrat von der Zinnsäure wird in einer flachen Porzellanschale (von etwa 15 ccm Durchmesser) mit 2 cm destillierter H_2SO_4

---

[1] Über Zusammensetzung, Herstellung und Eigenschaften dieser Legierungen siehe Ausführliches in dem Abschnitte „Kupfer" in Muspratts Chemie, IV. Aufl., Bd. 4 und in „A. Ledebur, Die Metallverarbeitung auf chemisch-physikalischem Wege." Braunschweig, Vieweg & Sohn, 1882.

auf dem Wasserbade eingedampft, der Rückstand in 30 ccm Wasser gelöst, die Schale durch Schwimmen auf kaltem Wasser abgekühlt und das Bleisulfat nach einer Stunde durch ein kleines Filter abfiltriert. Man wäscht mehrmals mit schwach schwefelsaurem Wasser (100 ccm Wasser, 0,5 ccm H_2SO_4) und zuletzt einmal mit reinem Wasser aus, trocknet das Filter und verascht es bei niedriger Temperatur in einem tarierten Porzellantiegel. Haben sich hierbei Bleikügelchen gebildet, so erwärmt man den Tiegel mit einigen Tropfen schwacher HNO_3 auf dem Wasserbade, setzt einen Tropfen H_2SO_4 hinzu, dampft ab, verjagt die Schwefelsäure (über dem Finkener-Turm S. 647) und glüht. Eine größere Menge Bleisulfat wird vom Filter auf Glanzpapier gebracht und erst nach dem Veraschen des Filters bzw. nach der Behandlung des Rückstandes mit HNO_3 und H_2SO_4 und dem Verjagen der H_2SO_4 in den Tiegel gegeben. $PbSO_4 \times 0,6831 = Pb$.

Aus dem Filtrate vom Bleisulfat bestimmt man zunächst das Kupfer, indem man die Lösung z. B. in einem tarierten, größeren Platintiegel (von ca. 150 ccm Inhalt) mit 5 ccm destillierter H_2SO_4 und 0,2—0,5 ccm HNO_3 von 1,2 spez. Gew. versetzt, mit der Platinanode umrührt und mit Benutzung des Stativs von Finkener elektrolysiert (siehe „elektrolytische Kupferbestimmung"). Man darf die Elektrolyse nicht übermäßig lange dauern lassen, weil sich sonst, veranlaßt durch reichliche Wasserstoffentwicklung an der Kathode, das Kupfer in großen Blasen von der Tiegelwandung loslöst. Diese Blasen schließen Säure ein, die sich nicht durch Auswaschen des Tiegels entfernen läßt. Nach 6—7 Stunden [1]) ist das Kupfer vollständig ausgeschieden, oder noch eine minimale Menge (1 mg oder wenig mehr) davon in Lösung.

Der einfache Apparat wird schnell auseinandergenommen, die Anode mit Uhrglas auf ein Uhrglas gelegt, der Tiegelinhalt in ein Becherglas entleert, der Tiegel 3 mal mit je 10—20 ccm destilliertem Wasser ausgespült, mit 5 ccm absolutem Alkohol umgeschwenkt, der Alkohol abgegossen und der Tiegel 5 Minuten auf einem kochenden Wasserbade erwärmt. Nach $1/2$ Stunde bestimmt man die Gewichtszunahme, das Kupfer.

Man spritzt die Anode und das kleine Uhrglas ab, leitet in die mit den Spülwässern vereinigte entkupferte Lösung $1/4$ Stunde hindurch H_2S ein, erwärmt und filtriert die etwa abgeschiedenen Flocken von CuS durch ein kleines Filter ab. Das Auswaschen kann mit kochendem Wasser geschehen, weil sich das so erhaltene CuS nicht leicht oxydiert. Durch Veraschen des Filters und starkes Glühen bei Luftzutritt (Rösten) führt man die kleine Menge CuS in CuO über, das gewogen wird. $CuO \times 0,7989 = Cu$.

Ergab die Berechnung aus dem gewogenen Cu, dem CuO, der SnO_2 und dem $PbSO_4$ nahezu 100 %, so dampft man das Filtrat vom CuS zur Bestimmung der darin vielleicht noch enthaltenen kleinen

---

[1]) Mit den Einrichtungen für Schnellelektrolyse (S. 612) läßt sich die vollkommene Abscheidung des Kupfers in $1\frac{1}{2}$—2 Stunden bewerkstelligen!

Mengen von Fe und Ni über einer kleinen Flamme ein, verjagt (ohne daß Kochen eintritt) die Schwefelsäure und glüht den Rückstand. Besteht derselbe nur aus einem roten Hauch von Fe_2O_3, dann löst man dieses in wenig Salzsäure durch Erwärmen auf, verdünnt die Lösung mit 20—30 ccm Wasser, erwärmt auf ca. 70°, fügt etwas Jodkalium hinzu, rührt um, kühlt die Lösung schnell ab und titriert das freie Jod nach Zusatz von Stärkelösung mit einer gestellten Lösung von Natriumthiosulfat. Wenn der Glührückstand zum Teil aus kompakten Stückchen besteht, eventuell kleine Mengen von Zink und Nickel außer Eisen vorhanden sind, löst man ihn in einigen Kubikzentimeter Salzsäure, dampft mit einigen Tropfen H_2SO_4 ab, nimmt mit Wasser auf und fällt aus der verdünnten, zuerst (mit Benutzung von Kongorotpapier) durch kohlensaures Natron neutralisierten und dann ganz schwach mit verdünnter H_2SO_4 angesäuerten Lösung durch längeres Einleiten von H_2S das Zink als ZnS aus (siehe „Zink"). Das Filtrat hiervon wird in einer Porzellanschale gekocht, mit Bromwasser im Überschuß versetzt, Nickel und Eisen durch Zusatz von Natronlauge gefällt, auf einem Filter gesammelt und ausgewaschen. Durch Glühen bei Luftzutritt erhält man aus dem Gemisch von Eisenhydroxyd und Nickeltrihydroxyd die Oxyde Fe_2O_3 + xNiO, wägt diese, löst sie in Salzsäure, titriert das Eisen (wie oben), bringt es als Fe_2O_3 in Abzug und findet das NiO als Rest. NiO × 0,7858 = Ni.

Man kann auch aus der Lösung beider zunächst das Eisen als basisches Acetat fällen und aus dem Filtrate hiervon das Nickel durch Natronlauge und Bromwasser als Trihydroxyd, $Ni(OH)_3$; beide werden dann geglüht und als Fe_2O_3 bzw. NiO gewogen. Einfacher ist die Trennung mittels Ammoniak. Im Filtrate vom Eisenhydroxyd bestimmt man das Nickel nach Brunck (s. S. 493, s. a. „Nickel") durch Zusatz einer geringen Menge alkoholischer Lösung von Dimethylglyoxim und Erwärmen. 1 mg Ni in 200 ccm Flüssigkeit gibt eine reichliche Abscheidung der schön rot gefärbten Verbindung! In vielen Fällen wird quantitative Bestimmung des Ni nicht nötig erscheinen.

Wenn der selten über 0,2 % betragende Nickelgehalt nicht besonders bestimmt werden soll, verfährt man einfacher durch schwaches Übersättigen der verdünnten salzsauren Lösung des Glührückstandes mit Na_2CO_3, 5 Minuten langes Kochen, Abfiltrieren des unreinen basischen Zinkcarbonats, Auswaschen mit heißem Wasser und Trocknen des Niederschlages, der erst nach dem bei möglichst niedriger Temperatur erfolgten Veraschen des Filters in den betreffenden Porzellantiegel gebracht und durch Glühen in unreines (Fe- und ? Ni-haltiges) Zinkoxyd übergeführt wird. Nach dem Wägen löst man dasselbe in wenig Salzsäure, titriert das Eisen (wie oben) und bringt es als Fe_2O_3 in Abzug. ZnO × 0,8034 = Zn.

Zinkhaltige Bronzen (Maschinenbronze, Lagerguß, Statuenbronze, Medaillenbronze).

Wenn bei der Berechnung (Cu + Sn + Pb), mehr als 1 % (Zn) fehlt, fällt man zunächst das Zink aus der verdünnten, ganz schwach mineralsauren Lösung durch H_2S und wägt es als ZnS (siehe „Zink"). Aus dem Filtrate vom ZnS werden Fe und Ni gemeinsam gefällt und wie oben bestimmt.

Mangan, das manchen Cu-Sn-Zn-Legierungen in Form von Mangankupfer zugesetzt wird (Manganbronze), gibt sich bei der elektrolytischen Fällung des Kupfers durch Violettfärbung der Flüssigkeit an der Anode bzw. Abscheidung von Flocken von wasserhaltigem Mangandioxyd zu erkennen. In diesem Falle dampft man die entkupferte Lösung ein, verjagt den größten Teil der H_2SO_4, fällt nach dem Verdünnen, Neutralisieren mit NaOH usw. das Zink durch H_2S und aus dem Filtrate vom ZnS durch Natronlauge und Bromwasser Mangan und Eisen gemeinsam, wäscht aus, löst die alkalihaltigen Hydroxyde in möglichst wenig Salzsäure unter Zufügung einiger Tropfen wäßriger schwefliger Säure, übersättigt mit Ammoniak, setzt einige Tropfen reiner Wasserstoffsuperoxydlösung hinzu, erhitzt kurze Zeit, filtriert, glüht nach dem Trocknen stark im unbedeckten Porzellantiegel und wägt als $Mn_3O_4 + Fe_2O_3$. Alsdann dampft man mit Salzsäure ab und titriert das Eisen, das als Fe_2O_3 in Abzug gebracht wird. $Mn_3O_4 \times 0{,}7203 = Mn$.

Eine genauere Bestimmung des (meist geringen) Mangangehaltes dürfte selten erforderlich sein. Man würde zu diesem Zwecke das Eisen aus der Lösung der beiden Oxyde durch Ammoniumacetat und Kochen abscheiden und aus dem Filtrate von dem basischen Eisenacetat das Mangan durch Zusatz von Ammoniak, Schwefelammonium und Kochen als Sulfür fällen, nach dem Trocknen durch Glühen mit S im Roseschen Tiegel im Wasserstoffstrome in MnS überführen und dieses wägen. $MnS \times 0{,}6314 = Mn$.

Schnell auszuführende Analyse von Bronzen und Lager-metallen nach M. E. Walters und O. L. Affelder (Journ. Amer. Chem. Soc. 25, 632; 1903 u. Zeitschr. f. angew. Chem. 16, 1081; 1903).

„Bronzen: 1 g der Probe (bei einem Bleigehalt über 15 % nur 0,5 g) wird mit 10 ccm Salpetersäure (1,42) unter Erwärmen gelöst, mit 40 ccm heißem Wasser verdünnt und 5 Minuten gekocht. Das abgeschiedene Zinnoxyd wird mit 2 proz. Salpetersäure ausgewaschen, geglüht und als SnO_2 gewogen. Zum Filtrat fügt man 25 ccm konz. Ammoniak, erhitzt zum Sieden, fügt 5 g Ammoniumpersulfat hinzu und kocht 5 Minuten. Das ausgeschiedene Bleisuperoxyd wird abfiltriert und mit heißem Wasser gewaschen. Man bringt Niederschlag mit Filter in ein Becherglas, zerrührt ihn gut, fügt 600—700 ccm kaltes Wasser, ca. 3 g Jodkalium und Stärkelösung hinzu. Nachdem alles Jodkalium gelöst ist, setzt man 10 ccm Salzsäure (1 : 1) hinzu, rührt gut um und titriert mit $^1/_{20}$ N.-Thiosulfatlösung, bis die Farbe von dunkelgelb in hellzitronengelb umschlägt; die Zahl der verbrauchten Kubikzentimeter Thiosulfatlösung mit 0,5178 multipliziert gibt die Prozente Blei. Natürlich kann das Blei auch gravimetrisch bestimmt werden.

Das Filtrat vom Bleisuperoxyd-Niederschlage wird zu 500 ccm verdünnt, zum Sieden erhitzt und mit 50 ccm einer 20 proz. Natriumthiosulfatlösung versetzt zur Fällung des Kupfers; der Niederschlag wird mit heißem Wasser gewaschen, geröstet und als CuO gewogen. In dem Filtrat vom Kupferniederschlage bestimmt man Eisen und Tonerde wie üblich; dann fällt man das Mangan durch Kochen der ammoniakalischen Lösung mit Ammoniumpersulfat.

Zu dem Filtrate vom Manganniederschlage fügt man Ammonium-phosphat im Überschuß hinzu, erhitzt zum Sieden, fügt allmählich Salz-säure hinzu, bis nur noch wenig Ammoniak entweicht, kocht einige Minuten, filtriert und wäscht mit heißem Wasser aus. Den Nieder-schlag kann man entweder nach dem Trocknen bei 100—105° C als $ZnNH_4PO_4$ (vgl. Zeitschr. f. anal. Chem. **39**, 237; 1900) oder nach dem Glühen als $Zn_2P_2O_7$ wägen.

Vorhandenes Nickel fällt man aus dem Filtrat vom Zink als Sulfid.

Kleine Manganmengen kann man auch in einer besonderen Probe kolorimetrisch bestimmen.

Phosphor wird in einer besonderen, in Salpetersäure gelösten Probe nach dem Ausfällen von Blei, Zinn und Kupfer durch metallisches Zink als Eisenphosphat gefällt und darin nach der Molybdänmethode bestimmt.

Lagermetalle: Diese enthalten meistens Antimon. Man be-stimmt zunächst, wie oben angegeben, Antimon und Zinn zusammen als $Sb_2O_4 + SnO_2$, dann in einer anderen Probe Antimon als Sulfid nach Andrews (Journ. Amer. Chem. Soc. **17**, 872; 1895) oder als „Metall". Arsen wird in einer besonderen Probe nach der Destillationsmethode bestimmt. Zur Bestimmung der anderen Metalle verfährt man wie bei der Analyse der Bronzen.

Wenn Wismut vorhanden ist, so kann es zusammen mit Kupfer als Sulfid gefällt werden und von diesem durch Lösen der Sulfide in Salpetersäure und Fällen der Lösung mit Ammoniak getrennt werden.

Das Vorhandensein von Mangan läßt sich schnell konstatieren, wenn man einige Dezigramm der Legierung im Reagenzglase in wenig Salpetersäure löst oder damit zersetzt, einkocht, den Rückstand glüht und darauf mit etwa 1 g $KClO_3$ schmilzt; eine hierbei entstehende schön rote Schmelze deutet auf Mangan.

Verunreinigungen der Zinnsäure und deren Bestimmung. Eine gelbliche oder bräunliche Färbung der Zinnsäure deutet auf Eisenoxyd; sie kann außerdem durch Antimonsäure, Arsensäure, Phosphorsäure, Bleioxyd und wenig Kupferoxyd verunreinigt sein.

Bei technischen Untersuchungen genügt meistens die quali-tative Prüfung auf Arsen und Antimon. Zu dem Zwecke schmilzt man die Zinnsäure mit ca. 2 g Ätzkali in einem eisernen oder aus Nickelblech hergestellten Löffel (35 mm Durchmesser, 10 mm tief, der Stiel 150 mm lang) über der großen Bunsenflamme bis zum ruhigen Fließen; hierbei schützt man die Hand durch ein Handtuch und kehrt das Gesicht ab. Die fast erkaltete Schmelze wird mittels ca. 25 ccm Wasser in einem Becherglase durch Umrühren in einigen Minuten gelöst, die Lösung mit 25 ccm reiner 25 proz. Salzsäure übersättigt, bis zum Klarwerden erwärmt und wieder vollkommen abgekühlt und in einem vereinfachten Marshschen Apparate mit ganz reinem Zink (in Granalienform) geprüft. Ein großes Reagenzglas (180 mm lang, 30 mm lichte Weite) ist hierzu gut geeignet. Man bringt zuerst etwa 10 g Zinkgranalien hinein, dann die zu prüfende Lösung, steckt oben in das Glas einen 30—40 mm dicken Wattepfropf und verschließt schnell mit einem Kautschukstopfen, durch dessen Durchbohrung ein zur Spitze ausgezogenes kurzes Glasrohr führt, auf das man eine Platinlötrohrspitze gesteckt hat. In die Wasserstoffflamme hält man eine glasierte Porzellanplatte und stellt sich auf derselben eine Reihe von „Flecken" her. Je 1 mg Arsen oder Antimon gibt sofort braune bzw. stumpfschwarze Flecken auf der Platte. Reine (braune) Arsenflecken verschwinden sofort beim Betupfen mit Eau de Javelle, Antimonflecken werden dadurch nicht merklich angegriffen. Hat man diese Flecken wiederholt mit Lösungen von bekanntem Arsen- bzw. Antimongehalte hergestellt, so kann man aus der Intensität der aus der Probelösung erhaltenen Flecken schließen, ob mehr als „Spuren" oder mehr als Zehntelprozente dieser Verunreinigungen in der betreffenden Legierung enthalten sind.

(Ein höherer Antimon- und Bleigehalt der Bronze macht es wahrscheinlich, daß sie aus „alten Metallen", z. B. mit Benutzung von durch „Weißmetall" verunreinigten Spänen von Lagern usw., hergestellt worden ist. Aus besten Handelsmetallen hergestellte Bronzen dürfen nur wenig (0,1—0,2 %) Blei (aus dem raffinierten Zink des Handels stammend) und Spuren von Arsen und Antimon enthalten.)

Zur quantitativen Bestimmung der Verunreinigungen wird die Zinnsäure durch Schmelzen mit dem 6 fachen Gewichte der Mischung gleicher Teile Soda und Schwefel (oder ebenso viel entwässertem Natriumthiosulfat) im Porzellantiegel aufgeschlossen und die mit heißem Wasser erhaltene Lösung filtriert, wobei Cu, Fe, eventuell eine Spur Blei als Schwefelmetalle auf dem Filter bleiben, Zinn, Arsen und Antimon als Sulfosalze in Lösung gehen. Beim Betropfen des Filters mit heißer, verdünnter Salzsäure lösen sich FeS und PbS auf, CuS bleibt ungelöst. Zur Abscheidung des Pb wird die Lösung mit einigen Tropfen H_2SO_4 abgedampft, das Eisen aus dem Filtrate nach Zusatz einiger Tropfen Bromwasser durch Ammoniak gefällt, als geglühtes Fe_2O_3 gewogen oder in Salzsäure gelöst und titriert. Die kleine Menge CuS wird nach dem Auswaschen durch Rösten im Platintiegel in CuO übergeführt und als solches gewogen. Die dunkelgelbe Lösung der Sulfosalze wird (nach dem Verfahren von Hiepe, Chem.-Ztg. 13, 1303; 1889) zur möglichst vollständigen Oxydation des über Na_2S hinaus in der Lösung enthaltenen Schwefels mit einem Zusatze reiner Natronlauge zum Sieden erhitzt und nach und nach, nicht bis zur vollständigen Entfärbung, mit kleinen Portionen von wäßrigem Wasserstoffsuperoxyd versetzt; hat sie sich hierbei doch ganz entfärbt, dann muß man vor der Ausfällung der Schwefelmetalle mittels Schwefelsäure einen kleinen Zusatz von Schwefelnatrium machen. Nach längerem Erhitzen der mit

H_2SO_4 angesäuerten Lösung (zur Austreibung des H_2S) werden die nur wenig mit freiem Schwefel gemischten Schwefelmetalle abfiltriert und mit heißem Wasser ausgewaschen, dem kleine Mengen Ammonium-acetat und Essigsäure zugesetzt sind. Darauf löst man die Schwefel-metalle in Salzsäure und $KClO_3$, fällt aus der mit rauchender Salzsäure versetzten abgekühlten Lösung durch längeres Einleiten von H_2S nur das Arsen, erwärmt das Filtrat vom Schwefelarsen mit wenig Brom-wasser und trennt Zinn und Antimon in der etwas verdünnten Lösung durch reines Eisen (siehe „Weißmetallanalyse"). Das Antimon wird schließlich als SbO_2 gewogen, das Arsen als $Mg_2As_2O_7$ (siehe „Arsen"). In der Legierung enthaltener Phosphor wird in einer besonderen Probe (siehe unten „Phosphorbronze") bestimmt und die entsprechende Menge P_2O_5 von der unreinen Zinnsäure eventuell in Abzug gebracht, obgleich die P_2O_5 nicht quantitativ in die Zinnsäure geht. Man erhält ein genaueres Resultat, wenn man die schließlich aus dem Filtrate von dem durch Eisen gefällten Antimon erhaltene reine Zinnsäure wägt, als wenn man die Oxyde der Verunreinigungen von der ge-wogenen unreinen Zinnsäure in Abzug bringt, d. h. ihr Gewicht als Rest ermittelt.

Dieses umständliche und zeitraubende Verfahren wird natürlich nur ausgeübt, wenn eine genaue Analyse der betreffenden Bronze aus-zuführen ist. In diesem Falle prüft man die Legierung zuerst auf As und Sb, indem man ca. 1 g in 20 ccm reiner Salzsäure und wenig $KClO_3$ löst, die Lösung zu 50 ccm verdünnt und daraus in dem ver-einfachten Marshschen Apparate mit reinem Zink (wie oben) Wasser-stoff entwickelt usw. Ergibt diese qualitative Prüfung das Vorhanden-sein von Arsen und Antimon, dann wird die unreine Zinnsäure auf-geschlossen usw.

Phosphorbronze. Man verfährt wie bei der Analyse der gewöhn-lichen Bronze und bestimmt den Phosphorgehalt (selten über 0,2 %) in einer besonderen Einwage. Nach der Methode des Verf. (Kerl, Fortschr. in der metallurg. Probierkunst. Leipzig 1887, S. 92) werden 1 g feine Späne in einer tiefen, bedeckten Porzellanschale von etwa 10 cm Durchmesser mit 7 ccm HNO_3 vom spez. Gew. 1,4 übergossen, die Schale nach 5 Minuten auf ein kochendes Wasserbad gestellt, nach 10 Minuten das Uhrglas abgenommen und die freie Säure verdampft. Zu dem Rückstande setzt man 10 ccm gewöhnliche Salzsäure, dampft nach dem Umrühren zur Trockne ab, löst den braunen Rückstand in 10 ccm schwacher HNO_3 unter Erwärmen auf, nimmt die Schale vom Wasserbade, gibt 50 ccm der nach Finkener bereiteten Molyb-dänsäurelösung und 15 g festes Ammoniumnitrat hinzu und rührt um, bis sich alles NH_4NO_3 gelöst hat. Nach 12 Stunden wird filtriert und der gelbe Niederschlag (Ammoniumphosphormolybdat) nach dem unter „Phosphorkupfer" S. 646 beschriebenen Verfahren von Finkener weiter behandelt.

Kleine Mengen des gelben Salzes (aus Bronze mit höchstens 0,2 % P) löst man auf dem Filter in verdünntem Ammoniak, wäscht das Filter mit wenig Wasser aus, verdampft die Lösung in einem tarierten Porzellantiegel (50 mm Durchmesser) auf dem Wasserbade bis zu 1—2 ccm Vol., setzt einen Tropfen Ammoniak hinzu, schwenkt um, bringt das gelbe Salz durch Zusatz von 1—2 ccm HNO_3 wieder zur Abscheidung, dampft zur Trockne ab und verjagt das NH_4NO_3 über dem Finkener-Turm S. 647 (siehe „Phosphorkupfer").

Wenn die zu untersuchende Phosphorbronze Arsen enthält (was selten vorkommt, da zur Herstellung der Phosphorbronze besonders reines Handelskupfer verwendet wird), nimmt man den braunen Abdampfungsrückstand mit Salzsäure und Wasser auf, verdünnt zu 500 ccm erwärmt, leitet längere Zeit H_2S ein, filtriert von dem voluminösen Niederschlage (Cu, Sn, ? Pb, As) ab, dampft das Filtrat vollständig ab, spült den Rückstand in eine kleinere Schale (10 cm Durchmesser), dampft mit 10 ccm HNO_3 ab und fällt dann die Phosphorsäure durch Molybdänsäurelösung wie oben.

Ebenso verfährt man bei der Phosphorbestimmung in Bronzen mit erheblichem Bleigehalte. Besonders in den Vereinigten Staaten wird eine Phosphor-Bleibronze vielfach als Lagermetall benutzt. Die Normalzusammensetzung der von der Pennsylvania-Eisenbahn viel verwendeten Legierung ist: 79,70 % Cu, 10,00 % Sn, 9,50 % Pb und 0,80 % P. — Verf. fand in „Kühnes Phosphor-Bleibronze": 78,01 % Cu, 10,36 % Sn, 10,45 % Pb, 0,09 % Fe, 0,26 % Ni und 0,57 % P, dieselbe ist demnach praktisch identisch mit der amerikanischen Legierung. Zahlreiche Analysenresultate finden sich in Muspratt, 4. Aufl., Bd. IV unter „Kupfer".

Siliciumbronze. Diese nur sehr wenig (unter 0,1 %) Silicium, häufig kleine Mengen Zinn und Zink enthaltende Legierung wird besonders zur Herstellung von Telegraphen- und Telephondrähten verwendet.

Man verfährt wie bei der Bronzeanalyse, zersetzt 1 g mit 10 ccm HNO_3 von 1,4 spez. Gew., setzt 100 ccm kochendes Wasser hinzu, kocht 5 Minuten und filtriert die (siliciumhaltige) Zinnsäure ab. Das Filter wird im Platintiegel verascht, die Zinnsäure stark geglüht, gewogen, 1 Tropfen H_2SO_4 und 2 ccm reine Flußsäure in den Tiegel gegeben, auf dem Wasserbade abgedampft, aus dem Rückstande die Schwefelsäure verjagt, dann stark geglüht und die reine Zinnsäure gewogen. Die in die Zinnsäure gegangene Kieselsäure ergibt sich aus der Differenz.

Das Filtrat von der Zinnsäure wird zur Abscheidung der gelösten Kieselsäure mit 3 ccm H_2SO_4 abgedampft und der Rückstand bis zum Auftreten von H_2SO_4-Dämpfen erhitzt. Man nimmt mit Wasser auf, filtriert die vielfach durch eine Spur Bleisulfat verunreinigte Kieselsäure ab, wäscht mit Wasser aus, übergießt das Filter zuletzt mit einer verdünnten kochenden Lösung von Ammoniumacetat und versetzt das Abgelaufene mit einigen Tropfen einer Kaliumchromatlösung. Hierbei etwa ausfallendes Bleichromat wird auf einem gewogenen Filter gesammelt und bei 100⁰ getrocknet. Das Filter mit der Kieselsäure wird verascht, die SiO_2 gewogen. $SiO_2 \times 0,4693 = Si$.

Aus dem schwefelsauren Filtrate von der Kieselsäure fällt man das Kupfer elektrolytisch, dampft dann die entkupferte Lösung ab, verjagt die Schwefelsäure und bestimmt in dem Rückstande Eisen und etwa vorhandenes Zink, wie unter „Bronzeanalyse" S. 649 u. 651 beschrieben.

Wenn es sich nur um die Siliciumbestimmung handelt, kann man die Lösung der Substanz in Königswasser nach dem Abdampfen noch zweimal mit je 15 ccm Salzsäure zur Trockne bringen, den Rückstand auf 120° erhitzen, nach dem Erkalten mit rauchender Salzsäure befeuchten, in Wasser lösen, abfiltrieren, die SiO_2 mit Wasser auswaschen usw. und nach dem Wägen (zur Prüfung auf Verunreinigungen) mit wenig Flußsäure und 1 Tropfen H_2SO_4 wie oben behandeln.

Zwei von Hampe analysierte Proben von Weillers Patent-Siliciumbronze hatten folgende Zusammensetzung:

	a) Telegraphendraht	b) Telephondraht
Kupfer	99,94 %	97,12 %
Zinn	0,03 %	1,14 %
Eisen	Spur	Spur
Zink	—	1,62 %
Silicium	0,02 %	0,05 %

2. Messing und messingähnliche Legierungen.

(Messing, Gelbguß, Tombak, Rotguß, Aluminiummessing, Muntz-Metall, Eich-Metall, Sterro-Metall, Delta-Metall, Durana, unechtes Blattgold, Bronzepulver, Schlaglot oder Hartlot, Weißmessing und Knopfmetall usw.)

Diese Legierungen enthalten Kupfer und Zink als Hauptbestandteile, als Nebenbestandteile entweder nur die Verunreinigungen des Kupfers und des Zinks oder absichtliche Zusätze, namentlich von Zinn, Eisen, Mangan, Blei oder Aluminium.

Von zinnfreien Legierungen löst man 1 g in der bedeckten Porzellanschale in 10—15 ccm HNO_3 von 1,2 spez. Gew. auf dem kochenden Wasserbade, dampft nach Zusatz von 5 ccm 50 proz. Schwefelsäure ab, nimmt mit 30 ccm Wasser auf, kühlt ab, sammelt nach 1 Stunde das Bleisulfat[1]) auf einem kleinen Filter und fällt das Kupfer im großen Platintiegel elektrolytisch aus (siehe „elektrolytische Kupferfällung" S. 609 und „Bronzeanalyse" S. 649). Die entkupferte Lösung nebst den Spülwässern vom Ausspülen des Tiegels und Abspülen der Anode wird in einem großen Becherglase (500 ccm Inhalt) unter Abkühlung mit Wasser mit Ammoniak neutralisiert, ganz schwach schwefelsauer gemacht, zu 400 ccm verdünnt, 2—3 Stunden lang H_2S eingeleitet und nach 12 Stunden das ZnS abfiltriert (siehe „Zink").

---

[1]) Zur quantitativen Abscheidung sehr geringer Mengen von Blei als Sulfat erhitzt man die Schale zuletzt auf dem Finkener-Turme, bis H_2SO_4 fortraucht, löst den erkalteten Inhalt in 50 ccm Wasser (bei 1 g Einwage) und filtriert erst nach 12 Stunden durch ein sehr dichtes Filter.

Das Filtrat von ZnS wird bis zu etwa 100 ccm Vol. abgedampft, das Eisen darin durch einige Tropfen Bromwasser oxydiert, der Überschuß von Brom fortgekocht, die Lösung nach dem Erkalten neutralisiert, Eisen und Aluminium (Aluminiummessing) durch Zusatz von Ammoniumacetat und Kochen gefällt und aus dem Filtrate das Mangan durch Ammoniak und Schwefelammonium in bekannter Weise abgeschieden (siehe „Mangan").

Den Eisenoxyd-Tonerdeniederschlag trocknet man, verascht das Filter im Platintiegel, bringt die Substanz dazu, glüht schließlich stark bei Luftzutritt und wägt das Gemisch der Oxyde. (Ein nennenswerter Tonerdegehalt gibt sich an der hellroten Farbe der Oxyde zu erkennen.) Nach dem Wägen werden die Oxyde durch Schmelzen mit dem sechsfachen Gewichte Kaliumbisulfat aufgeschlossen, die erkaltete Schmelze in verdünnter Salzsäure gelöst und Fe und Al in bekannter Weise durch Kalilauge geschieden.

Viel zweckmäßiger ist die Bestimmung der Tonerde in dem Gemische aus der Differenz, indem man den Aufschluß mit $KHSO_4$ in heißer, verdünnter H_2SO_4 im Tiegel auflöst, die Lösung in einen Erlenmeyerkolben spült, das Eisen durch amalgamiertes Zink reduziert und das Ferrosulfat mit einer gestellten Lösung von Kaliumpermanganat titriert ($Al_2O_3 \times 0,5303 = Al$).

Als Betriebsprobe für Messingwerke empfiehlt sich folgende: Auflösen und Abscheiden des Bleies wie oben, Ausfällen des Kupfers durch Elektrolyse (siehe „Schnellelektrolyse" S. 612) und Übersättigung der entkupferten Lösung im Becherglase mit Ammoniak, wobei nur eine gelbliche Färbung von einer Spur Eisen oder eine Ausfällung von (eventuell durch Titration zu bestimmendem) Eisenhydroxyd bei stärkerer Verunreinigung erfolgt. (Gewisse Messingsorten, z. B. Patronenmessing, müssen mit ganz bestimmten Metallgehalten geliefert werden und dürfen nur wenig Blei und Spuren von Eisen enthalten.) Der Zinkgehalt ergibt sich aus der Differenz an 100 %.

Zinnhaltige Legierungen (manches Patronenmessing, Rotguß, Bronzepulver, Schlaglot usw.) werden wie „Bronzen" analysiert. —

Sehr geringe Mengen von Antimon (aus dem Handelskupfer) verursachen Kaltbruch des Messings und machen die Legierung ungeeignet zum Auswalzen; aus diesem Grunde wird das nicht selten antimonhaltige elektrolytische Handelskupfer wenig von den Messingfabrikanten verwendet. Nach den sehr sorgfältigen Untersuchungen von E. S. Sperry (Transactions of the Americ. Inst. of. Min. Eng., Febr. 1898; Berg- u. Hüttenm. Ztg. 1898, 117) darf bestes Messing (für Kaltwalzen) nicht über 0,01 % Antimon enthalten. Ganz ähnlich schädlich wirkt Wismut; Arsen wirkt viel weniger ungünstig, es kommen dünne Messingbleche mit 0,1 % Arsen nicht selten vor.

3. Legierungen des Kupfers mit Gold und Silber.

Über die Bestimmung des Edelmetallgehaltes siehe „Gold" (S. 575 ff.) und „Silber" (S. 550 ff.).

1. **Goldkupferlegierungen.** Man löst die ausgeplattete Legierung in Königswasser, dampft ab, digeriert den Rückstand mit Wasser und einigen Tropfen Salzsäure, verdünnt, filtriert das etwa abgeschiedene Chlorsilber nach einigen Stunden durch ein kleines Filter und fällt das Gold aus dem Filtrate durch Oxalsäure (Fresenius, Zeitschr. f. anal. Chem. 9, 127; 1870), indem man die heiße, verdünnte Lösung mit einem Überschusse von reiner Oxalsäure versetzt, nach dem Entweichen der CO_2 in der Siedehitze allmählich mit reinem Ätzkali neutralisiert und die tiefblaue Lösung von Kupfer-Kaliumoxalat abfiltriert. Man erhält so das Gold frei von Kupferoxalat; das Kupfer fällt man durch Kochen der Lösung (Filtrat vom Gold) mit Kali- oder Natronlauge als Oxyd, wäscht dasselbe gut aus, trocknet, glüht und wägt es.

Will man etwa vorhandene Verunreinigungen in der Goldkupferlegierung bestimmen, dann fällt man aus dem verdünnten, mit HCl angesäuerten Filtrate vom Chlorsilber das Gold durch Einleiten von SO_2 und Erwärmen aus, kocht aus dem Filtrate vom Gold die SO_2 fort, oxydiert mit wenig HNO_3, dampft mit H_2SO_4 ab, filtriert etwa abgeschiedenes Bleisulfat ab, fällt das Kupfer elektrolytisch, prüft das Kupfer (nach den unter „Analyse von Handelskupfer" angegebenen Methoden S. 639) auf einen Wismutgehalt und bestimmt das Wismut. Die entkupferte Lösung wird abgedampft, die Schwefelsäure verjagt und im Rückstande die meist vorhandene Spur Eisen, Nickel usw. bestimmt (siehe „Bronzeanalyse").

2. **Silberkupferlegierungen.** (Münzlegierungen, Legierung für Silbergeräte; Ag-, Cu- und Zn-haltiges Silberlot und Bronzepulver; Cu-, Ag-, Zn-, Ni-Scheidemünzen usw.)

Die Legierung wird in HNO_3 gelöst, das Silber aus der stark verdünnten Lösung durch HCl gefällt, das Filtrat mit H_2SO_4 abgedampft, der Rückstand mit Wasser aufgenommen, von Bleisulfat abfiltriert, das Cu elektrolytisch gefällt (Cu-Niederschlag auf Bi zu prüfen) und in der entkupferten Lösung Zink, Nickel und Eisen nach bekannten Methoden bestimmt (siehe „Bronzeanalyse" S. 649 ff.).

h) Kupferlaugen.

(Vitriollaugen, Chloridlaugen von Extraktionsprozessen.)

Je nach dem anscheinenden Gehalte werden 10—50 ccm der Lauge mit überschüssiger H_2SO_4 abgedampft, etwa abgeschiedenes Bleisulfat auf einem Filter gesammelt, aus dem Filtrate das Kupfer durch reines Zink (siehe „schwedische Probe" S. 599) gefällt und in der vom Fällkupfer dekantierten Flüssigkeit sofort das Eisen mit Kaliumpermanganat titriert (S. 451).

i) Verkupferungsbäder.

50 ccm werden zur Zerstörung der Cyanverbindungen unter einem Abzuge mit überschüssiger H_2SO_4 abgedampft und der Rückstand bis zum beginnenden Fortrauchen der H_2SO_4 erhitzt. Nach dem Erkalten

löst man den Rückstand in Wasser und fällt das Kupfer elektrolytisch oder nach der „schwedischen Probe" S. 599 usw. In den meisten Fällen dürfte auch die Titration der mit Ammoniak übersättigten (schwefelsauren) Lösung mit Cyankaliumlösung (siehe S. 620) genügen.

Blei.

Man bestimmte den Metallgehalt in Erzen und Hüttenprodukten (mit Ausnahme des Metalls selbst und des Hartbleies) im Hütten - betriebe bisher fast ausschließlich nach schnell auszuführenden Methoden auf trockenem Wege [1]), obgleich die betreffenden Proben ungenaue, meist um 0,5—5 % zu niedrige Resultate ergeben.

Wegen dieses erheblichen Mangels der trockenen Proben sucht man schon seit längerer Zeit nach „schnellen" analytischen Methoden; solche sind in den letzten Jahren entstanden, haben sich bewährt und schon vielfach Eingang in die Hüttenlaboratorien, ganz besonders aber in die Handelslaboratorien gefunden. So wird in dem sehr bedeutenden Erzhandel der Ver. Staaten z. B. das Ergebnis der „nassen Probe" jetzt auch schon für Bleierze durchweg als Grundlage der Bewertung angenommen.

Gegenstand der Untersuchung sind: Erze, Hüttenprodukte (Bleistein, Bleispeise, Glätte, Herd, Abstrich, Gekrätz, Flugstaub, Schlacken, Werkblei, Weichblei oder Handelsblei, Hartblei oder Antimonblei), Bleilegierungen, Metallkrätzen usw.

Die wichtigsten Bleierze sind:

Bleiglanz, PbS, mit 86,6 % Blei; enthält stets Silber als isomorphes Ag_2S, und zwar von Spuren bis über 1 %. Am häufigsten kommen Silbergehalte von einigen $1/_{100}$ bis $1/_{10}$ Prozenten vor; auch die sonstigen Bleierze sind immer silberhaltig.

Weißbleierz, $PbCO_3$, mit 77,6 % Blei.

Vitriolbleierz oder Anglesit, $PbSO_4$, mit 68,3 % Blei.

Grün- und Braunbleierz oder Pyromorphit, $3 Pb_3P_2O_8 + PbCl_2$, mit 76,2 Proz. Blei.

Seltener sind:

Mimetesit ($3 Pb_3As_2O_8 + PbCl_2$), Rotbleierz ($PbCrO_4$), Gelbbleierz ($PbMoO_4$), Vanadinbleierz ($3 Pb_3V_2O_8 + PbCl_2$), Scheelbleierz ($PbWO_4$) usw. usw.

Von Blei-Antimon-Erzen seien erwähnt: Boulangerit ($3 Pb S + Sb_2S_3$), mit 58,8 % Pb, 23,1 % Sb; Nadorit ($PbSb_2O_4 + PbCl_2$), mit 52,2 % Pb, 30,8 % Sb. Beide enthalten neben etwas Silber gewöhnlich auch eine geringe Menge Gold.

I. Trockene Bleiproben für Erze usw.

Sie bezwecken die Abscheidung des Metalls durch ein Schmelzen mit Reduktions- und Flußmitteln; geschwefelte Erze oder Hütten-

---

[1]) Ausführliches über „Bleiproben" findet sich in den Probierbüchern von Br. Kerl.

produkte werden (beim Verschmelzen in Tongefäßen) durch einen besonderen Zusatz von metallischem Eisen entschwefelt oder in eisernen Tiegeln verschmolzen. Wegen der Flüchtigkeit des Metalls in hoher Temperatur (die durch die Anwesenheit von Arsen, Antimon und Zink noch gesteigert wird), zum kleineren Teil auch durch Verschlackung, entstehen hierbei immer erhebliche Metallverluste. Aus unreinen, Sb, As, Cu, Zn, Bi usw. enthaltenden Erzen erhält man stets durch diese mehr oder weniger verunreinigtes Blei.

Den Edelmetallgehalt bestimmt man gewöhnlich durch besondere Proben (siehe „Silber"), leidlich genau wird er auch durch direktes Abtreiben der durch die „Probe im eisernen Tiegel", besser der bei der „Pottaschenprobe" erhaltenen Werkbleikönige ermittelt (siehe „Silber", Kupellation, S. 541 ff.).

1. Die Niederschlagsprobe im eisernen Tiegel oder belgische Probe.

Diese beste aller trockenen Bleiproben eignet sich besonders für reiche, wenig verunreinigte Bleiglanze, gestattet eine größere Einwage als die sonstigen Proben und verläuft schnell, wodurch größere Bleiverluste vermieden werden. Im günstigsten Falle erhält man aus reinem Bleiglanz 85,25 % statt 86,6 %; der durchschnittliche Bleiverlust bei der Probe beträgt annähernd 2 %.

Ausführung. Man erhitzt den dickwandigen eisernen Tiegel (etwa 12 cm hoch, 8 cm obere Weite) im „Windofen" zur beginnenden Rotglut, trägt das Erz und die Beschickung ein (z. B. 50 g Erz, 100 g schwarzer Fluß oder 100 g einer Mischung von 85 Tl. Pottasche und 15 Tl. Mehl, 5—10 g Borax und 10 g verknistertes Kochsalz, die hintereinander auf der Metallschaufel (Fig. 96, S. 540) liegen), bedeckt den Tiegel, bringt ihn in etwa 5 Minuten zur hellen Rotglut, in der dann die Beschickung innerhalb weiterer 10 Minuten zum ruhigen Fließen kommt. Dann nimmt man den Tiegel aus dem Feuer, läßt ihn einige Minuten abkühlen und gießt den dünnflüssigen Inhalt in einen mit Graphit oder Rötel ausgestrichenen und angewärmten „Einguß" (Fig. 99, S. 541), der zur schnelleren Abkühlung einige cm tief in Wasser eingetaucht wird. Nach dem Erkalten trennt man die Schlacke von dem Bleikönige durch einige Hammerschläge, reinigt ihn durch Abspülen mit heißem Wasser und Abbürsten mit einer scharfen Bürste, bequemer durch Beizen mit heißer, stark verdünnter Schwefelsäure, trocknet und wägt ihn.

In dem Tiegel schmilzt man sofort nach dem Ausgießen der Probe etwa 20 g Fluß und 5 g Kochsalz ein, entleert diese Schmelze nach etwa 10 Minuten in einen Einguß und erhält gewöhnlich noch ein kleines Bleikügelchen; dann kann eine neue Probe ausgeführt werden.

(Diese Proben stehen fast auf allen Bleihütten in Anwendung; sie eignen sich auch zur Bestimmung des Bleigehaltes in den sehr ungleichmäßig beschaffenen Bleikrätzen, von denen größere Durchschnittsproben (nach dem Sieben) genommen werden müssen.)

Ein etwaiger Antimongehalt des Erzes geht bei der Probe nahezu quantitativ in den Bleikönig und kann darin bestimmt werden (siehe „Hartblei" S. 674); er wird von der Hütte als Blei bezahlt. W. Witter[1]) (Staatshüttenlaboratorium zu Hamburg) mischt 25 g Erz mit 30 g „Fluß" (72 Tl. Soda, 40 Tl. Borax, 9 Tl. Weinstein), gibt eine Decke von 15 g Fluß und trägt nach dem Einschmelzen nochmals 15 g Fluß ein, um an der Tiegelwandung haftende Bleipartikelchen nieder- zureißen. (Andere suchen dies durch die „Kochsalzdecke" zu erreichen.) Der erwähnte „Fluß" wird von den rheinischen Bleihütten benutzt.

J. Flath (Chem.-Ztg. 24, 263; 1900) erhielt das beste Bleiausbringen beim Verschmelzen von 25 g Substanz (Bleiglanz in verschiedenen Korngrößen, Bleischlammschlich, Bleiglanz mit Schwefelkies, Pyro- morphit, Weißbleierz, Flugstaub, Bleischlacke) mit 60 g einer Fluß- mischung aus 70 % kalz. Soda, 28 % kalz. Borax und 2 % Weinstein, sowohl bei basischer, als auch bei saurer Gangart der Erze. Die größte Abweichung gegenüber der Bleibestimmung auf nassem Wege betrug 1,5 % Verlust. Für Bleischlacken (S. 663) ist das Verfahren nicht zu empfehlen.

Für Pyromorphit und Mischungen von Bleiglanz mit solchen empfiehlt Beringer (Text Book of Assaying, 11 Ed., London 1908) folgende Beschickung: 20 g Erz werden mit 25 g Soda, 7 g Weinstein und 5 g Flußspat gemischt und 2 g Borax als Decke gegeben.

2. Sonstige Proben für geschwefelte Erze.

Kleinere Einwagen (1 Probierzentner = 5 g bzw. 3,75 g) von Erzen mit mehr Gangart und wenig fremden Schwefelmetallen werden viel- fach in tönernen Probiergefäßen (Tuten und Bleischerben) mit Pottasche und Mehl, Borax und Zusatz von metallischem Eisen (15 mm langes Stück Telegraphendraht) geschmolzen (deutsche Probe), die Probier- gefäße nach dem Erkalten zerschlagen, das Blei vom überschüssigen Eisen getrennt, abgebürstet und gewogen. Nach dem sehr praktischen amerikanischen Verfahren stellt man während des Schmelzens einen oder mehrere starke Eisennägel in die betreffenden Scherben und zieht sie nach dem Herausnehmen der Scherben aus der Muffel vorsichtig heraus. Die Dauer der Probe ist etwa 1 Stunde.

Ch. H. Fulton (a. a. O.) gibt eine interessante Zusammen- stellung der Resultate von trockenen Proben verschiedenartiger Bleierze im Vergleiche mit denen der gewichtsanalytischen Bestimmung als reines Sulfat.

Die Ilsemannsche oder Oberharzer Pottaschenprobe be- steht in einem Verschmelzen des nur mit Pottasche gemischten Erzes unter einer Kochsalzdecke im kleinen Bleischerben; sie muß im Muffel- ofen ausgeführt werden, ist in der Art der Ausführung sehr von der Erzbeschaffenheit abhängig und gibt sehr schwankende Resultate. Der Silbergehalt des Erzes geht hierbei vollständig in den Bleikönig ein.

---

[1]) Freundliche Privatmitteilung.

Die Schwefelsäureprobe (bestehend in der Darstellung möglichst reinen Bleisulfats auf nassem Wege und Verschmelzen desselben
mit Pottasche, Mehl und Eisen) eignet sich besonders für durch fremde
Schwefelmetalle usw. stark verunreinigte Erze.

Reinere Bleierze (geschwefelte und oxydische, möglichst frei von
anderen Schwefelmetallen) können auch durch Schmelzen mit reinem
Cyankalium im Porzellantiegel probiert werden, wozu man keinen
Ofen braucht, sogar die Temperatur der Berzelius-Spirituslampe ausreicht. 5 g Erz z. B. werden mit 15 g gepulvertem Cyankalium gemischt, eine Decke davon gegeben und 10—15 Minuten geschmolzen.
Bei oxydischen Erzen und Hüttenprodukten nimmt man das 6 fache
der Einwage an Cyankalium.

3. Proben für oxydische Erze und Hüttenprodukte.

Diese Materialien werden in Tuten oder Scherben mit Fluß- und
Reduktionsmitteln verschmolzen (z. B. Weißbleierz und Glätte); ein
etwaiger Schwefelgehalt (Vitriolbleierz, Abstrich, Flugstaub) erfordert
Zusatz von Eisen, ein hoher Gehalt an „Erden" (z. B. Mergel im „Herd")
reichlichen Boraxzusatz. Schlacken und arme Abgänge werden in
größerer Einwage in Tiegeln reduzierend-solvierend verschmolzen und
dabei als Ansammlungsmittel für das Blei häufig fein verteiltes Silber
in abgewogener Menge zugesetzt. Die Resultate der trockenen Schlacken-
proben sind sehr ungenau.

II. Nasse Bleiproben für Erze usw.

Als „schnelle Methoden" sind die gewichtsanalytischen von
Rößler und von Schulz und Low, die elektrolytische Methode und
die Titrationsmethoden zu bezeichnen.

a) Gewichtsanalytische Methoden.

1. Bestimmung des Bleies als Sulfat.

Von antimonfreien Erzen (Bleiglanz mit Blende, Schwefelkies,
Arsenkies, Kupferkies usw. und Gangart) wird 1 g sehr feines Pulver in
einem Erlenmeyerkolben mit 10 ccm HNO_3 von 1,4 spez. Gew. übergossen, der Kolben umgeschwenkt und nach der heftigen Reaktion
schräg auf das heiße Sandbad gelegt. Wenn die Oxydation beendigt ist
(nach $^1/_2$ Stunde etwa), gibt man 10 ccm 50 proz. H_2SO_4 in den Kolben,
schwenkt um und kocht auf dem Sande bis zum Entweichen von H_2SO_4-
Dämpfen ein. Den erkalteten Rückstand übergießt man mit 30 ccm
Wasser, erwärmt damit $^1/_4$ Stunde im kochenden Wasserbade (oder auf
dem Sandbade), kühlt den Kolben ab, entfernt die Fe, Cu, Zn usw.
enthaltende Lösung durch Dekantieren durch ein Filter, wäscht das
unreine Bleisulfat im Kolben einmal durch Dekantieren mit schwach
schwefelsaurem Wasser (0,5 ccm H_2SO_4 in 100 ccm Wasser) und zweimal

mit reinem Wasser aus, bringt 20 ccm konzentrierter Ammoniumacetatlösung (durch Neutralisieren des gew. Ammoniaks mit 50 proz. Essigsäure hergestellt), einige Tropfen Ammoniak und 20 ccm Wasser in den
Kolben und erhitzt damit zum Sieden, um das Bleisulfat vollständig
aufzulösen. Man filtriert dann die heiße Lösung durch das beim Dekantieren benutzte Filter in ein Becherglas, wäscht den Kolben und das
Filter dreimal mit heißem Wasser, dem etwas Ammoniumacetat zugesetzt worden ist, aus und fällt das Blei in der abgekühlten Lösung (ca.
200 ccm) durch Zusatz von 10 ccm H_2SO_4 wieder als Sulfat.

Den schweren Niederschlag filtriert man nach 1—2 Stunden ab,
wäscht ihn dreimal mit reinem Wasser[1]) und einmal mit starkem Alkohol
aus, trocknet das Filter im Luftbade, bringt das Sulfat möglichst vollständig herunter auf Glanzpapier, verascht das Filter bei niedriger
Temperatur im tarierten Porzellantiegel, bringt die Substanz dazu und
erhitzt allmählich bis zum Glühen.

$$PbSO_4 \times 0,6831 = Pb.$$

(Wenn sich beim Veraschen des Filters Bleikügelchen gebildet
haben, setzt man einige Tropfen schwacher HNO_3 hinzu, erwärmt zur
Auflösung des Bleies auf dem Wasserbade, setzt einen kleinen Tropfen
H_2SO_4 hinzu, dampft ab, verjagt die Schwefelsäure über dem Finkener-
Turm S. 647 und bringt dann erst die Hauptmenge des getrockneten
Bleisulfats in den Tiegel.)

Von bleiarmen Erzen, Bleisteinen usw. werden bis zu 5 g eingewogen.

Wenn das Erz viel kalkige Gangart enthält, kann sich beim
Abkühlen der mit H_2SO_4 versetzten Acetatlösung über dem dichten
Bleisulfat ein lockerer Niederschlag von Gips, aus sehr feinen und ver-
filzten Nadeln bestehend, bilden. In diesem Falle gießt man die klare
Lösung möglichst vollständig von dem Niederschlage ab, gibt 200 ccm
Wasser und einige Tropfen H_2SO_4 in das Becherglas, erwärmt es eine
Stunde lang im kochendem Wasserbade, rührt häufig um, kühlt darauf
vollständig ab, sammelt das reine Bleisulfat auf einem Filter usw.
wie oben.

Ein kalkiges Erz mit sehr geringem Bleigehalte löst man
zweckmäßiger in Salzsäure, filtriert die mit kochendem Wasser (des
schwerlöslichen $PbCl_2$ wegen) verdünnte Lösung in ein Becherglas, fällt
das Blei, in Lösung gegangenes Cu usw. durch Einleiten von H_2S, filtriert
und behandelt das vom Filter gespritzte, unreine PbS mit HNO_3 und
H_2SO_4 wie oben.

Antimonhaltiger Bleiglanz wird mit starker Salpetersäure
(10 ccm vom spez. Gew. 1,4) unter Zusatz von 2 g Weinsäure zersetzt,
50 ccm Wasser in den Kolben gegeben, erwärmt, nach 10 Minuten abgekühlt und das Blei durch 10 ccm dest. H_2SO_4 ausgefällt, wobei eine
kleine Menge etwa 2 mg, in Lösung bleibt. Nach einer Stunde wird

---

[1]) Die geringe Löslichkeit des Bleisulfats in reinem Wasser kommt hier
nicht in Betracht.

dekantiert, das Sulfat ausgewaschen, in Ammoniumacetat gelöst usw. wie oben. A. H. Low (Denver) behandelt antimonhaltigen und wismuthaltigen Bleiglanz mit starker HNO_3, kocht mit H_2SO_4 ein, nimmt mit Wasser auf, dekantiert die stark schwefelsaure Lösung ab und bringt das Antimon aus dem rohen Bleisulfat dadurch in Lösung, daß er es mit einer Lösung von 2 g Seignettesalz (weinsaurem Kalinatron) in 50 ccm Wasser und Zusatz von 1 ccm H_2SO_4 auskocht.

Antimonreiche Erze (z. B. Bournonit, $CuPb.SbS_3$) und Hüttenprodukte (Bleispeisen) schließt man am besten durch Schmelzen mit Soda und Schwefel (oder entwässertem Natriumthiosulfat) auf, laugt mit heißem Wasser aus, sammelt das Unlösliche (Pb S, Cu S, Fe S usw.) auf einem Filter, wäscht es aus, spritzt es vom Filter in eine Schale und behandelt es mit HNO_3 und darauf folgendem Zusatze von H_2SO_4 wie oben. Aus der Lösung der Sulfosalze kann man Sb und As bestimmen (siehe diese).

In dem ersten Filtrate vom Bleisulfat (siehe oben) kann natürlich der Gehalt an Kupfer, Zink, Eisen usw. bestimmt werden, indem man zunächst das Kupfer (mit Bi, As, Sb usw.) durch H_2S fällt. — Das ausgewaschene Bleisulfat kann durch Kochen mit Sodalösung oder durch Digerieren mit einer kaltgesättigten Lösung von Ammoniumcarbonat schnell und vollständig in Bleicarbonat übergeführt werden, das mit heißem Wasser auszuwaschen ist. Löst man dieses darauf in heißer und verdünnter Salpetersäure, filtriert von der Gangart ab in eine Classensche Schale und setzt der Lösung noch so viel Salpetersäure zu, daß sie 15—20 Volumproz. HNO_3 von 1,38 spez. Gew. enthält, so ist sie vorzüglich zur elektrolytischen Abscheidung des Bleies als Pb O_2 (siehe unten) geeignet.

2. Bestimmung des Bleies als Metall (1) oder als Legierung mit Wood-Metall (2).

Verfahren von v. Schulz und Low (Engin. a. Min. Journ. 1892, 53, Nr. 25. — Berg- u. Hüttenm. Ztg. 1892, 473. Low, Technical Methods of Ore Analysis. 1905, S. 123). Das durch Auskochen mit schwach schwefelsaurer Seignettesalzlösung gereinigte Bleisulfat aus 1 g Erz (siehe oben) wird nach dem Auswaschen mit verdünnter Schwefelsäure auf dem Filter durch heiße gesättigte Salmiaklösung aufgelöst, das Filtrat in einem Kolben, zur Abscheidung des Bleies als Metall, 5 Minuten lang nach Zusatz von 3 Stücken Aluminiumblech (1,5 mm stark, 35 mm lang, 15 mm breit) gekocht, der Kolben mit kaltem Wasser gefüllt, sein Inhalt in eine Porzellankasserolle entleert, das am Aluminium haftende Blei unter Wasser abgeschabt, dekantiert, das Blei in eine kleine Porzellanschale gespült, nach dem Abgießen des Wassers mit einem Achatpistill stark zusammengedrückt, noch mehrmals mit destilliertem Wasser und einmal mit absolutem Alkohol abgespült, schnell im Luftbade getrocknet und gewogen. Dauer der ganzen Probe, mit der Zersetzung des Erzes beginnend, 40 Minuten.

Aus reinem Bleiglanz (mit 86,6 % Pb) werden nach dieser Probe
86,4 % erhalten.

Verfahren von C. Rößler (Zeitschr. f. analyt. Chem. 24, 1; 1885).
Die Methode beruht auf der Ausfällung des Bleies als Metallschwamm
aus einer möglichst reinen (von Cu und Sb freien) Lösung von Chlorblei durch reines metallisches Zink in Granalienform und der Ansammlung des ausgewaschenen Bleies in unter heißem Wasser geschmolzenem, vorher gewogenem Wood - Metall. Aus Cu- und Sb-haltigen
Erzen stellt man sich (nach den oben besprochenen Methoden) möglichst
reines Bleisulfat her, das dann nach dem Übergießen mit verdünnter
Salzsäure durch Zink ebenso schnell reduziert wird wie Chlorblei. —
Das zu den Proben nötige Wood-Metall (Schmelzpunkt ca. 70⁰ C)
stellt man sich durch Zusammenschmelzen von 20 Tl. reinstem Wismut,
10 Tl. Blei, 5 Tl. Zinn und 5 Tl. Cadmium in einer kleinen Porzellankasserolle mit Zusatz eines Stückchens Paraffin her, deckt mit einem
Eisenschälchen zu, wenn das Paraffin zu brennen anfängt, läßt nach dem
Einschmelzen abkühlen, rührt dann mit zusammengefaltetem Fließpapier
gut um und gießt das flüssige Metall sofort in eine eiserne Höllenstein-
form. Von den so erhaltenen Stangen schlägt man mit dem scharfen
Meißel Stücke im annähernden Gewichte von 2 g ab.

Reines, bleifreies Zink wird entweder in Granalien oder als
dünnes Blech verwendet. Letzteres stellt man sich her, indem man 50
bis 100 g Zink in einem Tontiegel oder Porzellantiegel über einem
Dreibrenner einschmilzt, durch Einwerfen eines Stückchens Salmiak
das Oxydhäutchen beseitigt und das Metall im dünnen Strahl aus 10
bis 20 cm Höhe auf eine Steinplatte oder blanke Eisenplatte fließen
läßt. Nach dem Erkalten schneidet man davon Streifen.

Ausführung. 0,5—1 g des sehr fein geriebenen Erzes (Bleiglanz,
Weißbleierz, Vitriolbleierz, auch Glätte) wird in einem großen Reagenzglase (180 mm lang, 30 mm weit) mit 20—30 ccm gewöhnlicher, 25 proz.
Salzsäure übergossen, das Rohr schräg auf das geheizte Sandbad gelegt
und bis zur vollständigen Zersetzung des Erzes erhitzt. Dann verdünnt
man mit 20—30 ccm Wasser, läßt 1—1,5 g Zink in das schräg gehaltene
Rohr gleiten, setzt ein leichtes, vor der Lampe geblasenes Trichterchen
mit kurzem weiten Rohr auf und stellt die Röhren in ein etwa 70⁰
heißes Wasserbad. Die Bleiabscheidung geht sehr schnell vor sich,
gelegentlich heben die eingeschlossenen Wasserstoffbläschen den Bleischwamm nebst dem Zink in die Höhe. Man sucht durch Stoßen mit
einem langen, dünnen Glasstabe das Blei von dem Zinkreste zu trennen,
drückt das Blei gegen die Glaswandung und bringt es dadurch zum
Untersinken. Wenn die Wasserstoffentwicklung fast aufgehört hat, prüft
man die Lösung dadurch auf Blei, daß man ein ca. 6 qmm großes Stückchen Magnesiumband einwirft. Wenn sich dasselbe ohne Hinterlassung
eines Bleibällchens auflöst, ist die Ausfällung beendet, andernfalls setzt
man einige dcg Zink und noch etwas Salzsäure zu, erhitzt weiter und
prüft nochmals mit Magnesium. Man erwärmt dann bis zum Aufhören
der Wasserstoffentwicklung, gießt die saure Zinklösung in ein Becherglas

ab, dekantiert sofort dreimal mit je 30 ccm ausgekochtem, heißem Wasser, übergießt den Schwamm nochmals mit heißem Wasser, läßt das abgewogene Stück Wood-Metall hineingleiten, stellt das Glasrohr einige Minuten in kochendes Wasser und schwenkt um, wobei dann eine noch unter 100° C schmelzende Legierung vom Wood-Metall + Blei entsteht. Durch Eintauchen in kaltes Wasser bringt man die Legierung zum Erstarren, schüttet aus, trocknet das Metall und wägt es. Seine Gewichtszunahme ist das Blei aus der Probe. Da die Körnchen manchmal etwas Wasser einschließen, empfiehlt R ö s s l e r , sie auf einer Porzellanplatte mit Vertiefungen kurze Zeit im Luftbade auf ca. 100° zu erhitzen und sie dann erst zu wägen.

Diese rasch verlaufende Probe eignet sich besonders für reine Bleiglanze (oder blendehaltige Bleiglanze) mit kalkiger Gangart, die sich vollkommen in Salzsäure lösen. Bei der Auflösung zurückbleibende feste Körper (Gangart, Schwefelkies usw.) geraten hinterher in den Bleischwamm und zum Teil auch in die Legierung. Man kann die Lösung von diesen festen Körpern durch Filtrieren (kleines Asbestfilter) trennen, bekommt dann aber wegen der Schwerlöslichkeit des $PbCl_2$ mehr Flüssigkeit, als erwünscht. Ist Kupferkies zugegen, dann behandelt man das Erz besser mit Salpetersäure und Schwefelsäure und reduziert das mit verdünnter Salzsäure übergossene Bleisulfat. Ein Antimongehalt kann dadurch entfernt werden, daß man die Bleilösung zur Trockne dampft und den Rückstand zur Verflüchtigung des $SbCl_3$ auf 250° C erhitzt.

3. Elektrolytische Abscheidung des Bleies als Superoxyd [1].

Der um die Einführung der Elektrolyse in die Laboratorien verdiente C. Luckow fand schon 1865, daß Blei sich aus Lösungen mit viel freier Salpetersäure quantitativ als wasserhaltiges PbO_2 abscheiden läßt. Diese jetzt sehr verbreitete [2] Methode gestattet eine Trennung des Bleies von Cu, Au, Hg, Sb, Zn, Cd, Fe, Ni, Co, Mn, Al; Silber und Wismut gehen zum Teil als Superoxyde in das PbO_2. (Über Apparate zur Elektrolyse siehe „Kupfer" S. 602 ff.)

Ausführungsbedingungen: Die betr. Lösung muß frei sein von Chlorverbindungen und darf nur wenig Schwefelsäure enthalten, weil diese sonst zum Teil in das PbO_2 eingeht. Nach Classens Vorschlag benutzt man zweckmäßig durch das Sandstrahlgebläse innen „mattierte" Platinschalen, auf deren Wandung sich bis zu 4 g PbO_2 festhaftend niederschlagen lassen; in glatten Schalen blättert der Niederschlag leicht los.

---

[1] Siehe: C l a s s e n , Analyse d. Elektrolyse, 4. Aufl., S. 178 u. f.; 5. Aufl. S. 123; S c h n e l l f ä l l u n g S. 126. B. N e u m a n n , Die Elektrolyse als Hilfsmittel in der analytischen Chemie. Halle a. S. 1896.

[2] H. N i s s e n s o n und C. R ü s t (Zeitschr. f. anal. Chem. **32**, 431; 1893) haben schon 1893 im Laboratorium der „Aktien-Gesellschaft zu Stolberg und in Westfalen" t ä g l i c h 32 elektrolytische Bleibestimmungen mit Benutzung von 8 C l a s s e n schen Schalen ausgeführt. Stromquelle: Akkumulatoren.

Für die (langsame) Ausfällung bei gewöhnlicher Temperatur und geringer Stromdichte (0,05 Ampere für 100 qcm) muß die Flüssigkeit ca. 10 Vol.-Proz. Salpetersäure (von 1,38 spez. Gew.) enthalten, weil sonst Abscheidung von metallischem Blei an der Kathode (Platinscheibe) stattfindet; für $ND_{100} = 0,5$ Ampere erhöht sich der Salpetersäuregehalt sogar auf 20 Vol-Proz.

Die in der Praxis bevorzugte schnellere Ausfällung kann bei gewöhnlicher Temperatur mit Stromstärken von 1—2 Ampere und 2,3—2,7 Volt Spannung in der Lösung mit 20 Vol.-Proz. Salpetersäure (1,38 spez. Gew.) bewirkt werden; bei erhöhter Temperatur, nicht über 60—70° C, genügt ein Salpetersäuregehalt von 10 Vol.-Proz. Wenn nach Zusatz von 20 ccm Wasser die neu benetzte Elektrodenfläche nicht mehr durch Abscheidung von $Pb\,O_2$ in $^1/_4$ oder $^1/_2$ Stunde geschwärzt wird, ist die Fällung beendet. Man unterbricht dann den Strom, entleert den Inhalt der Schale, spült sie dreimal mit kochendem Wasser und einmal mit absolutem Alkohol aus, trocknet sie eine halbe Stunde im Luftbade bei 200° und wägt sie nach $^1/_2$ Stunde. Das Bleisuperoxyd wird dann durch heiße, stark verdünnte Salpetersäure unter Zusatz kleiner Mengen von Oxalsäure schnell gelöst.

Erstaunliche Resultate sind mit der Schnellelektrolyse (Classen a. a. O.) erreicht worden. R. O. Smith fällte aus einer Lösung, die in 125 ccm 25 ccm HNO_3 (1,4) enthielt und auf 95° C erhitzt war, in einer Schale mit rotierender Spirale (800 Touren in der Minute) bei 3,6—3,8 Volt und 10—11 Amp. (ND_{100}) bis zu 0,58 g Blei in 15 Minuten.

Beispiele. Bleibestimmung im Bleiglanz nach Medicus (Ber. **25**, 2490; 1892). 0,5 g fein gepulverte Substanz wird mit konzentrierter Salzsäure zersetzt, die Lösung mit Kalilauge (1 : 3) im Überschuß versetzt, wenn Antimon zugegen, 1—2 g Weinsäure zugesetzt, einige Minuten auf 100° erhitzt, in die abgekühlte alkalische Bleilösung nach dem Verdünnen mit Wasser Kohlendioxyd zur Ausfällung des Bleies (etwa $1^1/_2$ Std.) eingeleitet, das Bleicarbonat bis zum Verschwinden der Chlorreaktion mit heißem Wasser ausgewaschen, der Niederschlag auf dem Filter in verdünnter Salpetersäure (1 : 7) gelöst und die Lösung entweder bei gewöhnlicher Temperatur (12 Stunden) oder bei 60—70° C (2 Stunden) mit einem Strome von 0,1 Ampere elektrolysiert. Die Prüfung auf etwaigen Bleigehalt der Lösung, das Auswaschen usw. vollzieht sich wie oben.

H. Nissenson und B. Neumann (Chem.-Ztg. **19**, 1143; 1895) lösen 0,5 g (Cu- und Sb-haltigen) Bleiglanz in 30 ccm HNO_3 (von 1,4 spez. Gew.), kochen auf, verdünnen mit Wasser, filtrieren in eine Classensche Schale und elektrolysieren heiß mit einem Strome von 2,5 Volt Spannung und 1 Ampere Dichte für 100 qcm benetzte Fläche. Dauer 1 Stunde.

Anmerkungen. Die Erwärmung des Schalen-Inhalts geschieht nach A. Kreichgauer am besten mit einem Mikrobrenner, die Wärmeverteilung durch ein unter der Schale angebrachtes Stück Asbestpapier. Es schadet nicht, wenn sich PbO_2 beim Auswaschen der Schale

loslöst; man gießt dann vorsichtig ab. Das Trocknen muß bei 200° C.
ausgeführt werden, weil sonst ein geringer Wassergehalt im Pb O_2 bleibt.
Richtig ausgeführt, gibt die Methode sehr genaue Resultate.

b) Maßanalytische Methoden.

1. Molybdatmethode von Alexander[1].

Diese Methode beruht auf der Fällung des Bleies aus heißer Acetatlösung durch Ammoniummolybdat, wobei in Essigsäure unlösliches Blei-
molybdat entsteht, und Erkennung eines Überschusses von Ammoniummolybdat an der durch eine „Tüpfelprobe" mit frisch bereiteter Tannin-
lösung auftretenden Gelbfärbung. Die Ammoniummolybdatlösung
wird durch Auflösen von 9 g des käuflichen Salzes in Wasser, unter
Zusatz einiger Tropfen Ammoniak und Auffüllen zu 1 Liter, hergestellt.
Zur Titerstellung werden 300 mg Bleisulfat in einer hinreichenden Menge
von etwas verdünnter Ammoniumacetatlösung durch Erwärmen gelöst,
mit Essigsäure angesäuert, zu 250 ccm verdünnt, zum Sieden erhitzt und
aus der Bürette so lange Ammoniummolybdatlösung zugelassen, bis
alles Blei als schweres, weißes Molybdat ausgefällt ist. Von der Tannin-
lösung (1 Tl. in 300 Tl. Wasser) hat man in die Vertiefungen einer Porzellanplatte Tropfen gebracht und setzt zu diesen von Zeit zu Zeit
Tropfen aus der im Becherglase titrierten Lösung, bis Gelbfärbung eintritt. (300 mg $PbSO_4$ enthalten 204,93 mg Pb.)

Ausführung: In Brokenhill wird 1 g Erz im Erlenmeyerkolben
mit 15 ccm starker Salpetersäure zersetzt, 10 ccm Schwefelsäure zugesetzt und eingekocht, bis reichlich H_2SO_4-Dämpfe entweichen. Nach dem
Erkalten wird mit Wasser erwärmt, abgekühlt, durch Dekantieren mit
schwach schwefelsaurem Wasser, zuletzt mit reinem Wasser ausgewaschen, das Filter in den Kolben gebracht, 25 ccm konzentrierter
Ammoniumacetatlösung zugesetzt, erhitzt, mit 100 ccm heißem Wasser
verdünnt und bis zur vollständigen Auflösung des Bleisulfats gekocht.
Darauf wird die Lösung mit kochendem Wasser zu etwa 250 ccm verdünnt und wie oben (bei der Titerstellung) titriert. Von Erzen über
30 % wird 0,5 g eingewogen. Die erforderliche Zeit ist eine Stunde.

Kroupa (Österr. Zeitschr. f. Berg- und Hüttenwesen 1904,
Nr. 17) und W. Witter (freundliche Privatmitteilung) haben dies
Verfahren geprüft und sehr zufriedenstellende Resultate erhalten,
Ref. dgl. — Low hat die Methode etwas abgeändert und seine
Modifikation ausführlich beschrieben.

2. Beebes Ferrocyankaliummethode[2].

Eine von Alkalisalzen freie, essigsaure Bleiacetatlösung wird mit
1 proz. Ferrocyankaliumlösung bei gewöhnlicher Temperatur titriert, bis
ein herausgenommener Tropfen mit konzentrierter, schwach essigsaurer

---

[1] Engin. a. Mining Journ. 55, Nr. 13. — Berg- u. Hüttenm. Ztg. 1898, 201.
[2] Chem. News 73, 18; 1896 und Zeitschr. f. anal. Chem. 36, 58; 1897.

Uranacetatlösung auf der Porzellanplatte Braunfärbung gibt. Man stellt die Ferrocyankaliumlösung auf eine Bleiacetatlösung von bekanntem (gewichtsanalytisch bestimmtem) Bleigehalte.

Ausführung: Das wie oben (S. 663 u. f.) aus dem Erz gewonnene unreine Bleisulfat wird zunächst nach dem Verfahren von A. H. Low (S. 665) zur Beseitigung von Bi und Sb mit schwach schwefelsaurer Seignettesalzlösung ausgekocht, ausgewaschen, durch Digerieren mit Ammoniumcarbonatlösung in Bleicarbonat umgewandelt, dies mit heißem Wasser gut ausgewaschen, in heißer, verdünnter Essigsäure unter Vermeidung des Verspritzens im Becherglase gelöst und die ab-gekühlte Lösung mit Ferrocyankaliumlösung titriert.

Nach Low stört ein höherer Kalkgehalt (bis zu 30 % CaO) nicht erheblich, wenn man alles $CaSO_4$ in $CaCO_3$ überführt; anderenfalls fällt nach dem Lösen der Carbonate in Essigsäure Blei als Sulfat aus.

3. Die Chromatmethode.

C. und J. J. Beringer[1]) haben das Verfahren von Diehl derart abgeändert, daß sie die zum Sieden erhitzte verdünnte Lösung von Bleisulfat oder Chlorid in einer Auflösung von Natriumacetat nach dem Ansäuern mit 2—3 ccm Essigsäure in ein abgemessenes, mehr als zur Fällung des Pb als $PbCrO_4$ hinreichendes Volumen einer kalten Stan-dard-Lösung von neutralem Kaliumchromat eingießen, die etwa 60⁰ heiße Mischung schütteln, vom Niederschlag abfiltrieren, dem Filtrate verdünnte Schwefelsäure zusetzen und die überschüssige Chromsäure mit gestellter Ferrosulfat-Lösung zurücktitrieren. Die Kaliumchromat-Lösung enthält 9,40 g neutrales Salz (oder 7,13 g Bichromat und 4 g Natriumbicarbonat) im Liter; 100 ccm hiervon fällen gerade 1 g Blei.

III. Analyse von Handelsblei (Weichblei, raffiniertem Blei)
nach Fresenius[2]) mit Abänderungen von Fernandez - Krug und Hampe[3]).
(Bestes raffiniertes Blei enthält 99,96—99,99 Proz. Blei und minimale Mengen von Ag, Cu, Bi, Cd, As, Sb, Fe, Ni, Co, Zn, Mn.)

Metallisch blanke Ausliebe (von möglichst vielen Barren einer Lieferung) oder blank geschabte Stücke werden kurze Zeit mit ver-dünnter Salzsäure erwärmt, mit heißem Wasser abgespült und schnell getrocknet. Man wägt 200 g genau ab und löst unter mäßigem Er-wärmen in 500 ccm Salpetersäure vom spez. Gew. 1,2 und Zusatz von 500 ccm Wasser in einem etwa 1,5 L. fassenden, bedeckten Becherglase auf und läßt die Lösung 12 Stunden stehen.

---

[1]) Text-Book of Assaying by C. and J. J. Beringer, London 1908, S. 214 u. f.
[2]) Quant. Analyse, 6. Aufl., Bd. II, S. 476 u. f.
[3]) Freundliche Privatmitteilungen der Herren Dr. Fernandez · Krug und Dr. Hampe zu Berlin.

Reinere Weichbleisorten geben eine vollkommen klar bleibende Lösung; ein beim Auflösen oder nach dem Stehen der Lösung gebildeter Niederschlag von Bleiantimonat usw. wird abfiltriert. Seine Weiterbehandlung siehe unten.

Nach Fernandez - Krug und Hampe - wird die klare bzw. geklärte Lösung im Becherglase mit 62—63 ccm reiner Schwefelsäure versetzt und gut umgerührt. Nach dem Erkalten hebert man die klare Lösung in ein großes Becherglas ab, gießt etwa 200 ccm mit Salpetersäure angesäuertes Wasser zu dem Bleisulfat, rührt mit einem dicken Glasstabe gut um, läßt absetzen, dekantiert, wiederholt dies noch 2—3 mal mit je 200 ccm angesäuertem Wasser und entzieht so dem Niederschlage die letzten Spuren der Lösung der fremden Metalle.

Die mit den Waschwässern vereinigte abgeheberte Lösung (1¹/₂ bis 2 L.) wird nicht eingedampft (Fresenius-Verfahren), sondern im Becherglase mit Ammoniak übersättigt, mit 25—50 ccm Schwefelammonium* versetzt und 2—3 Stunden auf dem Wasserbade erwärmt. Der Niederschlag der außer den Schwefelverbindungen der fremden Metalle erhebliche Mengen von PbS enthält, wird abfiltriert, in einen geräumigen Porzellantiegel gespritzt und getrocknet. Inzwischen hat man den Rückstand von der Auflösung der 200 g Blei (siehe oben) auf dem Filter in Salzsäure gelöst, der Lösung etwas Weinsäure und Wasser zugesetzt, Schwefelwasserstoff eingeleitet, abfiltriert und spritzt jetzt den Sb- und Pb-haltigen Niederschlag ebenfalls in den Porzellantiegel, trocknet wieder und schmilzt mit dem 6 fachen Gewichte der bekannten Mischung gleicher Teile Soda und Schwefel.

Das Filtrat vom Schwefelammoniumniederschlage wird mit der Lösung der Schmelze in heißem Wasser vereinigt, mit Essigsäure angesäuert, wodurch die Sulfide von As und Sb mit viel S ausgefällt werden, und 3—4 Stunden auf dem kochenden Wasserbade erhitzt. Darauf wird der Niederschlag abfiltriert, mit stark verdünntem und mit wenig Essigsäure angesäuertem Schwefelwasserstoffwasser ausgewaschen, getrocknet, der freie Schwefel mit Schwefelkohlenstoff extrahiert, die Schwefelverbindungen in Salzsäure und Kaliumchlorat gelöst, vom ungelösten Schwefel abfiltriert (ganz kleines Filter! Auswaschen mit der Pipette), das Filtrat mit 0,5 g Weinsäure versetzt, mit Ammoniak neutralisiert und die etwa 20 ccm betragende Flüssigkeit schließlich mit 10 ccm starkem Ammoniak (0,81 spez. Gew.) und 1—2 ccm Magnesia-Mischung (nicht mit Alkohol) versetzt. Nach 24 Stunden filtriert man das Magnesium-Ammonium-Arsenat durch ein kleines Filter ab, wäscht mit verdünntem Ammoniak (1 Vol. von 0,91 spez. Gew. + 2 Vol. Wasser) aus, setzt Schwefelammonium hinzu, erwärmt, fällt das Antimonsulfid durch Übersättigen der Lösung mit verdünnter Schwefelsäure aus, bringt es auf ein kleines Filter, löst es in erwärmtem Schwefelammonium, dampft die Lösung in einem tarierten Porzellantiegel ab, oxydiert den Rückstand mit starker Salpetersäure (Uhrglas auflegen!), dampft ab, verjagt die Schwefelsäure über dem Finkener-Turme (S. 647), glüht den Rückstand stark und wägt ihn als SbO₂. SbO₂ × 0,7898 = Sb.

Der vorher erhaltene Niederschlag von Mg NH_4-Arsenat wird in Pyroarsenat übergeführt (siehe „Arsen-Bestimmung im Handelskupfer", S. 638) und als solches gewogen. $Mg_2As_2O_7 \times 0,4829 = As$.

In dem Rückstande vom Schmelzen des $(NH_4)_2$-Niederschlages mit Soda und Schwefel und Auslaugen mit Wasser sind enthalten: Pb, Cu, Ag, Bi, Cd, Zn, Fe, Ni, Co und Mn als Schwefelmetalle. Man oxydiert ihn durch Erhitzen mit schwacher Salpetersäure (1 Vol. HNO_3 von 1,2 spez. Gew., 2 Vol. H_2O), indem man das Filterchen in einer Porzellanschale ausbreitet, mit der Säure übergießt und ein Uhrglas auflegt. Dann filtriert man, wäscht aus, setzt zur Abscheidung des Bleies etwas Schwefelsäure zu der Lösung, dampft ab, nimmt mit wenig Wasser auf und filtriert das Bleisulfat ab. (Es muß ein erheblicher Überschuß von Schwefelsäure genommen werden, weil sonst leicht etwas Wismut beim Bleisulfat bleibt; nach neueren Analysen kommen Weichbleisorten mit beträchtlichem Wismutgehalte im Handel vor.)

Das Filtrat vom $PbSO_4$ wird mit gesättigtem H_2S-Wasser' versetzt, eventuell auch Schwefelwasserstoff eingeleitet und einige Zeit mäßig erwärmt; Cu, Bi, Ag, Cd fallen aus, werden auf einem kleinen Filter gesammelt, das Fe, Zn, Ni usw. enthaltende Filtrat hiervon wird vorläufig beiseite gestellt.

Man oxydiert den Niederschlag wie vorhin mit verdünnter Salpetersäure, treibt die Salpetersäure durch Eindampfen mit einigen Tropfen Schwefelsäure aus, nimmt mit wenig Wasser auf, neutralisiert annähernd mit reinem Natron (aus Natrium hergestellt), setzt dann kohlensaures Natron und etwas reines Cyankalium hinzu und erwärmt mäßig. Entsteht hierbei ein Niederschlag (Wismut), so filtriert man denselben ab, wäscht aus, löst ihn in wenig Salpetersäure, fällt mit einem geringen Überschuß von Ammoniak, filtriert, löst in Salpetersäure, dampft die (jetzt schwefelsäurefreie) Lösung in einem gewogenen Porzellantiegel ein, erhitzt den Rückstand zum schwachen Glühen und wägt ihn als Bi_2O_3. (Siehe „Wismutbestimmungen im Handelskupfer" S. 639.) $Bi_2O_3 \times 0,8965 = Bi$.

Das cyankaliumhaltige Filtrat vom Wismutniederschlage wird mit noch etwas Cyankalium versetzt und dann mit einigen Tropfen K_2S-Lösung. Hierbei kann ein Niederschlag von Ag_2S und CdS entstehen, den man abfiltriert und in verdünnter heißer Salpetersäure löst; zur Ausfällung des Silbers werden einige Tropfen Salzsäure zur Lösung gesetzt, das Chlorsilber abfiltriert, das Filtrat fast zur Trockne verdampft, etwa vorhandenes Cadmium durch Kochen mit Sodalösung gefällt, der Niederschlag auf einem Filterchen gesammelt, mit heißem Wasser ausgewaschen, in einigen Tropfen Salpetersäure gelöst, die Lösung in einem gewogenen Porzellantiegel eingedampft und der Rückstand durch vorsichtiges Erhitzen bis zum Glühen in CdO übergeführt. $CdO \times 0,8754 = Cd$. (Cadmium findet sich nur selten in Spuren im Handelsblei.)

Das Filtrat vom Ag_2S und CdS dampft man unter Zusatz von etwas Schwefelsäure, Salpetersäure und einigen Tropfen Salzsäure fast zur Trockne, fällt das Kupfer aus der (wenn nötig filtrierten) Lösung

durch Schwefelwasserstoff und bestimmt es als Sulfür (siehe „Kupfer"
S. 614). $Cu_2 S \times 0,7986 = Cu$.

Die Zn, Fe, Ni usw. enthaltende Lösung (siehe oben) wird
in einem Stehkolben schwach ammoniakalisch gemacht, mit Schwefelammonium versetzt, der bis in den Hals gefüllte Kolben verkorkt und
24 Stunden oder länger stehen gelassen. Man filtriert erst nach dem
vollständigen Absetzen des Niederschlages, säuert das vielleicht etwas
Nickel gelöst enthaltende Filtrat mit Essigsäure an, setzt Ammoniumacetat hinzu, erwärmt es einige Stunden und filtriert S und NiS ab.

Den mit Schwefelammonium erhaltenen Niederschlag behandelt man
gleich nach dem Abfiltrieren auf dem Filter mit einer Mischung von 6 Tl.
gesättigtem Schwefelwasserstoffwasser und 1 Tl. Salzsäure von 1,12 spez.
Gew., indem man die durchgelaufene Flüssigkeit mittels einer Pipette
wiederholt auf das Filter bringt. ZnS und FeS gehen so in Lösung,
während NiS und CoS auf dem Filter bleiben. Nach dem Trocknen
wird dieses Filterchen zusammen mit demjenigen, auf welchem der Ni S-
haltige Schwefel (siehe oben) gesammelt worden war, in einem Porzellantiegel eingeäschert, der Rückstand mit einigen Tropfen Königswasser erwärmt, die Lösung fast zur Trockne verdampft, mit wenig
Ammoniak und Ammoniumcarbonat-Lösung versetzt, filtriert, mit Kalilauge in einer Platinschale bis zur vollständigen Austreibung des Ammoniaks gekocht, der minimale Niederschlag auf einem Filterchen gesammelt,
ausgewaschen, getrocknet, geglüht und als NiO gewogen. NiO
$\times 0,7858 = Ni$.

Nach dem Wägen prüft man qualitativ (in der Boraxperle vor
dem Lötrohre) auf einen etwaigen Kobaltgehalt.

Die beim Behandeln des Schwefelammoniumniederschlages mit
H_2S-haltiger verdünnter Salzsäure erhaltene Lösung von Zn, Fe, Mn
dampft man ein, oxydiert durch einen Tropfen Salpetersäure, fällt mit
Ammoniak, filtriert ab, löst die Spur Eisenhydroxyd nochmals in Salzsäure, fällt wieder mit Ammoniak, wäscht aus, trocknet, verascht das
Filter und wägt das erhaltene Eisenoxyd. $Fe_2O_3 \times 0,6994 = Fe$.

Zur Kontrolle kann man es in wenig Salzsäure durch Erwärmen
lösen, die verdünnte Lösung mit Jodkalium in geschlossener Flasche auf
70^0 erwärmen, abkühlen und das freie Jod mit einer Lösung von Natriumthiosulfat bei Gegenwart von Stärkelösung titrieren.

Das ammoniakalische Filtrat vom Eisenhydroxyd wird mit Schwefelammonium versetzt und mindestens 24 Stunden in gelinder Wärme
stehen gelassen. Etwa abgeschiedene Flocken werden abfiltriert, ausgewaschen und sogleich auf dem Filter mit verdünnter Essigsäure behandelt, um etwa dem ZnS beigemischtes MnS in Lösung zu bringen.
Man löst die Spur ZnS auf dem Filterchen in wenig Salzsäure, dampft
die Lösung in einem gewogenen Platinschälchen zur Trockne, setzt etwas
in Wasser aufgeschlämmtes Quecksilberoxyd hinzu (das sich ohne wägbaren Rückstand verflüchtigen lassen muß!), dampft zur Trockne, erhitzt allmählich zum starken Glühen und wägt den aus Zinkoxyd bestehenden Rückstand (Methode von Volhard.) $ZnO \times 0,8034 = Zn$

Die essigsaure Lösung dampft man ein, fällt etwa vorhandenes Mangan durch Kalilauge, filtriert, wäscht aus, trocknet das Filter, verascht es, glüht den Rückstand stark bei gutem Luftzutritt und wägt ihn als Mn_3O_4. $Mn_3O_4 \times 0,7203 = Mn$.

Der Silbergehalt[1]) im raffinierten Blei wird fast immer durch Kupellation bestimmt (siehe „Silber" S. 541); der Bleigehalt ergibt sich aus der Differenz an 100 %.

Anmerkungen. Die Weichblei-Analyse gehört wegen der meist nur in minimaler Menge vorhandenen Verunreinigungen zu den schwierigsten analytischen Arbeiten und setzt sehr viel praktische Erfahrung voraus. Man benutze nur besonders auf Verunreinigungen geprüfte Säuren und sonstige Reagenzien sowie eisenfreie Filter (selbst hergestellt oder von Schleicher & Schüll in Düren oder Max Dreverhoff, Dresden, bezogen). Trotz aller Sorgfalt gerät bei der langwierigen Analyse Staub in die Lösungen, wodurch die Eisenbestimmung stets zu hoch ausfällt.

Für die Bleiweißfabrikation, für Akkumulatoren usw. sind nur ganz hervorragend reine Weichbleisorten geeignet.

IV. Analyse von Hartblei (Antimonblei).

Verfahren von Nissenson und Neumann[2]). Hartblei wird jetzt gewöhnlich mit höherem Antimongehalte (bis zu 28 %) auf den Hüttenwerken dargestellt; zur Bestimmung des Antimons und der Verunreinigungen (Cu, As, manchmal Sn) genügt eine Einwage von 1—2,5 g. — Nissenson und Neumann lösen 2,5 g Substanz in einem $^1/_4$ Liter-Kolben durch Erwärmen mit einer Mischung von 4 ccm Salpetersäure (spez. Gew. 1,4), 15 ccm Wasser und 10 g Weinsäure auf, kühlen die Lösung ab, setzen 4 ccm konzentrierter Schwefelsäure hinzu, verdünnen mit Wasser, kühlen ab und füllen bis zur Marke auf. Das Blei fällt hierbei vollständig als Sulfat aus, die Lösung wird durch ein trockenes Filter abfiltriert, 50 ccm des Filtrats (0,5 g Substanz entsprechend) mit Ätznatron stark alkalisch gemacht, 50 ccm einer kaltgesättigten Lösung von reinem Schwefelnatrium (Na_2S) zugesetzt,

---

[1]) Auf nassem Wege läßt sich der Silbergehalt im Weichblei nach Bannow und Krämer (die zuerst die Schädlichkeit des Ag-Gehaltes im Blei für die Bleiweißfabrikation erkannten, bestehend in einer rötlichen Färbung durch Ag_2O) genau bestimmen, indem man mindestens 200 g mit einer zur Auflösung nicht ganz hinreichenden Menge Salpetersäure (400 ccm Salpetersäure von 1,2 spez. Gew. für 200 g Blei) längere Zeit digeriert, die entstandene Lösung abgießt, den Rückstand in verdünnter Salpetersäure löst und das Silber durch Zusatz einer wäßrigen Lösung von Chlorblei ausfällt. Wenn sich der Rückstand nicht vollkommen in Salpetersäure löste (Bleiantimonat usw.), wird das Ungelöste abfiltriert, getrocknet, mit Soda und Schwefel geschmolzen, die Schmelze mit Wasser ausgelaugt, der Rückstand (PbS und wenig Ag_2S) in Salpetersäure gelöst, die Lösung der silberhaltigen zugesetzt und dann erst das Silber durch $PbCl_2$ gefällt.

[2]) Chem.-Ztg. 19, 1142; 1895. — Siehe auch Classen, Quant. Analyse durch Elektrolyse, 5. Aufl. Berlin 1908, und B. Neumann, Die Elektrolyse als Hilfsmittel in der analytischen Chemie.

aufgekocht, filtriert, der Rückstand ausgewaschen und die etwa 80° C heiße Lösung (die durch einen Mikrobrenner auf dieser Temperatur in der mattierten Platin-Schale erhalten wird) mit einem Strome von 1,5—2 Ampère und 2—3 Volt Spannung 1 Stunde hindurch elektrolysiert. In der Lösung enthaltenes Arsen kann (nach W. Witter) bis zu 0,2 % in das Antimon gehen; Zinn wird nicht ausgefällt.

Man wäscht ohne Stromunterbrechung mit Wasser aus, nimmt den Apparat auseinander, spült die Schale noch einigemal mit heißem Wasser und einmal mit absolutem Alkohol aus, trocknet sie im Luftbade bei 90° oder auf dem kochenden Wasserbade und wägt nach $\frac{1}{2}$ Stunde. Das besonders an der Wandung der mattierten Schale (S. 667) festhaftende Antimon wird darauf durch eine Mischung von verdünnter Salpetersäure und Weinsäure gelöst.

Zur Bestimmung des Kupfers löst man den bei der Schwefelnatriumbehandlung entstandenen Niederschlag (CuS) in Salpetersäure, filtriert die Lösung und fällt das Kupfer elektrolytisch oder bestimmt es kolorimetrisch, wenn wenig Kupfer vorhanden ist.

Wenn das Hartblei Zinn enthält, wird die vom Antimon befreite Lösung mit den Waschwässern zu etwa 150 ccm eingedampft, 25 g Ammoniumsulfat zugesetzt, 15 Minuten gekocht und darauf bei einer Temperatur von 50—60° C mit einem Strome von 1—2 Ampere bei 3—4 Volt Spannung 1 Stunde in der Schale elektrolysiert. Man wäscht ohne Stromunterbrechung aus, entfernt den oberhalb des Zinns in der Schale etwa abgeschiedenen Schwefel mechanisch, spült aus, trocknet und wägt.

Da es sich meist nur um sehr wenig Zinn handelt, kann man auch dasselbe (als SnS_2) aus der vom Antimon befreiten Lösung durch Ansäuern mit verdünnter Schwefelsäure ausfällen, auf einem Filter sammeln, trocknen und durch sehr vorsichtiges Rösten, zuletzt durch starkes Glühen mit Ammoniumcarbonatzusatz im Porzellantiegel in SnO_2 überführen und dieses wägen.

Enthält das Hartblei Zinn und Arsen, so trennt man diese am besten nach dem Verfahren von F. W. Clarke (Fresenius, Quant. Analyse, 6. Aufl., I, S. 637). W. Witter [1] führt dasselbe in folgender Weise aus: 50 ccm der vom $PbSO_4$ abfiltrierten Lösung (siehe oben), 0,5 g Einwage entsprechend, werden ammoniakalisch gemacht, mit Salzsäure ganz schwach angesäuert, 30 g Oxalsäure zugesetzt und in die zum Sieden erhitzte Lösung 20 Minuten hindurch Schwefelwasserstoff eingeleitet. Sb, As und Cu fallen aus, die kleine Menge Sn bleibt in Lösung. Man filtriert die heiße Lösung ab, macht sie schwach ammoniakalisch, setzt so viel Schwefelammonium hinzu, daß der anfangs entstehende Niederschlag sich wieder löst, übersättigt mit Essigsäure, läßt den Niederschlag (SnS_2 und Schwefel) sich absetzen, filtriert ihn ab und führt ihn wie oben in SnO_2 über.

---

[1] Freundliche Privatmitteilung.

Aus dem SbAs-Niederschlage wird das As mit Ammonium-carbonatlösung extrahiert, durch Ansäuern mit Salzsäure wieder aus der Lösung gefällt und schließlich als $Mg_2As_2O_7$ gewogen (siehe „Arsen"). Das Schwefelantimon löst man nunmehr in 50 ccm der kaltgesättigten Schwefelnatriumlösung unter Zusatz von 1 g NaOH auf, erhitzt die Lösung in der Platinschale und fällt das Antimon elektrolytisch. (Die Trennung von As und Sb durch Ausfällung des ersteren aus der stark salzsauren Lösung durch Schwefelwasserstoff dürfte genauer sein.)

Die auf dem Filter verbliebene geringe Menge Schwefelkupfer wird mit Salpetersäure gelöst und in der mit Ammoniak übersättigten Lösung das Kupfer durch Titration mit Cyankalium (S. 620) bestimmt.

Zur titrimetrischen Bestimmung des Antimons in Hartblei empfehlen H. Nissenson und Ph. Siedler (Chem.-Ztg. 27, 749; 1903) die von ihnen abgeänderte Antimontitration von Stef. Györy mit Kaliumbromat (Zeitschr. f. anal. Chem. 32, 415; 1893). 2,7852 g durch Umkrystallisieren gereinigtes und bei 100⁰ getrocknetes Kaliumbromat werden mit Wasser zu 1 L gelöst; 1 ccm dieser Lösung zeigt genau 6 mg Antimon an:

$$2 KBrO_3 + 2 HCl + 3 Sb_2O_3 = 2 KCl + 2 HBr + 3 Sb_2O_5.$$

Ausführung: Etwa 1 g der möglichst zerkleinerten Substanz werden in einem Kolben mit 20 ccm Bromsalzsäure (gesättigte Lösung von Brom in rauchender Salzsäure) unter öfterem Umschütteln bis zur völligen Zersetzung bzw. Lösung gelinde erwärmt. Das gewöhnlich in geringer Menge vorhandene Arsen wird schon hierbei als Bromür verflüchtigt. Nach erfolgter Lösung wird so lange gekocht, bis die Dämpfe höchstens noch schwach gelblich gefärbt erscheinen. Nun läßt man etwas abkühlen, fügt unter Umschütteln in 2—3 Portionen erbsengroße Stückchen von Natriumsulfit hinzu, kocht etwa 5 Minuten zur Austreibung der schwefligen Säure, kocht nach dem Zusatze von 20 ccm schwacher Salzsäure nochmals auf und titriert die heiße Lösung mit der Kaliumbromatlösung. Als Indikator werden einige Tropfen Indigolösung zugesetzt und dies wiederholt, wenn die Färbung eine grüngelbe geworden ist. Dann wird bis zum Umschlag in Gelb weiter titriert.

Die Resultate sind sehr gute und werden durch die im Hartblei vorkommenden Kupfermengen (höchstens 0,5 %) und wenig Eisen nicht beeinflußt.

Ein Silbergehalt im Hartblei wird stets auf trockenem Wege (siehe „Silber") durch Ansieden und Abtreiben bestimmt.

Als Betriebsprobe wird auf Hüttenwerken vielfach nur die genaue Bestimmung des Bleigehaltes im Hartblei ausgeführt. 1 g Substanz wird in einer bedeckten Porzellanschale in 15 ccm einer Mischung von 125 ccm Salpetersäure vom spez. Gew. 1,4, 500 ccm Wasser und 100 g Weinsäure durch Erwärmen gelöst, 10 ccm 50 proz. Schwefelsäure zugesetzt, abgedampft, mit 30 ccm Wasser aufgenommen, abgekühlt, das Bleisulfat abfiltriert, ausgewaschen, getrocknet usw. und schließlich als reines PbSO₄ gewogen. Der Gehalt an Antimon (As, Cu) ergibt sich dann aus der Differenz.

Über Hartbleianalyse ohne Zuhilfenahme der Elektrolyse siehe Fresenius, Quant. Analyse, 6. Aufl., Bd. II, S. 483.

V. Werkbleianalyse.
(S. auch S. 547 u. 566.)

Das direkt aus den Erzen gewonnene Werkblei enthält 96—99 % Blei und wird entweder auf den Bleihütten selbst raffiniert, entsilbert und zu Weichblei verarbeitet oder besonderen Raffinierhütten zugeführt. (So werden z. B. zu Hoboken bei Antwerpen besonders spanische Werkbleie entsilbert usw.) — Da der Gehalt an Verunreinigungen sehr viel höher als im Weichblei ist, genügt eine viel geringere Einwage für die Analyse, die genau wie eine Weichbleianalyse (S. 670 ff.) ausgeführt werden kann.

Wegen des höheren Antimongehaltes löst man es zweckmäßig in Salpetersäure und Weinsäure auf.

H. Nissenson und B. Neumann (Chem.-Ztg. 19, 1142; 1895) lösen je nach dem Grade der Reinheit des Werkbleies 10—50 g Substanz; für 10 g genügen 16 ccm Salpetersäure (1,4 spez. Gew.), 60 ccm Wasser und 5—10 g Weinsäure. Die angegebene Menge Weinsäure genügt, um alles Antimon aus 50 g in Lösung zu bringen. Aus dieser Lösung wird das Blei durch einen Zusatz von 3 ccm H₂SO₄ pro 10 g Substanz ausgefällt und die bleifreie Lösung abfiltriert. (Wird die Fällung in einem Meßkolben bewirkt, nach der Abkühlung zur Marke aufgefüllt und nur ein bestimmter Teil der durch ein trockenes Filter abfiltrierten Lösung zur Analyse verwendet, so muß das Volumen des Bleisulfats mit 2,15 ccm pro 10 g Blei in Rechnung gezogen werden, wie dies bei der Weichbleianalyse nach Fresenius (Quant. Anal., 6. Aufl., II, 476) geschieht.) Das Filtrat vom PbSO₄ wird eingedampft und wie bei der Hartbleianalyse nach Nissenson und Neumann (S. 674) mit Ätznatron- und Schwefelnatriumlösung behandelt. Arsen, Antimon und Zinn gehen in Lösung und werden, wie dort angegeben, getrennt und bestimmt. Der Rückstand enthält Cu, Ag, Bi, Cd, Zn, Fe, Co und Ni und wird wie der bei der Weichbleianalyse erhaltene weiter behandelt. Silber wird in einer besonderen Probe durch Kupellation bestimmt (S. 541 ff.).

Für die Bestimmung von Antimon und Kupfer allein empfehlen Nissenson und Neumann folgenden Weg: Antimon wird durch Elektrolyse (wie bei Hartblei) bestimmt, der Rückstand vom Schwefelnatriumauszuge wird in Königswasser gelöst, die Lösung mit Ammoniak übersättigt, filtriert und der Kupfergehalt in einem Teile der ammoniakalischen Lösung kolorimetrisch ermittelt (S. 625).

Den Schwefelgehalt im Werkblei bestimmt man durch Erhitzen einer größeren Einwage im Chlorstrome, Auffangen des Chlorschwefels in einer Vorlage und Fällung der aus demselben gebildeten Schwefelsäure durch Chlorbaryumlösung.

VI. Bleistein und Kupferbleistein, Speisen, Schlacken, geröstete Erze und Glätte.

In diesen Gemischen der Schwefelverbindungen von Fe, Pb, Cu, Zn usw. bestimmt man einen Silbergehalt stets auf trockenem Wege (siehe S. 533 ff.). Blei und Kupfer kann man nach der S. 599 beschriebenen Methode für bleihaltigen Kupferkies bestimmen, indem man das Bleisulfat in Ammoniumacetat löst, die Lösung durch Schwefelsäure fällt oder die Acetatlösung mit Kaliumchromat titriert, oder das Sulfat in Carbonat überführt und dessen salpetersaure Lösung elektrolysiert usw. (siehe nasse Bleiproben für Erze). Das Kupfer kann man nach der „schwedischen Probe", der „Rhodanürprobe", elektrolytisch oder maßanalytisch bestimmen (siehe Kupferproben für Erze).

Nissenson und Neumann a. a. O. lösen 1 g Stein in 30 ccm HNO_3 (1,4 spez. Gew.); die Lösung wird aufgekocht, verdünnt, filtriert und das Blei elektrolytisch als PbO_2 in der mattierten Platinschale gefällt. An der Kathode (Platinscheibe) abgeschiedenes Kupfer löst sich schnell wieder in der vom Blei befreiten, stark salpetersauren Lösung auf, die man mit überschüssiger Schwefelsäure abdampft. Man nimmt den Rückstand mit Wasser auf, fällt das Kupfer aus der kochenden Lösung durch Natriumthiosulfat und bestimmt es schließlich als Kupferoxyd.

Bleispeisen behandelt man wie antimonreiche Bleierze (S. 665), oder wie Kupferspeisen nach dem Verfahren von Hampe (S. 628), oder zerlegt sie durch Erhitzen im Chlorstrome nach der Methode von H. Rose (Rose-Finkener, Bd. II, S. 479. — Fresenius, Quant. Analyse, 6. Aufl., Bd. II, S. 493).

Bleischlacken (Bleibestimmung) werden mit verdünnter H_2SO_4 und Fluorkalium zerlegt, der Rückstand (nach dem Austreiben aller Flußsäure) mit verdünnter Schwefelsäure digeriert, ausgewaschen, das Bleisulfat daraus mit Ammoniumacetat gelöst und mit Schwefelsäure wieder gefällt oder nach der Molybdatmethode (S. 669) titriert.

Zur Analyse zerlegt man 1—3 g der sehr fein geriebenen Durchschnittsprobe in einer Porzellanschale mit starker Salzsäure, macht die Kieselsäure unlöslich, filtriert und wäscht mit kochendem Wasser aus. Im Filtrate fällt man mittels H_2S das Blei (auch eine Spur Kupfer usw.), filtriert, kocht H_2S fort, oxydiert mit Bromwasser, fällt aus der abgekühlten und neutralisierten Lösung Fe und Al als basische Acetate, aus dem Filtrate hiervon das Zink mittels H_2S, aus dem Filtrate vom ZnS nach dem Fortkochen des H_2S und Oxydieren mit Bromwasser Mn und Ca zunächst gemeinsam durch Ammoniumoxalat und einige Tropfen H_2O_2 und aus dem letzten Filtrate das Mg. Die Eisen-Bestimmung macht man mit einer besonderen Einwage von 1 g; man digeriert und kocht mit starker Salzsäure, reduziert das Eisenchlorid in der heißen Lösung durch einige Tropfen konzentrierter Zinnchlorürlösung, kühlt ab, setzt Sublimatlösung im Überschuß hinzu, ebenso Mangansulfatlösung, verdünnt zu 1 Liter ca. und titriert mit Permanganat. Vom Gewichte des Eisenoxyds + Tonerde bringt man die berechnete Menge Eisenoxyd in Abzug und ermittelt so die Tonerde aus der Differenz. — Den getrockneten Kalk-Mangan-Niederschlag glüht man im Porzellantiegel, löst in Salzsäure, fällt aus der mit Ammoniak schwach übersättigten Lösung das Mn mit Ammoniumsulfid und aus dem Filtrate hiervon (nach dem Ansäuern mit Salzsäure, Kochen, Filtrieren vom abgeschiedenen Schwefel, Übersättigen mit Ammoniak) den Kalk manganfrei durch Oxalsäure. Meistens genügt auch Wägen des im Porzellantiegel auf dem Gebläse geglühten Gemisches von CaO + xMn$_3$O$_4$, Lösen in Salzsäure, Abdampfen mit H$_2$SO$_4$, Lösen in reichlich heißem Wasser, Titration des Mn nach Volhard und Ermittelung des CaO aus der Differenz.

Sulfidschwefel in der Schlacke (meist an Zn gebunden) wird durch Erhitzen einiger Gramm mit Salzsäure ausgetrieben, die Dämpfe in ammoniakalische AgNO$_3$-Lösung geleitet, das Ag$_2$S abfiltriert, durch Glühen in Ag umgewandelt, gewogen und daraus der S berechnet.

Geröstete Erze: Den Gehalt an Metallen ermittelt man wie in rohen Erzen (S. 663). Besonders wichtig ist die Bestimmung des Gesamtschwefels und des Sulfidschwefels zur Beurteilung des Erfolges der Röstung. Gesamtschwefel: 1—3 g des sehr feinen Pulvers werden in einer Porzellanschale mit schwach erwärmtem Königswasser (20 bis 50 ccm) übergossen, erwärmt, gekocht und abgedampft; den Rückstand digeriert man einige Stunden mit einer kaltgesättigten Lösung von Ammoniumcarbonat (30—90 ccm), filtriert, übersättigt das Filtrat mit Salzsäure und fällt mit BaCl$_2$-Lösung in gewöhnlicher Weise. Den Sulfidschwefel bestimmt man wie in Schlacken (siehe oben); bleiben schwarze Partikel unzersetzt, so filtriert man die heiße, salzsaure Lösung durch ein Asbestfilter, wäscht den Rückstand mit kochender, stark verdünnter Salzsäure sorgsam aus und bringt darauf das meist in sehr geringer Menge vorhandene Schwefelkupfer durch Übergießen des Rückstandes mit einigen Kubikzentimetern von heißem Königswasser in Lösung; der in dieser Lösung mittels BaCl$_2$-Lösung niedergeschlagene Schwefel wird dem Sulfidschwefel zugerechnet. — In dem sehr schwefelarmen, nach dem Huntington-Heberlein-Verfahren (dem Savelsberg-Prozeß u. a.) gewonnenen Röstprodukte finden sich fast immer erhebliche Mengen von metallischem Blei, welches man durch Absieben vom Pulver trennt und nicht weiter berücksichtigt.

Bleiglätte untersucht man entweder auf trockenem Wege (Bleiproben für oxydische Erze usw. S. 663), oder man schmilzt sie mit Soda und Schwefel, laugt die Schmelze aus, bestimmt in der Lösung Arsen und Antimon und im Rückstande Blei, Wismut, Kupfer und Eisen nach den unter „Weichbleianalyse" S. 670 ff. beschriebenen Methoden. Den meist geringen Kupfergehalt kann man auch kolorimetrisch bestimmen (siehe S. 625). Der Silbergehalt der Glätte wird durch Kupellieren des bei der Bleiprobe daraus erhaltenen Werkbleikönigs ermittelt.

VII. Bleireiche Legierungen[1]).

a) **Bleireiche Zinnlegierungen** (Klempnerlot, Legierung für Spielwaren usw.). 1 g der möglichst zerkleinerten (ausgewalzten oder geschabten) Legierung wird mit 20 ccm Salpetersäure von 1,2 spez. Gew. in der bedeckten Porzellan- oder Platinschale bis zur vollständigen Zersetzung erwärmt, 100 ccm kochendes Wasser zugesetzt, 5 Minuten gekocht und die Zinnsäure abfiltriert (siehe Bronzeanalyse S. 649). Das Filtrat wird zur Bestimmung des Bleies mit Schwefelsäure abgedampft usw. Da die SnO_2 gewöhnlich kleine Mengen von Blei enthält, wird sie nach dem Wägen mit Soda und Schwefel geschmolzen, das beim Auslaugen der Schmelze mit Wasser zurückbleibende PbS wird in $PbSO_4$ übergeführt, als solches gewogen und die entsprechende Menge PbS von dem Gewichte der unreinen Zinnsäure in Abzug gebracht. Siehe auch S. 653 ff.

b) **Letternmetall** (Pb, Sb, Sn) wird, wenn es nur einige Prozente Zinn enthält, wie Hartblei in verdünnter Salpetersäure und Weinsäure gelöst und analysiert (siehe S. 674). Solches mit höherem Zinngehalte wird wie Antifriktionsmetall oder Weißmetall (siehe „Zinn") untersucht.

c) **Schrot,** antimonfreies. Es enthält außer Blei 0,2—0,8 % Arsen. — Man löst 1 g der plattgeschlagenen Körner im Erlenmeyer-Kolben in 20 ccm schwacher Salpetersäure (1,2 spez. Gew.) durch Erhitzen auf dem Sandbade auf, setzt 10 ccm destillierte Schwefelsäure hinzu, kocht bis zum Auftreten von Schwefelsäuredämpfen ein, nimmt den erkalteten Rückstand mit Wasser auf, filtriert vom $PbSO_4$ ab, kocht das Filtrat zur Reduktion der As_2O_5 nach Zusatz von 20 ccm wäßriger schwefliger Säure bis zum Verschwinden des Geruchs, fällt das Arsen durch Einleiten von Schwefelwasserstoff und wägt es schließlich als Magnesiumpyroarsenat.

Für Hartblei, Letternmetall, Schrot (auch antimonhaltiges) usw. wenden Fernandez-Krug und Hampe das nachstehende, vielfach erprobte Verfahren an: 1 g der geraspelten oder zerschnittenen Legierung wird in einem hohen Becherglase in 12 ccm Königswasser (hergestellt aus 1 Vol. Salpetersäure vom spez. Gew. 1,4 und 3 Vol. Salzsäure vom spez. Gew. 1,12) in der Kälte oder höchstens in sehr gelinder Wärme gelöst. Das ausgeschiedene Chlorblei wird durch ein möglichst kleines Filter abfiltriert, erst mit 25 ccm 5 proz. Salzsäure und sodann mit absolutem Alkohol ausgewaschen und für sich in bekannter Weise zur Wägung gebracht. ($PbCl_2 \times 0,7449 = Pb$). In das mit Wasser auf 500 ccm verdünnte Filtrat leitet man Schwefelwasserstoff bis zur Sättigung ein, läßt den Niederschlag durch 12 stündiges Stehen sich absetzen, filtriert ihn durch ein Asbestfilter, wäscht mit HCl und H_2S enthaltendem Wasser aus und trocknet bei 100^0. Das nochmals mit H_2S behandelte Filtrat kann zur Bestimmung von Fe, Ni, Zn und Mn dienen. Der getrocknete Niederschlag wird mit dem Asbestfilter in ein Porzellanschiffchen gebracht und sodann

---

[1]) Hartblei s. S. 674 ff.

in einer Röhre aus schwer schmelzbarem Glase durch reines und trockenes Chlorgas unter gelinder Erwärmung aufgeschlossen (siehe S. 703 ff. 3. Zinnlegierungen). Es verflüchtigen sich die Chloride des Arsens, Antimons, Zinns (und eventuell Wismuts), die in einem Dreikugelrohre in etwa 50 ccm starker Salzsäure (bestehend aus 1 Vol. rauchender Säure und 1 Vol. Säure vom spez. Gew. 1,12) aufgefangen werden; zurück bleiben Bleichlorid und Kupferchlorid, die leicht durch absoluten Alkohol voneinander getrennt werden können. Die die flüchtigen Chloride enthaltende salzsaure Lösung versetzt man mit 5 g reinem Eisenvitriol, um das Arsen durch Schwefelwasserstoff leicht fällbar zu machen, bringt sie sodann in eine durch einen Gummistopfen verschließbare Flasche und leitet H_2S bis zur Sättigung ein, indem man das Glasrohr durch die Durchbohrung des fest eingedrückten Stopfens führt. Das Arsen ist nach 12 Stunden vollständig ausgefallen; es wird durch ein Asbestfilter filtriert, mit starker Salzsäure ausgewaschen und in bekannter Weise weiter behandelt (siehe Arsen, S. 714). Im Filtrate schafft man den H_2S durch einen Kohlensäurestrom und zuletzt durch wenig Bromsalzsäure fort, stumpft den größeren Teil der Säure vorsichtig durch Ammoniak ab und fällt sodann das Antimon durch einige Gramm chemisch reinen Eisens. Letzteres geschieht in einem Rundkolben von etwa 250 ccm Inhalt, an dem ein Tubus und in einem Winkel von 120⁰ dazu ein mit einem Asbestfilter versehenes Trichterrohr angeblasen sind. Während der Reduktion leitet man durch den Tubus Kohlensäure in den Kolben, die durch das Asbestfilter entweichen kann; nach beendeter Abscheidung des Antimons und Auflösung des Eisens stellt man das Trichterrohr senkrecht und drückt die Flüssigkeit und die Waschwässer mittels CO_2 durch das Filter. Eine Oxydation des Antimons während des Filtrierens und Auswaschens wird hierdurch gänzlich ausgeschlossen. Will man das Antimon als solches wägen, dann wäscht man zuletzt mit abs. Alkohol und trocknet es auf dem (vorher getrockneten und gewogenen) Asbestfilter bei 100⁰. Empfehlenswerter ist es, das regulin. Antimon in Salzsäure und wenig $KClO_3$ zu lösen und in dieser Lösung, nach der Reduktion mit SO_2 durch Kaliumbromatlösung, zu titrieren (siehe S. 676, titrimetrische Bestimmung des Antimons in Hartblei). Die Bestimmung des Zinns im Filtrate von Antimon geschieht durch Fällung mit H_2S, Abfiltrieren des braunen Niederschlages von SnS und Wägung als SnO_2 (siehe „Zinn". 3. Zinnlegierungen a. S. 705). Wismut kann durch Alkalisulfide scharf von Arsen und Antimon getrennt werden.

VIII. Bleikrätzen und Bleiaschen [1]).

Trockener Weg. Man stampft und siebt eine größere Durchschnittsprobe von mehreren Kilogramm Gewicht, stellt das Gewichtsverhältnis des plattgeschlagenen Metalls zum Siebfeinen fest, wägt in

---

[1]) Ausführliches über die Untersuchung von Bleiaschen und bleiischen Abfällen aller Art, besonders über die in England üblichen Methoden,

diesem Verhältnisse von beiden zusammen 50 g ab und reduziert daraus das Metall durch Schmelzen mit Pottasche und Mehl, Borax und einer Kochsalzdecke im eisernen Tiegel (siehe diese Probe S. 661). In dem gewogenen Metallkönige kann man die Verunreinigungen nach den Methoden für die Werkblei- bzw. Hartbleianalyse (siehe diese) bestimmen.

Nasser Weg. Zusammen 10 g des metallischen und des oxydischen erdigen Teils werden abgewogen, in 75 ccm Salpetersäure vom spez. Gew. 1,2 mit Zusatz einiger Gramm Weinsäure gelöst, die Lösung nach dem Verdünnen mit Wasser filtriert, abgekühlt, zu 500 ccm verdünnt, 50 ccm (entsprechend 1 g Einwage) entnommen, das Blei durch 5 ccm Schwefelsäure als Sulfat gefällt und als solches gewogen. Im Filtrate können die Verunreinigungen (Sb, Cu usw.) nach bekannten Methoden bestimmt werden.

Von Bleiaschen, die sehr häufig Bleisulfat enthalten, wird der beim Behandeln mit Salpetersäure verbleibende Rückstand ausgewaschen, mit neutralem Ammoniumacetat ausgekocht, das Filtrat zu 500 ccm aufgefüllt und aus 50 ccm hiervon (entsprechend 1 g Substanz) das Blei ebenfalls durch H_2SO_4 gefällt.

IX. Bleiglasuren.

Zur Bestimmung des löslichen Bleies in Bleiglasuren schreibt das englische Home Office (Zeitschr. f. angew. Chem. 15, 471; 1902) folgende Methode vor: Eine gewogene Menge des feingeriebenen und getrockneten Materials wird eine Stunde lang mit der 1000 fachen Gewichtsmenge einer 0,25 proz. Salzsäure andauernd geschüttelt und nach einstündigem Stehen abfiltriert. In einer aliquoten Menge des Filtrats wird das Blei als Sulfid gefällt und darauf als Sulfat gewogen.

Wismut.

Das Wismut wird teils direkt aus Erzen, teils aus den Zwischenprodukten von der Verarbeitung wismuthaltiger Werkbleie (Wismutglätte, wismuthaltiger Herd und Test) gewonnen.

Wismuthaltige Mineralien existieren in größerer Zahl; praktische Bedeutung haben nur folgende Erze:

Gediegen Wismut, enthält oft etwas Arsen,

Wismutglanz, Bi_2S_3, mit 81,2 % Bi,

Kupferwismutglanz, $CuBiS_2$, mit 62,0 % Bi und 18,9 % Cu,

Wismutocker, Bi_2O_3, mit 86,9 % Bi, immer etwas H_2O, CO_2 und Fe_2O_3, seltener As_2O_5 enthaltend.

Die Erze, die wismuthaltigen Hüttenprodukte und die Wismutlegierungen werden stets auf analytischem Wege untersucht; die

---

findet sich in „The Analysis of Ashes and Alloys, by L. Parry, London. The Mining Journal 1908".

trockenen Proben [1]) für Erze usw. sind wegen der höheren Flüchtigkeit des Wismuts noch ungenauer als die entsprechenden Bleiproben und liefern stets ein unreines Metall, da Blei, Kupfer, Antimon, Arsen, Eisen usw. leicht in das Wismut gehen. Nur die Edelmetalle in den Erzen usw. werden auf trockenem Wege bestimmt (siehe Silber).

I. Untersuchungsmethoden für Erze und Hüttenprodukte.

Eine vollständige Darstellung der analytischen Chemie des Wismuts gibt L. Moser in „Die chemische Analyse", X. Bd.: Die Bestimmungsmethoden des Wismuts und seine Trennungen von den andern Elementen. (Stuttgart, Ferd. Enke, 1909.)

Methode von Fresenius
(Quant. Analyse, 6. Aufl., II, 533 u. f.),

die auf das Vorhandensein von Wismut, Blei, Kupfer, Silber, Gold, Antimon, Arsen, Zinn, Eisen, Kobalt, Nickel, Zink, Schwefel und Tellur Rücksicht nimmt.

Wismutbestimmung. 2—5 g des sehr fein gepulverten und bei 100⁰ getrockneten Erzes werden im schräg auf dem Sandbade liegenden Kolben in HNO_3 vom spez. Gew. 1,3 (30—75 ccm) unter Zusatz von 2—5 g Weinsäure gelöst, die verdünnte Lösung wird filtriert, das Filtrat zu 100 bzw. 250 ccm verdünnt und ohne Erwärmen bis zur Sättigung H_2S eingeleitet. Der Niederschlag wird abfiltriert, mit H_2S-haltigem Wasser ausgewaschen und mit Schwefelnatriumlösung ausgekocht. Die ungelösten Schwefelmetalle werden auf einem Filter gesammelt, ausgewaschen, in schwacher Salpetersäure durch Erwärmen gelöst und die Lösung (von S und? etwas $PbSO_4$) abfiltriert. Zu der salpetersauren Lösung (von Bi, Pb, Cu, Ag) setzt man Na_2CO_3, bis ein bleibender Niederschlag entsteht, dann einige Gramm reines Cyankalium, digeriert einige Zeit (etwa 1 Stunde) in gelinder Wärme und filtriert den aus alkalihaltigem Wismut- und Bleicarbonat bestehenden Niederschlag ab; CuS und Ag_2S gehen hierbei in Lösung.

Zur Trennung des Wismuts vom Blei löst man nunmehr die Carbonate in heißer verdünnter Salpetersäure, dampft die Lösung in einer Porzellanschale mit einem reichlichen Überschusse von H_2SO_4 (etwa 4 ccm für 1 g Einwage) ab, nimmt mit wenig Wasser auf, filtriert das wismutfreie Bleisulfat ab, wäscht mit 10 proz. Schwefelsäure aus, verdünnt die saure Wismutsulfatlösung, übersättigt sie ganz schwach mit Ammoniak, erwärmt gelinde, filtriert das Bi (OH)₃ ab, wäscht kurze Zeit aus, löst das durch etwas basisches Sulfat verunreinigte Hydroxyd in wenig Salpetersäure, fällt darauf durch einen ganz kleinen Ammoniaküberschuß (wie oben) die reine Verbindung, die nach dem Trocknen durch Glühen in Bi_2O_3 übergeführt wird. $Bi_2O_3 \times 0,8965 = Bi$.

---

[1]) Kerls Probierbuch.

Anmerkung. Wenn es sich um geringe Mengen (bis zu 0,1 g) Wismut handelt, löst man das ausgewaschene Hydroxyd auf dem Filter in mit der Pipette aufgetropfter, verdünnter und erwärmter Salpetersäure auf, dampft die Lösung in einem gewogenen Porzellantiegel auf dem Wasserbade ab, erhitzt darauf den Tiegel über dem Finkenerturme (Fig. 130 S. 647) und zerstört das Nitrat schließlich vollkommen durch Glühen des Tiegels über freier Flamme.

Größere Mengen des Hydroxyds werden getrocknet, möglichst vom Filter gebracht, das am Filter Haftende (wie eben beschrieben) gelöst, die Lösung abgedampft, das getrocknete Bi(OH)$_3$ hinzugefügt usw.

Die Trennung mittels Schwefelsäure geht sehr gut, man muß nur reichlich Säure nehmen und nicht zu stark verdünnen. (Auf einen etwaigen Rückhalt von basischem Wismutsulfat prüft man nach Fernandez-Krug und Hampe, indem man das vom Filter gespritzte, ausgewaschene Bleisulfat durch Abdampfen vom Wasser befreit, durch Erwärmen mit konzentrierter Salzsäure in PbCl$_2$ umwandelt, nach der Abkühlung zu dem geringen Volumen (etwa 5 ccm) der über dem PbCl$_2$ befindlichen salzsauren Lösung ca. 50 ccm absoluten Alkohol setzt (Verfahren von H. Rose), umrührt und nach kurzem Stehen die alles (etwa im Bleisulfat gewesene) Wismut als Chlorid enthaltende, alkoholische Lösung abfiltriert, aus der man durch starkes Verdünnen mit Wasser das Bi als Oxychlorid fällt und so von der Spur in Lösung gegangenen Chlorbleies trennen kann.)

Weniger angenehm in der Ausführung als die vorstehende Methode der Trennung mittels Schwefelsäure ist das auf der Unlöslichkeit des PbCl$_2$ in starkem Alkohol beruhende Trennungsverfahren von Heinrich Rose (Rose-Finkener, Quant. Analyse S. 165). Die etwa 1 g Einwage entsprechende verdünnte Bi-Pb-Nitratlösung wird bis zu einem ganz geringen Volumen (3 ccm) eingedampft, etwas mehr starke Salzsäure, als zur Bildung der Chloride nötig (5 ccm), zugesetzt und unter ganz gelindem Erwärmen einige Minuten umgerührt. Dann wird abgekühlt, 25 ccm absoluter Alkohol zugesetzt, umgerührt, nach einiger Zeit vom PbCl$_2$ abfiltriert, dieses zuerst mit absolutem Alkohol und einigen Tropfen Salzsäure, dann mit reinem Alkohol ausgewaschen. Durch Verdünnen des Filtrates vom PbCl$_2$ mit viel Wasser (0,5 L) fällt alles Wismut als Oxychlorid aus, wird nach 24 Stunden auf einem getrockneten Filter gesammelt und nach dem Trocknen bei 110° als BiOCl gewogen. BiOCl × 0,8015 = Bi.

Schneller kommt man zum Ziel, wenn man den Alkohol in der Bi-Lösung durch gelindes Erwärmen zum größten Teil verflüchtigt, durch einen kleinen Überschuß von Ammoniak Wismuthydroxyd ausfällt und dieses (wie oben beschrieben) in Bi$_2$O$_3$ überführt; die Bestimmung des Bi als BiOCl ist zudem mit einigen Mängeln behaftet.

Die Bestimmung der übrigen Bestandteile in dem Wismuterze ist aus Fresenius a. a. O. zu ersehen. Ein Edelmetallgehalt wird stets auf trockenem Wege (siehe „Silber") ermittelt.

Anmerkung. Das etwas kompliziert erscheinende Analysierverfahren kann in sehr vielen Fällen, je nach der Zusammensetzung des Erzes, erheblich vereinfacht werden. Liegt z. B. ein nur durch Kupferkies ($CuFeS_2$) verunreinigter **Wismutglanz** vor, so braucht der erste H_2S-Niederschlag ($Bi_2S_3 + xCuS$) natürlich nicht mit Na_2S-Lösung extrahiert zu werden, es wird ihm vielmehr sogleich das CuS (durch Cyankaliumlösung)' entzogen, das zurückbleibende Bi_2S_3 in schwacher, heißer Salpetersäure gelöst, die Lösung durch einen kleinen Überschuß von Ammoniak gefällt und das Hydroxyd (wie oben beschrieben) in Bi_2O_3 übergeführt und als solches gewogen.

Wismutocker ist, wenn nur durch Eisen und Gangart verunreinigt, noch einfacher zu untersuchen. Man fällt die filtrierte verdünnte Nitratlösung mit Schwefelwasserstoff und behandelt das Bi_2S_3 wie bei „Wismutglanz" angegeben. **Arsensäurehaltigen Wismutocker** löst man besser in Salzsäure, filtriert von der Gangart ab, fällt Bi und As aus der etwas verdünnten Lösung durch Schwefelwasserstoff usw. (**Wismutarsenat** löst sich leicht in Salzsäure und in **heißer starker Salpetersäure**; in kalter schwacher Salpetersäure ist es nicht löslich). Weniger empfehlenswert ist die Ausfällung des Wismuts als Oxychlorid durch **sehr starkes Verdünnen** der salzsauren Lösung mit Wasser.

Methode von W. Heintorf
(Berg- u. Hüttenm. Ztg. **1894**, 151 u f.)
für wismuthaltige Bleihüttenprodukte und Blicksilber.

Nach diesem sehr empfehlenswerten Verfahren stellt man sich eine salpetersaure Lösung her, fällt daraus das Blei durch H_2SO_4 und gleichzeitig das Silber durch etwas NaCl, schlägt aus der durch Eindampfen konzentrierten Lösung das Bi durch Ammoniumcarbonat und Ammoniak nieder, wäscht den Niederschlag mit heißem Wasser, löst ihn in verdünnter Salzsäure, fällt das Wismut aus der Lösung als **Metall** durch metall. Eisen (wie man Kupfer bei der schwedischen Probe fällt), dekantiert mit heißem Wasser, sammelt das Metall auf einem gewogenen Filter, wäscht noch einmal mit Alkohol aus, trocknet einige Stunden im Luftbade und wägt Filter und Wismut zwischen Uhrgläsern.

a) **Frischglätte.** (Dient mit weniger als 0,02 % Bi zur Weichbleifabrikation, mit höherem Gehalte wird sie als Zuschlag beim Erz- und Schlackenschmelzen benutzt.) Aus 250—500 g Material wird durch Schmelzen mit Pottasche und Mehl usw. (siehe „trockene Bleiproben") in 20 bzw. 40 Proben (à 12,5 g Substanz) das Metall reduziert und dieses durch fortgesetztes Verschlacken auf Ansiedescherben in der Muffel bis zu $^2/_5$ des Gewichtes der Einwage verringert. Das so an **Wismut angereicherte Blei** wird ausgeplattet, in heißer verdünnter Salpetersäure gelöst und Blei und Silber aus der Lösung gefällt. Aus dem Filtrate von dem achtmal mit schwefelsaurem Wasser ausgewaschenen Bleisulfat + AgCl fällt man das Wismut als Carbonat, löst dieses in verdünnter Salzsäure und fällt nunmehr das Wismut durch 2—3 Eisendrahtstifte von 4 cm Länge und Erwärmen der Flüssigkeit. Wenn ein nach einiger Zeit eingetauchter blanker Eisendraht sich nicht mehr mit Wismut überzieht, ist die Ausfällung beendet. Man gießt die saure Flüssigkeit ab, spült Eisen und Wismut in eine Porzellanschale, entfernt das Wismut vom Eisen mit den Fingern und nimmt das Eisen heraus, dekantiert mehrfach mit heißem Wasser, und zwar wegen der auf dem Wasser schwimmenden kleinen Menge Wismut durch ein gewogenes Filter, spült das ganze Wismut auf das Filter, wäscht einmal mit absolutem Alkohol aus, trocknet und wägt.

b) **Arme Wismutglätte.** 25 g werden in Salpetersäure gelöst usw. wie unter a).

c) **Armer Wismutherd.** 5 g werden mit „weißem Fluß", Borax und Glas im Bleischerben auf Werkblei verschmolzen, dieses ausgeplattet, gelöst usw. wie unter a).

d) **Blicksilber.** Man löst 5 g in Salpetersäure, fällt das Silber mit NaCl, das Blei mit wenig H_2SO_4, filtriert, wäscht mit schwefelsaurem Wasser aus, fällt aus dem Filtrate das Wismut als Carbonat usw. wie unter a).

e) **Erze.** (Wismutarme Bleierze.) 5 g werden ebenso wie „armer Wismutherd", aber mit Zusatz von 1 g wismutfreiem Probierblei auf „Werkblei" verschmolzen, der ausgeplattete König gelöst usw.

f) **Raffiniertes Weichblei** (mit 0,01—0,046 % Bi). 100 Probierzentner (à 5 g) werden auf 20 Ansiedescherben verschlackt, das Verschlacken auf 5 Scherben (jeder mit 4 Königen beschickt) und zuletzt auf einem Scherben wiederholt, bis ein Bleikönig im Gewichte von 40—50 g erhalten wird. Hierbei finden keine nachweisbaren Wismutverluste statt.

Der Bleikönig wird ausgeplattet (ausgewalzt), gelöst usw. wie unter a) beschrieben.

Im Hampeschen Laboratorium zu Clausthal mit größter Sorgfalt in vielen Weichbleiproben ermittelte Wismutgehalte stimmten mit den von W. Heintorf nach seinem „schnellen" Verfahren erhaltenen Resultaten vorzüglich überein; es zeigten sich fast ausschließlich Abweichungen in der vierten Dezimale!

Anmerkung. Die Heintorfsche Probe ist eine Abänderung des Verfahrens von Patera (siehe Kerl, Probierbuch), der die Trennung des Bi vom Pb usw., wie oben beschrieben, ausführte, die Ausfällung des Bi aber mit einem blanken Bleistreifen bewirkte.

Trennung von Wismut und Blei nach J. Clark [1]).

Clark scheidet in der kochenden Lösung der Chloride das Wismut regulinisch durch Stahlspäne aus, filtriert, löst das Wismut und den Eisenüberschuß und fällt das Wismut durch H_2S. Im Filtrate von

---

[1]) L. Moser, Die Bestimmungsmethoden des Wismuts, S. 84 u. 119.

met. Wismut wird das Blei durch Abdampfen mit einem großen Überschusse von H_2SO_4 abgeschieden. Galletly und Henderson (L. Moser a. a. O.) empfehlen das von ihnen geprüfte Verfahren.

Hampes Wismutbestimmung in Silberraffinierschlacke [1]
(vom Feinen des Blicksilbers durch Schmelzen mit Quarzsand und Silbersulfat).

„1 g fein gepulverte und getrocknete Schlacke wird in einer Platinschale mit etwa 15 ccm Salpetersäure längere Zeit digeriert, dann mit 10 ccm konzentrierter Flußsäure versetzt. Ist die Schlacke gelöst, so fügt man einige Tropfen konzentrierter Schwefelsäure zu und dampft zur Trockne. Den Rückstand löst man wieder in Salpetersäure und filtriert von etwas Graphit (aus dem Tiegel stammend) ab. Nach dem Neutralisieren des Filtrats mit Ammoniak fällt man Wismut, Blei und Eisen sowie die kleinen Mengen von Tonerde und Kalk durch kohlensaures Ammon, kocht auf und filtriert den Niederschlag ab. Man löst ihn in Salpetersäure und leitet in die Lösung Schwefelwasserstoff. Das ausgefallene und abfiltrierte Schwefelblei und Schwefelwismut braucht, da Antimon nur in Spuren vorhanden ist, nicht mit Schwefelkalium ausgezogen zu werden, sondern wird gleich in Salpetersäure gelöst. Die vom Schwefel abfiltrierte Lösung fällt man mit kohlensaurem Ammon unter den bekannten Vorsichtsmaßregeln, filtriert den alles Blei und Wismut enthaltenden Niederschlag ab, löst ihn in Salpetersäure und dampft die Lösung von Chlorblei und Chlorwismut bis fast zur Trockne. Durch viel heißes Wasser wird dann das Chlorblei in Lösung gebracht, dagegen das Wismut als Oxychlorid gefällt. Das abfiltrierte Bismuthylchlorid löst man in Salpetersäure, fällt mit kohlensaurem Ammon, filtriert und trocknet Filter samt Niederschlag. Dann reibt man das Wismutcarbonat so weit wie möglich vom Filter ab und stellt das Abgeriebene beiseite. Die am Filter haften gebliebenen Reste des Wismutcarbonats löst man in Salpetersäure, dampft die Lösung in einem gewogenen Porzellantiegel zur Trockne, bringt nunmehr die Hauptmenge des Niederschlags hinzu und glüht vorsichtig, wonach das Wismutoxyd ausgewogen wird."
(Am angegebenen Orte teilt Hampe die sehr komplizierte Zusammensetzung der Silberraffinierschlacke von Lautenthal mit.)

II. Handelswismut.

Seit Jahren kommt das Metall im gut gereinigten Zustande in den Handel, da es hauptsächlich zu pharmazeutischen Präparaten verarbeitet wird, die den Anforderungen der Pharmakopöen (in bezug auf Freisein von Arsen usw.) genügen müssen. Kleinere Mengen von Wismut werden zur Herstellung leichtflüssiger Legierungen (Bi mit Sn, Pb und auch Cd) verbraucht, die z. B. in Dampfkesselsicherheitsapparaten (Pfropf

---

[1] Chem.-Ztg. **15**, 1410; 1891.

der Blackschen Pfeife, Ringe im R. Schwartzkopffschen Sicherheits-
apparat usw.) verwendet werden.

Rohwismut ist häufig stark durch Antimon, Arsen, Kupfer, Blei,
und Schwefel verunreinigt.

Qualitative Prüfung auf Verunreinigungen. Man löst 2 g
Metall in 30 ccm Salpetersäure (1,2 spez. Gew.) unter Erwärmen auf;
entsteht hierbei eine bleibende weißliche Trübung von Sb oder Sn (Bi-
Arsenat löst sich!), so setzt man 30 ccm Wasser hinzu, kocht einige
Minuten und filtriert den näher zu untersuchenden Niederschlag ab.
Aus dem Filtrate fällt man vorhandenes Silber durch einige Tropfen
Salzsäure als AgCl, filtriert davon ab und dampft die Lösung bis zu
einem ganz kleinen Volumen (3—5 ccm) ein. Dann setzt man 10 ccm
rauchende Salzsäure hinzu, rührt gut um, versetzt die Lösung mit
30 ccm absolutem Alkohol, rührt einige Minuten um, läßt $^1/_4$ Stunde
stehen und filtriert von dem ausgeschiedenen Chlorblei ab. Das Filtrat
wird auf dem Wasserbade bis zu 10 ccm abgedampft, 150 ccm kochendes
Wasser zugegeben, das Wismutoxychlorid abfiltriert, das Filtrat hiervon
wird durch Abdampfen konzentriert (etwa bis zu 20 ccm) und die
Hälfte davon mit Ammoniak übersättigt: Eisen fällt als Hydroxyd in
braunen Flocken aus, Kupfer gibt eine blaue Lösung. In der andern
Hälfte des Filtrats vom BiOCl löst man unter Salzsäurezusatz eine
größere Quantität des abfiltrierten Oxychlorids auf und prüft die Lösung
im vereinfachten Marshschen Apparat auf Arsen. (Arsen gibt sich
auch vor dem Lötrohre leicht zu erkennen; mit dem gleichen Gewichte
Zink legiert, entwickelt arsenhaltiges Wismut im Marshschen Apparate
AsH_3-haltigen Wasserstoff.)

Quantitative Analyse. Beim Erstarren des Metalls bleibt eine
an Verunreinigungen sehr reiche Legierung bis zuletzt flüssig, wird aus
dem Innern des Barrens oder Kuchens herausgedrückt und erstarrt
dann auf der Oberfläche in Form von Wülsten. Bei der Probenahme
schlägt man diese Wülste mit einem scharfen Meißel los, bestimmt ihr
Gewicht und das Gewichtsverhältnis zum Gesamtgewichte des betreffenden Barrens und wägt (nach dem Pulvern der Wülste) entsprechende
Mengen davon zu den vom Barren entnommenen Aushieben hinzu.

Man löst 3 g Substanz in 50 ccm Salpetersäure (1,2 spez. Gew.)
unter Zusatz von 3 g Weinsäure im Kolben über freiem Feuer auf,
kocht die nitrosen Dämpfe fort, läßt erkalten, bringt die Lösung in ein
Becherglas, verdünnt zu 200—300 ccm und leitet längere Zeit Schwefelwasserstoff ein, ohne zu erwärmen. Nach mehreren Stunden werden
die Schwefelmetalle abfiltriert, mit schwefelwasserstoffhaltigem Wasser
ausgewaschen, in das Filtrat nochmals Schwefelwasserstoff eingeleitet
und dasselbe 24 Stunden gelinde erwärmt. Hierbei kann sich noch
etwas Schwefelarsen abscheiden, das man abfiltriert, auf dem Filter
in einer gesättigten Lösung von Ammoniumcarbonat löst und aus dieser
Lösung durch Übersättigen mit Salzsäure und Erwärmen wieder ausfällt. Aus dem Filtrate von den Schwefelwasserstoff-Niederschlägen
fällt man das Eisen durch Übersättigen mit Ammoniak, Zusatz von

Schwefelammonium und Erwärmen aus, filtriert das Schwefeleisen ab, löst es in Salzsäure, dampft die Lösung ein, oxydiert mit Bromwasser und fällt darauf durch Ammoniak Eisenhydroxyd, das als Fe_2O_3 gewogen oder titriert wird.

Die Schwefelmetalle werden einige Stunden mit gelber Schwefel-natriumlösung digeriert [1]); die As, Sb und eventuell Sn enthaltende Lösung filtriert man ab, fällt die Schwefelverbindungen durch Ansäuern mit verdünnter H_2SO_4 und längeres Erwärmen im kochenden Wasserbade aus, filtriert sie ab, wäscht mit heißem Wasser aus, dem etwas Ammo-niumacetat und Essigsäure zugesetzt worden ist, zuletzt einmal mit reinem Wasser, dann mit absolutem Alkohol, verkorkt die Trichterröhre, übergießt das Filter mit Schwefelkohlenstoff und läßt damit mehrere Stunden stehen, um möglichst viel Schwefel in Lösung zu bekommen. Nach dem Ablaufen des CS_2 vom Filter und dem Verdunsten des Rückhaltes davon löst man die Schwefelverbindungen auf dem Filter in erwärmter schwacher Salzsäure, der etwas $KClO_3$ zugesetzt worden ist, auf und fällt aus der mit starker Salzsäure versetzten Lösung zu-nächst nur Arsen als As_2S_5 durch längeres Einleiten von Schwefel-wasserstoff, filtriert es durch ein Asbestfilter ab, löst das As_2S_5 auf dem Filter in Salzsäure und $KClO_3$, bringt dazu die Lösung des etwa nachträglich gefallenen Schwefelarsens (siehe oben), übersättigt die durch Eindampfen konzentrierte Lösung mit Ammoniak, setzt Magnesia-mischung und Alkohol hinzu, fällt dadurch die Arsensäure als Am-monium-Magnesiumarsenat und wägt schließlich das Magnesiumpyro-arsenat (siehe „Arsen").

Das stark salzsaure Filtrat vom As_2S_5 wird mit etwas Weinsäure versetzt, stark verdünnt, durch Einleiten von H_2S Antimon und Zinn als Sulfide gefällt und nach S. 704 getrennt und bestimmt. (Zinn findet sich nur sehr selten im Handelswismut.)

Die in Schwefelnatriumlösung unlöslichen Schwefelmetalle wäscht man mit verdünntem H_2S-Wasser aus, bringt sie mit sehr wenig Wasser in eine Schale, setzt einige Gramm festes Cyankalium zu, erwärmt eine halbe Stunde mäßig, filtriert die alles Cu und Ag enthaltende Lösung ab, wäscht den Rückstand zuerst mit KCN-Lösung und dann mit verdünntem H_2S-Wasser aus. Die Cu-Ag-Lösung wird mit Salpeter-säure angesäuert, so lange erwärmt, bis sich alles anfangs ausgeschiedene Kupfercyanür wieder gelöst hat, vom Cyansilber abfiltriert, mit H_2SO_4- Zusatz abgedampft, bis HCN vollständig ausgetrieben ist, der Rück-stand in wenig Wasser gelöst und die kleine Menge Kupfer hieraus durch H_2S-Wasser gefällt. Man filtriert das CuS ab und bestimmt es als CuO. Das Cyansilber wird nach dem Trocknen mit dem Filter in einen gewogenen Porzellantiegel gebracht, bei gutem Luftzutritte

---

[1]) Hierbei kann eine Spur Wismut in Lösung gehen. Man findet es hinterher bei Schwefelarsen usw. und fällt es aus der mit Weinsäure versetzten, ammo-niakalisch gemachten Lösung nach dem Verfahren von F i n k e n e r zusammen mit Spuren von Kupfer durch vorsichtigen Zusatz von verdünntem Schwefel-wasserstoffwasser.

schließlich stark geglüht und dann das erhaltene metallische Silber gewogen.

Das nur noch mit etwas PbS gemischte Bi_2S_3 wird in schwacher Salpetersäure gelöst, die mit etwas Wasser verdünnte Lösung wird von ungelöstem Schwefel abfiltriert, anfangs in einer Porzellanschale abgedampft und zuletzt in einem Becherglase bis zu einem ganz geringen Volumen (etwa 5 ccm) eingedunstet. Zu der erkalteten, dickflüssigen Lösung setzt man (nach dem Verfahren von Heinrich Rose (Rose-Finkener, II, 164 und 165. — Fresenius, Quant. Analyse, 6. Aufl., I, 609 und 610) so viel rauchende Salzsäure, daß ein Teil der geklärten Lösung sich beim Zusatze einiger Tropfen Wasser nicht sofort trübt; für 2 g Wismut reichen 7 ccm rauchende reine Salzsäure aus. Dann setzt man einige Tropfen verdünnter Schwefelsäure zu und läßt unter häufigem Umrühren einige Zeit stehen, damit sich das anfangs abgeschiedene Chlorblei in Bleisulfat verwandelt; darauf bringt man etwa 30 ccm Alkohol (spez. Gew. 0,8) in das Becherglas, rührt gut um, filtriert nach einigen Stunden das gut abgesetzte Bleisulfat ab, wäscht es zuerst mit Alkohol aus, dem einige Tropfen Salzsäure zugesetzt worden sind, zuletzt mit reinem Wasser, trocknet das Filter usw. (siehe „Blei" S. 663) und wägt schließlich das $Pb\,SO_4$. Aus der alkoholischen $BiCl_3$-Lösung fällt man das Wismut durch Verdünnen mit 500 ccm Wasser als Oxychlorid, das durch etwas basisches Sulfat verunreinigt ist, aus. Man sammelt es auf einem Filter, löst es in verdünnter Salpetersäure, neutralisiert die Lösung mit Ammoniak, setzt Ammoniumcarbonatlösung hinzu, kocht auf, filtriert das Wismutcarbonat ab, wäscht es mit heißem Wasser aus und wägt es schließlich als Bi_2O_3 (siehe S. 687 „Hampes Wismutbestimmung usw.").

Anmerkung. Will man die Trennung der meist sehr kleinen Menge Blei vom Wismut mit H_2SO_4 ausführen, so muß man sehr viel davon zu der Nitratlösung der beiden Schwefelmetalle setzen, abdampfen usw.; es bildet sich sonst leicht unlösliches basisches Wismutsulfat.

Selen und Tellur kommen in bolivianischen und anderen ausländischen Wismutsorten vor. Zu ihrer Bestimmung löst man 10—20 g Metall in einem geringen Überschusse von Salpetersäure, verdünnt die erkaltete Lösung mit dem doppelten Volumen Wasser (wobei sich noch kein basisches Nitrat abscheiden darf), leitet mehrere Stunden hindurch SO_2 ein, filtriert nach $2^1/_2$-stündigem Stehen den aus Silber, Selen und Tellur bestehenden Niederschlag ab und behandelt ihn, wie S. 642 („Selen und Tellur im Handelskupfer") angegeben ist, weiter.

Schwefel bestimmt man (in Rohwismut) durch Auflösen von 10 g in Königswasser, Verdünnen der Lösung, Erwärmen und Zusatz von heißer verdünnter $BaCl_2$-Lösung. Nach 24 Stunden gießt man die geklärte Lösung ab, bringt den aus $BaSO_4$ und AgCl bestehenden Niederschlag auf ein doppeltes Filter, wäscht mit verdünnter Salzsäure, dann mit Wasser und zuletzt mit Ammoniak aus und wägt schließlich das $BaSO_4$.

Edelmetalle (Silber, manchmal eine Spur Gold) bestimmt man am besten durch Kupellieren von 50 g Substanz auf einer entsprechend großen Kapelle (siehe Silber). Smith (Schnabel, Metallhüttenkunde, Bd. II, S. 384) hat die Edelmetallgehalte verschiedener Wismutsorten bestimmt und z. B. in einer Probe von australischem Wismut 0,011 % Gold und 0,3319 % Silber gefunden.

Elektrolytische Bestimmung des Wismuts.

Diese geschieht nach dem von O. Brunck (Ber. **35**, 1871; 1902 und Zeitschr. f. angew. Chem. **15**, 735; 1902) abgeänderten Verfahren von K. Wimmenauer in folgender Weise: Man stellt sich eine chlorfreie Nitratlösung her, welche nicht mehr als 2 % Säure enthält. Elektrolysiert wird mit einer Maximalspannung von 2 Volt; die Stromdichte kann bei Lösungen mit mehr als 0,1 % Metallgehalt 0,5 A. (ND_{100}) und darüber betragen, bei schwächeren Lösungen zweckmäßig nicht über 0,1 A. Die Lösung wird vor Beginn der Elektrolyse auf 70—80° C erhitzt, worauf man sie im Laufe der Bestimmung freiwillig erkalten läßt. In 2 bis 3 Stunden ist die Abscheidung auf der Winklerschen Drahtnetzkathode beendet. Das Metall bildet einen hellgraurötlichen, dichten und festhaftenden Beschlag. Das Auswaschen muß ohne Stromunterbrechung geschehen, weil sonst merkliche Mengen Wismut wieder in Lösung gehen. Resultate sehr genau. Die Methode wird von Classen besonders empfohlen. Über die Bestimmung durch Schnellelektrolyse siehe Classen, Quant. Analyse durch Elektrolyse, V. Aufl. 1908, S. 140 u. f.

Kolorimetrische Wismut-Bestimmung nach der Jodid-Methode von C. und J. J. Beringer. Diese bereits unter „Analyse des Handelskupfers", S. 641, ausführlich beschriebene Methode gibt bei geringen Mengen von Wismut ganz vorzügliche Resultate. H. W. Rowell (L. Moser, a. a. O. S. 113) empfiehlt sie zur Bestimmung geringer Mengen von Wismut in Erzen und Legierungen: „10 g des Erzes oder der Legierung werden gelöst und von dem größten Teile des Kupfers, Zinns, Antimons, Silbers, Bleis und Goldes befreit. Das Wismut wird als Oxychlorid gefällt; es enthält noch geringe Mengen anderer Metalle. Der Niederschlag wird samt dem Filter mit 10 ccm Schwefelsäure (1 : 3) und 30 ccm Wasser gekocht, nach dem Erkalten filtriert und mit Schwefelsäure (1 : 20) ausgewaschen. Die so erhaltene Lösung wird in ein Neßlersches Gefäß gebracht, mit 5 ccm einer 20proz. Kaliumjodidlösung und mit 10 Tropfen schwefliger Säure versetzt (1 Teil H_2SO_3 (10 %) + 2 Teile Wasser). In ein zweites gleich großes Gefäß bringt man 25 ccm Schwefelsäure (1 : 3) und 20 ccm Wasser, setzt 5 ccm derselben Kaliumjodidlösung zu und läßt so lange eine Wismutlösung von bekanntem Gehalt zufließen, bis die Färbung der Flüssigkeiten in beiden Gefäßen dieselbe ist. Die Wismut-Lösung wird hergestellt durch Auflösen von 0,1 g Wismut in 10 ccm Salpetersäure (1,4 spez. Gew.) und Verdünnen der Lösung auf 1000 ccm. Bei gewichtsanalytischen Bestimmungen sehr geringer Mengen Wismut (auf die z. B. bei der Untersuchung von Bleierzen großer Wert gelegt wird) fällt das Resultat leicht durch geringe Verunreinigungen (von Tonerde usw. usw.) viel zu hoch aus. Bullnheimer (Frankfurt a. M.) hat in seiner lang-jährigen Praxis wiederholt anderweitig zu hoch gefundene, gewichts-analytische Gehalte kolorimetrisch auf etwa die Hälfte reduzieren können!

III. Analyse der Wismutlegierungen [1]).

Es kommen nur die leicht schmelzbaren Legierungen in Betracht, deren Zusammensetzung unten mitgeteilt ist. Als Beispiel diene die Analyse von Woodmetall (Bi, Pb, Sn, Cd):

1 g des möglichst zerkleinerten Materials wird in einer bedeckten Porzellanschale auf dem Wasserbade mit 15 ccm Salpetersäure bis zur vollständigen Zersetzung erwärmt, dann dampft man zur Trockne ab, nimmt den Rückstand mit stark verdünnter Salpetersäure unter Er-wärmen auf, filtriert die durch PbO und Bi_2O_3 verunreinigte Zinnsäure ab, wäscht sie mit kochendem Wasser aus, glüht und wägt sie. Zur Be-stimmung der verunreinigenden Metalle schmilzt man die gewogene unreine Zinnsäure mit dem sechsfachen Gewichte Soda und Schwefel (oder entwässertem Natriumthiosulfat), laugt die Schmelze mit heißem Wasser aus und bestimmt in dem Rückstande von PbS und Bi_2S_3 die beiden Metalle nach dem S. 690 beschriebenen Verfahren von H. Rose. Das Blei wird als Sulfat, das Wismut als Oxyd gewogen und das Gewicht der beiden Oxyde von dem der unreinen Zinnsäure in Abzug gebracht.

Das Filtrat von der Zinnsäure dampft man zur Trockne, führt die Nitrate (von Bi, Pb, Cd) durch 2maliges Abdampfen mit je 20 ccm Salzsäure auf dem Wasserbade in die Chloride über, scheidet das Blei (nach dem Verfahren von H. Rose, S. 684) als Chlorid ab und sammelt es auf einem gewogenen Filter, fällt das Bi aus der alkoholischen Lösung von $BiCl_3$ und $CdCl_2$ durch sehr starkes Verdünnen als reines Oxy-chlorid, bringt es auf ein gewogenes Filter und wägt es nach mehrstün-digem Trocknen bei 100°, dampft die $CdCl_2$-Lösung (das Filtrat von BiOCl) mit einem kleinen Überschusse von Schwefelsäure in einer Schale bis zu einem geringen Volumen ein, bringt die Lösung in einen tarierten Porzellan- oder Platintiegel, dampft ab, verjagt vorsichtig den kleinen Überschuß von H_2SO_4, glüht den Rückstand mäßig und wägt zuletzt das so erhaltene $CdSO_4$. — Man kann auch das Cadmium aus dem Filtrate vom BiOCl durch Einleiten von Schwefelwasserstoff als CdS fällen, dieses in verdünnter heißer Salpetersäure lösen, die Lösung mit einem kleinen Überschusse von Schwefelsäure abdampfen usw. wie oben.

$$PbCl_2 \times 0,7449 = Pb \qquad CdSO_4 \times 0,5392 = Cd.$$

---

[1]) Fresenius, Quant. Analyse, 6. Aufl., II, S. 536 u. 537. — Siehe auch das Verfahren von Jannasch und Etz in: Ber. **25**, 736; 1892 (Brom-methode).

P. Jannasch (Leitfaden der Gewichtsanalyse, 2. Aufl. 1904, Leipzig) fällt die 4 Metalle aus der Lösung als Sulfide, trocknet sie im Kohlensäurestrom und erhitzt sie im Schiffchen im Glasrohr im Brom-Strome mit einem Bunsenbrenner allmählich und bis die Bromide vom Zinn und Wismut vollständig in der Vorlage von der darin befindlichen verdünnten HNO_3 1 : 2 aufgenommen und die im Schiffchen zurück-gebliebenen Bromide vom Blei und Cadmium geschmolzen sind. Die Trennung erfolgt dann nach bekannten Methoden.

Die bekanntesten leicht schmelzbaren Legierungen sind:

| | Zusammensetzung | | | | Schmelzpunkt |
Legierungen von	Bi	Pb	Sn	Cd	Grad in C.
Newton	2	5	3	—	94,5
Rose	2	1	1	—	93,75
Lichtenberg	5	3	2	—	91,6
Wood	4	2	1	1	71
Lipowitz	15	8	4	3	60

(Aus Schnabel, Metallhüttenkunde, Bd. II, S. 366.)

Zinn.

Zur Untersuchung kommen: Zinnerz (Zinnstein), das Metall des Handels, Zinnlegierungen, Weißblechabfälle, Zinnaschen und Krätzen, Zinnschlacken.

Der Zinngehalt des Erzes wird mit Vorliebe auf dem hinreichend genauen dokimastischen Wege bestimmt, alle anderen Substanzen werden der Analyse unterworfen. Den etwaigen Edelmetallgehalt des Zinn-steins ermittelt man durch Ansieden mit sehr viel Probierblei (30 faches Gewicht) und Kupellieren des erhaltenen Werkbleies nach der Konzen-tration (siehe „Silber").

Zinnerz. Von Bedeutung ist nur der Zinnstein, SnO_2, mit 78,7 % Zinn; er ist auf Erzgängen häufig von Wolframit, Arsenkieson, Pyrit und Molybdänglanz, seltener von Bleiglanz und Blende begleitet. Auf sekundärer Lagerstätte, in den Zinnseifen, kommt er häufig zu-sammen mit anderen schweren Mineralien, namentlich mit Wolframit, Titaneisen, Columbit, Tantalit, Spinell, Granat usw. vor und führt auch manchmal etwas Gold.

Zinnkies, Cu_2FeSnS_4, mit 24—31 % Sn und 24—30 % Cu kommt nur vereinzelt (Cornwall, Peru, Tasmanien) und nicht in großen Massen vor.

I. Probieren des Zinnsteins [1]).

Reiche oder aufbereitete, angereicherte Erze lassen sich mit gutem Erfolge auf Metall verschmelzen; arme Erze werden zuvor durch Schlämmen (z. B. mit dem Schoeneschen Apparate oder durch

---

[1]) Kerl, Probierbuch. — Das trockene Probieren von Zinnerzen. Von Prof. Heinrich O. Hofman zu Boston (Colorado) in Berg- u. Hüttenm. Ztg. 1890, 342, 350, 357. — Ch. H. Fulton, Manual of Fire Assaying 1907, S. 155 ff.

Waschen auf dem Sichertroge, der Pfanne usw.) von dem größten Teile der Gangart befreit, was bei dem hohen spez. Gewichte des Zinnsteins (6,8) leicht ausführbar ist. Um aus der Probe möglichst reines Metall zu erhalten, sucht man die metallischen Verunreinigungen (Eisen, Wolfram usw.) vorher zu beseitigen.

Das Verschmelzen des mit Reduktions- und Flußmitteln gemischten Erzes wird in Tuten oder Tiegeln (aus feuerfestem Ton) im Windofen bei hoher Temperatur ausgeführt. Nach den sehr gründlichen Untersuchungen von H. O. Hofman gibt die Cyankalium-Probe von Mitchell (Manuel of Assaying, 1881, S. 481) die besten Resultate. Sie wird überall in den Laboratorien der Handelschemiker und der Zinnhütten angewendet.

Reinigung der Erzprobe. 10 g der feingepulverten Durchschnittsprobe werden in der schwachglühenden Muffel, auf einem Röstscherben ausgebreitet, geröstet und das Röstgut in eine Porzellanschale oder Kasserolle gebracht, in der man es zunächst mit 30 ccm Königswasser auskocht. Hierbei geht das meiste Eisen in Lösung, Wolframit wird zersetzt. Nach etwa 10 Minuten gießt man die saure Lösung vorsichtig ab, kocht mit 30 ccm Salzsäure und läßt es dabei bewenden, wenn nur noch wenig Eisen in Lösung geht; andernfalls wird nach dem Abgießen nochmals mit frischer Säure ausgekocht. Man wäscht 2mal mit Wasser durch Dekantieren aus, löst die fast immer vorhandene Wolframsäure in mäßig erwärmtem Ammoniak, wäscht noch einmal mit Wasser und trocknet das so gereinigte Erz.

Ausführung der Cyankaliumprobe. Etwa 5 g grob zerstoßenes Cyankalium (98 proz.) werden in den Boden eines 12—15 cm hohen hessischen Tiegels (oder Battersea-Tiegels) mit einem Holzstempel eingestampft, das mit 20 g Cyankalium innig gemischte Erz darauf geschüttet, 5 g Cyankalium als Decke obenauf gegeben und der Tiegel in den geheizten Windofen gestellt. Man beginnt mit Heißfeuer und hält dasselbe während der kurzen Dauer der Probe (10—15 Minuten) auf dem höchsten Punkte, bei dem Cyankalium, ohne zu sieden, erhitzt werden kann. Der Tiegel wird dann aus dem Feuer genommen, sein Inhalt in einen angewärmten Einguß (Fig. 99, S. 541) entleert, die Schlacke durch Wasser fortgespült und der Metallkönig gewogen. Etwa sich vorfindende kleine Zinnkügelchen werden dazu getan. (Hofman erhielt mit einem aufbereiteten Zinnstein von Dakota mit einem analytisch bestimmten Zinngehalte von 67,84 % in 3 vollkommen übereinstimmenden Cyankaliumproben ein nur um 0,35 % niedrigeres Resultat. Die deutsche Ausführung der KCN-Probe, bestehend in einem vorhergehenden Glühen des mit Holzkohlenpulver gemischten Erzes usw., gab sehr unbefriedigende Resultate, bis zu 3,73 % Verlust.) Das erhaltene Metall ist natürlich nicht absolut rein, es enthält stets kleine Mengen Eisen usw. Im Erz enthaltenes Gold geht vollständig in den Zinnkönig, wie Verf. (Berg- u. Hüttenm. Ztg. 1886, 174) an einem goldreichen Zinnsteine (Seifenzinn) von Viktoria konstatierte, und bleibt beim Auflösen des ausgeplatteten oder ausgewalzten Zinns in Salzsäure als braunes Pulver zurück. Beim Auskochen des betr. Erzes mit viel Königswasser war nur $1/4$ des ganzen Goldgehaltes in Lösung gegangen. Die Zinnwerke Wilhelmsburg (Elbe) bestimmen den Zinngehalt in Erzen in folgender Weise [1]): 25 g der feingepulverten Durchschnittsprobe werden auf einem Röstscherben ausgebreitet und in der schwachglühenden Muffel abgeröstet. Das Röstgut wird dann in einem Erlenmeyer-Kolben mit Königswasser (2 Vol. Salzsäure, 1 Vol. Salpetersäure) 3—4 Stunden gekocht, hierauf mit heißem Wasser verdünnt und abfiltriert, viermal ausgewaschen, etwa ausgeschiedenes Chlorblei mit heißer Lösung von Ammoniumacetat ausgezogen und Wolframsäure mit verdünntem Ammoniak entfernt. Das getrocknete Filter wird verascht, das gereinigte Erz nebst Asche in einem ca. 200 ccm fassenden Hessischen Tiegel mit 50 g gepulvertem Cyankalium (gepulvert gekauft) und 2 g Holzkohlenpulver mit einem Spatel innig durchgemischt, der Tiegelinhalt mit 75 g Cyankalium bedeckt und darauf in einem Tiegelofen (Windofen) erst 10 Minuten schwach geglüht und schließlich 10 Minuten bei starker Hitze geschmolzen. Man zerschlägt den erkalteten Tiegel, befreit den Zinnregulus von der anhaftenden Cyankaliumschlacke durch Waschen und Bürsten, trocknet und wägt. Auswage in Gramm mal 4 ist gleich dem Rohzinngehalt.

Der Metallkönig wird nun auf einem polierten Amboß mit ebensolchem Stahlhammer ausgeplattet und zu kleinen Schnitzeln zerschnitten. 5 g davon werden abgewogen und in einem $1/2$-Liter-Kolben in konz. Salzsäure gelöst. Der unlösliche, schwarze Rückstand wird nach dem Erkalten durch einen geringen Zusatz von Kaliumchlorat in Lösung gebracht, das Chlor fortgekocht, die wieder erkaltete Lösung mit salzsäurehaltigem Wasser zu 500 ccm aufgefüllt, nach mehrfachem Umschütteln zweimal je 50 ccm entnommen und in Stehkolben von 150 ccm Inhalt gebracht. Man gibt dann 20 ccm konz. Salzsäure und 1—2 g Ferrum reductum in die Kolben, setzt Ventilstopfen auf und erhitzt auf dem Sandbade 20 Minuten auf etwa 80° C. Die nunmehr vollkommen reduzierte Zinnlösung wird abgekühlt, durch mit etwas Ferr. red. bestreute Zellstoffcharpie filtriert, mit HCl-haltigem Wasser viermal ausgewaschen, mit 50 ccm konz. Salzsäure versetzt und unter Zufügung von 10 ccm Stärkelösung (siehe B 1. Zinnanalyse nach E. Victor) und 10 Tropfen Indikatorlösung mit Eisenchloridlösung bis zur Blaufärbung titriert.— Die Lösungen des Indikators, von Stärke und von Eisenchlorid entsprechen in ihrer Beschaffenheit den darüber von E. Victor (früher in Wilhelmsburg) gemachten Angaben. Für die Eisenchloridlösung S. 700, von der 1 ccm etwa 10 mg Sn entsprechen soll, kann man statt des sublimierten, reinen Präparats auch das gewöhnliche, im Kristallwasser geschmolzene verwenden; 275 g $FeCl_3$ (sublimiert) entsprechen etwa 450 von dem gewöhnlichen, sog. kristallisierten Eisenchlorid. Rötlich gewordene Indikatorlösung

---

[1]) Freundliche Privatmitteilung des Direktors Dr. Timmermann vom April 1910.

(S. 700) darf nicht verwendet werden; sie wird durch Zusatz einiger
Kupferspäne und wiederholtes Umschütteln bald wieder entfärbt und
brauchbar.

Im öffentlichen chemischen Laboratorium Dr. Gilbert,
Hamburg [1]), werden ständig Zinnerzuntersuchungen ausgeführt. Man
röstet 20 g (eventuell nur 10 g) der feingepulverten Probe auf einem
Porzellanröstschälchen in der Muffel, digeriert das Röstgut längere
Zeit mit Salzsäure, verdünnt mit Wasser, filtriert, wäscht gut aus
und verschmilzt das gereinigte Erz nebst Asche mit Cyankalium und
Holzkohle im Hessischen Tiegel (wie in Wilhelmsburg) im Koksofen
oder auch im Gasgebläseofen von Fletcher. Der Zinnkönig wird
nach dem Wägen mit einer sauberen Feile in Späne verwandelt und
10 g davon in einem Literkolben in Salzsäure gelöst. (Hatte man nur
10 g Erz für die Probe verwendet, so wird der ganze, daraus erhaltene
Zinnkönig nach dem Ausplatten gelöst.) Ungelöst Gebliebenes wird
durch kleine Zusätze gesättigter $KClO_3$-Lösung in Lösung gebracht.
Man verdünnt zu genau 1 Liter, entnimmt 25 ccm davon, erhitzt unter
Zusatz von Aluminiumspänen, löst das abgeschiedene Zinn wieder in
Salzsäure, unter ständigem Durchleiten von CO_2, läßt im CO_2-Strom
erkalten und titriert wie oben.

Sonstige Methoden. C. Baerwald reduzierte das gereinigte
Erz durch starkes Glühen (in einer Porzellanröhre) im Wasserstoff-
strome, löste das reduzierte Metall in Salzsäure und bestimmte das
Zinn gewichtsanalytisch.

In der neuesten, IV. Auflage seiner „Technical Methods of Ore
Analysis, New York 1909" beschreibt Low das von E. V. Pearce
mitgeteilte, in Cornwall übliche Schnellverfahren der Zinnerzunter-
suchung und seine Abänderung desselben.

E. V. Pearce reinigt Pyrit-haltendes Erz mit Königswasser, verdünnt, filtriert und verascht das Filter mit dem gereinigten Zinnstein
in einem Porzellantiegel. Je nach dem Gehalte werden darauf 0,2 bis
0,5 g des sehr fein geriebenen Erzes in einem Nickeltiegel mit darin
vorher unter Zusatz von wenig Holzkohle geschmolzenem Ätznatron
(8—10 g) über einer Bunsenflamme aufgeschlossen. Die Lösung der
Schmelze in wenig Wasser wird mit Salzsäure reichlich übersättigt,
einige eiserne Nägel von 8—10 cm Länge zugesetzt, durch mäßiges
Erhitzen während 30 Minuten alles $SnCl_4$ in $SnCl_2$ umgewandelt, durch
fließendes Wasser vollkommen abgekühlt, die Nägel entfernt und nun
das Sn mit $^1/_{10}$ N-Jodlösung in Gegenwart von Stärkelösung titriert.
Die Jodlösung ist auf arsenige Säure oder eine Lösung von ganz reinem
Zinn eingestellt worden.

A. H. Low reinigt das Erz ebenfalls mit Königswasser; sollte es
Sn in löslicher Form (Zinnkies) enthalten, so wird vollständig abge-
dampft, der Rückstand mit verdünnter HNO_3 aufgenommen, nach
Zusatz von Wasser gekocht und dann erst filtriert. Er schmilzt dann

---

[1]) Freundliche Privatmitteilung der Herren Inhaber, April 1910.

mit Ätznatron im dünnwandigen, eisernen Tiegel und reduziert später das $SnCl_4$ in der in Salzsäure gelösten Schmelze durch Einhängen eines spiralig aufgewickelten Nickelblechstreifens, der hinterher herausgehoben und abgespritzt wird. Während der Abkühlung setzt er ein Stück Marmor zu, um Luftzutritt und Oxydation zu verhindern. Arsen und Antimon sind in der stark sauren Lösung, die etwa $\frac{1}{4}$ ihres Volumens an starker Salzsäure enthält, ohne Einfluß auf die Jodlösung. Die Dauer der Bestimmung beträgt knapp eine Stunde.

Föhr (Chem.-techn. Ztg. 1887, 452) röstet das Erz, kocht es mit Salzsäure, filtriert, kocht den Rückstand wiederholt mit Flußsäure, glüht ihn zuletzt mit Fluorammonium und erhält so (?) reinen Zinnstein, der auf Sn berechnet wird. O. Brunck hat neuerdings festgestellt, daß manche Zinnsteine, als sehr feines Pulver sogar an schwache, heiße Salzsäure Zinn abgeben. (Gerösteter Zinnstein gibt kein Zinn ab. Verf.)

Analysiermethoden für Zinnstein und Zinnkies sind in Fresenius, Quant. Analyse, 6. Aufl., Bd. II, S. 544—546 angegeben. — Zinnstein läßt sich durch Schmelzen mit Soda und Schwefel (Verfahren von Heinrich Rose) aufschließen, Zinnkies wird in Königswasser gelöst usw.

II. Analyse von Handelszinn, Legierungen usw.

1. Zinnanalyse. Arsen- und Antimon-Bestimmung. 10 g des zerkleinerten Metalls werden in 50 ccm gew. Salzsäure mit kleinen Zusätzen von $KClO_3$ gelöst, die Lösung abgekühlt, $\frac{1}{3}$ ihres Volumens rauchende Salzsäure zugesetzt und längere Zeit Schwefelwasserstoff eingeleitet. Man filtriert das As_2S_5 durch ein Asbestfilter ab, wäscht es zuerst mit Salzsäure, dann mit ausgekochtem Wasser aus, löst es in Ammoniak, verdampft die Lösung in einer Porzellanschale, löst den Rückstand in starker Salpetersäure und fällt die Arsensäure aus der Lösung in einem Becherglaschen durch Magnesiamischung, Ammoniak und Alkohol als Ammonium-Magnesium-Arsenat. Dieses wird als Pyroarsenat gewogen oder in Silberarsenat übergeführt (siehe „Arsen“ S. 715 u. f.). — Mit Ammoniak und ganz reinem Wasserstoffsuperoxyd[1]) geht das Schwefelarsen als Arsensäure in Lösung und kann daraus sofort mit Magnesiamischung gefällt werden!

Zur Antimon-Bestimmung wird das stark salzsaure Filtrat vom Arsen-Niederschlage, ohne erst den H_2S auszutreiben, in einem hohen und bedeckten Becherglase von ca. 400 ccm Inhalt mit 3—4 g Brocken von schwammigem, reinem Eisen (S. 705; auch von Kahlbaum, Merck u. a. zu beziehen) versetzt und etwa $\frac{1}{2}$ Stunde nahezu zum Sieden erhitzt; schließlich wird noch ca. 1 g des red. Eisens zugegeben, 5 Minuten gekocht, mit 150 ccm ausgekochten Wassers verdünnt, dekantiert und das schwarze Antimon und Kupfer mit dem geringen

---

[1]) Merk's Perhydrol mit 30 Gew.-%/$_0$ H_2O_2.

Eisen-Überschuß auf einem Papier-Filter gesammelt, auf das man einige
kleine Eisenspäne gebracht hatte. Man wäscht mit ausgekochtem,
heißem und mit Salzsäure versetzten Wasser ohne Unterbrechung aus,
löst die Metalle in Salzsäure und wenig Kaliumchlorat auf dem Filter,
fällt aus der Lösung Antimon und Kupfer mit H_2S, zieht das Antimonsulfid mit heißer, gelber Schwefelnatrium-Lösung aus, fällt es aus der
Lösung mit verdünnter H_2SO_4 und wägt es schließlich als SbO_2 (s.
S. 724). Handelt es sich anscheinend um erhebliche Mengen von Antimon,
so ist die elektrolytische Bestimmung durchaus angebracht („Hartbleianalyse" S. 675), auch ist die Titration des Antimons in der Lösung
des Sulfids in Salzsäure und Jod-Lösung nach Mohr (S. 725) oder
mit Kaliumbromat (siehe „Hartbleianalyse" S. 676) sehr zu
empfehlen.

　　Zur Bestimmung von Blei, Kupfer und Eisen werden (nach
R. Finkener) 10 g zerkleinerte Substanz mit 100 ccm der gewöhnlichen Salzsäure (1,124) in einem hohen, bedeckten Becherglase auf dem
Sandbade bis zum Aufhören der H-Entwickelung mäßig erhitzt, die
Lösung in Wasser abgekühlt und der schwarze Rückstand (Cu, Sb,
As usw.) durch kleine Zusätze von Kaliumchlorat und gelindes Erwärmen in Lösung gebracht. Die klare gelbe oder grünliche Lösung muß
stark nach Chlor riechen; sie wird nun bis zur vollkommenen Austreibung des Chlors gekocht und abgekühlt. Dann setzt man 30 g Weinsäure (besonders auf Blei geprüft) als weinsaures Ammonium hinzu,
läßt erkalten, übersättigt die Lösung mit Ammoniak, macht tropfenweise Zusätze von Schwefelwasserstoffwasser, bis keine Fällung mehr
entsteht, erwärmt gelinde auf dem Wasserbade und filtriert die Schwefelmetalle (CuS, PbS, FeS) ab. Nach dem Auswaschen mit stark
verdünntem Schwefelwasserstoffwasser löst man die Schwefelmetalle
in heißer Salpetersäure (1,2 spez. Gew.), bringt die Lösung in eine
Porzellanschale, dazu die Filterasche, dampft mit einem kleinen Überschusse von Schwefelsäure auf dem Wasserbade ab, erhitzt den Rückstand (über dem Finkener-Turme S. 647) bis zum beginnenden
Fortrauchen der Schwefelsäure, läßt erkalten, nimmt mit Wasser auf
und filtriert das gewöhnlich durch eine Spur Zinn verunreinigte Bleisulfat ab. Nach dem Wägen des unreinen $PbSO_4$ zieht man das $PbSO_4$
durch Erhitzen mit Ammoniumacetatlösung aus, fällt daraus das Pb
durch Schwefelwasserstoff und führt dieses in reines $PbSO_4$ über. Aus
dem schwefelsauren Filtrate vom unreinen Bleisulfat fällt man das
Kupfer durch Schwefelwasserstoff, aus dem Filtrate vom CuS schließlich
das Eisen durch Oxydieren der Lösung mit Bromwasser, Übersättigen
mit Ammoniak und Erwärmen.

　　Rohzinn wird wie Weißmetall (Nr. 3) analysiert.

　　1. Zinnanalyse nach E. Victor (Chem.-Ztg. 29, 179; 1905).

　　Durchschnittsprobe. Von im Ofen befindlichem Metall gießt
man beim Auskellen nach je 20 Barren eine Probestange, nachdem das
Bad gut durchgerührt worden war. Sämtliche Probestangen werden
zusammengeschmolzen und davon nach gutem Durchrühren einige

Probestangen als Analysenmuster gegossen. Liegen Barren vor, so wird das Muster durch Anbohren oder Ansägen möglichst vieler Barren an verschiedenen Stellen hergestellt. —

In den reineren Zinnsorten bestimmt man immer nur die Verunreinigungen, gewöhnlich Kupfer, Blei, Antimon und Eisen, seltener Arsen und Wismut; in Zinnsorten mit weniger als 96 % Metallgehalt wird dieser titrimetrisch ermittelt.

Analysengang für reinere Zinne. Schnelle Auflösung der Probe läßt sich mit Bohr- und Sägespänen erreichen; in anderer Form vorliegende Muster werden auf einem polierten Amboß mit ebensolchem Hammer zu dünnem Blech ausgeplattet. Von Zinn mit etwa 99 % werden 20 g, von solchem mit ca. 98 % 10 g eingewogen und in einem 1 Liter fassenden Stehkolben mit 200 bzw. 100 ccm Salzsäure (1,124 spez. Gew.) auf dem Sandbade in mäßiger Hitze gelöst. Dann wird abgekühlt, kleine Portionen von $KClO_3$ zugegeben und wie oben (Verfahren von Finkener) gearbeitet: Zur Lösung von je 10 g Zinn setzt man die mit Ammoniak neutralisierte Lösung von je 30 g Weinsäure, kühlt ab und übersättigt unter weiterem Kühlen schwach mit Ammoniak. Bildet sich dann nach wiederholten Zusätzen von H_2S-Wasser und gelindem Erwärmen kein Niederschlag mehr, so wird abfiltriert und mit schwach H_2S-haltigem Wasser ausgewaschen. Man löst nun die Sulfide von dem in einem geräumigen Trichter ausgebreiteten Filter mit warmer Salpetersäure (1,2 spez. Gew.) herunter und erwärmt die Lösung auf dem Sandbade, bis der Schwefel rein gelb geworden ist; nicht länger, weil sonst durch Oxydation des Schwefels Abscheidung von Bleisulfat stattfinden würde. Man filtriert vom Schwefel ab in eine mattierte Classensche Schale und fällt das Blei aus heißer, stark salpetersaurer Lösung mit einer Stromdichte von ca. 1,5 A. in $^3/_4$—1 Stunde quantitativ als Superoxyd (siehe „Blei" S. 667). Für die Kupferbestimmung verwendet Victor eine besondere Einwage, die bis zur Lösung der Sulfide (einschließlich) genau wie vorstehend beschrieben behandelt wird. Er übersättigt die salpetersaure Lösung mit Ammoniak, wodurch der größere Teil des Bleies als Hydroxyd, Eisen und Wismut vollständig als Hydroxyde ausfallen, verunreinigt durch eine geringe Menge Zinnsäure. Die Hydroxyde werden abfiltriert, das ammoniakalische Filtrat salpetersauer gemacht und aus dieser Lösung das Kupfer auf einer Winklerschen Drahtnetzkathode elektrolytisch abgeschieden. Das Kupfer kann auch in der ammoniakalischen Lösung nach dem Verfahren von Parkes (S. 620) mit Cyankalium-Lösung titriert werden. Eisen bestimmt V. durch Fällung der Endflüssigkeit der Bleielektrolyse durch Fällung mit Ammoniak usw. (Die kleine Menge wird zweckmäßig auf dem Filter in wenig Salzsäure gelöst und in der Lösung nach dem Erhitzen, Zusatz von Jodkalium und Abkühlen mit Thiosulfat-Lösung bei Gegenwart von Stärke-Lösung jodometrisch bestimmt.)

Bei Kontroll-Analysen bestimmt V. Blei, Kupfer, Eisen und Wismut in einer Probe. Die Fällung der Fremdmetalle geschieht wie oben. Der Sulfid-Niederschlag wird in eine Schale gespült und darin

längere Zeit mit Schwefelnatrium-Lösung, zum Zwecke der Lösung des
beigemischten Zinnsulfids, digeriert. Die Sulfide werden wieder auf das
Filter gebracht, darauf mit Na_2S-haltigem heißen Wasser ausgewaschen
und in Salpetersäure gelöst. Zur Abscheidung des Bleis dampft man
die Lösung mit einem Überschusse von H_2SO_4 ab, erhitzt bis zum beginnenden Fortrauchen derselben und wägt schließlich das $PbSO_4$, das
zur Erzielung genauer Resultate wieder in Ammoniumacetat-Lösung
gelöst und daraus durch Abdampfen mit H_2SO_4 rein abgeschieden wird.
Aus dem ersten Filtrate vom $PbSO_4$ fällt man Eisen und Wismut
durch Übersättigen mit Ammoniak und Ammoniumcarbonat und
trennt beide nach bekannten Methoden. (Die meist sehr geringe
Menge Wismut dürfte kolorimetrisch am genauesten zu bestimmen sein.
Siehe S. 641.)

Antimon fällt Victor aus der Lösung von 10 g Einwage, nach
dem Fortkochen des Chlors und starkem Verdünnen, durch Zusatz
einiger blanker Eisennägel sowie einer Messerspitze Ferrum reductum
und mäßiges Erhitzen in einem mit Bunsen-Ventil versehenen Erlenmeyer-Kolben gemeinsam mit Kupfer und eventuell etwas Arsen. Der
Kolben, wird unter Luftabschluß gekühlt (Vorsicht!), dann wird durch
ein mit ganz wenig Eisen bestreutes Filter abfiltriert und darauf auch
das von den Nägeln abgeriebene Antimon usw. gesammelt. Es wird mit
schwach salzsaurem Wasser ausgewaschen, bis einige Tropfen des
Filtrats mit Sublimatlösung nur noch schwach opalisieren. Von dem
in einem geräumigen Trichter ausgebreiteten Filter spült man die Hauptmenge des Antimons usw. in den Kolben, bestreut das Filter mit wenig
$KClO_3$ und löst den noch anhaftenden Rest des Niederschlags mit
wenig heißer Salzsäure. Wenn darauf durch gelindes Erwärmen der
ganze Niederschlag im Kolben gelöst worden ist, wird die Flüssigkeit
nach dem Fortkochen des Chlors abgekühlt, H_2S eingeleitet, 50 ccm
gesättigter Na_2S-Lösung zugesetzt, aufgekocht, durch ein Asbest- oder
Papierfilter in eine blanke oder schwach mattierte Classensche Schale
filtriert und das Antimon elektrolytisch (S. 675) abgeschieden.

Arsen gibt sich durch heftiges Schäumen des Metallbades zu erkennen. V. löst eine Einwage von 10 g (wie oben), setzt viel starke Salzsäure hinzu, fällt das Arsen durch längeres Einleiten von H_2S als Pentasulfid, das in Magnesiumpyroarsenat umgewandelt und als solches gewogen wird. Siehe S. 715.

Roh - Zinn mit weniger als 96 % Zinn-Gehalt wird nach Victor
auf den Zinnhütten nur titrimetrisch auf seinen Zinngehalt untersucht. Man titriert die stark salzsaure Lösung, die alles Zinn als Chlorür
enthält, mit einer auf reine Zinnlösung gestellten Lösung von Eisenchlorid ($2\,FeCl_3 + SnCl_2 = 2\,FeCl_2 + SnCl_4$); der Endpunkt der
Titration wird mittels eines Jod-Indikators und Stärkelösung ermittelt.
Zur Bereitung des Indikators werden 10 g Jodkalium in 10 ccm Wasser
gelöst und die Lösung zu 10 g Jodwasserstoffsäure (1,5 spez. Gew.),
vermischt mit 3,3 g Kupferjodür, gegeben. Der Indikator muß vor der
Verwendung einige Tage gestanden haben, muß wasserhell sein und im

Dunkeln aufbewahrt werden; zweckmäßig setzt man ihm einige Kupfer-Stückchen zu. Die Stärkelösung wird aus „löslicher Stärke" (1 g auf 500 ccm Wasser) bereitet und durch einen geringen Zusatz von Salicyl-säure haltbar gemacht. Für die Eisenchlorid-Lösung verwendet man am besten die reine sublimierte Verbindung, von der man 275 g mit Zusatz von 250 ccm starker Salzsäure in 9750 ccm Wasser löst. Der Titer wird mit einer Lösung von ganz reinem Zinn, die alles Zinn als Chlorür enthält, so gestellt, daß 1 ccm = 10 mg Sn entspricht. (Für die Titration von Lösungen zinnarmer Substanzen sei die Stärke = 1 mg Sn pro ccm.)

Die Titration: Man löst 5 g Substanz mittels Salzsäure und Kaliumchlorat, bringt die Lösung auf 500 ccm und verwendet davon 50 ccm, entspr. 0,5 g Einwage, zur Titration. Der in einen Kolben ge-brachten Lösung setzt man eine entsprechende Menge (etwa 2 g) Alumi-nium-Gries zu, leitet durch den aufgesetzten doppeltdurchbohrten Kork Kohlensäure ein und erwärmt gelinde. Hat sich alles Aluminium gelöst, so bringt man durch Zusatz von 50 ccm Salzsäure und Erhitzen das ab-geschiedene Zinn in Lösung, läßt im Kohlensäurestrome erkalten, setzt 10 Tropfen des Indikators und 10 ccm Stärkelösung hinzu und titriert. Man erkennt das Herannahen des Endpunktes an der Bildung von blauen Wolken beim Umschütteln der Flüssigkeit. Die Methode gibt eine Genauigkeit bis auf 0,2 %.

Handelszinnuntersuchung nach dem Verfahren der Zinn-werke Wilhelmsburg [1]).

a) Bestimmung von Kupfer, Blei und Wismut:

Je nach der Reinheit des Metalls werden 10—20 g der auf einem polierten Amboß ausgeplatteten und feingeschnitzelten Probe in Königs-wasser (1 Vol. HNO_3 : 5 Vol. HCl) in einem geräumigen Kolben bis zur vollständigen Lösung erhitzt. (Für 10 g Einwage werden 140 ccm Königswasser angewendet, für 20 g Metall 180 ccm.) Die erkaltete Lösung wird mit der mit Ammoniak neutralisierten und abgekühlten, wässerigen Lösung von 25 g (bei 20 g Einwage 35 g) Weinsäure ver-setzt, nach dem Umrühren abgekühlt, 30 ccm Ammoniak zugefügt und wieder abgekühlt. Hierauf wird mit Ammoniak eben alkalisch gemacht und unter Umschütteln ca. 25 ccm einer 2 proz. Na_2S-Lösung hinzugefügt. Nachdem dann die Lösung unter mehrmaligem Schütteln auf 40—50⁰ erwärmt worden, wird der Niederschlag abfiltriert und einige Male mit heißem Wasser gewaschen. Um den Niederschlag der Sulfide von Cu, Pb und Bi von den geringen Mengen des mitge-fällten SnS_2 zu befreien, wird er mit einer heißen und konz. Lösung von Na_2S (der man einige Krystalle Na_2SO_3 zugesetzt hat) ausgezogen. Die ungelöst gebliebenen Sulfide werden in heißer, schwacher Salpeter-

---

[1]) Freundliche Privatmitteilung des Direktors Dr. Timmermann vom April 1910.

säure gelöst, etwa 10 ccm konz. Schwefelsäure zugegeben und bis zum beginnenden Abrauchen derselben erhitzt. Nach dem Erkalten wird mit kaltem Wasser verdünnt, das abgeschiedene Bleisulfat abfiltriert und als solches gewogen. Das Filtrat übersättigt man mit Ammoniak und Ammoniumcarbonat; als Carbonat abgeschiedenes Wismut wird als Bi_2O_3 gewogen. Im bläulichen Filtrat titriert man das Kupfer mit Cyankaliumlösung nach Parkes (S. 620). Bei 21 g Cyankalium im Liter entspricht 1 ccm annähernd 5 mg Kupfer.

b) Antimonbestimmung:

10 g der wie oben hergestellten Metallschnitzel werden in einem kleinen Kolben mit etwa 100 ccm konz. Salzsäure bis zum Aufhören der H-Entwicklung erhitzt; es verbleibt ein schwarzer, aus Cu, Sb und wenig Sn bestehender Rückstand. Man setzt nun einige Zentigramm Eisenpulver hinzu und läßt unter Luftabschluß langsam erkalten. Der Rückstand wird auf einem Scharpiefilter gesammelt, mit HCl-haltigem Wasser gut ausgewaschen, das Filter mit Inhalt in den Kolben zurückgebracht und mit 50 ccm Salzsäure und 1 g $KClO_3$ digeriert. Man kocht darauf das Chlor fort, filtriert wieder durch ein Scharpiefilter, wäscht aus und leitet in die verdünnte Lösung Schwefelwasserstoff. Der Sulfidniederschlag von Sb und Cu wird auf einem Filter gesammelt, mit heißem Wasser ausgewaschen und das Antimonsulfid mittels Na_2S-Lösung ausgezogen. Man versetzt dann die Sulfosalzlösung bis zur vollständigen Ausfällung des Antimonsulfids mit Oxalsäure, fügt einen kleinen Überschuß davon hinzu, kocht auf, filtriert, löst das Antimonsulfid in konz. Salzsäure, kocht den H_2S fort, setzt einige Tropfen Methylorangelösung (besser Indigolösung) zu und titriert heiß mit Kaliumbromatlösung bis zur Entfärbung (bzw. Gelbfärbung). Bei 2,443 g $KBrO_3$ in 1 Liter entspricht 1 ccm = 5 mg Sb.

c) Arsenbestimmung:

5 g gefeiltes Metall werden in einem Destillationskolben mit 75 ccm Eisenchloridlösung (2 Teile festes Chlorid in 1 Teil konz. Salzsäure gelöst) und 100 ccm Salzsäure mit Anschließung eines Liebigkühlers abdestilliert, bis ein Rückstand von etwa 50 ccm bleibt. Man fängt das Destillat in einer etwas salzsaures Wasser enthaltenden Vorlage auf, fällt das Arsen durch H_2S und wägt es schließlich als Magnesiumpyroarsenat (siehe S. 715).

d) Eisenbestimmung.

5 g des sorgfältig gefeilten und mit einem Magneten ausgezogenen Metalls werden mit etwa 100 ccm Salpetersäure (1 : 1) bis zur vollständigen Zersetzung gekocht, verdünnt und abfiltriert. Man neutralisiert das Filtrat mit Ammoniak, säuert mit Salzsäure schwach an und fällt Cu und Pb durch Einleiten von H_2S. Die Sulfide werden abfiltriert, im Filtrat der H_2S fortgekocht, mit etwas Bromwasser oxydiert, das Eisen mit Ammoniak gefällt und als Fe_2O_3 gewogen.

2. Zinn auf Weißblech und Weißblechabfällen wird nach den S. 509 („Eisen") angegebenen Methoden von Mastbaum und von Lunge und Marmier bestimmt. Nach dem letzteren Verfahren können auch größere Probemengen (100 g und darüber) im Chlorstrome entzinnt werden, wenn man statt des Kugelrohrs ein Verbrennungsrohr von entsprechender lichter Weite benutzt und zwei Wölblingsche Vorlagen (S. 705) anschließt. Die Weißblechstreifen werden mit der Zange etwas gewunden, um festes Aneinanderlegen im Rohr zu verhindern; zum Erhitzen dient ein Verbrennungsofen, dessen Flammen sehr klein gestellt werden können, z. B. ein solcher mit Finkenerscher Luftzutrittregulierung. Es wird bei großer Einwage (auf Weißblech sind ungefähr 5—7 % Zinn) natürlich nur ein Teil des Inhalts der Vorlagen für die Bestimmung des Zinns als SnO_2 verwendet. Aus bleihaltiger Verzinnung (z. B. von den in den Eisengießereien viel verwendeten „Kernstützen") entstandenes und im Rohr verbliebenes Chlorblei wird nach dem Erkalten mit kochendem, schwach salzsaurem Wasser in Lösung gebracht, daraus mit H_2S das Sulfid niedergeschlagen und dieses als $PbSO_4$ gewogen. — Sehr bleireiche Verzinnung wird mit heißer, verdünnter Salzsäure durch kleine Zusätze von Salpetersäure gelöst; nach der Abkühlung wird stark verdünnt ein Teil entnommen, annähernd neutralisiert, Pb und Sn mit H_2S gefällt, die Sulfide mit Schwefelnatriumlösung getrennt, das Blei als PbS oder $PbSO_4$ bestimmt und das Zinn, nach dem Kochen der Lösung mit Ammoniumsulfat, elektrolytisch abgeschieden.

3. Zinnlegierungen. Analyse der Weißmetalle (Antifriktionsmetalle), Britannia-Metall und ähnlicher Legierungen von Zinn mit Antimon, Blei, Kupfer, Eisen, eventuell auch Quecksilber und Zink.

a) Die besten hoch zinnhaltigen Weißmetalle werden zweckmäßig durch Chloraufschluß zerlegt. Finkener ließ die betr. Legierungen (ca. 1 g), auf einem Porzellanschiffchen abgewogen, in ein etwa 70 cm langes Kaliglasrohr (Verbrennungsrohr) bringen, das an einem Ende rechtwinklig umgebogen ist und von der Biegungsstelle an 20 cm lang ausgezogen ist. Das Ende des verjüngten Rohres ragt tief in eine U-förmige Dreikugelvorlage, in der sich verdünnte Salzsäure (1 : 3) und etwas Weinsäure befindet und an die sich eine ebensolche Vorlage mit verdünnter roher Natronlauge (1 : 1) anschließt. Die Verbindung des Rohrendes mit der Vorlage ist durch einen durchbohrten Kork (kein Kautschuk!) hergestellt, das Rohr selbst wird nach dem ausgezogenen Ende zu etwas geneigt, damit die kondensierten flüchtigen Chloride tropfenweise in die Vorlage fließen können. Man entwickelt (wenn man nicht über flüssiges Chlor verfügt) das nötige Chlor aus einem mit Braunstein bester Qualität (Pyrolusit in Stücken) und starker Salzsäure beschickten 2-Liter-Kolben, der in einem Wasserbade auf Drahtgeflecht stehend allmählich erwärmt wird. Das entweichende Chlor wird in einer Waschflasche durch Wasser gewaschen und darauf in 1 oder 2 mit konzentrierter Schwefelsäure beschickten Waschflaschen getrocknet. Erst wenn die Luft aus dem Chlorentwickler und den Waschflaschen vollkommen verdrängt worden ist, läßt man das Chlor in das Verbrennungsrohr (Korkverbindung) treten und auf die auf dem Schiffchen liegende Legierung einwirken. Wenn keine Einwirkung mehr bei gewöhnlicher Temperatur erfolgt, wird die Mitte des Rohres, der Teil, in dem sich das Schiffchen befindet, gelinde durch Fächeln mit der Bunsénflamme angewärmt. Schließlich erhitzt man stärker, bis die Masse in dem Schiffchen schmilzt, und treibt dann durch langsam vorschreitendes Erhitzen der Röhre (in der Richtung auf die Vorlage) die leichtflüchtigen Chloride (von Sn, Sb, ev. Bi, Hg und As) in die Vorlage hinein. Der Chlorüberschuß wird in der zweiten Vorlage absorbiert. Man verdrängt das Chlor nach Beendigung des Chloraufschlusses durch Einleiten von trockener Luft oder Kohlensäure aus dem Rohre und der Vorlage und nimmt den Apparat auseinander. Das Schiffchen mit dem $CuCl_2$, $PbCl_2$ und $FeCl_3$ läßt man in eine Schale oder in ein weites Reagenzglas gleiten, spült das Rohr mehrfach mit heißem Wasser aus, löst die Chloride in dem Spülwasser unter Zusatz von Salzsäure durch Erwärmen auf, dampft die Lösung mit Schwefelsäure ab usw., bestimmt das Blei als Sulfat, fällt aus dem Filtrate das Kupfer durch Schwefelwasserstoff und aus dem Filtrate vom CuS das Eisen (nach dem Oxydieren durch Bromwasser) durch Ammoniak. Den Inhalt der Vorlage spült man in ein geräumiges Becherglas, leitet unter Erwärmen längere Zeit Schwefelwasserstoff ein (die As_2O_5 wird nur sehr langsam gefällt!), filtriert den Niederschlag ab und wäscht ihn mit verdünntem H_2S-Wasser aus, dem etwas Ammoniumacetat und Essigsäure zugesetzt worden ist. Etwa vorhandenes Wismut und Quecksilber geben sich durch Dunkelfärbung des Niederschlages zu erkennen. Sind sie anwesend, so digeriert man den vom Filter gespritzen Niederschlag mit Schwefelammonium, filtriert durch dasselbe Filter ab, wäscht mit heißem $(NH_4)_2S$-haltigem Wasser aus und fällt dann aus dieser Lösung die reinen Sulfide von Sn, Sb und As (mit Schwefel) durch Ansäuern mit Schwefelsäure und Erwärmen im kochenden Wasserbade aus.

Die Trennung von Zinn, Antimon und Arsen geschieht in folgender Weise: Man behandelt die Sulfide mit rauchender Salzsäure und kleinen Zusätzen von $KClO_3$, erwärmt gelinde, damit der abgeschiedene Schwefel nicht schmilzt, bis er weißlich geworden ist, filtriert durch ein Asbestfilter, wäscht dasselbe mit starker Salzsäure aus und fällt aus der abgekühlten und stark salzsauren Lösung durch Einleiten von Schwefelwasserstoff (1 Stunde hindurch) das Arsen als As_2S_5. Dasselbe wird auf ein Asbestfilter gebracht, mit starker Salzsäure, hinterher mit ausgekochtem Wasser ausgewaschen, in Ammoniak gelöst, die Lösung abgedampft, der Rückstand mit starker Salpetersäure oder mit Chlorwasser oxydiert, eingedampft und die As_2O_5 schließlich als $Mg_2As_2O_7$ oder als Silberarsenat, Ag_3AsO_4, gewogen oder im letzteren das Silber nach Volhard titriert. Als Silberarsenat bestimmt man gewöhnlich nur ganz kleine Mengen von Arsen (siehe S. 716); Weißmetalle pflegen auch nur Spuren davon zu enthalten. In dem stark salzsauren Filtrate vom As_2S_5 zerstört man den Schwefelwasserstoff durch einige Körnchen von $KClO_3$, bringt die Lösung in eine Porzellanschale, verdünnt sie mit wenig Wasser und fällt das Antimon durch reines Eisen und Digerieren auf dem Wasserbade aus. (Ganz reines Eisen für diesen Zweck erhält man in folgender Weise. Man fällt eine verdünnte Eisenchlorürlösung durch Oxalsäure, wäscht das gelbe Oxalat vollständig durch Dekantieren mit Wasser aus, trocknet es, führt es durch Glühen in der Muffel in Fe_2O_3 über und reduziert dieses durch Glühen in einer Porzellanröhre in einem Strome von reinem Wasserstoff. Das erhaltene schwammige graue Eisen eignet sich vorzüglich zur Trennung des Antimons vom Zinn nach dem Verfahren von Tookey. Späne von kupferfreiem Eisen oder Stahl, auch Klaviersaitendraht können in Ermangelung von ganz reinem Eisen angewendet werden.) Nach etwa $^1/_2$ Stunde ist die Ausfällung des Antimons als schwarzes Pulver beendet; man erwärmt noch so lange, bis nur noch wenig Eisen ungelöst ist, filtriert durch ein Filter, auf das man einige cg Eisen geschüttet hat, ab und wäscht mit ausgekochtem, stark salzsaurem Wasser aus. Das abgekühlte Filtrat wird annähernd mit Ammoniak neutralisiert, verdünnt, durch Einleiten von Schwefelwasserstoff schwarzbraunes Zinnsulfür gefällt, abfiltriert, mit verdünntem H_2S-Wasser, in dem einige g Ammoniumsulfat gelöst sind, ausgewaschen, getrocknet und durch Rösten im Porzellantiegel in SnO_2 übergeführt. Nach längerem Rösten gibt man ein erbsengroßes Stück Ammoniumcarbonat in den Tiegel, legt den Deckel auf, glüht sehr stark und erhält so die SnO_2 frei von Schwefelsäure.

Das Antimon wird in Salzsäure und wenig $KClO_3$ gelöst, die mit etwas Weinsäure versetzte Lösung stark verdünnt, Schwefelwasserstoff eingeleitet und das erhaltene Schwefelantimon schließlich als SbO_2 gewogen.

Zur Trennung der in Schwefelammonium unlöslichen Schwefelmetalle (HgS und Bi_2S_3) übergießt man das Filter mit heißer schwacher Salpetersäure, fällt das Bi aus der Lösung durch Neutralisieren mit Ammoniak, Hinzufügen von Ammoniumcarbonatlösung und Erhitzen als Carbonat und wägt es schließlich als Bi_2O_3 (siehe „Wismüt"). Etwa vorhandenes und ungelöst gebliebenes HgS wird in Königswasser gelöst, aus der Lösung durch phosphorige Säure (PCl_3 mit Wasser versetzt) als Chlorür gefällt und als solches auf ein gewogenes Filter gebracht, getrocknet und gewogen. $HgCl \times 0,8493 = Hg$. Genauer wird die Quecksilberbestimmung, wenn man etwa 5 g der Legierung auf einem Porzellanschiffchen im Porzellanrohre in Wasserstoff glüht und den Glühverlust ermittelt. Quecksilber kommt übrigens nur sehr selten in Weißmetallen vor.

H. Wölbling, Bergakademie Berlin (Chem.-Ztg. **33**, 449; 1909), hat durch Kombination der Volhardschen Vorlage mit der Winklerschen Absorptionsspirale eine neue Absorptionsvorlage Fig. 131 geschaffen, welche sich besonders für den Chlor-Aufschluß (auch für Ammoniak-Bestimmung) eignet und bereits hierfür bewährt hat. Die große Oberfläche der Flüssigkeit und starke Luftkühlung der Vorlage sind der Absorptionsgeschwindigkeit günstig. Eine eingeschmolzene Düse am Anfangspunkt der Spirale sorgt für kleine

Gasblasen und die Spirale für lange Berührung des Glases mit der Absorptionsflüssigkeit. Bei tiefer Anbringung der Spirale gelingt es, mit einem Minimum von Absorptionsflüssigkeit auszukommen. Die Vorlage ist durchaus stabil, und ihre quantitative Entleerung ist schnell und einfach zu bewerkstelligen. Zu diesem Zweck spült man zunächst die innere Fläche der kugelförmigen Spiralerweiterung mit der Spritzflasche ab und treibt die Spülflüssigkeit durch Drehung im Sinne der abwärtsgehenden Spirale in das Hauptgefäß. Letzteres wird durch Ausgießen und Abspritzen der Wandung entleert. Die Dauer eines Chlor-Aufschlusses wird bei Benutzung der Vorlage auf etwa eine Viertelstunde herabge-

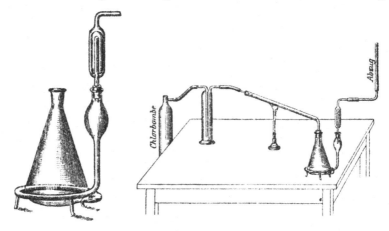

Fig. 131.

mindert. Die nur bei korrekter Ausführung gut funktionierende Vorlage wird von der bekannten Firma Gustav Müller in Ilmenau vorschriftsmäßig geliefert.

Anmerkung. Der sehr einfach auszuführende Chloraufschluß läßt sich selbst in schlecht eingerichteten Laboratorien ausführen; die Röhren kann man von jedem Glasbläser beziehen oder anfertigen lassen. Kann man die Arbeit nicht unter einem gutventilierten Digestorium ausführen, so schütze man sich möglichst gegen Chlor, z. B. durch Anschließen von Vorlagen mit Natronlauge und Sprengen mit starkem Alkohol im Arbeitsraume.

Stark bleihaltige Legierungen, an der Farbe des Bruchs oder der Späne und an dem hohen Gewichte kenntlich, eignen sich nicht für den Chloraufschluß, sie neigen sehr zum Spritzen beim Erwärmen im Chlorstrome. Solche Legierungen werden besser nach dem Verfahren der Kgl. Chemisch-Technischen Versuchsanstalt (siehe unten) analysiert. Den hohen Bleigehalt der betr. Legierung erkennt man an der reichlichen Ausscheidung von $PbCl_2$ nach dem Auflösen einiger dcg in Königswasser, dem Abkühlen der Lösung und dem Zusatze von absol. Alkohol.

Für zinkhaltige Legierungen sei die Methode e) S. 709 empfohlen.

b) Analyse bleireicher Lagermetalle, Schriftmetalle, Stereotypmetalle usw. nach dem Verfahren der Kgl. Chemisch-Technischen Versuchsanstalt (jetzt Kgl. Materialprüfungsamt) zu Berlin.

1 g der zerkleinerten Substanz wird in 15 ccm rauchender Salzsäure unter tropfenweisem Hinzufügen von starker Salpetersäure (1,4 spez. G.) ohne künstliches Erwärmen gelöst. Legierungen mit 80 % und darüber Bleigehalt wendet man in Form sehr feiner Späne an, übergießt sie mit Königswasser (aus schwachen Säuren hergestellt, 30 ccm für 1 g Substanz) und erwärmt längere Zeit gelinde auf dem Wasserbade. Man füge so lange Salpetersäure hinzu, bis die Lösung eine deutlich gelbe — bei Anwesenheit von Kupfer gelblich-grüne — Färbung angenommen hat; auch Königswasser, das man vorher durch gelindes Erwärmen zur Chlorentwicklung gebracht hat, ist zur Lösung sehr zu empfehlen. Zu der so erhaltenen Lösung setzt man das 10 fache Volumen absol. Alkohols, und zwar in mehreren Portionen, wodurch sich das Chlorblei in größeren Krystallen und leichter filtrierbar abscheidet; nur ungefähr 1 mg Blei bleibt als $PbCl_2$ in Lösung. Man wäscht darauf das $PbCl_2$ sorgfältig mit Alkohol aus und bringt dabei möglichst wenig auf das Filter. Nach dem Trocknen schüttet man das $PbCl_2$ in einen größeren gewogenen Tiegel, spült das am Glase Haftende mit heißem Wasser dazu, wäscht das Filter mit kochendem Wasser aus, dampft die im Tiegel vereinigten Lösungen auf dem Wasserbade ab, trocknet den Rückstand 3 Stunden im Luftbade bei 150° und wägt das $PbCl_2$. — $PbCl_2$ × 0,7449 = Pb.

Das Filtrat vom $PbCl_2$ wird durch Abdampfen vom Alkohol befreit, dann fügt man 1 g Weinsäure als Ammoniumtartrat hinzu, macht deutlich ammoniakalisch, setzt in ganz kleinen Portionen so lange H_2S-Wasser hinzu, bis kein Niederschlag mehr entsteht, und erwärmt auf dem Wasserbade, damit der Niederschlag (CuS, ? Bi_2S_3, HgS, Spur PbS und FeS) sich zusammenballt. Nach dieser Methode (von Finkener) beseitigt man Cu, Bi usw. aus der Lösung; ihre Trennung und Bestimmung ergibt sich aus dem oben Mitgeteilten (siehe a).

Aus dem Filtrate fällt man nach dem Ansäuern mit Salzsäure Zinn und Antimon als Sulfide durch Einleiten von Schwefelwasserstoff.

Das Gemisch der Sulfide von Zinn und Antimon wird in Salzsäure und $KClO_3$ gelöst, die Scheidung (wie unter a) mit Eisen bewirkt, das durch Eisen verunreinigte Antimon gelöst, durch Schwefelwasserstoff wieder gefällt, das so erhaltene stets etwas chlorhaltige Schwefelantimon in Schwefelammonium gelöst, aus dieser Lösung durch verdünnte Schwefelsäure oder Essigsäure unter Erwärmen abgeschieden, vom Filter in eine Schale gespritzt und auf dem Wasserbade zur Trockne gebracht. Man löst das am Filter Haftende durch Schwefelammonium, läßt die Lösung dazufließen, dampft wieder ab, nimmt die Schale vom Wasserbade, bedeckt sie mit einem Uhrglase und läßt aus einer Pipette rauchende Salpetersäure einfließen, durch die das Schwefelantimon

momentan und fast ohne S-Abscheidung oxydiert wird; nach kurzem
Erwärmen spült man den Inhalt der Schale mit wenig Wasser in einen
gewogenen Porzellantiegel, dampft ab, verjagt die Schwefelsäure über
dem Finkener-Turme, glüht den Rückstand stark und wägt ihn als
SbO_2. $SbO_2 \times 0,7898 = Sb$.

Aus dem Filtrate vom metallischen Antimon wird das Zinn nach a)
gefällt und schließlich als SnO_2 gewogen. $SnO_2 \times 0,7881 = Sn$.

Arsen ist meist nur in Spuren (aus dem Handelsantimon stammend)
in diesen Legierungen enthalten. Soll es bestimmt werden, so löst man
eine besondere Probe von mehreren g in Salzsäure und $KClO_3$,
gießt von etwa abgeschiedenem $PbCl_2$ ab, setzt starke Salzsäure hinzu,
leitet Schwefelwasserstoff ein und filtriert das mit CuS verunreinigte
As_2S_5 durch ein Asbestfilter ab. Nach dem Auswaschen mit heißem
Wasser entzieht man dem Niederschlage die kleine Menge Schwefelarsen durch heißes Ammoniak, dampft die Lösung in einer Porzellanschale ab, oxydiert mit starker Salpetersäure und fällt als Ammonium-
Magnesiumarsenat. Die Spur in Lösung gegangenes Kupfer bleibt in der
ammoniakalischen Flüssigkeit gelöst. Man kann auch das Arsen durch
Behandlung des Sulfids mit Ammoniak und etwas reinem Wasserstoffsuperoxyd sofort als Arsensäure in Lösung bringen und daraus mit
Magnesia-Mischung fällen!

c) Will man den Chloraufschluß (beste Methode für Legierungen,
die unter 15% Blei und Kupfer enthalten) umgehen, so löst man
1 g der sehr zinnreichen Substanz in Salzsäure und $KClO_3$, setzt 13 g
Weinsäure und Ammoniumtartrat hinzu, übersättigt die darauf verdünnte
Lösung eben mit Ammoniak und fällt nunmehr Cu und Pb durch vorsichtigen Zusatz von H_2S-Wasser; die Weiterbehandlung des Niederschlages geschieht, wie unter „Zinnanalyse" angegeben wurde. (In
diesem Falle findet sich auch Fe und ev. Zn in dem Niederschlage.)
Aus dem Filtrate fällt man nach dem Ansäuern mit Salzsäure durch
Schwefelwasserstoff Zinn und Antimon und trennt sie nach dem oben
angegebenen Verfahren durch Eisen usw.

d) Bleifreie Legierungen nach H. Nissenson und F. Crotogino (Chem.-Ztg. 26, 984; 1902). „0,5 g der möglichst zerkleinerten
Legierung werden mit ca. 7 ccm konzentrierter Schwefelsäure
in einem Erlenmeyer-Kolben (200—300 ccm Inhalt) übergossen
und so lange erhitzt, bis die Gasentwicklung aufhört und die
Legierung aufgelöst ist, was in wenigen Minuten eintritt. Dabei
kann man direkt an dem Fehlen eines Rückstandes von Bleisulfat erkennen, ob die Legierung bleifrei ist. (? — Bleisulfat ist
in heißer konz. Schwefelsäure löslich!) In diesem Falle verdünnt man
nach dem Erkalten vorsichtig mit heißem Wasser und läßt den sofort
entstehenden gelblichen Niederschlag heiß absitzen. Dieser enthält
sämtliches Zinn und Antimon, letzteres in der Oxydulstufe. Durch
Oxydation am besten mit Ammoniumpersulfat wird der Niederschlag
leichter filtrierbar, ist aber auch ohnedies immer noch leichter zu behandeln als der durch Oxydation mit Salpetersäure entstandene. Nach

dem Auswaschen, das man bei Abwesenheit anderer Metalle vernach-
lässigen kann, verascht man das Filter mit dem Niederschlage und wägt
als $SnO_2 + SbO_2$ nach kräftigem Glühen. Im Filtrate prüft man auf
Eisen, Cadmium, Zink usw.

Eine zweite Probe von 0,5 g versetzt man nach dem Lösen mit
Schwefelsäure und Abkühlen mit wenig heißem Wasser und 15 ccm ver-
dünnter Salzsäure und fällt das Antimon mit Eisendraht, was in kürzester
Zeit beendet ist. Das abgeschiedene Antimon und Kupfer löst man in
Salzsäure mit einigen Tropfen Salpetersäure, fällt mit Schwefelwasser-
stoff, löst das Schwefelantimon mit Schwefelnatrium und elektrolysiert.
Die ungelöst gebliebenen Schwefelmetalle kann man dann noch in Sal-
petersäure lösen und auf Kupfer, Wismut usw. prüfen."

e) Bleihaltige Legierungen, nach H. Nissenson und
F. Crotogino, a. a. O.

Schnellot. Nur Zinn und Blei.

„Nachdem man die Legierung mit konz. Schwefelsäure durch Erwärmen auf dem Sandbade oder über freier Flamme aufgeschlossen hat,
was um so schneller und glatter geht, je höher der Zinn- und Antimongehalt und je weniger Kupfer vorhanden ist, versetzt man sie nach dem
Abkühlen mit etwas heißem Wasser und einer größeren Menge Ammoniumoxalat, läßt langsam erkalten und filtriert den Niederschlag von Bleisulfat ab. In dem Filtrate bestimmt man das Zinn direkt in der bekannten Weise (siehe „Zinn" S. 713), indem man die auf 180 ccm verdünnte Lösung heiß elektrolysiert."

„Sind noch andere Metalle (Antimon, Kupfer, Zink usw.) vorhanden,
so verfährt man folgendermaßen: Die mit Schwefelsäure aufgeschlossene
erkaltete Probe wird mit heißem Wasser verdünnt und, nachdem sich
der Niederschlag in der Hitze abgesetzt hat, filtriert und mit schwefelsäurehaltigem Wasser ausgewaschen; der Niederschlag wird mit dem
Filter geglüht und verascht und als $PbSO_4 + SnO_2 + SbO_2$ gewogen. Im
Filtrate bestimmt man Kupfer, Eisen, Cadmium, Zink usw. wie gewöhnlich. In einer zweiten Probe verfährt man ebenso, löst aber den Niederschlag von Blei, Zinn und Antimon in heißer verdünnter Salzsäure,
filtriert vom Bleisulfat nach Zusatz einiger Tropfen Schwefelsäure in
der Kälte ab und fällt im Filtrate das Antimon mittels Eisendrahtes,
wobei man in derselben Weise verfährt, wie bei den bleifreien Legierungen (siehe oben) angegeben ist. Das Zinn ergibt sich dann aus der
Differenz; doch kann man es natürlich noch aus dem Filtrate vom
metallischen Antimon mit Schwefelwasserstoff ausfällen und direkt
bestimmen."

„Für sehr stark kupferhaltige Legierungen ist die Methode nicht
mit Vorteil anwendbar, da die Schwefelsäure nicht schnell genug auf
diese Legierungen einwirkt."

f) Bleibestimmung. Im Altmetallhandel wird Weißmetall gewöhnlich nach dem Bleigehalt bewertet, mit hohem Bleigehalte niedrig
und umgekehrt. 1 g feine Späne werden in einem Bechergläschen mit
15 ccm rauchender Salzsäure gelinde erwärmt und ab und zu ein Tropfen

starke Salpetersäure hinzugefügt. Man läßt nach der Auflösung erkalten, fällt dann das $PbCl_2$ durch das 3 fache Volumen absoluten Alkohols unter Umrühren aus, filtriert es nach 24 Stunden ab und bestimmt es, wie S. 684 beschrieben wurde. Im Filtrate vom $PbCl_2$ scheidet sich beim Zusatz von Schwefelsäure eine sehr kleine Menge $PbSO_4$ aus, die vernachlässigt oder bestimmt werden kann.

Anmerkung. Barren, sogar Platten von Weißmetallen sind nicht homogen! Zur Probenahme (s. S. 528) lasse man mehrere Barren oder Platten mit einem kleinen Bohrer vollständig durchbohren und wäge von den gut durchgemischten feinen Spänen ab. Besser durchsägt man die Blöcke oder Barren in der Diagonale, mischt die Späne und verfährt, wie S. 529 angegeben.

4. Zinnhärtlinge, Eisensauen von der Zinngewinnung, enthalten bis zu 31 % Zinn, außerdem Fe, Sb, As, Mo, Wo, Pb, Al, Cu usw. Zur annähernden Zinnbestimmung löst man 1 g des fein zerkleinerten Materials in Salzsäure und $KClO_3$, übersättigt die etwas verdünnte Lösung mit Ammoniak, setzt reichlich Schwefelammonium hinzu, digiert längere Zeit, filtriert, fällt Sn, Sb, As (nebst Mo und Wo), trennt, wie oben beschrieben ist, und erhält schließlich eine durch etwas WoO_3 und MoO_3 verunreinigte Zinnsäure. Den Gang einer genauen Analyse von Zinnhärtlingen beschreiben R. Fresenius und E. Hintz in der Zeitschr. f. analyt. Chem. 24, 412, 1885.

5. Phosphorzinn. Dasselbe kommt in dunkelgrauen Blöcken in den Handel, die auf dem Bruche ein krystallinisches, stengligblättriges Gefüge zeigen und einen P-Gehalt bis zu 10 %, gewöhnlich 4 % besitzen; es dient als Zusatz bei der Herstellung von Phosphorbronze.

0,5 g feine Bohrspäne werden in einem geräumigen Becherglase mit 15 ccm rauchender Salzsäure übergossen, in der man durch Schütteln in der Kälte reichlich $KClO_3$ aufgelöst hat. Man schwenkt das Glas um, trägt noch etwas festes $KClO_3$ ein, erwärmt gelinde, verdünnt zu 200 ccm, fällt durch längeres Einleiten von Schwefelwasserstoff alles Zinn als Sulfid, erwärmt das Glas $1/_2$ Stunde im kochenden Wasserbade, filtriert ab und wäscht mit stark verdünntem H_2S-Wasser aus, dem man Ammoniumacetat und Essigsäure zugesetzt hat. Das getrocknete Sulfid wird möglichst vom Filter gebracht, das Filter in einem gewogenen Porzellantiegel verascht, das SnS_2 dazu gebracht, mit kleiner Flamme erhitzt und der Rückstand nach dem Verglimmen stark geglüht, zuletzt mit Zusatz eines Stückchens Ammoniumcarbonat. Die erhaltene Zinnsäure wird gewogen. Das Filtrat wird bis zu einem Volumen von etwa 30 ccm eingedampft und nach dem Zusatz von Magnesiamischung mit Ammoniak stark übersättigt. Nach 6 Stunden wird das Ammoniummagnesiumphosphat abfiltriert, mit verdünntem Ammoniak (1 : 2) ausgewaschen, getrocknet, vom Filter gebracht, das am Filter Haftende in erwärmter schwacher Salpetersäure gelöst, die Lösung in einem gewogenen Porzellantiegel abgedampft, das getrocknete NH_4-Mg-Phosphat zugesetzt, ganz allmählich über der Bunsenflamme erhitzt und schließlich

2 Minuten bedeckt über dem Gebläse geglüht. Das so erhaltene
Magnesiumpyrophosphat wird gewogen. $Mg_2P_2O_7 \times 0{,}2785 = P$.

W. Gemmel und L. L. Archbutt lösen eine kleine Einwage in
Salzsäure und leiten die Gase durch einige mit Bromwasser beschickte
Waschflaschen. Der vereinigte Inhalt derselben nebst Waschwasser
wird abgedampft, etwa vorhandenes Arsen nach dem Zusatze von
Salzsäure durch längeres Einleiten von H_2S gefällt und im Filtrate die
Phosphorsäure in bekannter Weise bestimmt. Aus der salzsauren Lösung
kann man das Zinn erforderlichenfalls mit H_2S als braunes Sulfür fällen
(das man in SnO_2 überführt) und im Filtrate hiervon etwa vorhandenes
Eisen usw. bestimmen.

Zur Phosphorbestimmung schließt Hempel (Ber. 22, 2478;
1889) einige dcg im Chlorstrome auf, läßt die Chloride in einer kleinen
Vorlage durch 10 ccm Salpetersäure (1,4 spez. Gew.) absorbieren, spült
die Vorlage mit einer Mischung von 1 Vol. starker Salpetersäure und
2 Vol. Wasser aus und fällt die Phosphorsäure durch Molybdänsäurelösung, wie dies S. 646 (Phosphorkupfer) beschrieben wurde.

6. Zinnkrätze und Zinnasche[1]). Die beim Verzinnen von Eisen
(Weißblechfabrikation), Kupfer, Messing und Bronze auf feurig-flüssigem
Wege fallenden Aschen oder Krätzen enthalten viel Zinn (als Oxydul,
Oxyd und Metall), ferner Eisenoxyd und Kupferoxyd, vermischt mit
Koks, Salmiak, Fett usw.

Nach L. Rürup (Chem.-Ztg. 20, 406; 1896) wird eine Durchschnittsprobe im Gewicht von 500 g nach Kerls Vorschrift (Metallurgische
Probierkunst, 2. Aufl., S. 482) mit 100 g Weinstein, 400 g Soda und
60 g Kreide innig gemischt in einen entsprechend großen hessischen
Tiegel gebracht, eine Decke von Soda und 100 g Borax gegeben, der
Tiegel in das Koksfeuer eines gutziehenden Windofens gestellt und seine
Beschickung in einer halben Stunde (oder etwas mehr) dünnflüssig eingeschmolzen. Der Tiegel wird dann aus dem Ofen genommen, in ein
passendes Gestell gesetzt und darin in 20 Minuten durch Luftkühlung
mittels eines Wasserstrahlgebläses so weit abgekühlt, daß man ihn zur
vollständigen Abkühlung in kaltes Wasser stellen kann. Man zerschlägt
dann den Tiegel, reinigt den Metallkönig von der anhaftenden Schlacke
und wägt ihn. Darauf bohrt man den König an mehreren Stellen an,
wägt 1 g Späne ab, zerlegt sie mit Salpetersäure (s. „Bronzeanalyse"),
scheidet die Zinnsäure ab, dampft das Filtrat davon mit Schwefelsäure
ab und fällt das Kupfer elektrolytisch. Die getrocknete Zinnsäure wird
geglüht und gewogen. (Wiederauflösen der unreinen Zinnsäure in starker
Salzsäure, Reduzieren mit Eisen und Titrieren des Zinnchlorürs mit
Eisenchlorid (siehe S. 700) dürfte ein genaueres Resultat ergeben.)

---

[1]) Ausführliches über die in England übliche Untersuchung von zinnhaltigen
Abfällen aller Art bringt „The Analysis of Ashes and Alloys by L. Parry, London
1908". Beachtenswert, wenn auch in manchem anfechtbar, ist ferner „Die
analytische Bestimmung von Zinn und Antimon von L. Parry. Deutsche
Ausgabe durch Ernst Victor, Leipzig, Veit & Co. 1906".

W. Witter, Hamburg, entnimmt von gestampften und gesiebten
Zinnaschen und Krätzen eine Durchschnittsprobe von 25 g im Verhältnis des Groben zum Feinen, mischt mit 5 % Kohlenstaub und ver-
schmelzt mit Cyankalium (75—100 g) in einem in den Windofen gestellten Tiegel. Von dem gewogenen König werden Bohrspäne entnommen
und der Zinngehalt darin analytisch bestimmt.

7. **Zinndroß** (das durch längeren Gebrauch zur Verzinnung von
Kupfer usw. auf feurigem Wege entstandene, stark verunreinigte Zinn)
enthält Kupfer, Zink, Eisen usw. Bei der Erneuerung des Bades wird
diese Legierung ausgeschöpft und in Barren gegossen. Zur Untersuchung bohrt man mehrere Barren durch, wägt 1 g ein und verfährt
wie bei einer Bronzeanalyse; ein höherer Eisenoxydgehalt der geglühten
Zinnsäure gibt sich an der bräunlichen Farbe zu erkennen.

8. **Zinnschlacken** sind sehr eisenreiche Silikatschlacken, die (außer
Tonerde, Kalk, Magnesia) meist über 1 % Zinn als Oxydulsilikat und
sehr schwankende Mengen von Antimon, Blei, Wolfram, seltener Zink
und Kupfer als verschlackte Oxyde enthalten; in der Schlacke eingeschlossene Zinnkörnchen bleiben bei der Herstellung der Durchschnittsprobe auf dem Sieb zurück. Meist interessiert nur der Zinngehalt: Man bringt 1—2 g der sehr fein geriebenen Schlacke in einer
Platinschale durch gelindes Erhitzen mit gleichen Teilen starker Salzsäure und Flußsäure in Lösung, verdünnt in einem Becherglase auf
etwa 300 ccm, leitet ½ Stunde flott H_2S ein, filtriert die Sulfide ab,
wäscht aus, digeriert sie mit starker Salzsäure und wenig $KClO_3$, fällt
aus der Lösung (ohne vorher vom Schwefel abzufiltrieren) Antimon
und Kupfer durch Erwärmen mit Eisen, filtriert durch ein mit etwas
Eisen bestreutes Filter, wäscht mit heißem HCl-haltenden Wasser aus
und titriert das Zinn im vollständig abgekühlten Filtrate sogleich
mit Eisenchlorid nach der von Victor (S. 700) mitgeteilten Methode. —
Will man Pb, Cu, Bi, Sn und Sb bestimmen, so werden Sn und Sb
aus dem H_2S-Niederschlage mit heißer Na_2S-Lösung ausgezogen und
die Trennung, auch der Metalle im Sulfidrückstande, nach bekannten
Methoden ausgeführt.

W. Witter schmilzt 1 g des sehr feinen Pulvers mit 5 g Ätznatron
im Nickeltiegel, löst die Schmelze in Wasser, säuert die Lösung mit
Salzsäure an, fällt das Sn (ev. auch Sb, Cu, Pb) durch Schwefelwasserstoff, filtriert, wäscht aus, löst das SnS_2 in Schwefelammonium, filtriert
usw. und wägt schließlich die erhaltene Zinnsäure. Bei einem Antimongehalt in der Schlacke erfolgt die Trennung vom Zinn durch Eisen nach
der Methode von Tookey-Clark (s. Weißmetallanalyse").

Maßanalytische Bestimmungsmethoden [1])

werden selten angewendet. Sie werden sämtlich durch die Neigung der
stark salzsauren Zinnchlorür-Lösungen, sich an der Luft schnell zu oxy-

---

[1]) Fresenius, Quant. Analyse, 6. Aufl., Bd. I. — Mohr-Classen,
Die Titriermethoden. — H. Beckurts, Methoden der Maßanalyse, 1910, I, 336.

dieren, in ihrer Genauigkeit beeinflußt. Leidlich genau ist die Titration kochender, stark salzsaurer $SnCl_2$-Lösung mit Eisenchlorid-Lösung, von der 1 ccm etwa 10 mg Sn entspricht. Ein Tropfen im Überschuß färbt bei Tageslicht deutlich gelb, wenn die Zinn-Lösung konzentriert ist und nicht viel Zinn enthält. Bei viel Zinn stört die Färbung des Eisenchlorürs. Praktisch erprobt ist die von Victor (S. 700) mitgeteilte kombinierte Methode der Zinnhütten, nach der in der Kälte mit Eisenchlorid titriert und der Endpunkt der Titration mittels eines Jod-Indikators und Stärkelösung erkannt wird.

Elektrolytische Zinn-Bestimmung.

(Classen, Analyse d. Elektrolyse. — Ausgew. Methoden I, S. 169. B. Neumann, Elektrolyse. — C. Engels, Ber. 28, 3187; 1895. — Heidenreich, ebend. 28, S. 1586. —)

M. Heidenreich fällt das Zinn aus der mit Oxalsäure angesäuerten heißen Oxalat-Lösung in der verkupferten Classenschen Schale in 4—4$^1/_2$ Stunden als silberglänzendes, fest haftendes Metall. Man fügt zu der Lösung (ca. 150 ccm) von ungefähr 0,3 g Zinn 4 g Ammoniumoxalat und säuert mit 9—10 g Oxalsäure an, erwärmt die Flüssigkeit auf 60—65° und elektrolysiert mit einem Strome von 1—1,5 Amp. pro 100 qcm Kathodenfläche. Das Auswaschen muß ohne Stromunterbrechung geschehen. Die Schale wird mit Wasser und Alkohol ausgespült und bei 80—90° getrocknet.

Über Schnellfällung des Zinns aus Schwefelammonium-Lösung siehe Classen, Quant. Analyse durch Elektrolyse, V. Aufl., S. 157.

Arsen.

Die im Handel vorkommenden Arsenverbindungen (Arsenikalien) werden nur zum kleinsten Teile direkt aus Arsenerzen gewonnen; sie entstammen in überwiegender Menge der beim Rösten arsenhaltiger Erze als Nebenprodukt in den Giftkanälen gewonnenen rohen arsenigen Säure (Giftmehl).

Eigentliche **Arsenerze** sind:

Gediegen Arsen (Scherbenkobalt, Fliegenstein), oft Antimon und Silber sowie wenig Eisen, seltener Nickel und Kobalt enthaltend.

Arsenkies (Mißpickel, Arsenopyrit), $FeS_2 + FeAs_2$, mit 46 % Arsen, 34,4 % Eisen und 19,6 % Schwefel. Begleitet sehr häufig Zinnstein, Schwefelkies, Kupferkies, Bleiglanz, Blende, Fahlerz usw.

Arsenikalkies, Arsenikeisen, Leukopyrit, $FeAs_2$, mit 72,8 % Arsen und Löllingit, Fe_2As_2, mit 66,8 % Arsen. Führt nicht selten etwas Gold; das Reichensteiner Erz enthält 0,0022—0,0024 % Gold.

Die natürlichen Sulfide des Arsens, Realgar (AsS) und Auripigment (As_2S_3), werden auch direkt verwendet.

Außerdem findet sich Arsen in vielen anderen Erzen (Speiskobalt, Kupfernickel, Fahlerzen usw.) und wird bei deren Verhüttung zum Teil gewonnen.

Zur Untersuchung gelangen: Arsenerze, Arsen, Giftmehl, weißes, gelbes und rotes Arsenikglas. Von besonderer Wichtigkeit ist der Nachweis des Arsens in Farben usw. und den rohen Säuren (Schwefelsäure, Salzsäure) des Handels.

Über trockene oder dokimastische Proben (vgl. Kerl, Probierbuch, 3. Aufl., S. 170 ff.). Diese bezwecken die Bestimmung der aus Erzen gewinnbaren Mengen von Arsen, arseniger Säure oder Arsenschwefelverbindungen.

I. Gewichtsanalytische Methoden.

Man bestimmt das Arsen als Trisulfid (As_2S_3), Pentasulfid (As_2S_5), Magnesiumpyroarsenat ($Mg_2As_2O_7$) und als Silberarsenat (Ag_3AsO_4) Die Bestimmung als wasserhaltiges Ammoniummagnesiumarsenat ist nicht empfehlenswert.

1. Als **Trisulfid**, As_2S_3, kann man das Arsen aus Lösungen der arsenigen Säure (z. B. in Salzsäure) abscheiden, wenn keine den Schwefelwasserstoff oxydierenden Substanzen zugegen sind. Eine solche Lösung erhält man z. B. durch Abdestillieren des Arsens als $AsCl_3$ (siehe Bd. I, S. 340) und Kondensieren des Destillats ($AsCl_3$ und HCl in luftfreiem Wasser. Durch sofortiges Einleiten von Schwefelwasserstoff wird alles Arsen als As_2S_3 gefällt; beigemischte Spuren von Schwefel kann man dem mit Wasser ausgewaschenen Niederschlage, der auf einem bei 100° getrockneten Filter gesammelt wurde, durch heißen Alkohol entziehen. Man trocknet bei 100—110° C bis zur Gewichtskonstanz und wägt. $As_2S_3 \times 0,6093 =$ Arsen.

Kleine Mengen von As_2S_3 löst man in Ammoniak, dampft die Lösung ab, oxydiert den Rückstand mit rauchender Salpetersäure und bestimmt die gebildete As_2O_5 als $Mg_2As_2O_7$ oder Ag_3AsO_4 (siehe unten).

2. Als **Pentasulfid**, As_2S_5, kann man das Arsen bestimmen, wenn man es (zur Trennung von Zinn und Antimon, siehe S. 704) aus der Lösung des schwefelarsenhaltigen Niederschlags in Salzsäure und $KClO_3$ nach reichlichem Zusatz starker Salzsäure in der Kälte durch längeres Einleiten von Schwefelwasserstoff gefällt hat. Es wird auf einem getrockneten Asbestfilter (Goochtiegel) gesammelt, mit starker und H_2S-haltiger Salzsäure, dann mit kochendem Wasser und zuletzt mit heißem absolutem Alkohol ausgewaschen und nach dem Trocknen bei 100—110° C (bis zur Gewichtskonstanz) gewogen. $As_2S_5 \times 0,4832 =$ Arsen.

Nach Fred. Neher (Zeitschr. f. anal. Chem. **32**, 45; 1893) soll die betreffende Lösung (zur Trennung des Arsens von Sb, Bi, Pb usw.) auf 1 Volumen Wasser 2 Volumina rauchende Salzsäure vom spezifischen Gewicht 1,20 enthalten; ein noch höherer Gehalt an Salzsäure beschleunigt die Ausfällung, die sich durch einen flotten Strom von Schwefelwasserstoff gewöhnlich in 1 Stunde bewirken läßt. Erwärmung ist zu vermeiden; nach dem Zusatze der starken Salzsäure wird die Lösung zweckmäßig abgekühlt. Ganz sicher ist die Fällung beendet, wenn die in einem verkorkten Kolben befindliche Flüssigkeit nach 2 Stunden noch stark nach Schwefelwasserstoff riecht. (Über die Benutzung des Goochtiegels siehe Bd. I, S. 30.)

Bei Gegenwart von $SnCl_4$ soll sich mit dem As_2S_5 eine zinnhaltige Verbindung abscheiden, die in Salzsäure ganz unlöslich ist. Als Bestimmungsmethode wurde das vorstehende Verfahren zuerst von Le Roy W. McCay publiziert (Zeitschr. f. anal. Chem. 26, 635; 1887).

As_2S_3 und As_2S_5 können auf dem Filter durch Übergießen mit einer erwärmten Mischung von Ammoniak und Wasserstoffsuperoxyd gelöst werden; aus der abgekühlten Lösung fällt man die Arsensäure wie gewöhnlich durch Zusatz von Magnesiamischung, Ammoniak und Alkohol. Man kann jetzt leicht vollständig reines Wasserstoffsuperoxyd in konzentrierter Lösung erhalten, in erster Linie von E. Merck in Darmstadt.

3. Als **Ammoniummagnesiumarsenat** wird das Arsen sehr häufig abgeschieden und (bei Gegenwart von Weinsäure) auch von Antimon und Zinn geschieden. Man löst die Schwefelverbindungen des Arsens, Antimons und Zinns durch gelindes Erwärmen mit Salzsäure und $KClO_3$ (As_2S_3 und As_2S_5 werden mit rauchender Salpetersäure behandelt) und steigert die Temperatur nicht so weit, daß der ungelöst bleibende, beinahe weiße Schwefel schmilzt. Wenn Sb und Sn zugegen sind, setzt man etwas Weinsäure zu der Lösung, verdünnt etwas, filtriert durch ein kleines Filter in ein Becherglas und wäscht das Filter mit wenig Wasser aus.

Dann setzt man eine hinreichende Menge Magnesiamischung hinzu (bereitet durch Auflösung von 110 Teilen krystallisiertem Chlormagnesium und 140 Teilen Salmiak in 1300 Teilen Wasser und 700 Teilen konzentriertem Ammoniak), übersättigt stark mit Ammoniak, setzt $1/_4$ des Volumens absoluten Alkohol zu, rührt um und läßt bedeckt 48 Stunden unter einer Glasglocke stehen. Auf Kosten der Genauigkeit, aber ohne bedeutenden Fehler kann man schon nach 6—12 Stunden abfiltrieren und mit einer Mischung von 2 Volumen starkem Ammoniak mit 2 Volumen Wasser und 1 Volumen Alkohol auswaschen. Von dem im Luftbade getrockneten Filter bringt man die Substanz so weit wie möglich herunter auf Glanzpapier, setzt das Filter wieder in den Trichter, übergießt es mit heißer verdünnter Salpetersäure, dampft die Lösung in einem gewogenen Porzellantiegel ab, bringt die Substanz in den Tiegel, legt den Deckel auf und erhitzt zur Verflüchtigung von Ammoniak und Wasser bei langsam bis zur dunklen Rotglut steigender Temperatur; dann nimmt man den Deckel ab, erhitzt zum Glühen, zuletzt über einem „Blaubrenner" oder Bunsenbrenner mit großer Flamme. (Wenn der Tiegel mit aufgelegtem Deckel geglüht wird, kann eine sehr starke Arsenverflüchtigung, veranlaßt durch die reduzierenden Verbrennungsgase, stattfinden!) Der noch über 100° heiße Tiegel wird in einen Schwefelsäureexsikkator gestellt und nach einer halben Stunde bedeckt gewogen. $Mg_2As_2O_7 \times 0,4829 = $ Arsen.

4. Bestimmung als Silberarsenat, Ag_3AsO_4. Versetzt man eine chlorfreie Lösung von Arsensäure nach dem annähernden Neutralisieren mit Ammoniak mit einer Silbernitratlösung und neutralisiert dann genau mit Ammoniak, so erhält man einen schokoladenbraunen Niederschlag von Ag_3AsO_4, der sich beim Erwärmen der Lösung gut absetzt. Man sammelt das eventuell durch Dekantieren ausgewaschene Arsenat auf einem gewogenen Filter, trocknet bei 100° bis zum konstanten Gewicht und wägt. $Ag_3AsO_4 \times 0,1621 = $ Arsen.

Auch durch Ansammeln des Arsenats in einem gewogenen Tiegel, Abdampfen des Wassers und Trocknen des Rückstandes im Luftbade kann sein Gewicht ermittelt werden; noch schneller ergibt sich der Arsengehalt, wenn man das ausgewaschene Silberarsenat in verdünnter Salpetersäure löst, zu der verdünnten Lösung etwas Ferrisulfat zusetzt und das gelöste Silber durch Titration mit einer auf Silber gestellten Rhodanammoniumlösung (Volhards Methode, siehe S. 554) bestimmt. $Ag \times 0,2317 = $ As. — $Ag \times 0,3059 = As_2O_3$.

Man nimmt einen reichlichen Überschuß von Silbernitratlösung für die Fällung und prüft das Filtrat vom Ag_3AsO_4 durch Zusatz einiger Tropfen von verdünntem Ammoniak, wodurch keine neue braune Trübung von Ag_3AsO_4 entstehen darf. (In der schwach überneutralisierten Lösung fällt kein Ag_2O aus, weil kleine Mengen davon, nach Le Roy W. McCay, in der NH_4NO_3-haltigen Lösung löslich sind.)

Wegen des hohen Molekulargewichtes und des geringen As-Gehaltes des Ag_3AsO_4 läßt Finkener kleine Mengen von Ammoniummagnesiumarsenat nach dem Trocknen in verdünnter Salpetersäure lösen, die Lösung in einem gewogenen Porzellantiegel abdampfen, Silbernitrat im Überschuß zusetzen und mehrfach mit je 10—20 ccm Wasser abdampfen, bis beim erneuten Zusätze von Wasser zum Abdampfungsrückstande keine Neubildung von Arsenat (bzw. kein Dunklerwerden des vorhandenen Ag_3AsO_4) mehr beobachtet wird; dann wird durch Dekantieren mit heißem Wasser ausgewaschen, getrocknet und gewogen. Eine etwaige Verunreinigung des Arsenats durch Chlorsilber gibt sich beim Auflösen des gewogenen Ag_3AsO_4 in schwacher Salpetersäure zu erkennen; man würde entweder das Chlorsilber auf einem kleinen Filter sammeln, als Ag wägen und von dem Gewichte des unreinen Arsenats in Abzug bringen oder, wie oben, die salpetersaure Lösung des Arsenats titrieren.

Anmerkung. Ein Chlorgehalt der betreffenden Lösung kann vorher, vor der Neutralisation mit Ammoniak, durch Zusatz von Silbernitratlösung konstatiert und das entstandene Chlorsilber abfiltriert werden. — Schwefelsäurehaltige Lösungen müssen wegen der Schwerlöslichkeit des Silbersulfats verdünnt werden.

5. Bestimmung als As_2O_5 nach Bäckström (Zeitschr. f. anal. Chem. **13**, 663; 1892). Schwefelarsen wird durch Erwärmen mit rauchender Salpetersäure in H_2SO_4 und H_3AsO_4 übergeführt, die Lösung in einem gewogenen Porzellantiegel eingedampft, die Schwefelsäure durch vorsichtiges Erhitzen (z. B. über dem Finkener-Turme) verjagt und die zurückbleibende As_2O_5 bis zur dunklen Rotglut erhitzt, wobei sie noch nicht in As_2O_3 übergeht. Der heiße Tiegel wird in einen Exsikkator neben P_2O_5 gestellt und späterhin schnell und bedeckt gewogen. Nach dem Wägen löst man die As_2O_5 in Salzsäure und Wasser auf und prüft durch $BaCl_2$ auf einen Rückhalt an Schwefelsäure.

Die Schwierigkeit der Methode liegt in dem richtigen Treffen des Temperaturgrades, bei dem alle Schwefelsäure ausgetrieben ist und noch keine Reduktion der As_2O_5 zu As_2O_3 stattfindet; trotzdem dürfte die Methode für technische Bestimmungen, z. B. des Arsengehalts in gelbem und rotem Arsenikglas (Mischungen von Schwefelarsen mit arseniger Säure) ganz brauchbar sein.

II. Maßanalytische Methoden.

1. **Für arsenige Säure.** Die beste Methode ist die von Fr. Mohr, bestehend in einer Oxydation der durch $NaHCO_3$ alkalisch gemachten Lösung durch Jod bei Gegenwart von Stärkelösung als Indikator:

$$As_2O_3 + 2\,H_2O + 4\,J = As_2O_5 + 4\,HJ.$$

(Zinnoxydul und antimonige Säure dürfen nicht zugegen sein; ihre mit Seignettesalz versetzte und dann mit $NaHCO_3$ alkalisch gemachte Lösung kann ebenfalls mit Jodlösung titriert werden.) Vgl. auch oben S. 509.

Über Bereitung und Titerstellung der Jodlösung vgl. Bd. I, S. 137 ff.

Die zu titrierende Lösung (z. B. von Giftmehl oder Flugstaub usw.) enthält zweckmäßig 0,1 g As_2O_3; sie wird mit Sodalösung annähernd neutralisiert, dann mit 20 ccm einer kaltgesättigten Lösung von $NaHCO_3$ (hergestellt aus dem käuflichen, durch Abspülen mit Wasser von anhaftender Soda befreiten Salz) versetzt, Stärkelösung zugefügt und titriert. Alkalische Lösungen werden vorher mit Salzsäure schwach angesäuert, dann mit $NaHCO_3$-Lösung versetzt usw.

Lösungen von Arsensäure werden zur Austreibung der Salpetersäure mit etwas Schwefelsäure abgedampft, der Rückstand mit einem großen Überschusse gesättigter wäßriger schwefliger Säure aufgenommen, gelinde erwärmt, die schweflige Säure im Kolben vollständig fortgekocht, die Lösung abgekühlt, neutralisiert usw. wie oben.

H. Nissenson und A. Mittasch (Volumetrische Bestimmung von Arsen und Antimon in Nickelspeise, Chem.-Ztg. 28, 184; 1904) titrieren in der schwefelsauren Auflösung der Sulfide Arsen und Antimon zusammen mit $^1/_{10}$ N.-Kaliumbromatlösung [1]) in Gegenwart einiger Tropfen Indigolösung. Zur Antimonbestimmung wird eine zweite Probe von 1 g Gewicht mit Bromsalzsäure behandelt und zur Vertreibung des Arsens längere Zeit unter dem Abzuge erhitzt; nach dem Verdünnen mit Wasser wird das Antimon durch Schwefelwasserstoff gefällt. Dieses wird dann in 50 ccm kaltgesättigter Schwefel-

---

[1]) Methode von Györy, Zeitschr. f. anal. Chem. 32, 415; 1893. Siehe „Hartblei" S. 676.

natriumlösung aufgelöst, die Lösung zum Sieden erhitzt, in eine Platin-schale filtriert, siedendes Wasser zugesetzt und mit einer Stromdichte von ungefähr 1,6 A/qdm 40 Minuten elektrolysiert. Die so erhaltenen Resultate sind völlig zufriedenstellend.

2. **Für Arsensäure.** Die empfehlenswerteste Methode (von Baedeker und Brügelmann) beruht auf der Fällung der Arsensäure durch eine Lösung von Uranylacetat oder Uranylnitrat ($UO_2(NO_3)_2$ + 6 H_2O) unter Ermittelung des Reaktionsendes durch eine Tüpfel-probe mit Ferrocyankaliumlösung.

Die Uranlösung soll im Liter ca. 20 g Uranoxyd enthalten. Zur Titerstellung löst man eine abgewogene Menge (etwa 0,2 g) As_2O_3 im Kolben in starker Salpetersäure unter Kochen auf, dampft ein, löst den Rückstand in Wasser, neutralisiert mit Natronlauge oder Ammoniak, macht stark essigsauer, läßt Uranlösung zu der kalten Lösung fließen, bis der größte Teil der As_2O_5 gefällt ist, erhitzt einige Minuten zum Kochen und titriert dann mit Uranlösung weiter, bis eben eine rötlich-braune Färbung mit den Tropfen von Ferrocyankaliumlösung auf der Porzellanplatte eintritt. (Da für diese Titerstellung Vorproben not-wendig sind, tut man gut, sich eine größere Quantität von As_2O_5 oder Natriumarsenatlösung herzustellen; bei der Vorprobe werden immer je 2—5 ccm Uranlösung zugesetzt und dann mit Ferrocyankaliumlösung probiert.)

III. Spezielle Methoden.

1. Für Erze, Speisen, Abbrände usw. (vgl. auch Bd. I, S. 336 ff. und S. 356).

a) Man löst 1 g der sehr fein gepulverten Substanz in Königswasser oder in Salpetersäure und Weinsäure, verdünnt die Lösung, fällt durch Einleiten von Schwefelwasserstoff, extrahiert den Niederschlag mit heißer Schwefelkaliumlösung, fällt aus der erhaltenen Lösung die Schwefelverbindungen von As (Sb u. Sn?) mit verdünnter Schwefel-säure, behandelt mit Salzsäure und $KClO_3$, fällt aus der mit Weinsäure versetzten, etwas verdünnten Lösung das Arsen durch Magnesia-mischung (siehe S. 715), Ammoniak und Alkohol und wägt schließlich als $Mg_2As_2O_7$. Aus dem Filtrate läßt sich Antimon und Zinn bestimmen, wie unter „Weißmetallanalyse" beschrieben ist.

b) **Verfahren der Freiberger Hüttenwerke** von F. Reich und Th. Richter für rohe und geröstete Erze: 0,5—1 g Substanz wird in einem geräumigen Porzellantiegel mit Salpetersäure (1,2 spez. Gew.) übergossen, ein Uhrglas aufgelegt, auf dem Sandbade erhitzt, nach der Zersetzung das Uhrglas abgenommen und der Tiegelinhalt auf dem Sandbade eingedampft. Dann setzt man das 3fache Gewicht reine (chlorfreie) entwässerte Soda und ebensoviel Salpeter hinzu und erhitzt über dem Brenner oder sehr bequem in der Muffel bis zum ruhigen Fließen der Schmelze. Die erkaltete Masse wird mit heißem Wasser ausgezogen, die Lösung mit Salpetersäure neutralisiert, die CO_2 durch Erwärmen ausgetrieben, Silbernitratlösung zugesetzt, mit Ammoniak im ganz kleinen Überschusse versetzt und dadurch die Arsensäure (nach Methode 4, S. 716) als Ag_3AsO_4 gefällt. Der getrocknete Niederschlag wird vom Filter gebracht, das Filter auf einem Ansiedescherben verascht, die Substanz und etwa 10—20 g Probierblei zugesetzt, angesotten und der erhaltene Werkbleikönig auf der Kapelle abgetrieben (siehe „Silber", Ansiedeprobe, S. 533). Aus dem Gewicht des erhaltenen Silberkornes ergibt sich das in der Einwage enthaltene Arsen. 100 Teile Silber entsprechen 23,17 Teilen Arsen bzw. 30,59 Teilen As_2O_3.

Pearce kocht die mit Salpetersäure angesäuerte wäßrige Lösung der Schmelze, neutralisiert nach der Abkühlung mit Ammoniak, filtriert etwa ausgefallene Tonerdeverbindungen ab, fällt nach 4, S. 716), löst das Ag_3AsO_4 in verdünnter Salpetersäure und titriert das Silber nach Volhard.

Rohe Erze können auch mit dem 10 fachen Gewichte der Mischung gleicher Teile Soda und Salpeter gemischt und mit einer starken Lage davon bedeckt ganz allmählich erhitzt und schließlich geschmolzen werden.

c) Schmelzen des Erzpulvers mit dem 6 fachen Gewichte der Mischung gleicher Teile Soda und Schwefel, Auslaugen der Schmelze mit heißem Wasser usw. wird seltener ausgeführt, gewöhnlich nur, wenn Blei, Kupfer bzw. Antimon und Zinn in der Probe außer Arsen bestimmt werden sollen.

d) Abbrände werden nach einer der vorstehenden Methoden untersucht oder zweckmäßiger aus ihrer Lösung in Königswasser nach dem Eindampfen durch Zusatz von Eisenchlorür, rauchender Salzsäure und Abdestillieren alles Arsen als Chlorür (siehe S. 638) verflüchtigt und in dem Destillate das Arsen als As_2S_3 (analytische Methode 1 a) bestimmt oder nach Fr. Mohr (maßanalytische Methode 2 a) titriert.

e) Maßanalytische Bestimmung des Arsens in Erzen usw. nach F. W. Boam (Zeitschr. f. anal. Chem. 30, 618; 1891). 1—1,5 g der feingepulverten Substanz wird mit 20—25 ccm starker Salpetersäure erhitzt und die Lösung zur Trockne eingedampft. Nach dem Erkalten wird der Rückstand mit 30 ccm starker Natronlauge (30 proz.) übergossen, einige Minuten gekocht, etwas Wasser zugesetzt, filtriert und das Filtrat zu 250 ccm verdünnt. 25 ccm dieser Lösung werden mit 50 proz. Essigsäure, in der 10 % Natriumacetat gelöst sind, angesäuert, zum Sieden erhitzt und mit Uranacetatlösung (maßanalytische Methode 2, S. 718) titriert. Boam benutzt eine Uranlösung, von der 1 ccm 0,00125 g Arsen entspricht, hergestellt durch Auflösen von 17,1 g reinem Uranylacetat in 15 ccm starker Essigsäure und Wasser und Auffüllen der Lösung zu 2 Liter.

Die Methode ist für alle durch Salpetersäure zersetzbaren Erze (Ausnahmen sind Verf. nicht bekannt) anwendbar; etwa entstandenes Ferriarsenat wird durch Kochen mit einem stärkeren Überschusse von Natronlauge vollständig zersetzt.

f) Arsen-Erze (Scherbenkobalt, Arsenkies, Arsenikalkies) und Speisen werden nach H. Nissenson und F. Crotogino (Chem.-Ztg.

26, 847; 1902) durch Erhitzen mit konzentrierter Schwefelsäure aufgeschlossen. „5 g der möglichst feingeriebenen und bei 100⁰ getrockneten
Speise werden mit 15 ccm konzentrierter Schwefelsäure im Rundkolben
oder einem kleinen Erlenmeyer, den man mit einem Trichterchen
zudeckt, übergossen und so lange erhitzt, bis das metallische Aussehen
der Speise verschwunden ist; man erreicht dies je nach der Temperatur,
der Natur und der Feinheit der Substanz in $^1/_2$ bis höchstens 3 Stunden.
Man läßt dann erkalten und fügt heißes Wasser zu (beim Zufügen
von kaltem Wasser scheidet sich leicht arsenige Säure ab), läßt absitzen und filtriert. In das siedend heiße Filtrat leitet man einen
raschen Strom von Schwefelwasserstoff ein, bis sich der Niederschlag
zusammenballt, was meist in etwa 10 Minuten geschehen ist, filtriert
in einen 0,5-L.-Kolben und wäscht mit heißem Wasser gut aus. Das
Filtrat kocht man zur Verjagung des Schwefelwasserstoffs auf, versetzt
zur Oxydation des Eisens mit einer genügenden Menge von Ammoniumpersulfat oder Wasserstoffsuperoxyd, fügt 200 ccm Ammoniak hinzu
und füllt nach nochmaligem Aufkochen und Wiedererkalten zu $^1/_2$ L.
auf. Dann filtriert man 100 ccm der Lösung durch ein trockenes Filter
ab und fällt in der üblichen Weise das Nickel und Kobalt elektrolytisch,
indem man die auf ca. 180 ccm verdünnte Lösung heiß in einer Classenschen Schale mit einer Stromdichte von 1 A. auf 100 qcm, je nach der
Menge des vorhandenen Nickels (Kobalts) 1—2 Stunden elektrolysiert.
Den H_2S-Niederschlag löst man in Salzsäure und $KClO_3$, verjagt das
Chlor, füllt zu $^1/_2$ L. auf, filtriert 100 ccm ab, neutralisiert diese nach
Zusatz von Weinsäure mit Ammoniak und fällt mit Magnesiamischung
das Arsen als Ammoniummagnesiumarsenat. Im Filtrate bestimmt
man das Kupfer, wenn seine Menge sehr gering ist, kolorimetrisch.
Bei größeren Mengen säuert man mit verdünnter Schwefelsäure an
und fällt in der Siedehitze mit Natriumthiosulfat, wäscht mit kochendem Wasser aus, trocknet, verascht, glüht und wägt das CuO." Ist
Antimon vorhanden, so digeriert man den H_2S-Niederschlag nach
dem Entfernen des Schwefelwasserstoffs mit Ammoniumcarbonatlösung
zur Abtrennung des Arsens, extrahiert den Rückstand mit 20 ccm
konzentrierter Schwefelnatriumlösung und fällt aus dieser Lösung das
Antimon elektrolytisch (siehe S. 675). Zur Bestimmung von Kupfer,
bzw. auch Wismut und Cadmium werden die auf dem Filter verbliebenen Schwefelmetalle mit Salpetersäure gelöst usw. — Das Aufschließen mit konzentrierter Schwefelsäure eignet sich auch
ganz vorzüglich für Schwefelkies, Kupferkies, gemischte Zink-
Bleierze u. a. m.

2. Für Arsen oder Fliegenstein. Dieses Hüttenprodukt kann durch
bei der Sublimation mitgerissene Arsenkiespartikelchen verunreinigt
sein. Spuren von Schwefel weist man durch Lösen in Königswasser,
Abdampfen, wiederholtes Abdampfen mit Salzsäure und Fällung der
heißen und verdünnten salzsauren Lösung durch $BaCl_2$-Lösung nach.
Eisen findet man als wägbares FeS, wenn man einige Gramm der
Probe, mit dem gleichen Gewichte Schwefel gemischt, im Roseschen

Tiegel im Wasserstoffstrome allmählich bis zum starken Glühen erhitzt und den Tiegel im Wasserstoffstrome erkalten läßt.

Ein Silbergehalt im natürlichen, gediegenen Arsen wird durch die Ansiedeprobe und Kupellation (siehe S. 533 u. 541) bestimmt.

3. **Für rohe arsenige Säure** (Giftmehl) und Flugstaub. Etwa 0,5 g Substanz wird im Kolben durch fortgesetztes Kochen in überschüssiger Kalilauge gelöst, die gewöhnlich durch Ruß, Sand, Eisenoxyd usw. getrübte Lösung wird nach dem Abkühlen zu annähernd 100 ccm verdünnt und durch tropfenweise zugesetzte Salzsäure ganz schwach angesäuert. Dann setzt man 50 ccm einer kaltgesättigten Lösung von reinem $NaHCO_3$ hinzu, verdünnt zu 500 ccm, entnimmt davon 25 ccm und titriert die arsenige Säure nach dem Verfahren von Fr. Mohr (maßanalytische Methode S. 717).

Das Arsenmehl des Handels ist nahezu reine As_2O_3, meist nur durch eine minimale Menge Flugasche (von der Feuerung des Röstofens) und durch Spuren von Schwefelarsen verunreinigt. Beide erkennt man bei der Auflösung in heißer Salzsäure, wobei Schwefelarsen sich in Flocken abscheidet. Beim vorsichtigen Sublimieren aus einer Porzellanschale gibt S-haltiges Arsenmehl im Anfange einen rötlich gefärbten Anflug auf als Deckel benutzten Schale.

Weißes Arsenikglas ist nahezu chemisch reine As_2O_3.

4. **Für künstlich hergestelltes Realgar** (rotes Arsenglas) **und Auripigment** (gelbes Arsenglas). Diese entsprechen in ihrer Zusammensetzung den natürlichen S-Verbindungen (AsS bzw. As_2S_3) nur annähernd, namentlich das gelbe Arsenglas enthält viel arsenige Säure. Verunreinigungen (Erzpartikel usw.) bleiben beim Kochen der feingepulverten Substanzen mit Kalilauge und Schwefel ungelöst zurück. Zur Schwefelbestimmung löst man 0,1—0,2 g Substanz in Königswasser und behandelt die Lösung weiter, wie S. 720 unter „2", Arsen, beschrieben wurde. Zur Arsenbestimmung kocht man eine kleine Einwage mit starker Salpetersäure ein, löst den Rückstand in Wasser, fällt die As_2O_5 durch Magnesiamischung (Methode 3, S. 715) oder titriert sie mit Uranlösung (Methode 2, S. 718). Erdige Verunreinigungen bleiben bei der Verflüchtigung einiger Gramm im Glühschälchen zurück.

5. **Aus Fuchsin, Fuchsinrückständen** und arsenverdächtigen Farben destilliert man das Arsen als $AsCl_3$ ab, indem man eine Mischung der Substanz mit Eisenvitriol und viel Kochsalz in einem sehr geräumigen Kolben mit reiner (arsenfreier) Schwefelsäure übergießt, den Kolben auf dem Sandbade erwärmt und die Dämpfe durch eine gut gekühlte Kühlschlange verdichtet. (Von den sehr arsenreichen Fuchsinrückständen genügt eine kleine Einwage.) In dem Destillate bestimmt man das Arsen als As_2S_3 (gewichtsanalytische Methode S. 714), oder man titriert nach dem Verfahren von Mohr (maßanalytische Methode II. 1) S. 717).

6. **Für rohe Salzsäure und Schwefelsäure des Handels.** (Ausführliches in Bd. I, S. 499 ff. und S. 445 ff.) Arsenhaltige Säuren entwickeln bei der Benutzung zum Abbeizen von Eisen, bei der Her-

stellung von Wasserstoff, der Fabrikation von Chlorzink aus Zinkaschen usw. entsprechende Mengen des furchtbar giftigen Arsenwasserstoffs und verursachen häufig schwere Erkrankungen und Todesfälle. Prauß fand im russischen Handel enorm stark verunreinigte Säuren, Schwefelsäure mit bis zu 120 g Arsen in 100 kg und Salzsäure, die bis zu 520 g Arsen in 100 kg enthielt! Zur Bestimmung des Arsengehaltes entwickelt Prauß mittels arsenfreien Zinks und der zu untersuchenden (verdünnten) Säure mit Arsenwasserstoff beladenen Wasserstoff, leitet das Gas durch eine Reihe von Waschflaschen, die mit einer gemessenen Menge titrierter neutraler Silberlösung beschickt sind, und titriert nach dem Versuche das noch in Lösung befindliche Silber im Filtrate vom ausgeschiedenen Metalle mit Rhodanammoniumlösung (nach Volhard) zurück.

Die Umsetzung von AsH$_3$ mit AgNO$_3$ ist folgende:

$$12 AgNO_3 + 3 H_2O + 2 AsH_3 = 12 Ag + 12 HNO_3 + As_2O_3.$$

Prauß erhielt nach seinem Verfahren für technische Zwecke hinreichend genaue Resultate, z. B. 0,10 % statt 0,12 % durch Gewichtsanalyse.

Natürlich kann man auch das Arsen durch längeres Einleiten von reinem Schwefelwasserstoff (aus CaS oder Na$_2$S bzw. NaHS und reiner Salzsäure bzw. Schwefelsäure entwickelt) aus den verdünnten und mäßig erwärmten Säuren als Schwefelarsen ausfällen und genau bestimmen.

7. **Schrot** (Hagel, Arsenblei) siehe unter ,,Blei'' S. 680.

Nachweis des Arsens.
(Siehe auch Bd. I, S. 446—460.)

In vielen Erzen und Hüttenprodukten ist Arsen in erheblicher Menge enthalten und leicht durch Lötrohrversuche nachzuweisen, nämlich durch das Auftreten eines knoblauchähnlichen Geruchs beim Erhitzen der Probe durch die Lötrohrflamme auf der Kohle und durch die Bildung des metallisch glänzenden, schwarzbraunen Arsenspiegels beim Schmelzen der mit Soda und Cyankalium gemischten Substanz im einseitig geschlossenen Glasröhrchen. Viel schärfer sind die Proben auf nassem Wege, namentlich die bekannte Marshsche Probe, für deren Ausführung man nur vollkommen reine, besonders geprüfte Reagenzien benutzen darf. Hierbei ist zu beachten, daß Glasgefäße manchmal aus arsenhaltigem Glase hergestellt sind. Warren (Chem. News 60, 187; 1889) empfiehlt, für die Benutzung im Marshschen Apparate an Stelle von Zink das stets arsenfreie Magnesium zu verwenden.

Die auf Arsen zu prüfende Substanz wird zweckmäßig in gelinder Wärme mit reiner 25 proz. Salzsäure und etwas KClO$_3$ digeriert, die erhaltene Lösung in einen vereinfachten Marshschen Apparat (siehe Bronzeanalyse, Prüfung der unreinen Zinnsäure, S. 654) gebracht, darin mit reinem Zink Wasserstoff entwickelt, derselbe angezündet und eine

Porzellanplatte in die Flamme gehalten. Die schwarzbraunen, glänzenden Arsenflecken verschwinden sofort beim Betupfen mit Eau de Javelle. Zur Unterscheidung von Antimonflecken löst G. Denigés (Zeitschr. f. anal. Chem. **30**, 263; 1891) die Flecken in einigen Tropfen Salpetersäure, erwärmt die Lösung und setzt dann 4—5 Tropfen der nach seiner Angabe bereiteten Molybdänlösung hinzu. Bei Gegenwart von $1/_{100}$—$1/_{50}$ mg Arsen bildet sich sofort etwas gelbes Ammonium-Arsen-Molybdat, dessen reguläre Krystalle unter dem Mikroskope ein sehr charakteristisches Aussehen besitzen. Man beobachtet sie am besten im Polarisationsmikroskope bei gekreuzten Nicols.

Bringt man in eine salzsaure Antimon- und Arsenlösung reines Eisen (elektrolytisch abgeschiedenes oder aus ganz reinem Fe_2O_3 durch Wasserstoff reduziertes), so entwickelt sich nur Arsenwasserstoff: das Antimon wird quantitativ als solches zusammen mit einer erheblichen Menge Arsen in der Lösung abgeschieden. Thiele (Ann. Chem. **265**, 55; 1891) benutzt dieses Verhalten zum Nachweis geringer Mengen Arsen neben viel Antimon. Während in einer Arsenlösung sich durch AsH_3-Entwickelung mittels reinen Eisens 0,1—0,15 mg Arsen nachweisen lassen, wird die Reaktion sehr viel empfindlicher, wenn man in den Apparat allmählich 2—3 ccm einer konzentrierten Lösung von Antimonoxychlorid in Salzsäure von 1,124 spez. Gew. einfließen läßt. (Zur qualitativen Prüfung pharmazeutischer Antimonpräparate auf einen Arsengehalt scheint dieses Verfahren besonders geeignet zu sein.) Schwedische Handelschemiker (Zeitschr. f. anal. Chem. **34**, 88; 1895) untersuchen nach einer Vereinbarung mit Wasserfarben bedruckte oder bemalte Tapeten, Jalousien usw., indem sie ein 200 qcm großes Stück des betr. Stoffes zerschnitten in einem Kolben von 300 ccm Inhalt nach dem Zusatze von 2 g arsenfreiem Eisenvitriol mit 50—80 ccm reiner Salzsäure (1,18—1,19 spez. Gew.) übergießen und das Arsen als $AsCl_3$ abdestillieren. Das aus dem Destillate erhaltene As_2S_3 wird in verdünntem Ammoniak gelöst, die Lösung mit 0,02 g Na_2CO_3 auf einem Uhrglase verdunstet, der Rückstand mit 0,3 g einer Mischung von Na_2CO_3 und KCN zusammengerieben, die Mischung in eine Kugelröhre (Durchmesser der Kugel 2 cm) gebracht, durch Erhitzen der Kugel daraus Arsen im Kohlensäurestrome verflüchtigt und in dem direkt an die Kugel sich anschließenden Röhrchen (von 1,5—2 mm lichter Weite) als Arsenspiegel verdichtet. Wenn so ein teilweise undurchsichtiger Arsenspiegel erhalten wird, darf die betr. Ware nach schwedischem Gesetz nicht in den Verkehr gebracht werden.

Antimon.

Das Metall (Regulus), die geschmolzene Schwefelverbindung Sb_2S_3 (Antimonium crudum) und die zahlreichen Antimonpräparate werden fast ausschließlich aus dem häufigst vorkommenden Antimonerze, dem Antimonit (Grauspießglanzerz, Antimonglanz), Sb_2S_3, mit 71,7 % Antimon, gewonnen bzw. dargestellt. Als eigentliche Antimonerze sind noch zu erwähnen: die Antimonblüte (Valentinit und Senarmontit), Sb_2O_3 und der Antimonocker (Cervantit, Sb_2O_3, Sb_2O_5, und Stiblith, Sb_2O_3, $Sb_2O_5 + 2\,H_2O$). Aus antimonhaltigen Blei- und Kupfererzen wird im Hüttenbetriebe Hartblei (Antimonblei) in großen Quantitäten erzeugt; es kommt mit sehr verschiedenen Gehalten an Antimon (bis zu 28 %) in den Handel.

Häufiger untersucht werden: Erze, metallisches Antimon, Hartblei und andere antimonreiche Legierungen (Weißmetalle usw.). — Die dokimastischen Proben für Erze (siehe Kerls Probierbücher) sind recht ungenau, stehen aber auf den Hüttenwerken vielfach als Betriebsproben in Anwendung. Von den gewichtsanalytischen Bestimmungsmethoden ist namentlich die Bestimmung des Antimons als SbO_2 und die elektrolytische Fällung als Metall aus Sulfosalzlösungen zu empfehlen; es existieren auch einige für die Praxis geeignete Titriermethoden.

A. Bestimmungsmethoden.

1. Bestimmung als SbO_2 (antimonige Säure). Das durch Ausfällung mittels Schwefelwasserstoffs oder durch Ansäuern von Sulfosalzlösungen erhaltene Schwefelantimon wird zweckmäßig mit starker Salpetersäure so lange behandelt, bis aller Schwefel oxydiert ist (Rössing, Zeitschr. f. anal. Chem. **41**, 9; 1902), der Säureüberschuß durch Abdampfen entfernt, die Schwefelsäure vorsichtig verjagt und der Rückstand im unbedeckten Porzellantiegel, der in dem kreisrunden Ausschnitte eines Stücks Asbestpappe hängt (nach Brunck), stark geglüht und als SbO_2 gewogen. $SbO_2 \times 0{,}7898 =$ Antimon.

Einige Milligramm Sb_2S_3 löst man in erwärmtem Schwefelammonium, dampft die Lösung in einem geräumigen gewogenen Porzellantiegel ab und oxydiert dann den Rückstand mit starker Salpetersäure. Größere Mengen von gefälltem Sb_2S_3 und Schwefel bringt man vom Filter in eine geräumige Schale, dampft auf dem Wasserbade zur Trockne, bedeckt die Schale und oxydiert mit starker Salpetersäure vollständig; hierbei wird fast aller Schwefel momentan oxydiert. Nach kurzem Erwärmen wird der Schaleninhalt in einen gewogenen Tiegel gespült, abgedampft usw. wie oben. (Siehe auch „Weißmetallanalyse" S. 703).

2. Elektrolytische Bestimmung. (Siehe „Hartbleianalyse" S. 674.) Nach Classen (Quant. Analyse d. Elektrolyse, 5. Aufl., Berlin 1908, S. 148 ff.; B. Neumann, Die Elektrolyse als Hilfsmittel in der analytischen Chemie, S. 33) gelingt die Abscheidung des Metalls am besten aus einer Lösung des Sb_2S_3 in einem großen Überschusse von konzentrierter Natriummonosulfidlösung; bei einem Gehalte der Lösung von 50—70 % einer kaltgesättigten Na_2S-Lösung arbeitet man mit einem Strome von 1—2 Ampere, dessen Spannung zwischen 1,5 und 3 Volt schwanken kann. Durch Erwärmen der Lösung auf 60—80° C. wird die Ausfällung (in einer mattierten Platinschale) so beschleunigt, daß 0,3—0,4 g Antimon in $1\,^1/_2$—2 Stunden vollständig abgeschieden werden (siehe Anmerkung!). Bei der Ausfällung in der Wärme muß die Schale ohne Stromunterbrechung ausgewaschen werden. Durch den gewöhnlichen Gang der Analyse von Erzen usw., durch Schmelzen mit Soda und Schwefel, oder durch Behandlung des H_2S-Niederschlages mit Schwefelnatrium- oder Schwefelkaliumlösung erhält man Antimonlösungen, die nach der Zerstörung der Polysulfide durch vorsichtigen Zusatz von Wasserstoffsuperoxyd und reichlichem Zusatz von kaltgesättigter und reiner Na_2S-Lösung sofort elektrolysiert werden können. Arsen wird dem H_2S-Niederschlage zweckmäßig vorher durch eine gesättigte Ammoniumcarbonatlösung entzogen, Zinn kann zugegen sein und wird aus der konzentrierten Sulfosalzlösung nicht durch den Strom gefällt. Man kann es nach der Ausfällung des Antimons durch Ansäuern der verdünnten Lösung mit Schwefelsäure als SnS_2 niederschlagen, dieses in SnO_2 überführen und als solches wägen.

Anmerkung. Neuere Versuche (von Henz, Foerster uach haben ergeben, daß die Resultate bei Benutzung von stark mattierten Schalen und Drahtnetz-Kathoden um 1—1,5 % zu hoch ausfallen; wenn der Elektrolyt neben Natriumsulfid reichliche Mengen (mehr als 3 %) Alkalihydroxyd enthält, sogar um 3 %. Scheen hat festgestellt, daß das Mehrgewicht von Einschlüssen herrührt; er empfiehlt polierte oder nur schwach mattierte Schalen, Vermeidung eines großen Überschusses von Natronlauge, mäßige Stromdichte und Spannung und als beste Temperatur 60—70°. Bewegung des Elektrolyten und dadurch zu erzielende Schnellfällung ist nicht anzuraten. Am geeignetsten ist eine Menge von ca. 0,2 g Antimon, die fest anhaftet.

3. Titration des Antimonoxyds mit Jodlösung nach Fr. Mohr[1]). Die Oxydation vollzieht sich in schwach alkalischer Lösung nach folgender Gleichung:

$$Sb_2O_3 + 4J + 2Na_2O = Sb_2O_5 + 4NaJ.$$

Nach Fresenius wird eine etwa 0,1 g Antimonoxyd enthaltende, mit Weinsäure und Wasser hergestellte Lösung mit kohlensaurem Natrium neutralisiert, mit 20 ccm einer kaltgesättigten Lösung von $NaHCO_3$ und etwas Stärkelösung versetzt und mit einer Jodlösung (J in KJ) von bekanntem Gehalte bis zur Blaufärbung titriert. Finkener setzt Jodlösung im geringen Überschusse hinzu und titriert mit einer auf die Jodlösung gestellten Natriumthiosulfatlösung zurück, also bis zum Verschwinden der Blaufärbung.

1 Gewichtsteil Jod entspricht 0,5681 Gewichtsteilen Sb_2O_3 oder 0,4735 Gewichtsteilen Antimon.

4. Titration des Antimonoxyds und der Antimonsäure nach F. A. Gooch und H. W. Gruener (Am. J. Science 1891, 213). Das Antimonoxyd wird wie oben mit einer Jodlösung titriert, die auf eine Brechweinsteinlösung gestellt ist. In einem besonderen Teile der Lösung reduziert man nach dem Ansäuern mit etwas Schwefelsäure

---

[1]) Die Methoden der Maßanalyse von Dr. H. Bockurts, I. Abt., Braunschweig, Vieweg & Sohn, 1910, S. 334.

die Antimonsäure durch Jodwasserstoff (Kochen der mit KJ versetzten Lösung), entfärbt durch vorsichtigen Zusatz einer verdünnten wäßrigen Lösung von schwefliger Säure, kühlt ab, neutralisiert usw. und findet so den ganzen Antimongehalt.

5. **Titration des Antimonoxyds mit Kaliumbromat** siehe „Hartblei" S. 676 und Beckurts, Methoden der Maßanalyse. I. Abt. Braunschweig, Vieweg & Sohn. 1910, S. 468 ff.

6. **Titration des aus Schwefelantimon entwickelten Schwefelwasserstoffs** nach R. Schneider (Pogg. Ann. 110, 634; 1860). Sb_2S_3 und Sb_2S_5 geben beim Kochen mit Salzsäure $3 H_2S$; aus Sb_2S_5 scheiden sich hierbei $2 S$ ab. Leitet man den entwickelten Schwefelwasserstoff in mit sehr viel Wasser verdünnte, überschüssige und abgemessene Jodlösung, die sich in einer geräumigen Retorte befindet, so scheidet sich nach der Gleichung $H_2S + J_2 = 2 HJ + S$ Schwefel ab, und der Jodüberschuß kann mit einer, auf die Jodlösung gestellten Lösung von Natriumthiosulfat zurücktitriert werden. Hierbei wird die Stärkelösung erst zugesetzt, wenn die Lösung weingelb geworden ist. Sb_2S_3 gibt $3 H_2S$, der zur Oxydation $6 J$ erfordert. 1 Gewichtsteil verbrauchtes Jod entspricht daher 0,3157 Gewichtsteilen Antimon.

Zur Ausführung bringt man das Filter mit dem Schwefelantimon (dem Schwefelarsen beigemischt sein kann) in einen Kolben mit weitem Hals, läßt durch das Trichterrohr 25 proz. Salzsäure einfließen, taucht das lange Entwicklungsrohr in den Bauch der mit verdünnter Jodlösung gefüllten und umgekehrt auf einen Strohkranz gelegten Retorte, erhitzt den Kolben, läßt die Flüssigkeit 10 Minuten sieden und zieht das Entwicklungsrohr während des Siedens aus der Jodlösung. Dann kühlt man die Vorlage (Retorte) unter der Wasserleitung ab, spült die Jodlösung in ein großes Becherglas und titriert den Jodüberschuß zurück. (Zur Kontrolle kann die Antimonlösung aus dem Kolben nach dem Zusatze von Weinsäure, Verdünnen und Filtrieren nach dem Verfahren von Mohr (Nr. 3, S. 725) titriert werden.) Da der Schwefelantimonniederschlag in den meisten Fällen etwas chlorhaltig ist, gibt diese Methode keine ganz genauen Resultate, für technische Bestimmungen kann sie indessen angewendet werden.

B. Trennung von Antimon, Arsen und Zinn.

Die besten Trennungsmethoden sind unter „Hartbleianalyse" S. 674 und „Weißmetallanalyse" S. 704 ausführlich beschrieben. Arsen und Antimon trennt man, indem man die Lösung der Schwefelmetalle in Salzsäure und $KClO_3$ nach dem Zusatze von Weinsäure verdünnt, filtriert, mit Ammoniak stark übersättigt und die Arsensäure durch Magnesiamischung fällt usw. Wenig Arsen kann dem Gemische der Schwefelmetalle durch eine gesättigte Ammoniumcarbonatlösung (zugekorkter Trichter) entzogen werden. Zinn und Antimon trennt man am besten durch Eisen, löst das met. Antimon wieder und bestimmt es schließlich als SbO_2 — oder man fällt das

Antimon elektrolytisch aus der Sulfosalzlösung (siehe S. 724) als Metall und aus der vom Antimon befreiten Lösung das Zinn als Sulfid usw., oder bestimmt es elektrolytisch als Metall, indem man das Sulfid mit Oxalsäure in heißem Wasser löst, Ammoniumoxalat zusetzt und elektrolysiert. G. Panajolow (Ber. 42, 1296; 1909 und Zeitschr. f. angew. Chem. 22, 2049; 1909) trennt Antimon und Zinn durch H_2S in ihrer Lösung in fünfzehnprozentiger Salzsäure bei 50—60°, wobei nur Antimon fällt. H. Wölbling (Bergakademie Berlin) trennt Zinn und Antimon in dem bei Weißmetallanalysen erhaltenen (geglühten und gewogenen) Gemisch von SnO_2 und SbO_2 in folgender Weise: Die in einem geräumigen Porzellantiegel befindlichen Oxyde werden darin mit einem Porzellanpistill sehr fein zerrieben, mit dem doppelten Volumen von reduziertem, feinpulverigem Eisen innig vermischt, ca. 25 ccm gewöhnliche Salzsäure zugegeben und über Nacht stehen gelassen. Man spült darauf den Inhalt des Tiegels mit wenig Wasser in ein Becherglas, setzt 25 ccm starke Salzsäure hinzu, erhitzt eine halbe Stunde mäßig, kocht ca. 5 Minuten (bis die H-Entwicklung nahezu aufgehört hat), filtriert durch ein mit etwas Eisenpulver bestreutes Filter und wäscht mit ausgekochtem heißen und salzsauren Wasser aus. Alles Antimon befindet sich auf dem Filter und wird nach S. 705 bestimmt. Man bringt es als SbO_2 von dem gewogenen Gemische mit SnO_2 in Abzug. Natürlich kann man auch aus dem salzsauren Filtrate vom Antimon, nach annäherndem Neutralisieren mit Ammoniak und Verdünnen, das Sn als braunes SnS fällen und schließlich in SnO_2 überführen und wägen. Etwa vorhandenes Blei könnte an Antimonsäure gebunden sein und findet sich schließlich in der Zinnsäure als $PbSO_4$. Durch Aufschließen mit Soda und Schwefel oder entwässertem Natriumthiosulfat wird es im Rückstande als PbS gefunden. Ist Arsen und Zinn neben Antimon vorhanden, so wird am besten zunächst das Arsen aus der sehr stark salzsauren Lösung in der Kälte durch Schwefelwasserstoff als As_2S_5 gefällt, durch ein Asbestfilter abfiltriert, das Filtrat mit Bromwasser im kleinen Überschuß oxydiert, etwas verdünnt, das Antimon durch reines Eisen gefällt usw.

Hampe (Chem.-Ztg. 19, 1900; 1894) trennt in folgender Weise: Nachdem das Arsen aus der mit ziemlich viel Weinsäure versetzten Lösung als Mg-NH_4-Arsenat abgeschieden ist, wird das Filtrat angesäuert, Schwefelwasserstoff eingeleitet, die Sulfide von Zinn und Antimon in frisch bereiteter Na_2S-Lösung aufgelöst und die konzentrierte, kalte Lösung der Sulfosalze zur Oxydation derselben so lange mit kleinen Portionen von Natriumsuperoxyd versetzt, bis bei erneutem Zusatze Sauerstoff unter Aufschäumen entweicht. Zur vollständigen Abscheidung des entstandenen Natriumpyroantimonats wird nach dem Aufkochen und Abkühlen $^1/_3$ des Volumens an Alkohol vom spez. Gew. 0,833 zugegeben, nach 24 stündigem Stehen filtriert, der Niederschlag nach Roses Vorschrift zuerst mit einer Mischung gleicher Volumina Wasser und Alkohol (0,83 spez. Gew.) und dann mit einer Mischung von 1 Vol. Wasser und 3 Vol. Alkohol ausgewaschen; den Wasch-

flüssigkeiten sind einige Tropfen Sodalösung zuzusetzen. Das Natriumpyroantimonat löst man in weinsäurehaltiger Salzsäure, fällt das Antimon
durch Schwefelwasserstoff und wägt es schließlich als SbO_2. Aus dem
Filtrate vom Natriumpyroantimonat wird der Alkohol verflüchtigt,
die Lösung mit Salzsäure angesäuert, Schwefelwasserstoff eingeleitet
und der Niederschlag von Zinnsulfid durch vorsichtiges Rösten in SnO_2
übergeführt, die zuletzt nach Zusatz eines Stückchens Ammoniumcarbonat stark geglüht wird.

C. Spezielle Methoden.

1. Für Erze, Antimonium crudum und Schlacken.

a) Man schmilzt 0,5—1 g der feingepulverten Substanz mit dem
6 fachen Gewichte der Mischung gleicher Teile Soda und Schwefel (oder
dem 6 fachen Gewichte bei 210° entwässerten Natriumthiosulfats) im
bedeckten Porzellantiegel, bis kein Schwefel mehr entweicht, laugt die
erkaltete Schmelze mit 40—50 ccm heißem Wasser aus, filtriert in eine
mattierte Classensche Schale, konzentriert durch Eindampfen auf dem
Waserbade, zerstört die Polysulfide durch vorsichtigen Zusatz von
H_2O_2 oder Na_2O_2, bringt das Volumen der Flüssigkeit durch Zusatz
von 60—70 ccm kaltgesättigter Na_2S-Lösung auf 150 ccm und elektrolysiert in der Wärme (siehe S. 724). Enthält die Substanz Arsen
in reichlicher Menge, dann oxydiert man die Sulfosalze in der wäßrigen
Lösung der Schmelze vollständig durch wiederholte kleine Zusätze von
Natriumsuperoxyd (Arsen geht dabei in Natriumarsenat über), digeriert
nach dem Zusatze der großen Quantität kaltgesättigter Na_2S-Lösung
bis zur vollständigen Auflösung des Natriumpyroantimonats
und elektrolysiert; Arsensäure wird hierbei nicht reduziert. Nach
dem Wägen der Schale + Antimon wird sie abwechselnd mit starker
Salpetersäure und heißer Kalilauge (oder mit Salpetersäure und Weinsäure) erwärmt und so das Antimon entfernt.

Wenn elektrolytische Einrichtungen nicht vorhanden sind, fällt
man die aus der Schmelze erhaltene Sulfosalzlösung durch Erwärmen
mit überschüssiger verdünnter Schwefelsäure, filtriert, trennt, wenn
nötig, von Arsen und Zinn und bestimmt das Antimon schließlich als
SbO_2 (Methode 1, S. 724). Zinn kommt kaum in Antimonerzen vor,
Arsen sehr häufig im Antimonit.

Die in Säuren schwer löslichen oxydischen Erze werden ebenfalls durch Schmelzen mit Soda und Schwefel aufgeschlossen usw.;
das Verfahren von Carnot (Umwandlung der Oxyde in Schwefelantimon durch längeres Erhitzen derselben in einer Atmosphäre von
getrocknetem Schwefelwasserstoff bei 300° C) hat keinen praktischen
Wert. Siehe auch: Antimon in Arsenerzen S. 720.

b) Man löst das feingepulverte Erz oder das geschmolzene Schwefel-
antimon des Handels (Antimonium crudum) in Königswasser oder in
Salzsäure und $KClO_3$, macht die Lösung mit Kalilauge alkalisch, setzt
Na_2S-Lösung hinzu, erwärmt, bis alles Natriumpyroantimonat gelöst ist,

filtriert, macht den größeren Zusatz von Na_2S-Lösung und elektrolysiert
mit 2 Ampere Stromstärke. Arsen fällt nicht aus, da es als Arsensäure
vorhanden ist. Natürlich kann man auch in diesem Falle den gewöhnlichen analytischen Weg einschlagen.

c) Betriebsproben auf dem Antimonwerke Szalónak (Schlaining)
im Eisenburger Komitat, Ungarn, nach freundlicher Privatmitteilung
des Direktors M. Kammerlander: Von feingepulvertem, antimonit-
haltigem Erz werden 0,5 g in einem Becherglase mit 10 ccm einer
12 proz. NaHS-Lösung unter öfterem Umrühren bei 100^0 behandelt,
filtriert, ausgewaschen, getrocknet und der Rückstand gewogen.
Differenz an 0,5 g ist Sb_2S_3; der durch Lösung einer geringen Menge
von FeS entstehende Fehler kann vernachlässigt werden. — Aus
Lösungen gefälltes Schwefelantimon wird nach dem Trocknen vollständig vom Filter in ein Schiffchen gebracht und nach dem Glühen
in CO_2-Strome als Sb_2S_3 gewogen.

d) Schwefelbestimmung. Man schließt einige Dezigramm des
Erzes im Chlorstrome auf (siehe „Weißmetallanalyse" S. 703 u. 705), vertreibt aus der mit Weinsäure und Salzsäure versetzten Flüssigkeit in der
Vorlage das freie Chlor durch längeres Digerieren und Einleiten von Kohlensäure, fällt Sb, As, Sn durch Schwefelwasserstoff (Finkener), filtriert
die Schwefelmetalle ab, kocht aus dem Filtrate den Schwefelwasserstoff fort und fällt die Schwefelsäure durch Chlorbaryumlösung in
bekannter Weise.

2. Für metallisches Antimon (Regulus antimonii). Das Handelsantimon ist gewöhnlich durch Blei, Arsen, Kupfer, Eisen und wenig
Schwefel verunreinigt, auch Wismut, Nickel und Kobalt sind vereinzelt
darin nachgewiesen worden. Die Farbe des reinen Metalls ist fast
silberweiß, bleihaltiges Antimon ist mehr oder weniger bläulichweiß
gefärbt und auf dem Bruche weniger grobkrystallinisch als das reine
Metall. Im Handel gilt der sogenannte Antimonstern [1]) auf der Oberfläche der Barren oder Kuchen als besonderes Kennzeichen der Reinheit;
derselbe bildet sich indessen auf reinem Metall nur dann, wenn es unter
einer Schlackendecke und geschützt gegen Erschütterungen erstarrt.

Zur Analyse werden einige Gramm des feingepulverten Metalls
in Salpetersäure und Weinsäure gelöst, die Lösung mit Ammoniak übersättigt, durch vorsichtigen Zusatz von verd. H_2S-Wasser (Finkeners
Methode, siehe „Zinnanalyse" S. 698) Cu, Pb und Fe gefällt, die
Schwefelmetalle abfiltriert und darin die Metalle auf bekannte Weise
bestimmt. Eine besondere Probe von mehreren Gramm Gewicht wird
zur Arsenbestimmung in Salzsäure und $KClO_3$ gelöst, das Chlor in
gelinder Wärme abgedunstet, die Lösung abgekühlt, viel starke Salzsäure zugesetzt und durch längeres Einleiten von Schwefelwasserstoff
Arsen und Kupfer als Sulfide gefällt und durch ein Asbestfilter ab-

---

[1]) Ein mit Stern versehenes ungarisches Antimon enthielt (nach
Schnabel) folgende Verunreinigungen: Arsen 0,330 %, Eisen 0,052 %, Schwefel
0,720 %!

filtriert (siehe „Zinnanalyse" S. 697). Man extrahiert das Schwefelarsen mit Ammoniumcarbonatlösung, dampft ab, oxydiert mit starker Salpetersäure und fällt die Arsensäure in bekannter Weise durch Magnesiamischung, wobei Kupfer in der ammoniakalischen Lösung bleibt.

Die Schwefelbestimmung wird nach „d" (S. 729) ausgeführt.

c) Für Antimonlegierungen. Die Untersuchungsmethoden sind unter „Hartbleianalyse" S. 674 u. f. und „Weißmetallanalyse" S. 703 u. f. ausführlich beschrieben.

d) Für Antimonpräparate und Farben (Oxyde, Brechweinstein, Goldschwefel, Antimonzinnober usw.). Diese werden entweder gelöst oder mit Soda und Schwefel aufgeschlossen und ihr Antimongehalt nach den Methoden 1—6 bestimmt.

Zink.

(Siehe auch Bd. I, S. 346—357.)

Zur technischen Untersuchung gelangen: Rohe und geröstete Erze und Abgänge von der Erzaufbereitung, Handelszink, Zinkstaub oder Poussière, Hartzink oder Bodenzink von der Verzinkung des Eisens, Zinkkrätzen und Aschen, zinkische Ofenbrüche (Ofengalmei) von der Verhüttung zinkischer Blei-, Kupfer- und Eisenerze, Zinkweißrückstände, durch Verblasen zinkreicher Schlacken gewonnenes Oxyd und Flugstaub. Speziell auf den Zinkhütten untersucht man außerdem noch das Rohzink oder Werkzink und die Rückstände von der Destillation des Zinks, die sogenannte Räumasche.

Die wichtigsten **Zinkerze** sind:

Die Zinkblende oder Blende, ZnS, im reinsten Zustande 67 % Zink enthaltend, ist fast immer durch Eisen (bis zu 18 %) verunreinigt und enthält kleine Mengen (bis 3 %) Cadmium. Manche schwarze Blenden enthalten Mangan und Spuren von Zinn, seltener Spuren von Indium und Gallium. Häufige Begleiter der Blende sind: Pyrit, Bleiglanz, Kupferkies, Arsen- und Antimonerze.

Der Zinkspat oder edle Galmei, $ZnCO_3$, mit 52 % Zink, kommt selten in großen Massen vor; gewöhnlich ist ein Teil des Zinks in dem Carbonate ersetzt durch Fe, Mn, Cd, Ca und Mg. Der grüne Galmei von Laurion ist durch Kupfercarbonat gefärbt; dort hat man auch starke Galmeiabsätze in antiken Wasserleitungen gefunden. Viel häufiger ist der gemeine Galmei, dem Ton, Eisenhydroxyde, Manganoxyde, Kalkstein und Dolomit eingemischt sind, und dessen Zinkgehalt bis unter 30 % geht.

Kieselzinkerz, krystallisiert, $Zn_2SiO_4 + H_2O$, mit 53,7 % Zink, in der häufig vorkommenden erdigen, durch Ton usw. verunreinigten Varietät Kieselgalmei genannt.

Willemit, Zn_2SiO_4, mit 58,1 % Zn und Troostit 2 (Zn, Mn) O, SiO_2, ferner Rotzinkerz (Zinkoxyd mit bis zu 12 % Mangan als Oxyd) und Franklinit 3 (FeZn) O + (FeMn)$_2O_3$ kommen ausschließlich im Staate New-Jersey in großen Massen vor.

A. Bestimmungsmethoden [1]).

Hinreichend genaue dokimastische Proben existieren nicht. In der Praxis bestimmt man den Zinkgehalt der Erze usw. (ausgenommen die Legierungen des Zinks mit Kupfer, Nickel usw.) mit Vorliebe auf maßanalytischem Wege, und zwar auf dem Kontinente durch Titration der ammoniakalischen Lösung mit Schwefelnatrium nach dem Verfahren von Schaffner, in England und Nordamerika durch die Ferrocyankaliummethode. Die gewichtsanalytische Bestimmung des Zinks als ZnS, Verfahren von Schneider und Finkener, wird im Erzhandel nur selten und als Schiedsprobe ausgeführt; sie ist die genaueste aller Bestimmungsmethoden. Von den vielen elektrolytischen Methoden hat bisher keine einzige Verwendung zur Zn-Bestimmung in Erzen gefunden, weil sie eine vorhergehende Abscheidung der anderen Metalle verlangen und relativ langsam arbeiten.

1. Bestimmung des Zinks als Schwefelzink, ZnS.

Diese vorzügliche Methode ermöglicht eine einfache und scharfe Trennung des Zinks von den aus schwach mineralsaurer Lösung durch Schwefelwasserstoff nicht fällbaren Metallen (Fe, Mn, Ni, Co) und gelingt am besten mit Benutzung einer ganz schwach schwefelsauren und stark verdünnten Lösung. Man löst 0,5—1 g der getrockneten und feingepulverten Substanz (rohe und geröstete Erze, Räumasche, Ofenbruch usw.) im Kolben in heißem Königswasser (aus starken Säuren) oder in mit KClO$_3$ gesättigter Salpetersäure durch Erhitzen auf, setzt überschüssige, vorher verdünnte Schwefelsäure hinzu und kocht ein, bis reichliche H$_2$SO$_4$-Verdampfung eintritt. Der dickflüssige Rückstand wird mit Wasser (50 ccm) aufgenommen, Schwefelwasserstoff eingeleitet, der Niederschlag (CuS, CdS, PbSO$_4$, Gangart usw.) abfiltriert und mit verdünntem, mit Schwefelsäure angesäuertem H$_2$S-Wasser ausgewaschen. Aus dem Filtrate kocht man den Schwefelwasserstoff fort, kühlt ab und neutralisiert es nach Zusatz eines Streifens Kongorotpapier mit Ammoniak, bis das Papier nur noch schwach violett gefärbt erscheint. Eine etwaige Trübung von Eisenhydroxyd usw. wird durch Zusatz einiger Tropfen Normalschwefelsäure beseitigt; hatte sich die Flüssigkeit (wegen hohen Säuregehaltes) stark erwärmt, so kühlt man sie dem annähernden Neutralisieren durch Eintauchen des Glases in kaltes Wasser ab und neutralisiert dann die abgekühlte Flüssigkeit weiter. (Lackmuspapier ist hierbei nicht verwendbar, da bekanntlich neutrale Lösungen von ZnSO$_4$ und ZnCl$_2$ auf Lackmus sauer reagieren.) Je nach dem Zinkgehalte verdünnt man die Lösung, so daß 100 ccm nicht mehr als 100 mg Zink enthalten, und leitet nach

---

[1]) Eine umfassende Zusammenstellung bietet „Die Untersuchungsmethoden des Zinks unter besonderer Berücksichtigung der technisch wichtigen Zinkerze. Von Dipl.-Ing. H. Nissenson. Stuttgart. Ferd. Enke, 1907".

dem Bedecken des Becherglases mit einem Uhrglas $1\frac{1}{2}$—2 Stunden hindurch ununterbrochen Schwefelwasserstoff mittels eines Knierohres mit enger Öffnung ein. Wenn die Ausfällung des weißen ZnS erst nach $\frac{1}{4}$ Stunde beginnt oder noch später, dann enthält die Flüssigkeit zu viel freie Säure; man erkennt dies auch später daran, daß sich reichliche Mengen von ZnS ziemlich fest anhaftend an der Wandung des Glases absetzen. Nach 12—18 Stunden filtriert man durch ein starkes, aschenfreies Filter ab, bringt das pulverige ZnS auf das Filter und wäscht es mit Wasser (200—300 ccm) aus, in dem man nach Zusatz von etwas H_2S-Wasser ca. 5 g reines Ammoniumsulfat aufgelöst hat. (Schwache, opalisierende Trübung des Filtrats, die gewöhnlich erst nach der Filtration eintritt, rührt von äußerst fein verteiltem Schwefel her, welcher durch den Luftsauerstoff aus Schwefelwasserstoff abgeschieden wurde. Vor dem Aufgeben des Niederschlages auf das Filter stellt man ein anderes Becherglas unter den langhalsigen Trichter und gießt das hinterher etwa trübe ablaufende Filtrat zurück, bis die Poren des Filters sich verstopft haben, und das Filtrat vollkommen klar erscheint.) Darauf trocknet man das Filter im Luftbade, bringt das ZnS möglichst herunter auf Glanzpapier, verascht das Filter in einem mit dem Deckel gewogenen Roseschen Tiegel (was etwa 1 Stunde erfordert), bringt das ZnS und das gleiche Volumen Schwefel (gepulverter Stangenschwefel) in den erkalteten Tiegel, legt den Deckel auf, leitet reinen und getrockneten Wasserstoff mittels des Porzellanröhrchens ein, stellt nach der Verdrängung der Luft einen Bunsenbrenner mit kleiner Flamme darunter, steigert die Temperatur nach dem Entweichen des Schwefels zum starken Glühen, erhält darin 20 Minuten und läßt den Tiegel im Wasserstoffstrome erkalten. $ZnS \times 0{,}6709 = Zink$.

Anmerkungen. Man bringe beim Losreiben des ZnS vom Filter möglichst keine Papierfäserchen hinein, weil sich sonst Kohle in dem gewogenen ZnS vorfindet. — Das Filtrat vom ZnS wird in einer geräumigen Porzellanschale über freiem Feuer eingedampft (bis auf etwa 200 ccm), nach dem Abkühlen bei Gegenwart von Kongorotpapier mit Ammoniak neutralisiert, mit wenig Normalschwefelsäure ganz schwach angesäuert und dann eine Stunde Schwefelwasserstoff eingeleitet. Hat sich nach längerem Stehen etwas ZnS abgeschieden, so ist es wie oben abzufiltrieren. Es handelt sich gewöhnlich nur um einige Milligramm, die nach dem Rösten im Porzellantiegel als ZnO gewogen werden. — Die Fällung aus verdünnter und ganz schwach salzsaurer Lösung ist nicht zu empfehlen, weil ein geringer Rückhalt von Chlorammonium im getrockneten ZnS Veranlassung zur Verflüchtigung von etwas Zn als $ZnCl_2$ beim Glühen im Wasserstoffstrome geben kann. — Ein gelblicher Beschlag auf der Unterseite des Deckels ist Schwefelcadmium; derselbe zeigt sich gewöhnlich bei der Bestimmung des Zn im Messing und Neusilber, wenn man die Lösung nach der Ausfällung des Kupfers auf elektrolytischem Wege, dem Neutralisieren und Verdünnen zur Fällung des Zinks mit Schwefelwasserstoff behandelt. Man wägt den Beschlag als ZnS mit, da eine Trennung bzw. quantitative Bestimmung des minimalen Cadmiumgehaltes überflüssig ist. Im öffentlichen chemischen Laboratorium Gilbert (Hamburg) [1]) wird das Gemisch von ZnS und Schwefel im Rose-Tiegel im Kohlensäure-Strome erwärmt und nach dem Fortbrennen des Schwefels 15 Minuten mäßig geglüht. Bei der Analyse von Neusilber (siehe „Nickel") setzt man dem Filtrate vom ZnS einige Kubikzentimeter destillierter Schwefelsäure hinzu und dampft dann erst ab, weil sich sonst leicht Schwefelnickel fest an der Schalenwandung absetzt. Natürlich erhält man beim späteren Neutralisieren der Lösung durch Ammoniak eine entsprechende Menge $(NH_4)_2SO_4$, dessen Anwesenheit bei der elektrolytischen Ausfällung des Nickels von Vorteil ist.

2. Die elektrolytische Fällung des Zinks

hat nur geringe praktische Bedeutung, weil sie das Vorhandensein nahezu reiner Zinklösungen voraussetzt. Gute Resultate erhält man z. B. nach dem Verfahren von Classen, wenn man die einige Dezigramm Zink enthaltende schwefelsaure Lösung mit Kalilauge neutralisiert, 4—5 g neutrales Kaliumoxalat hinzusetzt, zur Auflösung des zunächst ausgefallenen Zinkoxalats erwärmt, dann noch 4—5 g Kaliumsulfat in der Flüssigkeit (100 ccm etwa) auflöst, sie abkühlt, anfangs mit 0,25—0,5 Ampere Stromstärke und zuletzt mit 1 Ampere elektrolysiert. Man schlägt das Zink nicht direkt auf der Platinelektrode (Konus, Schale oder Drahtnetzkathode) nieder, sondern überzieht diese vorher galvanisch mit einem blanken Kupferüberzuge oder mit Silber, weil sich direkt auf Platin gefälltes Zink nur mit Hinterlassung eigentümlicher, dunkler Flecken (es scheint eine Legierung mit Platin auf nassem Wege zu entstehen) durch Säuren von der Elektrode lösen läßt, die selbst nicht nach wiederholtem Glühen und Behandeln mit Salzsäure konstantes Gewicht besitzt. Zur Verkupferung benutzt man eine mit Salpetersäure angesäuerte Vitriollösung oder eine Kaliumkupfercyanid- lösung, zur Versilberung die gewöhnliche Versilberungsflüssigkeit von Kaliumsilbercyanid mit 4—10 g Silber und 10—25 g KCN in einem Liter. Praktischer ist die Verwendung von Schalen aus Feinsilber; im gewerkschaftlichen Laboratorium zu Eisleben schlägt man das Zink auf einem Kupferzylinder nieder. Die von H. Paweck (Chem.-Ztg. 22,646; 1898) empfohlene Methode hat sich schnell eingeführt; sie besteht in der Ausfällung des Metalls auf amalgamiertem Messingdrahtgeflecht und verläuft verhältnismäßig schnell. Bei Anwendung des versilberten oder verkupferten Konus oder der Schale überzeugt man sich von der Beendigung der Ausfällung, indem man ca. 20 ccm kaltgesättigte K_2SO_4-Lösung zusetzt und noch eine Stunde elektrolysiert, oder durch Herausnehmen einiger Kubikzentimeter der Flüssigkeit mit der Pipette, Zusatz von Schwefelammonium und Erwärmen. Man wäscht ohne Stromunterbrechung aus, taucht den Konus in Wasser, dann in absoluten

---

[1]) Freundliche Privatmitteilung.

Alkohol und trocknet ihn schnell über einer erhitzten Schale. Geringe Mengen von Eisen scheiden sich metallisch zusammen mit dem Zink ab; man löst das eisenhaltige Zink in warmer verdünnter Schwefelsäure von der versilberten oder silbernen Elektrode, kühlt die Lösung ab, titriert das Eisen mit Kaliumpermanganat und bringt es als Fe in Abzug. Am häufigsten wird jetzt wohl das Zink aus der Lösung des Sulfats in reichlichem Überschuß von Kali- oder Natronlauge mit Anwendung von Drahtnetzkathoden gefällt; nach Spitzer sind auf 1 Molekül $ZnSO_4$ wenigstens 10 Moleküle NaOH erforderlich. Bei gewöhnlicher Temperatur lassen sich mit einem Strome von 0,8 Ampère bei 4 Volt Spannung 0,3 g Zink quantitativ abscheiden. Es kann nach Stromunterbrechung ausgewaschen und dieselbe Kathode (ohne Entfernung des Zinküberzuges) für mehrere Analysen benutzt werden. Über die zahlreichen sonstigen Methoden (in „Classen V. Aufl." auch Schnellfällung aus bewegten Elektrolyten) siehe „Classen, Analyse durch Elektrolyse" und „B. Neumann, Die Elektrolyse als Hilfsmittel in der analytischen Chemie".

3. Maßanalytische Bestimmung des Zinks.

a) Titration nach Schaffner (siehe auch Bd. I, S. 346 ff.). Sie beruht auf der Fällung des Zinks aus ammoniakalischer Lösung als ZnS durch eine Na_2S-Lösung, von der so lange zugesetzt wird, bis sich ein kleiner Überschuß davon durch einen Indikator zu erkennen gibt. Störend wirken Eisen, Kupfer, Blei, Cadmium, Mangan, Nickel und Kobalt, die vorher beseitigt werden müssen; die beiden letzteren kommen fast nie in nennenswerter Menge in Zinkerzen vor. Geschwefelte Erze (rohe und geröstete Blende) und Räumasche löst man in starker Salpetersäure, Königswasser, Bromsalzsäure oder in Salpetersäure und $KClO_3$, Galmei in Königswasser, Kieselgalmei am sichersten in 50 proz. Schwefelsäure mit Zusatz von Flußsäure (in der Platinschale), Abdampfen und Oxydieren des Eisens durch wenig Salpetersäure. Die Ausfällung der durch Schwefelwasserstoff fällbaren Metalle (Pb, Cu, Cd) geschieht durch Einleiten desselben in die mäßig verdünnte Lösung; das Filtrat wird gekocht, zur Oxydation des Ferrosalzes dabei Salpetersäure oder Königswasser zugesetzt, stark verdünnt, mit Bromwasser versetzt, mit Ammoniak und Ammoniumcarbonatlösung übersättigt, gelinde erwärmt und die ammoniakalische Lösung von dem Eisenmangannniederschlage abfiltriert. Bei einem Eisengehalte des Erzes von über 5 % wird der Niederschlag nach kurzem Auswaschen mit Wasser nochmals in verdünnter Schwefelsäure gelöst, der verdünnten Lösung Bromwasser (10—20 ccm) zugesetzt und die Fällung wiederholt, weil in den Eisenhydroxydniederschlag erhebliche Mengen von $Zn(OH)_2$ eingehen. (Schnelle Methode. Man kann auch die Fällung in einem Meßkolben (½ Liter) vornehmen, nach dem Abkühlen zur Marke auffüllen, umschwenken und, unter Vernachlässigung des Volumens des im Niederschlage enthaltenen Fe_2O_3, einige hundert Kubikzentimeter durch ein trockenes Filter abfiltrieren und je 100 ccm titrieren; in diesem Falle tut man gut, die als „Titer" zu verwendende Auflösung von chemisch reinem Zink in einem eben solchen Meßkolben mit annähernd der gleichen Menge Eisen (in Form von $FeCl_3$-Lösung) zu versetzen, nach dem Verdünnen durch Ammoniak und Ammoniumcarbonat zu fällen, zu 500 ccm aufzufüllen usw. Es ist dann der Zinkrückhalt im Eisenhydroxydniederschlage in beiden Fällen annähernd der gleiche.) Der Ammoniaküberschuß der zu titrierenden Lösungen muß ein geringer sein; gewöhnlich läßt man die abpipettierten Lösungen in Schalen über Nacht unbedeckt stehen. Die Na_2S-Lösung stellt man aus einer kaltgesättigten Lösung von reinem krystallisierten Schwefelnatrium durch Verdünnen mit dem 10—20 fachen Volumen destillierten Wassers her und bringt die große Vorratsflasche mit einer Zu- und Abflußbürette in Verbindung. Als Indikator für das Reaktionsende ist „Polkapapier", ein geleimtes, mit Bleiweiß überzogenes Papier, am beliebtesten; dasselbe wird nur noch für den Bedarf der Zinkhüttenlaboratorien (z. B. von der Aschaffenburger Buntpapierfabrik) hergestellt. Die Titration wird mit Benutzung starker Gläser (Batteriegläser) ausgeführt und dabei mit einer Glasröhre umgerührt, mit der man auch die zur Prüfung nötige kleine Menge der Flüssigkeit jedesmal heraushebt und über das empfindliche Papier laufen läßt. Die mit der Schaffnerschen Methode zu erreichende Genauigkeit genügt für alle technischen Zwecke.

b) Die Ferrocyankaliummethode von Galletti [1]) und in den Abänderungen von Fahlberg [1]), von v. Schulz und Low (Berg- und Hüttenm. Ztg. 1893, 338) u. a. besteht in der Fällung der von Fe, Mn, Cu, Pb, Cd befreiten, mit Salzsäure angesäuerten und auf 40 bis 50⁰ erhitzten Lösung durch eine Ferrocyankaliumlösung und Erkennung des Reaktionsendes durch eine Tüpfelprobe mit Uranacetatlösung als Indikator. Der einzige Vorzug gegenüber der Schaffnerschen Methode besteht in der Haltbarkeit der Titerflüssigkeit, die Genauigkeit ist nicht größer. Die Titration in ammoniakalischer Tartratlösung (siehe „Spezielle Methoden", Hohenlohehütte) wird vielfach als Betriebsprobe ausgeführt.

B. Spezielle Methoden.

1. Für Erze, geröstete Erze, Ofenbrüche, Räumasche usw.

Glühverlust. Von Galmei und Kieselgalmei werden einige Gramm im Porzellantiegel abgewogen, allmählich zum starken Glühen erhitzt und nach dem Erkalten der Gewichtsverlust (Kohlensäure + Wasser) ermittelt.

Schwefelbestimmung siehe Bd. I, S. 345.

Geröstete Blende prüft man im Betriebe der Rösthütten auf hinreichende Abröstung (nach Fr. Meyer), indem man eine abgemessene

---

[1]) Fresenius, Quant. Anal. Bd. II, 369 u. 370. — Unters.-Meth. I, S. 350 ff.

Menge des feinen Pulvers in einem Kölbchen mit 10 ccm Salzsäure (1 : 2) gelinde erwärmt, während man einen mit schwach alkalischer Blei-acetatlösung getränkten Papierstreifen in den Kolbenhals hält. An der nach kurzer Zeit eintretenden, mehr oder weniger intensiven Braun-färbung des Streifens erkennt man den Grad der Abröstung.

Zinkbestimmung. Sie geschieht gewöhnlich maßanalytisch und am besten nach der Bd. I, S. 349 beschriebenen abgeänderten Schaffner-schen Methode (S. 734). Bei Differenzen von 1 % und darüber wird die gewichtsanalytische Bestimmung als ZnS als Schiedsprobe ausgeführt.

Im Laboratorium der Hohenlohehütte, Oberschlesien, wird der Zinkgehalt der Erze gewöhnlich gewichtsanalytisch als ZnS, seltener durch Titration mit Ferrocyankalium bestimmt. Nach freund-lichen Privatmitteilungen des Herrn Hütteninspektors G. Schlegel, Hohenlohehütte, stehen dort folgende Methoden in Anwendung:

Gewichtsanalytische Zinkbestimmung: 2 g des feinge-mahlenen und gesiebten, bei 100⁰ getrockneten Erzpulvers werden in einem hohen Kochbecher mit 20 ccm starken Königswassers gelöst, die Lösung zur Abscheidung der Kieselsäure vollkommen zur Trockene ver-dampft, der Rückstand mit wenig Salzsäure wieder eingedampft, mit 15 ccm Salzsäure digeriert und mit 200 ccm Wasser aufgekocht. Darauf wird die Lösung, ohne sie zu filtrieren, mit Ammoniak im Überschuß versetzt, wiederholt umgeschwenkt, 10 Minuten stehen gelassen, bis sich die Hydroxyde von Fe, Al, Pb abgesetzt haben. (Bei Gegenwart von Mangan setzt man vor dem Ammoniak einige Tropfen Wasserstoff-superoxyd oder ganz wenig Natriumsuperoxyd hinzu.) Der Nieder-schlag wird über ein glattes Filter von 15 cm Durchmesser abfiltriert, etwas ausgewaschen, alsdann in dem ersten Glase wieder in Salzsäure gelöst, nach dem Verdünnen auf 200 ccm wieder mit Ammoniak (event. nach Zusatz von Wasserstoffsuperoxyd) gefällt, filtriert und diese Operation noch ein drittes Mal wiederholt. Die in einem Literkolben vereinigten Filtrate werden abgekühlt und nach dem Auffüllen zur Marke gewöhnlich 200 ccm (entsprechend 0,4 g Substanz) herauspipettiert. Bei Erzen unter 15 % Zinkgehalt nimmt man 400 ccm, unter 10 % 600 ccm, bei solchen über 55 % dagegen nur 100—150 ccm zur Fällung mit Schwefelwasserstoff. Durch die in einem Erlenmeyer-Kolben mäßig erwärmte Lösung wird 10 Minuten lang flott Schwefelwasserstoff geleitet, dann wird mit Essigsäure angesäuert, nochmals gelinde erwärmt und über einen gewogenen Gooch-Tiegel mit Anwendung einer Saug-vorrichtung filtriert.

Der Gooch-Tiegel wird in folgender Weise vorbereitet. Nach dem Herausnehmen der Filterscheibe preßt man ihn fest in den Gummi-ring, bringt ihn auf die Saugflasche und setzt die Saugvorrichtung in Tätigkeit. Dann füllt man den Tiegel zu ⅓ mit in Wasser aufge-schwemmtem feinfasrigen Asbest (der vorher mit verd. Salzsäure aus-gekocht wurde). Das Asbestpolster wird so lange mit dem Finger, besonders am Rande, festgedrückt, bis kein Geräusch der durchgesaugten

Luft mehr wahrnehmbar ist. Dann wird die Filterplatte aufgelegt, der Tiegel langsam getrocknet, über der Spirituslampe geglüht und nach dem völligen Erkalten (½ Stunde) gewogen.

Bei der Filtration ist besonders darauf zu achten, daß zunächst die über dem Niederschlag stehende Flüssigkeit so weit als möglich, zuletzt das ZnS auf einmal aufgebracht wird, da anderenfalls infolge Verstopfens der Poren die Filtration ungemein verzögert wird. Nach dem vollständigen Ablaufen der Flüssigkeit wird 7—8 mal mit verd. H₂S-Wasser gewaschen, indem man den Tiegel bis an den Rand füllt, vollkommen ablaufen läßt, wieder auffüllt usw. Der Tiegel wird dann abgehoben, äußerlich gesäubert, vollkommen getrocknet, wenig Schwefelpulver hineingegeben und im Wasserstoffstrome geglüht. ZnS × 0,6709 = Zn.

Falls das Erz Cu, Cd, As in wägbarer Menge enthält, werden diese aus der ursprünglichen, salzsauren Lösung durch Einleiten von Schwefelwasserstoff entfernt, im Filtrate der Schwefelwasserstoff und das Eisenchlorür oxydiert und dann erst mit Ammoniak gefällt. Bei Anwesenheit von über 10 % Pb oder von weniger Pb neben relativ wenig Fe wird das Pb durch Abdampfen der Lösung mit Schwefelsäure usw. abgeschieden, weil sonst etwas Blei in die ammoniakalische Zinklösung geht.

In dem genannten Laboratorium werden 10—15 Bestimmungen im Verlaufe von 2 Tagen ausgeführt.

Titration des Zinks in ammoniakalischer Tartratlösung nach Voigt. 46 g reines, krystall. Ferrocyankalium werden zu 1 Liter gelöst. Zur Titerstellung werden 12,4476 chemisch reines Zinkoxyd in Salzsäure gelöst, die Lösung zu einem Liter verdünnt und in einer gut verschlossenen Flasche aufbewahrt. 1 ccm hiervon enthält genau 10 mg Zn. Man entnimmt 10 ccm mit der Pipette, setzt 10 ccm Weinsäurelösung (200 g in 1 Liter), ferner 10 ccm Eisenchloridlösung (60 g käufliches Salz in 1 Liter) und 100 ccm Wasser hinzu, übersättigt schwach mit Ammoniak und titriert mit der Ferrocyankaliumlösung so lange, bis ein herausgenommener Tropfen beim Zusammenbringen mit Essigsäure (1 : 3) auf der mit Vertiefungen versehenen Porzellanplatte bleibende blaue Färbung hervorruft. Nach der Ausführung von Vorprobe, Fertigprobe und Kontrollprobe wird die Ferrocyankaliumlösung so weit verdünnt, daß 1 ccm genau 10 mg Zn entspricht.

Von dem feingeriebenen und bei 100⁰ getrockneten Erz wird 1 g mit 10 ccm rauchender Salzsäure bis zur völligen Austreibung des Schwefelwasserstoffs erwärmt, dann werden 3 ccm rauchende Salpetersäure zugesetzt und die Lösung stark eingedampft, jedoch nicht bis zur Trockene. Alsdann fügt man 10 ccm der Weinsäurelösung hinzu, wenn nötig auch 10 ccm der Eisenchloridlösung, macht schwach ammoniakalisch, verdünnt mit Wasser auf 100—120 ccm und titriert wie oben.

Blei- und Eisenbestimmung. 5 g des feingemahlenen und gesiebten Erzpulvers werden in Salzsäure und rauchender Salpetersäure gelöst, 10 ccm dest. Schwefelsäure zugesetzt und bis zum Auf-

treten der weißen Dämpfe von Schwefelsäure eingekocht. Die erkaltete
Masse wird mit 75 ccm Wasser aufgeweicht und dann aufgekocht und
abgekühlt. Das abgeschiedene Bleisulfat wird mit der Gangart auf
ein Filter gebracht, ausgewaschen und Filter mit Inhalt zur Lösung
des $PbSO_4$ in einem Becherglase mit einer konz. Lösung von Natriumacetat oder neutralem Ammoniumacetat digeriert. Man filtriert dann
über ein glattes Filter, wäscht gut mit acetathaltigem Wasser aus,
fällt das Blei aus der Lösung mit Kaliumbichromat, filtriert nach dem
Absetzen des Niederschlages über einen Gooch-Tiegel und wäscht
etwa 10 mal mit warmem Wasser aus. Der Tiegel wird dann von dem
Saugkolben abgehoben, äußerlich gesäubert, erst im Luftbade und
zuletzt über einer Spirituslampe bei ca. 200^0 getrocknet. $PbCrO_4 \times$
$0,6408 = Pb$.

Das Eisen bestimmt man in einem Zwanzigstel des Filtrates vom
$PbSO_4$ und der Gangart nach dem Zusatze von Schwefelsäure durch
Reduktion mit Zink (amalgamiertes Zinkstäbchen im Platinkorb), prüft
mit Rhodankalium und titriert die abgekühlte, mit Schwefelsäure versetzte Lösung mit Kaliumpermanganat.

2. Für metallisches Zink (Rohzink, Handelszink und Zinkstaub).

a) Rohzink. Dasselbe ist fast immer durch Blei, etwas Eisen,
Cadmium, suspendierte Kohle und Spuren von Schwefel verunreinigt;
außerdem finden sich häufig darin geringe Mengen von Zinn, Kupfer,
Silber und Arsen, selten Spuren von Antimon und Silicium. In größerer
Menge (mehrere Zehntelprozente) hat man Silicium bisher nur in einigen
nordamerikanischen Zinksorten nachgewiesen.

Auf den Hüttenwerken bestimmt man gewöhnlich nur den Gehalt
an Blei und Eisen. 5 g zerschnittene, von mehreren Platten entnommene Bohrspäne werden in einer bedeckten Porzellanschale mit
50 ccm verdünnter Schwefelsäure (1 : 4) erwärmt, nach dem Aufhören
der Wasserstoffentwicklung 1 ccm Salpetersäure (1,2 spez. Gew.) zugesetzt, abgedampft, bis zum beginnenden Fortrauchen der Schwefelsäure
auf dem Sandbade oder über dem Finkener-Turme erhitzt, der erkaltete
Rückstand längere Zeit auf dem kochenden Wasserbade mit 50 ccm
Wasser erwärmt, die Lösung abgekühlt, das Bleisulfat auf einem kleinen
Filter gesammelt und in bekannter Weise bestimmt. Dem Filtrate,
etwa 100 ccm, setzt man 5 ccm der gewöhnlichen 25 proz. Salzsäure
zu und leitet Schwefelwasserstoff ein; hierbei ausfallendes CdS kann
(wie unten beschrieben) bestimmt werden. Zur Eisenbestimmung löst
man 5—10 g Späne in heißer verdünnter Schwefelsäure, dekantiert
vom ungelösten Blei ab und titriert das Eisen in der abgekühlten
Lösung mit Kaliumpermanganat.

b) Handelszink, raffiniertes Zink. Es enthält die Verunreinigungen des Rohzinks in geringerer Menge. Sehr gute Resultate gibt
das Verfahren von F. Mylius und O. Fromm (Zeitschr. f. anal. Chem.
36, 37; 1897): Eine Durchschnittsprobe von 100 g Gewicht wird in einem

etwa 2 Liter fassenden Kolben mit 200 ccm Wasser übergossen, die zur
Auflösung nötige Salpetersäure in mehreren Portionen zugesetzt und
zuletzt erhitzt. Dann kühlt man die Lösung etwas ab, übersättigt sie
mit Ammoniak, bis sich alles $Zn(OH_2)$ wieder gelöst hat, verdünnt
zu etwa 2 Litern und setzt dann unter Umschwenken so lange kleine
Portionen von stark verdünnter $(NH_4)_2S$-Lösung hinzu, bis der neu
ausfallende Niederschlag wie reines ZnS, also weiß aussieht. Durch
Erwärmen der Flüssigkeit auf 80⁰ setzt sich das gefällte ZnS schnell
mit den übrigen Metallsalzen um, so daß alles Pb, Cd, Cu, Ag, Bi in
den Niederschlag geht. Nach der freiwilligen Klärung der Flüssigkeit
wird filtriert; beim Zusatze von Schwefelammonium zum Filtrate fällt
rein weißes ZnS, das vollkommen frei ist von Pb, Cd usw. Man löst
darauf den Niederschlag auf dem Filter in heißer verdünnter Salzsäure,
wobei etwa vorhandenes Cu und Ag als Schwefelmetalle ungelöst zurückbleiben und in bekannter Weise getrennt und bestimmt werden können.
Die salzsaure Lösung dampft man zur Abscheidung des Bleies mit
überschüssiger Schwefelsäure ab, nimmt den Rückstand mit Wasser
auf, kühlt ab, setzt etwas Alkohol hinzu und filtriert das $PbSO_4$ ab.
Aus dem Filtrate verdampft man den Alkohol, neutralisiert mit Ammoniak, setzt pro 100 ccm Flüssigkeit 10 ccm 25 proz. Salzsäure (spez.
Gew. 1,125) hinzu [1]), fällt das Cadmium durch längeres Einleiten
von Schwefelwasserstoff als zinkfreies CdS, bringt es auf ein Filter,
löst es in heißer Salpetersäure (1,2 spez. Gew.), dampft die Lösung in
einem gewogenen Porzellantiegel mit einem kleinen Überschusse von
Schwefelsäure ab, verjagt die freie Schwefelsäure, glüht den Rückstand
mäßig und wägt ihn als Cadmiumsulfat. $CdSO_4 \times 0,5392 =$ Cadmium.
      Aus dem salzsauren Filtrate vom CdS kocht man den Schwefel-
wasserstoff fort, oxydiert das Eisen durch Bromwasser, übersättigt die
Lösung mit Ammoniak, filtriert das Eisenhydroxyd ab, löst es in wenig
Salzsäure, erwärmt die mit Jodkalium versetzte Lösung auf ca. 70⁰,
kühlt sie schnell ab und titriert das freie Jod mit einer gestellten Lösung
von Natriumthiosulfat bei Gegenwart von Stärkelösung. Man kann
auch die salzsaure Lösung des (zinkhaltigen) Eisenhydroxyds nach dem
Verdünnen mit Wasser wieder mit Ammoniak übersättigen und erwärmen, das so erhaltene reine Hydroxyd abfiltrieren und schließlich
als Fe_2O_3 wägen.
      Schwefel, Arsen und Antimon bestimmt man nach dem Ver-
fahren von Günther (Zeitschr. f. anal. Chem. 20,503; 1881). 100 g der beim
vollständigen Durchbohren mehrerer Platten erhaltenen Späne werden
in einem geräumigen Kolben, aus dem man zunächst die Luft durch
Einleiten von reinem Wasserstoff verdrängt hat, in absolut reiner verdünnter Schwefelsäure aufgelöst und das entwickelte Gas zuerst durch
eine Waschflasche mit Cyancadmium-Cyankaliumlösung und dann durch
eine zweite mit Silbernitratlösung geleitet. Durch das bis auf den Boden
des Kolbens führende Trichterrohr, das unten umgebogen ist, leitet

---

[1]) Siehe „Cadmium".

man nach dem Aufhören der Wasserstoffentwicklung noch einige Zeit reinen Wasserstoff ein. In der ersten Waschflasche scheidet sich aller Schwefel als CdS ab, das man abfiltriert und (wie oben) in $CdSO_4$ überführt und wägt. In der zweiten Waschflasche hat sich Antimonsilber und metallisches Silber abgeschieden, während alles Arsen als arsenigsaures Silber in Lösung ist:

$$SbH_3 + 3\,AgNO_3 + aq. = Ag_3Sb + 3\,HNO_3 + aq.$$
und $$2\,AsH_3 + 12\,AgNO_3 + 3\,H_2O = 12\,Ag + 12\,HNO_3 + As_2O_3.$$

Man filtriert den Niederschlag (Silber und Antimonsilber) ab, löst ihn in Salpetersäure und Weinsäure, fällt durch Salzsäure das Silber als AgCl und aus dem Filtrate davon (nach dem Verdünnen und annähernden Neutralisieren) das Antimon durch Schwefelwasserstoff und bestimmt es schließlich als SbO_2. Aus den vorstehenden Umsetzungsgleichungen ergibt sich das vorhandene Arsen, wenn man von dem, aus dem gewogenen AgCl berechneten Gesamtsilber das an Antimon gebunden gewesene Silber in Abzug bringt und berücksichtigt, daß 12 Ag = 2 As entsprechen.

Handelt es sich nur um Arsen, so oxydiert man 10 g (oder mehr) Zink nach und nach durch starke Salpetersäure, dampft ab und wiederholt das Abdampfen mit reichlichen Mengen von reiner Salzsäure, bringt die Lösung mit rauchender reiner Salzsäure in einen Kolben, setzt Ferrosulfat hinzu und destilliert alles Arsen als $AsCl_3$ ab (siehe S. 638). Man kann in diesem Falle auch das Verfahren von Prauss (siehe „Arsen", spezielle Methode b) einschlagen und wie oben eine größere Einwage in reiner verdünnter Schwefelsäure lösen.

Anmerkung. Für die absolut genaue Bestimmung des Schwefelgehaltes im Zink empfiehlt sich (nach Elliot und Storer) die Auflösung des Metalls in einer Salzsäure, die man aus einer reinen Chlorcalciumlösung mit reiner Oxalsäure hergestellt hat.

Zinn bestimmt man, indem man eine größere Einwage mit einer zur vollständigen Lösung nicht hinreichenden Menge verdünnter Schwefelsäure digeriert, den durch Dekantieren ausgewaschenen Rückstand mit starker Salpetersäure zerlegt, nach dem Zusatze von Wasser kocht und die Zinnsäure abfiltriert. In dem durch Einschmelzen von altem Zink hergestellten Handelszink finden sich manchmal (aus Lot stammend) mehrere Zehntelprozente Zinn.

Das selten im Handelszink vorkommende Silicium wird in derselben Weise wie im Aluminium bestimmt. Man löst eine größere Einwage in chemisch reinem Ätznatron (aus Natrium hergestellt) und Wasser durch Erwärmen in einer Platinschale auf, übersättigt mit Salzsäure, dampft zur Trockene ab, macht die SiO_2 durch längeres Erhitzen des Rückstandes auf 150° C unlöslich, erwärmt mit Salzsäure und Wasser, filtriert die Kieselsäure ab, wäscht sie mit vielem heißen Wasser aus, glüht sie und behandelt sie nach dem Wägen mit etwas Flußsäure und 1 Tropfen Schwefelsäure, dampft ab, verjagt die Schwefelsäure, glüht den (? SnO_2 enthaltenden) Rückstand, wägt ihn und

ermittelt das Gewicht der reinen Kieselsäure aus der Differenz.
$SiO_2 \times 0,4693 =$ Silicium.

c) -Zinkstaub (Poussière). Der Zinkstaub besteht aus einem
innigen Gemisch von feinzerteiltem metallischen Zink (bis über 90 %)
und Zinkoxyd mit etwas Cadmium, Eisen, Blei, Arsen, mitgerissenen
Erzpartikelchen und Kohle. Im Handel wird gewöhnlich ein Produkt
mit einem garantierten Metallgehalte von 90 % verlangt. Der
wirkliche Gehalt an metallischem Zink läßt sich nur durch eine vollständige Analyse feststellen. Bei der technischen Untersuchung
wird die reduzierende Wirkung des Zn auf Chromsäure, Ferrisalze usw.
bestimmt, bzw. das Volumen des mit verdünnten Säuren daraus zu
entwickelnden Wasserstoffs gemessen und hieraus der Zinkgehalt berechnet. Von den vielen Methoden sei zunächst die auf den ober-
schlesischen Zinkhütten allgemein übliche von Drewsen (Zeitschr. f.
anal. Chem. 19, 50; 1880) beschrieben: Sie beruht auf der Reduktion von
Chromsäure zu Chromoxyd durch die Einwirkung verdünnter Schwefelsäure auf Zinkstaub in Gegenwart einer abgemessenen Menge einer
Kaliumbichromatlösung von bekanntem Gehalte und dem Zurücktitrieren des Überschusses von $K_2Cr_2O_7$ mit einer Ferrosulfatlösung.
Die Umsetzungsgleichungen sind:

$$K_2Cr_2O_7 + 3\ Zn + 7\ H_2SO_4 = Cr_2(SO_4)_3 + 3\ ZnSO_4 + K_2SO_4 + 7\ H_2O$$
$$\text{und } K_2Cr_2O_7 + 6\ FeSO_4 + 8\ H_2SO_4 = Cr_2(SO_4)_3 + 3\ Fe_2(SO_4)_3$$
$$+ 2\ KHSO_4 + 7\ H_2O.$$

Durch Auflösen von 40 g des reinen, geschmolzenen Salzes zu
1 Liter stellt man die $K_2Cr_2O_7$-Lösung her; die Ferrosulfatlösung wird
durch Auflösen von ungefähr 200 g des noch nicht verwitterten Salzes
in verdünnter Schwefelsäure (1 : 10) zu 1 Liter bereitet. Zur Feststellung des Verhältnisses beider Lösungen zueinander werden 20 ccm
der Eisenlösung genau abgemessen, in ein Becherglas gebracht, einige
Kubikzentimeter Schwefelsäure und 50 ccm Wasser zugesetzt und von
der Bichromatlösung aus der Bürette so lange hinzufließen gelassen,
bis ein Tropfen der Eisenlösung mit einem Tropfen einer Ferricyankaliumlösung auf der Porzellanplatte keine blaue oder grünliche Färbung
mehr gibt. (Man macht zweckmäßig eine ,,Vorprobe" mit 20 ccm der
Eisenlösung und läßt dabei jedesmal 1 ccm der Chromatlösung einfließen, rührt um, nimmt einen Tropfen heraus, prüft usw. und stellt
dadurch zunächst den annähernden Verbrauch an Bichromatlösung fest — oder man berechnet diesen aus der Umsetzungsgleichung,
wenn man reines Ferrosulfat bzw. Mohrsches Salz angewendet hatte.)

Ausführung. 0,5 g Zinkstaub werden in ein Becherglas geschüttet.
50 ccm der Bichromatlösung und 5 ccm verdünnte Schwefelsäure (1 : 3)
zugesetzt, mehrfach umgerührt, nochmals 5 ccm verdünnte Schwefelsäure zugesetzt und während ¼ Stunde häufig umgerührt. Wenn
alles bis auf einen kleinen erdigen Rest gelöst ist, setzt man etwa 100 ccm
Wasser, 10 ccm destillierte Schwefelsäure und 25 ccm der $FeSO_4$-
Lösung hinzu, rührt um und läßt von der $FeSO_4$-Lösung aus der Bürette

Mengen von je 1 ccm so lange unter Umrühren einfließen, bis ein Tropfen der Lösung beim Zusammenbringen mit einem Tropfen Ferricyankaliumlösung auf der Porzellanplatte eine deutlich blaue Färbung gibt. Darauf wird mit der Bichromatlösung bis zum Verschwinden dieser Reaktion zurücktitriert. Man zieht von dem Gesamtverbrauche an Bichromatlösung die Anzahl Kubikzentimeter ab, welche dem zugesetzten Ferrosulfat entsprechen, multipliziert das in den übrig bleibenden Kubikzentimetern Bichromatlösung enthaltene Gewicht des $K_2Cr_2O_7$ mit 0,6661 und findet so das in der angewendeten Menge Zinkstaub enthaltene metallische Zink. (Da die kleinen Mengen von metallischem Eisen und Cadmium ebenfalls entsprechende Mengen von Chromsäure reduzieren, findet man natürlich den Gehalt stets etwas zu hoch.) Arsen bestimmt man im Zinkstaub wie im Handelszink (S. 739, b).

G. Klemp (Zeitschr. f. anal. Chem. 29, 253; 1890) empfiehlt eine jodometrische Wertbestimmung des Zinkstaubes. Man löst eine kleine Menge Substanz in einer alkalisch gemachten Kaliumjodatlösung durch Schütteln auf, wobei eine dem met. Zink entsprechende Menge Jodat zu Jodid reduziert wird.

$$15\ Zn + 30\ KOH = 15\ Zn(OK)_2 + 15\ H_2$$
$$5\ KJO_3 + 15\ H_2 = 5\ KJ + 15\ H_2O$$
$$5\ KJ + KJO_3 + 3\ H_2SO_4 = 3\ K_2SO_4 + 3\ H_2O + 6\ J_2$$

6 J entsprechen also 15 Zn, oder 1 Teil Jod — 1,2876 Teilen Zink. Die Lösung wird nach der Lösung des Zinkstaubes mit Schwefelsäure angesäuert, die Luft durch Kohlensäure verdrängt, das freigemachte Jod abdestilliert, in wäßriger KJ-Lösung aufgefangen und darin mit Natriumthiosulfat titriert.

Ebenfalls auf der Reduktionsfähigkeit des Zinkstaubes beruht die schnell auszuführende Wertbestimmung nach Wahl. Man schüttelt 0,5 g Substanz mit Wasser so lange, bis alles benetzt ist, setzt 15 g reinen Eisenalaun hinzu und schüttelt wieder.

$$Fe_2(SO_4)_3 + Zn = ZnSO_4 + 2\ FeSO_4.$$

Nach der Zersetzung werden 25 ccm Schwefelsäure zugefügt, verdünnt, abgekühlt, zu 250 ccm aufgefüllt und in 50 ccm nach Zusatz von Fluorkalium das Ferrosalz mit Permanganat titriert. Es empfiehlt sich, während der Umsetzung Kohlensäure durch den Kolben zu leiten.

R. Fresenius schlug vor, den Zinkgehalt aus dem Volumen des mit Säuren entwickelten Wasserstoffs zu bestimmen, Beilstein und Jawein bildeten diese Methode weiter aus. Fr. Meyer (Zeitschr. f. angew. Chem. 7, 131, 435; 1894) beschreiben einen besonderen Apparat für diese Bestimmung. Man kann dazu aber auch das Azotometer (Bd. I, S. 152), das Nitrometer mit Anhängefläschchen (Bd. I, S. 163) oder das Gasvolumeter (Bd. I, S. 166) benutzen. Ein einfacher Apparat ist ferner von O. Bach beschrieben worden (Zeitschr. f. angew. Chem. 7, 291; 1894). Berl und Jurrissen (ebenda 23, 248; 1910) führen die Bestimmung im Zersetzungskolben unter Zusatz von einem Tropfen Platinchlorid aus. Das in allen diesen Fällen zunächst erhaltene Volumen des entwickelten Wasserstoffs ist in bekannter Weise auf den Normalzustand (0⁰, 760 mm Druck und Trockenheitszustand) zu reduzieren. Bei Annahme des Gewichtes von 0,08998 g für 1 Ltr. Wasserstoff und 65,37 für das Atomgewicht des Zinks muß man die gefundene Zahl von Kubikzentimeter Wasserstoff mit 0,002918 multiplizieren, um das Gewicht des im Zinkstaub enthaltenen Zinks in Gramm zu finden. Auch bei diesen Methoden wirken die metallischen Verunreinigungen im Zinkstaub (Fe, Cd) wie Zink selbst, was indessen praktisch ohne Bedeutung ist.

Die elektrolytische Bestimmung des Zinks in Zinkstaub, Ofenbruch und Zinkerzen nach K. Jene (Chem.-Ztg. 29, 803; 1905) ist in „Classen, 5. Aufl.", S. 309 beschrieben.

3. Für Legierungen.

Zinkhaltige Legierungen (Messing, Tombak usw.) werden nach den S. 657 u. f. beschriebenen Methoden untersucht. Mit wenig Zinn (bis zu 5 %) legiert, wird Zink für Guß manchmal angewendet. Zur Analyse behandelt man 1—2 g mit starker Salpetersäure (wodurch sich die Zinnsäure dichter abscheidet als bei Anwendung der gewöhnlichen Säure vom spez. Gew. 1,2), setzt 100 ccm kochendes Wasser hinzu, kocht 5 Minuten, filtriert die Zinnsäure ab usw. wie bei der Bronzeanalyse.

Hartzink oder Bodenzink vom Verzinken (Galvanisieren) des Eisens enthält bis zu 6 % Eisen und einige Prozente Blei. Man erwärmt einige Gramm Späne im Kolben mit einem großen Überschusse von verdünnter Schwefelsäure (1 : 5), bis die Wasserstoffentwickelung aufhört, dekantiert die Lösung von dem abgeschiedenen, schwammigen Blei, kühlt sie ab und titriert das Eisen darin mit Permanganat. Das Blei löst man in wenig Salpetersäure, dampft die Lösung mit Schwefelsäure ab und bestimmt es in gewöhnlicher Weise als $PbSO_4$. Eine besondere Zinkbestimmung wird bei diesem Metallabfalle gewöhnlich nicht verlangt.

4. Für Zinkkrätzen und Aschen.

Von Zinkkrätzen vom Einschmelzen alten Zinks (Schmelzereiasche) und Zinkaschen vom Verzinken des Eisens (Salmiakschlacken) wird eine größere Probe durch Sieben in eine feine und eine grobe Partie getrennt und die letztere im eisernen Mörser so lange gestampft, bis die Metallkörner von der Oxydschicht befreit sind. Man siebt das Gestampfte, wägt das Grobe und das Feine nebst dem zuerst Abgesiebten für sich und wägt im Verhältnis beider zusammen 10 g ab. Diese werden in starker Salzsäure (bei sehr bleireichen Aschen ist besser Salpetersäure anzuwenden) gelöst und die Lösung, ohne zu filtrieren, zu 1 Liter aufgefüllt. In 100 ccm dieser Lösung wird Pb und Cu durch Schwefelwasserstoff gefällt, das Filtrat zur Vertreibung des Schwefelwasserstoffs gekocht, nach dem Abkühlen in ein großes Becherglas gespült, mit einigen Tropfen Kongorotlösung versetzt und mit verdünntem Ammoniak so lange neutralisiert, bis die Lösung schwach rot erscheint. Darauf wird die Lösung zu 600 ccm verdünnt und bis zur Sättigung (1½—2 Stunden) Schwefelwasserstoff eingeleitet. Nach mehrstündigem Stehen wird das Schwefelzink abfiltriert, nach Methode 1 weiter behandelt und schließlich als ZnS gewogen. Aus dem Filtrate lassen sich noch ca. 3 mg Zink erhalten.

Chlorbestimmung in Salmiakschlacken. Eine Durchschnittsprobe von 5 g wird in der Kälte mit einem großen Überschusse von verdünnter Salpetersäure (1 Vol. vom spez. Gew. 1,2 mit 1 Vol. Wasser verdünnt) einige Zeit geschüttelt, die Lösung in einen ½-Liter-Kolben filtriert, das Filtrat aufgefüllt, 100 ccm davon entnommen und mit einem Überschusse von Höllensteinlösung gefällt. Man wägt das AgCl schließlich als solches und berechnet daraus den Gehalt an Chlor. AgCl × 0,2474 = Chlor.

Zinkweißrückstände bestehen aus gröberen Zinkoxydpartikeln mit wenig Metall und Sand. Man löst 1 g in heißer Salzsäure und einigen Tropfen Salpetersäure, übersättigt mit Ammoniak, erhitzt, filtriert und titriert je $^1/_5$ des Filtrats mit Na_2S-Lösung nach dem Schaffnerschen Verfahren (siehe maßanalytische Methode S. 734).

Ofenbrüche und Räumasche werden wie Erze untersucht, desgleichen Flugstaub, der außer ZnO gewöhnlich größere Mengen von PbO, PbSO$_4$ usw. enthält.

Cadmium.

Man kennt nur wenige Cadmiummineralien: den Greenockit, CdS, mit 77,6 % Cd, der am häufigsten als gelber, erdiger Anflug auf Zinkblende angetroffen wird und keine technische Bedeutung besitzt, und den Otavit, basisches Cadmiumcarbonat, eine Rarität von Tsumeb, Deutsch-Südwestafrika; viel häufiger kommt Cadmium als CdS bzw. CdCO$_3$ in Zinkerzen vor, die Spuren bis zu 6 % enthalten. Das Metall wird auf den Zinkhütten aus Nebenprodukten von der Zinkgewinnung, dem Zinkrauch, der Anfangspoussière und Flugstaub dargestellt und durch fraktionierte Destillation gereinigt.

A. Bestimmung des Cadmiums.

Das aus mäßig sauren Lösungen durch Schwefelwasserstoff gefällte CdS kann, wenn frei von Schwefel, auf einem gewogenen Filter gesammelt und nach dem Trocknen bei 100⁰ als CdS gewogen werden. Nach Dr. Th. Fischer [1]) von der Kgl. chemisch-technischen Versuchsanstalt zu Berlin fällt es quantitativ und frei von Zink aus Lösungen, die in 100 ccm 10 ccm der gewöhnlichen 25 proz. Salzsäure (spez. Gew. 1,125) und 1 g krystallisiertes Cd-Sulfat enthalten. Man bestimmt

---

[1]) Freundliche Privatmitteilung.

das Cadmium am besten als $CdSO_4$, indem man das CdS in heißer, schwacher Salpetersäure löst, die Lösung in einem gewogenen Tiegel mit einem kleinen Überschusse von Schwefelsäure eindampft, die Schwefelsäure verjagt und den Rückstand mäßig glüht. $CdSO_4 \times 0,5392$ = Cadmium.

Die maßanalytischen und die elektrolytischen Bestimmungsmethoden [1]) haben keinen praktischen Wert.

Trennung des Cadmiums von anderen Metallen (siehe auch Analyse von Handelsblei S. 670, Woodmetall S. 692 und Handelszink S. 738.) Vorhandenes Blei wird als Sulfat abgeschieden; fällt man die 10—13 Vol.-Proz. Salzsäure (siehe oben) enthaltende Lösung durch Schwefelwasserstoff und behandelt den ausgewaschenen Niederschlag mit Schwefelammonium, so kommen nur noch Cu und Bi in Frage. Man löst die Schwefelmetalle in heißer schwacher Salpetersäure, dampft ab, beseitigt das Wismut als Oxychlorid, fällt aus dem Filtrate davon Cd und Cu durch Schwefelwasserstoff und löst geringe Mengen von Cu aus dem Niederschlage durch erwärmte Cyankaliumlösung. Ist reichlich Cu vorhanden, so löst man den Niederschlag in Salpetersäure, dampft ab und fällt aus der über 5 % Schwefelsäure enthaltenden Lösung nur das Kupfer elektrolytisch, oder man neutralisiert die salpetersaure Lösung mit Kali oder Natron, erwärmt sie mit einem Überschusse von Cyankalium, fällt durch Zusatz von wenig $(NH_4)_2S$-Lösung das Cd als CdS aus und bestimmt es schließlich als $CdSO_4$. Von sehr viel Zink, etwas Eisen und Mangan (Erzlösungen) trennt man Cadmium nach der Abscheidung des Bleies als Sulfat, indem man die Lösung mit einem reichlichen Überschusse von Ätznatron erwärmt, verdünnt, abkühlt, filtriert, den Niederschlag mit natronhaltigem Wasser auswäscht, ihm das Cadmiumhydroxyd durch Ammoniak entzieht, die ammoniakalische Lösung neutralisiert, mit 10 Vol.-Proz. Salzsäure versetzt, durch Einleiten von Schwefelwasserstoff in der Kälte reines CdS ausfällt und dies in $CdSO_4$ überführt. Aus den sehr Fe- und Al-reichen Lösungen von gemeinem Galmei scheidet man zunächst das Blei ab, behandelt das Filtrat mit Schwefelwasserstoff, löst das etwas ZnS enthaltende CdS in einer abgemessenen Menge heißer Salzsäure, verdünnt die Lösung bis zu einem Gehalte von 10 Vol.-Proz. Salzsäure und fällt dann durch Schwefelwasserstoff reines CdS.

B. Untersuchung cadmiumhaltiger Zinkerze und Hüttenprodukte.

Erze, Zinkrauch und Flugstaub. Minor (Chem.-Ztg. 14, 34; 1890) löst Erze usw. in Salzsäure bzw. Königswasser, dampft zur Abscheidung des Bleies mit überschüssiger Schwefelsäure ab, filtriert, fällt aus der Lösung durch Schwefelwasserstoff zinkhaltiges CdS, löst dieses in heißer

---

[1]) Classen, Quant. Analyse durch Elektrolyse. — Neumann, Die Elektrolyse als Hilfsmittel in der analytischen Chemie.

Salzsäure, verjagt den Schwefelwasserstoff, trägt die Lösung in heiße Natronlauge ein, kocht, filtriert das Cadmiumhydroxyd ab, wäscht es zuerst mit 1 proz. Natronlauge, dann mit heißem Wasser aus, trocknet, verkohlt das Filter im Roseschen Tiegel bei mäßiger Hitze, legt den Deckel auf, leitet Sauerstoff in den Tiegel und erhitzt zum schwachen Glühen. Das zurückbleibende CdO wird gewogen. CdO × 0,8754 = Cadmium. (Beim zu starken Erhitzen der Filterkohle kann sich etwas Cd verflüchtigen; man löst besser das ausgewaschene Hydroxyd in heißer verdünnter Salzsäure, dampft die Lösung im gewogenen Porzellantiegel mit einem kleinen Überschusse von Schwefelsäure ab und bestimmt das Cd als CdSO$_4$. Siehe oben.)

Wenn eine heiße, salzsaure oder schwefelsaure Zinkerzlösung mit Natriumthiosulfat versetzt und gekocht wird, fällt kein CdS aus.

Zinkstaub (Poussière). Man löst eine Durchschnittsprobe von 20—40 g in einem mäßigen Überschusse von Salzsäure, filtriert, entnimmt von dem (zu 1 bzw. 2 Litern aufgefüllten) Filtrate 50 bzw. 100 ccm, verdünnt zu 300—500 ccm, fällt durch Schwefelwasserstoff, löst den zinkhaltigen CdS-Niederschlag in einer abgemessenen Menge heißer Salzsäure, verdünnt die Lösung bis zu einem Gehalte von 10 Vol.-Proz. Salzsäure, fällt durch Schwefelwasserstoff reines CdS und wägt es als CdSO$_4$ wie oben.

Rohzink und Handelszink. Man behandelt eine größere Einwage (50—100 g) mit einer zur Lösung nicht hinreichenden Menge verdünnter Schwefelsäure in der Wärme, dekantiert die Lösung ab, löst den alles Cd und Pb enthaltenden Rückstand in verdünnter Salpetersäure, dampft zur Abscheidung des Bleies mit einem kleinen Überschusse von Schwefelsäure ab, nimmt mit Wasser auf, bringt das PbSO$_4$ auf ein Filter, setzt dem Filtrate 10 Vol.-Proz. Salzsäure (1,125 spez. Gew.) zu, leitet 1 Stunde Schwefelwasserstoff ein, filtriert, übergießt das Filter mit heißer Salzsäure (wobei etwa vorhandenes CuS ungelöst bleibt), verdünnt entsprechend, fällt durch Schwefelwasserstoff reines CdS usw. Oder man dampft die salzsaure Lösung sofort mit etwas Schwefelsäure ab und bestimmt das CdSO$_4$.

C. Metallisches Cadmium.

Das Handelsmetall enthält gewöhnlich ca. 99 % Cd und ist hauptsächlich durch Zn, wenig Pb und Fe, seltener Cu verunreinigt.

Zur Analyse löst man 2 g in 50 ccm 10 proz. Schwefelsäure unter Zusatz von etwas Salpetersäure in einer bedeckten Schale in der Wärme auf, dampft ab, nimmt den Rückstand mit Wasser auf, filtriert vom PbSO$_4$ ab in einen großen Platintiegel und fällt aus der etwa 100 ccm betragenden Flüssigkeit das Kupfer elektrolytisch. Die entkupferte Lösung wird in einem Becherglase zu etwa 400 ccm verdünnt, 40 ccm Salzsäure (spez. Gew. 1,125) hinzugefügt, durch längeres Einleiten von Schwefelwasserstoff alles Cadmium als CdS ausgefällt und dieses mit verdünntem H$_2$S-Wasser, dem 10 Vol.-Proz. Salzsäure zugesetzt worden sind, ausgewaschen. Das Filtrat vom CdS dampft man zur Beseitigung der Salzsäure ab, verjagt die meiste Schwefelsäure, nimmt den erkalteten Rückstand mit Wasser auf, setzt einen kleinen Überschuß von Na_2CO_3 hinzu, kocht 10 Minuten, filtriert das Fe-haltige Zinkcarbonat ab (s. „Zink"), wäscht es mit heißem Wasser aus, trocknet das Filter, bringt die Substanz herunter, verascht das Filter im gewogenen Porzellantiegel, bringt das $ZnCO_3$ in den Tiegel, glüht und wägt. Nach dem Wägen löst man das unreine ZnO in Salzsäure, verdünnt die Lösung, erwärmt sie auf 70⁰ C, setzt Jodkalium hinzu, kühlt ab und titriert das freie Jod bei Gegenwart von Stärkelösung mit einer gestellten Lösung von Natriumthiosulfat. Das so bestimmte Eisen wird als Fe_2O_3 von dem gewogenen unreinen Zinkoxyd in Abzug gebracht.

D. Cadmiumlegierungen.

Die mit Cadmiumzusätzen hergestellten, leicht schmelzbaren Legierungen werden wie das Woodmetall (s. „Wismut" S. 692) analysiert. Seit einigen Jahren wird viel Cadmium zu einer Legierung, die als „Lot" für Aluminiumgegenstände benutzt wird, verbraucht. In „altem Aluminium" läßt sich daher häufig eine Spur Cd sowie Bi und Sn nachweisen. Aus dem in der Zahnheilkunde benutzten Cadmiumamalgam läßt sich zur analytischen Bestimmung das Quecksilber wegen der Flüchtigkeit des Cadmiums nicht abdestillieren. Man löst 1 g Substanz in Salpetersäure, dampft ab, nimmt den Rückstand mit verdünnter Salzsäure auf, fällt das Quecksilber aus der Lösung durch phosphorige Säure (PCl_3 und Wasser) als Chlorür und aus dem Filtrat hiervon nach dem Verdünnen mit Wasser das Cd durch Einleiten von Schwefelwasserstoff als CdS usw.

Nickel und Kobalt.

Diese beiden in ihrem chemischen Verhalten sehr ähnlichen Metalle begleiten sich stets in ihren Erzen, sammeln sich gemeinsam in den daraus gewonnenen Hüttenprodukten an und werden zuletzt von einander geschieden. Auch bei der Ausführung der trockenen und der nassen Proben werden zunächst immer Gemische von Verbindungen der beiden Metalle mit anderen Elementen erhalten. Die trockenen oder dokimastischen Proben (s. Kerl, Metallurgische Probierkunst, II. Aufl., und Probierbuch, III. Aufl.) nach Plattner geben namentlich mit kupferarmen Erzen dem geübten Probierer gute Resultate und sind auf den Nickel- und Kobaltwerken als Betriebsproben in Anwendung. Zur genauen Bestimmung von Nickel, Kobalt, der sonst vorhandenen nutzbaren Metalle und der Verunreinigungen werden ausschließlich gewichtsanalytische Methoden befolgt und die beiden Metalle selbst fast nur noch durch die Elektrolyse abgeschieden. Die wichtigsten Erze sind:

Kupfernickel, Rotnickelkies, NiAs, mit 43,5 % Ni; das Arsen, ist in manchen Varietäten stark (bis zu 28 %) durch Antimon ersetzt. Weißnickelkies, $NiAs_2$, mit 28,2 % Ni; häufig ist darin Nickel durch Kobalt und Eisen (bis zu 17 % Fe) vertreten.

Nickelkies, Haarkies, NiS, mit 64,5 % Ni. In großen Massen kommen vor: nickelhaltige Magnetkiese, Schwefelkiese und Kupferkiese.

Antimonnickel, NiSb, mit 32,2 % Ni, ist selten. Antimonnickelglanz, Ullmannit, NiSbS, mit 27,35 % Ni. Arsennickelglanz, Gersdorffit, NiAsS, mit 35,15 % Ni.

Wasserhaltige Ni-Mg-Silikate. Rewdanskit, bis zu 18 % Ni enthaltend, Garnierit (Noumeit) mit bis zu 30 % Ni und viele ähnliche Ni-haltige Silikate.

Speiskobalt, $CoAs_2$, mit 28 % Co im reinsten Zustande, sehr häufig beträchtlich Eisen und Nickel enthaltend.

Glanzkobalt, CoAsS, mit 35,5 % Co, häufig mit hohem Eisengehalte.

Kobaltnickelkies, 2 RS, 3 R_2S_3 (R = Ni, Co, Fe), mit 11—40,7 % Co und 14,6—42,6 % Ni.

Schwarzer Erdkobalt oder Kobaltmanganerz enthält bis zu 15 % Kobalt.

A. Trennung des Nickels und Kobalts von anderen Metallen und gemeinsame Abscheidung beider als Metalle.

Fein gepulverte Erze, Speisen und Steine löst man durch Erwärmen mit Königswasser (20 ccm für 1 g Substanz) im Kolben, kocht die Lösung ein, dampft den Rückstand mit Salzsäure zur Trockene, nimmt ihn mit verdünnter Salzsäure wieder auf und fällt durch längeres Einleiten von Schwefelwasserstoff in gelinder Wärme As, Sb, Cu, Pb, Bi usw. Die Lösung arsenikalischer Erze und Speisen wird vorher wiederholt mit Zusätzen von wäßriger schwefliger Säure gekocht, um alle As_2O_5 zu As_2O_3 zu reduzieren, und dann erst mit Schwefelwasserstoff behandelt; sehr zu empfehlen ist auch das vorhergehende Rösten derartiger Substanzen, wodurch der größte Teil des vorhandenen Arsens, Antimons und Schwefels entfernt wird. Das auf Röstscherben ausgebreitete Pulver wird zuerst in dunkler Rotglut in der Muffel geröstet, dem erkalteten Röstgute das gleiche Volumen Holzkohlenpulver eingemischt, die Röstung bei hoher Hitze ausgeführt und noch einmal wiederholt. (Auch Ni- und Co-arme Kiese und Steine, deren Lösung man nach dem Rotheschen Verfahren, S. 430, weiter behandeln will, werden vorher geröstet bzw. totgeröstet.) Zur Beseitigung etwa vorhandenen Zinks wird aus dem Filtrate vom H_2S-Niederschlage der Schwefelwasserstoff fortgekocht, etwas Bromwasser zugesetzt, die abgekühlte Lösung nach dem Zusatze einiger Tropfen Kongorotlösung fast vollständig neutralisiert und durch längeres Einleiten von Schwefelwasserstoff alles Zink als ZnS gefällt (siehe S. 731). Das Filtrat vom

ZnS wird über freiem Feuer eingedampft, im konzentrierten Zustande durch wenig Salpetersäure das Eisen darin oxydiert, die abgekühlte Lösung durch Natronlauge (oder Na_2CO_3-Lösung) neutralisiert, Natriumacetat (das 6 fache Gewicht vom vermuteten Fe-Gehalte) zugesetzt, mit viel Wasser verdünnt, zum Sieden erhitzt und 5 Minuten darin erhalten. Man filtriert dann den sehr voluminösen, alles Fe und Al als basische Acetate enthaltenden Niederschlag ab und wäscht ihn mit heißem Wasser aus. Da er stets Ni und Co zurückhält, muß er mindestens noch einmal wieder gelöst und die Lösung (nach dem Neutralisieren und dem Zusatze von Natriumacetat) gekocht werden; bei hohem Eisengehalte der Substanz läßt sich selbst in dem vierten Filtrate noch Ni nachweisen. Über die vollständige Trennung in einer Operation, nach dem Verfahren von O. Brunck, siehe S. 751. Die vereinigten Filtrate werden in einer Porzellanschale erhitzt, Natronlauge und Bromwasser im Überschusse zugesetzt. Der alles Ni, Co und Mn enthaltende schwarzbraune Niederschlag wird nach dem Zusammenballen abfiltriert, mit heißem Wasser ausgewaschen, in mit wäßriger schwefliger Säure versetzter, verdünnter und heißer Schwefelsäure gelöst und die Lösung auf dem Wasserbade eingedampft. Wenn der Mangangehalt der Substanz nicht mehr als einige Prozente beträgt, wird die Lösung in ein Becherglas (200 ccm Inhalt) gespült, mit Ammoniak (30—50 ccm) stark übersättigt, etwa 30 ccm einer kaltgesättigten $(NH_4)_2SO_4$-Lösung hinzugefügt [1]), die etwa 150 ccm Vol. besitzende Flüssigkeit umgerührt, Konus und Spirale eingetaucht und Ni + Co elektrolytisch als fest auf dem Platinkonus haftende Metalle durch einen Strom von 2,8—3,3 Volt Spannung und 0,5 bis 1,5 Ampere pro 100 qcm Kathodenfläche bei gewöhnlicher Temperatur ausgefällt. Hierbei scheidet sich alles Mangan als wasserhaltiges MnO_2 ab, das in Flocken in der Flüssigkeit schwimmt und nur zum kleinsten Teile die Spirale überzieht. Ein hoher Mangangehalt beeinträchtigt die Elektrolyse. In diesem Falle wird die Lösung der Sulfate von Ni, Co und Mn (siehe oben) in eine Druckflasche von ca. ½ Liter Inhalt gespült, mit Ammoniak neutralisiert, 30 ccm einer durch Neutralisieren von Essigsäure mit Ammoniak hergestellten Ammoniumacetatlösung und 20 ccm 50 proz. Essigsäure zugesetzt, zu 300—400 ccm verdünnt, 1—2 Stunden hindurch Schwefelwasserstoff eingeleitet, der Verschluß verschraubt, die Flasche in ein kaltes Wasserbad gestellt und dieses innerhalb einer Stunde zum Sieden erhitzt. Ni und Co scheiden sich als schwarze Schwefelmetalle, zum Teil fest und glänzend an der Flaschenwandung haftend, ab. Man läßt die Flasche im Kochtopfe auf ca. 50⁰ C abkühlen, nimmt sie heraus, öffnet den Verschluß, bringt die Schwefelmetalle auf ein Filter, wäscht mit Wasser aus, dem etwas Essigsäure und H_2S-Wasser zugesetzt worden ist, spült die Schwefelmetalle vom Filter in eine Porzellanschale und verdampft das Wasser.

---

[1]) Verfahren von Fresenius und Bergmann; von Knorre empfiehlt Natriumsulfat. — Man verwende ganz reines Ammoniak, weil andernfalls eine starke Verzögerung in der Abscheidung eintritt.

Das Filter wird verascht und die Asche in die Schale gebracht, in der man jetzt (nach dem Bedecken mit einem Uhrglase) NiS und CoS durch starke Salpetersäure mit kleinen Zusätzen von Salzsäure durch Erwärmen löst. Die in der Flasche gebliebene Menge der Schwefelmetalle löst man ebenfalls in heißem Königswasser, bringt die Lösung in die Schale, setzt einen Überschuß von 50 proz. Schwefelsäure hinzu, dampft ab, nimmt den Rückstand mit Wasser auf, filtriert die Lösung von dem abgeschiedenen, blaßgelben Schwefel ab, übersättigt sie stark mit Ammoniak, setzt reichlich (siehe oben) Ammoniumsulfat hinzu und fällt jetzt Ni und Co elektrolytisch mit Benutzung des Zylinders, des Konus, der Schale oder des Tiegels (siehe „elektrolytische Kupferbestimmung"). Je nach der Intensität des Stromes wird die Lösung, wenn mehrere Dezigramm bis 2 g Ni + Co auszufällen sind, nach 6—12 Stunden dadurch auf etwa noch in der Lösung befindliches Metall geprüft, daß man 1—2 ccm mit der Pipette herausnimmt, einige Kubikzentimeter H_2S-Wasser hinzusetzt und im Reagenzglase erhitzt; wenn hierbei keine gelbliche oder bräunliche Färbung auftritt, ist die Ausfällung beendet. (Besonders zu beachten ist, daß geringe Mengen von Nitraten oder Chloriden in der Lösung die vollständige Ausfällung durch den Strom sehr erheblich verzögern.) Das Auswaschen geschieht ohne Stromunterbrechung. Man spült die Kathode wiederholt mit reinem Wasser, zuletzt mit absolutem Alkohol ab, trocknet Schale bzw. Tiegel auf dem kochenden Wasserbade, den Zylinder bzw. den Konus über einer erhitzten Schale und wägt nach einer halben Stunde. (Verfasser hält die vielfach empfohlene Benutzung von Äther zum Trocknen von elektrolytischen Metallniederschlägen für ganz überflüssig, zumal Äther ein Sauerstoffüberträger ist.) Elektrolytisch gefälltes Nickel ist metallisch rein und besitzt eine gelblich-hellgraue Farbe; Kobalt ist dunkler grau und enthält nach Cl. Winkler (Zeitschr. f. anorg. Chem. 8, 291; 1895) stets etwas Sauerstoff, und zwar bis zu 1,88% der ganzen Kobaltmenge als $Co_2O_3 + 2 H_2O$. Die Genauigkeit der technischen Bestimmung wird hierdurch nicht nennenswert beeinträchtigt.

Bei der beschleunigten elektrolytischen Abscheidung von Nickel und Kobalt durch einen Strom von 1—1,5 Ampere erwärmt sich die Lösung stark und verliert viel Ammoniak; um dies zu verhindern, kühlt man den z. B. als Kathode dienenden Tiegel durch Einstellen in eine zum Teil mit Wasser gefüllte Platinschale. Über elektrolytische Schnellfällung von Nickel und Kobalt, aus ammoniakalischer und aus Oxalatlösung, siehe Classen, quantitative Analyse durch Elektrolyse, 5. Aufl., S. 187 ff. Es kommen Stromstärken bis zu 13 Ampere zur Anwendung; die Metalle schlagen sich kohlenstoffhaltig nieder, weshalb die Methoden nur zur Trennung von anderen Metallen dienen können.

Vor der Einführung der Elektrolyse fällte man Ni und Co allgemein aus der Lösung der Schwefelmetalle durch Übersättigen mit reinem Ätznatron, Erhitzen und Zusatz von Chlor- oder Bromwasser

als Hydrate der Sesquioxyde $Ni(OH)_3$ und $Co(OH)_3$, wusch den auf
einem aschenfreien Filter gesammelten Niederschlag anhaltend mit
heißem Wasser aus, trocknete ihn, veraschte das Filter in einem kleinen
und ausschließlich hierzu benutzten Platintiegel und reduzierte darin
die Oxyde durch fortgesetztes und starkes Glühen im Wasserstoffstrome. Wegen des unvermeidlichen Alkalirückhaltes mußte das
schwammige Metall mit heißem Wasser extrahiert und dann im Luftbade getrocknet werden. Wo elektrolytische Einrichtungen fehlen,
ist diese Methode auch jetzt noch durchaus angebracht.

Von viel Eisen lassen sich Nickel und Kobalt nach Brunck
(Chem.-Ztg. 28, 511; 1904) nach der Acetatmethode in einer Operation
vollständig trennen, wenn man die freie Säure der Lösung nicht durch
Alkali neutralisiert, sondern durch Abdampfen entfernt, indem man
die zur Bildung eines Doppelsalzes mit dem Eisenchlorid nötige Menge
von Chlornatrium oder Chlorkalium zusetzt. Die dann mit Wasser
erhaltene klare Lösung wird stark verdünnt, die nötige Menge von
Natrium- oder neutralem Ammoniumacetat darin gelöst usw. Die
schärfste Trennung vom Eisen ermöglicht in kürzester Zeit die
Äthermethode von J. Rothe („Eisen" S. 430 ff.). Das Verfahren
verlangt das Vorhandensein des Fe als $FeCl_3$ in konzentrierter salzsaurer Lösung. Man dampft das Filtrat vom H_2S-Niederschlage ein,
oxydiert mit Salpetersäure, dampft auf dem Wasserbade ab, wiederholt
dies mit 30—50 ccm Salzsäure, bringt die dickflüssige Lösung in den
Rotheschen Schüttelapparat und spült 3 mal mit kleinen Portionen
reiner Salzsäure vom spez. Gew. 1,1 (20 proz.) nach. Bei hohem Eisengehalte der Substanz (z. B. nickelarmer Pyrit oder Magnetkies, die
vor der Behandlung mit Königswasser abzurösten sind!) setzt man
darauf für je 1 g vermuteten Eisengehalt 6 ccm mit Äther (durch
Schütteln unter Abkühlung) gesättigter rauchender Salzsäure hinzu;
bei mäßigem Eisengehalte ist dieser Zusatz nicht nötig. Dann läßt
man 75—100 ccm alkoholfreien Äther einfließen, kühlt den Apparat
unter der Wasserleitung ab, schüttelt ihn kräftig und überläßt
ihn 5 Minuten der Ruhe. Alles Eisen (bis auf 1—2 mg) geht in den
Äther, Ni, Mn, Al und fast alles Co in die wäßrig-salzsaure Lösung.
Durch wiederholtes Ausschütteln der nach dem Ablassen der wäßrig-
salzsauren Lösung in der oberen Kugel verbliebenen Äther-$FeCl_3$-
Lösung mit je 10 ccm der mit Äther gesättigten Salzsäure von 1,1
spez. Gew. läßt sich alles Kobalt in kurzer Zeit daraus entfernen.
Zuletzt schüttelt man die in der unteren Kugel befindliche wäßrig-
salzsaure Lösung zur Entfernung des geringen Eisenchloridrückhaltes
mit 75—100 ccm Äther aus, läßt sie in eine flache Porzellanschale
(15 cm Durchmesser) fließen, setzt einen Überschuß von 50 proz.
Schwefelsäure hinzu, bedeckt, erwärmt zur Verflüchtigung des gelösten Äthers gelinde ($\frac{1}{4}$ Stunde) auf dem Wasserbade, dampft ab,
wiederholt dies mit Zusatz einiger Kubikzentimeter Wasser, nimmt
den Rückstand mit Wasser auf, versetzt die Lösung mit viel Ammoniak und Ammoniumsulfat und elektrolysiert (siehe oben). Wenn

viel Mangan, Aluminium, Magnesium, auch etwas Zink in der Substanz enthalten ist, fällt man zweckmäßig die Tonerde durch Na-Acetat und Kochen, aus dem mit Ammoniumacetat und Essigsäure versetzten Filtrate Ni und Co als Schwefelmetalle in der Druckflasche (siehe oben), löst etwa mitgefallenes ZnS durch Behandeln der Schwefelmetalle mit heißer, verdünnter und mit H_2S-Wasser versetzter Salzsäure, löst das reine NiS und CoS in Königswasser, dampft die Lösung mit überschüssiger Schwefelsäure ab und elektrolysiert schließlich. Nach einem älteren, von Mackintosh (Zeitschr. f. anal. Chem. 27, 508; 1888) empfohlenen und für technische Zwecke hinreichend genauen Verfahren bestimmt man Ni und Co in armen und eisenreichen Substanzen (Magnetkiesen usw.), indem man das salzsaure Filtrat vom H_2S-Niederschlage mit Ammoniak schwach übersättigt, reichlich Schwefelammonium zusetzt, erwärmt und dann mit einem großen Überschusse von 5 proz. Salzsäure einige Zeit digeriert; FeS, ZnS, MnS, Al_2O_3 und Spuren von NiS und CoS gehen in Lösung. Der mit schwach salzsaurem H_2S-Wasser ausgewaschene Niederschlag (NiS, CoS, wenig FeS) wird in Königswasser gelöst, die Lösung mit Schwefelsäure abgedampft, bis Dämpfe von Schwefelsäure entweichen, der Rückstand mit Wasser aufgenommen, Ammoniak zugesetzt und Ni + Co elektrolytisch abgeschieden.

In Erzen mit hohem Mangangehalte bestimmt W. Witter Ni und Co in folgender Weise: Fe und Al werden wie gewöhnlich als basische Acetate gefällt (siehe Bruncks Verbesserung der Acetatmethode, S. 751), aus den vereinigten Filtraten Ni, Co und Mn durch Natron und Bromwasser in der Wärme niedergeschlagen, gelöst und die Lösung elektrolysiert. Nachdem (nach mehreren Stunden) das meiste Ni und Co ausgefällt ist, wird der Konus abgespült, getrocknet und gewogen. Die Flüssigkeit im Becherglase wird mit Zusatz von Salzsäure erwärmt, bis sich alles Mangandioxydhydrat gelöst hat, dann ammoniakalisch gemacht, Schwefelammonium zugesetzt, wieder erwärmt, mit 5 proz. Salzsäure angesäuert (wobei alles MnS in Lösung geht), filtriert usw. wie oben. Man erhält so alles vom Mangandioxyd zurückgehaltene Ni und Co, das (wenigstens das Kobalt) demselben selbst bei sehr lange fortgesetzter Elektrolyse nicht vollständig entzogen werden kann.

B. Trennung von Nickel und Kobalt.

1. Quantitative Trennung und Bestimmung des Kobalts.

a) Durch Kaliumnitrit (nach Fischer und Stromeyer).

Man löst das elektrolytisch gefällte Gemisch beider Metalle von der Elektrode durch heiße, verdünnte Salpetersäure (1 Vol. Säure vom spez. Gew. 1,2 : 3 Vol. Wasser) und dampft die Lösung in einer Porzellanschale auf dem Wasserbade ab. Den Rückstand nimmt man mit wenigen Kubikzentimetern Wasser auf, setzt etwa 5 g Kaliumnitrit (in kaltgesättigter wäßriger Lösung) und soviel Essigsäure hinzu, bis salpetrige Säure entweicht. Das Kobalt scheidet sich als bräunlichgelbes Kobalti-Kaliumnitrit ab; nach etwa 24 Stunden ist die Abscheidung eine vollständige. Man filtriert alsdann und wäscht die Kobaltverbindung mit einer kaltgesättigten Lösung von Kaliumsulfat aus, löst sie in heißer, verdünnter Schwefelsäure, dampft die rosenrote Lösung auf dem Wasserbade ab, spült sie in einen großen Platintiegel, übersättigt sie stark mit Ammoniak, setzt reichlich Ammoniumsulfat hinzu, fällt das Kobalt elektrolytisch und ermittelt den Nickelgehalt der Substanz aus der Differenz. Hatte man Ni + Co durch Reduktion der Sesquioxyde im Platintiegel bestimmt, so schüttet man den Metallschwamm aus, löst ihn usw. und wägt den Tiegel zurück; etwas Ni und Co legiert sich bei dem starken Glühen im Wasserstoffstrome oberflächlich mit dem Platin.

Diese Methode ist für alle Fälle geeignet, namentlich wenn viel Kobalt neben wenig Nickel vorhanden ist.

Aus dem Filtrate vom Kobalti-Kaliumnitrit kann man durch Erhitzen mit Salzsäure im Überschuß, Verdünnen, Übersättigen mit Natron, Zusatz von Bromwasser und Erwärmen das Nickel als Trihydroxyd fällen, dieses auswaschen, trocknen und im Wasserstoffstrome reduzieren; oder in verdünnter Schwefelsäure und wäßriger schwefliger Säure lösen, abdampfen und das reine Ni durch Elektrolyse oder nach 2a abscheiden.

b) Durch Nitroso-β-Naphtol (nach Ilinski und von Knorre, Ber. 18, 699; 1885, Zeitschr. f. angew. Chem. 6, 264; 1893).

Dieses bildet mit Nickel und Kobalt Verbindungen, von denen die Co-Verbindung, $[C_{10}H_6O(NO)]_3Co$, in verdünnter Salzsäure unlöslich ist. Man dampft die Lösung beider Metalle in verdünnter Salpetersäure mit einem kleinen Überschusse von Schwefelsäure ab und treibt die Salpetersäure vollständig aus. Den Rückstand löst man in Wasser, setzt 5 ccm gew. Salzsäure hinzu, erwärmt die Lösung und macht so lange Zusätze einer frisch bereiteten, heißen Lösung von Nitroso-β-Naphtol in 50 proz. Essigsäure, bis nach dem Absetzen des Niederschlages ein erneuter Zusatz des Fällungsmittels keine Fällung mehr bewirkt. Nach mehrstündigem Digerieren in gelinder Wärme filtriert man den sehr voluminösen Niederschlag, der aus der Kobalti-Verbindung und viel Nitroso-β-Naphtol besteht, ab, wäscht ihn zuerst mit kalter, dann mit erwärmter 12 proz. Salzsäure und schließlich mit heißem Wasser aus. Das Filter wird dann zusammengelegt, in einen gewogenen Platintiegel gebracht, der Deckel aufgelegt und der Tiegel durch einen Blaubrenner mit großer Flamme erhitzt. Wenn keine brennbaren Dämpfe mehr entweichen, nimmt man den Deckel ab, legt den Tiegel schräg und äschert die schwer verbrennliche, koksartige Kohle vollständig ein, was längere Zeit (½—1 Stunde) erfordert. Wenn man hierbei für reichlichen Luftzutritt sorgt, bleibt das Co als Co_3O_4 von schwarzer Farbe zurück; durch reduzierende Verbrennungsgase kann eine erhebliche Bildung von CoO und sogar von metallischem Kobalt eintreten: $Co_3O_4 \times 0,7343 =$ Kobalt.

Die Methode gibt vorzügliche Resultate; wegen des bedeutenden Volumens der Kobalti-Verbindung fällt man **größere Mengen von Kobalt** besser nach der Nitritmethode 1.

2. Quantitative Trennung und Bestimmung des Nickels.

a) **Durch das α-Dimethylglyoxim Tschugaeffs** nach dem Verfahren von O. Brunck (Zeitschr. f. angew. Chem. **20**, 1844; 1907 und Chem.-Ztg. **31**, Rep. 329, 573; 1907; **32**, 564; 1908). Selbst aus sehr stark verdünnten, schwach ammoniakalisch gemachten Lösungen eines beliebigen Nickelsalzes fällt beim Erwärmen, nach Zusatz der erforderlichen Menge des in starkem Alkohol gelösten Reagens (1 Teil Nickel erfordert 4 Teile Dimethylglyoxim) sofort ein voluminöser, scharlachroter, aus Krystallnädelchen bestehender Niederschlag, der zweckmäßig in einem Gooch-Tiegel oder besser in dem von Neubauer verbesserten Gooch-Tiegel (Bd. I, S. 30) mit Benutzung einer Wasserstrahlpumpe gesammelt, mit heißem Wasser ausgewaschen und im Luftbade bei 110—120⁰ bis zum konstanten Gewicht getrocknet wird. Die so abgeschiedene, reine Nickelverbindung ist nicht hygroskopisch und besitzt nach Tschugaeff die Zusammensetzung $C_8H_{14}N_4O_4Ni$ mit 20,31% Nickelgehalt.

Kobalt geht nicht in den Niederschlag; bei Anwesenheit von viel Kobalt soll die Lösung in 100 ccm nicht über 0,1 g Metall enthalten, auch setzt man in diesem Falle einen reichlichen Überschuß an Oxim zu, weil sich wahrscheinlich komplexe Kobaltsalze bilden. Ammoniumsalze beeinträchtigen die Abscheidung nicht.

Man verfährt in folgender Weise: Die meistens freie Säure enthaltende Lösung von Ni + Co wird in einem Becherglase bis nahezu zum Sieden erhitzt, dann setzt man ungefähr das Fünffache der geschätzten Nickelmenge an Reagens (in 1 proz. alkoholischer Lösung) zu, ferner tropfenweise Ammoniak bis zum geringen Überschuß, worauf sofort die Abscheidung beginnt und in wenigen Minuten beendet ist. Man filtriert durch einen Gooch- oder Neubauer-Tiegel ab usw. wie oben. Bei 110—120⁰ ist die Gewichtskonstanz in ¾ Stunden erreicht; die ganze Bestimmung erfordert knapp 1½ Stunden und ist sehr genau! — Der größte Teil des Ni-Oxims läßt sich durch Klopfen vom Tiegel loslösen und ausschütten; den Rest entfernt man mit heißer, schwacher Salzsäure und wäscht mit heißem Wasser aus. Wo viele Bestimmungen gemacht werden, lohnt es, das Ni-Oxim anzusammeln und daraus das Reagens nach Brunck (a. a. O.) wieder zu gewinnen. Durch gesteigerte Nachfrage ist der Preis des anfangs sehr teuren Reagens (1 g = 90 Pf.) auf 20 M pro 100 g (Mai 1910) heruntergegangen, somit noch ziemlich hoch, doch beträgt der Aufwand für die Einzelbestimmung nur wenige Pfennige. Die Vorteile, welche diese ganz vorzügliche, schnelle und sehr genaue Methode dem Praktiker bietet, sind hoch zu veranschlagen!

Hat man **Eisen von Nickel** nach der Acetatmethode getrennt, so kann man das Nickel ohne jeden Verlust direkt aus der verdünnten, freie Essigsäure und Natrium- oder Ammoniumacetat enthaltenden Lösung fällen. Exakte Versuche Bruncks ergaben, daß ca. 0,05 g Nickel aus 100 ccm bei Gegenwart von 2 ccm 50 proz. Essigsäure und 0,5 g Natriumacetat in der Hitze quantitativ abgeschieden wurden. Fällung konzentrierter Lösungen ist nicht anzuraten, da dann ein Brei entsteht. Ein geringer Überschuß des Reagens genügt für die vollkommene Abscheidung; das Volumen der alkoholischen Lösung des Reagens soll nicht mehr als die Hälfte des der zu fällenden wäßrigen Lösung betragen, weil sonst der Alkohol auf den Niederschlag lösend einwirkt.

b) Durch Dicyandiamidin nach H. Großmann und B. Schück (Zeitschr. f. angew. Chem. 20, 1642; 1907 und Chem.-Ztg. 31, 51, 74; 1907 und 32, 564; 1908). Das „Nickelreagens nach Großmann" fällt aus ammoniakalischen und mit Alkali versetzten Ni-Lösungen die aus feinen, gelben Nadeln bestehende Verbindung $(C_2H_5N_4O)_2Ni$ + 2 aq. in 12 Stunden quantitativ, die in reinem Wasser schwer, in ammoniakalischem Wasser praktisch unlöslich ist. Man kann die auf einem Filter, im Gooch- oder Neubauer-Tiegel gesammelte und mit ammoniakalischem Wasser ausgewaschene Verbindung nach dem Trocknen bei 120⁰ bis zur Gewichtskonstanz als solche wägen (sie ist nicht hygroskopisch), kann auch nach dem Verbrennen des Filters und schwachem Glühen der Verbindung bei Luftzutritt durch Eindampfen mit wenig H_2SO_4 und einigen Tropfen rauchender HNO_3, schließliches Verjagen der freien H_2SO_4 reines und wägbares $NiSO_4$ daraus herstellen oder auch die Ni-Verbindung in heißer, verdünnter H_2SO_4 lösen und aus der mit Ammoniak stark übersättigten Lösung das Nickel elektrolytisch fällen. Zur Trennung von Nickel und Kobalt erscheint das Reagens nach den Differenzen in den mitgeteilten Beleganalysen weniger geeignet, doch besitzt diese Trennung zurzeit nur noch geringe Bedeutung, weil (nach freundlicher Privatmitteilung des Herrn Dr. Korte, Altena) das meiste Nickel auf dem europäischen Markte amerikanischen Ursprungs ist (Sudbury-Distrikt; Ontario usw.) und nur etwa $^1/_{10}$—$^1/_5$ % Kobalt enthält, so daß dieser Gehalt bei der Analyse von Neusilber und anderen Nickellegierungen vernachlässigt werden kann. Das etwa 1 % Kobalt enthaltende Handelsnickel aus neukaledonischen Erzen wird fast ausschließlich wegen seiner besseren Qualität zu Reinnickelsachen verarbeitet, für deren Untersuchung das „Reagens Großmann" nicht in Frage kommt.

Der Preis des Reagens ist relativ niedrig, 20 M pro Kilogramm, und zum Teil aus diesem Grunde wird es viel und tagtäglich auf den Nickelwerken (Basse & Selve u. a.) bei der Analyse der mit Nickel eigener Fabrikation (und bekannter Zusammensetzung) hergestellten Legierungen wie Neusilber, Nickelin usw. (S. 761) angewendet.

3. Nachweis des Kobalts.

Man versetzt die von Salpetersäure freie, salzsaure Lösung mit dem gleichen Volumen Alkohol, erwärmt, setzt frisch bereitete Nitroso-β-

Naphtollösung hinzu und kocht, wodurch sich dann das schön purpurrote Kobalti-Nitroso-β-Naphtol abscheidet; ganz geringe Spuren fallen
erst nach einigem Stehen aus. Etwa ausgeschiedenes, braunes Nitroso-
β-Naphtol kann durch Erwärmen in 50 proz. Essigsäure gelöst werden.

4. Nachweis des Nickels.

Man versetzt die ammoniakalische, Chlorammonium enthaltende
nickelhaltige Kobaltlösung mit etwas unterchlorigsaurem Natrium und
erwärmt, wodurch sich das Co schnell oxydiert und dann in der dunkel-
rotgelben Lösung hauptsächlich als Luteosalz enthalten ist.   Wird
die abgekühlte und verdünnte Lösung mit etwas Kalilauge versetzt,
so trübt sie sich bei Gegenwart von Nickel durch Abscheidung von
Nickeloxydulhydrat.

Das empfindlichste Reagens auf Nickel ist nach L. Tschugaeff
(Ber. 38, 2530; 1905) das α-Dimethylglyoxim, das in einer neutralen
oder schwach ammoniakalischen Nickellösung beim Erwärmen einen
scharlachroten, flockigen Niederschlag abscheidet.   1 Teil Nickel in
400 000 Teilen Wasser (1 mg in 400 ccm) läßt sich noch sehr scharf
nachweisen, auch in Gegenwart von 5000 Teilen Kobalt! O. Brunck
hat (siehe oben) dies Reagens mit bestem Erfolge in die quantitative
Analyse eingeführt.

C. Spezielle Methoden.

1. Für Erze usw.

Arsen- und antimonhaltige Erze und Speisen löst man in
der Wärme in Salpetersäure, Königswasser oder (nach Hampe) in
Salpetersäure und Weinsäure; der Zusatz von Weinsäure (Hampe
nimmt für 1 g Speise usw. 30 ccm gew. Salpetersäure und 10 g Weinsäure!) empfiehlt sich besonders, wenn eine vollständige Analyse
der Substanz ausgeführt werden soll. Für die gewöhnlich vorzunehmende
Bestimmung von Cu, Ni und Co empfiehlt es sich, die Substanz zuerst
zu rösten, das Röstgut in Königswasser zu lösen, die Lösung einzukochen,
den Rückstand mit Salzsäure zu erwärmen, nach dem Verdünnen mit
Wasser längere Zeit Schwefelwasserstoff einzuleiten und das Filtrat vom
H_2S-Niederschlage nach A weiter zu behandeln.   Bei einem höheren
Eisengehalte der Substanz wende man die Rotheschen Methode an.

Nickelhaltige Pyrite, Magnetkiese und Nickelsteine
werden ebenfalls am besten zuerst geröstet, das feingepulverte Röstgut
in Königswasser gelöst usw. wie oben.

Garnierit und ähnliche Silikate werden entweder durch
Schmelzen mit dem 3—4 fachen Gewicht Kalium-Natriumcarbonat und
etwas Salpeter oder mit dem 6 fachen Gewichte $KHSO_4$ im Platintiegel
aufgeschlossen.   Die alkalische Schmelze weicht man mit Wasser
auf, dampft mit überschüssiger Salzsäure zur Trockne, macht die SiO_2
unlöslich, fällt aus dem salzsauren Filtrate zunächst das Cu durch
Schwefelwasserstoff und trennt im Filtrate vom CuS Al, Fe, Mn, Ca

und Mg nach den unter A beschriebenen Methoden. Die mit KHSO$_4$ und etwas Salpeter erhaltene Schmelze behandelt man mit Wasser und etwas Salzsäure, filtriert die SiO$_2$ ab, fällt im Filtrat das Cu durch Schwefelwasserstoff usw. wie oben. Sehr fein geriebener Garnierit kann auch durch Kochen mit Salzsäure, Königswasser oder 50 proz. Schwefelsäure zerlegt werden. Man kocht die schwefelsaure oder mit Schwefelsäure versetzte Lösung bis zum beginnenden Entweichen von H$_2$SO$_4$-Dämpfen ein, behandelt die erkaltete Masse mit Wasser, filtriert, fällt aus dem Filtrate das Cu usw.

Betriebsprobe: Das schwefelsaure Filtrat vom CuS-Niederschlage wird gekocht, zuletzt unter Zusatz einiger Tropfen Bromwasser, abgekühlt, in ein Becherglas gebracht, mit Ammoniak stark übersättigt (wenn nötig, auch noch Ammoniumsulfat zugesetzt) und Ni + Co auf dem Konus elektrolytisch niedergeschlagen. Die reichlich vorhandene Tonerde und Magnesia, auch das Mangan stören hierbei nicht; wenn reichlich Eisen vorhanden ist, kann etwas Eisen metallisch in das Nickel und Kobalt gehen. Man prüft hinterher die salpetersaure Lösung von Ni und Co durch Übersättigen mit Ammoniak, filtriert etwa abgeschiedenes Eisenhydroxyd ab, wägt es als Fe$_2$O$_3$ und bringt die berechnete Menge Eisen (Fe$_2$O$_3$ × 0,6994 = Eisen) in Abzug.

Nickelkupfersteine. a) Man löst 1—2 g Substanz in Königswasser, kocht ein, erwärmt den Rückstand mit Salzsäure, setzt Wasser hinzu, kocht, fällt das Cu durch Natriumthiosulfat und führt das CuS durch Rösten im Porzellantiegel in CuO über (siehe S. 616). Aus dem Filtrate vom CuS wird die schweflige Säure fortgekocht, das Ferrosalz oxydiert, die Lösung mit NaCl-Zusatz abgedampft, der trockene Rückstand mit Wasser gelöst, stark verdünnt, Natriumacetat zugesetzt usw., wie unter A beschrieben. Wenn der Stein bleihaltig ist, dampft man die Lösung in Königswasser mit Schwefelsäure ab, nimmt den Rückstand mit Wasser auf, filtriert das PbSO$_4$ ab, kocht das Filtrat nach Zusatz von Natriumthiosulfat usw. wie oben.

b) Man röstet 1—2 g, löst das Röstgut in Königswasser, dampft die Lösung ab und wiederholt dies mit Salzsäure (20—40 ccm), bringt die konzentrierte Lösung in den Rotheschen Schüttelapparat (siehe A), fällt aus der mit Schwefelsäure eingedampften Lösung (von Cu, Ni, Co, Mn) das Kupfer elektrolytisch, dampft die entkupferte Lösung zur Austreibung der Salpetersäure ab, nimmt mit Wasser auf, übersättigt mit Ammoniak und fällt Ni + Co auf dem Konus. Etwa vorhandenes Zink wird aus der entkupferten Lösung nach dem Neutralisieren mit Ammoniak (schwach mineralsauer zu machen) und dem Verdünnen durch Einleiten von Schwefelwasserstoff als ZnS gefällt. Kleine Mengen von Blei finden sich bei Cu, Ni und Co und werden beim Eindampfen mit Schwefelsäure abgeschieden; wenn der Pb-Gehalt mehr als einige Zehntelprozente beträgt, fällt man besser Cu und Pb zusammen aus der salzsauren, verdünnten Lösung durch Schwefelwasserstoff, trennt die Schwefelmetalle in bekannter Weise (Pb als PbSO$_4$ bestimmt, das Cu elektrolytisch als Metall), kocht aus dem Filtrate von den Schwefelmetallen den Schwefelwasserstoff fort, oxydiert, dampft ein und schüttelt die konzentrierte Lösung mit Äther aus.

Schlacken (z. B. nickelhaltige Kupferraffinierschlacken usw.) zerlegt man durch Königswasser, dampft ab, behandelt das Filtrat von der SiO_2 mit Schwefelwasserstoff, filtriert, oxydiert nach dem Fortkochen des Schwefelwasserstoffs durch wenig HNO_3, dampft mit NaCl zur Trockne, nimmt mit Wasser auf, verdünnt, fällt Fe und Al in gewöhnlicher Weise, fällt aus dem Filtrate durch Natronlauge und Brom die Hydroxyde von Ni und Co, löst dieselben und bestimmt die Metalle durch Elektrolyse bei Gegenwart von Mangan.

Smalte. 1 g des feinen Pulvers wird in der Platinschale mit 5 ccm 50 proz. Schwefelsäure verrührt, etwa 20 ccm Flußsäure zugesetzt, 1 Stunde gelinde auf dem Wasserbade erwärmt, dann abgedampft und bis zum Entweichen von H_2SO_4-Dämpfen über dem Finkener-Turme (Fig. 130, S. 647) erhitzt. Der erkaltete Rückstand wird mit Wasser aufgenommen, etwa abgeschiedenes $PbSO_4$ abfiltriert und in das Filtrat Schwefelwasserstoff eingeleitet, wobei As, Cu, Bi ausfallen können. Nach dem Fortkochen des Schwefelwasserstoffs wird das Fe im Filtrate durch Salpetersäure oxydiert und späterhin als basisches Acetat zusammen mit der Tonerde abgeschieden, aus dem Filtrate hiervon Co (Ni und Mn) durch Natronlauge und Bromwasser gefällt, die Oxyde ausgewaschen, in verdünnter Schwefelsäure und schwefliger Säure gelöst, nach dem Abdampfen usw. Co und Ni elektrolytisch gefällt, die Flocken von MnO_2-Hydrat auf einem Filter gesammelt, getrocknet, das Filter verascht und das stark geglühte Mn_3O_4 gewogen. Co und Ni werden vom Konus gelöst und nach S. 752 mittels Kaliumnitrit getrennt usw.

Schwefel bestimmt man in Erzen, Steinen und Speisen nach dem Verfahren von Hampe (siehe S. 629).

2. Für Handelsnickel.

Das Metall kommt als gefritteter Metallschwamm (in kleinen Würfeln und in runden Zylindern von ca. 50 mm Durchmesser und 30 mm Höhe), ferner im geschmolzenen Zustande (in Form von Anodenplatten und von Granalien) in den Handel[1]).

Der Gehalt an Verunreinigungen (Fe, As, S, Si, C bzw. Kohle) pflegt unter 1 % zu betragen; Kobalt findet sich fast immer vor (s. Mittlg. Dr. Korte, S. 755), Mangan gelangt durch das Raffinierverfahren (von Krupp in Berndorf, Basse & Selve in Altena, Henry Wiggin in Birmingham) in das Metall und ist kaum als Verunreinigung zu bezeichnen. Geringe Mengen von Magnesium (ca. 0,1 %) sind in dem nach dem Patente Fleitmann hergestellten, geschmolzenen Nickel enthalten. Zinn wird selten angetroffen; W. Witter fand größere Zinngehalte in japanischem Würfelnickel. Geschmolzenes Nickel kann bis zu mehreren Prozenten Kohlenstoff und etwas Silicium enthalten,

---

[1]) Das in England nach dem Mond-Verfahren (aus Nickelcarbonyl) hergestellte, ganz kobaltfreie Metall dürfte in Granalien in den Handel kommen.

in dem gefritteten Metall scheint der Kohlenstoff überwiegend nicht-
gebunden enthalten zu sein. Von der Reduktion des NiO durch Mehl
usw. herrührend, finden sich im Würfelnickel geringe Mengen von
CaO, Al_2O_3, Alkalien und Sand.

Nickelkupfer mit bis zu 30 % Kupfer, in der Farbe nicht von
Nickel zu unterscheiden, wird von einigen Werken (für die Neusilber-
fabriken) hergestellt und in Granalien in den Handel gebracht.

Analyse. Von Würfelnickel und solchem in Form von Rondellen
schlägt man mit einem scharfen Meißel kleine Stücke ab, was sich leicht
ausführen läßt, da das poröse Metall wenig Zusammenhang besitzt;
Granalien verwendet man als solche oder teilt sie mit dem Meißel, von
Anodenplatten entnimmt man Bohrspäne. Durch Auflösen von ca. 1 g Substanz in Salpetersäure im großen Reagenzglase, Verdünnen mit Wasser
und Kochen prüft man auf einen etwaigen Zinngehalt; wenn solches
vorhanden ist, löst man 5 g Metall in 40 ccm Salpetersäure (spez. Gew.
1,4) in der Schale, verfährt wie bei der Bronzeanalyse (S. 649 u. f.),
glüht die SnO_2 im Platintiegel und behandelt sie zur Verflüchtigung
von etwa beigemischter SiO_2 nach dem Wägen mit etwas Flußsäure
und 1 Tropfen Schwefelsäure. Das Filtrat von der Metazinnsäure
dampft man mit überschüssiger Schwefelsäure ab usw. wie nachstehend.
Von in Salpetersäure nahezu klar löslichem Metall wägt man 10 g ab,
übergießt in einer bedeckten Porzellanschale mit 70 ccm Salpetersäure
(vom spez. Gew. 1,4) und 10 ccm Wasser, erwärmt auf dem Wasserbade
bis zur vollständigen Lösung, setzt 40 ccm 50 proz. Schwefelsäure hinzu,
dampft ab und erhitzt schließlich über dem Finkener-Turme (S. 647)
oder auf dem Sandbade bis zum beginnenden Entweichen von H_2SO_4-
Dämpfen. Der erkaltete Rückstand wird mit 150 ccm Wasser unter
Umrühren auf dem kochenden Wasserbade gelöst und die Kieselsäure
(Sand, etwas Kohle) abfiltriert. [Geschmolzenes Nickel enthält Silicium.
Wenn das Metall viel Kupfer enthält, wird dasselbe aus der Sulfat-
lösung nach Zusatz von etwas Salpetersäure (z. B. in der Classenschen
Schale) elektrolytisch ausgefällt (siehe „elektrolytische Cu-Bestimmung"
S. 609 u. f.)]. Das Filter mit der Kieselsäure wird in einem gewogenen
Platintiegel verascht, die gewogene SiO_2 mit Flußsäure und 1 Tropfen
Schwefelsäure erst längere Zeit mäßig erwärmt (Sand löst sich sehr
langsam), abgedampft, die Schwefelsäure verjagt, geglüht und der meist
aus wenig Fe_2O_3 bestehende Rückstand gewogen. Man leitet in die
warme Sulfatlösung längere Zeit Schwefelwasserstoff und fällt dadurch
das Cu als CuS, löst dasselbe in Salpetersäure (siehe „Kupfer"), fällt
das Cu elektrolytisch und setzt die Elektrolyse etwas länger, als zur
Cu-Fällung nötig, fort, um vorhandenes Arsen nachzuweisen. Handelt
es sich nur um einige Milligramm Cu, so führt man das CuS durch
Rösten im Porzellantiegel in CuO über und wägt dieses. Wenn sich
Arsen nachweisen läßt, bringt man das aus 10 oder 20 g Metall erhaltene
salpetersäurefreie Sulfat in einen Kolben, setzt 5—10 g $FeSO_4$ + aq.,
viel reine und rauchende Salzsäure hinzu und destilliert das Arsen als
$AsCl_3$ ab (siehe S. 638). Das Filtrat von CuS wird eingedampft, dadurch

der Schwefelwasserstoff entfernt, abgekühlt und im Meßkolben zu 500 ccm aufgefüllt. Aus 100 ccm hiervon (2 g Substanz entsprechend) fällt man Ni + Co elektrolytisch auf dem Konus (siehe A), wägt beide Metalle, bestimmt das Co als Co_3O_4 nach der Methode von Ilinski und von Knorre (siehe S. 753), filtriert die von Ni und Co befreite Lösung und fällt etwa vorhandenes Mg durch Zusatz einiger Tropfen wäßriger Phosphorsäure. Zur Bestimmung von Eisen und Mangan werden die übriggebliebenen 400 ccm Lösung (8 g Substanz entsprechend) in einem Becherglase mit 1—2 Liter Wasser verdünnt, die Flüssigkeit in einem Kochtopfe angewärmt, stark mit Ammoniak übersättigt, die geklärte Lösung nach einigen Stunden abgehebert und der Niederschlag auf einem eisenfreien Filter gesammelt und kurze Zeit ausgewaschen. Man löst ihn in heißer schwacher Salzsäure, verdünnt die Lösung stark und fällt nochmals mit Ammoniak, löst wieder in Salzsäure, übersättigt die verdünnte Lösung in einer Porzellanschale stark mit Ammoniak, erwärmt, filtriert, wäscht aus, trocknet das Filter, verascht es in einem gewogenen Porzellantiegel, glüht stark bei gutem Luftzutritte und wägt das Gemisch von Fe_2O_3 und Mn_3O_4. Die Oxyde werden dann in Salzsäure gelöst, die Lösung auf dem Wasserbade abgedampft, der Rückstand mit einigen Tropfen Salzsäure und Wasser aufgenommen, in eine Porzellanschale gespült, auf ca. 70° erhitzt, Jodkalium zugesetzt, umgerührt, abgekühlt und das freie Jod bei Gegenwart von Stärkelösung mit einer gestellten Lösung von Natriumthiosulfat [1]) titriert. Das so ermittelte Fe_2O_3 wird in Abzug gebracht, der Rest ist Mn_3O_4. Wenn reichlich Fe und Mn vorhanden ist, trennt man beide in der bekannten Weise durch Natriumacetat, fällt aus dem Filtrate das Mn als Dioxyd oder MnS, löst den Fe-Niederschlag nochmals in Salzsäure, fällt durch Ammoniak und wägt schließlich das Fe_2O_3. Das Mangan wird als Mn_3O_4 oder als MnS gewogen.

Schwefelbestimmung. Man löst 10 g in reiner Salpetersäure, dampft den Säureüberschuß ab, dampft 2 mal mit je 100 ccm reiner Salzsäure zur Trockne, nimmt den Rückstand mit Salzsäure und Wasser auf, filtriert, verdünnt zu etwa 300 ccm und fällt mit $BaCl_2$.

Kohlenstoffbestimmung. Die beim Auflösen von 10 g Würfelnickel in Salpetersäure zurückbleibende Kohle (nebst Sand) wird auf einem Asbestfilter gesammelt, ausgewaschen, das Filter auf ein Porzellanschiffchen gebracht, getrocknet, der Kohlenstoff im Porzellanrohre verbrannt und die entstandene CO_2 im Kaliapparate aufgefangen. $CO_2 \times$ $^3/_{11}$ = Kohlenstoff. Wegen des geringen Gehaltes wird diese Bestimmung selten ausgeführt.

Geschmolzenes Nickel (Anodenplatten, Granalien) kann mehrere Prozente Kohlenstoff enthalten. 3 g möglichst feine Späne oder Körnchen werden in einem Becherglase mit einer konzentrierten Lösung von Kupferammoniumchlorid (150 g!) 24—48 Stunden bzw. bis zur voll-

---

[1]) Man kann das $FeCl_3$ auch mit Zinnchlorür usw. titrieren, oder die Lösung mit Schwefelsäure abdampfen, mit Wasser verdünnen, mit Zink reduzieren und das Ferrosulfat mit Kaliumpermanganat titrieren.

ständigen Auflösung des Nickels auf dem kochenden Wasserbade erwärmt, der Rückstand auf ein Asbestfilter gebracht, ausgewaschen usw. wie oben. Das Nickel scheint nur graphitischen Kohlenstoff zu enthalten. Die Bestimmung der im Würfelnickel vorkommenden geringen Mengen von Tonerde, Kalk und Alkalien bietet keine Schwierigkeiten, ist aber sehr zeitraubend und wird deshalb bei technischen Untersuchungen nicht ausgeführt.

3. Für metallisches Kobalt und Kobaltoxyd.

Das Metall kommt in Würfeln in den Handel und enthält nur geringe Mengen von Verunreinigungen (Ni, Fe, Cu, Kohle, Sand); es besitzt keine technische Bedeutung und wird wegen seines hohen Preises auch nicht zur Herstellung von Legierungen verwendet. Den Ni-Gehalt bestimmt man am besten nach dem Verfahren von O. Brunck (S. 754) aus einer schwachsauren Chloridlösung, in der die freie Säure durch Natriumacetat abgestumpft ist. Ebenso verfährt Brunck bei Bestimmung der geringen Ni-Mengen in Kobaltoxyd, in beiden Fällen wird erst nach $^1/_2$ Stunde abfiltriert.

4. Für Nickellegierungen.

Es handelt sich hauptsächlich um Legierungen mit Kupfer (Münzlegierungen, z. B. deutsche, mit 75 % Cu und 25 % Ni; Legierung für Geschoßmäntel, ca. 80 % Cu und 20 % Ni) und solche mit Kupfer und Zink (Neusilber oder Argentan, Alpakaneusilber, Nickelin usw.) Man löst 1 g Späne in 10—15 ccm Salpetersäure (1,2 spez. Gew.) in einer bedeckten Porzellanschale auf dem Wasserbade, dampft die Lösung mit 5 ccm 50 proz. Schwefelsäure ab, bringt etwa abgeschiedenes Bleisulfat (aus dem Handelszink stammend) auf ein Filter und fällt aus dem mit etwas Salpetersäure versetzten Filtrate hiervon das Cu im Tiegel oder der Schale elektrolytisch (siehe S. 609 u. f.). Wenn man das Cu durch Schwefelwasserstoff als CuS fällen will, verdünnt man das Filtrat vom $PbSO_4$ zu ca. 300 ccm und setzt 30—50 ccm Salzsäure (spez. Gew. 1,124) hinzu, um Mitfallen von ZnS zu vermeiden. Hat man diesen Zusatz unterlassen, so wäscht man den CuS-Niederschlag zuerst mit Salzsäure aus, der etwas H_2S-Wasser zugesetzt ist, und dann mit stark verdünntem H_2S-Wasser, das mit 1 Tropfen Schwefelsäure angesäuert ist. Das Filtrat wird abgedampft, die zurückbleibende Sulfatlösung etwas verdünnt, mit Ammoniak beinahe neutralisiert, zu 4- bis 500 ccm verdünnt und zur Ausfällung des Zn als ZnS längere Zeit (1 bis 2 Stunden) Schwefelwasserstoff eingeleitet. Die vollständig entkupferte Lösung aus dem Tiegel oder der Schale wird bis zum beginnenden Fortrauchen der Schwefelsäure abgedampft und dadurch alle Salpetersäure ausgetrieben; den erkalteten Rückstand nimmt man mit etwa 100 ccm Wasser auf, neutralisiert nach Zusatz eines Streifens Kongorotpapier bis zur ganz schwach sauren Reaktion der Flüssigkeit, verdünnt stark und fällt das Zn durch Schwefelwasserstoff (siehe S. 731 u. f.). Das ZnS

wird nach 12 Stunden abfiltriert und mit verdünntem H_2S-Wasser ausgewaschen, in dem einige g Ammoniumsulfat gelöst sind. Man bringt das
Filtrat in eine Porzellanschale, setzt 5 ccm Schwefelsäure hinzu (um Abscheidung von NiS beim Eindampfen zu vermeiden), dampft bis zu etwa
100 ccm Vol. ab, bringt die abgekühlte Flüssigkeit in ein etwa 200 ccm
fassendes Becherglas, setzt 50 ccm starkes Ammoniak hinzu, kühlt ab
und fällt Ni + Co auf dem Konus. Eisen und Mangan scheiden sich
hierbei ab, werden aus der von Ni und Co befreiten Lösung abfiltriert und,
wie unter „Nickelanalyse" S. 760 ff. beschrieben, getrennt und bestimmt.
An der Anode haftendes Mangandioxydhydrat wird mit dem Gummiwischer losgerieben. Eine Trennung von Nickel und Kobalt ist nicht
notwendig.

In allen Cu-Ni-Zn-Legierungen (Neusilber, Alpaka, Kon-
stantan usw.) läßt Dr. Korte [1]) (Altena i. W., Basse & Selve) seit der
ersten Veröffentlichung von H. Großmann und B. Schück (1907) das
Nickel stets mit Benutzung des „Nickelreagens Großmann", Dicyandiamidinsulfat, abscheiden. Es werden dort 0,7 g Neusilber in Königswasser gelöst, die Lösung eingekocht, der Rückstand mit Salzsäure aufgenommen, das Kupfer mit H_2S gefällt, der Sulfid-Niederschlag mit
HNO_3 gelöst und das Kupfer elektrolytisch bestimmt. Das H_2S-haltige
Filtrat vom CuS-Niederschlage wird bis auf ca. 50 ccm eingekocht, mit
2 g Dicyandiamidinsulfat, in wenig heißem Wasser gelöst, versetzt,
ammoniakalisch gemacht, 30 proz. Kalilauge bis zum Entstehen des
gelben Niederschlages zugegeben, noch etwas Kalilauge und Ammoniak
hinzugefügt, umgerührt und 12 Stunden (über Nacht) stehen gelassen.
Der gelbe, krystallinische Niederschlag von Nickel-Dicyandiamidin
(S. 755) wird durch ein gewöhnliches Filter mit ammoniak- und
kalihaltigem Wasser dekantiert und filtriert, das Filter durchgestoßen,
mit verdünnter H_2SO_4 gespült und die erhaltene Nickel-Lösung nach
Zusatz von $(NH_4)_2SO_4$ und Ammoniak elektrolysiert, die Ausfällung ist
bei 0,8 Amp. und 3 Volt in etwa 3 Stunden beendet. Das zinkhaltige
Filtrat wird mit Salzsäure angesäuert, auf 250 ccm gebracht und in $^1/_5$
der Lösung das Zink mit Ferrocyankalium-Lösung (Tüpfelmethode
von Galetti, siehe S. 735, „Zink") bestimmt. Mangan und Eisen
werden in einer besonderen Einwage von 2—3 g ermittelt: Das
Mangan wird aus der Lösung der Legierung in starker HNO_3 durch kleine
Zusätze von $KClO_3$ und Kochen (Hampes Methode) als Dioxyd gefällt,
dieses nach dem Abfiltrieren und Auswaschen in HCl gelöst, aus der mit
NH_3 übersättigten Lösung mit Ammoniumpersulfat gefällt und schließlich als Mn_3O_4 gewogen; im Filtrat wird das Eisen mit NH_3 gefällt,
mit wenig HCl gelöst und in der Lösung nach Zusatz von Natriumsali-
cylat mit $Na_2S_2O_3$-Lösung titriert.

Auf Kobalt braucht bei der Analyse keine Rücksicht genommen zu
werden, weil das zur Herstellung der Legierungen verwendete Nickel
nur Spuren davon enthält.

---

[1]) Freundliche Privat-Mitteilung.

In Neusilber und ähnlichen Legierungen findet sich manchmal auch etwas Zinn (zur Verbesserung der Metallfarbe zugesetzt), das sich beim Auflösen der Substanz, Verdünnen der Lösung und Kochen zu erkennen gibt. Man bestimmt es wie in einer Bronze (siehe S. 649). Kupfernickellegierungen für Maschinenteile enthalten nicht selten etwas Aluminium; bei der Analyse scheidet man zuerst das Cu elektrolytisch ab, dann das Ni aus der stark mit Ammoniak übersättigten Lösung ebenfalls auf elektrolytischem Wege, neutralisiert dann die durch Tonerdehydrat getrübte Lösung mit Essigsäure, verdünnt, kocht, filtriert ab, wäscht aus, glüht und wägt die durch etwas Fe_2O_3 verunreinigte Tonerde, schließt sie durch Schmelzen mit dem 6 fachen Gewichte $KHSO_4$ im Platintiegel auf, löst die Schmelze in heißer, verdünnter Schwefelsäure, reduziert das Ferrisalz durch Zink und titriert das Fe mit Kaliumpermanganat.

Alfénide und Alpakasilber (galvanisch versilbertes Neusilber):

Zur Bestimmung des Silberüberzuges auf der Ware hängt man die gutgereinigten Gegenstände (Löffel, Gabeln usw.) in einen mit 2—3 proz. KCN-Lösung gefüllten Zylinder an Eisen- oder Platindrähten ein (die mit dem + Pol der Stromquelle verbunden sind) und fällt das Silber galvanisch auf einem als Kathode benutzten dünnen Kupferblechstreifen. Die entsilberten Gegenstände werden herausgenommen, die Lösung unter einem gutziehenden Abzuge mit Salzsäure im Überschuß versetzt (Blausäure-Entwicklung!) und zur Abscheidung das Ag als AgCl abgedampft; das Kupferblech mit dem darauf niedergeschlagenen Silber wird in Salpetersäure gelöst und das Silber aus der verdünnten Lösung durch einen kleinen Überschuß von Salzsäure gefällt. (Der Zahlenstempel auf den Fabrikaten gibt die Menge Silber in g an, welche auf 1 Dutzend der betreffenden Gegenstände aufgelegt ist.)

Abbeizen der Silberauflage durch Salpetersäure ist nicht möglich, weil die betreffende Neusilberlegierung immer wieder Silber aus der Lösung auf sich niederschlägt. Abschaben des Silbers mit geeigneten Instrumenten ist sehr langwierig, ergibt auch leicht ein zu niedriges Resultat, weil durch die der Versilberung vorangehende „Verquickung" des nickelreicheren Neusilbers etwas von dem galvanisch niedergeschlagenen Silber ziemlich tief in die Legierung eindringt. Wenn die zu untersuchenden Gegenstände zerstört werden dürfen, kann man sie auch vollständig in Salpetersäure lösen usw. oder im Tiegel im Kokswindofen einschmelzen, einen Barren gießen, ihn wägen, eine abgewogene Menge Bohrspäne davon in Salpetersäure auflösen und in der Lösung das Silber bestimmen.

5. Für Eisen-Nickel-Legierungen (Nickelstahl).

Siehe „Eisen" S. 491.

6. Bestimmung des Nickels auf vernickelten Eisenfabrikaten.

Man beizt den Nickelüberzug mit heißer, verdünnter Salpetersäure (1 Vol. von 1,2 spez. Gew. + 1 Vol. Wasser) herunter, dampft die Lösung zur Trockne ab, wiederholt dies 2 mal mit Salzsäure, filtriert von etwa abgeschiedener Kieselsäure und Graphit ab, konzentriert durch Eindampfen und trennt Ni und Fe durch das Rothesche Verfahren und bestimmt das Nickel elektrolytisch oder fällt es aus der mit Weinsäure versetzten Lösung nach dem Verfahren von Brunck (siehe „Eisen", S. 491, ferner S. 754) mittels Dimethylglyoxim-Lösung.

7. Nickelbestimmung in Bädern für galvanische Vernickelung.

Lecoeuvre (Berg- und Hüttenm. Ztg. 1895, 122; Revue univers. 1894, 331) titriert das Nickel in der schwach ammoniakalisch gemachten Lösung mit einer 10proz. KCN-Lösung (1 ccm = 22—23 mg Ni), deren Titer mit einer Auflösung von reinem Nickelammoniumsulfat (mit 14,93 % Nickelgehalt) gestellt worden ist. Man bringt die abgemessene Menge Nickellösung in einen Kolben, macht sie mit 5 proz. Ammoniak schwach alkalisch und läßt unter beständigem Umschütteln so lange KCN-Lösung aus der Bürette einfließen, bis die Lösung plötzlich durchscheinend und gelblich wird. Von Nickelbädern, die gewöhnlich annähernd 10 g Ni im Liter enthalten, wendet man 100 ccm an und erreicht nach Lecoeuvre eine Genauigkeit bis auf 0,02 g pro Liter. In längere Zeit benutzten Bädern, die durch Fe, Cu, Zn usw. verunreinigt sind, bestimmt man den Ni-Gehalt und die Verunreinigungen auf dem gewöhnlichen gewichtsanalytischen Wege.

Mangan.

Von den zahlreichen eigentlichen Manganerzen besitzen nur die oxydischen („Braunstein") technische Bedeutung, von diesen speziell der Pyrolusit oder Weichmanganerz, MnO_2, und der Psilomelan, Hartmanganerz, nach Rammelsberg $RO \cdot 4 MnO_2$ (worin R = Mn, Ba und K_2), der gewöhnlich auch noch etwas SiO_2 und kleine Mengen von Cu, Co, Mg und Ca enthält. Etwa $9/10$ aller Manganerze und manganhaltigen Erze werden im Eisenhüttenwesen zur Herstellung von Eisen-Mangan-Legierungen (Spiegeleisen und Ferromangan) verbraucht, während der Rest in der chemischen Industrie (Chlor- und Chlorkalkfabrikation, Manganate und Permanganate, Glasfabrikation, Firnisbereitung usw.) und in minimaler Menge zur Erzeugung von Mangan-Kupfer-Legierungen Verwendung findet.

Die Bestimmung des Mangangehaltes in Manganerzen und manganhaltigen Eisenerzen ist im Abschnitte „Eisen" (S. 432) ausführlich beschrieben. Als genaueste gewichtsanalytische Bestimmungsmethode ist die Bestimmung als MnS nach H. Rose zu bezeichnen; sie wird wegen ihrer Umständlichkeit nur bei der Ausführung ganzer Analysen und bei Schiedsproben angewendet. Von den unter „Eisen" aufgeführten maßanalytischen Methoden ist die von Volhard (S. 457 u. 485) am verbreitetsten und für die Untersuchung aller manganhaltigen Substanzen anwendbar.

Über Eisen-Mangan-Legierungen siehe „Eisen" S. 485. Die Untersuchung der Mn-Cu-Legierungen ist S. 648 (Mankankupfer) und S. 652 (Manganbronze) beschrieben. Untersuchungsmethoden für „Braunstein" finden sich in Bd. I, S. 567 und 626.

Chrom.

Der in großen Massen vorkommende Chromeisenstein (annähernd nach der Formel Cr_2O_3. FeO zusammengesetzt) bildet das Rohmaterial für die Herstellung aller Chromverbindungen und der Chrom-Eisen-Legierungen. In der Mineralsubstanz selbst ist stets mehr oder weniger Fe_2O_3, Al_2O_3 und MgO enthalten; der Cr_2O_3-Gehalt des in den Handel kommenden Erzes schwankt zwischen 30 und 62 %.

Die Wertbestimmung des Erzes (siehe auch „Eisen" S. 438 ff.) geschieht allgemein durch Schmelzen einer kleinen Einwage (0,35—0,5 g) des sehr fein gepulverten Materials mit Oxydations- und Flußmitteln im Eisen-, Nickel- oder Porzellantiegel, Auslaugen der Schmelze mit Wasser und Titration der in der Lösung enthaltenen Chromsäure. Bei fast allen älteren Methoden der Aufschließung durch Schmelzen blieb stets ein unaufgeschlossener Rest, der nochmals in Arbeit genommen werden mußte und die Bestimmung zu einer langwierigen machte. Diese Schwierigkeit ist durch die Anwendung des Natriumsuperoxyds (entweder allein oder mit Natriumhydroxyd gemischt) vollständig beseitigt. Das für alle Cr_2O_3- oder Cr-haltigen Substanzen anwendbare Schmelzverfahren von Spüller und Brenner ist in dem Abschnitte „Eisen", S. 498 beschrieben; in der von überschüssigem Natriumsuperoxyd befreiten Lösung titriert man die Chromsäure nach dem Verfahren von Schwarz (siehe unten).

J. Rothe schmilzt 0,5 g des sehr fein gepulverten Erzes mit dem 4 fachen Gewichte einer Mischung von gleichen Teilen Salpeter und vorher entwässertem Natriumhydroxyd im Platintiegel, erhitzt nicht über dunkle Rotglut und erreicht vollständige Zersetzung der Substanz.

In allen löslichen Chromaten titriert man die CrO_3 nach der Methode von Schwarz, indem man die stark verdünnte Lösung mit Schwefelsäure ansäuert, abgewogenes Ferro-Ammoniumsulfat im Überschuß zusetzt und den Überschuß davon mit Kaliumpermanganat zurücktitriert. Bleichromat wird nach Schwarz mit überschüssigem Mohrschem Salz und Salzsäure innig verrieben, dann viel Wasser zugesetzt und die Lösung mit Permanganat titriert.

Nachweis des Chroms. Beim Schmelzen der mit Soda gemischten Substanz im Platinlöffelchen (auch auf dem Blech bzw. am Platindrahte) bei hoher Temperatur und reichlichem Luftzutritte entsteht eine gelbe Chromatschmelze, die, in Wasser gelöst, nach dem Zusatze von Essigsäure mit Bleiacetatlösung einen gelben Niederschlag von Bleichromat hervorruft. In Eisen und Stahl erkennt man selbst minimale Chromgehalte bei der Bestimmung des Mangans nach der Hampeschen Chloratmethode an der Gelbfärbung des Filtrates vom Mangandioxyd.

Duparc und Leuba in Genf haben ein Verfahren zur Analyse von Chromeisenstein ausgearbeitet, worüber in der Chem.-Ztg. 28, 518; 1904 kurz berichtet wird. Nach schriftlichen Mitteilungen von Dr. Leuba beruht es auf Folgendem. Die Verfasser verwerfen die Aufschließung mit Natriumsuperoxyd, weil dabei Tiegel aus Silber, Platin oder Kupfer stark angegriffen werden, sowie diejenige mit Kaliumbisulfat, welche schlecht und nie quantitativ verläuft. Sie verwenden Soda in folgender, genau einzuhaltender Weise. Man pulverisiert das Mineral äußerst fein in einem Achatmörser, beutelt durch Seidengaze, trocknet, mischt 0,2—0,3 g (nicht mehr!) mit 5—6 g reiner Soda und erhitzt in einem mit seinem Deckel verschlossenen Platintiegel 8 Stunden lang. Zuletzt verstärkt man die Hitze und läßt den Tiegel halb offen. Nach Beendigung der Aufschließung taucht man den Tiegel in eine 100 ccm kaltes Wasser enthaltende Porzellanschale, worin er einige Stunden verbleibt. Der mit Wasser herausgewaschene Tiegelinhalt wird mit Salzsäure im Wasserbade erwärmt, um das suspendierte Eisenoxyd vollständig zu lösen, zur Trocknis abgedampft, wieder mit Salzsäure angefeuchtet und wieder abgedampft, was man dreimal wiederholt, um die Kieselsäure abzuscheiden. Zuletzt nimmt man mit verdünnter Salzsäure auf und filtriert die Kieselsäure ab, die in bekannter Weise bestimmt wird. Das Filtrat wird mit Ammoniak im gelinden Überschuß versetzt und im Wasserbade bis zum Verschwinden des Ammoniakgeruches erwärmt. Der Niederschlag enthält die Oxyde des Chroms, Eisens und Aluminiums; man filtriert, wäscht, trocknet, glüht im Platintiegel und wägt das Gemenge der drei Oxyde. Im Filtrat bestimmt man Kalk und Magnesia wie gewöhnlich. Zur Trennung der drei Metalloxyde pulverisiert man das Gemenge sehr fein, wägt einen Teil davon ab und schließt von neuem mit Soda in einem Platintiegel auf. Das Eisen hinterbleibt jetzt als in Wasser unlösliches Oxyd, das Chrom geht quantitativ in Lösung als Natriumchromat, das Aluminium als Natriumaluminat. Man neutralisiert die Lösung ganz genau mit Salpetersäure, unter Vermeidung jedes Überschusses dieser Säure, setzt Ammoniak in geringem Überschuß zu, verjagt den Überschuß, löst das gefällte Hydrat in Salzsäure auf, wiederholt die Fällung und Auflösung und bekommt schließlich nach dem Filtrieren des Niederschlages, Auswaschen (zuerst mit natriumcarbonathaltigem, dann mit reinem Wasser) und Glühen vollkommen weiße Tonerde. Im Filtrat reduziert man das Chromat zu Chromoxydsalz und fällt mit Ammoniak das Chromhydroxyd aus. — Wenn man bei dem Neutralisieren der Lösung auch nur den geringsten Überschuß an Salpetersäure anwendet, so wirkt diese auf das Natriumchromat in der Art, daß durch Ammoniak daraus ein grünes Hydrat gefällt, also eine chromhaltige Tonerde niedergeschlagen wird. Ganz ebenso wirkt Essigsäure (Salzsäure ist wegen ihrer reduzierenden Wirkung auf das Chromat nicht zu verwenden).

Wolfram.

Rohmaterialien für die Darstellung des Metalls, der Wolfram-Eisen-Legierungen und der Wolframpräparate sind nur wenige Erze, der Wolframit (Wolfram), aus isomorphen Mischungen von $MnWO_4$ und $FeWO_4$ bestehend, mit bis zu 76 % WO_3, und der Scheelit (Tungstein), $CaWO_4$, mit 80,5 % WO_3. Beide kommen gewöhnlich als Begleiter des Zinnsteins vor.[1]) Der braune Hübnerit, nahezu reines $MnWO_4$, mit 76,6 % WO_3, findet sich in Montana, Nevada, Colorado, Dakota und Neu-Mexiko, zumeist im Quarz und in nicht sehr beträchtlichen Mengen. Ferberit, körnig und dicht, stumpfschwarz, nahezu reines Eisenwolframat, bis zu 69,5 % WO_3 enthaltend, ist von Spanien und von Colorado bekannt und gleichfalls von nur geringer Bedeutung.

Zur Bestimmung ihres Gehaltes an WO_3 zerlegt man die sehr fein gepulverten Erze durch anhaltendes Kochen mit Königswasser oder Salpetersäure, oder man schließt sie mit Kalium-Natrium-Carbonat im Platintiegel (wenn sie kein Arsen (Arsenkies usw.) enthalten), auch mit Natriumsuperoxyd und Ätznatron im Eisen- oder Nickeltiegel auf usw.

a) Methode von Scheele.

1—2 g des sehr fein gepulverten und bei 100⁰ getrockneten Minerals (Wolframit bzw. Scheelit) werden in einer Porzellanschale mit einem Überschusse von Salzsäure, der man zuletzt etwas Salpetersäure zusetzt, wiederholt zur Trockne verdampft und der Rückstand jedesmal bis auf ca. 120⁰ C. erhitzt. Dann digeriert man mit Salzsäure und Wasser, bringt die fast immer durch SiO_2 verunreinigte WO_3 auf ein Filter, wäscht mit heißem Wasser aus, spritzt sie in ein Becherglas, löst sie in schwach erwärmtem Ammoniak, filtriert durch dasselbe Filter in eine gewogene Platinschale, dampft die Ammoniumwolframatlösung ab, trocknet den Rückstand scharf und führt ihn schließlich durch starkes Glühen [2]) in gelbe Wolframsäure über. $WO_3 \times 0{,}7931 =$ Wolfram.

b) Methode von Berzelius (für reinere Erze).

1 g Substanz wird mit dem 8 fachen Gewichte Kalium-Natrium-carbonat 1—2 Stunden im Nickeltiegel sinternd geschmolzen, die erkaltete Schmelze mit heißem Wasser ausgelaugt, die Lösung mit Salpeter-

---

[1]) Sonstige Begleitmineralien siehe unter „c".
[2]) Sehr zu beachten ist die Flüchtigkeit der WO_3 über dem stark wirkenden Gebläse. Es genügt in allen Fällen ein guter Blaubrenner (Müncke-Brenner, Teclu-Brenner usw.).

säure schwach übersättigt, die Kohlensäure durch Erwärmen aus- getrieben, dann so lange von einer kalt gesättigten Lösung von Mercuro- nitrat hinzugefügt, bis kein Niederschlag mehr entsteht, nun tropfen- weis Ammoniak bis zur Bräunung des Niederschlages zugesetzt, zum Sieden erhitzt, heiß filtriert und mit heißem, etwas mercuronitrathaltigen Wasser ausgewaschen. Das getrocknete wolframsaure Quecksilberoxydul bringt man mit dem Filter in einen Platintiegel, erhitzt unter einem Abzuge allmählich, nimmt nach dem Verkohlen des Filters den Deckel ab und glüht stark. Der Rückstand wird als unreine WO_3 gewogen und ist fast immer durch etwas SiO_2 verunreinigt. Zu deren Bestimmung schmilzt man mit dem 6—8 fachen Gewichte von $KHSO_4$, bringt die er- kaltete Schmelze in Wasser, setzt eine reichliche Menge einer gesättigten Ammoniumcarbonat-Lösung hinzu, erhitzt mäßig und sammelt die nun rein abgeschiedene SiO_2 auf einem Filter. Ihr Gewicht wird von dem der unreinen WO_3 in Abzug gebracht. Man kann auch die SiO_2 aus der un- reinen Wolframsäure durch Abdampfen mit Flußsäure entfernen, doch wird selbst in disem Falle gewöhnlich der Aufschluß mit $KHSO_4$ usw. zur Kontrolle vorgenommen.

c) Methode von Bullnheimer (für alle Erze).

Diese erprobte Methode (Chem.-Ztg. 24, 870; 1900) berücksichtigt be- sonders die sehr zahlreichen Begleitmineralien des Wolframits (Scheelit, Stolzit, Zinnstein, Arsenkies, Molybdänglanz, Apatit, Fluorit, Wismut, Kupferkies, Quarz, Gimmer und andere Silikate) in armen und un- reinen Erzen. Nach dem Verf. geschieht die Wolfram-Bestimmung in folgender Weise: „1—2 g fein gepulvertes Erz mischt man im Nickel- tiegel mit 4 g Natriumsuperoxyd, steckt ein Stückchen Ätznatron (ca. 3 g) in die Mischung, so daß dasselbe den Tiegelboden berührt, und erwärmt zunächst über ganz kleiner Bunsen-Flamme, bis das Ganze durchweicht ist. (Der Zusatz von Ätznatron bewirkt, daß die Schmelze dünnflüssig wird, wodurch man leichter verhindern kann, daß sich auf dem Tiegel- boden Teile festsetzen. Läßt man letzteren Umstand außer acht, so bekommt der Tiegel sehr bald Risse, während er sonst wohl 20 mal zu gebrauchen ist.) Hierauf erhitzt man mit voller Flamme unter be- ständigem Umrühren mit einem Nickel-Spatel, bis die Schmelze dünnflüssig geworden ist, und der Tiegelboden zu glühen beginnt. Wolframit schließt sich so mit Leichtigkeit vollständig auf, während Zinnstein zum Teil unverändert zurückbleibt. Nach dem Erstarren der Schmelze bringt man den Tiegel samt Inhalt noch heiß in ein mit Wasser versehenes Becherglas und spült nach erfolgter Lösung in einen 250-ccm-Kolben über. Ist die Lösung durch Manganat grün gefärbt, so versetzt man mit Wasserstoffsuperoxyd bis zur Entfärbung. Nach dem Erkalten füllt man bis zur Marke auf, filtriert die Hälfte durch ein (trockenes) Faltenfilter ab und versetzt mit 20 g Ammoniumnitrat. Hat sich letzteres gelöst, so läßt man ruhig stehen, bis sich Kieselsäure und Zinnsäure abgesetzt haben, und gibt dann erst eine zur Fällung

der event. vorhandenen Arsen- und Phosphorsäure genügende Menge
von Magnesiumnitratlösung in kleinen Portionen unter Umrühren hinzu.

Sowohl bei Ammonium- wie auch bei Magnesiumsalz ist das
Nitrat anzuwenden, da Chlorid oder Sulfat beim späteren Fällen mit
Mercuronitrat störend sind. Nach 6—12 stünd. Stehen filtriert man und
wäscht den Niederschlag erst mit Ammoniak und dann mit Wasser aus.
Es ist durchaus notwendig, SiO_2 und SnO_2 sich vor dem Magneisum-
nitrat-Zusatze erst absetzen zu lassen, da außerdem der Niederschlag
leicht wolframhaltig ausfällt. Die ammoniakalische Lösung wird nun mit
Salpetersäure schwach sauer gemacht und, falls sie sich dabei stark
erwärmte, nach dem Abkühlen mit 20—30 ccm Mercuronitratlösung
(200 g Mercuronitrat, 20 ccm konzentr. Salpetersäure und wenig Wasser
schwach erwärmen, dann nach erfolgter Lösung auf 1 L. verdünnen und
über Quecksilber aufbewahren) versetzt. Nach einigen Stunden stumpft
man mit Ammoniak bis zur schwach sauren Reaktion ab und läßt stehen,
bis die über dem dunklen Niederschlag stehende Flüssigkeit klar geworden ist. Man sammelt hierauf den Niederschlag auf dem Filter und
wäscht denselben mit mercuronitrathaltigem Wasser gründlich aus.
Wenn in der angegebenen Weise verfahren wird, so geht der Niederschlag
niemals durch das Filter, und es bleiben auch die Waschwässer stets klar.
Nach dem Trocknen verascht man das Filter, erhitzt unter dem Abzuge
über der Bunsenflamme und glüht dann heftig auf dem Gebläse unter
Luftzutritt bis zur Gewichtskonstanz. War viel Molybdän vorhanden, was selten der Fall ist, so dauert es ziemlich lange, bis eine
vollständige Verflüchtigung desselben eingetreten ist. Etwas rascher
kommt man zum Ziel, wenn man nach dem erstmaligen starken Glühen
mit Chlorammonium vermischt und dann, erst bei aufgelegtem Deckel
und schließlich im offenen Tiegel, wiederum heftig glüht."

d) Methode des öffentl. chem. Labor. Dr. Gilbert [1]) (Hamburg) für Wolfram- und Wolfram-Zinn-Erze.

Die Grundlage der Methode beruht in dem von von Knorre gefundenen Verfahren der quantitativen Fällung der Wolframsäure durch
Benzidinchlorhydrat (Ber. 28, 783; 1905).

„1 g der feingeriebenen Probe wird mit 5 g $NaKCO_3$ in einer Platinschale über dem Bunsenbrenner (nicht Gebläse!) 5—10 Minuten geschmolzen, die Schmelze mit Wasser und einigen Tropfen Alkohol
aufgenommen, klar filtriert und der Rückstand mit sodahaltigem
Wasser ausgewaschen. Das Filtrat wird nach Zusatz einiger Tropfen
Methylorange ganz schwach mit Schwefelsäure angesäuert, zum Sieden
erhitzt und mit 60 ccm Benzidinchlorhydrat-Lösung (siehe unten)
gefällt. Das Filter mit dem Schmelzrückstande wird in der Schale
verascht, mit $NaKCO_3$ geschmolzen und die neue Lösung davon unter

---

[1]) Freundliche Privat-Mitteilung der Herren Inhaber, Dr. C. Ahrens und
Dr. Ad. Gilbert.

Zusatz von 3—4 ccm ½ proz. H_2SO_4 mit 10 ccm Benzidinlösung gefällt und so auf event. Reste geprüft. Die Hauptfällung wird nach dem völligen Erkalten durch ein großes Filter mit Hilfe der Saugpumpe abfiltriert, mit verdünnter Benzidin-Lösung (siehe unten) ausgewaschen, getrocknet, im Platinschälchen verascht und auf dem Gebläse bis zur Gewichtskonstanz geglüht. Das Filtrat wird mit wenig verdünntem Ammoniak versetzt, so daß ein schwacher Niederschlag von Benzidin entsteht, der die gelöst gebliebenen Reste von WO_3 mit niederreißt. Auch dieser Niederschlag wird unter Absaugen abfiltriert, ausgewaschen und geglüht, ebenso auf einem dritten Filter die Fällung aus der zweiten Schmelze gesammelt, geglüht und gewogen. Die vereinigten Glührückstände (unreine WO_3) werden mit Bisulfat so lange geschmolzen (siehe b), bis WO_3 klar gelöst und die freie H_2SO_4 größtenteils verdampft ist; die Schmelze wird mit Wasser erwärmt, die trübe Lösung in ein Becherglas gespült, die Schale mit etwas Ammoniumcarbonat-Lösung und darauf mit Wasser ausgewaschen. Dann fügt man noch so viel Ammoniumcarbonat-Lösung zu, daß WO_3 sich löst, neutralisiert event. vorhandenes freies Ammoniak durch Einleiten von CO_2, filtriert nach einigem Stehen den Niederschlag von SiO_2 (und event. SnO_2) ab, wäscht aus, glüht, wägt und bringt das Gewicht von dem der unreinen WO_3 in Abzug. Das Filtrat prüft man durch Zusatz von Magnesia-Mischung und Ammoniak auf Phosphorsäure. Hat sich über Nacht ein Niederschlag gebildet, so wird er abfiltriert, mit Ammoniak ausgewaschen, in wenig HNO_3 gelöst und die H_3PO_4 durch Molybdänlösung und $(NH_4)NO_3$ gefällt, bestimmt und ebenfalls vom Gewichte der gefundenen WO_3 abgezogen.

Benzidinchlorhydrat-Lösung. 20 g Benzidin werden mit 25 ccm Salzsäure (1,19 spez. Gew.) und etwas warmem Wasser zum Brei verrieben und mit heißem Wasser in ein Becherglas gespült; wenn alles gelöst, wird unter Umschwenken verdünntes Ammoniak zugetröpfelt, bis ein geringer, bleibender Niederschlag entsteht, dann zum Liter gebracht und filtriert.

Verdünnte Benzidinchlorhydrat-Lösung: 30 ccm der konzentrierten Lösung werden mit Wasser zu 1000 ccm verdünnt.‟

c) Methode Angenot-Bornträger für zinnreichen Wolframit.

H. Angenot (Zeitschr. f. angew. Chem. 19, 140; 1906) hat die bewährte Methode von Bornträger (Zeitschr. f. anal. Chem. 39, 362; 1900) etwas abgeändert und somit ein Verfahren vorgeschlagen, das in den Handelslaboratorien mit Vorliebe angewendet wird. „1 g der feingepulverten Substanz wird in einem Eisentiegel mit 8 g Natriumsuperoxyd innig gemischt. Man erhitzt dann vorsichtig mit einem Bunsen-Brenner, bis die Masse ruhig fließt und schwenkt ab und zu den Tiegel. Wenn die Umsetzung vollendet ist, gewöhnlich nach einer Viertelstunde, läßt man abkühlen und nimmt die Schmelze mit Wasser auf. Man gießt die Lösung in einen 250-ccm-Kolben (bei Anwesenheit von Blei muß man erst einige Minuten CO_2 durchleiten !), läßt erkalten, füllt bis zur Marke auf und filtriert zweimal 100 ccm ab. In der einen Flüssigkeitsmenge bestimmt man WO_3, in der anderen SnO_2. Die Wolfram-Bestimmung nimmt man nach Bornträger in folgender Weise vor: Die 100 ccm (A) aus dem Filtrate (0,4 g Substanz entsprechend) läßt man in eine Mischung von 15 ccm konz. Salzsäure einfließen, dampft in geräumiger Porzellanschale bis staubtrocken ein, nimmt mit einer Lösung von 100 g Salmiak, 100 g konz. Salzsäure, 1000 g Wasser auf, filtriert, löst den Rückstand, der außer WO_3 noch SiO_2 und SnO_2 enthält, in warmem Ammoniak, wäscht damit das Filter aus, läßt nochmals in eine Mischung von 15 ccm konz. Salpetersäure und 45 ccm konz. Salzsäure wie oben einfließen und verdampft abermals bis staubtrocken.

Die so erhaltene und wie oben ausgewaschene Wolframsäure ist frei von Kieselsäure und Zinnoxyd und kann nach dem Glühen direkt gewogen werden."

Zinnbestimmung nach Angenot. „100 ccm des alkalischen Filtrats (entsprechend 0,4 g Substanz) versetzt man mit 40 ccm konz. Salzsäure, wobei Wolfram- und Zinnsäure ausfallen. Man gibt dann 2 bis 3 g reines Zink hinzu. Nach einigen Minuten ist die Flüssigkeit blau infolge der Reduktion der Wolframsäure, während das metallische Zinn in Form von grünen Flocken erscheint. Man läßt das Ganze 1 Stunde bei 50—60° ruhig stehen. Nach dieser Zeit ist das Zinn in Zinnchlorür übergegangen, während der größere Teil des blauen Wolframoxydes ungelöst bleibt. Man filtriert, wäscht nach und hat so das gesamte Zinn von 0,4 g Substanz in saurer Lösung, zusammen mit etwas Wolframoxyd, das aber nicht weiter stört. Man löst das blaue Oxyd auf dem Filter mit Hilfe von warmem Ammoniak, um sich zu versichern, daß kein metallisches Zinn im Rückstand geblieben ist. Sollte dies der Fall sein, so nimmt man die feinen Partikel in einem Tropfen Salzsäure auf und fügt die Lösung der Hauptmenge hinzu. In die passend verdünnte salzsaure Lösung leitet man Schwefelwasserstoff. Das Zinn fällt als Sulfür und wird in der üblichen Weise als Zinnoxyd oder durch Elektrolyse des Sulfosalzes bestimmt."

Die Methoden zur Untersuchung von metallischem Wolfram und Wolfram-Eisen-Legierungen sind unter „Eisen" S. 501 beschrieben. Die Untersuchung des sogenannten amorphen Wolframs[1] (für Metallfaden-Lampen) erstreckt sich wesentlich auf den Prozentgehalt an reinem Wolfram, der möglichst hoch liegen soll. Als Verunreinigungen kommen Fe, Zn, S und N in Betracht; man schließt es am besten durch vorsichtiges Glühen mit Soda-Salpeter-Gemisch auf. Wolframbronzen, besonders die häufiger verwendeten gelben, roten und blauen Natriumwolframbronzen, werden nach dem in den Berichten der Dtsch. chem. Gesellsch. 15, 499; 1882 beschriebenen Verfahren von J. Philipp untersucht; siehe auch die Abhandlung von E. Engels, Zeitschr. f. anorg. Chem. 37, 125; 1904.

---

[1] Freundliche Privat-Mitteilung aus dem Laboratorium der Chem. Fabrik Kunheim & Co., Niederschöneweide bei Berlin.

Uran.

Die besonders in der Glasfabrikation und in der Porzellanmalerei verwendeten sehr wertvollen Uranpräparate (Na- und NH_4-Uranat) und das Uranylnitrat werden aus dem hauptsächlich im Erzgebirge vorkommenden **Uranpecherze** (Uranoxydoxydul, U_3O_8, bis zu 80 %, innig gemischt mit Pyrit, Arsenkies, Bleiglanz usw.) und in geringerer Menge aus natürlichen, wasserhaltigen Kupfer-Uran- und Calcium-Uran-Phosphaten (Kupferuranit und Kalkuranit, **Uranglimmer**) dargestellt.

In den Handel kommende **ärmere Pech-Erze** enthalten 30—60 % U_3O_8, die **Uransande** (von Carolina, Connecticut, Colorado) nur 8 bis 18 %.

Nach der Entdeckung des Radiums in der Pechblende (Uranpecherz oder Uraninit) von Joachimsthal ist überall und intensiv nach radioaktiven Erzen gesucht worden. Eine vollständige Zusammenstellung dieser, überwiegend an Uran reichen Mineralien bringt **Katzer** (unter Benutzung des Aufsatzes von M. **Baskerville** im Engin. and Mining-Journ. 1909, Nr. 5) in Bd. 57 (1909) der Österr. Ztschr. f. Berg- und Hüttenwesen, auf S. 313—315.

In den Vereinigten Staaten, hauptsächlich in Colorado, findet man den stark radioaktiven Carnotit, ein Kalium-Uran-Vanadat, als Imprägnation im Sandstein in ziemlich erheblicher Menge und stellt aus dem meist unter 2 % Uran enthaltenden Erze Uran-, Vanadin- und Radium-Präparate her.

Untersuchungsmethoden.

a) Von Heinrich Rose.

Etwa 1 g fein gepulverte und bei 100⁰ getrocknete Substanz wird im Kolben mit 10 ccm starker Salpetersäure erwärmt, die Lösung zur Trockne verdampft, dies mit 20 ccm Salzsäure wiederholt, der Rückstand mit Salzsäure aufgenommen, 50 ccm gesättigte wäßrige schweflige Säure zugesetzt, zur Reduktion der As_2O_5 erwärmt, eingekocht und in die wieder verdünnte Lösung längere Zeit Schwefelwasserstoff eingeleitet. Man filtriert, übersättigt das Filtrat stark mit einer kaltgesättigten Lösung von Ammoniumcarbonat und setzt Schwefelammonium hinzu; die noch in Lösung gewesenen Metalle (Zn, Fe, Mn, Ni, Co) scheiden sich als Schwefelmetalle ab, während alles Uran als Oxydulcarbonat gelöst bleibt. Nach dem Absetzen der Schwefelmetalle gießt man die Lösung durch ein Filter, wäscht den Niederschlag wiederholt durch Dekantieren mit Wasser aus, dem etwas Schwefelammonium- und Ammoniumcarbonatlösung zugesetzt worden ist, bringt dann erst den Niederschlag auf das Filter und wäscht ihn vollständig aus. Das Filtrat wird einige Zeit gekocht, zur Zerstörung des Schwefelammoniums etwas Salzsäure zugesetzt, noch $^1/_4$ Stunde gekocht, dann das Uranoxydul durch wenig Salpetersäure und Aufkochen oxydiert, alles Uran durch einen kleinen

Überschuß von Ammoniak als Hydroxyd gefällt, der Niederschlag mit verdünnter NH_4Cl-Lösung ausgewaschen, getrocknet und durch Glühen im Platintiegel bei reichlichem Luftzutritt in U_3O_8 oder ($UO_2 . 2 UO_3$) übergeführt, das man wägt. $U_3O_8 \times 0,8482 =$ Uran. Man gibt den Gehalt der Erze gewöhnlich nach Prozenten Uranoxyd-oxydul (U_3O_8) an.

Zur Kontrolle der Bestimmung kann das gewogene U_3O_8 durch starkes Glühen im Wasserstoffstrom in UO_2 (Uranoxydul) übergeführt und dieses gewogen werden. $UO_2 \times 0,8817 =$ Uran.

b) A. Pateras technische Probe für Erze und Aufbereitungs-Rückstände.

Man löst 1—5 g feingepulverte Substanz in einem geringen Über-schusse von Salpetersäure (spez. Gew. 1,2) durch längeres Erhitzen auf, verdünnt, übersättigt mit Na_2CO_3-Lösung, kocht kurze Zeit, filtriert und wäscht den Niederschlag mit heißem Wasser aus. Das Filtrat ent-hält alles Uran und nur Spuren fremder Metalle; es wird mit Salzsäure neutralisiert, die Kohlensäure durch Kochen ausgetrieben, durch Natron-lauge orangefarbiges Natriumuranat gefällt, dieses abfiltriert, mit wenig heißem Wasser ausgewaschen und getrocknet. Man verascht das Filter im Platintiegel, bringt das getrocknete Uranat hinzu, glüht stark, bringt den erkalteten Tiegelinhalt auf ein kleines Filter, wäscht das im Uranat enthaltene freie Natron mit heißem Wasser aus, trocknet, glüht und wägt das reine Natriumuranat (Urangelb), $Na_2U_2O_7$. 100 Tl. entsprechen 88,55 Tl. U_3O_8 oder 75,11 Tl. U.

Sehr zu empfehlen ist es, das gewogene Uranat durch die maß-analytische Bestimmung (Titration des Uranoxyduls nach Bé-lohoubek, Zeitschr. f. anal. Chem. 11, 179; 1872) auf seinen Gehalt zu kontrollieren. Man löst es in heißer, verdünnter Schwefelsäure, bringt eine etwa 0,2 g Erz entsprechende Menge der Lösung in einen Ventilkolben, setzt noch H_2SO_4 und etwa 1 g reines, eisenfreies Zink hinzu und erhitzt bis zur vollständigen Auflösung desselben auf etwa 70°. Die zuerst hellgrün, dann unverändert meergrün gefärbte Lösung enthält nunmehr alles Uran als Oxydulsalz. Man kühlt ab und titriert mit Permanganat. Hierbei nehmen 119,25 Teile Uran ebensoviel Sauerstoff auf wie 55,85 Teile Eisen. Der Eisentiter $\times$ 2,135 ist $=$ dem vorhandenen Uran; Uranoxyduloxyd $=$ dem Eisentiter $\times$ 2,5173.

Anmerkungen. Nach Cl. Winkler erhält man bei der Analyse kupferreicher Erze ein etwas zu hohes Resultat, weil eine kleine Menge Kupfer in die alkalische Lösung geht.

H. Bornträger (Zeitschr. f. anal. Chem. 37, 436; 1898) konstatierte, daß bei der Analyse ärmerer Erze, Rückstände und besonders der Uransande erhebliche Mengen von Kieselsäure (bis zu 4 %!) in das Natriumuranat gehen und empfiehlt, den Uranatniederschlag nach dem Glühen in Salzsäure zu lösen, von der SiO_2 abzufiltrieren, das Uran aus dem Filtrate durch Ammoniak zu fällen, und schließlich als U_3O_8 (siehe Methode a) zu wägen.

c) Bestimmung des Urans in P_2O_5- und As_2O_5-haltigen Erzen nach R. Fresenius und E. Hintz[1].

„Man scheidet zunächst aus der salpetersauren, salzsauren oder Königswasserlösung die SiO_2 wie üblich ab, versetzt die schwach salzsaure Lösung mit Ferrocyankalium im Überschuß und sättigt die Flüssigkeit mit Chlornatrium. Der sich bald absetzende Niederschlag, welcher Uran-, Kupfer- und Eisenferrocyanid enthält, wird erst durch Dekantieren, dann auf dem Filter mit NaCl enthaltendem Wasser vollständig ausgewaschen und hierauf mit verdünnter Kalilauge ohne Erwärmen behandelt. Nachdem sich die Umsetzung der Ferrocyanide vollzogen hat, und die Oxydhydrate sich abgesetzt haben, gießt man die Flüssigkeit durch ein Filter ab, wäscht noch einmal mit Wasser durch Dekantieren aus, bringt den Niederschlag mit etwas Chlorammonium und Ammoniak enthaltendem Wasser auf das Filter und wäscht sie mit solchem ohne Unterbrechen aus, bis im anzusäuernden Filtrate Ferrocyankalium nicht mehr nachzuweisen ist.

Man behandelt alsdann die Oxydhydrate mit Salzsäure. Dieselben lösen sich, sofern die beschriebenen Operationen richtig ausgeführt wurden, vollständig. Bliebe ein unlöslicher Rückstand von Ferrocyaniden, so müßte dieser nach dem Auswaschen wieder, wie oben angegeben, mit Kalilauge usw. behandelt werden.

Die Lösung der Metallchloride, welche, wenn der Niederschlag der Ferrocyanide gut ausgewaschen ist, keine Phosphorsäure und Arsensäure mehr enthält, konzentriert man, wenn nötig, stumpft den größten Teil der freien Säure mit Ammoniak ab, versetzt die noch klare Flüssigkeit mit kohlensaurem Ammon in mäßigem Überschuß, läßt längere Zeit stehen, filtriert das ungelöst gebliebene Eisenhydroxyd ab, wäscht es mit etwas kohlensaures Ammon enthaltendem Wasser aus, erhitzt das mit den Waschwassern vereinigte Filtrat, um den größten Teil des kohlensauren Ammons zu entfernen, säuert mit Salzsäure an, wobei sich der beim Kochen entstandene gelbliche flockige, einen Teil des Urans enthaltende Niederschlag wieder löst, und fällt unter Erhitzen das in der Lösung noch enthaltene Kupfer mit Schwefelwasserstoff. Das Kupfersulfid wurde stets frei von Uran erhalten. Die von ersterem abfiltrierte Flüssigkeit wird konzentriert, das Uran mit Ammoniak abgeschieden und das gefällte Uranoxydhydrat zunächst durch Glühen im unbedeckten Tiegel in Uranoxyoxydul übergeführt und als solches gewogen. Zur Kontrolle führt man dasselbe dann durch Glühen im Wasserstoffstrome in Uranoxydul über und bestimmt dessen Gewicht ebenfalls."

Nach den mitgeteilten Belegen ist die vorstehende Methode sehr empfehlenswert; sie eignet sich besonders für die Untersuchung der Uranglimmer (Phosphate) und Uranarsenate enthaltenden Erze.

---

[1] Zeitschr. f. analyt. Chem. **34**, 437; 1895 u. f.   Edward F. Kern, Journ. Americ. Chem. Soc. **23**, 685; 1901.

d) Analyse von Uran-Vanadin-Erz (Carnotit)
siehe unter „Vanadin", S. 782 ff.

e) Das Urangelb des Handels,

fast chemisch reines Natriumuranat, $Na_2U_2O_7$, wird nach Schertel (in Post, Chem.-techn. Analyse, 3. Aufl., I, S. 792) hauptsächlich nach seinem Aussehen im Vergleiche mit notorisch guten Mustern beurteilt. Es soll sich in Salzsäure ohne Rückstand lösen. Wird die klare Lösung mit Ammoniak neutralisiert, mit Ammoniumcarbonat übersättigt und gelinde erwärmt, so darf keine Trübung entstehen. Ein Tropfen $(NH_4)_2S$-Lösung darf in dieser Lösung keinen Niederschlag, sondern nur eine dunkle Färbung hervorrufen.

Vanadin.

Das Vanadin ist in unerheblichen Mengen außerordentlich verbreitet, so namentlich in vielen Silikatgesteinen (besonders den an Mg und Fe reichen), ferner in Tonen, Bauxiten, vielen Bohnerzen und sogar in Ligniten; in der Asche eines solchen (von San Raphael, Prov. Mendoza, Argentinien) ist der erstaunlich hohe Gehalt von 38,5 % Vanadinsäure nachgewiesen worden!

Seit der neueren Anwendung von Vanadinzusätzen bis über 1 % (in Form von hochhaltigem Ferrovanadin) bei der Herstellung von Spezialstahl für Automobilachsen, für Schnelldrehstühle (neben viel Wo und Cr), Panzerbleche usw. usw. ist der Bedarf an Vanadin außerordentlich gestiegen. Man hat in den letzten Jahren neue Quellen dafür in zahlreichen und ausbeutungsfähigen Vorkommen gefunden.

Von den eigentlichen Vanadinerzen [1] mit höherem Vanadingehalte sind am längsten bekannt: der Vanadinit, $Pb_5Cl(VO_4)_3$ (Spanien, Argentinien, Arizona, Neu-Mexico; bis 19,3 % V_2O_5 enthaltend) und der oft mit ihm zusammen vorkommende Descloizit, ein wasserhaltiges Pb-Zn-Vanadat mit bis zu 22,7 % V_2O_5. Neuere und wichtige Vorkommen sind: der Mottramit (wasserhaltiges Pb-Cu-Vanadat, bis 18,8 % V_2O_5 enthaltend, seit 1909 auch im Tagebau zu Tsumeb, Deutsch-Südwestafrika, von der Otavigesellschaft gewonnen); der Roscoelit oder Vanadinglimmer (von El Dorado Co., Kalifornien und Südwest-Colorado, bis 24 % V_2O_5 führend); der seit 1899 bekannte Carnotit (wasserhaltiges Kalium-Uran-Vanadat mit 15 bis 18 % V_2O_5, von Colorado und Utah); der 1905 in Peru [2] entdeckte Patronit (ein Gemisch von Vanadiumsulfid mit MoO_3, SiO_2, Al_2O_3, Eisenoxyden usw., bis zu 10 % V enthaltend) und die ebenfalls in Peru in 2 Distrikten in weiter Verbreitung angetroffenen schwefelreichen Kohlen (Asphaltite) mit bis zu 1,5 % V_2O_5-Gehalt. All diese

---

[1] Katzer, Die Vanadium-Erze. Österr. Zeitschr. f. Berg- und Hüttenwesen 57, 411; 1909.

[2] D. Foster Hewett, Bull. Am. Inst. Mng. Eng. 1909, 291—316. Vanadinerz-Lager in Peru.

Rohmaterialien, auch die oben erwähnten Aschen von lignitischen Braunkohlen, dienen zur Herstellung von Vanadinpräparaten, in erster Linie von Ferrovanadin, das kohlenstoffhaltig und frei von Kohlenstoff mit bis zu 34 % Vanadingehalt in den Handel kommt.

Nachweis von Vanadin in Gesteinen usw. nach Hillebrand [1]).

5 g des feingepulverten Minerals werden mit einer Mischung von 20 g Na_2CO_3 und 3 g $NaNO_3$ über dem Gebläse geschmolzen. Man laugt mit heißem Wasser aus, reduziert das gebildete Manganat durch etwas Alkohol und filtriert. Das Filtrat wird mit HNO_3 beinahe neutralisiert (die nötige Säuremenge ist durch einen blinden Versuch zu ermitteln), fast zur Trockne verdampft, mit Wasser aufgenommen und filtriert. Nun versetzt man die noch alkalische Lösung mit Mercuronitratlösung, wodurch Mercurophosphat, -arseniat, -chromat, -molybdat, -wolframat und -vanadat nebst viel basischem Mercuro-carbonat gefällt werden können. Man kocht auf, filtriert, trocknet, bringt den Niederschlag vom Filter und äschert im Platintiegel (unter dem Digestorium!) ein, glüht den Niederschlag, schmilzt den Rückstand mit sehr wenig Na_2CO_3 und zieht mit Wasser aus. Gelbe Farbe der Lösung zeigt Chrom an. Nun säuert man mit H_2SO_4 an und fällt durch Einleiten von H_2S (Druckflasche) Spuren von Pt, Mo und As, filtriert, kocht den H_2S fort, dampft ein, verjagt fast alle H_2SO_4, löst den Rückstand in 2—3 ccm Wasser und setzt einige Tropfen H_2O_2-Lösung hinzu, wobei braungelbe Färbung Vanadin anzeigt.

Um Vanadinsäure neben Chromsäure nachzuweisen, empfiehlt E. Champagne, die mit H_2SO_4 angesäuerte Lösung mit H_2O_2 und Äther zu schütteln. Durch auftretende Blaufärbung der ätherischen Lösung wird Chrom, durch Gelbfärbung (bzw. bräunlichgelbe Färbung bei betr. Menge) der wäßrigen Lösung wird Vanadin angezeigt.

Nachweis in Eisenerzen usw. nach Lindemann [2]).

Man schmilzt einige Gramm des sehr fein gepulverten Erzes mit der vierfachen Menge $KNaCO_3$ in einem Eisenschälchen eine halbe Stunde in der rotglühenden Muffel eines Probierofens ·oder über dem Gebläse, extrahiert die Schmelze mit Wasser, scheidet die SiO_2 durch Übersättigen mit Salzsäure und Abdampfen ab, nimmt mit Salzsäure und Wasser auf, filtriert, sättigt das auf 60—70° erwärmte Filtrat mit H_2S und läßt 24 Stunden an einem mäßig warmen Orte stehen (schneller mittels Druckflasche zu bewirken). Das bei Anwesenheit von Vanadin nun mehr oder weniger deutlich blaugefärbte Filtrat wird zur Entfernung des H_2S gekocht, auf ein geringes Volumen eingedampft

---

[1]) Journ. Am. Ch. Soc. 6, 209; 1898; Treadwell, Analyt. Chem. 1, 450; 1908.
[2]) Zeitschr. f. analyt. Chem. 18, 102; 1879.

und dabei die Oxydation des V_2O_4 zu V_2O_5 durch Zusatz einiger Krystalle von $KClO_3$ bewirkt. Durch weiteres Eindampfen wird das Chlor ausgetrieben; man läßt erkalten, bringt die abgeschiedenen Salze wieder mit Wasser in Lösung, übersättigt schwach mit Ammoniak, um jede Spur etwa nach vorhandenen Chlors zu binden, säuert mit H_2SO_4 schwach an und titriert nunmehr die Vanadinsäure mit einer gestellten Ferrosulfatlösung unter Benutzung von Ferricyankalium- lösung als Indikator (siehe „maßanalytische Bestimmung des Vanadins"). Für die quantitative Bestimmung hat Lindemann den Rückstand nochmals mit $KNaCO_3$ und Salpeter aufgeschlossen; er fand in den in der Nähe von Salzgitter vorkommenden Bohnerzen 0,226 % V_2O_5. (Auch die oolitischen Eisenerze von Mazenay in Frankreich sind vanadin- haltig und liefern in Creusot ein Roheisen mit 0,1—0,3 % V; aus den dort beim Bessemern dieses Roheisens zuerst entstehenden Schlacken würden jährlich 60000 kg V_2O_5 hergestellt werden können.)

Bestimmungsmethoden [1]).

A. Gewichtsanalytische Bestimmung des Vanadins
als V_2O_5 (selten ausgeführt).

Hat man die Vanadinsäure aus ihrer von As, Mo, Wo, Cr und P freien Lösung in Salpetersäure als reines Mercurovanadat (nach H. Rose) gefällt, so kann man dieses durch mäßiges Glühen in rotbraunes V_2O_5 überführen, das zur vollständigen Austreibung des Quecksilbers in gesteigerter Hitze eben geschmolzen wird und zu einer strahlig-krystallini- schen, stark glänzenden Masse bei der Abkühlung erstarrt. Aus reinem, alkalifreiem Ammoniumvanadat erhält man durch längeres Glühen bei Luftzutritt ebenfalls reine, als solche wägbare .Vanadinsäure mit 56,14 % V-Gehalt. In der betr. Lösung neben V_2O_5 etwa enthaltene Wolframsäure kann durch wiederholtes Abdampfen mit Salzsäure oder Salpetersäure zur Trockne abgeschieden werden. Die V_2O_5 löst sich (durch Salzsäure zu V_2O_4 reduziert) in den verd. Säuren leicht wieder auf. Arsen und Molybdän werden durch längeres Einleiten von H_2S in die salzsaure Lösung und Erhitzen in der Druckflasche entfernt; etwa vorhandene Phosphorsäure geht in den Quecksilber- niederschlag, findet sich als P_2O_5 bei der (dann nicht schmelzenden, nur sinternden) V_2O_5 und wird nach dem Aufschließen der unreinen Säure mit Na_2CO_3 aus der mit H_2SO_4 angesäuerten Lösung, nach der Reduktion der V_2O_5 zu Vanadylsulfat, durch starke Ammoniummo- lybdat-Lösung gefällt, bestimmt und in Abzug gebracht. (Treadwell, l. c. S. 227.) Ist Chrom zugegen, das sich in der durch Auslaugen der mit Soda und Salpeter hergestellten Schmelze mit Wasser an der

---

[1]) F. P. Treadwell, Analyt. Chem. 2, 224 ff.; 1907; Classen, Aus- gewählte Methoden d. anal. Chemie 1, 230 ff.; 1901; Muspratts Handbuch der techn. Chemie, 4. Aufl. 8, 1742 ff.; 1905.

Chromatfärbung (am sichersten nach Zerstörung des Manganats mit Alkohol und Filtrieren) der Lösung zu erkennen gibt, so bestimmt man in diesem Falle (wie überhaupt am bequemsten!) das Vanadin maßanalytisch, und zwar nach dem Verfahren von Lindemann, bei dem die Anwesenheit von Chromoxydsalz nicht stört.

Nach Roscoe kann man die V_2O_5 aus schwach essigsaurer Lösung eines Alkalivanadats quantitativ als orangegelbes Bleivanadat fällen. Da der Niederschlag jedoch keine konstante Zusammensetzung hat, so wird er zweckmäßig nach dem Auswaschen mit H_2SO_4 zerlegt, das vanadinfreie Bleisulfat abfiltriert und die V_2O_5 im Filtrat, nach der Reduktion zu V_2O_4 (siehe „maßanalytische Bestimmungen") titriert. Man kann das Bleivanadat auch mit Salzsäure zerlegen, das gebildete Bleichlorid mit heißem Wasser lösen, das Blei aus der verdünnten Lösung mit H_2S fällen, das PbS abfiltrieren und das nun im Filtrate enthaltene Tetroxyd (V_2O_4) nach dem Fortkochen des H_2S titrieren.

Es empfiehlt sich in allen Fällen, die gewogene Vanadinsäure durch Schmelzen mit Na_2CO_3 aufzuschließen und in der mit H_2SO_4 übersättigten Lösung der Schmelze in Wasser, nach der Reduktion zu V_2O_4, zur Kontrolle maßanalytisch zu bestimmen.

B. Maßanalytische Bestimmung der Vanadinsäure.

Sie kommt am häufigsten zur Anwendung, ist schnell und mit großer Genauigkeit auszuführen.

1. Titration des Vanadylsulfats mit Permanganat.

In schwefelsaurer Lösung wird die V_2O_5 durch H_2S und SO_2 sofort zu V_2O_4 reduziert, das man nach dem Fortkochen des Reduktionsmittels in der noch etwa 70⁰ heißen, verdünnten und bläulichen Lösung mit schwacher Permanganatlösung (am besten bei Tageslicht oder bei Gasglühlichtbeleuchtung) titriert und dabei wieder zu V_2O_5 oxydiert. Man titriert bis zur Rötlichfärbung. Die Umsetzung geht nach folgender Gleichung vor sich:

$$5\,V_2O_4 + 2\,KMnO_4 + 3\,H_2SO_4 = 5\,V_2O_5 + K_2SO_4 + 2\,MnSO_4 + 3\,H_2O.$$

Durch Multiplikation des Eisentiters der Permanganatlösung mit 1,632 ergibt sich der V_2O_5-Titer, mit 0,916 der V-Titer.

Man richtet es so ein, daß man etwa 100 mg (bis 200 mg) V_2O_5 in ½ Liter Wasser mit einigen Kubikzentimeter H_2SO_4 hat, setzt ca. 30 ccm frischbereitete [1]), gesättigte, wäßrige Lösung von SO_2 hinzu, erwärmt, kocht und beschleunigt das Austreiben der SO_2 durch Ein-

---

[1]) Hillebrand und Ransome (vgl. Erz-Analyse 1b) haben beobachtet, daß ältere Lösungen von SO_2 in Wasser und auch Lösungen von Alkalisulfiten noch andere oxydierbare Körper außer SO_2 enthalten, die sich auch bei längerem Kochen nicht vollständig aus der schwefelsauren Lösung austreiben lassen.

leiten von Kohlensäure und prüft zuletzt (nach etwa 30 Minuten) die entweichenden Dämpfe auf Freisein von SO_2, indem man sie einige Minuten durch ganz schwach durch Permanganatlösung rötlich gefärbtes Wasser in einem Reagenzglase streichen läßt, das nicht entfärbt werden darf (Treadwell). Weniger empfindlich ist die Reaktion auf Jodstärkepapier.

Schwefelwasserstoff benutzt man gewöhnlich nicht als Reduktionsmittel; doch kann man das im Laufe der Analyse erhaltene Filtrat vom Cu-Pb-As-Niederschlage nach dem Fortkochen des H_2S ebenfalls mit Permanganat titrieren (vgl. unten: Erzanalyse, 1 b). Nach dem Einleiten von SO_2 in die nach der Titration abgekühlte Lösung (oder erneuten Zusatz von wäßriger SO_2) und Fortkochen des Überschusses davon kann die Titration wiederholt werden. — Den Vanadin-Titer kann man auch direkt mit einem ganz reinen V_2O_5-Präparat, z. B. Ammoniumvanadat (das man selbst durch Umkrystallisieren gereinigt hat) ermitteln. Man bestimmt den V_2O_5-Gehalt durch vorsichtiges Erhitzen, Glühen und Schmelzen einer Einwage von etwa 0,5 g, wägt von dem Präparat (das ungefähr 76,7 % V_2O_5 enthält) annähernd 200 mg ab, löst in heißem Wasser mit Zusatz von H_2SO_4 und verfährt wie oben.

Die Methode gibt vorzügliche Resultate.

2. Titration der Vanadinsäure mit Ferrosulfat, nach Lindemann.

Lindemann (vgl. S. 776 „Nachweis von Vanadin") reduziert die V_2O_5 in schwach schwefelsaurer und kalter Lösung mit einer frisch auf Permanganat eingestellten Lösung von Ferrosulfat (oder Mohrschem Salz) zu V_2O_4, bis ein Tropfen der Flüssigkeit, auf einer Porzellanplatte mit Ferricyankaliumlösung zusammengebracht, die Endreaktion durch Blaufärbung anzeigt.

$$2 \, FeO + V_2O_5 = Fe_2O_3 + V_2O_4.$$

Demnach zeigen 55,85 Teile als Ferrosalz verbrauchtes Eisen 51,2 Teile Vanadin an.

Man bringe die genau nach L.s Angabe oxydierte Lösung der V_2O_5 auf 300 ccm, benutze $\frac{1}{3}$ der Lösung für die Vorprobe, die annähernde Ermittelung des Verbrauchs an Ferrosulfatlösung, wiederhole die Titration mit dem zweiten Drittel der V_2O_5-Lösung und benutze das letzte Drittel für die Kontrolle. Wenn die ursprüngliche Substanz Chrom enthielt, so ist dies schließlich als Chlorid zugegen, das nicht durch Permanganat verändert wird. Ein besonderer Vorzug der Methode ist ferner, daß dreiwertiges Eisen in der V_2O_5-Lösung enthalten sein kann. Hat man z. B. bei der Erzanalyse (vgl. H. Roses Verfahren, S. 780) aus der durch Zersetzen mit Salzsäure oder Königswasser erhaltenen Lösung Pb, Cu, As, Mo mit H_2S entfernt, so kann man in dem eingedampften und mit $KClO_3$ oxydierten Filtrate den Gehalt an V_2O_5 in Gegenwart der meist geringen Menge von Eisen genau bestimmen, während ja bei der Titration mit Permanganat (Methode 1) das als Ferrosalz etwa vorhandene Eisen mittitriert wird und der auf das Eisen entfallende Verbrauch an Permanganat besonders (durch eine Eisenbestimmung) festgestellt werden muß. Da die Trennung des Eisens und des Vanadins nur bei wiederholter Behandlung mit Alkalilauge vanadinfreies Eisenhydroxyd liefert, erblickt Ref. gerade in der betonten Anwendbarkeit der Lindemannschen Methode ihren besonderen Wert.

3. Jodometrische Bestimmung des Vanadins nach Holverscheidt[1]).

Bei der Behandlung V_2O_5-haltiger Erze und Verbindungen mit heißer Salzsäure wird Chlor entwickelt, doch läßt sich aus der Menge des freigemachten Chlors nicht auf die Menge der vorhandenen V_2O_5 schließen, weil die Reduktion der V_2O_5 zu niederen Oxyden je nach der Konzentration der Säure und der V_2O_5-Lösung verschieden vorschreitet. In Gegenwart von Bromkalium aber findet glatte Reduktion statt.

$$V_2O_5 + 2\,HBr = V_2O_4 + H_2O + Br_2.$$

Man bedient sich des Bunsenschen Kölbchens für die Braunsteinuntersuchung, bringt 0,3—0,5 g des Vanadats und 1,5—2 g Bromkalium hinein, setzt 30 ccm konz. Salzsäure zu, kocht, leitet die Dämpfe in die mit KJ-Lösung beschickte Vorlage und titriert das freigemachte Jod mit $^1/_{10}$ N-Thiosulfatlösung, von der 1 ccm = 0,00912 g V_2O_5 entspricht.

Die Methode gibt ausgezeichnete Resultate und eignet sich besonders für die Untersuchung und Wertbestimmung von Vanadinsäurepräparaten und eisenfreien Vanadaten.

C. Bestimmung des Vanadins in Erzen und Hüttenprodukten.

1. Bestimmung des Vanadins in eigentlichen Vanadinerzen (Vanadinit, Descloizit, Cupro-Descloizit, Mottramit usw.).

a) H. Roses Methode: Abscheidung der Vanadinsäure mittels Mercuronitratlösung und Wägen der aus dem Niederschlage erhaltenen reinen V_2O_5. Im Laboratorium der Chem. Fabrik Kunheim & Co. zu Niederschöneweide b. Berlin wird (nach freundl. Privatmitteilung) diese Methode mit Vorliebe angewendet. 1 g der feingepulverten Durchschnittsprobe wird mit 20 ccm gew. Salzsäure in einer bedeckten Schale zerlegt, abgedampft, mit wenig Salzsäure und viel heißem Wasser aufgenommen und in die stark verdünnte Lösung (Vol. ½ Liter oder mehr) 1—2 Stunden H_2S eingeleitet. Zur Vervollständigung der Abscheidung des Arsens wird das Becherglas darauf im kochenden Wasserbade erhitzt, nochmals ½ Stunde H_2S eingeleitet und nach einigem Stehen (am besten über Nacht) in eine geräumige Porzellanschale filtriert, der Pb-Cu-As-Niederschlag mit etwas Salzsäure und H_2S

---

[1]) Dissertation, Berlin 1890. — Treadwell, Analyt. Chemie 2, 512; 1907.

enthaltendem Wasser ausgewaschen. Das Filtrat wird zunächst über freiem Feuer (ohne zu kochen!), dann auf dem Wasserbade abgedampft, der feste Rückstand mit 20 ccm gew. Salpetersäure übergossen und abgedampft, wobei anfangs wegen Spritzens ein Uhrglas aufgelegt wird. Dies Abdampfen mit HNO_3 wird darauf noch 1 oder 2 mal wiederholt, um alles Chlor zu entfernen. Der mit möglichst wenig HNO_3 und mit heißem Wasser aufgenommene Rückstand wird in einer Schale (am besten Platinschale) mit reiner Natronlauge im Überschuß erhitzt, der Eisenhydroxydniederschlag abfiltriert, kurze Zeit mit heißem Wasser ausgewaschen, in wenig HNO_3 gelöst, die Lösung wieder mit reiner Natronlauge im Überschuß behandelt, abfiltriert und ausgewaschen. (Bei beträchtlichem Eisengehalte des Erzes ist nochmaliges Lösen des Niederschlages usw. notwendig!) In die vereinigten Filtrate und Waschwässer leitet man nunmehr bis zur Sättigung CO_2 ein, erwärmt gelinde und filtriert von etwa abgeschiedener Tonerde (und Zinkcarbonat usw.) ab. Das Filtrat wird darauf in einem geräumigen, bedeckten Becherglase mit HNO_3 schwach übersättigt und zur vollständigen Austreibung der CO_2 gekocht. Man läßt dann abkühlen, setzt 10 ccm einer kaltgesättigten Lösung von Mercuronitrat hinzu, rührt um, neutralisiert jetzt mit Ammoniak, kocht auf, filtriert den voluminösen, graubraunen Niederschlag (der alles Vanadin als Mercurovanadat enthält) ab und wäscht ihn mit Wasser, dem $1/_{10}$ ccm der gesättigten Mercuronitratlösung auf je 100 ccm Wasser zugesetzt war, sorgsam aus, bis das Filtrat keine deutliche Natriumreaktion mehr gibt.

Nach dem Trocknen wird der Niederschlag mit dem Filter in einem Platintiegel (unter dem Digestorium!) bei allmählich gesteigerter Temperatur erhitzt, das Filter verkohlt, der Deckel abgenommen, mit kleiner Flamme bis zum vollständigen Veraschen der Filterkohle weiter schwach geglüht, dann die Flamme vergrößert und die Vanadinsäure in Rotglut geschmolzen. $V_2O_5 \times 0,5614 = $ Vanadin.

Anmerkung: Das Austreiben der CO_2 ist notwendig, weil sonst viel Mercurocarbonat mit dem Niederschlage fällt. Die Mercuronitratlösung stellt man sich durch Erwärmen von (im Überschuß angewendeten) Quecksilber mit gew. Salpetersäure her und bewahrt sie mit Zusatz von etwas Quecksilber auf. Da die zu fällende Lösung viel Natriumnitrat enthält, empfiehlt sich Fällung aus sehr stark verdünnter Lösung und Auswaschen des voluminösen Niederschlags durch den Strahl der Spritzflasche. Zur etwaigen Kontrolle wird die gewogene Vanadinsäure durch Schmelzen mit $KNaCO_3$ aufgeschlossen, die Schmelze in Wasser gelöst, mit H_2SO_4 übersättigt und die Vanadinsäure in der Lösung nach ihrer Überführung in V_2O_4 maßanalytisch bestimmt.

b) Verfahren von Hillebrand und Ransome (U. S. Geological Survey, Bulletin 176: A. H. Low, Technical Methods of Ore Analysis, I. Bd., S. 203). 1 g des sehr feinen Pulvers wird mit 4 g Soda (oder $KNaCO_3$) in einem Platintiegel (Vorsicht!) geschmolzen, die Schmelze mit heißem Wasser extrahiert, der Rückstand mit heißem

Wasser ausgewaschen, getrocknet, das Filter verascht und das Schmelzen usw. wegen eines starken Rückhaltes an V_2O_5 im Ungelösten wiederholt. Die vereinigten Filtrate werden mit H_2SO_4 angesäuert, nahezu zum Sieden erhitzt und längere Zeit H_2S eingeleitet, wodurch Arsen und etwa vorhandenes Molybdän gefällt und die Vanadinsäure zu Tetroxyd (V_2O_4) reduziert wird. Man filtriert und wäscht mit H_2S-haltigem Wasser aus. Nun wird das Filtrat (etwa ½ l) in einem Kolben durch halbstündiges Kochen und Einleiten von Kohlensäure vom H_2S befreit und das V_2O_4 in der heißen Lösung mit einer mäßig starken Permanganatlösung titriert bis zur bleibenden rötlichen Färbung. Darauf reduziert man die entstandene Vanadinsäure in der abgekühlten Lösung durch Einleiten von SO_2, kocht den Überschuß davon vollständig aus, zuletzt unter Einleiten von Kohlensäure, und titriert wieder mit Permanganat. Das jetzt erhaltene Resultat ist meist etwas niedriger, wird aber als das richtige angenommen. (Vgl. S. 778, die maßanalytische Bestimmung des Vanadins, 1. Permanganatmethode.)

Ein etwaiger Urangehalt des Erzes beeinflußt die Vanadinbestimmung nicht, da das Uran (als Na-Uranat) im Rückstande bleibt. — Ref. zieht es vor, der Mischung 1 g Salpeter zuzusetzen und im Porzellantiegel über dem Blaubrenner zu schmelzen; Schmelzen in der Muffel ist nicht anzuraten, da die Schmelze leicht überschäumt.

2. Untersuchung von Uran-Vanadinerzen (Carnotit usw.).

a) Methode von Fritchle [1]). 0,5 g des sehr fein gepulverten Erzes wird in einem 200-ccm-Kolben mit 20 ccm HNO_3 eine Stunde hindurch erhitzt, dann 10 ccm Wasser zugegeben und die Lösung mit einer gesättigten Na_2CO_3-Lösung neutralisiert, weitere 5 ccm Sodalösung und 20 ccm einer 20 proz. Natronlauge zugesetzt und eine halbe Stunde gekocht. Durch Na_2CO_3 fallen Ur, V und Fe aus, in der Natronlauge löst sich aber die V_2O_5 wieder auf. Man filtriert und wäscht mit schwacher Natronlauge so lange aus, bis das Filtrat keine V-Reaktion mehr zeigt. Den Rückstand löst man in 20 ccm verd. HNO_3 (1 : 1), verdünnt mit 40 ccm Wasser, neutralisiert mit Ammoniak, setzt 40 ccm einer gesättigten Ammoniumcarbonat-Lösung zu und erhitzt, aber nicht zum Kochen. Eisenhydroxyd fällt aus, das Uran bleibt in Lösung. Darauf filtriert man, wäscht mit 2 proz. Ammoniumcarbonat-Lösung sorgsam aus, übersättigt die Lösung mit verd. H_2SO_4 und dampft bis zum Auftreten von H_2SO_4-Dämpfen ab. Man läßt erkalten, nimmt mit 100 ccm Wasser auf, reduziert durch halbstündiges Kochen mit Aluminiumstreifen und titriert das Uran mit einer auf Eisen eingestellten Permanganatlösung. Der Eisentiter mit 2,133 multipliziert, gibt Uran, mit 2,5167 U_3O_8. Den Eisenrückstand löst man in verd. H_2SO_4, reduziert mit Aluminium und titriert mit derselben Permanganat-

---

[1]) Eng. and Mng. Journ, **70**, 548; 1900; Chem.-Ztg. **24**, Rep. 364; 1900.

lösung. Zur Vanadin-Bestimmung löst man 0,5 g Erz in 10 ccm Salpetersäure, setzt 10 ccm H_2SO_4 hinzu, kocht bis zum Auftreten von H_2SO_4-Dämpfen ein, löst nach dem Erkalten in Wasser, reduziert Fe, V und Ur mit Aluminium und titriert sie gemeinsam mit Permanganat, wobei die Farbe der Lösung von purpurblau über blau, grün und gelb nach rosa wechselt.

Von dem Verbrauche an Permanganat wird das vorher für die Einzeltitrationen von Uran und Eisen ermittelte Volumen in Abzug gebracht; der Rest repräsentiert den Verbrauch für die Oxydation von V_2O_4 zu V_2O_5. (Siehe S. 778, Maßanalytische Bestimmung des Vanadins, Methode 1.)

Anmerkung: Die Methode ist recht gut, verlangt aber bei bedeutendem Eisengehalte des Erzes Wiederholung der Fällungen. Das zu den Reduktionen verwendete Aluminium muß frei von Eisen sein, anderenfalls wird eine bestimmte Einwage davon angewendet, der Überschuß zurückgewogen und das in Lösung gegangene Fe (die dafür verbrauchte Permanganatlösung) in Abzug gebracht. —

b) Methode von A. N. Finn [1] für Carnotit. Eine nicht mehr als 0,25 g U_3O_8 enthaltende Einwage der Durchschnittsprobe wird mit heißer Schwefelsäure (1 : 5) zersetzt und die Lösung bis zum beginnenden Fortrauchen der Säure eingedampft. Nach dem Erkalten wird mit Wasser aufgenommen und mit einem Überschuß von Na_2CO_3-Lösung gekocht, bis sich der Niederschlag gut absetzt. Man filtriert darauf, wäscht aus, löst den Niederschlag in möglichst wenig verd. H_2SO_4 und fällt von neuem. Die vereinigten Filtrate und Waschwässer werden mit H_2SO_4 angesäuert, 0,5 g Ammoniumphosphat zugesetzt, gekocht, mit Ammoniak alkalisch gemacht, nochmals einige Minuten gekocht und der alles Uran als Ammoniumuranylphosphat enthaltende Niederschlag mit heißem, etwas Ammoniumsulfat enthaltendem Wasser ausgewaschen.

Im Filtrate wird das Vanadin nach dem Ansäuern mit H_2SO_4, Einleiten von SO_2 und Fortkochen des Überschusses davon mit Permanganat titriert (siehe oben „Maßanalytische Bestimmung", 1).

Der Uranniederschlag wird in H_2SO_4 gelöst, der Lösung reichlich Zinkgranalien zugesetzt, eine halbe Stunde reduziert, die Lösung durch ein Asbestfilter unter Anwendung der Saugpumpe von Zink (und fein verteiltem Blei) getrennt und das Uranylsulfat bei ca. 60^0 mit $1/_{20}$ N.-Permanganatlösung titriert. (Verfahren von Bélohoubek, Journ. f. pr. Chem. 99, 231.) Berechnung des U- oder U_3O_8-Gehaltes des Erzes aus dem Eisentiter der Permanganatlösung wie bei der Methode von Fritchle.

c) Methode von Ledoux & Co.[2] (Handelschemiker in New-York). 1 g des feingepulverten, bei 100^0 getrockneten Erzes wird in

---

[1] Journ. Americ. Chem. Soc. 28, 1443; 1906. — Chem. Zentralbl. 1906, II, 1779.
[2] A. H. Low, The Analysis, 1, 204 ff.; 1905.

einem kleinen Becherglase mit 25 ccm verd. HNO_3 (1 : 3) gelinde erhitzt, die Lösung vom Rückstande abfiltriert und dieser mit heißem Wasser ausgewaschen. Aus dem verdünnten Filtrate fällt man nun Pb, Cu, usw. durch Einleiten von H_2S, filtriert, kocht den H_2S fort, oxydiert Fe und V mit H_2O_2 und zersetzt den Überschuß davon durch Kochen. Nach dem Abkühlen neutralisiert man die alles U und V enthaltende Lösung mit Ammoniak, setzt reichlich von gesättigter Ammoniumcarbonatlösung hinzu, erhitzt eine Viertelstunde mäßig und filtriert den Eisenhydroxydniederschlag ab. Da er etwas Uran und noch mehr Vanadin zurückhält, wird er in möglichst wenig verd. HNO_3 gelöst und wie vorher gefällt. Wenn er auch dann noch nach der Lösung in HNO_3 mit einigen Tropfen H_2O_2 die V-Reaktion zeigt, muß die Fällung nochmals ausgeführt werden. Aus den vereinigten Filtraten und Waschwässern wird Ammoniak und Ammoniumcarbonat durch Kochen in einem geräumigen Becherglase ausgetrieben, wobei sich die Lösung schließlich unter Abscheidung von U- und V-Verbindungen trübt. Diese Trübung wird durch tropfenweisen Zusatz von HNO_3 zur siedenden Lösung beseitigt. Man nimmt das Glas vom Feuer, setzt sofort 10 ccm einer kaltgesättigten Lösung von Bleiacetat und einige Gramm Natriumacetat hinzu, um die Fällung die Bleivanadats zu einer vollständigen zu machen. Man erhitzt dann noch kurze Zeit auf dem Wasserbade, bis sich der Niederschlag abgesetzt hat, filtriert und wäscht ihn mit heißem, mit Essigsäure schwach angesäuertem Wasser aus. Im Filtrate ist kein Vanadin enthalten, aber das Bleivanadat kann etwas Uran zurückhalten. Man spritzt es daher vom Filter in ein Becherglas, löst das am Filter Haftende und die Hauptmenge des Vanadats in möglichst wenig HNO_3, verdünnt, setzt einige Kubikzentimeter Bleiacetatlösung und eine hinreichende Menge (5 bis 10 g) Natriumacetat hinzu, erhitzt und filtriert das nunmehr uranfreie Bleivanadat ab. Das Filtrat wird mit dem zuerst erhaltenen vereinigt und für die Uranbestimmung aufgehoben.

Zur Vanadinbestimmung wird das Bleivanadat (siehe auch S. 778, Methode von Roscoe) in HNO_3 gelöst, aus der Lösung das Blei mit einem Überschuß von H_2SO_4 gefällt, abfiltriert, das Filtrat im Kolben bis zum Fortrauchen von H_2SO_4 eingekocht, mit Wasser aufgenommen, SO_2 eingeleitet, der Überschuß davon ausgekocht und das V_2O_4 mit Permanganat titriert (siehe „maßanalytische Bestimmung des V", s. S. 778).

Aus der für die Uranbestimmung aufbewahrten Lösung wird zunächst das Pb durch Zusatz von 10 ccm konz. H_2SO_4 gefällt und das $PbSO_4$ abfiltriert. Das Filtrat hiervon wird mit Ammoniak schwach übersättigt, aufgekocht, das abgeschiedene Ammonuranat auf einem Filter gesammelt, nicht ausgewaschen, sondern sogleich in verdünnter H_2SO_4 (1 : 6) gelöst; die Lösung wird im Kolben bis zum beginnenden Fortrauchen von H_2SO_4 eingekocht und schließlich nach der Reduktion mit Zink (siehe S. 783, Methode von Finn) das Uranylsulfat mit Permanganat nach Bélohoubek titriert.

Anmerkung: Ref. gibt den schneller auszuführenden Methoden von Fritchle und von Finn, mit Wiederholung der Eisenfällung, den Vorzug.

3. Bestimmung des Vanadins in Ofensauen [1]).

Man zersetzt einige Gramm durch mäßiges Erhitzen im Chlorstrome, wobei das Chlorid nebst Mo und etwas Fe in das vorgelegte Wasser übergeht. Mo wird aus der Lösung mit H_2S, Fe mit $(NH_4)_2S$ abgeschieden und das Vanadin aus dem Filtrate hiervon mit Essigsäure als Sulfid abgeschieden, das durch Rösten in V_2O_5 umgewandelt wird.

4. Bestimmung des Vanadins in Schlacken [2]).

Man zersetzt 4 g der sehr fein gepulverten Schlacke (vom Bessemern V-haltigen Roheisens usw.) in wenigen Minuten durch Kochen mit 60 ccm verd. H_2SO_4 (1 : 4), verdünnt nach dem Abkühlen auf 80 ccm, oxydiert durch einen Zusatz von 40 ccm $^1/_{10}$ N.-Permanganatlösung alles Fe und V, nimmt den Überschuß von Permanganat durch tropfenweisen Zusatz einer stark verdünnten Ferrosulfatlösung eben fort und titriert dann die V_2O_5 nach der Tüpfelprobe von Lindemann (siehe „Maßanalytische Bestimmung des V", 2, S. 779).

Über „Bestimmung des Vanadins in Roheisen, Stahl und Ferrovanadin" siehe „Eisen" S. 504.

Ausführliche Auskunft über die Analyse von Spezialstählen (mit Wo, Cr, Mo, V usw.) gibt das ausgezeichnete Werk: „The Analysis of Steel-Works Materials, by H. Brearley and F. Ibbotson, London, 1902, Longmans, Green & Co."

Molybdän.

Zur Darstellung der Molybdän-Präparate sowie des neuerdings für die Spezialstahl-Fabrikation verwendeten Metalls und seiner Legierung mit Eisen (Ferromolybdän) dienen als Rohmaterialien nur zwei Erze, der Molybdänglanz (MoS_2) und das Gelbbleierz ($PbMoO_4$). Nachstehend seien einige in der Praxis bewährte Untersuchungs-Methoden für diese beiden Mineralien oder Erze beschrieben.

I. Molybdän in Molybdänglanz.

a) Methode von A. Gilbert [3]).

Das Prinzip der Methode ist: Abrösten des Erzes an der Luft, Aufnehmen mit Ammoniak und Filtrieren. Die im Rückstande, wahr-

---

[1]) Nach Classen, Ausgew. Methoden 1, 235; 1901.
[2]) Nach Ridsdale, Jahresber. d. chem. Techn. 1888, 245.
[3]) Mitteilung aus Dr. Gilberts öffentl. chem. Laboratorium in Hamburg in der „Zeitschr. f. öffentl. Chemie", 1906, Heft XIV).

scheinlich als Molybdat, befindliche sehr geringe Menge Molybdän
wird durch Aufschließen mit Soda löslich gemacht, in der mit Salzsäure
übersättigten Lösung durch Zink zu Mo_2O_3 reduziert und dieses mit
Permanganat titriert.

Ausführung: 1 g der sehr fein gepulverten Substanz wird in einem
Porzellanschiffchen abgewogen und dieses in die Mitte eines 60—70 cm
langen Verbrennungsrohres eingeschoben. Letzteres ruht leicht geneigt,
in der Mitte von Kacheln umgeben und von 2 kräftigen Bunsenflammen
erwärmt. Nach 3—4 Stunden ist das Erz völlig abgeröstet. Die MoO_3
sublimiert in nur sehr geringer Menge an die Innenwand des Rohres.
Nachdem das Rohr erkaltet ist, zieht man das Schiffchen mit Hilfe eines
langen Drahtes heraus und übergießt es in einem geräumigen Becherglas mit nicht zu schwachem Ammoniak, worin sich die MoO_3 nach
2—3 stündigem Digerieren völlig löst. Die dem Rohr anhaftenden,
äußerst geringen Mengen MoO_3 werden durch einen Wischer gelockert
und durch Ausspülen des Rohres mit Ammoniak zur Hauptmenge
hinzugegeben. Nachdem alle MoO_3 gelöst ist, wird filtriert, das Filtrat
vorsichtig in einer geräumigen Platinschale eingedampft und der Trockenrückstand bei aufgelegtem Deckel über einem Rundbrenner bis zum
konstanten Gewicht erhitzt. Es gelingt ohne Mühe, sämtliches Ammoniak auszutreiben und alles Mo in MoO_3 überzuführen, ohne daß eine
Verflüchtigung von MoO_3 eintritt. Man muß nur Sorge tragen, daß
der Boden der Platinschale höchstens schwach dunkel-rotglühend
wird. Ist das Gewicht konstant geblieben, so wird der Schaleninhalt mit
Ammoniak aufgenommen, und es bleiben nur noch wenige mg ungelöst,
die zum größten Teil aus SiO_2 bestehen, gewogen und vom Gewicht der
Molybdänsäure abgezogen werden. $MoO_3 \times 0,6667 = $ Molybdän.

Der beim Abrösten verbliebene unlösliche Rückstand enthielt bei
5 untersuchten Proben in 4 Fällen noch sehr geringe Mengen Molybdän.
Der qualitative Nachweis gelingt in einfacher Weise dadurch, daß man
mit Soda aufschließt, mit heißem Wasser und bei Gegenwart von Mangan mit etwas Alkohol aufnimmt, filtriert, schwach ansäuert und Ferrocyankalium-Lösung zugibt. Ist Mo zugegen, so zeigt sich sogleich die
charakteristische Rotbraunfärbung. Diese geringen Mengen
Mo hat Verf. nach dem Vorgange von der Pfordtens (Ber.
13, 1928; 1882) titrimetrisch mit Permanganat mit vorhergegangener
Reduktion mittels Zink und Salzsäure und starker Verdünnung mit
Wasser bestimmt. (Größere Mengen gelöster MoO_3 ließen sich in
keinem Falle, auch nicht bei Anwendung von Magnesium (Glaßmann)
in schwefelsaurer Lösung quantitativ zu Mo_2O_3 reduzieren!) Man muß
in stark salzsaurer Lösung — bei weniger als 50 ccm Mo-Lösung etwa
75 ccm Salzsäure (1,125 spez. Gew.) — mit nicht zu wenig Zink (10 bis
15 g) reduzieren. Die Reduktion geht äußerst schnell vonstatten.
Dann läßt man schnell erkalten und verdünnt stark. Natürlich hat man
durch einen blinden Versuch den Verbrauch des Zinks (durch seinen
Fe-Gehalt) an Permanganat-Lösung festzustellen. Die Umsetzung vollzieht sich nach folgender Formel: $5 Mo_2O_3 + 6 KMnO_4 + 18 HCl =$

$10 \text{ MoO}_3 + 6 \text{ MnCl}_2 + 6 \text{ KCl} + 9 \text{ H}_2\text{O}$. Eine Versuchsreihe von 20 Lösungen von 20—50 mg MoO_3 gab sehr gute Resultate. Zweckmäßig setzt man der verdünnten Lösung noch eine reichliche Menge konzentr. MnSO_4-Lösung (200 g kryst. Salz im Liter) zu, wie man dies ja auch beim Titrieren salzsaurer Ferrosalz-Lösungen mit Permanganat-Lösung tut. In Fällen, wo es sich um die Bestimmung des gewinnbaren Gehalts an Molybdän handelt, wird das Aufschließen des Rückstandes usw. unterbleiben können.

b) Methode eines anderen, ebenfalls sehr angesehenen Hamburger Laboratoriums.

5 g einer fein gepulverten, guten Durchschnittsprobe werden in einem Erlenmeyer-Kolben mit 50 ccm konz. HNO_3 bis zu etwa 10 ccm Flüssigkeit eingekocht. Man nimmt den Rückstand vorsichtig mit Ammoniak auf und erwärmt, bis alle MoO_3 gelöst ist. Dann spült man den Inhalt in einen Literkolben über, versetzt mit 50 ccm starkem $(\text{NH}_4)_2\text{S}$ und leitet so lange H_2S ein, bis die Lösung eine tief-braunrote Färbung angenommen hat. Man füllt nun bis zur Marke auf, schüttelt durch und filtriert einen bestimmten Teil, etwa 0,5 g Substanz entsprechend, durch ein trockenes Filter ab, fällt aus der Lösung durch Zusatz von verdünnter H_2SO_4 bis zum geringen Überschuß Schwefelmolybdän und Schwefel, filtriert, wäscht mit heißem Wasser aus, trocknet, verascht das Filter in ganz gelinder Hitze im Rose-Tiegel, gibt das Sulfid und wenig Schwefel dazu, erhitzt und glüht schließlich eine Viertelstunde im H-Strome. $\text{MoS}_2 \times 0,5996 =$ Molybdän.

Anmerkung: Molybdänglanz soll sehr hochhaltig sein, möglichst wenig andere Sulfide, namentlich kein Kupfer enthalten.

II. Molybdän in Gelbbleierz (Wulfenit).

a) Methode einiger Handelslaboratorien[1]).

0,5 g der feinst gepulverten Substanz werden unter Hinzufügung einiger Tropfen HNO_3 mit 25 ccm Schwefelsäure von 50° Bé. auf dem kochenden Wasserbade ca. 24 Stunden (!) lang behandelt; dann wird mit Wasser verdünnt, filtriert und mit H_2SO_4-haltigem Wasser ausgewaschen. Das Filtrat vom Bleisulfat wird mit Ammoniak übersättigt, mit $(\text{NH}_4)_2\text{S}$ versetzt, längere Zeit H_2S eingeleitet usw. wie bei der Methode 1. b. (Die Methode entspricht im wesentlichen dem Verfahren von C. Friedheim.)

---

[1]) Freundliche Privat-Mitteilung des Herrn Dr. C. Ahrens, Inhaber von Dr. Gilberts öffentl. chem. Laboratorium, Hamburg.

b) Methode der Bleiberger Bergwerks-Union in Klagenfurt für Gelbbleierz, Schlacken und bleihaltige Rückstände [1]).

„0,5 g der fein zerriebenen Substanz werden mit halbverdünnter Salpetersäure in einer bedeckten Porzellanschale auf dem Sandbade etwa eine Stunde erwärmt. Darauf fügt man einige ccm H_2SO_4 hinzu, dampft auf dem Wasserbade und schließlich auf dem Sandbade bis zum Auftreten von H_2SO_4-Dämpfen ein. Nach dem Verdünnen mit Wasser und Absitzenlassen wird der Niederschlag abfiltriert, mit etwas H_2SO_4-haltigem Wasser ausgewaschen und das Filtrat auf 500—600 ccm verdünnt. Nun übersättigt man mit Ammoniak, setzt 25 ccm dunkles, frischbereitetes Schwefelammonium zu, filtriert, erhitzt und setzt tropfenweis verdünnte Salzsäure bis-zum Vorherrschen der sauren Reaktion zu. Man kocht eine Viertelstunde, worauf der sehr voluminöse, großflockige Niederschlag sich rasch absetzen und die Flüssigkeit wasserklar sein muß. Bleibt die Flüssigkeit blau oder braun, so ist noch Mo in Lösung, das mit H_2S gefällt werden muß. Nun Filtrieren, Auswaschen mit heißem Wasser, Trocknen und Trennen des Niederschlags vom Filter, das für sich in einem Porzellantiegel verascht wird. Dann fügt man den Niederschlag zu, brennt vorsichtig den Schwefel ab und erhitzt zuerst ganz gelinde, später stärker, bis alles in strahlige, weißgelbe Krystalle von Molybdänsäure übergegangen ist."

Anmerkung: Die Bleiberger Bergwerks-Union in Klagenfurt liefert fast alles auf dem Kontinent in den Handel kommende Gelbbleierz.

III. Molybdän-Bestimmung in Ferromolybdän und in Molybdänstahl.

Siehe „Eisen" S. 504.

IV. Nachweis geringer Mengen von Molybdän in Erzen usw.

Einige cg des feinen Pulvers werden auf einem Porzellandeckel mit einigen Tropfen dest. H_2SO_4 bis zum starken Fortrauchen der Säure erhitzt, wobei vorhandenes Mo mit tiefblauer Farbe als Oxyd gelöst wird.

Aluminium.

Das Handelsaluminium ist stets durch Silicium, Eisen und wenig Kupfer verunreinigt und schwankt im Aluminiumgehalt zwischen 98 und 99,5 %.

Von sonstigen Verunreinigungen kommen vor: C, N, Na, Pb und Spuren von Sb, P und S. Besonders schädlich für die Verwendung des Aluminiums zu Schiffsblechen, Kochgefäßen, Feldflaschen usw. ist ein höherer Natriumgehalt, der nach Moissan zwischen 0,1 und 0,4 % schwankt, vereinzelt jedoch (von Meissonnier) bis zu 4 % konstatiert worden ist.

---

[1]) Freundliche Privatmitteilung des Herrn Dr. C. Ahrens, Inhaber von Dr. Gilberts öffentl. chem. Laboratorium, Hamburg.

A. Technische Aluminiumanalyse.

I. Gewöhnliche Untersuchung.

Sie beschränkt sich auf die Bestimmung des Gehalts an Si, Fe und Cu.

a) Silicium-(Gesamt-Si-)Bestimmung.

Man bringt zu 1—3 g Metallspäne in einer geräumigen bedeckten Platinschale das 5—6 fache Gewicht von chemisch reinem Ätznatron[1]) (aus metallischem Natrium hergestellt) und 25—75 ccm Wasser, erwärmt nach der ersten stürmischen Einwirkung gelinde, spritzt dann das Uhrglas (besser ist ein Platindeckel) ab, übersättigt mit Salzsäure, dampft ab, macht die SiO_2 in gewöhnlicher Weise unlöslich, bringt den Rückstand durch Erwärmen mit Salzsäure unter Zusatz von Wasser in Lösung, kühlt ab, sammelt die SiO_2 auf einem Filter und glüht sie im Platintiegel. Nach dem Wägen wird sie zur Kontrolle mit einigen ccm reiner Flußsäure und 1 Tropfen Schwefelsäure auf dem Wasserbade behandelt, die Lösung eingedampft, die Schwefelsäure vorsichtig verjagt, der Rückstand stark geglüht und gewogen.

Die Differenz beider Wägungen ist SiO_2. — $SiO_2 \times 0{,}4693 =$ Silicium.

(Aus dem Filtrate von der SiO_2 kann man das Kupfer durch Einleiten von Schwefelwasserstoff als CuS fällen, dieses abfiltrieren, in wenig heißer Salpetersäure lösen und das Cu in der Lösung entweder nach der Cyankaliummethode von Parkes titrieren oder kolorimetrisch bestimmen (siehe S. 620 und 625). Im Filtrate von CuS kann das Eisen nach dem Beseitigen des Schwefelwasserstoffs durch halbstündiges Kochen durch Titration mit Kaliumpermanganatlösung bestimmt werden (S. 451), wenn man die abgekühlte Al-Fe-Lösung stark verdünnt, mit einigen ccm Schwefelsäure und etwa 5—10 g krystallisiertem Na_2SO_4 versetzt.)

Otis-Handy (Berg- und Hüttenm. Ztg. 1897, 54) löst die Metallspäne zum Zwecke der Si-Bestimmung in einer Mischung von 100 ccm Salpetersäure (vom spez. Gew. 1,42) 300 ccm Salzsäure (spez. Gew. 1,20) und 600 ccm 25 proz. Schwefelsäure; bei der Anwendung dieser Säuremischung geht kein Si als SiH_4 fort. — Man übergießt 1 g Substanz in einer bedeckten Porzellanschale mit 20—30 ccm des Säuregemisches, erwärmt gelinde bis zur vollständigen Zersetzung des Metalls, dampft ab und erhitzt den Rückstand bis zur Entwicklung von H_2SO_4-Dämpfen. Der erkaltete Rückstand wird zunächst mit 100 ccm 25 proz. Schwefelsäure einige Zeit erwärmt; dann setzt man 100 ccm kochendes Wasser hinzu, kocht bis zur vollständigen Auflösung der Sulfate, filtriert das Gemisch von SiO_2 und Si ab, verascht das Filter im Platintiegel, schmilzt den Rückstand mit 1 g Na_2CO_3, scheidet aus der Schmelze die SiO_2 in bekannter Weise (Zerlegen mit Salzsäure oder Schwefelsäure, Abdampfen

---

[1]) Regelsberger, Wertbestimmung des Aluminiums und seiner Legierungen, in der Zeitschr. f. angew. Chem. 4, 360; 1891.

usw.) ab, wägt sie und prüft sie (wie oben) durch Abdampfen mit Fluß
säure usw. auf ihre Reinheit. Die so ermittelte SiO_2 entspricht dem
Gesamtsiliciumgehalte.

Anmerkung: Aluminium mit mehr als 1—1,5 % Si-Gehalt pflegt
auch stark eisenhaltig zu sein. Es findet sich dann etwas unzersetztes
Ferrosilicium in dem Gemisch von Si und SiO_2, das jedoch beim
Schmelzen mit Soda zerlegt wird. Das beim Behandeln der Schmelze
mit Wasser auf dem Filter verbleibende Eisenoxyd wird in wenig Salzsäure gelöst, durch KJ-Zusatz zu der Lösung Jod frei gemacht und
dies mit Thiosulfat titriert. (Freundliche Privatmitteilung der Direktion
der Aluminium-Fabrik in Neuhausen an die Herren Herausgeber.)

Bestimmung des Gehalts an graphitischem (krystallinischem) Silicium.

Das wie vorstehend erhaltene Gemisch von SiO_2 und Si aus einer
zweiten Einwage wird im Platintiegel mit einigen ccm Flußsäure und
1 Tropfen Schwefelsäure behandelt, die Lösung abgedampft, die
Schwefelsäure verjagt, der braune Rückstand (Si) stark geglüht und nach
½ Stunde gewogen. Die Differenz gegen das Gewicht des durch die
vorhergehende Bestimmung ermittelten Gesamtsiliciums ergibt den Gehalt an gebundenem Silicium.

Anmerkung: Gewöhnliches Ätzkali oder -natron darf wegen
seines ständigen Gehalts an SiO_2 nicht für die Bestimmung des Si-Ge-
haltes im Aluminium verwendet werden.

b) Eisenbestimmung (siehe auch a).

Man löst nach Otis-Handy 1 g Substanz in 20—30 ccm des von
ihm angegebenen Säuregemisches, dampft die Lösung bis zur reichlichen Entwicklung von H_2SO_4-Dämpfen ein, nimmt den Rückstand
mit verdünnter Schwefelsäure unter Erwärmen auf, reduziert das Ferri
sulfat in der Lösung durch 1 g reines Zink und titriert die abgekühlte
und verdünnte Lösung mit Kaliumpermanganatlösung. (S. auch die
Anmerkung zu a) betr. Ferrosilicium im unreinen Alumininum.)

Regelsberger (loc. cit.) löst 3 g Späne in einem ½-Literkolben
in einer hinreichenden Menge 30—50 proz. Kalilauge, zuletzt unter
Erwärmen, setzt 200 ccm verdünnte Schwefelsäure (spez. Gew. 1,16)
unter Umschütteln hinzu, kocht bis zum Klarwerden der Lösung, kühlt
ab und titriert mit Permanganat.

c) Kupferbestimmung (siehe auch a).

1 g Späne werden in einer Platinschale mit 5 g Ätznatron und 25 ccm
Wasser behandelt, die Lösung verdünnt, der aus metallischem Cu und Fe
bestehende Rückstand auf einem Filter gut ausgewaschen, in einigen ccm
heißer, schwacher Salpetersäure gelöst, die Lösung zur Abscheidung
des Eisens mit Ammoniak übersättigt, filtriert und das Kupfer in der

Lösung kolorimetrisch bestimmt (siehe S. 625). Bei einem größeren Kupfergehalte (Al wird häufig mit Cu legiert) bestimmt man ihn durch Titration mit Cyankaliumlösung nach Parkes (siehe S. 620).

Otis-Handy löst 1 g Späne in 20 ccm einer 33 proz. Sodalösung (5 Vol. kaltgesättigte Sodalösung mit 1 Vol. Wasser verdünnt) unter Erwärmen auf, filtriert Cu und Fe ab usw. wie oben.

II. Genauere Untersuchung.
(Bestimmung von Al, C, Na, Pb, P, S, As und N.)

a) Aluminiumgehalt.

1—5 g einer Durchschnittsprobe werden in einem großen Kolben in stark verdünnter Salzsäure (1 : 5), zuletzt unter Erwärmen gelöst, Schwefelwasserstoff eingeleitet, die Lösung nach dem Abkühlen in einen Meßkolben filtriert und das Filter mit schwach salzsaurem und mit H_2S-Wasser versetztem Wasser ausgewaschen. Nach dem Auffüllen zur Marke entnimmt man mittels einer Pipette eine einer Einwage von 0,2 g Substanz entsprechende Menge der Flüssigkeit, bringt sie in eine geräumige Platinschale, treibt den Schwefelwasserstoff durch Erhitzen aus, oxydiert das Fe in der Lösung durch einige Tropfen Bromwasser, verdünnt zu 200—300 ccm Volumen, übersättigt mit Ammoniak, bedeckt die Schale, kocht bis zur vollständigen Verflüchtigung des Ammoniaks, filtriert, wäscht mit kochendem Wasser bis zum Verschwinden der Chlorreaktion aus, trocknet das unreine Aluminiumhydroxyd, glüht es über dem Gebläse und wägt es. Man bringt das in einer besonderen Probe (siehe S. 790 bei I, b) bestimmte Fe als Fe_2O_3 in Abzug. $Al_2O_3 \times 0{,}5303 = $ Aluminium.

b) Kohlenstoffgehalt.

Regelsberger (a. a. O.) empfiehlt die unmittelbare Verbrennung auf nassem Wege mittels Chromsäure und Schwefelsäure, wozu sich der Apparat von Corleis (siehe „Eisen" S. 472 u. f.) besonders eignet. — H. M. Moissan behandelt 10 g Aluminium mit konzentrierter Kalilauge, wäscht den kohlenstoffhaltigen Rückstand auf einem Asbestfilter gut aus, trocknet auf einem Porzellanschiffchen, verbrennt den Kohlenstoff im Sauerstoffstrome und fängt die Kohlensäure im Kaliapparate auf. — Nach M. enthält das Aluminium nur gebundenen Kohlenstoff; er fand in verschiedenen Proben 0,08—0,104 %. Auch das Boussingaultsche Verfahren der Kohlenstoffabscheidung mittels Sublimat usw. wird von Moissan, Gouthière u. a. empfohlen.

c) Natriumgehalt.

Moissan (Chem.-Ztg. 30, 6; 1906) löst 5 g Substanz in heißer verdünnter Salpetersäure (1 : 2), dampft die Lösung in einer Platinschale ein, trocknet den Rückstand und erhitzt ihn längere Zeit auf eine Temperatur, die etwas unter der Schmelztemperatur des Natriumnitrats liegt. Das Aluminiumnitrat wird vollständig zersetzt. Aus dem Glührückstande wird das Natriumnitrat mit heißem Wasser ausgelaugt, die Lösung in einer Porzellanschale abgedampft, dies zweimal mit Salzsäure wiederholt, der scharf getrocknete Rückstand in Wasser gelöst und das Chlor in der NaCl-Lösung mit Silbernitrat gefällt oder titriert.

Anmerkung: Da leicht etwas Al als Natriumaluminat in Lösung gehen kann, dürfte es sich empfehlen, die $NaNO_3$-Lösung mit einem kleinen Überschusse von Schwefelsäure abzudampfen, die Lösung mit etwas Ammoniumcarbonatlösung zu digerieren, zu filtrieren und durch Eindampfen des Filtrats und Glühen des Rückstandes im Platintiegel das Na in gewöhnlicher Weise als Na_2SO_4 zu bestimmen. Will man den Na-Gehalt auf dem gewöhnlichen analytischen Wege (Lösen des Al in verdünnter Salzsäure, Einleiten von Schwefelwasserstoff, Filtrieren, Wegkochen des Schwefelwasserstoffs, Oxydieren, Übersättigen der Lösung mit Ammoniak, Kochen, Eindampfen des Filtrates mit einigen Tropfen Schwefelsäure usw.) bestimmen, so muß man natürlich mit ganz reinem Wasser und ebensolchem Ammoniak möglichst nur in Platingefäßen arbeiten.

d) Bleigehalt.

Blei findet sich als $PbSO_4$ bei dem Gemische von SiO_2 und Si, wenn man das Aluminium nach der Methode von Otis-Handy (siehe S. 789) löst usw. Man extrahiert das $PbSO_4$ mit einer heißen Lösung von Ammoniumacetat und fällt es aus der Lösung durch Schwefelwasserstoff oder Kaliumchromatlösung.

e) Phosphor, Schwefel und Arsen

bestimmt man nach M. Jean [1] durch Auflösen von 10 g Substanz in stark verdünnter Salzsäure und Einleiten des unreinen Wasserstoffs in Bromwasser (siehe Schwefelbestimmung im Eisen, S. 516). Man teilt die Flüssigkeit aus der Vorlage in 2 Teile, bestimmt den Schwefel als $BaSO_4$, das Arsen durch Ausfällen mittels Schwefelwasserstoff usw. und in dem Filtrate vom Schwefelarsen die Phosphorsäure mittels Molybdänsäurelösung. H. Gouthière (Chem.-Ztg. 20, Rep. 228; 1896) bestimmt den Schwefelgehalt durch Glühen einiger g des zerkleinerten Metalls in einem Strome von reinem Wasserstoff, Hindurchleiten durch eine ammoniakalische Silberlösung, Abfiltrieren des entstandenen Ag_2S, Auswaschen, Trocknen, Glühen bei Luftzutritt und Wägen desselben als metallisches Silber. $Ag \times 0{,}1486 = Schwefel$.

f) Stickstoff.

M. Moissan löst eine größere Einwage Aluminium in reiner 10 proz. Kalilauge, destilliert das entstandene Ammoniak ab, läßt es durch schwach salzsaures Wasser absorbieren und bestimmt es schließlich kolorimetrisch mit Neßlerscher Lösung.

---

[1] Campredon, Guide pratique du Chimiste Métallurgiste, S. 271.

B. Aluminiumlegierungen.

Es kommen Legierungen mit fast allen Schwermetallen vor. Von
besonderer praktischer Bedeutung sind die Eisenaluminiumlegierungen
(Ferroaluminium) und die Kupferaluminiumlegierungen oder Aluminiumbronzen.

a) Aluminium mit Kupfer.

Zur Erhöhung der Festigkeit werden dem Aluminium 3—8 % Kupfer
zugesetzt und aus diesen Legierungen viele Gebrauchsgegenstände
(Schlüssel usw.) hergestellt. Die auf den Aluminiumwerken im elektrischen
Ofen hergestellte kupferreiche Legierung (mit 20—40 % Cu)
kommt nicht in den Handel, sondern wird zur Darstellung von Aluminiumbronzen (siehe unten) verwendet.

Kupferbestimmung (siehe auch I, c, S. 790). Der ausgewaschene
Rückstand von der Behandlung der Späne mit Natronlauge oder 33 proz.
Sodalösung wird in heißer, schwacher Salpetersäure gelöst und das·
Kupfer aus der Lösung elektrolytisch gefällt. Legierungen mit mehreren
Prozenten Kupfer werden in verdünnter Salpetersäure gelöst, die
Lösung mit überschüssiger Schwefelsäure abgedampft, der Rückstand
mit Wasser aufgenommen, die SiO_2 abfiltriert und das Filtrat elektro-
lysiert.

b) Aluminium mit Nickel und Kupfer.

Man legiert das Aluminium mit bis zu 3 % Nickel, auch gleichzeitig
mit etwas Kupfer.

Bestimmung von Ni und Cu. 1—5 g Späne werden wie unter a)
mit Natronlauge zerlegt, aus der Nitratlösung des Rückstandes wird das
Cu elektrolytisch gefällt, die entkupferte Lösung mit überschüssiger
Schwefelsäure bis zum beginnenden Fortrauchen der Schwefelsäure abgedampft, der erkaltete Rückstand in 20—50 ccm Wasser gelöst, die
Lösung mit Ammoniak stark übersättigt und dann das Nickel elektrolytisch abgeschieden.

c) Aluminium und Mangan.

5 g Späne werden in einem großen Kolben mit 50 ccm Wasser
übergossen und kleine Mengen von Salzsäure bis zur vollständigen
Lösung hinzugefügt. Man setzt dann zu der Lösung 1 ccm Salpetersäure (1,4 spez. Gew.) und 5 ccm Schwefelsäure, kocht ein, nimmt den
dickflüssigen Rückstand mit Wasser auf, neutralisiert die Lösung annähernd mit Natronlauge, spült sie in einen Literkolben, setzt aufgeschlämmtes Zinkoxyd in kleinem Überschusse hinzu, füllt zur Marke
auf, schüttelt einige Zeit und titriert das Mn in einem Teile der durch
ein trocknes Filter abfiltrierten Lösung nach der Methode von Volhard (siehe „Eisen" S. 457). Wenn der Mangangehalt sehr niedrig
ist, wird die salzsaure Lösung von 5—10 g Substanz eingedampft, der
Rückstand wiederholt mit starker Salpetersäure eingekocht, nach er-

neutem Zusatze von starker Salpetersäure das Mangan nach dem Verfahren von Hampe mittels chlorsauren Kalis als Dioxydhydrat abgeschieden, ausgewaschen, in gestellter saurer Ferrosulfatlösung gelöst und der Überschuß von Ferrosulfat zurücktitriert (siehe „Eisen" S. 486).

d) Aluminium und Wolfram.

Der Gehalt an Wolfram beträgt meist unter 2 %.

5 g der Legierung werden in verdünnter Salzsäure (1 : 2) gelöst, 20 ccm starke Salpetersäure zugesetzt, die Lösung wird eingekocht, der Rückstand mit 50 ccm gewöhnlicher Salzsäure und 100 ccm Wasser aufgenommen, 1—2 Stunden gekocht, das Gemisch von Si, SiO_2 und WO_3 abfiltriert, ausgewaschen, nach dem Veraschen des Filters mit 2—3 g Soda geschmolzen und die Schmelze wiederholt mit Salzsäure zur Trockne abgedampft. Nachdem man die Salzmasse zuletzt bis auf etwa 150° C. erhitzt hat, behandelt man sie nach dem Erkalten mit 20 ccm Salzsäure auf dem kochenden Wasserbade, setzt 50 ccm Wasser hinzu, filtriert das Gemisch von SiO_2 und WO_3 ab, wäscht aus, verascht das Filter im Platintiegel, dampft zur Verflüchtigung der SiO_2 mit einigen ccm Flußsäure und 1 Tropfen Schwefelsäure ab, verjagt die Schwefelsäure, glüht und wägt die reine Wolframsäure. $WO_3 \times 0{,}7931 = \text{Wolfram}$.

e) Aluminium und Chrom.

Die salzsaure Lösung von 5 g Substanz wird mit einem Überschusse von Schwefelsäure (18 ccm) bis zur vollständigen Austreibung der Salzsäure eingekocht, mit 100 ccm Wasser verdünnt, der größte Teil der freien Säure mit Natronlauge neutralisiert, 5—10 ccm der gewöhnlichen Kaliumpermanganatlösung [1]) (von der 1 ccm etwa 5 mg Fe entspricht) zugesetzt, 5 Minuten gekocht, durch ein dichtes Filter filtriert und mit kochendem Wasser ausgewaschen. In der gelb gefärbten Lösung ist alles Chrom aus der Legierung als Chromsäure enthalten. Man säuert die abgekühlte Lösung mit verdünnter Schwefelsäure an, setzt eine abgewogene Menge Mohrsches Salz (im Überschusse) hinzu, rührt um und titriert den Überschuß von Ferrosulfat in der farblos gewordenen Flüssigkeit mit Permanganatlösung zurück (siehe S. 457). 335,10 Teile Fe zeigen 104,2 Teile Cr an; Mohrsches Salz enthält in 100 Teilen 14,247 Teile Eisen.

f) Eisen-Aluminiumlegierungen (Ferro-Aluminium und Ferro-Silicium-Aluminium).

Diese Legierungen enthalten bis zu 15 % Aluminium (gewöhnlich 10 %) und bis zu 15 % Silicium und werden in großen Mengen als Zusätze zum Gußeisen, zur Desoxydation von Flußeisen usw. verwendet. Man bestimmt den Aluminiumgehalt am besten nach dem Äthertrennungsverfahren von J. Rothe (siehe „Eisen", S. 430) oder nach der „Cupferronmethode" von Baudisch, S. 803 u. 805.

---

[1]) H. Petersen, Österr. Zeitschr. f. Berg- und Hüttenwesen 1884, 465.

g) Kupfer-Aluminiumlegierungen (Aluminiumbronzen).

Von diesen Legierungen besitzen die mit annähernd 5 und annähernd 10 % Aluminiumgehalt vorzügliche Eigenschaften und eine vielseitige Anwendbarkeit. **Analyse.** 1 g Späne werden in einer bedeckten Porzellanschale in 10 ccm Salpetersäure (1,2 spez. Gew.) unter Erwärmen gelöst, die Lösung mit 10 ccm 50 proz. Schwefelsäure abgedampft und bis zum Entweichen von Schwefelsäuredämpfen erhitzt. Der erkaltete Rückstand wird mit 30 ccm Wasser einige Zeit erwärmt, die Lösung abgekühlt und die SiO_2 abfiltriert. (Etwa vorhandenes Blei ist als $PbSO_4$ bei der SiO_2; es wird durch heiße Ammoniumacetatlösung daraus entfernt, das Blei durch Schwefelwasserstoff gefällt und als $PbSO_4$ bestimmt. Die ausgewaschene Kieselsäure wird getrocknet, geglüht und gewogen. $SiO_2 \times 0,4693 =$ Silicium.

Aus dem Filtrate von der SiO_2 wird das Cu nach dem Zusatze einer kleinen Menge (0,5 ccm) Salpetersäure elektrolytisch gefällt, die entkupferte Lösung wird stark verdünnt, mit Ammoniak übersättigt, gekocht und die eisenhaltige Tonerde (wie unter II, a angegeben) abgeschieden und bestimmt. Man schließt sie durch Schmelzen mit dem 6 fachen Gewichte Kaliumbisulfat auf, löst die erkaltete Schmelze in heißer, verdünnter Schwefelsäure, reduziert mit Zink, titriert das Eisen mit Permanganatlösung und bringt es als Fe_2O_3 von der unreinen Tonerde in Abzug.

h) Zink-Aluminiumlegierungen.

Man löst 1 g Späne in Natronlauge (siehe I, a) und fällt das Zink aus der Lösung entweder elektrolytisch (siehe „Zink", S. 734) oder durch Zusatz von Na_2S-Lösung als ZnS, das man nach dem Abfiltrieren in Salzsäure löst und in der Lösung mit Ferrocyankalium (siehe „Zink", S. 735) titriert.

Enthält die Legierung auch Zinn, so kann solches durch Ansäuern des Filtrats vom ZnS mit verdünnter H_2SO_4 als Sulfid niedergeschlagen, abfiltriert und durch vorsichtiges Rösten in SnO_2 umgewandelt werden.

Anmerkung: Im Laboratorium des Aluminiumwerkes Neuhausen werden (nach freundlicher Privatmitteilung an die Herren Herausgeber) von Aluminium-Legierungen von geringem spez. Gewicht 2—5 g Bohrspäne oder Blechschnitzel mit der fünffachen Menge Ätzkali und 250—350 ccm Wasser behandelt. Hierbei bleiben die meisten Schwermetalle (Cu, Fe, etwa vorhandenes Ni usw.) ungelöst, während Zink und Zinn (siehe oben) vollständig oder doch zum größten Teil mit dem Aluminium in die stark alkalische Lösung gehen und in dieser bestimmt werden. Der ausgewaschene, metallische Rückstand wird nach dem gewöhnlichen Gange analysiert.

i) Magnesium-Aluminiumlegierungen.

Solche wurden unter der Bezeichnung „Magnalium" als besonders fest bei sehr geringem spezifischen Gewichte empfohlen. (Das spez. Gew. des gegossenen Al ist 2,64, das des Mg 1,75.)

Analyse. Man löst die Legierung (1 g) in der von Otis-Handy (S. 789) angegebenen Säuremischung, bestimmt das Si, behandelt das Filtrat von der SiO_2 mit Schwefelwasserstoff, filtriert von etwa ausgefallenem CuS ab und verdünnt das Filtrat hiervon zu 300 ccm. Aus 100 ccm kocht man den Schwefelwasserstoff aus, kühlt die Lösung ab und titriert das Fe mit Permanganatlösung. 200 ccm ($\frac{2}{3}$ g Substanz entsprechend) werden ebenfalls vom Schwefelwasserstoff befreit, die Lösung zur Oxydation des Ferrosulfats mit einigen ccm Bromwasser versetzt, abgekühlt, mit Ammoniak neutralisiert, stark verdünnt, 30 ccm konzentrierte Ammoniumacetatlösung zugesetzt, die Tonerde durch Kochen gefällt und aus dem eingedampften Filtrate das Mg in gewöhnlicher Weise durch Phosphorsäure und Ammoniak abgeschieden. Von dem Gewichte der zuletzt auf dem Gebläse geglühten eisenhaltigen Tonerde zieht man das aus der Fe-Bestimmung berechnete Fe_2O_3 ab. Das Mg wird als $Mg_2P_2O_7$ gewogen. $Mg_2P_2O_7 \times 0,2185 =$ Magnesium.

k) Lote für Aluminium und Aluminiumbronzen usw.

Als „Lote" werden zahlreiche Legierungen verwendet, so z. B. eine Legierung von Silber und Aluminium, die leichter als Al schmilzt; ferner eine Legierung von 10 Tl. Al mit 10 Tl. 10 proz. Phosphorzinn, 80 Tl. Zink und 200 Tl. Zinn. Außerdem: Legierungen von Sn und Al, von Sn, Zn, Al, Cu, Ag, von Zn, Al, Cu usw. Cadmium kommt häufig in Aluminiumloten vor. Der Gang der Analyse hängt ganz von dem Ergebnisse der qualitativen Analyse ab.

Bei der Analyse von altem Aluminium wird man gewöhnlich Bestandteile der Lote auffinden und berücksichtigen müssen. In sogenanntem Aluminiumlagerguß fand Verf. 20,19 % Al, 22,71 % Sn, 54,96 % Zn, 1,25 % Pb, 0,51 % Cu, 0,25 % Fe und 0,19 % Si.

Für Alt-Aluminium des Handels empfiehlt Dr. Klüß (Bergakademie Berlin) das folgende Verfahren: Silicium-Bestimmung nach I, a. 1—2 g der Späne werden in schwacher Salzsäure, schließlich unter Zugabe kleiner Mengen chlorsauren Kalis gelöst, abgedampft zur Abscheidung der SiO_2, der Rückstand mit Salzsäure und Wasser aufgenommen, SiO_2 und Si abfiltriert und in das Filtrat Schwefelwasserstoff eingeleitet. Die dadurch gefällten Sulfide werden auf einem Filter gesammelt, ausgewaschen, vom Filter in das Fällungsglas gespritzt, das auf dem Filter Haftende in verdünnter heißer Salpetersäure dazu gelöst, die Sulfide nach dem Zusatze von Salpetersäure gekocht, mit heißem Wasser verdünnt und wieder gekocht. Nach dem Absetzen wird durch das vorher benutzte Filter abfiltriert, die darauf verbliebene unreine Zinnsäure gewogen, mit Soda und Schwefel (oder mit entwässertem Natriumthiosulfat) geschmolzen, das beim Lösen der Schmelze in heißem Wasser neben CuS zurückbleibende PbS als PbSO$_4$ gewogen und dessen Gewicht von dem der unreinen Zinnsäure in Abzug gebracht. Aus dem stark schwefelsauren Filtrate vom PbSO$_4$ fällt man das Cu im Platintiegel elektrolytisch. Die entkupferte Lösung kann dann noch Cadmium enthalten, das man durch Schwefelwasserstoff fällt und schließlich als CdSO$_4$ wägt (siehe S. 745).

Aus dem Filtrate von den zuerst durch Schwefelwasserstoff gefällten Sulfiden wird der Schwefelwasserstoff ausgekocht, nach dem Abkühlen einige Tropfen Kongorotlösung zugesetzt und nun tropfenweise so lange Ammoniak zugegeben, bis die blaue Färbung der Lösung eben in eine rote übergeht. Dann fügt man 2 g Ammoniumsulfat hinzu, leitet 1 Stunde lang Schwefelwasserstoff ein und bestimmt das ausgefallene ZnS als solches (siehe S. 731). Aus dem Filtrate vom ZnS kocht man den Schwefelwasserstoff fort, zuletzt unter Zusatz einiger Tropfen Bromwasser, kühlt ab, bringt auf 500 ccm, verwendet davon einen Teil zur gemeinsamen Bestimmung von Aluminium und Eisen, während man in einer anderen Portion nach dem Abdampfen mit Salzsäure, Aufnehmen mit wenig Salzsäure und Wasser durch Jodkalium Jod freimacht, dies mit gestellter Natriumthiosulfatlösung titriert und so den Eisengehalt ermittelt.

l) Aluminiummessing.

wird nach dem S. 658 angegebenen Verfahren analysiert.

Thorium.

Durch den großen Verbrauch von Thoriumnitrat in der Gasglühlichtindustrie sind die Rohmaterialien zur Herstellung desselben, besonders der Monazitsand, längst zu wichtigen Handelsartikeln geworden, deren Wertbestimmung nicht selten von den Handelschemikern verlangt wird.

Für die Analyse genügt eine Durchschnittsprobe von 1—5 g Gewicht; in den Laboratorien der Fabriken, die sich mit der Herstellung von Thoriumnitrat befassen, macht man gewöhnlich vor dem Ankaufe der Ware einen fabrikatorischen Versuch mit 10—20 kg Rohmaterial und ermittelt dadurch die daraus zu gewinnende Menge von Thoriumnitrat.

Thorit (auch Orangit, Monazit usw.) wird am besten nach der von E. Hintz und H. Weber (Zeitschr. f. analyt. Chem. 36, 27; 1897) im Freseniusschen Laboratorium ausgearbeiteten Methode untersucht: 1 g der sehr fein geriebenen Substanz wird mit 10—15 ccm rauchender Salzsäure unter Erwärmen aufgeschlossen und die Lösung zur Abscheidung der SiO$_2$ zur Trockne verdampft. Den Rückstand befeuchtet man mit 2 ccm konzentrierter Salzsäure, digeriert, setzt Wasser hinzu und filtriert von der SiO$_2$ ab. Zur Ausfällung von Pb und Cu wird H$_2$S

eingeleitet, abfiltriert, der H_2S aus dem Filtrate fortgekocht, dieses mit
200 ccm Wasser verdünnt und heiß mit der Lösung von 1 g Oxalsäure
gefällt. Nach 2 Tagen wird der Niederschlag (Thoroxalat, Ceroxalat usw.)
abfiltriert, vollständig ausgewaschen und mit 60 ccm einer kaltgesättigten
Lösung von Ammoniumoxalat mehrere Stunden im kochenden Wasserbade behandelt. Die darauf mit 300 ccm Wasser verdünnte Lösung
wird nach zwei Tagen abfiltriert und der Rückstand mit Wasser ausgewaschen, dem eine Spur Ammoniumoxalat zugesetzt worden ist [1]);
zu dem Filtrate setzt man 5 ccm starke Salzsäure, erhitzt, filtriert das
abgeschiedene Thoroxalat nach zweitägigem Stehen ab, wäscht es mit
schwach salzsaurem Wasser aus, trocknet es, führt es durch ·Glühen in
Thoroxyd (ThO_2) über und wägt dieses. Es ist stets durch geringe Mengen
von Ceritoxyden und Yttererde verunreinigt. Zur Trennung hiervon
schließt man die geglühte Thorerde mit $KHSO_4$ auf, löst die Schmelze
in salzsaurem Wasser, verdünnt, fällt mit Ammoniak, filtriert den Niederschlag ab, wäscht ihn aus, löst ihn in Salzsäure und dampft die Lösung
ab. Den Rückstand nimmt man mit Wasser und 2—3 Tropfen gewöhnlicher Salzsäure auf, verdünnt zu 300 ccm, setzt 3—4 g Natriumthiosulfat hinzu und läßt die Lösung einige Minuten kochen. Nach dem
Erkalten filtriert man den Niederschlag (Thorerde) ab und wäscht ihn
aus. Das Filtrat fällt man durch Ammoniak, wäscht den Niederschlag
auf dem Filter aus, löst ihn in Salzsäure, dampft die Lösung zur Trockne
ab, nimmt den Rückstand mit wenig Wasser auf, erhitzt zum Sieden,
setzt heiße und konzentrierte Ammonium-Oxalatlösung hinzu, kocht
noch einige Minuten, verdünnt stark und läßt längere Zeit in der Kälte
stehen. Die abgeschiedenen Oxalate von Ceritoxyden und Ytterde
werden darauf abfiltriert, geglüht und das Gewicht der Oxyde von dem
der unreinen Thorerde (siehe oben) in Abzug gebracht.

Anmerkung: Die Fällung durch Thiosulfat wird zweckmäßig
wiederholt. Das Verfahren hat sich ausgezeichnet bewährt und wird
in den maßgebenden Laboratorien allen anderen vorgezogen. Thorit
und Orangit enthalten in ausgesuchten Stücken über 50 % Thorerde,
kommen aber nur in geringen Mengen vor; fast alles Thoriumnitrat
wird durch Verarbeitung von Monazitsand dargestellt.

Monazitsand wird ebenfalls nach dem vorstehenden Verfahren
untersucht; doch wendet man wegen des geringeren Gehalts desselben an
Thorerde (selten über 6—8 %) eine größere Einwage an, nämlich 5—20 g.
Gewöhnlich wird der Aufschluß des sehr feinen Pulvers durch längeres
Erhitzen mit dem gleichen Gewichte konz. H_2SO_4 auf etwa 200^0 bewirkt
und der erkaltete Aufschluß in kleinen Portionen in durch Eis gekühltes
Wasser eingetragen.

Die Auskochung mit Ammoniumoxalat-Lösung muß mehrfach
wiederholt werden, da verhältnismäßig wenig Thoroxalat aus einer großen

---

[1]) Das Auskochen der Oxalate wird mit je 20 ccm kaltgesättigter Ammoniumoxalat-Lösung so lange wiederholt, wie sich noch wägbare Fällungen von Thoroxalat
durch Ansäuern des Filtrats (je 100 ccm Vol.) mit je 1,7 ccm Salzsäure erhalten
lassen.

Menge von Oxalaten der Ceritoxyde und der Yttererde ausgezogen werden soll.

Thorium-Bestimmung im Monazitsande nach E. Benz. In seiner Abhandlung (Zeitschr. f. angew. Chem. 15, 297; 1902) teilt der Verf. das nachstehende abgekürzte Verfahren mit. 0,5 g gebeutelter Monazitsand werden mit 0,5 g Fluornatrium im Platintiegel innig gemischt und mit 10 g Kaliumpyrosulfat bei aufgelegtem Deckel allmählich bis zum ruhigen Schmelzen erhitzt. Es geschieht dies am besten so, daß man den Platintiegel mittels Asbestring in einem geräumigen Porzellantiegel befestigt. Nach beendigter Dampfentwicklung erhitzt man noch ca. 15 Minuten über freier Flamme zum schwachen Glühen, worauf die erkaltete Schmelze mit Wasser und etwas Salzsäure auf dem Wasserbade ausgelaugt wird. Nach dem Absetzen filtriert man ab, kocht den Rückstand nochmals mit etwas konz. Salzsäure, verdünnt und filtriert wieder. Im Fitrat (ca. 300 ccm) stumpft man die freie Säure durch Ammoniak größtenteils ab (man gehe hierbei aber nicht zu weit und hüte sich, eine bleibende Fällung hervorzurufen, da eine solche nur schwer wieder in Lösung zu bringen ist) und trägt in die zum Sieden erhitzte Lösung 3—5 g Ammoniumoxalat ein, wobei tüchtig mit einem Glasstab gerührt wird. Die Oxalate setzen sich sofort als grobkörniger Niederschlag ab. Man prüft stets, ob ein weiterer Zusatz von Ammoniumoxalat keine Fällung mehr erzeugt. Nach dem Stehen über Nacht filtriert man ab, wäscht die Oxalate mit heißem Wasser aus und spült sie mit möglichst wenig heißem Wasser in eine Porzellanschale. Das Filter wird wiederholt mit heißer konz. Salpetersäure und Wasser abgespritzt und nunmehr der Inhalt der Schale auf dem Wasserbade beinahe bis zur Trockne abgedampft. Dann gibt man erst einige ccm reine, dann 10 ccm rauchende Salpetersäure hinzu, bedeckt mit einem Uhrglase und stellt die Schale wieder auf das Wasserbad. Nachdem die Gasentwicklung (bei der Zerstörung der Oxalate) vollständig beendet ist, spült man Uhrglas und Wandung der Schale ab und dampft zur Trockne ab. Zur vollständigen Austreibung der freien Salpetersäure wird das Abdampfen nach dem Zusatze von etwa 20 ccm Wasser wiederholt. Darauf wird der Rückstand mit 20 ccm Wasser aufgenommen, die Lösung von den Unreinigkeiten durch Filtrieren getrennt, in einem Becherglase unter Zusatz einiger ccm gesättigter Ammoniumnitratlösung mit Wasser zu 100 ccm verdünnt, auf 60—80° erhitzt und durch Zusatz von etwa 10 ccm destilliertem, 2—3 proz. Wasserstoffsuperoxyd alles Thor als Peroxyd gefällt. Dieses wird auf einem Filter gesammelt, ausgewaschen, halb getrocknet, mit dem Filter in einen Platintiegel gebracht, erst bei aufgelegtem Deckel, später ohne denselben bei langsam gesteigerter Temperatur, schließlich stark geglüht und als Thoriumoxyd gewogen. $ThO_2 \times 0,8790 =$ Thor.

Drei vom Verf. mit nur je 0,5 g Substanz ausgeführte Bestimmungen ergaben einen Durchschnittsgehalt von 4,60 % Thoroxyd in einem Monazitsande; mit diesem Resultate stimmten die durch die unverkürzte Methode (a. a. O.) des Verfassers erhaltenen (4,59 und 4,63 %) sehr gut überein.

Anmerkung: Gewöhnlich enthält der mittels H_2O_2 erhaltene Niederschlag, nach Wyrouboff und Verneuil (Compt. rend. **126**, 340; 1898) von der Zusammensetzung Th_4O_7. N_2O_5, eine sehr kleine Menge von Ce als Peroxyd; um ihn hiervon zu befreien, löst man ihn nach dem Auswaschen in HNO_3, dampft zur Trockne usw. und fällt nochmals.

Da selbst bei sehr vorsichtigem Erhitzen des getrockneten Niederschlages zum Zwecke der Umwandlung in ThO_2 leicht **Verlust durch Verstäuben** eintritt, ist es besser, den ausgewaschenen Niederschlag mit wenig Wasser in eine Schale zu spritzen, ihn darin mittels einer Mischung von 2 ccm konz. H_2SO_4 und 3 ccm Wasser, in dem 2 g Jodammonium gelöst sind, aufzulösen und die Lösung durch das benutzte Filter zu gießen. Durch das Jodammonium wird das Verspritzen bei der Auflösung verhindert. Nunmehr fällt man das Thor aus der verdünnten Lösung durch Ammoniak als Hydroxyd, wäscht aus, trocknet, glüht und wägt als ThO_2. —

Nach Umfrage in maßgebenden Laboratorien wird die Thiosulfat-Methode [1]) von Hintz und Weber allgemein angewendet.

Thoriumnitrat. Gute Handelsware stellt eine trockene krümelige Salzmasse von weißer Farbe dar, die beim starken Glühen 47—49 % schneeweißes und sehr voluminöses Thoroxyd hinterlassen soll. Das Präparat kommt sehr rein in den Handel; nicht selten enthält es minimale Mengen anderer seltener Erden, gewöhnlich auch Spuren von Eisenoxyd, Kalk, Magnesia, Alkalien und Schwefelsäure.

Tantal. [2])

Durch die Anwendung des reinen, zu feinsten Drähten (bis 0,03 mm) ausgezogenen Metalls zur Fabrikation von Lampen für elektrische Beleuchtung (Tantallampen von Siemens & Halske) haben die an Tantal reichsten Mineralien, namentlich der Tantalit, technische Bedeutung erlangt, und sie kommen deshalb auch zur Untersuchung in technischen Laboratorien. Der Tantalit, im wesentlichen Ferrotantalat ($FeO . Ta_2O_5$), enthält wechselnde Mengen von MnO, auch ist gewöhnlich ein Teil der Tantalsäure darin durch Niobsäure vertreten.

(Umfassende Ausführungen über die Tantalerze und ihr Vorkommen, die Darstellung, die Eigenschaften und die Verwendung des Tantals gibt P. Breuil in Le Génie Civil $57,_7$ und 25; Österr. Zeitschr. f. Berg-u. Hüttenwesen **57**, 27 und 45; 1909. Siehe auch: Mineral Industry, XVII, 1908 (New York 1909), S. 799—805, über denselben Gegenstand.)

---

[1]) Nach den Erfahrungen von Hauser u. Wirth (Zeitschr. f. angew. Chem. **22**, 484; 1909, „Thor in Monazitsand") kann das Thor mit völliger Sicherheit von den dreiwertigen Erden nur durch Kochen seiner Lösungen mit Thiosulfat befreit werden. Nach zweimaliger Ausfällung mittels dieses Reagenses ist der Niederschlag vollkommen rein.
[2]) F. P. Treadwell, Anal. Chemie **1**, 442—444; 1908; Muspratts Technische Chemie, IV. Aufl. **6**, 1337 ff.; Classen, Ausgew. Methoden.

Gang der Untersuchung.

Gewöhnlich wird das feinstgepulverte Mineral durch Schmelzen mit der 8—10 fachen Menge $KHSO_4$ zersetzt und die Schmelze mit Wasser ausgekocht, wobei die Sulfate von Fe, Mn und event. Cu in Lösung gehen; der Rückstand besteht aus Ta_2O_5 und Niobsäure (Nb_2O_5), nicht selten verunreinigt durch SO_2, WO_3 und SiO_2. Ist dies der Fall, so werden ihm Sn und Wo durch Digerieren mit $(NH_4)_2S$ entzogen, filtriert, mit $(NH_4)_2S$-haltigem Wasser ausgewaschen, entstandenes FeS mit heißer Salzsäure entfernt und schließlich die SiO_2 durch Abrauchen mit HF und H_2SO_4 verjagt. Die so gereinigten „Erdsäuren" löst man unter Erwärmen in starker Flußsäure auf, setzt saures Kaliumfluorid (nach A. Tighe am besten das Doppelte vom vermutlichen Gewichte der Metalle) zu, worauf dann das Tantal aus der hinreichend konzentrierten Lösung in Form von schwerlöslichen (1 Teil erf. 200 Teile Wasser) Krystallnadeln von Tantalkaliumfluorid, K_2TaF_7, ausfällt, während die entsprechende Niobverbindung gelöst bleibt. (Diese Trennung durch fraktionierte Krystallisation gibt leidlich genaue Resultate.) Durch Erhitzen des Doppelfluorids mit dem gleichen Gewichte konz. H_2SO_4 auf 400^0, Auskochen des Rückstandes mit Wasser, starkes Glühen des Rückstandes, zuletzt nach Zusatz von Ammoniumcarbonat, erhält man reine Tantalsäure. $Ta_2O_5 \times 0{,}819 = $ Tantal.

Ein eigentliches Aufschließen des Tantalits, unter Bildung von leicht in Wasser löslichem Kalium-Tantalat und -Niobat, kann durch Schmelzen des Erzpulvers mit K_2CO_3 (in hoher Temperatur) oder mit KOH bewirkt werden (siehe unten, Methoden von Giles und von Simpson).

Technische Methode des Laboratoriums von Kunheim u. Co. [1]).

20 g des feinstgepulverten Materials werden in einer Platinschale mit 200 g $KHSO_4$ ca. 1 Stunde lang, anfangs bei mäßigem Feuer, später über dem Gebläse geschmolzen. Die Schmelze wird mit viel Wasser ausgekocht, der Rückstand auf einem Filter gesammelt und nach dem Auswaschen mit Flußsäure (20 Proz. HF) behandelt. Hierbei soll er sich ganz auflösen, andernfalls ist das Schmelzen mit Bisulfat usw. zu wiederholen. Die flußsaure Lösung wird auf ca. 70^0 erwärmt und mit einer kaltgesättigten Lösung von saurem Kaliumfluorid so lange versetzt, als noch eine Fällung von Tantalkaliumfluorid erfolgt, was bei dem rasch zu Boden gehenden Niederschlag leicht zu beobachten ist. Während des Erkaltens wird scharf darauf geachtet, ob sich etwa am Rande der Schale feine Nadeln (von Niobkaliumfluorid) zeigen; wenn diese auftreten, muß sofort abfiltriert werden, andernfalls bleibt die Schale 2 Stunden stehen. Die Filtration geschieht am besten durch Absaugen auf einem mit einer Siebplatte versehenen Hartgummi-

---

[1]) Nach freundlicher Privatmitteilung.

trichter. Der Rückstand auf dem Filter wird mit wenig kaltem Wasser gewaschen und bleibt vorläufig stehen.

Das Filtrat wird auf die Hälfte eingedampft; erfolgt beim Erkalten eine weitere Ausscheidung, so wird diese als wesentlich aus Kaliumtantalfluorid bestehend angesprochen und nach dem Filtrieren und Waschen mit der Hauptmenge vereinigt.

Die Tantalniederschläge werden nun feucht oder, falls viel Tantal vorhanden ist, getrocknet mit konz. H_2SO_4 in einer Platinschale angerührt und die H_2SO_4 vollkommen abgeraucht. Der Rückstand wird mit Wasser ausgekocht. Nach dem Filtrieren wird die zurückgebliebene rohe Tantalsäure abermals in Flußsäure gelöst und die Fällung mit Kaliumbifluorid wiederholt.

Das so gereinigte K_2TaF_7 wird mit konz. H_2SO_4 zerlegt, der Rückstand mit Wasser ausgekocht, filtriert, der getrocknete Rückstand stark geglüht und dies mit Zusatz von Ammoniumcarbonat wiederholt, um den Rest von Schwefelsäure sicher zu entfernen. Man wägt ihn als Ta_2O_5.

Die Bestimmung der Niobsäure erfolgt durch Ausfällen der beim Abscheiden des K_2TaF_7 gesammelten Filtrate mit Ammoniak. Es wird filtriert, der gewaschene Rückstand mit H_2SO_4 abgeraucht, mit Wasser ausgekocht und die Niobsäure nach dem starken Glühen (zuletzt mit Ammoniumcarbonat) gewogen. $Nb_2O_5 \times 0,7015 = Niob$ (94 At.-G.).

Verfahren von W. B. Giles [1].

Das feingepulverte Material wird in inniger Mischung mit dem $2\frac{1}{2}$—3 fachen Gewichte K_2CO_3 in einem Stahltiegel 1 Stunde lang im Radialgasofen von Griffin geschmolzen. Das Schmelzgut trennt sich leicht vom Tiegel; etwa vorhandenes Zinn haftet an der Wandung. Beim Extrahieren der Schmelze mit heißem Wasser gehen K-Tantalat und -Niobat leicht in Lösung, Fe und Mn bleiben als schwarze Oxyde in Form eines schweren krystallinischen Sandes zurück. (Bei Anwesenheit von viel Zinn wird der Mischung für die Schmelze etwas Ruß oder Weinstein zugesetzt.)

Bei 25 g Substanz beträgt die Lösung ungefähr 1 Liter. Man setzt 4—5 ccm Kaliumsulfidlösung zu, gießt die schwarze Flüssigkeit in eine Mischung von 80—100 ccm konz. Salzsäure (etwas mehr als der K_2CO_3-Menge entspricht) mit etwa 900 ccm heißem Wasser und erhitzt zur Abscheidung der Säuren. Man wäscht durch Dekantieren aus, löst in Flußsäure und trennt (wie oben) durch fraktionierte Krystallisation.

Verfahren von Edward S. Simpson [2].

Verf. schließt in einem Nickel- oder Silbertiegel durch Schmelzen mit einem großen Überschuß von KOH, etwa der 12 fachen Menge,

[1] Chem. Zentralbl. 1909, I, 510.
[2] Chem. News 99, 243; 1908; Chem. Zentralbl. 1909, I, 150.

auf, extrahiert die Schmelze mit Wasser, säuert mit Salzsäure an, scheidet die Säurehydrate (wie oben, Giles-Verf.) durch Kochen aus, löst in HF und scheidet das Tantal als Doppelfluorid (nach Marignac, wie oben) vom Niob. Aus dem Filtrate vom K_2TaF_7 schlägt man das Niob als Hydrat nieder, wägt es als Nb_2O_5, bestimmt in einer zweiten Portion (man hat die zuerst erhaltene Lösung von der Schmelze geteilt) das Gewicht von $Ta_2O_5 + Nb_2O_5$ und ermittelt die Menge der Tantalsäure aus der Differenz. Zinn, Eisen und Mangan werden in dem salzsauren Filtrate vom Gemisch der Säurehydrate bestimmt.

Tantalit soll 60 Proz. Ta_2O_5 und nicht mehr als 3 Proz. Nb_2O_5 enthalten, und frei von Cr sein; der derzeitige Wert solcher Ware beträgt zurzeit (Juli 1910) 4—5 M. pro Kilogramm. — Für eine Tantallampe von 25 Kerzen Lichtstärke werden ca. 650 mm Draht von 0,05 mm Stärke im Gewichte von 22 mg gebraucht, so daß mit 1 kg Tantal 45,000 solcher Lampen hergestellt werden können.

Nachtrag.

O. Baudisch (Chem.-Ztg. **33**, 1298; 1909) hat unter der Bezeichnung „Cupferron" das Ammoniumsalz des Nitrosophenylhydroxylamins, $C_6H_5N(NO)OH$, als Fällungsmittel für dreiwertiges Eisen und für Kupfer, zugleich zur Trennung dieser beiden Metalle von Nickel und Kobalt, Aluminium und Chrom vorgeschlagen; nach den bereits mit diesem zurzeit noch kostspieligen Reagens angestellten quantitativen Trennungen ist es in vielen Fällen mit Vorteil anwendbar und besonderer Beachtung zu empfehlen.

„Über die Fällung von Eisen und Kupfer mit Nitrosophenylhydroxylamin in der quantitativen Analyse" berichten H. Biltz und O. Hödtke in der Zeitschr. f. anorg. Chem. **66**, 426; 1910. Sie arbeiteten mit dem von E. Merck (M. 8,80 pro 100 g) bezogenen Reagens in 6 proz. wäßriger Lösung, die sich einige Wochen ohne wesentliche Veränderung hält, und, wenn getrübt, filtriert wird. Die Fällungen werden ohne Erwärmen und unter Anwendung eines beträchtlichen Überschusses von Reagens vorgenommen. Eisen fällt aus stark salzsaurer, schwefelsaurer oder essigsaurer Lösung vollkommen, selbst 20 ccm konz. Salzsäure, zu 100 ccm Lösung gefügt, stören nicht! 0,1 g Eisen erfordert 0,833 g des Ammoniumsalzes (Cupferron). Die Verf. wendeten einen Überschuß von $^1/_5$ an: es wird die Reagenslösung unter flottem Umrühren zugegeben und der entstandene, flockige und rotbraune Niederschlag nach 15—20 Minuten abfiltriert, wobei anfangs mäßig, späterhin stärker abgesaugt wird. Zunächst wird der Niederschlag mit Wasser (von gew. Temp.) säurefrei gewaschen, dann der Überschuß von Reagens durch Waschen mit stark ammoniakhaltigem Wasser entfernt und zuletzt wieder mit reinem Wasser gewaschen. Man bringt den getrockneten Niederschlag vom Filter, verkohlt dieses im bedeckten Tiegel wegen Neigung der

Fe-Verbindung zum Verstäuben durch allmählich gesteigertes Erhitzen, verascht, bringt die Hauptmenge in den erkalteten Tiegel, verkohlt vorsichtig die organische Substanz, verascht und führt durch intensives Glühen bei reichlichem Luftzutritt in reines Fe_2O_3 über. (Die Verf. weisen besonders auf die Benutzung der sehr praktischen Cl. Winkler-schen Tonesse, von der Kgl. Sächs. Schamottefabrik Muldenhütten b. Freiberg, hin; vgl. Brunck, Zeitschr. f. anal. Chem. 45, 80; 1906) Eine, auch mehrere Bestimmungen gleichzeitig, sind bequem in 2 Stunden ausführbar.

Die Resultate der Trennung des Eisens von Aluminium, Nickel und Chrom waren sehr gute, worüber auch die Belege mitgeteilt werden. Zur Lösung von je 0,0289 g Eisen war bis zum 50 fachen davon an gelöstem Al, Ni und Cr gesetzt worden.

Die Kupferfällung gelingt am besten aus essigsaurer Lösung oder aus mineralsaurer Lösung, die mit der entsprechenden Menge von Natriumacetat versetzt worden ist. Erhebliche Mengen freier Mineral-säuren lösen die Kupferverbindung und verhindern deren quanti-tative Abscheidung. Ein bedeutender Überschuß an Fällungsmittel, das Doppelte der berechneten Menge, ist anzuwenden. Da der hellgraue Kupferniederschlag der Farbe des festen Reagenses sehr gleicht, ist Vollendung der Ausfällung erst nach dem Absetzen des Niederschlages deutlich zu erkennen. Man saugt den Niederschlag auf dem Filter ab, entfernt den Überschuß von Reagens durch Waschen mit 1 proz. Soda-lösung und wäscht zuletzt mit reinem Wasser aus. Das Filter wird mit dem getrockneten Niederschlage im bedeckten Tiegel verkohlt und darauf durch starkes Glühen bei reichlichem Luftzutritte (oder Über-leiten von Sauerstoff) reines CuO erhalten. Die Trennung des Kupfers von Zink (auf 1 Atom Cu 10 Atome Zink) gelingt gut in essigsaurer Lösung, die von Cadmium (Verh. wie vorher) nur in mineralsaurer Lösung. Der Kupferniederschlag wird zuerst mit schwach angesäuertem Wasser gewaschen, dann mit 1 proz. Na_2CO_3-Lösung und schließlich mit reinem Wasser. Bei der Trennung von Zink (Cu angewendet 0,1395 g) waren die Differenzen + 0,4 und + 0,7 mg, bei der von Cadmium (Cu wie oben) + 0,5 und — 0,1 mg.

Baudisch empfiehlt, die gemeinsame Fällung von Kupfer und Eisen aus schwach mineralsaurer Lösung vorzunehmen. Die Verf. waschen in diesem Falle den Niederschlag sorgfältig mit Wasser, lösen dann das Nitrosophenylhydroxylaminkupfer aus dem Niederschlage mit konz. Ammoniaklösung und waschen wieder mit Wasser. Der Eisenniederschlag wird dann wie oben in Fe_2O_3 übergeführt. Bei 0,0578 g Eisen war die Differenz + 2,0 und + 2,1 mg. (Das Fe_2O_3 war jedenfalls kupferhaltig. Ref.) Zur Bestimmung des Kupfers wird die ammoniakalische Lösung stark eingedampft, mit Essigsäure ange-säuert, mit etwas Lösung von Reagens die Fällung quantitativ bewirkt und der getrocknete Niederschlag wie oben in CuO übergeführt. Die Differenzen betrugen (bei 0,0697 g Cu) — 0,3 und nochmals — 0,3 mg.

Eine Trennung von Fe + Cu von Ag, Hg, Pb und Sn scheint mit Cupferron nach vorläufigen Versuchen nicht möglich. Die Verf. erblicken den Hauptwert des neuen Mittels in der Möglichkeit, Eisen bequem von Aluminium, Chrom und Schwefelsäure zu trennen. — **H. Nissenson** (Zeitschr. f. angew. Chem. **23**, 969; 1910) hat das Cupferron mit sehr zufriedenstellendem Erfolge zur Trennung des Eisens von Nickel und Kobalt bei der Analyse eisenreicher Speisen angewendet: 1 g feingepulverte Speise wird in mit Brom gesättigter konz. Salzsäure gelöst und die Lösung abgedampft, wobei sich das Arsen verflüchtigt. Zum Rückstande wird verd. Schwefelsäure gesetzt und bis zum Auftreten weißer Dämpfe eingekocht. Nach dem Erkalten nimmt man den Rückstand mit heißem Wasser auf und leitet H₂S ein. Dann wird filtriert und der H₂S aus dem Filtrate fortgekocht, die Lösung mit H₂O₂ oder Persulfat oxydiert und mit einer Lösung von 8 g Cupferron in 100 ccm Wasser tropfenweise und unter stetem Schütteln versetzt. Der ausgefällte Eisenniederschlag wird abfiltriert, das klare Filtrat bis zum Auftreten schwefelsaurer Dämpfe eingedampft, der Rückstand mit Wasser aufgenommen, mit 50 ccm Ammoniak versetzt, aufgekocht und aus der Lösung Ni und Co elektrolytisch gefällt.

Soll in der Speise auch Arsen bestimmt werden, so wird 1 g in 15 ccm konz. H₂SO₄ in der Hitze aufgelöst, nach dem Erkalten mit heißem Wasser aufgenommen und H₂S eingeleitet. Das Filtrat wird gekocht, oxydiert und wie oben weiter behandelt.

Anmerkung des Refer. Nach den bereits vorliegenden Prüfungsergebnissen ist das „Cupferron" vielseitig verwendbar; ungeeignet dürfte es für die genaue Bestimmung sehr geringer Mengen von Kupfer neben viel Eisen (in Eisen und Stahl, die selten mehr als einige Zehntelprozente Cu enthalten) sein, weil das quantitative Auflösen der Kupferverbindung aus dem großen Volumen des Eisenniederschlages mittels Ammoniak nicht gelingt. Für diesen Fall ist die Fällung des Cu durch H₂S in der Ferrosalzlösung und bei Erzanalysen die Behandlung mit Thiosulfat an Einfachheit und Genauigkeit nicht zu übertreffen. Wenn O. Baudisch, im Vergleiche mit seinem Verfahren, die bewährte Rothesche Trennungsmethode (auch für die Trennung von Eisen und Chrom) als „schwierig auszuführen und umständlich" bezeichnet, so dürfte er mit dieser Beurteilung vereinzelt dastehen. Das Rothesche Verfahren ist mit jedem überall vorhandenen Scheidetrichter und, bei einiger Übung, auch schnell auszuführen. In manchen Fällen erscheint eine Kombination beider Verfahren angebracht, so z. B. bei der Bestimmung des Aluminiums in aluminiumhaltigem Eisen und in Ferroaluminium, wobei die bei dem Ausschütteln mit Äthersalzsäure in der salzsauren Lösung beim Aluminium verbliebene sehr geringe Menge von dreiwertigem Eisen (meist nur 1 mg oder wenig darüber!) schnell und quantitativ mittels Cupferron ausgefällt und so vom Aluminium getrennt werden kann.

Metallsalze.
Eisensalze.

Eisenvitriol (grüner Vitriol, Ferrosulfat, $FeSO_4 + 7 H_2O$). Das
reine Salz bildet blaß-bläulichgrüne, monokline Prismen, die in trockener
Luft schnell verwittern und weiß und undurchsichtig werden; in feuchter
Luft nimmt es Sauerstoff auf und geht allmählich in gelbbraunes basisches Ferrisulfat über.

In Alkohol, Äther und konzentrierter Schwefelsäure ist der Eisenvitriol unlöslich; letztere scheidet aus der konzentrierten wäßrigen Lösung
$FeSO_4 . H_2O$ ab. Die Löslichkeit des Salzes in Wasser ist sehr beträchtlich; 1 Teil Vitriol wird von 1½ Tl. kaltem und ⅓ Tl. Wasser von
100⁰ C gelöst. Reine wäßrige Lösungen von 15⁰ C haben nach den Bestimmungen von Gerlach folgende Gehalte an $FeSO_4 + 7 H_2O$ in
Gewichtsprozenten:

$^0/_0$ $FeSO_4 + 7 H_2O$	Spez. Gew.	$^0/_0$ $FeSO_4 + 7 H_2O$	Spez. Gew.
1	1,005	15	1,082
2	1,011	20	1,112
3	1,016	25	1,143
4	1,021	30	1,174
5	1,027	35	1,206
10	1,054	40	1,239

Der Gehalt an $FeSO_4$ wird am besten durch Titration der verdünnten und mit Schwefelsäure angesäuerten Lösung mit Kaliumpermanganatlösung bestimmt (siehe ,,Eisen", S. 451).

Absichtliche Verunreinigungen des Salzes kommen nicht vor.
Eisenoxyd gibt sich in der schwach salzsauren Lösung durch Ferrocyankalium und Rhodankalium zu erkennen. Kupfer weist man nach, indem
man die durch Salpetersäure in der Siedehitze oxydierte salzsaure Lösung
mit Ammoniak fällt und den Niederschlag von Eisenhydroxyd abfiltriert;
die bläuliche Farbe des Filtrates deutet auf Kupfer. Geringe Mengen
werden noch sicher erkannt, wenn man das ammoniakalische Filtrat mit
Salzsäure schwach ansäuert und einige Tropfen Ferrocyankaliumlösung
hinzusetzt, wodurch eine rotbraune Fällung oder Trübung von Kupfer-
eisencyanür entsteht. Ist der Vitriol kupferhaltig, so leitet man in die
verdünnte, salzsaure Lösung von 1—2 g Substanz Schwefelwasserstoff,
erwärmt, filtriert das CuS ab, oxydiert das Ferrosalz im Filtrate usw.
und fällt das Eisen durch Zusatz von Natriumacetat und Kochen aus. In
dem Filtrate weist man durch Einleiten von Schwefelwasserstoff Zink
durch die weiße Fällung von ZnS nach. Ein etwa entstehender schwarzer
Niederschlag von NiS ist besonders auf eine Beimischung von ZnS zu
prüfen. Mangan, das sehr häufig im Eisenvitriol vorkommt, erkennt
man an der braunen Fällung, welche das Filtrat vom basischen Eisen-
acetatniederschlage beim Zusatze von Natronlauge, Bromwasser und Erhitzen gibt. Zum Nachweise von Tonerde (deren Vorhandensein für

manche Verwendungen des Eisenvitriols besonders schädlich ist) behandelt man den Eisenniederschlag mit heißer, reiner Natronlauge (NaOH aus metallischem Natrium hergestellt, in wenig Wasser gelöst) in einer Platinschale, verdünnt, filtriert ab, neutralisiert das Filtrat mit Essigsäure und kocht, wodurch vorhandene Tonerde ausfällt.

Schwefelsaures Eisenoxyd (Ferrisulfat, $Fe_2(SO_4)_3 +$ aq). Es wird durch Oxydation einer heißen, stark schwefelsauren Eisenvitriollösung mittels Salpetersäure hergestellt und kommt seltener im festen Zustande (weißliche Salzmasse) als gelöst in Form einer braunen Flüssigkeit von 45—50° B. in den Handel, die in der Schwarzfärberei Anwendung findet.

Zur Ermittelung des annähernden Gehaltes der meist durch freie Schwefelsäure und etwas Salpetersäure verunreinigten Lösungen (von 15° C) hat Wolff folgende Tabelle aufgestellt:

% $Fe_2(SO_4)_3$	Spez. Gew.	% $Fe_2(SO_4)_3$	Spez. Gew.
5	1,0426	35	1,3782
10	1,0854	40	1,4506
15	1,1324	45	1,5298
20	1,1825	50	1,6148
25	1,2426	55	1,7050
30	1,3090	60	1,8006

Zur genauen Ermittelung des Fe-Gehaltes wird eine abgewogene Quantität (etwa 1 g) der Lösung mit Wasser und Schwefelsäure verdünnt, das Ferrisalz durch Zink reduziert und die abgekühlte Lösung mit Permanganatlösung titriert. In einer anderen kleinen Menge der Substanz bestimmt man die Schwefelsäure gewichtsanalytisch, am besten nach dem Verfahren von Lunge (Bd. I, S. 322 ff.).

Etwaige Verunreinigung des Präparates durch Salpetersäure wird durch Entfärbung einiger, zur stark schwefelsaurer gemachten Lösung zugesetzten Tropfen von schwefelsaurer Indigolösung in der Hitze konstatiert. Ferrosulfat erkennt man an der Blaufärbung mit einer Lösung von Ferricyankalium, die man mit vorher abgespülten Krystallen frisch bereitet hat. Auf andere Metalle prüft man ebenso, wie für Eisenvitriol angegeben ist.

Eisenalaun (Ferriammoniumsulfat, $Fe_2(SO_4)_3 \cdot (NH_4)_2SO_4 + 24 H_2O$). Im reinen Zustande bildet der Eisenammoniakalaun amethystfarbige Oktaeder, die sich in 3—4 Tl. kaltem Wasser lösen. Das Salz kann von der Herstellung kleine Mengen Ferrosulfat und Salpetersäure einschließen; es wird in der Färberei in den Fällen angewendet, wo ein neutrales Ferrisalz gebraucht wird.

Das entsprechende Kalisalz krystallisiert in farblosen Oktaedern und wird für den gleichen Zweck, jedoch viel seltener verwendet.

Ferrinitrat-Lösung von dunkelbrauner Farbe wird ebenfalls als „Eisenbeize" für die Färberei in den Handel gebracht. Der Gehalt der reinen Lösung läßt sich durch ihr spezifisches Gewicht feststellen. Gewöhnlich enthält das Präparat reichliche Mengen von Ferrisulfat. Den Gehalt an Fe und Schwefelsäure ermittelt man nach den unter „Ferrisulfat" aufgeführten Methoden. Zur Bestimmung des HNO_3-Gehaltes kann man eine abgewogene kleine Quantität der Beize nach dem starken Verdünnen mit Wasser mit überschüssiger Natronlauge kochen, das Filtrat vom Eisenhydroxydniederschlage eindampfen und die Salpetersäure in dieser Nitratlösung, z. B. nach der Methode von Ulsch (Bd. I, S. 379 ff.) in Ammoniak überführen usw.

Eisenacetate kommen in Form einer durch Auflösen von Eisenspänen in roher Essigsäure dargestellten, grünlichschwarzen Lösung in den Handel, die stark nach Holzteer riecht und das Eisen überwiegend als Ferrosalz enthalten soll. Es wird gewöhnlich nur das spezifische Gewicht dieser Eisenbrühe oder Schwarzbeize festgestellt; dasselbe soll annähernd 15—18° Bé betragen.

Eisenchlorid ($FeCl_3$ + aq) kommt als feste, gelbe Masse, annähernd nach der Formel: $FeCl_3$ + 6 H_2O zusammengesetzt, oder als dunkelbraune Lösung in den Handel. Es wird durch Auflösen von Schmiedeeisen in verdünnter Salzsäure und Oxydation der bis zum spez. Gewicht 1,3 eingedampften Lösung mittels Salpetersäure dargestellt. Durch weiteres Eindampfen der konzentrierten Lösung erhält man beim Erkalten das gelbe, feste Eisenchlorid.

Prüfung: Das reine Salz muß sich klar in Wasser lösen; Ferricyankaliumlösung darf keine Blaufärbung (Eisenchlorür) geben. Das Filtrat von der Fällung mit Ammoniak in der Hitze darf nicht blau gefärbt sein (Kupfer) und mit Schwefelammonium versetzt keinen Niederschlag (Cu, Zn, Mn) geben. Freie Salzsäure erkennt man an dem Salmiaknebel, der sich bei der Annäherung eines mit Ammoniak benetzten Glasstabes an die schwach erwärmte, konzentrierte Lösung bildet; freies Chlor bzw. salpetrige Säure in der Lösung verursacht Blaufärbung von angefeuchtetem Jodzinkstärkepapier, wenn man solches dicht über die erwärmte Lösung hält. Den Eisengehalt bestimmt man am besten durch Titration mit Zinnchlorürlösung (siehe „Eisen", S. 454). Wenn das Präparat Eisenchlorür enthält, oxydiert man dasselbe in einer zweiten Probe durch $KClO_3$, kocht alles Chlor fort und titriert nochmals. Aus der Differenz gegenüber der ersten Eisenbestimmung ergibt sich das als $FeCl_2$ vorhandene Eisen.

Temperatur 17,5° C.

% $FeCl_3$	Spez. Gew.	% $FeCl_3$	Spez. Gew.	% $FeCl_3$	Spez. Gew.
2	1,015	22	1,175	42	1,387
4	1,029	24	1,195	44	1,412
6	1,044	26	1,216	46	1,437
8	1,058	28	1,237	48	1,462
10	1,073	30	1,257	50	1,487
12	1,086	32	1,278	52	1,515
14	1,105	34	1,299	54	1,544
16	1,122	36	1,320	56	1,573
18	1,138	38	1,341	58	1,602
20	1,154	40	1,362	60	1,632

Aus dem spezifischen Gewichte der Eisenchloridlösungen ermittelt man den Gehalt an $FeCl_3$ mittels der von Franz aufgestellten Tabelle: (Siehe S. 808.)

Ferrocyankalium (gelbes Blutlaugensalz) und Ferricyankalium (rotes Blutlaugensalz) siehe S. 11 und 17, Ferrocyannatrium S. 19.

Aluminiumsalze.
(Siehe 62 ff.)

Mangansalze.

Mangansulfat, Manganchlorür und Manganacetat finden beschränkte Anwendung in der Färberei zur Herstellung von Manganbister. Die hierzu benutzten Salze müssen eisenfrei sein, was leicht zu konstatieren ist; ein nie fehlender geringer Kalkgehalt schadet nicht.

Kaliumpermanganat (übermangansaures Kali, $KMnO_4$). Das reine Salz bildet schwarzrote, rhombische Krystallnadeln mit grünlichem Metallglanze; es löst sich in 15 Tl. kaltem und 2 Tl. heißem Wasser. Ein speziell für Desinfektionszwecke hergestelltes Präparat kommt als grünliche oder schwärzlich rote, krümelige Masse in den Handel, die K- bzw. Na-Manganat und Permanganat, Manganoxyde, freies Alkali, K- und Na-Nitrat, $KClO_3$ und KCl enthält.

Prüfung: Die mit Schwefelsäure versetzte Lösung wird durch Erwärmen mit wenig Oxalsäure (auch durch Zusatz wäßriger schwefliger Säure) vollkommen entfärbt und gibt beim Übersättigen mit Ammoniak und Zusatz von Schwefelammonium fleischfarbiges Schwefelmangan. Ein Chlorgehalt (Chloride und Chlorate) gibt beim Erhitzen des Salzes mit verdünnter Schwefelsäure Chlorentwickelung, die man am schärfsten mittels Jodkalium-Stärkepapier nachweist.

Schwefelsäure wird in der mit viel Salzsäure gekochten Lösung des Salzes in gewöhnlicher Weise durch $BaCl_2$-Lösung gefällt. Den $KMnO_4$-Gehalt reinerer Präparate bestimmt man durch Titration der stark verdünnten Lösung mit einer gestellten sauren Ferrosulfatlösung.

Natriumpermanganat ($NaMnO_4$). Dieses Salz ist sehr leicht in Wasser löslich, besitzt keine Neigung zum Krystallisieren und kommt als feste, krümelige Masse und in konzentrierten Lösungen in den Handel.

Beide sind stark verunreinigt (siehe oben bei Kaliumpermanganat).

Chromsalze.

Kaliumchromat (gelbes oder neutrales chromsaures Kalium, K_2CrO_4, mit 51,49 % CrO_3). Das reine Salz krystallisiert in citronengelben, rhombischen Pyramiden, deren wäßrige Lösung auf Lackmus schwach alkalisch, auf Phenolphtalein neutral reagiert. In Alkohol ist es unlöslich. Es ist manchmal stark durch das isomorphe Kaliumsulfat verunreinigt und gibt dann in der stark salzsauren, wäßrigen Lösung mit BaCl$_2$-Lösung eine Fällung von BaSO$_4$. Zur quantitativen Bestimmung dieser Verunreinigung wird die schwach salzsaure, wäßrige Lösung mit Baryumchlorid gefällt, der Niederschlag durch Dekantieren ausgewaschen und zur Lösung des Baryumchromats mit Salzsäure und Alkohol digeriert. Den CrO$_3$-Gehalt bestimmt man, indem man die stark mit Schwefelsäure angesäuerte, wäßrige Lösung durch einen Überschuß von Mohrschem Salz reduziert und in der stark verdünnten Lösung das überschüssige Ferrosulfat durch Kaliumpermanganatlösung zurücktitriert (siehe S. 765 „Chrom").

Die spezifischen Gewichte wäßriger Lösungen von 19,5° C. sind nach Kremers, Schiff und Gerlach:

Proz. K$_2$CrO$_4$	Spez. Gew.	Proz. K$_2$CrO$_4$	Spez. Gew.	Proz. K$_2$CrO$_4$	Spez. Gew.	Proz. K$_2$CrO$_4$	Spez. Gew.
1	1,008	11	1,093	21	1,186	31	1,292
2	1,016	12	1,101	22	1,196	32	1,304
3	1,024	13	1,110	23	1,207	33	1,315
4	1,033	14	1,120	24	1,217	34	1,327
5	1,041	15	1,129	25	1,227	35	1,339
6	1,049	16	1,138	26	1,238	36	1,351
7	1,058	17	1,147	27	1,249	37	1,363
8	1,066	18	1,157	28	1,259	38	1,375
9	1,075	19	1,167	29	1,270	39	1,387
10	1,084	20	1,177	30	1,281	40	1,399

100 Teile Wasser lösen bei

0°	58,90 T.	40°	66,98 T.	80°	75,06 T.
10°	60,92 -	50°	69,00 -	90°	77,08 -
20°	62,94 -	60°	71,02 -	100°	79,10 -
30°	64,96 -	70°	73,04 -		

Natriumchromat (Na$_2$CrO$_4$ + 10 H$_2$O). Das sehr leicht in Wasser lösliche Salz kristallisiert aus der auf 52° Bé eingedampften Lösung beim Erkalten in gelben Nadeln aus, die durch Zentrifugieren von der anhaftenden Mutterlauge getrennt werden. Es zieht begierig Feuchtigkeit an und zerfließt. Als Verunreinigungen finden sich Alkalisulfate und Carbonate. Der CrO$_3$-Gehalt wird durch Titration nach S. 765 bestimmt.

Kaliumbichromat (rotes oder saures chromsaures Kalium, K$_2$Cr$_2$O$_7$, mit 68,00 % CrO$_3$). Kommt in schön gelbroten, triklinen Krystallen in den Handel, die gewöhnlich durch etwas Kaliumsulfat verunreinigt sind, auch einen geringen Rückstand beim Auflösen in Wasser hinterlassen. Es ist (wie das neutrale Salz) in der Rotglut schmelzbar und wird in sehr hoher Temperatur in neutrales Salz, Chromoxyd und Sauerstoff zerlegt. Das feste Salz und die wäßrige Lösung sind sehr giftig und ätzen stark. In Alkohol ist es unlöslich.

100 Teile Wasser lösen nach Alluard bei

	$K_2Cr_2O_7$		$K_2Cr_2O_7$		$K_2Cr_2O_7$
0^0	4,6 T.	40^0	25,9 T.	80^0	68,6 T.
10^0	7,4 -	50^0	35,0 -	90^0	81,1 -
20^0	12,4 -	60^0	45,0 -	100^0	94,1 -
30^0	18,4 -	70^0	56,7 -		

Die spezifischen Gewichte und Gehalte der Lösungen von $19,5^0$ C. sind nach Kremers und Gerlach:

$\%$ $K_2Cr_2O_7$	Spez. Gew.	$\%$ $K_2Cr_2O_7$	Spez. Gew.	$\%$ $K_2Cr_2O_7$	Spez. Gew.
1	1,007	6	1,043	11	1,080
2	1,015	7	1,050	12	1,087
3	1,022	8	1,056	13	1,095
4	1,030	9	1,065	14	1,102
5	1,037	10	1,073	15	1,110

Für die Handelsware wird ein CrO_3-Gehalt von 67,5—68,0 % garantiert; man bestimmt die CrO_3 durch Titration und den SO_3-Gehalt gewichtsanalytisch.

Natriumbichromat ($Na_2Cr_2O_7$, mit 76,36 % CrO_3). Das reine Salz kommt in hyazinthroten, triklinen Prismen mit $2H_2O$ krystallisiert in den Handel; dieselben sind sehr hygroskopisch, zerfließen leicht, schmelzen etwas über 100^0 C und verlieren dabei das Krystallwasser. In größter Menge wird es indessen im entwässerten Zustande als eine bröckelige Masse bzw. in Platten und verunreinigt durch Natriumsulfat, unlösliche kohlige Substanzen usw. in den Verkehr gebracht, deren CrO_3-Gehalt 73—74 % betragen soll.

Man bestimmt in der Regel nur den CrO_3-Gehalt durch Titration. Reine, wäßrige Lösungen haben folgende spezifische Gewichte und Gehalte:

% $Na_2Cr_2O_7$	Spez. Gew.	% $Na_2Cr_2O_7$	Spez. Gew.
1	1,007	30	1,208
5	1,035	35	1,245
10	1,071	40	1,280
15	1,105	45	1,313
20	1,141	50	1,343
25	1,171		

Chromfluorid ($CrF_3 + 4 H_2O$). Das Fluorid und seine Doppelsalze dissoziieren leicht in wäßrigen Lösungen unter Abscheidung von Chromhydroxyd, $Cr(OH)_3$, und werden seit einigen Jahren als Beizmittel in der Färberei und im Zeugdruck angewendet. Im Handel kommt das Fluorid als luftbeständiges, dunkelgrünes Pulver vor, das in hölzernen oder kupfernen Gefäßen in Wasser gelöst wird.

Chromacetat, Chromchlorid, Chromisulfat usw. finden ebenfalls als Chrombeizen ausgedehnte Anwendung in der Färberei usw.

Chromalaun $(Cr_2(SO_4)_3 . K_2SO_4 + 24 H_2O$, mit 15,24 % Cr_2O_3, 9,43 % K_2O, 32,06 % SO_3). Das Präparat bildet große Oktaeder, die im auffallenden Lichte schwarz, im durchfallenden Lichte dunkelviolett gefärbt erscheinen. In 100 Tl. kaltem Wasser lösen sich etwa 20 Tl. mit bläulich-violetter Farbe auf; durch Kochen wird die Lösung grün und gibt nach dem Eindampfen erst Krystalle, wenn sie längere Zeit in der Kälte gestanden hat. Der Chromalaun entsteht in großen Massen als Abfallprodukt aus der zu Oxydationszwecken, z. B. bei der Fabrikation von Anthrachinon usw., benutzten Mischung von Kaliumchromatlösungen und Schwefelsäure.

Den Cr_2O_3-Gehalt bestimmt man durch Oxydation des Cr_2O_3 zu CrO_3 in der mit Kali oder Natron versetzten Lösung mittels in kleinen Mengen zugegebenen Natriumsuperoxyds, Zerstörung des Überschusses von Natriumsuperoxyd durch Erwärmen der Lösung unter Einleiten von Kohlensäure, starkes Ansäuern der abgekühlten Lösung mit Schwefelsäure und Titration der Chromsäure nach S. 765. Etwaige Verunreinigung des Alauns durch Kaliumsulfat ergibt sich aus der wie gewöhnlich ausgeführten SO_3-Bestimmung und der Ermittelung des Glühverlustes (Wasser) bei mäßiger Hitze.

Zinksalze.

Zinkvitriol $(ZnSO_4 + 7 H_2O)$. Im reinen Zustande bildet das Salz farblose, glasglänzende, rhombische Krystalle, die in trockener Luft schnell verwittern und beim schnellen Erhitzen im Krystallwasser schmelzen. Aus Lösungen von 30° C krystallisiert es mit 6 Molekülen Wasser; diese verliert das Salz beim Erhitzen auf wenig über 100° C, während das letzte Wasser erst beim gelinden Glühen fortgeht.

In starker Glühhitze zersetzt sich der Zinkvitriol in ZnO, SO_2 und O. Das rohe Salz kommt in Platten und Kegeln in den Handel, die man aus geschmolzenen Krystallen hergestellt hat.

Die häufigst vorkommende Verunreinigung ist Mangansulfat; seltener finden sich kleine Mengen der Sulfate von Cu, Fe, Ca, Mg und Cd darin. Mangan und Eisen scheiden sich beim Übersättigen der wäßrigen Lösung mit Ammoniak beim Stehen an der Luft als Hydroxyde aus.

Kupfer und Cadmium werden durch Schwefelwasserstoff aus der mit Schwefelsäure angesäuerten wäßrigen Lösung gefällt. Die unerhebliche Verunreinigung durch $CaSO_4$ und $MgSO_4$ beeinträchtigt die technische Verwendung des Vitriols nicht.

100 Teile Wasser lösen

bei	$ZnSO_4$	$ZnSO_4 + 7 H_2O$	bei	$ZnSO_4$	$ZnSO_4 + 7 H_2O$
0°	43,02	115,22	60°	74,20	313,48
10°	48,36	138,21	70°	79,25	369,36
20°	53,13	161,49	80°	84,60	442,62
30°	58,40	190,90	90°	89,78	533,02
40°	63,52	224,05	100°	95,03	653,59
50°	68,75	263,84			

Spezifische Gewichte und Gehalte wäßriger Lösungen bei 15⁰ C.

% $ZnSO_4$ + 7 H_2O	Spez. Gew.	% $ZnSO_4$ + 7 H_2O	Spez. Gew.
5	1,029	35	1,231
10	1,059	40	1,271
15	1,091	45	1,310
20	1,124	50	1,352
25	1,167	55	1,399
30	1,193	60	1,445

Chlorzink ($ZnCl_2$). Das wasserfreie Chlorid ist eine durchscheinende weißliche Masse vom spez. Gew. 2,75 (Zinkbutter), die sehr hygroskopisch ist, sich sehr leicht in Wasser und Alkohol löst, bei 100⁰ schmilzt und in der Rotglut destilliert. Es entzieht organischen Substanzen die Elemente des Wassers, verkohlt Holz, verwandelt in konzentrierter Lösung Papier in Pergamentpapier und wirkt höchst ätzend. In den Handel kommt es in Form von Stücken, die man gewöhnlich nur auf ihre Löslichkeit in Wasser (Freisein von Oxychlorid) prüft. Die konzentrierten wäßrigen Lösungen von Chlorzink, ebenfalls Handelsware, prüft man auf freie Säure (Entfärbung von Ultramarinpapier) und auf ihr spez. Gew.

Die Gehalte und spezifischen Gewichte wäßriger Lösungen bei 19,5⁰ C sind nach Krämer:

% $ZnCl_2$	Spez. Gew.	% $ZnCl_2$	Spez. Gew.
5	1,045	35	1,352
10	1,091	40	1,420
15	1,137	45	1,488
20	1,186	50	1,566
25	1,238	55	1,650
30	1,291	60	1,740

Zinkacetat, $Zn(C_2H_3O_2)_2$ + 2 H_2O, löst sich sehr leicht in Wasser, und wird als Beizmittel in der Färberei angewendet. Auf Verunreinigungen prüft man es wie den Zinkvitriol.

Kupfersalze.

Kupfervitriol ($CuSO_4$ + 5 H_2O). Das Salz kommt in großen, hellblauen und durchsichtigen triklinen Krystallen in den Handel, die in trockner Luft oberflächlich verwittern. Am häufigsten ist der Vitriol durch Ferrosulfat verunreinigt, seltener durch erhebliche Mengen von Zink- und Nickelsulfat; fast immer enthält er Spuren von Wismut, Arsen und Antimon. Gewöhnlich prüft man nur auf Freisein von Eisen, indem man die wäßrige Lösung mit Ammoniak übersättigt. Zur genauen Untersuchung empfiehlt sich die Hampesche Methode der „Handelskupferanalyse" (siehe S. 635 u. f.). Fällt man aus der Lösung einer abgewogenen Menge (3—5 g) des Salzes das Kupfer elektrolytisch aus, so geben sich hierbei schon nennenswerte Mengen von Arsen und Antimon zu erkennen (siehe S. 613).

Beim Erhitzen auf ca. 200^0 C. verliert der Kupfervitriol alles Wasser und gibt ein weißliches, sehr hygroskopisches Pulver. In Alkohol ist er unlöslich. 100 Teile Wasser lösen nach Poggiale bei

10^0	20^0	40^0	80^0	100^0	
36,9	42,3	56,9	118,0	203,3	Tl. $CuSO_4 + 5 H_2O$
20,9	23,5	30,3	53,1	75,3	Tl. $CuSO_4$

Gehalt und spez. Gew. der Lösungen bei 15° C.

% $CuSO_4+5H_2O$	Spez.Gew.	% $CuSO_4+5H_2O$	Spez.Gew.	% $CuSO_4+5H_2O$	Spez.Gew.
1	1,007	10	1,069	19	1,144
2	1,013	11	1,076	20	1,152
3	1,020	12	1,084	21	1,160
4	1,027	13	1,091	22	1,169
5	1,033	14	1,096	23	1,177
6	1,040	15	1,114	24	1,185
7	1,048	16	1,121	25	1,193
8	1,055	17	1,129		
9	1,062	18	1,137		

Kupferchlorid ($CuCl_2$, krystallisiert: $CuCl_2 + 2 H_2O$). Gewöhnlich wird es nur auf einen Eisengehalt geprüft (wie Kupfervitriol, siehe oben) und der Kupfergehalt durch Titration der heißen, salzsauren Lösung mittels Zinnchlorürlösung nach dem Verfahren von Weyl (S. 618 u. f.) bestimmt. Verunreinigende Alkalisalze (NaCl usw.) erhält man, wenn man das Kupfer aus der wäßrigen Lösung durch Schwefelwasserstoff fällt und das Filtrat vom CuS abdampft. Das reine, wasserhaltige Salz bildet schön grüne, rhombische Prismen oder Nadeln; das durch Erhitzen über 100^0 entwässerte Chlorid bildet eine braune, sehr hygroskopische Masse. In Wasser und Alkohol ist es leicht löslich.

Wäßrige Lösungen von $17,5^0$ C. haben nach Franz folgende Gehalte:

%$CuCl_2$	Spez. Gew.	%$CuCl_2$	Spez. Gew.	%$CuCl_2$	Spez. Gew.
2	1,018	16	1,170	30	1,362
4	1,036	18	1,195	32	1,395
6	1,055	20	1,222	34	1,429
8	1,073	22	1,250	36	1,462
10	1,092	24	1,278	38	1,495
12	1,118	26	1,306	40	1,528
14	1,144	28	1,334		

Kupfernitrat, $Cu(NO_3)_2 + 6 H_2O$. Die bei niedriger Temperatur erhaltene Verbindung mit $6 H_2O$ schmilzt schon bei ca. 30^0 C und bildet hellblaue tafelförmige Krystalle; in geringerer Kälte erhält man dunkelblaue, prismatische Krystalle des Salzes mit $3 H_2O$, die bei $115^0 C$ schmelzen. Beide Salze sind sehr hygroskopisch und leicht löslich in Wasser und Alkohol. Als Verunreinigungen finden sich vor: Nitrate von Pb, Zn und Na, sowie Sulfate von Cu und Na. Die nicht absichtlich verunreinigte Handelsware soll bis zu 7 % an Verunreinigungen enthalten.

Blei kann man durch Abdampfen der Lösung mit überschüssiger Schwefelsäure als Sulfat abscheiden und bestimmen; aus dem Filtrate vom $PbSO_4$ fällt man das Kupfer elektrolytisch, aus der entkupferten Lösung das Zink (nach dem Neutralisieren der Lösung mit Ammoniak) durch Schwefelwasserstoff als ZnS. Das Filtrat von ZnS wird eingedampft, die Ammonsalze verjagt und in dem Glührückstande Ca, Mg und Alkalisalze bestimmt. Zur SO_3-Bestimmung wird eine besondere Portion wiederholt mit Salzsäure abgedampft und die verdünnte salzsaure Lösung heiß durch $BaCl_2$-Lösung gefällt.

Kupferacetat (krystallisierter Grünspan, $Cu(C_2H_3O_2)_2$, H_2O). Das in dunkel-blaugrünen Krystallen in den Handel kommende Salz ist gewöhnlich sehr rein und nur durch eine minimale Menge Eisen verunreinigt. Man prüft es auf seine Reinheit wie den Kupfervitriol.

Bleisalze.

Bleiacetat (Bleizucker, $Pb(C_2H_3O_2)_2$. $3 H_2O$).

Der reine, weiße Bleizucker krystallisiert in farblosen Tafeln oder Säulen, die in trockener Luft verwittern, allmählich Wasser und etwas Essigsäure unter Aufnahme von Kohlensäure verlieren. Frisch bereitetes Salz löst sich vollkommen klar in Wasser; die Lösung des verwitterten Salzes ist durch Bleicarbonat getrübt, das man durch einige Tropfen Essigsäure auflöst. Bei $75^0 C.$ schmilzt das Salz im Krystallwasser, wird bei 100^0 wasserfrei und fest und schmilzt dann wieder bei 280^0. 1 Tl. Salz löst sich bei 15^0 in 1,5 Tl. Wasser, bei 40^0 in 1 Tl., bei 100^0 in 0,5 Tl. Alkohol löst etwa $1/8$ seines Gewichts; in Äther ist es unlöslich. Fällt man die Lösung durch Schwefelwasserstoff, so darf das Filtrat vom PbS keinen Abdampfungsrückstand hinterlassen (Eisen). Auf Kupfer prüft man, indem man eine konzentrierte wäßrige Lösung des Salzes durch Schwefelsäure fällt und das eingedampfte Filtrat vom $PbSO_4$ mit Ammoniak übersättigt.

Brauner Bleizucker. Dieses aus rohem Holzessig und Glätte hergestellte Präparat kommt im geschmolzenen Zustande in unregelmäßigen Stücken in den Handel. Man bestimmt den Bleigehalt durch Ausfällung aus der Lösung des Salzes mittels Schwefelsäure.

Den **Essigsäuregehalt** im Bleizucker und Bleiessig bestimmt man nach Salomon, indem man die Lösungen mit titrierter Kalilauge bei Gegenwart von Phenolphtalein stark alkalisch macht und den Überschuß mit gestellter, gleichwertiger Essigsäure bis zum Verschwinden der Rotfärbung zurücktitriert. Aus der Differenz ergibt sich die an Blei gebundene Essigsäure. Bleiessig wird zunächst mit titrierter Essigsäure angesäuert, Kalilauge im Überschuß zugesetzt und dann mit Essigsäure zurücktitriert.

Fresenius fällt die Auflösung von 5 g Bleizucker in Wasser in einem $1/_4$-Literkolben durch einen gemessenen kleinen Überschuß von Schwefelsäure, schwenkt um, füllt zur Marke auf, setzt noch so viel Wasser hinzu, wie dem Volumen des ausgefallenen Bleisulfats (spez. Gew. 3,6) entspricht, schüttelt und filtriert durch ein trockenes Filter. Aus einem Fünftel des Filtrats (50 ccm) fällt man die Schwefelsäure durch Chlorbaryumlösung, wägt das Baryumsulfat und findet so aus der zur Fällung des Bleies verbrauchten Schwefelsäure den Bleigehalt des Acetats. Weitere 50 ccm werden mit Normalalkali titriert, die Schwefelsäure in Abzug gebracht und dadurch der Essigsäuregehalt des Bleiacetats ermittelt.

Bleinitrat, $Pb(NO_3)_2$. Das Salz kommt in farblosen oder weißen, regulären Krystallen (Oktaeder und Kombination von Oktaeder und Würfel) in den Handel, die selten nennenswert verunreinigt sind. In Wasser ist es ziemlich leicht löslich; die bei 20° C. gesättigte Lösung (spez. Gew. 1,415) enthält 37 % $Pb(NO_3)_2$. Schwache Salpetersäure und 90 proz. Alkohol lösen nur geringe Mengen; in starker Salpetersäure und absolutem Alkohol ist es unlöslich.

Zur Prüfung auf Verunreinigungen führt man das Blei durch Abdampfen der Lösung mit überschüssiger Schwefelsäure in Sulfat über und untersucht den beim Verdampfen des Filtrats vom $PbSO_4$ etwa verbleibenden Rückstand auf Cu, Fe und Ca.

Bleisulfat, $PbSO_4$. Rohes Bleisulfat wird in großen Massen als Nebenprodukt bei der Darstellung von Aluminiumacetat und Ferriacetatlösungen in den Kattundruckereien erhalten und zum größten Teil an Bleihütten verkauft. Kleinere Mengen werden zu Bleifarben (Bleiweiß, Chromgelb, Mennige) verarbeitet. Es kommt als wasserhaltige und bräunlich gefärbte Masse in den Handel, die Färbung rührt von dem zur Umsetzung mit Alaun oder Eisenalaun verwendeten holzessigsauren Blei her. Die Untersuchung erstreckt sich gewöhnlich nur auf die Bestimmung des Bleigehalts. Man löst eine Durchschnittsprobe von einigen g in einer heißen konzentrierten Lösung von Ammoniumacetat, filtriert und fällt aus der verdünnten Lösung durch Schwefelsäure reines Bleisulfat. Auf den Hüttenwerken probiert man die Ware auf trockenem Wege, durch Schmelzen mit Pottasche, Mehl und Eisen (s. „Bleiproben" S. 661 u. f.).

Zinnsalze.

Zinnchlorür (Zinnsalz, $SnCl_2 + 2 H_2O$). Die Handelsware besteht aus fettglänzenden, farblosen oder blaß gelblichweißen Krystallnadeln, die von der anhaftenden Mutterlauge durch Zentrifugieren befreit sind. Gewöhnlich enthält es nur die dem zur Herstellung verwendeten Zinn und der Salzsäure entstammenden Verunreinigungen in geringer Menge; selten ist es durch Bittersalz oder Zinkvitriol verfälscht.

Nur das frisch bereitete Präparat löst sich in wenig Wasser und in absolutem Alkohol vollkommen auf; längere Zeit der Luft ausgesetzte Ware enthält in Wasser unlösliches Oxychlorid, das durch Erhitzen der salzsauren Lösung mit Zinnzusatz wieder in $SnCl_2$ übergeführt wird. Beim starken Verdünnen der wäßrigen Lösung scheidet sich reichlich Oxychlorür, $Sn(OH)Cl$, ab; mit Salzsäure, Salmiak oder Weinsäure versetzte Lösungen bleiben klar. Das feste Salz und seine Lösungen nehmen begierig Sauerstoff aus der Luft auf.

Untersuchung. Man bestimmt den $SnCl_2$-Gehalt, indem man eine abgewogene Quantität des Salzes in heiße, salzsaure Eisenchloridlösung (im Überschuß angewendet) einträgt und in der sehr stark verdünnten, mit Schwefelsäure und Natriumsulfat oder Mangansulfat versetzten Lösung das entstandene Eisenchlorür mit Permanganatlösung titriert (siehe „Eisen" S. 454).

Nach Lenssen wird die mit Seignettesalz und einer Lösung von $NaHCO_3$ versetzte Zinnsalzlösung mit Jodlösung nach dem Zusatze frisch bereiteter Stärkelösung bis zum Eintritte der Blaufärbung titriert; 253,84 Tl. Jod entsprechen 119 Tl. Zinn.

Verunreinigungen durch Blei, Kupfer, Zink und Eisen bleiben als Schwefelmetalle zurück, wenn man die mit Ammoniak übersättigte Lösung des Salzes mit einer reichlichen Menge von gelbem Schwefelammonnium versetzt und einige Zeit erwärmt. Schwefelsaure Salze veranlassen Fällung von $BaSO_4$ in der stark salzsauren, verdünnten Lösung. Nach Merz bleiben Zinksulfat und Magnesiumsulfat als krystallinische Teilchen ungelöst zurück, wenn man einige g des Salzes mit der fünffachen Menge absoluten Alkohols verrührt; etwa vorhandenes Zinnoxychlorid bleibt hierbei in Flocken ungelöst.

Die Gehalte der mit Salzsäure versetzten wäßrigen Lösungen lassen sich annähernd aus ihrem spezifischen Gewichte ermitteln.

Gerlach hat für Lösungen von 15° C folgende Tabelle aufgestellt:

$\%\,SnCl_2$ $+2H_2O$	Spez.Gew.	$\%\,SnCl_2$ $+2H_2O$	Spez.Gew.	$\%\,SnCl_2$ $+2H_2O$	Spez.Gew.	$\%\,SnCl_2$ $+2H_2O$	Spez.Gew.
2	1,013	22	1,161	42	1,352	62	1,613
4	1,026	24	1,177	44	1,374	64	1,644
6	1,040	26	1,194	46	1,397	66	1,677
8	1,054	28	1,212	48	1,421	68	1,711
10	1,068	30	1,230	50	1,445	70	1,745
12	1,083	32	1,249	52	1,471	72	1,783
14	1,097	34	1,268	54	1,497	74	1,821
16	1,113	36	1,288	56	1,525	75	1,840
18	1,128	38	1,309	58	1,554		
20	1,144	40	1,330	60	1,582		

Zinnchlorid (Doppelchlorzinn, $SnCl_4$). Die reine, flüssige Verbindung kommt selten in den Handel; weit häufiger kommt es als wasserhaltige, mit Chlornatrium versetzte Salzmasse und in konzentrierten Lösungen vor. Lösungen von Zinn in Königswasser werden in der

Färberei salpetersaures Zinn, Zinnkomposition, Zinnsolution, Physik, Scharlachkomposition, Rosiersalz usw. genannt und sind gewöhnlich durch freie Salpetersäure, Eisenchlorid, Chlorzink, Kochsalz und Zinnchlorür verunreinigt oder absichtlich (mit den drei letztgenannten Verbindungen) versetzt. Mit 5 H_2O bildet das Chlorid eine weiße Salzmasse, die wie die anderen Präparate verwendet wird.

Prüfung. Zinnchlorür gibt sich beim Zusatze von Sublimatlösung durch Abscheidung von Quecksilberchlorür (Kalomel) zu erkennen; Kupfer, Blei, Zn und Fe bleiben als Schwefelmetalle bei der Behandlung mit Ammoniak und Schwefelammonium zurück. Alkalisalze erhält man neben Zn- und Fe-Salzen, wenn man das Zinn aus der Lösung durch Schwefelwasserstoff fällt und das Filtrat abdampft. Salpetersäure weist man durch ein Stückchen Eisenvitriol nach, der die Flüssigkeit in der nächsten Umgebung rot färbt.

Den Gesamt-Zinngehalt findet man, indem man einen Streifen von reinem, starkem Zinkblech etwa 12 Stunden in der Lösung stehen läßt, das ausgefällte schwammige Zinn mit einem Haarpinsel herunterbringt, es auswäscht, in heißer Eisenchloridlösung auflöst und das entstandene Eisenchlorür in der Lösung titriert (siehe oben, Zinnchlorür).

$$Sn + 2\,FeCl_3 = SnCl_2 + 2\,FeCl_2.$$

Man kann das Zinn auch in Salzsäure lösen und in der Lösung nach dem Verfahren von Lenssen oder dem von Victor mitgeteilten Verfahren („Zinn" S. 700) titrieren.

In einer besonderen Probe titriert man das vorhandene Zinnchlorür nach demselben Verfahren und findet so das in dem Präparate enthaltene Zinnchlorid aus der Differenz beider Zinnbestimmungen.

Wenn die Zinnchloridlösung nicht erheblich verunreinigt ist, läßt sich ihr annähernder Gehalt aus dem spezifischen Gewicht feststellen. Man benutzt hierzu die nachstehende Tabelle von Gerlach: Temperatur der Lösungen 15° C.

% $SnCl_4$. 5 H_2O	Spez. Gew.	% $SnCl_4$. 5 H_2O	Spez. Gew.
5	1,030	45	1,320
10	1,059	50	1,366
15	1,091	55	1,416
20	1,124	60	1,468
25	1,158	65	1,526
30	1,195	70	1,587
35	1,235	80	1,727
40	1,276	90	1,893

Ammoniumzinnchlorid (Pinksalz, $SnCl_4$. 2 NH_4Cl). Dieses Präparat bildet schöne weiße Krystalle, die sich sehr leicht in Wasser lösen. Man prüft (wie oben) auf den Zinngehalt, da das Salz häufig einen Überschuß von Salmiak enthält. Es wird vielfach als Ersatz für das stärker ätzende Zinnchlorid in der Färberei usw. verwendet.

Natriumstannat (zinnsaures Natron, Präpariersalz, $Na_2SnO_3 + 3\,H_2O$). Das reine Salz bildet farblose Krystalle; die gewöhnliche Handelsware pflegt stark durch Soda und Ätznatron verunreinigt zu sein, ist auch nicht selten arsenhaltig. Man bestimmt den Zinngehalt durch Ausfällen mittels Zink, Lösen des ausgewaschenen Zinns in Salzsäure und Titrieren nach dem Verfahren von Lenssen (S. 817). Auf Arsen prüft man mit Benutzung eines einfachen Marshschen Apparates.

Silber- und Goldsalze.

Silbernitrat (Höllenstein, $AgNO_3$). Das reine Salz krystallisiert in großen, farblosen rhombischen Tafeln, die sich, wenn Staub hinzutreten kann, am Licht schwärzen. Bei 218^0 C. schmilzt das Nitrat und erstarrt zu einer krystallinisch-strahligen Masse. In Wasser und Alkohol ist es leicht löslich. 100 Teile Wasser lösen bei:

0^0	$19,5^0$	54^0	85^0	100^0	
121,9	227,3	500	714	1111	Teile $AgNO_3$.

Prüfung. Das reine Salz löst sich vollkommen klar in Wasser auf, die farblose Lösung darf sich beim starken Übersättigen mit Ammoniak nicht trüben (Blei, Wismut) oder bläulich färben (Kupfer).

Den Silbergehalt bestimmt man gewichtsanalytisch als Chlorsilber, maßanalytisch durch Titration mit Rhodanammoniumlösung nach der Methode von Volhard (siehe S. 554). Das für chirurgische Zwecke in Stengeln (Ätzstifte) in den Handel kommende Salz ist von solchen, die für den gleichen Zweck durch Zusammenschmelzen mit Kaliumnitrat hergestellt werden, durch das Aussehen nicht zu unterscheiden. Man berechnet den Salpetergehalt entweder aus dem Resultate der Silberbestimmung (als Differenz an 100 %), oder man bestimmt in dem Abdampfungsrückstande des Filtrates vom Chlorsilber das Chlorkalium und berechnet daraus das Kaliumnitrat. Qualitativ erkennt man das Vorhandensein von Salpeter, wenn man einen Streifen Fließpapier mit der wäßrigen Lösung tränkt, trocknet und verascht, an der stark alkalischen Reaktion des Rückstandes.

Goldchlorid ($AuCl_3$) bildet eine gelbbraune, zerfließliche Masse, die sich leicht und mit gelbroter Farbe in Wasser, Alkohol und Äther löst.

Chlorwasserstoff-Goldchlorid ($HAuCl_4 + 4 H_2O$) bildet lange, gelbe Krystallnadeln. Beim vorsichtigen Erhitzen im bedeckten Porzellantiegel bis zum starken Glühen hinterlassen beide Präparate reines Gold, das reine Chlorid ($AuCl_3$) 64,96 %, die salzsaure Verbindung 47,85 %.

Natriumgoldchlorid (Goldsalz, $NaAuCl_4 + 2 H_2O$). Das Salz krystallisiert in goldgelben, rhombischen Prismen, die leicht verwittern. Der Goldgehalt beträgt 49,5 %. Es ist in Wasser leicht löslich.

Kaliumgoldchlorid ($KAuCl_4 + 2 H_2O$) und **Ammoniumgoldchlorid** ($2 NH_4AuCl_4 + 5 H_2O$) sind gelbe, gut krystallisierende Salze, die wie das „Goldsalz" verwendet werden.

Untersuchung. Zur Goldbestimmung erhitzt man eine kleine Einwage der mit dem halben Gewichte Soda gemischten Salze in einem bedeckten Porzellantiegel allmählich zum Glühen, läßt erkalten, löst die Salze in heißem Wasser, trocknet, glüht und wägt das Gold. Von Verunreinigungen findet sich nur Kupfer in Spuren vor. Zur Bestimmung desselben fällt man das Gold aus der salzsauren Lösung der Goldverbindung durch Zusatz von reinem Eisenvitriol unter Erwärmen aus und leitet in das Filtrat längere Zeit Schwefelwasserstoff.

Calciumcarbid und Acetylen.[1]

Von

Prof. Dr. G. Lunge und Privatdozent Dr. E. Berl, Zürich.

A. Ausgangsmaterialien für die Fabrikation des Carbids.

1. Koks. Es kommt darauf an, daß dieser möglichst aschen- und schwefelfrei, ferner aber fest, hart und porös sei. Die Untersuchung dafür ist Bd. I, S. 289 und S. 506, beschrieben. Im übrigen ist es gleichgültig, ob man Hüttenkoks oder Gaskoks verwendet; allerdings wird der erstere meist reiner als der letztere sein.

2. Kalkstein. Nach D u p a r c (Chem.-Ztg. 28, 689; 1904) soll dieser zur Fabrikation von Calciumcarbid nicht über 0,02—0,025 % P_2O_5 enthalten (Bildung von PH_3), und nicht über 2—2½ % MgO, welche das Schmelzen erschwert, auch nicht zu viel SiO_2 oder Silikate. Zur Bestimmung so kleiner Mengen von Magnesia bei Gegenwart von viel Kalk verwendet er 5—6 g und scheidet den Kalk in essigsaurer Lösung aus. Die Phosphorsäure bestimmt er in 100 g Substanz; er löst in Salpetersäure auf, konzentriert die Lösung, gießt bei 50⁰ warme Molybdatlösung (S. 422) zu, filtriert, wäscht mit Ammonnitratlösung, löst in Ammoniak und fällt mit Magnesiamischung unter Vermeidung größerer Flüssigkeitsmengen und unter Anwendung von recht kleinen Filtern beim nachfolgenden Filtrieren.

Auch die physikalische Beschaffenheit des Kalksteins ist für seine Verwendung von Wichtigkeit, indem dichte, möglichst krystallinische Varietäten sich zur Carbidfabrikation besser eignen als minder dichte.

B. Calciumcarbid als Handelsprodukt.

Das technische Calciumcarbid enthält außer der Verbindung CaC_2 noch eine ganze Anzahl von anderen Körpern. M o i s s a n (Compt. rend. 127, 457; 1898, Chem. Zentralbl. 1898, II, 988) zersetzte Calciumcarbid mit Zuckerlösung, so daß der Kalk in Lösung blieb; im Rückstande (3,2 bis 5,3 %) konnten chemisch und mikroskopisch nachgewiesen werden: Siliciumcarbid (Carborundum), manchmal Calciumsilicid und krystallisierte Kieselsäure, Schwefelcalcium und Schwefel-

---

[1] Ausführliches hierüber in: H a n d b u c h f ü r A c e t y l e n in tech-n i s c h e r u n d w i s s e n s c h a f t l i c h e r H i n s i c h t. Von N. C a r o, A. L u d w i g, J. H. V o g e l, herausgegeben von Professor Dr. J. H. V o g e l. Braunschweig 1904.

aluminium, Ferrosilicium und Carboferrosilicium, Phosphorcalcium und Graphit (niemals Diamant).

Das Vorkommen von Ferrosilicium, Siliciumcarbid (Carborundum) usw. im technischen Calciumcarbid ist zwar wissenschaftlich interessant, aber für die Verwendung zur Acetylenentwicklung unwesentlich. H e m p e l und K a h l (Zeitschr. f. angew. Chem. 11, 53; 1898) fanden in amerikanischem Calciumcarbid 6—8 % Carborundum und Eisensilicid neben 0,2—0,24 % Kieselsäure.

A h r e n s (Zeitschr. f. angew. Chem. 13, 439; 1900) hat als zufällige Verunreinigungen in Calciumcarbid Eisensilicid, Carboferrosilicium und Kupfereisensilicid gefunden und beschreibt die dafür angewendeten analytischen Methoden.

Bei der Analyse des technischen Calciumcarbids steht in erster Linie die G e s a m t a u s b e u t e a n G a s , welches das Calciumcarbid bei der Behandlung mit Wasser bildet. Hiermit begnügt man sich wohl in den meisten Fällen, indem man das Gas als Acetylen ansieht und berechnet. Aber bekanntlich ist das aus technischem Calciumcarbid erhaltene Gas nie reines Acetylen und enthält normal unter 1 %, in extremen Fällen bis zu 4 % V e r u n r e i n i g u n g e n . Von solchen sind zu beachten: Schwefelwasserstoff, Phosphorwasserstoff, Ammoniak, Siliciumwasserstoff, Calciumwasserstoff, Kohlenoxyd, Wasserstoff, Stickstoff, Sauerstoff, Methan (?). Nur die drei ersten dieser Körper sind als wesentliche Verunreinigungen anzusehen, indem der Schwefelwasserstoff und Phosphorwasserstoff einerseits dem Gase einen sehr üblen Geruch und giftige Eigenschaften mitteilen und andererseits bei der Verbrennung desselben schädliche Säuren geben. Die in g u t e m Calciumcarbid vorhandene Menge von Schwefelcalcium und Phosphorcalcium ist nur sehr gering, da man sie durch passende Auswahl der Rohmaterialien auf ein Minimum bringen kann. Aber es kann ja eben darauf ankommen, zu untersuchen, ob man ein gutes Calciumcarbid vor sich habe oder nicht.

Das Ammoniak, das allerdings, wenn überhaupt, nur spurenweise im Acetylen vorkommt, könnte zur Bildung von Acetylenmetallverbindungen Veranlassung geben und ist auch bei der Reinigung mit Chlorkalk schädlich.

Bei dem Phosphorcalcium ist auch nicht zu übersehen, daß der Phosphorwasserstoff die Bildung von explosivem Acetylenkupfer zu begünstigen scheint (was vom Ammoniak entschieden gilt). Wenn größere Mengen von Phosphorwasserstoff im Acetylen vorhanden sind, so kann dies sogar dahin führen, daß das Gas selbstentzündlich wird; es ist in der Tat ein Fall aus der Praxis bekannt, wo ein Calciumcarbid bei Berührung mit Wasser ein sich sofort selbst entzündendes Gas ergab.

I. Probenahme.

Nach L u n g e und C e d e r c r e u t z (Zeitschr. f. angew. Chem. 10, 651; 1897) wird die Untersuchung des Calciumcarbids außerordentlich dadurch erschwert, daß die Blöcke, in denen es im Handel vorkommt, nichts weniger als homogen sind. Man sollte also ein Durchschnittsmuster durch Zerkleinerung und gutes Durchmischen einer größeren Menge herstellen. Aber es ist gar nicht daran zu denken, dies in der sonst gewöhnlichen Weise zu bewirken. Während der längeren Zeit, die notwendigerweise vergehen muß, bis man die harte Masse genügend zerkleinert, fein gerieben und durchgemischt hat, wird durch die Luftfeuchtigkeit ein erheblicher Teil des Carbids zersetzt, wie es schon der Geruch anzeigt. Es bleibt also nichts übrig, als sich mit einem schnellen Zerschlagen in Stücke, etwa von Erbsengröße, zu begnügen, die man auch nur gröblich durchmischen kann. Um auf diesem Wege ein auch nur einigermaßen als Durchschnitt anzusehendes Muster zu erlangen, muß man mindestens 50 g, besser aber 100 g, für jede Untersuchung verwenden.

Selbst dann kann man noch nicht sicher sein, ein wirklich richtiges Durchschnittsmuster zu erhalten. Dies wäre nur möglich, wenn man ein größeres Muster aus verschiedenen Teilen der Schmelze entnähme und dieses in einer geschlossenen Kugelmühle oder in einer ähnlichen, die Luft abhaltenden Vorrichtung zerkleinerte und zugleich mischte. (Die gewöhnlichen Laboratoriumsvorrichtungen zur Zerkleinerung von Proben würden durch die während derselben eintretende Zersetzung viel zu niedrige Resultate ergeben.) Dann könnte man sich auch bei der Analyse mit Portionen von etwa 10 g begnügen, für die man ein gewöhnliches (graduiertes) Glasgasometer verwenden kann, da sie nicht viel über 3 Liter Gas abgeben. Aber man müßte dann den Zerkleinerungsapparat so einrichten, daß er jedesmal vollkommen gereinigt und getrocknet werden könnte. Mangels eines solchen wird es eben bei Portionen von 50—100 g bleiben müssen.

In ganz ähnlichem Sinne äußert sich P a u l W o l f f (Zeitschr. f. Calciumcarbidfabr. 3, 243): Besonders wenn das Carbid im Block geschmolzen war, können nebeneinander liegende Stellen ganz ungleiche Resultate geben. In den Fabriken, die mit Abstich arbeiten, wird von jedem Abstich sofort ein Stück genommen und beiseite gelegt. Wo man Blockcarbid macht, wird der Block zunächst von der Kruste befreit, in Stücke zerschlagen, dabei möglichst viele Einzelproben genommen und dann noch weiter durch Steinbrecher usw. zerkleinert. Das noch heiße Carbid kann auf diesem Wege, besonders bei der in den Fabriken herrschenden hohen Temperatur, ohne wesentlichen Verlust durch Anziehung von Wasserdampf zerkleinert und die Proben zur Analyse daraus entnommen werden. Ganz anders liegt es bei der Probenahme durch den Empfänger oder Sachverständigen. Hier muß man aus mindestens einem Zehntel der Trommeln, unter möglichst gleichmäßiger Auswahl derselben, Proben in der Art entnehmen, daß jede der Trommeln geöffnet und schnell umgeschüttet wird; während des Umschüttens sind aus jeder Lage und jeder Größe der Stücke Proben zu nehmen, in eine bereitstehende Blechbüchse zu werfen und diese luftdicht zu verschließen und zu versiegeln. Der Chemiker muß dann im Laboratorium den Inhalt der Büchse in einem eisernen Mörser mit breitem Pistill rasch zerkleinern, gut durchmischen und daraus für jede Einzelprobe nicht unter 50 g entnehmen.

Die einzelnen Muster geben untereinander sehr verschiedene Gasausbeuten, und selbst die durch Zerkleinerung jedes Einzelmusters gewonnenen Proben zeigen untereinander noch namhafte Differenzen (V o g e l, a. a. O., S. 100).

O d e r n h e i m e r (Chem.-Ztg. 26, 703; 1902) betont, daß man ganz falsche Proben erhalte, wenn man nicht darauf Rücksicht nehme, daß der Staub sich vorzugsweise am Boden der Trommeln anhäuft. Man solle alle Trommeln vollständig auf ein großes Blech entleeren, den Inhalt schnell durcheinandermischen und an zwei Stellen je ca. 0,5 kg herausschaufeln, was man in eine sogleich zu verlötende Büchse bringt, bei größeren Posten (10—20 tons) besser in eine Blechtrommel mit Patentverschluß, deren Inhalt dann wieder wie oben durchgemischt wird, um ein Muster für die zu verlötende Büchse zu erhalten. Bei größeren Posten, von 100 Trommeln ab, nimmt man ein Muster aus jeder zehnten Trommel, bei kleineren verhältnismäßig mehr. Da beim Ablöten manchmal Explosionen vorkommen, so soll man die Trommeln nur durch Aufschlagen oder Aufschneiden öffnen.

Nach den Beschlüssen des D e u t s c h e n A c e t y l e n v e r e i n s soll die Probenahme nach folgenden Normen geschehen:

Sofern die Parteien sich nicht darüber einigen, daß zum Nachweis der Qualität von dem Empfänger bei Sendungen unter 5000 kg eine, bei Sendungen über 5000 kg und mehr zwei uneröffnete Trommeln dem untersuchenden Chemiker einzusenden sind, hat die Probenahme zum Zwecke des Nachweises der Qualität wie folgt zu geschehen:

Es ist ein Muster im Gesamtgewicht von mindestens 2 kg zu entnehmen. Dieses Muster ist, wenn die zu untersuchende Lieferung aus nicht mehr als 20 Trommeln besteht, aus einer beliebig auszuwählenden Trommel zu entnehmen (und zwar an zwei Stellen, d. h. aus der Mitte und von oben oder unten). Bei Lieferung von mehr als 20 Trommeln erfolgt die Probenahme aus mindestens 5 % der Partie, und wird von jeder der herangezogenen Trommeln mindestens 1 kg entnommen. Die Probenahme hat seitens einer von beiden Parteien ernannten Vertrauensperson derart zu erfolgen, daß aus jedem zur Entnahme bestimmten und vor seiner Eröffnung (behufs Vermeidung lokaler Staubansammlung) zweimal umzustürzenden Gefäß von beliebiger Stelle mit einer Schaufel (nicht mit der Hand) das erforderliche Quantum gezogen wird. Diese Proben werden sofort in ein oder mehrere gas- und wasserdicht zu verschließende Gefäße geschüttet. Der Verschluß ist durch Siegel zu sichern. Jede andere Verpackungsart wie Kartons, Kisten usw. ist unzulässig.

Wenn eine Einigung über die Wahl einer Vertrauensperson nicht zustande kommt, so hat jede der beiden Parteien das erforderliche Quantum, wie vorhin angegeben, zu entnehmen.

Die Vorschriften des Ö s t e r r e i c h i s c h e n A c e t y l e n v e r e i n s für die Probeentnahme sind den eben angeführten ähnlich. Das zu ziehende Muster wird nach diesen Vorschriften bei Lieferungen unter 5 Trommeln (von ungefähr 100 kg) aus einer, bei Partien von 5—20 Trommeln aus 2 Trommeln (also mindestens 1 kg aus jeder) entnommen. Bei Lieferungen von mehr als 20 Trommeln erfolgt die Probenahme aus mindestens 10 % der Partie.

II. Bestimmung der Gasausbeute.

Die Bestimmungen des Deutschen Acetylenvereins über die Ansprüche an Handelscarbid sind folgende: Als Handelscarbid gilt eine Ware, welche bei der üblichen Korngröße von 15 bis 18 mm im Durchschnitt jeder Lieferung pro 1 kg mindestens 300 Liter Rohacetylen bei 15⁰ und 760 mm Druck ergibt. Als Analysenlatitüde gelten 2 %. Ein Carbid, welches pro Kilogramm weniger als 300 Liter gibt, bis zu 270 Liter Rohacetylen herunter (mit der oben festgesetzten Analysenlatitüde von 2 %), muß von dem Käufer abgenommen werden. Jedoch ist derselbe berechtigt, einen prozentualen Abzug vom Preise zu machen, sowie die bis zum Erfüllungsorte erwachsenden Mehrkosten an Fracht in Abzug zu bringen. Carbid, welches unter 270 Liter Rohacetylen ergibt, braucht nicht abgenommen zu werden. Unter Staub versteht man alles, was durch ein Sieb von 1 qmm lichter Maschenweite hindurchfällt.

Feinkörniges Carbid von 4—15 mm Korngröße muß im Durchschnitt jeder Lieferung für 1 kg mindestens 270 Liter Rohacetylen bei 15⁰ und 760 mm Druck ergeben. Als Analysenlatitüde gelten 2 %. Feinkörniges Carbid von 4 bis 15 mm Korngröße, welches für 1 kg weniger als 270 Liter ergibt, bis zu 250 Liter Rohacetylen herunter (mit der oben festgesetzten Analysenlatitüde von 2 %), muß von dem Käufer abgenommen werden. Jedoch ist derselbe auch bei diesem Produkte berechtigt, einen prozentualen Abzug vom Preise zu machen sowie die bis zum Erfüllungsorte erwachsenden Mehrkosten an Fracht in Abzug zu bringen. Feinkörniges Carbid, welches unter 250 Liter Rohacetylen ergibt, braucht nicht abgenommen zu werden.

Die Analyse ist nach den vom Deutschen Acetylenverein vorgeschriebenen Methoden auszuführen. Liegen verschiedene nicht übereinstimmende Analysenergebnisse vor, so ist die Analyse des Deutschen Acetylenvereins einzuholen und endgültig bindend. Verhindert eine Partei das Zustandekommen der Schiedsanalyse, so ist sie damit der Analyse der anderen Partei schlechthin unterworfen.

1 kg chemisch reines Calciumcarbid würde 406,0 g reines Acetylen liefern, welche bei 0⁰ und 760 mm Druck in trockenem Zustande ein Volumen von 341,42 Litern (das experimentell gefundene Litergewicht zugrunde gelegt) einnehmen.

Die Umrechnung der direkt gefundenen Volume Acetylen auf 0⁰ und 760 mm Druck kann man sich durch die dem Bd. I d. W. beigegebenen Tabellen V und VI sehr erleichtern. Man kann die für die Temperaturreduktion bestimmte Tabelle V selbst dann noch benutzen, wenn man die Gasausbeute nicht auf 0⁰, sondern auf 15⁰ umrechnen will. In diesem Fall sucht man das direkt bei t⁰ gefundene Volumen in der Spalte für 15⁰ auf und findet dann das auf 15⁰ reduzierte Volumen in derselben Horizontallinie unter Spalte t. Man habe z. B. aus 50 g Calciumcarbid 1,65 L. Gas von 20⁰ entwickelt. In der Tabelle finden wir:

15⁰	20⁰
16,12	15,84
17,06	16,76.

Eine leichte Kopfrechnung zeigt uns, daß 16,5 der ersten Spalte nahe genug 16,2 der zweiten entspricht, daß also 16,5 L. von 20⁰ bei 15⁰ ein Volumen von 16,2 L. einnehmen werden. Natürlich kann man auch die Reduktion nach der Formel $v_{15} = \dfrac{v_t \cdot (273 + 15)}{273 + t}$, vornehmen. wobei v_{15} das auf 15⁰ reduzierte Volumen, v_t das bei der Temperatur t⁰ abgelesene Volumen bedeuten.

Eine von H a m m e r s c h m i d t (Acetylen in Wiss. und Ind. 4, 69) berechnete Tabelle gestattet die Reduktion der gefundenen Gasvolumina auf 15⁰ und 760 mm Druck für Temperaturen von 0—30⁰ und Barometerstände von 660—780 mm, wobei man nicht vergessen darf, den abgelesenen Barometerstand je nach der Temperatur des Quecksilbers zu korrigieren (am einfachsten durch Abziehen von 1 mm für Temperaturen von 0⁰ bis 12⁰, von 2 mm für 13⁰ bis 19⁰, von 3 mm von 20⁰ ab). Selbstverständlich muß der abgelesene Barometerstand immer noch durch Abziehen der dem Temperaturstand entsprechenden Wasserdampftension nach Tab. VIII von Bd. I berichtigt werden. Diese Tabelle ist auch bei V o g e l , a. a. O., S. 118 wiedergegeben. H a m m e r s c h m i d t gibt auch noch folgende genügend genaue Umrechnungsformel:

$$V_{15} = \frac{v}{100} \, (140,2—0,6\,t) \, \frac{B}{100},$$

wobei V_{15} das gesuchte Volum bei 15⁰ C, v das abgelesene Volum bei t⁰ C und B den korrigierten Barometerstand bedeutet.

Nach den Bestimmungen des D e u t s c h e n A c e t y l e n v e r - e i n s (Verlag von M a r h o l d , Halle 1900) kann man zur Ermittelung der Gasausbeute entweder das ganze Muster vergasen (T o t a l v e r - g a s u n g) oder eine sorgfältig gezogene Durchschnittsprobe zur Untersuchung verwenden (T e i l v e r g a s u n g).

a) Totalvergasung.

Die für diesen Zweck zu verwendenden Apparate müssen folgenden Anforderungen entsprechen:

1. Der Apparat muß mit einem genauen Thermometer versehen sein, das am zweckmäßigsten die Temperatur des Absperrwassers anzeigt, und mit einem Manometer, das in Verbindung mit dem Gasbehälter steht.

2. Der Entwickler muß entweder mit einem Gasbehälter versehen sein, welcher so groß ist, daß er das aus der gesamten Menge Carbid entwickelte Gasquantum aufzunehmen imstande ist, oder so konstruiert sein, daß er bei nicht zu großem Gasbehälter (200 Liter) es ermöglicht, eine größere Menge von Carbid zu vergasen.

3. Der Entwickler muß so konstruiert sein, daß ein Entweichen der entwickelten Gase aus demselben in die Außenluft vollständig verhindert ist.

4. Der Gasbehälter muß bis auf $\frac{1}{4}$ % seiner Aufnahmefähigkeit eingeteilt sein, leichten Gang haben und durch Gegengewicht möglichst in Schwebe gehalten werden.

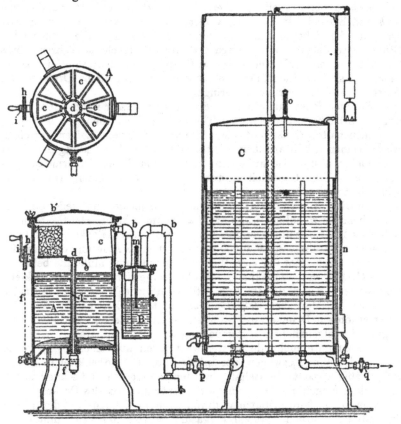

Fig. 132.

5. Das Zersetzungswasser und Absperrwasser müssen vor der Verwendung mit Acetylen gesättigt werden, und außerdem muß vor der eigentlichen Untersuchung der Entwickler unter Druck der Absperrflüssigkeit gesetzt werden.

Für Totalvergasung des Calciumcarbids ist der Apparat von C a r o (Fig. 132) in vielen Untersuchungslaboratorien und Carbidfabriken eingeführt (V o g e l , Handbuch für Acetylen S. 106).

Der Apparat besteht aus dem Entwickler A, dem Wäscher B und dem Gasbehälter C.

Entwickler A besteht aus einem mit Schlammabfluß a und Gasableitungsrohr b und mit Schrauben befestigten Deckel b' versehenen zylindrischen Gefäß mit geneigtem Boden. Im oberen Teile befinden sich zehn Kästen c eingesetzt, welche zur Aufnahme des Carbides dienen. Die Böden dieser Kästen sind aufklappbar und liegen mit ihrem aus Draht bestehenden Fortsatze auf einer drehbaren Scheibe d. Diese Scheibe ist auf einer Welle l gelagert, die vermittelst der Kette f und Rollen g, h und Kurbel i in Drehung versetzt werden kann. Bei erfolgender Drehung der Scheibe d kommt deren Schlitz e unter die aufliegenden Stützdrähte der Böden der Carbidgehälter, wodurch diese ihrer Stütze beraubt werden und nach unten aufklappen. Auf diese Weise ist es möglich, die einzelnen Carbidbehälter durch allmähliche Drehung der Kurbel i zur Entleerung zu bringen.

Wäscher B ist mit einem in das Absperrwasser reichenden, durch eine Stopfbüchse abgedichteten Thermometer versehen.

Gasbehälter C ist mit einer Skala und einem Zeiger versehen, welche seinen Inhalt angeben. Er befindet sich in Verbindung mit einem Manometer n und ist außerdem mit einem Kontrollthermometer o versehen. Das Gasableitungsrohr q ist durch einen Hahn verschließbar.

Die Dimensionen des Apparates sind so bemessen, daß jeder einzelne Carbidbehälter reichlich $\frac{1}{2}$ kg Carbid aufnehmen kann. Der Gasbehälter faßt etwa 200 Liter und gestattet bei einer Höhe der Glocke von 850 mm und einem Durchmesser von 550 mm eine genaue Ablesung des Standes bis auf $\frac{1}{2}$ Liter. Vor der eigentlichen Untersuchung muß eine beliebige Probe Carbid, von ungefähr $\frac{1}{25}$ des Wassergewichtes des Entwicklers, vergast werden, um das im Apparate befindliche Wasser mit Acetylen zu sättigen. Man belastet die Gasbehälterglocke, beläßt das Gas unter erhöhtem Drucke zwei Stunden im Apparate und entläßt es vor Beginn der eigentlichen Untersuchung aus dem Apparate.

Das zu untersuchende Muster wird rasch auf einer $\frac{1}{2}$ g genau anzeigenden Wage gewogen, der Inhalt in die Carbidbehälter möglichst gleichmäßig verteilt, die Behälter werden geschlossen und schnell in den Entwickler eingehängt, der nun durch Aufschrauben des Deckels b' geschlossen wird. Nun bringt man durch Drehung der Kurbel i den Inhalt des ersten Carbidbehälters zur Vergasung, wartet 10 bis 15 Minuten, bis die Hauptentwicklung des Gases vorüber ist, schließt Hahn p, gleicht durch Auflegen von Gewichten den Tauchverlust des Gasbehälters aus, bis das Manometer n auf Null einsteht, liest den Stand des Gasbehälters C, des Barometers und des Thermometers m ab, entleert den Gasbehälter durch Belasten der Glocke und Öffnen des Hahnes q, entlastet die Glocke, schließt Hahn q, öffnet Hahn p und bringt durch Drehung der Kurbel i den Inhalt des zweiten Carbidbehälters zur Entwicklung. Man fährt so fort, bis das Carbid des letzten Behälters vergast ist, dann wartet man, bis alles Carbid zerzetzt ist, mindestens aber zwei Stunden, und liest dann erst den Stand des Gasbehälters, Thermometers und Barometers ab.

Die Beschreibung anderer Apparate für Totalvergasung findet sich in: V o g e l , Handbuch für Acetylen S. 108, und P o s t - N e u m a n n , Chemisch-Technische Analyse, Bd. I, S. 272.

Die Totalvergasung ergibt im allgemeinen etwas höhere Gasausbeuten als die Teilvergasung.

b) Teilvergasung.

Hierzu werden kleinere Mengen Carbid vergast, wobei aus größeren Stücken durch rascheres Zerkleinern, am besten in einer Art Kaffeemühle oder in trockenen eisernen Motoren mit Gummi- oder Lederkappen, die richtige Korngröße der Probe erzielt wird. Es gibt Apparate, welche die Gasausbeute v o l u - m e t r i s c h oder g e - w i c h t s a n a l y t i s c h durch Ermittlung der Gewichtsdifferenz nach Entweichen des getrockneten Acetylens ermitteln. Den erst- erwähnten Apparaten ist im allgemeinen der Vorzug zu geben. Bei der Zersetzung von 100 g Calciumcarbid muß zur Ermittlung der Gasausbeute auf v o l u - m e t r i s c h e m Wege ein Gasometer von mindestens 40 Litern vorhanden sein.

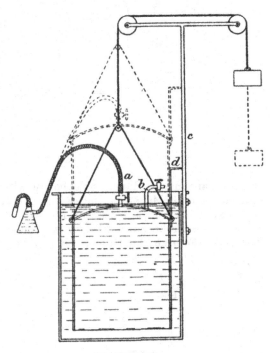

Fig. 133.

1. Bestimmung auf v o l u m e t r i s c h e m Wege.

Da für diesen Fall die gewöhnlichen Laboratoriumsgasometer doch nicht ausreichen, so kann man z. B. einen Apparat wie Fig. 133 anwenden, angegeben von L u n g e und C e d e r c r e u t z und bestehend aus einem mit Wasser gefüllten, oben offenen Blechzylinder, in dem eine Blechglocke durch Rollen und Gegengewicht schwebend erhaltend wird. Zum Einleiten des Gases kann man in bekannter Weise ein bis zum Boden führendes und sich dort nach oben umbiegendes festes Rohr verwenden oder auch ein in den Deckel der Glocke einmündendes kurzes

Rohr, das mit dem Entwicklungsgefäß durch ein Kautschukrohr a
verbunden ist so daß die Glocke ungehindert emporsteigen kann, wie
es durch die punktierten Linien in Fig. 133 versinnlicht ist. Jedenfalls
befindet sich im Deckel ein Stutzen mit Hahn b, durch welchen das Gas
nach Beendigung der Operation ausgetrieben und verbrannt werden kann.
Durch Anbringung einer Teilung an einer der Führungen c und einen

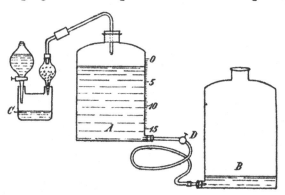

Fig. 134.

Zeiger d kann man das Volumen des entwickelten Gases ablesen. Ein Thermometer und ein Manometer müssen an dem Apparate angebracht sein.

Cedercreutz (Zeitschr. f. angew. Chem. 14, 83; 1901) beschreibt einen sehr zweckmäßig eingerichteten Apparat, der von den
Vereinigten Fabriken für Laboratoriumsbedarf in Berlin hergestellt wird.

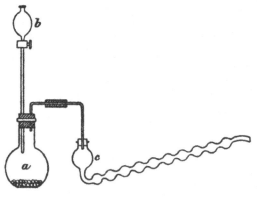

Fig. 135.

Wenn man keinen Gasbehälter der eben beschriebenen Art zur Verfügung hat, so kann man sich mit dem Bd. I, S. 597 abgebildeten
Apparate behelfen; doch müßte bei Anwendung von 50 g Calciumcarbid
die Flasche einen Inhalt von 20 L. haben. Man wird das Wasser ab-

wechselnd in zwei graduierte Zylinder ablaufen lassen und kann das Gasvolumen auf diesem Wege recht genau messen. Statt der graduierten Zylinder kann man natürlich auch eine zweite Flasche anwenden, die mit der ersten durch ein ebenfalls von einem Bodentubulus ausgehendes Kautschukrohr verbunden ist, wie es H. B a m b e r g e r (Zeitschr. f. angew. Chem. 11, 242; 1898) vorschlägt; doch ist das Höher- und Tiefer-stellen bei Flaschen von 20 l Inhalt keine sehr angenehme Aufgabe.

Selbstverständlich muß man berücksichtigen, daß das Acetylen in Wasser ziemlich leicht löslich ist. Man darf also unter keinen Um-ständen reines Wasser als Sperrwasser benutzen, sondern, wie S. 827 angeführt, nur solches, welches mit Acetylen vollständig ge-sättigt ist. Dies geschieht am einfachsten dadurch, daß man zweimal je 1% vom Gewichte des Sperrwassers an Carbid zersetzt und das Gas durch das Sperrwasser streichen läßt. Auch konzentrierte Kochsalz-lösung löst als Sperrflüssigkeit sehr wenig Acetylen auf, muß aber immerhin auch einmal mit Gas behandelt werden, ehe man den Apparat für genauere Messungen ver-wenden kann. Man könnte auch daran denken das Sperr-wasser noch mit einer dünnen Ölschicht bedecken, doch ist dies bei Beobachtung der eben erwähnten Maßregeln unnötig.

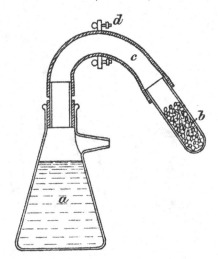

Fig. 136.

Übrigens löst auch das Öl etwas Acetylen auf, wie F u c h s und S c h i f f gezeigt haben, und wird daher besser fortgelassen.

Zur Zersetzung des Calciumcarbids und Entwicklung des Acetylens kann man entweder Apparate von der in Figur 134 oder Figur 135 skizzierten Art anwenden, bei denen das abgewogene Carbid in den Kolben kommt und das Wasser dann langsam einlaufen gelassen wird; oder aber man kann, wie in Fig. 136 gezeigt, um-gekehrt verfahren, nämlich den Kolben a mit Kochsalzlösung beschicken, das Carbid in dem Rohre b abwägen, sofort in den weiten und dicken Kautschukschlauch c stecken, der mindestens an diesem Ende ganz trocken sein muß, und dann durch Heben von c das Carbid in die Flüssigkeit fallen lassen. Um die Gasentwicklung nicht allzu stürmisch zu machen, wird man besser einen entsprechend starken Quetschhahn d einschieben und das Carbid in mehreren Portionen nach a gelangen lassen. In wenigen Minuten ist alles beendigt, was natürlich durch Umschütteln beschleunigt wird. Das zuletzt beschriebene Ver-

fahren hat den Vorteil, daß man nicht wie bei dem ersten jedesmal
den Kolben *a* vorher sorgfältig trocknen muß. Das erstere dagegen
eignet sich mehr für den Fall, daß man das Gas nicht messen, sondern
seine Verunreinigungen bestimmen will (s. u.). Vgl. auch den dem
B a m b e r g e r schen Apparate ganz ähnlichen Tropfapparat von
F u c h s und S c h i f f , Chem.-Ztg. 21, 875; 1897, ferner R o t h e und
H i n r i c h s e n (Mitt. a. d. Kgl. Materialprüfungsamt Groß-Lichterfelde
24, 301; 1906).

E n o c h (P o s t - N e u m a n n , Chem.-Techn. Analyse, S. 277,
s. a. F r a e n k e l , Journ. f. Gasbel. 51, 431; 1908) verwendet Zutropf-

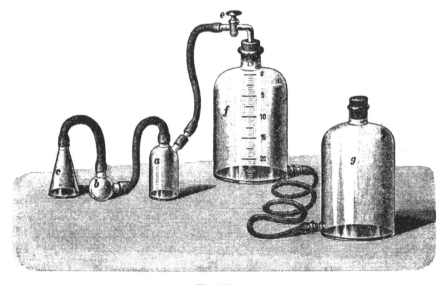

Fig. 137.

oder Einwurfsapparate mit Kochsalzlösung von genau ermitteltem spez.
Gewicht als Absperrflüssigkeit. Aus dem Gewicht des verdrängten
Salzwassers wird das Gasvolumen ermittelt, von welchem der um das
Carbidvolumen verminderte Volumeninhalt des Zersetzungskolbens in
Abrechnung zu bringen ist.

Im nachfolgenden ist ein nach den Vorschriften des Deutschen
Acetylen-Vereins gebauter, aus Glassgefäßen gefertigter Apparat angegeben, in dem man nicht unter 50 g Carbid, am besten durch
Einfallenlassen in Wasser, zersetzen sollte. Will man die Zersetzung durch Zutropfen von Wasser vornehmen, dann soll die
Operation in 3—3$^1/_2$ Stunden beendigt sein. Das Gas muß mit
allen Kautelen gemessen werden.

In Fig. 137 bedeutet *a* die Zersetzungsflasche von ca. 250 g Inhalt,
deren 15 mm weiter Hals durch Kautschukschlauch mit der doppelt

tubulierten Kugel *b* verbunden ist; die letztere ist wieder mit dem konischen Kolben *c* von ca. 100 ccm Inhalt verbunden. Auf der anderen Seite kommuniziert *a* durch den Hahn *e* mit der 20 L. fassenden Meßflasche *f*, die mit Acetylenwasser gefüllt ist und am Boden mit einer gleich großen Flasche *g* in Verbindung steht. Man beschickt *a* mit 150 ccm Acetylenwasser, füllt *f* mit Wasser durch Heben von *g* bis zur Nullmarke, schließt den Hahn *e* und verbindet mit *a*. In *c* wägt man 50 g Carbid ein und läßt dieses nach und nach durch Heben von *c* in die Kugel *b* und von da nach *a* hineinfallen, nachdem man *e* geöffnet und *f* etwas hoch gestellt hat. Zuletzt läßt man etwa zwei Stunden stehen, bringt das Wasser in *f* und *g* durch passende Stellung der Gefäße auf gleiches Niveau und liest das Volum in *f* sowie Temperatur und Barometer ab. Man kann statt der Kombination *a*, *b*, *c* auch einen Eintropfapparat (ähnlich wie Fig. 135) anwenden, wobei man für 50 g Carbid etwa 150 g Wasser in ca. 3 Stunden eintropfen läßt, unter Vermeidung einer Erhitzung, die man eventuell durch Einstellen des Entwicklungsgefäßes in kaltes Wasser abhält.

R o s s e l und L a n d r i s e t (Zeitschr. f. angew. Chem. 14, 78; 1901) beschreiben einen Apparat, in dem ein durchlöcherter Zinkkorb (für je 25 g Calciumcarbid) an einem Glasstabe befestigt ist, der durch den Kork der 6—7 L. haltenden Entwicklungsflasche verschoben werden kann. Durch Eintauchen des Korbes in das Wasser der Flasche (5 L.) wird das Gas entbunden, geht durch beliebige Waschflaschen und dann in ein Gasometer von 10 L. Inhalt und nur 10 cm Durchmesser der Glocke, die sehr genau eingeteilt ist. Das Entwicklungswasser muß vorher durch Einführung von 2 Portionen Carbid zu je 30 g mit Acetylen gesättigt werden; das Wasser des Gasometers wird mit Kochsalz gesättigt. Der letztere ist mit einem Wassermanometer und Thermometer versehen. Je nachdem man das Carbid sofort vollständig oder nur oberflächlich eintaucht, ist die Temperaturerhöhung und die Schwefelwasserstoffentwicklung ganz verschieden. Bei dem Tropfsystem entweicht viel Schwefel als H_2S und andere Thioverbindungen; bei plötzlichem Eintauchen aber gar kein H_2S.

Der Apparat von S e t t e r b e r g (Chem.-Ztg. 24, Repert. 4; 1900) ist unbrauchbar, da er nur für je 3 g Calciumcarbid bestimmt ist. Nicht viel besser ist der Apparat von M a g n a n i n i und V a n n i n i (Chem. Zentralbl. 1900, I, 1308), in dem man 6—7 g Carbid untersuchen kann. So kleine Mengen können nie brauchbare Durchschnittsproben ergeben. Auch der Apparat von R e c c h i (ebenda 1903, I, 1438) bietet nichts Besonderes.

2. Bestimmung auf gewichtsanalytischem Wege.

H. B a m b e r g e r hatte ursprünglich (Zeitschr. f. angew. Chem. 11, 196; 1898) seinen Entwicklungsapparat für gewichtsanalytische Bestimmung des Gehaltes an reinem Calciumcarbid bestimmt, indem man aus der Flasche *A* das Gas, welches durch den Tropftrichter *B* entwickelt wird, durch ein Chlorcalciumrohr C entweichen läßt (Fig. 138) und den Gewichtsverlust des ganzen Apparates bestimmt. Reines CaC_2 gibt 40,6 Gewichtsprozent Acetylen ab. Das Eintropfen der im Tropftrichter enthaltenen (15—20 proz.) Chlornatriumlösung sollte sehr langsam, etwa in 3 bis 4 Stunden geschehen, was übrigens auch für die oben beschriebenen Apparate zur Messung des Gasvolumens gilt. In beiden Fällen muß eine Salzlösung angewendet werden, weil diese einerseits nur wenig Acetylen auflöst, und andererseits dabei keine so starke Erwärmung wie mit reinem Wasser auftritt.

Man kann den gefundenen Gewichtsverlust entweder auf Prozente an CaC_2 umrechnen (wobei 0,4060 g Gewichtsverlust immer $= 1$ g CaC_2), oder auf Liter Acetylen (wobei immer 341,4 Liter C_2H_2 bei 0^0 und 760 mm Barometerstand 1 kg CaC_2 entsprechen).

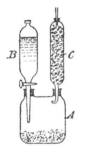

Fig. 138.

Apparate zur Analyse des Calciumcarbids durch Gewichtsabnahme werden von Erdmann und v. Unruh (Journ. f. prakt. Chem. 1901, 233; sowie von Formenti (Chem. Zentralbl. 1902, II, 1341) beschrieben. Wir haben schon S. 829 gesehen, daß dieses Prinzip durchaus nicht zu empfehlen ist, um so mehr, als es sich praktisch nur auf sehr kleine Carbidproben anwenden läßt.

Für genauere Bestimmungen ist die Gewichtsverlustmethode n i c h t zu empfehlen, da ein vollständiges Trocknen des entweichenden Gases in einfachen Apparaten, wie man sie behufs des Abwägens anwenden muß, nicht immer sicher zu erreichen ist, was ja auch von der analogen Kohlensäurebestimmung gilt.

III. Gesamtanalyse.

Die in seltenen Fällen vorgenommene G e s a m t a n a l y s e von technischem Calciumcarbid erstreckt sich nach V o g e l (Handb. f. Acetylen S. 121) auf die Ermittlung des Gehaltes an 1. Reincarbid, 2. zersetzbaren Schwefelverbindungen, 3. unzersetzbaren Schwefelverbindungen, 4. zersetzbaren Phosphorverbindungen, 5. unzersetzbaren Phosphorverbindungen, 6. zersetzbaren Siliciumverbindungen, 7. unzersetzbaren Siliciumverbindungen, 8. freiem Kohlenstoff, 9. anderweitig gebundenem Kohlenstoff, 10. Calciumcarbonat, 11. freiem Kalk, 12. Eisenoxyd bzw. Eisen, 13. Magnesia, 14. Tonerde, 15. event. anderen Bestandteilen (Stickstoff usw.).

Der Gehalt an R e i n c a r b i d wird aus der Bestimmung der Gasausbeute an Rohacetylen und Untersuchung des Phosphor-, Stickstoff-, Silicium- und Schwefelgehaltes (s. u.) in diesem ermittelt. Die Menge an letzteren Gasen im Rohacetylen hängt wesentlich von der Art der Vergasung ab. Bei Senk- und Einwurfapparaten, bei denen ein großer Wasserüberschuß vorhanden ist, ist der Gehalt des Rohacetylens an Fremdgasen wesentlich geringer als bei Tropf- oder Tauchapparaten, bei denen die Vergasung mit unzureichenden Wassermengen geschieht.

Der bei der Zersetzung erhaltene Kalkrückstand wird mit Salzsäure schwach angesäuert und die erhaltene Flüssigkeit vom Rückstande (B) abgetrennt und auf ein bestimmtes Volumen gebracht (Lösung A). Einen Teil der klaren Lösung (A) versetzt man mit Kupfersalzlösung und Salzsäure und schlägt den Schwefel als Kupfersulfid nieder. Der aus dem Gewichte des Schwefelkupfers ermittelte Schwefel gibt mit dem im Gase enthaltenen Schwefel zusammen die Menge des Sulfidschwefels der gesamten zersetzbaren Schwefelverbindungen. Ein anderer aliquoter Teil der Lösung (A) wird zur Ermittlung von Kieselsäure, Eisenoxyd, Tonerde und Magnesia herangezogen.

Der in Salzsäure unlösliche Rückstand (B) wird in zwei Teile (B_1 und B_2) geteilt. Teil B_1 wird mit Chromsäure verbrannt und der Gehalt an (nicht Calciumcarbid-) Kohlenstoff ermittelt. Teil B_2 wird mit Soda und Salpeter geschmolzen, die Schmelze wiederholt mit Salzsäure zur Trockne verdampft, mit verdünnter Salzsäure aufgenommen (Lösung B_3). Die unlösliche Kieselsäure zusammen mit der beim Behandeln mit Salzsäure in die Lösung (A) übergegangenen Kieselsäure gibt mit dem in Form flüchtiger Siliciumverbindungen in das Rohacetylen übergegangenen Silicium das Gesamtsilicium; im Filtrate (B_3) werden bestimmt: Schwefelsäure (entsprechend der Menge der unzersetzbaren Sulfide), Phosphorsäure (entsprechend der Menge der unzersetzbaren Phosphide), Kalk, Tonerde, Eisenoxyd und Magnesia.

Die Ermittlung des Gesamtschwefels kann auch durch Zersetzen des Carbids mit Alkalilauge erfolgen, wobei nach erfolgter Zersetzung zur Trockne verdampft und der Rückstand mit Soda und Salpeter geschmolzen wird. Im Filtrate der aufgelösten und angesäuerten Schmelze wird nach Entfernung der Basen mit Ammoniak der Schwefel durch Fällen mit Baryumchlorid ermittelt, (Moissan, Elektr. Ofen, Nachtrag S. 15; Pope, Amer. Chem. Journ. 28, 740).

Nach Gall (Zeitschr. f. Elektrochem. 9, 772; 1903) bleibt bei der Zersetzung des Carbids durch viel Wasser, also bei den Einwurfsapparaten, der Schwefel in der Kalkmilch und kann in dieser als $BaSO_4$ bestimmt werden. Er fand im Mittel 6,6 kg in 1 t Carbid. Dagegen gehe der Phosphor vollständig in das Gas über. Um ihn im Carbid zu bestimmen, wirft man das Carbidpulver in bei Rotglut schmelzendes Natriumnitrat, worin es verbrennt. Die Masse wird in Wasser gelöst, mit Salpetersäure übersättigt und der Phosphor durch die Molybdatmethode bestimmt. Er fand in 1 t Carbid bis zu 648 g Phosphor, stammend aus dem Kalk, den Elektroden und dem Anthrazit.

Lidholm (Zeitschr. f. angew. Chem. 17, 558; 1904) hat diese Methode nachgeprüft, sie aber unbrauchbar gefunden; er verwirft ebenso die Methode von Gall zur Schwefelbestimmung im Calciumcarbid als ungenau. Er selbst verfährt wie folgt, um sowohl den als

Schwefelcalcium wie den als Schwefelaluminium vorhandenen Schwefel
zu bestimmen. Man mischt ca. 3 g des gepulverten Calciumcarbids mit
der fünffachen Menge von reinem, geschmolzenem und darauf gepulvertem
Kaliumnatriumcarbonat und zwei Teilen entwässerten, schwefelfreien
Chlorammonium und erhitzt die Masse in einem bedeckten Porzellantiegel mittels eines guten Spiritusbrenners [1]) unter Umschwenken des
Tiegels mit der Zange. Nachdem die Masse fünf Minuten lang flüssig
gehalten worden ist, gießt man sie auf eine Marmorplatte u. dgl. aus
und bringt sie nach dem Erkalten in einen mit Hahntrichter und Rück-
flußkugelkühler versehenen Kolben. Der Kühler ist mit zwei P e l i g o t -
vorlagen verbunden, die mit einer Cadmiumacetatlösung beschickt sind
(5 g Cadmiumacetat + 20 g Zinkacetat + 200 ccm Eisessig zu einem
Liter aufgelöst). Man verdrängt die Luft aus dem Apparat durch Kohlensäure, läßt durch den Hahntrichter 100 ccm Wasser einfließen und darauf
tropfenweise 25 ccm Salzsäure von 1,19 spez. Gew. Die Gase (CO_2 und
H_2S) streichen durch die Vorlagen, in denen der Schwefelwasserstoff zurückgehalten wird. Wenn die Gesamtentwicklung aufgehört hat, setzt
man den Kohlensäureentwickler und den Kühler in Betrieb und kocht
etwa 10 Minuten, um allen H_2S in die Vorlagen zu treiben. Zu dem Inhalt
derselben setzt man nun 10 ccm einer Lösung von 120 g krystallisiertem
Kupfervitriol und 120 g konz. Schwefelsäure in 1 L., wodurch die Acetate
in Sulfate übergeführt werden; die Sulfide gehen in Kupfersulfid über
(vgl. C l a s s e n , Ausgew. Meth. d. anal. Chem. I, 520). Man filtriert
und wäscht dieses aus, röstet es und glüht es scharf bei bedecktem Tiegel,
um alles in CuO überzuführen. Das Gewicht des CuO $\times$ 0,4030 = Gesamtschwefel im Carbid. L i d h o l m fand auf diesem Wege 0,585 bis
0,610 g Schwefel im kg Carbid.

Die Bestimmung der Carbonate kann durch Zersetzen des in einem
Erlenmeyerkolben befindlichen Carbids mit Wasser und Übertreiben
des durch Phosphorsäurezusatz freigemachten Kohlendioxyds durch
einen Läftstrom in mit Barytwasser beschickte Vorlagen erfolgen.
(V o g e l , Handbuch, S. 122.)

C. Acetylen.

Die gewöhnlichen Verunreinigungen des technischen Acetylens sind
schon S. 822 besprochen worden. Die meisten derselben sind für praktische Zwecke unwesentlich, schon deshalb, weil sie in sehr geringen
Mengen auftreten. Nur Phosphorwasserstoff und flüchtige Schwefelverbindungen sind wegen der schädlichen Wirkung ihrer Verbrennungsprodukte von Wichtigkeit und werden deshalb oft quantitativ bestimmt.
Nach den Bestimmungen des Deutschen Acetylen-Vereins (s.
Chem. Ztg. 30, 607; 1906) soll ein Calciumcarbid nur dann als
lieferbar gelten, wenn der Gehalt an Phosphorwasserstoff im Roh-

---

[1]) Man kann gewiß auch einen Gasbrenner ohne allen Schaden anwenden,
wenn man die Verbrennungsgase in der von L u n g e Bd. I, S. 291 dieses Werkes
beschriebenen Weise von der Schmelze entfernt hält.

acetylen höchstens 0,04 Proz. beträgt, wobei der Gesamtgehalt des Gases an Phosphorverbindungen auf Phosphorwasserstoff berechnet werden soll. Als zulässige Analysendifferenz gelten dabei 0,01 Proz. Bei Ermittelung des Wasserstoffgehaltes im Rohacetylen hat die Vergasung des Carbids stets nach der Methode der Totalvergasung zu geschehen. Will man die geringen Mengen der anderen Verunreinigungen (Ammoniak, Kohlenoxyd, Wasserstoff, Stickstoff, Sauerstoff; Methan ist nie mit Sicherheit nachgewiesen worden) bestimmen, so muß man größere Mengen des Rohacetylens, etwa 500 ccm, mit rauchender Schwefelsäure behandeln, die das Acetylen und Ammoniak aufnimmt, und im Rückstande die übrigen Gase nach den gewöhnlichen Methoden der Gasanalyse untersuchen.

Als Reagens für s c h ä d l i c h e   V e r u n r e i n i g u n g e n des Acetylens überhaupt verwendet K e p p e l e r (Journ. f. Gasbel. 47, 461; 1904) eine schon von B e r g é und R e y c h l e r empfohlene salzsaure Lösung von Q u e c k s i l b e r c h l o r i d, in der durch jene Verunreinigungen ein Niederschlag hervorgerufen wird. Am bequemsten ist schwarzes Filtrierpapier, getränkt mit Quecksilberchloridlösung (zu erhalten durch E. M e r c k in Darmstadt), das man vor dem Versuche mit 10 proz. Salzsäure befeuchtet und über einen offenen, nicht entzündeten Acetylenbrenner hält. Bei Anwesenheit von Phosphor-, Schwefel- oder Siliciumverbindungen entsteht ein weißer Beschlag auf dem Papier, bei reinem Acetylen nicht.

R o s s e l und L a n d r i s e t (Zeitschr. f. angew. Chem. 14, 77; 1901) analysieren das Acetylen in einer mit Quecksilber gefüllten H e m p e l schen Bürette von 100 ccm Inhalt, in der sie durch 30 ccm rauchende Schwefelsäure das Acetylen absorbieren, worauf sie in den bekannten H e m p e l schen Pipetten (Bd. I, S. 262) den Sauerstoff durch Pyrogallolkalium, Wasserstoff und Methan in der Explosionspipette bestimmen und den Stickstoff durch Differenz ermitteln. (Diese Methode ist höchst ungenau, da es sich, nach ihren eigenen Angaben nur um 0,1 bis 0,2 Vol.-Proz. dieser Beimischungen handelt, also nur 0,1 bis 0,2 ccm, die man mehrmals in die Pipetten hin- und zurückführen soll.)

Über vollständige Analyse des Acetylens, die für technische Zwecke kaum je erfordert werden wird, vergleiche man die Arbeit von H a b e r und O e c h e l h ä u s e r, von v. K n o r r e und A r n d t und von F r ä n k e l, alle wiedergegeben bei V o g e l·, a. a. O., S. 247 f.

Ausführlicher haben wir hier nur die Nachweisung und Bestimmung des P h o s p h o r w a s s e r s t o f f s und S c h w e f e l w a s s e r - s t o f f s zu besprechen.

Den qualitativen Nachweis dieser Körper kann man nach den bekannten Methoden der Gasanalyse führen, wird aber bei den sehr geringen Mengen derselben selten sichere Resultate erhalten und besser gleich die quantitative Untersuchung vornehmen. Die von E c k e l t vorgeschlagene Prüfung auf Phosphorwasserstoff (nach Wegnahme des H_2S) durch Schwärzung von Silbernitrat ist sehr trügerisch, da das Silbersalz auch durch andere Körper reduziert werden kann.

Über die Verwendung von Quecksilberchlorid vgl. S. 837.

Die erste brauchbare q u a n t i t a t i v e Bestimmungsmethode des P h o s p h o r w a s s e r s t o f f s und S c h w e f e l w a s s e r - s t o f f s ist diejenige von L u n g e und C e d e r c r e u t z Zeitschr. f. angew. Chem. 10, 651; 1897, welche im folgenden beschrieben ist. Zur Bestimmung von H_2S und PH_3 soll man nicht das in einem Gasometer über Wasser oder Kochsalzlösung aufgefangene Gas ver- wenden, da die Sperrflüssigkeit immer etwas von jenen Verunreinigungen aufnehmen wird. Man muß vielmehr das Gas aus dem Entwicklungs- apparat direkt durch die Absorptionsröhren für H_2S und PH_3 streichen lassen, wie es in Fig. 135, S. 830 gezeigt ist. Bei Anwendung des B a m - b e r g e r schen Apparates, Fig. 138, kann man dies mit der Bestimmung der Acetylenausbeute durch Gewichtsverlust verbinden, für Schieds- analysen ist die Methode der Totalvergasung (S. 826) vorge- schrieben.

Zur quantitativen Bestimmung des P h o s p h o r w a s s e r s t o f f s schlug W i l l g e r o d t (Ber. 28, 2107; 1895) eine Oxydation mit Brom- wasser vor, was aber wegen der starken Wirkung des Broms auf das Ace- tylen selbst zu verwerfen ist. L u n g e und C e d e r c r e u t z (a. a. O.) haben gezeigt, daß am besten eine Lösung von Chlorkalk oder bequemer von Natriumhypochlorit dient. Beide oxydieren den Phosphor- wasserstoff leicht und vollständig, während die unterchlorigsauren Salze bei gewöhnlicher Temperatur ohne Einwirkung auf Acetylen sind. Für analytische Zwecke eignet sich der Chlorkalk selbst allerdings nicht, wohl aber sehr gut eine Lösung von Natriumhypochlorit, wie sie durch Behandlung von Chlorkalklösung mit Natriumcarbonat entsteht. Die filtrierte Lösung absorbiert den Phosphorwasserstoff mit aller Leichtig- keit, und man kann die entstandene Phosphorsäure dann ohne weiteres durch Ausfällung mittels der gewöhnlichen Magnesiamischung bestim- men. Eine vorherige Zerstörung des nicht verbrauchten Hypochlorits ist nach vergleichenden Versuchen vollkommen unnötig.

Zur praktischen Ausführung der Analyse benutzen L u n g e und Cedercreutz den Apparat Fig. 135, S. 830; a ist ein gut aus- getrockneter Halbliterkolben, in · den man 50 bis 70 g in erbsengroße Stücke zerkleinertes Calciumcarbid. einträgt. Ein zer- teiltes Carbid (Staub) dürfte man schon darum nicht anwenden, weil solches nicht ohne Gasverlust zu erhalten ist, außerdem darum nicht, weil es eine zu stürmische Gasentwicklung verursacht. Die Wägung kann in dem vorher tarierten Kolben direkt geschehen, falls man eine dazu passende Wage besitzt, welche einen Ausschlag mit 50 oder mindestens 100 mg geben sollte. Im Halse des Kolbens ist ein Tropftrichter b angebracht, dessen untere Mündung zu einer Spitze ver- engt ist. Der Kolben kommuniziert mit einem der bekannten Zehn- kugelapparate c. Zur größeren Sicherheit kann man diesen noch mit einem zweiten Zehnkugelrohre verbinden, doch kann man dies bei Einhaltung obiger Vorschriften unterlassen. Der Apparat c wird mit 75 ccm einer 2—3 proz. Hypochloritlösung beschickt, was für alle praktisch vorkommenden Fälle ausreicht. Der Tropftrichter wird vollständig mit Wasser gefüllt und der Ausfluß des letzteren so geregelt, daß pro Minute 6—7 Tropfen austreten. Man kann dann den Apparat sich selbst überlassen, indem man nur immer wieder Wasser in b nachfüllt und von Zeit zu Zeit den Kolben a gelinde umschüttelt. Nach 3 bis 4 Stunden ist die Gasentwicklung beendigt. Nun läßt man so viel Wasser in den Kolben laufen, daß er bis zum Halse damit gefüllt ist, saugt noch etwas Luft durch den Apparat, um das in der großen Kugel von c stehende Gas durch die kleinen Kugeln hindurchzusaugen, entleert dann das Zehnkugelrohr c in ein Becherglas, spült nach und bestimmt die Phosphorsäure durch Magnesiamischung.

1 Volumprozent PH_3 entspricht 14,0 g P im cbm Acetylen

1 - SH_2 - 14,5 g S - - -

Bei ihren Analysen verschiedener Carbidsorten fanden L u n g e und C e d e r c r e u t z zwischen 0,0380 und 0,0750 g Ca_3P_2 pro kg Carbid, entsprechend 93,1 bis 184 ccm PH_3, oder bei einer Annahme von 300 L. Gas 0,031 bis 0,061 Volumproz. PH_3 im Gase.

Nach K e p p e l e r (Journ. f. Gasbel. 47, 62; 1904) sollen beim Durchleiten des Acetylens durch die Natriumhypochloritlösung gelegentlich infolge Bildung von Chlorstickstoffverbindungen Explosionen vorkommen; dies ist wohl richtig, kommt aber gewiß sehr selten vor, wie der ausgedehnte Gebrauch der Methode von L. und C. anzeigt.

Nach E i t n e r und K e p p e l e r (Journ. f. Gasbel. 44, 548; 1901) ist diese Methode nicht ganz genau, weil gewisse organische Phosphorverbindungen im Acetylen enthalten sind, die durch das Hypochlorit nicht zu Phosphorsäure verbrannt werden. Sie ziehen daher vor, das Acetylen zu verbrennen und bewirken eine rußfreie und entleuchtete Verbrennung des Acetylens vermittelst Sauerstoffs mit Hilfe eines D a n i e l l schen Hahnes unter einer Glashaube, wie sie von D r e h - s c h m i d t für Schwefelbestimmung im Leuchtgas gebraucht wird (vgl. Bd. III „Gasfabrikation"), an deren Ausgangsrohr sich zwei Zehnkugelröhren und eine P e l i g o tsche Vorlage anschließen; zuletzt kommt eine Wasserstrahl-Luftpumpe. Das erste Zehnkugelrohr enthält Wasser, das zweite eine aus Natronlauge und Brom bereitete Hypobromitlösung. Die letzte Vorlage bleibt leer. Durch die Pumpe wird so reguliert, daß die Luftblasen in den Zehnkugelröhren eben noch zählbar sind; die Flammenhöhe wird so eingestellt, daß pro Stunde ca. 10 L. Acetylen verbrennen. Ein großer Teil des bei der Verbrennung entstehenden P_2O_5 schlägt sich schon an der Glashaube nieder, die man deshalb mit HCl-haltigem Wasser gut abwäscht, das man zur Abscheidung der aus dem Glase aufgenommenen Kieselsäure mit Ammoniumcarbonat eindampft; nach dem Filtrieren vereinigt man die Lösung mit derjenigen aus den Vorlagen und bestimmt darin den Phosphor durch die Molybdänmethode, den Schwefel im Filtrat als $BaSO_4$. Man finde auf diesem Wege stets mehr Phosphor als mit Hypochloritlösung.

K e p p e l e r (ebenda 46, 777; 1903) zeigt, daß man bei dem obigen Verfahren statt mit Sauerstoff auch mit Luft verbrennen könne;

man solle dann die Gase durch ein Zehnkugelrohr streichen lassen, dessen erste Kugeln mit Scheiben von Resistenzglas gefüllt sind, und das im Kondenswasser enthaltene SO_2 durch Brom oxydieren.

Ein Fehler dieses Verfahrens wäre nach L i d h o l m (s. u.), daß man das Carbid mit Wasser oder Salzlösungen nicht ganz regelmäßig zersetzen könne, um einen Brenner ohne Regulator zu speisen, der wieder Fehler einführen könne.

Nach V o g e l, a. a. O., S. 243 hat N. C a r o schon früher eine der obigen ganz ähnliche Methode ausgearbeitet und dafür auch einen transportablen Apparat konstruiert. Man kann nach der Verbrennungsmethode auch die im Gase enthaltenen Siliciumverbindungen bestimmen, muß aber dann dem Apparate eine Haube von Platin oder Nickel geben und das Gas durch ganz reine (aus Natrium hergestellte) Natronlauge leiten, in der man dann, nach Auswaschen der Haube und Zusatz von Bromwasser, die Kieselsäure in bekannter Weise und im Filtrate daraus Phosphorsäure und Schwefelsäure bestimmt.

F r a e n k e l (Journ. f. Gasbel. 51, 431, 1908) vereinigt mit der Bestimmung des Phosphorgehaltes im Rohacetylen die Gasausbeutebestimmung nach E n o c h (s. S. 832). Er verbrennt das Gas in einer unten offenen Glashaube (5 cm Durchmesser, 33 cm lang) mit einer derartigen Strömungsgeschwindigkeit, daß pro Minute 0,8—1 L. unabsorbierbares Gas aus den nach E i t n e r und K e p p e l e r (s. o.) angeordneten Absorptionsapparaten austreten und bestimmt wie üblich die Phosphorsäure und Schwefelsäure. Zweckmäßig erscheint eine Zumischung von Wasserstoff zum verbrennenden Acetylen. An Stelle der von K e p p e l e r (s. o.) vorgeschlagenen Resistenzglasscherben wird in das Zehnkugelrohr etwas Bromnatronlauge gegeben, welche die vorhandenen Phosphorund Schwefelverbindungen völlig oxydiert. Das bei der Wasserstoffverbrennung entstehende Wasser erleichtert außerordentlich die Kondensation der Verbrennungsprodukte.

L i d h o l m (Zeitschr. f. angew. Chem. 17, 1452; 1904; s. a. H i n - r i c h s e n , Chem. Zentralbl. 1907, II, 1356) bedient sich ebenfalls der Entwicklung von Acetylen aus dem Carbid, bewerkstelligt diese aber durch Zusatz von Alkohol so langsam, daß man ohne Regulator einen Brenner mit dem Gase speisen kann, und treibt das letzte Gas durch Wasserstoff aus. Er benutzt dazu einen Entwicklungskolben von 500 ccm Inhalt mit Rückflußkühler, der außerdem mit einem Einleitungsrohre für Wasserstoff und einem Tropftrichter versehen ist. Aus dem Rückflußkühler gelangt das Gas in einen kleinen Acetylenbrenner, über dem ein unten offener, 32 cm langer, 5 cm weiter Glaszylinder steht, dessen oberes Ende mit einer Waschflasche und dahinter mit einer Filterpumpe verbunden ist. Auf den Boden des Kolbens wird ca. 10 g Carbid in einem Tiegel eingeführt, die Luft durch Wasserstoff ausgetrieben, dieser wird angezündet und die Filterpumpe in Tätigkeit gesetzt. Darauf läßt man auf das Carbid erst 50 ccm wasserfreien Alkohol, dann ebensoviel Wasser tropfen. Das entwickelte Acetylen verbrennt, und die gebildete Phosphorsäure wird teils im Zylinder, teils in der Waschflasche zurückgehalten. Nach Beendigung der Gasentwicklung gießt man etwas Salzsäure in den Kolben, um den Kalk zu lösen und ein Springen des Kolbens beim Erhitzen zu verhindern, bringt unter fortwährendem Durchleitenvon Wasserstoff zum Kochen, spült dann den Zylinder, die Leitungsröhren und die Vorlage mit warmem verdünnten Ammoniak aus und fällt die Phosphorsäure mit Magnesiamischung.

Mauricheau (Journ. f. Gasbel. 51, 257; 1908) schlägt zur Bestimmung des Phosphorwasserstoffs im Rohacetylen eine volumetrische Methode vor. Das Rohacetylen wird durch Ätzkali und Schwefelsäure von Schwefelwasserstoff und Ammoniak befreit, hierauf das Gas unter Umschütteln mit überschüssiger $^1/_{100}$ N.-Jodlösung in Berührung gebracht und nach 10 Minuten der Jodüberschuß zurücktitriert. Für 1 L. Acetylen (bei 15° und 760 mm) entspricht jedes ccm verbrauchter $^1/_{100}$ N.-Jodlösung 0,055 ccm PH_3. Die Beziehung zwischen Jodlösung und Phosphorwasserstoff wird empirisch dadurch ermittelt, daß der Versuch mit Rohacetylen von bekanntem Phosphorgehalt ausgeführt wird.

Nach Hempel und Kahl (Zeitschr. f. angew. Chem. 11, 53; 1898) soll man in folgender Weise Phosphorwasserstoff im Acetylen leicht und schnell bestimmen können. Man mißt das Gas in einer mit Quecksilber gefüllten Gasbürette ab, treibt es in eine mit Quecksilber gefüllte Gaspipette, welche 3 ccm einer sauren Kupfersulfatlösung enthält (bereitet aus 15,6 g krystallisiertem Kupfervitriol, 100 ccm Wasser und 5 ccm einer im Verhältnis 1 : 5 verdünnten Schwefelsäure und vorher durch eine genügende Menge von Acetylen mit diesem Gase abgesättigt), schüttelt 3 Minuten und mißt den verbleibenden Gasrest. Der vierte Teil des so gefundenen Volumens entspricht dem Phosphorwasserstoff. (Diese Methode hat wie jede Restmethode Übelstände; erstens daß durch Zersetzbarkeit des Phosphorwasserstoffs mit dem im Wasser gelösten Sauerstoff Fehler entstehen können, die von den Autoren selbst erwähnt werden; zweitens, und ganz entscheidend für die praktische Anwendung, daß die im Acetylen vorkommenden geringen Mengen von Phosphorwasserstoff bei Anwendung der doch nur 100 ccm enthaltenden Quecksilbergasbüretten gar nicht mit irgendwelcher Sicherheit gemessen werden können, da sie nur wenige Hundertstel eines ccm ausmachen.)

Daß im technischen Acetylen der Schwefel nicht nur als Schwefelwasserstoff vorkommt (was auch durch die stark alkalische Reaktion des Rückstandes keineswegs ganz verhindert wird), sondern auch in anderen Formen, haben Lunge und Cedercreutz a. a. O. bewiesen; es wird übrigens u. a. auch von Moissan a. a. O. und vielen anderen erwähnt.

Diese Schwefelverbindungen werden durch die Hypochloritlösung zu Schwefelsäure oxydiert und können, falls man eine von Sulfaten freie Hypochloritlösung und schwefelsäurefreie Magnesiamischung angewendet hat, nach Ansäuern des Filtrates von der Phosphorbestimmung durch Chlorbaryum bestimmt werden, oder, was einfacher ist, man teilt die Hypochloritlösung in zwei Teile und benutzt den einen zur

Bestimmung der Phosphorsäure, den anderen zur Bestimmung der Schwefelsäure.

Nach M o i s s a n (a. a. O.) wird H₂S im Acetylen nicht vorgefunden, wenn das Calciumcarbid durch überschüssiges Wasser zersetzt wird (was bekanntlich bei einer Klasse von Entwicklungsapparaten, den „Tauchapparaten", aber nicht bei den „Tropfapparaten", geschieht; vgl. auch G a l l , oben S. 835).

A m m o n i a k wird kaum je in bestimmbaⁱer Menge vorkommen und müßte dann durch Durchsaugen durch Säure und Wiederaustreiben oder durch „N e ß l e r i s i e r e n" (S. 263), n i c h t etwa durch Veränderung des Titers der Säure bestimmt werden, was zu Irrtümern Veranlassung geben könnte, da es sich um so winzige Mengen handelt.

Namenregister.

Sachregister.

Untersuchungen. 6. Aufl. II.

54

Printed in the United States
By Bookmasters